西北大学名师大家学术文库

张国伟等 著

张国伟院士论文选集 上

U0280626

西北大学
出版社

国家及部委重大和重点项目，20 余项国家自然基金、地矿、石油、冶金等部门科学研究项目，9 项国际合作研究项目。多次应邀到美、英、德、加拿大、瑞士、奥地利、伊朗、埃及和南非等多国进行学术交流与合作研究，并在以秦岭等中央造山系为基地的青藏、横断山带、天山、阴山、东南沿海与台湾和华北、华南、塔里木、准噶尔、伊犁等中国大陆各主要造山带与地块广泛调研基础上，对世界主要造山带与地块，诸如阿尔卑斯、英国西海岸、中欧海西带、波西米亚地块、波罗的地块、北美地块、美国与加拿大科迪勒拉与阿帕拉契亚造山系、伊朗地块与扎格罗斯造山带、南非及埃及老地块和造山带等进行考察研究与对比。在大陆构造与大陆动力学、前寒武纪地质学等研究领域，取得了富有创新性的系统科学成就。主要科学成果可以概括为：（1）华北地块早前寒武纪地质与构造研究。以嵩山、箕山、鲁山和燕山曹庄地区为重点解剖对象，提出早期地壳大地构造演化格局与形成机理。（2）大陆造山带形成演化研究。以秦岭和华南板块与陆内复合造山带为重点进行研究，提出大陆造山带形成演化及不同时期不同构造体制的复合演化和演化模式。（3）大陆构造与大陆动力学研究。以中国大陆为根据地，与世界主要陆块和造山带进行综合对比研究，总结概括大陆地质与大陆动力学的规律与特性，深化并推动了大陆构造及其动力学研究。出版著作 9 部、中英文图丛各 1 套，发表论文 350 余篇。研究成果先后获得国家自然科学二等奖、教育部等省部委科技进步一、二等奖等 10 项奖励。

张国伟院士非常重视学科发展、实验室建设和人才培养。他带领的西北大学构造地质学科，1998 年首批获准设置长江学者特聘教授岗位，2001 年成为国家重点学科；倡导并创建的西北大学大陆动力学实验室，2005 年进入国家重点实验室行列；指导培养硕士生 32 名、博士生 26 名、博士后人员 12 名和多名青年教师，带出一支多学科配套的研究团队，该团队已获得国家自然科学创新团队和教育部创新团队项目资助。

多年来，张国伟在担负繁重教学和科研任务的同时，承担并参与了众多社会学术活动。他在全国性学术会议作报告 100 多次；组织召开国际学术会议与考察 5 次、全国学术与教学研讨会议 30 余次；参与教育部、科技部、国家自然科学基金、中国科学院等部委的重大研究计划、重大项目立项建议和咨询建议数十份；参加国家及部委的各类项目评审和奖励评审 1000 多份（次）；为省市领导、普通高校及军事院校师生、企事业单位、党政团体，以及中小学生作科技报告和科普报告 60 余场（次）。

1986 年被评为国家级有突出贡献专家，1989 年被评为全国优秀教师，1991 年获得国务院政府特殊津贴，1995 年被评为陕西省科技战线劳动模范，2000 年被国务院授予全国先进工作者称号，2004 年被评为全国师德先进个人并获陕西省师德标兵称号，2006 年被评为陕西省级教学名师，2014 年被评为全国教书育人楷模，2015 年获得陕西省首届基础研究重大贡献奖。

张国伟院士简介

　　张国伟，1939 年 1 月 1 日生于河南省南阳市。1961 年毕业于西北大学地质学系并留校任教至今。构造地质学家和前寒武纪地质学家。1999 年当选为中国科学院院士。先后担任国务院学位委员会学科评议组成员、教育部高等院校地球科学教学指导委员会主任、西北大学学术委员会主任和学位委员会主席、国际岩石圈中国委员会委员；先后受聘南京大学、中国地质大学、中国海洋大学、西安交通大学等十多所高校兼职教授；曾任《中国科学》《地质论评》《高校地质学报》等十多个学术刊物编委或副主编；现任《西北大学学报》《地质学报》《地学前缘》等多个学术刊物主编或编委。

　　长期从事地质学教学和科学研究，以顽强拼搏精神多次战胜生命攸关之灾和艰难险阻，始终坚持教学科研第一线。20 世纪 70 年代以来，先后主持完成"富铁矿研究（河南中部富铁矿研究）""秦岭造山带岩石圈结构、演化及其成矿背景""秦岭勉略构造带的组成、演化及其动力学特征""西秦岭-松潘构造结形成演化与大陆动力学研究""中国南方大陆构造与海相油气前景"等 9 项

出版说明

　　为庆祝张国伟先生从事地质科学研究与教育事业 60 周年暨 80 华诞，进一步弘扬张先生的学术思想，方便学者研究学习，我们从其 300 多篇已发表论文中精选了 80 篇结集出版。其中，张国伟为第一作者的 63 篇，他指导的部分学生和国外学者为第一作者的 17 篇。

　　选文的原则，首先是最能代表先生的学术思想，其次是能够反映先生学术思想的发展轨迹。文章按内容分类编排，依次为大陆造山带、前寒武纪地质、大陆地质与大陆动力学、地质教育四部分；每部分按论文发表时间早晚、先中文后英文的顺序编排。附录中收录了先生所作的部分书序及专（译）著封面与目录、1966 年以来所发表（出版）的全部论文（专著）目录、学术报告目录、完成的科研项目、大事记等。

　　文集编辑时，为体现先生学术思想的发展脉络，基本保持论文的原貌，但限于版面，省略了中文论文的英文摘要，以及部分文章中的英文图题及表题等，并统一了版式；论文出处在篇首页下注释，以方便读者参考查询。编辑加工时，遵从先生要求，仅对原文中明显的编校差错做了更正，而对论文首次发表时不同刊物当时所采用，但与现今不一致的编辑规范及专业术语、名称等，仍保持原样不作统一改动。

　　文集的出版，得到了西北大学及地质学系的大力支持与资助，在此表示感谢。

《张国伟院士论文选集》编辑组

2019 年 12 月

目　录

上　册

第一部分　大陆造山带

下　册

第二部分　前寒武纪地质

第三部分　大陆地质与大陆动力学

第四部分　地质教育

深化地学教学改革的探讨

深化地球科学课程改革　适应多样化人才培养需要

附　录

第一部分　大陆造山带

秦岭构造带的形成及其演化*

张国伟　梅志超　周鼎武　孙　勇　于在平

　　秦岭构造带在中国大陆地壳的形成与演化中占据着突出地位。它对于 80 年代国际岩石圈计划中关于大陆地质的研究具有重要意义，是探索大陆造山带地质演化规律的重要地区。

　　秦岭构造带历经长期发展演化，其内部组成与构造变形十分复杂，致使一些基本地质问题长期悬而未决，众说纷纭。在学习前人成果和国内外关于大陆造山带最新研究成果的基础上，依据 70 年代以来我们对华北地块南缘早前寒武纪地壳组成与演化的研究[1][2][18]，和我们过去对秦岭带的研究[3]，80 年代以来又开展了较为系统的调查研究，获得了新的认识，现作初步总结，请批评指正。

　　秦岭构造带何时、在什么背景下、以什么方式开始形成？形成以后，在不同地质历史时期中，是以什么构造体制发展演化的？挽近时期又是以什么造山作用形成今日强大构造山脉的？这是我们研究秦岭构造带的三个中心课题。采用多学科的综合研究方法，从地壳形成与演化角度，以构造运动为主线，综合地质、地球物理、地球化学的研究成果，初步认为秦岭构造带是在早期陆壳基础上，以初始裂谷形式发生，历经不同构造体制，不同类型造山作用，而以具一定深部地质背景的多期复杂裂谷系构造、俯冲碰撞、逆冲推覆构造为其突出发育特征的强大复合型造山带。

一、古秦岭构造带的初始形成

　　现今秦岭带内部及其南北两侧相邻地块边缘地区，目前确认和基本认为是太古宙的岩系主要有：华北地块南缘基底中的安徽蚌埠地区的下五河群、霍邱群，河南与陕西的太华群、登封群，山西中条山的涑水群等。扬子地块北缘的大别群，甚或包括有很大争议的武当群底部层，乃至川中地块的基底部分。关于秦岭带内部有无太古宙地层，争议颇大[4][5][6][7]。我们认为，原秦岭群中包裹着一些晚太古宙岩块、地块。以上秦岭带内

*本文原刊于《西北大学地质系成立四十五周年学术报告会论文集》，1987：281-298.

部及其两侧的晚太古宙岩群，目前各自成孤立的岩块、地块，大致断续成带分布，空间上有一定分布规律。这些岩群彼此是什么关系，涉及秦岭构造带初始形成等基本问题。综合分析表明，上述各岩群是可以对比的，它们原本是晚太古宙统一地块的组成部分。

（一）华北地块南部晚太古宙地壳组成

华北地块南缘紧邻秦岭构造带，其古老基底是华北地块统一基底的重要组成部分[4][5][8][9]，它主要由太古宇和下元古宇组成。概括本区晚太古宙地壳主要由二类地体构成，即位于本区北部以登封群为代表的花岗－绿岩和南部以太华群为代表的高级片麻岩区，二者以逆冲推覆断裂相邻接，共同组成华北地块南部太古宙统一地块[19][20]。

登封群花岗－绿岩区和太华群高级片麻岩区以鲁山－舞阳一带的青草岭断裂为标志，表现为一种逆冲推覆构造关系，沿古老的青草岭断裂太华群可能叠置在登封群之上。现今太华高级区成为华北地块古老基底出露的最南边界，但并非华北地块太古宙时古老陆壳的南界。

（二）扬子地块北缘的太古宙地块

大别地块核部出露大别群，它是一套经多期变形变质的复杂结晶岩系，变质达角闪岩相，局部为麻粒岩相。其岩石组合、构造变形，近似太华群的组成与构造特征。大别群出露区的区域磁场特征与华北地块太古宙基底的高值正异常场十分相似。据新近同位素年龄结果看（最大年龄数据在 25 亿～ 29 亿年)[①]，其形成时代为晚太古宙较为合适。

武当地块位于扬子地块北缘。武当群底部岩层中有 24.42 亿年（Rb-Sr 等时线）变质年龄[②]，岩石主要为长英质火山岩及碎屑岩、碳酸岩。古构造也表现为多期叠加变形特征，底部岩系可能属晚太古宇－早元古宇。

川中基底属扬子基底一部分，其磁场特征呈现为正异常场，与周边磁场异常明显不同，但却与华北基底的太古宙磁场相似。据深钻资料及区域地质、地球物理场特征综合分析，推测川中基底是一花岗片麻岩类为主的结晶杂岩系，为一古老基底，部分可能属太古宙。

以上大别群、武当群底部、川中基底岩系，特别是大别群，其区域磁场从总体看，在规模及其形态上与华北地块南缘太古宙的正异常磁场特征十分相似，这就在一定程度上表明两者有着相似的构造岩相组合。结合上述地层时代、岩石组合、构造变形与太华群的相似性和至今没有任何可靠的太古宙地质与地球物理场的依据表明，华北与扬子两大地块的太古宙基底间存在巨大分划性边界的情况下，可以推断它们在晚太古宙时期，曾是统一古老陆壳地块的组成部分，只是后来才分裂漂移开的。

---

①邹德荣：《安徽省大别山同位素年龄初探》；安徽省地质研究所：《安徽省前寒武纪变质铁矿地质特征与找矿方向研究》。

②湖北地质五队、区测队资料。

（三）关于秦岭构造带内的太古宙岩系

秦岭构造带内有无古老基底，是一个有争议的问题。

秦岭群是秦岭构造带内变形最复杂、变质最深又很不均一、岩浆活动剧烈的一套中深变质杂岩系。其南北两侧均为复杂断裂系所夹持，呈巨大透镜状岩块断续成带分布，绵延千公里，纵贯秦岭带。秦岭群原非统一的一套岩层，而是一个复杂的构造岩片、岩块组合体。原秦岭群现已逐步解体，如已分出丹凤群、草滩沟群[①]等，它还会进一步分解。根据秦岭群中强烈发育的不同尺度的多期叠加变形和韧性断裂逆冲叠置特征，以及一些岩块在岩石组合和变形特征上与太华群的极其相似性，并考虑一批较老的同位素年龄数据[②]，秦岭群中至少包裹着一些晚太古宙的岩块、地块[③]。这些夹持于复杂构造变形变质带中的晚太古宙古老岩块，与太华群一同是古秦岭构造带的基底。

秦岭带中沿山阳－凤镇断裂也断续分布着一系列古老地块，如河南西峡一带的陡岭群，陕西柞水的小磨岭杂岩系，可能属下元古－太古宇。

综合以上分析，秦岭带内及其南北两侧华北与扬子地块边缘的晚太古宙岩群，在缺乏古地磁资料的情况下，从地质与地球物理场的相似一致性表明，它们原本是同一时代密切相关的变质岩系，由它们组成了晚太古宙统一基底。因此我们认为，晚太古宙时，华北地块和扬子地块基底至少在本区是以登封群花岗－绿岩区和太华高级片麻岩区为代表的两类地体所构成的统一陆块。

秦岭带内部及其两侧边缘地带广泛成带分布着早元古宙断陷火山岩系，显著表明早元古宙时，晚太古宙形成的统一克拉通地块已经发生分裂，显示一个强烈线状断裂－火山活动带开始发生，就是古秦岭构造带以初始裂谷形式在先存晚太古宙统一陆壳上的发生。

二、元古宙古秦岭裂谷系与内硅铝造山作用

元古宙古秦岭带强烈广泛发育火山岩系，考虑到后期各构造地块间的分裂、聚合、推覆与平移等相对运动，元古宙大致可分南、北、中三个火山岩带（图1）。

（一）北带

从现今构造单元看，属华北地块南缘。元古宙初期，从中条山到嵩山箕山形成绛县群和安沟群火山岩系，以安沟群[[2]]为代表，它是一套绿片岩相的变质火山沉积岩系，上与嵩山群、下与登封群均成角度不整合关系，变质年龄18.68亿年、17.83亿年[④]（Rb-Sr等时线）。火山岩以镁铁质－长英质喷发岩为主，缺少安山岩类，具双模式特点，夹沉

---

①② 肖思云：《北秦岭南侧古板块俯冲带》。
③ 河南省地质图说明书 1/50 万　1981。
④ 西北大学采样，科学院地质所、宜昌地矿所测试。

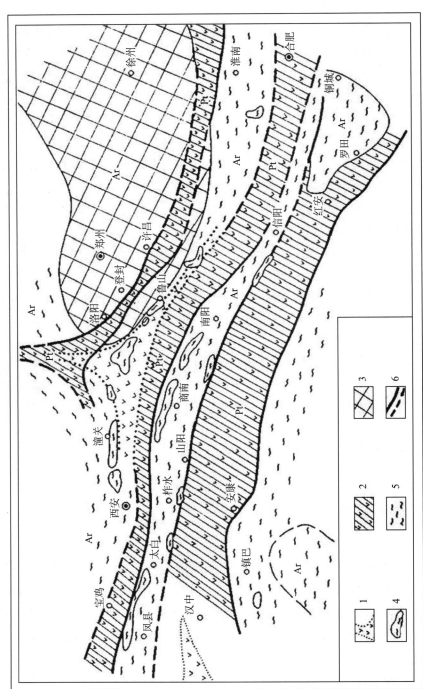

1. 熊耳群火山岩 2. 元古宙火山岩 3. 晚太古宙登封花岗－绿岩区 4. 高级区地块 5. 高级区片麻岩 6. 断裂

图 1 古秦岭带元古宙裂谷系

积岩层。火山岩的稀土微量元素分配及图解（图2，图3）表明，它是拉张环境下的产物。空间分布上从中条到嵩箕，以致向东到安徽蚌埠地区，成一狭长线状火山岩带[2]，受断裂所限，南北两侧均出露太古宙岩系（见图1），显然它们是一条发育在先存陆壳上的线性裂谷型火山槽地。

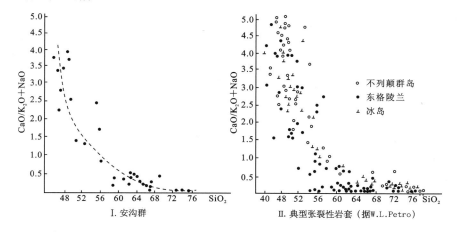

图 2　安沟变火山岩 REE 图谱

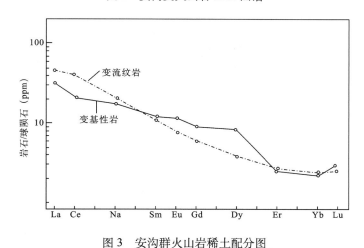

图 3　安沟群火山岩稀土配分图

　　19 亿年左右，上述火山岩系发生褶皱断裂和变质变形，以内硅铝造山作用型式断槽封闭结束发展[10][20]。

　　中上元古宇熊耳群、汝阳群、洛峪群等显然已属华北地块盖层沉积，但从其岩石及地球化学特征看[10]，它们是伸入陆内的边缘裂陷槽构造环境中的产物。熊耳群火山岩喷发期间从北向南依次变老，从垣曲的 14.57 亿年到舞阳一带变为 16.75 亿年[1]，反映出裂陷槽南和秦岭裂谷相通，自南向北的逐渐伸入发展。

---

①乔秀夫等：《晋南西阳河同位素年代学研究及其地质意义》。

（二）中带

秦岭带内的宽坪群（包括南陶湾群）分布受断裂控制，从甘肃天水、陕西宝鸡一直延伸到河南信阳，呈东西狭长一带，绵延千公里。由于后期推覆断裂改造，出露已非原面貌。它遭受多期强烈变形作用和中浅变质作用，主要由上中下三部分组成[1]，中上部为碎屑岩和碳酸岩，下部为火山岩。火山岩以基性为主，夹少量酸性岩，基性岩以低钾拉斑玄武岩为主[6]（图 4）。火山岩具双分异特点，但酸性岩不甚发育。火山岩中发育沉积夹层，总的特征不属蛇绿岩套，而具裂谷型岩石组合特征[21]。依据区域对比和同位素年龄（变质年龄 14 亿年左右）[2]，特别是考虑到上述熊耳群火山岩自北而南的依次变老，所以宽坪群火山岩主导部分应老于熊耳群，属中下元古宙，应为元古宙早期古秦岭带裂谷系的主要组成部分（另有专文论述）。

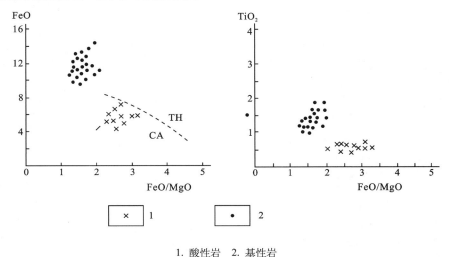

1. 酸性岩　2. 基性岩

图 4　宽坪群火山岩 FeO 对 FeO/MgO，TiO$_2$对 FeO/MgO 的变异图解

（三）南带

从汉南、安康、武当山到大别山南缘，分别广泛分布着元古宇火地垭群、西乡群、郧西群、耀岭河群、武当群（部分相当郧西群）、红安群、苏家河群等火山沉积岩系，它们分属下、中、上元古宇，明显构成一带历经长期演化的元古宙火山岩带。其分布北不逾越商丹断裂，南不过红椿坝－岚皋断裂和襄樊－广济断裂，其岩性一般下部以巨厚酸性喷发岩为主，上部以耀岭河基性火山岩为代表，火山岩系中夹大量沉积岩系，并有偏碱性火山岩、具断槽火山岩特征。顶部为台相的震旦系陡山沱组、灯影组以角度不整合覆盖。总体呈现出是一位于古老基底上的裂谷型火山岩槽地。

综合分析上述各带元古宙火山岩系，可以概括元古宙古秦岭带有以下特征：

①张维吉：《北秦岭地质构造演化特征》。
②张维吉：《北秦岭地质构造演化基本特征》。

（1）广泛发育元古宙火山岩系，其火山岩岩石组合和地球化学特征，多数具双分异特征，发育基性和酸性火山岩而缺乏安山岩类，多有沉积夹层，并且向上渐变为巨厚陆源碎屑岩和碳酸岩建造，反映元古宙时古秦岭带是一强烈的断裂－火山活动时期。

（2）古秦岭带元古宙火山岩系严格受断裂控制，呈线形带状分布，火山断陷槽地为裂谷型地堑断槽，而其间则为基底杂岩系出露的地垒带。它们总的是在太古宙先存陆壳基础上，由不同级别的地堑槽沟和地垒隆起相间，错落分布所构成的一个统一而又具复杂组合的元古宙裂谷系。

（3）古秦岭火山岩系自元古宙早期到中晚期在各带多次反复出现，贯穿整个时期。早期以安沟群、宽坪群、红安群等火山岩系为代表，显示了在晚太古统一克拉通化地块上初始破裂的火山活动，形成一带裂谷，古秦岭带开始发生。而自早元古宙晚期开始到中晚元古宙，秦岭南北火山岩系已具明显差异，形成复杂裂谷系。

（4）古秦岭裂谷系自早元古初始裂谷到中晚元古复杂组合的裂谷系，和自晚元古开始向显生宙现代体制的板块构造转化，其间可能在上地幔浅层热对流系统控制下，经历了反复的升降开合的裂谷系演化发展，形成复杂而独特的构造特征。其中最突出的是中元古宙时期裂谷系虽有一定规模的扩张，但都没有发展成为广阔的洋域，未发育真正的洋壳蛇绿岩套，而是以陆间裂谷型式[21]，在元古宙热机制和动力学条件下，由于壳下拆离作用，发生断陷裂谷，并最后以 A 型俯冲方式形成内硅铝造山带[20]。

三、显生宙早期以现代体制板块构造为基本特征的造山作用

显生宙加里东期，秦岭带处于基本以现代体制板块构造为主要特征的拉张、俯冲、碰撞造山期。它在秦岭带有广泛的影响和表现。沿秦岭带中部商丹断裂东西一线北侧，断续分布着一套残存的蛇绿岩套（另文专述）[11][12][13][22]。其中以陕西丹凤到商南段保存较好，枕状拉斑玄武岩、辉长－辉绿岩墙群、辉长杂岩和夹于其中的少量远洋沉积均有较好出露（图5）。这可能是目前秦岭带中保存较好的蛇绿岩套地点之一。在黑河流域相当层位中有古生代生物遗迹。

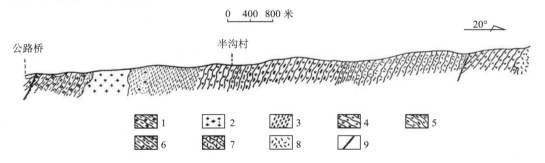

1. 石榴石角闪片岩　2. 花岗岩　3. 糜棱岩　4. 变玄武岩　5. 变枕状玄武岩　6. 硅质岩　7. 辉绿岩墙群　8. 辉长岩　9. 断层

图 5　丹凤东郭家沟蛇绿岩剖面图

　　沿这一边界断续成带出露诸如松树沟、秦王山、苏家河、九子沟等大量超基性-基性岩体，从其岩石学特征和构造与显微构造特征分析，很多属不同期次的构造侵位岩块，其就位机制与方式不尽相同。从目前研究看除俯冲作用而造成的蛇绿岩块之外，不能排除其较大逆冲推覆构造[22]带来的可能性。沿现代断裂带从宝成线的白石铺、宁陕县广货街北、黄花岭，以及丹凤桃花铺等地均可见到不同期次较深层次糜棱岩带的分布（图6，图7），有的宽达3千米。由于后期断裂破坏改造，它们多呈残存状态。根据糜棱岩带中线理统计分析，表明除逆冲之外，还有较大的平移活动。据地球物理资料①，指示断裂有向北倾伏呈铲状趋势。沿这一边界的北侧，在秦岭群中成带发育着加里东期钙碱性花岗岩体。以上事实说明，商丹断裂一带可能是秦岭加里东期主要的一个板块缝合带。与这一带同时期，在现秦岭群北侧和宽坪群之间，沿东西一线也分布着一套下部以基性火山岩为主，上部有碳酸岩及碎屑岩的火山-沉积组合的岩层，分别称作草滩沟群、云架山群或二郎坪群、胆矾窑群，直到桐柏信阳地区还有分布。岩石具枕状拉斑玄武岩和硅质岩夹层，但岩墙群不发育，岩石组合具双分异特征，并非常发育陆源碎屑沉积夹层和沉积岩层。它们由于北侧的逆冲推覆构造掩盖而出露不全。其总体具边缘扩张盆地的岩石组合特征，据其中生物化石，属下古生界①。

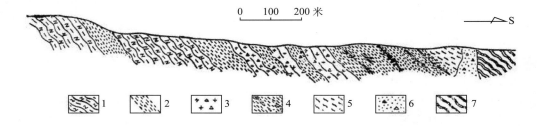

1. 秦岭群片糜岩　2. 糜棱岩　3. 碎裂岩化片麻状花岗岩　4. 假玄武玻璃糜棱岩
5. 绿泥片岩　6. 破碎岩　7. 刘岭群片岩

图6　广货街北沙沟-老林头断裂剖面图

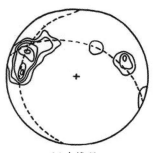
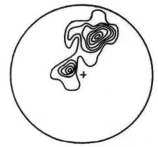

24 个线理　　　　　　　　　　36 个面理
4%－8%－12%－16%－20%　　3%－6%－9%－12%－15%－22%－27%

图7　糜棱岩中面理、线理组构图

―――――――
①陕西区测队资料。

根据以上事实分析，表明秦岭带沿商丹断裂一线，由于晚元古宙裂谷不断拉伸扩张，延续到显生宙早期曾出现相当开阔的扩张海洋，分划出华北板块与扬子板块，后华北板块南缘转化为活动大陆边缘，出现以活动大陆边缘为总的构造背景的一系列岩石组合和构造特征[23]，而扬子地块北缘则具稳定大陆边缘性质，形成以它为总构造背景的一系列构造演化特征[23][24][25]。

华北板块南缘加里东期活动陆缘带，在秦岭群分布地区的元古宙地垒带基础上，由于南缘加里东期扬子板块的俯冲作用，有大量钙碱性花岗岩侵位及相应的一些沉积，具有岛弧特征。而在云架山－二郎坪一线则由于弧后扩张，形成边缘海盆，并可能出现一定宽度的洋壳，后随着深部热机制的衰减，发生弧与陆的碰撞而闭合，残留下云架山群等火山－沉积岩系。至于洛南栾川一线以北的寒武系乃至奥陶系沉积则为陆架至陆坡的台相和冒地槽相沉积，也随着加里东期的褶皱造山作用而发生变形。

扬子板块北缘的加里东期稳定大陆边缘，沿巴山汉江一带形成了陆缘裂谷，这是一个具地垒地堑复杂组合的裂谷，其中沉积了下古生界包括洞河群在内的一套裂谷型建造组合，泥砂质、碳质、硅质岩发育，并夹一些蒸发岩类。志留系明显具浊积岩特征，有较广泛的碱性岩的侵入与喷发。而在镇定－柞水间古道岭东西一带，则发育寒武－奥陶系台地型碳酸盐岩沉积。加里东期末，巴山汉江一带的陆缘裂谷带闭合，发生构造变形，形成褶皱山系，而较广阔的以北地区，志留系与泥盆系间角度不整合不明显，一些地段仅为间断。但到最北缘临近碰撞带地区，泥盆系与寒武系、奥陶系间角度不整合明显，缺失志留系，这显然与北缘碰撞造山作用有关。

概括秦岭加里东期构造主要形成有两个构造带：①沿商丹缝合带，包括秦岭群所在地带和云架山－二郎坪群所在地带的加里东期碰撞型造山带，波及华北地块南缘。②南部巴山－汉江陆缘裂谷封闭所造成的南秦岭加里东构造带。

海西－印支期秦岭区，商丹断裂缝合带以北及安康－石泉一线以南，均已结束主要造山期，仅在两者之间的中秦岭地带仍发育着冒地槽相沉积。柞水－信阳一带，从岩层组合及构造变形、沉积特征看，是一加里东期后，于碰撞带边缘形成的裂谷型深断槽，发育一套具浊积复理石建造特征的冒地槽相石炭－泥盆纪地层，其内部组成与构造均较复杂，包含着一些次级地垒断块和地堑。其基底即为陡岭群、小磨岭杂岩系，局部可见下古生界。这一地带于海西期形成褶皱构造带。而秦岭带的印支期构造带则明显呈向东收缩向西开口的楔状，而且总体表现出西部比东部活动性要大，二叠系到河南浙川一带已表现出地台相沉积特征。三叠系浊积岩系西部更为发育，这与西秦岭和松潘构造带有关，秦岭带中部印支期花岗岩分布也与之有一定关系。总观全局，印支带是从加里东期继承性发展起来的陆缘的冒地槽带，于三叠纪中期褶皱变形，形成中秦岭印支构造带，结束了整个秦岭构造带的主要造山作用时期。

四、中新生代秦岭带的块断、逆冲推覆构造

中新生代，秦岭带转入非造山期的构造演化阶段，也可以说转入了一个新的板内构造时期。其最突出的特征是秦岭带在加里东、海西－印支期后，已经结束了板块的拉张，洋壳俯冲与陆块碰撞造山期构造体制[14][25][26]，逐渐形成了一个新的统一地块，属于中国板块的一部分。但是中新生代以来秦岭带并不是进入构造平静稳定时期，而是处于一个新的构造热活动时期，发生了较大规模的块断[15]平移、逆冲推覆和强烈的酸性为主的岩浆活动。燕山期构造活动突出而强烈，塑造了现今秦岭带的基本面貌。

秦岭区在燕山期沿洛南－栾川断裂，商县－瓦穴子断裂，商丹－沙沟街断裂和红椿坝－岚皋断裂先后发生了规模不等、但性质相似的块断，受断裂控制形成一系列断续分布的侏罗－白垩纪陆相山间盆地，然而燕山期更为突出的是较大规模的、不但在秦岭带内，而且涉及南北两侧稳定地块边缘的逆冲推覆构造，强烈地改变了先期由元古宙裂谷系及内硅铝造山作用和显生宙早期的洋壳俯冲、大陆碰撞造山期所形成的复杂构造格局，使之发生一系列不同级别、不同规模的岩块板块依次叠置的强烈板内构造变形，并伴随燕山期大规模花岗岩基侵位，成带分布。因此在一定意义上讲，它是并不亚于先期造山作用的又一期"板内造山作用"[20][27]。

首先，在秦岭区南北有两条向外逆冲的巨大逆掩推覆断裂，使秦岭带呈扇状向上、向外推移。①北侧是从北淮阳－舞阳－鲁山断裂，一直到被后期断裂掩盖破坏的先期小秦岭北缘断裂。北淮阳断裂已如朱夏等论述[16]，自南向北大规模推覆。舞阳矿区该断层自南向北逆掩，形成构造窗和飞来峰（图8），钻孔控制断距达8千米。鲁山太华群北缘青草岭断裂使太华群逆冲到元古宙及石炭二叠系煤层乃至三叠系之上。小秦岭北缘在晚期正断层中，较广泛地保存有先期长英质糜棱岩块、岩带。据强烈拉伸变形的石英显微构造分析[17][28]，也表现出自南而北的逆冲作用，显著具韧性断裂特征[29][30]。向西到渭南一带则伏于渭河断谷之中。总之这是一条控制秦岭燕山期构造活动北界的自南向北逆冲的巨大推覆构造。②南侧的大巴山弧形断裂，却是一条自北向南推覆的巨大逆冲断裂。断裂地表形态弯转曲折，并由一系列迭瓦状断裂组合成一大的断裂系。从石泉到万源间至少有三条主断裂依次逆冲叠置，使南秦岭加里东构造带逆冲在扬子地块北缘最新到中生代地层之上（图9）。

在秦岭带内，特别是北秦岭形成自北向南逆冲的迭瓦状断裂，突出者如商县－瓦穴子逆冲断裂，商丹逆冲断裂（后期为正断层破坏）。前者在蟒岭南侧表现明显，使燕山期蟒岭花岗岩和元古宙宽坪群组成的逆冲推覆体覆盖在古生界云架山群和三叠系之上（图10）。后者依据沿线广布的先期糜棱岩显微构造[29][30]和河南镇坪县北秦岭群逆冲在南边白垩系之上，以及前述的物探资料判断，这是一个长期活动，后为正断层破坏了的先期自北向南逆冲断裂构造带。秦岭群分布呈透镜状形态，应与之密切相关。秦岭群内部也广泛分布着不同级别的韧性断裂，使之呈岩块岩片叠置。

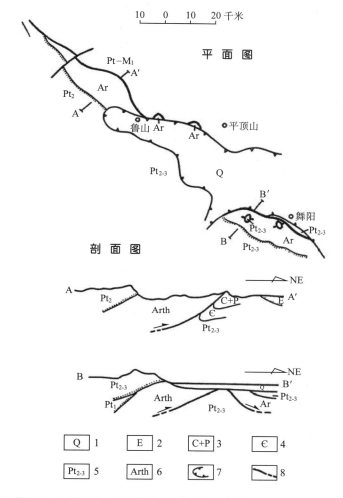

1. 第四系　2. 第三系　3. 石炭系、二叠系　4. 寒武系　5. 中上元古宇
6. 太华群　7. 第四纪盆地边界　8. 逆冲断裂构造窗、飞来峰

图8　河南鲁山－舞阳地区太华群北侧逆冲推覆断裂

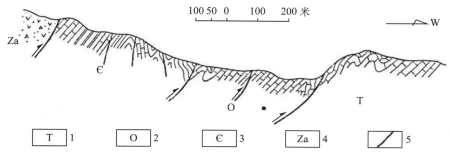

1. 三叠系　2. 奥陶系　3. 寒武系　4. 震旦系　5. 断裂

图9　镇巴周家坝巴山断裂系实测剖面图

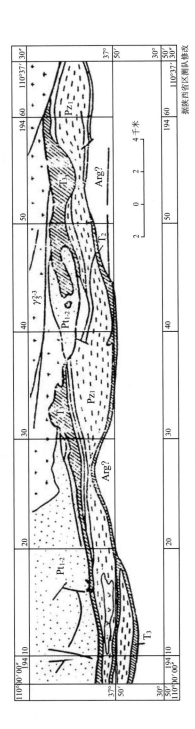

据陕西省区测队修改

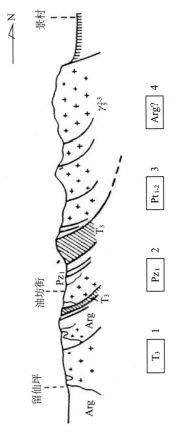

1. 上三叠系　2. 下古生界　3. 宽坪群　4. 秦岭群

图 10　蟒岭南侧断裂带地质略图

　　其他如在印支期构造带中也发育一系列大中小型逆冲迭瓦构造，像宝成线上的曾炳崖断裂等。

　　上述逆冲推覆构造，使秦岭带中的一些重要的构造带和地块岩群如太华群、宽坪群和秦岭群及南秦岭加里东构造带都在不同意义上呈推覆体，彼此已不保持原有的时空关系，而是按照逆冲推覆的运动规律形成新的构造岩块组合，从而构成现今的复杂空间分布状态。

　　在燕山期秦岭带中的几条主要断裂（图 11），如洛南－栾川、商丹断裂等依据断裂构造岩及两侧岩层分布特征，均表现出有一定规模的顺时针为主的平移活动。例如商丹断裂的沙沟街－黄花岭段糜棱岩显微构造特征，丹凤－西峡段的构造特征及其南侧的刘岭群、信阳群等岩层的分层特征，都表明它有较大的块体平移运动。洛南－栾川断裂的铁炉子－洛南段中断裂带内及侧旁中小型构造也指示其有大的剪切平移。

　　如果说，燕山期秦岭带构造运动以大的收缩性逆冲断裂和推覆构造为主要特征，而这一特征可能与自显生宙早期以来的秦岭区深部地质背景和动力学机制有关，有一定继承性的发展，使华北块地与扬子地块还在继续相向收缩挤压，并导致东秦岭形成独特构造，那么秦岭带中这种明显的平移运动就可能与中新生代时期太平洋、印度洋两大板块的活动直接有关。

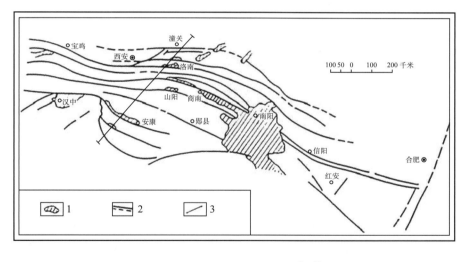

1. 新生代盆地　2. 主要断裂　3. 剖面线

图 11　秦岭构造带主要断裂及中新生代断陷盆地图

　　到新生界喜山期，东秦岭明显具有以张性断块为主的特征。首先，沿先期断裂，多数都发生断块的差异升降与旋转活动，沿断裂形成新生界红色断陷盆地，如第三纪初秦岭北侧渭河断谷的陷落。其次如月河断陷、山阳、商县、洛南、石门等断陷盆地，这些晚期断裂切割、旋转、调整燕山期由于逆冲推覆而造成的地块、岩片的叠置关系，使之构造更加复杂，使得地层岩群间的层序、结构关系也更加复杂。特别是秦岭中具有重要地质边界意义的一些主要断裂，多数都是长期活动、性质与特点有多次转化的复杂断裂系。像现今的洛南－栾川，商县－瓦穴子，商县、山阳－凤镇断裂带，都是历经多次不同性质断裂活动的综合体，各成为一特殊的地质体。它们对于秦岭构造带的形成与演化起着重大作用（图12）。仅就商丹断裂而言，它就是一个可能从早元古代已开始活动的主干断裂，在加里东期是一个俯冲带，中新生代有较大逆冲活动和平移，最晚期则具有正断层特征。该断层现今保持的最显著特征是最晚期断裂的面貌，它不是一个单一断层，而是一个右行斜列首尾相接的断裂系，单个断裂有限，但总的却是一个巨大断裂带。它们主要沿先期断裂发育，掩盖破坏先期的俯冲、逆冲断层的原有面貌，使得先存的各期断裂糜棱岩及与断裂有关的产物呈残存状态。新老不同的断裂复合一起，形成一个很宽的复杂综合地质体，其本身就成为秦岭区中一个重要的构造带，具有复杂而丰富的研究内容。

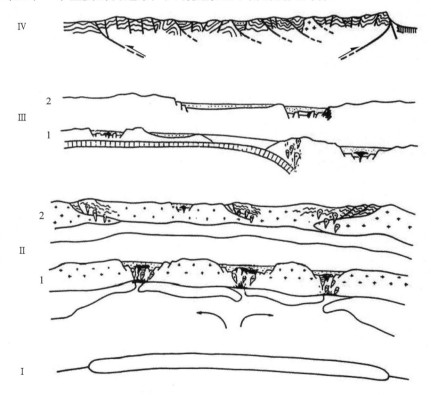

Ⅰ. 晚太古宙统一克拉通地块

Ⅱ. 元古宙古秦岭裂谷系及内硅铝造山作用　1. 早元古宙裂谷　2. 内硅铝造山及中晚元古宙裂陷

Ⅲ. 古生代时秦岭古板块构造　1. 加里东期　2. 印支期

Ⅳ. 中新生代逆冲推覆、块断板内造山作用

图 12　秦岭构造带演化示意图

五、结论

（1）秦岭构造带的形成与演化经历了四个主要发展阶段：①古秦岭构造带初始裂谷形成阶段。它于元古宙初期，在深部热动力机制作用下，由晚太古宙统一克拉通地块的分裂而发生。②元古宙古秦岭裂谷系活动带的发展演化及以 A 型俯冲为特征的内硅铝造山作用阶段。③显生宙早期的具现代板块构造特征的拉张，B 型俯冲、陆块碰撞型造山作用及活动陆缘与被动陆缘的地质演化。④中新生代以块断、平移、逆冲推覆构造为主要运动形式的强烈板内变形演化阶段。

（2）秦岭构造带是一复合型造山带，它由不同时期、不同类型造山作用所形成的各种构造带复合组成，具复杂时空组合关系，成为一个强烈复杂独具特征的大陆造山带。

（3）秦岭造山带在其发生发展演化的漫长历史进程中，由于地质背景和动力学机制的发展变化，在其不同发展阶段，经历了不同构造体制，不同类型的造山作用。作为一个强大的大陆造山带，它反映了地壳演化与造山带形成的非均变的、前进性的发展，在它自己的独特构造演化特征中包含着一定的普遍性规律。

参考文献

[1] 张国伟等. 嵩箕地区前嵩山群古构造基本特征. 构造地质论丛，1982（2）

[2] 张国伟等. 华北地块南部前震旦地壳组成及其对变质铁矿的控制作用. 西北大学学报，1980（2）

[3] 东秦岭构造研究组. 东秦岭构造体系及复合关系. 西北大学学报，1978（1）

[4] 任纪舜等. 中国大地构造及其演化. 北京：科学出版社，1980

[5] 马杏垣等. 华北地台基底构造. 地质学报，1979（4）

[6] 张秋生. 中国东秦岭变质地质. 吉林人民出版社，1980

[7] 王鸿祯等. 东秦岭古海域两侧大陆边缘区的构造发展. 地质学报，1982（3）

[8] 李四光. 地质力学概论. 北京：科学出版社，1973

[9] 张文佑等. 华北断块区的形成和发展. 见：华北断块区的形成与发展. 北京：科学出版社，1980

[10] 孙枢等. 豫晋陕中－晚元古代沉积盆地. 地质科学，1981（4）

[11] 李春昱等. 秦岭及祁连山构造发展史. 见：国际交流地质学术论文集（1）. 北京：地质出版社，1978

[12] 李春昱等. 中国板块构造的轮廓. 中国地质科学院院报，1980（1）

[13] 张秋生，朱永正. 东秦岭古生代蛇绿岩套. 长春地质学院院报，1984（3）

[14] 马托埃（Mattauer M.）. 山链的形成. 见：特提斯构造带地质学. 北京：地质出版社，1983

[15] 张文佑，钟嘉猷. 中国断裂体系的发展. 地质科学，1977（3）

[16] 朱夏等. 中国中新生代构造与含油气盆地. 地质学报，1983（3）

[17] 肖庆辉. 韧性断层的特征及断层应变和位移的测定方法. 构造地质论丛，1982（2）

[18] Zhang Guowei, Bai Yubao, Sun Yong, Guo Anlin, Zhou Dingwu, Li Taohong. Composition and Evolution of the Archaean Crust in Ceutiae Henan, China. Precambrian Redearch, 1985（2）

[19] Kroner, A. Archaean to early Proterozoic Tectonics and Crustae Evolution: A Reyiew. Wrevista Brasileira de Geociencias, V. 12（1～13），1982

[20] Kroner, A. Proterozoic mobite Belts Compatible With the plate tectonices Concept. Geological Society of Ameria Memoir, V. 161,1983

[21] Morgan, P. and Baker, B. H., (Ed). Processes of Continental Rifting. EL. Sci. Publ. B. V. 1983

[22] Coleman, R. G. Ophiolites: Ancient Oceanic Lithosphere. Springer-Verlag, Berlin, Heidelberg, New Vork, 1977

[23] Mcclay, K. R. and Price, N. J., (Ed.). Thrust and Nappe Tectonics. Spec. Publ. 9, Geol. Soc. London, 1981

[24] Dickinson, W. R. Plate Tectonic models for Orogeny at Contintal margins. Natwre, V. 232, 1971

[25] Seybert, C. K. and Sirkin, L. A. Earth History and plate Tectonics. Znd ed Harper and Raw Publ. New York, 1979

[26] Ulidly, B. F. The Evolving Continents. John Wiley and Sons, 1977

[27] Hsu, K. J. Thin-Skinned Plate Tectonics During Neo-Alpine Orogen esis. American Journal of Science, V. 0279, 1979

[28] Lister, G. S. The Simnlation of fabric Clevelopment Cluring Plastic deformation and its application to guartgite. the Model Tactono., Vol. 45, 1978

[29] Ramsay, J. G. and. Graham, R. H. Strain Variation in Shear belt. Can. J. Earth Sci., No. 7, 1970

[30] Sibson, R. H. Fault Yocks and Fault mechanisms. J. Geol. Sec, London, V. 133, 1977

秦岭商丹断裂边界地质体基本特征及其演化*

张国伟　于在平　孙　勇　程顺有　薛　峰　张成立

在秦岭中，纵贯东西的几条主干断裂带对于秦岭造山带的形成、发展和演化，长期起着控制作用，占有突出的地位。特别是北秦岭，在最宽出露不到 60 千米的范围内，主干断裂构造就有四条，成为秦岭带主要构造单元的分界线。其中商丹断裂带和洛南断裂带分割整个秦岭造山带成为三个主要亚构造带：①华北地块南部构造带，即原华北板块南部；②南秦岭构造带，即原扬子板块北缘；③北秦岭构造带，即原华北和扬子两大板块的结合带，而以原华北板块南缘活动大陆边缘为主体[1]。由此可见，商丹断裂带占据更为重要而突出的地位，它是南北秦岭构造带的分界线，也是华北和扬子两大板块俯冲碰撞的主缝合带，同时也是晚期中新生代推覆、平移和块断的构造活动带。它远非单一的深大断裂，而是以俯冲、碰撞界面为主导，具有复杂构成和长期演化历史的边界地质体，具有极其丰富的研究内容。所谓边界地质体，这里指的是在大陆地质中，于不同古板块或地质体间，具有边界划分意义，而又有其实体物质组成和结构构造及其演化历史的线状地质体或构造单元。商丹断裂带正是这样一种地质体，所以我们将其称之为商丹断裂边界地质体，简称商丹带。

一、 商丹断裂边界地质体是秦岭造山带中原华北与扬子两大板块俯冲碰撞的主缝合带

现今商丹边界地质体是长期复杂演化的综合结果，包括有不同时代、性质、类型的岩层、岩块和岩片，并以不同断裂或韧性剪切带方式组合而成，虽然经历了多期构造演变，但其中又以扬子－华北两板块间的主缝合界面为主导，组成统一的边界地质体。它的具体构成有：①以商丹主界面韧性剪切带为骨干的断裂系统，包括不同时代、不同深度层次和不同性质类型的糜棱岩带、脆性断层碎裂岩带；②被断裂分割的丹凤蛇绿岩岩块岩片组合体；③以仰冲岩片组合为特色的原弧前沉积楔形体；④与俯冲碰撞直接相关

---

*本文原刊于《秦岭造山带的形成及其演化》，1988: 29-47.

的花岗岩体、岩脉；⑤晚期脆性断层直接控制的呈线性分布的断陷盆地和红色沉积岩系。

商丹带沿北秦岭构造带中秦岭群南侧和南秦岭构造带的刘岭群或信阳群北缘间，呈近东西向分布，延伸约千公里，而南北最宽仅约 6 ～ 8 千米，呈狭长带状。纵向和横向上均有很大变化，如在东部从南阳盆地西侧到商南县附近，以及从柞水县营盘到宁陕县沙沟街一带，缺失或零星分布丹凤蛇绿岩，而以糜棱岩带、弧前沉积楔形体仰冲岩片，或平移剪切带和晚期脆性断层为主要组成，与其他地段显然有差异，但不论怎样变化，它们最根本的共同特点是一致的，即是华北－扬子板块间的分界线，秦岭造山带中的板块主缝合带。

秦岭造山带以商丹带为界，其南北部分虽然在中新生代时期具有统一的板内变形，但其主要不同却表现在自晚元古宙到中生代初期分属不同板块的各自地质演化历史以及不同的地壳结构。

（一）商丹边界地质体是秦岭带内南北构造带不同地壳结构的分界线

商丹带以北，重磁异常场特征与华北地块相似，磁场以明显高值正异常为特征，而与南秦岭显然不同[2][3]。商丹带恰是南北不同磁场的分界线重力梯度带。新的地震测深反映商丹带南北具有不同的地壳波速结构剖面。尽管它们都存在低速夹层、互层，但在低速层的层数和分布深度与组合状态上，却不一样（蔡尚中[①]，1986）[4][5]，从而表明它们是两个具有不同地壳结构的块体。同时测深还表明，商丹带上部产状陡峭，向下逐渐变缓，北倾，可延至岩石圈地幔（蔡尚中，1986）。以上初步的地球物理资料，结合地表地质说明商丹断裂边界地质体是秦岭造山带南北两个不同地壳板块的分界线，是从地壳到上地幔具有壳幔深层划分意义的秦岭带中古岩石圈板块的主要界限。

（二）商丹带也是南北地表地质的基本分界线

南北两板块长期具有不同的地质演化历史。首先在地层组成上，南秦岭具有扬子板块的基底与盖层双层结构，晚元古宙郧西群、辉岭河群的变质中酸性、基性火山－沉积岩系和陡山沱组与灯影组的从复理石到稳定相的沉积岩层，在南秦岭广泛出露，但它们的分布从不超越商丹带。南秦岭的下古生界和上古生界－中下三叠系沉积岩层都表现出，从陆棚－陆坡－陆隆乃至深水平原相的自南向北逐渐加深的规律变化，表明它们原是扬子板块北缘的统一被动大陆边缘沉积体系。它们虽然在早古生代，由于边缘断陷，沿平利－石泉一线沉积了边缘裂谷型深水相洞河群和偏碱性的次火山岩与岩浆岩，以及上古生界－中下三叠系沉积体系与下古生界间在沉积环境与岩相分布上有变化调整，但它们总的自南而北加深的大陆边缘沉积体系总格局始终没有根本变化（见《秦岭造山带的南部古被动大陆边缘》一文图2，图3）。这就充分说明自晚元古宙到印支期，扬子板块北缘一直处于被动大陆边缘构造背景下。而北秦岭带的地层系统与之显然不同，这里以古

①蔡尚中：《东秦岭深部地壳结构以及初步地质解释》。

老的前寒武纪变质结晶岩系秦岭群和宽坪群为基底，出现了上元古宇－古生界的丹凤蛇绿岩、云架山－二郎坪蛇绿岩系及弧前弧后复理石浊积岩系。若与华北南部构造带的以早前寒武系为基底，中元古宇起为盖层的典型华北型双层结构相比，自然也不相同，但从早前寒武纪基底的组成、构造特征及前述的地球物理场的相似性比较，它的基底更近似于华北基底，同时综合分析北秦岭带内的蛇绿岩系和大量古生代钙碱性花岗岩体的侵入，以及商丹带本身的特征，一致表明北秦岭带原是华北板块南缘的活动大陆边缘，与扬子板块北缘被动大陆边缘同时遥相对应，只是由于俯冲碰撞造山作用和中新生代以来的构造叠加改造，使之仅呈残存状态。显而易见商丹断裂边界地质体正是这两大板块前缘相应大陆边缘体系最后碰撞的结合带，因此也是南北地质的主要分界线。再者，在构造上，南北秦岭构造带间，既有显著不同又有相似之处。不同在于北秦岭带具有秦岭群等古老硬化基底岩块和以丹凤、二郎坪蛇绿岩、钙碱性花岗岩体以及弧前弧后盆地沉积体系为标志，由于俯冲碰撞造山作用而形成的构造变形和活动陆缘残余体的复杂构造组合，而南秦岭则仅是在原来构造基础上，也因为俯冲碰撞造山作用，由被动大陆沉积体系所形成的构造变形和组合。构造相同的地方在于它们都经历了古秦岭海洋扩张打开到俯冲碰撞闭合的构造演化和之后两者结成统一板块的板内构造变形，从而形成现今以自北而南为主的多层次逆冲推覆迭瓦构造。北秦岭具有地壳大规模收缩挤压的强烈复杂构造组合，南秦岭则主要是多层次滑脱推覆构造。商丹带正是分割南北秦岭带的岩石圈板块俯冲碰撞的具壳幔深层划分意义的巨大铲型逆冲构造带。

以上从地壳深层结构到地表地质都说明商丹带确系秦岭造山带中具有重要意义的划分性边界，实际上从商丹带本身的复杂构成和长期演化历史也将会更充分证明这一点，详细论述于下。

二、商丹断裂边界地质体的构成及特征

（一）商丹断裂边界地质体中的韧性剪切带和断层构造系统

商丹带中的断裂构造系统，比较复杂，包括了不同构造时期在不同的深度层次下所形成的不同规模和级别的韧性剪切带与断层，它们多期叠加复合，并造成强烈多期的叠加动力变质作用和线性岩体岩脉的复合性贯入穿插，空间分布形成横向上疏密相间，纵向上连续贯通整个带，或继续分布。它们主要以不同类型糜棱岩带、脆性碎裂岩带、线性岩体岩脉和碎裂岩化或糜棱岩化的岩体岩脉，以及直接由断层和不同岩层岩块的邻接等多种形式表现出来。总之，它是一个长期活动、多次叠加复合，具有复杂多样构造组合的断裂系统。通过宏观微观相结合的观察研究和大比例尺填图及路线追索，概括起来主要共有先后四期形成的二大断层系列，即俯冲作用、碰撞造山作用、逆冲推覆构造和

平移剪切与块断等四期，韧性、脆－韧性和脆性两大断层系列。反映出商丹带在秦岭造山带形成与演化的不同发展阶段，在不同构造体制与背景下的发生发展和演化。现今商丹带中的断裂系统以丹凤－商南段和宁陕沙沟段为例依照空间组合分布，按丹凤填图区可分出以下次级密集韧性带或断层带，自北而南：①十五里铺－鸡冠山－商南脆－韧性逆冲剪切带F_1；②涌峪口－周家村韧性剪切带 F_2；③资峪店－半沟村主韧性剪切带F_3；④晚期商丹脆性断层破碎带和平移剪切带 F_4；⑤庙沟－桃花铺南韧性剪切带 F_5；⑥南缘主韧性剪切带 F_6。实际上还可以更详细加以划分（图1）。

1. 晚期脆性断层和平移剪切带

晚期脆性断层主要表现为属碎裂岩系列的断层角砾岩带和断层破碎带，以及假熔岩。如从商县到商南间的通常所称的晚期商丹断层 F_4，以平均宽约 0.5 千米的脆性断层碎裂岩带出现，地貌上形成线性负地形（图2）。在宁陕县沙沟一带还发育有假熔岩。从整个商丹带看，晚期脆性断层最突出的特征是分布不连续，分成数段，右行斜列，并沿其形成白垩－第三纪红色断陷盆地，如宝成线上的白石铺段，宁陕沙沟段，商县－丹凤段，朱夏断层段等，后两段斜列分布尤为明显，并横跨秦岭群上述各段断层均表现为先拉张断陷（图3）[6]，接受白垩－第三系红色沉积后，又断错红盆，在红盆的边界上，沿断层发生逆冲，使老的地层逆冲在红层之上，并且整体红层也发生宽缓褶皱（图4）。因此显然晚期脆性断层系列，主要形成于燕山晚期，但在第三纪时又遭受挤压变形。商丹带晚期断层的这些特征与北秦岭构造带中，包括商丹带在内的几条主干断裂，在大致与之同时发生的平移剪切活动密切相关。在商丹带中沿西峡－丹凤－商县三十里铺南－宁陕沙沟－宝成线白石铺一线发育表现形式不一的脆性到脆韧性平移剪切带，叠加在先期糜棱岩带中。与之相应，在商丹带以北，沿秦岭群北缘的高耀－商县－板房子－柳叶河断裂以及其他平行展布的主干断裂，也显示了类似性质的平移剪切活动。平移剪切带内形成碎裂糜棱岩或脆韧性糜棱岩，假熔岩，其中在片理面上普遍发育近水平的拉伸矿物线理、擦痕线理，主导产状为 $110° \sim 120° \angle 15° \sim 20°$，指示左行平移走滑。但同时在伴随这期左行平移的线理中，常常有呈残留状态的先期指示反向平移的矿物线理和擦痕，反映了右行平移。因此这些位于秦岭群结晶岩块南北两侧的先右行后左行的平移剪切活动，与上述限制在它们之间的晚期脆性断层及红盆的斜列分布和先拉张后挤压构造具有内在成生联系，它们形成时间大致同时，都在燕山晚期到第三纪，构造规律相吻合，所以晚期断层不是贯穿整个商丹带的独立构造，而是平移剪切活动的派生构造，它的先拉张后挤压正是平移剪切的先右行后左行的必然结果，其斜列横跨分布原因也正在于此。

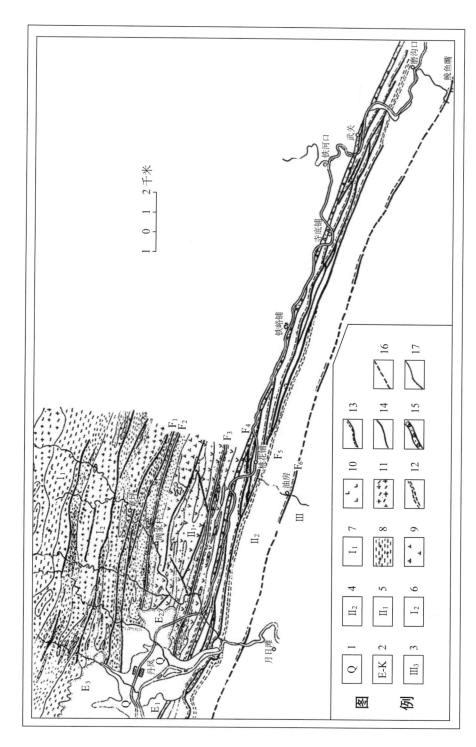

图 1 丹凤地区商丹断裂边界地质体地质图

1. 第四系 2. 第三系－白垩系 3. 刘岭群 4. 沉积楔形体仰冲岩片组合带 5. 秦岭群上岩性段 6、7. 秦岭群下岩性段 8. 花岗片麻岩 9. 闪长岩
10. 辉长岩 11. 韧性断层 12. 脆－韧性断层 13. 平移断层 14. 断层 15. 脆性破碎带 16. 推测地质界线 17. 地质界线

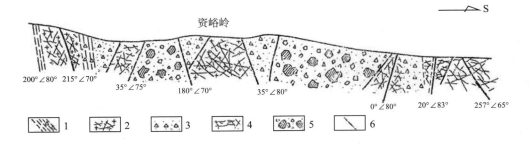

1. 糜棱岩　2. 碎裂岩化花岗岩　3. 碎裂岩　4. 碎裂岩化角闪质岩石　5. 角砾岩　6. 脆性断层

图 2　丹凤资峪岭脆性断层剖面图

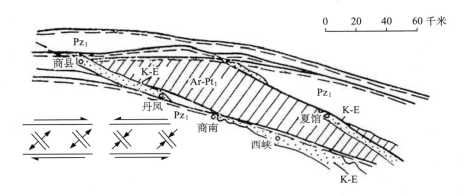

K-E. 白垩系－第三系　Pz₁. 下古生界　Ar-Pt₁. 早前寒武系秦岭群

图 3　商丹－西峡地区晚期脆性断层与红色盆地分布

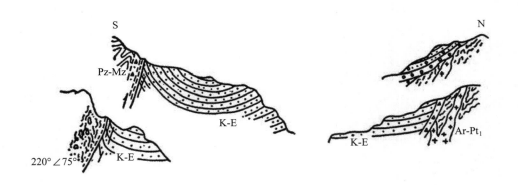

K-E. 白垩系－第三系　Pz-Mz. 古生界中生界　Ar-Pt₁. 早前寒武系秦岭群

图 4　丹凤断陷盆地横剖面图

2. 韧性和脆韧性剪切带

筛除上述晚期脆性断层和脆-韧性过渡特征的平移剪切断层的叠加影响，商丹断裂边界地质体中，广泛发育疏密不等分布的各类糜棱岩带。根据野外大比例尺填图和各种糜棱岩形成的深度层次及应变强度，按糜棱岩的基质含量及碎斑粒径[7~13]，并参考部分同位素年龄，可将商丹带中的糜棱岩带划分为三个大的类型：①糜棱片麻岩、眼球状糜棱片麻岩，糜棱片岩、变晶糜棱岩类，它们类似于区域变质岩，但仍残留有糜棱岩结构，静态重结晶程度较高，形成于较深层次，或又遭受了叠加变质变形作用；②千糜岩、超糜棱岩、眼球状糜棱岩、糜棱岩类，为一般典型糜棱岩，含不等量的碎斑变余斑晶，基质占主导含量大于 50%，动态恢复和重结晶作用占重要地位；③糜棱岩化、初糜棱岩类，岩石已发生塑性糜棱岩化作用，但保留有原岩结构或伴生有明显脆性变形部分，称脆-韧性剪切带。它们空间上平行成带分布，或相互迭置复合，或呈残存状态。时代上彼此先后不同，或有重叠。

（1）脆-韧性剪切带：沿商丹带北缘均有出露，尤以十五里铺-鸡冠山-商南脆韧性剪切带比较典型，它正是商丹带中丹凤蛇绿岩与北部秦岭群结晶岩系的分界线，原应是蛇绿岩构造就位的主要界线之一，它斜交截切秦岭群先期所有构造线。现主要表现为沿此界线，分布线状多期复合贯入的花岗岩体和伟晶岩脉。它们强烈糜棱岩化，成为突出的糜棱岩化花岗岩带。主要由糜棱岩化花岗岩、初糜棱岩和糜棱岩组成，其中夹持大小不等的轻微受到改造的原花岗岩块，多呈透镜状夹体。此脆-韧性剪切带以初糜棱岩为主，岩石外貌整个细粒化，夹有软化基质条带条纹，具流动构造。镜下可见长石以脆性碎裂化为主，机械研磨细粒化为碎裂糜棱岩，或呈变余斑晶状。石英则多已塑性变形，发育波状消光、变形纹，拉伸定向，部分动态重结晶细粒化，集中呈条带和细小拉长透镜状，具有拉伸线理意义，多数顺近乎直立的条纹面理分布，指示南北向逆冲剪切运动方向，现呈高角度。在花岗质初糜棱岩中，夹杂着若干呈带分布的糜棱岩化花岗岩，而在强烈应变地段，则形成长英质糜棱岩，其内由绢云母、绿泥石、细粒石英等软化基质，构成强烈流动构造，镜下长石已开始具塑性变形特征，并分解成绢云母石英等细粒新矿物，黑云母为绿泥石交代，石英重结晶广泛，具核幔结构，具有糜棱岩变形恢复和重结晶等阶段的构造特征。矿物拉伸线理（以石英或长英集合体为标志），也成高角度近直立状。宁陕沙沟一带商丹带也有类似情况，其中糜棱岩化花岗岩 Sm-Nd 年龄为 126±9Ma，应是燕山期产物。概括脆-韧性剪切带特征，①主要位于商丹带与秦岭群分界线上；②以长英质脆-韧性糜棱岩和南北向拉伸线理为特色；③伴随绿片岩相动力变质作用。因此我们认为它主要是燕山期在地壳中浅层次形成的逆冲剪切带，结合区域地质特征，尤其是此带以北大量燕山期花岗岩体的侵入活动，并参考地球物资资料，推断它应是北秦岭带中新生代逆冲推覆迭瓦构造的主要组成部分之一，属逆冲推覆韧性剪切带。

（2）韧性剪切带：以糜棱岩、超糜棱岩、眼球糜棱岩和千糜棱岩带为代表，一些地段以糜棱片麻岩和眼球状糜棱片麻岩为主。它们是商丹带中的主导构造，集中呈数带强烈发育。从丹凤大比例尺填图范围看（见图1），它们分别发育在丹凤蛇绿岩和弧前沉积楔形体中，而且两者形成鲜明对照。在蛇绿岩中的，现呈高角度韧性逆冲迭瓦剪切带，显示自北而南的逆冲，如图1的 F_2、F_3 等；而在沉积楔形体中的则是自南而北的仰冲迭瓦状韧性带，如图1的 F_5、F_6 及次级构造。它们及其平行的次级韧性剪切带成为丹凤蛇绿岩和沉积楔形体以俯冲仰冲形式构造就位，并被分割成构造岩片组合的主要标志和界线。在商丹带的其他地段，如商县三十里铺、宁陕沙沟、周至黑河、宝成线上等地也有类似情况，所以它们应是南北板块俯冲碰撞造山作用的主要产物之一。

以丹凤填图区为例：在蛇绿岩系中的韧性剪切带主要有二带，其中资峪店－半沟村韧性剪切带 F_3，正是变辉长岩类和石榴子石角闪片岩与北侧枕状玄武岩、块状拉斑玄武岩、岩墙群间的分界线，沿界线集中分布不同期次贯入的花岗岩体岩脉，均已成长英质糜棱岩、眼球状糜棱岩、千糜岩，其中还夹有眼球状糜棱片麻岩。在其走向上与之相应而无长英质糜棱岩地段，则出现基性糜棱岩，形成绿帘绿泥阳起片岩、绢云绿泥片岩或夹有长英质透镜团块的糜棱片岩，其中发育复杂小型揉皱折劈。F_3 糜棱岩带中强烈发育塑性流动构造和长英质拉伸线理，呈高角度直立状。一些地段发育眼球状长石斑晶，长石发生塑性变形，出现变形双晶、扭折、压力影、以眼球为核心的旋转扭动，少部分开始重结晶细粒化，但也有长石颗粒内部出现裂纹者，显示脆性特征。在高应变中心部分，长石已大量消失，转化为细粒软化基质，强烈褶皱和片理化，而石英多数动态重结晶，出现条纹状分布的矩形晶。残余变形石英拉伸定向，在一些地方成为具透入性的拉伸线理，发育在高角度片理面上，并顺其倾向延伸。在这种糜棱岩中原岩结构构造已很少保存，绝大部分重结晶颗粒很细小，基质成分占主导，形成超糜棱岩和千糜岩。如果说糜棱岩的结构是应变和恢复作用的函数，则此类糜棱岩中重结晶恢复作用已占突出位置，糜棱岩已向糜棱片麻岩过渡，反映它们是在较深层次、较高温压条件和应变速率相对较慢的情况下，由韧性流动和晶内塑性细粒化所造成，是高度塑性变形的产物（图5，图6）。

F_2 韧性剪切带（见图1），分布在丹凤蛇绿岩中，特征类似于 F_3，也是高应变糜棱岩带，但出露较窄，并为晚期伟晶岩脉群占据，后又叠加发生脆性断层。

在蛇绿岩南北侧由于晚期脆性断层－平移剪切带和脆－韧性逆冲剪切带的叠加破坏，使先期韧性糜棱岩带保存不多，仅断续可见，夹于晚期构造岩带中，但它们的存在表明蛇绿岩南北侧原都以较深层次的韧性剪切带为边界，表明蛇绿岩为构造岩块。

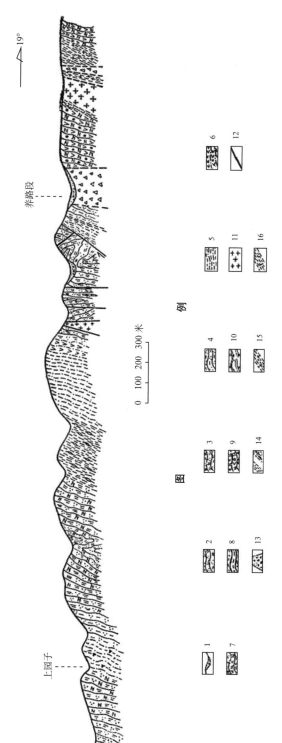

图 5 丹凤郭家沟口糜棱岩带实测剖面

1. 第四系 2. 绢云石英片岩 3. 绢云长石石英片岩 4. 长英质片岩 5. 黑云变粒岩 6. 角闪变粒岩 7. 斜长角闪片岩 8. 电气石黑云变粒岩
9. 含榴斜长角闪片岩 10. 大理岩 11. 花岗岩 12. 断层 13. 碎裂岩带 14. 眼球状糜棱岩 15. 花岗质糜棱岩 16. 基性糜棱岩

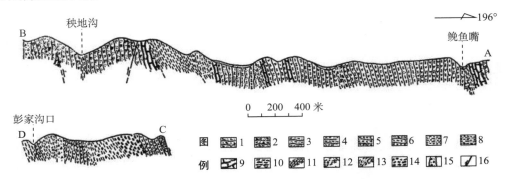

1. 绢云石英片岩　2. 绢云母长英质片岩　3. 黑云石英片岩　4. 黑云长石石英片岩　5. 斜长角闪片岩
6. 含石榴斜长角闪片岩　7. 黑云变粒岩　8. 二云变粒岩　9. 大理岩　10. 眼球状糜棱片麻岩
11. 糜棱岩　12. 花岗质糜棱岩　13. 基性糜棱岩　14. 变晶千糜棱　15. 破裂岩　16. 脆性断层

图 6　武关－铁河口糜棱岩带实测剖面图

丹凤蛇绿岩中，除主要韧性应变带外，还发育很多次级平行或分枝交接的韧性带，它们共同从三维空间上不同级别的分割蛇绿岩成不同岩块，但总体又联结组合成一带构造蛇绿岩带，并长距离延伸，夹持于华北与扬子板块之间，这就说明这些韧性剪切带正是丹凤蛇绿岩块得以构造就位的主要韧性断层系统，它们原发生在较深层次，以强烈塑性变形为主，而后由于激烈构造变动，碰撞挤压，抬升剥蚀及晚期构造叠加改造，终成今天出露于地表的高角度逆冲迭瓦状韧性剪切构造。

商丹带内，丹凤蛇绿岩的南侧，是一套以杂砂岩、凝灰岩为主的弧前沉积楔形体（详述于后），根据丹凤地区大比例尺填图追索（见图 1），它呈狭长岩块，最宽约 5～8 千米，与蛇绿岩带平行分布，其周边和内部均以韧性带为界，并成自南而北的仰冲迭瓦状构造岩片。以丹凤县城到清油河间为代表，其中主要韧性带有：丹凤庙沟－桃花铺南韧性剪切带 F_5（见图 1），油房沟－武关河鲶鱼嘴韧性剪切带 F_6，同时伴生岩层的南倾北倒的平卧到不对称褶皱及次级韧性带与断层，并有重褶皱存在（图 7）。F_5 在丹凤县城南庙沟一带出露典型，由数条韧性带组成，其中庙沟发育产状为 190°～200°∠20°～30°至∠45°～50°的韧性推覆剪切带，上盘是厚层结晶灰岩夹片岩，产状较缓，下盘为片岩夹结晶灰岩，强烈褶皱变形，褶轴 SSE-NNW 走向，平行韧性主滑动面倾向，构成 A 型褶皱，指示自南而北的推覆滑动。F_5 韧性带近东西向延伸，向东到桃花铺南，武关鞍沟桥等地，主要成为高角度到中等角度的南倾千糜岩、糜棱片岩和糜棱岩带（图 8）。它们主要发育在沉积楔形体的杂砂岩和凝灰岩中，以碎斑千糜岩和斑状糜棱岩为特征。基质含量较高，以软化的绢云母、绿泥石和细粒长英质矿物为主。碎斑较多，一些地段几乎占 50% 左右，以长石

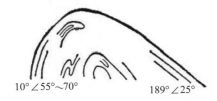

图 7　沉积楔形体仰冲岩片中的重褶皱

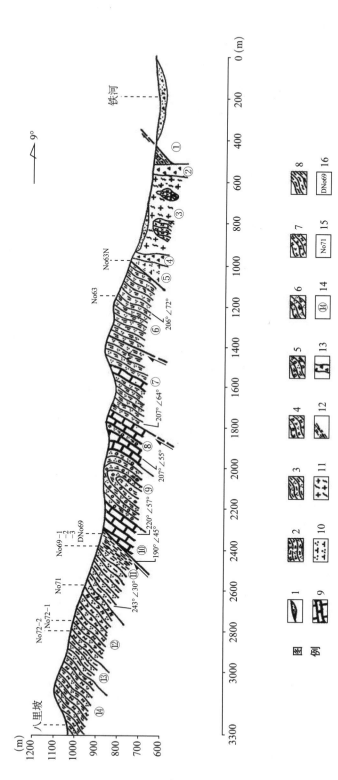

图 8 丹凤八里坡实测剖面图

图例

1. 第四系 2. 绢云长石石英片岩 3. 黑云石英片岩 4. 含角闪石长英质片岩 5. 含榴绢云长英片岩 6. 绢云石英片岩 7. 斜长角闪片岩 8. 绿泥片岩 9. 大理岩 10. 石英闪长岩 11. 片理化花岗岩 12. 糜棱岩 13. 碎裂岩 14. 层号 15. 样品号 16. 定向标本

和长英质集合体为主，有一些则是细粒伟晶岩脉拉断、旋转而成的眼球，貌似斑晶和砾石。糜棱岩中石英明显处于塑性变形状态，长石虽部分仍以"硬质"碎斑出现，然而也已开始塑性变形，成压扁拉长眼球状和边缘亚晶细粒化。与蛇绿岩中发育的糜棱岩相比，其形成深度要浅一些。

商丹带的南缘边界，也即沉积楔形体仰冲岩片组合体的南缘，沿于坪、棣花南沟、月日滩北、桃花铺南油房、武关河鲵鱼嘴一线为一高应变带，发育千糜岩、糜棱岩及其剧烈剪切褶曲，形成无明显断面的强烈复杂的韧性揉搓带。沿此带有强烈的热液蚀变、绿泥石化、碳酸岩化、黄铁矿化等，新近沿线发现一系列金矿化点，我们认为这可能与韧性带揉搓破碎软化及顺之热液贯入蚀变有关，值得进一步研究。沿此带以南，便是典型刘岭群岩层，变形相对减弱，而且构造主导变为自北向南逆冲和北倾南倒或直立的褶皱，所以我们认为，韧性带是沉积楔形体的南界。实际也是南北两大板块碰撞接触的前锋地带，由于俯冲仰冲、收缩挤压变形，使之拥挤在一起，甚至某些地段混杂在一起。自然这一界线并非就是南北板块俯冲碰撞的深层主界面，沉积楔形体是推挤仰冲的无根岩片，应是中浅层的地质界线。

上面以丹凤填图区为例，剖析了商丹断裂边界地质体内的韧性剪切带和断层系统，下面我们将其与西延的相应部分——宁陕沙沟地区的商丹带加以对比。

商丹带沙沟段，位于柞水营盘、老林头、黄花岭到宁陕沙沟街一带，西万公路横穿其间。这里以巨大典型的糜棱岩带为主，出露宽达 2.5 ～ 3 千米，也包括少量零星分布的蛇绿岩、沉积楔形体和沙沟断层及红色盆地。该带北为秦岭群云斜片麻岩、混合片麻岩夹角闪片岩，南以脆性断层或沙沟红盆与刘岭群相邻。顺走向向西为太平峪 NNE 向斜冲断裂带。商丹带沙沟段从其区域地质背景及自身占主导的糜棱岩的特征看，反映它是较深层次产物的现今地表出露。依据是：

（1）沙沟地带区域地质表明（图 9），以晚期 NNE 向太平峪逆冲断裂系为界，东侧从太平峪到商县之间的北秦岭带，出露强烈混合岩化的秦岭群和宽坪群，并有大量花岗岩体占据。秦岭群以其区域片麻理为标志，构成在太平峪断裂东侧封闭的穹隆构造。它的南缘缺失或零星出露丹凤蛇绿岩，但在太平峪断裂的西侧四方台、黑河一带则较广泛出露蛇绿岩，而且相对于东侧，明显向北错移 10 ～ 15 千米。同时西侧的秦岭群骤然变成狭窄一条，宽不到 3 ～ 5 千米，与东侧秦岭群宽阔出露截然对立。还有东侧大量的花岗岩体如八里坪、沣峪岩体等也都终止于太平峪断裂一线。太平峪 NNE 向断裂截切北秦岭先期所有构造线，而又被晚期平移剪切与脆性断层所切断。据此，并按太平峪断裂自东北向西南的斜冲性质，说明断裂东侧的北秦岭部分是抬升剥蚀而出露的较深层次的块体，当然商丹带沙沟段也应该是深层产物的出露。事实上，沙沟段的韧性剪切带的特征也完全证明了这一点。

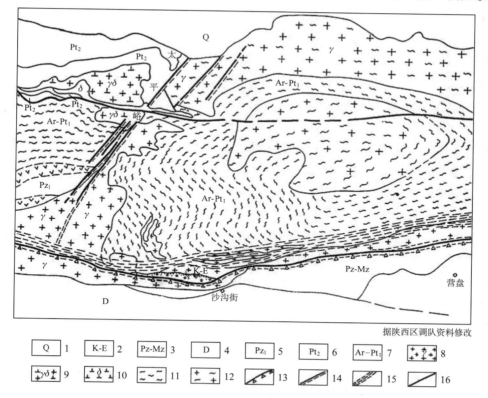

据陕西区调队资料修改

| Q | 1 | K-E | 2 | Pz-Mz | 3 | D | 4 | Pz₁ | 5 | Pt₂ | 6 | Ar–Pt₁ | 7 | | 8 |
| | 9 | | 10 | | 11 | | 12 | | 13 | | 14 | | 15 | | 16 |

1. 第四系　2. 白垩－第三系　3. 古生－中生界　4. 泥盆系　5. 下古生界　6. 中元古宇
7. 上太古－下元古宇　8. 花岗岩　9. 花岗闪长岩　10. 闪长岩　11. 片麻岩　12. 花岗片麻岩
13. 脆性或平移断裂　14. 脆韧性断裂　15. 韧性断裂　16. 断层

图 9　宁陕沙沟一带韧性带地质略图

（2）沙沟段的糜棱岩是商丹带深层韧性剪切带的产物。商丹带沙沟段主体是由不同期次和类型的糜棱岩叠加复合而组成的一个巨大典型的韧性剪切带。韧性带母岩保存不多，但尚可分辩，主要是花岗岩类和长英质片麻岩和角闪片岩。根据糜棱岩类特征及其彼此交切关系，沙沟段至少有四期韧性剪切与脆性断层的叠加变形和动力退变质作用：①晚期脆性断层角砾带和假玄武熔岩，叠加在先期糜棱岩上，标志明显，易于识别。假熔岩显然是在高应力差下快速摩擦生热熔化焠冷的结果，属地壳浅层脆性断层产物。②在糜棱岩片理化面上，发育透入性的水平擦痕和矿物拉伸线理，平均产状 110°～120°∠15°～20°，显示强烈水平剪切活动，伴随绢云母＋绿泥石＋石英的绿片岩相动力退变质作用。具脆－韧性平移剪切带特征。也有先右行后左行的印记。③眼球状糜棱岩、超糜棱岩、糜棱片麻岩，它们相间混杂分布，其中眼球状糜棱岩和超糜棱岩是沙沟地段最主要的糜棱岩类型。根据糜棱岩及其母岩－花岗岩类野外关系，它们又可区分有二期活动，一般不易区分。暗色的超糜棱岩以宽窄不一的条带穿插在含巨大眼球的糜棱岩带中，二者的边界清楚或者呈过渡。超糜棱岩处于最强应变部分，高度塑性变形，基质占

80%～90%，动态重结晶和恢复作用占优势，发育晶内蠕变和扩散作用，使应变带中晶内积蓄的应变能转化为亚晶和重结晶新颗粒，从而细粒化，形成塑性软化基质。眼球状糜棱岩中大的长石变余斑晶，虽仍有脆性－塑性过渡状态的显示，但已明显发生塑性变形，眼球压扁拉长，发育核幔结构，旋转扭动，拨丝构造等。糜棱岩中局部可见由角闪石组成的 a 形线理，产状与片理倾向一致，显示先期的南北向逆冲韧性剪切作用。

沙沟糜棱岩带中，广泛发育作为母岩的不同期次花岗岩类，彼此复合贯入，遭受强烈糜棱岩化。现依据原岩和糜棱岩化程度及交切关系，可以分出三类：已成残留状态的糜棱片麻岩的母岩花岗岩类；具变余斑晶和眼球的糜棱岩类的母岩，其中相当一部分原是斑状花岗岩；原岩尚还清楚的糜棱岩化浅色花岗岩和伟晶岩。这些花岗岩类的原岩特征是形成沙沟糜棱岩带特色的主要因素之一。

我们新近获得了商丹带沙沟段糜棱岩带多组同位素年龄和其形成温压条件的测试结果，它们与上述依据野外关系和糜棱岩组构所划分的糜棱岩期次是完全一致的。同位素年龄数据分为三组：①假玄武玻璃岩化的初糜棱岩和糜棱岩化的细粒浅色花岗岩，Rb-Sr 全岩等时线年龄 0.45～0.5Ma，属燕山晚期到第三纪，相应于上述晚期断层和剪切平移活动时期。②花岗质斑状糜棱岩的 Sm-Nd 年龄 126±9Ma。应相对于上述燕山期的自北而南的逆冲剪切活动。③眼球和碎斑糜棱岩中的完好自形晶锆石 U-Pb 一致线年龄是 211±8Ma，其母岩为斑状花岗岩，年龄值反映其侵位时间。由六块眼球状糜棱岩所得的 Rb-Sr 全岩等时线年龄为 219Ma。两者似乎有矛盾，但我们分析认为，糜棱岩带正如前述是由多期侵入的花岗岩和原片麻岩、角闪片岩为母岩而形成的，糜棱岩 Rb-Sr 等时线年龄正是韧性剪切带形成时代，而锆石 U-Pb 年龄则是沿其侵入的花岗岩生成年龄，而后又遭受新的糜棱岩化。这正说明沙沟巨大而典型的糜棱岩带主要是在印支造山作用中形成，并伴随有印支期花岗岩的侵入活动。依据眼球状糜棱岩基质中重结晶矿物形成的温压条件的测试结果，它们形成于 550℃，< 5kb 的环境中，相当于角闪岩相，处于地壳较深部位，大致相当于 15～20 千米深。这也与上述眼球糜棱岩、超糜棱岩结构特征是相吻合的。

这里需要特别指出的是，将沙沟段和丹凤填图区的商丹带加以对比，它们同处一带，基本构成与特征一致，但从各个主要组成部分，特别是从总的糜棱岩类型、结构及伴生的动力变质作用类型和重结晶矿物形成的温压条件等诸方面考虑，变化和差异是明显的，沙沟段形成深度大于丹凤地区，前者处于角闪岩相条件，而后者主要处于绿片岩相条件。因此可以看出同是一带的商丹断裂边界地质体，在其纵向延伸方向上的各段，今天地表出露的，并非是同一深度层次，所以表现在糜棱岩的组成及结构上也必然有差异。各段的变化及差异，综合起来，正好揭示了商丹断裂边界地质体在垂直方向上的变化。

（二）丹凤蛇绿岩构造组合体

丹凤蛇绿岩是商丹带的主要组成部分，具有特殊的地质意义。丹凤蛇绿岩是秦岭造山带中一套镁铁质、超镁铁质和复理石浅变质岩系，它们沿秦岭群南侧线状断续分布，主要出露于商南－丹凤，商县三十里铺、秦王山、眉县户县黑河－涝峪一带及太白－宝成线一带。鉴于大陆造山带中蛇绿岩类型及形成构造环境的多样性及复杂性，以及某些地质与地球化学方法与标志的不确定性，我们从蛇绿岩是大陆造山带中超镁铁质、镁铁质岩组合的广泛意义出发，按照秦岭带蛇绿岩本身的实际特性考虑，采用包括野外考察和构造变形、岩石学、地球化学等多学科综合研究方法，并与世界典型蛇绿岩对比，进行慎重判别，认为它主要是岛弧－边缘海型蛇绿岩[14~19]。关于它的性质、形成构造环境及构造就位方式，另有专文讨论。这里概括其主要特征为：

（1）岩石组合具有蛇绿岩基本特征。以块状玄武岩、枕状拉斑玄武岩，似层状辉长杂岩为主间有辉绿岩墙及少量超镁铁质岩，多量的弧前复理石浊积岩系，缺乏真正大洋沉积物。因构造关系蛇绿岩组合不完整，层序不清，或就无固定的层序，是不同来源的岩块。岩石组合表明它们主要是靠近大陆边缘，与岛弧相关联的环境中形成（见本书《秦岭构造带的形成及其演化》一文图 3）。

（2）丹凤蛇绿岩各类基性火山岩的主微量元素特征多数比较一致，反映具有拉斑玄武岩系列和钙碱系列的共生，属 CA＋TH 型。稀土元素谱型，除个别为平坦型外，多为富集型。其 Sr^{87}/Sr^{86} 初始比值在 $0.703 \sim 0.708$ 之间。它们的主要岩石地球化学特征具有岛弧－边缘海型，显著区别于洋脊蛇绿岩，与特罗多斯等蛇绿岩较为近似。同时在丹凤蛇绿岩中，还有少部分可能属消减带蛇绿岩块[18][17]，如秦王山、黑河一带，基性火山岩的拉斑玄武岩系列岩石中夹有碱性玄武岩，并有中高压变质作用。它们的形成除部分属大洋拉斑玄武岩外，显然也与岛弧环境的火山作用相联系。而太白－宝成线上的蛇绿岩更富有钙碱性系列岩石。因此丹凤蛇绿岩带中，包含有不同构造环境下形成的不同类型蛇绿岩，表明它们的形成是复杂的，非单一成因，并有复杂的构造组合。

（3）丹凤蛇绿岩及其中的各蛇绿岩块，以不同级别的韧性剪切带和断层相分隔，成为构造岩块组合体，显示它们是构造就位的非原地系统的地质体。它们是在古秦岭洋壳消亡殆尽，南北板块俯冲碰撞造山作用中所仅残留下来的以岛弧型为主的蛇绿杂岩系，成为秦岭造山带中板块缝合带的主要标志之一。

（4）丹凤蛇绿岩的时代，依据其中的拉斑玄武岩 Rb-Sr 全岩等时线年龄 447.8±41.5Ma（我们采样于丹凤资峪，地矿部测试所测试，1986）和商县拉垃庙辉长苏长岩 Sm-Nd 年龄 402.6±17.4Ma（我们和李曙光同志合作，他在 U. S. A. MIT 测试），并结合区域地质综合分析，认为它们形成于加里东期，而其构造就位时间，则依据前述使它们就位的韧性剪切带的 219Ma（Rb-Sr）、211±8Ma（U-Pb、锆石）同位素年龄，表明是印支期。

（三）弧前沉积楔形体的仰冲岩片组合

过去通常以晚期商丹脆性断层为界，划分南北秦岭构造带和不同地层单元，认为断层以南属古生界刘岭群。但实际的调研，特别是通过丹凤地区大比例尺填图表明（见图 1），晚期商丹断层既不是贯通东西的大断裂，也不是真正的地层界线，而发现商丹带南缘狭长分布一带独特的岩石构造组合体，大致平行丹凤蛇绿岩带分布，迄今仍作为刘岭群北缘的一个岩组划分。然而从其岩石组合、原岩建造、物质来源及构造变形特征的实际调研看，明显区别于南侧真正刘岭群，而应划作单独的一个弧前沉积楔形体（以下简称桃花铺楔形体或锲形体），属于商丹断裂边界地质体的组成部分。它原应归北秦岭构造带，为华北板块南沿活动大陆边缘体系的最前缘部分，不属南秦岭扬子板块。现以丹凤－武关河间 1∶1 万草测填图为例，结合区域 12 条路线观察及室内工作，列举证据于下：

（1）桃花铺沉积楔形体的岩石组合与原岩建造区别于刘岭群。沿武关河鲅鱼嘴－桃花铺南油房－丹凤月日滩北一线以北到丹凤蛇绿岩之间，以及向西相应于亮水寺－黑山－砚池河－红岩寺断裂带以北的岩层，历来其时代与岩组划分变动较多，争议颇大，而且沿线在西部有石炭系岩层以岩片夹于断层带中出露，如黑山一带（图 10）。桃花铺沉积楔形体构造变形强烈，变质达绿片岩相，局部可到低角闪岩相。原岩尚很清楚，根据填图区的岩性组合和韧性剪切带的分割关系，自北而南可分出三个岩性层：杂砂岩夹凝灰岩，局部夹中酸性火山岩；凝灰岩、碳酸盐岩，局部含砾岩；凝灰岩夹中酸性－中基性火山岩及杂砂岩。总的以杂砂岩、凝灰岩及火山岩为其特点，所夹结晶灰岩可作为标志层。其中强烈发育不同级别韧性剪切带，被分割成不同的岩片，自南而北逆冲推覆叠置。其岩石组合明显不同于南侧刘岭群。中上泥盆统刘岭群大体南止于山阳断裂两侧，直接覆于寒武－奥陶系之上，主要为细砂岩、粉砂岩及板岩组成的巨厚复理石层，是一套以成熟度高的石英砂岩和泥质岩为主的浊积岩系，并有等深积岩层，属陆架前缘深水相沉积，缺乏活动大陆边缘特有的岩屑杂砂岩[21][22]。上述两套岩性上显著不协调，应属不同来源不同环境下的沉积岩系。

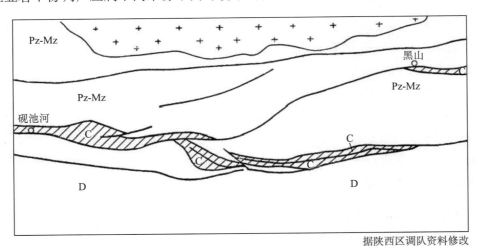

据陕西区调队资料修改

Pz-Mz. 古生界－中生界　**C.** 石炭系　**D.** 泥盆系

图 10　黑山－砚池河一带地质略图

（2）沉积楔形体与刘岭群为两套不同物质来源的沉积岩系，分属华北板块南沿活动大陆边缘弧前沉积层和扬子北缘被动大陆边缘沉积体系。桃花铺沉积楔形体以杂砂岩、凝灰岩为主，含有砾岩层，有人作为磨拉石论证造山作用[22][23]，实际在填图区砾岩层仅局部断续出露，而且往往夹持于韧性剪切带中，多数地段为眼球状糜棱岩、碎斑糜棱岩带中的构造砾岩，由花岗岩及伟晶脉和浅层火山岩、石英岩变形，压扁拉断，旋转而成大小不一的"假砾石"。真正砾岩的砾石成分较杂，岩性多与北侧岩石相同，加上与之有关的大量近源杂砂岩沉积，而其南侧又分布着刘岭群深水相浊积岩系，所以推断它的物源区在北边，主要来自秦岭群古岛弧系，属于弧前沉积楔形体。而刘岭群，从其总的沉积岩相特征，以及在山阳断裂两侧泥盆系复理石中碳酸盐岩夹层的数量与特征和浊积岩的粒度变化，都反映它与南边的上古生界泥盆系的浊积岩系在成因上密切相关，属于自南而北的扬子板块北缘被动大陆边缘沉积体系的自然延伸部分，物源在南边，显然与桃花铺楔形体物源区不同，它们分属于不同板块陆缘沉积，只是后来在俯冲碰撞时挤压汇聚在一起，现今以一个无明显断面的强烈韧性带为界，使之不易分开。

（3）在构造变形方面，它也与刘岭群有明显差异。已如前述，楔形体实际是一个自南向北的迭瓦状岩片构造组合体，岩层强烈紧闭褶皱并发生重褶皱，至少二期，前期仰冲推覆和褶皱，后又叠加紧闭南倾北倒的褶皱和韧性逆冲剪切带，还叠加有脆－韧性平移剪切作用，总体成为一个狭长高应变带。但刘岭群、则主要是北倾南倒的复式褶皱断裂带。两种不同构造样式的界线恰是上述楔形体南沿的韧性剪切带。

（4）与丹凤填图区相应的山阳黑山、砚池河一带，以一个韧性带夹石炭系岩片为界，北侧岩层与桃花铺楔形体相似，属于其西延部分（图11）。再向西至黑河，太白地区也有相应岩层。

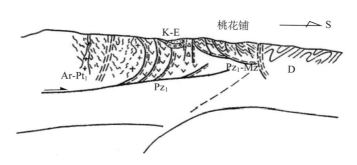

1. 第三系－白垩系　2. 泥盆系　3. 古生界－中生界　4. 下古生界　5. 上太古－下元古宇　6. 花岗岩　7. 蛇绿岩系　8. 脆性断裂带和剪切平移断裂　9. 脆－韧性和韧性断层　10. 韧性带

图 11　商丹带构造综合示意图

综合上述，我们认为桃花铺沉积楔形体，应原属华北板块活动大陆边缘前沿的弧前盆地沉积楔形体，后在南北板块俯冲碰撞造山作用中以韧性逆冲推覆构造方式，成为浅层仰冲构造岩片组合体，构造就位于丹凤岛弧型蛇绿岩南侧，不属刘岭群，应予划出。

（四）商丹带中广泛发育线状复合型花岗岩体岩脉

它们沿韧性带分布，又遭受强烈糜棱岩化作用，形成不同类型糜棱岩。根据沙沟段花岗质糜棱岩中锆石自形晶 U-Pb 年龄 211±8Ma，进行区域对比，表明在商丹带内以印支期花岗岩为主，而在秦岭群中大量成带分布的花岗岩则主要是加里东期（328Ma Rb-Sr，K-Ar 340～420Ma）[24]。二带规律性并行分布，预示着这些花岗岩与加里东期俯冲，海西晚期到印支期的碰撞造山作用有着内在的成因联系，属于俯冲钙碱性花岗岩系和碰撞重熔型花岗岩。

（五）晚期脆性断层及红色盆地沉积

它叠加在商丹带上，成为其组成部分，是晚期构造演化的客观记录。详细情况已如前述。

三、商丹断裂边界地质体的演化

商丹带作为秦岭中具重要地质意义的划分边界，应起始于秦岭带早期初始形成时期。关于秦岭带什么时期，以什么方式开始形成，早期以什么构造体制发展演化，是一个有争议的探索性问题。根据我们的研究认为，秦岭带是在不同构造阶段以不同构造体制发展演化的复合型大陆造山带，在晚元古宙未到古生代－中生代初期，它已具有现代体制的板块构造运动的基本特点。它是在先期克拉通地块基础上经过元古宙的裂解和内硅铝的造山闭合，于晚元古末期再度扩张打开，形成秦岭古海洋，其南侧从晚元古宙陡山沱－灯影期到古生代－中生代初，南秦岭具有扬子板块北缘被动大陆边缘的统一构造古地理格局和沉积体系，北侧与此同时，北秦岭自加里东期则表现为华北板块南缘的活动大陆边缘特点，根据现有地质资料，并参考有限的古地磁资料[25]，两者最终的碰撞闭合主要是在印支期。在这样漫长的地质演化进程中，商丹带一直是一个重要的地质边界，历经了多期构造发展演化。现依据上述的商丹带五个主要组成部分的地质、地球化学特征及彼此关系，参考同位素年代学研究，结合区域地质和现有的秦岭地壳深部结构地球物理资料，可以概括商丹断裂边界地质体经历了三个主要发展阶段。

（一）加里东板块俯冲期

以丹凤蛇绿岩的形成时期（402.6±17.4Ma，Sm-Nd；447.8±41.5Ma，Rb-Sr）和秦岭群中广泛的加里东期钙碱性花岗岩的形成（328Ma，Rb-Sr；340～420Ma，K-Ar）为标志，说明加里东期，北秦岭已转化为活动大陆边缘，古商丹带已成为扬子板块向华北板块俯冲，洋壳消亡的俯冲消减带。但至今未见真正的洋脊蛇绿岩和典型远洋深海沉积增生加积体，似表明洋壳已消减殆尽，因之商丹带俯冲期的遗迹已无记录可查，仅可推论。但丹凤蛇绿岩中的消减带蛇绿岩块有可能是这个时期的残迹，对此尚需进一步研究。

（二）印支碰撞造山期

这是商丹带的主导形成期。以巨大典型的商丹带内的韧性剪切带体系的出现(219Ma，Rb-Sr)，丹凤岛弧—边缘海型蛇绿带的构造就位，大量印支期线状花岗岩的挤入（211±8Ma，U-Pb）和桃花铺弧前沉积楔形体仰冲岩片组合体的形成与嵌入，标志着商丹断裂边界地质体作为大陆造山带的板块主缝合带的完成及发展的高潮阶段。丹凤蛇绿岩以岛弧型为主，兼有混合边缘海型和消减带型等。一方面表明真正的洋壳已被消减完毕，另一方面又反映其形成与构造就位是在俯冲与碰撞总进程中有着复杂的演化经历，但其主导可能是在俯冲过程中，由于下行板块深部熔融上升和上行板块底部岩石圈地幔的部分熔融上升，侵入于岛弧及邻区，形成与岛弧密切关联的弧前沟壁陆侧的超镁铁质和镁铁质火山岩组合，同时由于构造关系加入其他类型的蛇绿岩块。碰撞造山最终导致丹凤蛇绿岩带的构造就位与形成。桃花铺弧前沉积楔形体则可能原形成于俯冲时期的弧前盆地，处于丹凤蛇绿岩形成时期的同时或稍后，并可能部分覆于其上，后由于俯冲碰撞挤压仰冲和晚期逆冲推覆，最终构造就位于现丹凤蛇绿岩南侧。总之商丹带的最主要组成部分及组合关系，在此时期已基本完成，成为南北两大板块最终联结的缝合带。

（三）中新生代板内变形演化阶段

根据商丹断裂边界地质体内和其以北的北秦岭，乃至华北地块南缘地区大规模的燕山期岩浆活动及与之密切相关的成矿作用（200～0.5Ma，U-Pb，Rb-Sr，Sm-Nd，K-Ar），商丹带内的脆－韧性剪切带（126±9Ma，Sm-Nd）和控制白垩纪－第三纪盆地又断错红层的平移剪切与脆性断层活动（0.45～0.5Ma，Rb-Sr），反映秦岭带在印支期碰撞造山转入统一的中国板块之后，并未平静下来，而在继承和持续着深层自南而北的俯冲和上部地壳的大规模收缩构造活动，加之印度板块对欧亚板块的俯冲碰撞作用和太平洋板块对中国板块的俯冲作用。在这种大区域构造总背景下，秦岭带以强大的陆内变形作用，即陆壳的俯冲叠置，伴随着沿中深层滑脱拆离界面发生的大规模深成岩浆活动及其上升侵位和元素的运移富集成矿，最终形成了秦岭带燕山－喜山期的陆内造山作用，造就了现今雄伟壮观的秦岭山脉。其中商丹断裂边界地质体，也是这场造山运动中最活跃的部分之一，因此又添加上新的构造色彩，致使其成为今天的面貌。

该研究课题属于地矿部秦巴科研项目。最后，我们要感谢秦巴科研领导小组和陕豫两省有关地质单位及武汉地质学院北京研究生部、西安地质学院、丹凤224队在工作中的支持与帮助！

参考文献

[1] 张国伟等. 秦岭构造带的形成及其演化. 见：西北大学地质系成立四十五周年学术报告会论文集. 西安：陕西科学技术出版社，1987

[2] 朱 英. 华北地块的大地构造和鞍山式铁矿的分布规律. 物探与化探，1979（1）

[3] 周姚秀，刘文锦. 我国区域重力场及其基本特征. 物探与化探，1979（1）

[4] 丁韬玉等. 随县－西安剖面地壳结构研究. 地球物理学报，1987（1）

[5] 陈步云，高文海. 贾家湾－沙园剖面地壳结构的初步研究. 地壳变形与地震，1986（4）

[6] 张国伟等. 秦岭构造带中的逆冲推覆构造. 见：全国推覆构造及区域构造学术会议摘要，1986

[7] Sibson, R. H. Fault rocks and fault mechanisms. J. Geol. Soc., London, V. 133,1977

[8] Ramsay, J. G. Shear zone geometry: a review. J. Geol., V. 2,1980

[9] White, S., Burrows, S. E., Carreras, J., et al. On mylonites in ductile shear zones. J. struct Geol., V. 2,1980

[10] 钟大赉. 石英长石质断层岩的某些变形特征. 岩石学研究，1983（2）

[11] 宋鸿林. 动力变质岩分类述评. 武汉地质学院 地质科技情报，1986（1）

[12] 郑亚东，常志忠. 岩石有限应变测量及韧性剪切带. 北京：地质出版社，1985

[13] 夏宗国. 断层岩的分类、识别及其形成条件. 地质论评，1983（6）

[14] Miyashiro, A. The Troodes ophiolites complex was probably formed in an island arc. Earth planet Sci. Lett., 19,1973

[15] Miyashiro, A. Volcanic rock series and tectonic setting, Annu. Rev. Earth Planet. Sci. 3,1975

[16] Coleman, R. G. Ophiolites, Springer Verlag. Berlin, 1977

[17] Coleman, R. G. The diversity of ophiolites, Geol. en Mijin-bouw. 1984

[18] Moores, E. M. Origin and emplacement of ophiolites. Review of Geophysics and space Physics, V. 20, No. 4,1982

[19] Miyashiro, A. Classification characteristics and origin of ophiolites. J. Geol., V. 83,1977

[20] Dickinson, W. R., Ed. Plate tectonics and sedimentation S. E. P. M. No. 22,1974

[21] Heezen, B. C. Atlantic—type continental margins. The Geology of continental margins, Springer—verlag, New York, 1968

[22] Mattauer, M., Matte, Ph., et al. Tectonics of the Qinling Belt: build-up and evolution of eastern Asia. Nature, V. 317,1985

[23] 许志琴等. 东秦岭造山带的变形特征及构造演化. 地质学报，1986（2）

[24] 严 阵. 陕西省花岗岩. 西安：西安交通大学出版社，1985

[25] 林金录. 华南与华北断块的地极移动曲线. 地震地质，1985（3）

北秦岭古活动大陆边缘*

张国伟 孙 勇 于在平 薛 峰

秦岭构造带是中国大陆上重要的造山带，但由于它是一个很复杂的复合型造山带，致使关于秦岭造山带的形成与演化的认识，意见长期分歧[1][2][3]。其中最主要的问题多集中于北秦岭地区，因此对北秦岭的研究就成为解决秦岭带问题的关键。本文试图在多学科综合研究的基础上，探索北秦岭显生宙以来的基本地质特征及其演化。

一、区域地质背景

豫陕两省境内的东秦岭构造带，按地质构造可划分为华北地块南缘、北秦岭和南秦岭三个次级构造单元。华北地块南缘属华北地块濒临秦岭带的边缘褶皱带，它具有华北地块的统一基底和盖层，但由于邻接并参与秦岭带构造活动而发生变质变形和岩浆活动，独具特征，自成一带。从造山带地质考虑，它又应属于秦岭造山带的组成部分[4]。南秦岭带是具扬子统一基底的古被动大陆边缘性质的构造带，另文论述。夹于上述两带之间的北秦岭，北以洛南断裂，南以商丹断裂为界，呈近东西向狭长带状展布（图1），延伸千公里，是秦岭造山带中在地层、岩石组合、岩浆活动、变质变形等方面变动最剧烈复杂的地带。该带由不同时代，不同变质变形特征的"秦岭群""宽坪群""云架山群"（或称"二郎坪群"）和"丹凤群"等大小不一的岩层、岩块以构造关系拼接组合而成。沿主要断裂有少量断陷沉积的石炭纪、上三叠－侏罗纪、白垩纪和新生代的陆相岩层。"秦岭群"主体不是单一的地层单位，更多的含有构造意义[4][5]，它们正在逐步解体[6][7]，重新被认识，其中复杂的中深变质岩块主导是前寒武纪硬化基底，并且可能多是逆冲推覆体和碰撞带中的夹体。"云架山群"和"丹凤群"中的基性火山岩及超基性岩类，经综合研究表明，属不同成因的蛇绿岩。其时代虽迄今仍有争议，但随着研究的深入，越来越多的事实将进一步证明它们主要生成于早古生代，少部分到中生代初，而于海西－印支期构造就位。北秦岭带内发育众多不同级别与性质的断裂，最重要者自北而南有洛南断裂、商县－皇台断裂和商丹断裂等，它们平行于上述岩带分布，都是长期多次活动的控制北秦岭构造带发展演化的主干断裂

*本文原刊于《秦岭造山带的形成及其演化》，1988: 48-64.

带。中新生代以来，它们又表现出较大的自北而南的逆冲推覆和块断平移活动，强烈地改造了前期构造，使北秦岭面貌更加复杂。总之从整体上来看，北秦岭实际上是一个被后期构造强烈改造了的华北板块与扬子板块间的地壳大规模俯冲碰撞、推覆逆掩的挤压收缩带和结合带。如果我们进一步筛分掉中新生代以来构造改造和印支期的陆－陆碰撞造山作用，则可追溯其在古生代－中生代初期曾是一个经历复杂演化的华北板块南缘的古活动大陆边缘。

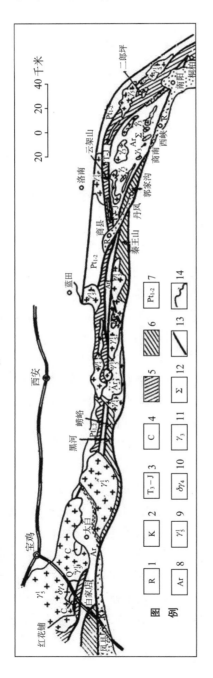

图例

图	1	2	3	4	5	6	7
	R	K	T_3-J	C			Pt_{1-2}

例	8	9	10	11	12	13	14
	Ar	γ_5^1	$\delta\gamma_4$	γ_3	Σ		

1. 新生界　2. 白垩系　3. 上三叠－侏罗系　4. 石炭系　5. 云架山蛇绿岩　6. 丹凤蛇绿岩　7. 宽坪群　8. 秦岭群
9. 印支期花岗岩　10. 海西期花岗岩　11. 加里东期花岗闪长岩　12. 松树沟超基性岩　13. 断裂　14. 地质界线

图 1　北秦岭地质略图

二、蛇绿岩、复理石和蛇绿混杂岩带

大陆边缘地质作为现代地质学的重要研究领域受到广泛重视。随着 80 年代大陆地质研究的深入，古大陆边缘研究已成为大陆造山带研究中令人感兴趣的课题，尤其是古活动大陆边缘和大陆造山带中蛇绿岩的研究更是如此。而且新的研究进展表明，蛇绿岩可以形成于各种不同构造环境中[8][9][10][11]。所以在复杂的造山带中，慎重识别，综合判定蛇绿岩性质及其形成环境，确定其地质意义是十分重要的。有鉴于此，我们采用了野外地质与室内分析相结合的综合研究方法来探索秦岭造山带中的蛇绿岩和古活动大陆边缘。

北秦岭最突出的地质特征之一是有二带蛇绿岩系。它们自陕甘交界地区的宝成线到河南信阳地区，分别沿商县－皇台断裂和商丹断裂长距离出露，其间以断裂关系被透镜状断续分布的"秦岭群"所分隔。二带自身也各自成透镜状时宽时窄断续延伸，二带相距最远不超过 40 千米，而近者几乎相连通。根据我们对典型地段的较大比例尺制图和路线追索观察，以及对其岩石组合、构造变形和地球化学特征的综合研究对比，表明它们分属不同构造环境下形成的不同类型的二带蛇绿岩，它们以不同方式就位，成为秦岭造山带的重要组成部分。我们分别称丹凤蛇绿岩带（相当部分"丹凤群"）和云架山蛇绿岩带（相当"云架山群"和"二朗坪群"）。

（一）丹凤蛇绿岩及蛇绿混杂岩带

丹凤蛇绿岩主要出露于宝成线白家店一带；户县眉县的黑河－崂峪上游；商县－丹凤一带和河南桐柏地区。其中以丹凤一带较为典型。实际上它们并不是一个完整的蛇绿岩带，而是由不同岩石组合，不同成因和不同来源的蛇绿岩块所构造成的一带蛇绿岩混杂带。

1. 岩石组合

丹凤带各个蛇绿岩块的岩石组合差异显著。丹凤郭家沟－下丁家园剖面（图2），自南而北主要岩石为碎屑岩，中基性层状熔岩夹少量超镁铁质岩，辉绿岩墙群，枕状熔岩夹石英角斑岩及少量深水碳酸岩和泥质岩薄层。岩石受到绿片岩相到低角闪岩相变质。其中发育带状花岗岩和糜棱岩。剖面南部的沉积岩主要是一套成熟度较低的以长英质碎屑岩为主的复理石岩楔，它南与上古生界刘岭群以韧性剪切带相接触，北以糜棱岩带与火山岩相接触。中基性火山熔岩已变质为阳起透闪片岩，斜长角闪片岩和角闪斜长片岩。但变余斑晶，变余杏仁气孔等火山岩结构构造保存尚好。变形的岩枕呈拉长状，大小不一，从几厘米到几十厘米，具冷凝边。岩墙群中单个岩墙宽度多在 10～40 厘米之间，具不对称冷凝边（几毫米到 2 厘米）。郭家沟口呈断块状出露的柘榴石角闪岩，变形强烈，变质较深，周边以韧性剪切带分割，可能原是变质镁铁岩和超镁铁质岩。郭家沟剖面是秦岭带中出露较好的蛇绿岩剖面之一，但它是不完全的蛇绿岩[12]。

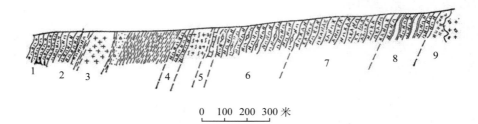

1. 石榴子石角闪片岩　2. 绿泥斜长角闪片岩　3. 糜棱岩、糜棱岩化花岗岩、碎裂岩
4. 变拉斑玄武岩　5. 硅质岩及少量深水碳酸盐岩　6. 变枕状玄武岩　7. 辉绿岩墙群
8. 变块状拉斑玄武岩　9. 变辉长岩

图 2　丹凤郭家沟 – 下丁家园蛇绿岩剖面

在郭家沟剖面以西约 5 千米的资峪剖面中，岩石组合主要是基性熔岩和凝灰岩及碎屑岩，与郭家沟剖面相比，不发育枕状熔岩和岩墙群，而多凝灰岩和碎屑岩夹层，尤其是剖面的北部出露二套复理石，一套以泥质灰岩为主，一套以砂质为主，后者总的成熟度较差，含火山岩屑，具弧前浊积岩特征[13][14]。商县南部的秦王山一带蛇绿岩以出露一套基性杂岩和岩墙群为特征。黑河地区则以发育枕状玄武岩夹超基性岩和层状熔岩为特色。而宝成线上以安山玄武岩、玄武岩及粗碎屑岩、泥质岩为主要岩性，并且与古生界刘岭群以构造岩片相间互。至于商县松树沟超基性岩群和富水辉长杂岩，从它们自身及围岩的变质变形、岩石特征和接触关系综合分析，显然与丹凤蛇绿混杂带不能混同，应另当别论，本文不作详述。

2. 变质变形特征

丹凤带各蛇绿岩块都遭受了绿片岩相至低级角闪岩相的变质作用，变质很不均一，西部较浅，而东部较深。出现兰晶石、十字石等标型矿物，并且它们出现在不同岩块中。如郭家沟一带为兰晶石，而资峪则出现有刚玉（据陕西地质 13 队资料）等。据黑云母 – 柘榴石，角闪石 – 柘榴石矿物地质温度计和白云母的 b_0 值（9.030 ～ 9.042），变质温度在 400 ～ 600℃，压力在 5 ～ 6kb，总的属中压相系，个别地段达高压的条件。

丹凤蛇绿岩普遍具有强烈的构造变形，发育紧闭等斜褶皱和区域性片理，走向290° ～ 320°，向南陡倾。它们强烈置换层理，致使整个岩带貌似单斜。特别应该强调的是丹凤带内极其发育不同级别的韧性断裂带和脆性断层，以及顺断裂贯入的岩体和岩脉，它们成为大小不一的各个蛇绿岩块的分界线。实际上一些糜棱岩带和变质片岩就是岩块间基质经变质变形而成的，所以丹凤带最突出的构造特征就是由各种糜棱岩带、断层角砾岩带和花岗岩脉所围限的不同透镜状蛇绿岩块与沉积岩块所组成的构造蛇绿岩混杂带。丹凤附近资峪到桃花铺一带小范围典型地段的地质填图（图3），也表现出这一特点，那里至少有二个蛇绿岩块，一个是以郭家沟剖面为代表的郭家沟蛇绿岩块，另一则是以资峪剖面为代表的资峪蛇绿岩块，其南北两侧还有一些沉积岩块和包裹于花岗岩中的小蛇绿岩块。从更大范围看，商县秦王山、黑河－崂峪和宝成线等地都各自成为巨大蛇绿岩块，其内部还可分成小的岩块岩片。它们既有外来的，又有原地的。上述的各个蛇绿岩块不只彼此以断裂相分割，更重要是从其地球化学特征和岩石组合的差异综合表明它们原来就是不同地方、不同成因的蛇绿岩[15][16]，后因构造关系而组合在一起。

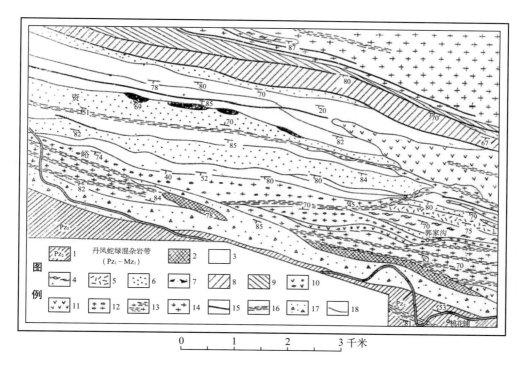

1. 上古生界刘岭群　丹凤蛇绿混杂岩带　2. 变质超镁铁质岩　3. 基性岩　4. 枕状熔岩　5. 岩墙群
6. 熔岩夹板岩和深水碳酸岩　7. 超基性岩块　8. 复理石层　9. 泥质为主复理石层　10. 辉长杂岩
11. 辉长岩　12. 片麻状长英质糜棱岩　13. 糜棱岩化花岗岩　14. 花岗岩　15. 韧性断裂
16. 脆性断层角砾岩　17. 断层　18. 地质界线

图 3　丹凤郭家沟－资峪一带地质草图

3. 地球化学特征

丹凤蛇绿混杂岩带中的各个蛇绿岩块，在地球化学上存在着显著差异。丹凤郭家沟蛇绿岩块的变质火山岩，其 SiO_2 含量多在 50%～55% 之间，属中基性，从图 4a 上看则属非碱性玄武岩系列[16]，投于图 5a 上表明它既有 CA 系列，又有 TH 系列。$TiO－FeO^*/MgO$ 为正相关，相关曲线平缓（图 5b）。多数样品 FeO^*/MgO 比值大于 1.7，比洋脊玄武岩高（一般低于 1.7，平均低于 2.0）。在充分考虑到变质作用影响的前提下，从主元素分析看，郭家沟火山岩偏中基性，很多特点近似特罗多斯蛇绿岩。火山岩的微量元素在图 6 中均落入岛弧玄武岩区。Ti-Cr 呈负相关，Ti-Zr，Ti-V 呈正相关（图 7）。Ba 的含量（ppm）介于 130～530 之间，近似岛弧蛇绿岩丰度[17]。Ba/Ce 比值介于 2.2～1.6，是洋脊玄武岩（0.75～0.50）的 6～30 倍[18]。图 8 表示熔岩的过渡金属元素相对于球粒陨石的分配型式，除 Ti 和个别样品的 V 稍有富集外，其他元素均有亏损，Cr，Ni 亏损强烈，位于谱型最低点。从主微量元素丰度及有关比值分析，郭家沟蛇绿岩与洋脊、洋底玄武岩有一定差异，而近似于岛弧蛇绿岩。

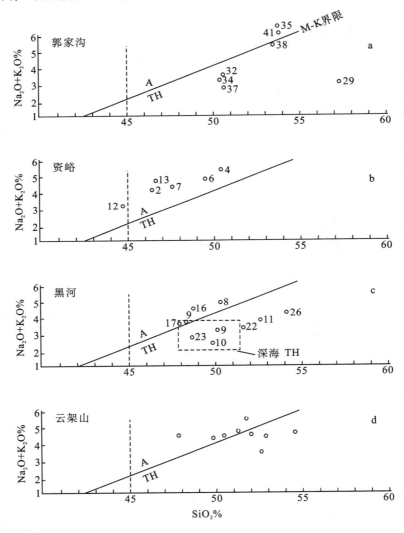

A. 碱性玄武岩系列　TH. 非碱性玄武岩系列　M－K. Macdonald 和 Katsura 界线

图 4　（Na₂O＋K₂O）－SiO₂变异图（据 Miyashiro，1975）

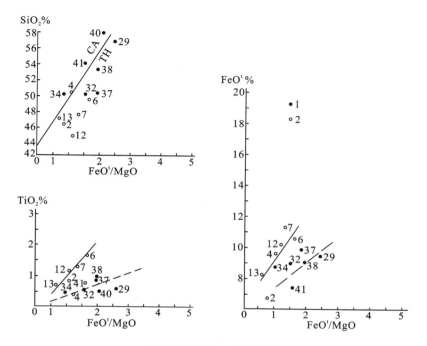

1. 郭家沟样品　2. 资峪样品

图 5　化学变异图

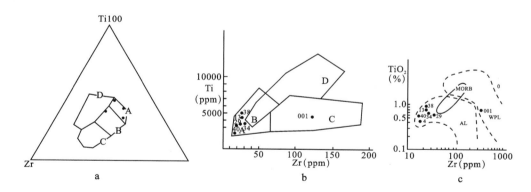

图 6　a. 郭家沟变火山岩 Ti/100-Zr-Y·3 变异图（据 Pearce 和 Cann，1973）

　　　　B. 洋底拉斑玄武岩　A 和 B. 岛弧拉斑玄武岩　B 和 C. 钙碱性玄武岩　D. 板内玄武岩

　　　b. Ti-Zr 变异图（据 Pearce，1973）

　　　　B 和 D. 洋中脊玄武岩　B 和 C. 钙碱性玄武岩　A 和 B. 岛弧玄武岩

　　　c. TiO₂-Zr 变异图（据 Pearce，1980）

　　　　MORB. 洋中脊玄武岩　WPL. 板内熔岩　AL. 岛弧熔岩

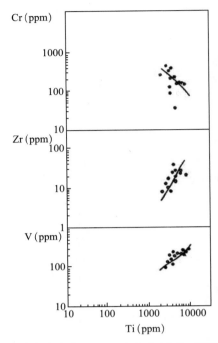

图 7　郭家沟变火山岩 Ti-V，Ti-Zr 和 Ti-Cr 丰度对数关系

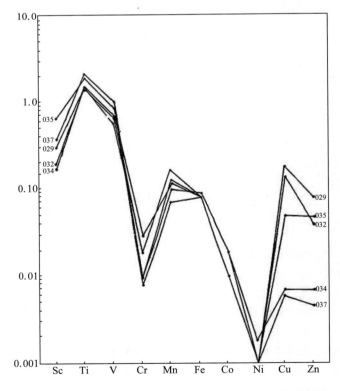

图 8　郭家沟变火山岩的过渡金属元素球粒陨石标准化分布型式

　　郭家沟火山岩的 REE 分配型式为富集型（图9），少数较平坦。稀土元素丰度为球粒陨石的 10 ～ 60 倍，Eu 异常不明显，La/Yb 比值大于 1。

　　综合郭家沟蛇绿岩地球化学特征，比较接近于岛弧型（CA-TH），并且在岩石组合和地球化学上与特罗多斯蛇绿岩有很多相似之处[9]。

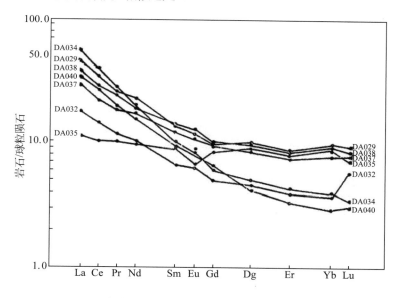

图 9　郭家沟火山岩 REE 球粒陨石标准化分布型式

　　资峪蛇绿岩块的基性火山岩中从主元素看较多属碱性玄武岩系列，SiO_2含量 45% ～ 50%，图 4b 上落入 A 区，而且投点分布与世界上一些高压蛇绿岩带，如弗朗西斯科、日本三波川、三郡等的投点相似[9][15]，但它少含 TH 系列。这一点与资峪岩石中出现刚玉而属高压相系是一致的。在图 5b 中，资峪火山岩的 FeO*/MgO 比值均大于 2.0，图 5b 和图 5c 中均为正相关，都比郭家沟的相关性强。如表 1 所示，资峪火山岩的微量元素与世界已知蛇绿岩比较，它与通常所说的典型洋脊、洋底玄武岩 REE 亏损谱型差异较大，而与岛边缘海型弧蛇绿岩的谱型较近似。与洋脊蛇绿岩比较有明显差异[17]。其 Sr^{87}/Sr^{86} 初始比值介于 0.705 ～ 0.708 之间，比洋脊拉斑玄武岩（0.701 ～ 0.704）、洋岛玄武岩的（上限多不超过 0.706）都要高，而又稍低于大陆玄武岩（0.706 ～ 0.709），但也有例外，如弗朗西斯科蛇绿岩的中基性岩 Sr^{87}/Sr^{86} 初始比值为 0.706 ～ 0.709[8][17][18][19]。一般而言，高压带蛇绿岩都存在这种异常。综合资峪蛇绿岩的变质作用，岩石组合和地化特征，显然与郭家沟蛇绿岩不同。如果说郭家沟蛇绿岩近似岛弧型，则资峪蛇绿岩更类似于洋岛型或边缘海盆地型。

表 1　资峪变火山岩微量元素含量（ppm）

Cr	Ni	V	Ba	Sr	Zr	Rb	Sr^{87}/Sr^{86}
170 ～ 305	53 ～ 128	195 ～ 296	50 ～ 70	120 ～ 270	6 ～ 28	3 ～ 7	0.705 ～ 0.708

黑河蛇绿岩中的火山岩按主元素分析，主要为基性岩（图 4c），依 SiO_2-NaO-K_2O 特征看主要为非碱性玄武岩，部分为碱性玄武岩，FeO/MgO 比值变化较大（0.5 ～ 3）。若将图 4c 中确定的两类岩石投入图 10 中，则碱性系列岩石 SiO_2 含量趋向于比 TH 系列岩石更低，并且 TH 系列和碱性系列岩石在图 10b 与图 10c 上均呈正相关，且随 FeO*增加，MgO 增加更快。TH 系列玄武岩集中分布于深海拉斑玄武岩区。显然黑河地区的蛇绿岩又与上述两个蛇绿岩块有差异，但与商县秦王山一带蛇绿岩较相似，它们类似于都城秋穗的Ⅲ类蛇绿岩（TH＋A）[10]。TH 系列玄武岩更接近于洋脊玄武岩，至于宝成线上的蛇绿岩则近似于郭家沟蛇绿岩块。

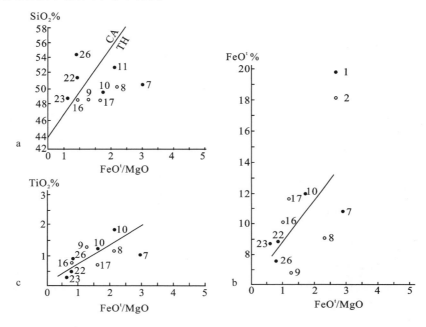

图 10　黑河基性熔岩化学变异图

根据以上综合对比分析，丹凤蛇绿混杂岩带的各个蛇绿岩块彼此以构造关系相接触，在岩石组合、构造变形变质和地球化学特征上都存在明显差异。虽然各岩块的具体成因及来源尚需进一步探讨，但无疑表明各个岩块是不同构造环境中形成的蛇绿岩，它们可能有俯冲刮削下来的洋壳残片，而更多属于碰撞造山挤入的岛弧蛇绿岩块及边缘海蛇绿岩片，还有仰冲或逆冲推覆而来的蛇绿岩块和复理石岩块。它们是在板块消减作用总背景下，在俯冲碰撞（B 型）和逆冲推覆（A 型）的复杂造山作用过程中构造就位[20]，形成了丹凤蛇绿混杂岩带。它们记录了沿商丹断裂一线曾是一个洋壳俯冲带，即一个已经消失了的海沟系。

（二）云架山蛇绿岩带

北秦岭云架山蛇绿岩带以断裂关系夹于"宽坪群"和"秦岭群"之间，分布于以下四个地段：陕西凤县红花铺一带，成透镜状断块出露；眉户地区柳叶河狭长断陷带内；长安大峪－商县以西地段，呈狭长透镜状；商县以东经云架山一带到河南西峡县二朗坪、桐柏围山城等地，也是巨大透镜状断块，长 400 千米，最宽 20 千米（见图 1）。四个地区藕断丝连断续成一带，东宽西窄，其中以云架山－二朗坪地区较典型。

1. 岩石组合

云架山蛇绿岩带以二朗坪－蛇尾剖面为实例，主要岩石组合自下而上为：超镁铁质与镁铁质杂岩、层状基性熔岩，辉绿岩墙群、枕状熔岩夹放射虫硅质岩、巨厚类复理石层，这也是秦岭带中较好的蛇绿岩剖面之一。桐柏地区的基本与之相似，唯其下部有一套碎屑岩系。眉户和红花铺一带虽有变化，但总的可以与之对比，下部也发育一套厚层碎屑岩、凝灰岩夹碳酸岩。概括该带岩石组合有明显共同性：下部为成熟度低的碎屑岩，中部主要是火山岩夹碎屑岩与灰岩，上部为厚层碳酸岩及复理石建造。岩层厚度大，东西部变化明显。西部以中基性火山岩为主夹酸性、发育中酸性凝灰岩夹含有丰富珊瑚等化石的薄层灰岩层。眉户地区以中基性熔岩为主，发育角砾熔岩，夹枕状基性熔岩和薄层灰岩，碳酸岩较发育。东部地区则以基性熔岩为主，呈现较典型的细碧角斑岩特征。火山岩中夹大理岩和放射虫硅质岩。中部有含群体珊瑚等化石的厚层灰岩和泥质为主的复理石层。整个云架山蛇绿岩剖面与丹凤带比较，以富含大量陆原碎屑岩和块状碳酸盐岩，并含有珊瑚、腹足类、放射虫等生物化石为特色。火山岩从东向西逐渐有规律的变化，表明各地段之间有显著差异。云架山带岩石组合及其变化也反映了该带各地段既有联系又有分隔的沉积盆地环境，显示具有扩张断陷盆地的沉积特征。

2. 变质变形特征

云架山蛇绿岩带均受到绿片岩相到低级角闪岩相变质作用，出现兰晶石、十字石、铁铝榴石等标型矿物，属中压相系。变质作用很不均一，东部较深，西部较浅，其中眉户地区的铜峪一带最浅。

该带构造变形强度很不均一。东部占主导地位的是北西西－南东东走向、陡倾的等斜褶皱构造，断裂发育，尤其南北侧和内部以发育韧性糜棱岩带为特点。而西部眉户一带构造则较平缓。整体是一透镜状断块组合体。

3. 地球化学特征

云架山带蛇绿岩的地球化学特征以基性火山岩为代表，主元素中 SiO_2 含量 48%～53%，里特曼指数 1～5，多数小于 4，有碱性玄武岩。在图 4d 上落入 CA 和 TH 两系列中，二朗坪区玄武岩多落入 TH 系列。在图 11 中多数样品落入岛弧或活动大陆边缘区。特别需要指出的是西部火山岩钾质较高，趋向于钙碱系列的钾质岩类，反映其近陆缘的形成环境。微量元素与世界上主要蛇绿岩比较，Sr，Cr，Ni，Ti，Zr 等元素含量（ppm）偏低，而 Rb 偏高[17][18]。在图 12 中，多数样品落在岛弧玄武岩区，部分落入洋脊玄武岩区，与主元素特征相一致。基性火山蛇 Sr^{87}/Sr^{86} 初始比值为 0.7029 ~ 0.7068[7]①，变化区间较大，东部比值较低，这与二朗坪区发育大洋玄武岩相一致。云架山蛇绿岩基性火山岩 REE 谱型为富集型（图 13），结合上述主微量元素及同位素特征，应为活动性大陆边缘靠大陆侧岩石特征的反映，而缓倾平坦型的近似大洋玄武岩谱型。

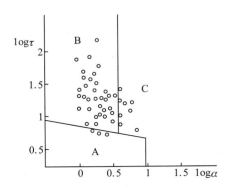

图 11　云架山蛇绿岩火山岩 logτ 对 logα 关系图 （Rittman）

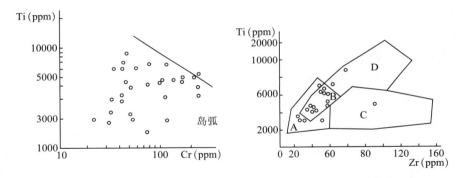

A 和 B. 岛弧玄武岩　B 和 C. 钙碱性玄武岩　B 和 D. 洋中脊玄武岩 （据张维吉）

图 12　云架山蛇绿岩基性火山岩 Ti-Cr 和 Ti-Zr 图

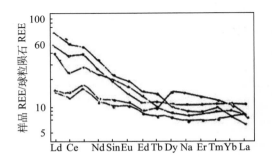

图 13　云架山蛇绿岩基性火山岩 REE 谱型

①林潜龙等：《东秦岭汤河－二朗坪－刘山崖－马畈蛇绿岩套》。

应用火山岩的主微量元素丰度及有关图解讨论蛇绿岩形成的构造环境，受到人们的重视，使用较广，并取得了一定效果。尽管运用这种比较岩石学方法，对于大陆造山带中的蛇绿岩来说并非是完善的，应需谨慎，但是它们毕竟可以提供有用信息，且是有效的。综合上述野外与室内多方面的分析研究，可以看出云架山蛇绿岩带有以下主要特点：①带内有一套不完全的蛇绿岩，具有岛弧和边缘海盆型特征，自东而西规律变化，由 CA + TH 型为主，并含有碱性玄武岩，逐渐变化为钙碱性 – 碱性，以中酸性为主，并趋向于钾质，共同表示其为弧后扩张盆地环境。东部夹有洋脊、洋底玄武岩的蛇绿岩可能为弧后扩张脊和消失的有限洋壳的印记。西部的特征则反映其是更靠近边缘海盆大陆一侧的环境。②伴随蛇绿岩的沉积岩系，厚度巨大，顶底部都发育陆源碎屑岩和富有浅水生物化石的碳酸岩，火山岩中多沉积夹层，并成互层。东部还发育放射虫硅质岩和深水浊积岩，西部不发育或缺失，这与火山岩的东西向变化是一致的。这些都共同反映，这里曾是一带近源断陷沉积盆地，即边缘海盆地。同时还表示，东部原曾有较开阔的弧后拉张盆地，出现了有限的洋壳，而西部盆地相对较窄，较多的是过渡性地壳到大陆壳间的活动陆缘的产物。总之，云架山蛇绿岩带是北秦岭独具特征的一串与边缘海盆相关联的物质记录。

云架山蛇绿岩带北缘为自北而南的"宽坪群"推覆体所掩盖，出露不全，云架山地区尤为明显。原"宽坪群"一部分已解体为云架山蛇绿岩组成部分，而真正的宽坪群则是前寒武纪硬化基底变质岩系，部分可能在造山作用中软化，又遭受叠加变形，成为软化基底，情况较为复杂，尚需进一步研究。

三、岛弧与硬化基底

分布于丹凤蛇绿岩混杂带与云架山蛇绿岩带之间的"秦岭群"，长期以来由于自身的复杂性和后期构造的叠加改造，使其地层时代、构造归属与来源不易确定。过去曾笼统将商丹断裂以北，上三叠系 – 侏罗系陆相沉积以南的整个变质岩系称为秦岭群。现虽已先后解体出来前述的蛇绿岩和复理石岩层，但据目前研究还将会进一步解体。我们认为至少还可以解体出以下几部分：①有一定分布范围和宽度的糜棱岩带，如沣峪 – 太平峪，太白下白云一带的眼球状片麻岩等，实际上是宽达 1 ～ 3 千米的巨大塑性剪切应变带，由各种糜棱岩组成。②商丹地区北部、蛇尾南一带，一些地体实是逆冲推覆而至的岩席岩片，而非"秦岭群"组成部分。③一些强烈混合岩化地区，如沣峪 – 大浴一带，它们实际主要是岩浆成因而非地层的长英质片麻岩。如此解体，所谓"秦岭群"最后所剩者，将是一些彼此连通或不连通的中深变质的硬质岩块，以构造关系包裹在一套原是复杂构造组合的岩带中，它本身是一套沉积变质为主，变质达角闪岩相，发育叠加褶皱和韧性断裂的变质杂岩系，显然与前述两套蛇绿岩和复理石变质岩不同。根据同位素年龄和综合地质特征，属前寒武纪硬化基底。其性质近似于华北地块南缘基底结晶岩系，所以推测原是从大陆边缘分裂出来的古老岩系，后成为岛弧的硬质基底。

界于丹凤蛇绿岩混杂带和云架山蛇绿岩带间的地质体，除了上述的"秦岭群"硬化基底和糜棱岩带外，还包括两部分：①侵入于基底的深成中酸性岩体，除属于基底的古老岩体外，还成带分布着最早为加里东期到海西-印支期，乃至燕山期的中酸性侵入体[21]，如灰池子、商南、金井、翠花山、八里坪、太白、宝鸡等岩体，其主要岩石类型为二长花岗岩、花岗岩、石英闪长岩、闪长花岗岩、斜长花岗岩等，属深成钙碱性岩类，其中一些分布在蛇绿岩中与之共生。它们的分布和岩性特征表明，它们与板块边缘俯冲和碰撞作用密切相关，主要属于板块边缘挤压型花岗岩和改造型花岗岩（碰撞型花岗岩），少数斜长花岗岩可能属俯冲带幔源型。②事实上它原还包括有一部分由于构造关系而已归入丹凤和云架山蛇绿岩带中的某些属于岛弧火山岩的部分，它们是在造山期由于逆冲推覆或其他断裂作用而挤入混杂带或岛弧与大陆的碰撞带中的，它们原是岛弧钙碱性火山岩的组成部分。

总而言之，丹凤与云架山二带之间现今是一个复杂的构造组合体，包括在"秦岭群"硬化基底岩块、糜棱岩带、钙碱性中酸性岩体和岛弧火山岩等。这些岩块虽几经强烈构造变动，重新组合，但我们可以看出它们原是一列界于俯冲海沟和边缘海盆间的链状岛弧带的组成部分，即这里原曾是一带具有古老基底的岛弧系，如同现代的日本列岛带一样[22]。

四、北秦岭古活动大陆边缘与俯冲碰撞造山作用

概括综合上述的事实与论述，北秦岭构造带有以下几部分组成：①由不同成因不同来源的蛇绿岩块和复理石层构成的丹凤蛇绿岩混杂带。它们是俯冲与碰撞造山作用的记录，表示了已经消失的洋壳俯冲带与海沟的存在。②主要由边缘海盆型和岛弧型蛇绿岩以及深水沉积与大量陆缘复理石沉积体系组成的云架山蛇绿岩带，它们是弧后边缘海盆的反映。③由"秦岭群"硬化基底岩块和钙碱性深成岩体与火山岩所组成的链状岛弧系。④由自北而南的逆冲推覆构造而覆于云架山带之上的"宽坪群"基底推覆体。显而易见，虽然现今北秦岭带由于碰撞造山和后期构造作用，已使这四部分强烈挤压收缩一起，面目全非，但由上述事实与分析仍然清楚可见北秦岭原曾是一个华北地块南缘的活动大陆边缘，存在着沟-弧-盆体系[23]，也正是它们的形成与演化构成北秦岭造山带现今的独特面貌。

商丹断裂带，综合地质、地球物理和地球化学分析，实际上它是秦岭带中具有地表地质和深部地壳结构重要划分意义的边界地质体，有着复杂的构成及演化历史。根据丹凤蛇绿岩系、弧前沉积楔形体，并行成带分布的钙碱性花岗岩和强大的俯冲碰撞糜棱岩带等的存在，表明它也曾是扬子板块向华北板块俯冲消减，以及继之而来的陆-陆碰撞的大陆主缝合带[24][25]。

"秦岭群" 硬化基底除后期推覆使之得以出露外，更重要的是它在板块俯冲动力学机制作用下，由于下部热动力作用，从华北板块南缘以裂谷型式分裂出来，并向洋迁移，形成一列岛链，成为岛弧的基底，而后又加积了来自于俯冲带下的深成和喷出岩系及陆表的弧前弧后沉积加积体，构成岛弧带。

随着 "秦岭群" 基底的分裂与向洋迁移，在其后缘形成一列串珠状扩张幅度不一的弧后边缘海盆，东部可能扩张较大，出现了较宽的有限洋壳。但由于它毕竟是陆壳和过渡性地壳上的扩张边缘裂谷带，所以顶底及火山岩系中发育大量陆源沉积及钾质较高的火山岩。该带蛇绿岩系之上，西部是不整合于其上的沉积断陷型 C_2-P 的陆相岩层，而东部则是 T_3-J，表明西部海盆比东部封闭较早，即西部弧－陆碰撞在海西期已发生，而东部迟至印支期。至于 "宽坪群" 推覆体，由于它掩盖在T_3-J 之上，无疑是燕山期推移而来的。

总之，北秦岭古活动大陆边缘的沟弧盆系都是在扬子板块俯冲，华北板块俯冲的总的板块边缘动力学机制下所发生的相互联系的有规律的必然现象。

北秦岭古活动大陆边缘的形成与演化，主要是在早古生代到中生代初期，碰撞造山则主要发生的海西－印支期，主要依据是：①丹凤蛇绿岩系的区域地质综合对比和其中的基性岩的 Sm-Nd，Rb-Sr 同位素年龄（402Ma，447Ma）；②云架山蛇绿岩带中的古生代生物化石遗迹，以及该带东部和西部分别为 T_3-J 陆相沉积岩层和 C_2-P 岩系覆盖；③成带分布的与俯冲有关的加里东期钙碱性花岗岩；④俯冲碰撞带糜棱岩，用 Sm-Nd，U-Pb，Rb-Sr 不同方法所得的同位素年龄（219Ma，211Ma 等）；⑤鉴于北秦岭是构造岩石组合体，组成极其复杂，因此年龄数据新老掺杂，既有老的岩块，又有新的变质岩层、岩体，就是蛇绿岩块也有较长的时间范围，所以关键是分清生成演化的时间和最后碰撞造山构造就位的时间，前者是活动边缘发生与活动时间，后者才是北秦岭构造成山的时代。北秦岭同位素年龄数据不少，但要作具体分析，慎重使用。

根据北秦岭造山带的组成与演化，复杂而又有规律，其主要特点为：①北秦岭是狭长带状近千公里延伸，最宽不过 60 千米，长宽比为 100∶6 的强大线状构造带；②北秦岭是由各种不同岩层岩块以不同方式构造就位，既有 B 型俯冲，岛弧－大陆和大陆－大陆碰撞，又有 A 型陆内俯冲推覆所构成的复杂构造岩石组合体，其整体就是华北板块与扬子板块挤压俯冲碰撞的构造混杂带；③北秦岭中强烈发育不同级别，不同深度层次的韧性和脆性断裂，发育多条纵贯东西全区的巨型断裂带，形成自北而南的巨大逆冲推覆迭瓦构造（图 14）；④北秦岭带的主要构造线，无论新老岩层，区域片麻理，褶皱与主干断裂，乃至微观到宏观巨大的岩块，都旋转归并到北西西总体方位上，突出地显示出地壳的高度强烈挤压收缩状态。因此造成北秦岭成为秦岭带中在组成与构造上最复杂强烈的地带和最强应变带，地层组合复杂，变质变形多样而不均一，岩浆活动频繁剧烈。凡此种种，归结其根本原因就是北秦岭正处于华北板块与扬子板块相对运动、俯冲碰撞的结合带上，是地壳运动最活跃的地带。宏伟壮观的北秦岭造山带正是在北秦岭古活动大陆边缘发展演化基础上，由板块运动所发动的波澜壮阔的造山运动的产物。

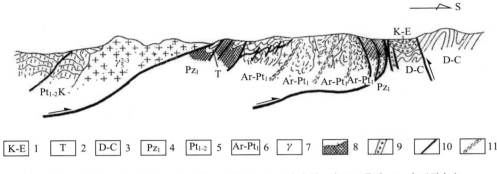

1. 白垩系–第三系　2. 三叠系　3. 泥盆–石炭系　4. 下古生界–中下三叠系　5. 中下元古宇
6. 秦岭群（Arq-Pt₁）　7. 花岗岩　8. 蛇绿岩　9. 碎裂岩　10. 断裂　11. 韧性剪切带

图 14　北秦岭综合剖面示意图

参考文献

[1] 任纪舜等（黄汲清指导）. 中国大地构造及其演化. 北京：科学出版社，1980

[2] 李春昱等. 秦岭及祁连山构造发展史. 见：国际交流地质学术论文集（1）. 北京：地质出版社，1978

[3] 王鸿祯等. 东秦岭古海域两侧大陆边缘区的构造发展. 地质学报，1982（3）

[4] 孙枢等. 华北断块南部前寒武纪地质演化. 北京：冶金工业出版社，1985

[5] 张国伟. 秦岭构造带的形成及其演化. 见：西北大学地质系成立四十五周年学术报告会论文集. 西安：陕西科学技术出版社，1986

[6] 张维吉. 北秦岭构造带的发展演化. 见：西北大学地质系成立四十五周年学术讨论会文集. 西安：陕西科学技术出版社，1986

[7] 肖思云. 北秦岭丹凤群蛇绿岩. 见：西北大学地质系成立四十五周年学术报告会论文集. 西安：陕西科学技术出版社，1986

[8] Coleman, R. G. The Deversity of Ophiolites. Geologie en Mijnbouw, 1984

[9] Miyashiro, A. The Troodes Ophiolitic Complex was probably formed in and Island Arc, Earth and Plan. Sci. Let., 19,1973

[10] Miyashiro, A. Classification, Characteristics and Orogin of Ophiolites, Jour. Geo. V. 83,1975

[11] 赵宗溥. 蛇绿岩与大陆缝合线. 地质科学，1984（4）

[12] Coleman, R. G. Ophiolites, Springer-verlag Berlin, Heidelberg, New York, 1977

[13] 郭令智等. 西太平洋中新生代活动大陆边缘和岛弧构造的形成及演化. 地质学报，1983，10

[14] Dickinson, W. K. Plate Tectonics and Sedimentation, Speci Publ. Soc. econ, Paleont, Miner, Tulsa, 1974

[15] 都城秋穗. 消减带蛇绿岩和岛弧蛇绿岩. 国外地质，1979（9）

[16] 都城秋穗. 蛇绿岩问题和板块构造理论. 国外地质科技，1980（7）

[17] Saunders, A. D. 大洋盆地火成岩的稀土元素特征. 地质地球化学，1985.

[18] Pearce, J. A., & Cann, J. R. Tectonic setting of basic volcalic rocks determing using trace element analyses. Earth and Sci. Let., 19,1973

[19] Condie, K. C. Plate tectonics and crustal evolution. Pergamon Press, New York, 1982

[20] Hsu, K. J. Thin-skinned plate tectonics during Neo-Alpine orogenesis, Amer. Joural of Science, V. 279,1979

[21] 严阵等. 陕西省花岗岩. 西安: 西安交通大学出版社, 1986

[22] 上田城也, 杉村新. 岛弧. 北京: 地质出版社, 1979

[23] Talwani, M. & Pitman, W. C. (Eds). Island arcs, deep sea treuches and back-arc basin, Amer. Geophys. Union, Washington, D. C., 1977

[24] Windley, B. F. The evolving continents, John Wiley & sons, London, 1977

[25] Seybert, C. K., & Sirkin, L. A. Earth history and plate tectonics. Happed and Rowpublisher, New York, 1977

秦岭造山带的南部古被动大陆边缘*

张国伟　梅志超　李桃红

秦岭构造带是一个历经长期复杂演化的复合型大陆造山带。在其漫长的历史进程中，不同的发展阶段以不同的构造体制发展演化，并形成性质迥异的物质组成与构造型式。它们经过叠加复合最终造成了今天宏伟的秦岭褶皱带。古生代－中生代初期是秦岭造山带的主要构造期，此时它们已明显具有现代体制的板块构造运动特征[1]。因此研究古生代－中生代初期秦岭带板块构造的基本特征和演化是探索秦岭大陆造山带成因的关键。而作为板块构造重要内容的大陆边缘地质，则是首先需要讨论的基本课题之一。因此，本文将采用构造地质和岩石学，特别是沉积岩石学相结合的方法，来探讨南秦岭被动大陆边缘的基本特征（图1）。

秦岭造山带的南部被动大陆边缘也称南秦岭被动大陆边缘，它们是秦岭造山带的基本组成部分。其范围北自商丹断裂带，南至巴山弧形断裂带，呈不规则的东西向带状分布。本文主要讨论豫陕境内部分，涉及湖北部分地区。以下我们统称南秦岭。它们的北缘临接丹凤蛇绿岩带与北秦岭构造带相邻；南侧以巴山弧形断裂为界，并自北而南逆冲推覆到扬子地块之上[1]。南秦岭在地层、构造岩相上自北而南呈规律地变化，除大别、武当、两郧、平利、凤凰山和陡岭、小磨岭、佛坪等大小不一的前寒武纪隆起地块外，主要以断裂为界，古生界和下、中三叠统东西成带分布。实际上，上述隆起地块也呈有规律的分布，沿山阳－凤镇断层出露的佛坪、小磨岭、陡岭自成一带，其余在南部也成东西向一带。前人曾将南秦岭划分为柞水海西褶皱带、中秦岭印支褶皱带和南秦岭加里东褶皱带[2][3][4]。我们通过实际调研和综合分析认为，南秦岭构造带自古生代到中生代初期一直是在统一的扬子基底基础上发展起来的扬子板块北缘的古被动大陆边缘，即古秦岭海域南侧的大陆边缘[1][5]。它们最后是在印支期和华北古板块俯冲碰撞而褶皱成山的，并和北秦岭一起构成统一的秦岭造山带。现今的南秦岭构造带，虽然经历了印支期的碰撞造山和中新生代以来构造的强烈改造，但通过对南秦岭被动

*本文原刊于《秦岭造山带的形成及其演化》，1989：86-98.

大陆边缘沉积体系、古地理格局的历史演变和统一的扬子基底特征的分析以及残余洋壳的追索、构造变形特征的研究，其被动大陆边缘的基本特征及演化，是可以查明和恢复的。

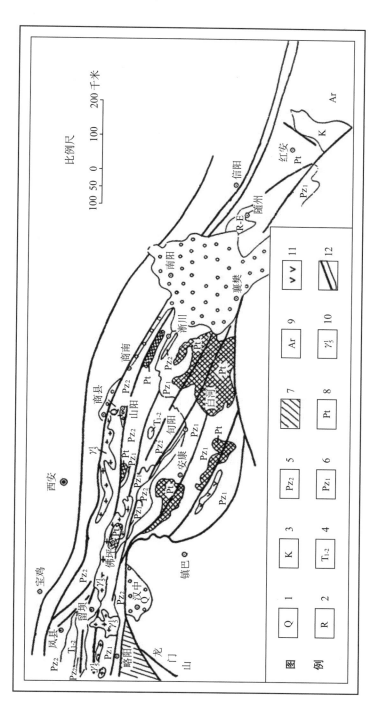

图 1 南秦岭地质略图

一、统一的扬子基底和消失了的洋壳

南秦岭构造带具有统一的扬子基底和上元古宇盖层。南秦岭现今出露的最老岩系，从前述的一系列由前寒武系变质岩系所组成的隆起地块可知，除大别群有较可靠的证据说明是太古宇外，其余多是元古宇，其上普遍不整合覆盖震旦系陡山沱组和灯影组。太古宇大别群是一套复杂的中深变质杂岩系。陡岭群核心部分的变质杂岩也可能属太古宇，而武当群、郧西群、耀岭河群以及随县地区的大狼山群等都是一套下部为酸性，上部以中基性为主的火山－沉积岩系，从其岩石组合和地球化学特征看，主要是碱性－钙碱性岩类，富含钾质，结合区域地质综合分析，表明它们是在陆壳和过渡性地壳背景下形成的，其上的震旦系西部则是稳定相的浅海沉积岩系，属扬子基底上的盖层沉积。这套沉积岩在南秦岭分布比较广泛而且稳定。但它和其下伏的火山岩系均不超越商丹断裂，而华北相的盖层沉积也从不越过商丹断裂以南。关于刘岭群（上古生界）的基底尚有争议，但从愈来愈多的事实表明刘岭群直接覆盖在南秦岭的寒武－奥陶系之上，证明刘岭群的基底和整个南秦岭是一致的。晚元古宙末灯影期沉积已显示南薄北厚的差异，而真正的南秦岭大陆边缘相沉积和构造分异是从寒武纪初开始的。南秦岭巨厚的古生界－中、下三叠统被动大陆边缘沉积体系就是从这个时期，在扬子地块统一的基底和最初的盖层基础上发展起来的。

这里需要指出的是，大别群、陡岭群的组成、构造序列及其地球物理场特征[1]，反映它们与华北地块南缘的基底结晶岩系非常相似，上覆的上述元古宇火山－沉积岩系已如前述，都是在陆壳和过渡性地壳基础上形成的。所以扬子和华北地块的太古宇基底原来可能是一个统一地块[1]。这些火山岩和位于北秦岭的宽坪群火山岩都具有大陆裂谷产物的特点[6][7]，表示了秦岭带的统一古老基底的最早扩张分裂。华北与扬子地块间的差异是从元古宙开始，并逐步发展起来的，其中经历了复杂的开合演化。秦岭带正是在这个过程中发生、发展演化的。寒武纪初开始的南秦岭构造分异，标志着一次大的扩张分裂。南秦岭被动大陆边缘沉积体系（详述于后），与北秦岭的丹凤蛇绿混杂岩带和它所包含的沟－弧－盆体系组合，共同表明秦岭带是在古生代－中生代初从扩张逐渐发展成为华北与扬子板块间较开阔的古秦岭海洋，并成为古特提斯大洋北侧的一个分支海域，其北侧是北秦岭活动大陆边缘[8][9]，而南秦岭则是被动大陆边缘[5]。

南北秦岭从古生代到中生代印支期碰撞造山，两者在岩石地层的组成和地壳结构构造上差异显著。当南秦岭接受大量从陆棚到陆隆、深水盆地相沉积岩系时（详述于后）[10]，北秦岭则同时期形成二带具蛇绿岩特征的火山－沉积岩系和岛弧与弧后盆地型复理岩石[11]。清楚地表明了它们处于不同的构造和古地理环境，前者是稳定大陆边缘环境；后者则是活动陆缘。南北秦岭之间沿商丹断裂分布着一套丹凤蛇绿混杂岩带，它包含有不同成因和来源的蛇绿岩块和沉积岩块[12][13]①，它们都是构造就位的，表示曾有古洋壳和海沟俯冲带的存在。北秦岭现在是一个复杂的线状分布的构造岩块岩片组合体，实际就是华北与扬子

_____

①张国伟等. 北秦岭古活动大陆边缘. 1986

板块间俯冲碰撞的地壳强烈挤压收缩带[①]，南秦岭则表现为以基底和沉积层中软弱岩层为滑脱面的多层次自北而南的推覆迭瓦构造[14][15]，这些现象表明，南秦岭扬子板块向北俯冲于华北板块之下，并在统一板块动力学机制作用下，由俯冲碰撞（B 型）和与之有关的板内 A 型俯冲叠置[15]，共同形成了秦岭造山带。

二、南秦岭被动大陆边缘演化阶段的划分

南秦岭古被动大陆边缘的发展演化，概括起来可划分为两个阶段，即早古生代加里东期和晚古生代－中生代初海西－印支期。

南秦岭古被动大陆边缘沉积体系包括从上元古宇、古生界到中生界下、中三叠统，其间没有造山性质的重大构造变动。下部古生界和上部古生界间并无区域性显著角度不整合，上下岩层的构造变形型式及总的构造沉积环境都比较相似。所谓上下古生界间的角度不整合，仅于两陨隆起地块西缘一带和沿山阳－凤镇断裂的小磨岭等地见到，而实际从大区域看，前者主要是隆起边缘的超覆不整合，后者除隆起超覆性不整合意义外，结合北秦岭构造带此时期的活动特征，则表明加里东期，因扩张分裂而形成的古秦岭海域洋壳，已开始向北俯冲，北秦岭已转入活动大陆边缘，相应在南秦岭也发生了非造山性质、以断裂为主的地壳升降活动，调整了大陆边缘的原有结构，后随即转入晚古生代的边缘沉积时期。事实上在早古生代时期南秦岭大陆边缘的构造与古地理结构并非是简单的陆棚－陆坡－陆隆样式，而是自晚元古宙－早古生代，随着整个华北与扬子地块的扩张分裂，南秦岭陆缘地壳也发生一系列拉张断裂，形成地垒和地堑隆凹相间的陆缘构造[16]。特别是在公馆－白河断裂以南与红椿坝－曾家坝断裂间，基本是在原前寒武纪隆起地带上，形成了一带陆缘断陷深海槽，其中沉积的下古生界岩系与南北两侧同期沉积具明显差异，并且在这一带中，顺主要断裂形成以碱性为特征的喷出和浅成侵入岩，如沿红椿坝断裂两侧出露偏碱性的基性岩、碱性火山岩和次火山岩，具有陆缘裂谷早期发展阶段特征。同时在断陷带中还出现有武当、两郧、平利、凤凰山等地垒式的隆起地块，因此南秦岭被动大陆边缘在早古生代加里东期演化阶段，具有比较复杂的陆缘结构，控制着沉积作用。到晚古生代南秦岭仍处于统一被动大陆边缘环境下，并受到近东西向断裂的分割，特别是沿山阳－凤镇断裂，分布着一列古隆起地块。它们分别控制着不同地带的沉积[16]，因此可见海西－印支期只是加里东期陆缘环境的延续和发展，两者在构造与沉积环境中并没有根本差别，而具有继承性。真正的大规模构造变动是在印支期末的华北与扬子板块间的碰撞造山作用中才发生的。

南秦岭带的西部，勉县－略阳地区，情况较为复杂。一是由于汉南地块向秦岭带的挤压推进和巴山弧形断裂的自北而南、自东而西的逆掩推覆，使之与东部紫阳－安康地区显然有别。二是龙门山构造带自西而东的逆冲推覆构造和碧口岩系的挤入使得南秦岭被动大陆边缘原有面貌受到了很大破坏改造并使其复杂化，原貌的恢复比较困难。但若从区域地质发展演化分析，则可以看出勉略和汉中地区，正位于古秦岭海洋与松潘古特

提斯海洋相勾通和从扬子古板块北缘被动大陆边缘向其西缘活动大陆边缘的过渡临接地带，再加之从龙门山到巴山围绕汉南地块的印支－燕山期自西而东、自北而南、自东而西的逆冲推覆构造作用，自然使南秦岭带西部出现了较复杂的状态。

三、南秦岭古生代－三叠纪古地理格局的演变

南秦岭的古生界－三叠系岩层已如上述是在统一的扬子基底和稳定相的上元古宇盖层的基础上发育起来的。其间除了几个平行不整合外，没有发现区域性的角度不整合，而且所含化石与扬子地台一致。但是，在不同的构造演化阶段，各地都发育有不同的沉积体系。在早古生代，南秦岭古被动大陆边缘呈现台、盆相间的古地理格局，盆地相的深水沉积中，含有同期偏碱性的中基性火山岩和浅成侵入岩，盆地边缘有浊积岩和滑塌角砾岩，反映早期的拉张断陷裂谷作用。上古生界到中三叠统，从南向北依次发育的陆棚－陆坡－陆隆沉积体系，则可能是北侧洋壳演化中陆缘进一步下沉的反映。因此，它们从纵向上和横向上的相变关系，揭示该区在早古生代和晚古生代－三叠纪经历过不同的构造演化阶段。

（一）早古生代

本区的下古生界自北而南可以分为以下四个单元：A. 消亡了的洋壳——蛇绿岩带；B. 中间台地；C. 深海槽；E. 扬子地块边缘台地（图2）。

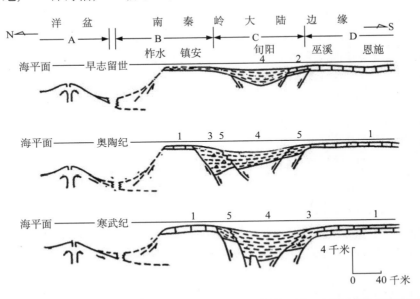

1. 浅水台地相石灰岩、白云岩、页岩和砂岩　2. 复理石　3. 滑塌角砾岩　4. 深水盆地相层状燧石岩、碳质板岩、千枚岩　5. 斜坡相泥灰岩、浊积石灰岩、千枚岩　A. 洋盆（蛇绿岩区）　B. 中间台地　C. 海槽　D. 扬子地块边缘台地

图 2　南秦岭大陆边缘早古生代古地理演化图

该区的下古生界除了在安康牛山及郧西地区局部与元古宇变质火山岩系（郧西群、耀岭群）呈不整合接触外，在广大范围内均以平行不整合覆于上元古宇浅水台地相的灯影组白云质灰岩和白云岩之上。从寒武纪开始，该区的沉积体系在空间上发生了明显的分异。在北部中间台地，下古生界主要为寒武－奥陶系的浅水相厚层石灰岩和白云岩，它们从宁陕县东江口至河南淅川一带呈东西向展布，而且不受山阳－凤镇断裂的控制（见图1）。在留坝－山阳漫川关以南至旬阳－白河一带，下古生界主要为千枚岩、薄层石灰岩夹杂乱石灰岩角砾岩和少数层状燧石岩，属于斜坡沉积体系。再向南至紫阳红椿坝－镇坪曾家坝一带，下古生界主要以黑色层状燧石岩、碳质板岩和千枚岩为特征，其中夹有碱性岩、偏碱性基性岩脉、枕状熔岩和中基性火山碎屑岩，标志为强烈沉陷的深海槽。海槽以南，沉积物又从斜坡体系的千枚岩、薄层石灰岩夹杂乱石灰角砾岩和巨厚的复理石逐渐过渡为扬子地台区边缘台地相的厚层石灰岩、白云岩、鲕状灰岩和石英砂岩与页岩，富含底栖生物化石，属浅海陆棚－潮坪沉积体系。

下古生界沉积体系的空间分布和相序关系，反映秦岭带南大陆边缘是在统一的浅水碳酸盐台地基础上形成的被动大陆边缘。块断作用和差异沉降运动产生了地堑地垒式的裂陷海槽和浅水台地。在海槽内，深水相的寒武系－下志留统厚达8000米左右，而北部中间台地上的浅水碳酸盐岩系，在河南淅川一带最厚达3000余米，南侧的边缘台地厚达2500米左右。这些现象表明，该区在早古生代曾经历过缓慢的地壳沉降，而且台地区为浅水碳酸盐沉积补偿。

（二）晚古生代－三叠纪

早古生代末，南秦岭因加里东运动的影响普遍抬升，在旬阳－白河以南，目前缺失上古生界和三叠系；在其以北，泥盆系分别超覆在不同的层位上，从而造成与早古生代不同的古地理背景。该区的上古生界－三叠系自北而南大致可以划分为三个单元：A. 消亡的洋壳——蛇绿岩区；B. 陆坡－陆隆；C. 浅海陆棚（图3）。

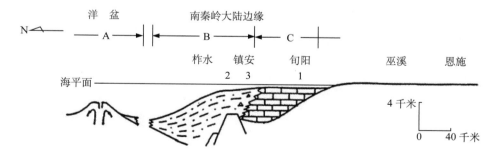

A. 洋盆（蛇绿岩区） B. 陆坡－陆隆 C. 陆棚 1. 浅水台地相石灰岩、白云岩、砂岩和页岩
2. 复理石 3. 滑塌角砾岩

图3 南秦岭大陆边缘泥盆纪古地理格局

旬阳-镇安间的泥盆系至下中三叠统为连续沉积,但其反映的古地理背景却由早古生代的深水斜坡转变为南部以浅水石灰岩、白云岩和砂岩为主的潮坪和内陆棚环境,北部逐渐过渡为底栖生物化石丰富的板岩、泥灰岩夹砂岩和薄层石灰岩的外陆棚环境。镇安-留坝以北直至山阳-凤镇断裂以北,普遍缺失志留系,上古生界超覆于寒武-奥陶系的不同层位之上,当时除了镇安-柞水间的古道岭一隅为一范围局限的浅水台地之外,其他地区自南而北均规律地由浅变深。镇安以北的泥盆系主要以浊积岩和等深积岩为特征的复理石,古流向近东西,因此应属陆坡-陆隆沉积体系。

在山阳-凤镇断裂以南,浊积岩常常含砾或夹砾岩层,底板具规模巨大的槽模和沟模。复理石中夹有较多的薄层石灰岩和杂乱石灰角砾岩,而且愈向南,石灰岩及其中所含的底栖生物化石愈丰富,局部尚有礁灰岩,反映南部接近陆棚边缘。断裂以北的中上泥盆统刘岭群,直接覆于下寒武或寒武-奥陶系之上,主要为细砂岩、粉砂岩与板岩组成的巨厚复理石层序,上部尚夹有中基性凝灰岩,但是碳酸盐岩的夹层较少,厚度近万米。前人[16]根据某些交错层和长石含量的变化,认为物源来自北大陆。但是在山阳-凤镇断裂沿线,尚没有可靠的俯冲碰撞和残余洋壳的标志,而更重要的是其浊积岩和断层以南的一样,均以矿物成熟度高的石英砂岩为主, 缺乏活动大陆边缘特有的岩屑杂砂岩[17]。另外,断裂两侧复理石中碳酸盐岩夹层的数量和特征以及浊积岩的粒度变化也反映南北二套复理石在成因上有密切联系,因此把它们作为秦岭带南部稳定大陆边缘,并认为其物质来自南大陆可能更合理一些。在丹凤-商南附近的蛇绿岩套南侧,有一套巨厚的杂砂岩、凝灰岩夹中酸性火山岩系,这套岩系曾被划入刘岭群。根据杂砂岩中夹有少量砾岩层推测其物质来自北大陆。虽然目前对丹凤-商南一带的这套岩系的时代还不甚清楚,但是它们与刘岭群在岩性上的不协调性却是显而易见的,所以我们也认为不应该将其与刘岭群相提并论。

石炭系主要局限于山阳-凤镇断裂以南,但其岩相自南而北逐渐由厚层-块状石灰岩变为板岩夹砂岩、石灰角砾岩以至千枚岩夹薄层泥灰岩和粉砂岩的现象,也显示物质来自南方,海水由南向北加深的总趋势。

研究区西部宝成铁路沿线的泥盆系-三叠系,为连续沉积。凤县附近几乎全为复理石,向南则显示海水逐渐变浅的趋势(图4)。例如,在凤县南部的瓦房坝一带,泥盆系主要为台地相的厚层-块状石灰岩,向北逐渐过渡为斜坡-陆隆体系的巨厚复理石。石炭系在略阳-留坝一带为台地相的浅水碳酸盐岩,向北至甘肃徽县聂家湾东站及其以北地区,则变为富含石英粉砂的碳酸盐复理石。二叠系在聂家湾以南为厚层-块状的生物碎屑石灰岩、礁灰岩,向北则变为复理石夹杂乱石灰角砾岩。该区的三叠系是秦岭地区分布最广、发育最好的复理石层序之一。它们在宝成铁路沿线构成一向西倾伏的向斜。虽然还未发现它们与浅水沉积的直接关系,但是根据向斜南翼的碳酸盐复理石,特别是滑塌石灰角砾岩比北翼发育的现象,推测其南侧可能存在过浅水碳酸盐台地,它们在侧向上很可能与旬阳、镇安间的三叠系浅水台地处于同一带上。三叠系复理石也以矿物成熟高的石英砂岩为特征,这同华北地区中下三叠统成熟度很低的富长石砂岩成鲜明对比,而与扬子地台的三叠系却十分类似，表明物质来自南大陆。

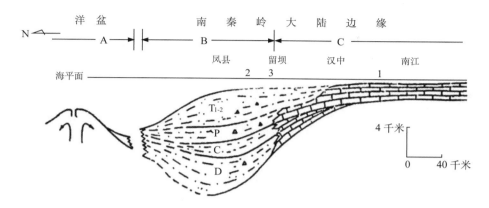

A. 洋盆（蛇绿岩区） B. 陆坡－陆隆 C. 陆棚 1. 浅水台地相石灰岩、白云岩、砂岩和页岩
2. 复理石 3. 滑塌角砾岩

图4 凤县－南江间南秦岭大陆边缘泥盆纪－早中三叠世古地理格局

研究区东部的河南淅川一带，只见有上古生界，且全为浅水台地沉积，如果和南秦岭上古生界的三叠系岩相在东西方向上的变化综合考虑，则表明它们可能与印支期碰撞造山作用直接相关。

四、碰撞造山作用与南秦岭带的构造变形

南秦岭被动大陆边缘沉积体系显然作为运动着的扬子板块边缘沉积地质体，随同整个板块位移变位，以致最终于印支期与华北板块碰撞，发生强烈造山运动，使其产生各种构造变形，从而剧烈地改变了其原有构造岩相带的空间分布与组合关系，形成在原有基础上的新的地壳结构。现今南秦岭被动大陆边缘沉积体系的总体空间分布和组合关系，除去中新生代后期构造作用外，最主要的是印支期俯冲碰撞造山作用的产物，所以，如果说原来各个演化阶段的构造沉积岩相带共同反映了原被动大陆边缘的总构造环境和古地理格局的话，则现今南秦岭带的构造型式和沉积体系岩相带的空间分布与组合特征，就更多地记录了碰撞造山作用在俯冲板块上的强烈烙印。以秦岭带板块构造的商丹缝合线为界，南秦岭大陆边缘沉积体系的各个构造岩相带的分布组合，在东部和西部有明显的差异和变化，如前述这种变化在晚古生代和早中三叠世岩相上表现尤其为突出。东部在河南淅川县一带，接近商丹板块缝合线直接出露的是浅水台地相沉积，缺失陆坡－陆隆等沉积岩相带，而在西部浅水陆棚沉积带远离缝合带，其北侧则出露陆坡－陆隆，乃至盆地平原相的沉积。这种东西向上的变化不止表现在沉积体系的分布组合上，在南秦岭的构造变形变质作用上也有同样表现，而且与北秦岭构造带的东西向上的变化相一致。这就共同表明，它们与两板块的碰撞造山作用密切相关（图5）。

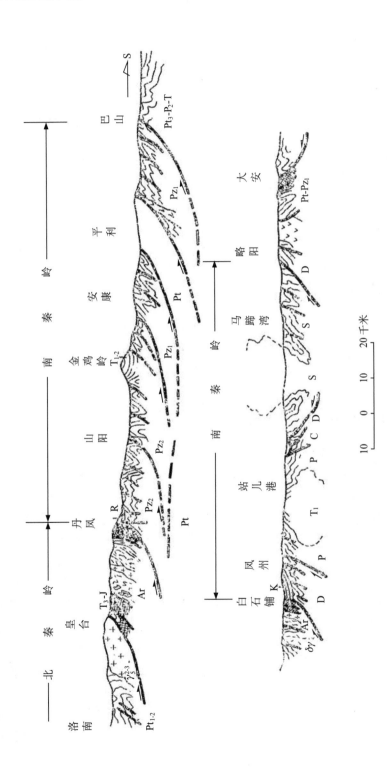

图 5　南秦岭东部和西部综合构造剖面图

1. 新生界　2. T_3+J 上三叠统－侏罗系　3. T_{1-2} 下中三叠统　4. 蛇绿岩　5. P 二叠系　6. C 石炭系　7. D 泥盆系　8. S 志留系　9. Pz-T 古生界－三叠系　10. Pz_2 上古生界　11. Pz_1 下古生界　12. Pt_{1-2} 中下元古宇　13. Ar 太古宇　14. γ 花岗岩　15. 断裂

在构造变形上，南秦岭构造带的东部和西部，共同点都是具有碰撞造山作用中下行俯冲板块前缘的强烈挤压构造变形特点，形成一系列线状褶皱和自北而南的逆冲和推覆迭瓦构造，并由于原来已存在的前寒武纪隆起硬化岩块的作用，使变形复杂化和多样化，南秦岭东部表现尤为显著。但东西二部分在构造样式上有明显的不同。东部构造，正像我们 1985 年初所指出的[①]，整体是在扬子基底上，分别以元古宇耀岭河群顶部广布的凝灰质千枚岩和志留系泥质岩系为滑脱面的多层次滑脱构造[13][14]。震旦系、古生界和下中三叠统岩层一起卷入缝合带以南的俯冲板块中的 A 型俯冲构造，形成由不同级别的断裂所造成的由北向南逆冲的迭瓦构造系和由直立对称褶皱（柞水－镇安间）到北倾南倒的歪斜、倒转褶皱及伴生的一系列区域性片理和线理，共同组成独具特征的构造面貌。其中在两郧地块和湖北随县地区由于前寒武纪古老岩系大范围隆起，作为滑脱构造中隆起基底硬质岩块，并且接近于商丹缝合带，所以从陕西商南县以南到河南、湖北相应地区，盖层滑动岩系出露狭窄，构造更为紧闭。

南秦岭构造带西部，整体构造呈正、倒扇形褶皱和自北而南或自南而北的逆冲推覆构造组合，并有如华阳、光头山、迷坝等印支期大中型花岗岩体的侵入（189 ～ 231 Ma，U-Pb[19]）。西部的构造样式显然不同于东部的构造。这种构造型式差异的原因主要有两个：①南秦岭印支期扬子板块向北与华北板块的俯冲碰撞造山作用；②汉南地块向北强烈挤压，突出于秦岭带，龙门山推覆构造和碧口群岩层的挤入。正是由于南秦岭西部地区处于这两种作用的强烈挤压集中地带，使之成为秦岭带中最狭窄的束腰地带，造成地壳的强烈收缩，出现独特的构造样式与组合，以及分布较多的，与碰撞造山和挤压推覆有关的板内改造型花岗岩。

南秦岭大陆边缘沉积岩系变质作用普遍较浅，主要为绿片岩相，一些地段几乎没有变质。但在南秦岭北缘靠近商丹缝合带的刘岭群表现为变质作用东深西浅，东部可达角闪岩相。另外西部靠近勉县略阳一带的古生界岩层变质也比较深，可达角闪岩相。造成这种变质作用不均匀的原因，显然前者直接与俯冲碰撞作用相关，后者则与勉略地区沿略阳断裂串珠状分布的超镁铁质岩和碧口蛇绿混杂岩系所代表的复杂构造变动有关。

与南秦岭构造带相对比，北秦岭构造带在构造变形和变质作用上，具有类似的东西向变化。北秦岭带在变形上总体东部较西部强烈紧闭，变质作用东部较深而西部相对较浅，由角闪岩相不均一的递变为绿片岩相。在北秦岭带的南沿，即在南北秦岭间的俯冲碰撞缝合带中，多数断裂具有斜向剪切平移性质，等等。

综合以上南北秦岭带构造变形变质作用在东西方向上的相应一致变化，特别是南秦岭陆缘沉积体系中岩相带空间分布的规律性变化，表明扬子板块向华北板块的俯冲碰撞，可能不是垂直方向的，而是东部先开始，再依次向西发展，属于古特提斯洋一部分的古秦岭海域也是从东向西逐渐关闭的，因此，扬子与华北两板块应是斜向穿时的俯冲碰撞。上述南北秦岭带的东西向变化，正是在这种斜向穿时的俯冲碰撞统一动力学机制下所发生的合乎规律的现象。也正因为如此，南秦岭东部消减掩覆了更多的扬子边缘地质体，使得陆缘沉积体系的后缘部分靠近主缝合带，出现东西向差异。

总而言之，概括南秦岭构造带的发展演化历史，证明它们自晚元古宙末期到中生代初，长期处于扬子板块边缘，或者说处于秦岭古海洋南侧的被动大陆边缘构造环境中，接受巨厚的稳定大陆边缘沉积岩系，后经历加里东期和海西－印支期两个构造演化阶段，随同整个扬子板块向华北板块自东而西的穿时性的斜向俯冲，于印支期末发生强烈碰撞造山作用，导致变形变质，成为秦岭大陆造山带的重要组成部分。恢复南秦岭被动大陆边缘和北秦岭活动大陆边缘，研究和总结两者之间所发生的强烈俯冲碰撞造山作用，共同表明秦岭造山带在古生代－中生代初期已显然以现代体制板块构造为其主导特征。

参考文献

[1] 张国伟等. 秦岭构造带的形成与演化. 见：西北大学地质系成立四十五周年学术报告会论文集. 西安：陕西科学技术出版社，1987

[2] 李春昱. 用板块构造学说对中国部分地区构造发展的初步分析. 地球物理学报，1975（1）

[3] 任纪舜等（黄汲清指导）. 中国大地构造及其演化. 北京：科学出版社，1980

[4] 张秋生. 中国东秦岭变质地质. 长春：吉林人民出版社，1980

[5] Heezen, B. C. Atlantic-trpe continental margins. In: C. A. Bark and C. L. Drake (Eds): The Ceology of Continental Margins, Springer-Verlag, New York, 1968

[6] Burke, K. Intracontinental rift and aulacogen. In: Continental Tectonics, Washington, D. C., 1980

[7] Ramberg, B. & Neumann, E. R., (Eds). Tectonics and Geophysics of Continental Rifts, Rided. pub. com., 1978

[8] Talwani, M. & Pitman, W. C, (Eds). Island Arcs, Deep sea trenches and Back-arc Basins. Amer. Geophys. Union, Washiongton, D. C., 1977

[9] Batt, M. H. P. Mechanisms of subsidence at passive continental margins. In: A. W. Bally et al. (Eds) Dynamics of plates Interiors, 1980

[10] Dickinson, W. R. Plate tectonics and sedimentation (Ed by W. R. Dickinson), SCPM. spec publ., 22,1974

[11] 郭令智，施映申，马瑞士. 西太平洋中新生代活动大陆边缘和岛弧构造的形成及演化. 地质学报，1983，10

[12] Coleman, R. G. The diversity of ophiolites Geol. en mijibouw, 1984

[13] 赵宗溥. 蛇绿岩与大陆缝合线. 地质科学，1984（4）

[14] Hsu, K. J. The-skinned plate tectonics during Neo-Alpine orogenesis. Amer. J. Science, V. 279,1979

[15] McClay, K. R. & Price, N. J. (Eds). Thrust and nappe tectonics. spec. publ. 9,1981

[16] 王鸿祯等. 东秦岭古海域两侧大陆边缘区的构造发展. 地质学报，1984（3）

[17] Reading, H. G., Geoglobal tectonics and the genesis of flysch sucessions. 24th Int. Geol. Cong. Proc. seat, 6: 59-66

[18] 马杏垣，索书田. 论滑覆及岩石圈内多层次滑脱构造. 地质学报，1984（3）

[19] 严阵等. 陕西省花岗岩. 西安：西安交通大学出版社，1986

北秦岭商丹地区"秦岭群"的构成及其变形变质特征*

张国伟　周鼎武　郭安林　李桃红　薛　峰

在探讨秦岭大陆造山带的形成与演化规律中，研究"秦岭群"的构成、性质、时代及其演化特征，具有重要的地质意义，是秦岭造山带中瞩目的关键性地质问题之一。

原所谓"秦岭群"是 1931 年由黄汲清、赵亚曾提出的"秦岭系"，后经演变，于 1960 年为陕西区调队首先使用的地层单位（1：20 万宝鸡幅地质图），其时代、地层含义长期争论不休，众说纷云，迄今尚未统一。但由于它在秦岭带中占据突出地位，关系到秦岭带一系列重要基础理论问题和区域矿产的开发评价，因而成为急待解决的重要问题。鉴于"秦岭群"的复杂性，我们在前人工作基础上，采用了系统全面的路线穿梭观察研究和重点关键地段大比例尺填图，运用变质岩区构造解析方法[1][2][3][4][5]为主，结合物质组成、变质作用、地球化学、同位素年代学等多学科综合研究方法，探索原所谓"秦岭群"的构成、性质、时代及演化。经初步总结，证明原"秦岭群"是一套历经长期复杂演化的构造岩块、岩片组合体，远非是单一的地层单位，它包括了不同时代来源和性质的岩块岩片，其中真正的秦岭群是一古老的早前寒武纪变质结晶岩块，自有其岩层组合和多期叠加变质变形特征。应原属秦岭带的基底，后成为北秦岭活动大陆边缘岛弧的基底和晚期碰撞造山与陆内块断推覆造山作用中裹协的残余古老岩块。它经历了长期演化，面貌复杂，应是秦岭带中最古老的地质体。

一、区域地质背景

秦岭造山带是一个在不同地质历史发展阶段，以不同构造体制演化的复合型大陆造山带[6]。依据地球物理、地质、地球化学的综合分析，按其地壳结构、地质组成及演化，可以划分为三个近东西向平行分布的亚构造带，即以商丹和洛南－滦川－方城两大断裂边界地质体为界，自北而南分为华北地块南缘构造带、北秦岭构造带和南秦岭构造带。"秦岭群"正好位于北秦岭构造带南缘，近东西向绵延近千公里，呈几个巨大透镜体断

*本文原刊于《秦岭造山带的形成及其演化》，1988：99-115.

续分布，南北侧均以断裂为界。自西而东依其分布，自然成为五个段落：太白地区；眉县－户县黑河－涝峪地区；长安－柞水县间沣峪－商县西地区；商县－丹凤－西峡－镇平北部地区和桐柏地区（见《北秦岭古活动大陆边缘》一文图1）。"秦岭群"现今的地质面貌和空间分布是秦岭造山带长期复杂演化的综合产物。概括秦岭造山带的历史演化，可分为四个主要发展阶段：早前寒武纪克拉通基底的形成；元古宙古秦岭裂谷系的发生发展；晚元古宙－古生代－中生代初的现代体制板块运动和中新生代以来板内变形构造期[6]。"秦岭群"经历了这几期主要演化阶段，成为秦岭带形成与演化的重要记录和信息提供者。也正因为"秦岭群"遭受多次强烈构造变动，几经改造，已远非当初状态，所以要恢复其真实面目就必须逐一筛分后来历次叠加构造影响。首先是要筛除秦岭带中新生代陆内变形构造和晚元古宙－古生代－中生代初的板块构造的影响。

由于中新生代秦岭带发生板内的块断、平移、逆冲推覆构造，并伴随大规模酸性岩浆活动为特征的陆内造山作用，使"秦岭群"总体受到明显改造，主要表现在：① "秦岭群"被块断平移构造作用分割肢解为代表不同深度层次的出露块体。"秦岭群"在平面分布上除东部被南阳断陷盆地截然分隔外，还明显为凤州－靖口关白垩纪断陷和太白花岗岩基及其西北侧巨大韧性剪切带，商县－丹凤北西走向的白垩纪－第三纪红色断陷盆地和沿朱夏断裂的北西向白垩纪－第三纪红色断陷盆地所分割（图1）。被分割的"秦岭群"各块体综合地质特征显示，由于块体升降和剥蚀作用，分别代表不同深度层次的岩层块段。如长安－柞水间的丰峪－商县西地区，"秦岭群"强烈混合岩化，变质作用相对较深，广泛发育柔流性复杂构造，明显缺失上覆厚层大理岩层，而且其南北侧的糜棱岩带也表现为较深层次型的产物，等等，共同指示该地区应是较深层次"秦岭群"断块的出露。因此被分割的"秦岭群"各块体不应简单地作同一水平层次的对比。② "秦岭群"南北两侧断裂带在中新生代时表现出先右行后左行的水平剪切走滑运动。一方面它们如晚期商丹断裂那样斜切原"秦岭群"块体内先期所有构造线，另一方面导致产生了斜列横跨于"秦岭群"上的拉分盆地。如商县－丹凤间的白垩纪－第三纪红色盆地和同时代的沿朱夏断裂的红盆，两者都是受到断层控制的线性断陷，平行分布，斜列分割"秦岭群"块体，两者先期均显示拉张，成箕状盆地，接受山间红色沉积，晚期则又受挤压，红层发生褶皱，边缘产生逆冲断层，老地层逆冲在白垩系－第三系之上。造成这种先张后压斜列断陷盆地的原因，显然与"秦岭群"块体南北两侧先右行后左行的走滑平移密切相关。这与我们对商丹、商县－高耀等断裂的研究结果——先右行后左行剪切平移完全相一致[7]。上述中新生代构造迄今保存完好，应是最晚期的叠加构造。③燕山期的自北而南的逆冲迭瓦推覆构造作用及伴生的花岗岩体岩脉，使"秦岭群"先期在俯冲、碰撞造山作用中所构成的构造岩块、岩片组合，更加复杂化。商丹地区北秦岭主干断裂，如商丹断裂带、商县－高耀和金陵寺－皇台－瓦穴子断裂带、洛南－滦川－方城断裂带等及秦岭群块体内部的一些断层，燕山期都再度活动，形成自北而南的逆冲迭瓦构造。在地表除金陵寺－皇台－瓦穴子断裂带明显呈现为低角度推覆构造外，其余都表现为高角度冲断裂，沿断裂带发育多期糜棱岩和线状花岗岩体岩脉，且强烈糜

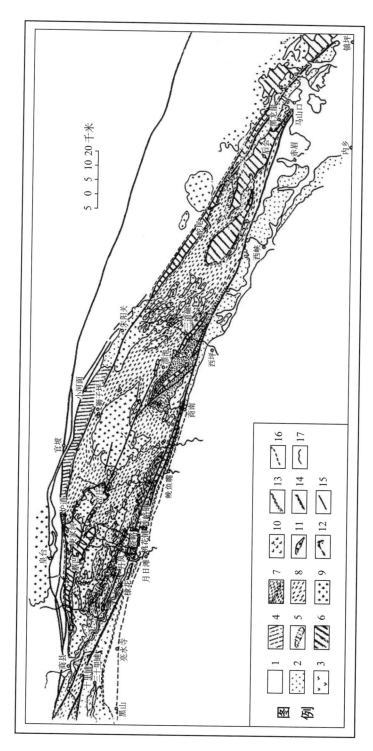

图 1　秦岭群地质构造略图

1. 第四系　2. 新生界 – 白垩系　3. 丹凤蛇绿岩系　4. 炉道 – 小河面构造岩块　5. 峡河结晶灰岩构造岩块　6. 厚层大理岩推覆体　7. 秦岭群上岩段　8. 秦岭群下岩段　9. 花岗岩　10. 辉长 – 闪长岩　11. 超基性岩　12. 逆冲推覆韧性带　13. 韧性带　14. 脆 – 韧性带及剪切平移断裂　15. 脆性断层　16. 推测地质界线　17. 地质界线

棱岩化。筛除断裂带中晚期脆性断层和剪切平移活动熔印，燕山期显示逆冲性质，正如图 2 所示。根据新近秦岭深部地震剖面资料（蔡尚中[①]，1986），秦岭带地壳结构以商丹断裂带和洛南－栾川－方城断裂带为界三分，其中南北秦岭带比华北南部地壳结构复杂，地壳中具有多层次波速为 5.70～5.88km/s 的低速层，可能是壳内滑脱拆离构造层和部分熔融岩浆体，同时还表明商丹断裂带是上部产状较陡，向下逐渐变缓，以低角度北倾，延伸较深。据此，参考陕西物化队重力和磁场资料，商丹断裂是重磁异常区的分界线和梯度带，而且它在深部向北倾斜，其投影位置大致可落在渭河一线。两者一致表示商丹断裂带是自北而南的巨型铲状逆冲推覆滑脱构造。据我们所得到的该带中侵入糜棱岩的花岗岩同位素年龄 U-Pb 锆石 211±8Ma[②]，糜棱岩基质 Rb-Sr 全岩等时线年龄 219～100Ma[②]，S_m-Nd 年龄 126±9Ma[②]，反映主要活动时期为印支和燕山期。综合以上地表地质和初步的深部地球物理资料共同表明商丹地区秦岭带的地壳结构剖面是华北南部、北秦岭、南秦岭、三大块体的自北而南的依次迭瓦驮负。北秦岭部分则是以商丹断裂带为主滑面的壮观迭瓦构造，它们依次是元古宇宽坪群和燕山期蟒岭花岗岩推覆体－古生界云架山群和上三叠系岩块－上元古宇到古生界的厚层大理岩推覆岩片－秦岭群构造岩块－丹凤蛇绿岩和俯冲仰冲岩块岩片构造组合带，它们自北而南逆冲推覆，形成迭瓦构造，秦岭群作为古老变质构造岩块夹持于其中。

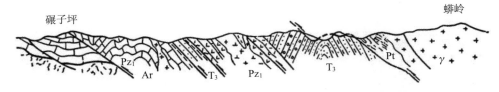

1. T_3上三叠系　2. Pz_1下古生界云架山群　3. Pt_2中元古宇宽坪群　4. Ar-Pt_1早前寒武系秦岭群

图 2　蟒岭－碾子坪剖面

总结中新生代陆内变形作用，显然它使"秦岭群"在水平和垂直三维空间上，形成剖面上迭瓦岩片堆置与平面上成不同深度层次块体的复杂多样构造组合，最终勾画了"秦岭群"现今的分布形态。

如果说筛除的中新生代陆内变形构造，对"秦岭群"总体有显著改造作用，"秦岭群"主导以刚性岩片岩块发生收缩性逆冲推覆叠置和晚期的伸展剪切平移和块断，则元古宙－古生代－中生代初的以现代体制板块构造为基本特征的俯冲、碰撞作用，却是使"秦岭群"成为构造岩石组合体的基本地质作用和过程。

二、商丹地区"秦岭群"的进一步解体

商丹地区的"秦岭群"向东延伸，与河南省西峡－镇平北部的"秦岭群"相连通，

---

①蔡尚中，《东秦岭深部地壳结构以及初步地质解释》.
②我们与联邦德国 A. kröner 教授合作获得的结果.

构成一个巨型透镜状地块，四周均为断裂，南以商丹断裂边界地质体为界与南秦岭构造带上古生界刘岭群和元古界（？）信阳群相邻，北以商县－高耀断裂和朱夏断裂与上元古－古生界云架山群、二郎坪群及上三叠系相接，而与宽坪群推覆体相望。东西端则为断陷盆地分割。其内部原统一称作"秦岭群"，经豫陕两省地质单位大量研究，先后提出了许多不同划分意见，特别是陕西区调队从"秦岭群"中划分出"丹凤群"，具重要意义。我们通过系统的综合调研，认为原"秦岭群"必须进一步重新厘定和解体。解体为五部分：丹凤蛇绿岩；厚层大理岩层推覆岩片；炉道－小河面岩块；西坪结晶灰岩岩块和真正的秦岭群。

1. 丹凤蛇绿岩

丹凤蛇绿岩是指分布于原"秦岭群"南缘的一套变质基性火山－沉积岩系。前人已作为新的地层单位从"秦岭群"中解体出来，命名为"丹凤群"，分为三个岩段，南以商丹断裂为界，北以角度不整合关系与秦岭群接触，认为属蛇绿岩套①。新的研究表明，真正的丹凤蛇绿岩具有以下基本特征：

（1）丹凤蛇绿岩带实际是蛇绿岩构造岩块组合体，不是完整的蛇绿岩带。它周边和内部主要为不同期次和不同性质、类型的韧性剪切糜棱岩带、断层带，或线状花岗岩体所分割，空间上呈东西向狭长断续分布。主要出露在商南－丹凤间；丹凤商洛镇南－商县秦王山以西；户县涝峪－眉县黑河地区；太白－宝成铁路以西，其中柞水营盘－宁陕沙沟街一带仅有零星出露。而在商南以东至镇平区间则缺失。以上各区段在岩石组合与地球化学特征上均有一定显著差异，实事上各自都是单独的蛇绿岩块，并且各岩块内部也被不同断裂和岩体所分割，或本身就是由不同来源和蛇绿岩的不同组成部分组合而成。但由于总体上它们具有相同的出露构造部位及共同的蛇绿岩基本特征[8][9][10][11][12]，组成东西一线，成为秦岭造山带的主要蛇绿岩带。

（2）丹凤蛇绿岩只是原划"丹凤群"的一部分，"丹凤群"需重新厘定。商丹地区的丹凤蛇绿岩，已如上述分成两段出露，其北界是十五里铺－鸡冠山－商南逆冲断裂带。该带以北原划作"丹凤群"第一岩段的岩层，从岩石组合，构造变形序列，同位素年代及边界接触关系分析，与丹凤蛇绿岩不同，而与秦岭群更为相似和接近，因此不属丹凤蛇绿岩组成部分，而应暂划归秦岭群，主要证据是：①接触关系，原"丹凤群"第一岩段南侧，明显以十五里铺－鸡冠山－商南逆冲断裂带为界，该带是一个多期活动的断裂带和脆韧性剪切带，发育密集平行的大小断层，又有多期线状花岗岩复合贯入，先期花岗岩已强烈糜棱岩化，其南才是丹凤蛇绿岩，两者界线分明。而原"丹凤群"第一岩段北与秦岭群的关系或为断层，或由于混合岩化而不清楚，似为过渡关系。②丹凤蛇绿岩与原"丹凤群"第一岩段是不同时代的两套岩系。后者主要岩性为石榴石矽线石云斜片麻岩、变粒岩、铁铝榴石斜长角闪片岩、石墨大理岩、大理岩互层（图3），局部混合岩

---

①陕西区调队. 秦岭群专题研究报告. 1985

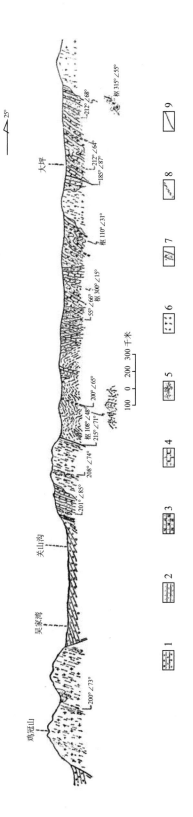

图 3 丹凤夹山剖面（原"丹凤群"第一岩段）

1. 第三系－白垩系 2. 秦岭群上岩段变粒岩和斜长角闪岩互层 3. 秦岭群上岩段斜长角闪片岩 4. 秦岭群上岩段薄层大理岩
5. 秦岭群上岩段石墨片麻岩、云斜片麻岩 6. 花岗岩 7. 片理化花岗岩、片麻状花岗岩 8. 韧性剪切带 9. 脆性断层

化强烈，其中侵入有强烈片麻理化的枣园花岗岩（K-Ar 年龄 645Ma），但它不侵入丹凤蛇绿岩，而晚期的宽坪岩体和高山寺岩体则同时侵入于两者之中。同时在原划"丹凤群"第一岩段中赋存有像商南富水辉长闪长岩体、松树沟超基性岩和丹凤双槽分水岭小块超基性岩，其中富水杂岩有 Rb-Sr 全岩等时年龄 761±87Ma 和 561±61Ma[①]，与枣园花岗岩一起考虑都反映是晚元古宙－寒武纪初期产物，其侵位的围岩自然应更老，至少为前寒武系。但丹凤蛇绿岩据我们所得的同位素年龄，一组采自商县丹凤蛇绿岩中的拉垃庙辉长苏长岩，Sm-Nd 年龄 402.6±17.4Ma（和中国科技大学李曙光同志合作，在美国 MIT 测试），另一组采自丹凤资峪蛇绿岩中变质拉斑玄武岩，Rb-Sr 全岩等时线年龄 447.9±41.5Ma（地矿部地质测试所），表明为奥陶纪。因此，两者不应是一套岩系。③两套岩层的构造序列不同。原"丹凤群"第一岩段岩性以较稳定的大理岩及其与角闪片岩、片麻岩、变粒岩互层为标志，依此追索，东西可以对比，西起商县汇峪腰庄－王那村之间，由于混合岩化强烈，原岩仅以标志层约略可见，向东经丹凤县扫帚沟、西对峪至关山沟，该岩层位于大型南倾的紧闭等斜向形褶皱的核部（见图1），夹于秦岭群典型岩性石榴石矽线石云斜片麻岩、石墨片麻岩夹少量斜长角闪片岩层之间，其中发育中小型叠加褶皱，至少有二期，先期为平卧到缓角度等斜褶皱，晚期叠加等斜紧闭褶皱（图4）。从武关河到商南富水、西坪界牌一带，该岩层上述大型紧闭褶皱又明显叠加大型较开阔的向形、背形褶皱，而且它与秦岭群和厚层大理岩层一起褶皱变形，形成商南曹营向形和较复杂的由多级褶皱组成的螺子坪、花棠坪背形向形。向东作为曹营向形的东北翼成楔形，由于晚期商丹断层切断而缺失。只是在内乡马山口郭庄－柏崖背形南翼，于厚层大理岩推覆岩片之下仍有出露，很明显该岩层具有至少 3～4 期的叠加构造，构造序列较复杂，与秦岭群构造演化序列相似，而丹凤蛇绿岩则主要是断裂褶皱构造，成紧闭等褶皱或单斜，构造序列较为简单。

图 4　秦岭群中的多期叠加构造素描图

（3）丹凤蛇绿岩主导是岛弧和边缘海型蛇绿岩。大陆造山带中蛇绿岩研究进展日益表明，蛇绿岩可以形成于不同的构造环境，有不同的类型。大陆造山带中真正的大洋蛇绿岩残块很难得以保存[10][9][12][13]。丹凤蛇绿岩的研究也证明了这一点[6][14]。从岩石组合和地球化学特征看，它主要属岛弧和边缘海型蛇绿岩。首先，在岩石组合上，它主要由超镁铁质、镁铁质岩，以及较多复理石、浊积岩系组成（剖面见《秦岭构造带的形成及其

①南京大学资料。

演化》一文图 5）。岩石普遍变质达绿片岩相，部分到角闪岩相，变质作用很不均一，向主要韧性剪切带靠近变质逐渐加深，出现了兰晶石＋石榴子石＋黑云母的矿物组合，达中压变质相系。变质基性火山岩发育气孔、杏仁、枕状构造，桃花铺一带可见岩墙群。火山岩中夹多层沉积碎屑岩，其中有少量薄层深水碳酸盐岩和似硅质岩。第二，地球化学特征。丹凤蛇绿岩的主元素有关图解表明同时具有拉斑玄武岩系列和钙碱性系列，属 CA＋TH 型。丹凤蛇绿岩的微量元素特征以 Ti-Cr 和 V-Ti 变异图为例，也同样反映了岛弧玄武岩（TAB）和洋脊玄武岩（MORB）的共存。微量元素丰度与洋脊玄武岩相比，其 Cr，Zr 等元素含量明显较低。拉斑玄武岩的 $(Sr^{87}/Sr^{86})I = 0.705 \sim 0.707$，类似于特罗多斯的岛弧蛇绿岩（0703～0.708）。稀土元素分析，分为块状拉斑玄武岩、枕状拉斑玄武岩和岩墙辉绿岩，以及沉积岩。前两者 REE 谱型为富集型，类似 P-MORB 型，它们的 CeN/YbN 分别是 4～9 和 3，表明有一定的分馏。而岩墙群的 REE 为较平坦谱型，类似 N-MORB 型，$CeN/YeN = 1 Eu/Eu* = 0.7$。沉积岩的 REE 也为富集型，Eu 异常明显（$Eu/Eu* = 0.65\pm$），$\Sigma LREE/\Sigma HREE = 11.54 \sim 10.05$，为后太古宙沉积岩型，结合杂砂岩和复理石沉积特点，可能反映属弧前或弧后边缘海盆地沉积环境，由此可见，稀土元素分析所获得的信息与主微量元素地球化学特征所得结果是一致的。因此，从岩石组合到地球化学分析都共同表示丹凤蛇绿岩主要由拉斑玄武岩系列和钙碱系列岩石所构成，同时考虑基性岩墙群的存在和大量陆源碎屑物的沉积，表明它应属岛弧和边缘海型蛇绿岩，而显著区别于洋脊蛇绿岩。第三，丹凤蛇绿岩时代，从区域地质分析，参考前述所得的两组数据（Sm-Nd 402±17.4Ma 和 Rb-Sr 447.8±41.5Ma），认为它形成于加里东构造期，并于加里东期秦岭洋壳向华北板块俯冲与海西－印支期扬子与华北板块碰撞造山作用中构造就位，后又遭受中新生代板内变形改造，是沿秦岭主要板块缝合带上残留的造山带岛弧边缘海型蛇绿岩（图 5），不属秦岭群古老结晶岩块。

2. 厚层大理岩层

原秦岭群中的厚层大理岩层是自北向南的推覆体，无根岩片，不属真正秦岭群。商丹地区的原秦岭群中包括一套以厚层石墨大理岩、大理岩为主夹变粒岩、片麻岩、石英岩和少量角闪岩的岩层（以下称厚层大理岩层）。它主要出露在峦庄、庚家河、留仙坪、蔡凹到汇峪以西，北止于商县－高耀断层，呈不规则的一片，前缘有零碎的大理岩飞来峰岩块，另外在河南的西峡蛇尾、内乡赤眉、柏崖一带也有集中分布，但在秦岭群出露的大部分地区缺失（见图 1，图 5）。厚层大一岩层作为推覆体，从"秦岭群"中解体出来，主要依据如下：

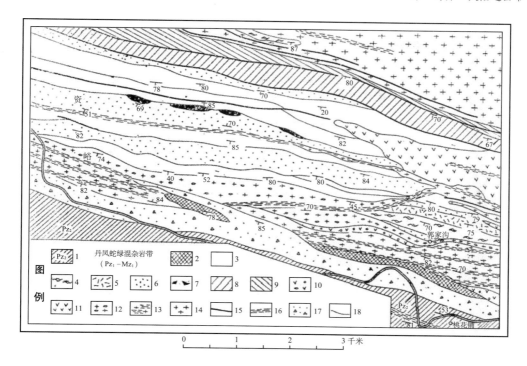

图 5　丹凤蛇绿岩资峪－桃花铺地质图

1. 上古生界刘岭群，丹凤蛇绿混杂岩带（Pz₁-Mz₁）　2. 变质超镁铁质岩　3. 基性岩　4. 枕状熔岩
5. 岩墙群　6. 熔岩夹板岩与深水碳酸岩　7. 超基性岩块　8. 复理石层　9. 泥质为主的复理石层
10. 辉长杂岩　11. 辉长岩　12. 片麻状长英质糜棱岩　13. 糜棱岩化花岗岩　14. 花岗岩　15. 韧性
断裂　16. 脆性断层角砾岩　17. 断层　18. 地质界线

（1）厚层大理岩层与下伏岩系间是被晚期叠加构造改造的大型韧性推覆剪切带，晚期构造的改造作用主要表现为：①叠加褶皱；②多期断层破坏；③多期花岗岩的贯入，使韧性剪切带褶皱变形、错断分割、弥合掩盖，改变了其原有面貌，不易识别。但筛除这些影响，原大型韧性推覆剪切带，还是可以被确定的。首先，在商丹地区，厚层大理岩层如图6，图7，图8所示，总体平缓北倾，以低角度断层关系掩盖在下伏真正秦岭群之上，而秦岭群总的以南倾的复杂多期叠加构造为基本特征，两者形成鲜明对照。它们虽然共同遭受了晚期构造变动，一起变形，但从三个剖面整体对比看，以厚层大理岩为无根推覆岩片逆掩在秦岭群上的推覆构造总格局还是很清楚的，大理岩层与秦岭群间的韧性剪切带仍然可以识别。例如在涌峪庚家河－界岭一带，①大理岩层与下伏岩系间形成糜棱岩、千糜岩带，强烈变形，具有不同尺度的不规则复杂褶皱，包括平卧和眼球状小型鞘褶皱，它一般为韧性剪切带所特有。②大理岩细粒化变成韧性变形带，强烈片理化，方解石、白云石拉伸定向，具有消光带、变形双晶、扭折。强烈应变部分，发生动态重结晶，表现出变形、恢复和重结晶的不同阶段塑性变形特

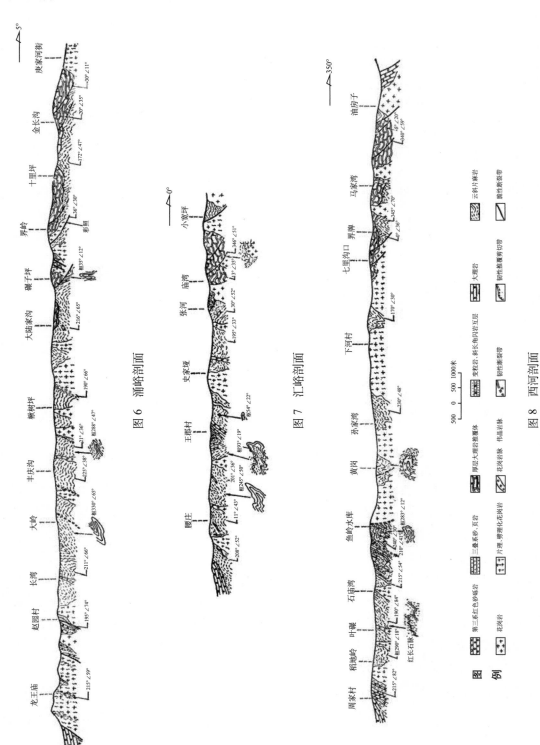

图 6 涌峪剖面

图 7 汇峪剖面

图 8 西河剖面

图例

征[15]。强烈变形部分，还出现塑性流动构造，以成分差异纹层或细薄夹层，或石墨条纹为标志形成复杂流纹状褶皱（图9）。根据韧性带中矿物拉伸线理和小褶皱的指向，显示自北而南的滑动。③大理岩层总体以较完整的块体推移在下伏岩系上，而下伏岩层发生强烈变形，形成千糜岩，片理化带，发育小型逆冲迭瓦断层及复杂褶皱等。④在强烈变形接近韧性剪切带的地方，出现镁橄榄石大理岩、透辉大理岩及相对温压较高的矿物组合，特别是石墨随着塑性变形的加强和岩石的细粒化，逐渐迁移集中，以致集结成透镜状团块和条带。显然这都与韧性带温压条件的改变直接相关。

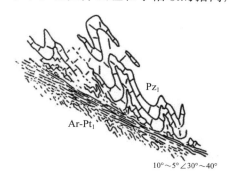

图9 韧性剪切带构造素描图（涌峪）

与商丹地区相对应，在河南柏崖、夏馆、蛇尾等地厚层大理岩出露地区，也具有类似的构造。柏崖地区，大理岩层以秦岭群为核心形成向 NWW 倾伏的较开阔叠加褶皱（图10）。大理岩层在柏崖加里石沟、黑龙崖等地，明显以断层与下伏岩系接触。特别是在黑龙崖，沿断层带，实际是一个强烈韧性剪切应变带，发育千糜岩、a 形褶皱和鞘状褶皱，依据后两者的结构要素产状方位，恢复原貌指示自北而南的逆掩推覆（图10）。

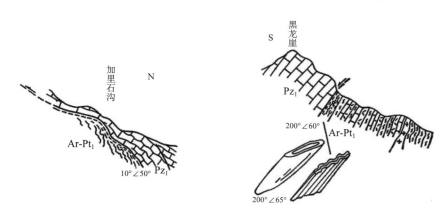

Pz₁. 下古生界推覆体　Ar-Pt₁. 早前寒武系秦岭群

图10 黑龙崖剖面

在夏馆至赤眉间，大理岩层呈漂浮状态，宽缓褶皱，向南变得较紧闭，而北侧则显然是一波状起伏的韧性剪切带，严然大理岩层成一外来推覆岩片，只是后来的叠加变形，才使其面貌有所改观（图11）。而蛇尾至西峡间的厚层大理岩情况较复杂一些。但

Pz₁. 下古生界推覆体　Ar-Pt₁. 早前寒武秦岭群

图11 夏馆-赤眉剖面

总体是一较大的平卧褶皱，与下伏岩系仍是断层关系。后由于叠加构造，使上下岩系又一起褶皱变形。蛇尾一带因接近北侧边界断裂地质体，属高应变带，产状向南陡倾。在西坪峡河的三道河－碾子沟一带大理岩层成为外来岩块，底面呈韧性剪切带，推覆在秦岭群上部岩段（即前述的原"丹凤群"第一岩段）上，由于叠加变形，形成北缓南陡的向形。底面剪切带，由于是下伏秦岭群上部的以大理岩、钙质片岩与片麻岩、变粒岩互层为主要岩性，所以韧性带变形强烈复杂、其中平卧和鞘状褶皱指示自北而南的逆掩推覆（图 12）。总之，厚层大理岩在河南出露部分，以蛇尾－柏崖地区为推覆构造主体，而前锋地带由于推覆构造本身的强烈变形，以及晚期构造的叠加和剥蚀，形成大小不一的飞来锋，面貌较陕西商丹地区复杂，但推覆构造较清楚。之所以如此，原因有二，①河南地区秦岭群出露地带南北两侧边界断裂带比较接近，中间地段较商丹地区窄约一半，因之晚期构造叠加改造强烈。②推覆体下伏岩系，在河南地段，不少是秦岭群上部岩段，岩性及组合易于发生强烈应变，因此推覆构造的韧性剪切带比较发育和显著。

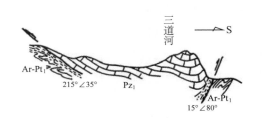

Pz₁—下古生界　Ar-Pt₁—早前寒武系秦岭群

图 12　西坪峡河三道河－碾子沟构造剖面

（2）厚层大理岩与下伏秦岭群构造演化序列不同。秦岭群是一套经受多期变质变形的复杂中深变质岩系，至少有四期主要叠加构造变形（详述于后），但厚层大理岩层从商丹地区看，主要有两期变形，先期是推覆构造及其所造成的平卧和复杂褶皱所引起的变形，其中也包括由于花岗岩体底辟上升所引起的变形。晚期叠加较开阔的直立到不对称褶皱。两者表现出不同的构造演化历史。但在它们的构造序列中，于推覆构造之后，两者一起遭受构造变动，同步变形，所以又具有构造协调一致的方面，致使造成两者构造一致是一套岩层的错觉。

（3）厚层大理岩是和下伏秦岭群是两个时代的地质体。根据现有较可靠的同位素年龄数据，原作为秦岭群而采样于厚层大理岩的 Rb-Sr 全岩等时线年龄有 475.96±8Ma，380.7±12Ma，428Ma。而采样于秦岭群片麻岩系有 1205.36±106Ma，1106±5Ma（《河南地质志》1985），以及其他可供参考的数据。显然两套岩系时差可达 6 亿～7 亿年，不应作为一套地层考虑。再者，原秦岭群中大量岩体有 K-Ar，U-Pb，Rb-Sr 同位素年龄数据很多，虽然比较混乱，不够准确，但从统计性规律考虑，可作参考。凡测试年龄数据为前寒武纪的岩体，都侵位于秦岭群中，迄今未见在大理岩中。而凡侵位于两者之中的都是古生代－中新生代岩体岩脉，这也同样间接反映两者是不同时代产物。还有，截止目前，从厚层大理岩层采样作微古生物化石分析的，诸如蛇尾南大理岩中的虫牙及微古植物等，据分析认为属古生代早期种属，也可下延至晚元古宙，虽有争论，不能作为凭据，但也可参考。上述同位素年龄、岩体侵入关系和微化石三者不相矛盾，比较吻合，看来绝非偶然，所以我们认为厚层大理岩层应是下古生界，秦岭群至少应属下元古宇。

综合以上厚层大理岩层与下伏秦岭群间关系，从主界面是韧性推覆剪切带的确定，到两者构造演变序列的差异，并参考同位素年龄等方面，共同证实原划归秦岭群的厚层大理岩层确系外来岩块，是自北而南的推覆体，应从秦岭群中解体出来。至于它的归属，依据其岩石组合，同位素年龄及分布特征，综合对比，暂归云架山群或二朗坪群中上部，属于华北板块南缘活动大陆边缘沉积岩系。它是在扬子板块前缘的古秦岭洋壳，于加里东期开始沿商丹主缝合带向华北板块俯冲的过程中，由于弧盆体系的构造变动而逆冲推覆在秦岭群之上的。

3. 透镜状岩块

分布于原秦岭群东北侧、为商县－高耀断裂和庚家河－狮子坪－朱阳关断裂所夹持的透镜状岩块，原也划属秦岭群，其岩性主要为变质长石石英砂岩、千枚岩、变粒岩、片状结晶灰岩和大理岩，其中贯入较多的似层状基性岩脉。变质达绿片岩相，构造主要是紧闭等斜褶皱。从综合地质特征分析，与秦岭群差异显著而和云架山群（二郎坪群）较为近似。岩块南北断裂都是高角度北倾的脆－韧性逆冲剪切带。因此我们认为它应是位于秦岭群北侧，以构造岩块就位于此而不属秦岭群（见图 12）。

4. 结晶灰岩

还值得提出的是在西峡县西坪以北，沿晚期商丹断层北侧从洋淇沟到峡河以东，出露一条宽约 800～1000 米的结晶灰岩，岩石块状厚层，表面具石砍纹，为白云质灰岩，变质很浅。其北侧以断层与秦岭群接触，也成一个周边为断层所围限的狭长构造岩块。根据岩性和变质特征，类似于刘岭群北缘岩性，因此推测它应是板块俯冲碰撞时，从南边仰冲而构造就位于这里，后为晚期商丹断层切割，残留至今，也不属秦岭群，应予分出（见图 1）。

三、真正秦岭群的岩石组合及变形变质特征

原秦岭群进一步解体，分出上述几个不同构造块岩之后，所剩的变质岩系，应属真正秦岭群。以下统称秦岭群，区别于原"秦岭群"含义。

1. 秦岭群岩石组合及层序

主要依据商丹地区 8 个剖面，并参考西峡－镇平和丰峪、黑河、太白等地区 9 个剖面，以及丹凤北部地区 1：1 万比例尺草测制图，以构造为主，综合对比分析，秦岭群的岩石组合和岩性单位，可以划分为两个构造岩性段。其层序按中小型构造和岩性组合，暂区分为上下。由于发育大中小型平卧褶皱和多期叠加构造及多期不同类型的韧性断层，其具体层序尚难准确确定，有待进一步研究。

上岩性段: 石榴子石矽线石云斜片麻岩、变粒岩、石榴子石斜长角闪片岩、大理岩

互层。大理岩与角闪片岩呈明显过渡关系。该岩层以西河、关山剖面为代表（见图3，图8）。主要分布在商县以东到西峡丁河以北和内乡县柏崖－郭庄背形南翼，其他地方有零星出露。

下层岩段：矽线石二云斜长片麻岩、黑云二长片麻岩、石榴石矽线石片麻岩、石墨片麻岩、变粒岩夹铁铝榴石斜长角闪片岩、黑云石英片岩、少量大理岩。其中相当一部分云斜片麻岩和混合片麻岩是不只一期的古老中酸性岩体变质变形所形成，不属真正地层单位。下岩性段以汇峪、西河、涌峪、峦庄以东地区和内乡马山口郭庄地区出露较好（见图6，图7，图8，图10）。

上下岩段原岩均系沉积岩建造，下岩段以碎屑岩建造为主，上岩段具复理石建造特点，以碎屑岩、泥灰岩和灰岩互层为特点，夹少量基性火山岩。

上下岩段多数地区为断层接触，部分地带因混合岩化而不清楚，但在郭庄－柏崖背形南翼似为过渡关系。下岩段出露较广泛，上岩段仅处于郭庄－柏崖背形翼部，曹营向形核部和丹凤地区等斜向形的核部（见图1，图8），因之暂判定其为秦岭群上部岩段。

2. 秦岭群的变质变形特征

真正的秦岭群是一套经历长期演化的复杂结晶变质岩系，遭受多期叠加变形和变质作用，并为多期不同性质岩浆注入穿插和强烈混合岩化，其岩性组合、构造几何形态和变形相、变质作用分布很不均一，加之后来厚层大理岩层的推覆逆掩及晚期一起褶皱变形，丹凤蛇绿岩及其他构造岩块的拼贴，中生代推覆、块断、平移作用和断陷盆地分割，使其构造面貌显得十分繁杂。但经过构造解析筛分，真正的秦岭群表现出经受有六期重要构造活动，其中使之真正发生区域变质变形及伴随强烈岩浆活动的主要构造－热事件有四期。

早期：不同尺度平卧褶皱 F_1 和区域性片理 S_1 的形成。S_1 为平卧褶皱的轴面，多数地段 S_1 平行和置换 S_0，使两者不易区分，在一些构造较复杂地段，岩层显示有更老的先期构造存在，但仅是零星个别地点，不能恢复其全貌。秦岭群中，特别是下岩段中发育已经褶曲变形的超塑性糜棱片麻岩，基质相对较细，具片麻理，其中有多量拉伸状长石眼球和粗粒长英质矿物条带，似流纹，如涌峪西沟口、西河页岭等地，它们应是此期构造中较深层次韧性剪切带的产物[16][17][18][19]。虽目前还不能连结成带，但却是早期韧性断裂伴随平卧褶皱而发育的例证（图13）。根据后期高角闪岩相叠加低角闪岩相的递进变质作用，此期主要发生了低角闪岩相区域变质作用。同时发育深熔作用，形成早期的花岗岩体岩脉，并均变质变形成为花岗片麻岩，混合片麻岩，呈残留状态。可能伴随古老岩体上升而形成一些早期底辟穹隆，现今所见的夹于紧闭褶皱构造中的小型残存穹形构造，应是其显示。

图13　韧性剪切带素描图

　　第二期：不对称到紧闭等斜褶皱 F_2 及其轴面流劈理 S_2。S_2 在一些地带具透入性，强烈置换 $S_1 \approx S_0$。F_2 叠加先期平卧褶皱 F_1（图14），形成片内无根褶皱，矿物拉伸线理 L_2（石英、角闪石）和石香肠及交面线理 L_2。在商丹地区此期等斜褶皱总体是南倾北倒，现今产状或陡或平缓。大型者如西河、关山沟等地，表现为以秦岭群上岩段为核心的南倾倒转褶皱，乃至平卧褶皱，中小尺度者有较广泛的出露。变质作用类似早期变质作用不易区分。侵入上岩段，强烈片麻理化的枣园斑状花岗岩，富水中基性岩是本期岩浆活动的代表。关于厚层大理岩层推覆体，已知前述在剖面图6，图7，图8中，总体平缓北倾，不存在此期类似等斜褶皱，而秦岭群叠加了此期构造形成明显对比，表明此期构造活动应发生在推覆构造之前，因此秦岭群中的一、二期构造应为前寒武纪构造－热事件产物。

图14　F_2 叠加平卧褶皱素描图

　　第三期：强烈广泛的花岗岩浆活动和叠加穹窿构造 F_3 及动热变质作用是此期的突出特点。秦岭群中广泛出露的大中小型加里东期花岗岩如灰池子岩体（328Ma，Rb-Sr）、许庄岩体群、蔡凹岩体群、黄柏岔岩体群、宽坪岩体群、铁峪铺岩体群和漂池岩体群等等[20][21]，其中明显有以它们为中心形成的穹窿构造，像大型的峦庄以东围绕灰池子、桃坪岩体的穹窿构造和中小型的武关河骡子坪、花棠坪穹窿形构造等。在穹窿构造中心平缓部位，岩层中发育至少有二期叠加构造，即平卧褶皱叠加等斜紧闭褶皱构造（图15），充分表明穹窿构造是在前二期构造变形之后发生的，属叠加

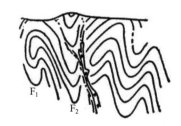

图15　穹窿构造中先期叠加构造

底辟式穹窿构造。围绕穹窿构造变质作用出现明显的规律性的变质相带，近穹窿核心者出现矽线石＋二长石组合，可见黑云母进变质为矽线石，而远离者出现十字石＋兰晶石为标志的相对温度较低的矿物组合，证明它是以深成花岗岩为核心的热穹窿构造，造成了角闪岩相叠加先期变质作用。因为厚层大理岩层与下伏秦岭群一起遭受加里东晚期岩浆活动，而大理岩层已如前述是外来的早中加里东期推覆体，因此表明推覆构造应发生在加里东中晚期，花岗岩侵入之前。结合丹凤蛇绿岩的形成及构造就位时代，充分说明第三期构造活动，实际是在扬子板块前缘洋壳于加里东期开始向华北板块俯冲，使华北板块南缘转化为活动大陆边缘，在这一总的构造背景下，由于洋壳俯冲引起的大量钙碱性花岗岩浆上升侵位，导入强烈的热流场，从而形成以构造岩浆、穹窿、动热变质为基本特色的热－构造事件。对秦岭群有广泛而深刻的影响。从第一、二期构造到本期构造是递进变质作用过程，对秦岭群而言达到了变质高潮。

第四期：不对称褶皱到轴面近乎直立的开阔褶皱 F_4 形成在秦岭群出露地区，中部以开阔褶皱为主，伴生逆冲断裂，变形相对较弱，而南北两侧接近商丹和商县－高耀－朱夏边界俯冲仰冲韧性断裂带时则表现为强应变相，构造紧闭强烈而复杂。本期构造以厚层大理岩推覆岩片与秦岭群一起褶皱为特色，形成大致以 $10° \sim 20°$ 与先期构造斜交的叠加横跨褶皱，诸如郭庄－柏崖背形、庚家河－峦庄－曹营向形和庚岭－骡子坪背形等（见图 1），使以秦岭群上段为核部的等斜褶皱 F_2 发生重褶，如曹营向形，使 F_3 大中小型穹窿构造受到改造，理顺到与 F_4 构造一致的方向上，如桃坪－灰池子穹窿的拉伸状，骡子坪、花棠坪穹窿的压扁等。厚层大理岩层的分布状态与本期构造密切相关。商丹地区厚层大理岩推覆体，以峦庄－庚家河为轴线的开阔向形，遥遥相应于曹营向形，而在其西侧的穹窿背形部位因剥蚀而缺失。河南省部分的大理岩层则以郭庄－柏崖背形为核部发生宽缓褶皱，呈漂浮状的平缓构造，但正如前述在其南北侧接近高应变带时，则形成紧闭等斜以致倒转褶皱，构造强烈而复杂。本期的岩浆活动主要表现在沿南北两侧韧性断裂带形成一系列线状中酸性体，如宽坪、高山寺岩体中，晚期复合型贯入的花岗岩体，蛇尾一带的闪长岩，庚家河西的虎狼沟岩体群等，似为碰撞重熔型花岗岩。第四期构造活动中主要以强烈叠加动力退变质作用为特点，使先期角闪岩相退变为绿片岩相。结合区域地质构造分析，表明本期构造乃是秦岭造山带中，扬子与华北板块在经历了长期以现代体制板块构造为特征的复杂演化之后，于海西－印支期发生碰撞造山作用，沿商丹主板块缝合带和商县－高耀－朱夏弧后的弧陆碰撞带[6][7]发生强烈挤压碰撞造山，秦岭群作为已一定程度硬化的岛弧基底岩系[22]，再次受到强烈构造改造。同时其南侧商丹边界地质体，包括丹凤蛇绿岩块、扬子板块前缘沉积体和北侧云架山、二朗坪群弧后体系及其基底的宽坪群等都以不同的构造方式与秦岭群拼接挤压一起，形成北秦岭地壳大规模收缩挤压性的板块碰撞造山构造带。

第五、六期：已如前面第一部分所写，主要是中新生代推覆、块断、平移剪切的板内构造变形[23][24]。秦岭群作为硬化基底结晶岩块遭受不同性质、类型断裂和岩浆作用及叠加动力退变质作用。

以上建立的以地质事件为主线，包括地层岩石、构造变形、变质作用、岩浆活动和同位素年代的秦岭群综合构造序列，证明秦岭群是秦岭造山带中最古老最复杂的变质岩系，它以古老构造岩块残存在北秦岭构造带中。

四、结论

（1）原秦岭群是一套构造岩石组合体，不是单一地层单位。它包括了不同时代、来源、性质的地质体和岩块。它是在前寒武纪结晶基底基础上，经过板块的俯冲碰撞构造演化和板内的构造变形所组成，总体成为以商丹巨型产状韧性断裂为主滑动底面的中深层次推覆滑脱构造（图 16）和中浅层次的逆冲推覆迭瓦构造。

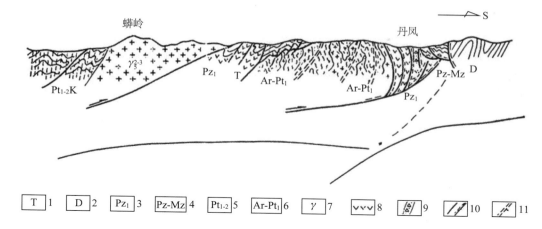

1. 三叠系　2. 泥盆系　3. 下古生界　4. 古生界－中生界　5. 下元古宇　6. 上太古－下元古宇
7. 花岗岩　8. 蛇绿岩系　9. 脆性断裂带　10. 脆－韧性和韧性断层　11. 韧性带

图16　商丹地区秦岭群综合构造剖面图

（2）商丹地区原秦岭群进一步解体分出五个构造块体，即丹凤蛇绿岩带，炉道－小河面构造岩块，西坪结晶灰岩构造岩块，厚层大理岩层推覆体和真正的秦岭群古老变质地块。

（3）真正的秦岭群由上下两个岩性段组成，具有长期复杂的变质变形构造演化史。它的综合构造序列具有多期多阶段特点。共遭受六期重要构造变动，其中前四期是主导的构造－热事件，使之发生强烈区域变形变质和岩浆活动。形成复杂多期叠加构造和变质作用。第一、第二期构造为前寒武纪变质结晶基底的形成，第三、第四期是晚元古宙－古生代－中生代初从俯冲到碰撞造山的板块构造的强烈叠加改造作用，而第五、六期则是中生代板内变形对作为硬化结晶岩块的秦岭群的再改造。

（4）秦岭群是秦岭造山带中最古老的地质体，包含着秦岭造山带形成与演化的丰富研究内容，值得进一步深入系统探索。

本研究项目属地矿部秦巴科研项目。最后我们感谢秦巴科研领导小组，豫陕两省有关地质单位，武汉地质学院，西安地质学院，丹凤224队，在研究工作中给予的支持和帮助。

参考文献

[1] 马杏垣等. 嵩山构造变形. 北京：地质出版社，1982

[2] Ramsay, J. G. Folding and Fracturing of rocks. McGraw Hill, New York, 1967

[3] 张国伟等. 嵩箕地区前嵩山群古构造基本特征. 构造地质论丛，1982（2）

[4] Zhang Guowei ect. Composition and evolution of the Archaean crust in central Henan, China. Precambrian Research, 1985, Vol. 27, No. 1-3

[5] 张国伟等. 秦岭构造带的形成与演化. 见: 西北大学地质系成立四十五周年学术报告会论文集. 西安: 陕西科学技术出版社, 1986

[6] 张国伟等. 秦岭构造带中的逆冲推覆构造. 见: 全国推覆构造及区域构造学术会议论文摘要. 1986

[7] Coleman. R. G. M. Ophiolits. Springer nerlag Berlin, 1977

[8] Coleman. R. G. The civersity of ophiolites. Geol. en Mijnbouw, 1984

[9] Moores, E. M. Origin and emplacement of ophiolites. Reviws of Geophysics and Space Physics, V. 20, NO. 4,1982

[10] Miyashiro, A. The troodes ophiolitec complex was probably formed in an island arc, Earth planet. Sci. Lett. 19,1983

[11] Miyashiro, A. Classification, characteristics and origin of opfiolites. J. Geol, V. 83,1977

[12] 赵宗溥. 蛇绿岩与大陆缝合线. 地质科学, 1984, 4

[13] 汤耀庆, 卢一伦. 东秦岭蛇绿岩的形成时代和构造环境. 成都地质学院学报, 1986 (2)

[14] 郑亚东, 常志忠. 岩石有限应变测量及韧性剪切带. 北京: 地质出版社, 1985

[15] White, S., ect. On mylonites in ductile shear zones. J. Struct. Geol, V. 2,1980

[16] Price, N. J., and McCley, K. R., Ed. Thrust and Nappe tectonics. sci. Pub., 1981

[17] Sibson, R. H. Fault rocks and Fault mechanisms. J. Geol. Soc. London. V. 133,1977

[18] Ramsay, J. G. Shear zone geomeury: a review. J. Geol., V. 2,1980

[19] 严 阵. 陕西省花岗岩. 西安交通大学出版社, 1985

[20] 安三元等. 秦岭群的构造变形和变质史及其时代问题刍议. 中国区域地质, 1985 (3)

[21] Hsü, K. J. Thin-skinned plate tectonics during Neo-Alpine orogenesis. Amer, J. of science, V. 279,1979

[22] Mattauer, M., Matte, Ph. etc. Tectonics of tie Qinling Belt: build-up and evolution of eastern Asia. Nature, V. 317,1985

[23] 许志琴等. 东秦岭造山带变形特征及构造演化. 地质学报, 1986 (2)

秦岭造山带中的逆冲推覆构造*

张国伟　于在平　薛　峰

　　秦岭构造带是我国大陆地壳中的主要造山带之一，其内部组成与构造十分复杂，独具特征，对于研究中国大陆壳的形成和演化具有重要意义。秦岭带研究的基本问题是：秦岭构造带何时，在什么背景下，以什么方式开始形成？形成以后，在不同地质历史时期中，是以什么构造体制发展演化的？晚近时期它以什么造山作用形成今日强大的构造山脉的？等等。其中晚近时期，即中新生代以来，秦岭构造带的基本构造特征及其形成的动力学机制是首先要研究的重要课题。考察秦岭构造带长期复杂的演化历史和现今构造面貌，表明秦岭带中几条主干断裂占据突出地位。它们不仅规模大，演化历史长，活动复杂，而且长期控制着秦岭带的发展演化。尤其是燕山期以来的巨大逆冲推覆构造，更具有重要意义。现据我们的研究，主要就中新生代逆冲推覆构造作初步总结。本文限于篇幅，仅就秦岭带推覆构造的存在、分布和主要特征作简要论述。有关更详细的专门研究，拟另文探讨。

一、秦岭造山带构造演化及其中新生代构造基本特征

　　秦岭构造带具有长期复杂的演化历史，在不同发展阶段以不同的构造体制发展演化。不同的地块和构造单元经受多次强烈构造变动和多期叠加改造，形成极其复杂独特的构造组合，造成研究上的极大困难，致使秦岭带中很多基本地质问题迄今悬而未决。我们在学习前人成果的基础上，采用多学科综合研究方法，从地壳形成演化的角度，以构造运动为主线，综合地质、地球化学和地球物理的研究成果，初步认为秦岭构造带是在早期陆壳基础上，以初始裂谷形式发生，历经不同构造体制、不同类型的造山作用，并以具有一定深部地质背景的多期复杂裂谷系和俯冲碰撞、逆冲推覆构造为突出特征的强大复合型造山带[1]。

---

*本文原刊于《秦岭造山带的形成及其演化》，1988: 126-134.

秦岭带形成及其演化可以概括为以下四个主要演化阶段：①晚太古宙初始统一克拉通地块的形成和早元古宙的分裂，古秦岭构造带的初始形成；②元古宙古秦岭裂谷系与内硅铝造山作用时期；③古生代－中生代初以现代体制板块构造为基本特征的拉张、俯冲、碰撞造山期；④中新生代秦岭带的块断、平移、逆冲推覆构造和伴随的大规模岩浆活动。

秦岭构造带历经长期不同构造体制的发展演化，最后于印支期发生强大的板块俯冲碰撞，形成巍峨壮观的碰撞型秦岭大陆造山带，至此，秦岭带已成为统一的中国板块的一部分[2][3]转入一个新的构造演化阶段，即一个新的板内构造时期。其最突出的特征是秦岭带在加里东、海西－印支期后，已结束了板块拉张、洋壳俯冲与陆块碰撞造山期构造体制，逐渐形成了一个新的统一地块。但是，中新生代以来秦岭带并不是进入了构造平静稳定时期，而是处于一个新的构造热活动时期。发生了较大规模的块断[4]、平移、逆冲推覆和强烈的以酸性为主的岩浆活动。燕山期构造活动突出而强烈，塑造了现今秦岭带的基本面貌。

秦岭区在燕山早期沿洛南－栾川断裂、商县－瓦穴子断裂、商南－丹凤－沙沟街断裂和红椿坝－岚皋断裂乃至沿渭河断裂等先后发生了规模不等但性质相似的块断，受断裂控制形成一系列断续分布的侏罗－白垩纪陆相山间盆地。然而，燕山期更为突出的是较大规模的，不但在秦岭带内，并且涉及南北两侧稳定地块边缘的逆冲推覆构造。它强烈地改变了先期由元古宙裂谷系及内硅铝造山作用[5][6]和显生宙的洋壳俯冲、大陆碰撞造山期所形成的构造格局，使之发生一系列不同级别、不同规模的岩块、岩片依次叠置的强烈板内构造变形，并伴随燕山期大规模成带分布的花岗岩基侵位。因此，从一定意义上讲，它是并不亚于先期造山作用的又一期"板内造山作用"[7][8]。

二、秦岭构造带中的主要逆冲推覆构造

秦岭构造带中存在着不同时期形成的逆冲推覆构造。主要时期为印支期至中新生代。其次为元古宙和加里东期。主要的逆冲推覆构造有四条。另一些尚待研究。

首先，在秦岭区南北两侧有两条向外逆冲的巨大逆掩推覆断裂，使秦岭带呈扇状向上、向外推移（见《秦岭构造带的形成及其演化》一文图11）。

（1）北侧，从北淮阳、舞阳－鲁山逆冲推覆断裂，到被后期断裂掩盖破坏的先期小秦岭北缘和渭河谷地之下的渭河逆冲断裂，它们分段发生向北的逆冲和推覆。

北淮阳推覆构造已如朱夏等论述[10][11][12]，自南向北作巨大推覆。与之相应，河南舞阳矿区F₆断层自南而北逆掩。上太古宇太华群总体上以低角度逆掩在中晚元古宙云梦山组等地层之上，形成很多飞来峰和构造窗（图1）。据矿区钻孔控制，该段断层逆推至少8千米①。断面已发生褶皱，形成弯曲起伏状。该逆掩断裂向东北延伸出露于鲁山－平顶山一带，称为青草岭逆冲断层。太华群逆冲到元古宇、石炭二叠纪煤系乃至三叠系之上。据梁洼煤田钻孔揭示，穿过太华群结晶变质岩系之下，出现煤系地层。断层向下有变缓的

趋势，可能是一铲状断裂。鲁山背孜－瓦屋一带太华群北缘青草岭断裂地表产状较陡，倾角一般在50°～60°，一些地段为40°左右。沿断裂在太华群中出露线状古老片麻状花岗岩，同时有糜棱岩千糜岩断续分布。显示沿此晚期断裂，原有古老韧性断裂存在（图1）。逆冲断距至少在5～8千米。

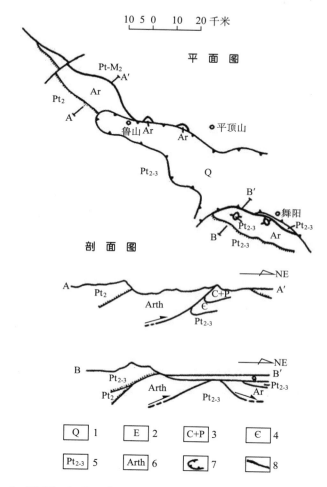

1. 第四系　2. 第三系　3. 石炭－二叠系　4. 寒武系　5. 中上元古宇
6. 上太古宇太华群　7. 新生代断陷边界　8. 逆冲推覆断裂

图1　舞阳－鲁山地区青草岭逆冲推覆构造

小秦岭华山北缘东桐峪沟口沿线在晚期张性正断层带内和其南缘，发育有先期糜棱岩。其中，长英质糜棱岩中的长石具膝折弯曲塑性变形。石英除波状消光、变形纹、具锯齿状边界颗粒等一般变形阶段和恢复阶段的变形外，已发生强烈重结晶。80%的石英颗粒拉伸成长条形，长宽比达5：1～8：1。依矿物拉伸线理统计，明显指示有自南向

---

①张源有、陈人瑞：河南舞阳铁矿 F_6 巨型逆掩断层

北低－中角度（∠20°～40°）的逆冲推覆。因此推测沿华山北缘曾有古老的自南向北推覆的逆掩断裂，使古老的太华群沿断裂南侧广泛出露。华山以西，该断裂伏于渭河盆地之下。据物探和钻探资料（第三石油普查大队，1975）。该断裂在地下沿渭河一直向西，可能到宝鸡以西拓石、甘肃社棠一带。在临潼－西安一带，断裂以南为太华群，以北为古生界寒武－奥陶系，成为渭河基底的主要分界线，据物探资料显示，该断裂上陡下缓而呈铲状。宝鸡以西露头区，沿断裂线状分布白垩系。在香泉、拓石等地可见到古老变质岩系自南向北逆掩在白垩系红层之上，致使白垩系砂砾岩层直立倒转并形成中小型紧闭褶皱，沿断裂出现强烈片理化。在甘肃社棠北，沿断裂带出露东西向的下第三系酸性火山岩。该断裂从东到西均表现出自南向北的逆冲和逆掩性质。考虑其铲状特征，向下可能为平缓滑脱推覆构造。

综合大别山北缘、舞阳－鲁山一带和华山－宝鸡一带三个地段秦岭北侧分段逆冲推覆构造，主要活动时期属燕山期，共同具有自南向北的推覆。逆掩推覆的规模有向东逐渐加强的趋势，到北淮阳地区已成为巨大的推覆构造。总之，它是一条控制秦岭燕山期构造活动北界的自南向北逆冲的大型推覆构造，也是现在秦岭和大别山脉的北界。

（2）秦岭带南侧，大巴山弧形断裂却是一条自北而南推覆的巨大逆冲断裂。断裂地表形态弯转曲折，并由一系列迭瓦状断裂组合成一个大的断裂系。从石泉到万源之间至少有三条主断裂依次逆冲叠置（图2），使南秦岭构造带逆冲在扬子地块北缘、时代最新为中生代的地层之上。

石泉县西北光头山到下高川一带，巴山断裂成近南北走向，以20°角向东侧。东侧南秦岭晚元古宙郧西群、耀岭河群和古生界洞河群等变质岩系向西逆掩在西侧台相的古生界－中生界之上。沿西乡－石泉公路和下高川－熨斗滩间观察，可见逆掩－逆冲断层形成宽达2～3千米的构造岩带。岩层强烈片理化、褶皱、糜棱岩化。不同规模的断层组成一个断裂带，总体成一脆－韧性逆冲推覆断裂系。

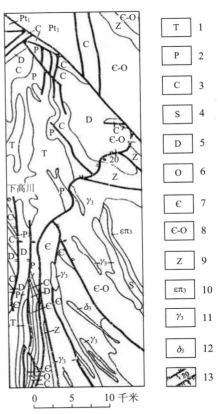

T	1
P	2
C	3
S	4
D	5
O	6
Є	7
Є-O	8
Z	9
επ₃	10
γ₃	11
δ₃	12
⊤20	13

0 5 10 千米

1. 三叠系 2. 二叠系 3. 石炭系 4. 志留系 5. 泥盆系 6. 奥陶系 7. 寒武系 8. 寒武－奥陶系 9. 震旦系 10. 正长斑岩 11. 基性岩 12. 正长岩 13. 正、逆断层

图 2a 石泉－下高川一带巴山逆掩推覆断裂平面图

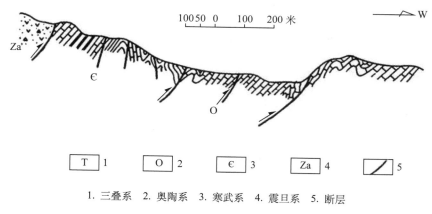

1. 三叠系　2. 奥陶系　3. 寒武系　4. 震旦系　5. 断层

图 2b　巴山弧形断裂带周家坝剖面图

镇巴、万源、城口沿线巴山断裂逐渐由南北向转为近东西向，成弧形展布。襄渝铁路沿线的毛坝、紫黄、荆竹坝一带和镇巴的周家坝一带，巴山断裂成为迭瓦状断裂系（图 2b）。它们依次自北而南、自东而西逆冲推覆，形成一个弧形线状高应变带。

巴山弧形断裂向东被青峰断裂所截，向西自石泉北经洋县转为东西向，与阳平关断裂相通并转为北东东-北东向。再南可与川西龙门山推覆构造[13][14]相连。显然，巨大的龙门山推覆构造自西向东，巴山断裂自东向西、自北向南逆冲推覆，从而构成一个以汉南-米苍地块为核心的向北突出的弧形逆冲推覆断裂系。它们是现在秦岭构造带的南部边界。

秦岭构造带南北两侧两个大型逆冲推覆构造，反向推覆，北侧自南而北，南侧自北向南，形成了秦岭构造带总体呈扇状的逆冲推覆构造格局。

在秦岭带内部，尤其是在北秦岭，发育有不同级别逆冲推覆构造。它们自北向南逆冲，成迭瓦状。突出者如商丹断裂和商县-瓦穴子断裂带。

（3）商南-丹凤断裂带（简称商丹断裂或商丹带），在陕西商南以东延入河南境内，没入南阳盆地。在南阳盆地以东继续东延至桐柏、信阳地区。丹凤以西经秦王山、黄花岭、沙沟街，到宝成铁路上的白石铺，再向西进入甘肃天水地区。它是一条长约千余千米，在秦岭带中具重要边界意义的主干断裂。在地球物理场上表现为布伽异常的梯度带、不同磁异常的分界带，莫霍面上地壳厚度变化带（陕西物探队，1981）。沿断裂系内部及北侧连续分布蛇绿岩[15][16]和花岗岩带。断裂带本身则发育不同期次不同深度层次形成的各类构造岩。其中尤以糜棱岩带、碎裂岩带最为发育。它们彼此交错，构成一个巨大的断裂动力变质带和构造岩带。断裂带南沿是弧前沉积楔形体，其中发育一系列与断裂有关的构造变形。以上几部分共同组成商丹断裂系，实际上是一个具有重要地质意义的复杂边界地质体、是经历长期演化的综合产物。根据对沿断裂系分布的蛇绿岩带、花岗岩带、糜棱岩带和沉积楔形体的综合研究，以及重点地段的大比例尺地质构造填图分析，该断裂系至少有三期主要活动，即加里东期、印支期和燕山－喜山期。其中印支、燕山期突出的表现为巨大的自北而南逆冲推覆构造活动，形成典型的推覆韧性剪切带。

商丹带中强烈发育不同期次不同深度层次下所形成的不同类型糜棱岩，但由于晚期断裂的叠加破坏，早期形成的糜棱岩呈断续残存状态，若筛除叠加，恢复原貌，则是一条巨大的糜棱岩带。它们在商丹段、沙沟街和白石铺等地保存较好（图3）。

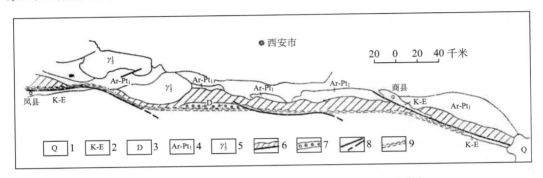

1. 第四系　2. 白垩－第三系　3. 泥盆系　4. 秦岭群　5. 花岗岩
6. 丹凤蛇绿岩　7. 泥盆系砾岩　8. 晚期脆性断裂　9. 韧性断裂

图3　商丹断裂系平面图

现以它们为例，分析其主要特征。这里的糜棱岩除发育在蛇绿岩中之外，主要发育在花岗岩中，形成花岗质糜棱岩。其主要特征是：①根据糜棱岩动力变质矿物组合、糜棱岩中矿物变形特征和矿物拉伸线理的统计分析（见《秦岭构造带的形成及其演化》一文图6，图7），表明至少有2～3期糜棱岩叠加复合。②最晚期的脆－韧性糜棱岩具平移性质。在先期糜棱岩带中发育近直立的陡倾片理和挤压片理带。普遍发育绿片岩相动力退变质作用。在片理面上发育倾伏方向为110°∠20°～25°的擦痕线理和具相同倾伏方向的长英质矿物拉伸线理，并残留有反向的近水平擦痕线理及矿物线理，它们与先期形成的角闪石矿物线理近乎直交或斜交，同时又被后期玻化碎裂岩交切。根据滑面和滑动线理的组构图解，其组构呈双极密型，矿物拉伸线理及擦痕线理追踪其平均大圆分布，反映出两者有密切共生关系。总的显示先右行后左行的走向滑动特点，表明商丹断裂系在先期糜棱岩形成之后，晚期脆性断裂之前，曾发生过较大的平移剪切活动。③先期糜棱岩可分为两个不同期次与不同类型的糜棱岩系列。其中之一为脆－韧性糜棱岩，主要由初糜棱岩，糜棱岩和糜棱岩化岩石所构成，伴随绿片岩相动力变质作用，主要分布于商丹带的北侧与秦岭群邻接部位，并常常出露线型花岗岩，它们也多变为长英质脆－韧性初糜棱岩。根据其中发育的矿物拉伸线理和小型鞘状褶曲，指示为自北而南的逆冲。宁陕沙沟街的此类糜棱岩化花岗岩的 Sm-Nd 年龄是 126±9Ma，显示燕山期的活动。结合区域地质特征，特别是商丹带以北地区大量燕山期花岗岩的广泛侵入活动，同时参考地球物理场特点，可以推测它应是秦岭带燕山期地壳相对较浅层次形成的逆冲推覆韧性剪切带。④先期的另一系列糜棱岩带由糜棱岩、眼球状糜棱岩、糜棱片麻岩和千糜岩等构成，多数具有角闪岩相矿物组合。其中长英质糜棱岩最为常见。根据对沙沟街、桃花铺等地的研究，糜棱岩中长石碎斑发育脆性破裂，但已发生明显塑性变形。出现细粒化、双晶、扭曲、膝折，部分变为石英和云母集合体。亦可见到流纹状旋转扭动等现象。石英主要表现为塑性变形。多数变为细粒化动态重结晶颗粒。岩石中发育叶理、出现矿物压力影、亚晶粒、拉伸定向、核幔结构和流动构造，呈现出强烈塑性变形特征，保存有较多的恢复阶段和重结晶阶段的特征。据对桃花铺一带长英质千糜岩的微观观察，重结晶石英颗粒度的期望（加权平均值）Ed=4.5470×10毫米。按照 R. J. Twiss (1977) [16]的动态重结晶颗粒粒度（d）与差异应力（σ）的关系$\sigma = Bd^{-0.88}$（d 的单位取毫米，σ 的单位取兆帕，石英 B 常数为5.5)，可得$\sigma = 120.82$ 兆帕。这与 Twiss 所讲的利用光学显微镜得到的"大型逆冲断层上最大的构造应力量级为100兆帕"基本相符。眼球状糜棱岩特点相似于外赫布里底眼球状糜棱岩[17]。属较典型韧性剪切带产物。根据该糜棱岩基质温压条件测试结果温度为550℃，压力大于5千帕，表明形成于15～20千米深处，属较深层次形成的韧性断裂带。依据①糜棱岩基质同位素年龄219Ma (Rb-Sr 全岩等时线)，侵入糜棱岩并又糜棱岩化的花岗岩中自形晶锆石同位素年龄（211±8Ma，U-Pb)，表明为印支期。②现有的地球物理资料表示商丹断裂系上部产状陡，向下变缓而呈铲状，向北倾斜。③糜棱岩中的拉伸线理指示自北而南的逆冲推覆。④北侧秦岭群成构造岩块岩片组合体，呈现为宽窄不一断续分布的透镜体，周边由断层和韧性带所围限，总体上构成巨大的迭瓦状推覆体。综合分析，显然这一先期的韧性糜棱岩带代表了印支期自北而南的逆冲推覆构造。

以上地质事实说明，商丹断裂系在先期俯冲，陆-陆碰撞造山作用中，在印支到燕山期还是一个巨大的自北向南逆冲的推覆构造带，伴随发生大规模酸性深熔岩浆活动。

燕山晚期-喜山期，商丹断裂系在先期俯冲碰撞和逆冲推覆构造的基础上，叠加有晚期断裂活动。它强烈改造和掩盖先存的构造，成为现今商丹断裂最显著的特征。从南阳盆地到白石铺，晚期断裂不表现为一条单一的断层，而是形成了一条右行斜列首尾相接的断裂带。单个断层规模有限，但在总体上却形成了一条巨大的断裂带。这一区间可划分为四段（见图3）。①镇平-商南段：断裂南侧分布有白垩纪断陷盆地，镇平北可见秦岭群变质岩系自北而南逆冲在白垩系之上。②丹凤-商南段：可见到宽大的断层破碎带。断层控制着第三纪红盆。红盆南侧刘岭群逆冲在红层之上。③秦王山-沙沟街段：沙沟附近形成白垩纪红色断陷，山间磨拉石堆积在老的糜棱岩之上。④太白-白石铺段：蛇绿岩系和古老的秦岭群逆冲在南侧白垩系东河群之上。以上各段都具有先拉张成斜列状断陷，继而发生沉积，而后又发生剪切滑动、逆冲挤压的特征。总体上，是一先右行后左行的巨大剪切带，其上斜列叠加拉张脆性断层，形成盆地，它们的形成正是北秦岭各条主干断裂的先右行后左行的剪切滑动所造成的综合结果。

（4）商县－瓦穴子断裂带，也是一条纵贯秦岭带的大型逆冲推覆断裂带。其逆推特点在商县以东蟒岭南侧表现得尤为显著。断裂带在平面上呈反复曲折弯转状，并有飞来峰形成。在北宽坪、灵官庙北糊涂叉和皇台地区，见有10°～20°向北缓倾的断裂面，伴随强烈片理化、揉皱、糜棱岩化及玻化岩。据皇台钻孔控制，燕山期蟒岭花岗岩呈无根岩片以近于水平的断面为滑动面推覆于南侧古生界云架山群火山岩系和三叠系砂板岩之上（图4，图5）。

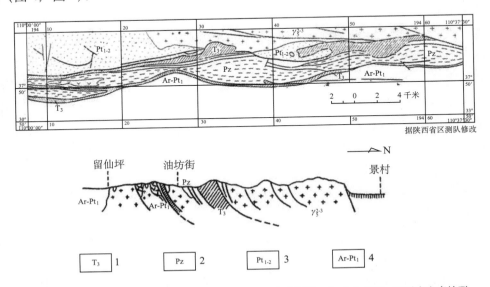

据陕西省区测队修改

1. 陆相三叠系　2. 古生界云架山群　3. 中下元古宇宽坪群　4. 上太古宇－下元古宇秦岭群

图 4　蟒岭南侧断裂带地质略图

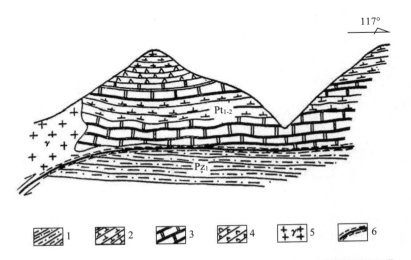

1. 古生界云架山群　2，3，4. 中上元古宇宽坪群　5. 花岗岩　6. 逆掩推覆剪切带

图 5　蟒岭南侧皇台逆掩推覆构造

北宽坪一带中下元古宇宽坪群形成大型平卧褶皱，发育近水平片理和与之近于正交的垂直折劈。同时底部出露有近水平的断裂带和糜棱岩带，显示自北向南推覆的韧性断裂特征。宽坪群成一推覆体掩覆在南侧古生界云架山群和三叠系之上，使后者成残存状态，不规则出露。

该断裂带在西部的黑河地区和宝成线上，呈高角度逆冲断裂，使宽坪群覆于三叠系或石炭系上。深部情况目前尚不清楚。

在秦岭带内部，除了上述的商丹和商县－瓦穴子逆冲推覆断裂之外，洛南断裂和山阳－江口断裂带都是重要而复杂的断裂带。某些段落亦显示出逆冲推覆特征，其总体性质尚需进一步研究。

上述各条中新生代以来发育的逆冲推覆构造，总体使秦岭构造带现今成为南北两侧向外逆冲推移，内部主要自北而南依次迭瓦状堆置叠覆，从而强烈地改变了先期形成的构造格局，造成秦岭带中的一些重要地质体如太华群、宽坪群、秦岭群和南秦岭构造带中的不同岩块在不同意义上呈大小不一的推覆体，彼此已不保持原有的时空关系，而是按照逆冲推覆的运动规律形成新的构造岩块组合，从而构成现今的空间分布状态。

三、结论

由于秦岭带目前整体上缺乏系统可靠的地球物理资料，特别是深部地球物理资料，所以其总的地壳结构和分层性尚不清楚。但根据长期积累的大量地质资料和部分物探资料，在目前情况下对秦岭构造带作重新的调查研究和分析认识是十分必要和可能的。本文正是这一工作的尝试。

根据对秦岭构造带中新生代主要逆冲推覆构造的实际调研和综合分析，可以得出如下初步认识：

（1）秦岭构造带是一条强大的复合型造山带，中新生代以来发育多期多条巨大的逆冲推覆构造。它们成为造就现今秦岭带构造面貌的主要大陆造山作用，也是为揭示秦岭带中新生代以前构造演化所要进行的首要研究课题。

（2）秦岭带有着独特而复杂的演化历史，其中的逆冲推覆构造也具有独特性。除了发生于板块边界上的 B 型俯冲、仰冲构造和陆壳碰撞及与之有关的 A 型俯冲推覆构造外，还有完全发生于板内，与板块俯冲碰撞并无直接关连的陆内 A 型逆冲推覆构造，它们有着与前者不同的深部动力机制。主要的逆冲推覆构造使秦岭带南北两侧向外推移，内部主导是自北而南逆掩，总体上形成扇形迭瓦状逆冲推覆构造组合。

逆冲推覆构造因受后期块断和平移断裂的强烈改造，使其更加复杂化和隐蔽。因此筛除秦岭带中后期构造的叠加改造，是认识和恢复原逆冲推覆构造必不可少的研究任务。

（3）秦岭带中的逆冲推覆构造多数是长期多次活动的复杂断裂系，其本身就是具重要地质意义的边界地质体，具有丰富多彩的研究内容。

参考文献

[1] 张国伟等. 秦岭构造带的形成及其演化. 见：西北大学地质系成立四十五周年学术报告会论文集. 西安：陕西科学技术出版社，1986

[2] 李春昱. 中国板块构造的轮廓. 中国地质科学院院报，1980（1）

[3] 任纪舜等. 中国大地构造及其演化. 北京：科学出版社，1980

[4] 张文佑，钟嘉猷. 中国断裂构造体系的发展. 地质科学，1977（3）

[5] Zhang Guowei etc. Composition and Evolution of the Archaean Crust in Central Henan, China. Precambrian Research, 27, 1985

[6] Kröner, A. Proterozoic Mobile Belts Compatible with the Plate Tectonic Concept. G. S. American memoir, 161, 1983

[7] Hsü, K. J. Thin-skinned Plate Tectonics during Neo-Alpine Orogenesis. American Journal of Science, V. 279, 1981

[8] 马托埃. 山链的形成. 见：特提斯构造带地质学. 北京：地质出版社，1983

[9] MeClay, K. R. and, Price, N. J., Ed. Thruse and Nappe Tectonics. Blackwellsci, pub, Oxford, 1981

[10] 朱夏等. 中国中、新生代构造与含油气盆地. 地质学报，1983（3）

[11] 马杏垣，索书田. 论滑覆及岩石圈内多层次滑脱构造. 地质学报，1984（3）

[12] 刘德良，李秀新. 皖中地区深层构造分析. 地质科学，1984（1）

[13] 赵友年等. 四川省大地构造及其演化. 中国区域地质，1984（1）

[14] 韩克猷. 龙门山逆掩断裂带成因与油气远景. 天然气工业，1984（4）

[15] 肖思云. 北秦岭丹凤蛇绿岩套. 见：西北大学地质系成立四十五周年学术报告会论文集. 西安：陕西科学技术出版社，1987

[16] Twiss, J. R. 重结晶颗粒尺度与压力计的理论与应用. 见：地球的应力（译文集）. 北京：科学出版社，1984

[17] 钟大赍. 石英长石质断层岩的某些特征. 见：岩石学研究 3. 北京：地质出版社，1982

秦岭造山带岩石圈组成、结构和演化特征*

张国伟　周鼎武　于在平　郭安林　程顺有　李桃红　张成立　薛　峰

A. Kröner　T. Reischmann　U. Altenberger

摘　要　秦岭是典型的复合型大陆造山带,具有长期的演化历史,在不同地质发展阶段以不同的构造体制演化,构成独特而复杂的岩石圈组成与结构,非为已有的造山带模式所能简单概括。它基本是在大陆岩石圈动力学背景下扩张、分裂演变的,曾一度成为古特提斯洋东端北侧分支,出现独特的洋陆兼杂的有限古秦岭洋。发生在以晚海西－印支为主期的自东而西斜向穿时的俯冲碰撞造山和多种形式的陆内造山的交织复合,造成壳幔、壳内岩石圈板块、岩片的多重堆叠,奠定其基本构造格局。现今的秦岭,更多保留有中新生代陆内造山变形的特色,总体成为华北地块南缘、北秦岭、南秦岭三大地壳尺度的构造块体,自北而南依次迭覆,既有南秦岭多层次拆离滑脱而以薄皮构造为主,指向南的推覆构造系统,又有北秦岭腹内根部带涉及岩石圈地幔的深层次巨大迭瓦状逆冲推覆系和中浅层次的包括华北地块南缘在内的反向逆冲推覆构造,形成秦岭南北边界反向逆冲的不对称扇状,并遭受块断和平移走滑改造的复合型大陆造山带。

秦岭造山带的独特性,在于其大地构造属性的多重过渡性和因此而造成的多种"非经典性"。这无疑涉及在全球构造背景下,它所处的区域岩石圈深部动力学过程与演化,及其区域大陆岩石圈的长期特有性状。

关键词　裂谷系　板块构造　陆内造山　岩石圈动力学

秦岭造山带是典型的复合型大陆造山带,它夹持于华北与扬子两地块之间。向东延伸与桐柏－大别山相连,向西则与昆仑、祁连山相接,成为东西向横亘于中国大陆上分割南北的著名山脉。它既有世界造山带共同的基本特点,又具有突出复杂的独特特征,非为已有的造山带模式所能简单概括,迄今认识分歧很多[1~7],因此,通过地质、地球化学和地球物理多学科综合研究,着眼于全球构造,立足于秦岭实际,以活动论观点和关于大陆地质的进展来概括秦岭的地表地质与深部地质,并从其长期发展演化过程中,四维地考察分析它的岩石圈的组成、结构、演化、成因与动力学特征,进而探讨其形成与演化规律,就成为秦岭造山带研究的主要课题。

---

*本文原刊于《秦岭造山带学术讨论会论文选集》,1991: 121-138.

一、秦岭的地表地质与构造单元

现今雄伟壮观的秦岭造山带是其长期发展演化的综合结果,它实际是一个庞大复杂的综合地质体系。根据初步研究,可以概括地认为,由于它所处的特殊构造部位,受冈瓦纳与劳亚及其之间的特提斯体系和古太平洋体系的制约,在不同地质发展阶段以不同的构造体制演化,形成明显区别于其他造山带的独特特征[7]。它在组成上,呈现出以古生代各类岩层地质体为主体,并因构造关系夹持包容着残存的元古宙、乃至晚太古宙古老岩块、岩片同时又叠置复合着中新生代新的岩层与岩体,从而构成纵横向变化大、非常不均一的特殊地质组合面貌。结构构造上,它在元古宙复杂的陆内、陆间裂谷构造和显生宙以现代体制板块构造为基本特点的多期次多类型俯冲碰撞构造基础上,以晚古生代末期到中生代初期的主期陆-陆穿时斜向俯冲碰撞造山作用所奠定的基本构造为格架,又遭受中新生代强大的陆内造山作用的改造,从而形成现今秦岭南北边界反向向外逆冲推覆,内部则以自北而南的迭瓦逆冲推覆和多层次拆离滑脱构造为主导,成为包容着不同时代、不同构造动力学体制下所造成的不同构造的多成因复合型不对称扇状构造山系[7]。

1. 构造单元

秦岭现今仍是一个正在隆升的雄伟年轻山脉,据其主峰太白山顶夷平面海拔近 4000 米,而紧邻其北侧的渭河谷地周至凹陷钻探 5000 米未穿透新第三系(三普资料),中新生代以来升降幅度大于 10 千米,可谓壮观。现今剥蚀出露的秦岭山地,联系大别和西秦岭,综合地质研究证明,依其构造层次,自东而西有规律的依次由深到浅变化。大别山出露秦岭-大别统一造山带的中深构造层,大面积分布造山带根部中深层次的古老岩系,并叠加大量新的变质变形与岩浆活动记录,而秦岭带则主要是中浅层次,保存较多的古生界和中生界岩层,因此使秦岭与大别判若两个不同的造山带,实则依其组成、结构与演化及其动力学特征,证明是一个统一的造山带。与之相应,秦岭带自北向南也表现出规律变化,最突出的是以几条主干长寿的不同深度层次下形成的不同性质断裂为边界,其中主要以洛南-滦川-方城、商丹和巴山弧形韧性-脆韧性逆冲推覆带为主拆离滑脱构造,形成三个主导的巨大迭瓦状多层次逆冲推覆构造系,使秦岭造山带现今显示出三个主要基本构造单元(图1,图2)。

(1)华山地块南缘构造带:介于洛南-滦川-方城和潼关-宜阳-鲁山南北两个反向逆冲推覆带之间,实际是一个在前燕山期构造基础上所形成的中新生代不对称扇形逆冲推覆构造带[7]。它具有双重构造特征,既有华北型地壳组合关系,又具有秦岭带变质变形岩浆活动的特点,尤其中新生代发生大规模逆冲推覆并伴随以酸性为主的岩浆活动,从而成为秦岭造山带的一个主要组成部分,所以秦岭造山带不同演化阶段有不同的边界,中新生代秦岭的北界是潼关-宜阳-鲁山自南而北的逆冲推覆构造带,而不是传统所说的"台槽"边界,即洛南-滦川-方城的自北而南的逆冲推覆带。

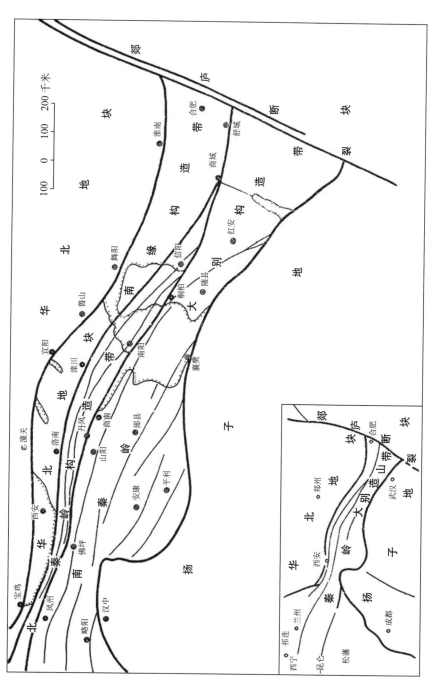

图1 秦岭－大别造山带主要构造单元

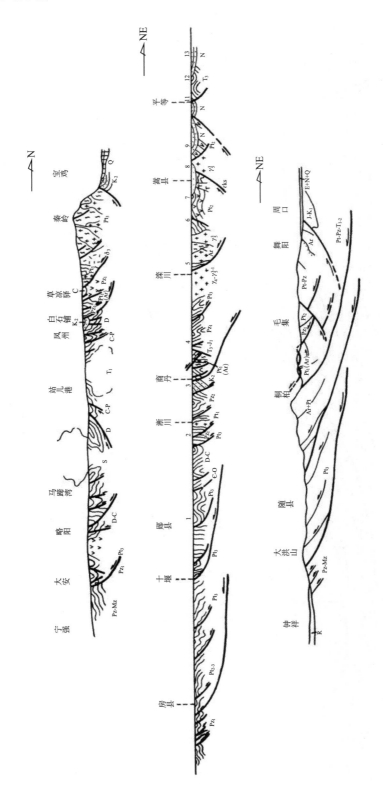

图 2 秦岭－大别造山带主剖面图

（2）北秦岭构造带：介于洛南－栾川－方城和商丹两带之间，由元古宙秦岭杂岩、宽坪群和夹于其间的二郎坪蛇绿岩及其不整合上覆的 C-P，T_3-J_{1-2}，还有南侧的丹凤蛇绿岩和南缘的沉积楔形体等所组成，是秦岭中变质变形岩浆活动最剧烈复杂的地带，各岩层以断层为界成大小不一的透镜状拼接组合一起，呈现为地壳高度挤压收缩状态。该带在元古宙构造基础上，经历显生宙板块构造的活动大陆边缘和先后的陆－弧与陆－陆斜向穿时的碰撞造山作用，于印支期之后又叠加中新生代陆内以商丹为主构造面的强烈迭瓦状逆冲推覆构造，终成今日面貌。

（3）南秦岭构造带：商丹带以南、巴山弧形断裂以北整个秦巴地区，在中晚元古宙火山岩系裂谷构造基底上，堆积震旦－中三叠系巨厚的被动陆缘沉积体系[7]，其中包括陆缘裂谷及由众多微型地块复杂组合所控制的沉积系统，遭受古生代板块俯冲非造山性变动和碰撞造山作用的改造，于中新生代形成以巴山弧形、青铜关、山阳等一系列脆韧性带为主拆离滑脱面、运动指向南的，包含古老微地块在内的多层次逆冲推覆构造系。

上述三个基本构造单元从大别到西秦岭连续分布，但出露形态变化却因地而异。东部华北地块南缘构造带成弧形向南长距离推移，以致掩覆掉整个北秦岭构造带，直接邻接相当南秦岭带的大别－桐柏构造带（见图1）。同时大别也成为向南推移最远、出露造山带根部的巨大推覆块体，因而使整个东部地区成为秦岭－大别造山带中推覆距离最大，抬升剥蚀最深的地段，因此出现了特殊的强烈复杂的深层塑性流变构造和不均一的深变质与动力变质，以及出现包含柯石英的榴辉岩与蓝片岩的稳定分布。自然大别地区的构造变动与郯庐断裂有着密切关系，但宜别文论述。西安以东到豫西地区，上述三个主要构造单元作为三个巨大推覆系统自北而南依次叠置，而南北边界反向向外逆掩，总体成不对称扇形。该区最突出的是中深构造层与中浅构造层的交织出露，变质变形很不均一，发育动热和动力退变质作用，以及其中包含很多古老岩块如太华、秦岭、陡岭、武当、小磨岭等。西安以西到宝成铁路间，则是秦岭最狭窄的地段，所有各带地质体岩层多呈高角度陡立状紧缩排列，构造呈正倒扇形（见图2），变质加深，混合岩化强烈，突出发育晚海西－印支期花岗岩基。再向西到西秦岭，整个造山带放宽撒开，向祁连、昆仑、松潘伸去。显然上述各构造带的平面延展和秦岭带的总体平面构造格局（见图1）是其在长期构造演化基础上，于晚近时期上层表壳的薄皮滑脱，陆壳大规模塑性流变的产物，但却有着更为重要的造山带岩石圈深部结构与动力学的深刻背景，上部地壳运动无疑是岩石圈深部运动过程的转换与反映。

2. 秦岭地表地质

秦岭地表地质的下列基本事实，是我们研究秦岭的根本依据，同时也是我们分析推论秦岭造山带形成与演化规律，包括可能已完全消失的地质记录等的基本限制条件。

（1）在秦岭带的基本地质组成中，一个突出的事实是揭去上元古宇陡山沱组和灯影组及其以上的显生宙地层以后，区内广泛出露的主要是元古宙火山－沉积岩系和少量晚太古宙岩块岩片。元古宙火山岩突出的共同特点是其具有惊人的相似性：①时代上主要属中晚元古宙，以晚元古宙为主；②空间上呈线形带状规律分布；③岩石组合、成因和地球化学特征主导共同具双模式火山岩套特性[7][8]；④火山岩组合中含大量陆源碎屑岩层与夹层等。总体表明它们是在相似构造环境下的相似产物，虽然一些地段含非典型的蛇绿岩（如碧口、宽坪、松树沟等岩群中）[9][10][11]，但它们分布非常局限，且纵向变化很大，无稳定延伸，主体的地质、地球化学特点表明元古宙火山岩系共同具裂谷型建造特征[7][8][12]（图3）。

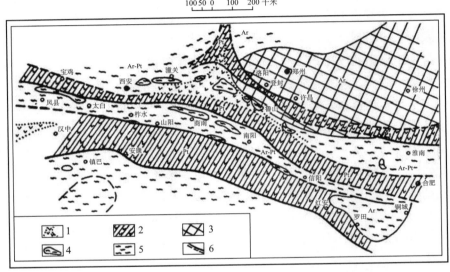

1. 中元古宇熊耳群火山岩　2. 元古宙火山岩　3. 晚太古宙登封花岗－绿岩区
4. 晚太古宙高级区现存出露地块　5. 晚太古宙高级片麻岩区　6. 断裂

图3　秦岭－大别造山带元古宙裂谷系

总之，秦岭带在充分考虑到各个地壳块体历次侧向运动漂移的情况下，根据以上基本事实可以推断，中晚元古宙时期，秦岭区曾存在一个扩张的陆内、陆间复杂组合的裂谷系，而局部的非典型蛇绿岩系，则预示这一裂谷系中，某些地段曾有较大的扩张，出现了多个有限的小洋盆。

（2）从上元古宇陡山沱组和灯影组沉积到中三叠统，秦岭带与元古宙时期不同，异乎寻常的主要表现出以现今商丹带为界的南北秦岭地质的显著差异（图4，图5）。①陡山沱组和灯影组岩层只分布于商丹带以南的南秦岭，而商丹带以北整个地区缺失。②下古生界南秦岭是一套自南而北增厚的基本连续的陆缘沉积体系，其中安康一带有深水相富碳、硅质的沉积岩层，并伴生似层状碱性岩和偏碱性基性岩与金伯利岩[7][13]，夹少量火山岩。但与之同时的北秦岭，即华北地块南缘陆缘区，却广泛发育以基性为主的火山岩系，以丹凤、二郎坪两套岛弧与边缘海型蛇绿岩为代表[7][14]，与南秦岭的扬子北缘

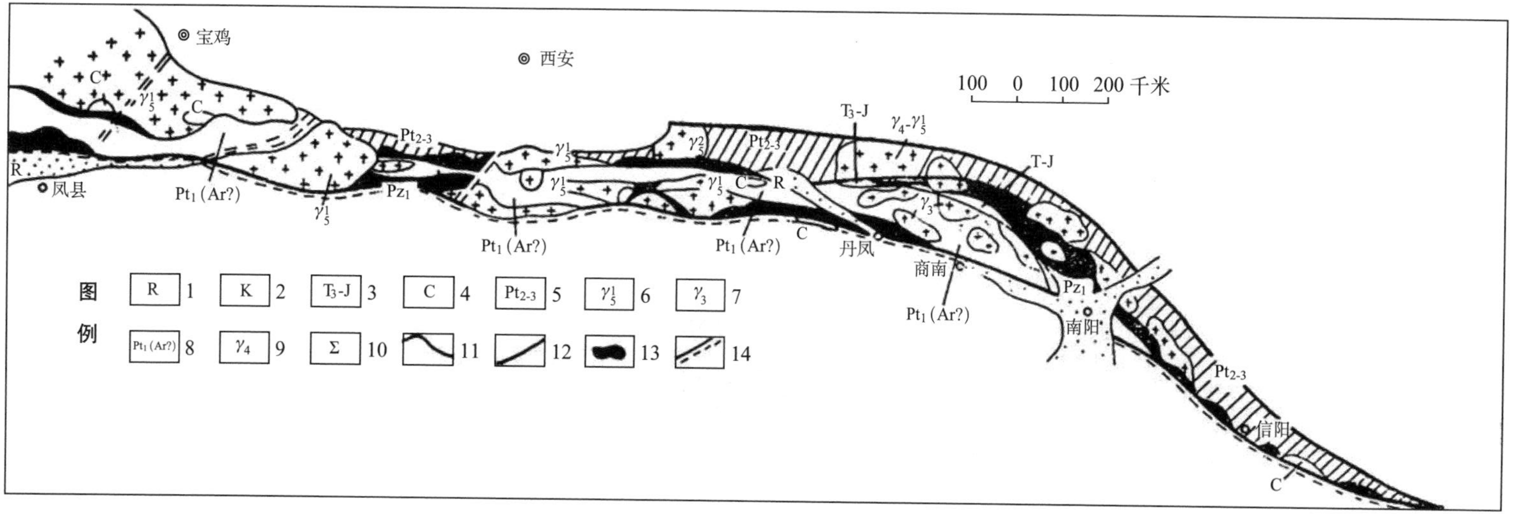

图 4 北秦岭地质略图

1. 新生界 2. 白垩系 3. 上三叠-侏罗系 4. 石炭系 5. 二郎坪蛇绿岩 6. 丹凤蛇绿岩 7. 宽坪群 8. 秦岭杂岩
9. 印支期花岗岩 10. 海西期花岗岩 11. 加里东期花岗岩 12. 断裂 13. 松树沟超基性岩 14. 地质界线

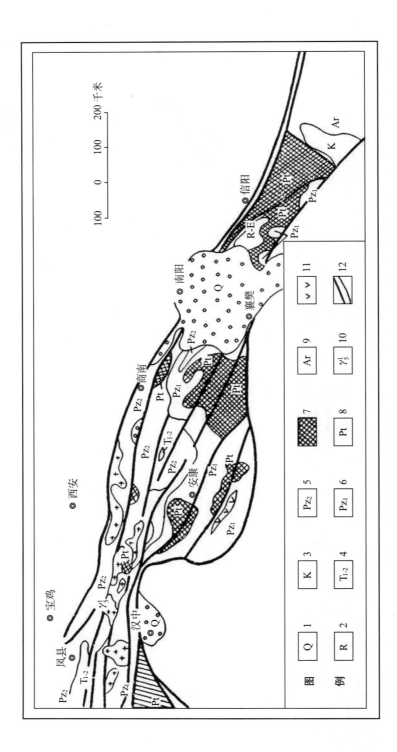

图5 南秦岭地质略图

1. 第四系　2. 第三系　3. 白垩系　4. 下中三叠系　5. 上古生界　6. 下古生界　7. 碧口系（Pt_3）
8. 元古宇　9. 太古宇　10. 花岗岩　11. 偏碱性基性岩　12. 地质界线、断层

被动陆缘沉积呈鲜明对照而属活动大陆边缘，显然两者同时而分属两种不同构造环境下的产物，揭示南北秦岭间曾有一个已消亡的组成复杂的洋盆。③上古生界仍以商丹带为界，南秦岭发育从泥盆系到中三叠系基本连续的陆缘沉积，与下伏下古生界间，除武当和小磨岭等隆起周边有超覆性不整合外，多为连续或平行不整合关系。岩相从南向北有规律的变化，总趋势是从滨岸陆架到陆坡，乃至陆隆等深水半深水区加深，但在总的海盆中，存在众多的如武当、小磨岭、陡岭、佛坪等微型地块地体，洋陆海间杂并列，呈现出极其复杂的岛海状，并直接控制岩相分布，使之复杂多变。尤其刘岭群（D$_{2+3}$）更为复杂，它位于商丹带与山阳－凤镇断裂之间平行覆于扬子型下古生界之上，岩相纵横向变化大，不同地段不同时期既有近源浅水沉积，又有巨厚深水半深水，乃至深水平原沉积，表现出多变的特殊复杂的构造古地理环境。它向东伸入大别山（信阳群南湾组[15]），向西到凤州则为商丹带截切而消失，并很难与西秦岭舒家坝群笼统对比。至于刘岭群北缘的北桐峪寺组和石炭系，则应另当别论。前者不属刘岭群，以黑山、板房子等韧性剪切带为界分开，它是业已研究证明了的物源来自北秦岭，有杂砂岩夹砾岩层和火山岩与凝灰岩、碳酸盐岩的弧前复理石[16][17]，显然不同于刘岭群，而且它平行北秦岭带南缘从东到西连续分布。该带的石炭系是海陆交互相煤系岩层，断续出露，向东与大别北淮阳梅山群，西与草凉驿煤系可以对比。上述岩系均是移位变位了的推覆岩块，来自北秦岭而被夹持在南北秦岭的主构造结合带中。真正的南秦岭石炭、二叠和中下三叠系，在东部属台地相沉积，而西部到凤州一带则成复理石、浊积岩系。中下三叠系在东部仅残存于镇安金鸡岭一带。

与南秦岭不同，北秦岭迄今所知整个缺失海相上古生界，但却发育海陆交互、以陆相为主的 C-P 断陷型沉积，如草凉驿煤系和商洛地区的 C-P 含煤岩系，且均呈断片岩块残存。它们与大别的梅山群一样，既不同于华北型石炭二叠系，也不同于扬子型而独具特征，应是秦岭带特定条件下的产物。

上述古生代南北秦岭的显著地质差异，发育如此巨厚庞大的不同陆缘地质体系，充分说明秦岭带此时期存在着遥相对应的两种不同的大陆边缘，并反映出复杂特殊的岛海陆洋间列的构造古地理环境，非为断陷盆地和陆表海所能统一合理解释，而应考虑是古特提斯洋向东延伸的北缘分支之所在。既非广阔洋盆，也不是陆表海盆，而是一个陆洋海兼杂的特殊有限洋盆，故有其独特性和非典型性而使人深感其复杂。

（3）中新生代，秦岭带又突出显示出作为一个整体的统一性，无论南北秦岭，总体造山隆升，一致发育严格受断层控制的从晚三叠纪开始的中新生代线形陆相断陷盆地沉积，标志着进入一个新的地质历史时期。

（4）秦岭带的蛇绿岩、花岗岩和碱性岩的性质、类型、时代与分布及其真实地质意义，是重要而富有特色的秦岭带又一主要地质记录和基本问题。

蛇绿岩：按大陆造山带中具特定地质含意的镁铁质超镁铁质岩石组合和其成因的多样性[18][19]考虑，秦岭有三带：①丹凤蛇绿岩，沿商丹带分布有数百千米长，现有大量地质与地球化学研究表明，它不具洋脊蛇绿岩特点，而属岛弧型蛇绿岩[7][8][14]，形成时代主要是奥陶－石炭纪（402.6±35Ma，Sm-Nd[20]；297～323Ma，Rb-Sr[8][12]；440Ma，U-Pb[14]；447.8±415Ma，Rb-Sr[7]）。该带向东为商丹带截切而尖灭，但零星出露可追索到桐柏地区。在信阳以东它和二郎坪蛇绿岩同样以构造混杂岩块沿信阳－商城－舒城断裂混杂出露。②二郎坪蛇绿岩，夹持在北秦岭前寒武系秦岭杂岩（秦岭群）和宽坪群之间呈串珠状狭长一带，岩石组合与地球化学特点东西向变化大，已有的多学科综合研究表明，它不属洋脊蛇绿岩，而是弧后边缘海型蛇绿岩[7][8][14]，时代虽有争议，但依据生物化石（陕西、河南区调队资料）和同位素年龄（365～500Ma[21]，U-Pb，Rb-Sr；681±39Ma，Rb-Sr[22]，1000Ma，Pb-Pb，kroner 信函），主导应属早古生代，但包含有晚元古宙。③勉略蛇绿岩，是分布于勉略地区与碧口群有关的一套蛇绿岩[9][23]，时代主要是晚元古宙，分布局限，向东在汉中以北，已被断层截切而不复出露，与跃岭河群不易对比。晚元古宙蛇绿岩，还有以商南松树沟镁铁质和超镁铁质为代表（983±140Ma，Sm-Nd[11]）的另一地区，同时考虑宽坪群（986±160Ma，Sm-Nd[24]）和二郎坪蛇绿岩系中的晚元古宙成分，显然，秦岭造山带晚元古宙晋宁期构造和体制，具有特别重要的研究意义。此外，南秦岭零星出露的夹在不同地质体间的古生代基性超基性岩，如山阳断裂沿线、楼房沟、青铜关一带等，其地质意义也值得探讨。至于有无印支期蛇绿岩，还需研究[20]。

花岗岩：秦岭带花岗岩分布广，期次多，类型、成因复杂，非为典型的 I，S，M，A 型花岗岩概念所能笼统概括，其根源在于秦岭带岩石圈的特殊组成与演化[7][62]。秦岭带花岗岩多是复合型岩体，然而花岗岩填图和构造研究却很薄弱，致使大量岩石地球化学结果和同位素年龄得不到合理统一的解释。按照秦岭区花岗岩时代可分为五期，且各有特色。①晚太古宙花岗岩，以太华群中的岩浆成因的长英质片麻岩为代表，多属 TTG 岩套[26][27]，是秦岭区早期地壳克拉通化的产物。②元古宙花岗岩，主要分布于汉南和小秦岭前寒武系中，晚元古宙者居多（8～10Ga）[8][28]，共同突出特点是富碱性，属碱性和偏碱性花岗岩，与元古宙广泛的裂谷型火山岩系相一致。③早古生代加里东期花岗岩（382～444Ma，Rb-Sr，U-Pb[8][28]），突出特点是主要集中成带分布于商丹带北侧的秦岭杂岩系中，属钙碱系列，具俯冲花岗岩基本特点[7][8]。④晚海西－印支期花岗岩（323～212Ma，Rb-Sr，U-Pb[8]），秦岭区很发育，南北秦岭都有出露，尤其沿商丹带更为发育，多属壳源碰撞型花岗岩[7][8]。⑤中新生代花岗岩，广泛分布在商丹带以北，并以浅源深成岩基和深源浅成小斑岩两种型式产出[26]，其岩源深度恰与秦岭区地壳深部结构中的低速高导层相吻合，看来决非偶然。

碱性岩：秦岭碱性岩在华北地块南缘和扬子地块北缘各成东西一带，成为秦岭区突出的特色[13][20]。北带沿洛河－滦川－方城，南带沿紫阳－平利－房县和随县－枣阳分布，主要包括碱性岩、碱性火山岩、金伯利岩、A 型花岗岩等。北带以晚元古宙和古生代为主（1057～338Ma），呈稳定狭长一带长期出现，南带以加里东和晚海西－印支期为主（400Ma[13]，306～213Ma[20]）。南北两带，而其间没有分布，这一事实，对于秦岭造山带构造体制研究和陆壳范围的推断具重要意义。

上述地质事实表明，在秦岭带中迄今已查明至少有两个时代的蛇绿岩，且均属非典型洋脊蛇绿岩。其中古生代蛇绿岩结合同期两类不同性质的大陆边缘，具有更重要的意义，其时代至少最迟到泥盆-石炭纪中期（402～323Ma）还在形成之中，证明秦岭至少此时还未碰撞封闭。这与前述的古生代花岗岩晚期（323～212Ma，相当于 C_2-T_2）广泛形成壳源碰撞型，而前期（444～382Ma）则主要是钙碱性俯冲型，两者完全协调一致，实非偶然。

（5）作为秦岭带的一个主要基本地质事实，特别需要指出商丹带的地质特征。秦岭带中有几条主干断裂带，其中商丹带最为突出而重要。它实际远非单一的深大断裂，而是以一系列不同深度层次下形成的不同性质的韧性-脆韧性断层为骨架，包含有不同时代与来源的岩层岩块，诸如丹凤蛇绿岩、不同花岗岩、糜棱岩和碎裂岩及沉积楔形体与岩块等，构成一个且复杂组成和长期演化历史的商丹断裂边界地质体[16]，它是秦岭中最重要的一个地质边界带（图6）。已如前述，以它为界，南北秦岭差异显著，同时更为突出的一个事实是以它为界，南北秦岭间形成一巨大构造斜接关系（见图5）。商丹北侧从丹凤以东到北淮阳的商城，北秦岭各套组成岩系向东依次沿商丹带斜交尖灭，并在北淮阳形成以"商城群"[30]为标志，包括板块消减和韧性推覆叠置的多重的特殊构造混杂岩带，而商丹带南侧从柞水以西到凤州，刘岭群和其他泥盆系岩带也依次被商丹斜切而尖灭。这一划分南北秦岭成斜接构造关系的突出事实，联系沿商丹带在西部太白县胡桃坝发现 C-P，乃至含有 T（?）的牙形石构造混杂砾岩①，以及上述东部北淮阳的构造混杂岩带，统一考虑，无疑显示秦岭带沿商丹带有巨大的俯冲碰撞、剪切推覆和平移走滑的消减作用。因此，它揭示对于秦岭带的研究，不仅要重视今天可以见到的事实，而且要更准确地估计可能已消失的大量东西，如此才能获得客观可靠的正确答案。

二、秦岭岩石圈深部结构与状态

秦岭区真正的测深资料非常有限，目前所知除随县-西安[31]、湖北贾家湾-沙园[32]、青海门源-陕西渭南[36]等天然或人工地震测深剖面之外，主要是伊川-十堰的 QB-1 地震测深剖面和沿线的及随县-安阳的大地电磁测深材料[33][34]。现综合所掌握的已有地球物理资料，并参考有关大别和西秦岭的测深资料[36]，结合地表地质和地球化学[8][11][24]，关于秦岭造山带岩石圈深部结构与状态，可初步获得一些基本认识。

1. 秦岭造山带岩石圈深部结构

现有的地球物理成果证明，秦岭造山带岩石圈的组成与结构复杂多变，纵横向极其不均一，存在多种不同的波速和电性结构，发育低速高导层，具多样分层性，横向分带分块，物理场差异显著，总体呈现为不均一的复杂层状块体。

---

①张志尚. 凤县铅铜山地区鹦头贝的发现及其地质意义. 见: 秦岭区测 1, 1985

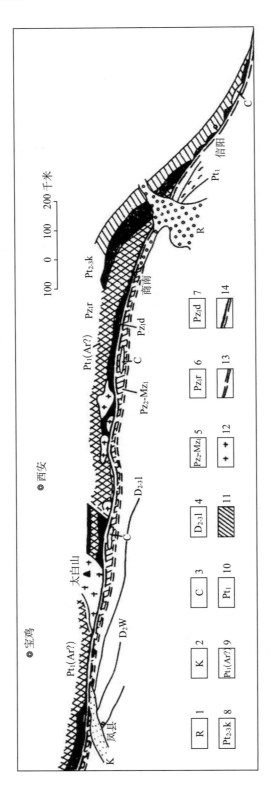

图 6 商丹边界地质体地质略图

1. 新生界　2. 白垩系　3. 石炭系　4. 刘岭群　5. 商丹弧前沉积楔形体　6. 二郎坪蛇绿岩　7. 丹凤蛇绿岩　8. 宽坪群
9. 秦岭杂岩系　10. 桐柏群　11. 商丹弧前楔形体范围　12. 花岗岩　13. 韧性剪切带　14. 商丹主断裂带

（1）地震 QB-1 剖面和大地电磁测深表明（图7），东秦岭以洛南-滦川和商丹为界，呈现出三个不同岩石圈结构的块段，即华北地块南缘、北秦岭、南秦岭（见图1）。垂向上各块段有不同的波速与电性结构，均有清晰的区分表现。华北南缘、地壳波速向下递增，壳内无明显低速层，却存在电性高阻体和低阻带，于上中地壳之交有一向南缘缓倾的低阻层。上地幔显示有向南倾的高阻体。北秦岭，波速结构复杂，上地壳波速及 Q 值与华北南缘中上地壳相似，但其中下地壳以出现厚大低速层、低 Q 值和高频率特性等与华北南缘地壳相区分，而却与南秦岭扬子地壳结构相似，成过渡关系，显示了特有的地壳结构。中下地壳由电性结构显示的巨大低阻体，基本与低速层相对应。该地段深部 60～80 千米一带出现上地幔高导层（图7），可能是软流圈的表现。南秦岭，中上地

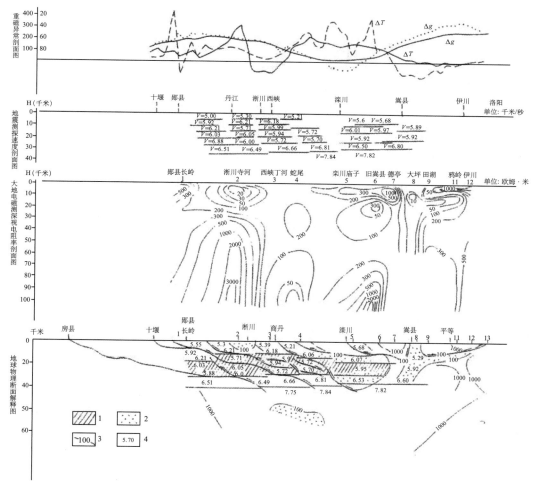

1. 低速层　2. 低阻带　3. 等电阻率线　4. 地震波速（据袁学诚、周国藩等修改）

图 7　秦岭 QB-1 地球物理剖面及地质解释图

壳发育厚大低速层，而且与北秦岭中地壳的低速层相通，自北而南逐渐有规律的抬升，厚度变薄，淅川以南升至上地壳中，同时电性层也显示有规律的向北倾斜。该地段深处230千米左右有高导层，也应是软流圈的反映。QB-1剖面总体揭示东秦岭莫霍面呈阶梯状向南缓倾，成斜坡，高差仅3千米左右，北端伊川附近地壳厚度31千米，南端郧县一带34千米。沿剖面测得栾川北、栾川-西峡和郧县附近的上地幔顶部P波速度分别为7.82，7.75，8.06千米/秒。前二者显示为异常地幔，明显低于华北和扬子相应的速度，也低于典型大陆造山带，如阿尔卑斯、阿帕拉契亚的上地幔顶部速度，而与北美内华达山下的相应速度（7.6～7.8千米/秒）相似[36]。

综合QB-1测深断面的研究与分析，可见秦岭造山带东秦岭地区，岩石圈结构不仅地壳，而且包括岩石圈地幔都纵横向极不均一，分层分带分块，莫霍界面成向南斜坡，无山根，北秦岭地幔上隆，有异常地幔，壳内发育低速层低阻带，并具规律性变化。无疑这些深部结构信息具有重要意义。但据现有区域地球物理资料分析，东西秦岭间差别明显，西秦岭地壳显著加厚，大于45千米，似有山根[34]，因此，QB-1剖面可能并不完全代表整个秦岭造山带的深部结构，所以秦岭区急待深部地球物理工作的继续开展。

(2) 秦岭区域重力异常分布趋势由东向西，由北向南降低，反映了莫霍面向西向南加深的总趋势，与QB-1剖面结果一致。秦岭布格重力异常场复杂多变，其中最突出的是秦岭区中部成一向西开口，向东在平顶山附近封闭的东西向喇叭状槽形重力低值带，且东部与地表地质构造走向不一致。地表北秦岭带大致位于低值带内，华北南缘和南秦岭分别大体相当于重力低值带的南北两侧地带，其间为梯度带分隔。综合分析推断，重力低带不是莫霍界面的凹陷所造成，而与壳内大量中酸性岩体和低速层低阻体有密切关系，也可能与壳下上地幔深部热过程引起的密度降低有关。但西秦岭并不一定如此。

秦岭区域航磁异常平面等值线图和平剖面图，表明磁场异常有明显的分区特征，平面上按异常轴走向变化形态，全区磁场成一向南北开口的宽缓双曲线状。结合重力场，北弧形带相当华北南缘，显示磁高重高特征。南弧形带大体相当南秦岭带，显示具扬子地块北缘弱磁高密度的地球物理场特征，而南北之间的地带，大体相当北秦岭带，却以具高磁低密度的特性为特点。秦岭区磁场中很突出的一个特征是表现不同磁场特征和异常结构的明显分界线，在地表浅部位于商丹一线，而到深层磁性异常图上却位于栾川一线，甚至更深到渭河一线上，而且研究业已发现秦岭中磁性体多向北倾，且南部缓多在50°左右，向北变陡到85°左右[34]，连系电性层的北倾。显然，它们是秦岭带深部结构的重要特征之一，应是地表地质所表现的沿商丹带扬子板块大规模向华北板块之下俯冲和自北而南多层次逆冲推覆，拆离滑脱构造的有力证明。

垂向上秦岭区域航磁异常具双层磁结构[37]①，浅层以升高正异常为主，伴随负异常和降低正异常的局部异常群，叠加在深层区域平缓低值异常场上，向上延拓易于区分，

---

① 程顺有. 秦岭造山带东段地质地球物理特征及其地质意义. 见：西北大学硕士研究生论文. 1989

这也是秦岭区磁场的又一突出特点，并且与秦岭带浅层构造与深部构造不一致和发育多层次薄皮构造相吻合。

根据秦岭及两则邻区的航磁和卫星磁场图像分析，反映横越秦岭带，华北区与川中区深部基底磁场极为相似，北东走向的异常及强度都非常一致[33][37]，无疑这对于认识秦岭及其两侧的扬子与华北地块之间的关系是很有意义的。

（3）关于秦岭和扬子、华北地块的古块磁研究虽然还存在争议[38][39][40][41]，但可提供以下两个重要信息：①扬子与华北地块早古生代初期都曾位于低纬度区，都不一定属冈瓦纳大陆。②两地块向北漂移，速度不同，间距远近有变化，于二叠纪末东部开始接近，分别作顺时针和逆时针旋转，约在 T_3-J 落到现今位置上，两者磁极游移曲线逐渐一致，表示它们在晚海西－印支期逐渐闭合统一为整体。这些都与地表地质有较大的吻合性。

2. 秦岭造山带热场状态

岩石圈热状态，对于区域构造及其动力学研究具有重要意义，同时对于正确认识解释地球物理场和获得地壳乃至上地幔结构信息都有重要价值。鉴于秦岭造山带上述地球物理场的基本特征，了解秦岭地表热流、地温梯度、居里面和深部热源情况是很有必要的。

由于秦岭中缺乏有效的钻孔进行地表热流值的直接测算，只好采用水化学的间接方法来估算，经多种方法验证和校正，其结果是可靠的。利用地下水中二氧化碳含量所代表的热储温度与区域热流间的线性关系，充分收集秦岭区的温泉水化学资料，取区域年平均气温 14℃，可测算温泉平均热储温度和平均热流值。在北秦岭分别是 107℃，3.31±0.4HFU；汉中盆地 70.8℃，2.02±0.31HFU；将秦岭区目前所掌握的温泉 SiO_2 含量取平均值，则可得秦岭平均热流值为 2.61±0.35HFU。这与从区域产热元素含量所估算的热流值[8]很一致。显然，这一热流值远大于大陆平均值 1.5HFU，也高于华北和扬子区的热流值。

依据热储温度与温泉温度及其平均循环深度的关系，粗略推算秦岭山区平均地温梯度是 2.8℃/百米，汉中盆地为 2.0℃/百米，而秦岭北坡为 3.2℃/百米。获取居里面埋深为 20 千米，汉中为 28 千米，秦岭北坡为 18 千米，则秦岭带居里面呈隆起状高于华北与扬子区，与利用航磁资料反演所得居里面深度十分一致。这也与前述地球物理场所反映的东秦岭地幔相对上隆相吻合。

上述秦岭带的热场基本状态，自然是现状的反映，但它是秦岭带长期演化，特别晚海西－印支期和燕山期大规模俯冲碰撞、逆冲推覆，拆离滑脱构造所导致的强烈韧性剪切流变和岩浆作用在挽近时期持续活动的综合表现。岩石圈深部结构中的低速层、低 Q 值和上地幔顶部 Pn 波的减小等往往与地温场的增高、热流值高相对应。秦岭带的热结构，表明它现今仍是一深部热构造活动区，地壳具有较高的滞弹性或塑性。

3. 区域地球化学的重要示踪信息

造山带的区域地球化学演化对于造山带形成与演化的研究，提供了不可替代的具本质意义的重要示踪信息。秦岭造山带作为不同块体间长期相互作用和分离拼合的大陆活动构造带，长期具有特殊的洋－陆过渡性，既是大陆增生带，也是岩石圈地球化学演化最活跃复杂的地带，含有丰富的化学演化内容。根据前人和我们的研究积累，特别是张本仁等近年来的区域地球化学研究资料，关于秦岭造山带形成与演化可获得以下重要信息：

（1）秦岭造山带区域地壳元素丰度统计规律性反映，秦岭区地壳的地球化学是非均一的，具分区性，可分作不同的地球化学省。它们不但在秦岭带内的华北地块南缘、北秦岭和南秦岭，及其邻区华北与扬子地块等各构造单元间，而且在各构造单元的不同地壳结构层间，均有区分和标志性差异，其造成原因，尽管有复杂因素，但它们主导应是各自长期演化，地球化学的多次再分配的综合结果，它们与地表地质与地球物理的结果基本吻合。

（2）建立秦岭造山带的大陆壳剖面，探讨其组成与结构的地质、地球物理、地球化学的综合演化规律是一项重要研究课题。高山作了有益的尝试，提出了新的认识与见解[1]。与世界陆壳对比，秦岭总体地壳上部偏基性，中下部偏酸性，显示地壳分异程度较低。其主要原因是：①已如前述秦岭带前寒武纪基底中，广泛发育中晚元古宙裂谷系火山岩，来自深部和幔源的基性岩类占相当比例，60%左右[12]，并成为上地壳沉积岩系的主要物源，也成为壳源花岗岩的母质源岩，因此区域基底母质的地球化学特殊性质就决定了上部地壳自然偏基性。②秦岭带自显生宙来，特别是晚海西－印支期以来的大规模强烈俯冲碰撞造山作用、洋壳消减、仰冲残留，多层次拆离滑脱推覆构造、板片岩块堆叠，不但发育薄皮构造，而且也有卷入壳幔深层次的厚皮构造，导致深部重的镁铁质元素构造移位升到上部，同时地壳也通过麻粒岩相的形成和花岗岩浆的形成与运移，使陆壳内部发生物质的分异调整，但秦岭区花岗岩比之于南岭和世界其他花岗岩，也偏基性，同样反映地壳分异程度偏低。③秦岭区地壳结构的差异性在地球化学的连续性上也得到显著反映。地球物理表明华北地块南缘带地壳结构连续，无低速层，虽有电性低阻带，但也只反映其内部范围的地壳岩片的推覆叠置，故其地球化学的连续性是与之相一致的。北秦岭地壳是南北两个板块俯冲碰撞及逆冲推覆叠置结合而成，发育低速高导层，其上下地壳间地球化学的不连续性是必然的。南秦岭中地壳发育厚大低速层，袁学诚认为它是巨大推覆体下的更富长英质的扬子基底[33]，不无道理，而上地壳的多层次薄皮滑脱构造，把扬子板块前缘已消减部分，由于自北而南的反向逆冲推覆作用，使之运移而叠置在南侧扬子基底上，得以保存，自然它们上下地壳间地球化学的不连续，无继承性，也是必然的，相比之下，上部更偏基性。由此可见地壳结构与地球化学的不

---

①高山. 秦岭造山带及其邻区大陆地壳结构、成分与演化的地球化学研究. 见：中国地质大学博士论文，1989

连续性间存在着内在的关系。当然地球化学的规律性不会与地质、地球物理的结果直接一一对应，它自有其复杂因素和规律，但它们共同作为岩石圈、地壳形成与演化统一地质过程的不同方面，则无疑应有其共同一致性。

（3）地球化学的示踪信息为造山带主要构造期活动与特殊地质体、岩体岩石的形成构造环境，提供了证据，诸如秦岭带板块构造机制起始、俯冲碰撞期、蛇绿岩、花岗岩、沉积岩系等都提出了有力的证据[7][8][12][20][24]。

（4）同位素地球化学，不但为秦岭地层年表、构造事件年表和岩石时代作出了贡献，而且从 Rb，Sr，Sm，Nd 等同位素特征（初始比值、ε_{Nd}等），岩石地层的模式年龄等方面，也提供了物源、成因和形成构造背景的证据[12][20][24]。从放射性同位素地球化学方面看，它们也一致显示了秦岭晚海西－印支期构造的重要性[7][12]。

三、秦岭造山带岩石圈演化的基本特征

综合以上地表地质、地球物理、地球化学等多学科调查研究的大量实际资料和特点，进行深入系统的分析对比，概括秦岭造山带岩石圈形成演化的基本特征。它们主要是：

（1）秦岭及其南北邻区中的古老结晶基底，原可能是晚太古宙统一的或相近的克拉通地块，自有其早期陆壳形成演化的构造体制[42]。现有的多学科资料没有或不足以证明它们是毫不相关的完全独立的古老地块。

（2）秦岭元古宙主导处于古老陆块的扩张裂解过程，从早元古宙初始裂谷发展到中晚元古宙复杂古秦岭裂谷系，出现了多个扩张小洋盆和板块构造体制的发端。晚元古宙晋宁期构造活动占有重要而突出的地位，它使大部分裂解的地块，通过不同形式的造山非造山作用而封闭，形成前寒武纪基底，但一些地带，如原商丹沿线，并未完全封闭，而且到晚元古宙晚期又继续扩张分裂，并发展转化到秦岭显生宙板块构造演化阶段。

（3）晚元古宙末，显生宙以来，秦岭在元古宙古裂谷系基础上，在新的深部动力学机制下，沿原商丹一线，扩张漂移拉开，形成华北与扬子两板块，出现有限的秦岭洋和较开阔的大陆边缘，总体南侧为被动陆缘，北侧发展成为活动陆缘，其间包含大量裂解出的微地块，呈洋陆岛海间杂的复杂岛海状，西与古特提斯洋勾通，成为其东端北侧分支，东与古太平洋相连，成为两者的通道。多学科资料相互印证表明，秦岭洋可能既没有发展成广阔大洋，也不是陆表海，而是有限洋域和多个小洋盆的组合，呈现出一种洋壳、陆壳和过渡壳洋陆海错综间列的特殊构造环境。现有资料反映扬子板块向华北的俯冲在O_2已开始，显示了加里东期非造山性质构造变动，地质、地化与古地磁较一致表明华北南缘至少 C 之前已开始弧－陆碰撞，而两板块至多从C_2才开始接近，主导于 $P-T_2$ 碰撞造山，两板块分别逆时针和顺时针旋转，从东向西，斜向穿时的逐渐俯冲碰撞造山，造成了秦岭地质的独特特征。

（4）中新生代，秦岭转入新的统一陆内造山发展阶段，在板块俯冲碰撞造山所奠定

的从深部到表层的基本构造格局下，继续以地壳的大规模收缩为特征，在陆壳广泛的流变性驱使下，发生广阔弥漫性强烈陆内变形，并伴随以酸性为主的岩浆活动和成矿作用，从而综合造成现今南秦岭多层次拆离滑脱而以薄皮构造为主的指向南的推覆构造系统[43]，又有北秦岭腹内根部带涉及岩石圈地幔的深层次具厚皮构造特征的巨大迭瓦状逆冲推覆系和中浅层次的包括华北地块南缘在内的反向逆冲推覆构造，形成秦岭南北边界反向逆冲，成为一个不对称扇状，并遭受块断和走滑改造的复合型大陆造山带。现今的秦岭仍是一个急剧隆升中的深部热构造活动区。

概括秦岭造山带形成与演化的现有研究与认识，可以看出，秦岭带长期基本是在大陆岩石圈动力学背景下发展演化的。它在元古宙大陆裂谷系发展而并未完全封闭的条件下，转化为显生宙以现代体制板块构造为基本特点的板块构造，但也未扩张发展成为广阔大洋，而是在相当于板块构造发展的早期阶段，或更准确的说是洋陆转化的过渡状态，就又开始封闭，又演化进入完全陆内构造发展阶段。这种长期大地构造属性的多重过渡性与转化，以及相应的特殊动力学背景，必然造成其多种特异的"非经典性"，区分于典型区的"经典性特征与标志"。所以秦岭带的研究，需要在深刻理解现代全球构造最新发展的前提下，深入探索大陆岩石圈的特有性状和动力学规律[44][45]，从而认识秦岭的"庐山真面目"，建立符合秦岭实际的大陆造山带的理论模式。

参考文献

[1] 李春昱等. 秦岭及祁连山构造发展史. 见：国际交流地质学术论文集（1）. 北京：地质出版社，1978

[2] 王鸿祯等. 东秦岭古海域两侧大陆边缘区的构造发展. 地质学报，1982（3）

[3] Mattauer M., Xu Zhiqin et al. Tectonics of Qinling blet: build-up and evolution of Eastern Asia. Nature, Vol. 317, 6037, 1985

[4] Hsu, K. J., Wang Q., et al. Tectonic evolution of Qinling Mountains, China. Eclogae geol. helv., Vol. 80, No. 3, 1987

[5] 任纪舜. 中国东部及邻区大地构造演化的新见解. 中国区域地质，1989（4）

[6] 吴正文等. 秦岭造山带的推覆构造格局. 见：秦岭造山带学术讨论会论文选集. 西安：西北大学出版社，1991

[7] 张国伟等. 秦岭造山带的形成及其演化. 西安：西北大学出版社，1988

[8] 张本仁等. 秦巴地区地壳的地球化学特征及造山带演化基本问题. 见：秦岭造山带学术讨论会论文选集. 西安：西北大学出版社，1991

[9] 夏祖春. 南秦岭碧口群海相火山岩岩石学研究. 中国地质科学院西安地质矿产研究所所刊，1989（25）

[10] 张寿广等. 宽坪群变质杂岩的形成和演化. 见：秦岭造山带学术讨论会论文选集. 西安：西北大学出版社，1991

[11] 李曙光等. 一个距今10亿年侵位的阿尔卑斯型橄榄岩体：北秦岭晚元古代板块构造体制的证据. 地质论评，1991（3）

[12] 黄萱，吴利仁. 陕西地区岩浆岩 Nd，Sr 同位素特征及其与大地构造发展的联系. 岩石学报，1990（2）

[13] 黄月华，杨建业. 北大巴山笔架山－铜洞湾碱性镁铁质熔岩的岩石学研究. 中国地质科学院西安地质矿产研究所所刊，1990（28）

[14] 许志琴等. 东秦岭复合山链的形成——变形、演化及板块动力学. 北京：中国环境科学出版社，1988

[15] 高联达，刘志刚. 河南信阳群南湾组微体化石的发现及其地质意义，地质论评，1988（5）

[16] Zhang Guowei et al. The major suture zone of the Qinling belt. Journal of Southeast Asian Earth Sciences, Vol. 3,

Nos 1-4,1989

[17] 于在平等. 秦岭商丹缝合带沉积系基本地质特征. 见: 秦岭造山带学术讨论会论文选集. 西安: 西北大学出版社，1991

[18] Cleman, R. G. The diversity of ophiolites in Zwart, H. J. et al. (eds), Opholites and ultramafic rock-atribute to Emile den Tex-Geol. Mijnbouw, 68,1984

[19] Moores, E. M. Origin and emplacementis of ophiolites Review of Geophysics and Space physics, Vol. 20,1982

[20] 李曙光等. 中国华北华南陆块碰撞时代的钐－钕同位素年龄证据. 中国科学, 1989 (3)

[21] 李采一等. 对河南省二郎坪群层序及时代的新认识. 中国区域地质, 1990 (2)

[22] 金守文. 二郎坪群有关问题的商榷. 河南地质, 1988 (4)

[23] 夏林圻. 勉略地区细碧－角斑岩系成因及其母岩浆深部分异机制的初步探讨. 地质学报, 1976 (1)

[24] 张宗清等. 秦岭群、宽坪群、陶湾群的时代－同位素年代学的研究进展及其构造意义. 见: 秦岭造山带学术讨论会论文选集. 西安: 西北大学出版社, 1991

[25] 卢欣祥. 河南省秦岭－大别山地区燕山期中酸性小岩体的基本特征及成矿作用. 中国区域地质, 1985 (3)

[26] Zhang Guowei et al. Composition and evolution of the Arehean crust in central Henan, China. Precambrian Research, Vol. 27, 1985

[27] 郭安林等. 华北地块南缘太古宙灰色片麻岩及其成因. 岩石学报, 1989 (2)

[28] 尚瑞均等. 秦巴花岗岩. 武汉: 中国地质大学出版社, 1989

[29] 李 石. 湖北省碱性岩地质. 湖北地质, 1988 (2)

[30] 林德超. 关于"商城群". 河南地质, 1987 (1)

[31] 丁韫玉等. 随县－西安剖面地壳结构的初步研究. 地球物理学报, 1987 (1)

[32] 陈步云, 高文海. 贾家湾－沙园剖面地壳结构的初步研究. 地壳形变和地震, 1986 (1)

[33] 袁学城. 秦岭造山带的深部构造与构造演化. 见: 秦岭造山带学术讨论会论文选集. 西安: 西北大学出版社, 1991

[34] 周国藩等. 秦巴地区地壳深部构造特征初探. 见: 秦岭造山带学术讨论会论文选集, 西安: 西北大学出版社, 1991

[35] 张少泉等. 中国西部地区门源－平凉－渭南地震测深剖面资料的分析解释. 地球物理学报, 1986 (5)

[36] 莫 伊, 谢延科. 深部地质学原理. 北京: 地质出版社, 1986

[37] 管志宁等. 秦巴地区地壳磁结构的研究. 见: 秦岭造山带学术讨论会论文选集, 西安: 西北大学出版社, 1991

[38] 李燕平等. 中国塔里木地块视极移曲线. 地质学报, 1989 (3)

[39] McEihinny, M., Embleton, B., Ma, X. and Zhang, Z. K. Fragmentation of Asia in the Permian. Nature, Vol. 293, 1981

[40] Lin, J., Fuller, M. and Zhang, W. Preliminary Phanerozzoic polar wander paths for the north and south China blocks. Nature, Vol. 313, 1985

[41] Zhao, X., and Coe, R. S. Paleomagnetic constraints on the collision and rotation of North and South China. Nature, Vol. 327, 1987

[42] Hoffman P. F. Precambrian geology and tectonic history of North America Vol. A. The Geology of North America An overview, The Geology Society of America. 1989

[43] McClay, K. R. and Price, N. J. Thrust and Nappe tectonics. Blackwell Scientific, Oxford, 1981

[44] Molnar, P. Continental tectonics in the aftermath of Plate tectonics. Nature, Vol. 335,1988

[45] Taylor, S. R. and McLennan, S. M. The continental crust: its composition and evolution. Blackwell Scientific, Oxford, 1985

大别造山带与周口断坳陷盆地*

张国伟　周鼎武　于在平

摘　要　大别山是秦岭造山带的东延，显生宙经历了古生代板块构造演化，晚海西期－印支期发生主期碰撞造山作用，中新生代又产生大规模指向南的逆冲推覆构造，周口断陷就是在这种推覆前端挤压收缩、后缘拉伸的背景下形成，沉积了侏罗系－下白垩统，后又遭受反向逆冲推覆改造而变形。

周口断坳陷盆地的形成演化与整个华北中新生代盆地有相似性[1]，但又独具特征，其根本原因在于它是横跨在华北地块和秦岭－大别造山带之上的一个构造盆地。因此，在进行周口断坳陷盆地分析时，需要从区域上研究、认识秦岭－大别造山带的基本地质特征，特别是中新生代以来的发展演化，如此才能为周口盆地成因及其动力学研究奠定基础。

一、大别造山带的基本地质特征

秦岭－大别造山带是横亘于我国中部的统一造山带，是典型的复合型大陆造山带，也是我国南北地质的主要分界线，具有长期复杂的形成与演化历史，在其不同的地质发展阶段，以不同的构造体制发展演化[2]。大别造山带是秦岭造山带东延部分，两者具有相似的形成与演化历史，但也有明显差异。尤其中新代以来，大别区迅速构造隆升、剥蚀，而向西到秦岭区则依次减弱，致使大别成为大别－秦岭造山带中出露造山带中深构造层次及复杂构造变质杂岩的独特地段[3][4][5]，从而造成秦岭与大别判若两个不同的造山带。然而从造山带总体的岩石圈基本组成、构造演化、成因与动力学特征的综合分析来看，实际是统一造山带的不同组成部分，并可在后面具体论述中得到充分证明。

大别造山带现今主要由几个不同时代的构造带和地质块体以构造关系组合而成。自北而南有：①华北地块南缘构造带，它和秦岭区贯通成一带；②大河－毛集构造带；③北淮阳构造带，应是秦岭商丹主断裂边界地质体的东延部分[2]；④桐柏－大别地块；⑤随县－应山地块及其南缘的前锋冲断褶皱带。

以上各带和地块间均以韧性逆冲推覆或逆冲剪切带、韧性走滑剪切带和脆性断层为边界，主导则以逆冲推覆构造型式组合成现今的大别造山带（图1）。将大别与秦岭综合

*本文原刊于《中国大陆构造论文集》，1992：14-24.

分析对比，可将统一的秦岭－大别造山带以洛南－明港－舒城断裂系（图 2 中 F_5）和商丹－商城－舒城断裂系（图 2 中 F_4）为边界，划分出 3 个基本构造单元：①华北地块南缘构造带；②北秦岭－北淮阳构造带，包括大别上述的大河－毛集构造带和北淮阳构造带；③南秦岭－大别构造带，包括上述大别的桐柏－大别地块和随县－应山地块。三带各独具地质特征，都是在长期多次不同构造变动发展基础上，于中新生代在区域和深部岩石圈动力学背景下，发生地壳大规模收缩挤压与相应地带的伸展构造[6][7][8]，并以逆冲推覆、平移走滑、块断为主要型式，拆离滑脱、叠置拼合，组成强大统一的造山带。周口断坳陷盆地正是在秦岭－大别山中新生代这种构造演化进程中形成与演化的。

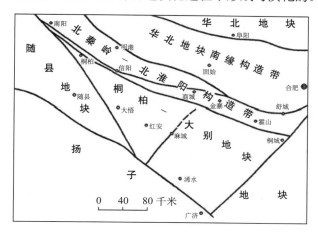

图 1　大别造山带主要构造单元

（1）襄樊广济断裂 F_1；（2）殷店－黄陵断裂 F_2；（3）桐柏－桐城断裂 F_3；（4）商丹－信阳－舒城断裂 F_4；（5）洛南－明港－舒城断裂 F_5；（6）确山－合肥断裂 F_6；（7）潼关－舞阳－阜阳－淮南断裂 F_7；（8）郯城－庐江断裂 F_8；（9）团城－麻城断裂 F_9；（10）罗山－大悟断裂 F_{10}

图 2　秦岭－大别造山带和周口断坳陷盆地区域地质构造略图

1. 华山地块南缘构造带

此带位于潼关－舞阳－淮南逆冲推覆构造带（图 2 中 F_7）和洛南－明港－舒城断裂系（图 2 中 F_5）之间的狭长地带，实际该带是一个在前燕山期构造基础上形成的中新生代不对称扇形逆冲推覆构造带。它具有双重构造特征，从地壳结构和基底与盖层组合关系来看，具华北型基本特点，理应属华北地块统一组成部分，但从其构造活动性、变质变形特点与岩浆活动来看，又明显具有秦岭－大别造山带的性质。如果说前中新生代还可以称它是由华北稳定地块向秦岭－大别山活动构造带的过渡带的话，中新生代它则发生了强烈的块断、逆冲推覆及动力退变质作用，并伴随出现大规模的以花岗岩为主的岩浆活动与成矿作用，其北缘以潼关－舞阳－淮南的分段组合而成的自南向北的脆－韧性逆冲推覆构造为界线[2]，形成显然不同于此界线以北的华北地块内部构造特征的一独特构造带，从而成为中新生代秦岭－大别造山带的重要组成部分。因此可见，秦岭－大别造山带中新生代陆内造山作用时期，其北界决不是传统所称的秦岭与华北的"台槽界线"，即 F_6，而应是上述的潼关－舞阳－淮南推覆构造线。根据综合调查研究（图 3）表明，其主导是晚白垩纪燕山运动所形成的自南而北的逆冲推覆构造带。周口断坳陷正跨越这一边界，其形成与演化直接受到秦岭－大别造山带的控制与改造。

2. 北秦岭－北淮阳构造带

该带处于上述洛南－明港－舒城与商丹－信阳－舒城两断裂系之间的地带，具有以下重要突出特点：

（1）该带是秦岭－大别造山带中在岩石地层组合、多期变质变形、构造岩浆活动诸方面最强烈复杂地带。主要由不同时代、不同构造岩块复杂组合而成，实际是秦岭－大别造山带中板块俯冲碰撞、拼贴叠置和逆冲推覆及韧性走滑等长期主要构造的复合性结合带（图 3）。

（2）该带包含有秦岭－大别造山带中主要两套蛇绿岩系，分别以二郎坪与丹凤蛇绿岩为代表，根据多学科综合研究，主要属岛弧－边缘海型蛇绿岩[2][3][9]，其古生物[10]和同位素资料（447～365Ma[2][11][12]，500～359Ma[10]；Sm-Nd 法，Rb-Sr 法，U-Pb 法）表明主要形成于早中古生代，是造山带形成与演化的主要标志之一。该带还包含有前寒武纪基底变质岩系，如秦岭群（Pt_1，2226^{+173}_{-153}Ma，U-Pb；1982±80Ma，Sm-Nd[12]等）、宽坪群（Pt_{2-3}，986±169Ma，Sm-Nd[12]。）及其相当的大河群与毛集群。商南松树沟超镁铁与镁铁质岩（Pt_3，983±140Ma，Sm-Nd[11]），但在桐柏地区相当秦岭群中的麻粒岩包体与围岩中集中获得 470±10Ma，470±7Ma 和 435±7Ma（Pb-Pb）年龄数据（与 Kröner 合作新得成果），显示加里东期叠加构造热事件的深刻烙印。该带以构造关系出露陆相、海陆交互相石炭系（草凉驿煤系、梅山群等）、二叠系及中、新生界。

（3）该带以几条主干韧性、脆韧性剪切带为骨架，组成迭瓦状逆冲推覆构造系，其主要韧性带有：①洛南－明港－舒城逆冲推覆带（F_5），它成近东西向弧形展布，发育糜棱岩带，出现飞来峰和构造窗，运动指向南。自栾川以东到北淮阳地区，推覆逐渐加强，华北地块及其南缘构造带大规模向南滑移推覆，成向南突出弧形依次交切掩盖北秦岭－北淮阳构造带，以致使后者向东逐渐呈盲肠状尖灭消失，并与商丹－信阳－舒城断裂带（F₄）归并一起，形成独特复杂的北淮阳构造混杂带。它历经长期多次活动，最后

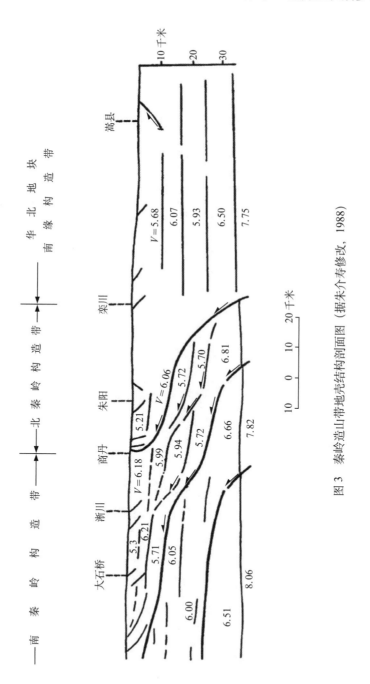

图 3 秦岭造山带地壳结构剖面图（据朱介寿修改，1988）

一次主要推覆活动是在印支－燕山早期。②商县－乔端－黄岗逆冲推覆带，它在多数地段是低角度向南的韧性－脆韧性逆掩剪切带，尤以蟒岭南侧最典型，早、中古生代先期使宽坪群（Pt_{2-3}）成推覆体出露，晚期又使之向南推覆在三叠－侏罗系之上。③朱夏－大河－睡仙桥－商城逆冲推覆带，相当于"子母沟砾岩"沿线，它是一个强烈的自南而北的韧性剪切带[2][13]，形成于早古生代，但燕山中晚期仍有推覆活动。④商丹－信阳－舒城逆冲推覆带（F_4），在秦岭区它既是古缝合带，又是巨大韧性逆冲推覆和平移走滑剪切带的复合体，我们称之为商丹边界地质体[2][9]，到北淮阳则由于上述 F_6 向南推覆滑移，并把上述②③断裂带归并改造形成极其复杂特殊的北淮阳构造混杂带，但实质上它仍是一个被强烈改造的大别造山带的古缝合带。

（4）北秦岭－北淮阳构造带在大别地区最突出的特点，是北秦岭带尖灭消亡而变成狭窄一带的北淮阳构造混杂带。证据是：①桐柏地区相当于秦岭中北秦岭构造带的各岩群仍可一一对比分辨，但向东刚逐渐尖灭，而到信阳以东各岩群已不易分辨，成为大小不一的构造岩块混杂一起。曾称为"商城群"的岩系实则是构造混杂岩带，其复杂性在于，它不只是俯冲碰撞造山的板块消减构造混杂，而且又叠加混合了后期陆内造山的不同方向的韧性推覆剪切的构造混杂，所以它是一个长期演化复合造成的具重要意义的独特构造混杂带。②"子母沟含砾大理岩"在西峡位于秦岭群北缘，但延伸到信阳南湾等地，南侧直接邻接信阳群，向东成断续岩块出露，与商丹－信阳－舒城推覆带混杂在一起。如上所述，"含砾大理岩"并非地层单位而是强烈的韧性剪切带，即二郎坪蛇绿岩与秦岭群岛弧链于加里东期－早海西期的弧后俯冲碰撞带。但在北淮阳，由于 F_5 向南的推移，使之遭受强烈改造，并与 F_4 带混合，作为移位了的残存构造混杂岩块而出露。③北秦岭－北淮阳带内的石炭系、二叠系，如草凉驿煤系和梅山群（扬山煤系）等，二者在岩层特征、化石组合、时代归属及构造部位均可对比。据梅山群砾石中发现早古生代生物群落[14]，并与二郎坪群、草滩沟群的化石组合相近，反映北淮阳确有已消亡了的与秦岭相通的古海域存在。北淮阳石炭系具"槽型"特点，海陆相交互，介于华北和扬子型石炭系之间，独具特点，若考虑上述构造混杂岩中含石炭系岩块和大别北缘榴辉岩与超基性岩的同位素年龄（221±20Ma，244±11Ma，Sm-Nd 法[11]），可以推断，北淮阳带真正最后封闭至少应在石炭系之后，于晚海西期－印支期结束。北淮阳构造混杂岩带正是上述长期构造发展在特定部位的重要遗迹。④北淮阳构造混杂岩带南侧邻接信阳群和佛子岭群，新近研究证明信阳群南湾组与秦岭商丹带南侧的刘岭群（D_{2-3}）可以对比[16]。佛子岭群较复杂，但除下部卢镇关群外，上部部分也与刘岭群相当。由此可见，北淮阳构造混杂带是秦岭商丹主缝合带的东延应是很清楚的。

综合以上北秦岭－北淮阳构造带的基本地质事实与特点，可概括该带显生宙以来在秦岭群、宽坪群为代表的元古宙构造发展基础上，长期作为秦岭－大别板块构造演化中的华北板块南缘活动大陆边缘，先后经历以二郎坪边缘海型蛇绿岩为标志的加里东晚期弧陆碰撞，弧后盆地部分消亡和以丹凤蛇绿岩构造就位为标志的海西晚期－印支期秦岭－大别最终的陆－陆碰撞造山作用，以及中新生代以大规模逆冲推覆构造为特色的陆内造山作用，始才形成现今构造面貌。

3. 南秦岭－大别构造带

此带包括商丹－北淮阳构造混杂带以南和巴山－青锋－襄樊－广济逆冲推覆构造带以北的整个区间。在秦岭区，南秦岭是在元古宙裂谷系构造演化基础上[2]，显生宙以来作为扬子板块北缘的被动陆缘，与北秦岭活动陆缘遥相对应，接受了震旦系－中三叠统的陆缘沉积体系，并遭受以印支期为主导的碰撞造山作用，形成指向南的多层次拆离滑脱构造。而武当山及其以东的随县地区，与南秦岭相当的古生代沉积仅剩零星出露，殷店－黄陂逆冲推覆以东的桐柏－大别山地区则古生界已剥蚀殆尽，大面积出露前寒武纪变质岩系。但恢复原貌，随县和大别山地区原应和南秦岭作为统一的扬子板块北缘被动大陆边缘，堆积了相似沉积，只是由于扬子与华北两板块从古生代开始自东而西的斜向穿时俯冲碰撞[2]，特别是晚海西期－印支期的最终碰撞造山作用，以及燕山期的逆冲推覆构造，使随县、大别山地区急剧隆升，强烈剥蚀，广泛抬出造山带根部中深构造层次和古老变质岩系。其中叠加保留着显生宙以来构造变动的强烈烙印，尤以晚海西期－印支期最突出。伴随着最终的碰撞造山作用，首先沿殷店－黄陂韧性带发生向南的逆冲推覆，使桐柏－大别地块抬升剥蚀，出现具有特殊意义的榴辉岩（224±5Ma，221±20Ma，Sm-Nd 法）和超基性岩（244±11Ma，Sm-Nd 法）等，稍迟，于印支晚期－燕山早期，整个南秦岭－大别带沿青峰－襄樊－广济脆韧性带，如同前述的华北地块南缘构造带一样，发生指向南的大规模逆冲推覆活动，并造成其前沿冲断褶皱和截切殷店－黄陂推覆带，成为大别造山带的南界。显然该带的中生代向南的强大推覆构造，与同期后缘的周口断陷的产生关系密切。

二、周口断坳陷盆地

周口断坳陷盆地位于豫西、太康和蚌埠三个隆起之间，面积约 32600 平方千米。其内部由近东西向的北部凹陷带、临颖－郸城凸起、中部凹陷带、平与－太和凸起和南部凹陷带组成（图4），断层发育，构造复杂，其中共有 16 个凹陷，接受巨厚的中新生界河湖相沉积，最大厚度超过万米，有良好油气显示。研究表明，这是一个面积大、有多套生储岩系、并已见工业油流的有远景的含油气盆地①。但迄今尚未突破，关键之一是其形成特殊、构造复杂，需要深入研究。

---

①河南石油勘探局，西北大学. 周口坳陷及其周缘地区构造特征. 1989。

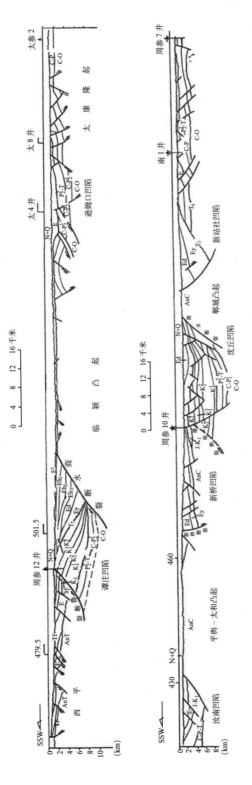

图 4　周口断坳陷盆地构造剖面图（据河南石油勘探局，1988）

周口断坳陷盆地属于华北沉降带南部的一部分，但又位于秦岭－大别造山带的北缘，且正处于华北地块南缘和大别造山带向南突出的弧形构造后缘，其内部构造与同期其他以北北东向构造占主导的华北中新生代含油气盆地不同，而与秦岭－大别造山带的近东西向构造一致，受其控制。已如前所述，它从中生代断陷开始就横跨在华北地块与大别造山带两个不同构造单元的基底上，北侧是典型华北型前侏罗系基底，南侧则是大别北缘的加里东晚期弧－陆碰撞构造基底，缺失上古生界和三叠系[2]。在此基础上，于印支晚期开始到早燕山期发生凹凸相间南断北超的箕状拉张型断陷，初期南部有少量坳陷型 T_3-J_{1-2} 堆积，而到 J_3-K_1 时，中南部凹陷带中接受巨厚的河流湖泊相沉积，底部为近源粗砾堆积，而北部凹陷带缺失。上述断陷内沉积普遍遭受构造变形，沿推覆断裂尤为显著。其上不整合覆盖老第三系，以北部凹陷带和舞阳凹陷最发育。之后整个断陷与河淮地区一起坳陷，广泛覆盖新第三系和第四系，形成统一平原。显然周口断坳陷盆地的整个发育过程，与大别造山带中新生代构造演化同步发展，密切相关。首先，大别山于晚海西期－印支期俯冲碰撞，华北地块向南仰冲，燕山早期大别造山带和华北地块南部大规模向南逆冲推覆，其后缘拉张断陷，成盆接受侏罗纪－早白垩世沉积，形成周口中生代断陷。之后，当大别带北缘于早白垩世末期发生反向逆冲，致使北淮阳古老变质岩系向北逆掩在侏罗系－下白垩统之上，同时沿潼关－舞阳－淮南一线，穿越周口断陷，发生同样的向北的逆冲推覆（图4，图5）[①]，造成周口断陷内侏罗系－下白垩统遭受构造变形。新生代，河淮沉陷区包括周口盆地转化成坳陷盆地，并成为华北盆地南部统一

组成部分，而大别山则继续隆升。显而易见，大别造山带中新生代的构造演化与周口断坳陷的形成演化是区域岩石圈深部统一构造动力学过程在地壳中上层的不同构造表现：前端俯冲碰撞，陆内俯冲挤压造山，后缘伸展拉张，断陷成盆，反向逆冲构造变形，从而形成变形各异但又统一的构造景观。自然，这里也应强调郯城－庐江断裂的重要作用，其中生代的左行平移推波助澜地加剧了该区地壳上层的向南滑移运动，促进了周口断陷的形成与发育。

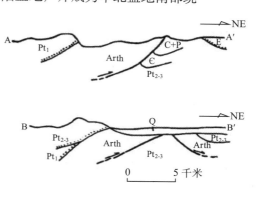

AA'鲁山舞阳地区；BB'汝阳地区（据巩明阳，1986）

图 5　潼关－舞阳－淮南逆冲推覆构造剖面

三、大别造山带与周口断坳陷的形成演化

综合大别造山带与周口断坳陷的形成演化，作为统一的地质过程，其显生宙构造演

①张源有等. 河南舞阳铁矿 F_6 巨型逆掩断层. 1984

化，可分为两个阶段四个时期（图6）：

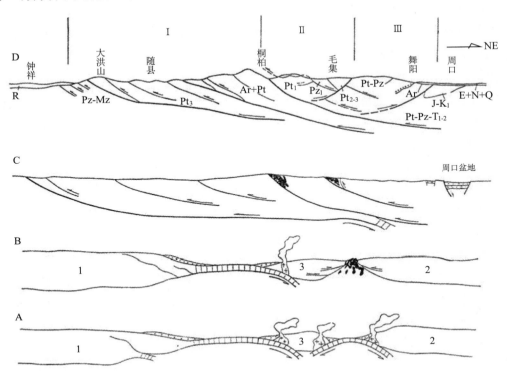

Ⅰ．南秦岭－大别构造带；Ⅱ．北秦岭－北淮阳构造带；Ⅲ．华北地块南缘构造带。A．加里东早期；
B．加里东晚期；C．海西晚期－印支期－燕山早期；D．燕山中晚期－喜马拉雅期。1．扬子板块；
2．华北板块；3．秦岭古岛弧

图6　大别造山带与周口断坳陷显生宙构造演化综合示意图

　　(1) 显生宙以现代体制板块构造为基本特点的板块构造演化阶段，包括两个构造时期：①加里东板块俯冲与陆－弧碰撞构造时期，以北淮阳构造混杂带为界，南北分属扬子板块与华北板块，其间为有限的古海洋。加里东早期扬子板块已开始向华北板块之下俯冲，华北板块南缘转化为活动陆缘，出现以秦岭群为基底的岛弧链和二郎坪蛇绿岩为代表的弧后边缘海，并于加里东晚期边缘海盆发生反向俯冲，以致陆－弧碰撞，弧后盆地部分消亡。②海西晚期－印支期的板块主期陆－陆碰撞造山时期，形成北淮阳早期板块消减构造混杂带及大别造山带自北向南为主的巨大仰冲推覆系统，奠定了大别造山带基本构造格架，大别山脉初始形成。

　　(2) 中新生代陆内造山作用阶段，大别造山带在印支主期造山之后，并未平静，而是继续发生以推覆、走滑和块断为特色的强烈陆内造山作用：①印支晚期－燕山早期大别造山带以青峰－襄樊－广济和洛南－明港－舒城两个巨大逆冲推覆系为主，构成迭瓦状多层次大规模指向南的滑脱推覆体系，华北地块南缘和大别造山带向南长距离位移，呈突出弧形展布，其后缘因推覆运动的不均一性，出现伸展拉张机制，并加上郯城－庐江断裂的左行平移，导致产生了包括周口在内的一系列断陷。由于区域主导的向南推覆运动的继续，地壳强烈挤压收缩，于燕山晚期北淮阳及其以北地区，出现了中浅层次的自南向北的反向逆冲推覆，潼关－舞阳－淮南推覆带是其典型代表，并成为造山带北界。②中新生代北北东向环太平洋构造体系的叠加，使秦岭－大别造山带肢解，统一性减弱。北淮阳以北地区相对于豫西和蚌埠隆起大面积坳陷，形成新生代广阔平原，成为华北沉降带南部的组成部分，但大别山脉仍继续相对抬升。

总结以上，概括周口断坳陷可得出如下几点初步认识：①它是跨越在华北地块南缘和秦岭－大别造山带上的复合型断陷－坳陷盆地；②它直接受大别造山带中新生代构造演化控制，并受中国东部中新生代构造和郯城－庐江断裂的影响，因而不同于同期华北其他含油气盆地；③它中生代先以逆冲推覆构造的后缘拉张而成盆，接受沉积，后又遭受反向逆冲推覆而变形，新生代以坳陷为主，与华北沉降带贯通为一体。④周口断陷时期盆地狭长，多级分割不均一，变化大，构造变形强，对于油气藏有利有弊。

该项目得到河南石油勘探局大力支持和西北大学与河南石油勘探局参加合作研究的同志们帮助，一并表示感谢。

参考文献

[1] 刘训. 对中国东部中新生代盆地沉积－构造发展的几点认识. 地质学报，1988 (2)

[2] 张国伟等. 秦岭造山带的形成及其演化. 西安：西北大学出版社，1988

[3] Mattauer, M., Xu Zhiqin et al., Tectonics of Qinling belt build-up and evolution of Eastern Asia. Nature, Vol. 317, 1985

[4] 任纪舜. 中国东部及邻区大地构造演化的新见解. 中国区域地质，1989 (4)

[5] 郝杰，刘小汉. 桐柏－大别碰撞造山带大型推覆－滑脱构造及其演化. 地质科学，1988 (1)

[6] 马杏垣等. 论伸展构造. 地球科学，1982 (8)

[7] Wernicke, B. et al. Models of extensional tectonics. J. Struct. Geol., Vol. 4, 1982.

[8] McClay, K. R. and Price, No. J. Ed. Thrust and nappe tectonics. Blackwell Sci. Pub. Oxford, 1981

[9] Zhang Guowei et al. The major suture zone of the Qinling orogenic belt. Journal of Southeast Asian Earth Sciences, Vol. 8, Nos. 1-4, 1989

[10] 李采一等. 河南省二郎坪群的层序及时代归属新知. 中国区域地质，1990 (2)

[11] 李曙光等. 中国华北、华南陆块碰撞时代的钐钕同位素年龄证据. 中国科学 B 辑，1989 (3)

[12] 张宗清等. 秦岭、宽坪、陶湾群的时代及构造意义. 见：秦岭造山带学术讨论会论文选集. 西安：西北大学出版社，1991

[13] 索书田等. 河南省西峡－内乡北部元古界与古生界间的构造边界. 地质科学，1990 (1)

[14] 陆光森等. 河南固始杨山组底砾岩中早古生代化石的发现及其意义. 合肥：合肥工业大学学报，1987 (8)

[15] 高联达等. 河南信阳群南湾组微体化石的发现及其地质意义. 地质论评，1988 (5)

秦岭造山带与古特提斯构造带*

张国伟　周鼎武　于在平　孙　勇

秦岭是典型的复合性大陆造山带，在中国大陆壳的形成与演化中占有重要的地位。它具有长期的演化历史，在不同地质发展阶段以不同的构造体制演化，构成独特而复杂的岩石圈组成与结构，非为已有的造山带模式所能简单概括。地质、地球物理、地球化学的时空四维多学科综合研究表明，它经历了四个主要演化阶段[1]：①晚太古宙统一克拉通地块的形成；②元古宙古秦岭裂谷系；③晚元古宙末到中生代初期以现代板块构造体制为基本特征的板块构造演化阶段；④中新生代陆内造山作用。

现今可以划分出三个基本构造单元：①华北地块南缘构造带，即在前燕子期构造基础上所形成的中新生代不对称扇形逆冲推覆构造带，它具有双重构造特征，既有华北型地壳组合关系，又具有秦岭带变质变形岩浆活动特征，尤其中新生代发生大规模逆冲推覆并伴随以酸性为主的岩浆活动，从而成为秦岭造山带的主要组成部分。②北秦岭构造带，实为在元古宙裂谷构造基础上，经历显生宙板块构造活动大陆边缘和陆－弧、陆－陆斜向穿时碰撞造山作用，又叠加了中新生代陆内造山作用，从而综合形成自北向南为主卷入岩石圈地幔的巨大迭瓦状逆冲推覆厚皮构造系。③南秦岭构造带，由元古宙裂谷构造转化为扬子板块北缘被动大陆边缘，遭受显生宙板块俯冲碰撞造山和陆内造山作用，形成以薄皮构造为主、指向南的多层次拆离滑脱逆冲推覆构造系。总之，秦岭现今成为一个强大的多成因复合型大陆造山带。

现有的秦岭带地球物理成果证明，秦岭造山带岩石圈的组成与结构复杂多变，纵横向极其不均一，存在多种不同的波速和电性结构，发育低速高导层，具多样分层分块性。区域磁场上具有双层磁结构，深部与浅层磁性不协调。QB-1地震和大地电磁测深资料反映，东秦岭无山根，莫霍面向南倾，具异常地幔，壳内有多层低速高导层[2]，尤以北秦岭最发育，且在深部60～80千米出现上地幔高导层，具软流圈特点，但南秦岭却深至230千米才有反映，而北侧华北地块南缘带则无明显表现（图1）。这种结构，从大别

---

*本文原刊于《"七五"地质科技重要成果学术交流会议论文选集》，1992：126-129.

山至西秦岭东西方向上也有显著变化，充分显示其结构的复杂非均匀性。秦岭造山带热场状态研究表明它是一个居里面上拱，平均热流值可达 2.61±0.35HFU，远大于大陆平均值的高热流区。这种热结构也表明它现今仍是一个深部热构造活动区，地壳具有较高的滞弹性或塑性。

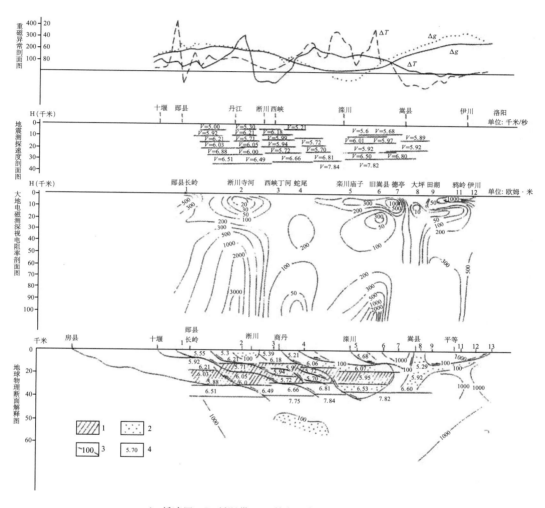

1. 低速层；2. 低阻带；3. 等电阻率线；4. 地震波速

图 1　秦岭 QB-1 地球物理剖面及其地质解释（据袁学城、周围藩等修改）

造山带区域地球化学演化为造山带形成与演化研究，提供了不可替代的具本质意义的重要示踪信息。秦岭区域地球化学研究证明：①秦岭区域地球化学极不均一，具分区性，可以作不同的地球化学省，并且与地表地质和地球物理的划分相吻合一致。②秦岭造山带大陆壳剖面的地球化学特征表明，它们独具特征，演化分异程度偏低[3]，地球化学的不连续性与由多次构造变动所造成的岩石圈结构演化的差异密切相关。③区域地球化学为秦岭造山带多期次不同构造体制的构造变动的性质、特征，如元古宙晋宁期的裂谷构造与扩张小洋盆，加里东期扬子板块向华北板块的俯冲作用，晚海西－印支主期的碰撞造山作用，以及中新生代陆内造山的大陆构造活动等，提供了大量可靠信息与佐证。

概括秦岭区地表地质研究，综合地球物理和地球化学的上述基本成果，可以认为，秦岭造山带长期基本是在大陆岩石圈动力学背景下扩张分裂和分异演变的，曾一度成为古特提斯东端北侧分支，出现特殊的洋陆兼杂的有限古秦岭洋。

秦岭带以现今商丹断裂边界地质体为界，自晚元古宙陡山沱和灯影期沉积开始，南北秦岭已有明显分异，并逐步发展形成两个遥相对应的不同性质的大陆边缘，其间便是有限的多岛秦岭洋。早古生代至中生代初期，南秦岭基本连续发育厚大的扬子板块北缘被动陆缘沉积体系，而与之同时的北秦岭却主要发育二带东西向展布的岛弧型和边缘海型蛇绿岩及以前寒武系秦岭杂岩为基底的岛弧链，其中贯入大量加里东－早海西期俯冲型钙碱性花岗岩（500～380Ma，U-Pb，Rb-Sr，Ar$^{39-40}$）和沿商丹带发育的晚海西－印支期同碰撞型花岗岩（323～211Ma，U-Pb，Rb-Sr，Ar$^{39-40}$）[1][4]。作为板块主缝合线的商丹带远非是单一的深大断裂，而是以一系列不同深度层次下形成的不同性质的韧性－脆韧性断层为骨架，包含有不同时代与来源的岩层岩块，诸如丹凤蛇绿岩、不同花岗岩、糜棱岩和碎裂岩及沉积楔形体与岩块等，构成一个具复杂组成和长期演化历史的商丹断裂边界地质体[1]，是秦岭中最重要的地质边界。既是板块的俯冲碰撞带，同时又叠加陆内逆冲推覆和剪切走滑，地质面貌独特而复杂。显然以上表明，北秦岭即华北板块南缘，原曾是与南秦岭即扬子板块北缘被动陆缘相对应的活动大陆边缘。

综合多学科研究证明，秦岭带从晚元古宙末到中生代初的上述南北陆缘间的古秦岭洋，向西经西秦岭和松潘与古特提斯洋连通，但它不是一个广阔的大洋，而是一个广泛存在着如大别、随县、武当、陡岭、平利、佛坪、小磨岭等众多微型地块的多岛有限洋域。主要依据是：

（1）晚太古宙地质反映现今秦岭及其两侧的华北和扬子早期基底具有相似的组成、结构和构造演化。太古宇崆岭群与太华群岩石组合、变质岩浆活动、构造序列以及同位素年龄非常一致（2841±6Ma 锆石 Pb-Pb，2850Ma U-Pb），综合推断它们原曾是晚太古宙中国统一克拉通陆块的不同组成部分。元古宙时期秦岭中广泛发育火山－沉积岩系，如熊耳群、宽坪群、耀岭河群、郧西群、碧口群、武当群、随县群、红安群等。它们具有惊人的相似性：①它们主体同为中晚元古宙；②共同具双峰火山岩组合基本特征，且都有先存的硅铝壳基底；③局部地带出露非典型蛇绿岩套，如碧口、商南松树沟、局部宽坪群中等，分布局限不连续；④火山岩系中都夹有大量陆源碎屑沉积岩层；⑤火山沉积岩系中同时代的花岗岩均以碱性或偏碱性为特征。

上述这些主要事实一致反映秦岭元古宙时期曾是在太古宙基底上的一个裂谷系，一些地段局部扩张成多个小洋盆，具复杂组合。

（2）秦岭及其邻区基底的地球物理场，尤其大别、川中基底与华北基底重磁场高度相似[1, 2]，与上述区域前寒武纪地质的相似性相互印证，证明秦岭造山带基底并不存在巨大的太古－元古宙分割南北的界线，只是从中晚元古宙南北才开始分裂。因此可以推测，显生宙古秦岭洋是在前寒武纪古陆壳基础上，通过扩张裂谷系作用而逐步分裂演化所形成的。秦岭造山带的前寒武纪基底陆块，包括华北和扬子，可能是从冈瓦纳大陆分裂漂移而来，但现今更多的事实反映它们更可能是从劳亚北方大陆裂解出来的[1]，甚至或是一个单独漂移的陆块。关于这一点尚需研究，但不论怎样，古秦岭有限洋域正是在这一基底陆块漂移之中，于古特提斯带发生发展进程中，分裂演化而产生的。

（3）古生代的地表地质，包括丹凤、二郎坪二带蛇绿岩系，大量俯冲与碰撞型花岗岩，南北两类不同性质古大陆边缘，以及地球化学和现有的有关古地磁资料都共同反映，南北秦岭在元古宙裂谷系基础上扩张分裂未曾发展成为广阔大洋，而是形成了一个包括大量从南北分裂出来或外来的微型陆块的洋陆兼杂的有限洋域，如同整个东古特提斯洋域一样，呈众多陆块及其间多个小洋盆的组合，既有洋壳，又有陆壳和过渡壳，成为古特提斯洋东端的北侧分支和伸向古太平洋的通道。但它总体又有扬子板块北缘被动陆缘和华北板块南缘活动陆缘，及其间的多岛海洋的基本板块构造轮廓格架。

研究还证明，加里东中晚期扬子板块总体已向华北板块之下俯冲，并于晚海西－印支期发生自东向西斜向穿时的，包括众多陆块相互作用与陆－陆不同时接触具复杂进程的多种俯冲碰撞造山作用，后又叠加了中新生代多种形式的陆内造山的交织复合，造成其壳幔、壳内岩石圈板块、岩片的多重堆叠，从而奠定秦岭造山带现今的基本构造格局。然而今天的秦岭更多保留中新生代陆内造山变形的特色，总的构成华北地块南缘、北秦岭、南秦岭三大地壳尺度的构造块体。自北向南依次叠覆，既有南秦岭多层次拆离滑脱而以薄皮构造为主的指向南的推覆构造系统，又有北秦岭腹内根部带涉及岩石圈地幔的深层次巨大迭瓦状逆冲推覆系，以及中浅层次的包括华北地块南缘在内的反向逆冲推覆构造，形成秦岭南北边界反向逆冲的不对称扇状，并遭受块断和平移走滑改造的复合型大陆造山带。

概括秦岭造山带的形成与演化，它是在元古宙大陆裂谷系发展而并未完全封闭的条件下，转化为显生宙以现代板块构造体制为基本特点的板块构造，但也未扩张发展成为广阔大洋，而是在相当于板块构造发展的早期阶段，就又开始封闭，进入完全陆内构造发展阶段。这种大地构造属性的多重过渡性与转化，以及相应的特殊动力学背景，必然在造成其多种特异的"非经典性"，区分于典型区的"经典性特征与标志"。这些特征正是秦岭作为其东端组成部分的古特提斯构造演化的基本特点。特提斯是现代地质学家们关注的热点问题之一[5]，尽管分歧众多，但都已认识到古特提斯研究的关键在中国和东南亚。因此，包括秦岭造山带在内和古特提斯构造域北侧的广阔地带，将是古特提斯研究的重要良好场所。无疑，秦岭和古特提斯所包含的洋陆转化、大陆地质、大陆动力学丰富内容，深入研究，一定会有新的发现，新的认识，新的创造，推动固体地球科学的发展。

参考文献

[1] 张国伟等. 秦岭造山带的形成及其演化. 西安：西北大学出版社，1988

[2] 袁学诚. 秦岭造山带的深部构造与构造演化. 见：秦岭造山带学术讨论会论文选集. 西安：西北大学出版社，1991

[3] 高山等. 秦岭造山带及其邻区大陆地壳化学成分的研究. 见：秦岭造山带学术讨论会论文选集. 西安：西北大学出版社，1991

[4] 李曙光等. 秦岭－大别造山带主要事件同位素年表及其意义. 见：秦岭造山带学术讨论会论文选集. 西安：西北大学出版社，1991

[5] Sengör, A. M. C. Plate tectonics and orogenic research after 25 years: A tectonic Tethyan perspective, Earth Science Reviews, vol. 27, No. 1-3,1990

[6] Molnar, P. Continental tectonics in the aftermath of plate tectonics, Nature, vol. 335,1988

秦岭造山带研究现状与新的研究构思*

张国伟

摘　要　大陆地质和大陆造山带是当代地学发展前沿主要研究领域。造山带一直是地质科学研究的中心。中国是一个多造山的国家，已有长期大量研究，并取得了重要成果，其中秦岭就是一个有望获取新的重要进展的著名大陆造山带。秦岭造山带已有长期研究，成果突出，但迄今仍一直还有很多基本问题没有解决。其关键问题是：①显生宙秦岭造山带形成与演化问题，如有无古大洋、主造山期、构造体制及其动力学等；②秦岭造山带元古宙构造体制是什么？秦岭是在什么时候什么基础上发生的？等等；③秦岭造山带岩石圈结构、深部状态现在还知之甚少；④秦岭造山带岩石圈地球化学成分、分区及其示综信息和深部热结构需要深化提高，等等。依照新的学术思想与方法，新的研究将把秦岭作为一个典型实例与基地，进行地学发展的新探索，重点将放在秦岭造山带现今三维结构，造山过程及其动力学，建立秦岭造山带形成演化的理论模式和深部状态模型。

关键词　三维结构　造山过程　动力学

　　秦岭造山带的调查研究，除我国古代有关采矿冶炼等零星的地质记载外，真正的地质调查从德国人李希霍芬 1866 年由宝鸡到汉中的路线地质考察算起，至今已有百多年历史。其中经历了以赵亚曾、黄汲清（1931）等为代表的中外地质学家长期的路线地质调查阶段。解放后以秦岭区调队，地矿部陕西、河南、甘肃、四川、湖北与安徽等省地矿局 1∶20 万、1∶5 万的正规区域地质调查为标志的系统地质调查阶段，包括一大批重要矿产资源的勘探评价和铁路工程等专门性调研成果在内。第三阶段是 70～80 年代初开始的专题研究，它在已有区调等成果基础上，逐步突出了解决关键问题的专门研究。地矿部系统、高等院校、中国科学院、冶金部门等都开展了广泛研究，多项国际合作研究也同时开展。其中陕西、河南地矿局的有关专题研究，特别是地矿部"七五"期间的秦巴重大基础地质项目研究，取得了重要成果，推动了秦岭地质研究，深化提高了秦岭研究程度。总之，可以概括地说，秦岭带已有的区调和各项专门研究成果，发展了秦岭地质研究，真正奠定了秦岭地质研究的坚实基础，功绩卓著。因此，秦岭造山带历经长

*本文原刊于《西北大学学报》（校庆专辑），1992，22：81-88.

期调查研究，基本地质和一系列重大问题有的已调查清楚，或已部分基本解决，并发现和评价了一大批重要矿产，成为我国重要的资源开发基地，对我国经济建设和地质科学发展作出了突出贡献。但由于地质科学的迅速发展，科学技术方法的不断创造发明和秦岭造山带自身地质的复杂性，迄今秦岭仍有许多基本重大地质问题长期悬而未决，其中一些重要问题也是当代地球科学发展的前沿课题，并由于秦岭的重要部位和特殊复杂性，更具有探索代表性。因而，在 70 ~ 80 年代以来，日益为国内外地学界所特别瞩目，成为热点研究地带，吸引着更多国内外地球科学家进入秦岭，开展新的理论与实践、地表与深部、地质、地球物理和地球化学等多学科综合系统的研究，探讨秦岭造山带的组成、结构、演化、成因及其动力学，迎接 90 年代地球科学的重大发展。

造山带研究一直是地质科学的中心课题和地质学家们的重点研究领域。数百年来的研究，建立了许多造山带理论与方法，迄今仍处于方兴未艾的探索之中。从地槽回返造山到板块俯冲碰撞造山，一直到 80 年代由于深部地质和大陆地质研究新进展[1~21]，发现了陆内（板内）强烈变形和水平位移，以及其他很多复杂现象，提出了薄皮拆离滑脱构造、逆冲推覆构造、鳄鱼构造、韧性剪切带、多种伸展构造等，表明大陆岩石圈区别于大洋岩石圈，并非为简单刚性块体，而是纵横向极不均一，具有广泛流变性，产生大规模多层次板片、岩片的堆迭和侧向位移，从而提出了多种成因造山的假说。特别是 80 年代后期到 90 年代初，造山带研究在侧重造山作用过程、深部地球物理和古板块恢复研究等基础上，正在当代科学技术知识的新层次上，向着更高层次发展，进行新的探索，成为 90 年代地学发展的主要前沿研究领域之一[1~5]。

我国是世界多造山带的国家。造山带一直是我国地质科学研究的重要内容，尤其近 10 年来，国家自然科学基金委员会、地矿部等单位组织攻关，使我国大陆造山带研究有重要新进展，正加速与国际趋于同步，正处在突破的边缘，其中秦岭造山带就是有望获取重要突破性进展的造山带之一。

鉴于秦岭造山带在全球地质构造背景上所具有的典型性和特殊的构造部位，并已有良好的研究基础，其关键科学问题业已集中突出，系统深入研究具有重大科学意义和广泛的应用前景，具备了在基础理论研究领域获取重要突破与新进展的基本条件。因此，国家自然科学基金委员会不失时机地把秦岭造山带基础地质研究列为国家级"八五"重大项目，经全国范围内三年多的严格反复论证评议，现已正式立项。项目总名称为"秦岭造山带岩石圈结构、演化及其成矿背景"，现已开始实施，标志着秦岭造山带研究在已有基础上，又开始进入新的一轮研究。

秦岭造山带新的研究，首先需要从现代地球科学的发展加以重新认识。

当代固体地球科学以板块构造学说兴起与发展为标志，取得了迅速、巨大和突破性进展，使之进入以现代科学理论与技术为基础，以固体地球为主要研究对象的、包括地球深部等各圈层及外层空间的高度综合的科学探索体系和理论地质学的发展阶段。大陆地质和大陆造山带研究，已成为现代固体地球科学主要的前沿领域之一，一系列围绕国际岩石圈计划的国际合作研究计划的实施，导致一系列重要新发现和新认识，同时也出现一系列新问题。

地学界已认识到，并正在加强以下诸方面的研究与探索[2, 4, 5, 7, 8, 9]：①地球是一整体的物理、化学、生物的行星综合体系。②地球物质的物理、化学性质随深度在变化。地球的组成与结构纵横向极不均一，它是一个高度活动的动力学体系。③流体在地球及岩石圈形成与演化中具有重要意义。④人类生存环境和预防地质灾害日益为人们所高度重视。为改善环境和预防灾害所进行的世界性全球变化研究正在更加广泛开展，地质科学将为之作出重要贡献。⑤地球科学正在为建立更高层次、更全面的新地球观而积极探索，更加重视区域岩石圈的特征及其形成演化规律的研究。

近年来国际上已提出了行星统一理论，超越板块理论的新地球观和大陆动力学等新观点，并已成为一些国家地学发展探索研究的主要目标。尤其最近新提出颤动构造（Surge Tectonic）[20]等新观念，向板块构造发起了尖锐挑战，预示着地球科学正在继板块构造之后，向着一个重要新阶段发展。90 年代以来，地学的科学研究方向正加速朝着地质作用过程进行综合研究和定量方向发展。其中关于大陆岩石圈的研究，在 80 年代进展与存在的问题基础上，转向大陆动力学研究，强调岩石圈区域性的综合研究，试图通过大陆内部具体构造认识上的突破，重新认识大陆的运动学和动力学[17]，建立大陆板块构造模式，所以大陆地壳内的板片叠置及伸展造成的层状构造的运动学与动力学研究，在 90 年代将更加引人瞩目与重视。

造山带研究将在 80 年代深部地球物理、造山作用过程和古板块构造的恢复等项主要研究基础上，集中于力学、物理、化学信息的综合开发研究和地质作用过程的综合研究。古板块将集中在前寒武纪古板块的再造，尤其是元古宙活动带的研究上。深部地质将再回到地壳中上部，重点进行壳内变动带与地壳动力学的研究。地球化学将在深化与扩展其研究领域的同时，在解决地学重大基础问题上发挥重大作用等。在研究方法上，也将从比较方法论为主转到以系统方法论为指导的新阶段。

总之，90 年代将是地学发展发生重大变化的一个重要新阶段。可以预见，到 90 年代中期和本世纪末，下个世纪初，固体地球科学将在全球动力学和大陆动力学，新的地球观等主要前沿研究领域取得巨大进展和突破性发展。因此，秦岭造山带的新研究，必需充分认识这一国际地学发展动态与趋势，从新的起点上，立足于秦岭实际，朝着 90 年代地学发展的国际先进水平，重新认识秦岭，进行前沿领域的扎实系统综合研究，促进地学发展。

总结分析秦岭带已有研究成果，在上述现代地学发展背景下，以新的学术思想分析秦岭造山带研究现状，可概括其目前存在的最关键问题和争论的核心是：①显生宙秦岭造山带的性质、古海盆的性质与主造山期及其构造体制与动力学问题。目前关于秦岭造山带的形成与演化有多种观点[22~33]，诸如秦岭元古宙有大洋而显生宙已是陆内造山演化；

秦岭加里东期（到早海西期）有大洋，并是主造山期，而后则转入陆内构造过程，具有巨大逆冲推覆和走滑平移等；秦岭印支为主造山期，属典型阿尔卑斯型，不发育加里东早古生代期变动；秦岭是加里东为主造山期的多旋回造山；秦岭不同发展阶段以不同构造体制演化，晚海西－印支为主造山期，中新生代叠加陆内造山；等等。其争论焦点为秦岭造山带的性质与构造体制和主造山期，即在其长期演化中有无大洋，什么样的大洋，什么时代的大洋，秦岭造山带的主导构造体制与造山过程是什么。②关于元古宙，争论集中在秦岭带元古宙的构造体制是什么，目前有板块构造[20]、裂谷构造[30]等几种不同观点。其实质是秦岭造山带有无统一基底，什么性质基底，秦岭带在什么基础上以什么方式开始发生，元古宙是什么基本构造体制等。③秦岭造山带岩石圈结构与深部状态及演变研究。虽然"七五"期间有新的探索，但仍是秦岭带研究的薄弱环节。关于其地壳细结构、深部物理状态及其动力学意义，仍很不清楚，仍急需大大加强地球物理检测及综合解释研究。④秦岭造山带的地球化学分区与岩石圈组成和热结构尚待研究。岩石圈物质分异、演化和再循环及造山过程的动态地球化学示踪也需深入开展和大大深化。

上述这些问题，涉及秦岭造山带的基本组成、结构、成因、演化及其动力学等有关大陆造山带形成与演化的一系列根本问题，既是秦岭造山带的基本问题，也是当代地学发展前沿主要研究课题，这也应是秦岭造山带研究的新起点。

根据我们长期的研究，关于秦岭大陆造山带的形成与演化，及其独特特点，可概述有以下基本认识与分析[22, 30]：

秦岭造山带是一个典型的复合型大陆造山带，具有长期复杂的演化历史，并在不同地质发展阶段以不同构造体制演化。秦岭造山带现今岩石圈的组成与结构复杂多变，纵横向极其不均一。地表地质包含有各个时代、多种多样不同组成组合的岩石地层单位，有新老不同构造层次与性质的构造的复合叠置，深部有多种不同的波速与电性结构，发育低速高导层，多样分层性与横向分带分块性，呈现出极不均一的地球物理场结构与状态及叠加复合的深部地质面貌。秦岭区域地球化学场与演化也同样表现出其区域地壳的地球化学的非均一性和复杂性。

综合地质、地球物理和地球化学多学科综合成果，反映秦岭造山带：①具有广泛发育的以火山岩为代表的元古宙基底，并具有扩张机制的复杂裂谷系构造特征，明显不同于秦岭显生宙构造发展演化，但两者又显著具有继续关系，所以元古宙基底构造体制及其如何向显生宙构造体制转化，应是至关重要的秦岭带研究课题。②晚元古宙末期到显生宙秦岭造山带演化独具特征，既非典型广阔大洋扩张分割的简单的两个板块的相互作用俯冲碰撞造山，也决非是单一陆内造山过程。现有的研究表明，它是在劳亚和冈瓦纳长期分裂汇聚拼合进程，基本在大陆岩石圈动力学背景下扩张、分裂演变，曾一度成为古特提斯东端北侧分支，形成多级地块复杂组合的小洋盆与微型地块兼杂的有限古秦岭洋域，发生多次不同类型的俯冲碰撞造山与陆内造山作用的交织复合，造成广泛复杂的壳幔、壳内物质的交换与板块、岩片的多重堆叠、形成独特而复杂的岩石圈组成与结构，区别于已有的造山带模式。现今北秦岭成为涉及壳幔广泛交换，形成巨大迭瓦逆冲推覆和多期叠加复合的最复杂构造带，而其北侧则是华北地块南缘带的中浅层次反向向北逆冲推覆和以花岗岩为主的岩浆活动与成矿构造带。相反，广阔的南秦岭则是多层次拆离滑脱而以薄皮构造为主，指向南的推覆构造系统。总体形成南北边界反向向外的逆冲，呈不对称扇状，并遭受块断和平移走滑改造的复合型大陆造山带。③秦岭造山带中新生代以来，完全在陆内发生强烈造山性质的构造变动，有大量酸性岩浆活动和与之密切相关的成矿作用。中新生代，尤其晚白垩纪以来秦岭带急剧隆升，其幅度高差大于 10 千米，控制了秦岭南北中新生代相邻盆地的发展演化。现今秦岭区深部地球物理状态揭示，它没有山根，热流值高，存在异常地幔，是一个热构造活动区，仍在活动上升之中。这些既是秦岭晚近时期的造山带主要特色，也是有待进一步研究的重要课题。

　　显然，上述秦岭带的基本地质事实，是其长期复杂造山过程与特有的动力学背景所综合造成的。对比世界典型造山带，可以概括秦岭造山带有以下突出特点：①特殊的地质构造部位。它横亘于亚洲中部，是地质地理气候自然环境的南北天然分界线和现今仍在隆升中的主要活动带。同时它也是地质演化中全球古特提斯带东延部分，并又处在与古太平洋汇交部位，既有其重要全球构造意义，又具有独特的演化特点。②具有长期复杂的历史演化过程，不同构造体制多种造山作用多次叠加复合，决非一种构造体制下单一造山作用所形成。③大地构造属性长期具多重过渡性，与世界典型造山带如阿尔卑斯等对比，它具多种"非经典性"。研究业已证明，秦岭既有与它们共有的造山带基本特征，又有其在组成、结构、演化等诸方面明显的区域性、个性的独特特征。它不是简单的板块俯冲碰撞造山和单一陆内造山，而很可能是值得研究探讨的在南北大陆演化过程中的古特提斯演化中，历经长期发展，包含多级块体（岩石圈板块、地壳陆块等）间与块体内多种分离汇聚、俯冲碰撞、拼接、迭覆等复杂演化与组合所塑造，应是 90 年代地学发展探索的前沿课题之一。④秦岭地质露头出露完整，并包含有促使地学向更高层次发展而待探索发掘的丰富研究内容，非为已有的造山带模式所能简单概括，因而堪称典型的区域性岩石圈研究和创造我国新的地学理论的良好研究基地和"天然实验室"。故为国内外地学界所瞩目。

　　基于上述认识与分析，听取各方专家的有关建议，与共同联合申请秦岭重大项目的同事们，尤其是与张本仁教授、袁学诚研究员的反复研讨，取得共识，形成秦岭造山带新的研究的学术基本构思。认为秦岭造山带新的研究，应根据世界地学 90 年代发展动态和秦岭造山带研究现状与存在的关键问题，以及"八五"期间可能提供的有限条件，以大陆板块构造和大陆地质的最新进展为指导，与国际同步，用新的学术思想和方法，从秦岭实际出发，站在新的起点上，通过秦岭研究，进行当代地学发展前沿的新探索。其主攻目标应是采用地质、地球化学和地球物理等多学科综合研究开展：①秦岭造山带形成演化的造山过程、基本特征及其动力学；②秦岭造山带岩石圈物质分异和状态及其与造山过程制约关系；③秦岭造山带岩石圈深部结构与状态；④秦岭造山带岩石圈三维结构单元等的系统研究，集中重点探索研究秦岭造山带现今三维结构、显生宙造山过程及其动力学，建立秦岭造山带现今岩石圈组成与结构状态模型，探讨秦岭造山带形成演化及其动力学的基本模式，探索当代大陆造山带前沿课题，推动地学发展，并为区域地质矿产资源开发和保护环境、预防地质灾害提供科学依据。

通过新的研究，拟解决秦岭带长期悬而未决的几个关键问题：①秦岭造山带的性质、类型、主造山期及造山过程，建立造山带演化模式；②秦岭造山带的结构、深部状态、构造体制及动力学，建立显生宙和现今的造山带结构与深部状态模型；③秦岭带元古宙构造体制及其基本特征。

秦岭造山带新的研究在技术路线与方法学上将采用：①地质、地球化学、地球物理有机结合，进行大陆造山带的系统综合研究。进行从地表到深部、从结构到物质组成演化，从宏观到微观超微观，定性与定量相结合，开展全面而又突出重点的综合研究，时空深浅四维综合探索造山带作用过程及其动力学，并完成一些造山带精细的、富有创造性的地质、地球化学、地球物理相结合的综合图件。②用系统方法论，强调着重造山的过程的综合研究，加强第一手实际调研，充分利用多种现代探测与测试技术，不但论述，更重要的是以新的学术思想与方法认识观察造山的各综合地质作用过程，把造山带的形成演化作为一个统一复杂过程与系统，重新认识、理解、探讨秦岭造山带的形成演化及其动力学。③加强学术交流与学术动态研究，有计划有目的地开展国际合作研究，随时了解国内外学术情报动态，故设立关于当代大陆造山带研究的前沿及我们的对策研究子课题，确保新的研究能及时掌握和跟踪国际前沿发展，得以顺利进行。④根据有限的时间、人力、物力，研究应采用突出重点，带动全面，有限目标，集中解决关键问题，力争突破，追踪 90 年代中期国际先进水平，并为第三十届国际地质大会在我国召开提交一些具有国际先进水平的成果，作出新创造、新贡献。

总之，秦岭造山带新的研究，是在当代地学重大发展背景下和已有研究基础上，以 90 年代新的学术思想为指导，首先主要解决秦岭造山带现今三维结构、造山过程及其动力学，追索其造山物理、化学的综合地质作用过程，建立其组成、结构与深部状态模型和其形成演化模式，探讨大陆造山带的成因与动力学，这正是与国际同步进行 90 年代地学发展的新的探索研究。可以毫不夸张地说，只要基本条件保证，充分吸收利用现代科学的最新成果，突出秦岭造山带关键科学问题，对秦岭造山带岩石圈持续进行高层次跨学科的综合研究，在秦岭这块得天独厚的良好基础研究基地上，一定会创造出新的理论。这一重任，无疑已责无旁贷地落在中国地球科学家的肩上，因此让我们不失时机地抓住当代固体地球科学前沿领域这一重大科学问题，坚持连续钻研攀登，争取获得高水平成果！

参考文献

[1] 中国国家自然科学基金委会员. 地质科学－自然科学学科发展战略研究报告. 北京: 科学出版社, 1991

[2] 肖庆辉等. 中国地质科学近期发展战略思考. 北京: 中国地质大学出版社, 1991

[3] 中国地质学会. 当今世界地球科学动向. 北京: 地质出版社, 1989

[4] 28th International Gelolgical congress. Abstracts. U. S. A. 1989, 1～3

[5] GSA. Geoscience Resarch and Public Policy (1989 Annual Meeting Committee Frontiers Symposium), 1989

[6] Fuchs K. Composition, Structure and Dynamics of the Litheosphere—Asthenosphere System. American Geophysical Union, 1988

[7] Fuchs K. (ed) Super-deep Continental Drilling and Deep Geophysical. Berlin, Springer. 1990

[8] Geophysics Study Committee, The Role of Fluids in Crustal Processes. National Academy Press, 1990

[9] Gubbins D. Seismology and Plate Tectonics. Cambridge Univ. Press, 1990

[10] Howell D G. Tectonics of suspect terranes: Mountain bulding and continental growth. London, Chapman and Hall, 1989

[11] Hsu K J. E HenKen—Mellies W U (ed.). Earth Processes and Global changes. Global and Planetary changes, 1990,2 (1～2)

[12] Kearey K. Global Tectonics Oxford. Blackwell, 1990

[13] Koziovsky Ye A (ed). The Superdeep well of the Kola Peninsula. Berlin, Springer, 1987

[14] Kroner A. Proterzoic Lithospheric Evolution. American Geophysical Union, 1987

[15] Nicolas A. Structures of Ophiolites and Dynamics of Oceanic Lithosphere. Kluwer Academic Pub., 1989

[16] Robert F M, et al. Properties and processes of Earth's lower crust. American Geophysical union, 1989

[17] Zwart, H J. The International lithosphere program Review. Episodes, 1989,12 (2)

[18] Coward M P and Rics A C. Collision Tectonics. Blackwell Scientific Pub, 1986

[19] Molnar P. Continental Tectonics in the aftermath of plate tectonic so. Nature, 1988 Vol. 335

[20] Meyerhoff A A and Taner I. New Concepts in Global Tectonics. A discussion meeting sponsored by the Smithsonian institution and Texas Tech University. 20～21 July: Abstracts Volume, 1989

[21] 美国地球物质的物理和化学专题讨论会报告. 地球物质研究. 谢鸿森等译. 西安: 西北大学出版社, 1990

[22] 叶连俊等. 秦岭造山带学术讨论会论文选集. 西安: 西北大学出版社, 1991

[23] 黄汲清等. 中国及其邻区特提斯海的演化, 北京: 地质出版社, 1989

[24] 李春昱等. 秦岭及祁连山构造发展史. 见: 国际交流地质学术论文集 (1). 北京: 地质出版社, 1978

[25] 王鸿祯等. 东秦岭古海域两侧大陆边缘区的构造发展. 地质学报, 1982 (2)

[26] 马杏垣等. 中国岩石圈动力学图集. 北京: 中国地图出版社, 1990

[27] Mattauer M, et al. Tectinics of the Qiuling belt: Build-up and Evolution of eastern Asia. Nature 1985, 317 (10)

[28] Hsu K J, et al. Tectonics Evolution of Qinling Mountains, China. Ecloge Geo. Hel., 1987, 80

[29] Wang Hongzhen. Tectonic Development of the Prolerozic Continental Margins in East Qinling and Adjacent Regions. Journal of China univ. of Geosciences, 1990 Vol. 1. No. 1

[30] 张国伟. 秦岭造山带的形成及其演化. 西安: 西北大学出版社, 1988

[31] 张本仁等. 秦岭造山带的深部构造与构造演化. 秦巴区域地球化学文集. 北京: 中国地质大学出版社, 1990

[32] 袁学诚等. 见: 秦岭造山带学术讨论文选集. 西安: 西北大学出版社, 1991

[33] 任纪舜等. 论秦岭造山带. 见: 秦岭造山带学术讨论会论文选集. 西安: 西北大学出版社, 1991

[34] 许志琴等. 东秦岭复合山链的形成. 北京: 中国环境科学出版社, 1989

[35] 贾承造. 东秦岭板块构造. 南京: 南京大学出版社, 1989

[36] 吴正文等. 秦岭造山带的推覆构造格局. 见: 秦岭造山带学术讨论会论文选集. 西安: 西北大学出版社, 1991

[37] 杨森楠等. 秦岭古生代陆间裂谷系的演化. 地球科学, 1985 (4)

[38] 杨志华. 秦岭造山带的构造格架及有关问题讨论. 见: 秦岭造山带学术讨论会论文选集. 西安: 西北大学出版社, 1991

地质思维与造山带研究*

张国伟　　雷援朝

摘　要　现在正是地学发展的一个重要时期。在板块构造应用于大陆地质过程中，重新认识大陆，探索新问题，进行地学新思维。因此，大陆地质研究成为 90 年代地学发展的主要前沿领域之一。大陆造山带研究是重新认识大陆的中心课题。鉴于大陆特有的运动学与动力学特征及其复杂性，非均一性和区域性，选择典型基地，用现代科学技术知识和方法，在地学最新成果基础上，开展深入系统综合研究，从实际出发，集中研究造山带的三维结构、造山过程及其动力学。进行地学非理性和理性思维的互补而又重理论思维，求实而又富于创造的探索研究。并在此基础上进行全球思维，检验、综合、概括，开展高层次地学理论思维，创造新理论，是现代大陆地质研究的重要科学途径之一，从而更全面地了解、研究地球，发展地学。秦岭造山带就是被选作这样的一个"天然实验室"研究基地。

一、引言

人类社会的发展和生存条件的演变，社会需求的日益增长与现代科学技术的飞跃进步，使古老而又年青的地质科学正处在充分利用当代人类最新知识与技术，深化拓宽其研究领域，突出其在社会发展中的重大作用，探求开拓增加资源、能源，改善环境，预防灾害，探索当代自然科学基本问题的纵深发展的重要转折时期[1-6]。当代地质科学以板块构造学说兴起与发展为标志，取得了迅速巨大的突破性进展，使之进入以现代科学理论与技术为基础，以固体地球为主要研究对象，包括岩石圈、水圈、气圈、生物圈及宇宙外层空间和地球深部的高度综合的科学探索体系和理论地质学的发展阶段。在目前又由于板块构造应用于大陆地质而触发，孕育着一场新的科学思路与理论的迅猛发展[1, 2]。大陆地质和大陆造山带研究，已成为现代固体地球科学主要的前沿研究领域之一。一系列围绕国际岩石圈计划的国际合作研究的实施，导致一系列重要新发现和新认识，同时也出现了很多新问题。人们已经认识到，在由板块构造带来的地学进步、活动论为主导的新地球观的基础上，重新认识、理解大陆，全面地了解和研究地球，是现

*本文原刊于《地质科学思维》，1993：190-206.

代地质科学发展的最重要任务。从这里将会带来地球科学向着更高层次的重大突破性的新发展。对于我国地质科学的发展来说，这是极好的机遇与严峻的挑战。如果说 60 年代由于客观原因，中国地学家们未能参与板块构造为代表的当代"地学革命"发展，那么，现在，本世纪 90 年代和下世纪初，在地球科学又一重要发展时期，中国地学家们应该立足于中国，面向全球，和世界地学家们一起参加当代地学重大发展的科学实践与理论探索，同步地探讨地学发展前沿的主要问题，推动和促进世界地学的发展，作出我们应有的新探索，新创造，新贡献。因此，面临着这样的机遇与挑战，根据世界地学最新发展趋势和我国得天独厚的地质实际，抓住当代地学发展前沿研究领域的关键重大科学问题，进行高层次多学科综合系统深入的重点探索研究，是当务之急。在这样的情况下，重视和加强地学哲学和地学思维的研究，显而易见是非常重要和必要的。每一次地学的重大发展，都与思想学术观念和新的重要科学技术发展密切相关。观念思维的变更必然会开创新的理论天地，获得科学实践与理论的丰硕成果。本文正是从上述思路出发，结合国家自然科学基金，"八五"重大研究项目"秦岭造山带岩石圈结构、演化及其成矿背景"，在这里仅从秦岭造山带研究出发，对造山带研究的地质思维问题作一讨论。

二、关于大陆造山带研究的地质思维

（一）地球、大陆、造山带

现代固体地球科学对于地球及其固体外壳——岩石圈与其他各圈层的认识，从板块学说兴起以来，已经跨入一个新的知识层次，并已成为进行地学新研究的重要基础与新起点。自然，在 90 年代进行大陆造山带的新研究，首先需要以现代关于地球、大陆、造山带的最新认识为起点。关于地球、大陆、造山带的新认识、新进展、新思维，可以分别简要地概括为以下诸点。

1. 地球

关于地球和地球科学，现在地学界已认识到[1, 6, 7, 8]：①地球是一整体的物理、化学、生物的行星综合体系。②地球物质的物理、化学性质随深度在变化。岩石圈的构造运动是由许多地球内、外部的物理、化学过程所引起。洋陆有本质差异，除共性外，陆比洋具有更复杂的研究内容。③地球的组成与结构在纵横向上极不均一。地球内部的基本特点之一是其化学组分和物理结构与状态的非均匀性，可能并无原始的均一地幔。地球既是高速运动着的天体，自身又是一高度活动的动力学体系。④流体在地球和岩石圈形成与演化中具有不可忽视的重要意义[6, 9]，但在现今的地学知识中又是知之甚少的薄弱环节。⑤灾变与均变，渐变与突变是地球和生物演化的不同形式，都包含着程度不同的量变与质变，而灾变是事物运动质变的更重要形式，对演化起着主导作用[10, 11]。新灾变论改变过去简单的稳态均变论，认为灾变-突变的特殊形式，是地球发展演化中的重要质变形式之一。所以对于地球物质、时空演化、运动形式、内因与外因等，从地球对宇宙，地球对各圈层等不同的系统来说都需作统一辩证的分析。⑥社会发展日益显示地球科学对于解决当代重大社会问题具有重要作用，它涉及在人类赖以生存的资源、能源、环境、灾害、水和粮食等社会基本问题，所以全面了解、研究地球是人类社会向当代地学提出的重大课题。90 年代地学将以岩石圈和全球变化两大主题而展开研究[1, 2, 12]。人类将在更广阔的角度来了解认识地球。⑦在研究方法论上，地球科学正从长期科学实践中的比较方法论为主转变为以系统方法论为指导的新阶段。⑧现代科学技术的飞速进步，知识的爆炸，学科间从未有过的渗透交叉，地球科学向现代大科学体系的进步，板块构造说的发展，都促使地球科学进入 90 年代以来，正在为建立更高层次的囊括整个地球洋陆长期发展演化、成因与动力学的统一行星地球观与理论而积极探索，这必将促使固体地球科学进入一个全新的发展阶段。

2. 大陆

大陆地质研究的重要新进展[6, 20]，所具有的以下特性，已为地学界所重视：①大陆占据现今地球表面的 25%左右，因其组成平均密度低，相对较轻，具有浮力，长期漂浮，不易俯冲而不能回到地幔，因此大陆是已经历了几十亿年长期发展演化所构成的复杂地质综合体系，可以当作一个独立的系统加以研究，它保存着地球形成与演化的大量直接记录与信息。它有特有的组成与结构构造及其运动学与动力学。②大陆岩石圈相对于大洋岩石圈，作为一个固态介质材料，其强度比较弱，易于发生地质尺度的快速变形。③大陆岩石圈具有不同的夹层式流变结构，不是简单的"刚体"，其地壳和岩石圈地幔间并非是完整连续的刚性整体运动，出现了壳内、壳幔间和岩石圈地幔中等多层次拆离滑脱的侧向大规模运动，表现出连续介质中包含着相对坚硬的非连续块体和垂向分层的层状块体特征。它涉及到块体相对运动，介质状态与流变，深部物质的性质状态、作用过程及其与地球上部的关系，热场状态与热历史，漫长时间效应，特殊的本构关系和动力学过程中一些基本因素与参数的多变及模糊不确定性等大陆岩石圈运动学的复杂问题，这就要求对大陆岩石圈不同深度层次下的物质组成与状态，运动学型式和动力学全过程要有真实的了解与鉴测。④由于大陆岩石圈上述特殊习性，决定它长期漂浮，遭受多次叠加构造变动与物质组分的多次再分配组合，因此使其广泛发育渗透性多期变形变质，呈现出大陆岩石圈组成与结构状态的非均一性、复杂性和区域性，所以选择典型基地，作为天然实验室，进行深入系统精细研究，是当今大陆地质与大陆造山带研究的重要科学途径之一。

3. 造山带

造山带研究一直是地质科学的中心课题和地质学家们的重点研究领域，数百年的研究，建立了许多造山带理论与方法，迄今仍处于方兴未艾的探索之中。回顾近代大地构造学的发展，可以看到，对地学界影响最广泛深刻的学说，要属地槽说和板块说。它们都是人类对地球认识在不同阶段的总结和知识的结晶，极大地推动了地质科学的发展，但像现有事实证明的那样，它们都不是认识的终结，都只是人类对于地球形成、生命起源等基本科学问题的不断探索认识的长河中一定阶段的成果。认识在不断发展深化更迭，现代板块构造理论取代地槽说而在当代地学中占据支配地位，这就是发展提高，并成为地质科学向现代科学理论体系迈进的标志，这场"地学革命"是地质科学发展史上划时代的重大事件。但板块应用于大陆所遇到的新问题与疑难，地球科学家们孜孜以求的新探索，正暗示着地质科学又一次重大发展的到来。其前沿关键问题之一是在板块构造基础上，重新认识大陆和大陆造山带。概括近代关于造山带研究的基本假说与观念，可以简要归纳为下述三种造山观念[1, 2, 5, 15, 16, 20, 21, 22]：

（1）地槽说的地槽回返造山说。它总的基本出发点是固定论，认为地壳与地幔密切相关，但岩石圈（或地壳）相对于地幔不可能发生大规模的水平位移。因此其地球构造观立足于造山带是地壳内沉降的沉积槽地及其回返造山。地槽说长期在地质学中占统治地位，在当时历史阶段对地质学发展作出了不可磨灭的历史贡献，但无论如何，直到20世纪中叶的地槽说始终没有使地质科学摆脱与现代科学技术相脱节而处于描述为主的状态。板块构造取代地槽说是科学发展的必然结果。

（2）板块构造的俯冲碰撞造山说。以活动论为基本观点，从全球构造出发，认为造山带是岩石圈板块在其侧向运动中，洋与洋，或洋与陆和陆与陆等相互作用的产物，即造山带的形成与演化主要决定于岩石圈板块的相对运动及相互作用，是主要发生在板块边界的板块间的俯冲碰撞造山。从而根本改变了地槽说的壳内槽地沉积堆积作用和回返造山作用的学术观念。所以造山带研究的中心和方法，也必然随之而发生改变，转向着眼于板块形成与演化，古大陆边缘地质、蛇绿岩与混杂岩，主缝合带和俯冲碰撞构造作用及与之相关的岩浆、变质、成矿作用，以及其成因、动力学等基本问题。从而形成板块构造的基本造山带成因学术观念，即板块的俯冲碰撞造山说。

（3）大陆的多成因造山说。板块构造在经历70年代以来的大洋与大陆研究的验证，有了新的发展，得到进一步验证肯定。但同时也遇到新挑战，尤其是经典板块构造应用于大陆地质过程中，在新的地球物理探测和深部地质的新发现、新成果不断涌现的情况下，愈来愈多地发现和认识到大洋与大陆不同。大陆上的许多造山带都是由一系列不同层次的岩块、岩片、岩席不仅在板块边界上，而且在大陆内、板块内都发生了大规模侧向位移而造成迭覆堆置、强烈构造变形变质和地壳增厚，构成山系。发现大陆岩石圈不是简单的像大洋岩石圈那样的刚体，而是极其不均一，随深度而变化，具明显塑性流变特征的固态介质材料，可以发生广泛弥散渗透性变形，因此大陆造山带就不仅仅单是俯冲碰撞造山所能全部解释，而是可由包括板块俯冲碰撞造山在内的多种多样地质机制所造成，故应运而生了"内硅铝造山作用""岩石圈分层说""滑线场理论"等多种成因造山说。这表明造山带研究的学术思路与观念又在发生变化。

显然，大陆造山带研究的发展贯穿着人类对于地球认识的不断探索，思维观念的更新深化，充满着关于地学哲学与地学思维、方法论的争论，始终存在着关于造山带时空、运动、成因等的争论，尤其明显地反映在固定论与活动论、造山运动的长期渐进统计规律与灾变、同时性幕式造山等的争论上。科学技术的进步与发明，促使新的地学发现导致地学观念的更新，地学的再实践与理论思维，创造出新理论。板块构造就是这样诞生的，引起"地学革命"，极大地促进了地学思维的发展。上述的地学哲学长期争论，有些问题明朗化占了优势，趋向一致，造山运动是长期连续过程，其发生由统计学性质所决定等似乎赢得了胜利。但远非地学哲学争论的终止，因为人类认识地球不会终止，新的争论还将继续下去。现在世界地学家从 80 年代中期以来在岩石圈和全球变化等前沿领域的地学实践中正进行地学的新探索与新思维，其突破口将会是大陆地质与大陆造山带。据此，为了我国同步参与世界地学发展的新研究，根据上述当代地学发展的现状与动态，并以现代地质科学关于地球、大陆、造山带的最新认识到现代科学为起点，从地学发展的全球思维出发，对大陆造山带研究作进一步更为实际具体的思考是必要的。

（二）大陆造山带研究的思考

1. 大陆造山带是重新认识大陆地质的中心研究课题

正如前述，当代地学的发展，经典板块构造解释大陆出现的疑难，深部地质的重要新进展，大陆造山带从地槽回返造山、板块俯冲碰撞造山到多成因造山学说的提出，都集中地再次突出了大陆地质问题，重新认识研究大陆无疑已是当代固体地球科学发展的主要前沿领域之一。大陆的基本单元主要是活动构造带与稳定地块，即造山带与克拉通或盆地，而造山带则是大陆岩石圈形成、演化、成因与动力学探索的信息储存与记录最多的关键地带，如果把地球作为一个复杂的物理、化学、生物的行星综合体系，则造山带就是这一体系长期发展演化，波澜壮阔变动的集中表现，因此大陆造山带是当代地学发展前沿的重大科学问题和生长点。

2. 全球思维、选择典型基地、建立天然实验室

创立板块构造说的一个突出特征是不局限于局部区域思维，而是全球思维，从而建立了新的全球构造观。今天新的发展，需要在重新认识大陆与大陆造山带的研究中发展板块与超越板块，首先需要从大陆客观实践中去发现新事实，提取新信息，捕捉新问题，认识大陆的特有习性，进行新思维。需要全球思维指导下的区域思维，也需要从区域思维充实丰富发展全球思维。需要在典型区域的地学实践中有广阔丰富的地学形象思维、灵感思维等非理性思维，但更重要的是需要从客观实际来的理性思维，尤其是区域和全球的地学理论思维，根据大陆岩石圈客观存在的非均一性、复杂性与区域性和大陆岩石圈 80 年代研究的进展与存在问题，从全球思维出发，在全球地质研究基础上，选择典型研究基地，作为天然实验室，进行持续高层次多学科综合探索研究，广泛吸收渗透借

鉴现代科学知识与思维，运用最新的探测、测试、模拟和计算技术进行造山带具体解剖研究，求得认识的突破，重新认识大陆运动学与动力学，开展创造性理论思维。这是大陆造山带新的研究的重要科学途径[2, 5, 6]。可以说秦岭就是被选作"天然实验室"进行造山带研究的一个基地。

3. 造山带物质、时空演化、运动学与动力学

大陆造山带研究就是对地球造山作用、过程、结果的综合研究，是对造山带形成、演化、成因及动力学的探讨，从而进行理论思维概括、建立造山模式，进而进行地球与岩石圈动力学的探索，创造发展地学理论，推动地球科学向更高层次发展，服务于人类社会的需求。显然它涉及到地球科学及其他自然科学技术的各个方面，研究内容十分广泛，综合复杂，是一时空四维高度综合的系统工程。所以现今的研究，必须在人类现代的科学技术的知识层次上以地学发展的最新成果为基础，进行多学科综合的连续攻关研究。其主要研究内容可概要归纳为：①现今造山带结构的三维几何学、运动学与动力学；②造山带物质组成、动态演化；③造山带深部结构与状态模型；④造山带造山过程、体制、成因与动力学；⑤造山带数理计算机模拟实验；⑥造山带与盆地关系；⑦造山带与区域成矿、全球变化。各课题都是一个研究领域，包括多学科研究内容，需要精深高度综合的全息全方位的研究，创造性的思维。

对于造山带选择的典型基地研究，可构思为造山带现状，追踪与重塑，动力学等诸系列的调查研究，进行非理性与理性地学思维互补而又重理论思维，求实而又富创造性地探索。

造山带的现状即研究对象的现今物质组成及其结构的几何学特征，实质就是造山带的现今组成与空间特征问题。任一造山带都是其长期演变迄今的综合结果，都是造山带物质运动至今的现时定位及其结构状态的几何学现状。这里首先要思考出研究的是动态演化中的现时组成的基本物质单元及其三维几何学模型，它包括二维平面的组合形态与变化，三维的不同深度层次的物质与结构的变换及其相互关系，从而求得现今造山带基本物质组成单元和三维结构几何学模型，并尽可能用现代的科学技术手段与语言予以表达表示，使之成为进一步研究的坚实可靠基础。

造山带的现状是其长期演变至今的现时结果，因此要真正认识研究造山带，就需从现状结果反序地进行追踪和重塑，这是地质学研究的突出特征，属于历史地质学研究。但我们的目的不仅在于查明描述历史，而更重要是要追索其因果地质学问题，即成因、机理及动力学规律问题，尤其现代的研究，更需要理论的思维。这里最重要的是造山过程，即造山带物质在时间的序列长河中如何运动。尤其鉴于大陆的复杂性，不只要了解运动的始末结果，而更需要了解运动轨迹的全过程。因此造山带历史的追踪重塑，关键是造山过程的科学研究。要探明在不同时序系统中，不同深度层次的地球物质在动态中的物理、化学性质、状态及其变化，它们的运动形式与轨迹，以及不同时空条件下形成

的综合结果和在演化中的转换机理，从中去反复探索认识，理解大陆造山的运动学与动力学，追索其成因的客观规律。这是一项跨学科的、内容深刻丰富而又很困难的研究课题，涉及很多复杂的地质科学未曾深入触及的科学问题，需要冲破很多固定化的地学观念，加之研究对象地质尺度的时空独特性，更增加了研究的难度，但它已是获得新发现、新信息，了解大陆造山特有习性规律，可供地学新思维创造的广阔科学园地。

大陆造山带是岩石圈中长期强烈的活动构造带，是地球物质在天体和地球动力学体系中，由地球深部物理、化学过程引起的大陆岩石圈物质剧烈分异、交换、再分配和连续介质及非连续块体相互作用所导致的强烈变动带，可以说是大陆地球物质的一种特殊运动形式与存在形式，有着深刻的天体与地球内部及大陆的动力学背景。所以大陆造山带动力学，从根本上讲也是地球动力学和岩石圈动力学。它涉及到整个地球动力学体系，尤其是地球深部地质过程及演化，大陆岩石圈从深部地幔到上部地壳所具有的动力学特有性状等一系列当代地学正在探索的前沿课题[4~7]。

大陆造山带动力学机制与特征的研究，也正是探索地球动力学的途径之一。通过造山带形成与演化过程的综合研究，不同演化阶段的不同构造体制动力学分析与动力学演变的认识，如大陆俯冲碰撞构造动力学，陆内造山构造动力学以及前寒武纪、显生宙与现代构造动力学分析和众多具体构造型式形成与演化的动力学分析，通过造山带深部状态、热结构活动、固态流变、流体作用与物质分异交换等造山带具体内容的详细研究，可以获取大量关于造山带形成与演化的动力学特征与动力学机制的信息，这无疑是追踪造山带动力学和进行造山带动力分析的主要可靠依据。

造山带基地"天然实验室"的研究，造山带三维结构、造山过程和动力学的研究，是遵循实践出真理，重新认识大陆，发展地球科学的科学实践，基地的实践是个别的区域的实践和思维，它必需要上升到全球的理性思维，这不仅是对全球构造，而且对如基地等具体造山带构造来说也是如此。区域的思维要进行全球的检验、综合、概括和更高层次的全球理论思维，这样才能产生新知，创造新理论，推动地学发展。

地质的科学实践是主体和客体间的作用，因此在实践中坚持客观第一性，尊重事实，重视主体科学思维，开阔思路，强化理论思维，立足实际，面向全球，持续钻研，必会在造山带、大陆、地球科学的探索研究中给人类知识宝库增加新知识，作出新创造，有益于人类。

三、秦岭造山带新研究的构思

我国是多造山的国家，造山带一直是我国地质科学研究的重要内容，尤其近 10 年来，国家自然科学基金委员会和地矿部等单位组织攻关，使我国大陆造山带研究有重要新进展，正加速与国际趋于同步，正处在突破的边缘，其中秦岭造山带就是有望取得重要突破性进展的造山带之一。

鉴于秦岭造山带在全球地质构造背景上所具有的典型性和特殊的构造部位，并已有良好的研究基础，其关键科学问题业已集中突出，系统深入研究具有重大科学意义和广泛的应用前景，具备了在基础理论研究领域获取重要突破与新进展的基本条件。因此，国家自然科学基金委员会不失时机地把秦岭造山带基础地质研究列为国家级"八五"重大项目，经全国范围内3年多的严格反复论证评议，现已正式立项和开始实施，项目总名称为"秦岭造山带岩石圈结构、演化及其成矿背景"。

秦岭造山带新的研究，首先需要从现代地球科学的发展加以重新认识。学习前人成果[23-36]，根据我们的长期研究[31]，关于秦岭大陆造山带的形成与演化，及其独特特点可作如下扼要概述分析。秦岭造山带是一个典型的复合型大陆造山带，具有长期复杂的演化历史，并在不同地质发展阶段以不同构造体制演化。秦岭造山带现今岩石圈的组成与结构复杂多变，纵横向极其不均一，地表地质包含有各个时代、多种多样不同组成组合的岩石地层单位，有新老不同构造层次与性质的构造的复合叠置。深部有多种不同的波速与电性结构，发育低速高导层，多样分层性与横向分带分块性，呈现出极不均一的地球物理场结构与状态及叠加复合的深部地质面貌。秦岭区域地球化学场与演化也同样表现出其区域地壳的地球化学的非均一性和复杂性。

综合地质、地球物理和地球化学多学科综合成果，反映秦岭造山带：①具有广泛发育的以火山岩为代表的元古宙基底，并具有扩张机制的复杂裂谷系构造特征；②晚元古宙末期到显生宙秦岭造山带演化独具特征，既非典型广阔大洋扩张分割的华北与扬子两个板块简单的相互作用俯冲碰撞造山，也决非是单一的陆内造山过程，而反映其具有多级地块复杂组合的小洋盆与微型地块兼杂的有限古秦岭洋域，发生多次不同类型的造山作用，形成广泛复杂的壳幔、壳内物质交换和板块岩片的多重堆叠，构成独特而复杂的岩石圈组成与结构，区别于已有的造山带模式。现今总体成为南北边界反向向外逆冲，呈不对称扇状，并遭受块断和平移走滑改造的复合型大陆造山带；③秦岭中新生代显示强烈陆内造山作用，伴随大量酸性岩浆活动和成矿作用。现今秦岭区深部地球物理场反映它没有山根、热流值高，存在异常地幔，是一个热构造活动区，仍在急剧隆升。

综合秦岭岩石圈现在基本地质事实，对比世界典型造山带，表明它有以下突出特点：①特殊的地质构造部位。它横亘于亚洲中部，是地质的南北天然分界线和现今的主要活动带。它曾是地质历史中古特提斯带东延部分，并又处在与古太平洋交汇部位，既有重要全球构造意义，又独具演化特点。②具有长期复杂的历史演化过程，不同构造体制多种造山作用多次叠加复合，决非一种构造体制下单一造山作用所形成。③大地构造属性长期具多重过渡性。④秦岭地质出露完整，包含有促使地学向更高层次发展的尚待研究的丰富内容。总之，现有的研究表明秦岭造山带非为已有的造山带模式所能简单概括，堪称典型的区域性岩石圈研究和创造我国新的地学理论的良好研究基地与"天然实验室"，故为国内外地学界所瞩目。

秦岭造山带虽经长期研究，并已取得丰硕成果，但仍有很多根本问题悬而未决，其关键核心问题是：①秦岭造山带的性质、构造体制与主造山期，即在其长期演化中有无大洋，什么样的大洋，什么时代的大洋，秦岭造山带主导构造体制与造山过程是什么。②秦岭造山带有无元古宙统一基底，什么性质基底，秦岭造山带在什么基础上以什么方式开始发生。③秦岭造山带岩石圈结构为深部状态及演化还知之甚少。④秦岭岩石圈物质分异、演化和再循环及造山过程的地球化学示踪也需大大深化。上述这些问题，涉及秦岭造山带的基本组成、结构、成因、演化及其动力学等等有关大陆造山带形成与演化的一系列根本问题，也是当代地学发展前沿的主要研究课题，也应是秦岭研究的新起点。

基于上述认识与分析，听取各方专家建议，与共同联合申请项目的同事们，尤其与张本仁教授、袁学诚研究员的反复研讨，取得共识，形成秦岭造山带新的研究的学术基本构思。认为秦岭造山带新的研究应根据世界地学 90 年代发展的动态和秦岭造山带研究现状与存在的关键问题，以及"八五"期间可能提供的有限条件，以大陆板块构造和大陆地质的最新进展为指导，与国际同步，用新的学术思想和方法，从秦岭实际出发，站在新的起点上，通过秦岭研究，进行当代地学发展前沿的新探索。其主攻目标应是采用地质、地球化学和地球物理等多学科综合研究，开展①秦岭造山带形成演化的造山过程、基本特征及其动力学；②秦岭造山带岩石圈物质分异和状态及其与造山过程制约关系；③秦岭造山带岩石圈深部结构与状态；④秦岭造山带岩石圈三维结构单元等的系统研究。集中重点探索研究秦岭造山带现今三维结构、显生宙造山过程及其动力学，建立秦岭造山带现今岩石圈组成与结构状态模型，探讨秦岭造山带形成演化及其动力学的基本模式，探索当代大陆造山带前沿课题，推动地学发展，并为区域地质矿产资源开发和保护环境、预防地质灾害提供科学依据。

秦岭造山带新的研究在技术路线与方法学上将采用：①地质、地球物理、地球化学有机结合，进行从地表到深部、从结构到物质组成演化、从宏观到微观超微观、定性与定量相结合，开展全面而又突出重点的大陆造山带的系统综合研究，时空深浅四维综合探索造山带作用过程及其动力学。②用系统方法论，着重强调造山过程的综合研究。充分利用多种现代探测与测试、计算技术，不但论述，更重要的是以新的学术思想与方法论观察探索造山的各综合地质作用过程，重新认识、理解、探讨秦岭造山带的形成演化及其动力学。③加强学术交流，开展国际合作，追踪国际前沿研究发展，专设动态研究子课题。④寻取有限目标，突出重点，集中解决关键问题，力争突破，为第三十届国际地质大会在中国召开提交一批具国际先进水平的成果，作出新创造、新贡献。

总之，秦岭造山带新的研究，是在当代地学重大发展背景下和已有研究基础上，以 90 年代新的学术思想为指导，首先主要解决秦岭造山带现今三维结构、造山过程及其动力学，建立其组成、结构与深部状态模型和其形成演化模式，探讨大陆造山带的成因与动力学，这正是与国际同步进行 90 年代地学发展的新的探索研究。可以毫不夸张地说，只要基本条件保证，充分吸收利用现代科学的最新成果，突出秦岭造山带关键科学问题，对秦岭造山带岩石圈持续进行高层次跨学科的综合研究，在秦岭这块得天独厚的良好基础研究基地上，一定会创造出新的理论。这一重任，无疑已责无旁贷地落在中国地球科学家的肩上，因此让我们不失时机地抓住当代固体地球科学前沿领域中这一重大科学问题，坚持连续钻研攀登，争取获得高水平成果！

参考文献

[1] 中国国家自然科学基金委员会. 地质科学——自然科学学科发展战略研究报告. 北京: 科学出版社，1991

[2] 肖庆辉等. 中国地质科学近期发展战略思考. 北京: 地质出版社，1991

[3] 中国地质学会. 当今世界地球科学动向. 北京: 地质出版社，1989

[4] 28th International Ceological Congress, Abstracts, U. S. A, 1-3,1989

[5] GSA, Geoscience resarch and public policy（1989 Annual Meeting Committee Frontiers Symposium），1989

[6] 美国地球物质的物理和化学专题讨论会报告. 地球物质研究. 谢鸿森等译. 西安: 西北大学出版社，1990

[7] Molnar, P. Continental tectonics in the aftermath of plate tectonics. Nature, V. 335,1988

[8] Zwart, H. J. The intemational lithosphere program review. Episodes, V. 12, No. 2,1989

[9] Geophysics Study Committee, The role of fluids in crustal Processes. National Academy Press, 1990

[10] 殷鸿福. 古生物演化的新思潮及其对地质学的影响. 地质评论，1986（1）

[11] 吴瑞棠. 事件地层学——一个新的挑战. 地质论评，1986（4）

[12] Hsu K. J. Henken E. —Mellies W. U., Earth processes and global changes. Global and Planetary Changes, V. 2, No. 1-2, 1990

[13] Fuchs K. Composition, structure and dynamics of the lithosphere-asthenosphere system. American Geophysical Union, 1988

[14] Fuchs K. Super-deep continental drilling and deep geophysical. Berlin: Springer, 1990

[15] Gubbins D. Seismology and plate tectonic. London: Cambridge Univ. Press, 1990

[16] Howell D. G. Tectonics of suspect terranes: mountain building and continental growth. London: Chapman and Hall, 1989

[17] Koziovsky Ye A. The superdeep well of the Kola Peninsula. Berlin: Springer, 1987

[18] Kroner A. Proterozoic lithospheric evolution. American Geophysical Union, 1987

[19] Robert F. M., et al. Properties and processes of Earth's lower crust. American Geophysical Union, 1989

[20] Coward M. P., Rics A. C. Collision tectonics. Oxford: Blackwell Scientific Pub., 1986

[21] Kearey K. Global Tectonics. Oxford: Blackwell, 1990

[22] Nicolas A. Structures of ophiolites and dynamics of oceanic lithosphere. Kluwer Academic Pub., 1989

[23] 叶连俊等. 秦岭造山带学术讨论会论文选集. 西安: 西北大学出版社，1991

[24] 黄汲清等. 中国及其邻区特提斯海的演化. 北京: 地质出版社，1989

[25] 李春昱等. 秦岭及祁连山构造发展史. 国际交流地质学术论文集（1）. 北京: 地质出版社，1978

[26] 王鸿祯等. 东秦岭古海域两侧大陆边缘区的构造发展. 地质学报，1982（2）

[27] 马杏垣. 中国岩石圈动力学图集. 北京: 中国地图出版社，1990

[28] Mattauer M., et al. Tectonics of the Qinling belt: bulid—up and evolution of Eastern Asia. Nature, V. 317, No. 10,1985

[29] Hsu K. J., et al. Tectonics evolution of Qinling Mountains, China. Ecloge Geo. Hel., 80,1987

[30] Wang Hongzhen. Tectonic developrnent of the Proterozoic continental margins in East Qinling and adjacent regions. Journal of China Univ. of Geosciences, V. 1, No. 1,1990

[31] 张国伟. 秦岭造山带的形成及其演化. 西安: 西北大学出版社，1988

[32] 张本仁等. 秦巴区域地球化学文集. 武汉: 中国地质大学出版社，1990

[33] 袁学诚等. 秦岭造山带的深部构造与构造演化. 见: 秦岭造山带学术讨论会论文选集, 西安: 西北大学出版社, 1991

[34] 任纪舜等. 论秦岭造山带. 见: 秦岭造山带学术讨论会论文选集. 西安: 西北大学出版社, 1991

[35] 许志琴等. 东秦岭复合山链的形成. 北京: 中国环境科学出版社, 1989

[36] 贾承造等. 东秦岭板块构造. 南京: 南京大学出版社, 1989

大陆造山带成因研究*

张国伟　周鼎武　于在平

造山带虽然经过近代一百多年的研究，但仍一直是地质科学研究的前沿课题。特别是 80 年代以来，大陆造山带成因研究已成为固体地球科学最主要前沿领域之一。迄今通常认为，造山带是地壳挤压收缩的变形带，是挤压性构造运动造成的，并把这种造成构造山脉的作用叫作造山作用或造山运动。造山运动是在地球深部构造动力学背景下所发生的岩石圈剧烈构造变动和其物质与结构的重新组建的复杂地质过程，造成岩石圈横向收缩、垂向增厚，隆升而成山。实际上，大陆和大洋中都存在有多种类型的山脉。大陆上有诸如著名的阿尔卑斯－喜马拉雅山系、洋陆交接地带的环太平洋山系、以及横贯我国中部的大别－秦岭－昆仑山系等，它们主要是地壳挤压收缩、岩层褶皱、断裂、并伴随岩浆活动与变质作用所形成的山脉。但还有如东非裂谷、德国莱茵地堑构造等所形成的裂谷侧旁山系。它们显然是由于地壳拉张造成的。在拉伸构造形成裂谷、裂陷盆地的同时，相对造成了周边抬升，构成山系。其中最突出的是全球性的大洋中脊，它们是宏伟巨大的洋底山系，无疑属地球最大的拉张伸展构造单元。此外，还有如夏威夷那样的由洋底火山活动所形成的山脉，以及像西南太平洋中的洋内俯冲造成的洋岛山链，显然后者又属洋内挤压性山脉。因此，按照造山带的原来含意"在严格的词源意义上，褶皱作用、翘曲作用、断裂作用和火山活动等全是'造山的'产物……"。所以可以说，不但是挤压断裂褶皱成山，而且扩张拉伸、剪切走滑、火山活动同样可以造山，故可以把造山带广泛理解为呈狭长隆起山脉的由造山作用所形成的岩石圈变形构造带。当然，就总体而言，造山带主要是岩石圈或地壳收缩增厚构造变形所造成。

我们国家有着得天独厚的丰富复杂的地质条件与众多各种类型的造山带，因而，我国有条件、有可能、有必要开展大陆造山带成因的综合研究。综观全球与宇宙，立足于中国造山带实际，总结新发现、新认识，提出新观念、新理论，丰富和发展造山带成因理论，为世界固体地球科学的新发展作出我们应有的贡献。

*本文原刊于《当代地球科学前沿》，1993：145-153.

一、造山带成因研究思路的新发展

概括最近 30 多年的历史，关于造山带成因学说与观念的发展，可以归纳为以下三种：

1. 地槽说的地槽回返造山说

60 年代板块构造说诞生以前，地槽说在地质学中占统治地位，它总的基本出发点是固定论，即虽认为地壳与地幔密切相关，但岩石圈地壳相对于地幔不可能发生任何大规模的水平位移，因此其地球构造观便立足于造山带是地壳内的沉积槽地及其回返成山，着眼于槽地成因、类型性质和分布演化的研究，发展了古生物地层对比、沉积岩相与建造学说和造山作用等一系列地槽回返理论。然而，地槽说始终没有使地质科学摆脱其处于描述为主的状态。当然这与当时对于海洋和深部地质知之甚少的客观情况也是直接相关的。

2. 板块构造的俯冲碰撞造山说

60 年代兴起的板块构造假说，认为造山带是岩石圈板块在其侧向运动中相互作用的结果，是洋与洋或洋壳对陆壳的俯冲和陆与陆碰撞的构造产物。即造山带的形成与演化主要取决于岩石圈板块相对运动及相互作用，是板块间俯冲碰撞造山（Sengër，1990），从而根本改变了地槽说的壳内槽地的沉积堆积作用和回返造山作用的观念。因此造山带研究的中心和方法，也必然随之而发生改变，转向板块的形成与演化，古大陆边缘地质、蛇绿岩及混杂岩带，主缝合带和俯冲碰撞构造作用及与之相关的岩浆活动，变质作用与成矿作用等基本问题。总之，形成了板块构造的基本造山带成因学术观念，即板块俯冲碰撞造山说。

3. 现今的多成因造山说

板块构造说在经历了 70 年代大洋与大陆研究的验证，有了新的发展，80 年代以来，在把经典板块构造理论运用于大陆地质过程中，在新的地球物理探测技术迅速发展和深部地质新的发现不断涌现的情况下，逐渐认识到，大洋岩石圈和大陆岩石圈有本质的差别，大陆上的许多造山带的一系列不同层次的板片岩席不但在板块消减带边缘，而且在大陆内、板块内也发生了大规模侧向位移而形成叠覆堆置、构造变形和地壳增厚，从而构成山系。发现岩石圈不是简单的像大洋岩石圈那样的刚体，而是极其不均一的，随深度变化具明显塑性流变特征的固态介质材料，可以发生广泛弥散渗透性变形。因此，大陆造山带的形成与演化，就不仅仅是俯冲碰撞造山所能全部解释，而是可以由包括板块俯冲碰撞造山在内的多种多样地质机制所造成。由此应运而生提出了"内硅铝造山作用""滑线场理论"和"地体"说、"碎裂流"说、"岩石圈分层"说等多种成因造山说，也出现了诸如马托埃（Mattauer）的俯冲型、俯冲型、碰撞型和陆内型的造山分类。许靖华的德国型、加利福尼亚型和阿尔卑斯型，其中又把阿尔卑斯型细分为环太平洋型与特提斯型（碰撞型）。辛格（Sengër, 1990）的走滑挤压造山、仰冲造山、俯冲造山、碰撞造山等。显然，造山带研究的学术思路与观念又发生了新的变化，形成了多成因造山说。

从地槽回返造山、板块构造的俯冲碰撞造山到提出多成因造山，从经典板块构造解释大陆地质遇到新的疑难，再次突出了大陆地质问题，很明显，大陆地质与大陆造山带已成为固体地球科学新发展的主要前沿研究领域之一。90年代不仅将是大陆地质和深部地质的时代，而且是地质学家重新认识大陆造山带成因，进行新的探索的时期，从而使固体地球科学再进入一个新的发展阶段。

在这种形势下，90年代大陆造山带成因研究，应以现代固体地球科学和大地构造学对于地球及其固体外壳——岩石圈的新认识作为新的基础与起点。其中最主要的新认识包括：①地球，包括固体外壳，是一个整体的物理、化学、生物的行星综合体系；②地球物质的物理、化学性质随深度在变化；③地球及其外壳在组成与结构上纵横向都极不均一，洋陆岩石圈具有本质的差异；④流体在岩石圈的形成与演化、构造发展上起着重要的不可忽视的作用；⑤新的演变论认为演变形式是地球构造发展的重要质变形式之一，大陆长期漂浮而不易俯冲回到地幔中去；⑥大陆岩石圈具有不同的流变结构，不是一个简单"刚体"，其地壳与岩石圈地幔间并非是完全连续的刚性整体运动，却出现壳内、壳幔间和岩石圈幔中多层次拆离滑脱的侧向大规模运动。

二、大陆造山带成因研究的几个主要问题

大陆造山带的成因研究是对造山作用的结果及其过程恢复的综合研究，并进而探讨大陆造山带形成与演化的规律，建立理论的模式，进行地球和岩石圈动力学的探索，为人类所需求的资源、能源、预防灾害，改善环境提供理论和实践的指导与依据。在探索造山带成因时，要抓住以下几个主要问题进行研究：

1. 造山带构造的几何学、运动学与动力学研究

造山带构造研究重要的研究课题是：①造山带最基本的基础构造研究；②碰撞构造研究；③陆内造山构造研究，或者称大陆构造研究。

（1）造山带基础构造研究。指研究造山带中大量广泛发育的最基本构造现象——构造形迹和构造要素的几何学、运动学与动力学研究。其主要新进展有：①现代大陆造山带构造研究的一个突出特色是，以中小露头尺度构造研究为基础，从显微到中小尺度，以至到宏观巨大尺度的构造研究。中小尺度以各种不同构造形迹和要素的几何形态、性质、世代、成生关系、组合型式、构造样式与构造复合关系的系统调查研究和实际构造的观察、描述、测量与综合分析等为主要研究内容。在此基础上进行显微、超显微构造研究，其重点不仅是构造的微观几何性质、运动学与动力学特征的观察，更重要的是揭示天然变形岩石的微观变形机制，这已成为探讨构造地质学许多基本问题的不可缺少的

重要基础研究，尤其是在探讨韧性变形机制与岩石圈固态流变性和变形变质关系及微观变形测量、动力学机制方面，具有重要的意义。宏观大尺度构造研究，则是在显微、超显微和中小尺度研究基础上，从岩石圈板块或陆内块体间的运动与相互作用，从构造动态演化、时空变化、叠加复合、构造层次和不同变形机制等多方面，结合地球物理与深部地质，进行三维构造分析，探索大陆造山带构造演化规律、成因及其动力学。②大陆造山带构造的有限应变测量与递进变形研究以及探索造山带平衡剖面的制作，是 80 年代以来，造山带构造研究的重要进展之一。通过不同方式进行天然变形岩石的有限应变测量，了解区域应变场合应变状态，掌握真实的变形途径与历史规律，从而分析其所反映的相应构造应力场与应力状态，进行变形过程、变形机制和动力学的分析。同时还可以进行造山带地壳缩短量估算和逆冲推覆构造等具体构造的有限应变测量，等等。岩石的有限应变测量标志着构造研究走向定量，是现代造山带构造研究的重要组成部分。③造山带构造层次和岩层介质变形行为，尤其是大陆岩石圈的固态流变性已为现今和未来大陆造山带研究中的重要内容。构造层次概念虽很早就由魏格曼（Wegmann, 1935）提出，并应用于造山带成因研究，但真正被普遍接受采用，却还是 80 年代以来的事。固态流变性与不同流变结构是大陆岩石圈的突出特点，而且是重要的带有动力学意义的特性，已成为造山带构造观察研究和变形机制分析的重要基础之一。现在造山带构造层次和大陆岩石圈固态流变性已不只是作为一般概念，而是和地球物质的物理、化学性质随深度而变化，大陆岩石圈深部分层次与非均一性、深部流体作用，以及大陆岩石圈中多层次拆离滑脱构造等多种不同构造型式的形成机制等一系列固体地球科学的新概念、新理论密切相关。而且它们实质上已成为涉及整个造山带形成、演化、成因及其动力学的重要研究内容，也成为探讨大陆岩石圈特性的重要途径。④大陆板块边界构造作用及其周围地区的构造效应：通过大陆造山带构造研究，日益认识到造山带决非是两个刚性板块简单相互作用及仅限于边界的构造变形，而是在大陆特殊习性下所发生的板块间或板内（陆内）多个块体间，多次性相互俯冲、碰撞、拼贴、叠覆的复杂过程和发散性的广泛构造变形，也更加认识到大陆造山带的多样性、区域性与复杂性，因此更加突出和重视造山带基础构造、碰撞构造与陆内构造的研究，愈加重视依据造山带不同构造体制与构造动力学，特征的综合研究与构造区别，编制出造山带动力学的再造图，追索大陆造山带的真实构造过程，探索其组成、结构、演化、成因与动力学规律。

（2）碰撞构造研究。碰撞构造作为大陆造山运动的主要机制之一，迄今仍是地质构造研究的热点和大陆造山带研究的基本内容。1983 年曾在英国召开了碰撞构造的专门学术会议，1986 年出版了该会议的学术论文集，至今仍有很多专门论著发表。

碰撞构造研究是关于碰撞造山带形成及有关地质演化过程的多学科综合研究。近年来研究表明，它不但包括经典板块构造模式中的洋内俯冲碰撞、洋与大陆边缘岛弧的碰撞、岛弧与大陆、大陆与大陆的碰撞。而且发现大陆造山带中也包括了各类地体、微型地块间的拼贴碰撞和大陆内块体间的碰撞。碰撞研究的中心问题是如何认识侧向运动的板块、地体或大陆块体间的相互作用；如何研究与认识板块、地体与地块的运动、位移方向和速率怎么转化为汇聚拼贴碰撞边界上的应变与应变速率，转变为造山带和广泛发散性构造变形；如何导生出相关的有规律的岩浆活动、成矿作用与变质作用等物质和地球化学的再分配与重建。它涉及到碰撞前、碰撞过程中与碰撞后所发生的一系列造山构造变动及其动力学问题。碰撞构造可以分为不同性质和类别的碰撞构造。其中一类是单次板块碰撞造山，如喜马拉雅山带，它们保存有典型的从大洋俯冲到陆-陆碰撞造山的物质记录和构造特征，诸如板块碰撞缝合带、洋脊蛇绿岩、碰撞构造混杂带、碰撞变质作用与钙碱性岩浆活动。另一类碰撞构造是在大陆造山带中，不具有典型板块碰撞造山的特征，而是介于板块碰撞造山与真正陆内造山之间的具复杂过渡性特征的造山带和具有不同演化阶段不同构造体制的复合造山带。例如中国的秦岭、新疆北半部的诸山系等就具有这样造山带的特征。在它们的演化过程中无真正开阔大洋，只有有限洋盆，甚或无洋盆，基本属于陆内不同岩石圈板块、微型地块、大陆壳块体间的相互作用与碰撞叠覆成山，它们往往既有板块碰撞造山的某些特征与标志，又具有陆内造山的特点，两者复合交织，呈现出一种特殊复杂的造山带特征。这可能正是大陆地质和大陆造山带固有性状及其特殊复杂性的表现，也应是重新认识大陆岩石圈，探索大陆地质和大陆造山带成因的新问题。据此发展板块构造理论，创立适用于洋陆整个岩石圈的新构造观与理论的重要研究领域。因此我们应当充分重视和深入研究这类造山带。

（3）陆内造山构造研究。80 年代以来，大陆地质和深部地质的重要突破性进展是发现大陆岩石圈不同于大洋岩石圈，不是简单的刚性板块，陆壳与岩石圈地幔并非是统一刚性整体运动，而是常常发生近于水平的多层次拆离滑脱倒向大规模运动，陆内产生广阔强烈构造变形，岩席、岩片多种堆叠加厚，形成多种陆内造山带，而决不仅仅像大洋板块只限于狭窄板块边界附近。迄今经典板块构造没有能对大陆内的广泛变形提供详细的解释与描述。陆内造山构造是指在大陆岩石圈动力学背景下大陆岩石圈内（或称板内）所发生的不同造山运动所形成的各种构造。它们造成和组成了独特的陆内的岩石圈构造变形、滑脱位移与加积加厚，并伴随变质、岩浆活动等，构成陆内造山带。它们的主要造山机制可能包括有大陆构造的陆内俯冲、大陆多层次拆离滑脱和逆冲推覆、大陆伸展和剪切走滑等，它们可以是地表浅层次脆性构造，也可以是中深层次脆-韧性，韧性构造，具有多种构造组合型式，有其形成的特殊条件与成因机制。大陆造山带中的伸展构造已引起了广泛注意，在美国西部盆岭山地，在我国的喜马拉雅、燕山、秦岭等造山带及世界其他一些造山带中，都发现与研究了造山带内的不同伸展构造系统。它们有造山带形成早期阶段的伸展构造，如陆内、陆间裂谷构造与伸展剥离构造，也有造山带演化过程中伴随总体收缩挤压构造而出现的同性伸展构造，例如裂陷、变质核杂岩与低角度正断层，还有在造山带末与期后隆升中发生的断陷、剥离断层与其他重力滑动构造，等等。总之伸展构造已成为造山带构造研究的重要内容。其关键问题是，造山带形成与演化过程中什么阶段、什么动力学背景下，什么构造部位产生何种类型与型式的伸展构造，造山带的收缩挤压与拉张伸展作用的关系与两者的转化关系，以及挤压构造与伸展构造的时空组合关系，它们在什么程度上揭示着大陆造山带与大陆岩石圈的特殊性状，伸展构造在造山带形成与演化中的作用，造山带中伸展构造模式，等等，都是值得进一步探讨研究的前沿问题。大陆岩石圈的分层性及大陆的多层次拆离滑脱构造和逆冲推覆构造是大陆造山带形成的主要机制之一。自 70 年代以来，对其研究已取得突破性重大进展。世界绝大多数的造山带，均以不同型式的逆冲推覆构造叠置而成。如著名的阿尔卑斯、阿帕拉契亚等典型的逆冲推覆造山带。我国造山带也多发育逆冲推覆构造，如秦岭 - 大别山就是一例。它们虽与世界典型逆冲推覆构造山脉遵循相同、相似基本规律，但它们更有区域性的、具普遍意义的独特的新特点，需要我们从实际出发，总结推覆山脉的新特点、新内容，探索大陆造山带的新规律。剪切走滑构造，也是大陆构造的一种主要型式，继本世纪 40 ~ 50 年代 Meddy 和 Hill（1956）等，关于走滑断层构造学的总结性论述之后，由于板块构造和大陆地质的新进展，使其再度引起地学界重视。在大陆地质中 Tapponuier 等提出的滑线场理论与著名的模拟实验，就是一例。剪切走滑构造往往构成一个脆性或韧性的断层系列，其走滑活动不只是直线平移，而且常常引起旁侧地块的旋转运动，其本身具有双层结构，具有压扭收敛性走滑与张扭离散性走滑等，共同形成一系列重要派生构造组合，诸如拉伸 - 挤压结构，拉分盆地、花状构造、雁列构造及旋转构造等，使其成为大陆构造中一个重要独立的构造单位，具有重要意义。走滑断层构造在大陆造山带中也占有突出地位，大型剪切走滑可以直接单独造山。除此之外，它在造山带中或以主导构造的派生构造和造山带演化特定阶段的产物而出现，或以单独构造成分以叠加复合型式出现，它往往能直接影响或控制造山带的形成与演化。我国众多的造山带中，普遍发育多期次不同性质的走滑断层构造，所以大陆造山带研究重视剪切走滑构造是显而易见的。研究的主要内容有几何学特点，包括其形态、组合型式、分布规模与等级、脆性 - 韧性双层结构等；收敛和离散性滑移运动学特点及导生构造与拉伸 - 挤压结构等形成机制、成因与动力学特点；在造山带中的作用及其与其他构造，如俯冲碰撞、逆冲推覆构造等的相互关系等。

2. 造山带基本组成与地球化学研究

造山带基本物质构成研究包括岩石地层及其时空分布与层序、沉积作用、岩浆活动、变质作用、成矿作用，以及造山带地球化学特征与演化。它们是造山带形成与演化的物质记录，也是探索造山带成因的主要的基础研究。造山带的这些物质记录常常是残缺不全和几经变动、变质，乃至面目全非，所以既要从认识追索恢复重建，又特别需要从残存者中追踪缺失消亡者，只有把残存和消亡两方面综合加以研究分析，才能比较客观全面地探索重建造山带形成与演化的真实进程。

（1）造山带的岩石地层研究。大陆地质研究最新进展证明，造山带的岩石地层不仅多期变形变质，形成复杂的不同变质地质体，包括块状变质杂岩系和层状变质岩系，失去原岩地层特点，而且常常以脆性断层或韧性剪切带为界面，形成多层次拆离滑脱构造、逆冲推覆构造、走滑剪切构造、伸展构造和地体构造等，发生等级规模不等的位移旋转、叠加变形变质、拼贴叠覆。因此，大陆造山带的岩石地层研究，不但不能简单地采用地台型沉积岩区方法，而且也不能只按照变质岩石学方位恢复原岩建立层序，而需要以新的大陆造山带学术思路为指导，首先进行系统构造研究，其中最主要的是：①通过精细构造研究，确定基本构造格局与构造型式，正确认识和划分不同板块和构造岩片、岩块推覆体、微型地块或地体，进而分别建立各自的岩石地层单位与层序，并进行区域对比。②造山带的中深构造层次，岩石强烈构造置换与变形，普遍发生固态流变，形成不同尺度和强度的剪切流变褶叠，岩层已非原状，不具原始沉积地层层序意义。在这种情况下，最重要的是识别划分构造岩石地层单位、准确建立构造岩石单位，进而再进行岩石地层恢复重建。③正确认识与处理造山带中原生地层层序与新生构造岩石单位关系，以及不同地质体、块体的构造岩石地层单位之间的关系与对比。

（2）古海盆恢复。造山带古海盆恢复研究关键在于确定古海盆性质、类型、规模及其发展演化。古海盆研究应以活动论为指导，以构造为主线，以沉积学（包括火山岩石学）研究为主要内容，结合区域地质构造、蛇绿岩、地球化学与同位素年代学、古地磁学等多学科综合研究，研究沉积体系与岩相古地理、特种岩类及其形成构造环境；研究古生物地层学、构造地层学、地震地层学与层序地层学，进行不同沉积体系划分，识别其形成的不同构造背景，探索沉降盆地形成过程，判定古海盆性质，查明其是否发育不同性质的古大陆边缘，有无大洋，什么样的大洋，是广阔大洋或有限窄大洋，还是小洋盆，或者只是陆表海、残余海盆，进而从动态上恢复古海盆及其演化。对于大陆造山带成因研究而言，应特别充分考虑到在大陆岩石圈动力学背景下古海盆、古板块、古地块、微型地块、地体的多种多样古地理环境和极其复杂的古构造组合与发展演化。

（3）大陆造山带蛇绿岩系研究。蛇绿岩一直被认为是大陆造山带板块俯冲碰撞造山的可靠证据。新的研究发现，蛇绿岩可以形成于不同构造环境，有不同的类型，如大洋中脊型、岛弧型、边缘海型等，或按地球化学特征划分为高钛、低钛、极低钛。不同类型的蛇绿岩具有不同的岩石组合与地球化学特征及形成机制，具有不同的地质意义。重新认识研究大陆造山带中残存的镁铁质与超镁铁质岩石及其组合，探究其岩石学与地球化学特征、变质变形特征、构造形态与产出状态、构造就位机制及其类型以及造山带中的地质演化意义，不同类型蛇绿岩的岩石学与地球化学特征及其差别标志，陆缘型蛇绿岩与岛弧火山岩的关系与区别，它们的形成机制与地质含义已成了当前需要研究的重要课题。

（4）大陆造山带中的花岗岩。岩石圈板块运动及陆内块体间的运动及其相互作用，导致壳幔、壳内物质的相互作用与分异交换，其中花岗岩就是其中主要产物之一，而造山带的形成正是这一过程的集中表现，因此花岗岩成为探索造山带成因的真实记录。70年代以来，用板块构造俯冲碰撞造山观点和广泛运用稀有稀土元素及同位素地球化学方法，形成一系列新观点、新认识和新的不同分类方案。尤其值得特别重视的是人们现在不仅把花岗岩当作岩体，而且从其与岩石圈形成演化的内在关系，把花岗岩当作地质体，进行花岗岩的岩石学、地球化学、成因、形成机理、定位机制与形成构造环境，以及其同位素年龄等一系列花岗岩区域地质上形成发展的基本问题的综合研究，而在方法上采用一套新的单元－超单元－岩基段的等级岩浆－构造单元的填图研究方法，并形成一些新的研究思维，这些概念与方法，标志着花岗岩研究的新发展。特别是花岗岩形成演化与陆内造山、陆内俯冲的关系，成为大陆造山带花岗岩研究的新课题。以秦岭造山带为例，当晚海西－印支期结束其主造山期之后，秦岭造山带并未平静下来，而是发生了新的不亚于俯冲碰撞造山的强烈陆内造山作用。其中一个突出特点是，伴随大规模的陆内逆冲推覆、块断平移走滑构造发生了强烈的以花岗岩为主的岩浆活动与成矿作用，形成广泛分布的浅源深成花岗岩基与深源浅成斑岩群。今后要研究的关键问题是，在完全陆内造山条件下，是什么强大热动力机制与作用，促使深部物质部分熔融、分异、上升侵位形成如此巨大众多的花岗岩，它们的岩石地球化学特点、成因、侵位机制，成矿特点是什么，它们与陆内造山作用，诸如 A 型俯冲、逆冲推覆、伸展构造、剪切走滑构造有何关系，等等。

（5）大陆造山带变质作用研究。60 年代初期变质相系的提出，把原单纯的岩理学研究与大地构造学紧密相结合，开辟了新的研究方向，使变质岩石学研究推进到变质地质学的发展新阶段。其中双变质带成为俯冲带、缝合带的主要标志。70 年代以来 pTt 轨迹开始广泛应用于造山带的构造与变质作用研究中。pTt 轨迹的新概念，把变质作用的演化与大地构造环境、构造演变过程及构造热场状态变化等地球动力学条件紧密结合起来，用于探索建立和检验造山带的构造模型与造山带演化，代表了变质地质学新的前沿研究方法，成为大陆造山带研究的重要新内容。另外，应重视和加强造山带中主要断裂活动和变质作用，尤其韧性剪切带变质作用研究和变质岩的显微构造研究。它们和地球物理研究相结合，与深部构造过程相联系，对于探索大陆地质与大陆造山带的构造物理化学过程与构造热演变史及地球动力学研究也具有重要意义。

（6）造山带地球化学研究。造山带地球化学研究不但本身就是造山带岩石圈物质和物质构造运动研究的基本组成部分，而且它为造山带成因研究提供了不可替代的具有本质意义的大量重要追踪信息。其作用主要有：①地球化学是研究造山带岩石圈基本组成，包括古板块、微型地块、陆内地块和岩层、岩体、岩石，尤其是火山岩与岩浆侵入岩的来源、成因及其形成构造环境的主要途径与方法之一。②探索造山带区域地壳元素丰度的统计规律性及造山带地壳剖面上的地球化学连续性与非连续性及其纵横向变化特征，了解造山带地球化学的非均匀性及区分不同地球化学省，进而探讨造山带岩石圈物质的分异交换和壳、幔化学演化的规律及其构造动力学特征、造山带地球动力学演化中的重要内容。③通过对地幔岩、幔源岩石与包体、下地壳与有关岩石的地球化学研究，以及生热元素分布与演变研究，结合地质、地球物理与高温高压实验研究，可以探讨造山带岩石圈深部物质的成分、结构、地球化学的非均匀性和造山带岩石圈深部热结构及其动力学。④年代学测定技术的新发展，尤其是不同方法同时配合使用，相互标定，大大提高了年代数据的可靠性、准确性。现代大陆造山带成因研究中，正在把地层年代表、构造事件年代表和岩石岩体侵位年代表等三种年代表分别建立，统一对比，以深化对造山带演化的认识。

3. 各大陆造山带深部结构与状态模型研究

现代大陆造山带研究已经发展到必须要有深部地质研究作为其可靠基础，否则有关造山带形成与演化及其动力学等一系列根本问题的最终解决和探索都将是困难的。

从现有造山带的研究和地学发展趋势看，大陆造山带深部状态与结构研究有以下几点值得重视与考虑：

（1）横穿造山带岩石圈地学断面详细解剖研究。选择一二条典型的具有代表性的造山带岩石圈剖面，进行以反射地震剖面为主，配合其他地球物理探测技术和常规方法，紧密结合地质、地球化学研究，进行横贯造山带的地球物理剖面、地质剖面和地球化学剖面的综合断面详细解剖研究，以形成一条地学断面型造山带三维地质走廊带，达到重点解剖，掌握造山带断面地带岩石圈结构与状态。这已成为造山带成因研究的基本支柱之一。

（2）运用地震层析成像技术（CT），重点研究造山带岩石圈不同层次的纵横向非均匀性和流变性质，配合其他地球物理常规方法，结合地质和地球化学，了解岩石圈热结构及热场状态演变，共同探索造山带岩石圈结构与物理状态及其动力学意义。

（3）运用各种地球物理探测技术与多种常规方法，并综合多种地球物理成果，紧密结合地质与地球化学研究，进行造山带深部构造研究。其中基底构造、大型主要界面的地球物理场特征与分布、性质状态变化，尤其5～10千米左右的地壳浅层细结构的探测研究是基本内容，进而确定造山带现今区域深部的构造格局，并为地表地质构造认识提供坚实基础。

（4）由于大陆造山带的复杂性和强烈变质变形，使古地磁的研究受到了限制，但古地磁研究仍是造山带研究的一个重要内容，具有重要意义。古地磁研究除了仪器方法的改进提高之外，在造山带中，必须在详细地质构造研究基础上系统合理取样和客观准确的解释使用也是至关重要的问题。

4. 各大陆造山带形成与演化的综合研究

大陆造山带形成与演化的综合研究是从造山带现状研究出发。逐步筛分，追溯恢复其演化历史，概括其形成与演化的基本特征与规律，进而建立造山带演化理论模式。据此可以探索大陆岩石圈的形成与演化及其特征与动力学机制，探讨当代地学前沿有关基本问题。

研究的主要重点概括如下：

(1) 大陆造山带现今基本特征的综合概括研究。其主要内容是：①造山带现今基本构造格局和基本构造单元的分析研究。综合前述大量系统的地质、地球化学与地球物理研究成果，进行时空四维的构造格局分析与构造单元的划分。近十多年大陆岩石圈研究表明，大陆造山带多以逆冲推覆构造形成的多层次薄皮构造为突出的造山带构造形式，因此应重视多种构造岩片、岩席的叠置与区划研究，包括其形态类型、规模范围、应变量与推覆滑移距离、扩展序列与机制，尤其是常常作为分割边界的韧性剪切带或糜棱岩带的精细研究，查明其基本构造格架，并从中分析认识被改造的古板块构造系统和其他前期构造，以及被包容呈残存状态的古老前寒武纪基底构造系统，从而综合分析，判定主次及关系，确定造山带的基本总体构造格局与基本特征。②现今造山带的基本物质组成的分析综合研究，把造山带的基本组成作为造山带物质运动的实体与物质纪录，概括造山带物质演化基本特征与规律，恢复建立造山带基本地层单元与层序序列，进行区划对比。③根据造山带现状的综合研究，探讨造山带共同的和独特的基本特征，尤其是总结概括其特有的造山带特色。这对于认识大陆造山带成因、发展造山带理论都是非常重要的。

(2) 造山带形成与演化历史的恢复。现代大陆造山带成因研究表朗，大陆造山带往往是多期造山作用的复合，具有长期复杂演化历史。依据造山带研究的新进展，关于造山带的形成与演化的综合研究应首先考虑以下问题：①造山带演化阶段的划分与主构造期的确定。在综合研究基础上，确定造山带的不同构造期次、时代，划分造山带演化阶段，并在此基础上，确定造山带的主构造期。②研究探索不同演化阶段的不同构造性质与构造体制。根据综合研究成果，查明造山带不同演化阶段的构造运动、造山作用性质，确定其基本构造体制，即在什么动力学背景下以什么地质构造过程发生什么性质的造山作用，形成的造山带是现代板块构造体制还是陆内造山体制，等等。进而研究不同演化阶段不同构造体制演化的转化复合关系。

(3) 造山带的动力学分析。大陆造山带是由深部的物理学、化学过程引起的岩石圈连续介质、刚性块体间相互作用而导致的强烈构造变动与变形造成的。从这个意义上讲，大陆造山带的动力学问题，即是地球动力学或者说是岩石圈动力学。它涉及地球深部，特别是上地幔的状态、组成与结构的非均一性，热结构与状态变化，以及深部所发生的物理学、化学过程；涉及到大陆岩石圈的特性、流变结构、壳幔粘连程度与关系、壳幔物质能量转换与热场状态；涉及岩石圈地幔地壳状态与结构，包括上部的脆性行为与中下部的韧性及两者的转变关系与意义，还涉及深部过程与岩石圈运动的变换关系，等等。

显然这些都涉及到当代固体地球科学正在探索的一系列动力学问题。90 年代人们正在积极进行追索，相信随着它的研究进展，造山带动力学分析也必将会更快发展。

同时，造山带动力学机制与特征的研究，也正是探索地球动力学的主要途径之一。通过造山带形成与演化过程的综合研究，不同演化阶段的不同构造体制动力学分析及动力学的演变认识，诸如大陆碰撞构造动力学分析、陆内造山构造动力学分析以及前寒武纪、显生宙与现代构造动力学分析和众多具体构造型式形成与演化的动力学分析；通过造山带深部状态、结构、热结构活动、固态流变、流体作用与物质分异交换等造山带具体内容的详细研究，可以获取大量关于造山带形成与演化的动力学特征与动力学机制的信息。无疑这是造山带动力分析的主要可靠依据。

（4）造山带区域成矿作用与成矿背景研究，并进而进行成矿预测，应是造山带的研究主要内容与任务之一，并可把它作为造山带物质运动的组成部分进行综合研究。造山带近期的活动与发展趋势，是关于全球变化、预防灾害、改善环境的研究，同样应予重视。

（5）大陆造山带综合研究，最终应编制出各种造山带区域与专门图件，其中应包括体现整个研究成果的造山带地质图、构造图，特别希望能编出类似 GGT 的造山带地学剖面图和造山带构造动力学图及动态的古海盆演化图。

总之，大陆造山带成因研究正处在一个重新认识和迅速发展的时期，是当前固体地球科学的主要前沿之一，充满着探索性，有着巨大的发展前景。这一切都要求对于大陆造山带的研究，应以现代科学技术知识和固体地球的最新进展为基础，以活动论的观点和板块构造及其新进展与大陆地质新进展为指导，面向全球及宇宙，从造山带实际出发，选择研究基地（自然实验室），展开多学科全方位时空四维的深入系统精细研究方能取得进展。

秦岭造山带基本构造的再认识*

张国伟

根据已有研究基础，学习前人成果[1-5]，随着国家自然科学基金"八五"重大项目"秦岭造山带岩石圈结构、演化及其成矿背景"研究的全面而有重点的系统开展，秦岭造山带基本构造面貌有了新的发现，新的探索，获得重要新认识。

新的研究表明，秦岭造山带现今有两条主要构造结合带，三个基本大陆地壳块体构造单元。岩石圈结构极不均一，纵横向分层分块，上下构造不一致，呈现为复杂多变的组成、结构及物理化学状态。秦岭存在两类造山带基底，经历三大主要构造演化时期，历经长期复杂演化，既有世界造山带共同基本特征，又独具突出的自身特征，非为现有造山带模式所能简单概括[6]，需进一步研究认识。

一、秦岭造山带现今基本结构与单元

秦岭造山带现今存在两条主要构造结合带，或者称构造分界带，即商丹带和勉略–巴山弧形带。据此秦岭分划为华北地块南缘、秦岭和扬子地块北缘三个主要构造单元。故秦岭造山带现今基本由三个大陆地壳块体沿两条主构造结合带以不同构造方式组合而成，南北方向上，总体成华北和扬子地块向秦岭地块下俯冲，形成不对称扇形复杂叠置的几何学模型。东西向自东而西从大别山到西秦岭，依次由造山带深层根部带，中深层次到上部浅层次分块组成一带强大山脉，成为我国南北地质主要分界线，成为世界著名大陆造山带，为地学界所瞩目。

商丹带位于秦岭中部沿商县–丹凤近东西一线千公里延伸，长期分割秦岭南北，使之具明显差异。综合研究证明它是以不同时期不同层次与性质的断裂为骨架包含不同成因来源的构造岩石单位，经历长期演化所组成的秦岭造山带的主构造边界结合带[7]。它以晚元古到中生代初的秦岭板块构造主缝合带为主体，包容中晚元古宙裂谷和小洋盆构造残迹，并叠加中新生代晚近陆内逆冲推覆，平移走滑和块断构造的叠加，形成独具特

---

*本文原刊于《亚洲的增生》，1993：95-98.

色的复合构造结合带，在秦岭中占有突出位置。

勉略－巴山弧形带，包括西部略阳－勉县断裂带及其东延的巴山弧形逆冲推覆隐伏构造带。它实非秦岭南缘的一条简单断层带，而是一个具复杂组成与构造演化的秦岭造山带中，仅次于商丹的又一主构造结合带。它由于遭受燕山期平武－阳平关－勉县－巴山弧形－青峰－襄樊－广济的秦岭－大别南缘巨大逆冲推覆断裂的改造掩覆而失去其原貌[8]，以勉略地段为代表，它由略阳、状元碑等几条主干断裂为骨架，包括前寒武纪、震旦纪－寒武纪、泥盆纪－石炭纪等众多构造岩块，并有大量超镁铁质岩块构造就位于其中，呈宽约 1～2 千米，东西向数百千米延伸，现今以强烈构造剪切基质包容大量构造岩块，自北向南成迭瓦状逆冲推覆构造出露。该带的岩层组成、构造变形与其南北两侧显著不同，而却与其东延的巴山弧形带西乡的上下高川地段的构造岩层（震旦－寒武系、泥盆系－下三叠统）极为相似，反映它们原曾是同一构造环境下统一一带产物，只是遭受晚海西－印支期构造消减和燕山期断裂改造而成弧形孤零分割残存。再向东巨大的燕山期巴山弧形断层直到大别南缘，逆冲推覆盖掉其东延部分，致使秦岭地块逆冲推置在扬子地块北缘前陆带上，但据上述代表性地区恢复其原貌，仍可追踪。显然，实际它原是秦岭造山带中秦岭地块与扬子、松潘、碧口、龙门等构造地块的主要构造结合带，对于秦岭构造及其演化具有重大意义。尚需进一步研究。

上述二条主构造分界带，使秦岭分为三大陆壳地块构造单元：

（1）广义的华北地块南缘带，包括商丹带以北的原北秦岭构造带和华北地块南缘过渡构造带。其共同基本特征是同具华北早前寒武纪结晶基底，发育中元古宙裂谷型火山－沉积岩系，保存有晚元古到古生代以丹凤岛弧蛇绿岩与火山岩和二郎坪弧后蛇绿岩与火山岩为标志的秦岭显生宙板块构造体制记录，又有中石炭世－二叠纪陆相沉积为代表的晚古生代弧陆碰撞记录。并在秦岭总体于晚海西－印支主期沿商丹带陆－陆斜向碰撞造山之后，又发生强烈中新生代陆内造山作用。总之，它是秦岭造山带北部不可分割的主要组成部分[1, 2]。

（2）扬子－松潘地块北缘带，即勉略－巴山弧形带以南的秦岭前陆冲断褶皱构造带，与扬子地块内部无截然分界而成过渡关系。以巴山南侧和汉南地区为例，它具有在古老前寒武纪结晶基底上，发育从中晚元古宙火山岩系到三叠系，乃至到侏罗系，其中普遍缺失泥盆－石炭系为特征的基本连续的沉积岩系，以及其愈近秦岭愈强烈变形，而无明显变质是其突出特征。它们实属扬子地块北缘陆缘沉积的前陆构造地带。

（3）狭义的秦岭带，即指商丹、勉略－巴山弧形带间的原南秦岭带。它有从中晚元古宙到显生宙统一而又分隔多变的巨厚海相火山－沉积岩系和被动陆缘沉积体系，并显示该带由众多大小不一、归属与成因来源不同的前寒武纪微型地块，在不同时期以不同构造关系伸展分离和汇聚拼接所构成。它曾一度是扬子板块北缘被动大陆边缘但又为勉略－巴山弧形隐伏构造带所分离而具独立性。测深也显示其深部电性与波速结构复杂，发育低速高导层，区别于扬子地块。显然它原曾是元古宙裂谷系，后逐渐发展成为显生宙扬子与华北两个大陆板块间、相对独立有众多地块复杂组合而具洋陆兼杂面貌的特殊构造带[1, 2]，使其组成与构造演化独特而复杂，因而也使秦岭造山带更独具特色和复杂。

二、两类造山带的基底

秦岭造山带内广泛分散出露着两类不同的造山带基底。一类是真正结晶杂岩系，属晚太古到早元古宙，中深变质和混合岩化，多期复杂变形，发育深层流变，属造山带早前寒武纪构造结晶基底。商丹南侧的大别、桐柏、陡岭和小磨岭等结晶杂岩系，可能同属一古老楔形残存地块，具有重要意义。佛坪、鱼洞子等古老残块，归属尚需进一步研究。秦岭杂岩系（Pt₁）属华北基底较为有据。因此秦岭造山带可能并无统一结晶基底，而是由不同归属来源的基底地块组合拼接所成。另一类是秦岭广泛分布的中晚元古宙火山–沉积岩层，变质变形不均一，主导是浅变质强变形，与其上覆显生宙盖层无明显强烈造山性质的构造关系，但10亿年左右的晋宁期构造岩浆热活动却有广泛明显影响，因此使这类岩层不具有真正结晶基底性质，但又具基底岩系特征，成为特殊的过渡性基底。它们成为秦岭造山带不同构造体制演化与转化的重要标志，又是上部盖层构造变动的底部特有介质条件，对秦岭造山带上部构造运动学与几何学特征有重要意义。

总之，两类不同性质的造山带基底发生了不同的重要作用，它们是奠定秦岭造山带独特地壳结构并控制其演化和造成其构造具独特特征的重要因素之一。

三、秦岭造山过程与构造演化特征

据现有地表地质、地球化学示踪信息和深部结构与状态研究，分析其造山过程与构造演化，特概括强调其如下特征：

（1）秦岭造山带并非是简单的两个板块或陆块汇聚俯冲碰撞而成山，却是在其特有的深部动力学背景下，由上述三个板块或陆块间的长期相互作用，尤其是在南北两个较大板块或陆块总体旋转汇聚过程中，夹于其间的众多微型地块发生不同的相互作用以及它们与两个较大板块或陆块的相互作用，导致发生不同层次、性质和规模的多种类型的构造作用，并形成复杂的构造几何学变形组合。它们彼此有差异但总体又是在统一的造山过程与动力学背景下所发生。因此，秦岭造山带具有特有的复杂多样的构造动力学与几何学特征，区别于已有的造山模式，使之成为特殊复杂的复合型大陆造山带。

（2）秦岭造山带经历长期复杂造山过程，不同地质历史发展阶段，在不同动力学机制下以不同构造体制发展演化[1, 2]。现概括认识有三个主要构造演化时期：①早前寒武纪各结晶岩块的形成及其拼合形成早期克拉通基底，成为元古宙裂谷发生的基础。②元古宙裂谷构造及其发展转化为显生宙板块构造。其最突出的特点是元古宙晋宁期构造并无完全统一造山，部分裂谷封闭结束，而另一部分却继续发展扩张，以致出现包含众多微型地块、洋陆兼杂的有限洋盆，并独立于华北与扬子之间，造成上述三个板块或陆块的长期分离拼合相互作用、壳幔交换的特殊复杂构造格局。这既有其深刻的大陆深部动力学背景，又确定了秦岭造山的独特结构构造。③中新生代强烈陆内造山作用及其急剧隆升成山，终成今日面貌。

（3）秦岭特殊的造山过程及构造演化，造成秦岭独特的构造现象，值得进一步研究。①秦岭有两个主构造结合带、三个地块单元，两类基底是造成秦岭现今构造的基本要素之一。②微型地块及其组合和它们在造山过程中不同时与同时分别发生的伸展分离、挤压碰撞、推覆叠置、剪切走滑、旋转及其总体的组合，以及相应的构造变形几何学组合和其控制的沉积古地理特征与分布，在秦岭造山长期演化中有重要意义。③秦岭岩石圈上下部构造不协调，深部更多是现今状态的反映，上部则更多记忆地质历史的遗迹。深部俯冲而上部仰冲、反冲或对冲，深部伸展上部却收缩或反之。秦岭特别发育 NNE 向挤压性转换构造，使秦岭中常出现明显的构造运动学与几何学的变换，独特而有意义。④秦岭中保留有多时代残存的非典型蛇绿岩、多时代多类型纵横分布的花岗岩和南北两带分布的深源碱性岩，都是特殊造山过程的产物，具特有构造含义。⑤秦岭造山过程中板块构造从有限洋壳俯冲到洋壳开始消失，陆陆接触到全面碰撞造山有漫长复杂过程，对秦岭构造研究具特别重要意义。⑥秦岭造山带现今仍是一个构造热活动区，高热流，深部存在异常地幔，晚近时期急剧抬升，成为东亚大陆南北地质、地理、生态、气候，乃至人文的天然分界[9]。其隆升的动力学机制有待进一步研究。

参考文献

[1] 叶连俊等. 秦岭造山带学术讨论会论文选集. 西安：西北大学出版社，1991

[2] 张国伟. 秦岭造山带的形成及其演化. 西安：西北大学出版社，1988

[3] 许志琴等. 东秦岭复合山链的形成. 北京：中国环境科学出版社，1988

[4] Mattauer. M., et al. Tectonics of Qinling belt: build-up and evolution of Eastern Asian. Nature. Vol. 317,1985

[5] Hkü, K. J. et al. Tectonic evolution of Qinling Mountains, China. Eclogae Geol. Helv., Vol. 83, No 3,1987

[6] Sergör, A. M. C. Plate tectonics and orogenic research after 25 years: A tectonic Tethyan perspective. Earth Science Reviews, Vol. 27, No. 1-2,1990

[7] Zhang Guo-wei, et al. The Major Suture zone of the Qinling belt. Journal of Southcast Asian Earth Sciences, Vol. 3, Nos 1-4,1989

[8] 张国伟等. 大别造山带和周口断坳陷盆地. 见：中国大陆构造学术讨论会论文选集. 北京：中国地质大学出版社，1992

[9] 任纪舜等. 中国东部及邻区大陆岩石圈的构造演化与成矿. 北京：科学出版社，1990

秦岭造山带的蛇绿岩*

张国伟　李曙光

摘　要　秦岭造山带中存在多种类型镁铁质与超镁铁质的岩石组合，但它们并非都是蛇绿岩。据现今构造环境、岩石组合、地球化学等多学科综合研究，秦岭中真正具有蛇绿岩性质与特征者，主要集中成三带分布，有三种类型并形成于两个主导时代。显生宙有：(1) 沿秦岭显生宙板块主缝合线商丹带的丹凤蛇绿岩带，主体属古生界 (440 ～ 323Ma，Sm-Nd，U-Pb，Rb-Sr)，构造侵位于晚海西－印支期 (340 ～ 211Ma，Sm-Nd，U-Pb)，以岛弧型蛇绿岩为特征；(2) 二郎坪弧后盆地型蛇绿岩，时代集中于古生代(581 ～ 357Ma，U-Pb，Rb-Sr)，包含有新元古代；(3) 南秦岭勉略蛇绿混杂岩带，形成于古生代－中生代初期。新元古代蛇绿岩以商南松树沟为代表，属秦岭元古宙裂谷系演化中多个扩张小洋盆型蛇绿岩。在秦岭造山带长期演化中，于不同时代、不同构造体制与背景下，形成了不同类型的蛇绿岩，迄今虽无大洋中脊型蛇绿岩发现，但它们都是与陆缘相关，与不同洋盆的形成、发展、消亡密切相关的造山过程中构造就位于陆壳之内，具有重要大地构造意义，值得进一步研究。

　　大陆造山带中存在多种类型镁铁质与超镁铁质的岩石组合，时空上有一定的分布与演化规律，具重要的大地构造意义，尤其关于蛇绿岩问题，成为研究大陆造山带形成与演化的主要内容之一。人们早已认识到造山带中的镁铁质与超镁铁质岩石并非都是蛇绿岩，且不同学者对蛇绿岩类型的划分也不同[1, 2, 3]。我们据板块构造理论的新发展和大陆地质、大陆造山带研究的新进展，把蛇绿岩理解为由大陆造山带中的其生成与不同洋盆密切相关的镁铁质、超镁铁质岩石组成，可以有也可以无完整的层序，具有特定的大地构造背景。依此重新研究、认识、审理秦岭造山带中的镁铁质、超镁铁质岩石，尤其是蛇绿岩，得出新认识，供商讨。

一、区域地质背景

　　秦岭造山带是一个复合型大陆造山带，经历了长期复杂演化，在不同地质阶段，

---

*本文原刊于《地学研究》，第 26 号，1993: 13-24.

以不同构造体制发展演化[4]。其主要演化阶段为：①晚太古宙统一克拉通地块的形成；②元古宙古秦岭裂谷系局部扩张为多个小洋盆；③晚元古宙末至中生代初的以现代板块构造体制为基本特征的板块构造演化阶段；④中新生代陆内造山作用。

现今秦岭造山带以商丹断裂边界地质体和洛南－滦川断裂带为界，自北而南依此划分为三个基本构造单元（图 1）：①华北地块南缘构造带；②北秦岭构造带；③南秦岭构造带。

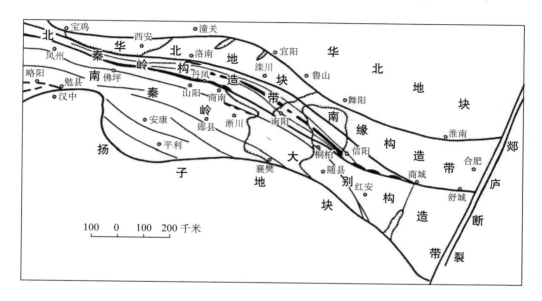

（图中黑色条块表示蛇绿岩）

图 1 秦岭造山带主要构造单元

秦岭造山带既有世界大陆造山带所共有的基本特征，又有其在组成、结构、演化等诸方面显著的区域性和独特性，与世界典型的阿尔卑斯等造山带相比较，它具多种非"经典型"特征，为已有的造山带模式所不能简单概括。它在元古宙大陆裂谷系构造基础上，转化为显生宙的以现代体制板块构造为基本特点的板块构造，但又不是典型广阔大洋扩张分割的简单的两个板块相互作用俯冲碰撞的造山，更决非简单单一陆内造山。它是在劳亚和冈瓦纳古陆长期分裂汇聚拼合进程中，基本在大陆岩石圈动力学背景下扩张、分裂演变，曾一度成为古特提斯洋东端北侧分支，形成多级地块复杂组合的小洋盆与微型地块兼的有限古秦岭洋域，发生多次不同类型的俯冲碰撞造山与陆内造山作用的交织复合，造成广泛复杂的壳幔、壳内物质的交换与板块、岩片的多重堆叠，形成这里独特而复杂的岩石圈的组成与结构，有别于已有的造山带模式[5]。

秦岭造山带在上述大地构造演化背景下，发育镁铁质与超镁铁质岩石，其中最突出的集中成三带出露：①北秦岭构造带中的二郎坪－大河蛇绿岩带；②沿秦岭主缝合带商丹一线丹凤蛇绿岩带；③陕甘川交界地区的碧口群火山岩中和勉略地带超基性－基性岩带。但它们是否是蛇绿岩系仍在争议。此外，还有从宁陕到旬阳青铜关之间，留坝县楼房沟、西峡－淅川间的陡岭群南侧，以及元古宙宽坪群等火山系中都有基性、超基性岩带或岩体出露。由此可见，秦岭中镁铁质与超镁铁质岩石众多，集中成带延伸数百千米，占据重要构造部位，成为秦岭带中突出的重要地质组成并具特色。而且它们在组成、性质和分布上，纵横向多变，故不可简单笼统以蛇绿岩概括，应深入研究。

二、秦岭造山带蛇绿岩的性质、类型和时代

秦岭带镁铁质与超镁铁质岩石中，真正属于大洋中脊型蛇绿岩的洋壳残片，或类似于阿尔卑斯西地中海型者，迄今尚没发现可靠证据，而按岩石组合、地球化学特征、变形与侵位机制，以及构造部位等的综合研究，具有蛇绿岩基本特点、性质与意义者，当以丹凤和二郎坪镁铁质与超镁铁质岩石组合为代表，另有松树沟、宽坪、碧口等基性超基性岩类也需进一步研究。虽然它们属于不同时代和处在不同构造背景下，并有一定的差异，但其共同的基本特点是具有东地中海型和科迪勒拉型蛇绿岩的特征[1, 3, 6]，而且具有从科迪勒拉型到东地中海型发展的综合特征。秦岭带中其余相当一部分镁铁质与超镁铁质岩多为非蛇绿岩系，或为山根带杂岩，或为陆壳下地幔橄榄岩被逆冲推出，或为分异小侵入体型等，这里不再论述。

（一）丹凤蛇绿岩

丹凤蛇绿岩现今是一不具完整层序的蛇绿构造混杂岩带[4]。据大比例尺地质构造填图综合研究，其周边与内部主要以不同期次不同层次的不同性质与类型的韧性剪切糜棱岩带、脆性断层，或线状花岗岩体所分割；其本身则由蛇绿岩不同组成部分或不同来源的构造岩块组合而成，共同构造就位于秦岭主缝合带商丹沿线，呈东西向透镜状断续成带展布，成为秦岭造山带中瞩目的主要蛇绿岩带。其中以丹凤、商县、周至黑河流域出露的为代表，它主体属古生代岛弧型蛇绿岩，类似于东特提斯带诸多东地中海型蛇绿岩[6]，但又独具特点。

1. 岩石组合

丹凤蛇绿岩历经构造变形变质，变质主导达绿片岩相。根据其变质岩石类型和原岩恢复，它包含有三个岩石组成系列：①包体组成系列，主要由辉石岩、辉长岩、辉长质堆晶岩、辉绿岩类组成，呈不规则角砾状残存包容在火山－沉积系列的基性熔岩中，出露有限，应是重要的早期产物。②火山－沉积系列，为主体部分，分成以火山岩为主和以浊积岩系为主两个岩性段。以丹凤地区为例，前者拉斑玄武岩类占

出露面积的 85%，基性凝灰岩 10%，安山质熔岩与凝灰岩占 4%，夹少量硅质岩、碎屑岩及深水碳酸盐岩。其中有辉绿岩墙群和枕状熔岩，单个岩墙宽约 10～40 厘米，具冷凝边。岩枕变形拉长，平均直径 10～30 厘米。后者以杂砂岩、硅质岩为主，夹含砾杂砂岩，具复理石韵律和浊积岩粒序，明显为陆源沉积岩系。③侵入组成系列，指与上述岩层具相似变质变形历史，岩石地球化学上有亲缘关系并侵位于其中的超基性、基性岩类，以辉绿岩、辉长岩、辉石岩类为主，并有奥长花岗岩岩脉。总之，丹凤蛇绿岩虽无完整层序，但综合起来看，除缺失变质橄榄岩，底部超镁铁质岩不甚发育外，却仍有辉长堆晶岩、辉长岩、辉绿岩墙、枕状与块状玄武岩和硅质岩以及深水碳酸盐岩的岩石组成，成为秦岭造山带中具蛇绿岩岩石组合基本特点的镁铁质超镁铁质岩石。

2. 丹凤蛇绿岩地球化学特征

以基性岩类为代表：

（1）主痕量元素表明它们是拉斑玄武岩系列和钙碱性系列共生（CA+TH），并以前者为主（图 2）。其痕量元素 MORB 标准化，可见以下突出特点：①包体组成系列和火山-沉积系列中，部分玄武岩的高离子势不相容元素 Nb，Ce，P，Zr，Sm，Ti 相容元素 Y，Yb，Sc 均表现亏损，显示岛弧拉斑玄武岩系的特征，我们称此类玄武岩为 I 型；②火山-沉积岩系中，另有部分玄武

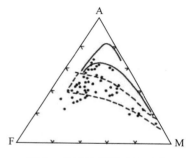

图 2　丹凤蛇绿岩 AFM 图

岩 Ta，Nb，Zr，Ti 和 Y，Yb，Sc 虽仍为亏损，但 P，Ce 却明显富集，称其为 II 型，而且 II 型的不相容元素相对比 I 型富集，相容元素相对比 I 型亏损；③侵入组成系列的基性岩和不属于上述 I 型及 II 型的其余玄武岩，其地球化学特征明显具岛弧钙碱性系列的特点，可称 III 型。上述可以看出，丹凤蛇绿岩组成从包体系列到侵入系列，岩石分异演化程度逐渐增加，表明它们具有岩浆演化系列的亲缘关系，其中包体系列的基性岩更多具有大洋拉斑玄武岩的性质。新近采用精确的同位素稀释法和 Sm-Nd 同位素联合示踪方法（李曙光，1991），对丹凤蛇绿岩的商县垃圾庙苏长辉长岩痕量元素进行系统观测，结果如图 3，表明它具有岛弧成因的蛇绿岩同位素特征，用 Ba/Nb-Ba 图解可以很好区分出岛弧、洋中脊和海岛玄武岩，结果表明该苏长辉长岩均落入岛弧区。大量地球化学研究证明，岛弧火山岩源区至少应包括三个端元：亏损地幔，俯冲洋壳析出流体有所携带的陆源沉积物，然而迄今未有能在一张图上表示三端元，李曙光则用岛弧火山岩的 ε_{Nd}-Ba/Nb 图解作到此点。图解表明，垃圾庙苏长辉长岩的源区为三端元型，属于岛弧火山岩源区，而且显示古秦岭洋板块俯冲时携带有较多陆源沉积物进入地幔，也表明洋壳消减速率较慢。

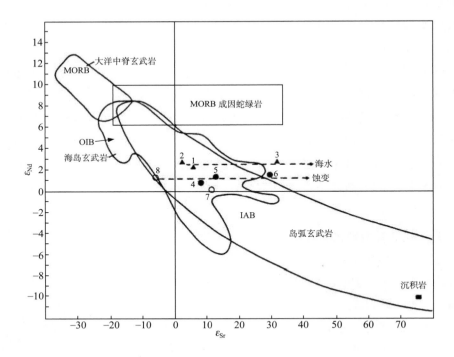

1，2，3. 拉斑玄武岩；4，5，6. 苏长辉长岩；7，8. 脉岩

图 3　垃圾庙苏长辉长岩的 ε_{Sr}-ε_{Nd} 相关图

（2）丹凤基性火山岩的 $^{87}Sr/^{86}Sr$ 初始比值在 0.703 ～ 0.708 范围内[4, 5]，表明这是洋壳、上地幔楔与下陆壳共同参与成岩的 Sr 同位素初始比值范围反映其形成于岛弧环境。

（3）稀土元素地球化学特征，总体是 REE 分配谱型以 LREE 富集为主要特点，但上述 I 型玄武岩 LREE 呈弱亏损型、平坦型和弱富集型，而 II 型则显示分馏程度较高的富集型，III 型则明显属岛弧钙碱性玄武岩（图 4），与上述主痕量元素分析结果相吻合。

概括丹凤蛇绿岩的岩石组合、地球化学特征表明，它以拉斑玄武系列和钙碱系列共生，并以前者占优势为主要特点，具有特提斯带东地中海型岛弧蛇绿岩的基本特征。但其组成中包体系列岩石成角砾团块状，为熔岩包容携带并有熔蚀现象，加之其多具粗晶辉－辉长杂岩结构和有少量 N-MORB 型玄武岩，显示可能存在先期或早期俯冲洋壳，或从初始岛弧向成熟岛弧发展的趋势。同时从丹凤蛇绿岩构造就位、强烈剪切分割，纵横向多变，以构造岩石组合体产出。一些地段或岩块又具有科迪勒拉型蛇绿岩特点，以岛弧拉斑玄武岩为主，说明其组成、性质、类型和构造演化复杂，而非单一，包含有俯冲带岩浆源形成与分异演变和多重俯冲构造演化的多种重要信息，对于秦岭造山带形成演化具有重要示踪意义。

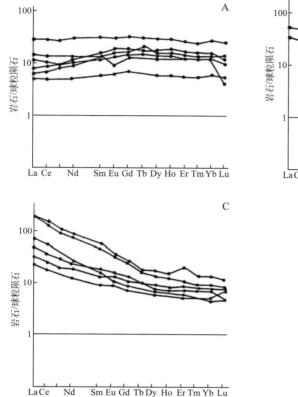
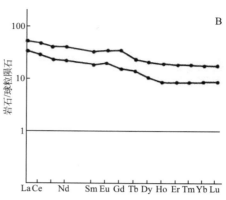

A. 包体系列；B. 火山－沉积系列；C. 侵入系列

图 4　丹凤蛇绿岩基性火山岩 REE 谱型

3. 丹凤蛇绿岩的时代、综合地质和同位素年代学特征[5, 7]

它的主导形成时代为古生代（$O-C_2$），而侵位则主要是晚海西－印支期（$C-T_2$）。已知丹凤块状玄武岩全岩 Rb-Sr 等时线年龄为 447±42Ma[4]，U-Pb 一致线年龄 440Ma[8]，细粒角斑岩锆石 Pb-Pb 蒸发法年龄 487±8Ma[5]，商县垃圾庙苏长辉长岩 Sm-Nd 矿物等时线年龄 420±17Ma（图 5）[9]，玄武岩 Rb-Sr 全岩等时线年龄为 398～323Ma[5, 10]。它们代表蛇绿岩结晶形成时代，而依据变质矿物 K-Ar 年龄（353～340Ma[8]），以及与之密切相关并行分布于其北侧的俯冲型花岗岩（382～444Ma）[5, 11]，和侵位于其中的碰撞型花岗岩（323～212Ma）[5, 11]，及导致蛇绿岩构造就位的韧性剪切带形成年龄（219～211±8Ma，Rb-Sr，Pb-Pb）[4]，其侵位时代应为晚海西－印支期，这与地质事件相吻合。

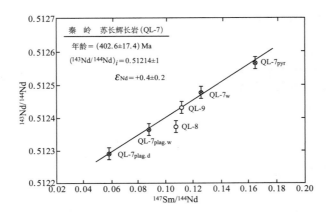

图 5　丹凤蛇绿岩垃圾庙苏长辉长岩 Sm-Nd 同位素年龄

（二）二郎坪蛇绿岩

它现以逆冲推覆构造带夹持在北秦岭元古宙秦岭杂岩和宽坪群南北两个逆冲推覆体构造带之间，其中以西峡二郎坪和桐柏大河地区出露最好，明显具有弧后盆地边缘海型蛇绿岩基本特征，但它向东到北淮阳为蛇绿混杂构造岩块，并渐尖灭于商城一带。向西断续出现云架山、斜峪关、草滩沟乃至天水的葫芦河等火山岩系，它们虽相应延伸成一带，然后再向西则逐渐以中性、中酸性岩类为主，已不具蛇绿岩特征，但至葫芦河又具蛇绿岩特征，呈现复杂的分布状态。

1. 岩石组合

以二郎坪和大河地区为例。以前多数人把其下部火山岩系和上部巨厚沉积岩系统一合称二郎坪蛇绿岩，时代定早古生代。我们认为只有下部以镁铁质超镁铁质岩为主的火山－沉积岩系具有弧后盆地型蛇绿岩特征，而上部以杂砂岩、黏土岩、碳酸盐岩夹火山岩与凝灰岩似沉积岩系，不属蛇绿岩，而为其上覆岩层。新近发现沉积层上部属泥盆系（河南区调队，1991），这与陕西新发现云架山群中有泥盆纪化石（杨志华面告）相吻合。二郎坪蛇绿岩系现已变质变形，局部混合岩化，变质主体为绿片岩相，最高达低角闪岩相。发育韧性脆性断层，分割成多级岩片岩块组合，不宜简单笼统划一对比。有关原岩组合以枕状与块状拉斑玄武岩为主体，有辉长堆晶岩、橄榄－辉长岩，少量辉绿岩墙群，缺失变质橄榄岩，发育厚层放射虫硅质岩。火山岩中缺少或不发育安山岩类，有酸性火山岩，具双峰特点同时又以伴生 M 型花岗岩和花岗闪长岩及黄铁矿型铜锌矿床为特色，上覆巨厚陆源沉积，显然有边缘海型蛇绿岩组合特点。云架山以西的该带诸岩群，以安山岩类钙碱性火山岩为主体，不可与之统归属二郎坪蛇绿岩，显然这是具特殊构造意义的又一秦岭地质的重要事实。

2. 二郎坪蛇绿岩的地球化学主要特点

（1）主痕量和稀土元素突出反映大洋拉斑玄武岩和岛弧低钾拉斑玄武岩共存，前者属 N-MORB 型，REE 谱型平坦，稍有亏损，后者呈富集型（图6）。按 Pearce 的多种图解[12]分析，其基性火山岩既落入岛弧区，也落入大洋玄武岩区，与稀土元素分析一致。

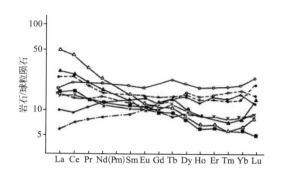

图6　二郎坪群基性火山岩 REE 谱型
（据王仁民等）

（2）基性火山岩的 $^{87}Sr/^{86}Sr$ 初始比值为 0.703～0.706[4, 11]，而该带西部各火山岩群则为 0.705～0.707，显然西部受多重地壳混染。

（3）与丹凤蛇绿岩对比，除基本相似之外，明显差异是二郎坪蛇绿岩中基性火山岩比较发育 N-MORE 型玄武岩，并与岛弧低钾拉斑玄武岩共生，缺少钙碱质系列岩石。与同类基性火山岩相比，更富 Mg, Ti, 而相对贫 Ca, Al, K, 其 REE 谱型平均变化范围相对较窄，与丹凤蛇绿岩中包体组成系列 I 型 REE 较为接近。

二郎坪蛇绿岩以基性火山岩为主，无或不发育安山岩，但发育有酸性火山岩而显双峰特征，同时延伸方向变化剧烈，西部各火山岩则以安山岩类为主。因此丹凤和二郎坪蛇绿岩既相似又有差别，说明它们同是秦岭古活动大陆边缘构造背景下所产生，不是洋脊型蛇绿岩，而同属与陆缘相关的俯冲消减带中 SSZ 型蛇绿岩（Pearce，1984)[12, 18]。但它们又形成于不同构造环境中，二郎坪富有弧后小洋盆扩张而生成的特点，丹凤则更多有岛弧型特点，二者差异原因也在于此。

3. 二郎坪蛇绿岩时代

据已发现的古生物证据西峡湾潭火山岩上部硅质岩放射虫，定为Є-D[13]，豫陕交界处云架山群中上部结晶灰岩中化石定为 O-T$_1$[13]，南召青山火山岩上部结晶灰岩中多门类化石，定为 O-S[14]。证明火山岩中、上部属古生界，而以下古生界为主。火山岩同位素年龄依据，选用可靠和多种方法验证的数据表明，同位素年龄集中于古生代（581±39～357±80～744±32Ma, Rb-Sr, U-Pb)[5, 15]和新元古宙（1005±49～744±32Ma, Sm-Nd, Rb-Sr)[5, 11, 15]；我们测得西峡西庄河花岗岩锆石年龄为 1000Ma（Pb-Pb）；同位素年龄统计峰值在早古生代，与古生物证据相吻合。总之，二郎坪蛇绿岩包含有不同时代不同演化阶段产物，从新元古宙到早古生代，而以早古生代为主体，其构造侵位时代不早于泥盆纪，这由该带西部 C-P 海陆交互相到陆相的煤系地层覆于其上也可得到佐证。

秦岭造山带显生宙蛇绿岩，除上述丹凤和二郎坪二带外，尚需注意勉略和陡岭南缘两个超镁铁质岩带。前者出露于分割秦岭与碧口地块的巨大复杂断裂构造混杂岩带中，通过西秦岭与昆仑相接，东延因断层而中断，但考虑该带中勉略灰岩（C）和西乡巴山区上高川的石炭系的相关性，则可能为巴山弧形推覆构造所掩盖，因此，勉略带可能是秦岭中另一条重要的显生宙缝合线和蛇绿岩带。陡岭南缘带，结合淅川地区古生代独特的生物群落与区系特征，是陡岭和淅川两个微型地块或地体拼贴的小型结合带，具科迪勒拉型蛇绿岩特征。

（三）秦岭造山带元古宙蛇绿岩

对秦岭中有无元古宙蛇绿岩及其性质、特征、类型和地质意义，争论甚多[16, 17]。我们根据前人成果，系统研究、综合分析，认为秦岭造山带中存在元古宙蛇绿岩，如松树沟、碧口、宽坪等。它们的突出特点是属于多个分散的小洋盆型蛇绿岩，而非大洋中脊型。现以松树沟元古宙蛇绿岩系为代表加以分析。

松树沟位于秦岭主缝合线商丹带上的商南县附近和丹凤蛇绿岩带侧边，前人曾将松树沟超镁铁质岩体及其围岩划归秦岭杂岩系或丹凤蛇绿岩。它们出露在商丹带中或北侧，有大小200多个超基性岩体侵位于富水基性杂岩和一套火山－沉积变质岩系中，直接围岩多为斜长角闪岩。它们主要为纯橄榄岩，次为斜辉辉橄岩、铬铁矿体与透辉岩脉，已变质变形，蛇纹岩化，具接触变质带，出现榴闪岩变质圈，强烈片理化，并具深层地幔韧性剪切变形，钻探证明大岩体呈薄板状产出。综合分析富水基性杂岩和变质围岩的原岩基性火山岩，以及同位素年代学资料，认为它是秦岭元古宙裂谷扩张小洋盆型蛇绿岩。

松树沟岩体侵位时代，根据其接触变质带的榴闪岩 Sm-Nd 矿物等时线年龄为 983±140Ma（李曙光 1991，图 7，QX-2）[17]，应是其晚元古宙侵位年龄。有意义的是它与秦岭群杂岩普遍强烈的区域变质和岩浆热构造事件的时间（991 ～ 793±32Ma）[7]相一致，同为元古宙晋宁期构造变动产物，具蛇绿岩侵位特征。事实上，松树沟阿尔卑斯橄榄岩体、富水基性杂岩和来自亏损地幔并具蛇绿岩 Nd 与 Sr 同位素特征的岛弧拉斑玄武岩的围岩的同期性和岩源的相关性以及其地球化学特征，表明它们具有小洋盆型蛇绿岩性质。

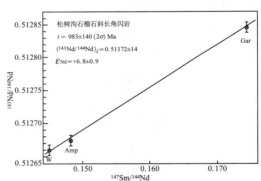

图 7　松树沟岩体接触变质带榴闪岩
（QX-2）Sm-Nd 等时线图

据上述榴闪岩变质时的初始ε_{Nd}值（＋6.9±0.9），接近平方亏损地幔（ε_{Nd}＝＋10）在983Ma 时的ε_{Nd}值（＋7.9）和 REE 在变质时的非活动性，推断松树沟岩体围岩斜长角闪岩的原岩是来自长期亏损地幔的玄武岩。因此，按亏损地幔模型计算的该样品 Nd 同位素模式年龄T_{DM}＝1089Ma（假定亏损地幔ε_{Nd}＝＋10），或T_{DM}＝1252Ma（假定亏损地幔ε_{Nd} = +12，接近该玄武岩的形成时代。显然它既远低于秦岭群形成时代的 22 亿年[7]，又远大于丹凤蛇绿岩的形成时代，说明它不属秦岭群，也不是丹凤蛇绿岩，而应是晚元古宙晋宁期小洋盆闭合时，松树沟岩体侵位于玄武岩内，而后又一起作为蛇绿岩仰冲拼贴于秦岭群杂岩南侧。

根据上述围岩斜长角闪岩（变玄武岩）生成年龄的可能最大时限（983 ～ 1252Ma），计算了全岩样品的初始ε_{Nd}和ε_{Sr}值变化范围，并投影到ε_{Nd}-ε_{Sr}图上（图 8），显示样品（QX-2）ε_{Nd}和ε_{Sr}变化范围恰好在蛇绿岩区内。

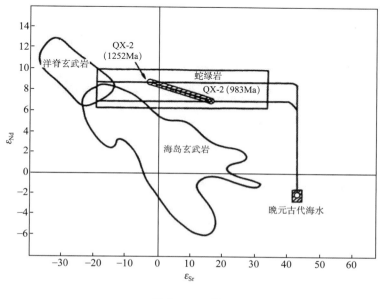

图 8　ε_{Nd}-ε_{Sr}图

由上表明，松树沟超镁铁质镁铁质岩具有晚元古宙蛇绿岩特征。如果综合考虑秦岭带中基本同期的碧口群、宽坪群、甚至部分耀岭河群的镁铁质超镁铁质岩石组合、地球化学特征，并从秦岭晚元古宙广泛发育的双峰火山岩裂谷构造背景判断，秦岭中、晚元古代在裂谷系的发展进程中，扩张出现了多个小洋盆，松树沟等分散出露的非大洋中脊型的小洋盆蛇绿岩就是其必然产物。

三、秦岭造山带蛇绿岩的地质意义

概括秦岭造山带蛇绿岩，目前可以认为主要有三种类型，两个时代，主导成三带分布。即以松树沟、碧口等为代表的新元古代裂谷系小洋盆型蛇绿岩，显生宙古生代丹凤岛弧型蛇绿岩和二郎坪弧后盆地边缘海型蛇绿岩，它们集中沿商丹、二郎坪－大河、勉略等三带分布。它们是秦岭造山带长期形成与演化的综合产物和重要记录，包含有造山带构造发展演化的重要示踪信息，具重要地质意义。

（1）秦岭造山带中不同时代不同类型蛇绿岩反映了造山带经历不同演化阶段、不同构造体制和不同的构造环境。

秦岭元古宙蛇绿岩及中新元古界占主导的广泛发育裂谷型双峰火山岩建造等综合地质特征，体现了中新元古代秦岭裂谷系演化阶段的独特特征：复杂组合的陆内、陆间裂谷系和包含多个有限的扩张小洋盆，显示新元古代正是秦岭从大陆裂谷构造向板块构造初期演化阶段的重要构造体制转化时期。

古生代丹凤和二郎坪两带蛇绿岩表明，显生宙秦岭以现代板块构造体制为基本特征的板块构造的发展与演化。丹凤岛弧型蛇绿岩复杂的组成和多类型的复合发展，二郎坪边缘海型蛇绿岩西延的剧烈变化，以及两带蛇绿岩与元古宙蛇绿岩的复合拼接关系，正是秦岭显生宙板块构造演化复杂性的反映。秦岭在元古宙裂谷系与小洋盆构造演化并未完全封闭的条件下，继承性发展，形成华北与扬子两板块及其间包括众多微型地块或地体的洋陆兼杂的有限海洋，古生代早期扬子板块已开始向华北板块之下俯冲，造成北秦岭华北板块南缘为活动大陆边缘，南秦岭扬子板块北缘是被动陆缘，并于晚海西－印支期发生自东而西斜向穿时的俯冲碰撞造山。因此，沿商丹主缝合带发生扬子、华北板块及众多微型地块的多期次多重类型的俯冲、拼贴、碰撞和多种逆冲推覆、剪切走滑等强烈构造变形，导致丹凤蛇绿岩的复杂多样。而北秦岭弧后盆地扩张和差异，则造成二郎坪和大河地区拉张出现弧后小洋盆，而西部则还是陆内断陷盆地，不可能出现蛇绿岩。总之，显生宙秦岭独特的板块构造演化控制了不同类型蛇绿岩的形成，而现在残存的蛇绿岩记录储存着秦岭造山带显生宙构造演化和岩石圈岩浆活动的大量信息，深入研究之，必将会获得更多的成果。

（2）对秦岭造山带蛇绿岩研究，都证明其不属于真正大洋中脊型，而多属与陆缘相关的 SSZ 型蛇绿岩。但它们都与不同类型的洋盆、洋壳密切相关，形成于其中而构造就位于大陆造山带的陆壳之内，是板块、洋壳形成、发展、消亡等造山过程中的不同产物，是赋有特定构造意义的造山带中的镁铁质与超镁铁质岩石组合，应区分于造山带中的其他非蛇绿岩的镁铁质与超镁铁质岩石[18, 19]。

王恒升教授最早从事秦岭超基性岩的研究，为以后研究奠定了坚实基础，现正值他90 高寿和从事地质工作 72 周年纪念之际，写此文章，以表示对这位地质老前辈的尊敬和衷心祝贺。

参考文献

[1] Coleman, R. G. The Diversity of ophiolites. Geol. En. Mijinbouw, Vol. 63, 1984

[2] Moores, E. M. Origin and emphacement of ophiolites. Review of Geophysics and space physices, Vol. 20, No. 4, 1982

[3] 张　旗. 蛇绿岩的分类. 地质科学, 1990（1）

[4] 张国伟等. 秦岭造山带的形成及其演化. 西安：西北大学出版社，1988

[5] 张国伟等. 秦岭造山带岩石圈组成、结构及演化特征. 见：秦岭造山带学术讨论会论文选集. 西安：西北大学出版社，1991

[6] Miyashiro. A. Subduction-zone ophiolites and island-arc ophiolites. in: Saxens, S. K, and Bhattacharji, S. (eds) Energertics of Geol. Prosesses, Springer, New York, 1977

[7] 张宗清. 秦岭群、宽坪群、陶湾群的时代－同位素年代学的研究进展及其构造意义. 见：秦岭造山带学术讨论会论文选集. 西安：西北大学出版社，1991

[8] 许志琴等. 东秦岭复合山链的形成－变形、演化及板块动力学. 北京：中国环境科学出版社，1988

[9] 李曙光. 中国华北华南陆块碰撞时代的钐－钕同位素年龄证据. 中国科学，1989（3）

[10] 李曙光等. 秦岭－大别造山带主要构造事件同位素年表及其意义. 见：秦岭造山带学术讨论会论文选集. 西安：西北大学出版社，1991

[11] 张本仁等. 秦巴地区地壳的地球化学特征及造山带演化的某些问题. 见：秦岭造山带学术讨论会论文选集. 西安：西北大学出版社，1991

[12] Pearce, J. A. 玄武岩判别图 "使用指南". 国外地质，1984（11）

[13] 张维吉等. 北秦岭变质地层. 西安：西安交通大学出版社，1988

[14] 李采一等. 对河南省二郎坪群层序及时代的新认识. 中国区域地质，1990（2）

[15] 刘文荣等. 东秦岭二郎坪群. 西北大学学报增刊，1989

[16] 安三元等. 陕西商南松树沟超镁铁质岩体的地质特征及其成因. 西安地质学院学报，1981（2）

[17] 李曙光. 一个距今10亿年侵位的阿尔卑斯型橄榄岩体：北秦岭晚元古代板块构造体制的证据. 地质论评，1991（3）

[18] Pearce, J. A. et al. Characteristics and Tectonic Significance of Supra-subduction Zone Ophiolites. in: Marginal Basin Geology, 1984

[19] Boudier, F. et al. Structure of an atypical ophiolite: the Trinity complex, eastern klamath mountains, Califormia. Geol. Soc. Ame. Bull. Vol. 101，1989

秦岭造山带主要构造岩石地层单元的构造性质及其大地构造意义*

张国伟 张宗清 董云鹏

摘 要 秦岭造山带由三大套构造岩石地层单位所构成：①二类不同的前寒武纪基底岩系；②晚元古代－中三叠世主造山时期受板块构造和垂向增生构造控制的相关构造岩石地层单元；③中新生代后造山期的陆内断陷与前陆和后陆盆地沉积及广泛的花岗岩浆活动。它们反映着秦岭带三个主要演化时期，在不同构造体制下的三种不同的基本地壳物质组成与结构。它们记录着秦岭造山带长期发展历史中，不同演化阶段的多种造山作用及其不同动力学机制的丰富信息。

关键词 秦岭 造山带 构造单元 板块构造演化

　　秦岭是一条具有复杂的地壳组成和结构，经历长期不同构造体制演化的复合型大陆造山带。它现今的基本构造岩石地层单元虽因经历多次构造变动、消减作用、逆掩推覆和剥蚀，致使有很多残缺，但仍是秦岭造山带形成和演化的最真实纪录，故研究其构造岩石地层单元的特点及其构造性质，对探索秦岭造山带构造演化、成因和动力学无疑具有重要意义。

　　迄今对秦岭造山带的研究证明，其形成和演化可概括为三个主要演化时期：①晚太古代－早中元古代古老结晶基底和过渡性浅变质基底的形成阶段；②晚元古代－中三叠世板块构造和板内垂向增生构造复合的主造山作用时期；③中新生代后造山陆内构造演化时期。现今秦岭造山带的组成和结构是长期构造发展的产物，现今秦岭的基本构造格架是由主造山作用奠定的，其中包容先期残存构造和后期陆内造山的强烈叠加改造。秦岭造山带的南北边界在不同演化阶段有不同的变化，现今的边界如图1的 F_1 和 F_{10}。按此边界，秦岭造山带主要构造单元依据商南－丹凤（下简称商丹）（SF_1）和勉县－略阳（下简称勉略）（SF_2）二个断裂构造带（原秦岭的两个板块主缝合带），可划分为三块（图1）：华北地块南缘（Ⅰ，即原华北板块南缘），扬子地块北缘（Ⅱ，原扬子板块北

*本文原刊于《岩石学报》，1995，11（2）：101-114.

缘）和其间的秦岭地块（Ⅲ，即原秦岭微板块），进而可细分出八个构造带（图1，张国伟，1993）。

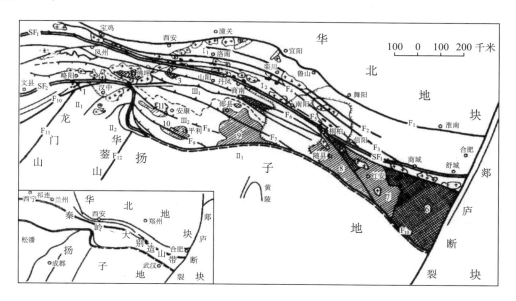

Ⅰ. 华北板块南部：Ⅰ₁. 秦岭造山带后陆冲断褶带；Ⅰ₂. 北秦岭厚皮迭瓦逆冲构造带；Ⅱ. 扬子板块北缘：Ⅱ₁. 秦岭造山带前陆冲断褶带；Ⅱ₂. 巴山－大别南缘巨型推覆前锋逆冲带；Ⅲ. 秦岭微板块：Ⅲ₁. 南秦岭北部晚古生代裂陷带，Ⅲ₂. 南秦岭南部晚古生代隆升带；SF₁. 商丹缝合带；SF₂. 勉略缝合带；主要断层：F₁. 秦岭北界逆冲断层；F₂. 石门－马超营逆冲层；F₃. 洛南－滦川逆冲推覆断层；F₄. 皇台－瓦穴子推覆带；F₅. 商县－夏馆逆冲断层；F₆. 山阳－凤镇逆冲推覆断层；F₇. 十堰断层；F₈. 石泉－安康逆冲断层；F₉. 红椿坝－平利断层；F₁₀. 阳平关－巴山弧－大别南缘逆冲推覆带；F₁₁. 龙门山逆冲推覆带；F₁₂. 华蓥山逆冲推覆带。秦岭造山带结晶基底岩块：1. 鱼洞子；2. 佛坪；3. 小磨岭；4. 陡岭；5. 桐柏；6. 大别。秦岭造山带过渡性基底岩块：7. 红安；8. 随县；9. 武当；10. 平利；11. 牛山－凤凰山；十字符号花纹：花岗岩；黑色花纹：超镁铁质岩

图 1　秦岭－大别造山带主要构造单元

秦岭复合造山带地表出露三大套构造岩石地层单位：①两类不同的前寒武纪基底岩系（Ar-Pt₁₋₂）；②主造山作用（Pt₃-T₂）期间受板块构造和垂向增生构造控制的相关构造岩石地层单元；③中新生代后造山期在陆内断陷、前陆和后陆盆地沉积及广泛的花岗岩浆活动形成的构造岩石地层单元。它们反映了秦岭造山带三个主要演化时期，在不同构造体制下形成的三种不同的基本地壳组成和结构。

一、两类不同的造山带基底岩系

（一）晚太古代－早元古代结晶基底变质杂岩系

包括上太古界的太华群、鱼洞子群、后河群及作为秦岭东延部分大别山的大别群等。下元古界有铁铜沟群、秦岭杂岩、陡岭群、小磨岭杂岩、佛坪杂岩以及东延的桐柏群等。

它们的共同特点是：①同位素年龄值集中于 3.0 ～ 2.5Ga 和 2.3 ～ 1.8Ga（Zhang Guowei et al, 1985；张宗清，1994），分属晚太古代和早元古代。它们都以古老结晶基底岩块出现，呈大小不一的构造岩块或残存地块，分散弧零分布，由于屡经构造变动、改造变位，它们已非原地原貌。整个秦岭 - 大别造山带自东而西依次出露深、中、浅不同构造层次，因构造作用古老结晶基底常以造山带核部和根部带的深层变质杂岩出露。尤以大别群中高压和超高压变质岩石（张树业，1990；徐树桐，1991；翟明国，1992）的大面积暴露为地学界所瞩目。②各岩群都经历了多期变质变形和深熔岩浆作用，一般为角闪岩相，部分达麻粒岩相，强烈混合岩化，发育 TTG 岩套。变形复杂，以多期复合叠加和深层塑性流变为特征（张国伟，1988；游振东，1993），晚太古代岩块具有太古宙高级片麻岩区特征。③各岩群原岩建造多以沉积 - 火山岩系为主，发育巨厚活动性碎屑岩建造，含有 BIF 及石墨大理岩和孔兹岩。④上述各岩群在岩石组合、变质作用和变形序列样式诸多方面非常相似。尤其区域重力场、磁场及其不同高度的向上延拓所反映的深部古老基底的地球物理场异常场方位和强度贯通南北，对应一致（管志宁，周国藩，1991）。大别群的区域磁场以及川中基底和华北太古宙基底磁场的高值正异常也十分相似。因此，在充分考虑各岩块的构造变动和漂移分离的情况下，这些古老岩群的地质和地球物理的相似性，无疑对研究认识秦岭、华北、扬子等地块古老基底关系具有重要意义。⑤新近对上述古老基底岩群的地球化学研究证明，它们（如太华、鱼洞子、后河和峧岭等岩群）存在着地球化学上稀土与稀有元素的丰度和分配型式的显著差异，扬子、华北、秦岭地块的基底分属不同的地球化学省（张本仁，1994；张宗清等，1994）。北秦岭变质碎屑沉积岩的 Sm-Nd 模式年龄和锆石 U-Pb 年龄集中在 2.0Ga 左右（张宗清等，1994），反映北秦岭在 2.0Ga 左右有一次重要地壳增生事件，大量幔源物质进入地壳，使地壳组分发生新的分异、混合和调整。Sr 和 Nd 同位素也显示华北、扬子和秦岭三地块的基底岩系存在一定的差异。这种地球化学的差异性，实质含意究竟是表明这些结晶岩块原分属各自独立的古老陆块，还是由于早期岩石圈的非均一性所致，或是因各岩块后来处于不同构造环境中演变和分异的结果，尚难定论。但不论怎样，这种差异对于分析认识各古老岩块关系约束条件，显然是很重要的。

综合概括秦岭造山带的晚太古代 - 早元古代各古老结晶基底的基本特点，可得如下初步认识：①秦岭及其周缘现存着众多古老结晶杂岩，反映秦岭造山带基底的形成已经历长期复杂演化历史，自有其早期陆壳形成演化的构造体制。但因后期强烈改造而呈残存状态，尚难准确恢复重建。②它们的地质和地球物理的相似性和地球化学的差异性，表明秦岭造山带早期基底是非均一的，原来可能分属不同成因的初始或早期陆壳，后曾一度拼合为统一的克拉通或相近陆块，使之后来具有了相似的地质演化历史。秦岭造山带正是在这样早期地质演化基础上又经历了后来的造山作用才形成的。这对于研究中国大陆壳早期的形成、增生演化提供了重要信息。

（二）中元古代浅变质过渡性基底

秦岭中元古代浅变质岩系不具有真正结晶基底性质，但与盖层相比又具有基底特征，故称之过渡性基底。它是以火山岩为主的变质沉积－火山岩系，分布广泛，包括熊耳群、官道口群、洛峪群、宽坪群、武当群及与之相当的郧西群、随县群和毛堂群（?），部分耀岭河群，红安群、西乡群、火地垭群、碧口群等，名称繁多，随地而异。但最突出的是它们普遍具有如下共同性：

（1）同位素年代学研究和地层关系证明，它们的同位素年龄值集中于 1.6 ～ 1.0Ga（张宗清等 1994 和未发表资料），属中元古代，其中部分岩群下部起始于早古元代，而部分上部则可延续到晚元古代（0.8 ～ 0.7Ga）。总体来看，它们彼此层位相当，或部分相当，或为上下关系（Wang Hongzhen, 1990）。

（2）这些岩群除少数是陆缘碎屑沉积外，大多是火山－沉积岩系。火山岩具非典型双模式特征（刘国惠，1993），下部发育酸性，上部多为基性，武当群及其大致相当的岩群尤为显著。基性火山岩富 Mg, Fe，富碱性或偏碱性，富 LIL 元素，REE 分配型式为富集型，具明显裂谷火山岩特征。但其中部分（如宽坪群、松树沟等）为大洋或岛弧拉斑玄武岩（刘国惠，1993；张国伟，1988），而有些如西乡群中火山岩则更多具大陆溢流玄武岩特征[①]，岩系复杂多变。从岩浆演化看，它们具不连续性，缺乏或不发育中性岩，常伴随大量陆源碎屑岩层，故从各岩群岩石组合，地球化学和变质变形特征综合分析，虽各有差异，但普遍显示具伸展机制下大陆裂谷火山岩性质，反映它们形成于扩张裂谷构造环境。但它们并非都是简单的单一裂谷产物。以宽坪群为例，火山岩 Sm-Nd 年龄为 1142±18（2σ）～ 986±169（2σ）Ma（张宗清，1994），由绿片岩、斜长角闪岩、云英片岩、石英岩及大理岩所组成，原岩主要是拉斑玄武岩、碎屑岩及碳酸盐岩等。基性火山岩从下部具大陆拉斑玄武岩的显著地球化学特点向上渐变为 REE 为平坦的轻稀土亏损型式（La/Sm）< 1，$\varepsilon_{Nd}(t)$ 为 + 6.5 ～ + 4.2，类似于洋脊玄武岩的特征，反映宽坪群从初始裂谷向过渡性小洋盆的演化（张本仁，1994；张宗清，1994；张寿广，1991）。另外，宽坪群碎屑岩 Sm-Nd 模式年龄（1854 ～ 2142Ma）、单颗粒锆石 $^{207}Pb/^{206}Pb$ 年龄（最大者 3319±3Ma，张宗清等，1994）以及碎屑岩的 Th/Co, Sc/Th, La/Co 等关系图解（Gao Shan, 1990），都反映其物源来自北侧的太华群（3.0 ～ 2.6Ga）和南侧的秦岭杂岩（2200 ～ 1900Ma，张宗清等，1994），也同样证明它形成于裂谷构造环境。同时宽坪群火山岩向东西延伸变为以中酸性为主，变化显著。综合以上分析，显然宽坪群形成于大陆裂谷环境，但其中一些地段扩张而出现小洋盆，造成其复杂多变。与之相似，陕西商南松树沟蛇绿岩块（矿物 Sm-Nd 年龄 983±140Ma，李曙光等，1991）以及陡岭、碧口等超镁铁质岩块等，也反映了秦岭中元古代晚期裂谷间杂小洋盆的构造环境。总之秦岭

---

①夏林圻等，《南秦岭元古宙构造火山岩浆作用研究新进展》，1994。

中元古代的火山岩系总体代表了大陆裂谷和小洋盆间杂的地壳扩张构造体制。

(3) 秦岭中元古代花岗岩的分布及特点,如松树沟蛇绿岩块北侧外围的德河、蔡凹、黄柏峪等类似板块俯冲碰撞型花岗岩体(Sm-Nd 年龄为 793 ~ 659Ma,张宏飞,1993),华北地块南缘龙王撞和扬子地块北缘汉南碑坝铁船山等碱性花岗岩和碱性岩(1.0Ga±,卢欣祥,1991;张宏飞,1993)等,都从另一个侧面证明了秦岭中元古代裂谷间杂小洋盆构造环境的存在。

(4) 秦岭中元古代浅变质火山岩过渡性基底,多数经历过 2 ~ 3 期变形(张国伟,1988;游振东,1991),早期发育固态流变,形成紧闭同斜到平卧褶皱,广泛发育面理置换,后期又遭受不同层次韧性－脆性的断裂以及逆冲推覆、伸展和走滑构造的叠加改造,常呈多层次叠置的岩块、岩片夹持在秦岭不同构造带中,尤其是在古老结晶基底岩块之间。它们多数的变质作用达绿片岩相,部分达低角闪岩相,又有广泛的后期动力退变质作用叠加,局部有叠加进变质作用(刘国惠,1993)。值得强调的是中元古代火山岩群的南侧,从大别、随州到武当山南北侧,乃至碧口群南侧,断续发育以蓝片岩为代表的高压低温变质相带(张树业,1990),与大别高压和超高压变质相带并存。秦岭造山带的蓝片岩高压变质带是长期的构造复合产物,至少包含有晚元古代和印支期不止一期的、具有不同构造成因和形成方式的复合(张国伟,1992),这对于研究造山带不同地质发展阶段不同构造体制下的形成和演化具有重要意义。

(5) 中元古代各火山岩的 $\varepsilon_{Nd} \gg 0$,基性火山岩的 $\varepsilon_{Nd}(t) = +5.8 \sim +7.1$(张宗清等 1994 及未发表资料),表明它们主要由亏损地幔源不同程度部分熔融和结晶分异而形成。它们大量地加入地壳中,这对于秦岭地壳成分、性质和地球化学特征的变化以及成矿都起着重要作用。广泛的中元古代火山岩系已是秦岭成矿的重要母岩,也是秦岭地壳构造变形的主要滑脱层系,因而具十分重要地质意义。中晚元古代火山岩与南秦岭花岗岩的同位素地球化学特征显示中晚元古代秦岭地壳底部曾存在板底垫托作用(张宏飞,1993),可能是导致秦岭中晚元古代地壳强烈扩展、裂谷发生、大量幔源物质上涌和火山岩喷出的重要动力来源,值得进一步研究。

(6) 秦岭中元古代火山岩系与晚元古代火山岩系间的关系,研究证明决非单一简单关系。包括大比例尺填图证明,有些地带的两者之间显著有造山性质的晋宁期构造变动,具构造角度不整合关系,但不少地区却清楚地反映两者为非造山性质关系,甚至是连续过渡关系(张国伟,1988;刘国惠,1993)。这表明 10 ~ 8 亿年的晋宁期强烈构造运动,虽在巴山以南扬子地区使众多不同结晶地块经过复杂的拼合,形成统一的初始扬子地块,接受震旦系统一盖层,但其北缘的秦岭区并未结束其自中元古代以来的扩张裂解进程,呈现复杂的构造格局。既有裂谷和小洋盆闭合,导致基底拼合;又有未封闭,甚至继续扩张,出现火山活动(0.8 ~ 0.7Ga)。这可能正是秦岭晋宁期构造性质的独特性。秦岭也正是在这样的基础上开始发生,进而转入板块构造演化阶段的。

概括以上，秦岭中元古代火山岩系是秦岭造山带的重要基底，占有重要地位。这些火山岩系是由大陆伸展扩张的裂谷系构造体制形成的。裂谷和小洋盆并存分割众多古老结晶基底岩块，而后在晋宁期多数以不同方式闭合，但秦岭带并未结束扩张，继续延入晚元古代，最终导致秦岭晚元古代–古生代洋盆的拉开，转入新的板块构造演化时期。显然，10～8亿年的晋宁构造期是秦岭由陆内裂谷构造体制向板块构造体制的转化时期。

二、主造山作用时期（Pt₃-T₂）板块构造体制下的构造地层岩石单元

秦岭造山带晚元古代–中三叠世的岩石、地层，就出露的主体部分而言，它们都是在秦岭板块构造复合垂向增生构造的主造山作用过程中（Pt₃-T₂）发生、发展和演化的。按照构造演化和时代可分为四个构造岩石单元。

（一）晚元古代沉积火山岩系

20世纪80年代以来，多种方法配套的同位素年代学研究（张宗清，1994；李曙光，1991），并结合地质研究证实，秦岭造山带中晚元古代广泛发育火山岩系，不但在晋宁期（1.0～0.8Ga），而且可延到0.8～0.6Ga。现已在二郎坪、丹凤蛇绿岩中发现至少有1.0～0.7Ga和0.4Ga±的基性火山岩，其中在南召、西峡、周至等地已获得基性火山岩Sm-Nd年龄708±63Ma，822±89Ma，847±198Ma（张宗清等，1994），同时在跃岭河群、西乡群和刘家坪群等火山岩和栾川群碱性火山岩中也测得800～600Ma左右的Sm-Nd年龄（张宗清等，1994），集中反映秦岭带继承中元古代至晋宁期的火山活动。一直到6～8亿年时期仍继续强烈发育基性–中酸性裂谷型火山与小洋盆型蛇绿岩，而且它们与其上下岩层关系随地而异，有造山性质角度不整合关系，又有连续过渡关系，反映处于一种特殊构造演化背景之下，即秦岭区正处于由大陆裂谷体制转换为现代板块构造体制的初始阶段。

（二）震旦纪–志留纪两类不同性质大陆边缘建造

秦岭区大巴山南缘至汉南西乡–宁强一线以南，如同扬子地块内部一样发育完整的上下震旦系。但以北的南秦岭地区，在商丹缝合带以南主要分布上震旦系陡山沱组和灯影组，而普遍缺失下震旦系；商丹以北的北秦岭区则普遍缺失扬子相震旦系，却发育了像陶湾群与之完全不同的震旦系。陶湾群（586±60Ma～682±60Ma，张宗清，1994）是一套被后期强烈剪切变形改造的被动陆缘沉积（刘国惠，1993）。秦岭带震旦系的这一独特基本事实，可以说明：①在晚元古代震旦世初期，秦岭区未接受统一的扬子型初始盖层沉积，仍发育裂谷型火山岩；②至少晚震旦纪前，秦岭区沿商丹一线已出现洋盆，被分离为扬子和华北两板块，进入板块构造演化阶段。

秦岭造山带早古生代，以商丹带为界南北显然是两套不同的建造组合。

1. 扬子板块北缘的被动大陆边缘建造

商丹带以南，即扬子板块北缘接受一套Є-S的巨厚被动陆缘沉积体系，其中最有特色的是发育富硅、碳质的陆缘裂谷型深水沉积（张国伟，1988），尤以其内发育碱性镁铁质－超镁铁质潜火山杂岩（Sm-Nd法测得431.9Ma，黄月华，1993）和幔源金云角闪辉石岩捕房体（^{40}Ar-^{39}Ar法测得700～900Ma，黄月华，1993）引人瞩目。据夏林圻等（1994）研究认为这种捕房体属高压地幔成因并受到地幔交代作用，它们的部分熔融产生碱性镁铁质－超镁铁质火山岩浆，岩浆向上运移，将这些捕房体携带到近地表或地表。这说明南秦岭早古生代存在着深部地质背景下的伸展裂陷作用，并非是简单的被动陆缘结构与沉积。

2. 华北板块南缘的活动大陆边缘建造

商丹带以北，即在华北板块南缘，与扬子板块北缘同时但却发育二条以镁铁质火山岩为主的火山－沉积岩带，其中包括二郎坪蛇绿岩、丹凤蛇绿岩以及其间以秦岭杂岩为基底的岛弧火山岩带（张国伟，1988；张本仁，1994），显示了活动大陆边缘特征。此时秦岭南北同期遥相对应的两个不同性质的大陆边缘的并存，无疑可以推断其间必存在过现已消失了的秦岭洋，它分割华北和扬子两个板块。据岛弧火山岩和俯冲型花岗岩的同位素年代和古生物证据（张国伟，1988），至迟中奥陶世扬子板块已向北俯冲于华北板块之下，可以推断，震旦纪到早奥陶世时期曾是秦岭洋最大扩张期，中奥陶世开始俯冲消减，从而构成华北板块南部的活动大陆边缘。

（三）蛇绿岩带

关于秦岭造山带蛇绿岩及其性质、类型和时代，迄今仍有争议。据我们综合研究认为在秦岭带的镁铁质－超镁铁质岩石组合中，除去非蛇绿岩者外，具有蛇绿岩组合基本特征者可概括为三种类型，即小洋盆型、弧后边缘海型和岛弧型，并分为三个时代，即中晚元古代、古生代、晚古生代－中三叠世。它们呈三条断续的带分布：①二郎坪东西一线；②商丹带；③勉略带。迄今为止秦岭带还没有发现真正典型的大洋中脊型蛇绿岩，所见残存者多是与陆缘相关的类型，即 SSZ 型（Edelman，1988；Robertson，1992；Ishiwatari，1992）。中晚元古代宽坪群、松树沟等小洋盆型蛇绿岩已如前述。关于丹凤、二郎坪、勉略蛇绿岩带可概括简述如下：

1. 丹凤岛弧蛇绿岩和岛弧火山岩带

该带沿商丹主缝合带以残留混杂岩块出露，其岩石组合、地球化学特征和变质变形复杂多变，其中包容了类似 MORB 和洋岛及岛弧型等不同火山岩类，它们都遭受后期强烈剪切变形。这里的蛇绿岩不具完整层序，不发育下部超基性岩类，具有辉长堆晶岩、辉绿岩墙、块状枕状拉斑玄武岩和硅质岩等组合。基性岩类有三种产出情况和两种岩石系列，且拉斑系列与钙碱性系列共生：①残留于基性火山岩中的角砾状早期包体系列，以辉长岩和拉斑玄武岩为主，REE 丰度低，谱型呈平坦 – 弱亏损型，贫 LIL，$\varepsilon_{Nd} \approx +6$，类似 N-MORB 型，可能为洋壳残片或初始岛弧产物；②主体火山岩系列，拉斑玄武岩和钙碱性系列共生，以 LREE 富集型为主，微量元素特征反映既有洋岛又有大陆岛弧环境产物特征，其中还有近似于上述包体系列者；③以侵入关系产出于火山岩系列中的晚期基性岩类，明显以钙碱性系列为主，并有少量碱性玄武岩。

从丹凤带北侧发育一列俯冲型花岗岩（382 ～ 361Ma，张宗清等，1994；骆庭川，1994）和商丹带内部发育碰撞型花岗岩（262 ～ 198Ma，张宗清等，1994；骆庭川，1994）来看，也证明丹凤火山岩带与板块俯冲碰撞密切相关。商丹带在这一消减过程中形成和演化，成为包容混合了以岛弧火山岩为明显特征的混杂有岛弧蛇绿岩、洋岛和大陆岛弧火山岩的岩浆构造混杂带，其形成和演化过程极为复杂，涉及到缝合带长期的壳幔岩浆演化、消减、流体、构造等作用的共同过程，值得进一步研究。

2. 二郎坪弧后型蛇绿岩

以二郎坪和大河区为代表，以枕状、块状拉斑玄武岩为主，有辉长堆晶岩，橄榄辉长岩，厚层放射虫硅质岩，超镁铁质岩不甚发育，但却伴生 M 型花岗岩和花岗闪长岩，具弧后型蛇绿岩组合特征。基性火山岩中大洋拉斑玄武岩和岛弧低钾拉斑玄武岩共生。前者属 N-MORB 型，REE 分配型式为平坦型到轻稀土弱亏损型，后者为轻稀土富集型。它们的 $\varepsilon_{Nd}(t)$ 为 + 5.8 ～ + 7.1，$^{87}Sr/^{86}Sr$ 初始比值为 0.703 ～ 0.706（张宗清等，1994；张本仁，1993），主要来自亏损地幔，属同一岩浆演化系列。它们形成于弧后扩张构造背景下，成一裂陷带，而其中部分地段如二郎坪和大河等，扩张而成为弧后小洋盆，成串珠状分布。它们与南侧商丹俯冲带同期并列。共同指示了古生代华北板块南缘活动大陆边缘的板块构造体制。

3. 勉县 – 略阳蛇绿构造混杂岩带（SF$_2$）

它是秦岭中仅次于商丹带的又一板块缝合带。这条带西接文县 – 玛曲 – 花石峡而通昆仑缝合带，东至镇巴县高川地区，再东则被巴山弧形 – 襄樊 – 大别燕山期巨大向南逆冲推覆所掩盖。勉县 – 略阳一带是保存较好的一段缝合线遗迹。勉略段宽约1 ～ 5 千米，由多条主干断裂构成，在各断片中，强烈剪切基质包容大量 An$\in$，Z-$\in$，D-C 地层和众多超镁铁质的不同构造岩块，形成自北向南的迭瓦逆冲推覆构造，成为显著的蛇绿构造混杂岩带。该带从勉略到高川缺失 O-S 地层，发育 D-C 深水浊积岩、炭硅质岩等陆缘沉积岩系，与其南北两侧大范围内普遍缺失 D-C 地层形成鲜明对照。更为重要的是该带有基性 – 超基性岩块 214 个，其中有众多是蛇绿岩块，尤以略阳三叉最典型。它由超基性岩、堆晶辉长岩、拉斑玄武岩和硅质岩组成。基性和超基性岩类岩石地球化学特征具有 T-MORB 和 SSZ 型岛弧蛇绿岩特点，REE 为强亏损型和富集型并存，$\varepsilon_{Nd}(t) \approx +6.0$。同时带内还有钙碱性安山岩和岛弧低钾拉斑玄武岩等岛弧火山岩的残存。与之相匹配，该带北侧有一列印支期俯冲型花岗岩（219 ～ 205Ma，U-Pb，陈亚东，李曙光函告，

1994）。综合分析，显然指示勉略带曾是一泥盆纪开始打开的洋盆，属于东古特提斯洋北侧分支洋盆，分割了扬子和秦岭板块。

4. 同位素年代学与生物地层学证据

据同位素年代学与生物地层学证据，①勉略带蛇绿岩从勉略－高川间地层构造关系判断应是 $D-T_2$ 时期产物，新近从其基性火山岩获得 241±4.4Ma（Sm-Nd），$\varepsilon_{Nd}(t) = +6.2$；220±Ma（Rb-Sr，李曙光函告，1994）。同时考虑到勉略带有众多不同的蛇绿岩块，各有差异，故可以认为勉略蛇绿岩主要形成于海西晚期－印支早期，而变质变形主要构造就位于 T_{2-3}。②二郎坪弧后蛇绿岩，据放射虫及多门类生物化石定年为 Є-C_1，以 O_2 为主。基性火山岩的同位素年代获得：963±85Ma，$\varepsilon_{Nd}(t) = +6.5±0.6$；847±198Ma，$\varepsilon_{Nd}(t) = +2±1.3$；822±80Ma，$\varepsilon_{Nd}(t) = +6±0.4$；708±63Ma，$\varepsilon_{Nd}(t) = +3.7±0.4$；405Ma，$\varepsilon_{Nd}(t) = +1.4$（张宗清等，1994）。据地质关系综合分析，以上资料既反映了二郎坪蛇绿岩组成的复杂，同时也表明它作为一个弧后盆地在从扩张裂陷到弧后洋盆发展、消减和封闭的长期过程中，弧后岩浆系列的分异演化和构造挤接混杂的多样性，故目前可以认为二郎坪蛇绿岩形成于晚元古代－古生代。③丹凤岛弧蛇绿岩和岛弧火山岩中的沉积夹层含海百合茎，硅质岩中有放射虫化石，定年为 O-S，Sm-Nd 同位素年代学研究获得 914～1015Ma，$\varepsilon_{Nd}(t) = +7.1$（全岩等时线年龄，张宗清等，未发表数据）和 402±14Ma，$\varepsilon_{Nd}(t) = +2.7$（矿物等时年龄，李曙光，1989），与二郎坪弧后蛇绿岩时代相似，结合与之相关的前述花岗岩的年龄（316～382Ma），可以认为丹凤蛇绿岩和火山岩系形成于晚元古代－古生代，而构造就位则为晚古生代－中三叠世（276～211Ma，U-Pb，$^{39}\text{Ar-}^{40}\text{Ar}$）。

（四）晚古生代－中三叠世构造岩石地层单元

秦岭南部勉县－略阳蛇绿岩构造混杂带的厘定（张国伟，1993），表明从泥盆纪秦岭已开始由早古生代扬子和华北两板块沿商丹带的相互作用转变为三个板块，即华北、扬子和其间的秦岭微板块，形成沿商丹和勉略两个缝合带俯冲碰撞新的板块构造格局。同时还复合叠加着同期在深部地质背景下的诸如佛坪、武当的垂向构造，使秦岭晚古生代至中生代初期地壳结构、沉积地层和构造演化发生了重要调整变化。

1. 两个洋盆与新的陆缘沉积

勉略－高川地区的蛇绿岩和沉积地层反映了勉略带自泥盆纪开始逐渐拉张打开，形成扬子和秦岭板块间的东古特提斯洋北侧分枝有限洋盆的地质进程。该带在 Z-Є 基础上，直接接受 D_{2-3} 踏坡组粗砾碎屑岩和浊积岩所代表的初期裂陷边坡扇裙沉积，而三河口群和高川地区 $D-T_2$ 沉积岩系则代表打开的勉略洋南北两侧不同的陆缘沉积岩系，它们与其两侧同时代沉积地层显著差异。它们真实客观地记录了该带裂陷扩张到洋盆最终闭合的历史。而与之同期的商丹带，原是扬子和华北板块间的俯冲带，泥盆纪开始变为秦岭和华北板块间的俯冲残余洋盆，$C-T_2$ 洋盆已几近消亡，逐渐变为残余海盆，以致填满出现沼泽煤系沉积，这包括刘岭群（D_{2-3}）、二峪河群（C）和商丹带南缘的弧前沉积岩系 [D-P，T（?）]（Zhang Guowei et al., 1989），以及在桐柏新发现的含 T_1 放射虫化石沉积岩层（冯庆来，1994）等，代表了晚古生代商丹带从洋壳俯冲殆尽的残余洋盆至陆－陆开始碰撞期间的过程。商丹带以北的北秦岭地区，晚古生代也有类似的地质记录。新的研究证实二郎坪蛇绿岩系之上，延续发育很厚的 $D-C_1$ 碎屑沉积（裴放，1990）。石炭纪的草凉驿煤系地层则表现弧－陆封闭后的上叠断陷沉积，真正具有典型磨拉石堆积者，当属洛南的二叠纪大荆组巨厚粗粒碎屑红色堆积和晚三叠世－早侏罗世南北秦岭均有分布的山间盆地堆积。所以北秦岭陆相盆地沉积反映了二郎坪沿线的弧后海盆在晚泥盆世已开始陆弧闭合，二叠纪初期隆升，以及伴随整个秦岭造山带中晚三叠世的最后全面碰撞造山的隆升和塌陷过程。

2. 秦岭微板块内的陆表海沉积

介于上述两个洋盆之间的秦岭微板块，在晚古生代至中三叠世广泛发育板内复杂的陆表海沉积。它的总体构造古地理格局呈现为：旬阳－留坝以南地区是构造隆起带，在晚元古代－早古生代扩张裂陷和碱性超镁铁质杂岩侵位和喷出的构造背景下，志留纪末该地区大面积隆升，造成普遍缺失志留系以上地层，成为南秦岭晚古生代隆起带。而旬阳－留坝以北到刘岭群分布以南地区，则是接受 $D-T_2$ 巨厚堆积的南秦岭晚古生代沉降带，但该带内部结构复杂，既有东西向间列的扩张断槽，又有武当、佛坪、小磨岭等基底垂向隆起构造，造成纵横分割、水域似通非通的多条地堑裂陷和地垒抬升或基底穹隆构造相间复合的复杂陆表海构造沉积古地理环境（李晋僧，1994；殷鸿福，1992；孟庆任[①]）。所以南秦岭的 $D-T_2$ 岩层复杂多变、从边坡近源粗砾堆积到深水浊积岩系和台地相碳酸盐岩，以及它们的东西南北沉积岩相的迅速变化和不同组合，这都是由秦岭微板块晚古生代－中三叠世所处的上述区域构造背景所决定的。

商丹和勉略两个缝合带所夹持的秦岭板块，在其前寒武纪拼合基底基础上所发育的古生界－中三叠统巨厚陆表海岩系，作为统一盖层，它们同时遭受了晚三叠世广泛普遍的板块碰撞构造的变质变形，无疑这是秦岭板块构造体制主造山作用最后结束时间的可靠证据。同时秦岭中大量的晚海西－印支期花岗岩，也给予了有力的佐证（Castro, 1991；Hutton, 1992）。秦岭带早古生代的花岗岩突出地集中于商丹带以北，并成带有规律的分布，而 240～189Ma 的大量花岗岩（张宗清等，1994；张本仁，1993）则在南北秦岭都有出露；而且东部豫西地区以晚海西花岗岩居多（382～245Ma），中西部则以印支期为主，并集中在 220～189Ma，尤其以商县沙河湾环斑花岗岩（213±1Ma）呈近等圆柱状穿切侵位于商丹带内，更有力地说明秦岭的三板块沿两缝合带最后斜向穿时全面陆－陆碰撞造山结束在 T_{2-3}。

---

①孟庆任. 秦岭晚古生代沉积作用、盆地发展和构造演化（博士论文），1994

（五）秦岭板块构造演化

秦岭地质的事实表明秦岭的主造山作用是一个复杂漫长的造山过程，既不是简单的加里东碰撞造山（Mattauer, 1985），也不是简单的印支期碰撞造山（Hsu, 1987），其主要细节造山过程可概括为图2。

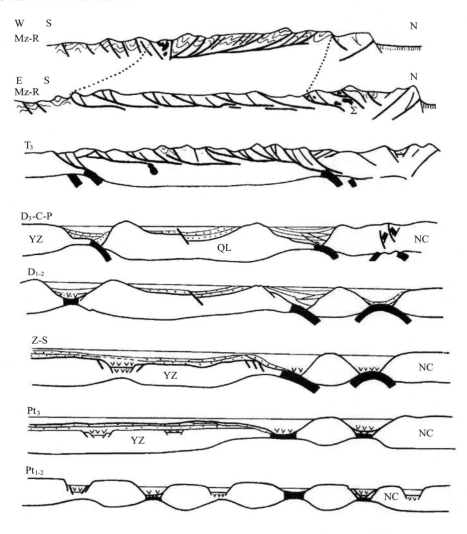

NC. 华北地块；YZ. 扬子地块；QL. 秦岭地块；Σ. 蛇绿岩套

图 2　秦岭造山带构造演化图

（1）晚元古代早期的岩石圈进一步裂解，导致秦岭洋盆以及华北和扬子板块的形成（10 ～ 7 亿年）。

（2）震旦至寒武纪秦岭洋的扩展，导致华北、扬子板块及其间很多陆壳碎块的侧向运动（7～5 亿年）。

（3）奥陶至志留纪扬子板块向华北板块的俯冲，并引起早古生代（加里东）构造岩浆活动及秦岭洋南北两侧不同性质大陆边缘的出现（5～4 亿年）。

（4）勉略洋沿 SF_2 从泥盆纪开始打开，秦岭微板块的游离出现，秦岭洋沿 SF_1 进一步消减演化。

（5）泥盆－石炭纪秦岭洋盆沿 SF_1 几近消亡，形成残余海盆，不规则边界初始接触碰撞（3.7～2.9 亿年）。

（6）石炭－中三叠世 SF_1 的残余洋盆逐渐覆盖填满，形成陆相沼泽沉积。石炭－二叠纪洋壳已接近消亡，中晚三叠世华北与秦岭板块发生最后全面陆－陆斜向碰撞。稍迟，SF_2 勉略带俯冲洋盆闭合，扬子与秦岭板块俯冲碰撞，至此秦岭转入统一陆内构造演化时期。

三、主造山期后中新生代陆内构造演化及其物质组成记录

秦岭于 T_2 末结束其主造山的全面碰撞而最终拼合演化为统一中国大陆，后转入陆内构造演化阶段，但它们并未平静下来，而是发生了强度不亚于主造山作用的陆内造山作用，它在秦岭中新生代沉积和花岗岩活动上有直接的记录。

中新生代南北秦岭共同发育了严格受断陷控制的 T_3-J_{1-2}，J_3-K_1，K_2-E，$N-Q$ 的不同类型红色陆相沉积，而且 T_3-J_{1-2} 陆相沉积普遍遭受区域性变质变形作用，形成低绿片岩相变质岩系，J_3-K_1 的在部分地带，尤其在大的断裂附近发生动力变质作用，但 K_2-E 和 $N-Q$ 的则基本未变质。显然，中生代陆相山间盆地堆积，燕山早期是秦岭在其主造山碰撞之后，板块运行机制并未完全终止，引发陆内俯冲，造成主造山期后的隆升，并伴生一系列块断和箕状塌陷红盆（T_3-J_{1-2}，J_3-K_1），同时斜向俯冲的水平分量，导致广泛的左行平移和走滑拉分小盆地，从而接受大量山间红色磨拉石堆积。燕山晚期 100Ma 左右，以 T_3-K_1 红层的变形变质、更广泛的 K_2-E 红盆堆积和大规模花岗岩浆活动（120～98Ma，张宗清等，1994）为标志，秦岭发生了强裂的伸展作用和急剧隆升，这是秦岭在其深部深刻背景下，造成今日强大山脉的一次剧烈构造热事件。晚白垩世，尤其新生代以来，在沿中国大陆上两个 SN 和 NNE 向重力梯度带横越秦岭的部分，出现一系列伸展剥离构造和 SN-NE 向断陷盆地，穿切秦岭东西构造带，反映秦岭正在沿这些地段发生新的裂解，使之分为大别－桐柏、东秦岭、西秦岭三个不同抬升速率和剥蚀深度，呈现为三个不同构造层次出露的不同构造块体。

四、结论

综合秦岭造山带主要构造岩石地层单元的特点与演化，概括现今的研究，可得以下

初步认识:

（1）秦岭造山带有两类前寒武陆壳基底，早期为非均一的不同结晶杂岩，曾一度拼合，20 亿年左右的重要地壳增生事件可能就是其一次重要表现，而后为中元古代过渡性基底的火山系所裂解。

（2）中元古代至晋宁期是秦岭造山带前主造山最重要的强烈扩张期，发育裂谷构造体制，秦岭壳下发生广泛的板底垫托作用与强烈壳幔交换，导致大量幔源物质加入地壳，是秦岭强烈的地壳增生时期，对秦岭早期地壳组分具有广泛深刻影响，成为秦岭造山带形成演化的主要物质基础之一。

（3）10～8 亿年晋宁期构造运动，是扬子地块拼合形成时期，但对秦岭而言，却是华北与扬子两个板块分离而转入板块构造体制的重要转换时期。

（4）奥陶－泥盆纪是秦岭造山带板块构造体制演化中主造山作用的一个重要时期。这个时期秦岭洋壳在震旦－寒武纪扩张后已开始俯冲消减，勉略新的洋壳开始打开，暗示深部动力学系统和岩石圈层圈耦合关系发生重要调整，地壳组分和结构，包括同位素系统受到强烈影响。但这不是统一动力学机制和构造体制的改换，所以上部地壳物质组成和结构反映不止一次造山性质的变动。

（5）370～200Ma（晚海西－印支期）是秦岭板块构造体制演化的最后阶段，充分反映板块从洋壳消减将尽到陆壳初始接触碰撞，至最后全面陆－陆碰撞经历了漫长复杂的造山过程，其岩石圈深部动力学机制正处在从老的过程向新的过程的转换时期，上部地壳聚敛收缩和伸展隆升，发生强烈变形和变质以及以花岗岩为代表的地壳物质组分的再分配，最终结束板块构造体制而转入陆内大地构造演化阶段。

（6）秦岭主造山期后的中新生代陆内造山时期最突出的是发生了强烈伸展、大幅度隆升和断陷以及大规模花岗岩浆活动，它与秦岭带地球物理深部探测结果相吻合。中新生代秦岭区地幔发生调整，软流圈急剧抬升，岩石圈地幔拆沉流变减薄（Kay, 1993; Scaks, 1990），Moho 面展平，中下地壳成为秦岭岩石圈流变学分层中的壳内流体软层（Ranalli, 1987; Qulnian, 1993），深部地幔活动导致上部地壳强烈伸展抬升等。因此秦岭的这种深部地质作用过程必然成为秦岭中新生代陆内造山的主要动力学来源。

（7）秦岭造山带的地质、地球化学和同位素年代学的记录，都是统一地质造山过程中的各个侧面，它们统一于造山带的基本物质构成中，所以从现代的知识层次进行时空四维的多学科综合的造山带地球物质的研究，去重新认识理解和挖掘它所赋存的大陆动力学丰富信息，探讨大陆的增生、裂解、拼合与保存、造山带的形成与演化，为地学的发展作出新的探索，是值得努力研究的一个重要方向。

参考文献

[1] 冯庆来等. 河南桐柏地区三叠纪早期放射虫动物群及其地质意义. 地球科学, 1994（6）

[2] 卢欣祥. 东秦岭花岗岩. 见: 秦岭造山带学术讨论会论文选集. 西安: 西北大学出版社, 1991

[3] 刘国惠等. 秦岭造山带主要变质岩群及变质演化. 北京: 地质出版社, 1993

[4] 李春昱等. 秦岭与祁连山构造发展史. 见: 国际交流地质学术论文集 (1). 北京: 地质出版社, 1978.

[5] 李晋僧, 曹宣驿, 杨家禄. 秦岭显生宙古海盆和演化. 北京: 地质出版社, 1994

[6] 李曙光等. 中国华北、华南陆块碰撞时代的钐-钕同位素年龄证据. 中国科学 (B), 1989 (3)

[7] 李曙光等. 一个距今 10 亿年侵位的阿尔卑斯型橄榄岩体——北秦岭晚元古代板块构造体制的证据. 地质论评, 1991 (3)

[8] 张本仁. 秦巴岩石圈构造及成矿规律地球化学研究. 武汉: 中国地质大学出版社, 1994

[9] 张寿广等. 北秦岭宽坪群变质地质. 北京: 北京科技出版社, 1991

[10] 张宏飞等. 北秦岭新元古代花岗岩类成因与构造环境的地球化学研究. 地球科学, 1993 (2)

[11] 张宗清. 北秦岭变质地层同位素年代研究. 北京: 地质出版社, 1994

[12] 张国伟等. 秦岭造山带的形成与演化. 西安: 西北大学出版社, 1988

[13] 张国伟等. 大别造山带与周口断坳陷盆地. 见: 中国大陆构造论文集. 武汉: 中国地质大学出版社, 1992

[14] 张国伟. 秦岭造山带基本构造的再认识. 见: 亚洲的增生. 北京: 地震出版社, 1993

[15] 张国伟. 秦岭造山带岩石圈组成、结构和演化特征. 见: 秦岭造山带的形成及其演化. 西安: 西北大学出版社, 1991

[16] 张树业等. 华中高压变质带的岩石组合特征及成因. 见: 秦岭-大巴山地质论文集 (一). 北京: 北京科学技术出版社, 1990

[17] 周国藩, 陈 超. 秦巴地区地壳深部构造特征. 见: 秦岭造山带学术讨论会论文选集. 西安: 西北大学出版社, 1991

[18] 骆庭川等. 北秦岭丹凤-西峡地区古岛弧花岗岩类成分极性及原因探讨. 地球科学, 1993 (1)

[19] 徐树桐. 大别山东段高压变质岩中的金刚石. 科学通报, 1991 (17)

[20] 殷鸿福等. 秦岭及邻区三叠系. 武汉: 中国地质大学出版社, 1992

[21] 黄月华等. 岚皋碱性镁铁-超镁铁质潜火山杂岩中金云母角闪辉石岩类地幔捕房体矿物学特征. 岩石学报, 1992, 4

[22] 游振东等. 造山带核部杂岩变质过程与构造解析——以东秦岭为例. 武汉: 中国地质大学出版社, 1994

[23] 管志宁等. 秦巴地区地壳磁场结构研究. 见: 秦岭造山带学术讨论会论文选集. 西安: 西北大学出版社, 1991

[24] 裴 放. 河南南召发现泥盆纪-石炭纪孢子化石. 中国区域地质, 1992 (1)

[25] 翟明国等. 大别山榴辉岩带高压硬玉石英岩体及其地质意义. 科学通报, 1992 (11)

[26] Castro A et al. H-type (hybrid) granitoid: a proposed revision of the grannitic-type classification and nomenclature. Earth-Science Review, 31,1991

[27] Edelman S H. Ophiolite generation and emplacement by rapid subduction hinge retreat on a continental-bearing plate. Geology, 16,1988

[28] Gao Shan, Zhang Benren and Li Zejiu. Geochemical evidence for Proterozoic continental arc and continental-margin rift magmatism along the northern margin of the Yantze Craton, South China. Precambrian Res., 47,1990

[29] Hsu K J, Wang Q, Li J, Zhou D, Sun S. Tectonic evolution of Qinling mountains, China. Eclogae Geol. Helv, 80,1987

[30] Hutton D H W. Granite sheeted complexes: evidence for the dyking ascent mechanism. Trans. Roy. Soc. Edinb, Earth Sci, 1992

[31] Ishiwatari A. Circum-pacific ophiolite: Time-space distribution and petrologic diversity. 29th Inter., Geol, Cong. Abstract 1. Kyoto Japan, 1992

[32] Kay R W and Kay S M. Delamination and delamination magmatism. Tectonophysics, 219,1993

[33] Mattauer M, Matte Ph, Malavieille J, Tapponnier P, Malaski H, Xu Zhiqin, Lu Yilun and Tang Yaoqin. Tectonics of Qingling belt: build-up and evolution of Eastern Asia. Nature, 317,1985

[34] Quinlan G et al. Tectonic model for crustal seismic reflectivity patterns in compressional orogens. Geology, 21,1993

[35] Ranalli G and Murphy P. Rheological stratification of the lithosphere. Tectonophysics, 132,1987

[36] Robertson A and Jones G. Tethyan versus circum-pacific ophiolite terrains: comparisons and overview. 29th Inter.

Geol. Cong, Abstract 1. Kyoto Japan, 134,1992

[37] Sacks P E. Delamination in Collisional orogens. Geology, 18,1990

[38] Wang Hongzhen. Tectonic development of the Proterozoic continental margins in East Qinling and adjacent regions. Journal of China University of Geosciences, 1 (1), 1990

[39] Zhang Guowei, Bai Yu bao, Sun Yong, Guo Anlin, Zhou Dingwu and Li Taohong. Composition and evolution of the Archaean crust in central Henan, China. Precambriam Research, 27,1985

[40] Zhang Guowei, Yu Zaiping, Sun Yong, Cheng Shunyou, Li Taohong, Xue Feng and Zhang Chengli. The major suture zone of the Qinling orogenic belt. Journal of Sourtheast Asian Earth Sciences, 3 (1 ～ 4), 1989

秦岭造山带的结构构造*

张国伟　孟庆任　赖绍聪

摘　要　综合研究厘定秦岭造山带有两类造山带基底，主造山作用时期有三个板块沿两个缝合带斜向俯冲碰撞，同期发育有深部背景的垂向加积增生构造。秦岭造山带现今三维构造几何学模型呈现为一种"立交桥"式结构。深部地球物理场为近南北向异常与状态，而上部地壳则以近东西向构造为主导，其间的中、下地壳呈水平流变状态。上部地壳结构由主造山期构造所奠定，包含先期残存构造，并强烈叠加晚近陆内造山构造，形成统一而又包容多期不同动力学体制与成因的多种构造组合模型。

关键词　碰撞构造　垂向加积增生　秦岭"立交桥"式三维结构

关于秦岭造山带构造研究，迄今虽然仍有分歧与争议，但多数人认为它主要是华北与扬子两个板块的碰撞造山带，并强调其主导自北而南的推覆和走滑构造[1-6]。新的研究发现并证明，秦岭造山带现今的结构构造主要决定于：①它是不同时期不同构造体制多种类型造山作用的复合；②晚元古代至古生代主造山作用时期是由三个板块沿两个主缝合带俯冲碰撞而造山；③秦岭板块内的岩石圈垂向加积增生与中、下地壳流变作用显著控制影响着秦岭的造山作用与构造变形；④中新生代陆内造山构造强烈而显著，使之面目一新。因此，秦岭造山带的现今结构构造复杂多样，独具特色。区别于已有造山带几何学模型，又非为单一样式所能简单概括。

一、秦岭造山带主要构造演化阶段

秦岭造山带地表地质最基本的事实是它主要由三大套构造岩石地层单位所构成，反映着三个主要演化时期，三种不同构造体制下秦岭造山带基本的地壳的物质组成及其构造演化。

（1）两类不同的造山带基底岩系：①晚太古代至早元古代变质结晶杂岩系基底，现

*本文原刊于《中国科学》B辑，1995，25（9）：994-1003.

今呈分散残块夹持在秦岭带内，尚难可靠恢复其早期构造体制与演化；②早中元古代火山－沉积浅变质岩系，属过渡性基底。出露广泛，以伸展构造机制为特色，原为裂谷和小洋盆兼杂并存环境产物，有强烈广泛的 1～0.8Ga 晋宁期构造活动。

（2）晚元古代至中三叠世广泛发育的从裂谷型火山建造演化为两类古大陆边缘沉积和裂陷沉积，形成不同类型蛇绿岩与花岗岩、以及它们的碰撞构造，共同揭示了板块构造体制，而众多大面积基底抬升剥露又反映了陆块板内底侵垂向增生机制[7]。

（3）中新生代陆内断陷和造山带前后陆盆地沉积及构造岩浆活动，指示了强烈的陆内造山作用。其中古生代地质记录表明主造山期奠定了秦岭现今基本构造格局。秦岭是在先期构造演化基础上从晚元古代到中生代早期作为古特提斯洋的北翼分支逐渐发展演化出两个有限洋盆，分划出三个板块，即华北、扬子板块及其间的秦岭微板块，并沿商丹和勉略两个主缝合带（图1，图2）俯冲消减，后相继于晚海西－印支期最终陆－陆斜向穿时碰撞，最后又经陆内造山和急剧隆升形成今日秦岭。

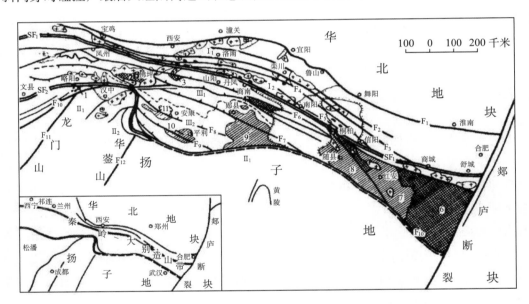

Ⅰ. 华北板块南部：Ⅰ₁. 秦岭造山带后陆冲断褶带；Ⅰ₂. 北秦岭厚皮迭瓦逆冲构造带；Ⅱ. 扬子板块北缘：Ⅱ₁. 秦岭造山带前陆冲断褶带；Ⅱ₂. 巴山－大别南缘巨型推覆前锋逆冲带；Ⅲ. 秦岭微板块：Ⅲ₁. 南秦岭北部晚古生代裂陷带，Ⅲ₂. 南秦岭南部晚古生代隆升带；SF₁. 商丹缝合带；SF₂. 勉略缝合带；主要断层：F₁. 秦岭北界逆冲断层；F₂. 石门－马超营逆冲断层；F₃. 洛南－滦川逆冲推覆断层；F₄. 皇台－瓦穴子推覆带；F₅. 商县－夏馆逆冲断层；F₆. 山阳－凤镇逆冲推覆断层；F₇. 十堰断层；F₈. 石泉－安康逆冲断层；F₉. 红椿坝－平利断层；F₁₀. 阳平关－巴山弧－大别南缘逆冲推覆带；F₁₁. 龙门山逆冲推覆带；F₁₂. 华蓥山逆冲推覆带。秦岭造山带结晶基底岩块：1. 鱼洞子；2. 佛坪；3. 小磨岭；4. 陡岭；5. 桐柏；6. 大别。秦岭造山带过渡性基底岩块：7. 红安；8. 随县；9. 武当；10. 平利；11. 牛山－凤凰山；十字符号花纹：花岗岩；黑色花纹：超镁铁质岩

图 1　秦岭－大别造山带构造单元

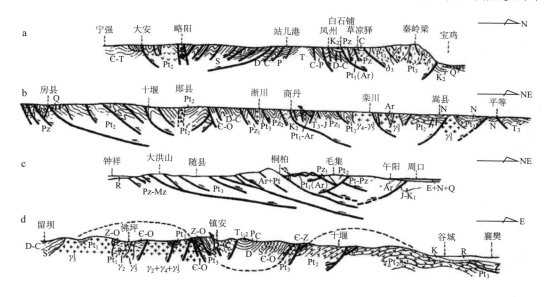

a. 宝鸡－宁强南北向剖面　b. 洛阳－十堰南北向剖面
c. 桐柏－随县南北向剖面　d. 武当－留坝东西向剖面

图 2　秦岭－大别造山带几条地质构造主剖面

二、秦岭主造山期三个板块与两个缝合带的厘定

（一）商丹板块主缝合带（图 1 中 SF_1）

商丹带位于秦岭中部，以宽约 8～10 千米，东西向千公里延伸。研究证明它首先主要是秦岭主造山期板块俯冲碰撞缝合带[8]，理由是：①商丹带内残存着晚元古代和古生代两类不同性质的蛇绿岩和火山岩，其中晚元古代是小洋盆型，如松树沟、黑河等（983±140～1124±96Ma，Sm-Nd）[9, 10]，古生代则多为岛弧型（357～402.6±35Ma，487±8Ma，Sm-Nd，Rb-Sr）[9, 10]；②商丹带内发育线形碰撞型花岗岩（323～211Ma，U-Pb，Rb-Sr）[9, 11]，而其北侧则成带分布两期俯冲型花岗岩（793±32～659Ma，487～382Ma，U-Pb，Rb-Sr）[9, 11]，并有自南而北的地球化学极性[11]，显示向北俯冲碰撞效应；③商丹带南缘断续分布弧前沉积，目前确知最新岩层有二叠系，新近在其北侧大理岩中发现含早三叠世生物化石[12]；④商丹带现今以不同时代不同性质不同构造层次的断层或韧性带（211～126Ma，U-Pb，Sm-Nd）[8]为骨架，包溶混杂着上述诸多不同类型与来源的岩块，形成为复杂多期复合的构造混杂带；⑤商丹带是长期分割秦岭南北的分界线，至少从震旦纪扬子型陡山沱与灯影组等在南秦岭广布而从不超越商丹一线，和古生代南北秦岭遥相对应发育两类不同大陆边缘沉积等基本事实，可以看出商丹带自晚元古代末起就一直是扬子与华北板块的界线，后又成为秦岭与华北板块的接合带。总之上述事实说明，商丹一线曾有一个消失的有限洋，商丹带就是其消亡的俯冲碰撞缝合线。

（二）勉略板块缝合带（图 1 中 SF₂）

它包含西部勉县 - 略阳蛇绿构造混杂岩带及其东西向的延伸，是秦岭中仅次于商丹带的又一板块缝合带。其主要特点是：①它是从勉略向西经文县、玛曲、花石峡连接昆仑，向东经巴山弧形带而直通大别南缘，纵贯大别 - 秦岭 - 昆仑的巨型断裂构造带。它原是一古特提斯板块缝合线，因受燕山期阳平关 - 巴山弧 - 襄樊 - 广济巨大向南的推覆构造（F₁₀）强烈逆冲掩盖，致使其东段失去原貌，仅勉略段保存缝合遗迹。②勉略段以宽约 1 ～ 5 千米多条主干断裂为骨架，由强烈剪切基质包容大量 An-Є，Z-Є，D-C 和众多超镁铁质等不同构造岩块形成，形成自北向南的迭瓦逆冲推覆构造，成为显著的构造混杂带。③勉略蛇绿岩带岩石组合复杂，主要包括超镁铁质岩、辉长岩类（堆晶辉长岩）、海相火山岩、硅质岩、灰岩及基底变质岩块等，多以构造岩块（片）形式产出，构成显著蛇绿构造混杂带。超基性岩出露较广，多已蚀变为蛇纹岩类。原岩主要是二辉橄榄岩或斜长橄榄岩。其 REE 分配型式为亏损型（La/Yb）= 0.4 ～ 1.20，$(Ce/Yb)_N$ = 0.48 ～ 1.23，具铈正异常，类似 I 型蛇绿岩的超基性岩组合类型。辉长岩类变形强烈，具堆晶和辉长 - 辉绿结构，REE有富集型与弱示损型。玄武岩有两类：一是 REE 为亏损型，（La/Yb）= 0.3 ～ 0.36，$(Ce/Yb)_N$ = 0.33 ～ 0.42，（La/Sm）= 0.55 ～ 0.83，$\varepsilon_{Nd}(t)$ = ±6，微量元素（N 型）MORB 标准化分布型式平坦，除 Ba 和 Rb 外，其他元素与（N 型）MORB 标准值接近；另一类是 REE 为富集型，$(La/Yb)_N$ = 1.84 ～ 4.70，（Ce/Yb）= 1.82 ～ 3.38，（La/Sm）= 2.79 ～ 4.75，微量元素（N 型）MORB 标准化谱型为"三隆起"型，此类具岛弧火山岩特征。基性岩年龄为 241±4.4Ma；Sm-Nd，220.2±8.3Ma，Rb-Sr（李曙光，1994）。同时与之相匹配，勉略带北侧有一列印支期俯冲型花岗岩带（219.9 ～ 205.7Ma，U-Pb，陈亚东，1994）。总之从构造、岩石组合和地球化学等综合特征表明该带是一印支期最终封闭，具有岛弧火山岩、岛弧蛇绿岩和洋脊蛇绿岩残片等复杂构成的蛇绿构造混杂带。④勉略到巴山弧形带内以缺失 O-S 岩层而发育 D-T 深水浊积岩、炭硅质岩等陆缘沉积岩系为独特特征，而与其南北两侧缺失 D-C 岩层恰成鲜明对照，显著不同。联系上述众多蛇绿岩块和构造变形，显然预示这里曾有一个泥盆纪打开的有限洋盆。若向东追索，下扬子区北缘古生代沉积向大别南缘出现深水相沉积及随县南侧古生代蛇绿岩的发现，以及大别地块剧烈的向南逆冲推覆隆升。综合分析推断沿勉略 - 巴山 - 大别南缘曾有一有限的扩张洋盆，勉略带就是其消亡而后得以幸存的缝合遗迹。

（三）华北地块南部的构成与结构（图 1 中 I）

商丹带至秦岭现今的北界（F₁）间的秦岭造山带基本组成部分，以其大地构造属性、基底与盖层组合、时代、亲缘关系等地质地球化学特征综合判定，它们原属华北板块南部，只是不同时期以不同方式卷入造山带中。现以 F_3 分为两个次级构造单元：I_1 秦岭造山带后陆冲断褶带；I_2 北秦岭厚皮迭瓦逆冲带（图1）。它们的主要特点是：①具有华北型基底与盖层组合特征，但是北秦岭带（I_2）直接较早加入造山带，其变质变形岩浆活动强烈而复杂；②中元古代以熊耳、洛南、宽坪、松树沟等火山－沉积岩群和超基性岩为代表，具裂谷建造、陆缘沉积与小洋盆蛇绿岩特征，反映了华北地块南缘早期的扩张裂解，以致出现了小洋盆；③晚元古代至古生代以丹凤、二郎坪、栾川等岩群为代表，自南而北出现岛弧型蛇绿岩和岛弧火山岩，弧后型蛇绿岩与火山岩以及裂陷碱性火山岩等，反映了该带演化成为华北板块活动陆缘的特征；④该带南缘保存有残余盆地沉积（C-P），而中北部二叠系已有磨拉石堆积性质（洛南大荆）。自晚三叠世开始普遍发育断陷陆相沉积，它们记录了秦岭晚海西－印支期从俯冲洋壳几近消亡至陆－陆全面碰撞的漫长复杂造山过程和中新生代陆内构造隆升成山的历程。

（四）扬子地块北缘的造山带前陆冲断褶带（图1中 II ）

扬子板块以具有晋宁期统一基底和晚元古代至显生宙盖层为特征。秦岭勉略缝合带－巴山弧形带以南的汉南基底岩系和前陆盆地沉积及其冲断褶带（ II ），应原属扬子板块北缘组成部分，现今包括①扬子与秦岭板块印支期碰撞造山的前陆冲断褶带（ II_1 ）和②燕山期巴山－大别南缘巨型推覆构造的前锋迭瓦逆冲带（ II_2 ）。巴山弧形构造将另述于后。

（五）秦岭微板块（图1中 III ）

秦岭微板块是指介于商丹与勉略二缝合带间的南秦岭，向东包括武当、随县、桐柏－大别山地带，是秦岭带现今主要的组成部分，原曾是一独立的岩石圈微板块（或地体）。晚古生代以来有别于其南北的扬子与华北板块，而独具特色：①它具有扬子型震旦系陡山沱组和灯影组统一的覆盖层。研究证明它的基底是晋宁期复杂拼合体，有来自华北型的小磨岭、陡岭、桐柏和大别等结晶地块，也有如佛坪、鱼洞子等可能属扬子或其他异地而来的古老杂岩碎块，现今均呈分散构造岩块，由武当群及其与之相当的诸多早中元古代裂谷与小洋盆型火山岩系，经晋宁运动而使之拼合成扬子晋宁期基底。②秦岭板块上发育的震旦系及其与之连续的下古生界，从古生物与沉积岩层对比，表明它们主体属于扬子板块北缘的被动大陆边缘沉积体系，并以发育早古生代陆缘裂谷和碱性岩为特色，反映此时并无独立的秦岭板块，而仍属扬子板块。③已如前述勉略缝合带自泥盆纪开始从扬子板块北缘打开，逐步扩张出有限洋盆，分离出秦岭微板块，开始独自的发展演化，最后于印支期与南北板块相继碰撞，形成秦岭碰撞造山带。因此显然秦岭微板块是晚古生代从扬子板块上发展而独立出来的岩石圈小板块。新的古地磁资料也提供了这一信息[13]。④晚古生代至早中三叠世秦岭板块上广泛发育多种类型的不同沉积岩系，既有深水浊积岩系，又有浅水台地相和裂陷近源沉积，乃至残留盆地相堆积，反映了其从侧向伸展、垂向隆升裂陷到收缩、走滑等多样转换复合的复杂构造沉积环境与变迁。现今的南秦岭（Ⅲ）可划分为两个次级构造单元，即南秦岭北部晚古生代裂陷带（Ⅲ₁）和南秦岭南部晚古生代隆升带（Ⅲ₂）。⑤秦岭板块内突出有众多古老基底抬升的穹形构造，控制着秦岭带的沉积古地理环境与构造变形，具有重要意义，将述于后。⑥南秦岭自晚三叠世开始与整个秦岭一致结束海相沉积，发育断陷陆相盆地，标志秦岭转入新的大地构造演化阶段。

三、秦岭造山带的现今构造几何学模型

（一）平面结构特征

（1）秦岭造山带不同演化阶段有不同的边界，现今 F_1 和 F_{10}（见图1）为其南北边界。边界弯曲多变，尤其南界酷似喜马拉雅造山带南界形态。

（2）秦岭造山带西延撒开分三支分别与祁连、昆仑和松潘相连，向东则渐次收敛束为大别造山带，东为郯庐断裂所截。东去收敛出现：①东秦岭区的北秦岭 I_2 带被向南的巨型推覆和北淮阳反向逆冲逆掩而消亡，并相应形成北淮阳构造混杂带；②巴山－大别山南缘的向南巨大推覆断层（F_{10}）逆掩盖掉勉略缝合带的东延部分；③秦岭造山带地壳的东部高度收缩、消减、抬升、深部强烈流变和大别超高压根部带大面积以不同机理、方式多期次最终剥露。

（3）现今的秦岭造山带自东而西决非同一构造层次出露，而是包容了依次出露的三个层次，即大别深部构造层次、东秦岭中深和中浅层次的交互出现，西秦岭则以中浅层次为主，它们综合反映了秦岭造山带的地壳剖面基本结构特征。

（二）秦岭地表结构构造与地球化学示踪

地质、地球化学和地球物理综合研究证明，秦岭主体构造格架主要是主造山期三个板块，沿两个缝合带的俯冲碰撞与陆块板内垂向增生构造及其两者的复合。现今构造特征是：

（1）秦岭造山带南北分别以前陆和后陆向南向北的反向冲断褶带（I_1，II_1），逆冲向扬子和华北地块，成秦岭南北两道镶边过渡构造，扇形向外。

（2）北秦岭（I_2）在原华北板块南缘活动陆缘结构基础上，卷入基底与盖层形成强大的向南为主的迭瓦逆冲厚皮构造带。地球化学也证明它是壳幔交换最剧烈的物理化学拼合分异变动带[11]，也是秦岭最强烈复杂的变质变形流变构造岩浆带。

（3）商丹和勉略二缝合带，总体表明扬子、秦岭板块依次向北俯冲，构成岩石圈尺度的向北单向叠置俯冲，但秦岭北部的华北地壳南缘却向南俯冲，形成秦岭反向俯冲叠置的构造总格局。二缝合带因后期推覆、走滑和块断构造的叠加改造现今构成复合型构造混杂带。

(4) 南秦岭，即原秦岭板块的构造，既决定于它与南北板块的碰撞构造，又受控于板内垂向加积增生作用。①由于它是夹持于两个相对较大的板块间的一个晚期形成的微板块，同时又具有拼合非统一的基底，所以在其与南北板块相继俯冲碰撞时，随着南北板块运动速率、方向及具体边界条件的不同，尤其与扬子板块内部不同构造块体，如川东、川中、川西等相互作用，便发生随地而异的极富变化的碰撞构造组合。最为突出的是以佛坪基底隆起构造为界，以东地区因其南缘邻接扬子川东活化软基底和盖层，使之得以产生多期次多层次大幅度向南的拆离滑脱推覆构造，形成巴山弧形构造带；而以西地区则因直接碰撞川中－汉南古老硬化基底，使秦岭西部一反东部构造样式，形成自南向北长距离逆掩推覆构造。两者鲜明对照，同期反向运动，形成不同构造，是为秦岭构造一大特色。更应注意的是，两者之间恰对应佛坪东侧的横贯秦岭的晚海西－印支期 NNE 向构造花岗岩带，成为秦岭东西反向推覆构造交接变化的挤压剪切转换带，具重要构造意义。②秦岭板块内另一瞩目现象是发育大面积众多基底隆起，形态各异，并强烈控制秦岭构造面貌。除东部已为地学界注意的大别超高压变质基底出露外，东秦岭中诸如武当、陡岭、小磨岭、佛坪、鱼洞子等古老基底剥露也十分引人注目（见图 1）。它们出露并非同一机制成因[14]，如武当更多具伸展机制下变质核杂岩性质的剥离构造特征[15]，穹形隆起，并受后期向南的逆冲推覆构造的改造。陡岭群则更多显示其大型多级逆冲推覆构造的推出，其中最值得研究的是佛坪基底隆起穹隆构造（图 3）。它即是一个以古老结晶杂岩（佛坪群 19 ～ 18Ga，Sm-Nd，张宗清，1994）为核心，缺失中上元古界直接以韧性带被盖层（Z-D）所披盖的椭圆形穹隆构造，又是一个以大量花岗岩为主的深层岩浆活动中心，同时更显著的它还是一个变质热中心，从核部向外，不受岩层和时代控制，变质级别由高角闪岩相至低绿片岩相依次围绕穹隆成环带分布。显然，它不仅仅是板块侧向运动和伸展构造所派生，而更重要反映它是在深部背景下所发生的造山带岩石圈垂向加积增生作用，突出而重要的参与了秦岭大陆造山带的形成与演化，具有重要的岩石圈动力学意义。③由于武当和佛坪等大型基底抬升的同构造作用，南秦岭出现受它们控制的穹形背斜和盆状向斜呈 NNE 向相间分布，使之在东西构造基础上近于直交叠加成网格状构造样式，显示了秦岭大陆造山带复杂多样性。

(5) 秦岭中新生代陆内构造主要表现为主造山期后的逆冲推覆，左行平移和块断升降，以及相伴的塌陷盆地沉积与相继的变质变形，而更为突出的是中生代晚期 100Ma 左右，秦岭造山带发生强烈的伸展作用和急剧隆升，高差大于 10 千米，同时伴随大规模花岗岩浆活动与成矿作用，反映发生了不亚于板块碰撞构造的强烈陆内造山作用，并随之产生一系列晚近时期塌陷断裂陆相盆地和北西与北东向 X 形横穿秦岭的剪切断裂。

图 3　秦岭佛坪穹隆变质构造图（据《陕西地质志》修改重新编）

1. 各时代地层及界线；2. 佛坪穹隆基底结晶杂岩；3. 变质带界线；alm. 石榴石带界线；St. 十字石带界线；Ky. 蓝晶石带界线；4. 刚玉片麻岩带；5. 超基性岩；6. 基性岩；7. 闪长岩；8. 花岗岩类；9. 花岗闪长岩类；10. 断层；11. 韧性剪切带

（三）深部地球物理场状态与结构

1. 秦岭区重、磁、热等地球物理场特征

东秦岭区域重力场显示其恰位于太行至武陵山和青藏东侧的中国两个 NNE 向重力梯度带之间，内部则为一东西向、以平顶山为顶点向西开口的重力低带，而卫星重力显示秦岭区以 108°E 为界，东部与大别连为一体呈区域重力高，西部则为区域重力低，显示东西有差异。秦岭区域磁场具双层磁结构，浅层复杂局部异常叠加在深部区域低磁异常场上，明显区别于华北与扬子磁异常特征，但秦岭中有与华北、扬子相对应的 NE 向磁异常贯通[16]。秦岭区居里面呈东西隆起状，为高热流区，平均达 109.275mW/m，地温梯度平均为 2.8℃/100m。新的古地磁资料反映秦岭带三个独立块体经分离、漂移，最后于中生代初聚合[13]。此与秦岭地质事实较吻合，提供了新的重要信息。

2. 秦岭深部结构与状态

秦岭区现有地球物理测深主要集中于东部，是认识秦岭深部结构与状态的基本依据。

（1）地震（反射与折射）和大地电磁测深（据袁学诚，图 4）反映秦岭岩石圈结构极不均一[17]。东部地壳平均厚度小于 35 千米，Moho 面呈平缓南倾斜坡，无山根，有异常地幔。相应于地表商丹带，剖面上呈铲状向北倾伏，成为地壳波速与电性结构的分界线，并是一少反射的地震透明区。上地壳反射界面多成连续波状和叠置状，显示上部薄皮构造特征。中、下地壳发育平缓反向反射界面交织，尤以商丹以北更显著。同时南北秦岭中地壳发育低速高导层。电性结构还显示秦岭北部浅层有南倾低阻层，深部却为南倾高阻体。北秦岭壳内有巨大低阻体，而南秦岭则有规律的呈向北倾伏。大地电磁和大地热流探测（据李立，金昕）共同反映，软流圈顶部起伏变化，北秦岭和巴山弧形南缘深达 250 千米，而南秦岭平均顶部起伏在 110 千米上下，对比秦岭带 Moho 面平均深 40 千米，近水平状，显然岩石圈地幔厚度差可达 150 千米，软流圈急剧抬升，无疑具重要动力学意义。

（2）秦岭区 CT 三维成像结果（据刘福田，刘建华）表明秦岭岩石圈，乃至更深部具显著横向不均一性，Moho 面起伏不平，其顶面以 108°E 为界，以东为正速度扰动区，西部为负速度扰动区，和卫星重力一致反映西部与东部不同地壳厚度大于 40 千米，有山根显示。CT 速度结构清楚反映中地壳特别发育低速 "热区"，最低为 5.74 千米/秒。软流圈顶面起伏大，秦岭主体部分平均在 110 千米上下。CT 更为突出的反映出秦岭现今深部地幔和下地壳的动态调整变化趋势：①垂向上 CT 图像反映从上部显著以近东西向异常为主逐渐变为深部近南北向异常为主，表明上下不一致的 "立交桥" 式的结构；②一系列东西向 CT 剖面共同显示高低速度异常区呈平行相间的规律向东倾伏，反映一种深部物质调整流变状态[18]。

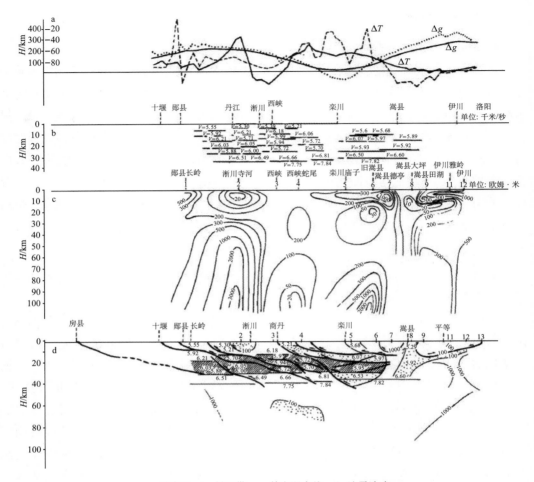

a. 低速层，b. 低阻带，c. 等电阻率线，d. 地震波速

图 4 秦岭 QB-1 地球物理剖面及地质解释图

（四）秦岭造山带现今结构的几何学模型

综合以上地表地质和深部结构与状态特征，秦岭现今三维结构基本格架和特征概括如下：

（1）秦岭造山带地壳与上地幔结构极不均一，分层分块。纵向圈层清楚，构成上、中、下多层岩石圈流变学分层结构，发育多级构造物理界面，横向分区块，差异显著。软流圈顶部起伏变化大，秦岭地块平均顶面在 110 千米上下，而其两侧可深达 200 ～ 250 千米。Moho 面平均在 40 千米，东部地壳薄，最薄至 29 千米，无山根，西部地壳逐渐加厚至 57 千米，有山根。

（2）秦岭岩石圈浅层与深部结构状态不完全一致。中、下地壳和上地幔具动态最新调正变化的特征，现今的 Moho 面可能是深部演化的最新产物，并非主造山期古 Moho 状态，东部 Moho 面展平抹去山根，而西部正在调正之中，残留山根。但现今中、上地壳，虽受晚近构造强烈改造，然而更多保存了古结构遗迹（东西向），使秦岭造山带从上部到深部总体结构呈现出一种"立交桥"式宏观构造几何学模型，即深部具有与中国现今大区域地球物理场一致的近南北向异常状态；上部则以近东西向结构构造更为显著突出，其间的中下地壳处于近水平的流变变形过渡状态，表明深部条件下地幔和中下地壳具更大塑性流变特征，得以调正，而上部地壳固态硬化滞后，更多保留了古老构造遗迹。因此，地幔的最新拆沉（delamination）调正[19]和软流圈的抬升，就成为秦岭中新生代陆内造山的主要动力来源。

（3）秦岭造山带地壳结构上、中、下三层清楚，发育多种具动力学意义的构造界面。下地壳具流变性已有新的展平调正。中地壳则从发育地震反射界面、低速高导层和 CT 低速结构共同暗示它可能不但是主造山期，而且也是现今秦岭岩石圈结构调正的主要流变过渡带，所以中、下地壳作为秦岭岩石圈流变学分层的壳内流体软层[19, 20]，是一重要动力学层，对于秦岭上部构造具重要意义。秦岭上部构造在深部构造背景上，由主造山期构造所奠定，形成地壳尺度的扇形侧向迁置与垂向加积的复合构造总格局，构成一幅复杂独特，统一而又包容多期不同动力学体制与成因的多种构造组合图像。

（4）统一的秦岭－大别造山带，正在滞后地跟随其深部地质最新演化过程，发生东西的裂解，成为大别、东秦岭、西秦岭三个构造块体，并受南部扬子次级构造块体性质与相对运动和北部鄂尔多斯地块顺时针旋转运动等的相互作用，以不同速度正在差异隆升之中。东秦岭晚白垩纪以来抬升幅度大于 10 千米，至今仍控制影响着中国大陆南北的气候、生态，乃至人文地理。

参考文献

[1] 李春昱等. 秦岭及祁连山构造发展史. 见：国际交流地质学学术论文集（1）. 北京：地质出版社，1978

[2] 王鸿祯等. 东秦岭古海域两侧大陆边缘区的构造发展. 地质学报，1982（3）

[3] Mattauer M, Matte Ph. Malavieille, J et al. Tectonics of Qinling Belt: build-up and evolution of Eastern Asia. Nature. 1985, 317

[4] Hsu K J, Wang Q, Li J et al. Tectonic evolution of Qinling Mountains, China. Eclogae Geol Helv. 1987, 80

[5] 张国伟. 秦岭造山带的形成与演化. 西安：西北大学出版社，1988

[6] 许志琴. 东秦岭复合山链的形成——变形、演化及板块动力学. 北京：中国环境科学出版社，1988

[7] Jamieson R A, Beaurmont C. Orogeny and metamorphism: A model for deformation and pressure-temperature-time paths with Applications to the centre and Southern Appalachians. Tectonics, 1988, 7（3）

[8] Zhang Guowei. The major sutrue zone of the Qinling belt. Journal of southeast Asian Earth Sciences, 1989,3（1-4）

[9] 张宗清等. 北秦岭变质地层秦岭、宽坪、陶湾群同位素年代研究. 北京：地质出版社，1994

[10] 李曙光等. 中国华北华南陆块碰撞时代的钐－钕同位素年龄证据. 中国科学（B 辑），1989（3）

[11] 张本仁. 秦巴地区区域地球化学文集. 武汉：中国地质大学出版社，1990

[12] 冯庆来等. 河南桐柏地区三叠纪早期放射虫动物群及其地质意义. 地球科学，1994（6）

[13] 刘育燕等. 华北、秦岭及扬子陆块的若干古地磁研究结果. 地球科学, 1993 (5)

[14] Rickard M J. Basement-cover Relationships in orogenic belts. In: Rickard M J ed. Basement Tectonics, Kluwer: Academic Pub, 1992

[15] Davis G H. Shear zone model for the origen oif metamorphic core complexes. Geol, 1986, 11

[16] 周国藩, 陈 超. 秦巴地区地壳深部构造特征初探. 见: 秦岭造山带学术讨论会论文选集. 西安: 西北大学出版社, 1991

[17] 袁学诚. 秦岭造山带的深部构造与构造演化. 见: 秦岭造山带学术讨论会论文选集. 西安: 西北大学出版社, 1991

[18] Ranalli G. Murphy D. Rheological stratification of the lithosphere. Tectonophysics, 1987,132

[19] Kay R W, Kay S M. Delamination and delemination magmatism. Tectonophysics, 1993,219

[20] Quinlan G. Tectonic model for crustal seismic relectivity patterns in compressional orogens. Geol, 1993,21

秦岭造山带的造山过程及其动力学特征*

张国伟 孟庆任 于在平 孙 勇 周鼎武 郭安林

摘 要 秦岭是经过三个不同构造演化阶段，以不同构造体制发展演化而形成的复合型造山带，其主造山作用板块构造演化阶段（Pt_3-T_2）是三个板块沿两个消减带俯冲碰撞，经历了漫长复杂的造山过程。从裂谷构造体制转换为板块构造体制，从扩张、俯冲到碰撞。尤其从点接触初始碰撞经面接触碰撞到全面碰撞成山等造山的细节过程，反映了秦岭长期在特提斯构造域众多陆壳块体群分离、拼合、增生的过程中发展演化而形成，也显示出是在古今地幔动力学和圈层耦合关系变动过程中发展演化的，具有重要大陆地质与大陆动力学意义。

关键词 裂谷构造 板块构造 陆内构造 造山过程

秦岭造山带是经历长期多次不同造山作用而形成的复合型大陆造山带，在中国大陆的形成与演化中占有重要地位。地质、地球物理、地球化学等多学科综合研究表明，其现今主要构造单元划分如图1，其形成与演化可以概括主要经历了三个不同构造演化阶段：①晚太古代至古元古代造山带前寒武纪基底的形成演化（3.0～1.6Ga）；②新元古代至中三叠世，以现代板块构造体制为基本特征的板块构造演化（0.8～0.2Ga）；③中新生代陆内造山作用与构造演化。它们分别以不同构造体制、不同造山作用和过程，复合构成今天的秦岭造山带。其中新元古代至中三叠世是秦岭造山带形成与演化的主造山作用时期，秦岭带内各主要板块、地块间的关系和秦岭的基本物质组成及其构造骨架是由它所奠定，其中包容了先期残存构造，并又受晚期构造作用的强烈叠加改造，使之赋存有丰富的大陆动力学研究信息。故本文重点讨论主造山作用过程，探索秦岭造山带形成与演化规律。

*本文原刊于《中国科学》D 辑，1996，26（3）：193-200.

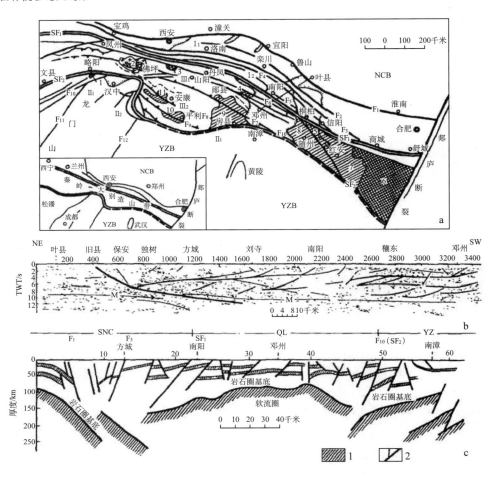

a. 构造单元划分图：Ⅰ．华北板块南部（NC）：Ⅰ₁. 秦岭造山带后陆冲断褶皱带，Ⅰ₂. 北秦岭厚皮迭瓦逆冲构造带；Ⅱ．扬子板块北缘（YZ）：Ⅱ₁. 秦岭造山带前陆冲断褶皱带，Ⅱ₂. 巴山－大别南缘巨型推覆前锋逆冲带；Ⅲ．秦岭微板块（QL）：Ⅲ₁. 南秦岭北部晚古生代裂陷带，Ⅲ₂. 南秦岭南部晚古生代隆升带；SF₁. 商丹缝合带，SF₂. 勉略缝合带。主要断层：F₁. 秦岭北界逆冲断层，F₂. 石门－马超营逆冲断层，F₃. 洛南－滦川逆冲推覆断层，F₄. 皇台－瓦穴子推覆带，F₅. 商县－夏馆逆冲断层，F₆. 山阳－凤镇逆冲推覆带，F₇. 十堰断层，F₈. 石泉－安康逆冲断层，F₉. 红椿坝－平利断层；F₁₀. 阳平关－巴山弧－大别南缘逆冲推覆带，F₁₁. 龙门山逆冲推覆带，F₁₂. 华莹山逆冲推覆带。秦岭造山带结晶基底岩块：1. 鱼洞子，2. 佛坪，3. 小磨岭，4. 陡岭，5. 桐柏，6. 大别－秦岭造山带过渡性基底岩块，7. 红安，8. 随县，9. 武当，10. 平利，11. 牛山－凤凰山。十字符号花纹：花岗岩；黑色花纹：超镁铁质岩。b. 秦岭叶县－邓州反射地震剖面图（据袁学诚修改）；地表数字为反射地震剖面桩号；c. 秦岭叶县－南漳大地电磁测深剖面图（据李立）：1. 低阻层，2. 推断断层

图1　秦岭造山带主要构造单元及叶县－邓州反射地震和大地电磁测深剖面图

一、秦岭新元古代构造体制的转换与秦岭板块构造的发生(1.0 ~ 0.7Ga)

秦岭是在早前寒武纪非均一拼合的结晶基底基础上，经中元古代裂谷与小洋盆并存

的构造体制扩张、裂解发展演化，从新元古代开始逐渐转换为以现代板块构造体制为基本特征的板块构造演化阶段。新元古代，包括 1.0 ～ 0.8Ga 的晋宁构造期和 0.8 ～ 0.7Ga 的早中震旦纪，是秦岭造山带构造体制发生转换的重要构造演化时期。

新元古代初期，扬子从中元古代的扩张火山活动，通过晋宁期构造拼合已形成统一的地块，并开始接受震旦系盖层。但作为扬子北缘的秦岭区仍持续处于扩张状态，直到震旦纪早、中期[1, 2]，如二郎坪、丹凤、滦川、西乡、刘家坪以及跃岭河群等中基性、酸性和碱性扩张型火山活动持续发生（847 ～ 660Ma，Sm-Nd）[2]。上述主要火山岩的岩石组合与地球化学特征类似于中元古代火山岩，而且一些地段两者接触关系呈连续过渡，因此充分说明新元古代火山作用是中元古代裂谷与小洋盆扩张火山活动的延续[1, 3]。

新元古代秦岭在总体持续扩张背景下，发生了重要构造演化变异。主要表现在以下三方面：①新元古代秦岭区裂谷与小洋盆开始分别以不同方式发生拼合，如松树沟、宽坪、碧口等地段的小洋盆[1~3]，发生火山岩和蛇绿岩系的显著变质变形等碰撞构造，出现与之相匹配的俯冲撞碰型花岗岩，如德河、蔡凹等花岗岩（793 ～ 659Ma）[2, 3]，但同时还有未拼合仍连续喷发的火山岩。②震旦系沉积记录清楚证明，秦岭与同期扬子地块内部不同，普遍缺失早、中震旦纪莲沱、南沱等岩组的沉积地层，而发育火山岩层，但到震旦纪晚期，大致以现今商丹断裂带为界（SF₁）。南秦岭普遍接受扬子型震旦系陡山沱和灯影组沉积岩层，北秦岭却完全缺失，显然表明南北秦岭已分离，处于不同构造环境[1]，而且南秦岭前述的火山岩与震旦系及其上、下岩层的构造接触关系随地而异，有造山性质构造角度不整合关系，又有连续过渡关系，表现出复杂特殊的构造状态。③新元古代秦岭发育深源碱性岩浆活动，如南秦岭巴山发育的碱质基性与超基性岩及其中的深源包体（0.9 ～ 0.7Ga），表现出新元古代秦岭地幔的强烈热构造活动[4]。与之同时，北秦岭也成带发育碱性花岗岩（尤王幢等）和碱性火山岩，更为突出的是秦岭中新元古代基性火山岩 $\varepsilon_{Nd}(t)>>0$，多为 + 7 ～ + 3.7，其中沿商丹和北秦岭带，集中为 + 7 ～ + 6，显示出来更为亏损的地幔。根据张宗清和张宏飞等不同研究都证明，中新元古代在商丹和北秦岭区壳下发生板底垫托，大量幔源分异的基性岩浆涌入地壳底部，导致新元古代上部地壳的进一步扩张[2, 5]。

综合以上地质事实表明：新元古代，当扬子在晋宁期形成统一地块，并接受震旦系盖层沉积时，秦岭已开始成为介于华北和扬子两个地块间（包括众多陆壳块体群的裂谷与小洋盆系列）的持续中元古代扩张的岛海区，并且由于深部地幔动力学演变，区内小块体发生拼合，最后集中沿商丹带拉开，形成统一古秦岭洋及其所分划开的华北（NC）与扬子（YZ）板块，标志着秦岭板块构造的产生。显然说明，秦岭古岩石圈从中元古代的以垂向加积增生为主的裂谷与小洋盆并存的大陆裂谷构造体制，在深部地幔动力学演化背景下发生了构造体制转换，古洋盆打开，板块形成，进入以侧向运动与侧向加积增生为主的板块构造演化阶段。因此可以概括地说，新元古代晋宁构造运动是统一扬子地块的形成，但却是古秦岭洋打开，NC 和 YZ 板块分离，产生秦岭板块构造的过程。

二、秦岭板块构造的扩张期 (Z-O₁)

震旦纪到早奥陶世秦岭处于板块构造的扩张期，证据如下：

（1）商丹缝合带内残存蛇绿岩片。关于秦岭中的蛇绿岩性质、类型、时代迄今仍有争议，但却共同一致认为，沿商丹带存在洋岛和岛弧型火山岩，无疑表明商丹带曾有已消失的洋盆。而且现今多数人的研究证明，商丹带存在洋岛型、岛弧型和少量洋脊型蛇绿岩残片，并和多量的岛弧火山岩块混杂构成蛇绿构造混杂岩带[1]。按同位素年代学，除含有新元古代蛇绿岩块（1250 ～ 983Ma）以外，主要是古生代不同类型的蛇绿岩块（447 ～ 357Ma），而且其中呈角砾状岩块的洋脊型蛇绿岩，被洋岛型和岛弧型蛇绿岩与岛弧火山岩所包容。根据后者的硅质岩夹层内的放射虫化石（O₂-S₁）[6]，证明前者时代为中奥陶世存在扩张洋盆。

（2）依据商丹带北侧成带分布的俯冲型花岗岩的最早年龄为 444Ma(U-Pb)[2]，若把它作为俯冲收敛时间的下限，无疑证明中奥陶世为秦岭板块的扩张期。再者，已如前述秦岭继承中新元古代扩张直到震旦纪中晚期，南北秦岭才完全分离，并且南秦岭发育Є-S 的被动陆缘沉积体系，表明古秦岭洋已扩张打开。

按照现有古地磁资料[7, 8]和地球化学方法估算①及按秦岭构造平衡剖面推算秦岭早古生代初期最大扩张量，即洋盆宽度约为 2000 ～ 3000 千米，是一个有限的扩张洋盆。

（3）秦岭古洋盆南北陆缘，在震旦纪 – 奥陶纪发育碱性岩带和陆缘裂谷。北缘的方城 – 洛南一线分布碱性火山岩（682 ～ 437Ma），与之同期南秦岭巴山一带出现以洞河群（Є-O）为代表的陆缘裂谷。根据南北秦岭碱性岩浆的源区物源的 Sr-Nd 同位素及岩石地球化学特征，证明它们主要来源于深部大陆型地幔[9]，形成扩张构造环境。同样证明了 Z-O₁秦岭板块构造处于扩张状态。

三、秦岭板块构造的俯冲与古特提斯洋的打开

根据中奥陶世南北秦岭，也即古秦岭洋盆两侧已形成两个遥相对应的不同性质的大陆边缘，即北秦岭出现活动大陆边缘和南秦岭为被动大陆边缘。沿商丹俯冲带平行分布一列俯冲型花岗岩（444 ～ 357Ma），并且显示向北的成分极性变化。共同证明秦岭在 O₂-S 已开始转入板块的俯冲收敛期，而且是扬子板块向华北板块之下的俯冲，但是秦岭板块构造的俯冲作用进入晚古生代早、中期时发生了重要新的变动，形成秦岭新的板块构造格局[10]。

（1）勉略有限洋盆的打开。以南秦岭的略阳 – 勉县一线（简称勉略带 SF₂）晚古生代至早中生代的蛇绿构造混杂岩带为代表，带内有众多类型的蛇绿岩块和岛弧火山岩块

---

① 高长林. 中国内蒙古中部和陕南东部两类古大陆边缘的地球化学研究（博士论文）. 1988.

（241Ma，Sm-Nd；220Ma，Rb-Sr）[10]，以及初始裂谷堆积（踏坡群 D_{1-2}）到陆缘沉积（三河口群浊积岩系 D）等不同沉积岩块，它们以不同类型韧性 - 脆性断裂为边界混杂组合成一带。在其北侧与之相匹配分布一列花岗岩带（205 ～ 219Ma，U-Pb）[10]，证明它是商丹缝合带外另一晚古生代到中生代初的板块缝合带，表明勉略带曾存在一个现已消失的有限洋盆。该带向东追索已延至巴山的西乡高川一带，再东为后期巴山向南的逆冲推覆构造所掩盖而未出露。向西沿康县 - 文县 - 南坪而通向花石峡南昆仑蛇绿岩带。

（2）秦岭微板块（QL）的游离。由于勉略洋的打开，使得原属扬子板块北缘的南秦岭被动陆缘分离出来，形成一个独立的块体，成为介于勉略新洋盆和商丹正在消减俯冲带间的一个微板块，暂称秦岭微板块。地质记录证明，秦岭微板块在晚古生代早、中期，呈现为扩张裂陷，形成图 1 构造单元划分中的 $Ⅲ_2$ 南秦岭南侧的晚古生代隆起区，整个缺失上古生界，而 $Ⅲ_1$ 南秦岭北侧的裂陷带是地垒地堑组合的晚古生代陆表海沉积区，发育上古生界直到中三叠统。秦岭微板块的南北两侧则是新构造格局中新的陆缘区。

（3）商丹俯冲带在晚古生代早、中期（D-C）新的板块构造演化时期，虽仍处于俯冲消减状态和俯冲晚期南北板块陆缘逐渐接近的背景下，但此时期因古特提斯扩张影响，使其俯冲速率显著减慢，俯冲角度变陡，故形成商丹带南侧，秦岭微板块北缘引张性的陆缘堆积，如刘岭群 - 二峪河群（D-C）乃至二叠系的从海相到沼泽相的巨厚沉积，具有残余洋盆到残留海盆的两侧混源填满堆积的特征。

（4）与上述过程同时，秦岭带内再次发生显著的拉张性的碱性岩浆活动（355 ～ 251Ma）[1, 2, 9]，并与扬子板块内的峨眉玄武岩大量喷发也为同期，显然并非偶然。表明秦岭晚古生代在总体俯冲收敛的构造演化背景下，叠加发生了新的相对扩张伸展，作为东古特提斯洋晚古生代逐步扩张打开的组成部分，是必然的。

综合以上秦岭晚古生代基本地质事实，可以得出以下重要认识：① O_2-D_2 秦岭处于扬子向华北板块之下俯冲收敛时期，并导致发生以热作用为主的强烈变质作用和同位素系统的强烈反应；②泥盆纪开始，随着区域东古特提斯洋的逐步扩张，秦岭作为其组成部分而受其控制，形成秦岭新的板块构造格局：勉略有限洋盆打开成为古特提斯洋新的北侧分支洋，秦岭微板块游离出来，商丹俯冲速率减慢，构成秦岭造山带成为 NC，YZ，QL 三个板块沿 SF_1 和 SF_2 两个俯冲带相互作用的新的板块构造格局。

四、秦岭板块构造的碰撞造山过程

板块的碰撞作用是一个复杂的地质过程，常以俯冲板块的陆壳进入俯冲带为其起始。从陆壳进入俯冲体系到强烈变质变形、岩浆活动，最后隆升成山，是一个深部汇聚上部陆 - 陆收剑相互作用的地球物质的复杂的物理化学过程，往往要持续 50 ～ 70Ma[11]，甚至更长到 100Ma 左右[12]。秦岭造山带的碰撞过程即是一个漫长复杂过程，以下将其划分为三个时期：

（一）点接触初始碰撞、残留洋盆时期

由于板块边界的不规则性和穿时斜向俯冲，当板块俯冲陆缘逐渐接近时，常常是某些突出的部位首先点接触，洋壳消减殆尽，而其间的地区往往呈现为不连通的残留洋盆，洋壳还未消减完毕，两陆缘还未接触，故总体此时期两板块处于点接触初始碰撞状态。点接触部分将逐步发生聚敛挤压剪切变形，乃至开始发生变质和岩浆活动，而残留洋盆仍接受沉积，而且随着洋壳进一步消减，逐渐接受来自两侧的混源沉积物，并发生增生加积楔的初期构造变形。秦岭造山带在 D_3-C_2，甚至延长更迟，呈现出这种复杂的初始碰撞作用，并且如前述，因古特提斯扩张而使之慢速进行。

秦岭商丹带南缘的太白山南侧、宁陕沙沟－柞水营盘间以及西峡西部地区，从构造、岩浆和沉积记录，反映出它们是先接触的点碰撞区。主要表现为：①上述地段目前是商丹带中最强的变形区，发育多条深层次不同级别的逆冲韧性剪切带，岩层和地壳收缩幅度最大，呈迭瓦状堆叠，消减缺失最多，如它们均缺少丹凤蛇绿岩系和弧前沉积增生楔，呈现为商丹俯冲带北侧的岛弧基底秦岭杂岩直接逆冲在南侧被动陆缘前端沉积层之上。同时相应这些地段有规律出露最早的俯冲碰撞型花岗岩，如柞水（264Ma）、翠华山（345Ma）和宝鸡（262Ma）等岩体。②点接触碰撞之间的地区如商州－商南，黑河及凤州地区则与之相反，现今仍保存出露着变质变形的蛇绿岩系和弧前沉积岩系，因此尚可恢复其残留洋盆的面貌。③与商丹带点接触初始碰撞同期，南部勉略带则依据带内的蛇绿岩与沉积岩系表明处于早期扩张状态，并已从初始裂谷向有限洋盆演化[10]。

（二）面接触碰撞与残余海盆

当残留洋盆的洋壳消减殆尽之时，正是沿俯冲带秦岭两侧陆缘全面接触的开始，但尚无强烈变形变质和隆升，海水并未退出，然而已转化为陆壳基础上的残余海盆，而且正相应于古特提斯 C-P 最大的扩张时期。因此，沿商丹带的俯冲消减显著减慢，出现了盆地沉积缓慢填满，以致到 C_{2-3} 时如二峪河群等，形成沼泽相煤系地层，而且相应此时期花岗岩浆活动微弱，相反南北秦岭板缘内的引张性碱性岩浆活动却加剧（355～251Ma）[9]。尤其南秦岭更为发育，显然与勉略带此时的最大扩张相一致，以致出现洋壳。

秦岭此时期板缘构造演化的复杂性，是由于它在总体收缩汇聚基础上，又复合了相对扩张，特别是当勉略带最大扩张时，必然引起秦岭微板块的向北推进，所以又加速了商丹带的收缩碰撞。正是在这种特殊背景下，商丹带北侧的二郎坪弧后海盆和小洋盆，此时已双向俯冲完毕，发生弧－陆初期碰撞封闭，上叠了 C-P 的煤系陆相沉积，但它们不具山间盆地磨拉石堆积特点。表明北秦岭并未剧烈构造变动，与之同时秦岭南部勉略带扩张打开，所以这一时期秦岭总体处于南缘扩张拉开，以致出现有限勉略洋盆，而北缘商丹带正在慢速收敛汇聚，两者统一控制着这一时期的秦岭板块构造碰撞造山进程。

（三）全面碰撞、变形变质、隆升成山

秦岭真正的最后全面陆-陆碰撞造山发生在中生代初期的 T_{1-2}。作为秦岭板块构造演化的最后阶段，秦岭三个板块依次沿勉略带（SF_2）和商丹带（SF_1）向北俯冲碰撞，最终形成板块的俯冲碰撞造山带。

（1）T_2 末秦岭发生强烈广泛变质变形和岩浆活动。南秦岭广泛继承早古生代被动陆缘沉积，并在晚古生代新的板块构造格局中，基本连续地接受了上古生界到下中三叠统的陆表海沉积及其南北边缘陆缘沉积，它们并于 T_2 末同下古生界一起随着板块全面碰撞，发生了普遍的变质变形，而且古生界和下中三叠统具有完全相同相似的变质特征和变形样式，其间均无发现区域普遍的构造变动界面，而只有局部的构造和超覆性质的不整合，说明从震旦系到下中三叠统主导的变质变形是在 T_2 末发生的，到 T_3 南北秦岭已发育陆相沉积而转入新的大地构造演化阶段。

北秦岭古生代板块的弧后构造演化证明，二郎坪弧后海盆，根据新发现的 $D-C_1$ 海相化石[13]和 $C-P_1$ 的煤系陆相沉积，以及具有磨拉石性质的 P_2（大荆组）堆积，表明弧后盆地真正封闭是在 P_2 初期，而到 T_2 末才与整个秦岭一起卷入最后的全面碰撞造山变形变质，接受 T_3-J-K 的磨拉石相堆积，标志秦岭已在 T_2 末全面隆升成山。

（2）秦岭广泛发育印支期碰撞型花岗岩（245 ～ 211Ma），集中反映了全面碰撞作用。印支期花岗岩与秦岭古生代早、中期俯冲型花岗岩不同，后者仅分布在北秦岭区，而前者在南、北秦岭都普遍发育，尤以南秦岭西部最为发育，集中沿商丹带两侧及勉略带北侧分布。它们主要属俯冲碰撞型，并显示了板块斜向穿时的俯冲碰撞。

商丹带内的沙河湾环斑花岗岩，呈椭圆形，未变质变形，其时代为 213 ～ 190Ma（U-Pb, $^{39}Ar/Ar^{40}$）[2]。显然它是在板块全面碰撞之后贯入的，无疑是商丹缝合带中三叠世末最后封闭的典型标志。

（3）秦岭最后的全面陆-陆碰撞作用，变形强烈而普遍（图2），但变质轻微，而且在同位素系统上仅有矿物均一化的反映。其原因应是最后的碰撞，主要是地壳上部的汇聚挤压叠置，以陆-陆挤压应力作用为主，壳幔物质交换和热场作用为次，而与秦岭板块扩张和俯冲期以壳幔物质交换与强热流场导入为主，应力作用为次显然不同，因而表现不同。

综合以上秦岭主造山期长期的造山过程，可以看出造山作用是一个复杂地质过程，而不仅仅是指最后的隆升成山作用。因此，从秦岭造山带的形成与演化，表明造山运动是在地球深部构造动力学长期演变背景下所发生的岩石圈剧烈构造变动及其物质与结构的重建地质过程。对于像秦岭这样的造山带，探索其板块运动学和岩石圈流变学与地幔动力学的关系，其有大陆块体群拼合造山的大陆板块构造研究的重要意义。

秦岭在 Pt_3-T_3 的板块俯冲碰撞主造山之后，并未平静稳定下来，而是又发生了强烈板内造山作用。所以今天的强大秦岭山脉是其在主造山期板块构造所奠定的基本构造格

架基础上，是中新生代强烈陆内造山所造成（图2）。根据地表地质和地球物理测深揭示秦岭造山带现今结构与状态呈现为：深部以近 SN 向异常状态与结构为特征，而上部地壳更多保留了古生代至中生代初的主造山期形成的古东西向构造，上下不协调一致，其间则是最新调整的水平流变过渡层[14, 15]，使秦岭岩石圈呈现为具流变学分层的"立交桥式"三维结构模型[10]。这种圈层的非耦合关系，正在现今地幔动力学的演变中导致岩石圈向着新的大地构造阶段演化。

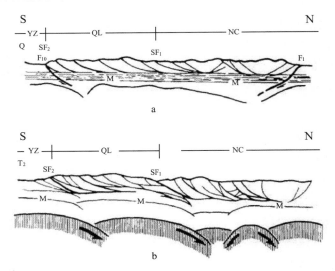

a. 秦岭主造山期末（T₂）剖面；b. 现今构造（Q）剖面；NC. 华北板块；YZ. 扬子板块；QL. 秦岭微板块；M. Moho 面；SF₁. 商丹缝合带；SF₂. 勉略缝合带；F₁. 秦岭北缘逆冲断层；F₁₀. 秦岭南缘巴山弧形逆冲推覆断层

图 2　秦岭主造山期末（T₂）和现今构造剖面示意图

五、结论

（1）秦岭是历经三个不同发展阶段，以不同构造体制演化而形成的复合型大陆造山带。它在非均一拼合的结晶基底上，经历元古代广泛强烈的扩张裂谷与小洋盆的构造体制而转化为板块构造。在经历复杂的板块俯冲碰撞造山过程之后，于 T₂末进入中新生代陆内（板内）构造演化阶段。

（2）秦岭造山带陆壳的增生主要是在 0.8 ～ 0.7Ga 前元古代时期[2, 5, 10]，以大量幔源物质加入地壳和发生板底垫托的垂向加积增生为主，新元古代晚期到显生宙以板块构造的侧向增生为主，但新的增生物质已很有限。中新生代陆内构造过程由于区域最新地幔动力学的演变，秦岭带发生板底垫托的拆离、岩石圈的去根、软流圈的抬升，导致新的扩张和裂解。上部地壳为适应新的区域构造背景正处于新的变动演化之中。

（3）秦岭主造山期板块构造是长期处在冈瓦纳、劳亚与太平洋及其之间的特提斯域等全球性构造演化背景下而发展演化的。尤其在特提斯域的众多中、小板块（或地体）及其之间的有限洋盆与小洋盆和陆壳块体群长期复杂分离拼合过程中，经 NC，YZ，QL 等中小板块的复杂离合造山过程而形成。它可能代表了中、小板块与陆壳块体群长期离散汇聚、垂向侧向增生与保存的大陆地质特征与属性，与真正大洋和巨型板块的演化既有共性，又有其独特特征。故在它们的洋陆关系、深部地幔动力学过程，以及蛇绿岩系、花岗岩类、沉积环境、构造变形变质与地球化学、地球物理特征等方面都有其独自的特征，值得进一步探索研究与思考。

参考文献

[1] 张国伟. 秦岭造山带的形成与演化. 西安：西北大学出版社，1988

[2] 张宗清等. 北秦岭变质地层秦岭、宽坪、陶湾群同位素年代研究. 北京：地质出版社，1994

[3] 张本仁. 秦巴岩石圈构造及成矿规律地球化学研究. 武汉：中国地质大学出版社，1994

[4] 夏林圻等. 北大巴山碱质基性、超基性潜火山杂岩岩石地球化学. 北京：地质出版社，1994

[5] 张宏飞等. 从岩石 Sm-Nd 同位素模式年龄论北秦岭地壳增生和地壳深部性质. 岩石学报，1995（2）

[6] 崔智林等. 秦岭丹凤蛇绿岩带放射虫化石的发现及其地质意义. 科学通报，1995（18）

[7] 吴汉宁等. 华北地块晚古生代三叠纪古地磁研究新结果及其构造意义. 地球物理学报，1990（6）

[8] 刘育燕等. 华北、秦岭及扬子陆块的若干古地磁研究结果. 地球科学，1993（5）

[9] 邱家骧. 秦巴碱性岩. 北京：地质出版社，1993

[10] Zhang G W, Meng Q R, Lai S C. Tectonics and Structure of Qinling Orogenic belt. Science in China（B），1995,38（11）

[11] Royden L H. The tectonic expression of slab pull at continental convergent boundaries. Tectonics, 1993,12

[12] Shackleten R M. Precambriam collision Tectonics in Africa. In: Coward M P, Pies A C, eds. Collision Tectonics, Spec. Publ. Geol. Soc. London, 1986,19

[13] 李晋僧等. 秦岭显生宙古海盆沉积和演化史. 北京：地质出版社，1994

[14] Liu J, Liu F, Sun R et al. Seismic temography beneath the Qinling-Dabie orogenic belts and both the northern and southern fringes. Acta Geophysica Sinica, 1995, 38（1）

[15] Ranalli G. Murphy D. Rheological stratification of the lithosphere. Tectonophysics, 1987,132

秦岭造山带三维结构及其动力学分析*

张国伟　郭安林　刘福田　肖庆辉　孟庆任

摘　要　根据秦岭造山带地表地质、地球化学和地球物理综合研究，概括其现今结构呈现为具流变学分层的"立交桥"式三维结构几何学模型。并从其构造几何学与运动学特征，进行构造动力学分析，认为它是在长期构造演化基础上，主要是中新生代以来深部地幔动力学和岩石圈圈层关系调整变动的产物。

关键词　岩石圈流变学分层　造山带三维结构　地幔动力学　圈层耦合关系

　　秦岭是典型的复合型大陆造山带，具有长期的演化历史，复杂的组成与结构。根据地表地质、地球物理、地球化学综合系统研究，概括其现今结构构造，呈现为具有流变学分层的"立交桥"式三维结构几何学模型，并反应秦岭造山带正处于深部地幔动力学与岩石圈圈层耦合关系调整变动状态，显示了大陆的特征属性、保存及壳幔交换调整关系，控制与影响着晚近期造山带的结构与构造演化，具有重要的大陆动力学探索研究意义。

一、秦岭地表地质

　　秦岭地表地质研究证明，秦岭造山带基本物质组成主要有三大套构造岩石地层单位：①两类不同的前寒武纪基底岩系：晚太古代－古元古代（Ar-Pt$_1$）结晶杂岩基底，现成分散岩块残存；中元古代（Pt$_2$）火山－沉积浅变质岩系。②新元古代－中三叠世（Pt$_3$-T$_2$）秦岭主造山时期受板块构造和垂向增生构造控制的相关构造岩石地层单位。它们在秦岭中占主体部分。③中新生代后造山期的陆内断陷和前陆与后陆盆地沉积及花岗岩类。

　　三套基本物质构成是在秦岭三个主要不同构造演化时期的不同构造体制下所形成的。其三个主要演化时期是[1]：① Ar-Pt$_2$造山带前寒武纪基底形成阶段。中元古代以大陆裂谷兼杂小洋盆构造体制为特色。② Pt$_3$-T$_2$秦岭主造山作用期，以现代板块构造

*本文原刊于《中国科学》D辑（增刊），1996, 26: 1-6.

体制为基本特征的大陆板块构造演化阶段。该期是三个板块：华北（NC）、秦岭（QL）和扬子（YZ）沿商丹（SF₁图1）和勉略（SF₂）两个缝合带俯冲碰撞造山。同期复合发育有深部背景的垂向增生构造。③ T_3-Q 中新生代陆内构造演化阶段，主造山之后秦岭发生了强烈陆内造山作用，逆冲推覆和伸展与强烈隆升，伴随大规模酸性岩浆活动和成矿作用。

现今秦岭造山带是其长期构造演化的综合产物，其主要构造单元划分如图所示。

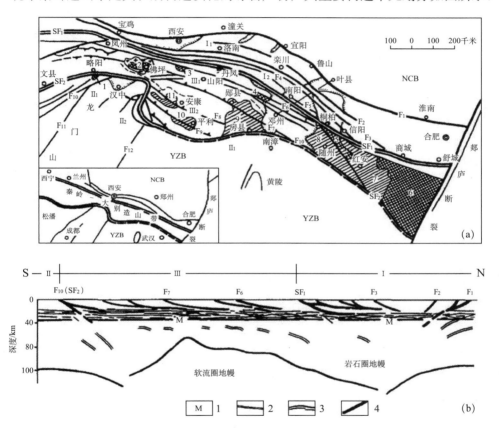

(a) I. 华北板块南部（NC）：I₁. 秦岭造山带后陆冲断褶带；I₂. 北秦岭厚皮迭瓦逆冲构造带。II. 扬子板块北缘（YZ）：II₁. 秦岭造山前陆冲断褶带，II₂. 巴山－大别南缘巨型推覆前锋逆冲带；III. 秦岭微板块（QL）：III₁. 南秦岭北部晚古生代断陷带，III₂. 南秦岭南部晚古生代隆升带。SF₁. 商丹缝合带；SF₂. 勉略缝合带。主要断层：F₁. 秦岭北界逆冲断层；F₂. 石门－马超营逆冲推覆断层；F₃. 洛南－滦川逆冲推覆断层；F₄. 皇台－瓦穴子推覆带；F₅. 商县－夏馆逆冲断层；F₆. 山阳－凤镇逆冲推覆断层；F₇. 十堰断层；F₈. 石泉－安康逆冲断层；F₉. 红椿坝－平利断层；F₁₀. 阳平关－巴山弧－大别南缘逆冲推覆带；F₁₁. 龙门山逆冲推覆带；F₁₂. 华莹山逆冲推覆带。秦岭造山带结晶基底岩块：1. 鱼洞子；2. 佛坪；3. 小磨岭；4. 陡岭；5. 桐柏；6. 大别。秦岭造山带过渡性基底岩块：7. 红安；8. 随县；9. 武当；10. 平利；11. 牛山－凤凰山。十字花纹：花岗岩；黑色花纹：超镁铁质岩。(b) 1. Moho面；2. 岩石圈地幔中的高导层；3. 中下地壳水平流变层；4. 断层

图1 秦岭造山带主要构造单元及主剖面图

二、秦岭现今上部地壳结构构造

秦岭现今地表构造基本格架是由主造山作用所奠定，其中包容先期残存构造，并叠加后期构造，构成统一而又包含多期不同动力学体制与成因的多种构造的组合。但今天的秦岭山系则是由中新生代后造山期隆升所形成。其地表地质构造基本特点是[1, 2]：①它东西向有千公里延伸，东连大别山，西接昆仑山和祁连山。东部收敛变窄，大幅度消减抬升，向西则撒开变宽，总体形成自东而西依次出露造山带深、中、浅不同构造层次。②秦岭主造山的三板块沿两缝合带依次由南向北俯冲碰撞造山奠定了秦岭地壳块体间的相互基本构造格局关系。③秦岭现今南北部反向向外逆冲推覆，呈扇形。这是后造山期在主造山构造基础上，华北和扬子地块分别沿现秦岭南北边界相向向秦岭之下俯冲，分别造成北部沿 F_1，F_2（图1）的自南向北的逆冲推覆构造带和南部沿 F_{10} 主滑脱面自北向南的长距离多层次逆冲推覆构造系，其间则是沿 F_3 和 SF_1 的向南的逆冲迭瓦构造系。④秦岭带南半部以 108°E 为界，东侧自北向南，西侧则自南向北的反向逆冲推覆，其间是 NE–NNE 向的剪切转换构造岩浆带。⑤秦岭带发育有深部背景的垂向加积增生构造，造成现今东西构造上复合叠加穿盆相间构造，呈现复杂的复合变形图案。⑥叠加有中新生代 NNE 向构造，但总体以 EW 向构造为主导。

总之秦岭造山带现今整体为东西向展布的不对称扇形陆壳叠置的构造几何学模型[4]。

三、秦岭造山带深部结构与状态

综合多种地球物理探测，结合地表地质和地球化学研究，秦岭带深部结构与状态基本特点如下：

（1）秦岭带岩石圈和深部地幔结构与组成显著非均一，纵横变化，上下不一致，分层块分区段，并明显处于动态调整状态。

（2）秦岭造山带总体成分类似于花岗闪长质到石英闪长质，与世界陆壳平均组分相似，但相对其组分分异程度偏低。中上地壳偏基性，而中下地壳偏中酸性[3]。这与实测秦岭地壳波速结构（平均 6.06km · s⁻¹）和高热流（72 ～ 109mW · m⁻²）相吻合。

根据地震波速、电性和热结构，以及高温高压实验岩石 V_p 测定的对比，秦岭虽然各构造单元地壳岩石组成模型有差异，各具特色，但可概括其总体地壳岩石组成模型为①：下地壳主要由高角闪岩相–麻粒岩相的灰色片麻岩组成，底部有基性麻粒岩，$V_p = 6.49 \sim 6.81$km · s⁻¹，$0.91 \sim 1.09$GPa，$825 \sim 876$℃；中地壳主要是角闪岩相–绿片岩相的变质火山系，$V_p = 5.70 \sim 6.01$km · s⁻¹，$0.4 \sim 0.5$GPa，$350 \sim 550$℃；上地壳则主要是地表各岩类所组成，$V_p = 5.4 \sim 6.08$km · s⁻¹。

（3）秦岭带深部结构基本格架是 NC，YZ，QL 三块，彼此结构有差异。尤其南北

---

①高山等. 东秦岭地壳断面地球化学初步研究. 国家基金秦岭重大项目学术年会报告，1994.

两侧 NC 和 YZ 向 QL 之下成壳幔型俯冲，QL 成扇状抬起，而且以 108°E 为界，东秦岭地壳薄，平均厚约 32 千米，Moho 面平坦，无山根，有异常地幔，卫星重力为正异常区，ST 为正速度挠动区，而西部秦岭地壳加厚可达 56 千米，有山根，卫星重力为负异常区，ST 也为负速度挠动区等，显然东西秦岭差异有深刻地球动力学背景[4]。

（4）具流变学分层结构。根据秦岭东部地震反射（DQL）、折射（QB-1）[4]，大地电磁测深（MTS）①，重磁性和品质因数，热结构与状态②。地震层析成像（ST）[5]等测深资料与地壳岩石组成模型，秦岭带深部结构可作如下流变学分层：

Ⅰ．上部地壳脆性、黏弹性、韧性构造变形带，东西向古构造占主导。深度为 0 ～ 5 千米，上地壳上部，如地表地质，结构复杂，主造山期的东西向构造保存并占主导。以脆性、黏弹性、脆韧性变形为特征，5 ～ 20 千米，上地壳下部和中地壳上部，发育地震反射界面，低速高导层（图 2）。显示不同期次界面的交切，突出具有先期自南而北的俯冲与后期自北向南的多期多层次强烈韧性滑脱推覆和壳内岩片迭置结构，反映该层次是秦岭地表主构造的深层根部带，是主构造的拆离滑脱运动界面带。

Ⅱ．中下地壳水平状流变变形带。深度为 20 ～ 34 千米，中地壳下部和下地壳，最突出特点是发育地震反射界面，成网状交织的鳄鱼构造[6]，愈向下愈与 Moho 面平行一致近水平状。虽尚可依稀追踪先期残存构造界面，但主导呈强烈水平调整的最新塑性流变状态，成为具重要动力学意义的壳内流体软层[7]。

Moho 面，秦岭东部平均深 32 千米，是地震 Moho 界面，波速从 6.5 ～ 6.8km · s⁻¹ 向下增至 7.8km · s⁻¹，梯度大于 1km · s⁻¹。Moho 面平缓南倾近水平状态，与下地壳状态近乎一致。显示为最新调整状态产物，已非古 Moho 面。综合 DQL，QB-1，MTS 和 ST 及热结构等资料共同显示的 Moho 状态，反映沿 Moho 是重要的壳幔剪切带和构造界面，而且东部高起，西部加深，南北向展布，东西向有差异。

Ⅲ．深部上地幔流变调整状态与新的 SN 向异常结构占优势。综合多种测深资料判定东部秦岭软流圈顶面平均在 110km，ST，MTS 和热结构一致显示软流圈在南秦岭（图 1 中Ⅲ）上侵抬升，顶蚀到 60 ～ 80km，岩石圈地幔急剧流变减薄。秦岭区 ST 速度图像[5, 8, 9]突出显示：①秦岭区发育幔内剪切作用，ST 的 33.5°N 和 32.5°N 剖面速度图像，共同有规律反映高低速区平行相间向东倾斜排列，显示地幔物质在不同圈层物理化学条件下相对剪切运动，向东蠕散流变的状态，值得进一步研究。② ST 的 3⁺⁰，15⁺⁰，25⁺⁰，40⁺⁰，80⁺⁰，110⁺⁰千米等深度水平截面速度图像，显示从上部（＜ 40 千米）以 EW 向为主，逐渐变为深部（＞40 千米）以 SN 向为主的物理场结构与状态的显著变化，这一变化在区域重力场、磁场和上地幔密度变化上也有同样突出反映[10]。秦岭 - 大别山 EW 向垂直横跨中国东部大陆两个近 SN 向的重力梯度带。在 2-180 阶卫星重力场上，清晰表现出秦

①李立. 秦岭东部大地电磁测深. 国家基金秦岭重大项目学术年会报告，1993.
②金昕. 秦岭造山带许昌 - 南漳热结构与热状态特征. 国家基金秦岭重大项目学术年会报告，1993.

岭区深部 SN 向异常的分布。中新生代秦岭及邻区的地幔岩包体研究也提供了深部 SN
向结构的证据[11]。上述各测深资料一致反映秦岭造山带深部地幔结构现今具有最新的近
SN 异常状态，与地壳上部保存的古 EW 向构造近乎直交，呈现地壳和地幔各圈层间的
非耦合关系，揭示深部正处于流变学调整的物理状态[12]。

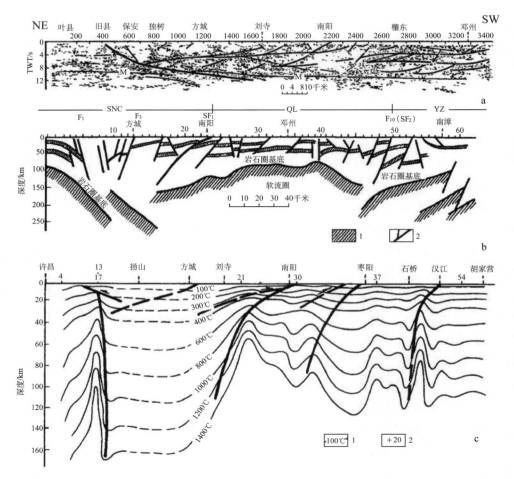

a. 秦岭叶县－邓州反射地震剖面图（据袁学诚修改），地表数字为反射地震剖面桩号，b. MTS（据
李立）：1. 低阻层；2. 推断断层。c. 秦岭造山带许昌－南漳热结构、热状态特征图（据金昕）：
1. 等温线；2. 热流值与编号

图 2　秦岭叶县－南漳反射地震、大地电磁测深和结构与状态剖面与地质解释图

Ⅳ. 秦岭造山带具流变学分层的 "立交桥" 式三维结构模型[1, 2]。综合秦岭地表、地
壳和深部地幔的结构与状态，显然秦岭现今结构突出特点是：① NC，YZ 从南北两侧相
向向 QL 之下陆内俯冲。②纵向流变学分层。浅层为脆性－韧性的上部地壳构造变形层，
以保存的古 EW 向构造为主，中下地壳则是水平流变变形的过渡带，而深部地幔是最新
流变调整所成的 SN 向异常结构与状态。它们总体共同反映秦岭造山带现今结构从上部

EW 走向构造到深部 SN 向地幔流动结构近于直交，构成具流变学分层的"立交桥"式三维结构几何学框架模型。这是中国东部大陆 EW 向造山带现今所具有的独特结构，圈层呈非耦合关系，上下不一致，而中国东部介于造山带间的克拉通地块和盆地则不具有这种结构，上下一致为圈层耦合关系。两者在统一的深部地质过程背景下，构成并控制了中国东部大陆现今的基本结构和构造演化。

四、动力学分析

秦岭现今的"立交桥"式三维结构几何学模型和运动学特征，正是秦岭历经长期演化，在现今所处的大地构造环境中所造成的大陆构造特点之一。

（1）秦岭前中新生代长期受冈瓦纳、劳亚和古特提斯等古板块构造的控制，形成东西向为主的主造山期构造。而中新生代以来它位于太平洋板块、印度板块和欧亚板块内西伯利亚地块三个构造动力学系统的交会复合部位，尤其东部更多受太平洋系的影响，显然也使之正处于先后两期动力学系统调整转换时期与过程之中，因此秦岭发生从深部地幔动力学、壳幔等圈层耦合关系到上部地壳结构的新的调整变动，产生独具特色的物质交换与结构构造，是必然的。

（2）中国华北地块从古生代到现今其岩石圈根消失了百余公里[13]，这是中国东部和东亚大陆演化的一个突出地质问题，秦岭造山带三维"立交桥"式结构的形成过程，正是这一岩石圈去根作用研究的天然窗口。在全球动力学演化中，区域地幔动力学的演化与变动，必然引起岩石圈的调整变化，秦岭现今结构正是这种调整的产物。原秦岭中 NC，YZ，QL 三板块的俯冲碰撞造山形成的岩石圈根，在中新生代新的地幔动力学系统中，东部地幔流动形式与方向发生向太平洋系的近 SN 向物理场结构与状态的调整转换，引起秦岭岩石圈地幔拆沉作用[14, 15]，流变减薄，软流圈急剧抬升，幔源物质、热流流体上涌，发生强烈壳幔物质变换，中下地壳加热，部分熔融，强烈伸展流变，形成水平状流变的壳内流体软层和新 Moho 面，造成显著的岩石圈去根作用。显然水平流变形层容纳了深部地幔调整的能量与应变，导致上部地壳的伸展抬升，但因固结硬化的上地壳，应变滞后，未得以新的充分调整，故其更多保存了先期古东西向构造，造成现今上下不协调的近乎直交的秦岭"立交桥"式三维结构几何学模型。

（3）秦岭西部受喜山板块碰撞造山动力学体系的显著影响，有岩石圈根并向西加厚，深部结构出现平行青藏西北外围的 NNW-NW 的异常状态。沿 107°E-108°E 东西秦岭差异分界地带，正是东西两个动力学体系复合转换地带，深部结构出现从东部的 NNE，近 SE，经该带的 SN 至西部的 NNW 的复合变化。上部地壳也正是扬子地块挤入，秦岭强烈收缩并向东西逃逸的构造变换地带。显然，综合东西秦岭特征，总体形成统一而又纵横差异的"立交桥"式三维结构框架模型。

（4）秦岭现今结构反映其深部主要是最新的结构状态，而上部主导保存古构造，这充分表明新的地幔动力学过程控制影响着秦岭现今三维结构。地球物质随深度而发生其力学属性与强度的变异，导致流变学分层和圈层关系变化，且从深部到上部结构调整有一个时序过程，故秦岭深部结构新而上部却保存老的，构成时空四维圈层非耦合关系的复杂独特组合。这也充分反映，在大陆长期漂浮不回地幔，历经多次变动的历程中，大陆是如何适应地幔动力学演化和圈层关系变化等地球的复杂多变的物理化学过程而发生新的物质与结构的调整，并得以长期保存和演化，形成复杂独特的大陆结构，无疑具有重要的大陆动力学研究意义。

参考文献

[1] 张国伟. 秦岭造山带基本构造的再认识：亚洲的增生. 北京：地震出版社，1993

[2] 张国伟. 秦岭造山带的结构构造. 中国科学（B辑），1995（9）

[3] Gao S, Zhang B, Luo T et al. Chemical composition of the continental crust in the Qinling orogenic belt and adjacent North China and Yangtze Cratons. Geochim Cosmochim Acta, 1992, 56

[4] 袁学诚等. 东秦岭陆壳反射地震剖面. 地球物理学报，1994（6）

[5] Liu Jianhuan, Liu Futian, Sun Roumei et al. Seismic temography beneath the Qinling-Dabie orogenic belts and both the northen and southern fringes. 1995, 38（1）

[6] Neloson K D. Are crustal thichness variation in old mountain belts like the Appalachians a consequences of lithospheric delamination. Geology, 1992, 20

[7] Ranalli G, Murphy D. Rheological stratification of the lithosphere. Tectonophysics, 1987, 132

[8] Bois C. Major geodynamic processes studied form the ECORS deep seismic profiles in France and adjacent areas. Tectonophysics, 1990, 173

[9] Lay J. Mantle structure: a matter for resolution. Nature, 1991, 352

[10] 周国藩等. 秦巴地区地球物理场特征与地壳构造格架关系的研究. 武汉：中国地质大学出版社，1992

[11] 路凤香. 辽宁省复县地区古生代岩石圈地幔特征. 地质科技情报（增刊），1991（10）

[12] Hoffman P F. Old and Young mantle roots. Nature, 1990, 347

[13] 邓晋福，莫宣学，赵海玲等. 中国东部岩石圈根/去根作用与大陆"活化". 现代地质，1994（3）

[14] Kay R W, Kay S M. Delamination and delamination magmatism. Tectonophsics, 1993, 219

[15] Sacks P E. Delamination in collisional orogens. Geology, 1990, 18

华北地块南部巨型陆内俯冲带与秦岭造山带
岩石圈现今三维结构*

张国伟 孟庆任 刘少锋 姚安平

摘 要 豫西横穿秦岭造山带的以反射地震为主的综合地球物理探测，发现秦岭现今北界存在华北地块南部自北向南向秦岭的巨型陆内俯冲带，深达 Moho 面以下，与之相伴而生，在中上地壳发育自南向北的逆冲推覆构造带，千公里东西向延伸，主要发生于晚白垩世 100Ma±，成为秦岭与华北地块间中新生代重要陆内构造。它是秦岭造山带岩石圈现今三维结构的基本要素和组成部分。秦岭造山带岩石圈现今结构具有流变学分层的"立交桥"式三维结构框架模型。显然它们具有统一的动力学背景，是秦岭造山带现今处于印度-青藏、太平洋和欧亚板块的西伯利亚地块等三大构造动力学体系复合部位，导致其从深部地幔动力学的最新调整到上部地壳响应所发生的壳幔等圈层相互作用的综合产物，可能是大陆长期保存、演化的主要途径与形式之一，具有重要的大陆动力学意义，对中国大陆构造、灾害、环境研究也具重要意义。

关键词 陆内俯冲 "立交桥"式三维结构 大陆动力学 秦岭造山带 华北地块南部

　　秦岭造山带东西向横贯于中国大陆中部，是中国大陆的脊梁和天然界线。而且它现今正处于壳幔最新调整、岩石圈隆升与裂解状态之中，无疑反映了秦岭造山带新的构造演化趋势。新的研究揭示[1-6]，秦岭造山带岩石圈现今结构具有流变学分层的"立交桥"式三维结构框架模型。其南北边界两侧的华北与扬子地块相向向秦岭作巨大的陆内俯冲，直接控制影响着秦岭造山带现今的结构与状态。显然秦岭的三维结构及其两侧的巨大陆内俯冲，尤其长期未被发现，没有引起重视的华北地块南部向秦岭的巨大俯冲作用，不仅对秦岭，而且对现今中国大陆的结构与演化和环境与灾害研究，以及大陆动力学探索研究都具有重要意义。

一、秦岭造山带北缘逆冲推覆构造带

　　秦岭是历经长期构造演化的复合型造山带，它在不同的构造演化阶段有不同的边界，

*本文原刊于《高校地质学报》，1997，3（2）：129-143.

并非固定不变。现今的北界是天水－宝鸡－潼关－渑池－宜阳－鲁山－舞阳－周口盆地谭庄凹陷南缘－淮南－定远一线（图 $1F_1$），呈宽缓波状弧形展布。地表地质研究证明，沿此线自西而东形成一系列分段组合，基本连续成带分布的自南向北的逆冲推覆构造，成为现今秦岭造山带与华北地块间的地质分界线，称其为秦岭北缘逆冲推覆带。该线以北属典型华北地块，而以南至秦岭的洛南－栾川断裂（F_2）以北区间，虽然具有华北地块基底与盖层的结构和组成，原曾属华北地块组成部分，但现今从其构造变形、变质、岩浆活动与成矿作用综合地质特征判别，明显它又成为中新生代秦岭造山带北缘组成部分。它是在秦岭晚古生代－中生代初期板块碰撞造山之后，于中新生代陆内造山作用过程中，加入秦岭造山活动，成为秦岭造山带现今的北缘组成部分。关于秦岭北缘逆冲推覆构造，60 ～ 70 年代已有发现与报道[7]，80 年代已正式提出这一秦岭北缘自南向北逆冲推覆构造①[8, 9, 10]，后到 80 年代中晚期，石铨曾曾专门对豫西地区作了系统研究，并提出它是表层重力滑动构造成因②[11]，90 年代秦岭重大项目研究中，由横穿秦岭的以反射地震为主的多种方法的综合地球物理探测，发现沿上述向北的逆冲推覆带，正是华北地块南部自北向南向秦岭的巨大陆内俯冲带，前者是后者的必然产物。而且通过对比合肥盆地与大别山和祁连山的地球物理测深资料，表明它向东可延伸到郯庐断裂，而向西则可连通祁连北缘逆冲带，成为一条横贯东西的华北地块南部的巨型陆内俯冲带，相伴而生地表则是上述的自南向北的逆冲推覆带，显然具有重要大地构造意义。

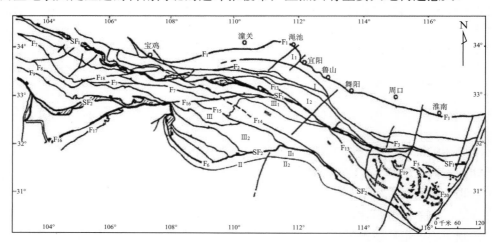

I. 华北板块南部：F_1. 秦岭造山带现今北界，华北地块南部巨型陆内俯冲带；I_1. 秦岭造山带北缘逆冲推覆构造系；I_2. 北秦岭迭瓦状逆冲推覆构造系；SF_1. 商丹复合断裂带（原商丹板块古缝合带）。II. 扬子板块北部：F_6. 秦岭造山带现今南界；II_1. 秦岭造山带前陆逆冲断裂褶皱带；II_2. 秦岭－大别南缘逆冲推覆系前锋断裂褶皱带。III. 秦岭微板块：III_1. 南秦岭北部逆冲推覆构造系（原南秦岭北部断陷带）；III_2. 南秦岭南部逆冲推覆构造系（原南秦岭南部隆起带）；SF_2. 勉略古缝合带。图例说明：斜线表示蓝片岩出露区，星点代表超高压－高压变质岩区，虚线表示韧性剪切带。

图 1　秦岭造山带构造单元划分

①张国伟等. 秦岭造山带中的逆冲推覆构造. 全国逆冲推覆构造学术讨论会汇编，1986.6.
②石铨曾等. 河南省含煤区的推覆构造及找煤前景研究. 1988.12.

秦岭造山带北缘逆冲推覆带，其展布可以划分为四个区段，其间为第四纪覆盖而被分隔。自西而东如下：

（一）西部天水 – 宝鸡 – 潼关区段

沿关中盆地的渭河断裂，东西向自潼关至宝鸡，西延入天水，再西连接祁连山北缘断裂，是一个多期至今仍活动的断层，晚白垩世到第三纪，主导是向北逆冲的推覆断层。证据如下：

（1）宝鸡李家埁逆冲推覆断层。宝鸡西李家埁秦岭山前，北秦岭中晚元古代宽坪群混合岩化结晶杂岩系向北逆冲推掩在北侧的白垩系红色砂砾岩层之上，并使红层陡立倒转褶皱变形，强烈叶理化，远离断层红层成近水平产状[10, 12]。逆冲断层带宽约 2 千米，主逆冲断层产状 200°∠50°～ 60°。

（2）天水东葡萄园东西向线形 K_2-E 酸性火山岩带[13]。该带正是上述宝鸡李家埁逆冲推覆断层的西延，火山岩沿断裂呈裂隙式喷发。

（3）渭河断裂。宝鸡李家埁逆冲推覆断裂向东即连接渭河断裂，据物探和钻探资料（第三石油普查大队，1975），该断裂沿渭河延伸。它是关中盆地基底秦岭造山带前寒武纪变质岩系与华北地块古生界（Є-O）的分界线，先为向北的逆冲断层，后因新生代关中盆地裂陷而叠加改造，为第四系所覆盖，现地表仍有明显显示。

（4）潼关小秦岭山前残存的自南向北逆冲推覆断层。潼关小秦岭东桐峪、鸭峪、蒲峪等山前断续但基本成带分布一系列自南向北的逆冲推覆断层遗迹[10]。它们出露在上太古界太华岩群中，以脆韧性变形带、糜棱岩带产出，产状一致 190°～ 200°∠50°～ 60°，据带内剪切不对称构造，运动指向 NNE，它截切一切先期构造，为第四系覆盖而不连续。向西连通上述渭河断裂，应是后者的东延。

（二）豫西渑池 – 义马 – 宜阳 – 鲁山 – 舞阳区段

该区段地表出露良好，并有钻探揭示，呈现为大型自南向北的逆冲推覆构造带。

（1）渑池 – 义马逆冲推覆构造 渑池和义马地区地表及煤田钻探均证明，在两个煤田的南侧，发育近东西向展布的自南向北的逆冲推覆构造（图 2），元古界、古生界岩层依次自南向北迭瓦状逆冲堆置，下盘岩层倒转褶皱，在义马煤田南侧三叠系逆掩在侏罗系煤层之上。该带最宽 4 ～ 5 千米，连续延伸近百公里，构成渑池 – 义马逆冲推覆构造带。

（2）宜阳煤田逆冲推覆构造系 据前人和煤田勘探及西北大学地质系多年实习基地构造填图与新的研究证明，上述渑池 – 义马推覆构造向东南延伸，即连接宜阳煤田逆冲推覆系。该地段逆冲推覆构造已展宽为 30 ～ 40 千米，由一系列自南向北的逆冲推覆断层组成迭瓦状推覆构造系。根据地表与钻探控制最大推覆移距 20 ～ 30 千米，断层主导产状 230°～ 240°∠50°～ 60°，并倾角向下变缓，呈铲状。从中元古界熊耳群火山岩至古生界、中生界三叠系均卷入推覆构造，岩层褶皱倒转变形，自南向北逆冲运动，形成多个推覆体依次叠置，所以整个宜阳煤田就是一个大型逆冲推覆构造系。

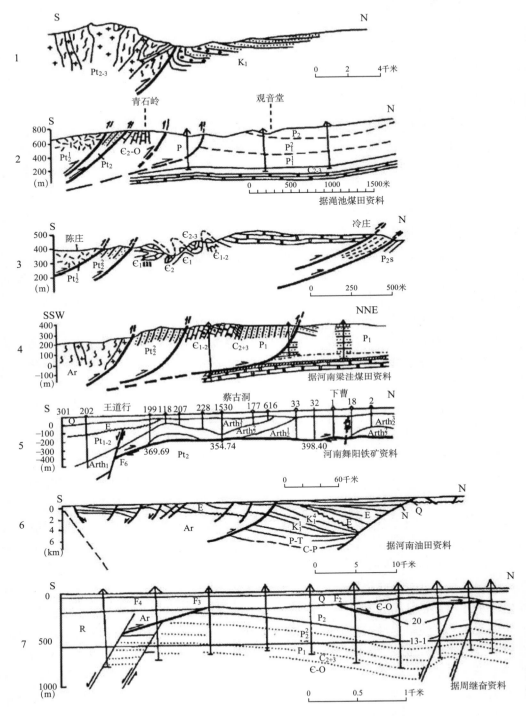

1. 宝鸡李家坡 2. 渑池 3. 宜阳 4. 鲁山 5. 舞阳 6. 周口盆地南缘 7. 淮南

图 2 秦岭造山带北缘逆冲推覆带各地段构造剖面图

（3）嵩县－汝阳－鲁山逆冲推覆构造系　由宜阳煤田推覆系继续向东南延伸，在嵩县、汝阳至鲁山地段，尤其在晚太古代太华岩群北缘和梁洼煤田地段，出露了典型的自南向北的迭瓦状逆冲推覆构造，致使晚太古代太华结晶杂岩系直接掩覆在震旦－古生界之上。汝阳九店中元古界熊耳群火山岩逆掩在白垩系九店组之上。尤其值得注意的是沿该段推覆带北缘，沿带出露 K_2-N 的深源基性火山岩，充分表明断层并非浅层产物。该段推覆移距估算可达 20 千米以上。

（4）舞阳逆冲推覆构造　秦岭造山带北缘逆冲推覆构造带，经鲁山后，因新生界覆盖，到舞阳铁矿区再次出露。据舞阳王道行、赵案庄、下曹等矿床勘探与 70 年代富铁矿研究揭示[8, 9, 10, 14]，赋存铁矿的上太古界太华岩群以低角度向北逆掩在元古界和古生界之上，出现了多个飞来峰与构造窗。舞阳铁矿区地表研究发现沿逆冲推覆次级断层发育脆韧性糜棱岩带，运动指向 NNE。钻孔控制断距最小在 8 千米以上。

（三）豫东周口盆地南缘逆冲推覆构造

秦岭北缘推覆带从舞阳以东进入豫东南华北平原，被第四系覆盖，但据地球物理探测揭示，平原之下的周口盆地的谭庄－沈丘凹陷南缘，仍然发育自南向北的逆冲构造[15, 16]，太古界与前白垩纪岩层向北逆冲在白垩系之上。据周口 3 井和地震剖面与钻井资料（河南油田，1988）表明 C-P 逆冲在 K_1 之上。该逆冲构造与舞阳、淮南逆冲推覆构造东西相连结，成为周口盆地南缘突出的向北逆冲的推覆构造带。

（四）淮南煤田逆冲推覆构造带

周口盆地南缘逆冲构造带向东延伸，虽因聊考、团麻等 NNE 向晚期断层切割改造，但其仍然东延，从阜阳－淮南－定远一带地表到煤田勘探揭示，诸如阜阳－耕舜山等断层，均主要呈向南倾的逆冲推覆断层，使太古界霍邱岩群逆冲在煤系地层之上，钻孔控制推覆距离至少 20 千米左右，东西延伸 120 千米，东至郯庐断裂。此即著名的淮南逆冲推覆构造带[17]。

综合以上证明，从天水、潼关、鲁山、舞阳过南华北平原至淮南，在秦岭造山带北缘除中间为新生代盆地掩盖外，基本连续成带分布一列自南向北运动，呈迭瓦状堆置的逆冲推覆构造带，最大推覆距离约 30 千米，东西延伸千公里。依据直接逆掩最新地层时代为判据，其主要活动时代在晚白垩世 100Ma 左右时期。显然这是一条瞩目的中生代末到新生代初发生的秦岭造山带后造山期的巨大逆冲推覆构造，是现今秦岭造山带与华北地块间的巨大陆内构造。研究证明，它是华北地块南部巨型陆内俯冲作用的产物，而不是表生重力构造的结果。

二、华北地块南部向秦岭的巨型陆内俯冲带

80 年代以来，横穿东秦岭的豫西地学断面带先后完成如下综合地球物理探测：① QB-1 洛阳－秭归地球物理测深剖面，包括伊川平等－郧西人工地震测深，洛阳－秭归大地电磁测深和地磁差分测深等；② DQL 叶县－南漳以反射地震为主的综合地球物理剖面，包括反射地震测深、大地电磁测深、地磁差分和大地热流测量等；③完成包括地学断面带在内的秦岭及邻区地震层析成像研究；等等。横越秦岭南北的多种方法相结合的综合地球物理探测，获得了大量深部信息，共同揭示了秦岭造山带现今地壳和岩石圈深部结构与地球物理场状态。其中最突出的成果与发现之一，是反射地震与其他各种方法一致揭示，秦岭造山带现今南北边界均相向向秦岭作巨大陆内俯冲和秦岭反向向外作逆冲推覆，构成秦岭造山带现今地壳结构成不对称扇形的逆冲推覆迭置的总体宏观基本构造几何学格架。关于秦岭－大别南缘，沿巴山弧－青峰－襄（樊）广（济）是一个复合的呈正弦弧形向南的巨大逆冲推覆构造系，扬子地块则向秦岭作巨大陆内俯冲，早已被注意和认识，并为新的地球物理探测所证实。但秦岭造山带北缘，不仅其北界争议不一，而且除前述的秦岭北缘逆冲推覆构造 80 年代才被研究提出外，从未认识到华北地块南部向秦岭作巨大陆内俯冲，并深达 Moho 面以下，因此是东秦岭地球物理地学断面带测深首次确凿揭示出了这一巨大陆内俯冲带，其大地构造意义应予充分重视和研究。

华北地块南部自北向南向秦岭的巨型陆内俯冲带，可概括有如下地球物理测深证据：

（一）叶县－南漳地球物理测深剖面

(1) 反射地震剖面[4, 5]（图 3），清楚反映在测线的北端叶县南存在一组向南倾斜，并下插切割新 Moho 面的强反射界面，其位置在地表与鲁山－平顶山－舞阳间的秦岭北缘逆冲推覆构造带相吻合一致。测深剖面称其为鲁山断裂，以断裂为界，北为华北地块，南为秦岭造山带。显然鲁山断裂实即华北地块南部向秦岭的俯冲带。

(2) 地磁差分测深[①]，在上述反射地裂鲁山断裂处，即测线北端叶县南，出现高电导率异常，为带状异常，其延伸展布范围宏大，成向南倾斜状，深可达 20 千米以下，属大范围层流发生聚流的似稳流场，是电流通道效应的结果。它与反射地震测深结果相吻合，反映秦岭北缘与华北地块间存在巨大的南倾的断裂带，它构成了电流环流通道，造成大范围高电导率异常带。而且更重要地是该异常带向西与 QB-1 和西安、宝鸡等地的地磁差分测深剖

---

①赵子言，等. 秦岭叶县－南漳地学断面带地磁差分专题总结. 秦岭重大项目学术年会，1995.

面结果可以对比，反映秦岭北缘的巨大陆内俯冲断裂一直向西延伸，存在一个巨大断层破碎带，形成电流环流通道。

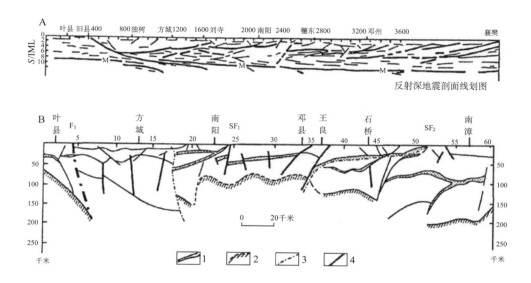

A. 反射地震剖面　B. 大地电磁测深剖面
1. 低阻层　2. 岩石圈底界　3. 构造单元边界　4. 推测断层

图3　秦岭DQL叶县－南漳地球物理测深剖面

（3）据大地电磁测深与大地热流测量，叶县－南漳间岩石圈电性结构与热结构对应关系良好[6]。南秦岭高地热流区（平均热流值为 57.71mW/m²）对应电性结构的低电阻率区（小于 10Ω·m），而秦岭北部相对低地热流区（平均热流值 39.17mW/m²）对应高电阻率区（可达数千欧米）。而且揭示沿商丹、鲁山等主干大型断裂带有剩余热，存在局部熔融体。测深剖面电性结构清楚反映华北地块南缘低阻带向南倾斜，插向秦岭之下，与地震、地磁差分结果相吻合（图3），相互印证。

综合叶县－南漳地球物理断面带，多种地球物理方法测深结果[4, 5, 6, 18, 19]，共同一致证明华北地块南缘存在向南向秦岭造山带之下插入的大型俯冲断层带，并可深入到上地幔。

（二）秦岭 QB-1 地球物理探测剖面

秦岭 QB-1 折射地震获得的剖面波速结构（图4），尤其大地电磁测深的电性结构和地磁差分测深异常共同一致反映，在测线北端洛阳－嵩县间存在大型南倾的低密度低电阻率带与异常，向下延伸可达 Moho 面以下[18, 20]。其地表位置与渑池－宜阳－鲁山秦岭北缘逆冲推覆带一致，因此同样可以推断这是一条华北地块南部向秦岭之下的巨大俯冲断层带的表现。

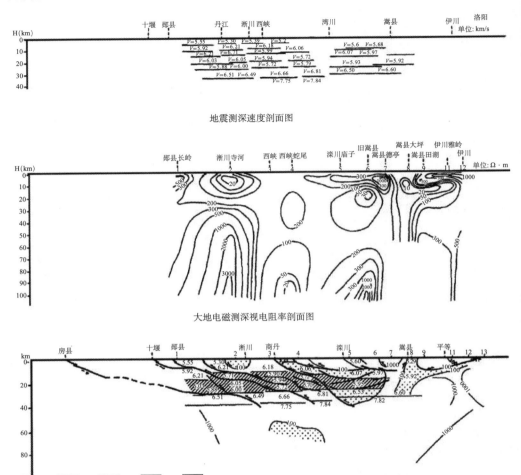

图 4　秦岭 QB-1 地球物理剖面及地质解释

（三）穿越合肥盆地－大别造山带的有关地球物理资料

资料揭示（王华俊，地矿部一物），华北地块以更大幅度向南、向大别造山带之下作一系列陆内俯冲，其最北缘即著名的淮南反向向北的逆冲推覆带。

（四）北祁连－河西走廊深反射地震剖面及有关资料[21]

据此，祁连造山带北缘山前向北的逆掩推覆构造反映河西走廊盆地地壳向南，向祁连山之下俯冲，深入 Moho 面以下，地表即祁连山前逆冲推覆断层带。与秦岭造山带北缘在地质和地球物理探测结果上完全相似一致，显然并非偶然。

概括综合东秦岭 DQL 和 QB-1 等以反射地震为主的综合地球物理探测[5, 6, 19, 22]，一致揭示秦岭造山带北缘出现华北地块自北向南的巨型陆内俯冲带，深入上地幔，切过现今的 Moho 面，并与地表的自南向北的秦岭北缘逆冲推覆构造相伴而生，充分证明后者并非地壳上部浅层表生重力滑动构造，而是前者陆内俯冲所导生的必然上部地壳构造产物。联系大别和祁连造山带的地球物理测深与地表地质，显然，不仅是秦岭北缘，而是从祁连到秦岭－大别贯通东西，是一个中新生代华北地块南部向造山带的巨型陆内俯冲带，具有深刻的深部和区域地球动力学背景。

三、秦岭造山带岩石圈现今三维结构

综合秦岭地表地质和地球化学研究和多种地球物理探测结果，可概括秦岭造山带岩石圈现今结构为流变学分层的"立交桥"式三维结构框架模型[20]。其基本特点为：

（1）秦岭带岩石圈和深部地幔结构与组成显著非均一，纵横变化，上下不一致，分层块分区段，并明显处于最新动态调整状态。

（2）秦岭造山带地壳总体成分类似于花岗闪长质到石英闪长质，与世界陆壳平均组分相似，但相对其组分分异程度偏低，中上地壳偏基性，而中下地壳偏中酸性[23]，这与实测秦岭地壳波速结构（平均 6.06km/s）和高热流（72 ～ 109mW/m²）相吻合。

根据地震波速、电性和热结构，以及高温高压实验岩石 V_P 测定的对比，秦岭虽然各构造单元地壳岩石组成模型有差异，各具特色，但可概括其总体地壳岩石组成模型为[①]：下地壳主要由高角闪岩相－麻粒岩相的灰色片麻岩组成，有基性麻粒岩，其底部 V_P = 6.49 ～ 6.81km/s，0.91 ～ 1.09GPa，825 ～ 876℃；中地壳主要是角闪岩相－绿片岩相的变质火山系，V_P = 5.70 ～ 6.01km/s，0.4 ～ 0.5GPa，350 ～ 550℃；上地壳则主要是地表各岩类所组成，V_P = 5.4 ～ 6.08km/s。

（3）秦岭带岩石圈结构基本格架是华北（NC），扬子（YZ），秦岭（QL）三块拼合，但彼此结构有差异，尤其南北两侧 NC 和 YZ 向 QL 之下成壳幔型俯冲，QL 成扇状抬起，而且以 108°E 为界，东秦岭地壳薄，平均厚约 32km，Moho 面平坦，无山根，有异常地幔，卫星重力为正异常区，地震层析为正速度挠动区，而西部秦岭地壳加厚可达 56km，有山根，卫星重力为负异常区，地震层析也为负速度挠动区等，显然东西秦岭差异有深刻地球动力学背景。

（4）秦岭造山带岩石圈具流变学分层结构，根据秦岭东部地震反射（DQL）、折射（QB-1），大地电磁测深[②]，重磁性和品质因数，热结构与状态，地震层析成像（ST）[19]等测深资料与地壳岩石组成模型，秦岭造山带岩石圈结构可作如下流变学分层：

Ⅰ. 岩石圈上部脆性、黏弹性、韧性构造变形带（0 ～ 20 千米），东西向古构造占主导：上地壳上部，深度为 0 ～ 5 千米，如地表地质，结构复杂，主造山期的东西向构

---

① 高山等. 东秦岭地壳断面地球化学初步研究；王方正等，秦岭 QB-1 地学断面带岩石圈岩石学模型. 国家基金秦岭重大项目学术年会报告，1994.

② 李立. 秦岭东部大地电磁测深，国家基金秦岭重大项目学术年会报告，1993.

造保存并占主导，以脆性、黏弹性、脆韧性变形为特征；5～20千米，上地壳下部和中地壳上部，发育地震反射界面，低速高导层（图3），显示不同期次界面的交切，突出具有先期自南而北的俯冲与后期自北向南的多期多层次强烈韧性滑脱推覆和壳内岩片迭置结构，反映该层次是秦岭地表主构造的深层根部带，是主构造的拆离滑脱运动界面带。

秦岭现今上部地壳构造基本格架是由主造山作用所奠定，其中包容先期残存构造，并叠加后期构造，构成统一而又包含多期不同动力学体制与成因的多种构造的组合，但今天的秦岭山系则是由中新生代后造山期隆升所形成。上部地壳构造基本特点是[1, 20]：①它东西向千公里延伸，东连大别山，西接昆仑山和祁连山，东部收敛变窄，大幅度消减抬升，向西则撒开变宽，总体形成自东而西依次出露造山带深、中、浅不同构造层次。②秦岭主造山的三板块沿两缝合带依次由南向北俯冲碰撞造山奠定了秦岭地壳块体间的相互基本构造格局关系。③秦岭现今南北部反向向外逆冲推覆，呈扇形，这是后造山期在主造山构造基础上，华北和扬子地块分别沿现秦岭南北边界相向向秦岭之下俯冲，分别造成北缘（图1 F_1）的自南向北的逆冲推覆构造带和南部沿 F_6 主滑脱面自北向南的长距离多层次逆冲推覆构造系，其间则是沿 F_2，F_3，SF_1 的向南的逆冲迭瓦推覆构造系。④秦岭带南半部以 108°E 为界，东侧自北向南，西侧则自南向北的反向逆冲推覆，其间是 NE-NNE 向的剪切转换构造岩浆带。⑤秦岭带发育有深部背景的垂向加积增生构造，造成现今东西构造上复合叠加穹盆相间构造，呈现复杂的复合变形图案。⑥叠加有中新生代 NNE 向构造，但总体以 EW 向构造为主导。

总之秦岭造山带岩石圈上部现今为东西向展布的不对称扇形陆壳叠置的构造几何学模型[20]（图5）。

Ⅱ. 岩石圈中部水平状流变变形带（20～60千米），包括中下地壳和岩石圈地幔上部及 Moho 面，其中中下地壳，最突出特点是发育地震反射界面，成网状交织的鳄鱼构造[24]，愈向下愈与 Moho 面平行一致近水平状，虽尚可依稀追踪先期残存构造界面，但主导呈强烈水平调整的最新塑性流变状态，成为具重要动力学意义的壳内流体软层[25]。

Moho 面，秦岭东部平均深 32 千米，是地震 Moho 界面，波速从 6.5～6.8km/s 向下增到 7.8km/s，梯度大于 1km/s。Moho 面平缓南倾近水平状态，与下地壳状态近乎一致，显示为最新调整状态产物，已非古 Moho 面，综合 DQL，QB-1，MTS 和 ST 及热结构等资料共同显示的 Moho 状态，反映沿 Moho 是重要的壳幔剪切带和构造界面，而且东部高起，西部加深，地震层析三维成像反映，秦岭区岩石圈地幔上部（60～80千米），呈现为近水平状的速度等值线显示的高速与低速间列并置的速度图像，与其下覆图像截然不同，而却和 Moho 面和中下地壳的近乎水平的地震反射界面相一致，它们共同构成为秦岭中岩石圈的水平流变层，成为深部一个重要结构分层，具重要动力学意义。

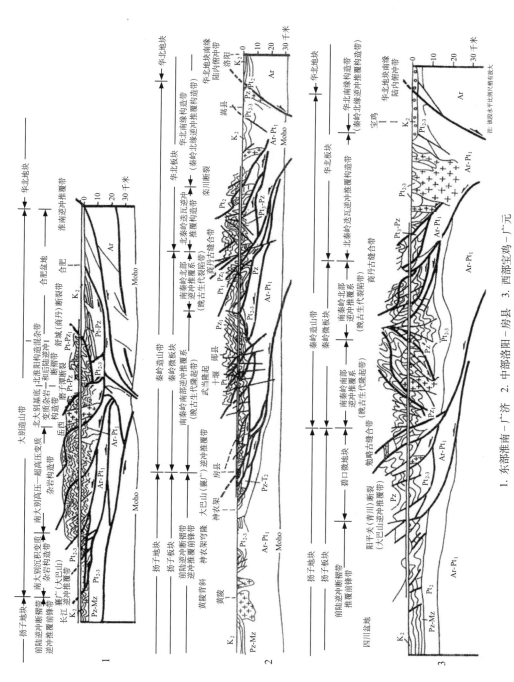

1. 东部淮南－广济 2. 中部洛阳－房县 3. 西部宝鸡－广元

图 5 秦岭造山带地壳地构造剖面图

Ⅲ. 岩石圈深部上地幔流变调整状态与新的 SN 向异常结构是根据秦岭及邻区地震层析三维成像揭示[19, 26, 27]，秦岭区上地幔 60 ～ 80 千米以下，简称秦岭岩石圈下部，以 SN 向近于垂直陡倾的速度等值线反映的高速与低速间列并置的速度图像为其突出特点，反映深部地幔物质的热和密度空间分布的 SN 向异常状态及其速度结构，从而代表了秦岭深部地幔的现今地球物理场状态和结构基本格架。同时秦岭地震层析成像的 3^{+0}，25^{+0}，40^{+0}，80^{+0}，110^{+0} 千米等深度水平截面速度图像，显示从上部（< 20 ～ 30 千米）水平状结构以东西向为主，通过中部（20 ～ 80 千米）优势方位不明逐渐到深部（> 60 ～ 80 千米）明显以 SN 向为主的物理场结构与状态的显著逐渐连续变化，也揭示出秦岭深部地幔的近 SN 向异常状态，并且这一变化与深部状态在区域重力，磁场和上地幔密度上也有同样突出反映，诸如秦岭带正跨越在中国二个近 SN 向的重力梯度带上，2×180 阶卫星重力场及中国大陆卫星重力异常球冠谐和函数（K_{max} = 24, 28 等）平面等值线图（申宁华，1996）都是清晰表现秦岭深部 SN 结构的重要证据。总之，上述以地震层析三维成像为主的综合地球物理资料一致反映秦岭造山带深部地幔结构现今具有最新的近 SN 异常状态，显然与其上覆的地表中上地壳近东西向结构和中部的水平流变层呈现不协调，非耦合不一致关系，使之成为秦岭岩石圈现今结构的又一单独结构分层。

概括综合上述秦岭造山带岩石圈现今的流变学三分层结构，显然它们总体共同反映秦岭现今岩石圈结构从上部东西走向古构造为主经中部水平流变过渡层到深部最新南北向地幔流变结构，上下成近于直交或斜交关系，呈现为非耦合的圈层关系，构成具流变学分层的 "立交桥" 式三维结构几何学框架模型（图 6）。

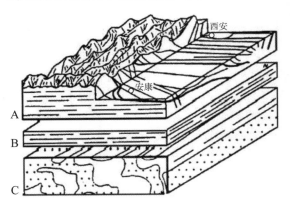

A. 岩石圈上部脆性、黏弹性、脆韧性构造变形带，古东西向构造占主导。B. 岩石圈中部，包括 Moho 面在内的水平流变形带。C. 岩石圈下部，上地幔最新流变调整状态，以新的南北向结构与异常状态为主导。

图 6　秦岭造山带岩石圈现今流变学分层的 "立交桥" 式三维结构框架模型示意图

四、华北地块南部巨型陆内俯冲与秦岭造山带现今三维结构动力学特征

秦岭造山带岩石圈现今的"立交桥"式三维结构几何学模型和运动学特征，正是其历经长期演化，在现今所处的大地构造环境中所造成的大陆构造特点之一。华北地块南部向秦岭的陆内俯冲，是秦岭现今三维结构的基本组成部分，并是其主要特点之一，具有统一的动力学背景。

(1)秦岭造山带在其前中新生代长期演化过程中，受冈瓦纳、劳亚和古特提斯等古板块构造的控制，形成东西向为主的主造山期板块碰撞构造。而中新生代以来，它处于板内，位于太平洋板块、印度板块和欧亚板块内西伯利亚地块三个构造动力学系统的交会复合部位，使之处于区域三面俯冲汇聚状态和深部地幔动力学过程处于不断复合调整状态，导致发生地幔、软流圈和壳幔间强烈流变调整传输交换，原形成于主造山期的碰撞造山格局与结构，必然遭受改造，以适应新的动力学要求。秦岭造山带现今流变学分层的"立交桥"式三维结构，正是秦岭岩石圈在这一调整改造演进过程中的产物和行为：深部地幔已处于最新的调整状态[28, 29]，产生新的 SN 向地球物理异常结构，并引起秦岭岩石圈地幔拆沉作用[30, 31]，流变减薄，软流圈急剧抬升，幔源物质与热流流体上涌，发生强烈壳幔物质交换；中下地壳加热部分熔融，强烈伸展流变，形成水平状流变的壳内流体软层和新 Moho 面，造成显著的岩石圈去根作用[29]，显然水平流变变形层容纳了深部地幔调整的能量与应变，导致上部地壳的伸展抬升，但因固结硬化的上地壳，应变滞后，未得以新充分调整，故其更多保存了先期古东西向构造，造成现今上下不协调的近乎直交的秦岭"立交桥"式三维结构几何学模型和圈层的非耦合关系。这种动态演化中的特有结构，提供了大陆地壳形成演化，得以长期保存而不返回地幔的重要信息，表明秦岭造山带的流变学分层的"立交桥"式三维结构，可能是大陆形成、演化、保存的重要途径和方式之一，因而具有重要大陆动力学意义。

(2)华北地块南部向秦岭的自北向南的巨大陆内俯冲作用，是构成秦岭造山带岩石圈现今三维结构的基本因素，是秦岭中新生代陆内造山作用的突出陆内构造。秦岭在印支期最后全面碰撞造山之后，中新生代转入陆内大地构造演化阶段，如上述处于区域不同构造动力体系复合，地球表壳物质发生区域性会骤的大区域地球动力学背景下，其东侧受太平洋板块中新生代以来由 NNW 到 NWW 向俯冲运动作用和由之而引起的中国东部的中新生代以来的伸展扩张和郯庐断裂的左行平移的控制。其南侧受古特提斯的封闭，新特提斯的打开与封闭，印度板块向北的运移、俯冲，以致与青藏板块的碰撞造山，青藏高原的急剧隆升等来自西南侧的深部地幔动力学与上部地壳运动的侧压作用和来自扬子地块的侧向和正向推挤，构成秦岭西南-南侧的边界条件，并造就了现今秦岭南部边界。而其北侧则受到西伯利亚地块向南运移，并经华北地块的传递，导致在其南侧，沿

现今秦岭造山带北部边界发生巨大的向南的陆内俯冲作用，并伴随形成秦岭北缘自南向北的逆冲推覆构造。显然，这是在秦岭造山带岩石圈现今三维结构形成过程中统一动力学背景下的产物。

（3）秦岭中新生代陆内造山作用，在深部复合的地幔动力学背景下，岩石圈地壳处于复杂的区域构造应力场与应变场之中（图7），发生地壳水平缩短迭置和垂向加积，强烈深源与壳源岩浆活动，产生多种构造叠加复合，使之面貌复杂多样。但总体秦岭现今仍以南北挤压收敛，东西向扇状抬升，上部伸展塌陷为其特色，同时又复合东西向扩展，使之具有裂解为西秦岭、东秦岭和桐柏-大别三块的新的演化趋势。这里还应强调的是包括华北地块南部的陆内俯冲作用在内的秦岭两侧的俯冲和上部仰冲叠置的幅度愈向东愈大，基底抬升愈高，以致深部超高压-高压变质岩石在其先期折返抬升基础上，最后抬升剥露出地表。事实上，从秦岭古生代板块构造，到中新生代陆内构造东部大幅度自东而西的斜向穿时俯冲碰撞和俯冲收缩，共同一致突出的表明自古生代以来扬子板块与华北板块在其汇聚过程中一直发生着顺时针和逆时针的旋转运动，自东而西穿时收敛，至现今秦岭-大别造山带总体仍处于深部南北向挤压汇聚，上部东西向抬升伸展裂解状态之中。这与新近研究地幔三维速度结构成像提出的全球规模的地幔对流，亚州处于超级下降冷柱区，地球表壳物质发生区域性汇聚是相吻合的[32, 33, 34]。

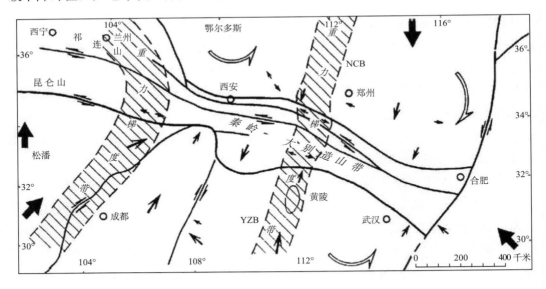

图 7　秦岭造山带区域构造应力与运动学特征示意图

（4）华北地块南部的巨型陆内俯冲作用，给予一种重要启示：秦岭、祁连，乃至青藏的中生代晚期以来的隆升[35, 36]，除来自南侧的挤压收敛作用之外，同样还应考虑来自北侧、来自西伯利亚的向南运移的巨大陆内构造作用。这对于研究和理解中国中西部现今地壳结构、灾害和环境都是具有重要意义的。

参考文献

[1] 张国伟等. 秦岭造山带的结构构造. 中国科学（B 辑），1995（9）

[2] 张国伟等. 秦岭造山带的造山过程及其动力学特征. 中国科学（D 辑），1996（3）

[3] 张本仁等. 东秦岭及邻区壳幔地球化学分区和演化及其大地构造意义. 中国科学（D 辑），1996，26（3）

[4] 袁学诚等. 东秦岭陆壳反射地震剖面. 地球物理学报，1994（6）

[5] 袁学诚. 秦岭岩石圈速度结构与蘑菇云构造模型. 中国科学（D 辑），1996（3）

[6] 金昕等. 东秦岭造山带岩石圈热结构及断面模型. 中国科学（D 辑）（增刊），1996，26

[7] 陕西区域地质调查队. 鲁山幅地质报告（20 万分之一）. 北京：地质出版社，1966

[8] 孙枢等. 华北断块区南部前寒武纪地质演化. 北京：冶金工业出版社，1985

[9] Zhang Guowei, Bai Yubao, Sun Yong, et al. Composition and evolution of the Archaean crust in central Henan, China. Precambrian Research, 1985,27（1-3）

[10] 张国伟. 秦岭造山带的形成及其演化. 西安：西北大学出版，1988

[11] 石铨曾. 河南省东秦岭山脉北麓的推覆构造. 见：秦岭造山带学术讨论会论文选集，西安：西北大学出版社，1991

[12] 陕西省地质矿产局. 陕西地质志. 北京：地质出版社，1989

[13] 甘肃省地质矿产局. 甘肃地质志. 北京：地质出版社，1989

[14] 张源有，陈人瑞. 河南舞阳铁矿 F6 巨型逆掩断层. 河南冶金地质，1983（2）

[15] 徐世荣，周明道. 周口坳陷发现逆冲断层及其地质意义. 石油与天然气地质，1988（2）

[16] 张国伟. 大别造山带与周口断坳陷盆地. 见：中国大陆构造论文集. 武汉：中国地质大学出版社，1992

[17] 王桂梁等. 华北南部的逆冲推覆伸展滑覆与重力滑动构造. 徐州：中国矿业大学出版社，1992

[18] 蔡学林等. 武当山推覆构造的形成与演化. 成都：成都科技大学出版社，1995

[19] 刘建华等. 秦岭－大别造山带及其南北缘地震层析成像. 地球物理学报，1995（1）

[20] 张国伟等. 秦岭造山带三维结构及其动力学分析. 中国科学（D 辑）（增刊），1996，26

[21] 吴宣志等. 利用深地震反射剖面研究北祁连－河西走廊地壳细结构. 地球物理学报（增刊），1995，38

[22] 周国藩. 秦巴地区地球物理场物征与地壳构造格架关系的研究. 武汉：中国地质大学出版社，1992

[23] Gao S., Zhang B., Luo T., et al. Chemical composition of the continental crust in the Qinling orogenic belt and adjacent North China and Yangtze cratons. Geochim Cosmochim Acta, 1992,56

[24] Nelosom, K. D. Are crustal thichness variation in old mountain belts like the Appalachians a consequences of lithospheric delamination. Geology, 1992,20

[25] Ranalli G., Murphy D. Rheological stratification of the lithosphere. Tectonophysics, 1987,132

[26] Bois C. Major Geodynamic processes studied form the ECORS deep seismic profiles in France and adjacent areas. Tectoncphysics, 1990,173

[27] Lay J. Mantle structure: a matter for resolution. Nature, 1991,352

[28] Hoffman P. F. Old and Young mantle roots. Nature, 1990,347

[29] 邓晋福等. 中国东部岩石圈根/去根作用与大陆"活化". 现代地质，1994（3）

[30] Kay R. W., Kay S. M. Delamination and delamination magmatism. Tectomophsics, 1993, 219

[31] Sacks P. E.. Delamination in collisional orogens. Geology, 1990,18

[32] Fukao Y., Maruyama S., Obayashi M., et al. Geologic implication of the whole mantle P-Wave tomography. Jour. Geol. Soc. Janan, 1994, 100

[33] Maruyama S. Plume tectonics. Jour. Geol. Soc. Janan 1994,100

[34] Fukao Y. Seismic tomogram of the Earth's manthe: Geodynamic implications. Science, 1992,258

[35] Wang H., et al. An outline of the tectonic evolution of China. Episodes, 1995,18 (1-2)

[36] Xiao X., et al. Tectonic evolution and uplift of the Qinhai-Tibet plateau. Episodes, 1995,18 (1-2)

关于"中央造山带"几个问题的思考*

张国伟　柳小明

摘　要　"中央造山带"的提法响亮、瞩目，但其真正含义应加以分析、思考。从地理山脉综合分析表明它们不是统一山脉，但现实却出现一带山系，横贯中国大陆中央，故地理上可笼而统之称其为一道"中央山系"。地质含义分析证明它们不是统一造山带，但祁连、昆仑、秦岭和大别可为广义统一造山带，是东古特提斯和中国大陆完成其主体最后拼合的关键地带之一。研究"中央造山系"有以下几个关键问题：（1）新生代尤其是新第三纪以来中央造山系有无正在东西向裂解趋势，它与环境、灾害发展趋势有无关系；（2）中新生代中央各造山带有无统一形成背景与机制；（3）古特提斯与"中央造山系"的关系；（4）中央造山系有无统一格局的早古生代板块构造演化，其中新元古代构造基础又是什么；（5）中央造山系的共性与特性是什么、大地构造特殊意义是什么；等等。研究中央造山系，应以大陆板块构造和大陆动力学为学术指导思想，立足于中国地质实际，面向全球，建立研究基地，开展多学科综合全方位研究，采用新思维、新观念、新方法，重新审视大陆和中国大陆，发展探索大陆动力学，为建立新的造山带理论与研究方法而努力，以在当代地学发展前沿领域促进地学和社会发展。

关键词　造山系　造山带　板块构造与大陆动力学　特提斯

　　"中央造山带"最初是由姜春发[1]提出的，现已为很多人所引用，它包括了东西横亘于中国大陆中央的天山、喀喇昆仑、昆仑、祁连、秦岭和大别等造山带。具体包含内容尚有争议，很多人不同意包括天山造山带。然而，真正的问题是"中央造山带"的真正含义是什么，需认真加以分析思考，因为这决定着对它的认识和研究。

一、"中央造山带"的含义

　　有无地理和地质概念的统一"中央造山带"，如何理解认识研究分析它，是首先要思考的一个基本问题。

---

*本文原刊于《地球科学》，1998，23（5）：443-448.

1. 现今的地理各山脉是否是统一的山系

综合中央山系的现实地理地形特征和时空分布，经概括有以下特点：①山系东部分布到大别山收敛合一，西部西秦岭向西撒开分支：祁连－天山一支，昆仑一支，中夹柴达木、塔里木等不同盆地与地块。地形西高东低，呈现为东西向平放的 Y 型展布。②中部跨越青藏高原北部，并为阿尔金山截开，地形中断，分为不同山脉。东部秦岭与大别也有盆地分割，地形断续。③中央山系，尤其中东部是中国大陆南北的地质、地理、气候、生态乃至人文的天然分界，在中国大陆环境和灾害方面具有重要作用，也是中国重要的矿产资源、能源基地。④自东而西，从各山脉的地质构成上看，是不同构造层次的依次剥露。东部大别出露造山带根部，有超高压变质岩石出露地表，中西部则有中上部岩层较完整保留。东西部综合是很好的造山带垂向地壳剖面。⑤综合现今地理地形山盆组合关系，它可划分为天山、祁连－昆仑、秦岭和大别四段，它们彼此相关但又有显著差异，各具特色。

综上所述，它们不是统一山脉，但现实却构成了一带山系，东西横贯于中国大陆中央，具有相似特征和作用，具有独自的特殊意义，因此地球上可笼而统之称其为一道"中央山系"。

2. 地质含义的"中央造山带"是什么

中央山系的各造山带，从其形成演化与成因及其大地构造、环境、灾害意义来说，是否为统一地质含义的"中央造山带"是一实质问题。

综合现有的研究证明，各造山带均属复合型造山带，就其统一关系和成因而言，应分时期而论，不宜笼统称之。①依据中新生代陆内造山作用和现今山脉的形成出现，以及它们对中国大陆现实的环境、灾害与社会可持续发展的作用与意义，可以广义讲中国大陆中新生代以来出现了一道"中央造山带"，或更恰当地说中央造山系（本文以下统称中央造山系），但严格地讲，并非是统一造山带。②各造山带前中新生代主造山作用与相互关系复杂，不是统一山带，各具特色，但祁连、昆仑、秦岭、大别从其形成演化、相互关系及大地构造体制总体而言，应视为统一造山带，而且是研究东古特提斯和中国大陆主体完成其最后拼合的关键地带之一，具重要意义[2-15]。

二、关于"中央造山带"的几个关键地质问题

关于"中央造山带"的研究，从当代地质科学的最新发展和中国地质实际出发，应重点思考以下几个关键问题：

（1）新生代尤其是新第三纪以来"中央造山系"是否正在趋于东西裂解为大别－桐柏、东秦岭、西秦岭、祁连、天山等不同区块[10]。它们是否为全球和区域构造背景下的最新演化动态？它们与中国大陆现代环境、灾害的发展趋势有无内在关系？显然值得重

视探讨。

（2）中新生代以来中央造山系的现代各造山带的山脉形成，有无统一形成背景、机制、时代和共同特征，其大地构造意义何在？

简要综合对比，可概括中央造山系中各造山带形成现今山脉有以下共同特征：①它们均主要是白垩纪以来急剧隆升成山的，并非是各自主造山期碰撞造山而成山的；都是在先期主造山作用构造基础上，于中新生代中晚期以来陆内构造演化过程中，由陆内造山作用而隆升成山的[4~6, 9, 10]。②各造山带现今的基本构造几何学格架，彼此非常相似，均呈不对称扇形的造山带几何学模型，即呈现为造山带两侧地块相向向山脉之下作巨大陆内俯冲，造山带则呈扇形抬升，而且多是北翼陡而窄，南翼缓而宽，构成南北反向多层次向外逆冲推覆叠置，并复合叠加和伴生平移走滑与块断，形成复合型不对称扇形构造几何学模型[10]。各个造山带的地表地质、地球化学示踪和地球物理测深剖面都共同证实了这一突出特征[9~15]。③中央造山系不只是我国地表地质的南北分界线，而且也是我国现今岩石圈深部结构与状态的重要界线带，是地球物理场，包括重、磁、电、地震波速结构与层析成像、热结构等南北的分划带与异常带[16~18]，显然具重要意义。④中新生代以来，中央各造山带虽因各自所处具体构造部位的不同，各有差异，但总体它们处于统一的区域大地构造背景之中，即太平洋、印度、欧亚三板块汇聚在陆内的复合，从区域深部地幔动力学到上部地壳的响应，陆壳物质总体在汇聚，并造成广泛弥散型的陆内盆山多级各种形态样式的强烈构造变形组合，以及高差悬殊极大的复杂构造地貌景观[2~5]。印度板块持续向北俯冲推挤，青藏巨型陆壳似岩石圈圆柱与其周边汇聚、剪切旋转逃逸运动；太平洋板块 NWW 向中国大陆之下俯冲汇聚；而欧亚大陆阻挡，尤其是西伯利亚地块向南运移推挤，并与印度及太平洋板块俯冲运动矢量间构成区域不同的构造力偶应力场，从而导致上部地壳块体间随不同具体构造部位而发生不同的挤压、拉张、剪切走滑与旋转，形成千差万别的构造应变变形图像。正如很多地质学家已论证指出的中国东西部的构造差异明显而突出，这里不再重述，但需强调应注意中央造山系中，尤其东部各造山带晚近山脉的形成，与华北、扬子地块长期反向旋转运动，华北地块南缘向南的巨型陆内俯冲以及扬子北缘向北俯冲与上部地壳向南的巨大多层次逆冲推覆构造的重要作用。总之中新生代以来中央各造山带现代山脉的形成具有统一的深部和上部背景，但随地因主要因素与成因机制的变化而有差异，故虽造成横贯东西一道现代山系，但不是同一造山带，各有其特征。也正是因为如此，进行中新生代以来中央造山系统一研究很有必要，它具有大陆动力学探索研究重要意义。⑤中央各造山带之所在其各自不同的主造山期俯冲碰撞造山之后，大致都同时于中新生代再度活跃而急剧隆升成为高大山脉，正如前述是中新生代全球和区域地球动力学的结果，是中新生代区域地幔动力学及陆壳响应的必然产物。但其中最富有大陆动力学探索研究的问题之一是，中央各造山带主造山期的地幔动力学过程及其所造成的上部地壳产物，如何转变为中新生代现今所处的区域地幔动力学状态与结构，以及所造成的现今中央造山系？这实质是先期主造山期岩石圈圈层关系如何转换为现今的岩石圈圈层的耦合与非耦合关系，所谓秦岭造山带岩石圈现今的"立交式"三维结构，重要意义也在于此[10]。这实质就是大陆增生拼合，长期漂浮而不易返回地幔。大陆是如何长期保存与演化的，这是大陆动力学探索研究的主要前沿领域课题之一。而中央造山系却具有得天独厚的丰富的研究信息与内容[5-7, 9, 10]。

（3）中央造山系是与古特提斯。古生代到中生代初期是中央造山系各造山带板块俯冲碰撞造山的主造山期。天山主要是在石炭纪（海西期）[19-21]，祁连主要是早古生代奥陶纪－志留纪（加里东期）[4, 5, 7, 8]，昆仑则是中昆仑为海西期（?），而南昆仑（即巴颜喀喇北缘）是印支期（T_3）[5, 8, 22]，秦岭和大别主要是从早古生代俯冲，至晚古生代－中生代初最后碰撞造山（晚海西－印支期）[8-15, 23-25]。其中天山系哈萨克斯坦板块与塔里木板块（是否归属华北板块，尚有争议）的碰撞封闭，从大地构造单元而言，属天山－阴山带。除天山之外，其余各造山带，虽然也有柴达木等地块归属的争论，但总体则主要是华北板块与扬子板块及其两者之间所夹的不同来历、大小不一的微板块或微地块的碰撞拼合，因此可以概括地说，它们应是广义的统一造山带演化过程中的先后产物，具有相同或相似的板块构造演化基本格局，属于原东特提斯到古特提斯构造域的北侧分支组成部分，也是完成中国大陆除西藏、云南等西南边缘和台湾地区外，最后主体拼合的主要结合带，在中国大陆的形成与演化中占有突出重要地位。

关于特提斯，尤其东古特提斯的研究，一直是世界瞩目的热点问题。中央造山系各造山带是否属东古特提斯构造域，东古特提斯北缘的范围、属性、组成与演化特征等，都是地学界十分关注且有很多争议的重要问题。无疑，中央造山系总体的统一研究，必会为东古特提斯研究作出重要贡献，具有国内外重要地学研究意义。

从特提斯（Tethys）研究历史与现状的系统调研和整理分析，表明从 M. Neumayr 于 1885 年提出中央古地中海，E. Suess 于 1893 年正式提出"特提斯"概念，已有百余年，尤其 70～80 年代以来用板块构造观重新研究它，关于"特提斯"概念的内涵与外延已有很大发展变化，取得一系列新的重要成果[3-5, 26-37]，但迄今"特提斯"仍是一个世界关注、意见纷争的热点重大地学问题。由于中国大陆得天独厚的地质条件，成为东古特提斯研究的最佳场所，为世界所瞩目，国内外学者都有重要著述。近年来，我国围绕青藏高原和造山带研究，又有新的重要研究和成果[4-15, 29, 32, 34-37]，但迄今关于东古特提斯范围、属性、形成与演化基本特征等基本问题仍是争论的焦点，尤其在当前大陆板块构造研究深化，进行大陆动力学探索研究的形势下，深入系统研究是十分必要和重要的。显然，中央造山系应属这一研究的重要组成部分，重点解剖很有必要与及时。特别是近年来新的研究成果不断反映，东古特提斯域，包括中央各造山带，独具特征，是介于劳亚与冈瓦纳大陆间的有众多陆壳块体群及其彼此之间很多窄大洋、小洋盆与海盆等构成的复杂洋陆构造域，它们有其独特的地幔动力学过程与各块体分裂离散、汇聚拼合、俯冲碰撞及其由它们所造成的复杂多样的洋陆盆地沉积、生物区系、构造岩浆、变质变形的产物与组合，决非简单的开阔大洋和经典板块构造巨大板块的分离拼合。因此，它具有很多还未被人们研究认识的分离拼合。因此，它具有很多还未被人们研究认识的未知领域，是大陆动力学探索研究创造的良好天地，中国地学界应有所作为，为之作出重要贡献。

鉴于以上分析，关于中央造山系与古特提斯关系，需考虑以下几个重要问题：①东古特提斯性质、范围、特征和演化。②有无元古代末至早古生代的原特提斯，基本构造格架如何？中央各造山带有无统一格局的早古生代板块构造演化？③有无古太平洋陆壳块体群，对中央造山系的意义？④晚古生代劳亚大陆的统一与其南部边缘的裂解增生。⑤冈瓦纳的裂解、范围与古特提斯。⑥中央造山系各造山带晚古生代至中生代初期的板块构造格局与演化关系及中国大陆完成其最后主体拼合过程。⑦多块体非开阔大洋型构造体制及其地幔动力学与上部岩石圈块体离散聚合漂移旋转响应的运动学，以及其区别于现代开阔大洋巨型板块运动的动力学机制、拼合过程与结构、陆缘体系与生物区系群落、蛇绿岩及相关火山岩、花岗岩、碰撞拼合变质变形作用与过程等的属性、特征及其判别标志。在全球构造基础上，探索建立与之相适应的多块体非开阔大洋型大陆裂解、拼合增生、保存演化的大陆构造演化理论与方法，发展深化板块构造，探索大陆动力学，参与国际地学竞争，促进当代地学发展。

综合概括，中央造山系应属东古特提斯特殊洋域的复杂北缘区和分支，应是完成中国大陆最后主体拼合的主要结合带，在中国大陆的形成与演化中占有突出重要地位，是大陆动力学探索研究的得天独厚的天然实验室与研究基地。

（4）中、新元古代中央造山系各造山带的构造基础是什么？中央造山系各造山带中夹持大量中新元古代构造地块、岩块，迄今对它们的地质、地球化学及其形成构造背景与构造体制的研究表明，主体都分别显示处于拉张－裂谷化的地壳扩张构造体制下，出现裂谷与小洋盆间杂并存的复杂构造格局，而且各造山带中的中新元古代基性火山岩系多数主要来自幔源物质。秦岭大别地区更为明显，其中的花岗岩和火山岩 Sm-Nd 模式年龄均主要大于 800Ma，Sr，Nd 同位素示踪研究结果也有同样结果[38]，从而反映中新元古代是它们在大陆扩张伸展机制下地壳垂向加积增生，大量幔源物质加入地壳的主要成壳时期。上述已有的研究启示，是否元古代时期有超大陆的存在，中新元古代扩张裂解，并以地壳垂向加积增生为主，于晋宁期前后逐渐转入以侧向增生板块构造占主导的演化阶段。显然值得深入探讨，这对于大地构造体制转换，从深部地幔动力学过程到上部地壳构造体制变换都具有重要研究意义。中央各造山带提供了难得的良好研究条件。

总之，综合分析中新元古代到早古生代初期的构造演化，尤其中新元古代之交的 1.0Ga 左右的晋宁期构造作用，对于中央造山系各造山带具有重要意义。该期构造、火山岩浆活动广泛、强烈、普遍，且独具特征。目前的地质、地球化学研究表明，可能是中国区域早期大陆在当时深部与全球大地构造背景下，发生构造体制转换和地幔与地壳交换调整的主要时期，也是奠定中国大陆 1.0Ga 以来主要板块和陆壳块体配置关系的发端时期，中央造山系各造山带及相关各块体的当时的大地构造位置、归属、状态、作用及其意义，都是值得研究和思考的重要科学问题，具有重要大地构造意义。

三、中央造山系研究学术思想的思考

根据世纪之交当代地球科学发展的最新态势和人类社会发展的需求，并根据我们关于秦岭造山带已有的系统研究和与国内主要造山带，如大别、祁连、天山、喜马拉雅造山带和国外的阿尔卑斯、科迪勒拉、阿帕拉契亚、中欧海西造山带等的考察对比分析与研究体会，关于中央造山系研究的学术思想，作如下思考，并加以简要提纲式概述，仅供讨论。

(1) 应以大陆板块构造的发展、深化和大陆动力学的探索、创新为主要学术指导思想[39]。从科学与地学发展的最新学术成果和视野，通过中央造山系研究，重新审视研究认识大陆和中国大陆。总结、概括大陆的形成与演化、分裂拼合、增生保存、成因与动力学，为发展建立新的大陆造山带理论与方法而作出努力。

(2) 重视地球深部过程与结构，尤其核幔与壳幔交换、地幔动力学与陆壳的响应，从地球深部到地球外层空间各圈层相互作用关系进行多学科全方位的综合研究[40-47]。从整体思考中央造山系，重点解剖研究。

(3) 重视中央造山系的现状与新的演化趋势和社会可持续发展关系的研究，为当代人类社会发展紧迫急需的资源、能源、环境、灾害等重大社会问题和人类生存条件的改善与保护作出贡献。

(4) 强调实践的第一性和理论概括的创造性。选择建立野外天然实验室与研究基地，从中国实际出发，持续开展多学科综合研究。

(5) 需要新思维、新观念、新方法、新途径、新创造，深化提高研究，进行创造性理论概括，出理论，出人才，促进地学发展，为丰富人类知识宝库而探索、创造。

地球科学研究的对象与内容是一个漫长复杂多因素制约变化的物理、化学、生物的综合过程及产物。人类社会的进步与科学技术的发展已为揭开地球科学的奥秘创造了前所未有的条件与能力，但还远远未发展到完全揭开解决其科学基本问题的程度与时期，人类正在为之而努力。地球科学 20 世纪的发展，特别是由板块构造带动的地学革命，极大地推动了地学的发展，使之已进入理性探索发展的地球大科学体系的发展时期，但科学的进步和地学的新发展已提出新的挑战，以大陆动力学等为代表的地学新思维、新探索和全球变化、改善环境、减轻灾害研究的日益突出与重要等，也正是地学在本世纪末至下个世纪初处于新的重大发展时期的突出反映。因之面对 21 世纪，地学必需面对新发展，以人类发展迄今的科学技术成就，包括地球科学长期发展的已有成果为基础，以新思维、新观念、新方法、新途径进行创造性的新研究。在此起点上，思考中国地质问题和中央造山系研究，需要总结回顾 20 世纪，面向 21 世纪，抓住地学发展前沿课题和社会需求，立足中国地质实际，放眼全球，集中关键问题，从中国地质实际出发，重点解剖突破，开展地质、地球化学、地球物理、数理计算机模拟及相关各学科相结合的多学科全方位的持续综合研究，可以预期，从"中央造山系"的研究可以出新知，为人类社会发展和地球科学发展作出重要的创造性的贡献。

此文是应中国地质大学"中央造山带学术研讨会"之约，急促成文，错误难免，敬请批评指正和商讨。在此特对中国地质大学表示真诚感谢！

参考文献

[1] 姜春发. 中央造山带主要地质构造特征. 地学研究，1993（27）

[2] 李春昱等. 亚洲大地构造图说明书. 北京：中国地图出版社，1982

[3] 黄汲清，陈炳蔚. 中国及邻区特提斯海的演化. 北京：地质出版社，1987

[4] Wang H Z, Mo X X. An outline of the tectonic evolution of China. Episodes, 1995,18（1-2）

[5] Xiao X C, Li T D. Tectonic evolution and uplift of the Qinghai Tibet plateau. Episodes, 1995,18（1-2）

[6] 许志琴等. 东秦岭复合山链的形成——变形、演化及板块动力学. 北京：中国环境科学出版社，1988

[7] 许志琴，崔军文. 大陆山链变形构造动力学. 北京：冶金工业出版社，1996

[8] 殷鸿福等. 秦岭及邻区三叠系. 武汉：中国地质大学出版社，1992

[9] 张国伟等. 秦岭造山带造山过程及其动力学特征. 中国科学，1996（3）

[10] 张国伟等. 秦岭造山带三维结构及其动力学分析. 中国科学（D 辑）（增刊），1996，26

[11] 张国伟. 秦岭造山带的形成演化. 西安：西北大学出版社，1988

[12] 张国伟等. 秦岭造山带结构构造. 中国科学（B 辑），1995（9）

[13] 张本仁. 秦巴岩石圈构造及成矿规律地球化学研究. 武汉：中国地质大学出版社，1994

[14] 袁学诚等. 东秦岭陆壳反射地表剖面. 地球物理学报，1994，6

[15] 格尔木到额济纳旗地学断面研究文集编委会. 地球物理学报专辑（增刊Ⅱ），1995，38

[16] 刘光鼎. 中国海区及邻域地质地球物理系列图及说明书. 北京：地质出版社，1992

[17] 马杏垣. 中国岩石圈动力学地图集. 北京：中国地图出版社，1989

[18] 袁学诚，华九如. 中国地球物理图集. 北京：地质出版社，1996

[19] 肖序常等. 新疆北部及其邻区大地构造. 北京：地质出版社，1992

[20] 何国琦等. 中国新疆古生代地壳演化及成矿. 乌鲁木齐：新疆人民出版社，1994

[21] 新疆地质学会. 新疆第三届天山地质矿产学术讨论会论文选集. 乌鲁木齐：新疆人民出版社，1995

[22] 姜春发. 昆仑开合构造. 北京：地质出版社，1992

[23] Nie S, Yin A, Rowley D B, et al. Exhumation of the Dabieshan-high-pressure rocks and accumulation of the Songpan-Ganzi flysch sequence, Central China. Geology, 1994, 22

[24] Third International Eclogite Field Symposium Second Workshop of Task Group Ⅲ-6 for ILP 1995. In: Chinese Science Bulletin. Beijing: Science Press, 1995

[25] Cong B L. Ultra-high pressure metamorphic rocks in the Babie-Su-Lu region, China: their formation and exhumation. The Island Arc, 1994,3

[26] 森格尔 A M C；丁晓，周祖翼译. 板块构造学与造山运动——特提斯例析. 上海：复旦大学出版社，1992

[27] Ager D V；马丽芒，刘训译. 欧洲地质. 北京：地质出版社，1989

[28] Sengor A M C. The Tethyside orogenic system: an intraduction. In: Segor A M C, ed. Tectonic evolution of the Tethyan region. Istanbul: Istanbul Technical University Faculty of Mines, 1989

[29] Yang J S, Robinson P T, Jiang C F, et al. Ophiolites of the Kunlun mountains, China and their tectonic implications. Tectonophysics, 1996,258

[30] Tapponnier, Peltzer G, Armijo R, et al. On the mechanics of the collision between India and Asia. Tectonics Collision: Geological Society of London Special Publication, 1986,19

[31] Stocklin J. Himalayan orogeny and earth expansion: expanding earth symposium. Sydney: Sydney Press, 1983

[32] Sun Ailing. The Chinese fossil reptiles and their kinds. Beijing: Science Press, 1992

[33] Smith A B, Xu J T. Palaeonotology of the 1985 Tibet geotransverse, Lhasa to Golmud. In: Report of the royal society academic sinica geotraverse of Qinghai Tibet Plateau. Philosophical transactions of the royal society of London, series A: Mathematical and Physical Sciences, 1988,327

[34] 中国国家地震局. 阿尔金活动断层. 北京: 地震出版社, 1992

[35] 潘桂棠. 全球洋－陆转换中的特提斯演化. 特提斯地质, 1994 (18)

[36] 莫宣学, 路凤香. "三江" 特提斯火山作用与成矿. 北京: 地质出版社, 1993

[37] 钟大赉, 丁林. 青藏高原的隆起过程及其机制探讨. 中国科学 (D 辑), 1997 (4)

[38] 张宗清等. 秦岭变质地层年龄及其构造意义. 中国科学, 1996 (3)

[39] 美国大陆动力学未来研究方向专题讨论会指导委员会; 李晓波译. 大陆动力学——美国国家大陆动力学研究计划. 北京: 中国地质矿产信息研究院, 1993

[40] Kay R W, Kay S M. Delamination and delamination magmatism. Tectonophysics, 1993,219

[41] Marc Rene de Jonge. Geodynamic evolution and mantle structure. Utrecht: Faculteit Aardwetenschappen, Univeristeit Utrecht, 1995

[42] Busty C J. Tectonics of sedimentary basins. Cambridge: Blackwell Sciece, 1995

[43] Meijer P T. Dynamics of active continental margins: the Andes and the Aegean region. Utrecht: Faculteit Aardwetenschappen, Universiteit Utrecht, 1995

[44] Brown M. The origin of granites and related rocks. In: 3rd Hutton Symposium. [s. l.]: College Park, 1995

[45] Bird P. Lithosphere dynamics and continental deformation. Reviews of Geophysics, 1995, (Suppl)

[46] Abbott D, Mooney W. The structural and geochemical evolution of the continental crust: support for the oceanic plateau model of continental growth. Reviews of Geophysics, 1995, (Suppl)

[47] Anderson D L. Lithosphere, asthenosphere and perisphere. Reviews of Geophysics, 1995,33 (1)

新疆伊犁盆地的构造特征与形成演化*

张国伟 李三忠 刘俊霞 滕志宏 金海龙 李 伟 黄先雄 吴亚红

摘 要 伊犁盆地是在天山造山带所夹持的微地块上发展演化而成的山间叠合盆地，其现今垂向结构为自下而上由中、新元古代变质基底、石炭纪裂谷火山岩系变形基底和二叠纪以来的盆地沉积岩系组成的三层结构，南北向剖面形态总体为两侧造山带相对向盆地逆冲的对冲构造几何学样式，伊犁盆地内则呈现为二山三盆的复杂次级山－盆构造组合。伊犁盆地的形成演化与天山造山带，尤其与其南北两侧相邻的不同性质造山带密切相关。伊犁地块和盆地的形成演化可概括为四个大的构造阶段和四个成盆期。现今的伊犁盆地正是不同成盆期的原型盆地复合叠置的综合产物。石炭－二叠纪和侏罗纪是伊犁山－盆构造系统的主造山成盆期。

关键词 伊犁盆地 盆山耦合 构造特征

一、区域地质背景

伊犁盆地位于我国新疆西部边陲，是天山造山带中的山间盆地，与其直接邻接的南北构造单元分别为哈尔克－那拉提中、南天山板块间的早、中古生代碰撞造山带（简称哈－那带）与科古琴－博罗科努早、中古生代陆内造山带（简称科－博带），在大地构造上归属天山造山带中的伊犁－中天山微地块。该微地块总体属哈萨克斯坦－准噶尔板块（包括北、中天山），其南侧与塔里木（包括南天山）板块邻接，呈狭长三角形东西向夹持于新疆中部，向西撒开通向中亚。新疆地处欧亚板块，紧邻印度与西藏板块间强大碰撞造山带和青藏高原的西北侧，在现今大地构造上占有重要地位。综合新疆与邻区的现有研究成果[1-8]，可将新疆的大地构造演化历史主要概括为三大阶段：①前震旦纪众多古老地块的拼合过程。至震旦纪主体开始形成统一的克拉通地块，普遍接受了以震旦纪冰碛岩和寒武纪初期含磷岩系为代表的统一盖层沉积。②早、中古生代新疆板块的裂解和再拼合演化阶段（Є-C）。从寒武纪中期开始裂解，到最后于晚石炭世末期，

*本文原刊于《地学前缘》，1999，6（4）：203-214.

全部完成了复杂多样的大陆板块的扩张分离、俯冲碰撞的拼合历史，最终形成了新疆现今的基本大地构造格架，结束了早、中古生代多板块和陆块的分离拼合构造演化阶段，而进入统一的板内，即陆内的大地构造演化阶段。③晚古生代至今的新疆陆内构造演化阶段。石炭纪之末，二叠纪之初，现今欧亚板块雏形主体已开始形成，新疆已成为这一全球性巨型板块的统一组成部分，但它的南侧，还面临着先后古特提斯洋的封闭（C-T）、新特提斯的打开与最终关闭和青藏高原的形成两期全球性重大构造事件的作用和影响。

伊犁盆地及天山造山带就是在这一大地构造背景下，经历了长期而复杂的演化所形成的。故研究伊犁盆地的形成与演化，必须从全局出发，对其山－盆构造系统进行综合研究和探索，恢复不同时期、不同构造体制下盆地发展演化的动力学背景及过程，认识其基本构造特征。

二、伊犁盆地结构与构造特征

（一）伊犁盆地结构特征及构造单元划分

伊犁盆地是在伊犁－中天山微板块的基底地块基础上发展起来的、一个造山带中稳定地块上的裂陷－坳陷复合型盆地。综合分析，将伊犁盆地划分为以下次级山－盆构造单元（图1）：①伊宁－巩乃斯断坳陷叠合盆地；②尼勒克断陷盆地；③昭苏断陷盆地；④恰普恰勒（察布查尔）扇形挤压推覆山地；⑤阿吾勒拉隆起断块。简称二山三盆。

伊犁盆地剖面结构的总特点是：自下而上为三层结构，即由中上元古界变质基底、中下石炭统裂谷火山岩系褶皱变形基底和二叠纪以来的盆地沉积岩系三大构造层组成；自南而北的横剖面总体形态为一南北两侧造山带（科－博带和哈－那带）相对向盆内逆冲的对冲构造几何样式（图1）。伊犁盆地的平面结构独具特色，盆地内部由于恰普恰勒山、阿吾勒拉山和赛里木湖－莫合尔断裂（简称赛－莫断裂）的分割，形成现今二山三盆（图1），成为新疆多级山－盆组合中突出的盆地内次级山－盆组合实例。

综合地球物理资料[9]，伊犁盆地深部结构主要特点有：①地壳厚度约42千米，薄于天山造山带平均厚度（54千米）；②盆地深部存在次级地幔上隆，与地表盆地镜像对称；③深部结构明显不同于两侧造山带（图2）。表明盆地形成演化与深部背景相一致。

整个伊犁盆地二山三盆结构严格受断裂控制，主要受以下4组断裂系控制：①伊犁盆地北侧科－博带NWW断裂系，其南缘边界断裂直接控制了伊犁盆地的北界。它们是一系列平行于科－博带主构造线NWW方向的断层，先期曾是张性阶梯状正断层，后主体变为自北东向南西的高角度迭瓦逆冲断层，具有反转构造特点，且现今具右行平移性质。②伊犁盆地南缘哈尔克－那拉提山北缘断裂系，现今盆内的恰普恰勒山南北缘断裂、昭苏盆内断裂等均属此断裂系，主体走向NEE。它们也具有先张性正断，后压性逆冲，自南东（或北西）向北西（南东）的高角度迭瓦逆冲，并具左行平移性质。但在它们南侧，哈尔克－那拉提山内主导是中深层次的自北向南的逆冲推覆。③近东西向断裂系，突出表现在伊宁凹陷内部和阿吾勒拉山南北侧、巩乃斯凹陷南缘及新源林场一带的断裂等，它们多数是张性正断层，部分后期表现了高角度逆冲。它们对于伊犁盆地中次级断块升降，特别是阿吾勒拉断块山的形成和恰普恰勒山的初始形成具有重要作用。它们是原石炭纪古断层的继承性发展产物。现今阿吾勒拉山南侧的东西向正断层仍在活动，形成断层陡崖。④北东和北西向 X 型剪切断裂系。其中 NW 向剪切断裂比较发育，最突出者是盆地中部雅马渡－白石墩和阿吾勒拉山西端的赛－莫断裂，它不仅是一个以雅马渡－白石墩一带为转折点的掀断层，还是一个左行平移剪切断裂。另一是 NE 向的斜切盆地与北侧山地的白尼断裂，它实际是相互平行的一组剪切断裂系。正是这两组断裂在盆地中部交汇复合造成雅马渡－白马墩凸起，分隔了伊宁凹陷与巩乃斯凹陷，并至少从侏罗纪起控制和影响了阿吾勒拉山、恰普恰勒山，以及尼勒克断陷和昭苏断陷等伊犁盆地各次级构造单元现今的构造几何学分布形态和中新生代的沉积。

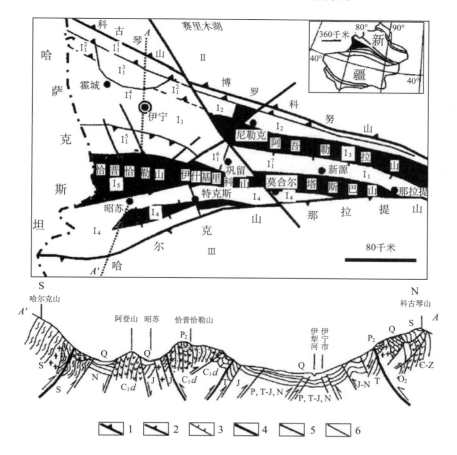

I．伊犁盆地：I₁. 伊宁－巩乃斯叠合断坳陷；I₁¹. 北缘断坡带；I₁². 北缘同生断陷带；I₁³. 霍城断凸区；I₁⁴. 中央洼陷带；I₁⁵. 南部斜坡带和南缘逆冲断阶带；I₁⁶. 雅马渡－白石墩凸起；I₁⁷. 巩乃斯凹陷；I₂. 尼勒克断陷；I₃. 阿吾勒拉断块隆起；I₄. 昭苏断陷；I₅. 恰普恰勒山逆冲推覆山地；II. 科古琴－博罗科努早中古生代陆内造山带；III. 哈尔克－那拉提早中古生代活动陆缘碰撞造山带；1. 一级逆部断层；2. 二级逆冲断层；3. 三级正断层；4. 一级断层；5. 二级断层；6. 三级断层

图 1 伊犁盆地构造区划图和南北向剖面图

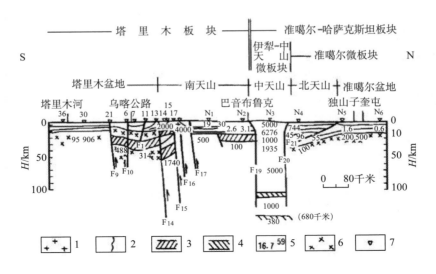

1. 花岗岩；2. 纵向电阻界面；3. 壳内低阻层；4. 幔内低阻层；
5. 电阻率（Ω·m）；6. 解释的盆地基底；7. MT 测点

图 2　天山造山带及邻区大地电磁测深 MT-Ⅲ线综合解释剖面图（据鲁新便，1995 修改）

上述四组断裂系均以中浅层次脆性断层为主，其中盆地两侧的 NWW 和 NEE 断裂是控盆的主干断裂，时代早，活动期长，性质有多次的转换。EW 向断裂系和 X 型剪切断裂是古构造的继承或是区域构造的派生构造，一般活动时代较迟，尤以 X 型断裂最迟，对盆地内部结构和沉积分区具有重要作用。

（二）伊犁盆地各构造单元的地质构造特征

1. 伊宁 – 巩乃斯断坳陷叠合盆地地质构造

伊宁 – 巩乃斯断坳陷是伊犁盆地中最大的构造单元。东西向分布，东部变窄，在新源以东封闭，向西变开阔。伊宁 – 巩乃斯断坳陷以雅马渡 – 白石墩凸起为界分为伊宁凹陷和巩乃斯凹陷。伊宁凹陷是伊犁盆地中最大的凹陷盆地，北界是科 – 博陆内造山带南缘向盆的逆冲断裂，南界是恰普恰勒山北缘向盆的高角度逆冲推覆断裂，东界是阿吾勒拉山西端的赛 – 莫断裂及盆内陷伏的 NE 向白尼断裂，总体是在前石炭纪基底和石炭纪裂陷火山岩基底上由二叠纪以来上古生界和中新生界岩层构成的一个近东西向向斜状盆地，向斜轴部在伊宁市南的东西一线，呈不对称状，北翼短，南翼长。伊宁凹陷作为伊犁盆地二级构造单元可划分为以下几个三级单元：①北缘断坡带，局部有 P_2 超覆覆盖；②北缘同生断陷带，先是同生断陷，后又转逆冲，致使其中一部分逆冲抬升而成霍城断凸（图 3）；③霍城断凸区，T-J 地层出露地表；④中央凹陷带，发育次级构造高点和平缓褶皱；⑤南部斜坡带和恰普恰勒山北缘逆冲推覆断阶带，南缘 T-J 出露地表；⑥雅马渡 – 白石墩凸起（见图 1）。显然伊宁凹陷是二叠纪以来一直持续沉降的断坳陷盆地。最大沉积厚度 12500 余米，现今由于南北侧山脉相向逆冲夹持成一不对称宽缓向斜构造。东端以赛－莫断层与阿吾勒拉断块山对应，越过雅马渡－白石墩断凸与巩乃斯凹陷连通。巩乃斯凹陷现今是近东西向的狭长断陷盆地，南侧是伊什基里克山向北的高角度逆冲断层，北侧是阿吾勒拉山南缘正断层。受恰普恰勒山前和阿吾勒拉山前断裂控制，与伊宁凹陷于侏罗纪初共同断陷下落，但因雅马渡－白石墩断块凸起，使之与伊宁凹陷分割。后因断凸下沉潜伏，两凹陷又连通，终成今日伊犁统一河谷构造地貌。

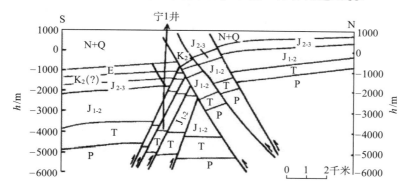

图 3 伊宁凹陷北部霍城－托开断裂构造剖面图
（据中原石油勘探局资料，1996）

2. 尼勒克断陷盆地的地质构造

尼勒克断陷，位于盆地东北部，从尼勒克县城西侧起，沿喀什河直到其源头一带，近东西向，呈狭长状，是以侏罗系为主的中新生代断陷盆地，最宽约 25km，平均约 15km。但在其北缘，平行展布一系列第三系断陷，跨越侏罗系和北侧志留纪、石炭纪基岩山地，形成叠加盆地，共同构成尼勒克断陷盆地。

尼勒克断陷是在石炭纪和二叠纪裂谷变形基底上的裂陷盆地，充填了侏罗纪碎屑岩与含煤岩系的河流湖泊相堆积，物源来自南北两侧，尤其南侧阿吾勒拉山已隆起，是其主要蚀源山地，山前发育扇裙堆积，厚度巨大。目前所知盆内缺失三叠系和白垩系。新、老第三系砂砾岩、红粘土堆积主要集中分布在断陷北缘的狭长叠加断陷中。

尼勒克断陷中的侏罗系岩层已强烈连续褶皱变形，呈高角度，尤其在两侧边界断层附近，近乎直立。南部边界断裂称尼勒克断层，C-P 岩层以高角度向北逆冲覆于 J 岩层之上，而且显示是在原正断层基础上发生反转而逆冲，为浅层次为脆性断层。北部边界断裂即科－博带南缘断裂，也是自北向南的高角度逆冲。新生代第三纪叠加断陷的南界为高角度逆冲断层（图 4）。

综上所述，显然尼勒克断陷南北边界现今构造是继承侏罗纪初扩张断陷正断层，后发生后转相向向盆内高角度逆冲挤压，使侏罗纪岩层强烈褶皱变形。因断层晚期活动，侏罗系与第三系和基底岩石构成高角度逆冲迭瓦，变形强烈（图 4）。发育在尼勒克断陷北侧的叠加断陷带，向西一直延伸，与伊宁凹陷北缘同生断陷带连通，其中 J-N 沉积显著加厚，断裂较发育。

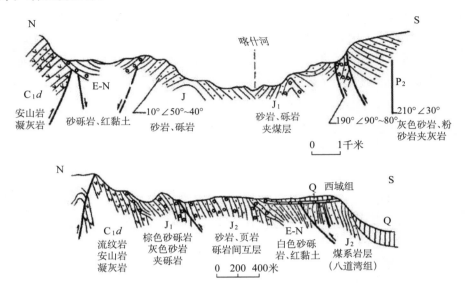

图 4　伊犁尼勒克断陷南北向构造剖面图和北部构造剖面图

3. 阿吾勒拉山断块隆起

阿吾勒拉山呈断块隆起，侏罗纪初尼勒克断陷将其从博罗科努山前分离出来。其南侧因与巩乃斯凹陷同期断陷，使阿吾勒拉山以南北断层限定的断块相对抬升。与之同期，NE 向白尼断裂活动，造成阿吾勒拉山西北端抬起，同时或稍迟赛－莫断裂活动，截断阿吾勒拉山西端，并随着其北缘断层晚期反转向北的高角度逆冲而抬升，以及其南缘正断层活动的抬升，最终造成现今西端为 NW 向赛－莫断层所截断而面对伊宁凹陷的一个近东西向的断块隆起山地。

阿吾勒拉山断块内部主要由石炭纪和二叠纪火山－沉积岩系所组成，未见古老基底。地质、地球物理勘探综合对比证明它原与伊宁凹陷同为一个 C-P-T 断坳陷盆地，后于侏罗纪初才抬升成山。山内石炭系与二叠系间为区域性构造角度不整合关系，上下二叠统间也为构造不整合关系。二叠系主体呈现为 NEE 向褶皱，其构造形态与恰普恰勒山完全相同。表明伊犁盆地 C-P 期间有多次的裂谷扩张活动与构造变动。阿吾勒拉山西端保留了巴卡斯三叠系向斜，这是该山地唯一保存的三叠纪岩层，证明三叠纪时阿吾勒拉山还未抬升，和西部伊宁凹陷连通共同覆盖有三叠系，两者沉积厚度相似（T_{2-3} 约厚 200 ～ 254 米）。但侏罗纪初，由于阿吾勒拉山呈断块抬升，普遍缺失侏罗系及以上地层，而其两侧断陷和伊宁凹陷都堆积了巨厚的侏罗系。综上所述，阿吾勒拉山主体由 C-P 岩层组成，二叠系以 NEE 向褶皱为其主要构造形态，构造线方向与断块南北侧断层斜交被截切。它原是与伊宁凹陷一起的 C-P-T 的断坳陷盆地区，后因侏罗纪初期以断块形式抬升，并同时受 NE 和 NW 向断层切割，始成为伊犁盆地中单独的断块隆起构造单元。

4. 昭苏断陷盆地的地质构造

伊犁盆地西南侧，恰普恰勒－伊什基里克山之南、哈尔克山之北的特克斯河流域属昭苏断陷，是伊犁盆地中面积仅次于伊宁凹陷的另一个重要构造单元。

昭苏断陷是由次一级地垒地堑相间组合的中新生代复合断陷。该断陷东南缘科克苏河岸出露前震旦纪古老基底特克斯群等和少量震旦系，断陷区缺失下古生界，而主要是石炭纪火山沉积岩系和少量二叠纪沉积岩系，断陷北侧恰普恰勒山有少量零星三叠系露头，断陷内缺失三叠系。昭苏断陷北半部，是以侏罗系为主的中新生代断陷盆地，其内又由次级垒堑构造所组成。现今其总体构造呈现为由恰普恰勒山向南逆冲推覆造成反转而成逆冲迭瓦构造样式。但昭苏断陷中间的石炭系地垒断块，却以高角度张扭性断层抬升，形成断崖，并向西倾伏剥蚀消失。迄今昭苏南部未见侏罗系露头，故南半部是新生代断陷，其南界是哈尔克山北缘至那拉提北缘的山前向北的高角度逆断层。因此昭苏断陷总体是由北部中生代以侏罗系为主的地堑断陷和南部新生代以上第三系为主的地堑断陷，以及其间夹持由石炭系组成的地垒断块等三个次级构造单元组合而成。同时由于中间地垒向西的倾伏消失，使西南部成为南北地堑断陷汇合而成统一的叠合深断坳陷盆地。

总之，昭苏断陷构造，可以概括为主要是先期扩张裂陷、中新生界岩层的充填和后期主干断裂的反转逆冲，使之现今呈现为南北相向向盆地逆冲，而中间为突起的地垒断块，侏罗系显著变形，新生界充填披盖的断陷构造盆地景观。

昭苏断陷向东到特克斯已紧缩，仅在新源林场和莫合一带又出现局限的新生代断陷，应是昭苏断陷的东延，但其规模和沉陷幅度已很小。

5. 恰普恰勒（察布查尔）扇形逆冲推覆山地

恰普恰勒－伊什基里克山是介于伊宁－巩乃斯断坳陷和昭苏断陷之间的伊犁盆地中部的盆内挤压性隆起构造山地，近东西向延伸，向西变宽进入哈萨克斯坦，向东变窄与伊犁南北边界断裂交汇而消失。恰普恰勒山南北边界现均是反向逆冲断层，走向基本平行哈尔克山碰撞带主构造线方向，其北界因 NE 和 NW 断层的错移，变化较大。恰普恰勒山主体由石炭－二叠系组成，其中尤以石炭纪火山岩系最为发育，是盆地内最厚的地区。三叠系仅在其南北边缘有出露。侏罗系在山内仅沿断层有零星出露。新生界仅在山的南北边坡有保存。概括其基本构造特征为以下 3 点：①恰普恰勒山现今是反向逆冲推覆的扇形抬升的构造隆起山地。北部和北缘断裂向北逆冲推覆，形成背驼式推覆叠置构造系。断层发育较早，石炭纪－二叠纪时已有活动，先为拉张形成裂谷断陷，控制火山岩系，后转为挤压逆冲（图 5）。南部和南缘断裂向南逆冲，发育较迟，显示侏罗纪初期拉张断陷，而后侏罗纪晚期又发生反转向南逆冲于侏罗纪煤系地层之上。整个山地呈挤压收缩性质的不对称扇形反向逆冲推覆构造样式。②恰普恰勒山内部的石炭纪－二叠纪岩系，除去晚期的逆冲推覆构造的叠加改造外，恢复其本身的构造后，石炭系与二叠系间为构造角度不整合。石炭系以下石炭统大哈拉军山组中酸性火山岩为主，属裂谷型建造。下二叠统在恰普恰勒山普遍缺失，上二叠统以具超覆特点的碎屑岩系为主，其发育厚度远不及阿吾勒拉山和伊宁凹陷，现今呈 NEE 向褶皱断续残留于石炭系火山岩层之中。联系恰普恰勒山内三叠纪－侏罗纪岩层的基本缺失，以及其南北边缘的三叠系－侏罗系巨厚沉积，尤其北缘下三叠统厚层砾岩扇裙堆积，综合表明二叠纪末曾发生过构造变动，二叠系已褶皱变形，恰普恰勒山北侧已开始逆冲抬升，山地初具雏形，并已开始具控制伊犁盆地中新生代陆相沉积的作用。③综上所述，显然恰普恰勒山原先曾是石炭纪扩张裂陷中心的裂谷盆地，随裂陷中心北移至伊宁－阿吾勒拉山一线，它已开始抬升，仅有上二叠统超覆沉积，后在大区域构造背景下，二叠纪末构造变动和晚期又受几组断裂控制而转为挤压逆冲推覆山地。

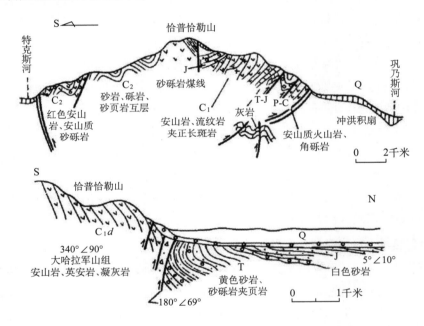

图 5 恰普恰勒山铁普木图－特克斯构造剖面和山北缘苏阿苏河逆冲断层剖面

三、伊犁盆地的形成与演化

综合新疆及邻区大地构造演化背景和伊犁盆地自身的组成与结构构造，可以概括伊犁盆地的形成与演化历史经历了四个构造演化阶段和四个成盆期。

（一）伊犁盆地形成与演化的四个构造演化阶段

伊犁盆地作为裂谷断陷，石炭纪已经开始出现，但真正成为含油气盆地则是从二叠纪开始的，所以，从含油气盆地形成与演化研究出发，通常将伊犁盆地的前二叠系均作基底研究。因此，伊犁盆地具有多层复合基底的复杂组成与结构。

伊犁盆地的前二叠纪基底至少可分为：①前震旦纪古老基底；②震旦纪－寒武纪的初始盖层基底（O-D 缺失）；③石炭纪火山裂谷基底。因此，就伊犁盆地的形成与演化而言，上述均是盆地基底的三个构造演化阶段，加上④二叠纪以来的盆地演化，共四个构造演化阶段。

1. 前震旦纪变质基底（AnZ）的形成

伊犁盆地的前震旦纪基底主要有两类：①以伊犁地块的特克斯群（Pt$_2$，相当于长城群）、科克苏群（Pt$_2$，相当于蓟县群）、库什台群（Pt$_3$）等为代表的前震旦纪浅变质岩系，原岩为稳定相浅水沉积，反映基底具稳定地块性质。②巴伦台群（Pt$_{2-3}$）[4]，原岩为沉积－火山岩系，属裂谷环境下产物，并遭受前震旦纪中深变质作用。两类同期不同性质的基底，表明伊犁地块前震旦纪是由不同基底地块拼合而成的。

2. 震旦纪－寒武纪统一初始盖层沉积基底（Z-Є）的形成

在伊犁地块的中新元古代变质基底上，与新疆及中亚广大地区一致统一覆盖了以震旦纪冰碛层和寒武纪初含磷岩层等为典型代表的初始盖层沉积，显示它是新疆统一克拉通地块的组成部分。但伊犁盆地除其边缘外，内部普遍缺失寒武－泥盆纪的岩层，表明伊犁地块从寒武纪开始一直处于剥蚀隆升状态。

3. 石炭纪火山裂谷基底的形成

伊犁盆地的石炭纪火山裂谷基底作为盆地形成的直接基底，主要由 3 套火山岩系组成：①早石炭世初期，以大哈拉军山火山岩组为代表，主要分布在恰普恰勒山地区和科古琴－博罗科努山南坡阿希金矿－彼利克溪河东西一线上，在阿吾勒拉山缺失。②早石炭世晚期，阿克沙克组主要为滨浅海相碎屑岩和碳酸盐岩，夹火山熔岩，阿吾勒拉山最发育。③中石炭统东图津河组浅海碎屑岩与碳酸盐岩，夹中基－中酸性火山岩，也以阿吾勒拉山东西一线最发育。

石炭纪火山岩主要以双峰式和碱性火山岩及相关岩浆活动（345 ～ 325Ma，U-Pb，Rb-Sr）为主，其岩石组合与地球化学综合特征证明它们属扩张裂谷型建造。而且从伴生的大量陆源碎屑岩，特别是其下部发育的近源粗砾碎屑岩及夹层，并严格受断裂控制来看，也证明它们是属于断陷裂谷型滨海相－海陆交互相沉积环境的产物，而且与新疆同期的博格达、大黄山等石炭纪扩张裂谷型火山岩系相一致，表明它们是在相似的区域构造背景下产生的。火山岩系的分布和沉积岩相变化，反映伊犁盆地石炭纪，乃至早二叠世，表现为地堑和地垒相间排列的裂谷构造型式。早石炭世，火山和沉积中心在恰普恰勒山东西一线和北部科－博一带，但到早石炭世晚期至早二叠世，火山沉积中心移至阿吾勒拉山一线，而其两侧的恰普恰勒山和科－博山区则完全缺失，充分反映了这种受断裂控制的地垒地堑式裂谷构造的反复演变，为伊犁盆地其后的形成演化和构造格局奠定了基础，具有重要的控制作用[10-13]。

（二）伊犁盆地二叠纪以来的四个成盆期

1. 二叠纪早期的裂陷盆地和晚期的坳陷盆地构造格局

二叠纪初期，阿吾勒拉山发育乌郎群双峰式火山岩，以酸性火山岩和碱性玄武岩等为主[3]，与石炭系普遍为构造角度不整合关系，通常称为天山运动产物，而在科古琴－博罗科努山南坡和恰普恰勒－特克斯等地带则不发育或完全缺失。上下二叠统间也呈构造角度不整合关系。乌郎群火山岩表明伊犁盆地从石炭纪开始的裂谷作用，一直延伸到二叠纪早期，仍具裂谷地垒地堑组合的断陷火山盆地性质，但垒堑位置已变迁，并为晚二叠世坳陷盆地的形成奠定了基础。

伊犁盆地晚二叠世发展成为坳陷盆地。上二叠统分为四个岩组：自下而上依次是晓山萨依组、哈米斯特组、铁木里克组和巴卡勒萨河组。虽然下部二个岩组还夹有双峰式火山岩夹层，但总体已主要是浅水海陆交互相到河湖相与沼泽相沉积，厚度巨大（约4000余米）。其沉积中心继承下二叠统火山－沉积岩，仍在阿吾勒拉山一线。并在伊犁盆地北侧山地南坡彼利克溪河一带，上二叠统直接不整合覆盖在石炭纪火山岩系之上，显示向北的超覆扩大。同时在恰普恰勒山，也有上二叠统厚度不大的向南超覆扩大，但其南界大致在昭苏－特克斯一线。因此可以推断：①早二叠世继承石炭纪扩张构造，沿阿吾勒拉－伊宁一线形成断陷盆地中心；②晚二叠世继承性发展，转换为坳陷盆地，并向南北隆起区扩展超覆。因此，二叠纪时期伊犁盆地是以阿吾勒拉－伊宁东西向一线为沉降中心的，先为裂谷地堑断陷后转为坳陷的叠合盆地。晚二叠世开始至三叠纪已具有挤压性前陆盆地特点[14, 15]。

2. 二叠纪末的构造变动与构造变形

在现今伊犁盆地内及邻区山地中，二叠系岩层均已发生褶皱变形。在恰普恰勒山、阿吾勒拉山和科古琴山南坡的彼利克溪等地，二叠系均呈 NEE 60°～70°轴向的直立对称褶皱，恰普恰勒山褶皱比北部更为紧闭，稍具指向北的倒转，显示有来自南天山的推挤。二叠系与三叠系间为构造角度不整合，是伊犁盆地的一次重要构造变动。

3. 三叠纪盆地的萎缩和印支运动作用

伊犁盆地内三叠系主要分布在伊宁凹陷及其周缘山边，且厚度小于 1000 米，显然与二叠系对比，三叠系分布范围已萎缩很多，主要集中在伊宁凹陷地区。表明在二叠纪末期构造变动中，因周边山系开始逆冲推覆抬升，引起了盆地的萎缩，且沉降中心也已集中到伊宁凹陷。而尼勒克断陷、巩乃斯断陷和昭苏断陷等地区原都是蚀源区，主体缺失，表明三叠纪是伊犁盆地形成演化中一个主要的萎缩期。显然这与新疆南侧印支期古特提斯洋的关闭、俯冲碰撞造山，引起天山抬升有密切关系。

4. 侏罗纪盆地的扩展、新的断陷－坳陷盆地的形成与强烈的燕山运动

侏罗纪正是大区域古特提斯封闭之后，新特提斯打开之时，在中国西部和中亚地区包括新疆是最广泛的一个扩展沉陷的沉积期和成煤期，显示了广泛地区的夷平沉降和断陷沉降。在这一区域构造背景下伊犁盆地除伊宁凹陷继承性坳陷扩展外，最突出的是尼勒克、昭苏、巩乃斯三个断陷和阿吾勒拉断块山于侏罗纪初同期形成，断陷均接受巨厚的侏罗纪煤系堆积。而且恰普恰勒山则因南侧昭苏断陷而持续抬升。至此伊犁盆地内现今的盆－山组合构造格局已基本形成。

伊犁侏罗纪盆地中心仍继承性的位于伊宁凹陷，并向南北扩展超覆，最大厚度 2000 余米。盆地呈不对称状，南坡长而缓，北坡短而陡。根据露头和钻孔控制，侏罗系沉积厚度不只各盆地差异很大，而且在伊宁凹陷内也厚薄变化显著，存在次级隆凹，反映了前期印支运动的影响。

伊犁盆地内中下侏罗统广泛发育巨厚沉积，而上侏罗统不发育或完全缺失，侏罗系岩层普遍遭受构造变动，反映中生代燕山运动从早期的扩张而转为中后期的挤压性强烈构造作用。伊宁凹陷由于南北边界断裂相向向盆内的高角度逆冲和推覆，使凹陷的不对称状向斜及盆内次级褶皱构造等形成或进一步加强，其他断陷盆地也都从扩张转为挤压，沿边缘断裂发生反转构造，形成向盆内的相向逆冲挤压，同时盆内的 NW 和 NE 向断裂显著叠加活动，使侏罗系岩层发生强弱不等的构造变形。

伊犁盆地如同新疆塔里木、准噶尔、吐哈三大盆地一样，燕山运动对其也有强烈作用，尤其是伊犁盆地位于天山造山带之中，除显著变形外，随同整个天山山脉在燕山运动末期强烈隆升而普遍缺失白垩系，整体看，伊犁盆地因抬升而使 K-E 发育有较差。

5. 新生代盆地构造演化与趋势

伊犁盆地内，据钻探和物探资料证明第三系在各凹陷内普遍分布且厚度大，超过2000 余米，并据地表各盆地边缘断层的强烈活动，表明渐新世到上新世又是伊犁盆地扩展断陷－坳陷的一个重要发育期。第三系岩层晚期也发生显著变形（见图 4），显示在上新世末期伊犁盆山接触地带有强烈的断陷逆冲活动，但总体以周边断裂的挤压和剪切活动为其主要形式，并延续至今，终成今日之山盆河谷地貌景观。

新生代新疆已处于其南部和东南部喜马拉雅强大的碰撞造山和青藏高原地壳加厚与急剧隆升时期，受其强烈影响，新疆新生代构造作用强烈而频繁，造成天山造山带强烈急剧抬升和三大盆地剧烈坳陷，形成新疆现今雄伟强大的山－盆结构[16, 17]。伊犁盆地位于天山之中，现今仍随着天山的隆起而差异升降。据探测所知，它现今相对于天山的持续隆升而在相对沉降，其坳陷最深处在哈萨克斯坦的潘菲洛夫东南，深达 4 千米[18]，足见其活动性之强。它作为天山造山带中历经长期发展的一个复合盆地，在区域构造背景下，随同天山仍在强烈活动之中。现可概括伊犁盆地形成演化如表 1。

表 1　伊犁盆地构造期划分与特点

期	时代	山地　　　　盆地	构造性质	特点	主要成盆期
喜马拉雅期	Q	～角度不整合～～整合～	总体隆升, 相对于天山沉降	抬升剥蚀、河流沉积	
	N	～超覆不整合～～整合～	断陷、断坳陷、构造变形	超覆断坳陷	4
	E	不发育或缺失	局部断陷、坳陷	抬升剥蚀	
燕山期	K	不发育或缺失	挤压隆升	萎缩隆升、抬升剥蚀	
	J	～角度不整合～～整合～	断陷、断坳陷、构造变形	断陷、超覆、坳陷	3
印支期	T	～超覆不整合～～整合～	萎缩坳陷	中心坳陷	2
		～角度不整合～（?）～			
海西期	P$_2$	～角度不整合～～整合与不整合－	坳陷、构造变形	超覆坳陷	
	P$_1$	～角度不整合～～～～～	裂陷、构造变形	裂陷地堑	1
	C		裂谷	地垒地堑组合	

四、结论

综合伊犁盆地的基本组成与结构构造、形成与演化历史及其区域大地构造演化背景, 可以概括伊犁盆地基本构造特点为以下几点:

(1) 伊犁盆地位于天山造山带中所夹持的一个具前震旦纪基底的微地块 (伊犁地块) 之上。并直接在晚古生代石炭纪扩张裂谷构造基础上, 继承性发展和进一步演变而来。经历了二叠纪裂陷 (P$_1$) –扩展坳陷 (P$_2$)、三叠纪萎缩性的中心坳陷 (T)、侏罗纪扩展断陷–坳陷 (J)、白垩纪隆升剥蚀、老第三纪局部断陷–坳陷、新第三纪扩展断陷–坳陷以及第四纪以来的相对抬升萎缩。是一个座落在造山带中微地块上历经长期演化的叠合含油气成煤盆地。

(2) 伊犁盆地随天山造山带的形成与演化而发生发展, 自石炭纪以来长期处于由新疆与中亚区域板块汇聚拼合为统一的大陆板块转化为陆内构造的演化过程之中, 并受中新生代以来特提斯和青藏高原隆升作用的影响, 使之总处于区域岩石圈挤压收敛和扩展隆升与山盆强烈差异升降的反复交替演化状态之中, 造成其独特特征。综合表明, 石炭–二叠纪和侏罗纪是伊犁盆地的主造山成盆期。

(3) 伊犁盆地是新疆多级山–盆构造组合中的造山带中次级盆地, 尤为特征的是其盆内自身又由更次一级的二山三盆的山–盆组成构成, 并常由先期扩张断陷发展而反转成为后期的挤压逆冲, 反复交替、复合叠置终成今日伊犁盆地的盆山结构, 总体以地壳上部浅层次脆性变形为主, 独具特色。具有造山带后造山期构造研究的重要意义。

(4) 伊犁盆地与新疆三大盆地, 尤其北疆类似含油气盆地, 具有同步发展的相似动力学背景、演化历史与构造特征, 但由于它位于造山带之中, 受造山作用影响较直接强烈, 又独具特征。它面积小, 活动性强, 升降幅度大, 变形相对强, 现今周边多以高角度逆冲为主, 剥蚀缺失多。故在油气勘探评价时既应考虑现与北疆类似盆地的类比, 又要充分考虑其自身特点。

感谢中原油田张晋仁总地质师和西北大学梅志超教授、崔智林副教授在研究中的合作、支持与帮助。

参考文献

[1] 肖序常等. 新疆北部及其邻区大地构造. 北京: 地质出版社, 1992

[2] 何国琦等. 中国新疆古生代地壳演化及成矿. 乌鲁木齐: 新疆人民出版社, 1994

[3] 车自成等. 中天山造山带的形成与演化. 北京: 地质出版社, 1994

[4] 吴庆福. 论准噶尔中间地块的存在及其在哈萨克斯坦板块构造演化中的位置. 见: 中国北方板块构造论文集. 北京: 地质出版社, 1987

[5] 贾承造等. 塔里木盆地板块构造演化和主要构造单元地质构造特征. 见: 塔里木盆地油气勘探论文集. 北京: 石油工业出版社, 1992

[6] 胡蔼琴. 天山东段中天山隆起带前寒武纪时代及演化. 地球化学, 1985 (3)

[7] 姜春发. 昆仑开合构造. 北京: 地质出版社, 1992

[8] 汤耀庆等. 西南天山蛇绿岩和蓝片岩. 北京: 地质出版社, 1995

[9] 鲁新便, 田春来. 新疆天山及邻区大地电测深大剖面地质结构构造研究. 见: 新疆第三届天山地质矿产学术讨论会论文选辑. 乌鲁木齐: 新疆人民出版社, 1995

[10] Dewey J F. Extension collapse of orogens. Tectonics, 1988,7

[11] Gawthorpe R L, Hurst J M. Transfer zones in extension basins: drainage development and stratigraphy. J. Geol. Soc. London, 1993,150

[12] Gibbs A D. Structural evolution of extension basin margins. J. Geol. Soc. London. 1984,141

[13] Ratschbacher L. Extension in compressional orogenic belts. Geology, 1989,17

[14] Flemings P B, Jordan T E. A Synthetic stratigraphic model of foreland basin development. J. Geophys Res. 1989,94 (B)

[15] Decelles P G, Gilest K A. Foreland basin systems. Blackwell Science Ltd. Basin Research, 1996,8

[16] Sacks P E. Delamination in collisional orogens. Geology, 1990,18

[17] Molnar P. Continental tectonics in the aftermath of plate tectonics. Nature, 1988,331

[18] 柏美祥. 天山新构造. 见: 新疆第三届天山地质矿产学术讨论会论文选辑. 乌鲁木齐: 新疆人民出版社, 1995

秦岭造山带中新元古代构造体制探讨*

张国伟　李三忠　姚安平

摘　要　秦岭造山带中夹持着大量残存的中新元古代变质地块、岩块，反映了扩展裂谷与小洋盆兼杂并存的构造体制特点。地质、地球化学研究结果表明，中新元古代是大量幔源物质涌入地壳的陆壳垂向加积增生的主要成壳时期。晋宁期（1000～800Ma）与同期世界地质的演化形成超大陆 Rodinia 期相近，处于各块体汇聚、拼合，趋于形成"超级华夏大陆群"的过程，但秦岭区只是部分拼合汇拢，构成相近的大陆群，并很快又扩张裂解，进入华北、古秦岭洋和扬子的板块构造体制演化阶段，表明晋宁期是秦岭由垂向增生为主的构造体制向侧向增生为主的板块构造体制的转换时期。

关键词　秦岭　中新元古代　垂向增生　底侵　板块构造　大陆动力学

秦岭造山带经历了长期而复杂的演化历程，但就其总体而言，主造山期秦岭是东古特提斯洋北侧分支的非开阔单一大洋型的中小板块复合型俯冲拼合碰撞造山带。它经历了新元古代晚期－古生代－中生代初从扩张、俯冲到点初始碰撞、面接触碰撞、陆－陆全面碰撞的独特的造山过程（张国伟等，1996）。还经历了后主造山期，即中新生代以来，在太平洋、印度－澳大利亚和西伯利亚（欧亚）现代三大岩石圈动力学系统复合交会、联合控制的陆内造山作用强烈叠加改造，始成今日面貌。在长期的地质历史演化中，秦岭造山带中残存了诸多早前寒武纪的不同古老结晶杂岩岩块和大量中新元古代浅变质的火山－沉积岩块、地块（张国伟等，1995），这是秦岭板块构造的前期和基础。对中新元古代不同岩块研究，具有重要的大地构造、大陆板块构造与大陆动力学意义。

一、秦岭造山带中新元古代地质背景

秦岭造山带中新元古代构造是在秦岭早前寒武纪结晶基底基础上发展形成的。最新研究表明，华北与扬子地块都具有早前寒武纪的结晶基底，并可能分别成为古元古代末

*本文原刊于《构造地质学－岩石圈动力学研究进展》，1999：74-83.

期超大陆的组成部分（王鸿祯等，1996）。但华北与扬子地块有其各自的地质演化史，彼此间存在明显差异。华北地块于古元古代末期经吕梁期构造运动已形成统一的地块，当时的南界尚不清楚，并有争议。据壳幔派生岩石的多元同位素体系研究和 Pb 同位素填图，认为现北秦岭北缘的洛南－滦川断裂应是其现今保留的南界，因为其南北分属不同的地球化学省（张本仁等，1996；朱炳泉，1998）。但北秦岭宽坪群（Pt_{2-3}）碎屑岩的南北双源物源和其裂谷－小洋盆性质，又表明华北南部界线至少在宽坪群之前已与北秦岭拼合，然而至今尚未发现这一拼合构造界线的确凿地质证据，故仍是一个待探讨的问题。迄今的研究虽然证明了古、中元古代时期扬子区有不少零散的结晶杂岩保存至今，但大家认为晋宁期前尚无明确统一的扬子地块（或板块），所以扬子区当时的状态与空间位置至今也未定论。根据地质、地球化学示踪及同位素体系研究，华北地块与扬子区至少从中新元古代已有相关的地质演化历史。

二、秦岭造山带中新元古代火山岩地质、地球化学特征

（一）中新元古代火山岩地质特征

秦岭中新元古代广泛发育沉积－火山岩系。秦岭造山带具有双层变质构造基底，早前寒武纪结晶基底（$Ar-Pt_1$）之上，是中新元古代浅变质过渡性基底岩系（Pt_{2-3}）（张国伟等，1995，1996）。所谓过渡性基底是指其与盖层相比具基底的基本特点，但又不完全具结晶基底的性质。现今秦岭中广泛出露、分散残存的中新元古代过渡性基底的变质沉积—火山岩系，即为华北地块南缘的熊耳群、洛南群（官道口群）、洛峪群、滦川群，北秦岭的宽坪群，南秦岭至大别的郧西群及与之相当的武当群、随县群、毛堂群、耀岭河群、红安群，扬子北缘的西乡群、火地垭群、刘家坪群、碧口群等。这些岩群区域地质关系及多种方法的同位素年代学研究，均证明它们多数是彼此相当、或为上下层序和部分重叠关系。它们以火山岩为主，尤其在南秦岭，揭去震旦系，呈广泛面状出露。

这些火山岩系的岩石组合、属性、分布、演化特征，主要表现为：①主体为双峰式火山岩套组合，主要由基性（$W(SiO_2)$ 45%～57%）和酸性（$W(SiO_2)$ 67%～78%）两类火山岩组成，以郧西群和耀岭河群及与之相当的岩群，以及熊耳群等为典型代表，基性火山岩总体属拉斑玄武岩浆系列，并主要为大陆拉斑玄武岩，酸性火山岩以钙碱性为主，而碧口群和熊耳群基性火山岩则主要为碱性岩浆系列。而西乡群玄武岩具有大陆溢流玄武岩特点，碧口群玄武岩则以具大陆溢流玄武岩与大陆裂谷火山岩过渡类型为特征（夏林圻等，1996）。②保存有零散的扩张小洋盆型蛇绿岩（张寿广，1990；周鼎武等，1995；张宗清等，1996），表明在广泛扩张裂谷发育的同时，已扩张打开出现分散的小洋盆。诸如宽坪群以基性火山岩为主，既有大陆拉斑玄武岩，又有 P-MORB 型

洋脊玄武岩，具有从大陆裂谷至演化为小洋盆的构造环境特点，而松树沟镁铁质、超镁铁质岩则具有小洋盆型蛇绿岩岩石组合特点。③火山岩岩系伴随发育大量夹层状陆源碎屑沉积岩层，显示了大陆裂谷构造环境。④据秦岭现今残存的中新元古代火山岩系分布可见，它们呈广泛面状分布，但迄今未找到中新元古代统一的板块古缝合带。⑤秦岭及其邻区区域地表地质研究证明，1000 ～ 800Ma（晋宁期）正是扬子形成统一地块，开始接受以莲沱和南沱组等为代表的初始统一盖层并进入新的大地构造演化阶段。但作为扬子北缘的南秦岭区仍持续处于扩张状态，直到震旦纪中晚期前，以耀岭河群、刘家坪群、毛堂群的马头山组等为代表的扩张型火山活动仍持续发生（1019 ～ 711Ma，Sm-Nd）（黄萱等，1990；张宗清等，1996），同期仍有北秦岭二郎坪群上部火山岩（847 ～ 822Ma，Sm-Nd）（张宗清等，1994，1996），滦川碱性火山岩和碱性花岗岩（1115 ～ 682Ma，Sm-Nd）喷发与侵位，同样反映了扩张构造环境。

上述新元古代主要火山岩的岩石组合与地球化学特征类似于中元古代的火山岩，而且一些地段两者接触关系呈连续过渡，因此可充分说明新元古代火山作用是中元古代裂谷与小洋盆扩张火山活动的延续。

新元古代秦岭在总体持续扩张背景下，又发生了重要构造演化变异，主要表现在以下三方面：①新元古代秦岭区裂谷与小洋盆开始分别以不同方式发生部分拼合，如松树沟、宽坪等地段的小洋盆，发生火山岩和蛇绿岩系的显著变质变形等碰撞构造，出现与之相匹配的俯冲碰撞型花岗岩，如德河、蔡凹等花岗岩（1156 ～ 659Ma，Sm-Nd，U-Pb）（张宗清等，1994；张本仁，1996），多数还处于未拼合、继续扩张和岩浆持续喷发状态。②震旦系沉积记录完整说明秦岭与同期扬子地块内部的区别是普遍缺失早、中震旦世莲沱、南沱等岩组的沉积地层，而发育火山岩层，但到震旦纪晚期，大致以现今商丹断裂带为界，南秦岭普遍接受扬子型震旦系陡山沱和灯影组沉积岩层，北秦岭则缺失，表明南北秦岭已分离，处于不同构造环境，而且南秦岭的火山岩与震旦系及其上下岩层的构造接触关系随地而异，有造山性质构造角度不整合关系，又有连续过渡关系，表现出复杂的特殊构造状态。③新元古代秦岭有深源碱性岩浆活动，如南秦岭巴山发育的碱质基性与超基性岩及其中的深源包体，表现出新元古代秦岭地幔的强烈热构造活动。与之同时华北南缘与北秦岭也成带发育碱性花岗岩（龙王幢等）、碱性岩和碱性火山岩，也共同反映了伸展扩张构造背景。综上所述，南北秦岭同期遭受晋宁期构造作用，但不是全面意义上的碰撞造山的拼合，而呈现复杂状态的既有不同微地块的拼合，又有持续扩张裂解，共同反映了华北与扬子在晋宁期是相近和相关的。标志着华北和扬子等地块在晋宁期可能随同全球性 Rodinia 超大陆的形成（王鸿祯等，1996；Lietal.，1996），而汇拢靠近，但未完全拼合又迅速扩张分离，因此也标志着两者之间的秦岭区，自此时起，其大地构造演化在扬子与华北两板块及其间的微地块或微板块从低纬度向北漂移与劳亚大陆汇聚拼合的历程中，进入两者长期的富有特色的板块分离拼合的演化阶段，无疑中新元古代火山岩系和晋宁期构造作用为之奠定了基础，并提供了秦岭板块构造初始发生、演化的重要信息。

（二）中新元古代火山岩地球化学特征

（1）秦岭中新元古代火山岩系的系统地球化学研究和示踪判别，获得了较一致的结果与认识（夏林圻等，1996；张本仁等，1996；张宗清等，1996）：它们的主体是大陆扩张裂谷构造体制产物，具双峰火山岩套。微量元素及稀土元素采用洋脊玄武岩、球粒陨石和原始地幔标准化，其分配关系、分配型式和同位素数值都一致清楚地反映了大陆裂谷双峰式火山岩组合特点及大陆拉斑玄武岩特点，基性火山岩 Zr/Y-Zr 等多种图解均显示为板内玄武岩。同时，对于少数持有异议的诸如熊耳群、武当群、郧西群等是属岛弧型还是裂谷型的火山岩，采用适于区分两者的高场强元素（Nb，Ta，Zr，Hf，Ti，Y 等）和大离子亲石元素的进一步研究与图解判别，证明它们较富集不相容元素，相对富集 LIL（K，Rb，Sr，Ba 等）和高场强元素（Ta，Nd，Zr，Hf，Ti 等），没有高场强元素相对于 LIL 的亏损等，明显区别于岛弧型而具板内拉张的大陆裂谷火山岩特点（夏林圻等，1996；张本仁等，1996）。但其中宽坪群基性火山岩的地球化学研究证明如同地质上所揭示的，既具大陆拉斑玄武岩又有 P-MORB 型洋脊玄武岩，显示了从大陆裂谷演化为小洋盆的构造环境特点（夏林圻等，1996；张本仁等，1996），而松树沟镁铁质、超镁铁质岩具有蛇绿岩地球化学特点，属小洋盆型（周鼎武等，1995）。因此，秦岭中新元古代火山岩总体归属大陆板内火山岩岩系，以大陆裂谷火山岩系占主导，兼有扩张小洋盆型玄武岩和大陆溢流玄武岩，以及少量分散残存的小洋盆型蛇绿岩，反映了秦岭中新元古代裂谷与小洋盆兼杂并存的扩张构造环境。

（2）秦岭中新元古代基性火山岩 $\varepsilon_{Nd}(t)$ 值为 +0.7～+7.3，且多数区间为 +5.2～+7，Sr_i 值为 0.7020～0.7059，均证明火山岩岩系主要来自亏损地幔。但熊耳群细碧岩的 $\varepsilon_{Nd}(t)$ 值为 -7.3～-7.8，Sr_i 值为 0.7030～0.7059，反映其以壳源为主的壳幔混源成因（黄萱等，1990）。秦岭中新元古代基性火山岩系富集不相容元素，并具有高 $\varepsilon_{Nd}(t)$ 值和低至中等的 $^{87}Sr/^{86}Sr$ 值。在 $\varepsilon_{Nd}(t)$ - $^{87}Sr/^{86}Sr$ 图解和 $\varepsilon_{Nd}(t)$-Sm/Nd 图解中，通常认为较富集 LIL 和 HFS 元素的 E-MORB 的岩浆源区，类似于洋岛玄武岩，源自于地幔柱、地幔热点（Condie，1992），这又清楚表明该区中新元古代基性岩浆除来自亏损地幔外，还与深部软流圈地幔柱密切相关，并受到大陆岩石圈的成分影响（夏林圻等，1996；张本仁等，1996），总之秦岭中新元古代火山岩系（除熊耳群）主要来自于地幔。

（3）从秦岭基性火山岩地幔源区 Nd 同位素演化趋势显示，1200Ma 前 $\varepsilon_{Nd}(t)$ 值沿 MORB 平均值演化线变化，而进入晋宁期后，其值迅速降低（图1），在这种地幔动力学背景下，晋宁期成为秦岭构造体制转换变动的重要时期。

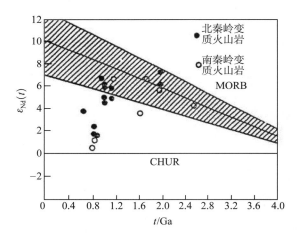

图 1　秦岭造山带中新元古代变质火山岩 Nd 同位素初值$\varepsilon_{Nd}(t)$ 随时间演化图（张宗清等，1994）

（4）通过同位素年代学方法（Sm-Nd，U-Pb，Rb-Sr，^{39}Ar/^{40}Ar）对秦岭区中新元古代火山岩系进行测年研究，获得熊耳群（1710 ～ 1320Ma，$\varepsilon_{Nd}(t)$ 为 − 7.3 ～ − 7.8），滦川群（682 ～ 660Ma），宽坪群（(1142±18) ～ (986±169) Ma，$\varepsilon_{Nd}(t)$ 为 +6.3 ～ +6.4），二郎坪群（945 ～ 708Ma，$\varepsilon_{Nd}(t)$ 为 +6.6），松树沟蛇绿岩（1142 ～ 986Ma，$\varepsilon_{Nd}(t)$ 为 +6.8），西乡群（1451 ～ 739Ma，$\varepsilon_{Nd}(t)$ 为 +5.9），郧西群（1304 ～ 965Ma，$\varepsilon_{Nd}(t)$ 为 +5.9），耀岭河群（1019 ～ 711Ma，$\varepsilon_{Nd}(t)$ 为 +4.2），碧口群（1611 ～ 764Ma，$\varepsilon_{Nd}(t)$ 为 +6.8 ～ +4），刘家坪群（837Ma），武当群（中上部）（1300 ～ 850Ma，$\varepsilon_{Nd}(t)$ 为 +5.6 ～ +0.7），铁船山群（1699 ～ 1668Ma，$\varepsilon_{Nd}(t)$ 为 +7.3 ～ +6.6）等测值，证明秦岭中新元古代幔源火山岩主要形成时代在 1669 ～ 708Ma，主要来源于亏损地幔，普遍呈面状分布，虽然火山岩具体同位素年龄尚有探讨余地，但多种方法获得的大量年龄数据，作为火山岩形成时限，依据是充分的。根据现有的华北地块、秦岭和扬子地块陆壳的壳源岩石 Nd 模式年龄（T_{DM}）（黄萱等，1990；李曙光等，1991；张本仁等，1996；张宗清等，1996），其频率高值在秦岭区为 2050 ～ 800Ma，峰值集中于 2050Ma 和 1100Ma，说明秦岭区主要成壳期在元古代，其中中新元古代是主要成壳期，秦岭大量花岗岩 Sm-Nd 模式年龄也表明秦岭地壳生成主体年龄大于 800Ma，与上述秦岭中新元古代大量幔源火山岩涌入地壳时期的事实相吻合，因此说明中新元古代（800Ma 前）是秦岭地壳在伸展扩张体制下垂向加积增生的主要成壳时期。

（5）地球化学研究揭示秦岭存在新元古代到古生代的蛇绿岩、岛弧及弧后火山岩，北秦岭丹凤群岛弧火山岩、二郎坪群弧后玄武岩与蛇绿岩等，其中的变拉斑玄武岩$\varepsilon_{Nd}(t)$、放射性成因 Pb 同位素、Y/Tb 和 Ti-MgO 研究表明，秦岭岩浆源的存在与洋壳板块俯冲直接相关，也表明秦岭于晋宁期已开始进入侧向增生，并逐渐导致古汇聚带壳幔之间物质的再循环（张本仁等，1997）。

（6）Pb 同位素地球化学填图（韩吟文等，1996；朱炳泉，1998）表明，北秦岭与扬子陆块属同一地球化学省，宽坪群地质特征也表明，中元古代初北秦岭已与华北拼合，后又沿宽坪、商丹一线裂解，到新元古代初又有新的分离、并有拼合，处于复杂构造状态。

（三）地质构造特征

（1）秦岭中新元古代火山—沉积岩层中早期曾广泛发育固态流变构造，如顺层片理、掩卧褶皱和顺层韧性剪切糜棱岩带等（白瑾等，1993；陶洪祥等，1993；张国伟等，1995），发育面理置换，后期又遭受不同层次韧性—脆性的断裂以及逆冲推覆、伸展和走滑构造的叠加改造（张国伟等，1995）。这一现象在邻区的华北南缘嵩山地区五佛山群（Pt$_{2-3}$）下部也存在（白瑾等，1993），这可能反映了中新元古代同沉积的伸展构造作用。澳大利亚古元古代玛丽·凯瑟琳带及南极大陆都有类似构造可对比，并认为是地幔柱上涌或底侵引起的重力滑脱构造的表现（Oliver et al.，1991）。

（2）秦岭中元古代火山岩系与新元古代火山岩系之间，在有些地带存在造山性质的晋宁期构造变动，具构造角度不整合关系，如武当穹隆构造北部地带等。但更多地区为非造山性质的过渡关系，甚至为连续过渡关系（刘国惠等，1993；张国伟等，1995），如在南秦岭分布最广的郧西群和耀岭河群为假整合和连续过渡关系，一些地段两者接触上下呈岩性互层过渡，迄今的同位素研究也证明是连续的（1304～965Ma，1019～711Ma，Sm-Nd，U-Pb）（陕西地质矿产局，1989；张二朋等，1992；张宗清等，1994；夏林圻等，1996）。

（3）秦岭地壳中新元古代构造底侵垫托作用，张本仁等（1996）、张宗清等（1994）、卢欣祥等（1996）多人根据中新元古代火山岩和秦岭花岗岩的岩石学、地球化学示踪及同位素系统研究已先后提出，中新元古代南北秦岭地壳底层曾发生规模较大的幔源基性岩浆底侵作用。如前所述，秦岭中上元古界火山岩，除熊耳群外，幔源为主，来自于亏损地幔和地幔柱源区，而且包括北秦岭在内其 Pb 同位素比值总体是接近相似的，同属一个地球化学省。秦岭板块构造的碰撞型花岗岩类中赋存基性岩包体，从对包体和花岗岩类的 Nd 模式年龄与源区地球化学示踪研究，表明两者相近，并与耀岭河群等基性玄武岩类相似。显然花岗岩不可能直接由绿片岩相变质的浅层次的耀岭河群重熔所形成。碰撞型花岗岩的 T$_{DM}$区间主要为 1040～1260Ma 也说明了这一点。因此，综合证明秦岭晚海西－印支期花岗岩和耀岭河中新元古代火山岩可能同源来自于地壳深部基底基性岩层，而且这一基性岩层只可能是地幔底侵产物，火山岩是其早期岩浆直接上侵喷发的产物，而花岗岩则是其晚期部分熔融所产生的花岗岩浆的上侵侵入产物，从而反映中新元古代秦岭地壳底部曾发生广泛地幔底侵作用。张宏飞等（1995，1997）对北秦岭先后两期花岗岩的地球化学示踪研究，证明北秦岭先期的底侵岩层，至少在晚海西－印支期已被南秦岭深部的底侵岩层（类似于耀岭河群等南秦岭火山岩地球化学特征）所代替，前者可能已拆沉而消失。总之，现今研究表明秦岭中新元古代存在广泛强烈的地幔构造底侵作用。

三、秦岭造山带中新元古代体制讨论

秦岭造山带中新元古代构造体制研究历来存在争议，概括起来有：大洋板块观点，即华北与扬子两板块以大洋相隔，后封闭碰撞造山（吴正文等，1991；陶洪祥等，1993；杨宗让，1993；康维国等，1996；Li et al., 1996）；大陆裂谷说，即华北与扬子只是裂陷分割而后闭合（耿树方等，1991；杨巍然等，1995；夏林圻等，1996）；裂谷和小洋盆或有限洋盆并存的地壳垂向增生为主的构造体制与向侧向增生为主的板块构造转换的观点（张国伟等，1996）；等等。分歧的症结在于对秦岭区中新元古代的物质组成与结构及其赋存的大量大陆动力学信息的深入研究和理解，新的研究成果明显促进了这一探索。

（一）秦岭中新元古代扩展裂谷系与小洋盆多块体组合及其演化

秦岭中上元古界沉积－火山岩系研究证明，秦岭中新元古代在伸展构造机制下形成一系列裂谷与小洋盆构造组合，构成洋陆复杂裂谷系，并呈现有规律的时空分布与富有自己特色的演变。

1. 北秦岭中新元古代归属与构造演化

如上所述，北秦岭的基本组成，包括基底古元古代的秦岭群杂岩至古生代的二郎坪、丹凤等沉积—火山岩系与残存蛇绿岩块，其地质地球化学研究，尤其是 Pb 同位素比值特征，均不同于华北而相似于扬子，因而有人提出北秦岭归属扬子（张本仁等，1996；朱炳泉，1998），其北界被认为是华北与扬子的主要地球化学界面。但北秦岭宽坪群（Pt_{2-3}）沉积的双源性，既有来自于华北基底太华杂岩者又有来自于秦岭杂岩者，而且它是从扩展裂谷演化为小洋盆，因此，显然又表明北秦岭在宽坪群产生之前秦岭杂岩块已与华北拼合，即说明中新元古代北秦岭已属华北地块边缘组成部分（现在位置即华北南缘）。如是，中新元古代时期华北南缘如同华北地块内部及其北缘一样，同期发生扩张裂解，南北边缘出现以熊耳群和渣尔泰群为代表的三叉裂谷型火山岩系（王鸿祯，1996）。稍迟在北秦岭的秦岭杂岩块与华北拼接地带南侧又出现宽坪群为代表的裂陷，南北双源供应，并又逐步演化拉张出现小洋盆。特别是宽坪群东西延展，西到太白东至豫西地区，并未发现蛇绿岩而更多是中酸性火山岩，表明那里仍是裂陷，并无扩张成洋盆。同时北秦岭杂岩南侧（现今位置），又出现以松树沟为代表的小洋盆，而且现有的地质和同位素年代学研究表明，此时陆续发生二郎坪、丹凤火山岩系为代表的扩张裂陷，直至古生代形成古洋盆，而宽坪群和松树沟蛇绿岩小洋盆于 1000Ma 晋宁期已闭合拼接。综上所述，中新元古代华北南缘（包括北秦岭），处于反复扩张裂解状态，这与华北地块中新元古代构造演化相一致。但其中也有如宽坪、松树沟等小洋盆的收敛闭合，然而，它们东西延伸有限，只是裂陷带中局部扩张强烈地段出现的有限小洋盆，因而不能代表整个裂陷带，不是真正意义上的分割板块，自然它们的封闭碰合也不是华北与扬子板块的缝合带。

2. 南秦岭中新元古代的扩张裂谷构造及其与华北的关系

扬子地块在中元古代虽已有不少前寒武纪的结晶岩块，如秦岭带内的大别－桐柏、陡岭、鱼洞子和秦岭等杂岩群和扬子内部诸如崆岭群杂岩及川中、川滇基底杂岩系等，而当时可能只是一个与华北相离又相关的离散状态的大陆块体群，因之秦岭区正处于两者之间的一个特异的洋陆交错混生的过渡带的特殊复杂构造背景之中，类似古元古代末或中元古代初秦岭杂岩块那样，原不属华北，具扬子特征且属扬子的块体，又与华北产生拼合的构造现象。晋宁期宽坪、松树沟等小洋盆封闭拼接就具有类同的性质，而不是真正统一扬子板块与华北板块的碰撞拼合，因为真正统一的扬子板块是在 1000～800Ma 的晋宁期形成，并以形成上覆的澄江组或莲沱组等盖层为标志。因此，此时或之前也就不可能有统一的扬子板块与华北板块的俯冲碰撞拼合，只有扬子中的一些大小不一块体与华北的局部拼合。该时期秦岭区的复杂也就在于此，中新元古代和晋宁期的秦岭区正面对一个统一的古华北板块，又面对一个从离散状态到汇聚统一的扬子板块，处于两者复杂交接地带，因此出现非常规推测的复杂异常现象也是自然的。但若按常规理解给予解释，势必会扭曲真实情况。

与上述华北南缘裂解同时，以秦岭南部的碧口群、西乡群、铁船山群、武当群（下部）等火山岩系为代表，在中元古代早中期已出现扩张喷发裂陷火山沉积，尔后又以郧西群、耀岭河群、随州群、毛堂群等火山岩系为代表在中新元古代又相继形成扩张裂陷，显然同样反映了秦岭区反复持续的扩张裂陷构造作用。至于有无同期扩张而出现小洋盆，就碧口群、西乡群中镁铁质与超镁铁质岩研究来说尚有争议，多数人倾向不存在，但仍有待进一步研究，然而，这已属于扬子区内部块体的分离与拼合问题。

3. 秦岭中新元古代构造体制与晋宁运动

中新元古代秦岭区从南到北已构成一特殊复杂的洋陆扩张裂谷系。地堑裂谷充填了不同火山岩系，有的还扩展成为小洋盆。地垒则使不同先期结晶基底抬升，构成垒堑复杂组合，夹持零散小洋盆，充分反映了秦岭中新元古代处于裂谷与小洋盆兼杂并存的扩张构造体制。中新元古代正是近年来国际热点 Rodinia 超大陆从离散到汇聚形成与再分裂的时期。中国大陆的中新元古代与晋宁期构造与之相一致，正是扬子由离散状态到形成统一地块（板块）(Iiyin, 1990; Hoffman, 1991; Moores, 1991; Coney, 1992; Bookfield, 1993; Metealfe, 1996)，并趋于与华北地块（板块）汇聚形成超级华夏大陆（张玲华等，1995；王鸿祯，1996；潘桂棠等，1997）或中国地台（任纪舜等，1990）的时期。而处于华北与扬子交接带的秦岭区，晋宁期却表现出独特复杂构造状态，既有在当时 Rodinia 超大陆形成的全球动力学背景和区域扬子拼合统一的背景下的部分块体拼接，又存在来自于自身具体构造部位的深部地幔柱动力学的驱动，发生底侵和持续扩张火山活动，使之上部地壳各块体既趋于汇拢或部分拼合，又有扩张分裂，因而造成整体并末真正完全统一拼合，只是促使其成为汇拢状态的超级华夏大陆群的一部分，并很快又在新元古代晚期扩张分裂，打开古秦岭洋，分离开华北与扬子板块，从而进入秦岭板块构造演化阶段。因此晋宁期构造如果说是扬子统一地块的形成，对秦岭而言则是其由扩张裂谷构造机制向最终导致秦岭板块构造的转换时期，具有非开阔、单一大洋型、多块体的深部地幔动力学深刻背景与陆壳响应的特殊复杂性。

（二）秦岭中新元古代底侵作用与大量幔源物质涌入地壳和陆壳垂向加积增生

研究表明华北克拉通南缘地壳存在 2650Ma，2100Ma 和 1400Ma 三个增生期（张宏飞等，1995），扬子地壳主要增生期在古、中元古代（2400～1300Ma）（张宏飞等，1997），而秦岭区地壳增生主要在 800Ma 以前，区间为 2050～800Ma，增生的平均峰值在 2050Ma 和 1100Ma，显然可见三者的差异与相关关系，突出表明中元古代是三者共同的主要地壳增生期。孙大中等（1993）曾提出 2100Ma 和 1400Ma 是华北的底侵时期。从花岗岩揭示出北秦岭地壳深部在 1000～1200Ma 左右发生了明显的底侵作用（张宏飞等，1995）。南秦岭（扬子）地壳底侵增生期为 1400～800Ma 平均峰期在 1100Ma 左右（张宏飞等，1997）。显然，秦岭及相关两侧地壳在中元古代至新元古代初都曾普遍发生过地壳深部的地幔底侵作用。同时如上述火山岩系所证明是来自亏损地幔，与软流圈地幔柱相关，表明属幔源物质大量涌入地壳（主要在中新元古代 1600～800Ma 期间）。

综上所述，中新元古代是秦岭以底侵和扩张裂谷火山岩加入地壳的方式为主的陆壳垂向加积增生期，即成壳期。

（三）秦岭新元古代由垂向增生向侧向加积的构造体制的过渡转换

新元古代，当扬子在晋宁期形成统一地块，并接受震旦系盖层沉积时，秦岭已开始成为介于华北和扬子两个地块间的（包括众多陆壳块体群的裂谷与小洋盆系列）持续中元古代扩张的火山岛海区。秦岭造山带内迄今还未发现中新元古代缝合带，区内中新元古代可能只存在不同中小块体沿小洋盆的消减封闭而发生拼合，并且由于深部地幔动力学演变，最后集中沿商丹带拉开，形成统一古秦岭洋及其所分划开的华北与扬子板块，标志着垂向加积增生为主的裂谷和小洋盆并存的大陆裂谷构造体制，在深部地幔动力学演化背景下，发生了构造体制转换，古洋盆打开，板块分离，进入以侧向运动与侧向加积增生为主的板块构造演化阶段。因此可以概括地说：新元古代晋宁期构造运动是统一扬子地块的形成，但却是古秦岭洋打开，华北和扬子板块分离，产生秦岭板块构造的过程。

　　依据同位素地球化学示踪揭示，如前述秦岭中新元古代变质火山岩群主要来自于地幔，且其地幔源区 Nd 同位素演化趋势（图2）在晋宁期发生重大变化，大量花岗岩样品 Sm-Nd 模式年龄表明秦岭地壳年龄大于 800Ma，其后只有少量增生地壳。它们一致共同的深部地幔演化信息揭示了秦岭晋宁期构造转换存在着重要的地幔动力学背景。

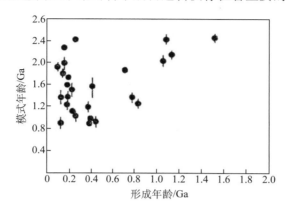

图 2　秦岭造山带火山岩和花岗岩 T_{DM} 图（张宗清等，1994）

　　秦岭新元古代晋宁期之后的大地构造演化，经过大量多学科的综合研究，多数学者认为已进入大陆板块构造演化阶段，其基本组成、结构与特征已完全不同于中新元古代时期，陆壳的增生也只沿板块俯冲碰撞缝合带有少量新生地壳添加，而有限的洋壳大都已消减返回地幔，所以秦岭区现今保存的陆壳物质主要是 800Ma 前中新元古代垂向加积增生的地壳，经历新元古代以来板块构造和陆内构造的反复改造与再造演化至今的综合结果。因此秦岭新元古代以来板块构造与陆内造山构造体制的演化也更清楚地证明了中新元古代的陆壳垂向加积增生和晋宁期从垂向向侧向增生构造体制转换的存在。

四、结论

　　（1）秦岭中新元古代的地质、地球化学组成与演化表明，这是一个大量幔源物质涌入地壳的陆壳垂向加积增生为主的主要成壳期，具有裂谷与小洋盆并存的扩张构造体制：秦岭中新元古代位于统一的华北古地块边缘，又面对从离散状态到统一形成的扬子地块，长期处于复杂构造状态，迄今的研究尚无确认出一个统一的华北与扬子的中新元古代拼合缝合线。

　　（2）秦岭中新元古代之交的晋宁期（1000 ～ 800Ma）构造运动，是秦岭大地构造演化由以陆壳垂向加积增生为主的洋陆扩张裂谷构造体制，转向以侧向增生为主的秦岭板块构造体制的转换时期。因此，秦岭晋宁期构造事件不是简单的板块或地块的碰撞拼合造山或分裂，而更有意义的是秦岭构造体制在深部地幔动力学背景下地壳响应的重大调整转换，因此具有特殊重要的大地构造意义。

（3）秦岭中新元古代地质不只反映了秦岭和中国大陆地质的复杂与区域的独特性，它还说明了大陆地壳除板块侧向加积增生外，垂向加积增生也是陆壳生长的主要方式之一，垂向与侧向增生可以并存，可以转换，表明大陆壳具有独自的增生与消减过程，从而具有大陆板块构造及大陆动力学意义，对揭示陆壳的增生方式、演化、保存及壳幔交换关系、构造体制的转换等，都具有重要意义。

参考文献

[1] 白 瑾等. 中国前寒武纪地壳演化. 北京：地质出版社，1993
[2] 耿树方，严克明. 论扬子地台与华北地台属同一个岩石圈板块. 中国区域地质，1991（2）
[3] 韩吟文等. 秦岭造山带前寒武纪地幔化学分区及壳幔物质循环. 地球科学，1996（5）
[4] 黄 萱，吴利仁. 陕西地区岩浆岩 Nd，Sr 同位素特征及其大地构造关系. 岩石学报，1990（2）
[5] 康维国等. 华中元古宙高压变质带. 北京：地质出版社，1996
[6] 李曙光等. 秦岭－大别造山带主要构造事件同位素年表及其意义. 见：秦岭造山带学术讨论会论文选集. 西安：西北大学出版社，1991
[7] 刘国惠等. 秦岭造山带主要变质岩群及变质演化. 北京：地质出版社，1993
[8] 卢欣祥等. 秦岭印支期沙河湾奥长环斑花岗岩及其动力学. 中国科学（D 辑），1996（3）
[9] 潘桂棠等. 东特提斯地质构造形成演化. 北京：地质出版社，1997
[10] 任纪舜等. 中国东部及邻区大陆岩石圈的构造演化与成矿. 北京：科学出版社，1990
[11] 陕西地质矿产局. 陕西省区域地质志. 北京：地质出版社，1989
[12] 孙大中，胡维兴. 中条山前寒武纪年代构造格架和年代地壳结构。北京：地质出版社，1993
[13] 陶洪祥等. 扬子板块北缘构造演化史. 西安：西北大学出版社，1993
[14] 王鸿祯，莫宣学. 中国地质构造要略. 中国地质，1996，8
[15] 吴正文等. 秦岭造山带的推覆构造格局. 见：秦岭造山带学术讨论会论文选集. 西安：西北大学出版社，1991
[16] 夏林圻等. 南秦岭中－新元古代火山岩性质与前寒武大陆裂解. 中国科学（D），1996（3）
[17] 杨宗让. 摩天岭褶皱带及邻区晚前寒武纪板块构造初析. 西安地质学报学报，1993（3）
[18] 杨巍然等. 秦岭－大别高压超高压变质带构造特征及构造演化. 高校地质学报，1995（2）
[19] 张本仁. 北秦岭古聚会带壳幔再循环. 地球科学，1997（5）
[20] 张本仁等. 东秦岭及邻区壳幔地球化学分区和演化及其大地构造意义. 中国科学（D 辑），1996（3）
[21] 张国伟. 秦岭造山带造山过程及其动力学特征. 中国科学（D 辑），1996（3）
[22] 张国伟. 秦岭造山带主要构造岩石地层单元的构造性质及其大地构造意义. 岩石学报，1995（2）
[23] 张宏飞等. 从岩石 Sm-Nd 同位素模式年龄论北秦岭地壳增生和地壳深部性质. 岩石学报，1995（2）
[24] 张宏飞等. 南秦岭新元古代地壳增生事件：花岗质岩石钕同位素示踪. 地球化学，1997（5）
[25] 张玲华. 扬子古大陆与澳大利亚古大陆新元古代层序对比和古大陆再造. 地球科学，1995（6）
[26] 张宗清等. 北秦岭变质地层同位素年代研究. 北京；地质出版社，1994
[27] 张宗清等. 秦岭变质地层年龄及其构造意义. 中国科学（D 辑），1996（3）
[28] 张寿广. 秦岭宽坪杂岩的变形作用与变质作用. 见：秦岭－大巴山地质论文集（一）变质地质. 北京：北京科技出版社，1990
[29] 周鼎武. 东秦岭商南松树沟元古宙蛇绿岩片的地质地球化学特征. 岩石学报（增刊），1995（11）
[30] 朱炳泉. 壳幔化学不均一性与块体地球化学边界研究. 地学前缘，1998，1-2
[31] 张二朋等. 秦巴及邻区地质－构造特征概论. 北京：地质出版社，1992
[32] Bookfild M E. Neoproterozoic Laurentia-Australia fit. Geology, 1993, 21
[33] Coney P J. The Lachlan belt of eastern Australia and Circum-Pacific tectonic evolution. Tectonophysics, 1992, 214
[34] Condie K C. Proterozoic crustal evolution. Elsevier Science Publishers, Armsterdam, 1992

[35] Hoffman P F. Did the breakent of Laurentia turn Gondwanaland inside-out? Science, 1991, 252

[36] Iiyin A V. Proterozoic supercontinent, its latest Precambrian rifting, breakup, dispersal into smaller continents, and subsidence of their margins: evidence from Asia. Geology, 1990, 18

[37] Li Z X, Zhang L, Powell C McA. Positions of the east Asia cratons in the Neoproterozoic wupercontinennt Rodinia. Australian Journal of Earth Sciences, 1996, 6

[38] Moores E M. Neoproterozoic oceanic crustal thinning emergence of continents and origin of the Phanerozoic ecosystem: Amodel. Geology, 1991, 21

[39] Metcalfe I. Gondwanaland dispersion, Asian accretion and evolution of eastern Tethys. Australian Journal of Earth Sciences, 1996, 6

[40] Oliver N H S, Holcombe R J, Hill E J, et al. Tectono-metamorphic evolution of the Mary Kathleen fold belt, northwest Queensland: a reflection of mantle plume processes. Australian Journal of Earth Sciences, 1991, 38

造山带与造山作用及其研究的新起点*

张国伟　董云鹏　姚安平

摘　要　当代地球科学正处于重要的发展时期。人类社会发展向地学发出了新的严峻挑战，地球科学理论自身也处在一个新的发展时期。面对社会与地学的发展及需求，作为地质科学研究最基本主要领域的造山带研究，应如何思考？本文据此在新世纪开始之际，根据社会与科学的发展，回顾和讨论了造山带、造山作用及其研究内容、发展变化和新的研究起点与任务。

关键词　造山带　造山作用　板块构造　大陆动力学　岩石圈　流变学

20 世纪末以来，人类社会可持续发展，资源、能源、环境、灾害等已成为世界关注的重大问题，也成为地球科学发展面对的重大科学问题。与之同时，20 世纪 80 年代开始，板块构造理论在大陆地质研究中遇到许多新问题，也使地学的地球观与构造观正处于新的探索发展、活跃新思维时期。社会与科学新的发展动态表明，地球科学正面临着新的重要发展机遇和挑战，其中大陆地质与大陆造山带研究首当其冲。

造山带是地球科学研究的最基本内容之一，尤其在当代地学最新发展中更是其前沿主要研究领域之一。地球科学是一门古老的科学，也是一个蓬勃发展的科学。它随着社会的发展而发展，为人类社会进步和文明发展作出了卓越的贡献。现在这门科学在 20 世纪末到 21 世纪初，又正处于一个重大发展转折的关键时期。人类社会新的发展需求已向地球科学发出了严峻挑战。资源、能源、人口、土地、粮食、环境、灾害、生态等等已成为人类社会可持续发展和人类生存的突出问题。人类的活动已成为一种巨大地质营力作用于地球，并以前所未有的方式改变和影响着地球自身的自然变化及动态进程。人们已觉察和认识到人类活动已成为不可忽视的认识地球系统运动新的重要因素。于是人类正面临着重大决择，重新认识，开始调整自身许多现在和未来的活动，以便维护、治理自己赖以生存的地球，使之能够继续成为人类可居住、生息繁衍发展的宇宙处所，保障社会可持续发展。这一切都要求人们要重新认识和了解地球，首先最重要的是了解

*本文原刊于《西北地质》，2001，34（1）：1-9。

整体地球所发生的过程。因此，这就使处于世纪之交的当代地球科学进入到一个关键转折时期，调整转换故有轨道，拓宽领域，增强参与社会重大决策的功能，确定新的目标方向，探索新领域，建立新理论、新方法。同时，作为 20 世纪地球科学重大成果的板块构造理论，在带动整个地学尤其是地质科学发生革命性的变革过程中，使之也得到巨大发展，今天它仍是国际地学界公认的占主导地位的学术理论思想，并且它仍在深化、发展、提高之中。但是它自 20 世纪 70 年代以来，在应用于大陆地质研究的验证过程中，逐渐发现大陆地质远比大洋复杂，简单地用经典板块构造模式解释和认识大陆地质及其动力学过程等都遇到了很多疑难，显示了板块构造理论的局限性。因此，国际地学界在深入发展，广泛应用板块构造的进程中，在新的研究层次上提出了新的地学思维和探索，全球动力学和大陆动力学便成为最瞩目的前沿探索领域，尤其大陆动力学被许多国家列为国家最优先发展的前缘研究领域，标志着地球科学又进入到一个理论和观念的重大飞跃发展时期，这不是对板块构造的否定和摒弃，而恰恰正是在板块构造理论基础上，在更高层次上的深入发展，也是地球科学在人类认识未知世界中的一次重要理论探索发展。大陆地质和造山带研究就是其中一个重要前沿课题。

造山带是地球上部地壳和大陆的最基本构成单元，也是人类赖以生存的重要矿产资源基地和全球变化、灾害与环境的主要控制因素，是探索认识地球，建立地学理论与方法的主要发源地之一。因而它一直是地质科学研究的中心课题，也是地球科学家，特别是地质学家最关心的基本地质问题之一。近代 100 多年的研究、实际的调查、理论的探索，已有大量的积累与成果，提出了多种造山带理论，但迄今造山带仍是一个还未根本解决的现代地质科学的基本研究命题和热点。特别是 20 世纪 90 年代以来，大陆地质和大陆造山带研究已成为固体地球科学发展新的最主要的前沿领域之一，使其更加引人瞩目。人类的需要，科学的发展，促使和要求人们必须充分利用当代最新知识和技术，以宇宙和全球的观点，用新的学术思想与观念，从实际出发在新的起点上对造山带进行新的探索，以促进地球科学的发展。因此重新认识分析已有的地质理论与知识，了解掌握新的学术思想与理论，就成为进行造山带新的研究的首要任务。

一、造山带与造山作用

按照现代固体地球科学的基本认识，依据板块构造观点，全球岩石圈的最大构造单元就是岩石圈板块。现今正在发生和进行着的地质作用与过程，主要是这些板块以侧向运动为主的分离、剪切转换与汇聚的相互作用及其产物，自然界正在发生着的造山作用与造山带的形成就包含在其中。但我们从全球历史的演化和大陆造山带的形成与演化来考虑，也可以说全球岩石圈的基本结构单元是大陆岩石圈和大洋岩石圈。依地壳而言，即大陆地壳和大洋地壳，简称陆壳和洋壳。两者之间常有过渡性地壳，简称过渡壳。概括大陆和大洋岩石圈的基本构造单位总体说主要是两个类型：活动构造带和稳定地块，即造山带和克拉通。也即地貌上的山脉和盆地或高原，或大洋的中脊、俯冲带、转换断层带、洋岛山脉和深海盆地与高原等。它们组成了固体地球外壳的基本结构和地貌。不言而喻，它们是作为宇宙天体一员的地球在其长期形成与演化过程中所造成与发展变化的。自然它们就成为探索研究地球形成与演化的主要内容之一。其中，造山带是研究岩石圈和地壳形成、演化、成因及其动力学的最重要地带。如果我们把地球当作一个复杂的物理、化学、生物的综合体系，则造山带就是这一体系长期发展演化、波澜壮阔剧烈变动的集中表现，是岩石圈和地壳中最强烈的活动带，因此也就成为岩石圈和地壳形成演化信息储存和记录最多的关键研究地带。

造山带（orogenic belt）是地球上部由岩石圈构造运动所造成的狭长强烈构造变形带，并往往在地表形成线状相对隆起的山脉，一般与褶皱带、构造活动带等同义或近乎同义。关于它的定义与含义有不同的意见和争论（Dewey，1970；Wilson，1990；张国伟等，1993，1999；杨巍然，1999；李继亮等，1999；刘和浦等，1999；张长厚，1999），这里暂不去追究和评述它们。迄今通常认为造山带是地壳挤压收缩的变形带，是挤压性构造运动所造成，并把这种造成构造山脉的作用叫作造山作用或造山运动（orogenesis，orogeny），与地壳运动中的造陆运动（epeirogenesis）相对而提。造山运动是在地球深部构造动力学背景下所发生的岩石圈剧烈构造变动和其物质与结构的重新组建的复杂地质过程，造成岩石圈横向收缩、垂向增厚，隆升成山。实际上，大陆、大洋中都存在有多种类型的山脉。大陆上有诸如著名的阿尔卑斯－喜马拉雅山系，洋陆交接地带的环太平洋山系，以及如大陆上横贯我国中部的大别－秦岭－昆仑山系等等，它们主要是地壳挤压收缩，岩层褶皱、断裂，并伴随岩浆活动与变质作用所形成的山脉。但还有如东非裂谷、德国莱茵地堑构造等所形成的裂谷侧旁山系，它们显然是由于地壳拉张而造成。在拉伸构造形成裂谷、裂陷盆地的同时，相对造成周边抬升，构成山系。其中最突出的是全球型的大洋中脊，它们是宏伟巨大的洋底山系，无疑属地球最大的拉张伸展构造单元。此外，还有如夏威夷那样的由洋底火山活动所形成的山脉，以及像西南太平洋中的洋内俯冲所造成的洋岛山链，显然后者又属洋内挤压性山脉。因此，按照造山带的原来含意"在严格的词源意义上，褶皱作用、挠曲作用、断裂作用和火山活动全是造山的产物⋯⋯"（Blackwelder，1914；Dennis，1982）。所以可以说不但是挤压断裂褶皱成山，而且扩张拉伸，剪切走滑，火山活动同样可以造山。故可以把造山带广泛理解为呈狭长隆起山脉的由造山作用所形成的岩石圈和地壳变形构造带。当然，就总体而言，尤其在大陆上，造山带主要是岩石圈或地壳收缩增厚构造变形所造成。这里应特别强调的是：

（1）造山作用或造山运动是指形成造山带的构造过程，亦即一个复杂的地质过程。造山运动从全球看，应不是简单的全球性同时幕式的发生发展，而往往是不同地方此起彼伏的不断发生，但就具体地区而言又是有阶段性、周期性的以相对和缓平静与剧烈的量变到质变的不同形式在发生发展，是一个地壳和岩石圈成分重组、结构重建的复杂的物理、化学的漫长连续地质作用过程，更绝不只是单单指隆升成山的作用。地貌上高起成山脉，只是造山作用的最终产物之一，既不是造山作用全貌，也不是其本质，而是造山运动最终结果的一种明显表现形式，成山不成山并非关键，更不应成为判别造山作用的主要标准。往往造山运动最终导致成山脉，隆升高起，但并非都要成山。

（2）大洋造山带与大陆造山带虽然含义相同，但两者形成与发展差异显著。大洋中的造山带以大洋中脊伸展增生构造成山、洋底火山山脉和边界俯冲碰撞造山为特征。大陆虽然也有重要巨大的伸展构造，但更以收缩挤压性造山带为突出特色。自然这是由大洋与大陆岩石圈间的本质差异及其构造动力学背景的不同所决定的。

二、造山带研究的发展

大地构造学在其长期发展中，关于造山带的假说争论很多，但对地学界影响最广泛、最深刻的学说理论，要属地槽说和板块说。它们是人类对于地球认识在不同阶段的总结和知识的结晶，极大地推动了地球科学的发展。但像现有的事实已证明的那样，它们都不是认识的终结，它们都只是人类对于地球的形成、生命的起源等基本科学命题的不断探索认识的长河中一定阶段的成果，它们本身也在不断发展变化。现代板块构造理论取代地槽说而在地学领域占据支配地位，这就是发展提高，并使之成为地质科学向现代科学理论迈进的标志。这场"地学革命"是地质科学发展史上划时代的重大事件。但板块构造学说运用于大陆地质时，所遇到的新问题与疑难，已成为地球科学家们孜孜以求的新探索，正标志着地质科学又一次重大发展的到来。今天正处在不是在板块构造基础上使其重大发展提高，就是处在一个新的，包括板块构造学说在内的地球构造观、新的大地构造理论诞生的前夜。已经提出了"全球性地球动力学"、"大陆动力学"和"创立行星地球统一理论"的问题。现在的造山带研究与探索就正处在这样一个地球科学发展的总趋势背景下，新思维、新观念、新思路正在涌现。所以在这里简短回顾历史，分析造山带研究观点与思路的发展变化，会有有益的启示。

大地构造是地质科学中最活跃的学科，占有举足轻重的地位。概括其近半个世纪来的迅速发展，关于造山带基本学说与观念的发展，可以归纳为以下 3 种基本造山带观念：

（一）地槽学说的地槽回返造山说

20 世纪 60 年代板块构造说诞生以前，地槽说在地质学中占统治地位，支配与渗透到各个地质学科，促进了地质科学的发展，作出了不可磨灭的历史贡献。但今天来看，其历史的局限性是显而易见的。可以概括地说，它总的基本出发点是固定论，即认为地壳与地幔密切相关，但岩石圈地壳相对于地幔不可能发生任何大规模的水平位移，因此其地球构造观便立足于造山带是地壳内相对固定的沉积槽地及其垂向回返成山，着眼于地槽成因、类型、性质和分布演化的研究，发展了古生物地层对比、沉积岩相与建造学说及造山作用等一系列地槽回返理论（Kay，1951；别洛乌索夫，1962；Dana，1973）。然而不论怎样，20 世纪中叶的地槽说始终没有使地质科学摆脱其与现代科学技术相脱节而处于以描述为主的状态。当然这与当时对于海洋和深部地质知之甚少的客观情况是直接相关的。

（二）板块构造的俯冲碰撞造山说

随着海洋地质和地球物理研究的发展，从 20 世纪 50 年代起到 60 年代兴起了板块构造学说，并很快传遍全球，渗透到地质科学的各个学科，推动着地质科学飞速发展，使之进入一个新的科学发展阶段。板块构造说以活动论的基本观点，认为造山带是岩石圈板块在其侧向运动中的相互间的作用，是洋与洋或洋对陆的板块俯冲和陆与陆碰撞的构造产物。也即造山带的形成与演化主要决定于岩石圈板块相对运动及相互作用。是板块间俯冲碰撞造山（Coward et al.，1986），从而根本改变了地槽说的壳内槽地的沉积堆积作用和回返造山作用的学术观念。因此造山带研究的中心和方法，也必然随之而发生改变，转向着眼于板块的形成与演化，古大陆边缘地质、蛇绿岩及混杂岩带，主缝合带和俯冲碰撞构造作用及与之相关的岩浆活动、变质作用与成矿作用等等基本问题。总之，形成了板块构造的基本造山带成因学术观念，即板块俯冲碰撞造山说。

（三）目前的多成因造山说

板块构造说在经历了 20 世纪 70 年代大洋与大陆研究的验证，有了新的发展，板块构造得到了进一步肯定，但同时也遇到了新的挑战和问题。80 年代以来，在把经典板块构造理论运用于大陆地质过程中，在新的地球物理探测技术迅速发展和深部地质新的发现不断涌现的情况下，愈来愈多发现和认识到大洋岩石圈和大陆岩石圈有本质的差别，大陆上的许多造山带都是由一系列不同层次的板片岩席不但在板块消减带边缘，而且在大陆内、板块内也发生了大规模侧向位移而形成叠覆堆置、构造变形和地壳增厚，从而构成山系。发现大陆岩石圈不是简单的像大洋岩石圈那样的刚体，而是极其不均一，随深度变化具明显粘弹性、塑性流变特征的固态介质材料，具有广泛的分层结构，可以发生广泛弥散渗透性变形，而且还具有突出的壳幔相互作用的垂向加积增生构造作用。因此，大陆造山带的形成与演化，就不仅仅单是俯冲碰撞造山所能全部解释，而是可以由包括板块俯冲碰撞造山在内的多种多样地质机制所造成。所以应运而生提出了"内硅铝造山作用"，也即"陆内造山作用""薄皮板块构造""滑线场理论""地体说""碎裂流说""岩石圈分层说"等等多种成因造山说（Kröner，1983；Hsu，1979；Tapponnier et al.，1986；马托埃，1984；Mattauer et al.，1985；Sengor，1990；Пейве，1983）。也出现了诸如 M. Mattauer（1984）的俯冲型、仰冲型、碰撞型和陆内型的造山分类，许靖华的板内变形多岛海造山模式和大地构造相方法论，划分出阿勒曼相、凯尔特相与雷特相研究（许靖华，1994，1998；李继亮，1992；Robertson，1994），Sengor（1990）的走滑挤压造山、仰冲造山、俯冲造山、碰撞造山，Howell（1991）的拉张、挤压、横推、热隆等等类型。显然，造山带研究的学术思路与观念又发生了新的重要变化，形成了多成因造山说。

从地槽回返造山、板块构造的俯冲碰撞造山到提出多成因造山，从经典板块构造解释大陆地质遇到的疑难，再次突出了大陆地质问题。很明显，大陆地质与大陆造山带已成为固体地球科学新发展的主要前沿研究领域之一。因此，20 世纪 80 年代后期、90 年代以来到 21 世纪初期将是地质学家重新认识大陆，进行新的探索研究的时期，将是大陆地质和深部地质得到重大发展的时代，问题的实质是已经得到基本验证的大洋经典板块构造说如何在大陆地质重新研究认识的基础上，面对宇宙与全球，以新思维新观念产生和建立囊括整个地球洋陆长期发展演化的统一行星地球构造观与理论，使固体地球科学再进入一个新的发展阶段。

三、造山带研究的新起点

综上所述可以看出，板块构造说兴起以来，尤其 20 世纪 80 年代后半期和 90 年代以来，面对人类社会发展对地球科学提出的严峻的新的挑战和板块构造在解释大陆地质中遇到的新问题，提出大陆动力学等新的地学思维之后，现代地球科学和大地构造学对于地球及其固体外壳——岩石圈的认识，已经跨入了一个新的知识基础上。因此，关于地球和大陆的新认识、新思维、新方法，已成为现今对大陆造山带进行研究的新起点。

（一）现代地球科学的认识和发展

（1）地球，包括固体外壳，是一个整体的物理、化学、生物的行星综合体系。

（2）地球物质的物理、化学性质随深度在变化，其组成、行为及其表现形式也随之而发生变化。从深部到上部表层流体在岩石圈的形成、演化与构造发展上起着重要不可忽视的作用，是重要的新的研究领域。

（3）地球内部及其外壳在组成与结构上纵横向极不均一，地球内部的基本特点是化学组分和物理结构与状态的非均匀性，地球的圈层多级分层性与相互作用及差异运动，具有重要动力学意义。地球和岩石圈是一个高度活动的动力学体系。岩石圈的构造运动主要是由地球内部核、幔及岩石圈本身的物理与化学过程所引起。

（4）地球上部表生系统和其形成过程，包括人类活动，已成为人类生存和社会可持续发展的日益突出的重要研究领域。

（5）洋、陆岩石圈具有重要差异。洋、陆岩石圈作为地球最外层统一的固体外壳组成部分，无疑具有共同的基本特点，但它们又作为地球外壳基本组成的两个端元，在地壳及壳下地幔的组成成分、结构、物理与化学行为等方面都存在有重要的差异，并导致在构造变形行为、运动方式及动力来源方面都有很大差别。例如，大洋板块岩石圈存留时间短，时代较新，以硅镁质成分为主，结构相对简单，薄而冷（5～20千米），具有刚性块体特征，刚性大洋板块相互作用及其碰撞效应主要发生在相对简单而狭窄的边界内。而大陆岩石圈则是不同时代的拼合体，长期保存，硅铝质成份占很大比例、结构复杂，呈多层块体，具脆性到流变学特征，力学行为复杂多变，故大陆板块边界宽而复杂，形成广阔弥散渗透性应变域或带。可能还存在其他更深层次差异原因，目前还未被人们所了解等等。总之，洋、陆板块或者说岩石圈存在有实质性差异，故用刚性大洋板块运动学原理与模式解释大陆板块构造遇到很多困难。对此从20世纪80年代以来，已为地学界逐渐认识，并已成为大陆动力学研究的重要出发点。显然，其地学研究意义重大。

（6）改变过去简单的稳态均变论，新的灾变论认为灾变形式是地球构造发展的重要质变形式之一。

（二）大陆地质研究的新进展及其特性

（1）大陆是已经历了几十亿年长期发展演化所构成的复杂地质综合拼合体系。不少克拉通下迄今未发现软流圈存在，并且由于其基本组成平均密度低，因而轻，具有巨大浮力，长期漂浮保存而不易完全俯冲消减回到地幔中去。

（2）相对于大洋岩石圈，作为一个富长英质矿物成分的固态介质材料，其强度比较弱，易于发生地质尺度的快速变形。

（3）大陆岩石圈具有流变性与流变作用，形成不同流变学分层的流变结构，不是一个简单"刚体"。其地壳与岩石圈地幔间并非都是完整连续的刚性整体运动，而是在地壳内和岩石圈地幔中发育多层结构，可以导致发生多层次拆离滑脱的侧向大规模运动，表现出连续介质中包含着相对坚硬块体和垂向上的层状块体特征。因此，从动力学角度考虑涉及到连续介质和非连续介质的状态与流变，块体的相对运动，上部的脆性和中深部韧性流变及其两者的关系等等，并在动力学上表现出其特殊的本构关系，漫长时间效应，动力学过程中一些基本因素和参数的多变与模糊不确定性、非线性关系。这就要求对大陆岩石圈构造变形的运动学和动力学全过程要有真实的了解与监测。总之，大陆岩石圈具有特殊复杂性。

（4）由于上述大陆岩石圈本身固有的习性，决定了它长期漂浮，遭受多次叠加构造变动与物质的多次复合转化和广阔发育渗透性多期变形变质，呈现出一种极不均一的复合性的复杂组成与结构状态。

（5）由于大陆岩石圈的非均一性、复合性、复杂性和区域性，选择研究基地，进行深入系统、综合、精细研究，成为探索大陆地质，认识大陆，提出新观念，创立新理论的策源地，是当今大陆地质与大陆造山带研究的重要科学途径。

总之，目前造山带的研究，在当代地质科学面对人类重大社会问题与板块构造面对大陆地质问题的双重挑战的新形势下，正处在为适应新的发展建立新的知识体系的重大转折时期。因而，大陆造山带的研究方向、目标，优先领域与关键科学问题、学术指导思想与研究方法，必然要建立在一个新的起点上。大陆板块构造及大陆动力学和造山作用与全球变化关系已成为造山带研究的主要指导思想。

（三）当代造山带研究的重要前沿课题

（1）大陆造山带的形成演化、机制与其特殊复杂性及其大陆动力学与地球动力学意义。

（2）大陆造山带地壳、岩石圈及其之下的地幔各圈层的相互作用、过程与动力学。

（3）造山作用与全球变化，尤其现代造山作用、挽近时期陆内构造作用等陆内造山过程、演化趋势与全球变化关系；探索建立造山作用、山脉隆升与环境气候、水圈、生物圈变化间的关系，为研究和预测全球变化提供重要基础和依据。

（4）造山带岩石圈三维结构，流变学分层与成因：造山带地幔结构、状态及其物理、化学过程：地幔动力学与地壳的响应。

（5）大陆造山带的多期复合与构造体制的变换转化过程及其大陆动力学意义。

（6）大陆造山带与当代地学发展的热点重点问题，诸如造山带与资源、能源，造山带与盆地，与超高压、超大陆关系，以及关于特提斯等的研究。

总之，当代地学的发展要求通过大陆造山带研究，重新审视大陆地质，进一步验证、深化、发展大陆板块构造，并在此基础上，进行诸如大陆动力学等新的地学发展的探索，为创建新的造山带理论与方法，进而为完善或建立新的全球构造观和包括板块构造在内的新的大地构造理论而努力。

从以上简短的回顾和概括，可以看出大陆造山带研究在最近的半个世纪内，在学术思想与观念和方法上，从固定论到活动论，从地槽回返造山、板块构造的俯冲碰撞造山到今天的多成因造山一直在不断发展、演化和提高。可以预见，在 21 世纪大陆造山带在新起点上的研究将会有更迅速的发展与巨大进展。因此，今天的大陆造山带研究应充分意识到这一科学发展的动态和趋势。我国有着得天独厚的丰富复杂的地质条件与众多各种类型的造山带，因而我国有条件，有可能，有必要开展大陆造山带的综合研究。综观全球与宇宙，我们应立足于中国造山带的实际，对比世界主要造山带，总结新发现，新认识，提出新观念，新理论，丰富和发展造山带理论，进行大陆动力学的探索研究，参与当代世界地学发展与竞争，为地球科学的新发展作出我国应有的贡献。

参考文献

[1] Blackwelder. A summary of the orogenic epochs in North Amcrica. Hour. Geology, 1914, 22

[2] Coward M P and Windley B F. Collision tectonics (M. P. Coward and A. C. Ries, eds.). Spec. Publ. Geol. Soc. London, 1986.19

[3] Coward M P and Ries A C. (eds). Collision Tectonics Blackwell. Sci. publ., 1986

[4] Dennis J G. Orogeny Benchmark Papers in Geology. V. 62, Heutchinson Ross, Strodsburg Penn. 1982

[5] Dewey J F and Bird J. Mountain belt of the New global tectonics. JGR. 1970, 75

[6] Howell D G. Terranes tectonics-mountain building and continental growth. 王成善等译, 成都: 四川科技出版社, 1991

[7] Hsu K J. Thin skinned plate tetonics during Neo Alpine OrogenesisAm. Jour. Sci., 1979, 279

[8] Kay G M. North American Geosyclines Geol. Soc. Am. Mem., 1951, 48

[9] Kroner A. Proterozoic mobile belts Compartible with the plate tectonic Concept. Geol. Soc. Am. Memoir 1983, 161

[10] Mattauer M, Matte P, Malavieille J, et al. Tectonics of the Qinling belt: building up and evolution of eastern Asia. Nature, 1985, 317

[11] Robertson A H F. Role of the tectonic facies concept is orogenic analysis and its application to Tethys in the eastern Mediterranean region. Earth Science Reviews, 1994, 37

[12] Sengor A M C. Plate Tectonics and Orogenic Research after 25 Years: A Tethyan perspective. Earth Science Reviews, 1990, 27

[13] Tapponnier P, G Peltzer, R Armijo. On the mechanics of the collision between Asia and India. J. Geol. Soc. London Spec. Publ., 1986, 19

[14] Wilson J T. On the building and classification of moutains. J. Geophys. Res., 1990, 95 (BS)

[15] Пейве А В. Тектоническая расс оенность изадачи изучения. Uto-cФеввlконт Uвеитов Геотек, 1983

[16] 别洛乌索夫 B B. 地球构造图. 北京: 地震出版社, 1983

[17] 李继亮. 碰撞造山带大地构造相. 现代地质学论文集 (上). 南京: 南京大学出版社, 1992

[18] 李继亮等. 论碰撞造山带的分类. 地质科学, 1999, 2

[19] 刘和浦, 夏义平, 段进根. 走滑造山带与盆山耦合机制. 地学前缘, 1999 (3)

[20] 马托埃 (Mattarer M). 地壳变形. 孙垣, 张逆安译, 北京: 地质出版社, 1984

[21] 许靖华. 弧后碰撞造山作用及其大地构造相. 南京大学学报, 1994 (1)

[22] 许靖华等. 中国大地构造相图. 北京: 科学出版社, 1998

[23] 杨巍然. 论造山作用和造山带. 地质论评, 1999 (1)

[24] 张长厚. 初论板内造山带. 地学前缘, 1999 (4)

[25] 张国伟等. 大陆造山带成因研究. 见: 当代地质科学前沿研究领域. 武汉: 中国地质大学出版社, 1993

[26] 张国伟等. 造山作用笔会谈. 地学前缘, 1999 (3)

秦岭造山作用与大陆动力学*

张国伟　董云鹏　赖绍聪　程顺有　刘　良　张成立　姚安平　于在平　周鼎武　孙　勇

摘　要　秦岭是典型的复合型大陆造山带。它是在前寒武纪构造演化基础上，主要经历古生代至中晚三叠世北、扬子板块及其之间秦岭微板块沿商丹和勉略两个缝合带俯冲碰撞造山，然后又经历中新生代以来陆内造山而终成今日面貌。它既是中国大陆完成其主体拼合的主要结合带，也是现今横亘中国大陆中部分隔南北的地质、地理、生态、环境的天然分界线。它具有长期的形成演化历史，复杂的组成与结构。与全球造山带对比，具有普遍共性中的独特特征，成为当代地学发展前沿领域大陆动力学研究的良好野外实验室与基地，赋存有丰富的关于大陆特有习性与行为、大陆增生与长期保存演化和大陆成因与动力学的大量信息，尤其是富有非稳定状态保存演化的多块体中小洋陆拼合大陆的研究内容与信息，对于大陆动力学研究和地学发展具有重要意义。

关键词　秦岭造山带　大陆动力学　造山作用　大陆增生　大陆保存演化　壳幔交换

秦岭位于中国大陆中部，是著名的大陆造山带，已有长期的研究和成果，迄今虽还有争议，但多数已有共识，并仍在深入研究探索之中。秦岭造山带长期的形成演化过程，显示着丰富深刻的地球历史进程中南方大陆、北方大陆与古今太平洋系统的长期相互作用，及其之间的中小洋陆群在地质、地球化学、地球物理综合造山作用过程中从深部地幔到上部地壳的运动，扩张分裂与汇聚拼合，交换渗透与改造新生等的物理、化学与生物的作用与演变的信息。揭示着大陆壳增生、保存的物质重组与结构重建的特殊习性与行为，以及深部地幔对流、地幔柱等复合的地幔动力学过程与地壳响应的复杂关系，使之具有独特的、区域性的洋陆、壳幔相互作用的多块体中小洋陆板块构造体制与独特地壳构造区的个性特色。这既造成了它现今组成与结构的独特复杂性和研究的困难，但又赋存着大量诱人持续探索研究的当代地学发展前沿领域的内容与信息，具有大陆动力学与大陆地质典型解剖研究意义。本文主要通过对秦岭造山带基本特征地简要论述，探讨有关大陆动力学的基本问题。

*本文原刊于《中国地质学会 80 周年学术文集》，2002：152-161.

一、秦岭造山带的基本特征

（一）秦岭是典型的复合型大陆造山带和中国大陆南北的地质、地理天然分界线

秦岭造山带横亘中国大陆中部，位于北纬30°与34.5°之间，并介于华北和扬子地块之间，近东西向展布，属中国中央造山系中的一个造山带。西延接祁连和昆仑造山带，中夹柴达木地块，西端被阿尔金带左行平移，后沿西昆仑－喀喇昆仑造山带，经帕米尔接中东阿富汗、伊朗等古特提斯造山带而继续西延。东去则连大别，并被郯庐断裂左行平移，延至鲁东而后入黄海至朝鲜半岛中部。其中通常以青海共和盆地以东至河南南阳盆地以西区间统称秦岭，并往往又以甘肃徽成盆地为界分别东西称东秦岭和西秦岭。秦岭东西延长约千余千米。其在不同构造演化阶段有不同边界，并无自始至终的统一固定不变的南北边界。现今南北界如图1，造山带总体呈狭长带状展布，成一带雄伟高大山脉，与中央造山系一起成为分割中国大陆南北的地质、地理、生态、气候、乃至人文的天然分界线。秦岭造山带在中国大陆的形成与演化中占有突出重要地位。

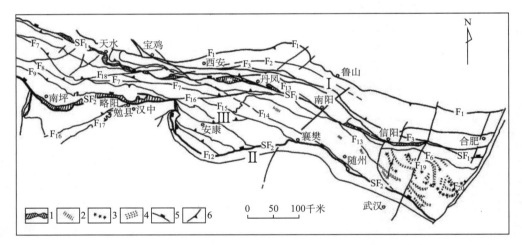

I. 华北地块（原华北板块）南部：F_1. 秦岭造山带现今北界，华北地块南部巨型陆内俯冲带；SF_1. 商丹断裂系（原商丹板块古缝合带）；II. 扬子地块北部：F_{12}. 秦岭造山带现今南界；III. 秦岭地块；SF_2. 勉略断裂系（原勉略古缝合带）；1. 蛇绿混杂岩带；2. 蓝片岩出露区；3. 超高压－高压变质岩区；4. 韧性剪切带；5. 缝合带；6. 推覆断层与倾向

图1　秦岭造山带基本构造单元划分

秦岭造山带历经长期多阶段大地构造演化，并且在不同发展阶段以不同构造体制演化，造成复杂的多期构造的叠加复合。总体而言，它是在前寒武纪地质历史演化过程中，尤其在中新元古代以地壳垂向加积增生为主并向以侧向增生为主的大地构造体制转换演化基础上，长期作为东特提斯构造域的原特提斯到古特提斯的北缘分支，是华北与扬子及其之间所夹持的古秦岭等三板块长期相互作用，形成具有独特特征的多板块俯冲碰撞

造山带，后又经历中新生代陆内强烈的造山作用和隆升才成为今天的强大山脉。可概括其经历了三个主要大地构造演化阶段：①早期（Ar-Pt$_{2-3}$）两类基底形成演化阶段。②主造山期（Z-T$_2$）的多板块俯冲碰撞造山阶段。主造山期这里是指在一个复合多期造山而形成的造山带中，若某一构造时期是在统一动力学过程中，从板块扩张拉开到俯冲消减，至最后碰撞造山，从而决定了该造山带的基本板块构成与配置关系及基本构造格架的，称该构造期为造山带形成演化的主造山期。③中新生代陆内造山阶段（图2）。相应形成三大套基本构造岩石地层单位：①两类不同基底岩系，即前寒武纪结晶基底（Ar-Pt$_1$）和过渡性基底（Pt$_{2-3}$）；②主造山作用期间受板块和垂向增生构造控制的相关构造岩石地层单元（Z-T$_2$）；③后造山陆内构造岩石地层单元（T$_3$-Q）。因此可以概括地说，秦岭造山带是以主造山期新元古代晚期至中生代初（Z-T$_2$）的非单一开阔大洋型板块构造体制为基本特征的多板块、多类型碰撞造山为主体和基础，其中包容大量前寒武纪地块和古构造，又遭受中新生代强烈陆内造山作用叠加改造的一个典型复合型大陆造山带，独具特征（黄汲清，1960；李四光，1973；李春昱，1980；Mattauer et al.，1985；许志琴等，1988；张国伟等，1988，2001；任纪舜等，1990；杨巍然等，1991；游振东等，1991；袁学诚，1996；许靖华等，1998；张本仁，1999）。

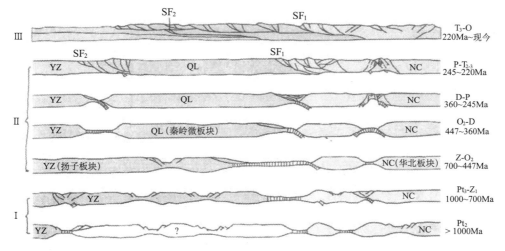

NC. 华北板块（地块）；YZ. 扬子板块（地块）；QL. 秦岭微板块（地块）；SF$_1$. 商丹板块缝合带；SF$_2$. 勉略板块缝合带。I. 前主造山期（Pt$_2$-Pt$_3$）：图示中新元古代垂向加积增生为主的裂谷与洋盆并存的扩张构造体制和晋宁期部分的汇聚拼合；II. 主造山期（Z-T$_2$）：新元古代晚期至中三叠世以现代板块构造体制为基本特征的秦岭板块构造演化和俯冲碰撞造山过程；III. 后主造山期（T$_3$-Q）：中新生代陆内造山作用演化阶段

图2　秦岭造山带大地构造演化示意图

（二）秦岭岩石圈三维结构呈现壳幔圈层非耦合关系，地表从东至西代表造山带陆壳剖面

地质、地球化学和地球物理（图3）多学科综合研究，揭示秦岭造山带现今地壳上

部总体构造几何学形态，呈现为狭长东西向展布的以不对称扇状反向多层次逆冲推覆构造叠置为主的复合型造山带模型（图4），而岩石圈三维结构与状态则为纵横向极不均一的层块结构，岩石圈纵向具流变学上、中、下三分层，从上部（0～20千米）以古东西向构造为主，经中部（20～80千米）水平流变过渡层到深部（>50～80千米）新的南北向地幔流变结构与状态，构成岩石圈上、下部结构近于正交或斜交关系，呈现为非耦合的圈层关系（袁学诚，1997；刘建华等，1995；刘福田，1989），总体构成具流变学分层的"立交桥"式三维结构几何学框架模型（张国伟等，1996a，1996b，1996c）。反映了先期已形成的陆壳结构构造，在新的地幔动力学调整过程中，如何响应深部过程而被逐步改造和相适应。秦岭造山带现今的岩石圈壳幔非耦合圈层关系反映了深部地幔已经调整，而上部已固结的陆壳滞后还未来得及相适应，正是在这样一个从深部到上部的构造交替转换过程中产生了这种圈层的非耦合关系。同时，秦岭－大别作为统一造山带，从东到西呈现为造山带不同构造层次的依次剥露。大别山广泛出露造山带根部超高压和高压变质岩系，发育强烈复杂的深层流变构造和不均一的深变质与动力变质作用及强烈的不同时代岩浆活动与深熔混合岩化作用，而上部显生宙岩层几乎已剥蚀殆尽，仅在其南北边缘尚有残存。东秦岭地区，却以中深和中浅构造层次同时出现为特色，除残存的零散古老中深变质岩块外，广泛分布上覆显生宙浅变质岩层，致使东秦岭与大别面目全然不同。西秦岭则以中浅构造层次为主，保存完好的古生代－中生代岩层与构造。总之从东到西，由造山带根部到中上部，构造层次由深到浅依次更迭出露，综合起来，代表了秦岭－大别统一造山带从根部到上部的一个完整的造山带陆壳剖面。

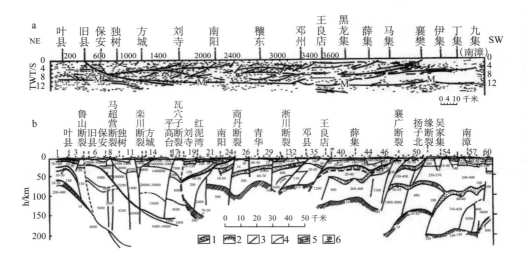

a. 叶县－南漳反射地震剖面图（据袁学诚，1996修改），地表数字为发射地震剖面桩号；b. 叶县－南漳大地电磁测深剖面图（据李立）

1. 低阻层；2. 岩石圈底界；3. 推测断裂；4. 构造单元边界；5. 电性层及其电阻率值；6. MT测点

图3　秦岭叶县－南漳反射地震剖面图和大地电磁测深剖面图

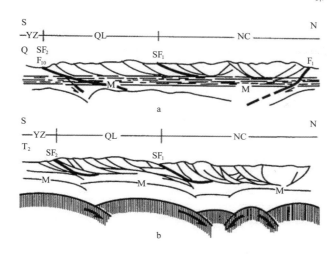

a. 现今构造格架；b. 主造山期板块碰撞与基本构造格架
M. 莫霍面；SF₁. 商丹缝合带和现今复合断裂带；SF₂，F₁₀. 勉略缝合带和现今复合断裂带与巴山弧形断裂带

图 4　秦岭造山带构造基本格架图

（三）秦岭主造山期（Z-T₂）具有多块体中小洋陆板块构造体制

秦岭古洋长期处于特提斯构造域中，是超华夏陆块群中的华北与扬子等中小板块间的一个有限洋盆，具有多块体中小洋陆相互作用的东古特提斯构造的基本特征，并成为中国大陆印支期完成其主体最后拼合的主要碰撞造山结合带，在中国大陆的形成与演化中占有突出重要地位。

研究证明秦岭和大别、昆仑等诸中央造山系的各造山带，主造山期的古洋盆，它们都曾先后是东原特提斯和古特提斯洋域的北缘分支组成部分。当它们先后于晚海西－印支期消减封闭时，中国北方华北板块和东北各微地块及塔里木、准噶尔微板块都已于石炭纪末二叠纪初完成与西伯利亚板块的最后拼贴，已成为统一欧亚大陆组成部分（肖序常等，1992；何国琦等，1994；王鸿祯等，1996；邵济安等，1996）。因此，当华南（包括扬子和华夏地块）和羌塘等板块沿包括秦岭在内的中央造山系古特提斯北侧分支洋向华北等消减拼合时，中国现今大陆的主体，除西藏等新特提斯带和台湾、东北吉黑东部那丹哈达带等之外，就完成了其最后的主体拼合统一，也就是中国大陆的主体已经形成。因此，秦岭造山带和中央造山系一起是中国大陆主体最后拼合统一形成的主要结合带。晚海西－印支期秦岭区，在前期秦岭板块构造演化基础上，发展演变为三板块，即华北、秦岭和扬子，并分别沿商丹和勉略两个主缝合带自东而西穿时的依次向北俯冲消减，经历漫长点、线、面细节碰撞造山过程，导致发生广泛普遍的变质变形、岩浆活动，最后拼合统一，构成扬子向秦岭、秦岭向华北的依次向北的三板块总体的俯冲叠置和上部陆壳的依次自北向南的逆冲推覆叠置的板块碰撞构造总格架（图4b）。显然，秦岭是研究东原特提斯和古特提斯中小洋陆板块构造体制及其动力学的主要典型地区之一。

（四）强烈的中新生代陆内造山作用

秦岭造山带现今基本构造格架是由晚海西－印支期板块碰撞造山所奠定，而由中新生代陆内造山作用所完成，因此今天秦岭的高大山脉是中新生代，尤其 100Ma 以来急剧隆升所形成（张国伟等，1995，1996a）。

中新生代，秦岭在新的大区域构造背景下，发生强烈陆内造山作用。华北和扬子地块分别沿现今南北边界向秦岭造山带之下作巨大陆内俯冲，造山带南北缘相应作长距离大规模反向向外，即北缘向华北，南缘向扬子的逆冲推覆，秦岭则成扇形隆升，尤其晚白垩世以来又复合边界的正断层块断作用而急剧抬升，以太白山顶和与之相应的关中盆地周至深凹陷的对比，据地质和钻探资料证明，至少自晚白垩世以来升降幅度大于 12 千米。并且急剧隆升的秦岭－大别统一造山带在大区域构造背景下，又沿中国近 SN 向两带重力梯度带横跨部位，正趋向于裂解为西秦岭、东秦岭和桐柏－大别三个构造地块。所以，现今的秦岭造山带正是在板块碰撞造山构造基础上复合叠加中新生代陆内造山构造，才最终形成现状，并又正处于新的隆升与裂解状态之中。

（五）中新元古代垂向加积增生构造与 Rodinia 超大陆聚散问题

筛分去新元古代中晚期和显生宙以来复合叠加的组成与构造，证明秦岭中新元古代已形成复杂的洋陆兼列的扩张裂谷系。来自亏损地幔的物质，以底侵和喷发的不同形式，呈面状广泛大量涌入地壳，使之垂向加积增生，成为秦岭主要的地壳增生期（张国伟，1995；张宗清，1994）。秦岭中新元古代处于扩张裂解与晋宁期总体汇拢而未完全拼合统一，及其后的伸展分裂，进入侧向增生为主的板块构造演化时期。因此，中新元古代构造正是秦岭大地构造演化从垂向增生为主的构造体制向侧向增生为特征的板块构造体制的转换过渡。所以它不只成为秦岭板块构造演化的先期基础，而且具有大陆增生演化和构造体制转换的大陆动力学探索意义，并与现今正在探讨的 Rodinia 超大陆的汇聚与分裂相对应，可以通过中国中小多陆块的运动与聚散特有信息及特性的研究，探索地球大陆壳的分裂、汇聚、增生、消减演化规律，无疑具有重要意义。

（六）秦岭是全球构造中原东古特提斯构造体系域北缘分支组成部分

综合秦岭造山带的形成演化与上述的基本特征，对比全球构造和东特提斯，尤其东古特提斯构造演化与基本特征，揭示出，秦岭造山带具有东古特提斯构造的基本特点，长期属东特提斯构造域，是在原特提斯构造演化基础上，以东古特提斯构造演化为主体，后又受新特提斯和太平洋、环西伯利亚等中新生代构造演化的强烈影响复合而最终形成。

秦岭及其东西延伸的诸中央造山带，如祁连、昆仑、大别等造山带，长期位于古亚洲洋南侧的华北和塔里木等地块之南缘，先后与东特提斯构造域中的不同中小板块（地块），诸如扬子、柴达木、羌塘等，于早古生代至中生代初期先后分别拼合，碰撞造山，形成一带完成中国大陆主体拼合的中央造山系。从大地构造演化，各中小板块或地块的归属变化，各造山带形成时代与演化关系、地质特征，古生物分布，尤其华夏古植物群落分布范围与界线，以及地球化学示踪和古洋幔与壳幔地球化学特征的对比分析，共同反映华北与塔里木地块以北原属古亚洲洋与古亚洲构造体系域，而其以南属特提斯洋与古特提斯构造体系域。因此，秦岭及其东西延伸的中央造山系是濒临古亚洲与特提斯两大构造体系域的交接部位，而主体属特提斯构造体系域的北缘分支组成部分，并且主要属东原特提斯到东古特提斯构造。

综上所述，秦岭造山带与造山作用，同全球造山带对比分析，显然具有突出的全球构造共性中的区域独特性，不但是完成东亚和中国大陆主体拼合形成的主要结合带，而且赋存有大量关于大陆动力学探索研究信息，是大陆动力学研究的良好野外基地与实验室。

二、从秦岭造山作用探讨大陆动力学基本问题

大陆动力学研究的诸多重要基本问题中，最关键的科学问题是：大陆的特有习性与行为及其物理、化学过程；大陆如何增生、消减、保存与演化及其成因与动力学等。这里仅从秦岭造山作用简要探讨大陆动力学的大陆增生和长期保存问题。

（一）关于大陆增生问题

关于大陆增生问题始终是一个争论探索问题。大陆是如何增生的问题，在板块构造说之前，地槽－地台大地构造说已作了很多探讨和争论。陆核增生说便是其中一个主要观点。板块构造说则主要认为大陆是通过板块边缘的俯冲碰撞而发生侧向增生的。主要是大洋板块的俯冲与岛弧增生、弧－陆、陆－陆碰撞，以及外来地体、陆块碎片的拼贴等，使大陆沿板块边缘水平侧向拼合添加而增生，即陆壳增生的安山岩模式（Taylor，1967；Hamilton，1995；Kelemen，1995）。但新的研究愈益发现，水平侧向增生并不是大陆唯一的生长方式，大陆的垂向增生也同样重要（Richards et al.，1991；Nelson，1991；Storey et al.，1992）。垂向增生的主要特点是直接从地幔分异的幔源物质及由其所引发派生的物质垂向加积增生到大陆壳上，使大陆壳增生（Windtey，1995；Rogers，1996）。迄今的研究证明，大陆生长既有水平增生，也有垂向增生，并表现为多种方式。

研究还证明，地质历史中的大陆和现今全球的大陆都是历经长期演化形成的拼合体，都是由不同陆块通过造山作用与造山带而拼合组成的。中国大陆也是如此，而其特殊的不同之处在于它是由众多破碎而又活动性强的中小陆块与造山带镶嵌拼接而组成，具突出的共性中的特殊性。秦岭造山带就是中国大陆完成其拼合的众多造山带之一。由此可见，在全球超大陆和大陆的形成、增生演化中，造山作用具有重要意义。而造山带就是大陆拼合增生的重要产物。因此，也就成为大陆拼合增生的重要记录与信息源。事实上，

秦岭造山带研究及其与全球典型造山带的对比，提供了关于大陆生长增生的许多重要认识与启示。

1. 造山作用是大陆拼合增生的主要途径与机制

大陆的拼合增生是地球深部物质及其派生物通过壳幔相互作用的质量与能量的传输、交换、转换、运移添加而实现的。大陆造山作用则是在地球动力学过程控制下的岩石圈和地壳的剧烈构造变动，包括强烈广泛的壳幔、洋陆间的相互作用、拼合和物质的分异交换，也就包含着大陆的增生过程。所以，大陆的拼合增生往往通过造山作用和造山带而完成，其中既包含深部幔源分异物质及其壳内派生物质的运移添加，又有陆块的拼合扩大，使大陆得以生长，而造山带就是其具体表现。因此，造山作用成为大陆拼合增生的主要途径之一，也是大陆增生拼合的一种重要机制。或可以说造山作用就是大陆生长增生的主要途径与机制，秦岭造山带的形成与演化就充分证明了造山作用与造山带对于大陆增生的重要作用与意义，而现在存在的关键问题之一是在造山作用与过程中究竟如何实现大陆的生长与增生，尚需进一步系统研究。

2. 不同类型的造山带反映不同的大陆增生方式与特点

秦岭造山带不同发展阶段以不同构造体制演化，形成不同时期的不同类型的造山带，复合而成为现今综合面貌。它们反映了不同的深部动力学作用与上部地壳响应及其不同的表现形式，反映了不同的大陆增生方式与特点。

(1) 秦岭中新元古代在裂谷与小洋盆并存的构造体制下，大量幔源物质在地幔对流或地幔柱等不同地幔动力学背景中，以底侵作用、大陆溢流玄武岩和裂谷双峰式火山喷发作用为特征（张国伟，2001；夏林圻，1996a，1996b；张本仁，2001；Gao Shan et al.，1991），涌入地壳，使之垂向加积增厚，成为秦岭演化中的主要成壳增生期。显然，它们表现出了陆壳的垂向加积增生作用，代表了大陆的垂向增生。但同时，在 $1.0 \sim 0.8\text{Ga}$ 的晋宁构造期部分小洋盆的闭合，以松树沟蛇绿岩和相关的俯冲碰撞型花岗岩为代表，又显示了同期部分地带板块构造的洋 – 陆与陆 – 陆的拼合和侧向的大陆增生作用（李曙光，1991a，1991b；张本仁，1996；周鼎武，1995）。故综合表明秦岭中新元古代以垂向增生为主，兼有侧向增生的复合大陆增生作用。

(2) 秦岭主造山期（Z-T$_2$）中小洋陆板块构造体制的俯冲碰撞拼合造山作用，以洋 – 陆、陆 – 陆、弧 – 陆俯冲碰撞造山、岛弧增生，洋壳消减、陆壳增生为主要特征，沿两条缝合带增生添加了幔源物质，如蛇绿岩等（张国伟，1995；张宗清，1994；许志琴，1988；贾承造，1988；Mattauer, et al.，1985），以及洋壳俯冲派生的岛弧火山岩、花岗岩，还有其他俯冲杂岩等，使陆壳加积增厚（赖绍聪，1998a，1998b；张宗清，1994）。同时沿缝合带三板块碰撞拼合，陆块缝合焊接扩大增生成统一大陆块。显然包括了前述的新生陆壳与陆块的拼合增生扩大两部分，主导反映了陆壳的侧向加积增生。但秦岭的非开阔大洋型的中小洋陆板块构造，始终发育着同期的中小陆块内的扩张裂谷与裂陷作用，在深部地幔柱长期作用背景下，导致不断发生底侵和裂谷火山喷发与深源岩浆上侵贯人作用（张本仁，2001；卢欣祥，1991，卢欣祥等，1996），故又突出地反映了陆壳的垂向增生作用。因此，秦岭主造山期中小洋陆板块构造体制，形成了秦岭岩石圈和地壳以侧向加积增生为主，同时伴生垂向加积增生的陆壳复合增生作用。

（3）秦岭中新生代陆内造山作用，以陆内俯冲推覆叠置和扩张隆升裂解为特征，并伴随大规模花岗岩浆活动。同时综合探测揭示岩石圈有不同程度减薄，推断有岩石圈拆沉作用，并引发不同地段有底侵或软流圈的上隆抬升，导致多量陆内花岗岩浆活动（周文戈等，1999；李先梓等，1993）。呈现出岩石圈既有消减又有增生的复杂调整状态，反映了陆壳增生与消减并存过渡的动态调整过程。但总体却呈现为大陆内垂向加积增生与消减变薄为特征的壳幔垂向双向物质交换增生与消亡的过程。

3. 大陆增生具有多种途径和方式

从上述的论述可知，大陆从地壳物质组成、结构构造到陆下地幔，从其形成与演化，都表明既与洋壳密切相关，又显著不同，是具有相对独立性的一个动力学演化系统，所以大陆动力学把大陆作为单独的统一动力学系统加以探索研究。概括而言，大陆增生问题即是地幔物质如何分异、转换为地壳（包括陆壳与洋壳）和洋壳又如何再转化为陆壳的作用与过程。表明壳幔的岩浆形成、运移和侵位是大陆生长的基本过程，多样而复杂。秦岭与中国大陆地质及与全球的对比事实也表明，大陆的生长增生是复杂多样的，具有多种途径和方式。既非单一板块边缘的俯冲碰撞侧向加积增生，也非单一的大陆垂向加积增生，而是垂向和侧向都是同等重要的大陆增生方式，而且往往是两者中何一为主的复合增生。大陆增生的实现可以具有多种途径，诸如板块俯冲碰撞拼合、底侵和拆沉作用、扩张裂谷火山作用等，但往往主要是集中通过造山作用而完成，所以造山带中包含着大陆的生长与增生以及消减的内容与信息，秦岭造山带就是一很好的实例。

（二）关于大陆的演化与保存

大陆演化与保存问题是大陆动力学研究的一个重要科学问题。目前的研究表明，主要是由于大陆组成物质密度低而具浮力，这种浮力保证了大陆的存在，并使之不像大洋壳那样能在几千万年到2亿年间快速再循环而更新演变，故使大陆得以长期被保存演化。从地球表壳大陆长期存在演化的基本地质事实综合分析看，虽然有聚合与裂解的反复演变，但全球大陆的演化保存却表现有两种不同的状态：相对稳定的演化保存状态和非稳定的演化保存状态（张国伟等，2001）。这对于认识研究大陆保存演化和大陆动力学均具有重要意义。

1. 相对稳定和非稳定的全球两种不同的大陆演化保存状态

在全球大陆中，有相当规模和数量的大型克拉通、地盾陆块长期处于相对稳定的大陆保存演化状态。它们代表了一种大陆存在的性状和行为，无疑具重要意义，如北美、波罗的、非洲、澳大利亚、俄罗斯与西伯利亚等，多数在新太古代晚期（2.5 Ga 左右）

已经形成其稳定克拉通陆块，虽长期遭受剥蚀夷平作用，但一直得以保持现有高起状态，表明它们数十亿年一直在漂浮、上浮和底部有物质的添加，因此证明它们是具有活力而非绝对平静状态。但它们本身和上覆盖层物质基本无或有很弱的变形、变质与岩浆活动等地质事实又表明，它们整体又很稳定，在基底形成之后的长期地质历史演化过程中没有发生过大的构造变动，只是有整体的垂直与水平的运动。迄今的研究还揭示一些巨大克拉通之下无软流圈的存在[①]（NRC，USA，2001；Christenson et al.，1995），而是大陆壳与壳下地幔粘着一起，形成一个深深下延的大陆根。同时还揭示太古宙地盾之下的岩石圈地幔也是相对稳定的。许多地盾在过去 20 多亿年的漫长历程中，仅有几千米的垂向运动，而且还超常状态的有一些陆块保存有长达 5 亿年未遭侵蚀的地表形迹等[①]（郑永飞，1999；Storey et al.，1992；Taylor et al.，1995；Windley，1993；McCulloch et al.，1994），均一致反映这些克拉通大陆长期处于相对稳定状态，漂浮于地幔之上，出露于地表。

相反，在全球大陆中，典型者如中国大陆那样，有诸多拼合的中小克拉通陆块，其中最古老者也有 3.8Ga 左右的陆块，它们长期处在反复多次变动的非稳定演化状态中而被保存下来，显著不同于上述相对稳定的演化保存状态。以中国华北克拉通为例，它在太古宙末早期的陆块已经形成，但并未稳定下来，又历经了古元古代中晚期强烈构造运动而形成统一结晶基底，但仍未完全稳定，又经历中新元古代，古生代晚海西－印支期（$P-T_2$）、中新生代等一系列反复多次的陆内强烈构造变动，乃至现今华北仍还是一个强烈地震活动区。所以，华北克拉通从太古宙至今一直是在非稳定多变动的状态中演化保存过来的，这些都已为地质、地球化学的大量记录和研究所证明。显然，不同于上述全球稳定状态下保存演化过来的各大克拉通陆块。中国大陆内及周边其他不少陆块，都有上述华北地块的同样情况。因此，以中国大陆为非稳定状态下演化的典型代表，与稳定状态演化相对比，反映了全球大陆中还有另一种大陆存在与演化的表现性状和行为，简而言之，即非稳定的大陆演化保存状态。从秦岭、中国大陆及其与全球对比看，这种非稳定状态的大陆演化保存，多数是中小陆块，与全球稳定状态的大陆演化保存多是巨大陆块形成鲜明对照。造成两者差异的根本原因之一应主要是两者所处深部地幔动力学背景的不同，其二是中小陆块多是长期处于巨型构造动力学体系复合汇交部位，在深部背景下，呈现中小洋陆间互混生，具有多种引发壳幔、洋陆相互作用的因素与条件，易于产生诸如底侵、拆沉、岩浆活动等深部与上部间双向物质交换、构造变动。也就是在这种非稳定状态下，使大陆增生、保存、演化，而相对稳定巨型大陆则很少，或不完全具有这种深部到上部的动力学背景与条件。但现在的重要问题是：为什么这些大陆长期处于非稳定的保存演化状态？其动力学机制及与稳定保存演化大陆的陆下地幔动力学过程有何差异？为什么有这些差异？它们的地球动力学和大地构造意义何在？

---

①李晓波等译. 美国大陆动力学研究的国家计划. 中国地质矿产信息研究院，1993

2. 大陆非稳定状态的演化保存途径与方式

秦岭造山带作为中国大陆的主要拼接带之一，具有一定的典型代表性，提供了多方面重要而又很有意义的关于大陆保存演化的信息与启示。其中最富有大陆动力学探索意义的是秦岭造山带现今岩石圈三维结构的壳幔圈层非耦合关系。研究表明这种造山带三维结构圈层非耦合关系应是大陆长期漂浮，不易返回地幔，被保存与演化的一种重要途径和方式之一。秦岭造山带现今岩石圈三维结构的圈层非耦合关系的主要实质含意在于：

（1）秦岭造山带岩石圈现今三维结构是不同时代、不同构造动力学机制下形成的上、中、下不同层次相应产物的综合复合体。上部以秦岭主造山期中小洋陆板块构造体制下形成的东西向展布的碰撞拼合造山的组成与结构为主体。下部，即上地幔则是中新生代以来所形成的呈近南北向的地幔物质结构与异常状态。中部则以新的 Moho 面为代表，是上、下部之间的过渡带，是下部深层物质与能量向上传输、控制影响上部的中间转换带，呈水平流变状态。上、中、下三者复合统一即现今的三维结构，呈现为不同时代、不同产物不一致非协调的圈层非耦合关系，但现实又组成统一的整体，即上、中、下圈层三维非耦合的结构复合模型。

（2）秦岭造山带现今岩石圈的这种三维结构圈层非耦合关系的复合模型表明：①秦岭主造山期东西向碰撞造山构造的组成与结构，虽有新构造的叠加，但主体仍有比较完整的保存，并代表着现今上部地壳的基本结构形态。然而与之相应的主造山期的中下部原组成与结构，在现今秦岭岩石圈中下部却已基本消失，而代之以与中新生代以来陆内造山作用相应的新的深部结构与状态，尤其在下部更是如此。②在秦岭造山带现今岩石圈结构中，还没有形成与中、下部现今结构相适应的上部结构，但却正处于变动调整形成过程之中。所以，这种复合模型正是秦岭造山带造山过程中新老构造从深部到上部转换过渡的动态调整状态的反映与表现。而这应是大陆长期保存演化的真实记录与反映。

从秦岭造山带、中国大陆及其与全球的对比可以看出，大陆的演化保存如同大陆的增生和存在一样，也是复杂多样的。大陆的造山作用与造山带也是其研究的主要内容与场所。大陆多期复合的造山作用所形成的造山带岩石圈三维结构的非耦合关系与自下而上的圈层、壳幔的转换正是大陆非稳定状态下增生、保存演化的主要途径与方式之一。

三、结语

概括以上从秦岭造山作用与中国大陆地质事实出发的关于大陆增生与保存演化问题的初步探讨，从大陆动力学分析可以提出如下思考：①如像中国大陆这样属于长期非稳定状态下保存演化的多块体中小洋陆板块构造体制的拼合大陆，是否是大陆生长与保存演化的一种主要类型与方式之一？其形成的深部地幔动力学机制是什么？与开阔大洋巨型板块构造体制，以及与长期稳定状态保存演化的大陆有何不同？为什么？它们在实质上反映了大陆的什么本质特性与普遍规律？②造山带岩石圈三维结构的圈层非耦合关系的成因与动力学是什么？与大陆增生及保存演化有什么关系？在大陆动力学与全球构造研究中的意义何在？我们已有专门讨论（张国伟等，2001），并将继续进行探讨。

秦岭造山带与中国大陆地质所表现出的多块体中小洋陆拼合与造山带三维结构的圈层非耦合关系的事实，已为地学界所关注，成为探索大陆动力学、大陆增生与保存演化的良好天然窗口。同时也充分表明大陆动力学的探索研究，既需要从全球动力学全局认识研究，更需要从大陆地质与大陆造山带的典型实例的解剖研究出发，力求有新发现，新研究，重新认识大陆，从而更好地概括探索大陆动力学的理论与方法，推动地学发展。

参考文献

[1] 黄汲清. 中国地质构造基本特征的初步总结. 地质学报，1960（1）

[2] 何国琦等. 中国新疆古生代地壳演化及成矿. 乌鲁木齐：新疆人民出版社，1994

[3] 贾承造等. 东秦岭板块构造. 南京：南京大学出版社，1988

[4] 赖绍聪等. 南秦岭勉县－略阳结合带蛇绿岩与岛弧火山岩地球化学及其大地构造意义. 地球化学，1998（3）

[5] 赖绍聪. 秦岭－大别勉略缝合带湖北随州周家湾变质玄武岩地球化学特征及其大地构造意义. 矿物岩石，1998，2

[6] 李春昱. 中国板块构造的轮廓. 中国地质科学院院报，1980（1）

[7] 李四光. 地质力学概论. 北京：科学出版社，1973

[8] 李曙光等. 一个距今 10 亿年侵位的阿尔卑斯型橄榄岩体：北秦岭晚元古代板块构造体制的证据. 地质论评，1991（3）

[9] 李曙光等. 秦岭－大别造山带主要构造事件同位素年表及其意义. 见：秦岭造山带学术讨论会论文选集. 西安：西北大学出版社，1991b

[10] 李先梓等. 秦岭－大别山花岗岩. 北京：地质出版社，1993

[11] 刘福田等. 中国大陆及其邻近地区的地震层析成像. 地球物理学报，1989（3）

[12] 刘建华. 秦岭－大别造山带及其南北缘地震层析成像. 地球物理学报，1995（1）

[13] 卢欣祥. 东秦岭花岗岩. 见：秦岭造山带学术会议论文选集. 西安：西北大学出版社，1991

[14] 卢欣祥等. 秦岭印支期沙河湾奥长环斑花岗岩及其动力学意义. 中国科学（D 辑），1996（3）

[15] 任纪舜等，中国东部及邻区大陆岩石圈的构造演化与成矿. 北京：科学出版社，1990

[16] 邵济安，唐克东. 蛇绿岩与古蒙古洋的演化. 见：蛇绿岩与地球动力学研究. 北京：地质出版社，1996

[17] 王鸿祯，莫宣学. 中国地质构造述要. 中国地质，1996（8）

[18] 夏林圻等. 南秦岭中－晚元古代火山岩性质与前寒武纪大陆裂解. 中国科学（D 辑），1996（3）

[19] 夏林圻等. 南秦岭元古宙西乡群大陆溢流玄武岩的确定及其地质意义. 地质论评，1996（6）

[20] 肖序常等. 新疆北部及其邻区大地构造. 北京：地质出版社，1992

[21] 许靖华. 中国大地构造相图. 北京：科学出版社，1998

[22] 许志琴等. 东秦岭复合山链的形成——变形、演化及板块动力学. 北京：中国环境科学出版社，1988

[23] 杨巍然，杨森楠. 造山带结构与演化的现代理论和研究方法——东秦岭造山带剖析. 武汉：中国地质大学出版社，1991

[24] 游振东等. 造山带核部杂岩变质过程与构造解析——以东秦岭为例. 武汉：中国地质大学出版社，1991

[25] 袁学诚. 中国地球物理图集. 北京：地质出版社，1996

[26] 袁学诚. 秦岭造山带地壳构造与楔入成山. 地质学报，1997（3）

[27] 张本仁. 东秦岭及邻区壳、幔地球化学分区和演化及其大地构造意义. 中国科学（D 辑），1996（3）

[28] 张本仁. 造山带地球化学研究的理论构想与实践. 地球科学，1999（3）

[29] 张本仁. 秦岭地幔柱源岩浆活动及其动力学意义. 地学前缘，2001（3）

[30] 张国伟. 秦岭造山带的形成及其演化. 西安: 西北大学出版社, 1988

[31] 张国伟等. 秦岭造山带的结构与构造. 中国科学 (B 辑), 1995 (9)

[32] 张国伟等. 秦岭造山带的造山过程及其动力学特征. 中国科学 (D 辑), 1996 (3)

[33] 张国伟等. 秦岭造山带三维结构及其动力学分析. 中国科学 (D 辑) (增刊), 1996b, 26

[34] 张国伟等. 秦岭造山带造山过程和岩石圈三维结构图丛. 北京: 科学出版社, 1996

[35] 张国伟等. 秦岭造山带与大陆动力学. 北京: 科学出版社, 2001

[36] 张宗清等. 北秦岭变质地层同位素年代研究. 北京: 地质出版社, 1994

[37] 郑永飞. 化学地球动力学. 北京: 科学出版社, 1999

[38] 周鼎武等. 东秦岭商南松树沟元古宙蛇绿岩片的地质、地球化学特征. 岩石学报 (增刊), 1995 (11)

[39] 周文戈等. 秦岭造山带碰撞及碰撞后侵入岩地球化学特征. 地质地球化学, 1999 (1)

[40] Christenson N L, Mooney W D. Seismic velocity structure and composition of the continental crust: a global view. J. Geophy. Res., 1995,100

[41] Gao Shan, Zhang Benren, Xie Qianli, et al. Proterozoic intracontinental rifting of the Qinling Orogenic Belt: Evidence from the geochemistry of sedimentary rocks. Chinese Science Bulletin, 1991,36 (11)

[42] Hamilton W B. Subduction systems and magmatism. In: Smellie J L, ed. Volcanism Associated with Extension at consuming plate margins. Geol. Soc. spec. publ., 1995,81

[43] Kelemen P B. Genesis of high Mg# andesites and the continental crust. contrib. mineral. petrol., 1995,120

[44] Mattauer M, Matte P, Malavieille J, et all. Tectonics of the Qinling belt: build up and evolution of eastern Asia. Nature, 1985,317

[45] McCulloch M T, Bennett V C. Progressive growth of the Earth's continental crust and depleted mantle: Geochemical constraints. Geochim. Cosmochim. Acta, 1994,58

[46] Nelson K D. A unified view of craton volution motivated by recent deep seismic reflection and refraction results. Geophys. J. Inter., 1991,105

[47] Reymer A P S, Scaubert G. Phanerozoic addition rates to the continental crust and crustal growth. Tectonics, 1984,3

[48] Richards M A, Jones D L, Duncan R A, Depaolo D J. A mantle plume initiation model for the wrangellia flood basalt and other oceanic plateau. Science, 1991,254

[49] Rogers J. A history of continents in the past three billion years. J. Geology, 1996,104

[50] Rudnick R L, D M Fountain. Nature and composition of the continental crust: A lower crustal perspective. Review of Geophysics, 1995, 33

[51] Storey B C, Alabaste T, pankhurst P J. Magmatism and the causes of continental breakup. London: Geol. Soc. Spec. Publ., 1992,68

[52] Taylor S R. The origin and growth of continents. Tectonophysics, 1967,4

[53] Taylor S R, Mclennan S M. The geochemical evolution of the continental crust. Rev. Geophy. 1995,33

[54] Windley B F. Proterozoic anorogenic magmatism and its orogenic connections. J. Geol. Soc. London, 1993,150

[55] Windley B F. The Evolution Continents. 3rd edition, John wiley and sons Led, 1995

秦岭－大别造山带南缘勉略构造带与勉略缝合带*

张国伟　董云鹏　赖绍聪　郭安林　孟庆任　刘少峰

程顺有　姚安平　张宗清　裴先治　李三忠

摘　要　秦岭－大别造山带南缘的勉略构造带是中国大陆构造中划分南北、连接东西的重要构造带。同时还是秦岭－大别造山带中除商丹缝合带外另一条古板块缝合带。多学科综合研究，确定勉略构造带现今构造几何学结构与运动学特征和恢复重建原秦岭－大别造山带等中央造山系这一板块俯冲碰撞带的形成演化，不仅对中央造山系，而且对探讨中国大陆于印支期完成其主体拼合都具有重要意义，也是探索中国大陆板块构造与大陆动力学的良好天然实验室与研究基地。

关键词　中央造山系　勉略构造带　勉略古缝合带　大陆动力学

秦岭－大别造山带的南缘边界现今呈现为一系列以指向南的逆冲推覆为主的断裂构造带，简称勉略构造带。它东端北侧邻接大别 UHP 岩石剥露区，并东去为郯庐断裂平移至鲁东。而西去则跨越青藏高原，又为阿尔金断裂错移，接西昆仑至帕米尔构造结，并继续西延。显然，它东西向横贯中国大陆中部，突出表现出以它为主界面，秦岭－大别等中央造山系从东至西向南作非均一大幅度的推覆运动，叠置在南侧扬子、松潘等地块北缘之上，构成一带突出的巨大陆内俯冲带与逆冲推覆带和大陆强构造变形带。如果说中央造山系是中国大陆地质，乃至地理、生态、环境、气候的南北分界，则该构造带便是中国大陆构造中分割南北、连接东西的具体断裂构造分界线。以它为界，南北地质差异明显，形成巨大的构造交切。而且本文以下的论证还将证明现今的勉略构造带是在先期秦岭－大别板块俯冲碰撞缝合带基础上，叠加中新生代陆内构造而综合形成的复合构造带。因此还表明它原是中国大陆于印支期完成其主体拼合的主要结合带，在中国大陆的形成与演化中占有重要地位。正因为其形成的复合性，以下将现今秦岭－大别南缘边界断裂构造带，因秦岭勉县－略阳段研究最详并具代表性，将其统一简称为秦岭－大别南缘勉略构造带，而将其先期的俯冲碰撞带称勉略古缝合带，并统称其为勉略带。显

*本文原刊于《中国科学》（D辑），2003，33（12）：1121-1135.

然古缝合带已被改造呈残存状态断续被包含在现今勉略构造带内。无疑，从现今构造研究，筛分重建原古缝合带，进而探讨秦岭－大别造山带的构造格局与形成演化和中国大陆如何完成其主体拼合及其大陆动力学意义，具有重要意义。

秦岭－大别南缘边界断裂构造，前人有很多研究，并有不同的认识[1~6]，但多是对不同区段的单独研究与认识，既很少有统一整体研究论述，更无统一的关于先期古缝合带的研究与认识。故关于勉略古缝合带及其东西的延伸[7, 8]，尚有争论[9]，本文即是国家自然科学基金重点项目最新研究成果的综合理论概括与论述。

一、勉略古缝合带的恢复重建

现今勉略构造带从大别－秦岭造山带南缘至东昆仑南缘连续一带，突出组成以南缘边界断层为主推覆界面的弧形波状延展的推覆断裂构造带。依其构造特征可划分为六个区段，自东而西依次为：①大别－桐柏南缘区段，简称襄广段；②武当、大巴山弧形区段，简称巴山段；③洋县－勉县－略阳－康县区段，简称勉略段；④康县－文县－玛曲区段，简称康玛段；⑤迭部－玛曲区段；⑥玛沁－花石峡区段，简称玛沁段（图1）。

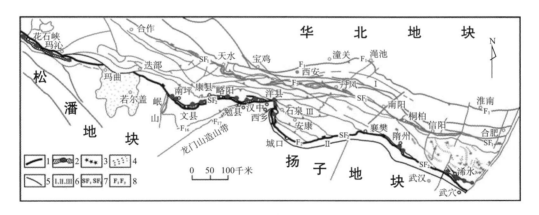

1. 勉略构造带；2. 蛇绿岩及相关火山岩；3. UHP 岩石剥露区；4. 韧性剪切带；5. 断层；6. Ⅰ华北地块南缘与北秦岭带；Ⅱ扬子地块北缘；Ⅲ南秦岭；7. 秦岭－大别造山带商丹缝合带（SF₁），秦岭勉略缝合带（SF₂）；8. 秦岭－大别北缘边界断裂带（F₁）和南缘边界断裂带（F₂），即勉略构造带。

图 1　秦岭－大别南缘勉略构造带与勉略古缝合带简图

各区段总体基本组成与构造特征一致，但又差异明显，其中最突出的特征是在现今勉略构造带中，从西至东的不同区段，都突出的保留残存有板块缝合带遗迹。虽然中间有如巴山弧形构造等因后期改造而缺失遗迹的保存，但它总体仍客观可靠地揭示出现今的勉略构造带，原曾是一重要的现已消失，并被多次改造的洋壳消减，板块拼合的缝合带，需要恢复重建。

（一）勉略古洋盆的确认与恢复

勉略构造带由德尔尼－南坪－康县至勉县，越巴山弧达随州花山，直至大别南缘清水河，断续出露蛇绿岩、洋岛火山岩、岛弧火山岩及初始洋型双峰式火山岩[10-17]。带内蛇绿岩主要见于德尔尼、琵琶寺、庄科、鞍子山、随州花山及大别清水河地区[11-14, 16]。岩石组合包括超基性岩（变质洋幔）、堆晶辉长岩、辉绿岩墙群及 MORB 型玄武岩。其中超基性岩多已蚀变为蛇纹岩类，原岩主要是二辉橄榄岩和纯橄岩，其 REE 配分型式为亏损型，$(La/Yb)_N = 0.40 \sim 1.20$，具正铕异常。辉长岩类变形强烈，具堆晶辉长－辉绿结构，稀土特征为弱富集型，$(La/Yb)_N = 4.46 \sim 11.73$，$\delta Eu = 0.94 \sim 1.55$，具弱正铕异常。清水河辉石岩－辉长岩堆晶岩系 Th，U，Ta，Nb，La 等不相容性较强的元素，相对于 Hf，Zr，Sm，Y 等弱不相容元素呈亏损状态，显示了典型的亏损地幔源特征。辉绿岩多呈岩墙状产出，在三岔子、桥梓沟一带十分发育，其 $(La/Yb)_N = 3.09 \sim 6.51$，$\delta Eu = 0.76 \sim 1.06$，痕量元素配分型式显示了与辉长岩类同源岩浆分异演化的趋势。MORB 型玄武岩是带内蛇绿岩组合的重要组成端元，以高 TiO_2 和 K_2O 及轻稀土亏损为典型特征。

洋岛火山岩广泛分布于南坪－康县区段，可分为洋岛拉斑玄武岩和洋岛碱性玄武岩两类。洋岛拉斑玄武岩类 $(La/Yb)_N$ 介于 $1.85 \sim 5.71$ 之间，δEu 平均 0.94。而洋岛碱性玄武岩 $(La/Yb)_N$ 平均 14.71；δEu 平均 0.93。岩石 N 型 MORB 标准化配分型式以 Ba，Th，Nb，Ta 的较强富集为特征。自洋岛拉斑玄武岩→洋岛碱性玄武岩，Ti 的亏损逐渐增强，而 Ba，Th，Nb，Ta 的富集度却逐渐升高，反映了洋岛火山作用正常的岩浆演化趋势，表明它们是典型的洋岛型大洋板内岩浆活动的产物。

岛弧火山岩主要分布于略阳－勉县、洋县－巴山弧地区，均属亚碱性系列火山岩。略阳三岔子岛弧拉斑玄武岩 $(La/Yb)_N = 6.59$，$\delta Eu = 0.98$。而安山岩类 $(La/Yb)_N = 2.78 \sim 13.24$，$\delta Eu = 0.85 \sim 1.02$。岩石 Th > Ta，Nb/La < 0.6，Th/Ta 大多在 $3 \sim 15$ 之间，Th/Yb $= 0.68 \sim 2.74$，Ta/Yb $= 0.10 \sim 0.84$。巴山弧岛弧岩浆带以弧内裂陷双峰式火山岩为代表，玄武岩类 $(La/Yb)_N (2.62 \sim 4.60)$ 和 δEu（平均为 1.03）表明岩石为轻稀土弱富集型，且无 Eu 异常。而英安流纹岩类稀土总量较高（平均 186.14×10^{-6}），其 $(La/Yb)_N$（平均 6.75）表明岩石为轻稀土中度富集型。痕量元素以显著的 Nb 和 Ta 亏损为特征，Th/Yb-Ta/Yb 和 Ti/Zr-Ti/Y 以及 Nb/Th 和 La/Nb 不活动痕量元素组合特征，指示它们生成于岛弧的大地构造环境，为洋内岛弧弧内裂陷岩浆活动的产物。略阳黑沟峡和大别南缘兰溪初始洋型双峰式火山岩系主要由玄武岩及少量英安流纹岩组成，其基性端元均属拉斑系列玄武岩，仅酸性岩属钙碱系列。该类玄武岩 Nb 与 La 含量大致相等，Nb 未显示出负异常，Ba 也未显示出正异常，具有高 Th 和 Pb 异常及低 Rb 和 K 异常，表明它们来自 MORB 型地幔源并较少受陆壳混染影响，而酸性岩则源于具有陆壳特征的源区。玄武岩除了 Th 和 Pb 外，其他痕量元素大致与 N 型 MORB 类似，而普遍低于

OIB，且具有扁平的 REE 模型，因而应属 MORB 型，而不是 OIB 和岛弧型，说明裂谷已拉张成洋盆，初始洋壳已开始形成。然而该类玄武岩与典型 N 型 MORB 不同之处是 Th 和 Pb 高，这又与一些大陆溢流玄武岩类似，恰好反映了该玄武岩是由初始大陆裂谷向成熟洋盆转化阶段的产物。

蛇绿岩及相关火山岩的精细解析表明，勉略构造带自西至东，在长达 1500 余千米的范围内断续出露蛇绿岩、洋岛火山岩、岛弧火山岩及初始洋型双峰式火山岩 20 余处，充分表明秦岭－大别南缘曾存在有现已消失的勉略有限洋盆，并自西部德尔尼、经勉略、直至大别山南缘分布，总体属中小有限洋盆，且地质、地球化学（包括 Pb，Sr，Nd 等同位素示踪)[10, 13]综合对比分析，表明属东古特提斯洋域北缘分支洋盆。洋盆在 D-C-T_2 期间曾经经历过一个有限洋盆发生、发展与消亡过程，并成为中国大陆印支期完成其主体拼合的主要缝合带。

（二）古大陆边缘与前陆盆地的重建

勉略洋盆与缝合带的恢复重建，除上述蛇绿岩等的证据外，还需要构造沉积学的研究。

秦岭－大别造山带沉积构造演化研究[8, 18, 19]，以秦岭为例，证明秦岭造山带是在元古代基底基础上，于新元古代晚期，至少在震旦纪时期，已沿商丹一线，出现了分隔华北与扬子的古秦岭商丹洋盆，南北地质特点与演化显著不同。南秦岭区域从震旦纪至早古生代沉积构造演化呈现为从早期的扩张陆缘转变为俯冲板块前缘的被动陆缘构造环境，但从泥盆纪开始，在南秦岭的扬子板块北缘的被动陆缘隆起带上，沿现勉略一线，新又逐渐打开形成了秦岭勉略有限洋盆（图 2），出现了秦岭晚古生代至三叠纪的板块构造新格局，形成新的陆缘沉积体系及其之后的现勉略带南侧的前陆盆地（T_3-K_1），客观地记录了勉略洋盆从打开到封闭的演化过程。

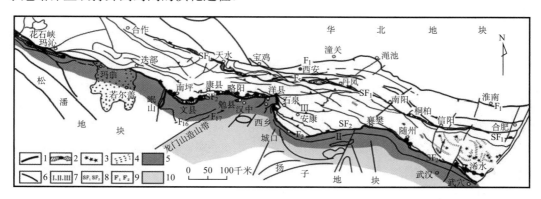

1. 勉略构造带；2. 蛇绿岩及相关火山岩；3. UHP 岩石剥露区；4. 韧性剪切带；5. 被动陆缘沉积体系范围；6. 断层；7. Ⅰ华北地块南缘与北秦岭带；Ⅱ扬子地块北缘；Ⅲ南秦岭；8. 秦岭－大别造山带商丹缝合带（SF_1），秦岭勉略缝合带（SF_2）；9. 秦岭－大别造山带南、北边界断裂；10. 前陆盆地及其沉积范围

图 2　勉略带南侧陆缘（D-T_2）和前陆盆地（T_3-K_1）图

1. 勉略带大陆边缘沉积体系

沿现勉略带南侧从西部玛沁至东部大别南缘，连续发育晚古生代至三叠纪的陆缘沉积体系[30-32]。根据构造演化与盆地沉积充填特征的系统研究，陆缘盆地发育演化可划分为两个阶段：D-C 从扩张裂谷到初始洋盆演化；P-T$_{1-2}$被动大陆边缘盆地演化。

（1）D-C 扩张裂谷至初始洋盆演化阶段。地层沉积记录表明，勉略带发生扩张裂解前，该区在区域上主体处于原扬子板块北缘早古生代被动陆缘后侧的一带隆起背景之上，区域上现勉略带两侧均普遍缺失 D-C 岩层，但相反勉略带内，却从西至东普遍发育 D-C 岩层，并具有裂谷型沉积组合，反映了扩张裂陷的发生、发展。泥盆系在勉略带内发育从初始裂陷快速粗砾屑堆积、裂谷边缘相冲积扇体系的扇三角洲至深水扇，到重力流、浊积岩系的由斜坡、坡底裙以致盆地平原相的深水浊积岩系，并具自南向北加深的相变与组合等，总体表现了勉略洋盆从初始同裂谷到初始小洋盆的沉积充填特征。而石炭系沉积主要以陆棚 - 盆地体系为特征，同时在蛇绿混杂岩中的硅质岩中还发现 C$_1$的放射虫动物群，表明石炭纪已开始发育深水盆地相沉积[8]。而且从勉略带南侧晚古生代沉积岩层发育的层位时代及其延展分布，还揭示当西部 D$_{1-2}$已是裂谷沉积，并向初始洋盆发展时，中部（高川）至东部（花山）D$_3$还处在扩张裂陷进程中，表现在 D$_3$裂谷期充填岩层沉积超覆在 Є-O 岩层之上，因而表明勉略带的扩张打开是自西而东逐渐扩张发展的。

（2）P-T$_{1-2}$被动大陆边缘沉积体系（见图 2）。勉略带内及其南侧广泛发育 P-T$_{1-2}$沉积岩系。据其沉积组合、岩相分布与物源流向和构造沉积古地理特征，并结合同期的勉略蛇绿岩、岛弧火山岩与俯冲型花岗岩等共同一致表明，勉略洋盆从石炭纪晚期到早中三叠世从西到东逐渐扩张打开，形成统一的洋盆，并于二叠纪中晚期已开始消减俯冲[8, 10, 18]。故勉略古洋盆南侧的 P-T$_{1-2}$沉积岩系已从 D-C 的扩张裂谷沉积为主演化转入被动陆缘沉积。中上二叠统，尤其如长兴期沉积，显著的以浅海 - 半深海硅质岩为主自南向北的加深，形成典型的被动大陆边缘沉积体系，指示其前缘有洋盆的存在。

勉略带南侧的早三叠世自北而南发育下部浅海泥质 - 灰泥质盆地体系、浅海碳酸盐陆架斜坡体系和碳酸盐岩台体体系，反映了勉略有限洋盆地体系开始萎缩[8]。中上扬子北缘巨厚的巴东组（T$_2$）垂向从细粒向粗粒的沉积演化表明，自中三叠世开始，勉略带自东而西已转入早期海相前陆盆地沉积时期，表示勉略洋盆斜向碰撞封闭具有自东而西的穿时的过程。

2. 勉略俯冲碰撞带南缘的前陆盆地体系

中三叠世后，勉略带的陆缘盆地已全部转换为前陆盆地，但因后期勉略带的强烈逆冲推覆，使原前陆盆地大量沉积体被掩盖或改造破坏，但依据现残存的沉积记录，仍可以恢复出发育两套前陆盆地体系，即 T$_{2-3}$海相前陆盆地体系和 J-K$_1$陆相前陆盆地体系。

（1）勉略带 T$_{2-3}$海相前陆盆地沉积体系。T$_{2-3}$海相前陆盆地沉积体系分布于中、上扬子地块与松潘等地北缘，近东西向展布。同期川西龙门山前也发育前陆盆地呈北东向分布，两者成交接分支关系。松潘北缘 T_{1-2} 安尼期，仍为勉略洋盆南缘被动陆缘的浅海台地相沉积环境，但自 T_2 拉丁阶至 T_3 卡尼阶发生明显变化，出现强烈沉陷充填的细粒浊积岩为主的深水沉积，呈现半深海－深海斜坡环境，至 T_3 诺利期又变为浅海陆棚粗中粒长石砂岩等沉积，代表海相磨拉石相充填，诺利期后即已发生构造变形而隆升。同期的中上扬子北缘地区，由于强烈构造改造，勉略带南侧的汉南地块和巴山弧外侧的 T_{2-3} 海相前陆盆地沉积多已被掩覆，仅在川西北残留有周缘前陆盆地远端的浅水沉积。而在中扬子的湖北京山－南漳一带 T_{1-2} 发育一套硅质岩与细碎屑岩的典型深水相沉积，但如上述 T_2 巴东组已明显为前陆盆地相沉积，表明该区已开始向前陆盆地转变。这恰与大别碰撞超高压变质作用主要发生在 245 ～ 230Ma[20]，即 T_{1-2} 相吻合。总之勉略带南侧从陆缘沉积环境开始穿时的转换为海相前陆盆地，其中尤以松潘北缘发育保存完好。

（2）勉略带侏罗纪至早白垩世（J-K$_1$）陆相前陆盆地沉积体系（见图 2）。勉略带南侧发育并完好保存有 J-K$_1$ 的陆相前陆盆地沉积岩系，可划分为 J$_{1-2}$ 和 J$_3$-K$_1$ 两期。J$_{1-2}$ 沉积在秦岭－大别南缘稳定分布，厚度巨大，表现为前陆盆地河流湖泊相的进积型的垂向沉积序列，而 J$_3$-K$_1$ 的盆地相分布已自东向西退缩，以至晚期逐渐退缩到川西北一隅。总体也表现为河流湖泊陆相的进积型的垂向变化序列。但以 K$_2$ 江汉盆地的上叠交切为代表，标志着勉略带前陆盆地沉积体系演化的结束和转入新的陆内盆山构造演化阶段。

（三）古俯冲碰撞构造与相关变质、岩浆活动和古缝合带的恢复

根据沿现勉略构造带不同地段残存的原板块俯冲碰撞构造与变质、岩浆作用也同样可以恢复重建勉略古缝合带。主要证据是：

1. 原板块俯冲碰撞构造

经对勉略带中各区段的系统构造解析和面积性大比例尺构造填图，筛分去除中新生代叠加构造，确定各区段均残存可以对比的原俯冲碰撞构造。其中俯冲构造，残存于蛇绿混杂岩块和陆缘沉积岩块岩层之中，以中深层次透入性韧性剪切流变作用与韧性剪切推覆构造为主要特征，主要表现为仅在不同混杂岩块内普遍发育的早期透入性片理、片麻理（S$_1$，S$_0$ ≈ S$_1$）与矿物线理（L$_1$），它们均被筛分确定的碰撞构造面理（S$_2$）与韧性剪切带所交切改造。而碰撞构造主要表现为：①以缝合带中大量构造残片、岩块的剪切推覆叠置和混杂构造与组合为特征，包括不同中深层次糜棱岩与韧性剪切带等[11]；②勉略带南侧，并行一带从西至东最新只卷入 T_2 的前陆冲断带，应是勉略缝合带于印支期陆－陆碰撞的直接产物。

2. 碰撞变形变质作用

勉略带内普遍遭受区域变质与动力变质作用，主要达绿片岩相，个别区段则达角闪岩相与麻粒岩相，并在玛沁南、勉略安子山及桐柏－大别南缘断续残存高压蓝片岩带。勉略区段发现低温高压矿物组合（黑硬绿泥石、3T 多硅白云母等）和中温高压矿物组

合（钠云母等），其中安子山有中高压麻粒岩（657～772℃，0.97～1.3Gpa）[21]，并与勉略区段东端北侧的佛坪穹窿麻粒岩时代相近[22, 23]。在勉略、玛沁等区段还发现构造沉积混杂岩带，以碰撞构造混杂为特点，并明显保存原沉积混杂特征。以上共同表明它们是同期俯冲碰撞构造产物。

3. 俯冲碰撞型花岗岩带

沿勉略带内及北侧发育系列俯冲碰撞型花岗岩。同位素年代集中于 220～205Ma（U-Pb）[24]，应是勉略带板块俯冲碰撞的重要证据。

（四）勉略古洋盆与古缝合带形成时代

以同位素年代学与古生物相结合的定年，并结合区域地质综合分析，证明勉略古洋盆与俯冲碰撞缝合带总体形成于晚古生代至中生代初（D-T，345～200Ma）。而且由于勉略带从扩张打开至最终碰撞造山过程是东、西穿时发展演化的，故各地段形成时代有差异，所以 D－T 代表了整个勉略有限洋盆从初始扩张裂陷到最终消亡碰撞造山的总体形成演化时限。

1. 勉略古洋盆启开与发育时代

（1）古生物定年主要证据有：勉略区段蛇绿岩中硅质岩层内放射虫动物群化石定年为 C_1[25]。西乡孙家河火山岩中硅质岩夹层放射虫定年为 D_3-C_3[26]。康玛区段蛇绿混杂岩中火山岩中硅质岩放射虫属 D_3-C[27]。玛沁地区与蛇绿岩及相关火山岩密切共生的硅质岩与相关岩层古生物化石为 C-P 和 T_{1-2}[28]。东部花山蛇绿混杂岩块的最新时代由古生物定年为 T_{1-2}，P，C 等（1∶5 万区测资料）。上述从东至西千余公里延伸的带内共同具有相同时代的放射虫等古生物化石群落，并集中于 $D-T_{1-2}$时期，显然是处于同时代同环境下的产物，因而从陆缘到洋内的沉积岩时代表明了洋盆启开发育的主要时代为 D_3-P。

（2）同位素年代学证据：勉略带不同区段蛇绿岩与相关火山岩、花岗岩等采用多种同位素测年方法，获得时代集中于 345～200Ma±，即 D-T。如玛沁德尔尼蛇绿岩洋脊玄武岩的全岩$^{40}Ar/^{39}Ar$ 年龄 345±7.9Ma，等时年龄为 320.4±20.2Ma[29]，与其中硅质岩夹层的放射虫定年 D_2-C 相一致。勉略区段蛇绿混杂岩中与基性火山岩共生的斜长花岗岩的结晶锆石 U-Pb 年龄为 300±81Ma，而其继承锆石年龄为 913±40Ma[30]。同地与基性火山岩互层的硅质岩获 326Ma（Sm-Nd 全岩等时限）和 344Ma（Rb-Sr，张宗清，待刊），并与产于其中的放射虫化石时代 D_3-C_1[25]相吻合。勉略庄科蛇绿岩变质基性火山岩 Rb-Sr 等时年龄 286±110Ma 和$^{40}Ar/^{39}Ar$ 年龄 283±22Ma（张宗清，待刊），结合地质综合分析应代表洋壳的初始俯冲变质年龄。

综合上述古生物与同位素年代表明勉略古洋盆打开与扩张发育主要在 $D_{2-3}-P_1$时期。

2. 勉略古洋壳俯冲与碰撞造山缝合带形成时代

除上述张宗清获得的勉略庄科、三岔子基性火山岩等年龄外，蛇绿岩混杂岩带不同地点还获得变质基性火山岩 242±21Ma（Sm-Nd），221±13Ma（Rb-Sr）[15]，226.9±0.9 ～ 219.5±1.4Ma（^{40}Ar/^{39}Ar）[31]，勉略带北侧系列俯冲碰撞型花岗岩体 U-Pb 年龄 225 ～ 205Ma[24]。尤其勉略带内安子山准高压基性麻粒岩（蛇绿岩组成部分）[21] Sm-Nd 和 ^{40}Ar/^{39}Ar 年龄为 199 ～ 192Ma[22]，并与勉略区段东端北侧的佛坪穹窿麻粒岩的 U-Pb 锆石年龄 212.8±9.4Ma[22, 23] 相一致。麻粒岩年龄应是俯冲洋壳在深部准高压麻粒岩化后又随碰撞而隆升的时代。因此上述同位素年代集中代表了勉略古洋壳俯冲碰撞和缝合带形成时代（P_2-T_{2-3}）。事实上，前述勉略带南侧并行的最新只卷入 T_2 岩层的前陆冲断褶皱带，也一致地证明了勉略古缝合带是在 T_{2-3} 时期形成的。

勉略蛇绿岩混杂带内，还获得有 10 ～ 8 亿年及 4 亿年的岩石同位素年龄，综合分析鉴于带内混杂多量不同构造岩块，加之同位素年龄测试方法与解释的复杂性，关于勉略古洋盆和碰撞缝合带的形成时代，我们以与洋盆发育直接相关，产于蛇绿岩内与火山岩或岛弧火山岩呈互层的硅质岩的古生物为主要依据，并结合不同岩类的同位素年龄，综合区域地质分析，判定与确定认为勉略洋盆启开、发育时代为 D_{2-3}-P_1，俯冲消减与碰撞造山为 P_2-T_{2-3}，总体时限为 D_2-T_{2-3}（345 ～ 200Ma），T_3 及其之后已转入后造山板内（陆内）构造演化时期。

二、勉略构造带现今构造几何学与运动学

现今勉略构造带是在上述勉略板块碰撞构造与缝合带基础上，又经历中新生代陆内构造叠加复合改造而综合形成，成为中国大陆构造中突出而重要的构造带。其构造几何学与运动学具有独特特征。

（一）勉略带构造几何学结构

勉略带现沿秦岭－大别造山带南缘边界呈 EW-NWW 向延伸，区域上即是秦岭－大别等中央造山系南缘的边界断裂构造带。其最突出的构造特征是：它总体以秦岭－大别南缘边界断裂为主推覆断层，由系列弧形指向南的逆冲推覆构造连接组合，构成中央造山系南部迭覆于扬子地块北缘的巨大陆内推覆构造带。其构造几何学结构具以下主要特点：

（1）平面构造几何学呈线性弧形波状延伸，东西向横穿中国大陆中部，以它为界南北构成巨大构造交切，成为划分中国大陆构造南北的重要构造界线。

勉略带以系列连续交接的指向南的大型弧形逆冲推覆构造近东西向延展为特色，其中以大别、巴山、康玛三大指向南的弧形逆冲推覆构造为主，其间相对于扬子地块北缘黄陵、汉南－碧口和若尔盖地块的阻挡而呈向北突出的弧形，总体呈现为正弦波状的线性平面展布（见图 1）。勉略带包括以下主要弧形推覆构造。

东端大别弧由于郯庐断裂平移，东翼移至鲁东，而西翼呈半弧状，即武穴－襄樊间

的桐柏－大别造山带南缘襄广段的向 S-SW 的斜向逆冲推覆构造，兼具右行走滑，并伴随郯庐的左行剪切平移，总体造成其大幅度逆冲推覆于中扬子地块北缘。该区段晚近期多为新生界覆盖，但横穿大别的反射地震测深揭示出了上述向南的巨大逆冲推覆的深部结构[6, 32]。襄广段西延绕黄陵－神农架地块北侧接巴山弧形构造。

巴山逆冲推覆构造介于襄樊、洋县间，呈巨大指向 SSW 的不对称弧形，东翼长，西翼短呈近 SN-NNW 向，其间的南秦岭印支期勉略带碰撞造山中形成的安康碰撞推覆构造与武当穹隆构造，在中新生代秦岭陆内造山过程中，又发生大规模向南的推覆，并由于东、西侧黄陵与汉南地块不均一阻挡而形成向 SSW 偏移的不对称弧形大巴山逆冲推覆构造（见图1，图3），成为勉略构造带，乃至秦岭和中国大陆构造中突出而重要的大陆推覆构造。

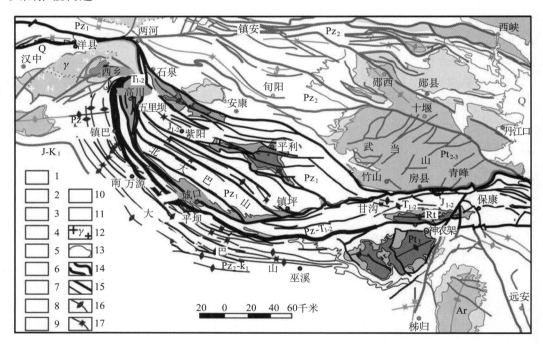

1. 第四系；2. 下白垩统－上古生界；3. 下、中侏罗统；4. 下、中三叠统；5. 古生界－下、中三叠系；6. 上古生界；7. 下古生界；8. 震旦系；9. 上元古界；10. 中上元古界；11. 太古界；12. 花岗岩；13. 地层界线；14. 勉略构造带；15. 主要断裂和次级断层；16. 向斜；17. 背斜

图 3　大巴山弧形推覆构造图

勉略区段是巴山弧形构造的西延，介于洋县－康县间，呈东西向，西接康玛弧形构造，是勉略带延伸中向北最突出和秦岭造山带最狭窄部分的南缘部位。显然它是由于川西、川中基底的汉南地块向北大幅度挤入秦岭造山带，导致在其东、西侧形成巴山和康玛两大弧形推覆构造，并使之成为两弧翼部交接转换的地带。它是勉略带中保存先期蛇绿岩和缝合带遗迹最好的地段，故先期已有大量的研究[10, 12, 13]（图5b），不

再赘述。

康玛逆冲推覆构造（见图1，图4，图5a），呈弧形分布于康县–玛曲间，西段为迭部–玛曲推覆构造迭置，西延接玛沁推覆构造。康玛弧形构造是西秦岭造山带系列东西走向指向南的弧形推覆构造最南缘的造山带边界推覆构造带，由于其南侧东、西端受碧口和若尔盖地块阻挡而呈巨大向南突出的弧形，并以明显的构造交切关系大规模向南叠置于松潘北缘与岷山南北构造之上，成为又一勉略带的巨大弧形逆冲推覆构造。

迭部–玛曲弧形推覆构造位于迭部与玛曲之间，弧顶在郎木寺与大水一带，以西秦岭白龙江巨大推覆构造西端的古生界和三叠系岩层为主，形成自碌曲向南的一系列弧形逆冲推覆构造（图4），并在其前缘叠置于康玛和玛沁两个推覆构造的交接转换部位。

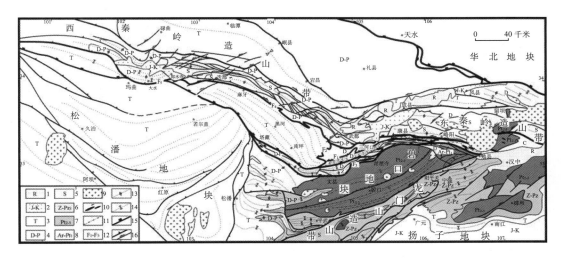

1. 新生界；2. 侏罗–白垩系；3. 三叠系；4. 泥盆系–二叠系；5. 志留系；6. 震旦系–古生界；7. 中上元古界；8. 太古–古元古代变质杂岩基底；9. 印支期花岗岩；10. 蛇绿岩及相关火山岩等；11. 韧性剪切带；12. 主推覆断层，F1为缝合带主断层；13. 不同岩层中的背斜；14. 不同岩层中的向斜；15. 缝合带；16. 逆冲断层和走滑断层。

图4　康玛弧形逆冲推覆构造图

玛沁逆冲推覆构造位于西秦岭和东昆仑南缘两造山带衔接部位的阿尼玛卿山地带。呈EW向，微成向南弧形，是勉略构造带向昆仑南缘的延伸，接东昆仑南缘推覆带，同属中央造山系南缘勉略构造带。以花石峡–玛沁间构造为代表，其现今基本构造由多个大型自北而南的逆冲推覆构造的复合叠置组合而成（图5c）。

（2）勉略带剖面结构，呈现造山带以多种类型和不同深度层次规模的推覆构造形式，向外推置在相邻克拉通地块之上，构成陆内地壳大规模收缩推覆堆叠的几何学结构，突出而壮观。包括有以大别UHP岩石抬出为特征的造山带根部深层岩块向南大幅度推覆叠置的襄广段巨大深层推覆构造。还有以巴山和康玛弧形构造为例的不同多层次多级别的逆冲推覆构造，如巴山弧形构造（见图3），在先期碰撞构造和缝合带基础上，时空复合形成大巴山巨大弧形双层逆冲推覆构造。它以洋县－石泉－城口－房县巴山主推覆断层为界，分为南北两个推覆构造，两者现虽为同一推覆构造系，但差异明显。北大巴山推覆构造由南秦岭下古生界为主包容中上元古界总体围绕武当地块西南侧，组成一系列NW-SE 平行延伸指向 SW 的逆冲推覆构造，主体为秦岭印支主造山期板块碰撞构造，原应不属巴山推覆构造，但后期又被卷入，首先它整体作为弧形推覆体，沿主推覆断层向SSW 大规模推覆运动，并且其东西端被截切。同时内部先期断裂也随之逆冲活动，以致出现逆冲推覆在断陷盆地 J_{1-2} 岩层之上。

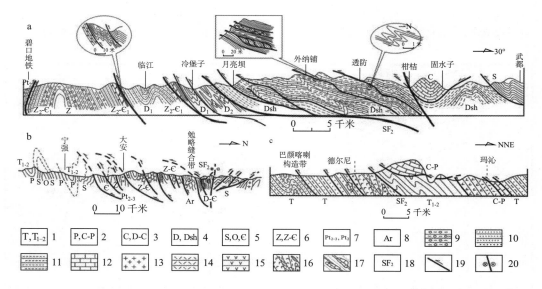

a. 康玛推覆构造剖面；b. 勉略段构造剖面；c. 玛沁逆冲推覆构造剖面。1. 三叠系、中下三叠统；2. 二叠系、石炭－二叠系；3. 石炭系、泥盆－石炭系；4. 泥盆系三河口群、泥盆系；5. 志留系、奥陶系、寒武系；6. 震旦系、震旦－寒武系；7. 中新元古界、中元古界；8. 太古界；9. 变质砾岩；10. 变质砂岩等；11. 变质泥岩类；12. 灰岩、变质灰岩；13. 花岗岩；14. 中性火山岩；15. 基性火山岩；16. 蛇绿岩和蛇绿混杂岩；17. 沉积构造混杂岩；18. 勉略断裂带与勉略缝合带；19. 逆冲推覆断层、韧性剪切带；20. 走滑断层。

图 5　勉略构造带构造剖面图

南大巴山则由两个次级构造单元组成：①叠加复合逆冲推覆带，位于上述巴山主推覆断层南侧，并部分被掩覆。它是在先期最新只卷入 T_2 岩层的勉略带碰撞构造基础上，又叠加由北大巴山推覆而引起的复合推覆变形，故形成为叠加复合逆冲推覆构造。而且依据如图 3 所示，巴山主推覆断层东、西端的西乡高川和竹山甘沟遥相对应的先期碰撞构造与后期叠加变形，清楚反映巴山弧形构造大规模推覆掩盖了两者之间的相应构造，乃至掩覆了先期的勉略古缝合带，该区现有的地球物理测深也证明了这一点（图 6）。②推覆扩展前锋变形带，它是由上述大巴山推覆构造所引起的前沿卷入 T_3-K 前陆盆地沉积的推覆向前扩展的变形带。

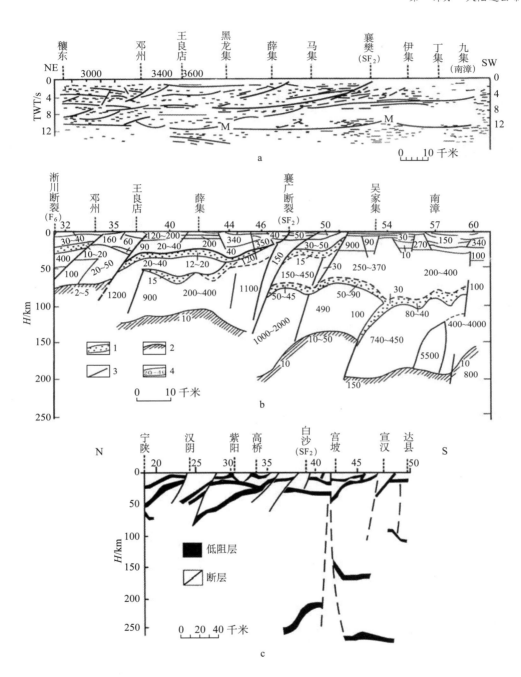

a. 秦岭洛阳－南漳反射地震测深剖面（穰东－南漳段）；b. 秦岭洛阳－南漳大地电磁测深剖面（淅川－南漳段）；c. 秦岭宁陕－达县大地电磁测深剖面。1. 低阻层；2. 岩石圈底界面；3. 推测断层；4. 电阻率；SF_2 勉略构造带与勉略古缝合带

图 6 秦岭造山带反射地震和大地电磁测深剖面图（据袁学诚，李立，1997）

总之，上述表明巴山弧形构造是由先期板块碰撞构造和后期陆内推覆构造复合叠加，由南、北巴山推覆构造组成为巨大指向 SSW 的弧形双层几何学结构的逆冲推覆构造。而与之不同，康玛弧形构造几何学结构则是组成与结构更为复杂的一个多层次的指向南的巨大弧形逆冲推覆构造系。它由三个次级单元组成（见图4）：①在原先期碰撞推覆构造基础上的北部三河口低角度逆掩推覆构造，以 F_1 为主推覆断层；②西部南坪黑河薄皮滑脱逆冲推覆构造，F_2 为主推覆断层，呈低角度交切或顺层推覆，逆掩叠覆或截切三河口逆掩推覆和其他构造之上，具薄皮构造特点；③晚期统一整体的康玛巨型弧形推覆构造，以西秦岭南缘边界为主推覆断层（F_3）整体发生向南的逆冲推覆运动，截切先期与前期构造与松潘、碧口等南侧所有构造线，并在碧口地块北侧由于碧口基底高位抬出阻挡而发生上部反向对冲构造（见图5a）。勉略带西延连结西秦岭与东昆仑南缘的玛沁推覆构造的结构又呈现为多级组合的迭瓦状逆冲推覆构造，并以残存较好的印支期蛇绿混杂岩和碰撞推覆与陆内叠加推覆的复合构造为主要特点（见图5）。

显然以上表明勉略带在不同地段不同岩石介质材料与构造边界条件下，形成了不同结构的构造几何学样式，但它们又总体在大致同期统一构造动力学背景下形成为统一的勉略构造带，使之构造几何学结构形态统一而又复杂多样。

（3）勉略带现今三维几何学模型，综合上述地表平面展布与剖面结构，并结合穿越大别、东西秦岭的现有不同地球物理测深资料[6, 32, 33]（见图6），显然呈现为秦岭－大别等中央造山系的造山带陆壳，沿其南缘边界在先期俯冲碰撞深达地幔的缝合带构造基础上，以多种不同类型的地壳规模的逆冲推覆构造型式，形成造山带地壳物质大规模叠覆于相邻克拉通地块之上的大陆地壳收缩推覆叠置的三维几何学模型。

（二）勉略带构造运动学特征

根据区域构造和勉略带的构造几何学分析，勉略带形成具有以下主要构造运动学特征：

（1）总体反映造山带与相邻地块间的相互作用，于先期板块碰撞造山之后，在陆内构造演化中，其间又沿两者破裂边界发生克拉通地块向造山带之下作大规模陆内俯冲运动，而造山带则向外产生大幅度反向逆冲推覆运动，形成陆壳物质，乃至壳幔物质双向收缩叠覆。勉略带构造反映了这种在区域地幔动力学背景下发生的陆内盆山地壳尺度的构造运动。

（2）勉略带具有东、西部大尺度差异的俯冲与推覆运动。东部大别的超高压岩石的形成与折返，除其北缘的大陆深俯冲与逆冲折返作用外，新的反射地震测深已揭示，南缘也存在巨大深俯冲与大别深层岩块的折返抬升，即表明勉略带东部相对其西部发生巨大差异的逆冲推覆运动。也即表明扬子地块相对秦岭－大别造山带发生陆内巨大逆时针旋转的斜向俯冲和造山带相对顺时针旋转的逆冲推覆运动，致使东部大别 UHP 深层岩块得以快速抬升剥露，故反映勉略带具有东、西部非均一差异俯冲与推覆运动特征。

（3）勉略带的弧形波状展布，表示因其两侧不同地段岩石介质材料与构造边界条件的差异。尤其南侧扬子地块北缘不同构造单元古老基底地块的阻挡作用，使造山带地壳向南逆冲推覆过程中产生非均一差异运动，造成一系列运动幅度不同的多样弧形推覆构造，故又揭示了勉略带各地段间存在显著差异推覆运动，并由之造成了多样组合的推覆构造几何学样式。

三、勉略构造带的形成演化及其中国大陆构造动力学意义

（一）勉略构造带的形成演化

综合概括中央造山系南缘的勉略构造带的形成演化过程与历史，显然它作为秦岭造山带等中央造山系的主要组成部分，是在整个中央造山系晚古生代以来新的板块构造格局与陆内造山演化中而发展演化的。但就其自身而言，主要包括两大时期：①勉略有限洋盆在先期构造基础上扩张打开到最后碰撞造山缝合带形成的演化（D_{2-3}-T_{2-3}）；②中新生代后造山陆内构造演化。综合厘定其具体形成演化过程概括为六个阶段（图7）。

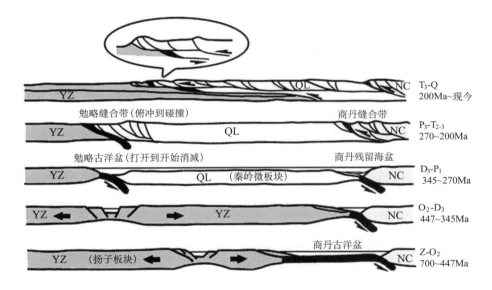

图 7　勉略构造带演化简图

（1）初始扩张裂陷–初始洋盆打开阶段（D_{2-3}-C_1）。在东古特提斯洋盆扩张打开的区域构造动力学背景下，在秦岭等中央造山系原扬子板块北缘被动大陆边缘的扩张隆起带基础上，沿勉略带一线自西而东发生扩张裂陷，并发展转化为初始洋盆（D_{2-3}-C_1）。

（2）小洋盆–有限洋盆扩张发育阶段（C_1-P_1）。从初始洋盆处于非统一贯通的串珠状多个小洋盆逐渐自西而东发展演化，至早石炭世可能已形成贯通东西的统一勉略古有限洋盆。

（3）洋壳板块消减俯冲演化阶段（P_2-T_2）。岛弧火山岩、俯冲花岗岩以及俯冲变质变形作用揭示晚二叠世（P_2）勉略有限洋盆已开始收缩，洋壳消减俯冲，出现岛弧岩浆和弧扩张与弧裂陷的演化特征。

（4）陆-陆碰撞造山阶段（T_{2-3}）。蛇绿混杂岩带、碰撞变质变形构造、碰撞岩浆活动和最新只卷入 T_2 的前陆冲断褶带形成，以及双变质和深层麻粒岩的抬出等共同证明在 T_{2-3} 时期勉略带已发展到陆-陆碰撞造山阶段。

（5）晚造山逆冲推覆与前陆盆地和带内伸展塌陷演化阶段（T_3-J_{1-2}）。伴随碰撞造山演化，在晚期由于造山隆升，尤其沿勉略缝合带南侧的巨大碰撞逆冲推覆和前陆冲断褶皱作用，产生了前陆断褶带前缘的前陆盆地（T_3-J_{1-2}），而在勉略带内隆升地区则发生伸展塌陷作用，形成诸如带内的勉县、青峰等一系列 J_{1-2} 断陷盆地。

（6）后造山陆内构造演化阶段（J_2-Q）。综合分析可划分为：① J_2-K_1 以复合叠加巨大逆冲推覆构造为基本特征的陆内推覆构造阶段。勉略带的巴山、康玛、大别南缘等系列巨型弧形推覆构造此时最终定型，强烈叠加改造勉略古缝合带；② K_2 以来新的陆内构造叠加复合演化阶段。伴随秦岭-大别中央造山系整体的急剧隆升，又发生新的伸展裂陷与挤压推覆，复合叠加终成现今勉略构造带的面貌。

（二）勉略构造带对中国大陆构造及其动力学意义

综合勉略带的组成与构造几何学、运动学及其先期板块构造缝合带的形成演化，突出表明，它对中国大陆的统一形成演化及其动力学具有特殊的意义，可以概括为以下三方面：

（1）它是现今中国大陆构造中，突出的分隔中国大陆地质南北、横贯东西的巨型大陆推覆构造和陆内强构造变形带，在中国大陆现今组成与结构中占有突出显著地位。赋存有中新生代中国大陆构造南、北陆内构造演化、青藏高原隆升，大陆东、西构造反转变化、大别 UHP 岩石形成与剥露及其深部地幔动力学演变等[20, 34, 35, 36]的特有信息与记录，是研究中国及东亚大陆构造的重要地带。

（2）它是东古特提斯构造域的北缘带，是中国大陆印支期完成主体拼合的主要构造结合带，是古亚洲与东古特提斯两构造体系域衔接转换区[37, 38]。虽三江地区是东古特提斯主洋盆与主拼合带[39]，但其在中国大陆构造中已偏于一隅，而中央造山系南缘的勉略带则恰位于中国大陆中央南北主体拼合带上，故在中国大陆的形成演化中占有特殊位置，是探索中国大陆在全球构造背景下，如何最后完成其主体拼合、过程及其动力学和不同构造动力学体系域交接转换关系的良好场所。

（3）勉略古洋盆的扩张打开与封闭，结合同期区域构造背景，诸如东古特提斯的区域打开、扬子西部攀西裂谷的形成（D-P）[40]、峨嵋大陆玄武岩的广泛喷发（P_2）[41]、上扬子板内的扩张裂陷等，共同一致反映同期发生了广泛区域性的扩张裂解，应具有统一深部背景，可能揭示晚古生代扬子及邻区，即东古特提斯区域存在深部地幔柱构造作用的统一区域地幔动力学背景[42~46]，应是探讨研究中国大陆构造演化动力学，东古特提斯打开与演化和印支期中国现今大陆主体拼接形成及其机制与动力学，探索大陆动力学的难得天然实验室与研究基地。

参考文献

[1] 李春昱等. 秦岭及祁连山构造发展史. 国际交流地质论文集（1），北京：地质出版社，1978

[2] 许志琴等. 中国松潘－甘孜造山带的造山过程. 北京：地质出版社，1992

[3] 蔡学林等，邓明森. 武当山推覆构造的形成与演化. 成都：成都科技大学出版社，1995

[4] 何建坤等. 南大巴山冲断构造及其剪切挤压动力学机制. 高校地质学报，1997，4

[5] 索书田等. 大别山前寒武纪变质地体岩石学与构造学. 武汉：中国地质大学出版社，1993

[6] 董树文等. 大别造山带地壳速度结构与动力学. 地球物理学报，1998（3）

[7] 张国伟等. 秦岭造山带的结构与构造. 中国科学（B 辑），1995（9）

[8] Liu Shaofeng, Zhang Guowei. Process of Rifting and Collision along Plate Margins of the Qinling Orogenic Belt and Its Geodynamics. Acta Geologica Sinica, 1999（3）

[9] 姜春发等. 中央造山带开合构造. 北京：地质出版社，2000

[10] 张国伟等. 秦岭造山带与大陆动力学. 北京：科学出版社，2001

[11] 陈亮等. 青海省德尔尼蛇绿岩的地球化学特征及其大地构造意义. 岩石学报，2000（1）

[12] 赖绍聪等. 南秦岭勉县－略阳结合带变质火山岩岩石地球化学特征. 岩石学报，1997（4）

[13] 许继锋，韩吟文. 秦岭古 MORB 型岩石的高放射性成因铅同位素组成特提斯型古洋幔存在的证据. 中国科学（D 辑）（增刊），1996，26

[14] 董云鹏等. 随州花山蛇绿构造混杂岩的厘定及其大地构造意义. 中国科学（D 辑），1999（3）

[15] 李曙光. 南秦岭勉略构造带黑沟峡变质火山岩的年代学和地球化学古生代洋盆及其闭合时代的证据. 中国科学（D 辑），1996（3）

[16] 赖绍聪等. 秦岭－大别勉略构造带蛇绿岩与相关火山岩性质及其时空分布. 中国科学（D 辑），2003（12）

[17] 董云鹏等. 鄂北大洪山岩浆带的地球化学及其构造意义——南秦岭勉略洋盆东延及其俯冲的新证据. 中国科学（D 辑），2003（12）

[18] Meng Qingren, Zhang Guowei. Timing of collision of the North and South China blocks: Controversy and reconciliation. Geology, 1999, 2

[19] 李锦轶. 中朝地块与扬子地块碰撞的时限与方式——长江中下游地区震旦纪－侏罗纪沉积环境的演变. 地质学报，2001（1）

[20] 李曙光. 大陆俯冲化学地球动力学. 地学前缘，1998（4）

[21] 李三忠等. 勉县地区勉略带内麻粒岩的发现及构造意义. 岩石学报，2000（2）

[22] 张宗清等. 秦岭勉略带中安子山麻粒岩的年龄. 科学通报，2002（22）

[23] 杨崇辉等. 南秦岭佛坪地区麻粒岩相岩石锆石 U-Pb 年龄. 地质论评，1999（2）

[24] 孙卫东等. 南秦岭花岗岩锆石 U-Pb 定年及其地质意义. 地球化学，2000（3）

[25] 冯庆来等. 南秦岭勉略蛇绿混杂岩带中放射虫的发现及其意义. 中国科学（D 辑）（增刊），1996，26

[26] 王宗起等. 南秦岭西乡群放射虫化石的发现及其地质意义. 中国科学（D 辑），1999（1）

[27] 赖旭龙，扬逢清. 四川南坪隆康、塔藏一带泥盆纪含火山岩地层的发现及意义. 科学通报，1995（9）

[28] 边千韬等. 青海省阿尼玛卿带青山蛇绿混杂岩的地球化学性质及形成环境. 地质学报，2001（1）

[29] 陈亮等. 德尔尼蛇绿岩[40]Ar-[39]Ar 年龄：青藏最北端古特提斯洋盆存在和延展的证据. 科学通报，2001（5）

[30] 李曙光等. 南秦岭勉略构造带三岔子古岩浆弧的地球化学特征及形成时代. 中国科学（D 辑），2003（12）

[31] Li Jinyi, Wang Zongqi, Zhao Min. 40Ar/39Ar thermochronological constraints on the timing of collisional orogeny in the Mian-Lue collision belt, southern Qinling Mountains. Acta Geologica Sinica, 1999, 2

[32] 杨文采. 东大别超高压变质带的深部构造. 中国科学（D 辑），2003（2）

[33] 袁学诚. 秦岭岩石圈速度结构与蘑菇云构造模型. 中国科学（D辑），1996（3）

[34] Chemenda A I，J-P Burg，M Mattauer. Evolutionary model of the Himalaya-Tibet system: geopoem based on new modeling, geological and geophysical data. Earth and planetary Sci. Lett., 2000, 174

[35] 索书田等. 大别地块超高压变质期后伸展变形及超高压变质岩折返过程. 中国科学（D辑），2000，30

[36] Faure M，Lin W，Shu L，et al. Tectonics of the Dabieshan（eastern China）and possible exhumation mechanism of ultra-high pressure rocks. Terra Nova, 1999, 11

[37] Okay A I，Sengor A M C. Evidence for intracontinental thrust-related exhumation of the ultra-high-pressure rocks in China. Geology, 1992, 20

[38] Sengor A M C. Plate Tectonics and Orogenic Research after 25 Years: A Tethyan perspective. Earth Science Reviews, 1990, 27

[39] 钟大赉. 滇川西部古特提斯造山带. 北京：科学出版社，1998

[40] 从柏林. 攀西古裂谷的形成与演化. 北京：科学出版社，1988

[41] 徐义刚，钟孙霖. 峨眉山大火成岩省：地幔柱活动的证据及其熔融条件. 地球化学，2001（1）

[42] Davies G F. Mantle plumes, mantle stirring and hotspot chemistry. Earth Planet Sci Lett, 1990, 99

[43] Hawkesworth C J，Gallagher K，Mantle hotspots, plumes and regional tectonics as causes of intraplate magmatism. Terra Nova, 1993, 5

[44] Wignall P B. Large igneous provinces and mass extinctions. Earth Science Reviews, 2001, 53

[45] Zhao D P. Seismic structure and origin of hotspots and mantle plumes. Earth Planet Sci Lett, 2001, 192

[46] Condie K C. Episodic continental growth models: afterthoughts and extensions. Tectonophysics, 2000, 322

中央造山系推覆构造与两侧含油气盆地*

张国伟 董云鹏 姚安平

摘 要 中央造山系是现今横贯中国大陆东西,分割南北的一带突出而重要的大陆构造带,也是在前中新生代不同造山带发展演化拼合基础上,复合叠加中新生代陆内造山作用而形成的强大陆内造山系,实际上也是中国大陆南北地块拼接形成统一整体的主要拼接带。且由于它是在中国大陆全球共性中具有突出地域特殊性的条件下经长期多次构造作用复合形成的强烈构造变动带,因此独具特征,并控制了其南北的含油气盆地。因之中央造山系与我国油气地质研究息息相关,也是从战略到战术求得我国南方海相油气勘探新突破的重要的研究课题与任务。

中国大陆地质与海相油气地质对比全球,应是复杂地质系统中极端条件下的特殊科学问题,需以复杂体系极端条件下的物质运动规律进行探索研究,需要从中国地质实际出发,对比全球,应开拓建立中国海相油气地质理论与方法,求得我国海相油气勘探的新突破。

关键词 中央造山系 含油气盆地 复合叠加 构造

一、中国大陆构造基本特征

(一)多块体拼合大陆具有全球共性中的独特性

中国大陆构造是在前寒武纪与早古生代构造演化基础上,主要由晚海西-印支期完成其大陆主体拼合所奠基,而现今面貌则主要由中新生代所塑造。具有以下显著特点:

(1)具有中小多块体拼合、多造山带、多级盆山组合的复杂地质构造面貌,构成了中国大陆组成与结构构造的主要特点。

(2)现今中国大陆构造突出具有在全球共性的个性特色,诸如青藏高原地壳加厚与急剧隆升,成为地球第三极;广阔弥散性强烈构造变形域,宽阔强烈地震区;东部岩石圈拆沉、底侵与减薄,大面积 UHP 岩石形成与快速折返;复杂的地表系统与东、西部新生代反转变化,全球最大的陆内系统与洋陆交换排泄系统等集中凸现出世界少有或独

*本文原刊于《南方油气》,2003,16(4):1-6.

一无二的地学特异现象。

（3）中国大陆具有长期多期活动性，长期处于非稳定状态下演化的大陆地壳背景中，并具有相应的深部地幔动力学演化背景。现今正处于全球最大的超级地幔流下降区，成为从深部地幔到上部地壳物质的汇聚区。

（4）长期处于全球超级古大陆之间或边缘和全球巨型构造动力学体系复合汇交部位，形成地质历史中长期游离于超级大陆间的中小陆块群，发生反复多样离散与汇聚的漂移运动，成为全球独特的复合交汇构造结合区与地壳的特殊构造区，具有全球中的长期特殊地球动力学环境。

（5）地表系统结构复杂多样，具有多层圈间物理、化学、生物相互作用的界面动力学的独特特征。中国大陆地表系统经历喜马拉雅碰撞造山，青藏隆升，东缘西太平洋俯冲系统作用和东、西部地表反转变化，岩石圈、地壳加厚与减薄，形成独特的地表圈层相互作用的界面动力学区域。

（二）现今中国大陆构造的区划

由于受三大构造动力学体系，即阿尔卑斯－喜马拉雅构造动力学体系、西太平洋构造动力学体系、古亚洲构造动力学体系基础上的中新生代环西伯利亚构造动力学体系互相作用和影响，现今中国大陆构造突出地表现出由两大构造带，即东西向中央造山系和南北向贺兰－川滇构造带所分割的四大构造区块构造特点，即新疆－北山区、华北－东北区、华南区和青藏区。可以综合概括中国现今大陆及海域构造区划为：三大构造动力学体系，两大构造带，四个构造区块。

（三）中国大地构造演化阶段划分

中国大陆及海域大地构造演化可概括划分为四大演化阶段：

（1）早前寒武纪中国早期各陆壳的形成与演化阶段，简称非统一的早期陆壳的形成与演化阶段，其中包括太古宙和古元古代两个演化时期。

（2）中、新元古代中国各主要陆块从扩张裂解到彼此汇拢出现华夏超级大陆群的演化阶段，简称为形成汇拢状态的华夏超级大陆群演化阶段。

（3）新元古代末期至中生代初期（Z-T$_2$）成为欧亚板块组成部分的中国大陆完成其主体拼合的演化阶段，简称中国现今大陆主体拼合演化阶段。

（4）中新生代－现代全球板块构造体制中的中国板缘俯冲碰撞构造和主导的陆内构造演化阶段，简称中国大陆板缘与陆内构造演化阶段。

二、中央造山系基本特征与演化

中央造山系具有前中新生代不同造山带发展演化的拼合基础，但主导是最后印支期由三板块（华北、扬子及其间的以秦岭微板块为代表的中小块体）沿两缝合带（商丹和勉略）俯冲碰撞而形成，奠定其基本构造格架与块体配置关系，因此，秦岭－大别等中央造山系主导是由印支期所奠定，而后为中新生代造就成现今横贯我国大陆中部东西一带的中新生代陆内造山系。其主体是由华北与扬子及其之间的中小块体长期相互作用而完成的碰撞拼合与陆内造山的复合造山系。

（1）中央造山系现今结构呈岩石圈上部以不对称扇形、两侧反向的巨大多层次逆冲推覆叠置构造为主，兼具走滑、扩张块断的复合型地壳几何学结构，深部则成流变学分层并与地壳呈非耦合关系的结构与状态。总体上岩石圈呈现为流变学分层的非耦合"立交桥"式三维几何学结构模型。

（2）华北与扬子地块相向向造山带作巨大陆内俯冲并自西向东急剧加强和两地块反向旋转陆内俯冲，恰与先期自东而西穿时的两板块旋转拼合呈反向运动。中央造山系的大别、秦岭造山带自东而西现依次呈现造山带深、中、浅不同构造层次的剥露。大别主体为造山带根部，UHP 岩石广泛剥露，东秦岭为中深层次交互出现，而西秦岭则以中浅层次为主，综合表现了造山带的陆壳剖面结构。

（3）中央造山系是中国大陆印支期完成其主体拼合的主要结合带。现总体趋于向新的裂解方向演化，发育横切造山带的中新生代裂陷盆地与巨型 X 剪切断裂系。

中央造山系形成与演化可概括为三大演化阶段：

（1）陆内造山阶段：陆内造山作用形成了中新生代统一的中央造山系。

（2）主造山期板块构造演化阶段：古生代－中生代初，历经长期演化最后于印支期完成多块体拼合的板块构造体制，其长期发展演化关系到古亚洲构造域与东古特提斯构造域两者的交接转换演化。

（3）前寒武纪基底形成演化阶段，尤其以晋宁期为主的扩张分裂与汇拢拼贴构造，即以垂向加积增生为特色的先期基底构造演化阶段（进一步划分为早前寒武纪和中新元古代阶段）。

总之，中央造山系是在先期不同造山带演化基础上，由中新生代形成的横贯中国大陆中央的复合造山系，赋存有丰富重要的大陆增生、分裂、大陆深俯冲和长期保存演化，不易返回地幔的垂向、侧向增生的混合交替动态演化的结构与状态和大陆动力学信息，是得天独厚的天然实验室与研究基地。

三、中央造山系南缘逆冲推覆构造

中央造山系现今南北边界自中生代以来，从板块构造到陆内构造演化过程中，突出以造山带向两侧克拉通发生巨大陆内逆冲推覆构造为特点，不但决定了中央造山系现今的基本结构构造面貌，而且也直接控制与复合改造了两侧的相关盆地。在北缘，华北地块向中央造山系北缘的巨大陆内俯冲和造山系向华北克拉通的巨大逆冲，形成北缘逆冲推覆构造带。沿中央造山系南缘边界，简称勉略构造带，扬子地块向中央造山系南缘之下作巨大陆内俯冲与造山系向扬子克拉通作巨型波状弧形逆冲推覆。

勉略构造带现今呈东西向沿大别－秦岭－昆仑南缘分布，横贯中国大陆中部，在先期板块缝合带基础上，以深达地幔的巨大陆内俯冲和上部地壳指向南的巨大弧形逆冲推覆构造为骨架，构成波状弧形延展，垂向多层叠置的复合型巨大推覆断裂构造带。综合概括它具有波状弧形复合多层叠置的三维大陆推覆构造几何学模型。同时，勉略构造带现今既是中国大陆构造中最显著的横贯东西、分割南北的巨型复合断裂构造带，陆内俯冲带和大陆强烈构造变形带。而且若考虑其中残存的先期板块俯冲碰撞缝合带，则也是中国大陆印支期完成其主体拼合的主要结合带，无疑具重要意义。

（一）勉略推覆构造带构造几何学与运动学

现勉略构造带主要由六个区段组成：东西秦岭交接区南缘的勉略区段、东秦岭南缘大巴山区段、西秦岭康县－文县－玛曲段（简称康玛区段）、迭部－玛曲区段、东昆仑南缘的花石峡－玛沁段（简称玛沁段）和大别－桐柏南缘襄广区段。

（1）勉略构造带中部的勉略区段。现今构造几何学为碰撞、推覆、走滑复合的构造模型。即在先期板块向北俯冲消减碰撞构造基础上，叠加中新生代自北而南的陆内推覆构造和其北缘左旋走滑剪切花状构造的复合几何学模型。经构造筛分确定的残存俯冲碰撞构造以中深层次透入性韧性流变剪切作用与韧性剪切推覆构造为主要特征，筛除中新生代叠加复合陆内构造后，确定的原俯冲碰撞构造以缝合带构造残片中的剪切推覆叠置为主要特征。

（2）大巴山不对称巨大多期复合弧形双层逆冲推覆构造系。巴山双层弧形逆冲推覆构造系剖面结构表现为：北、南大巴山构成巨型双层迭瓦状复合推覆构造系，呈背驮式向前扩展，推覆移距至少 150 千米。深部向北深俯冲，上部地壳向南逆冲推覆叠置，深部截切掩覆早期缝合带。巴山弧形推覆构造系形成与演化包括先期板块俯冲碰撞推覆形成的弧形雏型和中新生代陆内巨大推覆构造复合叠加成现状。

（3）康县－文县－玛曲巨大弧形复合逆冲推覆构造系（简称康玛弧形推覆构造）。康玛弧形复合推覆构造属西秦岭中新生代系列推覆构造系统中的最南缘的弧形推覆构造，南侧受东、西两个地块的不同作用，整体呈指向南的巨大复合性弧形逆冲推覆构造系。其北部为逆掩推覆构造，中部为逆冲推覆与反向对冲构造和西部的薄皮逆冲推覆构造。整体表现为统一巨型推覆构造并复合交切前期俯冲碰撞构造。该弧形复合逆冲推覆构造系的形成与演化经历了先期俯冲碰撞构造（T_{2-3}）和陆内逆冲推覆构造与叠加剪切走滑构造及白垩纪斜列拉分盆地（T_3-Q）。

（4）白龙江逆冲推覆构造系在迭部－玛曲间呈突向南的弧形推覆构造，叠覆掩盖康玛构造的西延，故又简称迭部－玛曲推覆构造。

（5）玛沁－花石峡碰撞缝合复合推覆构造系先期俯冲碰撞构造叠加，后期逆冲推覆构造形成指向南的铲形迭瓦状复合推覆构造系。

（6）桐柏－大别南缘巨大逆冲推覆构造与郯庐断裂和鄂东的不同前陆冲断褶皱构造。桐柏－大别南缘推覆兼走滑构造与郯庐断裂复合交切，构成大别楔型断块，顶角指向南作巨大推覆运动。大别地块南缘中扬子区的南北两个不同的前陆冲断褶带的对冲格局和大别地块向南的运动使之直接临接江南前陆带。晚近期又有裂陷与盆地构造的进一步叠加复合，使之面目复杂。

中央造山系南缘推覆构造与中扬子的江南弧形构造带构成中上扬子区形成复合联合的套三角形构造变形域与对冲构造格局，并又有太行－武陵重力梯级带叠加复合。

（二）勉略有限洋盆与缝合带的陆缘沉积体系和前陆盆地体系

1. 勉略带大陆边缘沉积体系

可划分为两个演化阶段：

（1）D-C 扩张裂谷向初始洋盆演化阶段。沿秦岭－大别南缘晚古生代（D-C）自西而东逐渐扩张破裂打开，西部 D_{1-2} 已是裂陷－裂谷和海盆沉积；中部扩张裂陷盆地 D_3 才有沉积超覆在Є-O 之上；东部 D_3 只是初始裂陷堆积。

（2）P-T_{1-2} 被动大陆边缘沉积体系。勉略带南侧二叠纪的扬子北缘沉积岩系以自南向北加深的浅海－半深海硅质岩为主要特征，依次出现自北而南的下部浅海－半深海硅质岩盆地体系－碳酸盐陆架斜坡体系和开阔碳酸盐岩台地体系。形成典型的被动大陆边缘盆地沉积体系，结合蛇绿岩系研究，一致指示了沉积体系前缘洋盆的存在。

勉略带南侧三叠纪呈现出早三叠世自北而南发育下部浅海泥质－灰泥质盆地体系、浅海碳酸盐陆架斜坡体系和碳酸盐岩台地体系，表明了洋盆陆缘盆地体系的萎缩。中三叠世开始，自东而西先后转入勉略带早期海相前陆盆地体系沉积。中上扬子的巨厚巴东组（T_2）海相细粒碎屑岩系为主的沉积岩系即是突出反映。陆缘晚期沉积体系演化对比，反映了勉略洋盆自东而西穿时的斜向俯冲碰撞封闭的过程与特点。

2. 勉略俯冲碰撞带南缘的前陆盆地体系

（1）早期海相前陆盆地体系（T_{2-3}）：西部 T_2 拉丁期与 T_3 卡尼期为半深海－深海浊积斜坡岩系，具前陆盆地沉积相特征。T_3 诺利期已为海相磨拉石堆积，后即隆升缺失。中部巴山南侧，平行分布一带最新只卷入 T_2 的前陆冲断褶带，其南侧 T_3 为前陆沉积，并已开始转成陆相前陆盆地沉积岩系。东部 T_2 拉丁期以巴东组为代表已由海相向陆相前陆盆地转换。总之表明从东至西前陆盆地沉积穿时演化。

（2）侏罗纪－早白垩世陆相前陆盆地体系：西部松潘与勉略带同期造山隆升，其间无明显前陆盆地，但龙门山前和川北巴山前缘至大别南侧自侏罗纪至早白垩世发育完整的陆相前陆盆地体系。

陆相前陆盆地自东而西萎缩反映自西而东大陆深俯冲和上部逆冲推覆隆升幅度的急剧增强，表明了扬子、秦岭－大别、华北三陆块中新生代东、西部强烈差异的旋转汇聚、深俯冲和逆冲隆升的陆壳伸展收缩迁置的构造作用。

3. 秦岭－大别勉略带陆缘沉积体系与前陆盆地体系基本特征

（1）系统沉积学研究表明从扩张裂谷到有限洋盆从西而东的发展演化形成了统一的勉略有限洋盆。曾属东古特提斯域北缘分支洋盆。

（2）陆缘沉积体系和复合前陆盆地体系研究揭示勉略洋盆打开与闭合造山具有自西而东的扩张开裂与自东而西的穿时封闭的相反过程与特征。

（3）陆缘沉积体系与前陆盆地体系具有五个演化阶段，即扩张裂谷、有限洋盆、俯冲碰撞造山、海相前陆盆地和陆内俯冲与逆冲推覆造山的前陆盆地。

综上所述，秦岭－大别南缘，除巴山弧等几个地段因后期构造叠加掩覆外，从西部德尔尼至大别南侧清水河，1500 余千米断续 20 余处成带状残存蛇绿岩及相关火山岩，可恢复为一带蛇绿构造混杂岩带，并可恢复重建出较完整的陆缘与前陆盆的沉积体系等，共同揭示了沿线曾存在已消失的古洋盆与古碰撞缝合带。

四、西秦岭－松潘构造结和构造转换域

第一，西秦岭－松潘区是中国大陆结构中最大的主要构造结和构造转换域。

（1）它占据中国大陆的中心部位，是现今组成中国大陆主体的华北、扬子、青藏羌塘三个重要块体及其间东西向中央造山系秦、祁、昆和南北向贺兰－龙门－川滇构造带，跨越松潘巴颜喀喇等系列青藏高原东北缘的巨大构造交接转换区，整体表现出从深部地幔到上部陆壳物质自三面向中心汇聚的结构与运动状态。

（2）构造结内部现呈现以上古生界，尤以三叠系岩层为主，在西秦岭与松潘印支期板块碰撞拼接构造基础上，在中新生代三大构造动力学体系复合作用下，以西秦岭系列向南的大型逆冲推覆构造和松潘的多种弧形构造为特色共同构成现今独具特色的统一构造结的复合构造面貌。

（3）构造结内西秦岭与松潘虽为勉略古缝合带分为两个不同构造单元，但两者长期形成演化密切相关，实质上它们总体是组成中国大陆的主要块体在长期时空不同构造动力学体系演变中相互作用，拼接形成统一中国大陆的汇聚交接转换域。一个中国大陆多块体多造山带聚合衔接的大地构造结点，在中国大陆构造中占有重要的位置，赋存有中国大陆演化与壳幔结构的特有信息，因此也是研究中国大陆构造与大陆动力学的关键地区，具重要意义。

第二，西秦岭－松潘构造结是研究中国大陆壳幔系统三维结构及其动力学和陆内变形的关键地区，也是研究中国大陆多块体拼合形成演化及其动力学与构造域时空转换的重要天然窗口。

（1）西秦岭－松潘地区是中国大陆的重要构造转换域和构造结，中国大陆完成其主体拼合的主要构造拼贴交接聚集区，赋存丰富的大陆动力学研究内容与信息，是发挥地

域特点，进行原创性探索研究难得的天然实验室与基地。

（2）西秦岭－松潘构造结是研究中国大陆构造与其交接转换关系及动力学的理想场所。构造结区是中国大陆构造诸多主要地块和造山带纵横交接复合的集结区，是中国大陆构造交接的荟萃聚集的结点，提供了研究控制现今中国大陆构造与演化的大陆动力学壳幔时空三维相互作用、交接转换特有的大量客观现象与信息，成为解剖研究中国大陆三维结构及其构造交接转换关系的良好场所。但迄今对其主要构造的交接转换关系及其整体构造几何学模型与深部动力学背景等重要科学问题都尚不清楚和有争议，显然是亟待研究解决的重要基本问题。

（3）构造结现有的区域地球物理场探测提供了该区岩石圈深部状态与结构框架。

第三，西秦岭－松潘构造结是研究青藏高原隆升与地表系统环境灾害的良好场所，也是我国成矿聚集的资源与能源重点研究区。

第四，西秦岭－松潘构造结内部构造分析。

（1）三个边界带与四个构造结点。①东北构造结点：位于东北部宝鸡－天水一带，是东、西秦岭、祁连、贺兰－六盘等造山带聚集交接区，表现了不同时空衔接转换关系和构造几何学与运动学，以及 UHP 是否通过该区而连接东西的关键地区。②东南构造结点：位于陕甘川交界区，是东、西秦岭、松潘、岷山、碧口和龙门等造山带与地块交接聚集区，是研究青藏、扬子地块与不同造山带的交接转换关系和东古特提斯构造的重要部位。③西南和西北构造结点：位于青甘川交界区，分别是东昆仑－西秦岭、柴达木东缘瓦洪山与松潘西部巴颜喀喇和西秦岭、南祁连、柴达木北缘等地块与造山带交接区，是研究深部背景下是否存在三联点构造及其构造格局与演化和 UHP 问题的良好地区。

（2）西秦岭－东昆仑交接区的原三联点构造与共和坳拉谷构造。

（3）西秦岭与松潘的内部构造及其印支期的碰撞结合和中新生代叠加陆内构造。

（4）若尔盖是由三边造山带围限的一个相对稳定的地块，上部三叠系有浅变质变形，而中深层晚古生代、甚至有早古生代类似扬子的相对稳定的组成。

五、关于我国大陆海相油气地质研究思考与思路

（一）复杂地质体系极端条件下的中国大陆地质与油气地质

中国大陆地质与油气地质对比全球典型大陆与海相碳酸盐岩油气地质，应是一个复杂地质体系中相对极端条件下的特殊科学问题，需以复杂体系极端条件下的物质运动规律，进行探索研究。其含义包括：地质与油气成生、成藏本身的复杂性；中国大陆条件下的原生复杂性与极端条件问题；长期非稳定状态下的变动、改造、演化问题；相应的研究思维、思路和勘探技术与方法。

（二）中国大陆油气地质的特殊性与关键科学问题

1. 中国海相油气地质的特殊性

中国大陆在全球共性中的特异性决定与控制了中国大陆油气地质的独特特征与规律，具体表现为多期变动的山盆时空组合演化，多时代、多级别、多类型复合叠合盆地与多期强烈的改造，造成多样复杂的原生油气成藏、残留油气藏和再生油气成藏的组合，需要有相应的复杂的勘探评价与开发技术、方法。

2. 关键科学问题

（1）中国大陆条件下的原型盆地与原生油气成藏的特殊规律和残留盆地与油气藏的保存及构造"安全岛"。

（2）再生油气藏形成与保存条件。

（3）相应的勘探评价的技术与方法。

（三）开拓建立中国海相油气地质理论与方法

需要面对全球，从中国地质实际出发，持续地进行原创性探索研究，如像陆相油气理论，开拓建立中国海相油气地质理论与方法，争取我国油气勘探有大的和新的突破。

（四）南方海相油气地质问题

南方海相油气地质在全球与中国大陆长期形成演化历史总背景中，主体属古、新特体斯构造体系域，并长期受古亚洲及中新生代环西伯利亚，古、今太平洋和喜玛拉雅构造动力学体系的复合控制。具体构造则受中央造山系、西太平洋、喜玛拉雅与青藏高原的复合制约。关系以下几个主要关键科学问题：

（1）新元古代末期至早古生代的洋陆格局和原型盆地与油气藏，即东原特提斯构造格局与油气藏。关键是多块体洋陆初期构造格局。

（2）晚古生代广泛的扩张裂解，新的板块构造洋陆格局与先成及新生油气藏，即东古特提斯洋陆格局与油气藏及其对原特提斯与油气藏的改造，涉及：①东古特提斯分支洋盆形成与分支洋陆组合；②三联点与坳拉谷；③广泛的裂陷与沉积；④峨眉大玄武岩省与热场变动；⑤先期油气藏改造与保存和新生油气藏。

（3）印支期广泛的汇聚拼合造山与前陆盆地体系及其三面的汇拢与局部伸展裂陷，涉及主要问题是：①现今中国大陆主体拼合的完成及其过程与动力学；②中央造山系、三江造山系与华南构造系三面环绕中上扬子的汇拢与构造几何学；③原生油气藏的再生变动与次生油气藏和新生油气藏及其复杂组合。

（4）中生代陆内构造和山盆结构与变形：①南方现今山盆结构与其构造几何学骨架奠定；②陆相盆地与油气藏的开始形成；③海相油气藏的变动和陆内构造变形与前陆盆地延续及陆内造山前陆盆地体系。

（5）新生代中国大陆结构与表生系统的东西反转变化，与油气藏再生变动和最后定型及新生代中国大陆的陆相油气系统：①三大全球性构造动力学体系汇聚格局与地幔动力学和新生代中国大陆的东、西反转变化；②海相油气的最后保存与定型。

（6）南方油气地质演变与中央造山系形成演化息息相关。

从扬子地块北缘被动大陆边缘，前陆盆地冲断褶皱带（最新卷入 T_2）与前陆盆地（T_3-K_1），新的上迭盆地（南阳、江汉、K_2-Q）等的逆冲推覆构造及多种构造的复合联合构造，恢复重建山盆之间形成自造山带边缘向克拉通的平行展布的四个变形带，即被动大陆边缘（Z-T_1）、前陆冲断褶皱带（T_2）、前陆盆地变形带（T_3-K_1）、复合联合变形带及上迭构造（K_2-Q）。

六、大陆动力学问题

通过对中国大陆构造在全球构造共性中的特殊性思考，中国大陆的主要大陆动力学问题可概括为六个方面：

（1）多块体拼合大陆及其地幔动力学。

（2）中国长期非稳定状态下演化的大陆动力学。

（3）从中国大陆的形成演化探讨地球圈层相互作用与洋陆格局和大陆垂向增生及保存演化。

（4）全球复杂地质系统极端条件下，中国地质背景中的中国资源、能源、环境和灾害问题。

（5）中国大陆地表系统演变与全球变化。

（6）从中国大陆及邻海构造探讨全球构造，参与当代地学发展与竞争。

七、结束语

总之，中国大陆地质与构造是探索研究当代地学发展前沿领域大陆动力学得天独厚的天然实验室与基地，而海相油气地质研究是中国大陆地质与大陆构造研究的一个基本课题与重要制高点。我们要从中国大陆地质实际出发，对比全球，发挥地域优势，进行当代地学前沿领域原创性探索研究，参与当代地学发展与竞争，从地学大国走向地学强国。其中，从中国大陆地质实际出发，对比全球，探索研究中国海相油气，概括提出新理论与方法，求得油气勘探新突破，满足国家经济发展及国家安全的重大需求，促进我国和世界当代地学新发展，也是一项重大而紧迫的研究课题和任务。

注：本文是南方勘探开发分公司科技处付孝悦同志根据张国伟院士在由中石化总公司主持召开的"中国油气勘探与推覆构造学术会"上的报告整理而成，并经张国伟院士审阅。

秦岭－大别中央造山系南缘勉略古缝合带的再认识*
——兼论中国大陆主体的拼合

张国伟 程顺有 郭安林 董云鹏 赖绍聪 姚安平

摘 要 秦岭－大别等中央造山系南缘的勉略（勉县－略阳）构造带是中国大陆构造中划分南北、连接东西的重要构造带。构造、沉积、地球化学、地球物理、古生物和同位素定年，以及变质变形、岩浆活动等多学科综合研究证明，勉略构造带先期原是秦岭－大别造山带中除商丹缝合带以外，另一条于中晚泥盆世扩张打开、二叠世开始俯冲、中晚三叠世陆－陆碰撞造山的古板块缝合带，也是中国大陆印支期完成其主体拼合的主要的结合带，具有重要科学意义。

关键词 中央造山系 勉略古缝合带 勉略构造带 中国大陆主体拼合

秦岭－大别造山带等中央造山系的南界是以一系列向南的逆冲推覆为主要特征的断裂构造带，从南昆仑断裂带连接东、西秦岭的玛沁－文县－略阳－勉县－巴山弧－襄樊至桐柏－大别南缘的襄广断裂带，可统称为中央造山系南缘断裂带，其中以东、西秦岭交界处的勉县－略阳间最具典型性和代表性，且研究最详，因而简称为勉略构造带。它呈近东西向横贯中国大陆中东部，使秦岭－大别等中央造山系从东至西向南作非均一大幅度的推覆运动，形成巨大陆内俯冲带、逆冲推覆带和大陆强构造变形带[1, 2]。新的地质、地球化学与地球物理等多学科综合研究证明，现今的勉略构造带是在先期秦岭－大别板块俯冲碰撞缝合带基础上叠加中新生代陆内构造而形成的复合构造带，原是秦岭－大别造山带中除商丹古缝合带以外，又一条印支期板块拼合的古缝合带[2-6]。同时，还揭示其应是中国大陆于印支期完成主体拼合的主要结合带。因此，恢复重建勉略古缝合带，对于探索秦岭－大别造山带的构造格局、形成演化与中国大陆如何完成其主体拼合及其大陆动力学特征，具有重要意义。

*本文原刊于《地质通报》，2004，23（9-10）：846-853.

一、勉略构造带

勉略构造带现沿秦岭－大别造山带南缘边界呈 EW-NWW 向延伸，东端在大别南缘被郯庐断裂左行平移至鲁东，而向西经武当、大巴山弧南缘和勉县－略阳－康县，继续沿西秦岭南缘的文县－玛曲－玛沁接东昆仑南缘断裂带西延，后又为阿尔金断裂平移接西昆仑南缘而至帕米尔构造结，并再西延，成为中国大陆构造中一条突出的划分中国大陆南北地质、连接东西的重要构造带，区域上即是秦岭－大别等中央造山系南缘的边界断裂构造带。以该带为界，南北中国大陆地质构成巨大的构造交切。现今该带以一系列连续交接的指向南的大型弧形逆冲推覆构造呈线性弧形波状近东西向延展，其中以大别、巴山、康县－玛曲（简称康玛）三个大的指向南的弧形逆冲推覆构造为主体，其间相对于扬子地块北缘的黄陵、汉南－碧口和若尔盖地块的阻挡而呈向北突出的弧形，总体呈现为正弦波状的线性平面展布（图 1）。

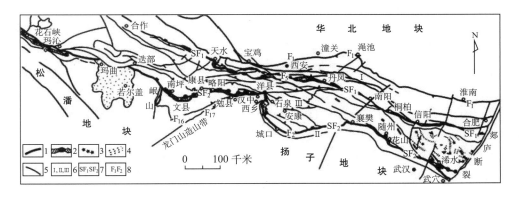

1. 勉略构造带；2. 蛇绿岩及相关火山岩；3. UHP 岩石剥露区；4. 韧性剪切带；5. 断层；6. Ⅰ华北地块南缘与北秦岭带；Ⅱ扬子地块北缘；Ⅲ南秦岭；7. 秦岭－大别造山带商丹缝合带（SF₁）、秦岭勉略缝合带（SF₂）；8. 秦岭－大别北缘边界断裂带（F₁）和南缘边界断裂带（F₂，即勉略构造带）。

图 1　秦岭－大别南缘勉略构造带与勉略古缝合带简图

（一）大别－桐柏南缘弧形推覆构造

伴随郯庐断裂的左行剪切平移，大别弧形构造东翼移至鲁东，而西翼呈半弧状，即武穴－襄樊间的桐柏－大别造山带南缘襄广段的向 S-SW 的斜向逆冲推覆构造，复合兼具右行走滑。反射地震测深揭示，以大别 UHP 岩石抬出为代表的造山带根部深层岩块向南大幅度逆冲推覆于中扬子地块北缘[7-11]，形成襄广段巨大深层推覆构造。

（二）巴山巨型弧形逆冲构造

该弧形逆冲推覆构造介于襄樊－洋县间，由于东、西两侧黄陵与汉南地块不均一阻挡而呈巨大指向 SSW 运动的不对称弧形，其间是南秦岭印支期勉略带碰撞造山中形成并叠加中新生代陆内构造的安康碰撞推覆构造与武当穹隆构造，而其外侧则是川东北推覆构造为主的褶皱断裂弧形构造。故大巴山弧形逆冲推覆构造总体是在先期碰撞构造和缝合带基础上，于中新生代秦岭陆内造山过程中叠加复合逆冲推覆而形成的巨大弧形双层逆冲推覆构造（见图 1）。详细构造解析和制图表明，以洋县－石泉－城口－房县巴山主推覆断层为界，大巴山推覆构造可划分为差异明显的南北两个推覆构造系：①北大巴山推覆构造系，以南秦岭下古生界与中上元古界组成的变质变形碰撞构造和由安康、红椿坝等主推覆断层为界的系列逆冲推覆以及武当穹隆构造为主体。其整体，尤其东西端被上述晚期巴山主推覆断层所截切，而内部上述先期构造，尤其断裂构造也随之发生叠加逆冲活动，以致逆冲推覆在断陷盆地早－中侏罗世岩层之上，如紫阳红椿坝断裂逆冲推覆在瓦房店早中侏罗世盆地上，表明其主体先期原为秦岭印支主造山期板块碰撞构造，后期被卷入巴山逆冲推覆构造。②南大巴山则由两个次级构造单元组成：一是叠加复合逆冲推覆构造带，它是在先期最新只卷入中三叠世岩层的勉略带碰撞前陆冲断构造基础上，叠加由北大巴山推覆所引起的复合推覆变形带。该带现已掩覆了先期的勉略古缝合带，现有的地球物理测深也已证明了这一点[5]。二是南侧推覆扩展前锋变形带，是由上述大巴山推覆构造所引起的前沿最新已卷入晚三叠世－白垩纪前陆盆地沉积地层的推覆向前扩展的构造变形带。

巴山弧西延的勉略区段是勉略构造带延伸中向北最突出的部分，也是秦岭造山带中最狭窄地带的南缘部位，同时也是勉略构造带中保存先期蛇绿岩和缝合带遗迹最好、已有大量研究成果的地段[3, 4, 12, 13]。由于川西、川中基底的汉南地块向北大幅度强烈挤入秦岭造山带，该地段东、西两侧形成巴山和康玛两大弧形推覆构造，而其本身则成为两大弧形构造翼部交接转换的地段。

（三）康县－文县－玛曲弧形逆冲推覆构造（简称康玛弧）

该逆冲推覆构造（见图 1）呈弧形分布于康县－玛曲间，西段为迭部－玛曲推覆构造所叠置，西延接玛沁推覆构造。康玛弧形构造由于其南侧东、西端受碧口和若尔盖地块阻挡而呈巨大向南突出的弧形，并以明显的构造交切关系大规模向南运动叠置于松潘北缘与岷山南北构造之上。康玛弧形构造是一个几何学结构与组成更为复杂的多层次的指向南的巨大弧形逆冲推覆构造系[12]。它由三个次级单元组成：①在原先期碰撞推覆构造基础上形成的北部三河口低角度逆掩推覆构造。②西部南坪黑河薄皮滑脱逆冲推覆构造，呈低角度交切或顺层推覆，逆掩叠覆或截切上述三河口逆掩推覆和其他构造之上，具薄皮构造特点。③晚期统一整体的康玛巨型弧形推覆构造，以西秦岭南缘边界为主推覆断层整体发生向南的逆冲推覆运动，截切前期构造与松潘、碧口等南侧所有构造线，并在碧口地块北侧由于碧口基底高位抬出阻挡而发生上部指向北的反向对冲构造。

总之，现今位于秦岭－大别造山带等中央造山系南缘边界的勉略构造带是划分中国大陆地质南北、构成南北巨大构造交切的横贯东西的一带强烈大陆复合构造变形带，以连续交接的多个向南运动的弧形几何学与运动学为特征，突出而显著。

二、勉略古缝合带

关于勉略古缝合带的恢复重建研究，已有很多成果发表[1-4, 6, 14-16]。为避免重复，这里不再论证，仅列出主要证据。

在现今勉略构造带中，从西至东的不同区段，从物质组成、沉积体系、变形变质作用到岩浆活动，尤其蛇绿岩及相关火山岩等均一致保留残存有多种板块缝合带遗迹。虽然中间有如巴山弧形构造等因后期改造掩覆而缺失遗迹的出露，但总体仍客观可靠地显示出现今的勉略构造带原来曾是一重要的洋壳消减、板块拼合的古缝合带。主要证据如下：

（一）蛇绿岩与相关火山岩的岩石学与地球化学证据

古板块缝合带恢复和重建的关键是是否存在古洋盆，核心是蛇绿岩与相关火山岩的研究确定。在勉略构造带内，从德尔尼－南坪－康县至勉县，越巴山弧到湖北随州花山，东至大别南缘的清水河，上千公里沿线有 20 多处断续出露蛇绿岩、洋岛火山岩、岛弧火山岩及初始洋型双峰式火山岩[1, 2, 3]。精细的区域和带内构造解析与岩石地球化学研究表明，它们是残存的代表古洋壳的蛇绿岩及相关的火山岩。

（1）勉略构造带内蛇绿岩主要出露于德尔尼、琵琶寺、庄科、鞍子山、随州花山及大别清水河地区[16, 17, 19, 21]。具有超基性岩（变质洋幔）、堆晶辉长岩、辉绿岩墙群及 MORB 型玄武岩等岩石组合。①原岩主要是二辉橄榄岩和纯橄榄岩的超基性岩，多已蚀变为蛇纹岩类，地球化学分析表明，其 REE 配分型式为亏损型，$(La/Yb)_N = 0.40 \sim 1.20$，具正铕异常。②具堆晶和辉长－辉绿结构的辉长岩类变形强烈，稀土特征为弱富集型，$(La/Yb)_N = 4.46 \sim 11.73$，$\delta Eu = 0.94 \sim 1.55$，具弱正铕异常。③发育辉绿岩墙，其 $(La/Yb)_N = 3.09 \sim 6.51$，$\delta Eu = 0.76 \sim 1.06$，痕量元素配分型式显示了与辉长岩类同源岩浆分异演化的趋势。④ MORB 型玄武岩是带内蛇绿岩组合的重要组成端元，以高 TiO_2 和 K_2O 及轻稀土亏损[3, 12]为典型特征。

（2）洋岛火山岩广泛分布于南坪－康县区段。①洋岛拉斑玄武岩类 $(La/Yb)_N$ 介于 $1.85 \sim 5.71$ 之间，δEu 平均 0.94。②洋岛碱性玄武岩 $(La/Yb)_N$ 平均 14.71；δEu 平均 0.93。岩石 N 型 MORB 标准化配分型式以 Ba，Th，Nb，Ta 的较强富集为特征[3, 12]。自洋岛拉斑玄武岩→洋岛碱性玄武岩，Ti 的亏损逐渐增强，而 Ba，Th，Nb，Ta 的富集度却逐渐升高，反映了洋岛火山作用正常的岩浆演化趋势，表明它们是典型的洋岛型大洋板内岩浆活动的产物。

（3）岛弧火山岩均属亚碱性系列火山岩。①略阳三岔子岛弧拉斑玄武岩 $(La/Yb)_N = 6.59$，$\delta Eu = 0.98$。而安山岩类 $(La/Yb)_N = 2.78 \sim 13.24$，$\delta Eu = 0.85 \sim 1.02$。岩石的

Th > Ta，Nb/La < 0.6，Th/Ta 多在 3 ～ 15 之间，Th/Yb＝0.68 ～ 2.74，Ta/Yb＝0.10 ～ 0.84。②巴山弧岛弧岩浆带以弧内裂陷双峰式火山岩为代表，玄武岩类轻稀土为弱富集型，且无 Eu 异常。而英安流纹岩类稀土总量较高，轻稀土为中度富集型。痕量元素以显著的 Nb 和 Ta 亏损为特征，Th/Yb-Ta/Yb 和 Ti/Zr-Ti/Y 以及 Nb/Th 与 La/Nb 不活动痕量元素组合特征[3, 12]，指示它们生成于岛弧的大地构造环境，为洋内岛弧弧内裂陷岩浆活动的产物。

（4）略阳黑沟峡和大别南缘兰溪初始洋型双峰式火山岩系，主要由玄武岩及少量英安流纹岩组成，其基性端元均属拉斑系列玄武岩，仅酸性岩属钙碱系列。该类玄武岩的地球化学特征表明它们来自 MORB 型地幔源并较少受陆壳混染影响，而酸性岩则源于具有陆壳特征的源区。而玄武岩类的痕量元素特征和扁平的 REE 模型，表明应属 MORB 型，而不是 OIB 和岛弧型，说明裂谷已拉张成洋盆，初始洋壳已开始形成[1, 2, 3, 12]。然而，该类玄武岩的 Th 和 Pb 高于典型 N 型 MORB，类似于一些大陆溢流玄武岩，恰好反映了该玄武岩是由初始大陆裂谷向成熟洋盆转化阶段的产物。

上述蛇绿岩和相关火山岩的地质与地球化学事实，结合以下沉积、构造等综合分析，充分表明秦岭－大别南缘曾存在现已消失的勉略有限洋盆，自西部德尔尼经勉略直至大别山南缘，总体属中小有限洋盆性质，而且其地质、地球化学[5, 13, 17]综合对比分析，表明属东古特提斯洋域北缘分支洋盆。

（二）构造沉积体系证据

勉略构造带包括以下主要的古大陆边缘与前陆盆地体系：

1. 勉略带大陆边缘沉积体系

沿勉略带南侧从西部玛沁至东部大别南缘，连续发育晚古生代至三叠纪的陆缘沉积体系[2, 11, 18]（图 2）。其陆缘盆地发育演化可划分为以下两个阶段：

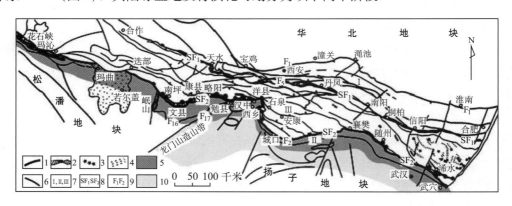

1. 勉略构造带；2. 蛇绿岩及相关火山岩；3. UHP 岩石剥露区；4. 韧性剪切带；5. 被动陆缘沉积体系范围；6. 断层；7. Ⅰ 华北地块南缘与北秦岭带；Ⅱ 扬子地块北缘；Ⅲ 南秦岭；8. 秦岭－大别造山带商丹缝合带（SF₁），秦岭勉略缝合带（SF₂）；9. 秦岭－大别造山带南（F₂）、北（F₁）边界断裂；10. 前陆盆地及其沉积范围

图 2 勉略带南侧陆缘（D-T₂）和前陆盆地（T₃-K₁）图

（1）扩张裂谷至初始洋盆沉积体系与演化阶段（D-C）。南秦岭和扬子地块区域地层沉积对比研究表明，勉略地带发生扩张裂解前主体处于原扬子板块北缘早古生代被动陆缘后侧的一带区域隆起背景上。区域对比发现勉略带的两侧均普遍缺失泥盆纪－石炭纪岩层，而勉略带内却从西至东普遍发育具有裂谷型沉积组合特征的泥盆纪－石炭纪岩层，且带内的泥盆系表现为从初始裂陷快速粗砾屑堆积、裂谷边缘相冲积扇体系的扇三角洲至深水扇，到重力流、浊积岩系的由斜坡、坡底裙以致盆地平原相的深水浊积岩系等沉积特征，并具自南向北加深的相变与组合等，总体上反映了勉略洋盆从初始同裂谷到初始小洋盆的沉积充填特征。石炭系则主要以陆棚－盆地体系为特征，同时在蛇绿混杂岩中的硅质岩中还发现 C_1 的放射虫动物群，表明石炭纪已开始发育深水盆地相沉积[19]。同时勉略带南侧晚古生代沉积岩层发育层位的时代及其延展分布还揭示，它是自西向东逐渐扩张打开的，另有专文论述[2, 11]。

（2）被动大陆边缘沉积体系与演化阶段（P-T$_{1-2}$）。综合研究表明，勉略洋盆自石炭纪晚期到早中三叠世由西至东逐渐扩张打开，形成统一的洋盆，并于二叠纪中晚期已开始消减俯冲[1, 11, 18]。勉略古洋盆南侧的二叠纪－早中三叠世沉积岩系已从泥盆纪－石炭纪的扩张裂谷沉积演化转入被动陆缘沉积。中上二叠统，尤其是以浅海－半深海硅质岩为主，自南向北加深的长兴期沉积，具有典型的被动大陆边缘沉积体系特征，指示其前缘（北侧）存在有洋盆。

勉略带南侧的早三叠世自北而南发育下部浅海泥质－灰泥质盆地体系、浅海碳酸盐陆架斜坡体系和碳酸盐岩台地体系[11, 19]。中上扬子北缘巨厚的巴东组（T$_2$）垂向从细粒向粗粒的沉积演化特征表明，自中三叠世开始，勉略带已开始萎缩，自东而西已转入早期海相前陆盆地沉积时期。

2. 前陆盆地体系与演化

中三叠世后，勉略带南侧现残存的沉积记录仍可恢复出两套前陆盆地体系。

（1）中晚三叠世海相前陆盆地沉积体系。主要分布于中上扬子地块与松潘等地北缘，而同期川西龙门山前也发育前陆盆地，两者成交接分支关系。在中扬子从早中三叠世典型深水相沉积到巨厚的巴东组（T$_2$）垂向向粗粒的演化表明，已开始向前陆盆地转变。这恰与大别碰撞超高压变质作用主要发生在 245～230Ma，即早中三叠世相吻合。而中上扬子北缘地区，中晚三叠世海相前陆盆地沉积多已被掩覆，仅在川西北残留有周缘前陆盆地远端的浅水沉积。在松潘北缘，早中三叠世仍为被动陆缘的浅海台地相沉积，但自中晚三叠世则出现以浊积岩为主的深水沉积，呈现半深海－深海斜坡环境，至晚三叠世诺利期又变为浅海陆棚粗中粒长石砂岩等沉积，代表海相磨拉石，表明已发生构造变形而隆升。总之，自中三叠世开始，勉略带南侧从被动陆缘沉积环境开始自东而西穿时的转换为海相前陆盆地，指示了勉略洋盆斜向碰撞封闭具有自东而西的穿时过程。

（2）陆相前陆盆地沉积体系与演化阶段（J-K₁）。勉略带南侧的陆相前陆盆地沉积岩系，可划分为早中侏罗世和晚侏罗世－早白垩世两期。早中侏罗世沉积表现为前陆盆地河流湖泊相的进积型的垂向沉积序列，而晚侏罗世－早白垩世的盆地相分布已自东向西退缩，以至晚期逐渐退缩到川西北一隅。总体也为河流湖泊陆相的进积型的垂向变化序列。但以晚白垩世江汉盆地的上叠交切为代表，标志着勉略带前陆盆地沉积体系演化的结束和转入新的陆内盆山构造演化阶段。

（三）古俯冲碰撞变质变形与岩浆活动证据

1. 古俯冲构造

经构造解析和大比例尺构造填图，筛分去除中新生代叠加构造，恢复确定在残存的蛇绿混杂岩块和陆缘沉积岩块之中残存原俯冲碰撞构造，以中深层次透入性韧性剪切流变作用与韧性剪切推覆构造为主要特征，表现为普遍发育透入性片麻理（S_1，$S_0 \approx S_1$）和矿物线理（L_1），并为碰撞构造面理 S_2 交切叠加[2]。

2. 碰撞造山构造与变形变质作用

勉略带内蛇绿岩及陆缘沉积岩系均普遍发生碰撞造山性质的变形变质作用，强烈挤压褶皱与冲断，并以多层次向南的系列逆冲推覆为骨架，形成岩片叠置（图3），岩片普遍发育透入性碰撞构造面理 S_2，不但交切先期俯冲构造 S_1（$S_1 \sim S_2$），并又为后期陆内构造所叠加改造交织。带内普遍变质达绿片岩相，个别区段则达角闪岩相与麻粒岩相，并断续残存高压蓝片岩带。一些区段还保存有原构造沉积混杂岩带[2]。同时勉略带南侧并行一带同时发育的最新只卷入中三叠统的前陆冲断带，也是勉略缝合带印支期陆－陆碰撞的直接产物。

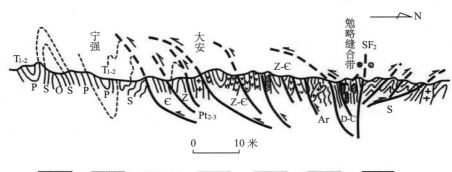

1. 蛇绿混杂岩；2. 花岗岩；3. 基性火山岩；4. 古老基底片麻岩；5. 基性岩脉；
6. 逆冲推覆和逆冲断层；7. 走滑断层

图 3 勉略带勉略区段构造剖面图

3. 俯冲碰撞型岩浆作用

沿勉略带内及北侧发育系列同位素年代集中于 220 ～ 206Ma（U-Pb）的俯冲碰撞型花岗岩[21]，既是勉略带板块俯冲碰撞的重要证据之一，又与大别超高压变质时代基本一致。

综合上述沿秦岭－大别等中央造山系南缘边界长距离的在同一构造背景下发生的多种相关地质作用与过程的一致与相似性，及其对中国大陆形成与演化和南北地质界线的划分性等重要特征，表明它们决非偶然，而是一致揭示这里曾存在一个现已消失的古有限洋盆及闭合俯冲碰撞的重要板块缝合带。

三、勉略缝合带的时代与演化

（一）勉略古洋盆和缝合带的时代

关于勉略古洋盆和缝合带形成时代迄今虽尚有争议，但现今的区域背景与勉略带多学科综合研究，可以初步确定勉略古洋盆与俯冲碰撞缝合带总体形成于晚古生代至中生代初（D-T，345 ～ 200Ma），而且由于其东西向的穿时性的发展演化，泥盆纪－三叠纪应是整个勉略有限洋盆从初始扩张裂陷到打开洋盆和最终消亡碰撞造山的总体形成演化时限。

综合迄今勉略带的同位素年代学与古生物学研究结果，证明勉略古洋盆扩张打开与发育主要是在中晚泥盆世－中二叠世，俯冲和碰撞造山缝合带形成时代为晚二叠世－中晚三叠世。证据如下：

（1）古生物方面，勉略区段蛇绿岩中硅质岩层内放射虫动物群化石年代为晚泥盆世－早石炭世[18]。西乡孙家河火山岩中硅质岩夹层放射虫时代为晚泥盆世－晚石炭世[19]。康玛区段蛇绿混杂岩中火山岩中硅质岩放射虫属晚泥盆世－石炭纪[22]。玛沁地区与蛇绿岩及相关火山岩密切共生的硅质岩与相关地层中的古生物化石年代为石炭纪－二叠纪和早中三叠世[23]。东部花山蛇绿混杂岩块的最新时代由古生物定年为早中三叠世、二叠纪、石炭纪等。

（2）同位素年代学方面，勉略带不同区段蛇绿岩与相关火山岩、花岗岩多种同位素测年方法获得时代集中于 345 ～ 200Ma，即泥盆纪－三叠纪。主要包括玛沁德尔尼蛇绿岩洋脊玄武岩的全岩$^{40}Ar/^{39}Ar$ 年龄 345±7.9Ma，等时年龄为 320.4±20.2Ma[17]，与其中硅质岩夹层的放射虫定年中泥盆世－石炭纪相一致。勉略区段蛇绿混杂岩中与基性火山岩共生的斜长花岗岩的结晶锆石 U-Pb 年龄为 300±81Ma，而其继承锆石年龄为 913±40Ma[4]。同地与基性火山岩互层的硅质岩获 326Ma（Sm-Nd 全岩等时限）和 344Ma（Rb-Sr，张宗清），并与产于其中的放射虫化石时代晚泥盆世－早石炭世[19]相吻合。

上述同位素年代与古生物一致表明勉略古洋盆打开与发育应主要是中晚泥盆世－中二叠世。勉略庄科蛇绿岩变质基性火山岩 Rb-Sr 等时年龄 286±110Ma 和$^{40}Ar/^{39}Ar$ 年龄

283±22Ma（张宗清），结合地质综合分析应代表洋壳的初始俯冲变质年龄，而勉略区段产于蛇绿混杂岩中不同地点的变质基性火山岩的同位素年龄分别为242±21Ma(Sm-Nd)，221±13Ma（Rb-Sr）[24]，226.9±0.9～219.5±1.4Ma（^{40}Ar/^{39}Ar）[25]，勉略带北侧系列俯冲碰撞型花岗岩体U-Pb年龄225～205Ma[21]。特别是勉略带内安子山准高压基性麻粒岩（蛇绿岩组成部分）[26]Sm-Nd和^{40}Ar/^{39}Ar年龄为199～192Ma[27]，与勉略区段东端北侧的佛坪穹窿麻粒岩的U-Pb锆石年龄212.8±9.4Ma[27, 28]相一致，而麻粒岩年龄则应代表了俯冲洋壳在深部准高压麻粒岩化后又随碰撞而隆升的时代。同时若考虑勉略带南侧发育并行的最新只卷入中三叠世岩层的前陆冲断褶皱构造带，并在其上区域性不整合发育诸如紫阳瓦房店、房县青峰等地的陆相断陷上叠盆地的早中侏罗世沉积地层，则又从构造沉积建造方面提供了勉略古缝合带主导形成于中晚三叠世时期。因此，上述同位素年代应集中代表了勉略古洋壳俯冲碰撞和缝合带形成时代主要在晚二叠世－中晚三叠世。

勉略带内蛇绿岩及相关火山岩中获得的10亿年和4亿年左右的同位素年代数据，综合对比分析，应是勉略古缝合带中混入的古老混杂岩块的时代。理由主要是：①勉略蛇绿岩混杂带内，大比例构造填图（1∶1万）已证明，内部混杂包含大小不一的多种类型与时代不同岩块，包括有不同时代的古蛇绿岩块。②秦岭造山带中南秦岭广泛发育从震旦纪至中三叠世连续的大陆边缘沉积体系，并具有一致的变质变形构造演化历史，尤其上下古生界间没有区域性普遍的构造角度不整合所分割，只有局部超复性不整合与平行不整合。全区1∶5万、1∶20万，乃至新近的1∶25万修测填图和专项研究也都证明，上下古生界的变形几何学形态与构造样式一致，区域变质作用连续一致，因此都充分说明秦岭主导的碰撞造山构造作用主要发生于印支期中晚三叠世期间，而后才转入从晚三叠世－侏罗纪开始的全区普遍一致的造山期后的陆内构造演化阶段。③上述秦岭－大别南缘边界外侧并行从东至西千余公里惊人一致的穿时性的最新只卷入中三叠统（西秦岭南侧松潘北缘卷入上三叠统）的勉略带的碰撞前陆冲断褶皱构造带，也充分表明了勉略带最后的碰撞造山主要发生在中晚三叠世时期。因此，综合以上所述，尤其鉴于勉略蛇绿混杂带内构造岩块来源和成因的复杂性，笔者以与洋盆发育直接相关、产于蛇绿岩内并与火山岩或岛弧火山岩呈互层的硅质岩的古生物为主要依据，结合不同同位素测年方法获得不同岩类的同位素年龄，并综合区域地质对比，分析、判定与确认：勉略洋盆启开、发育时代为中晚泥盆世－中二叠世，俯冲消减与碰撞造山的时代为晚二叠世－中晚三叠世，总体时限为中泥盆世－中晚三叠世（345～200Ma±），晚三叠世及其之后已转入后造山板内（陆内）构造演化时期。当然，勉略古洋盆的精确同位素年代学还有待进一步深入研究。

（二）勉略构造带演化过程概述

勉略构造带从古洋盆打开、俯冲碰撞造山到复合陆内构造的构造演化过程，可概括划分为以下六个阶段（图4）：

（1）初始扩张裂陷－初始洋盆打开阶段（D_{2-3}-C_1）。

（2）小洋盆－有限洋盆扩张发育阶段（C_1-P_2）。

（3）洋壳板块消减俯冲演化阶段（P_3-T_2）。

（4）陆－陆碰撞造山阶段（T_{2-3}）。

（5）晚造山逆冲推覆与前陆盆地和带内伸展塌陷演化阶段（T_3-J_{1-2}）。

（6）后造山陆内构造演化阶段（J_2-Q），包括中侏罗世－早白垩世陆内推覆构造阶段和晚白垩世以来新的陆内构造叠加复合演化阶段。

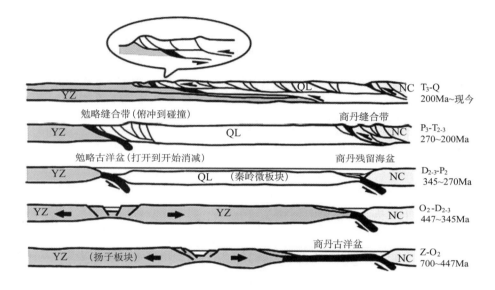

图 4　勉略构造带构造演化简图

四、勉略古缝合带是中国大陆完成主体拼合的主要结合带

上述从勉略构造带到勉略古缝合带的恢复重建研究证明，勉略洋盆是在全球与东亚区域地球动力学背景下，于晚古生代在扬子板块北缘扩张打开的次生有限洋盆，其组成、构造和地球化学（Pb，Nd，Sr 同位素示踪等）属性应属于东古特提斯构造域。与之同期的三江地区古特提斯主洋盆的多岛特征的扩张与封闭，峨嵋山大陆玄武岩的大规模扩张喷发、扬子内广泛的扩张裂陷沉积演化和钦防残留海盆演化等，证明中国南方大陆古特提斯构造于晚古生代在深部动力学背景下发生了广泛扩张裂解[29~32]，尤其在扬子周边裂离出很多分支有限洋盆、小洋盆及中小微板块，从而造成东古特提斯域与中国南方大陆的中小洋陆多块体拼合与长期非稳定状态下的保存演化的独特特征。勉略有限洋盆的扩张和封闭碰撞造山就是一具体例证。更为重要的是，勉略古洋盆与缝合带不只是东古特提斯北缘的分支组成部分，而且是中国大陆于印支期完成其主体拼合的主要结合带，

具有更特殊意义。晚古生代至中生代初期，即海西－印支期是中国现今大陆主体拼合形成的主要完成时期。北方的古亚洲洋最迟沿天山－内蒙古索伦山－林西－吉南一线于石炭纪－中二叠世（C-P₂）关闭，从而完成华北、塔里木与西伯利亚陆块（包括先期与之拼合的诸多地块）三者的最后拼合[33, 34]，中国北方统一成为劳亚大陆的组成部分。而统一的北方大陆与冈瓦纳大陆之间则是古特提斯洋域。关于东古特提斯洋域的性质、规模历来有争议，一种观点认为是广阔大洋[35-38]，另一种观点则认为南北大陆间特提斯域只是微古陆与小洋盆、海湾相间的格局[39]，还有些研究者认为是华夏古陆块群[40]、多陆块群[1, 2]或多岛海[41]、多岛洋[42, 43]等。虽然争论还将继续下去，但愈来愈多的事实证明，东古特提斯不是像太平洋那样的浩瀚广阔大洋，而是一个包含众多中小陆块、地体、微板块及其之间分支交错组合的有限洋盆、小洋盆及洋陆过渡海盆等构成的洋陆间列复杂组合的洋陆格局的海域，以非开阔多类型中小洋盆和陆块兼杂分支组合并存为特征。以秦岭－大别等中央造山系为例，恢复当时的洋陆格局，显现出以滇藏的龙木错－双湖－澜沧江－昌宁－孟连为主洋盆和金沙江、甘孜理塘、阿尼玛卿、勉略，乃至尚未最终完全封闭的秦岭商丹残余洋盆等分支有限洋盆，分隔出羌塘、昌都、思茅、保山、松潘、秦岭－大别等众多微板块、地体。同时还有从晚泥盆世到二叠纪的伴随区域东古特提斯深部背景下的扩张，出现攀西裂谷，峨眉山玄武岩广阔喷发，龙门裂陷，贺兰裂陷，共和坳拉谷，以及扬子地块内广泛的裂陷槽，乃至钦防海槽的延续扩张裂离，形成诸多虽未被洋盆分隔但相对独立的地块，如松潘等微地块从扬子的分裂等。勉略古缝合带正是在这北方形成统一大陆，而南方是上述复杂特异的东古特提斯区域洋陆格局下，从中晚海西期的扩张到晚海西－印支期的收敛，东古特提斯诸陆块沿中央造山系，尤其沿勉略带聚集拼合，而最终在完成中国大陆主体拼合过程中形成了勉略古缝合带。

从晚古生代－中生代初当时洋陆构造格局进行区域大地构造分析，可以看出勉略洋作为东古特提斯洋域中的北缘分支有限洋盆，与三江等主洋盆及其他分支小洋盆，基本都是同期于中晚三叠世分别封闭的，造成诸多同期碰撞造山带，成为中国大陆构造一突出特点。但其中由于三江主洋盆位于中国大陆边缘一隅，而勉略古洋盆与缝合带却占据中国大陆的中部，横穿东西，因之勉略古缝合带就成为中国现行大陆完成其主体拼合的主要结合带，而且是中国大陆组成主体的华北与华南的最后主要拼接带，无疑在中国大陆的形成与演化中占据重要突出地位。正因为如此，勉略构造带具有了以下重要的独特特征：

（1）勉略带反映了多块体拼合的中国大陆如何完成其主体拼合及其过程与特征。赋存有中国大陆多块体拼合的地幔动力学、陆壳响应及大陆增生、消减、保存演化的重要信息。

（2）勉略带在碰撞造山之后，具有中新生代横贯东西、分割南北的大规模陆内构造活动，以巨大的陆内俯冲、陆壳收缩叠置为特征，成为中国大陆现今南北以巨大的构造交切不整合为特征标志的一个突出构造分界线。正是由于勉略带晚近时期的巨大陆内构造活动和向西跨越青藏高原中北部，直接关联到中国大陆内的华北、中央造山系和扬子地块以及青藏隆升等陆内构造的重要组成部分，因此它的形成演化与陆内各陆壳块体在深部背景下的强烈收缩、伸展、旋转走滑复杂组合运动、变形和陆壳增厚减薄等直接相关，从而成为揭示连结中国大陆中新生代以来东、西地形反转，表生系统巨大变动，东、西深部地幔调整变化与陆壳变形的纽带和信息库。因而，勉略带古洋盆与缝合带的形成演化及中新生代以来的陆内构造活动与特征，充分显示出中国大陆构造的陆壳行为、属性与特征，以及壳幔交换与陆下地幔非均一流变、调整、底侵、拆沉与重要的地幔柱等复合作用的深部地幔动力学特征及其对大陆的多圈层的作用。

（3）勉略带与大别的大陆深俯冲、快速折返密切相关，具有重要的特殊意义。勉略带最后的拼合、东端直接与大别 UHP-HP 变质岩的形成、剥露和东部岩石圈增厚、减薄及底侵、拆沉等深部作用相关，西端又与西秦岭、松潘中国大陆中最大的构造结的形成相关。充分反映了中国大陆的大陆动力学的独特特征，即中国大陆的多块体拼合、洋陆转换侧向与垂向共生的陆壳增生以及多期强烈活动性的大陆长期非稳定状态保存演化等。

总之，勉略带的形成演化突出地反映了中国大陆具有全球共性中的显著区域特殊性和东古特提斯研究的重要意义。中国大陆地质的全球共性中的独特性应是我们从中国大陆实际出发，对比全球，发挥地域优势，探索大陆动力学，获取原始创新成果，参与国际地学发展与竞争的重要基本研究内容与任务。对勉略带的研究就是一项具体的探索实践。

李春昱先生是著名的地质学家，也是最早提出从西秦岭南缘至略阳－勉县地带存在板块构造混杂带和缝合带的先辈学者。正值先生诞辰 100 周年之际，特作此文以示纪念。

参考文献

[1] 张国伟等. 秦岭造山带与大陆动力学. 北京: 科学出版社, 2001

[2] 张国伟等. 秦岭－大别造山带南缘勉略构造带与勉略缝合带. 中国科学（D 辑），2003（12）

[3] 赖绍聪. 秦岭－大别勉略构造带蛇绿岩与相关火山岩性质及其时空分布. 中国科学（D 辑），2003（12）

[4] 李曙光. 南秦岭勉略构造带三岔子古岩浆弧的地球化学特征及形成时代. 中国科学（D 辑），2003（12）

[5] 程顺有等. 秦岭造山带岩石圈电性结构及其地球动力学意义. 地球物理学报，2003（3）

[6] 董云鹏. 随州花山蛇绿构造混杂岩的厘定及其大地构造意义. 中国科学（D 辑），1999（3）

[7] 张国伟等. 秦岭造山带的结构与构造. 中国科学（B 辑），1995（9）

[8] 杨文采. 东大别超高压变质带的深部构造. 中国科学（D 辑），2003（2）

[9] Yuan Xuecheng, Simon L Klemperer, Tang Wenbang, et al. Crustal structure and exhumation of the Dabie shan ultrahigh pressure orogen, estern China, from seismic reflection profiling. Geology, 2003, 5

[10] 董树文等. 大别造山带地壳速度结构与动力学. 地球物理学报，1998（3）

[11] Liu Shaofeng, Zhang Guowei. Process of Rifting and Collision along Plate Margins of the Qinling Orogenic Belt and Its Geodynamics [J]. Acta Geologica Sinica, 1999, 3

[12] 赖绍聪等. 南秦岭勉县－略阳结合带变质火山岩岩石地球化学特征. 岩石学报，1997（4）

[13] 许继锋，韩吟文. 秦岭古 MORB 型岩石的高放射性成因铅同位素组成特提斯型古洋幔存在的证据. 中国科学（D 辑）（增刊），1996，26

[14] 李春昱等. 秦岭及祁连山构造发展史. 国际交流地质论文集（1），北京：地质出版社，1978

[15] 许志琴等. 中国松潘－甘孜造山带的造山过程. 北京：地质出版社，1992

[16] 董云鹏等. 鄂北大洪山岩浆带的地球化学及其构造意义——南秦岭勉略洋盆东延及其俯冲的新证据. 中国科学（D 辑），2003（12）

[17] 陈亮等. 德尔尼蛇绿岩 40Ar-39Ar 年龄：青藏最北端古特提斯洋盆存在和延展的证据. 科学通报，2001（5）

[18] Meng Qingren, Zhang Guowei. Timing of collision of the North and South China blocks: Controversy and reconciliation. Geology, 1999, 2

[19] 冯庆来等. 南秦岭勉略蛇绿混杂岩带中放射虫的发现及其意义. 中国科学（D 辑）（增刊），1996，26

[20] 孙卫东等. 南秦岭花岗岩锆石 U-Pb 定年及其地质意义. 地球化学，2000（3）

[21] 王宗起等. 南秦岭西乡群放射虫化石的发现及其地质意义. 中国科学（D 辑），1999（1）

[22] 赖旭龙，扬逢清. 四川南坪隆康、塔藏一带泥盆纪含火山岩地层的发现及意义. 科学通报，1995（9）

[23] 边千韬等. 青海省阿尼玛卿带布青山蛇绿混杂岩的地球化学性质及形成环境. 地质学报，2001（1）

[24] 李曙光等. 南秦岭勉略构造带黑沟峡变质火山岩的年代学和地球化学古生代洋盆及其闭合时代的证据. 中国科学（D 辑），1996（3）

[25] Li Jinyi, Wang Zongqi, Zhao Min. 40Ar/39Ar thermochronological constraints on the timing of collisional orogeny in the Mian-Lue collision belt, southern Qinling Mountains. Acta Geologica Sinica, 1999, 2

[26] 李三忠等. 勉县地区勉略带内麻粒岩的发现及构造意义. 岩石学报，2000（2）

[27] 张宗清等. 秦岭勉略带中安子山麻粒岩的年龄. 科学通报，2002（22）

[28] 杨崇辉等. 南秦岭佛坪地区麻粒岩相岩石锆石 U-Pb 年龄. 地质论评，1999（2）

[29] 徐义刚，钟孙霖. 峨眉山大火成岩省：地幔柱活动的证据及其熔融条件. 地球化学，2001（1）

[30] Davies G F. Mantle plumes, mantle stirring and hotspot chemistry. Earth Planet Sci Lett, 1990, 99

[31] Wignall P B. Large igneous provinces and mass extinctions. Earth Science Reviews, 2001, 53

[32] Zhao D P. Seismic structure and origin of hotspots and mantle plumes [J]. Earth Planet Sci Lett, 2001, 192

[33] 王鸿祯，莫宣学. 中国地质构造述要. 中国地质，1996（8）

[34] 李锦轶. 中国东北及邻区若干地质构造问题的新认识，地质论评，1998（4）

[35] Powell C M and Conaghan P G. Plate tectonic and the Himalayas. Earth Planet. Sci. Lett., 1973, 20

[36] Bird P. Initiation of intracontinental subduction in the Himalaya. Journal of Geophysical Research, 1978, 83

[37] Sengor A M C. East Asia Tectonic Collage. Nature, 1995, 18

[38] 黄汲清，陈炳蔚. 中国及邻区特提斯海的演化. 北京，地质出版社，1987

[39] 肖序常，王军. 青藏高原构造演化及隆升的简要评述. 地质论评，1998（4）

[40] 潘桂棠等. 东特提斯地质构造形成演化. 北京：地质出版社，1997

[41] 许靖华等. 中国大地构造相图. 北京：科学出版社，1998

[42] 钟大赉. 滇川西部古特提斯造山带. 北京：科学出版社，1998

[43] 殷鸿福. 早古生代镇淅地块与秦岭多岛小洋盆的演化. 地质学报，1995（3）

关于秦岭造山带*

张国伟　郭安林　董云鹏　姚安平

摘　要　纪念老一代地球科学家李四光先生，思考地球科学与大地构造学的创新发展。文章以秦岭造山带为例思考大陆复合造山及其动力学，认知概括秦岭造山带基本属性与特质，探索认识中小多板块多期洋陆俯冲造山－陆－陆板块俯冲碰撞造山的板块复合造山，并又强烈叠加复合陆内造山，造成复杂组成与结构，形成立交桥式四维流变学分层的多层非耦合动态演化的大陆复合造山带模型，及其新的演化趋势动态和构成国家人类需求的成矿成藏物质财富与宜居的地表系统环境等，期望前瞻探索认知地球发展的未来。文章还就秦岭造山带几个有争议的问题，进行简要讨论，共求新的探索研究发展。期盼学习李四光先生学术理论精华，尤其在深化发展板块构造，探索认知大陆构造与动力学方面，创新发展地质力学，以宇宙太阳系视野探索地球动力学，推动大地构造新发展。

关键词　板块复合造山　陆内造山　大陆构造与流变学　地球动力学

　　李四光先生是国际著名的科学家、地质学家和大地构造学家，创建了地质力学大地构造学派。今值先生诞辰130周年之际，应邀特写此文，以表深切怀念。本文以李四光先生关注的大陆造山带，并以纬向秦岭造山带为例进行分析讨论。

　　秦岭造山带是中国大陆的脊梁，东西向横亘中国大陆中央，在中国大陆形成与演化中占有突出重要位置。秦岭造山带经历了长期的形成演化历史，具有复杂组成和结构，非已有造山带模式能完全概括，是一独具特色的、典型的复合大陆造山带，成为现代地学研究的良好天然实验室和研究基地。因此历来受到关注，历经长期研究，已取得重要基本认知。但随着不断的新发现以及存留问题和争议，各方一直正在新的层次上继续深化探索，特别是面对全球变化与人类社会可持续发展和当代地球科学最新进展，构建地球系统科学，服务国家与人类最新重大需求和动态的认知行星地球的新发展，更需要以新理念与新思维，瞄准新目标，再研究认识秦岭造山带，揭示其全球共性中的独特区域个性及其普适性的地学意义与科学价值。以下就秦岭造山带几个关键基本问题进行简要讨论，欢迎指正。

＊本文原刊于《地质力学学报》，2019，25（5）：746-768.

一、秦岭造山带基本属性和特质

秦岭造山带是在全球与中国大陆形成演化总的地质与动力学背景基础上，经长期多期在不同发展阶段以不同构造体制机制演化而形成的复合型造山带，成为具有全球与中国大地构造共性中独具特征的典型的大陆复合造山带[1-2]（图1）。

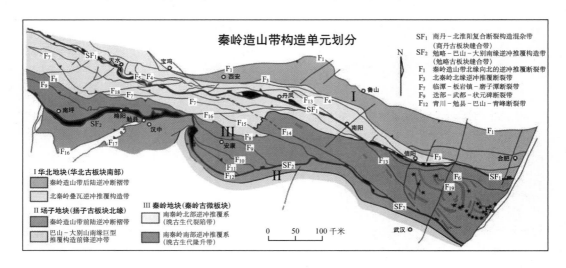

图 1　秦岭造山带构造单元划分图

（一）现今的秦岭造山带是历经长期复杂演化的综合现时结果

综合概括，现今的秦岭造山带经历了三大构造演化阶段，构成了三大套基本构造地层岩石单元[1, 2]，包含了从地质历史早期至今不同时空下的不同地质记录：

（1）早期地质历史的前寒武纪两类不同的变质变形岩浆活动的基底岩系，即①早前寒武纪结晶岩系（Ar-Pt$_1$），现以零散残存的不同型式构造岩块夹持包裹在造山带不同构造单元中；②中新元古代浅变质变形过渡性基底（Pt$_{2-3}$），较广泛分散出露于造山带不同构造单元内。上述早期构造地层岩石单元历经多期次改造变位，大多已难于准确恢复重建其原位原貌，尤其是早前寒武纪岩系。

（2）新元古代-中晚三叠世主造山期板块构造体制下相关不同阶段的构造地层岩石单位（Pt$_3$-T$_{2-3}$）。

（3）中新生代陆内造山与陆内构造相关环境条件下的陆内构造建造，包括构造断陷盆地，前后陆盆地沉积岩层与广泛的以花岗岩为主的侵位岩浆岩系与成矿以及各类构造岩系（T$_2$-Q）。

简要概括秦岭主要经历了三大演化发展阶段（图2）：

（1）前寒武纪两类基底形成阶段（Ar-Pt$_{2-3}$），包括早期（Ar-Pt$_1$）结晶基底形成时期和中新元古代（Pt$_{2-3}$）过渡性变质变形岩浆活动基底形成时期。主导是尚不清楚的早期前板块与初始板块构造演化时期。

（2）新元古代－古生代－中生代初（Pt$_3$-T$_3$），秦岭主造山期两期板块构造演化阶段，包括了新元古代晚期至早古生代扩张裂解与洋－陆俯冲造山作用和晚古生代至中生代初三叠纪中晚期印支期的洋－陆俯冲到陆－陆俯冲碰撞造山作用，直到秦岭印支期板块主造山期后的伸展塌陷构造（T$_3$-J$_{1-2}$）和岩浆活动。

（3）中新生代陆内构造演化阶段，包括燕山中晚期陆内造山（J$_3$-K$_1$）、燕山晚期至新生代的陆内构造和急剧隆升成山与新的裂解构造演化（K$_2$-R）。

今天雄伟强大的秦岭山脉并非古生代至印支期板块造山隆升的产物，而是中新生代燕山期以来陆内造山抬升的结果。

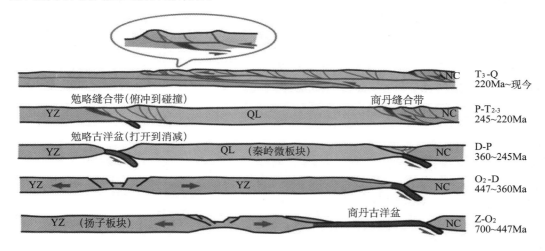

图 2　秦岭造山带演化示意图

（二）秦岭造山带基本属性与特征

简要概括，秦岭造山带是一典型大陆复合造山带，由不同演化阶段、不同属性的构造体制机制和造山类型复合演化而来，即由洋－陆板块俯冲造山（Pt$_3$-S-C-P$_1$）；陆－陆板块俯冲碰撞造山（D-C-P$_1$-T$_{2-3}$）和陆内造山（J$_3$-K）的多期多样不同属性性质的复合造山，构成特征突出鲜明的秦岭式大陆复合造山模式[1, 3]。

由于仅残存支离破碎的岩石地块记录，秦岭早前寒武纪形成的地壳构造难于可靠恢复重建其原位原貌和构造体制机制。中新元古代以来尚可不同程度研究推测恢复。自新元古代晚期至古生代－中新生代以来，则能较为可靠地恢复重建，尽管存在不完整性和争议，但已有客观记录与事实可进行判断推定。据此其主要特征可作如下综合概括：

第一，秦岭式的板块复合造山与陆内造山的多期多样大陆复合造山作用与造山模式。

秦岭造山带是在前寒武纪先期构造基础上，主导是新元古代至今，主要由华北、华南两板块及其之间的秦岭微板块三块历经不同期次板块洋盆扩张与消减的板块洋－陆俯冲造山，陆－陆俯冲碰撞造山，后又复合叠加陆内造山而形成为现今的大陆复合造山带。

（1）陆内造山与陆内构造。现今的强大秦岭山脉，是中新生代以来陆内造山作用形成的陆内大陆复合造山带。现今地理概念的秦岭山脉是在先期（Pt_3-T_{2-3}）两次板块复合造山基础上，由中新生代以来陆内造山作用与陆内构造再复合叠加先期构造所形成的陆内隆升山脉，是横贯中国大陆中部东西的中国中央造山系的重要组成部分。

（2）中小多板块长期由洋－陆俯冲造山、陆－陆俯冲碰撞造山的板块复合俯冲碰撞造山。秦岭造山带主导是新元古代中晚期以来，经历长期多期次而最后由印支期最终完成的多板块、由洋－陆俯冲造山到陆－陆俯冲碰撞造山两期复合的板块俯冲碰撞造山带，是非经典的板块俯冲碰撞造山模式，即不是简单的由两板块－消减带一期次性连续快速消减俯冲碰撞造山形成的板块造山过程，而是中小多板块与多洋盆经历漫长多期次的板块洋－陆消减俯冲造山到陆－陆俯冲碰撞造山复合而完成的板块造山带，因而独具特征。

秦岭经历了板块造山的复杂而漫长的过程。秦岭是在先期构造基础上，进入新元古代－古生代－中生代初主导板块构造体制的构造演化阶段，早古生代先是由秦岭洋盆分隔的华北、华南两板块从扩张到奥陶纪中期洋盆进入收缩消减，沿华北板块南缘商丹边界，华南板块向北俯冲，至志留纪晚期，乃至泥盆纪早中期，南北两板块已几近陆－陆接近，甚至已有陆块突出部分的点接触陆－陆俯冲碰撞[1-2, 4-5]，但此时期由于大区域东特提斯构造域扩张转入古特提斯演化阶段，东特提斯构造区域普遍发生全球与深部背景下的广泛扩展裂解，其中华南板块伸展产生多个古特提斯扩张分支洋盆，诸如甘孜－理塘、勉略有限洋盆等，其中勉略有限洋盆就是华南板块北缘，也即秦岭洋盆南侧被动陆缘扩张裂谷（Є-S）基础上的此时期发生的新的扩张裂解[1-2]，使之秦岭区域板块构造洋－陆俯冲造山演化在即将并部分已点点陆－陆俯冲碰撞造山之际，由于在深部与区域扩张构造背景下，减缓俯冲消减速度致使未能进一步发生陆－陆全面碰撞造山，而形成持续的点点接触的残留洋盆的洋－陆与陆－陆俯冲碰撞造山的特殊构造演化构造古地理状态。而在秦岭南部，即华南板块北缘原消减的被动陆缘裂谷上新形成的勉略洋盆正处于扩张打开以致形成有限洋盆的演化阶段，造成整个秦岭造山带板块构造演化进程中的一次突出构造与构造古地理的重大变动，由秦岭原来华南板块向华北板块俯冲消减，并已即将发生陆－陆俯冲－碰撞造山之际，区域扩张伸展，收缩挤压减弱减缓的调整转换为秦岭成三板块二洋盆的新的板块构造格局[1-2, 6-7]，即由华北板块－秦岭残留洋盆与海盆－秦岭微板块－勉略扩张有限洋盆－华南板块的三板块二洋盆的板块大地构造新格局，致使秦岭造山带最后到晚古生代至中生代初印支期最后才发生华北南缘商丹带最终于 T_{2-3} 全面完成陆－陆俯冲碰撞，形成商丹板块缝合带，而同时勉略有限洋盆则自泥盆纪－石炭纪－二叠纪扩张打开，二叠纪中晚期开始消减俯冲，到三叠纪中晚期随同北侧商丹带，最终双双向北俯冲碰撞，完成秦岭造山带三板块沿二缝合带复合俯冲碰撞造山的板块构造演化历史进程[1, 4]，形成独具特征的中小多板块，由洋－陆俯冲造山和陆－陆俯冲碰撞造山的长期板块复合造山过程与模式。

第二，秦岭造山带岩石圈结构现今呈流变学分层构造非耦合的"立交桥式"大陆造山带四维构造几何学模型。

秦岭大陆复合造山带现今岩石圈四维结构呈现为：岩石圈上部地壳受两侧克拉通地块相向向秦岭的巨大陆内俯冲，而秦岭沿两侧边界呈向外多层次的巨大逆冲推覆，构成总体不对称扇形隆升，并兼具走滑、扩张断块的复合型地壳几何学结构，而深部则具流变学分层，并以南北向的深部结构与状态（大于 40 ～ 80 千米深度范围）和上部地壳（40 ～ 80 千米）的近东西向结构构造呈非耦合关系，中间则为水平流变过渡层（60 ～ 80 千米），综合从深部到表层岩石圈总体为流变学分层的、构造非耦合"立交桥"式的时空四维几何学结构模型[1, 4, 8-9]（图 3）。代表了秦岭造山带长期演化过程中，不同期次构造变形与组合的时空四维的叠加组合的复合，秦岭先期已形成的三维结构，在中新生代新的陆内构造演化中，深部在新的区域构造动力学背景中，处于高温高压状态下，并在流体参与下首先发生了适应新的区域构造动力学状态的最新调整变化，形成深部南北向的结构与状态，而上部已固态化的先期东西向构造，还未得以适应而发生新的调整变化，故尚仍保留着原先的东西向构造。因此上下两者在结构状态、构造方位与时代上构成不协调非耦合的关系，并且在两者之间，大致在 60 ～ 80 千米区间形成一层水平流变状态的上下过渡层。总体上，岩石圈上、中、下三分层现实的构成非耦合关系的统一整体，即秦岭造山带现今的岩石圈垂向横剖面构造结构呈现为：构造流变学分层的，由不同时代不同构造变形结构叠加改造与保留调整的现今时期统一组合的立交桥式构造非耦合的造山带结构的复合构造剖面。因此，它的重要意义不只在于揭示了秦岭造山带岩石圈结构的非耦合的流变学分层的立交桥式构造结构与几何学状态，而更重要的是揭示出大陆造山带在长期形成演化中，大陆物质与结构在大陆长期保存漂浮运动演化中，是如何从深部到上部长期保存演化的，因而也就表明它可能是大陆拼合形成之后不易返回地幔，大陆及其内部表层与深层间长期保存交换演化的一种重要途径与方式，因之，具有重要的深化发展板块构造，探索大陆构造与大陆动力学意义。

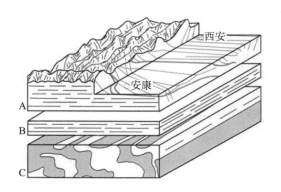

A. 上层，固态化的先期东西向构造层；B. 中层，水平流变状态过渡层；C. 下层，深部流变状态南北向构造层

图 3　秦岭造山带岩石圈现今"立交桥"式结构模型

第三，秦岭造山带是中国大陆中央造山系的中心重要组成部分，在中国大陆和东亚具有重要的地表－深部关系地球动力学意义。

（1）秦岭造山带与中央造山系是现今中国大地构造动态演化与格局的支撑构造系统与动力学源区之一。

中央造山系是指近东西纬向横亘中国大陆的一带强大造山链[10]。该山链在中国大陆上构成雄伟山脉，包括从郯庐断裂剪切错位的黄海山东半岛，至大别－秦岭－祁连和昆仑及其间柴达木地块以及因阿尔金剪切走滑错移的喀喇昆仑至帕米尔结而西延出国。中央造山系是中国大陆南北的地质、地理、气候、生态、环境和人文的分界带；也是中国大陆地壳岩石圈深部乃至地幔结构状态的主要分界带；也是中国大陆南北持续汇聚，中央造山系中新生代以来，急剧隆升成山的主要深部地幔相向汇聚，而地表造山隆升的动力汇源区和发散地。因之具中国现今大地构造动态演化格局的支撑与重要构造动力学意义。

现今中国大地构造最新演化格局。根据综合地质和地球物理探测与深部结构与现代地壳与岩石圈活动构造及地震分布及动态，中国大陆现今大地构造发展动态趋势与演化格局呈现为：在现代全球板块构造体制格局中，受全球性三大构造动力学体系，即西太平洋、阿尔卑斯－喜马拉雅和中亚－环西伯利亚三大构造动力学体系复合汇聚控制，构成二大构造带，即中央造山系近东西纬向构造带和贺兰－川滇南北径向构造带形成十字型构造格架，划分出四个构造区块，即华北－东北、华南、青藏、新疆－北山构造区块[2]（图 4），构成现今中国大地构造最新动态演化格局。由之可见，秦岭和中央造山系在现今中国大陆大地构造动态演化中的突出重要意义。

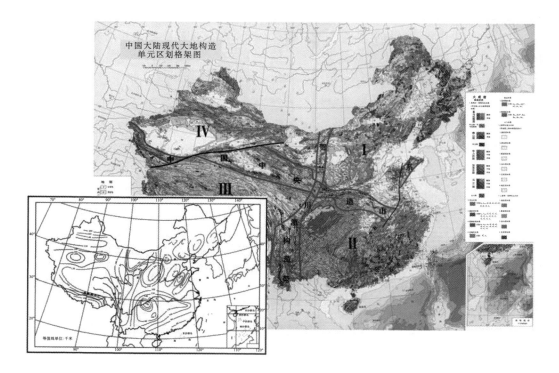

Ⅰ. 华北与东北构造区　Ⅱ. 华南构造区　Ⅲ. 青藏构造区　Ⅳ. 新疆与北山构造区. 左下图为中国大陆岩石圈底部 Pg 差异图（据文献 [11]）

图 4　中国大地构造最新演化动态格局

（2）秦岭与中央造山系、贺兰－川滇径向南北构造带的交叉，与青藏高原北部的复合叠加互跨。

中国大陆中现代最强的南北地震带，即贺兰－川滇南北构造带，它不只是强烈地震带和青藏高原东北边界，也是北起西伯利亚地块南端贝加尔湖，南接印度洋 90° 岭脊的全球性洋－陆南北径向构造带在中国大陆中的陆地部分[2]，在西秦岭与中央造山系垂向交叉，十字型分划中国大陆。贺兰－川滇南北径向构造带更突出的是中国大陆现今东、西构造和深部结构状态差异的分界带、地表与深部反转演变的中轴转换带，是现今西太平洋地幔与印度－印度洋板块深部地幔斜向交叉汇聚带，成为地表系统中国大陆贺兰－川滇南北强烈活动地震带和东、西构造差异演化的主要动力源。同时由于印度板块中新生代以来快速北进，而以印度洋 90° 岭洋为界的以东澳大利亚板块迟迟缓慢北进，构成两者突出的巨大差异北向运动，故造成中国东、西部之间和印度与印度洋和澳洲板块之间在现代全球板块构造体制下形成强大的剪切力偶转换带，意义重大。

（3）秦岭与中央造山系不只是探索研究中国大陆古生代－印支期南北主体拼合过程，而且也是研究认知中国大陆中新生代以来，除周缘板块构造动力作用外，陆内构造演化及其动力学的得天独厚的研究基地和良好场地。

秦岭造山带中新生代陆内构造演化，是在秦岭长期多期次中小多板块构造演化基础上，是于印支期最后完成其板块构造（T_{2-3}）演化进程后转入陆内构造演化阶段的[1-2, 12]。先后又经历了燕山中晚期陆内造山（J_3-K）和燕山晚期至新生代的陆内构造，即由挤压、推覆、走滑、伸展、断陷、岩浆活动构造共存的构造变动，急剧隆升成山，并正处于新的裂解演化过程之中（K_2-R），是在没有大洋岩石圈主要参与下的陆内过程，现在的强大山脉是在这时塑造而形成的，具有典型的陆内造山陆内构造的系统记录。而且由于秦岭－大别造山带形成演化是经历长期复杂多样板块或陆块运动拼合与陆内构造叠加复合和剪切旋转陆内俯冲逆冲推覆叠置拼接的不同造山过程，造成现今自东而西的依次不同构造层次的剥露，而综合恢复叠合起来总体代表了一个大陆造山带的完整的大陆岩石圈剖面（图5）。

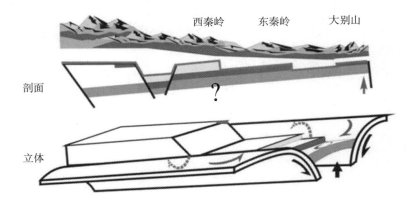

图 5　秦岭－大别等中央造山系东西岩石圈剥露剖面示意图

秦岭－大别板块多期次拼合俯冲碰撞过程，是自东而西穿时闭合进行演化的，研究证明华北板块逆时针旋转，而华南板块则是顺时针旋转拼合，最终于印支期完成两板块最终拼合，后又在燕山期陆内造山与陆内构造作用中，华北、华南两地块又沿造山带内及其南、北两边界发生巨大陆内俯冲、穿时剪切走滑、逆冲推覆，而且呈现出自西而东的俯冲（或逆冲推覆）幅度与深度规模急剧加强加大，至大别山深俯冲已使陆壳下冲形成超高压（UHP）岩石等，并又快速折返地表，使大别造山带广泛面状出露造山带根部与 UPH 岩石，因此表明华北、华南南、北侧两地块在陆内造山与陆内构造过程中，又以华北地块顺时针而华南地块逆时针相向旋转逆冲推覆，恰与板块构造拼合时的旋转方向反向，最终导致现今从大别到西秦岭整体一带中央造山系，从东至西不同地段依次出露造山根带深部（大别）、中深部（东秦岭）及中上部（西秦岭），而总体综合完整的构成代表了秦岭－大别一个造山带的陆壳岩石圈剖面，别具特色和重要意义。

第四，秦岭造山带是中国大陆具代表性扩展性地表系统与深部过程及动力互馈的信息库、资源能源汇集区、成矿带和控制带，独具特科学与社会意义。

秦岭的长期多期多块体多类型复合造山作用，深部背景的强烈构造岩浆流体活动和多期多种构造盆地沉积演变，使秦岭造山带成为重要多期复合多金属富集成矿带，尤其以中新生代为主成矿期，形成具世界级的大型、超大型多种构造岩浆流体、沉积、变质多金属矿产基地，诸如 Mo, Au, V, Pb, Zn, Ag, Hg, U 等，新近又发现大型稀土矿产。它们不仅是国家社会需求的重要资源，更是研究探索认知秦岭造山带形成演化的不可替代的特有信息源和物质记录。

秦岭是中国大陆主体统一整体形成的拼接带，控制和影响着中国大陆南北的主要油气、煤炭、铀矿等能源基地，成为国家油气煤炭铀等能源研究和潜力评价的主要基础，具有独特的造山盆山结构与演化和构造成矿动力学与大陆动力学意义。

秦岭造山带位居中国大陆中央，成为自然地理和气候的分界带与生物基因库，是中国两大主要水系黄河长江的主要水源地，因之也是国家主要水资源涵养地和生态环境的调节控制带。

秦岭造山带现最高峰太白山达 3767 米，而与之相伴的渭河断陷裂谷盆地西安凹陷，据地质勘探和地球物理探测，它自晚白垩世以来（100～80 Ma）下沉约 7～8 千米，推测同期太白山因隆升而剥蚀已约 2～3 千米，则原太白山与渭河断陷 100 Ma 以来两者已差异升降可达 14～15 千米，蔚为壮观，可与青藏高原喜马拉雅山与珠穆朗玛峰等地表系统新生代以来的剧烈快速差异升降比较而过之，无疑是中国大陆中心内部深部动力学过程与地表系统互馈作用的突出反映[1, 2]。

综合上述秦岭造山带的基本属性特征和组成、结构与演化，突出的显示它是长期多期洋-陆俯冲造山和陆-陆俯冲碰撞造山的中小多板块多样的扩张分裂、收敛汇聚、走滑旋转、运移穿时拼合的板块构造复合造山带，同时又包容了前寒武纪先期古构造，后又遭受强烈的中新生代陆内造山和陆内构造叠加改造复合，因此提供了研究多块体、中小板块及陆壳块体拼贴俯冲碰撞多样复合造山及其地幔动力学难得的特有信息。其中，板块复合拼贴造山完成后的中新生代陆内造山及陆内构造和造山带两侧地块沿其边界巨大相向陆内逆冲、俯冲与造山的扇形隆升，以及现今造山带岩石圈流变学分层的圈层构造非耦合"立交桥"式四维造山带几何学模型，为深化发展板块构造，探索研究板内（陆内）构造及大陆增生、保存演化等大陆构造与大陆动力学基本问题提供了良好天然研究基地与典型实例。

二、秦岭造山带几个问题研究认识与讨论和存留问题

下面每一个问题都可单独成文。但因篇幅所限，不能展开论述，只能选择重点进行简要讨论。

（一）秦岭前寒武纪构造与华北、华南板块（地块）边界和北秦岭归属问题

秦岭前寒武纪构造关键问题是秦岭造山带起始问题，即华北与华南两板块（地块）何时相关联，是原统一陆块扩张分裂为两块又再收敛拼接，还是广阔大洋中原本并不相关的两板块（地块）后汇聚拼合？两板块沿什么消减带拼合造山？迄今的研究综合判断，华北华南两陆块早期应是漂浮于大洋中不相关的两陆块，分属不同的板块[1, 6, 13-14]。地球早期地壳构造和大陆问题目前还是一正在探索研究争论的问题，涉及地球前板块构造及板块构造何时起始与大陆起源及其构造等问题。秦岭的前寒武纪构造研究主要依据现秦岭带内及邻侧残余的古老地质记录。已知秦岭的变质结晶岩系如太华群杂岩、崆岭、杨坡、大红山及汉南与后河等岩群分属华北、华南两古老地块基底，其构造问题应属于两克拉通的研究内容。秦岭内部残留的陡岭、武当、小磨岭、鱼洞子等岩群从地质、地球化学综合研究推断，多认为属华南扬子早前寒武系基底相关岩系[1, 15-17]，也更多应归华南地块早期研究内容。因此，关于秦岭造山带前寒武纪构造的研究，除上述相关的两地块（板块）早期构造演化外，主要应是中新元古代构造问题，涉及北秦岭构造带归属问题；华北、华南板块（地块）秦岭中的边界问题以及秦岭造山带起始问题。

北秦岭构造带是秦岭造山带的主要构造单元（见图1），现呈近东西宽窄不一狭长一带展布于秦岭中北部，夹持于北秦岭南侧商丹复合断裂带（原秦岭板块造山主缝合带）和北侧洛南－栾川复合断裂构造带（原宽坪缝合带与二郎坪弧后带）之间，主体由秦岭群为主的构造结晶杂岩组成，是历经多期非均一变质变形岩浆活动混合岩化的构造杂岩地块，中深变质乃至高压深变质的复杂多期叠加复合构造变质地质体[18-19]，主体时代为早元古代，不排除更老更新岩层裹入。其上构造不整合断续上覆少量古生代、中新生代不同构造岩石岩层单位。总之它是秦岭主要的一独特构造带，系统记录着秦岭造山带长期的形成演化基本信息。过去长期认为它是华北地块（板块）的南部边缘组成部分，但经地质、地球化学综合系统研究揭示，它不属于华北，而是更亲近华南或独立的微板块（陆块）。主要依据是：

（1）秦岭杂岩基底变质岩系及其幔源岩石的 Pb 和 Nd 同位素研究显示，其地球化学属性特征不同于华北板块（地块）南缘，而亲近但又不完全等同于华南板块北缘的南秦岭和华南板块的 Nd 模式年龄及 Pb 同位素组成[1, 20-22]。因而提出秦岭造山带华北与华南地块（板块）的地球化学界面应在北秦岭带之北侧，进而认为秦岭中的华北板块南边界应在北秦岭带之北的洛南－栾川一线。

（2）北秦岭带北侧与之并行分布一带宽坪蛇绿混杂岩带[23-25]，蛇绿岩岩石具 N-MORB、E-MORB 与 OIR 型混杂组合特征，N-MORB 时代为 ca. 943 ~ 1445 Ma[26-27]，与之伴随宽坪洋壳向南俯冲，在北秦岭带形成并行一带俯冲型到碰撞型花岗岩，同位素年龄 ca. 979 ~ 911 Ma[25, 28-29]并发育并行一带 ca. 889 ~ 944 Ma 的 A 型花岗岩。同时发生 ca. 1.0 Ga

的秦岭杂岩叠加变质作用和宽坪蛇绿岩高绿片岩相－角闪岩相同期变质[24, 30~31]，应为同碰撞变质作用。以上统一表明北秦岭带原非为华北地块组成部分。原北秦岭地块（微板块），在新元古代之初 10 亿年左右沿洛南－栾川一线与华北板块南缘发生俯冲碰撞拼合，拼贴于华北板块南缘，因之才成为华北板块的南缘组成部分[1, 25]，并后又沿其南侧发生新元古代晚期至古生代－中生代初沿商丹带的华南与华北板块的消减俯冲碰撞造山作用，形成商丹缝合带。

（3）上述两点证据发生的背景，正是全球从哥伦比亚超大陆形成后中元古代裂解到新元古代罗德尼亚超大陆聚合形成到再分裂的过程，秦岭造山带的起始与发展就是在全球这一总构造背景下发生的。

综合上述地质、地球化学、野外实际调研和实验与理论的综合研究，获得如下认知：

（1）北秦岭构造带归属。北秦岭构造带相对于华北板块与华南板块原曾是独立的微板块，地质、地球化学综合特征不同于华北板块（地块），亲近但又不完全同于华南板块（地块），后在全球 Rodina 超大陆形成背景下，随中新元古代宽坪洋南向消减与华北板块拼合，成为华北板块南缘增生陆块。

（2）秦岭造山带起始。北秦岭原微板块地质、地球化学属性特征亲近但又不完全相同于华南板块（包括其北缘南秦岭），对比与推断它应是与华南板块相关或边缘漂浮的微板块或陆块，因此使之有与华南板块即有亲近相似关系又不等同之别，但这却可提供一重要可靠信息，即华北与华南两原本不相关联的板块，应是此时即中新元古代，在全球哥伦比亚超大陆形成后的中元古代裂解到罗德尼亚超大陆聚合形成再到新元古中晚期裂解的构造演化过程中，使之两者从无关分离而到运移汇聚发生相关联，使中国大陆组成的两个主要板块开始产生关联，这也就正应是秦岭造山带起始的时代和构成华北、华南两板块及其之间秦岭商丹洋的秦岭板块构造格局开始出现形成的时代。

（3）秦岭造山带中华北、华南两板块边界。秦岭造山带中华北板块的南缘边界在不同构造演化阶段是不同的边界。原华北板块初始的形态与边界尚难准确确定，但从现秦岭造山带构造配置与实际出露现状，可以说，中元古代早期或以前，华北板块的南缘边界应是现洛南－栾川断裂构造带一线。自北秦岭微板块于中新元古代交接之际拼贴到华北板块南缘后，其已成为华北板块（地块）的组成部分。所以新元古代以来，华北板块在秦岭造山带中的南边界即是北秦岭构造带南侧商丹缝合带和现商丹断裂构造带。大量地质、地球化学和地球物理的多学科综合研究和探测及客观实际都一致说明和证实了这一点。

（二）秦岭板块复合造山问题

已如前述，今天的秦岭造山带组成与结构的时空分布是经长期多次复合造山，多样构造变形叠加改造变位至今的综合结果表现，如果要恢复重建前中新生代构造，必需筛分筛除先期构造变形变位，其中对秦岭造山带而言，突出重要的首先是要筛除影响整体的主要变位变形构造：①已如前述，秦岭大别等中央造山系现今的展布从东至西，依次出露地壳岩石圈不同深度层次时代的岩石与构造，如若将其复原展平至古生代 - 中生代初时期的板块构造古地理与岩层产出及变形结构状态，则古生界 - 三叠系岩层与构造分布与结构，将会是上古生界和西秦岭特别发育的三叠系深水浊积岩层及其下伏岩层、构造等广泛出露于东秦岭，乃至到大别地区。②也如前述，南、北秦岭以商丹带为界，两者整体构造线方位和各构造岩层产出分布现呈区域性斜交的构造关系，北秦岭主构造线为北西西 - 东西，而南秦岭则为北西为主，表明沿商丹带两者有大的相对剪切走滑平移错位，尤其南秦岭有较大整体旋转运移，如若恢复至原两者近于平行展布，则南秦岭构造岩层分布会呈现出上古生界与中下三叠系岩层广泛出露。上述两构造的复原，将对研究秦岭古生代 - 中生代初板块构造，提供更为接近客观实际的依据，以免现状的误导。

中新元古代 - 古生代 - 中新生代初，秦岭造山带板块构造体制的板块复合造山演化，是秦岭造山带的主要造山演化时期，它奠定和构成了秦岭的基本组成与结构构造格架。在先期区域构造背景中，中新元古代秦岭造山带才开始起始，洋 - 陆板块构造格局刚出现与演变，后从两板块一洋盆到三板块二洋盆海盆（新生洋盆与残余洋盆），从板块洋 - 陆俯冲造山到陆 - 陆俯冲碰撞造山，直到后造山伸展塌陷，结束板块体制而转入陆内构造与陆内造山的演化，突出呈现一幅全球板块造山共性中的独特区域个性特征，即中小多板块长期多期的板块复合造山特征，并具有突出特征的普适性意义。正因为如此，使秦岭造山带独特而复杂，富有诸多特异实事与现象，非为经典板块俯冲碰撞造山模式所能概括。这既是困惑也是探索研究的机遇。其中关键问题是：①中小多板块构造造山及其机制动力学问题；②板块构造与陆壳广泛弥散性变形及复合；③板块造山与陆内造山。这些问题在另文讨论，这里仅就秦岭板块构造作简要讨论。

秦岭古生代板块构造问题，主要是：①早古生代板块构造属性；②晚古生代秦岭板块构造格局和勉略洋盆问题。

1. 秦岭早古生代板块构造属性

秦岭早古生代板块构造多已为共识，关键问题是其板块构造属性与特征。综合地质、地球化学与地球物理系统研究，认为秦岭板块构造主造山期（Pt_3-T_{2-3}），早古生代主导是洋 - 陆俯冲造山，末期才进入几近陆 - 陆点接触俯冲碰撞造山起始时期，但并未发生秦岭的全面陆 - 陆碰撞造山与以致结束秦岭板块构造造山。其基本特点与格局是：

（1）秦岭早古生代构造格局。秦岭早古生代板块构造基本格局是二板块（华北、华南），一洋（秦岭商丹洋盆），一消减俯冲带（商丹带），一弧后盆地（二郎坪有限小洋盆）。

华北板块南缘活动大陆边缘：早古生代华南板块洋壳沿华北板块南缘商丹消减带发生洋 - 陆持续消减俯冲，并引起造成以北秦岭秦岭杂岩为基底的岛弧带（钙碱性火山岩浆弧，534～414 Ma）和二郎坪弧后盆地，同时形成商丹断续一带丹凤蛇绿构造混杂岩（534～440 Ma）和弧前盆地沉积构造加积楔，同期导致北秦岭遭受叠加的俯冲造山变质作用。总体构成完整的华北板块南缘早古生代沟弧盆活动大陆边缘构造系统和商丹缝合带早期消减俯冲蛇绿混杂带的形成[1, 6-7, 32-33]。

华南板块北缘被动大陆边缘：恢复重建其被动陆缘，突出特点是发育早古生代被动陆缘裂谷构造及其重要岩浆活动（南秦岭Є-S）。后上覆上古生界－下中三叠系，西秦岭则延至上三叠统。早古生代末南秦岭（华南扬子板块北缘）被动陆缘前端的洋壳和前缘远洋深水沉积岩层多已被消减，故总体到晚古生代－中生代初时，南秦岭主要保存了被动陆缘的中后部沉积和陆缘裂谷沉积岩层（南秦岭大巴山）[1-3, 12, 34]，并在晚古生代勉略有限洋盆打开后，它成为南北侧两洋盆与残余洋盆海盆间的微板块裂陷台地沉积。

（2）上下古生界构造关系及意义。秦岭上下古生界构造层关系和志留系与泥盆系（S-D）两地层的构造接触关系，由于复杂而长期有争议。从实际广泛调研到专门综合系统深入研究，揭示上下古生界构造层间和 S-D 两岩层间构造关系不存在广泛普遍的区域构造角度不整合，主体为区域整合、平行不整合、超复不整合关系。主要事实与证据是：

A. 上下古生界两构造层整合一致、同期变质变形。秦岭上、下古生界，在商丹带以南，整个东、西秦岭区域上下古生界岩层变质作用期次、变质相，构造变形、期次样式与类型均完全一致，下古生界不存在区域两次变质作用与构造变形的叠加，而是与上古生界一致遭受同期一次区域性的绿片岩相－低角闪岩相的变质作用，和从区域整体到具体构造变形几何学类型、基本样式上下一致的同期的造山构造变形。迄今秦岭区域 1：20 万、1：5 万区域地质填图以及多次各项专门研究，均未发现上下古生界构造层间与 S-D 两岩层间的造山性的区域构造界面与 S-D 间广泛普遍的区域性构造角度不整合，各比例尺地质图与构造图件中上、下构造层与 S-D 岩层间均为平行一致的构造关系。新近刚出版的陕西地质志说明书及图件中 S-D 间主为区域平行不整合关系，且层间发育顺层滑动韧性剪切剥离构造，而整体区域性上下层及其剪切滑动都是顺层平行一致同步的褶皱断裂等构造关系。表明从区域整体到具体部位古生界上下构造层总体为一致一次主变质变形构造关系。

B. 志留系与泥盆系的构造接触关系。S-D 两岩层普遍是连续、平行不整合，超覆不整合和局部因具体构造作用而出现的局部构造角度不整合关系，造成这种多样构造关系的区域背景与机制将论述于后。西秦岭尤其甘南地区普遍 S-D 是连续沉积关系，西北大学郭勇岭教授 20 世纪 60 年代对此已有专门研究，从岩石地层和 S-D 古生物化石的多年系统研究，结论是 S-D 地层岩石沉积和生物化石都是连续不间断的。东秦岭多数地区也是连续和平行不整合的关系，唯在武当、小磨岭、陡岭等多个古老隆起周边有不同样式的超覆不整合接触关系，但均不是区域性造山构造角度不整合关系。也充分证明秦岭早古生代末期没有发生板块陆-陆全面碰撞造山作用。

C. 古生代商丹消减俯冲带地质记录证据和岩层碎屑锆石年龄与岩石 $^{40}Ar/^{39}Ar$ 年龄研究。古生代秦岭商丹消减俯冲带地质记录综合研究揭示，早古生代时期主导是洋-陆俯冲造山作用，直到晚古生代的中晚泥盆世，才开始转入陆-陆俯冲点接触碰撞的残余洋盆-海盆的演化发展。

根据古生代秦岭商丹消减俯冲带的弧前盆地沉积演化记录及弧前加积楔变质变形演化记录和垂直商丹带的多条横向穿越秦岭岛弧、弧前盆地到华南板块北缘的南秦岭北部山阳-凤镇断裂一线，进行不同构造岩段的 $^{40}Ar/^{39}Ar$ 同位素测年冷却剥露变化演化研究和大量岩层岩石的碎屑锆石同位素年代学探索研究，对秦岭古生代-中生代初板块主造山期俯冲-碰撞的厘定与示踪约束，获得北秦岭、弧前加积楔与南秦岭三构造单元岩层的角闪石、白云母、黑云母的 $^{40}Ar/^{39}Ar$ 年代学系统测试研究，结果均显示三带具有完全不同的冷却剥露历史[7]：北秦岭基底秦岭杂岩在 432 Ma 前，即 S_{1-2} 之前已开始冷却剥露。北秦岭发育 500～400 Ma 与俯冲相关的侵入岩，标志Є-D 华南板块北部洋壳已持续俯冲于华北板块南缘北秦岭之下，北秦岭岛弧开始形成并隆升，冷却剥露历史已开始进行，在 430～330 Ma 时期，经历了 500～300℃ 的冷却剥露历史。432 Ma 时期冷却至 500℃，剥露深度 14～15 千米，368～329 Ma 时期冷却至 300℃，剥露 28～9 千米。而北秦岭岛弧南侧的弧前加积楔，322～311 Ma 时期冷却至 500℃，剥露 14～15 千米，360～303 Ma 时期冷却至 425℃，剥露 12 千米。北秦岭宽坪岩系与之有类似冷却剥露历史。但同时段南秦岭北侧刘岭群 439～363 Ma 发生逆冲剪切叠置变形与低级变质作用，南秦岭武当群白云母坪年龄 228.2±27 Ma，与大别地区 UHP 变质岩中的白云母时代一致。400～360 Ma 时期刘岭群持续沉积，并从岩石碎屑锆石同位素年龄研究，反映已具南北双向物源，表明南秦岭仍在持续俯冲，并显示至此南秦岭俯冲带仍无冷却剥露年龄，也同样反映仍在向北俯冲。360～300Ma 时期南秦岭仍在持续的俯冲，并使弧前盆地沉积加积楔进一步变形变质。至此，商丹带南侧南秦岭北缘的残余海盆沉积，包括山阳-凤镇以北的刘岭群和二峪河群泥盆-石炭系岩层，累积厚度已达数千米，主要为硅质碎屑岩和泥质岩，主体为深水沉积-部分层段含碳酸盐岩[1-2, 35-36]。而这一时期向北持续俯冲的华南板块北缘的南秦岭俯冲前端尚无记录表明其明显抬升，仅仅才刚显示开始隆升。

上述地质事实与多学科综合研究，共同揭示反映秦岭造山带早古生代板块构造主导是洋-陆俯冲及其前端的俯冲所导致的北秦岭岛弧带及其商丹蛇绿混杂岩与弧前盆地与由秦岭洋演化而至的残余洋盆-海盆的构造演化变动、变质变形及岩浆火山活动和地表系统的变动，华南板块北缘（南秦岭）下行板块一直尚无碰撞隆升抬起，而是还在下行俯冲，所以表明，它们主要是统一构成了秦岭早古生代洋-陆持续俯冲及其俯冲地带引起的沟弧盆演变的造山作用及其效应。

D. 早古生代及其末期区域构造及动力学背景。综合概括秦岭早古生代俯冲造山的区域构造背景与区域动力学机制，已如上述，主要首先是早古生代晚期至晚古生代早中期，秦岭正处于全球东古特提斯区域扩张的构造动力学背景中，S-D 时期秦岭两板块在即将演化进入全面陆－陆俯冲碰撞造山之时，却在古特提斯打开的区域扩张伸展构造背景下，使之汇聚拼合减缓，并且华南板块本身也正在发生扩张裂解，因之秦岭区也随之而处于扩张状态，除裂解打开勉略有限洋盆外，秦岭华南板块北缘被动陆缘区（南秦岭），在原已有早古生代总体收敛汇聚下的陆缘伸展裂谷构造演化状态下，在新的区域古特提斯扩张背景中，扩展裂解进一步发展，发生了志留纪晚期开始到晚古生代泥盆纪－早二叠世的南秦岭被动陆缘新的伸展裂解，造成南秦岭被动陆缘的区域性的扩张裂陷裂谷构造，致使其中的勉－略扩张断陷裂谷扩张演化为一有限洋盆，从而造成秦岭区域构造古地理环境发生重大调整变动，南秦岭除勉略裂谷发展为有限洋盆外，裂解出现了旬阳盆地、镇安盆地、高川盆地、淅川盆地等多个统一而又分割裂陷盆地，以及南秦岭北部山阳－凤镇断裂一线的小磨岭地垒式隆起及其以北的商丹带南侧的刘岭、凤太等盆地[1, 2, 36]。如是，古生代中期 S-D 时期，即我国习惯通常称的加里东期，整个秦岭区域呈现被动陆缘海域水下扩张断陷裂谷构造状态，并引起地壳隆起与沉降的构造差异分化，形成秦岭晚古生代扩展分裂的统一而又呈多盆地多隆起的构造古地理格局，所以必然使志留纪期后的泥盆纪的沉积岩层从原统一的被动陆缘环境转换为扩张分割的多盆地的构造古地理沉积环境，因之必然造成 S-D 两套地层沉积系统构造接触关系呈现多样性，有连续（盆地中心等）、平行不整合（盆地中心到周边等）和超覆不整合（隆起周围和裂谷断陷肩坎等）等多样多变的构造接触关系。正是这种秦岭板块构造演化的转换特征与区域构造背景动力学演变的驱动控制，使秦岭早古生代末未能发生陆－陆全面碰撞造山，却使之持续早古生代以来的洋－陆俯冲及其所引起的洋－陆俯冲造山变动，构成秦岭特异的板块构造演化过程与独具特征的板块洋－陆俯冲及其俯冲造山的地质构成与结构构造。

总之，秦岭早古生代板块构造主导是持续的洋－陆俯冲作用及其引起的俯冲造山效应。秦岭上下古生界两构造层间和 S-D 间不存在区域性构造角度不整合关系的构造界面[1-2, 7, 37]，两者间实际呈现为一种洋－陆俯冲造山缓慢向陆－陆俯冲碰撞造山的特殊过渡转化状态。

2. 晚古生代秦岭板块构造格局和勉略洋盆问题

秦岭晚古生代－中生代初（D-T$_{2-3}$）板块构造格局主体为三板块（华北、华南板块及其之间的秦岭微板块）二洋盆（商丹洋盆－残余海盆和新打开的勉略有限洋盆）二消减带（商丹和勉略消减拼合缝合带）[1, 2]。秦岭晚古生代最主要的事件是勉略洋盆的扩张打开与演化，改变了秦岭早古生代板块构造格局，而构成晚古生代新的板块构造格局。

现今争议的主要问题也是勉略有限洋盆问题，而其核心重点是勉略蛇绿岩、蛇绿构造混杂岩与勉略缝合带的时代问题及其东西延伸问题。文中限于篇幅不能展开论述，但有专著和多量已发表相关的论文[1-2, 7]可供参考，这里仅就勉略蛇绿混杂岩带与缝合带时代及其延伸问题作简要讨论，供参考。

（1）秦岭勉略蛇绿混杂带和缝合带的时代问题讨论。关于时代的问题，概括有三，一是勉略蛇绿构造混杂带、缝合带基本特征与时代；二是同位素年代学研究与解释；三是面对复杂地质体关于年代学的多学科综合判定问题。

第一，勉略蛇绿构造岩带与缝合带基本特征与时代。勉略洋盆、蛇绿岩与蛇绿构造混杂岩与勉略板块缝合带它们发生、形成、演化与现今保留出露的基本特征，这些对于同位素年代测定解释和时代判定都至关重要，是基础，是依据，也是约束。

秦岭勉略蛇绿构造混杂岩和缝合带现今主要突出特点是：

现代地表没有完整统一的勉略板块缝合带的连续保存出露分布，除其受先期多次构造叠加改造外，最主要是现今秦岭－大别中央造山系南缘边界巨型逆冲推覆兼具剪切走滑的推覆断裂构造大规模掩覆强烈改造，使之仅呈残留构造岩块，大小不一少量断续沿推覆断裂带残存，其中勉略区段是其残留保存较好较大具一定代表性的一个构造夹块，其他还有南坪（九寨沟）塔藏、西乡高川、随州花山北、大别南部清水河等少数残块。所以中央造山系南边界的巨大推覆断裂带绝不是勉略构造缝合带，只是原勉略蛇绿混杂岩与缝合带呈零星构造残块沿后期断裂带的残留分布，所以必需筛分去除推覆断裂带的掩覆改造，才能恢复重建勉略洋盆及其拼合缝合带的原貌（图6）。

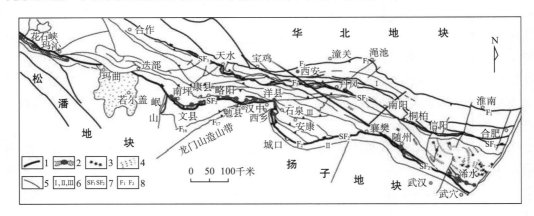

1. 勉略构造带　2. 蛇绿岩及相关火山岩　3. UHP 岩石剥露区　4. 韧性剪切带　5. 断层　6. Ⅰ华北地块南缘与北秦岭带，Ⅱ扬子地块北缘，Ⅲ南秦岭　7. 秦岭－大别造山带商丹缝合带（SF₁），秦岭勉略缝合带（SF₂）　8. 秦岭－大别北缘边界断裂带（F₁）和南缘边界断裂带（F₂），即勉略构造带

图 6　秦岭－大别南缘勉略断裂构造带与勉略板块缝合带简图

勉略有限洋盆是在古生代华南板块北缘被动陆缘后部隆起带（即区域上中新元古界

隆升剥露或缺失 D-C 地层的地区）上，在区域古特提斯扩张伸展与深部构造背景下，华南板块晚古生代区域扩张裂解中，沿甘南九寨沟（南坪）、勉略、高川一线发生断陷裂谷，进而扩展发展成为古特提斯洋域北部的一支有限洋盆，其裂解基底广泛是中新元古代以基性为主的沉积火山岩系，以勉略洋盆中南缘踏坡群裂陷边岸碎屑浊积岩系为例，它就直接覆盖于碧口系火山岩基底上（Pt_{2-3}），显示了其隆升带的扩张裂陷基底背景。因此表明，在勉略蛇绿构造混杂岩和勉略缝合带中，包涵裹挟大量基底中新元古代火山岩（基性为主）构造岩块、岩屑是必然的，所以必需严格区分是勉略蛇绿岩还是基底元古代火山岩。

勉略板块缝合带中的蛇绿构造混杂岩和勉略缝合带的构造混杂岩非常复杂，遭受构造混杂作用强烈，现多呈以不同期次层次尺度与不同类型，从脆性、韧性到流变层次的破裂流变构造作用及结构重组，包容了基底及周边与自身不同的各类大小岩块岩层岩石，尤其混杂了因勉略带俯冲碰撞拼合强烈构造挤压和旋转剪切走滑作用所造成的各种岩块、岩层岩石，乃至构造岩块地质体，包括原基底的不同岩块的混杂，并受构造作用置换理顺重新组合，最终成为现今残留保存的勉略缝合带中的构造蛇绿混杂岩。以勉略带勉略区段的郭镇－横现河区间的 1/1 万勉略缝合带的构造填图为典型例子，足以充分说明。其中的原勉略洋盆南侧深水浊积岩系为主的三河口群岩层，现已成为由不同规模、性质的断裂、韧性剪切带与片理化带交叉网织，包容多量各类岩块，包括蛇绿岩块和外来的、基底的各类岩块岩屑等，混杂而又由构造变质片理化理顺，成为现高度构造混杂片理化似变质片岩的构造岩，完全失去原三河口群深水浊积岩地层面貌。所以现残露的勉略缝合带蛇绿混杂岩带地段，其中的构造岩石的物质、地球化学组分的组合重置与结构构造的重组，强烈而复杂，造成对勉略带洋盆、蛇绿岩及其组合的不同地层、火山岩浆岩石及其结构构造恢复重建的困难，地质、地球化学、同位素年代学研究，包括对测年岩石归属判别、采样，测试与结果的地质解释都造成了复杂困难。但尽管如此复杂，客观的实在残存，求实精细持续探索研究，还是可探求与认知的，而只是需求客观不宜轻易下结论，要多学科严谨综合判定。

第二，勉略蛇绿构造混杂带和缝合带同位素年代学研究与解释。迄今对勉略带相关各类不同岩石，包括带内外众多不同变质镁铁质火山岩、花岗岩、硅质岩与变质岩、麻粒岩等，采用了各种不同的同位素年代学测试方法，进行了很多研究测试，获得了一批差异很大的多种同位素年代学数据，因此引起了关于时代问题的诸多争议[1-2, 9, 38]。现综合分析，可以归纳同位素测试年龄峰值主要集中于两个时段：1000 ～ 800 Ma，即新元古代和 300 ～ 200 Ma，即晚古生代－中生代三叠纪，其中不乏其他古老和较新的零散年龄数据。为什么勉略带获得如此多期同位素年代数据，其地质解释与意义又有多样争议？根据秦岭－大别造山带整体形成演化与勉略构造带的形成演化，可以概括主要有以下原因，可分析讨论：

现今的勉略构造带是一历经长期演化的复合构造带，它的先期是印支期秦岭－大别造山带的一个主要板块俯冲碰撞缝合带，是一个以蛇绿构造混杂岩为特征的拼合断裂构造混杂带，即板块拼合的缝合带，并又遭受中新生代以来中央造山系南缘边界的强烈巨大逆冲推覆兼具剪切走滑推覆断裂构造的大规模掩覆改造，包括新的强烈推覆断裂构造作用的新混杂，必然包容了多量不同时代的不同构造岩块与地质体，并又遭受强烈不同层次类型断裂构造作用的改造，故复杂的岩石混杂与构造作用，必会出现多种多期同位素年龄数据。

秦岭－大别造山带形成演化中，华南板块早期在中新元古代全球 Rodinia 超大陆形成与裂解总环境中，具有晋宁期扩张裂谷构造与板块构造区域构造演化背景，广泛面状发育以壳幔混原为特点的扩张裂谷火山岩，及一些新元古代蛇绿岩套超镁铁质与镁铁质岩石，它们同位素年龄多集中在 1000 ～ 800 Ma[1, 39-40]。因此勉略有限洋盆扩张打开时，就是在先期上述中新元古代广泛火山岩基底上发生，其俯冲碰撞混杂形成缝合带时，自然会在勉略缝合带内混杂残存有晋宁期构造基底岩块，出现不少 1000 ～ 800 Ma 同位素年龄数据，而且强烈变形置换理顺，使不同期火山岩块构造一致，不易区分，造成混同，导致测年误差。并且这里也不排除现勉略带中某些地段，甚至沿现勉略推覆断裂带内曾有晋宁期的古老缝合带的残存。但目前深入综合研究和区域地质的背景不支持勉略带整体原就是晋宁期的古缝合带。据上述复杂性和对采样地区地段野外地质不同熟悉程度或缺乏准确判定情况下，测年为 1000 ～ 800 Ma 的火山岩，有可能是基底元古代火山岩，而不是真正勉略蛇绿岩的岩石年龄数据。

现有的勉略带研究，已如前述证明原勉略洋盆打开与最终关闭碰撞造山都是穿时的，并且是先后反向发生进行的，因此勉略带中东、西千余公里不同地段必然出现有一定差异的年龄数据，造成较宽的时限，但总体区域地质与构造背景的时空综合分析，表明它们是有联系有规律的，属于发生于一个时段内相同或相似的地质背景与构造环境中的年龄数据。

目前勉略带中所获的同位素年代学研究成果中，包括有年代学测试方法本身或样品本身等复杂因素所造成的一些错误或无地质意义的数据，它们增添了勉略带同位素年代数据的混乱，应予筛分和识别。

综合现有同位素年代数据，结合相关古生物年代及区域地质背景，对勉略带多种、多期同位素年龄可以做出如下总体地质解释和综合判定：

晚古生代－中生代三叠纪，即 345 ～ 200 Ma 同位素年代集中反映了勉略古有限洋盆从扩张打开到最后洋盆关闭、碰撞造山隆升的板块构造演化过程，而 1000 ～ 800 Ma 的同位素年代则主要应是勉略带内所包容残存记录的秦岭－大别造山带先期基底中新元古代的地质事件。

第三，勉略缝合带时代问题讨论。客观地质事实的复杂性，给地质与同位素地质年代研究提出了挑战，要求我们正确客观精细的进行多学科相结合的综合研究与求实的以科学态度及思维，求得真实的客观规律。故鉴于此，有必要简要讨论一下关于勉略古洋盆打开，扩张发育，消减俯冲，碰撞造山关闭以及最后缝合带形成等与时代问题。

复杂地质条件下的时代确定，需要多学科综合研究。首先是同位素年代学研究与问题。对于复杂地质体的同位素年代学研究采用多种同位素年代学测试方法相配合，尤其精确的 U-Pb 不同测年技术方法的互补结合，以现代最精确高质量的测试技术方法为主，配合对同类或不同类岩石同时采用多种不同特点有效方法，并对测试结果进行对比分析，相互印证，以尽可能获得高质量准确客观可信的数据，这是测试研究的追求与目的。同位素年代学是现今地质学研究中不可或缺的现代基本支撑学科和主要研究手段，它从理论到技术方法与仪器设备，都在快速发展，对地学研究已作出了不可估量的重大作用，并还将会发挥更大作用。但现在同位素年代学研究面临着挑战，同位素年代学理论方法与技术问题，需要理论与技术方法的不断提升，除其本身仍是一不断深化发展中的学科和技术以及各个实验室本底条件外，重要的还有不同方法的局限性以及样品问题（如锆石样品的复杂性，采样岩石代表性以及样品处理混染问题等），常常导致最终测试结果准确程度的差异和不可靠年龄数据。比如进一步解决对蛇绿岩中超镁铁质与镁铁质岩类等的测年问题；还有样品问题。地质和样品需要准确严格样品的采集、分析测试和排除混染、污染及准确定性，即应采用严格合格的样品进行测试，并充分掌握了解岩石样品的地质背景与产出和多样复杂性。例如对勉略带内火山岩采样，野外地质准确清楚与否，是基底元古代火山岩，还是真正勉略蛇绿岩的火山岩样品等诸类问题。数据的解释问题。需要在充分了解和理解同位素年代测试方法性能及测试结果可靠性的前提下，充分结合地质问题与背景的研究，尤其包括可靠古生物年代学研究进行综合解释判定，以尽可能作出合理准确客观科学的解释。其中比较困难的是在同位素年代学成果与古生物化石定年相矛盾的情况下，如何解决与判定时代，这是年代学研究，尤其像秦岭造山带这样一些复杂地质年代研究中需要给予合理正确解决的突出问题。

在秦岭造山带与勉略构造带的研究中，普遍出现了同一蛇绿岩露头中，火山岩同位素年代数据与沉积夹层的古生物化石年代相矛盾的问题，而且时代差异很大。例如，北秦岭的二郎坪弧后蛇绿岩及其夹层硅质岩内分别获得同位素年龄为 $1000 \sim 800\,\mathrm{Ma}$，而硅质岩中放射虫定年为 O-S；丹凤岛弧火山岩及其硅质岩夹层中也分别获得 $900\,\mathrm{Ma}\pm$ 同位素年龄和 O-S 放射虫年龄；勉略构造带在西乡孙家河火山岩同位素年龄为 $900\mathrm{Ma}\pm$，而其中硅质岩夹层放射虫化石为 $D_3\text{-}C_1$ 等。两者年龄相矛盾，时代难以确定。为了解决这一矛盾，以勉略带为例，可考虑以下问题。

严格检查同位素测试方法与年龄数据的可靠性与解释的准确性。在测试结果精度可靠，数据无差错的情况下，时代的解释仍会有分歧。例如针对勉略区段中的同一斜长花岗岩，两单位均采用 SHIRIMP 锆石 U-Pb 方法分别测试同一样品，所得结果相似，但存在两种不同解释：一种认为 U-Pb 不一致线上交点为形成年龄 900 Ma±，下交点为变质年龄 300～270 Ma，岩体形成时代应为元古代晋宁期中[39]。基于岩体中三类锆石即黄色、浑园、磨蚀状的继承锆石、少量紫红色捕房晶以及多数无色透明、晶形完整的锆石的存在，并对无色结透明锆石和紫红色锆石分别测年的情况下，第二种解释采纳了两种锆石拟合的不一致线的下交点年龄 300±61 Ma 作为斜长花岗岩的形成年龄，而上交点 913±31 Ma 则代表了紫红色捕房晶的年龄，而无色锆石之所以出现不谐和线的投点是古老捕获锆石同化混染的结果[41]。显然，由于第一种解释是建立在三种锆石混合得出的不一致线年龄基础上做出的，不具地质意义。由此可见，鉴别区分不同锆石对于测试结果以及结果的解释至关重要，正确的解释首先必需建立在真正了解测试过程与样品的基础上，而后才能做出符合客观实际的解释。通过对比，上述第二种测年结果和解释与该地区同一地点的硅质岩放射虫定年为 C_1[42]相吻合，故目前采用了勉略区段斜长花岗岩形成年龄为 300±61 Ma 的时代并依据其俯冲型地球化学特征[41]认为勉略洋盆在 P_1 已开始发生消减俯冲作用。同时也提示勉略洋与缝合带可能混杂有更古老年代的其他岩块等复杂情况。

岩石地层古生物年代学研究分析。化石年代学研究对于造山带中缝合带的时代确定具有重要意义。关键问题是，①确定化石采样的准确层位及真实意义。对于蛇绿岩形成时代而言，采样定年的古生物化石，如硅质岩放射虫等，其硅质岩层必需应是与蛇绿岩中的相关火山岩是共生同期产物，如两者成互层产出等。特别由于放射虫硅质岩成因及形成环境可以是多样的，故必需慎重采集与判定其与蛇绿岩等是否是共生同期产出的岩石方为可靠。而对于缝合带形成时代，则还应首先筛除后期叠加构造岩块及其化石定年，而后以卷入缝合带混杂岩中的由化石定年最新的构造岩块的时代，并结合缝合带相关的陆缘沉积岩层化石时代与层序，给予综合判定。②明确古生物化石种属判定时代的可靠性，即要采用古生物化石定年可靠种属类别，如标准化石类型等，并有一定的种属数量为基础和统计规律性。③注重古生物群落时空变化分布规律研究。对缝合带及其两侧相邻区的古生物种属群落在时序和空间分布上统计规律变化的对比分析研究，应是研究有无洋盆存在及古地理生态分隔作用的一种有效方法。如对勉略带的泥盆纪至石炭纪古生物群落种属作统计对比分析[43]，发现勉略带及其北侧的南秦岭武都盆地和南侧文县盆地三者同期的生物群落组成及种属有明显的规律性的不同与差异演化，表明勉略带当时存在分隔性的洋盆，造成南北生物群落种属及演化的不同差异，并可依据这些生物化石准确确定地层时代及延续时间，从而从一个方面可以确定洋盆存在发育的时代。

相关地质基础与背景研究分析。确定地质事件，或一个构造带，或某一岩类的时代，无疑上述的同位素测年和古生物化石定年是直接准确可靠的方法，但由于地质的各种复杂性和认识问题，上述方法并非都是绝对可靠和唯一的，还必须结合研究样品所在的区域地质背景分析才能给予较准确合理和接近客观实际的解释。所以时代问题，需要而且应必须放在一定的区域地质及其演化背景上，给予综合分析最终判定。因此，可以概括区域地质背景对判定地质时代的主要意义如下，第一，区域地质可为年代学研究或为需要确定时代的地质体提供区域地质发展的时代背景框架和时代的时限范围，或者限定和排除不可能的时代。总之，会给出一个时代判定分析的广泛基础。其次，区域地质的地层时代，或某一构造事件总是对于所要研究或要确定的时代有着区域性地质的相关性。因之区域地质中的地层、构造、事件的已知年代或时代就必然可以给所要研究确定的年代以佐证、限定，或可作为分析判定的一种依据。因此，区域地质背景分析是年代学研究不可缺少的基本基础。

同位素年代与古生物化石年代相结合综合判定时代，还必需要结合地质的研究分析，尤其在同位素年代与古生物化石年代相矛盾的情况下，更应结合区域地质综合基础分析，并在古生物化石及其所采层位与蛇绿岩及相关火山岩为共生能够代表其时代的前提条件下，以古生物化石年代为准，并结合同位素年代，以确定有关岩石或构造的时代。然而在古生物化石不能准确定时代时，或与蛇绿岩及相关火山岩关系不确定或不准确时，而若同位素年代学测试结果可靠，则应以同位素年代为主。若同位素年代与古生物化石定年都不准确情况下，应重新测年或采集化石进一步研究，而暂不定年。

研究的实践证明，复杂的地质时代的准确确定，最终应当是综合上述同位素年代学研究、相关岩类古生物的时代定年，以及两者的相结合分析，并结合区域地质进行多学科的综合分析对比研究，最后才能给予较合理的客观科学准确确定与判定。

（2）勉略洋盆和缝合带时代。综合以上讨论，概括勉略带迄今有关勉略洋盆与缝合带的时代研究，就同位素年代学研究和古生物学年代研究，可简述获得如下结果：

第一，勉略带勉略区段：古生物研究，在蛇绿构造混杂岩带中三岔子、石家庄等地，发现确定与蛇绿岩及相关火山岩密切共生和互层产出的硅质岩放射虫动物群地质时代为早石炭世（C_1）[42]。

勉略初始裂陷沉积踏坡群岩层腕足类化石时代为早中泥盆世（D_{1-2}）。

勉略带勉略-南坪区段晚古生代古生物种属群落分布统计规律性研究。表明晚古生代勉略带西延的勉略海盆-洋盆与其北侧的迭部-武都盆地和南侧的文县盆地三者间具有明显的生物古地理分异分隔作用。以三盆地泥盆-石炭纪生物群落属种统计性规律为例[43]，反映三盆地 D-C 时代发育的床板珊瑚、四射珊瑚等种属，最多达一百多种属，三盆地分别又自己的群落种属，而无一共存种属，三盆地整体属统一区域海盆中的三个分割盆地，中间为勉略有限洋盆，三盆地生物群落种属的分割不同，一致反映了晚古生代勉略洋盆具有显著的生物演化分隔作用，从而由生物种属、群落组合与分布表明了勉略洋盆的存在。

同位素年代学研究，早期对黑沟峡变质基性火山岩获得 Rb-Sr 全岩等时线年龄 221 ±

13 Ma[42]，文家沟、横现河变质火山岩$^{40}Ar/^{39}Ar$ 年龄 226.9±0.9 Ma，219.5±1.4 Ma[44]，与黑沟峡年龄一致。庄科 MORB 型玄武岩 Rb-Sr，$^{40}Ar/^{39}Ar$ 年龄 286±10～194±14 Ma[39]。近有勉略区段镁铁质岩石 U-Pb 锆石 SHRIMP 年龄 841～808 Ma[45]。多次对真正勉略蛇绿岩中玄武岩类同位素测年效果不好。

麻粒岩时代，鞍子山杨家沟基性麻粒岩（属勉略蛇绿混杂岩组成部分）$^{40}Ar/^{39}Ar$ 黑云母矿物年龄 199.6±1.7 Ma。勉略区段东部勉略带北侧佛坪热构造穹窿构造中的麻粒岩锆石 U-Pb 年龄 212.8±9 Ma[46]。两者时代相近，都直接与勉略带印支期俯冲碰撞造山相关联[2, 47]。

为了校正检验同位素年龄与硅质岩放射虫化石年龄的矛盾，对含化石硅质岩进行实验性同位素年龄测试，获得三岔子偏桥沟四方坝与基性火山岩共生的含化石硅质岩 Rb-Sr 参考等时年龄为 344 Ma，均主要为 C_1，与化石年龄相符，可提供重要参考[39]。

花岗岩年代学研究。勉略缝合带北缘与北侧出露一列晚造山碰撞型为主的花岗岩，诸如张家院、迷坝、光头山、姜家坪等，它们的 U-Pb 锆石年龄均在 205～225 Ma[48-49]，是勉略洋盆俯冲碰撞最后结束的产物，可作为缝合带形成时代的上限。

综合上述迄今勉略区段同位素年龄测试结果表明时代复杂，主要集中在 900 Ma± 和 345～200 Ma± 两个时段。鉴于上述斜长花岗岩形成年龄以 300Ma 比较合理，且与其侵位的硅质岩古生物年代基本一致，同时结合麻粒岩、花岗岩及含古生物化石的地层系统等系列的系统相关一致性，综合的区域地质分析，综合认为勉略区段以庄科蛇绿岩为代表，其形成时代主要以古生物为依据，并结合上述相关不同岩类同位素年龄，包括参考多种同位素年代学方法在多个地点所获得的 242～212 Ma± 的变质年龄，目前综合判定：勉略带勉略区段蛇绿岩形成时代为 D_3-T_1，即 345～242 Ma，缝合带形成时代应为 T_{2-3}，即 242～200 Ma，而 200～192 Ma±，则应为碰撞抬升的年龄。关于其中测试所得的基性火山岩 900 Ma± 年龄，应可能主要是勉略混杂带中所包含混杂的先期中新元古代古老构造岩块的时代。

第二，玛沁区段：迄今尚未获得可靠同位素年龄，仅有德尔尼蛇绿岩 MORB 型玄武岩 $^{40}Ar/^{39}Ar$ 年龄为 345 Ma，参考 Sm-Nd 等时年龄为 320 Ma。但该区硅质岩放射虫与陆缘沉积岩层古生物化石年代属 C-P 和 T_{1-2}，两者年龄基本相符，所以综合判定蛇绿岩形成时代为 D_3-P，甚至到 $T_{[1-2]}$。

第三，康玛区段：虽过去有一些同位素年代数据，但目前尚缺少真正可靠精确同位素年龄，故还不能完全作为时代依据，但在南坪塔藏隆康等地与火山岩共生的岩层中获放射虫古生物年代为 D_3-C[50-51]，与上述勉略、玛沁等区段时代一致，可以对比参考。

第四，巴山弧形构造西翼的西乡高川勉略构造岩浆弧带，原西乡群孙家河基性火山岩中夹层硅质岩的放射虫古生物化石年代为 D_3-C_3[52]。但同位素年代学测试变质基性火山岩（与硅质岩呈互层关系）Rb-Sr 等时线年龄为 788 ± 69 Ma，侵位于火山岩中的花岗岩 ^{40}Ar/^{39}Ar 分析坪年龄 286 ± 21 Ma[39]。由于该区段构造复杂，多类岩浆以大小不一岩体、岩脉纵横贯入，加之风化强烈，一些接触关系不清尚有待进一步揭露研究。此地段另一重要事实是大巴山弧断裂（即中央造山系南缘推覆断裂带组成部分）南侧城口坪坝地区残留 T_3 陆相磨拉石粗粒碎屑岩，不整合上覆于古生界地层之上，北为上述断裂掩复。应为勉略碰撞带前的磨拉石堆积之残留，是勉略缝合带 T_{1-2} 形成的上限证明。

第五，勉略带东延的湖北花山区段。该区段真正的勉略带东延残留的蛇绿构造混杂岩同位素年代尚无精确数据，因蛇绿岩中基性玄武岩 U-Pb 锆石测年困难问题，多次采样测试其中的玄武质火山岩均无取得可靠数据。目前所得数据多是带内混入或带外花山群火山岩年龄。但该蛇绿构造混杂岩带内，混入的大量构造岩块中，清楚准确可由古生物化石定年的岩块有 Z，Ｃ，C-P，T_{1-2} 等，其中最新构造岩块为 T_{1-2}。这与勉略带区域上最后的形成时代相一致，结合蛇绿岩的地质、地球化学研究示踪，区域地质与勉略蛇绿岩的对比等[6-7, 53-56]表明该蛇绿构造混杂岩带内出现最新卷入 T_{1-2} 构造岩块，同时结合考虑花山区段勉略带东延残留的花山蛇绿构造混杂带北侧，并行分布一带Ｃ-S 和 D 变质变形的构造地层系统，D 白林寨组[57]为残存的初始断陷裂谷沉积，类似勉略带勉略区段的勉略洋盆初始裂陷的踏坡群沉积，而Ｃ-S 岩系则类似勉略区段北侧至安康地区的早古生代被动陆缘裂谷的碳硅质－火山岩系（D-S），虽有一些差异变化，但总体类似可以对比[57]，表明花山蛇绿混杂岩块原形成于类似勉略区段的构造沉积古地理环境，原应是同一构造带东延后被改造成为现状。所以表明花山蛇绿混杂岩缝合带应是勉略带同一时代产物东延的必然结果。因此对花山蛇绿混杂带最后形成时代目前据此定为 T_{2-3}。至于蛇绿岩形成时代，还有待系统同位素测年和深入研究。目前所测得的中新元古代火山岩年龄（820 ～ 815 Ma），则主要是花山北侧勉略带东延的蛇绿构造混杂岩带以南或混入带内的元古代花山群岩石年龄数据[58-60]。

第六，大别南缘浠水－清水河区段，目前缺乏可靠同位素测年和古生物化石定年资料，时代问题有待解决。现今依据：

其 MORB 型蛇绿岩及相关火山岩与花山、勉略地段的蛇绿岩与相关火山岩地球化学特征可以对比[1-2, 53-54]，并同处在同一构造延伸线上和处于相同区域地质背景与相似构造部位，故推断应是勉略－花山蛇绿混杂岩带的东延。

根据华南板块扬子地块北缘上古生界地层沉积岩相特征与分布，显著呈现向北沉积岩相环境变化，向北加深，如二叠纪长兴期岩层以硅质岩为主，并明显向北增厚加深，研究揭示现被大别地块逆掩推覆掩盖[34, 61]（图 7），表明现中央造山系南缘边界巨大推覆构造大规模掩覆了原勉略缝合带，使之仅成构造残块断续出露，大别南部清水河一带的残留出露，也是逆冲推覆作用，于推覆断裂构造混杂带中的残存出露。

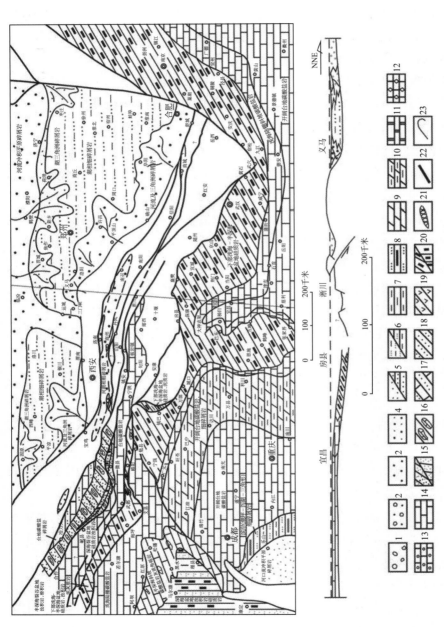

1. 砾岩　2. 砂岩、砾岩，含砾砂岩　3. 砂岩或含砾砂岩　4. 含砾砂岩及细砂岩　5. 砂岩（陆相/滨浅海相）　6. 粉、细砂岩、泥岩（陆相/滨浅海相）
7. 滨浅海相泥岩、粘土岩　8. （滨浅海/半深海/深海）　9. 泥灰岩夹煤层　10. 泥灰岩夹细碎屑岩　11. 白云岩　12. 膏岩、盐岩　13. 鲕粒灰岩
14. 石灰岩（半深海/深海）　15. 浊积岩　16. 碳酸盐岩　17. 半深海碳酸盐岩、砂泥岩　18. 半深海砂泥岩　19. 半深海火山岩　20. 硅质岩（半深海/深海）
21. 蛇绿岩　22. 断层　23. 岩相界线

图 7　秦岭及邻区二叠纪长兴期古地理（据文献 [34]）

据李曙光初步研究，认为清水河辉长岩及相关火山岩，地球化学特征显著不同于大别北缘同类岩石，而属另一类蛇绿岩类，但仍需进一步研究。故综合以上判定其应是勉略缝合带的东延[1-2, 62]，时代主导为晚古生代－中生代初期（T_{2-3}），但不排除其中混有元古代等其他时代混杂岩块与产物。

第七，小结与认识：综合上述勉略带中各区段有关古洋盆开启与闭合和古缝合带形成的同位素年代学与古生物化石时代现有的研究与结果及资料，遵循上述地质、地球化学、地球物理多学科相结合的综合研究和同位素年代学、古生物年代学与地质学相结合的原则综合判定勉略蛇绿构造混杂岩带与缝合带形成演化时代认为：勉略古洋盆从西向东逐渐打开，最早始于中晚泥盆世（345～320 Ma），最迟可延至晚石炭世（300～290 Ma）。洋盆最早俯冲消减始于 P_1（300～270 Ma），陆－陆碰撞造山带最早从东部开始向西穿时发展，始于 P_2，东秦岭主要在 T_{2-3}（242～220 Ma），而西秦岭最迟至 T_3 拉丁期（220～200 Ma）。隆升造山主要在 200～192 Ma，即 T_3 晚期至 J_1 初期。同时，从勉略缝合带之上迭置后碰撞造山伸展塌陷而形成的陆相盆地，其最老地层为 J_1，如勉县群、青峰组等，无疑也是勉略碰撞带隆升造山时限的确凿证据。

总之，勉略带古洋盆与缝合带的形成时代总体主导是在晚古生代至中生代初期，也即相当于海西－印支期（345～200 Ma），这与目前所取得的同位素年代学、古生物学及整个区域地质事实与背景等多学科研究成果相吻合，可以给予较好的一致相互印证。

第八，存留问题：勉略古洋盆与缝合带时代尚存留以下问题，值得思考与再研究。

A. 同位素年代与古生物年代矛盾还需再深入研究。

B. 同位素年代学研究在测试方法上还需再精确测试确定时代。

C. 同位素年代学测试与解释中所出现的反映方法自身的问题，也需从理论与方法上进一步探索研究。

D. 勉略带中一些区段尚缺少同位素年代测试与古生物化石的采集，需进一步调研测试。

E. 勉略带内基性火山岩等火山岩与岩浆岩等同位素测试所获得的新元古代 900 Ma± 的年龄数据，其真实意义，包括采样岩石真确归属，同位素与地质的解释等也有待进一步研究。而且对复杂地质条件下地质时代更应注重于地质基础研究，以精细准确同位素年代学和古生物年代学密切相结合，进行多学科综合判定。

（3）勉略缝合带的东西延伸问题：勉略缝合带是秦岭造山带中仅次于商丹主缝合带的又一板块碰撞拼合主要缝合带。它现今在南秦岭勉县－略阳地段有以蛇绿构造混杂岩带为标志的良好保存出露，虽其东西延展受后期构造改造而未得连续完整出露，但追踪其残迹仍然可恢复重建，故以其典型地段命名，简称勉略缝合带。其延伸主要特点是：

第一，它现今沿勉略断裂构造带向西经文县、玛曲、花石峡连接南昆仑缝合带，向东经巴山弧形带下而直通大别南缘，现地表是纵贯大别－秦岭－昆仑南缘的巨型断裂构造带。它原是古特提斯域北缘的板块缝合线，后因受燕山期阳平关－巴山弧－襄樊－广济巨大向南的推覆构造（F_{12}）的强烈逆冲掩盖，致使其东段失去原貌，仅勉略段较好保存缝合遗迹。

第二，勉略带勉略段宽约 10 ～ 15 千米，以多条主干断裂为骨架，由强烈剪切基质包容大量 AnЄ，Z-Є，D-C 和众多超镁铁质等不同构造岩块所构成，其中尤以超镁铁质－镁铁质岩中有众多蛇绿岩块为特点，主体形成自北向南的迭瓦逆冲推覆构造，成为显著的蛇绿构造混杂岩带。

第三，其中的蛇绿岩，根据地质和地球化学综合研究证明其中除去有初始扩张裂谷的双峰火山岩外，还包括有洋脊蛇绿岩残片、岛弧火山岩、放射虫硅质岩等多种构造岩块。放射虫化石定年为 C_1[42]，火山岩同位素年龄为 220.2 ± 8.3 Ma（Rb-Sr）[63]，同时与之相匹配，勉略带北侧有一列印支期板块俯冲碰撞型花岗岩带（219.9 ～ 205.7 Ma，U-Pb）[64] 和高压麻粒岩带（212 ～ 199 Ma）。总之从构造、岩石组合、古生物地层变质岩系和地球化学等综合特征表明该带是一印支期最终封闭，具有岛弧火山岩、岛弧蛇绿岩和洋脊蛇绿岩残片等复杂构成的蛇绿构造混杂岩带，北侧一带俯冲碰撞花岗岩带与麻粒岩带，共同指示其印支期最后完成板块俯冲碰撞构成秦岭又一带主要板块拼合缝合带。

第四，从勉略段到高川带内以缺失 O-S 岩层而发育 D-T 深水浊积岩、炭硅质岩和陆缘陆架沉积岩层等陆缘沉积岩系为独特特征，而与其南北两侧普遍缺失 D-C 岩层恰成鲜明对照，显著不同。综合上述众多蛇绿岩块和构造变质变形岩浆活动、古生物地层记录等，显然预示这里曾有一个泥盆－石炭纪打开的有限洋盆。向东追索，根据中下扬子区北缘古生代沉积向桐柏－大别南缘出现深水相沉积及随州南侧古生代花山蛇绿岩的发现，以及大别地块剧烈的向南逆冲推覆隆升，综合分析推断沿勉略－巴山－大别南缘曾有一有限的扩张洋盆，它最后于中晚三叠世俯冲碰撞形成板块缝合带，勉略段和随州南花山段就是其消亡后得以幸存的地表缝合遗迹而在大巴山等地被掩覆于地下深部。

第五，勉略带西延，据目前研究，如前述，主要沿康县、文县、南坪、塔藏、郎木寺、连南昆仑和巴颜喀喇的德尔尼蛇绿岩带，一直西去，连接昆仑南带拼合缝合带。显然这是一条重要的东古特提斯北侧分支洋盆和中国大陆印支期完成其主体拼合的主要结合带之一。

三、学习精华，创新发展

在缅怀李四光先生写此文过程中，不断悉心思考，面对人类社会和国家发展及社会新需求和地球科学的新发展，当代大地构造学的发展，在认知地球过去、现在和未来，构建地球系统科学发展中，如何更好服务人类与国家，促进乃至引领地球科学发展。其中不时在思考李四光先生一生学术思想中的精华,突出的是李先生一直以物理力学思想,把地球外壳作为材料进行物体受力而应变成生组合,用材料力学理论观察思考研究,提出了系统的地质力学观念观点理论,等等。在当代大地构造发展中,20世纪创建的板块构造大地构造理论是一场地学革命,极大的引领和发展了地球科学与大地构造学,现正还在进一步发展,但同时经过半个世纪的大陆应用检验发展,一方面重大的引领推动了大陆构造研究与发展,然而也同时发现了其局限性,它还不是绝对真理,还不能完全认知解释大陆及其构造与动力学,它还需要发展。这时我在思考,李四光先生的地质力学的精华学术思想,应对当代深化发展板块构造,探索大陆构造与动力学做出突出贡献,发挥其长与优势,创新研究回答板块构造尚不能解决的大陆构造问题,李先生的学术思想精华,会有巨大潜力,推动乃至引领大地构造和地球科学新发展,所以需要以新思维创新发展地质力学,也许这是对先生的更好纪念。

还有李先生在探求地壳构造体系变形及组合的动力时,一直在思考整体地球作为宇宙天体的运动学与动力学。今天当我们正深入地下、飞向深空,潜入深海,回朔深时探索行星地球整体行为时,学习李先生的地球、宇宙太阳系天体观,进行天体地球的动力学及其过去、现在和未来的探测和研究,结合前瞻性的更深层次的基础科学战略思考,也应是我们学习和创造性发展李先生学术理论的主要方面,以求进一步探索地球动力学,发展地球科学,为国家和人类做出科学新贡献。

同时也在思考就如本文所写的具体到我国如秦岭造山带和华北地块等问题及其进而更根本深层问题时,都将会面临着,以行星地球系统观点与理念进行构造与大地构造研究新思考,会有诸多基本问题和难题。当代占主导的板块构造发展也面临着三个大的基本问题:板块构造起始、板块构造驱动力和板块上陆等。而面对我国大陆构造研究时,也面临着中小多板块构造及其动力学机制、陆内构造与机制、深部结构与状态及地幔动力学等基本问题。若再具体如秦岭造山带也面临着前寒武纪构造格局与动力驱动,中新生代陆内造山、陆内构造与构造岩浆成矿及其动力机制、秦岭中新生代地表与深部动力互馈作用和生态环境系统,造山带深层流变学与深部构造及动力学等重要问题。这些不同层次的基础科学问题,既高深空,但也是具体的,而且更是具普适性的根本关键问题。总之,当代地球科学与大地构造学发展,面临着如何构建发展地球系统科学,深化发展板块构造,探索大陆、大陆地质与大陆构造及其动力学等当前的关键前缘基本问题,这应也是地质力学发展面对的新问题,需要以开放创造的新思维,做出新思考新进展新贡献,也必会做出创造性新发展!如是思考与期望,仅供参考讨论。

参考文献

[1] 张国伟等. 秦岭造山带与大陆动力学. 北京: 科学出版社, 2001

[2] 张国伟等. 秦岭勉略构造带与中国大陆构造. 北京: 科学出版社, 2015

[3] Meng Qingren, Zhang Guowei. Geologic framework and tectonic evolution of the Qinling orogen, central China. Tectonophysics, 2000,323

[4] Zhang Guowei, Meng Qingren, Lai Shaocong, et al. Tectonics and structure of Qinling orogenic belt. Science in China (Series B), 1995, 11

[5] Zhang Guowei, Meng Qingren, Yu Zaiping, et al. Orogenesis and dynamics of Qinling orogen. Science in China (Series D), 1996, 26

[6] Dong Yunpeng, Zhang Guoewi, Neubauer Faure, et al. Tectonic evolution of the Qinling orogen, China: review and synthesis. Journal of Asian Earth Sciences, 2011, 41

[7] Dong Yunpeng, Liu Xiaoming, Neubauer F, et al. Timing of Paleozoic amalgamation between the North China and South China Blocks: evidence from detrital zircon U-Pb ages. Tectonophysics, 2013, 586

[8] Zhang Guowei, Liu Futian, Guo Anlin, et al. Three dimentional Architecture and Dynamic. Science in China (Series D), 1996,39 (Supp.)

[9] 张国伟, 郭安林. 关于大陆构造研究的一些思考与讨论. 地球科学－中国地质大学学报, 2019 (5)

[10] 张国伟, 柳小明. 关于"中央造山系"几个问题的思考. 地球科学, 1998 (5)

[11] 袁学诚. 中国地球物理图集. 北京: 地质出版社, 1996

[12] Meng Qingren,Zhang Guowei.Timing of collision of the north and south China blocks,controvery and reconciliation. Geology, 1999, 2

[13] Zhao Guochun, Cawood Peter. Precambrian geology of China. Precambrian Research, 2012,222-223

[14] Li Zhengxiang, Li Xianhua. Formation of the 1300-km-wide intracontinental orogen and postorogenic magmatic province in Mesozoic South China. Geology, 2007,35

[15] 张国伟等. 秦岭造山带中新元古代构造体制探讨. 见: 构造地质学－岩石圈动力学研究进展. 北京: 地震出版社, 1999

[16] 张国伟等. 大陆地质与大陆构造和大陆动力学. 地学前缘, 2011 (3)

[17] Zhang Guoweiwei, Guo Anlin, Wang Yuejun, et al. Tectonics of South China Continent and its implications. Science China, Earth Sciences, 2013,56

[18] 游振东等. 秦岭大别碰撞造山带根部结晶基底隆升的变质岩石学证遗. 地球科学, 1997 (3)

[19] Liu Liang, Liao Xiaoying, Wang Yawei, et al. Early Paleozoic tectonic evolution of the North Qinling Orogenic Belt in Central China: Insights on continental deep subduction and multiphase exhumation. Earth-Science Reviews, 2016,159

[20] Zhang B R, Zhang H F, Zhao Z D, et al. Geochemical subdivision and evolutionof the lithosphere in east Qinling and adjacent regions-implications for tectonics. Science in China (Series D), 1996,39

[21] Zhu Bingquan, Change Xiangyang, Qiu Huaning, et al. Characteristics of Proterozoic basements on the geochemical steep zones in the continent of China and their implications for setting of superlarge deposits. Science in China (Series D), 1998, S1

[22] Wu Yuanbao Zheng Yongfei. Tectonic evolution of a composite collision orogen: An overview on the Qinling-Tongbai-Hong'an-Dabie-Sulu orogenic belt in central China. Gondwana Res, 2013,23

[23] 刘国惠, 张寿广. 秦岭－大巴山地质论文集（一）变质地质. 北京: 北京科学技术出版社, 1990

[24] 张宗清等. 北秦岭变质地层同位素地质年代学研究. 北京: 地质出版社, 1994

[25] Dong Yongpeng, Yang Zhao, Liu Xiaoming, et al. Neoproterozoic amalgamation of the Northern Qinling terrain to the North China Craton:constraints from geochemistry of the Kuanping ophiolite.Precambrian Research,2014,255

[26] 第五春荣等. 北秦岭宽坪岩群的解体及新元古代 N-MORB. 岩石学报, 2010, 26

[27] Dong Yunpeng, Santosh M. Tectonic architecture and multiple orogeny of the Qinling Orogenic Belt, Central China. Gondwana Research, 2016,29

[28] 王晓霞等. 秦岭杂岩中花岗质片麻岩体的岩石地球化学特征及成因. 矿物岩石, 1997 (3)

[29] Wang Xiaoxia, Wang Tao, Zhang Chengli. Neoproterozoic, Paleozoic and Mesozoic granitoid magmatism in the Qinling Orogen, China: Constraints on orogenic process. Journal of Asian Earth Sciences, 2013, 72

[30] 陈能松等. 豫西东秦岭造山带核部杂岩变质作用研究若干进展. 地质科技情报, 1990 (3)

[31] 陈能松等. 豫西东秦岭造山带核部杂岩全岩 Sm-Nd, Rb-Sr 和单晶锆石 $^{207}Pb/^{206}Pb$ 计时及其地壳演化. 地球化学, 1991 (3)

[32] 张国伟. 华北地块南部早前寒武纪地壳的组成及其演化和秦岭造山带的形成及其演化. 西北大学学报, 1988, 18

[33] 裴先治等. 西秦岭天水地区关子镇中基性岩浆岩杂岩体锆石 U-Pb 年龄及其地质意义. 地质通报, 2005 (1)

[34] 刘少峰, 张国伟. 大别造山带周缘盆地发育及其对碰撞造山过程的指示. 科学通报, 2013 (1)

[35] Meng Qinren, Zhang Guowei, Yu Zaiping, et al. Late Paleozoic sedimentation and tectonics of rift and limited ocean basin at the southern margin of the Qinling. Science in China (Series D), 1996, 39 (Supp.)

[36] 孟庆任等. 北秦岭南缘弧前盆地沉积作用及盆地发展. 地质科学, 1997 (2)

[37] 陕西地质调查院. 中国区域地质志·陕西志. 北京: 地质出版社, 2017

[38] 任纪舜等. 秦岭造山带是印支碰撞造山带吗. 地球科学, 2019 (5)

[39] 张宗清等. 南秦岭变质地层同位素年代学. 北京: 地质出版社, 2002

[40] 张国伟等. 秦岭造山作用与大陆动力学. 见: 中国地质学会 80 周年学术文集. 北京: 地质出版社, 2002

[41] Li Shuguang, Hou Zhenhui, Yang Yongcheng, et al. Timing and geochemical characters of the Sanchazi magmatic arc in Mianlüe tectonic zone, South Qinling. Science in China (Series D), 2004, 4

[42] Feng Qinglai, Du Yuansheng, Yin Hongfu, et al. Carboniferous radiolarian fauna discovered in the Mian-Lue ophiolitic mélange belt of south Qinling Mountains. Science in China (Series D), 1996, 39 (sup.)

[43] 杜远生等. 秦岭造山带晚加里东 – 早海西期的盆地格局与构造演化. 地球科学, 1997 (4)

[44] Li Jinyi, Wang Zongqi, Zhao Min. (40) Ar/ (39) Ar Thermochronological Constraints on the Timing of Collisional Orogeny in the Mian-Lite Collision Belt, Southern Qinling Mountains. Acta Geologica Sinica, 1999, 2

[45] 闫全人等. 秦岭勉略构造混杂带康县 – 勉县段蛇绿岩块 – 铁镁质岩块的 SHRIMP 年代及其意义. 地质论评, 2007 (6)

[46] 杨崇辉等. 南秦岭佛坪地区麻粒岩相岩石锆石 U-Pb 年龄. 地质论评, 1999 (2)

[47] 李三忠等. 勉县地区勉略带内麻粒岩的发现及构造意义. 岩石学报, 2000 (2)

[48] 孙卫东等. 南秦岭花岗岩锆石 U-Pb 定年及其地质意义. 地球化学, 2000 (3)

[49] 张成立. 秦岭造山带早中生代花岗岩成因及其构造环境. 高校地质学报, 2008 (3)

[50] 赖旭龙, 扬逢清. 四川南坪隆康、塔藏一带泥盆纪含火山岩地层的发现及意义. 科学通报, 1995 (9)

[51] 赖旭龙. 川西北若尔盖一带三叠系层序及沉积环境分析. 中国区域地质, 1997 (2)

[52] Wang Zongqi, Chen Haihong, Li Jiliang, et al. Discovery of radiolarian fossil in the Xixiang group, the southern Qinling, Central China. Science in China (Series D), 1999, 4

[53] 赖绍聪等. 南秦岭勉县 – 略阳结合带蛇绿岩与岛弧火山岩地球化学及其大地构造意义. 地球化学, 1998 (3)

[54] Lai Shaocong, Zhang Guowei, Pei Xianzhi, et al. Geochemistry of the ophiolite and oceanic island basalt in the Kangxian-Pipasi-Nanping tectonic mélange zone, South Qinling and their tectonic significance. Science in China (Series D), 2003, 2

[55] Dong Yunpeng, Zhang Guowei, Lai Shaocong, et al. An ophiolitic tectonic mélange first discovered in Huashan area, south margin of the Qinling Orogenic Belt, and its tectonic implications. Science in China (Series D), 1999, 3

[56] 董云鹏等. 襄樊 – 广济断裂西段三里岗 – 三阳构造混杂岩带的构造变形与演化. 地质科学, 2003 (4)

[57] 倪世钊. 东秦岭东段南带古生代地层及沉积相. 武汉: 中国地质大学出版社, 1994

[58] 张汉金. 湖北省大洪山地区青白口纪花山群沉积特征及其构造古地理意义. 资源环境与工程, 2013 (6)

[59] 胡正祥等. 扬子陆块北缘大洪山地区发现晋宁期造山带. 中国地质调查, 2015 (2)

[60] 田辉等. 扬子板块北缘花山群沉积时代及其对 Rodinia 超大陆裂解的制约. 地质学报, 2017 (11)

[61] 刘少峰等. 鄂尔多斯西南缘前陆盆地沉积物物源分析及其构造意义. 沉积学报，1997（2）

[62] 李三忠等. 秦岭造山带勉略缝合带构造变形与造山过程. 地质学报，2002（4）

[63] 李曙光. εNd-La/Na，Ba/Nb，Nb/Th 图对地幔不均一性研究的意义——岛弧火山岩分类及 EMII 端元的分解. 地球化学，1994（2）

[64] 李曙光. 大陆俯冲化学地球动力学. 地学前缘，1998（4）

秦岭商丹带沙沟糜棱岩带的显微构造
及其（p）-T-t演化路径的再认识*

周建勋 张国伟

摘 要 对沙沟糜棱岩带的 78 个样品进行了显微构造与组构分析。石英以动态重结晶 II 型条带为主，其 c-轴组构型式为极密 I 型，同时可见 III 型石英条带残存。长石均显脆性碎裂变形，仅钾长石略具韧性变形。糜棱岩面理普遍绕过石榴石斑晶分布。存在多次后期脆性变形构造。这些显微构造与组构特征表明，该带糜棱岩化阶段处于中高绿片岩相条件，并大致发生在晚白垩世以后，该带直接进入脆性变形阶段。据此，笔者对前人有关沙沟糜棱岩带（p）-T-t演化路径提出修正意见。

关键词 秦岭 糜棱岩 韧性剪切带 显微构造

一、引言

商丹带是秦岭造山带的重要边界结合带，它既是南北秦岭的构造分界线，又是华北板块与扬子板块俯冲碰撞的主缝合带，是秦岭造山带研究的关键地带（张国伟等，1988）。在秦岭造山带的长期构造演化过程中，商丹带经历了多期复杂的构造变形，成为一个近东西向展布的巨大动力变质构造岩带。沿商丹带分布了一条东西延伸近千千米、地表出露宽度最大可达 2 千米的大型糜棱岩带。由于后期构造的改造和破坏，这一大型糜棱岩带呈断续分布，其中沙沟地段以其典型的特色和良好的地表出露，成为研究商丹带糜棱岩的重点区段之一。对于沙沟糜棱岩带至今已有许多重要的研究报道（孙勇等，1986；张国伟等，1988；Reischmann 等，1990），尤其是 Reischmann 和笔者之一张国伟，通过岩石学和同位素年代学方面的深入合作研究（Reischmann 等，1990），提出了该带的（p）-T-t演化路径。然而，对沙沟糜棱岩带的显微构造尚无系统深入的研究报导，至今仍有一些重要的基本问题有待深入探讨。为此，笔者在横穿沙沟糜棱岩带剖面上（图 1），系统采集了 78 个样品，利用显微镜和费氏台开展显微构造和石英c-轴组构分析工作，

*本文原刊于《地质科学》，1996，31（1）：33-42.

试图从微观角度揭示该带糜棱岩变形的特征和机理，希望能为研究商丹带复杂的构造演化历史提供基础依据。

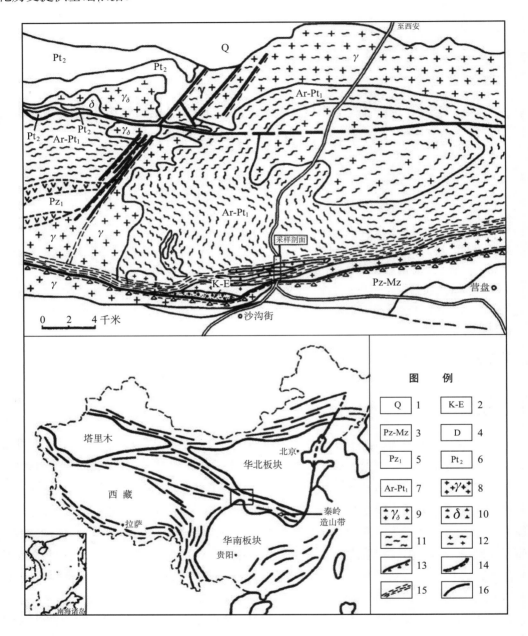

1. 第四系　2. 白垩－第三系　3. 古生－中生界　4. 泥盆系　5. 下古生界　6. 中元古界　7. 上太古宇－下元古界　8. 花岗岩　9. 花岗闪长岩　10. 闪长岩　11. 片麻岩　12. 花岗片麻岩　13. 脆性或平移断层　14. 脆－韧性断层　15. 韧性断层　16. 断层

图 1　沙沟糜棱岩带地质略图（据张国伟等，1988；Reischmann 等，1990 修改）

本项研究中 78 个样品的取样位置基本上均匀分布于整个剖面，仅在局部复杂地段有所加密。所有样品皆为定向标本，研究剖面上所揭示的该带糜棱岩的变形构造特征，无论在宏观上还是微观上，均具有较为一致的总体面貌。本文着重讨论该带糜棱岩中各主要矿物的变形显微构造与石英 c - 轴组构特征，及其所反映的构造变形环境条件，在此基础上探讨有关该带糜棱岩 (p) - T - t 演化路径的一些问题，并对 Reischmann 等 (1990) 的有关观点提出修正意见。

二、地质概况

沙沟糜棱岩带位于陕西省宁陕县沙沟街北部，距西安南约 80 千米。其北侧为秦岭群云斜片麻岩、混合片麻岩夹角闪片岩，南侧以脆性断层或 K-E 红盆为界与泥盆系刘岭群相邻，糜棱岩带的地表出露宽度约为 1500 米（见图 1）。糜棱岩面理总体倾向约 183°，倾角约 55°，面理上可见 a - 线理十分普遍，并多以约 30° 的侧伏角向东侧伏。整个糜棱岩带中 S - C 面理构造十分发育，其几何特征以及其他显微构造标志均指示左行剪切指向。

该带糜棱岩的主要岩性是花岗质糜棱岩和长英质糜棱岩，矿物成分以钾长石、斜长石、石英、绢云母和绿泥石为主，有少量的黑云母、白云母、角闪石、石榴子石、锆石、褐帘石和磷灰石等。其原岩主要为花岗岩、花岗闪长岩、长英质片麻岩和角闪片岩。其中花岗岩具有多期侵入特点，但因强烈糜棱岩化作用的影响，野外相互穿插关系很难辨别。

三、显微构造

（一）石英

绝大部分为条带状分布的动态重结晶晶粒，粒径 0.05 ～ 0.1 毫米。颗粒压扁拉长，与 c - 面理约 25° 交角，粒内强烈波状消光，边界不规则锯齿状，具有明显颗粒边界迁移重结晶现象，其特征相当于 II 型石英条带（Boullier 等，1978），是由晶粒边界迁移重结晶和亚颗粒旋转重结晶共同作用的产物，形成于石英的第三位错蠕变域（Hirth 等，1992）。在长石残斑附近的局部强应变区域，可见部分石英 II 型条带过渡为强烈拉长的 I 型条带（Boullier 等，1978），其内部强烈波状消光，而边界较为规整，无明显的边界迁移现象，具有石英第二位错蠕变域变形的特色（Hirth 等，1992）。

在局部糜棱岩化较弱的地段，残存一些边界较平直、轮廓近矩形的石英 III 型条带（Boullier 等，1978），但由于后期变形的影响，这些石英条带已发生明显的边界迁移和重结晶现象。同时，在这些地段中长石残斑不对称性也具有左行剪切指向特征。动态重结晶石英 c - 轴组构均具有极密 I 型组构（Fueten 等，1991）特征，即极密围绕 y - 轴分布，但略有向单一环带型式过渡的趋势（图 2）。这类型式的组构已被认为主要与非共轴剪切变形过程中石英的柱面 $\langle a \rangle$ 滑移系的运动有关。

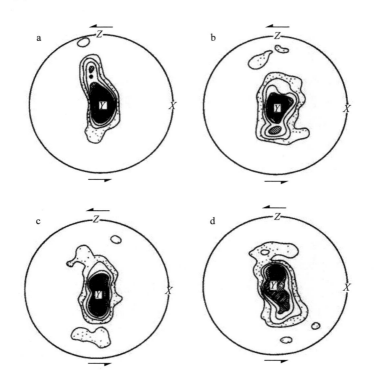

下半球赤平等积投影，160 颗粒，等值线面积（%）由外向内依次为 1，3，5，7，9 和 11

a. 标本 D11；　b. 标本 D20；　c. 标本 D34；　d. 标本 D46

图 2　沙沟糜棱岩带中动态重结晶石英 c – 轴组构

（二）斜长石

多呈眼球状残斑，其周围存在少量细化颗粒。残斑普遍脆性破裂，内部扭折和块状消光十分常见。残斑及破裂面边界较为平整，很少见有晶粒边界迁移重结晶作用引起的锯齿化现象。细化颗粒具有不规则边界，且有明显粒度差异，表明其成因主要是机械磨碎作用（Tullis 等，1987）。上述特征表明斜长石处于脆性变形状态。

（三）钾长石

由眼球状残斑和重结晶细化颗粒两部分组成。残斑普遍存在扭折和脆性破裂现象，以及十分明显的波状消光现象，其边缘部位常见因出溶交代和应变扩散作用（Simpson，1985）引起的蠕状构造。残斑以及破裂面边界通常具有明显的晶粒边界迁移重结晶作用引起的锯齿现象。重结晶细化颗粒粒度十分均匀，但边界不规则，可见重结晶细化颗粒包围近等轴状残斑的现象。以上特征反映了钾长石主要处于脆性、但略向韧性过渡的变形状态（Tullis 等，1985，1987）。

（四）石榴石

均为近等轴状斑晶，通常与其周围的细化基质一起构成指示左行剪切指向的碎斑系（Passchier 等，1986）。单偏光条件下均明显可见糜棱岩面理绕过石榴石斑晶，但在正交偏光条件下有时显示糜棱岩面理局部被石榴石交切。

（五）后期脆性变形构造

主要包括反映快速剪切变形的假熔岩和强裂变形的构造角砾岩。假熔岩宽度大多为 $3 \sim 10$ 厘米，基本平行糜棱岩 c - 面理分布，其质地致密颜色较深，镜下主要呈超碎裂化特点，局部存在暗色矿物择优熔融形成的近均质暗褐色区域，表明其形成机制主要是超碎裂化作用（Weiss 等，1983；Magloughlin 等，1992）。构造角砾岩可见多期张裂变形迹象，具体表现为糜棱岩张性角砾经硅质胶结后再次张裂然后被石英再次胶结。

四、讨论

综上所述，沙沟糜棱岩带具有如下显微构造与组构特征：①石英主要为颗粒边界迁移和亚颗粒旋转共同作用产生的 Ⅱ 型动态重结晶多晶条带，其 c - 轴组构为围绕 y - 轴分布的 Ⅰ 型点极密，局部强应变部位存在石英条带从 Ⅱ 型向 Ⅰ 型过渡的现象，同时在糜棱岩化较弱地段残存 Ⅲ 型石英条带，并有左行剪切迹象；②长石均具有脆性碎裂变形的典型特征，其中钾长石具有少许韧性变形迹象，在残斑边界以及破裂面上形成动态重结晶和蠕状构造；③糜棱岩面理普遍绕过石榴石斑晶分布；④存在局部熔融的假熔岩和多期次变形的张性构造角砾岩。

Reischmann 等（1990）曾基于岩石化学、同位素年代学及部分显微构造研究的基础上，把沙沟糜棱岩带的 $(p) - T - t$ 演化分为四个主要阶段（图 3a）：①花岗岩侵入阶段，根据 (211 ± 8) Ma 的锆石 U/Pb 同位素年龄数据确定侵入的时代为印支期；②形成糜棱岩的主变形阶段，根据 530℃，650MPa 的角闪石 - 斜长石地质温度计数据，认为这一阶段处于角闪岩相条件，并在把 (126 ± 9) Ma 的石榴石全岩 Sm/Nd 同位数年龄当做这一阶段年代上限的前提下，认为这一阶段大致发生在三叠纪和早白垩世间；③角闪岩相静态变质阶段，其主要根据是一些糜棱岩面理被石榴石斑晶交切现象，并根据 (126 ± 9) Ma 的石榴石全岩 Sm/Nd 同位数年龄，认为这一阶段大致发生在早白垩世；④绿片岩相弱变形退变质阶段，认为这一阶段与晚白垩世的抬升作用有关。

通常情况下，变形岩石的显微构造特征与温压条件具有密切相关性。由题粒边界迁移和亚颗粒旋转重结晶形成的 Ⅱ 型石英多晶条带多形成于中 - 高绿片岩相条件（Simpson，1985；Hirth 等，1992）。略向单一环带过渡的极密 Ⅰ 型石英 c - 轴组构也常形成于绿片岩相条件（Mancktelow，1987）。在低角闪岩相以下条件，长石通常表现为脆性碎裂变

形 (Tullis, 1987; Pryer, 1993)，其中钾长石在中高绿片岩相条件下局部可以发生韧性变形，出现动态重结晶和蠕状构造，还可出现重结晶细化颗粒包围近等轴状残斑的特殊现象 (Tullis 等，1985; Simpson, 1985)。由此笔者认为，沙沟糜棱岩的形成条件应为中高绿片岩相，而非 Reischmann 等（1990）原先所认为的低角闪岩相条件。

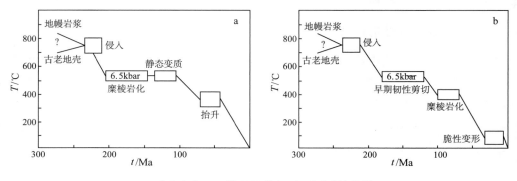

a. 由 Reischmann 等 1990 提出；b. 本文研究结果

图 3 沙沟糜棱岩的 $(p)-T-t$ 演化的可能路径

Ⅲ型石英多晶条带通常形成于低角闪岩相以上条件 (Simpson, 1985; Gower 等，1992)。因此推断，局部糜棱岩化较弱地段所残存的Ⅲ型石英条带及其左行剪切的迹象，可能表明该带在糜棱岩化阶段之前，曾经存在一个角闪岩相的左行韧性剪切变形阶段。Reischmann 等（1990）得出的 530℃ 和 650MPa 的角闪石－斜长石地质温压计数据，可能反映的是这一阶段的温压状况。然而，或许因为较高的温压条件、较低的应变速率和应变量，这一阶段韧性变形产物可能仅是构造片岩或片麻岩，而没有形成糜棱岩。

"拔丝状"的Ⅰ型石英条带虽然常见于中低绿片岩相条件 (Simpson, 1985)。然而，该带局部强应变部位存在石英条带从Ⅱ型向Ⅰ型过渡的现象，笔者认为并不意味着该带在中高绿片岩相条件的糜棱岩化阶段之后，又发生过中低绿片岩条件的韧性剪切变形，而是因在强应变区域具有较高的应变速率，引起石英位错蠕变，从第三域向第二域转化 (Hirth 等，1992)，从而导致石英条带从Ⅱ型向Ⅰ型过渡。此外，动态重结晶石英 c－轴组构一致具有极密Ⅰ型特点的现象，看来也支持这一观点，因为假如叠加了后期较低温压条件的韧性剪切变形，该带的石英 c－轴组构应该具有更为复杂的特征。因此笔者推断，该带在中高绿片岩相糜棱岩化阶段之后，直接进入与总体抬升有关的脆性变形阶段，并且该带出现的假熔岩和多期次变形的张性构造角砾岩表明这一阶段的变形具有多期次特点。

该带普遍存在糜棱岩面理绕过石榴子石斑晶分布的现象，表明该带糜棱岩化阶段发生在形成石榴石斑晶的变质作用之后。虽然在正交偏光条件下有时局部可见糜棱岩面理被石榴石斑晶交切现象，显然这种局部交切现象可能是与残斑两端部位基质的局部流变绕动有关，而不足以支持 Reischmann 等（1990）提出的在糜棱岩化阶段之后，还存在一个角闪岩相静态变质阶段的观点。此外，假如在糜棱岩化阶段之后还存在一个角闪岩相静态变质阶段，那么糜棱岩化阶段形成的动态重结晶石英颗粒应该充分得到静态恢复（或称为二次重结晶），成为光性均匀、边界平直、具有 120°三连点的颗粒（尼古拉，1984；刘瑞珣，1988），但事实并非如此，这些动态重结晶石英颗粒仍然普遍具有强烈波状消光和锯齿状边界。因此笔者认为，该带在糜棱岩化阶段之后，并不存在一个角闪岩相静态变质阶段，Reischmann 等（1990）得出的（126±9）Ma 石榴石全岩钐－钕同位素年龄，应视作糜棱岩化阶段年代的下限，而不应作为其上限，即糜棱岩化阶段应是在早白垩世以后。

基于上述讨论基础上，笔者认为沙沟糜棱岩带 $(p) - T - t$ 演化的可能路径应为以下四个主要阶段（图 3b）：①印支期（(211±8)Ma）花岗岩侵入阶段；②晚三叠世至早白垩世之间角闪岩相左行韧性剪切变形阶段；③早白垩世（约 126±9Ma）后中高绿片岩相糜棱岩化阶段；④与晚白垩世期间总体抬升有关的脆性变形阶段。

五、结论

沙沟糜棱岩带的显微构造具有以下特征：石英主要为颗粒边界迁移和亚颗粒旋转共同作用产生的动态重结晶Ⅱ型多晶条带，其 c－轴组构为围绕 y－轴分布的Ⅰ型点极密。局部强应变部位存在石英条带从Ⅱ型向Ⅰ型过渡的现象。同时，在糜棱岩化较弱地段残存Ⅲ型石英条带，并有左行剪切迹象。长石均具有脆性碎裂变形的典型特征，其中钾长石具有少许韧性变形的迹象，在其残斑边界及破裂面上形成动态重结晶和蠕状构造。糜棱岩面理普遍绕过石榴石斑晶分布。存在局部熔融的假熔岩和多期次变形的张性构造角砾岩。

沙沟糜棱岩带的糜棱岩化阶段处于中高绿片岩相条件，应发生在晚白垩世以后。在糜棱岩化阶段之前，该带可能存在一个左行韧性剪切变形阶段。糜棱岩化阶段之后，该带直接进入具有多期次活动特点的脆性变形阶段。

沙沟糜棱岩带 $(p) - T - t$ 演化的可能路径应为以下四个主要阶段：①印支期（211±8Ma）花岗岩侵入阶段；②晚三叠世至早白垩世间角闪岩相左行韧性剪切变形阶段；③早白垩世（约 126±9Ma）后中高绿片岩相糜棱岩化阶段；④与晚白垩世间期间总体抬升有关的脆性变形阶段。

致谢 衷心感谢周鼎武副教授在野外工作中的热情帮助和富有启发性的讨论。

参考文献

[1] 刘瑞珣. 显微构造地质学. 北京: 北京大学出版社, 1988
[2] 尼古拉 A; 嵇少丞译. 构造地质学原理. 北京: 石油工业出版社, 1984

[3] 孙 勇, 于在平. 秦岭沙沟老林头糜棱岩带研究. 见: 西北大学地质系成立四十五周年学术报告会论文集. 西安: 陕西科技出版社, 1986

[4] 张国伟等. 秦岭商丹断裂边界地质体基本特征及其演化. 见: 秦岭造山带的形成及其演化. 西安: 西北大学出版社, 1988

[5] Boullier A. M, Bouchez J L. Le quartz en rubans dans les mylonites. Bull. Soc. Geol. Fr., 1978, 7

[6] Burg J P. Quartz shape fabric variations and c-axs fabrics in ribbon-mylonite: arguments for an oscillating foliation. Jour Struct Geol., 1986, 2

[7] Fueten F, Robin P F. Stephens R. A model for the development of a domainal quartz c-axis fabric in an coarse-grained gneiss. Jour Struct Geol., 1991, 10

[8] Fueten F. Tectonic interpretation of systematic variations in quartz c-fabrics across the Thompson Belt. Jour Struct Geol., 1992, 7

[9] Grower R J W. Simpson C. Phase boundary mobility in naturally deformed, high-grade quartzofeldspathic rocks: evidence for diffusional creep. Jour Struct Geol., 1992, 3

[10] Hirth G, Tullis J. Distocation creep regimes in quartz aggregates. Jour Struct Geol, 1992, 2

[11] Jessell M W. Simulation of fabric development in recrystallizing aggregates—II. Example model runs. Jour Struct Geol., 1988, 2

[12] Magloughlin J F, Spray J G. Frictional melting processes and products in geological materials: introduction and discussion. Tectonophysics, 1992, 3-4

[13] Mainprice D, Nicolas A. Development of shape and lattice preferred orientations: application to the seismic anisotropy of the low crust. Jour Struct Geol., 1989, 1-2

[14] Mancktelow N S. Atypical textures in quartz veins from the Simplon Fault Zone. Jour Struct Geol, 1987, 8

[15] Passchier C W. Simpson C. Porphyroclast systems as kinematic indicators. Jour Struct Geol., 1986, 8

[16] Pryer L L. Microstructures in feldspars from a major crustal thrust zone: the Greenville Front, Ontario, Canada. Jour Struct Geol. 1993, 1

[17] Reischmann T, Altenberger V, Kroner A et al. Mechanism and time of deformation and metamorphism of mylonitic orthogneisses from the Shagou Shear Zone, Qinling Belt, China. Tectonophysics, 1990, 185

[18] Simpson C. Deformation of granitic rocks across the brittle-ductile transition. Jour Struct Geol, 1985, 7

[19] Tullis J, Yund R A. Dynamic recrystallization of feldspar: a mechanism fo ductile shear zone formation. Geology, 1985, 13

[20] Tullis J, Yund R A. Transition from cataclastic llow to dislocation creep of feldspars: mechanisms and microstructures. Geology. 1987, 15

[21] Weiss L E, Wenk H R. Experimentally produced pseudotachylyte like veins in gabbro. Tectonophysics, 1983, 96

陕西凤县八卦庙特大型金矿的成因研究*

钟建华　张国伟

摘　要　陕西凤县八卦庙金矿是一个近期探明的特大型金矿。通过对八卦庙金矿全面深入研究，发现它是一种多成因复成矿床：早期为剪切成矿；中期为岩浆热液蚀变成矿；晚期在浅部为风化淋滤富集成矿。剪切作用形成的金矿是主体。

关键词　金矿　剪切成矿　热液蚀变成矿　陕西凤县八卦庙

陕西凤县八卦庙金矿是一个近期勘查的特大型金矿，其成因目前仍在研究之中，本文希望对八卦庙金矿的成因研究有所推动。

一、地质概况

八卦庙金矿位于陕西凤县境内。矿区地层主要出露中上泥盆统，有少量石炭系、白垩系和第四系。金矿主要产在中泥盆统星红铺组（D_2x）下部的变质砂泥岩中。

在区域构造上，八卦庙金矿位于凤镇 – 山阳断裂与酒奠梁 – 江口断裂之间的断褶带内。该带内有规模较大的拓梨园、王家塄及修石岩等断裂，其中有些是逆冲走滑断裂（如修石岩断裂）。这些断裂一般倾向北，倾角较大，介于 $50° \sim 70°$ 之间。褶皱以复杂褶皱为主，某些次级褶皱比较紧闭。因此，这一断褶带是由一系列高角度逆冲叠置的褶皱构造岩片所组成的。

（一）矿区构造

1. 断裂

矿区处于洞沟 – 王家塄复式背斜的南部。八卦庙矿区范围内商丹断层最大，它的延伸方向总体上为 NWW 向，是一条长期活动的大断层，与商丹断层近于平行的还有一条重要的脆韧性剪切带，该剪切带西起二里河铅锌矿（可能更西），经长沟进入八卦庙

---

*本文原刊于《地质学报》，1997，71（2）：150-160.

矿区，是矿区的主要控矿构造之一。此外，矿区内还有一系列 NWW 向的小型逆冲断层。矿区内还有另外一组重要的断裂，即 NE 向小型左行走滑断层，该组断裂对第二期岩浆热液蚀变成矿具有控制作用。

八卦庙矿区节理非常发育，有 3 ～ 4 组，以 NE 向共轭剪切节理最为发育和重要，该组节理是 NE 向含金石英脉的容矿构造。

2. 褶皱

矿区内各种规模的褶皱均有，小型揉皱更为常见，一些小型的褶皱往往也是控矿构造。所有的褶皱其枢扭倾伏方向均一致，都是朝 128°～ 140°方向倾伏，倾伏角多在 32°～ 38°之间，常有轴面劈理发育，顺剪切面理方向常有 "S 形" 或 "Z" 形构造发育。

3. 面理

矿区内面理非常发育，尤其是在剪切带中心，面理已强烈置换了层理。在八卦庙矿区，面理主要有下列特点：①主要发育在绢云岩或绢英岩中；②面理主要发育在剪切带中，越向剪切带中心面理越发育；③一般以高角度产出，大部分倾角 > 60°；④面理与层理的交角变化较大，介于 15°～ 90°之间，多数在 60°～ 80°之间；⑤面理上一般褶纹线理和交面线理比较发育，阶步也常见。

4. 折劈

矿区及其外围折劈都比较发育，发育于千枚岩中，由微型褶纹的一系列陡倾斜褶翼相互叠置而成或直接沿褶纹的任何部位劈断。折劈的宽度多在 0.05 ～ 0.5 毫米之间，微劈石宽度多在数毫米。

5. 线理

矿区内线理非常常见。主要有三种：第一种是褶纹线理；第二种是交面线理；第三种是拉伸线理。褶纹线理最为常见，主要产在千枚岩或砂质千枚岩剪切面理上。镜下观察表明，褶纹线理系绢云母或绿泥石等片状矿物褶皱所形成，常被折劈所切割。褶纹线理的产状与矿区褶皱枢扭的产状几近一致，具有相同的倾伏方向和倾伏角。

除了上述介绍的一些构造以外，还可见杆状、窗棂状等构造。

（二）岩浆岩、变质岩和围岩蚀变特征

八卦庙矿区及外围发育有较多的闪长玢岩及钠长细晶岩岩脉。闪长玢岩及钠长细晶岩岩脉以两种方式产出：一种是沿 NWW 向断裂侵入；另一种是沿 NE 向断裂充填。例如，如在 72 线北端的商丹断层带内就能见到 NWW 向分布的钠长细晶岩脉；在 59 线附近的空棺沟及南矿带的大柴沟等，可以见到沿 NE 向断裂贯入的闪长玢岩及钠长细晶岩。八卦庙金矿产在一套浅变质碎屑岩中，该套变质岩的主要变质矿物组合为：石英 - 钠长

石－绿泥石－绿帘石－绢云母，有少量黑云母，属低绿片岩相。矿区内围岩蚀变非常普遍，主要有硅化、碳酸盐化，其次为绿泥石化、黄铁矿化、磁黄铁矿化、黑云母化、钠长石化，此外，还有电气石化。

（三）二里河－八卦庙脆韧性剪切带

西起二里河铅锌矿，经长沟至八卦庙发育了一条脆性剪切带，呈 NWW 向展布，与金矿体、矿脉走向一致，金以微细浸染或剪切含金石英脉方式产在剪切型岩石中。野外观察表明，二里河－八卦庙剪切带具有脆韧性剪切带的一般特点：面理极为发育，具有拉伸线理、S-C 组构等。显微镜下观察表明，剪切带中的糜棱岩发育了各种反映韧性变形的典型显微构造，如 S-C 组构、不对称残斑、书斜构造、云母鱼、膝折及黄铁矿或磁黄铁矿形成的压力影，当然，还可见到石英所形成的核幔及 "拔丝" 构造。在二里河－八卦庙脆韧性剪切带中，发育了一系列从超糜棱岩到糜棱岩化岩的剪切型岩石，因篇幅所限，具体特征另文专述。在这些剪切型岩石中发育了大量剪切型石英脉，绝大部分已经强烈变形，揉皱成肠状或破碎成碎块状，是早期剪切型金矿的重要载体。

二、矿床地质特征

（一）金矿体特征

八卦庙矿产金矿体一般成群成带出现，从目前的勘探结果来看，可以分为北、中、南三个矿带，北矿带矿化最好。北矿带走向 NW-SE 向，长 1680 米，宽 50～160 米，控制深度 120～520 米。规模最大的矿体为 14 号矿体，已控矿体长度 500 米，延伸 220 米，厚度变化在 1.00～11.12 米，平均厚度 4.84 米，品位变化 $3.91 \times 10^{-6} \sim 5.88 \times 10^{-6}$ 之间。中矿带以 4 号矿体规模最大，已控制长 152 米，厚度变化范围介于 2.34～4.77 米，平均厚 3.56 米，品位变化范围为 $2.23 \times 10^{-6} \sim 7.93 \times 10^{-6}$。南矿带矿化最差，仅粗略圈出两条小矿化体。

（二）金矿石特征

1. 容矿岩石的岩石类型及矿物组成

金矿主要产在粉砂质绢云母千枚岩及铁白云石绢云岩中。通过研究发现，这一类岩石主要是一些剪切形成的超糜棱岩（少量）、糜棱岩、糜棱片岩或千糜岩等，其矿物组成主要有绢云母、石英、方解石、铁白云石绿泥石。其次为黑云母、白云母、钠长石、绿帘石、电气石、金红石，还有黄铁矿、磁黄铁矿、白铁矿、钛铁矿、褐铁矿、闪锌矿、黄铜矿、锑铋矿、辉钼矿、自然金及自然银，偶见毒砂。

2. 容矿岩石的结构、构造

新鲜矿石多呈浅灰－灰色，氧化后多呈黄褐色。矿石结构主要为显微鳞片变晶结构，其实大部分是千糜结构、糜棱结构，斑点状构造、角砾状构造、块状构造及条带构造。

3. 金的赋存状态

据北京有色冶金设计研究总院资料及笔者观察结果，金主要以自然金形式产出，多呈不规则粒状、片状、树枝状，少量呈五角十二面体。金粒度变化较大，以 0.1～0.2 毫米的明金（> 0.07 毫米）较多，占 80%，微金占 20%，偶见粗达 1.2 毫米的金粒。自然金成色在 836～960 之间，平均 888，多为含银自然金。含银量在 6.89%～15.01% 之间。主要载金矿物是黄铁矿、磁黄铁矿和石英，绢云母和铁镁方解石金含量较低。在地表氧化带，褐铁矿也是一种主要的载金矿物。金主要以独立相形式存在，且以裂隙式包裹于石英、磁黄铁矿、黄铁矿中。硫化物中金含量最高，石英次之。此外，还有少量金以离子态或原子态分散在矿物之中，既有以类质同象存在于主矿物中，也有依存于矿物晶格空穴中的原子金或吸附金。

三、地球化学特征

（一）容矿岩石的化学特征

对有关岩石和（含金）石英脉进行了化学分析测试，分析结果见表 1。以下分两个方面讨论有关问题：

表 1　八卦庙金矿（矿化）围岩及脉岩化学成分表

编号	岩性	分析元素（%）													合计
		SiO_2	TiO_2	Al_2O_3	Fe_2O_3	FeO	MnO	MgO	CaO	Na_2O	K_2O	P_2O_5	H_2O	挥发分	
95-02	闪长玢岩	47.16	0.78	14.07	1.58	5.33	0.12	7.65	7.09	2.28	1.51	0.19	3.15	4.32	99.23
95-03	闪长玢岩	48.83	0.75	13.99	2.49	4.60	0.03	8.96	7.20	3.30	0.19	0.20	4.21	4.63	99.38
95-12	花岗闪长岩	66.01	0.36	15.41	2.03	1.67	0.07	2.32	3.69	3.58	3.42	0.15	0.68	0.17	99.56
95-23	（蚀变）糜棱岩	45.77	0.44	9.97	1.31	2.15	0.11	2.14	17.17	0.17	2.89	0.12	1.19	15.95	99.38
95-25	糜棱岩化粉砂岩	59.86	0.67	15.82	1.75	4.06	0.03	3.12	3.76	0.68	4.55	0.12	1.65	3.25	99.38
95-26	（蚀变）千糜岩	57.68	0.77	16.28	5.02	1.74	0.06	2.84	3.69	0.24	4.98	0.07	1.69	4.52	99.58
95-34	糜棱岩	56.78	0.72	15.95	3.34	3.11	0.07	2.91	4.26	0.41	4.56	0.12	1.84	5.40	99.47
95-36	初糜棱岩	40.43	0.39	9.49	0.73	2.51	0.09	2.37	20.17	0.60	2.38	0.11	1.05	19.08	99.37
95-37	（大）斑点状千枚岩	61.66	0.82	19.28	3.35	2.95	0.06	2.16	1.48	0.21	5.33	0.14	2.15	0.68	100.27
95-38	（小）斑点状千枚岩	62.19	0.85	19.14	3.17	3.44	0.03	2.67	0.39	0.54	4.95	0.13	2.22	0.38	100.10

测试单位：北京有色冶金设计研究总院中心化验室。

1. （含金）岩石的化学组成特征

从表1可以看出，八卦庙矿区及其邻近外围的中性侵入（脉）岩更偏基性，SiO_2含量比一般的中性侵入岩低 5 ~ 6 个百分点，如表 1 中的 95-02，95-03 样，95-12 样是西坝岩体的花岗闪长岩样，应剔除在外；MgO 和 CaO 的含量也比一般中性侵入岩高出许多，尤其是 MgO；FeO/Fe_2O_3值也明显大于一般中性侵入岩。这些特点，反映了八卦庙矿区的中性脉岩其来源深度可能较大。从表 1 中还可以看出，八卦庙金矿的剪切型岩石已发生碳酸盐蚀变，有的还非常严重，绢英类岩石其 CaO 含量竟然可达 17.17% ~ 20.17%，与镜下的观察结果一致。

2. 微量元素及稀土元素特征

（含金）岩石中的铷、铯、钡等亲石离子有一定富集，这些元素部分可能来自于深部剪切作用。对 15 个样品进行了稀土分析，部分结果总结在图 1 中，概括起来有下列两个特点：① 7 个（含金）岩石的稀土分布模式与一般的沉积岩和晚太古代以后的变质沉积岩基本相似，但少数几个样（如 95-25）的铈负异常不明显（图 1a）。②（含金）石英脉的稀土分布模式比较独特。后期热液成因的石英脉其稀土分布模式呈现出重稀土富集，轻稀土相对亏损，铈负异常不明显或无负异常，但 95-35 样有正异常（图 1b）。总之，在稀土分布模式上，早期剪切成因的石英脉（95-20，95-35）与晚期岩浆热液成因的石英脉（95-20，95-21，95-24）有明显的差异。与一般的岩石相比，石英脉的稀土分布模式及稀土总量也是有明显区别的。

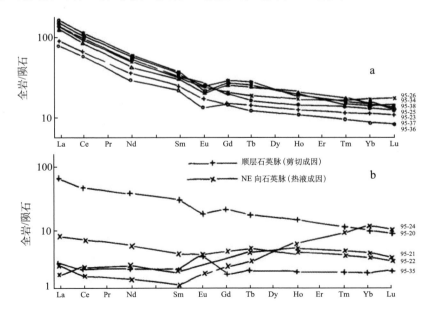

图 1 八卦庙金矿（矿化）围岩（a）与（含金）石英脉（b）稀土分布模式图

（二）同位素特征

1. 稳定同位素特征

郑作平等[1]对八卦庙金矿的稳定同位素（氢、氧、碳）做了研究，发现δD值变化范围为$-53.38‰\sim-117.90‰$之间，平均$-81.92‰$，铁白云石$\delta^{19}O$（SMOW）介于$16.64‰\sim19.73‰$，平均$19.14‰$；石英的$\delta^{18}O$值介于$5.67‰\sim19.84‰$，平均$15.36‰$，略低于铁白云石同类值，由石英计算的热液流体的$\delta^{18}O$值为$-3.07‰\sim13.30‰$，平均$5.60‰$。在$\delta D-\delta^{18}O$变异图上研究区投影点落在两个区域：一个是大气降水（天水）线下部；另一个是原生岩浆水的邻近区，个别在变质水区域。这说明了成矿热液介质水主要源于深部岩浆水和大气降水（天水）[1]。

碳同位素数的组成比较稳定，以富轻^{12}C为特征，其δ^3C值为$-4.87‰\sim-1.85‰$，平均$-2.43‰$；此值低于海洋碳酸盐岩（$0.5‰\pm1.56‰$），与地幔碳酸盐岩（$-5.1‰\pm1.4‰$）较接近，与金伯利岩（$-4.7‰\pm1.2‰$）也相近，与初始地幔库的该值（$\delta^{13}C=-6‰\pm2‰$）相比也比较接近，这充分说明矿区富CO_2的流体具有深源成因（即均一下地壳或地幔）。在$\delta^{13}C-\delta^{18}O$（SMOW）判别图上，本区分析点反映了铁白云石的热液成因[1]。

2. 铅同位素特征

八卦庙金矿铅同位素组成分布范围较广。地层中的铅同位素组成分布较宽，而矿石与闪长岩脉和钠长细晶岩脉的铅同位素组成则相似，分布比较均一。μ及ω值较能反映源区性质。在八卦庙金矿，闪长岩脉及钠长岩脉的μ值具有造山带的特点，ω值则具有上地壳、造山带和地幔的特点。地层中的硫化物μ值也具有造山带的特点，ω值则介于下地壳与上地壳造山带和地幔的特点之间。矿石中硫化物μ值同样具有造山带特点，而ω值则具有上地壳、造山带和地幔特点。总之，μ及ω值所揭示的铅源特点以上地壳和造山带为主，同时混有幔源铅。总观八卦庙金矿铅的μ及ω值特点，与凤太、镇安矿带铅锌矿较接近。

3. 硫同位素特点

八卦庙金矿床中硫同位素的特点：①矿石硫同位素与围岩硫同位素有较明显的差别。前者极为富集重硫，显示多来源的特点；后者中等富集重硫，显示了沉积硫的特点。这表明矿石中的硫来自深源及壳源。②虽然不同硫化物的硫同位素组成有差别，但$\delta^{34}S$的分布比较集中，在$4.1‰\sim15.4‰$之间，与整个凤太地区铅锌矿中的^{34}S（$4.5‰\sim12.3‰$）分布非常接近，表明其来源有所相同。张复新等人总结了凤太矿田（泥盆纪）铅锌矿体163件样品的$\delta^{34}S$资料，发现$\delta^{34}S$值分布频率直方图呈宽低底座不典型的"塔"式结构。这种情况难以用正常同生沉积、细菌还原海水硫酸盐机理来解释。因此，根据八卦庙金矿中$\delta^{31}S$值的分布特点，其来源可能既有岩浆源，也有沉积源。这与镜下观察结果比较一致，糜棱岩中的成岩黄铁矿部分可视为沉积源，而未变形的蚀变黄铁矿则可能是岩浆源。郑作平等对八卦庙金矿的硫同位素进行了深入研究后指出，八卦庙金矿矿石中的硫来自于深源及壳源，而围岩硫则来自于沉积[1]。

四、成矿温度与成矿阶段划分

（一）成矿温度

包裹体测温（均一温度）表明，八卦庙金矿的成矿温度介于 364 ～ 180℃之间，成矿温度自早向晚依次降低（表 2）。早期剪切成矿阶段，成矿温度介于 364 ～ 238℃之间，平均 290℃，这与赋矿地层变质矿物组合（石英 - 绿帘石 - 绿泥石 - 绢云母，低绿片岩相）所间接反应的温度（300℃±）非常接近。

表 2　八卦庙金矿的成矿阶段划分及矿物组合特征

成矿阶段			矿物组合及其他特征	成矿温度（℃）	
本文	北京有色冶金设计研究总院	本文		均 - 温度	平均温度
第一阶段	早期少硫化物阶段（Ⅰ）	剪切成矿阶段	早期剪切成矿阶段	石英、绿泥石、绢云母、方解石、铁白云石、钠长石、磁黄铁矿、黄铁矿、白铁矿、电气石、偶见毒砂、微量金。早期粗大的成矿黄钛矿受剪切变形，形成应力影。金品位较低，主要产在 NWW 向剪切型岩石和剪切型石英脉中	364 ～ 238	290
	主成矿阶段（Ⅱ）		晚期剪切成矿阶段	石英、绢云母、绿泥石、方解石、铁白云石、钠长石、绿帘石、金红石、黑云母、黄铁矿、磁黄铁矿、闪锌矿、黄铜矿、铅锌矿、辉铜矿、自然金。早期粗大的成岩黄铁矿被强烈压扁拉长。金品位较低，主要产在 NWW 向剪切型岩石和剪切型石英脉中	330 ～ 205	260
第二阶段	晚期硫化物阶段（Ⅲ）	岩浆热液成矿阶段		石英、方解石、铁白云石、绿泥石、绢云母、黑云母、磁黄铁矿、黄铁矿等。金主要产在 NE 向石英脉及其两侧或一侧的硅化蚀变条带中，品位一般较高	218 ～ 180	200
第三阶段	表生风化淋滤改造富集阶段	表生风化淋滤改造富集阶段		白云母、褐铁矿等。矿石被氧化成锈斑状；磁黄铁矿、黄铁矿斑点常被氧化成空洞。金矿品位在地表极浅部得到进一步提高		接近地表常温

（二）成矿阶段划分

通过全面深入研究，我们认为八卦庙金矿经历了剪切成矿、岩浆热液（蚀变）成矿及（局部）淋滤富集成矿三个阶段；剪切成矿阶段又可分为早、中两期（表 2）。北京有色冶金设计研究总院（1994）认为，八卦庙金矿的成因主要是热液所致，并依次分为Ⅰ，Ⅱ，Ⅲ阶段（表 2），没有提到有剪切成矿，仅在某些部位发现了剪切现象。

第一阶段形成剪切型金矿与第二阶段形成的热液型金矿是明显可分的。剪切型金矿产在 NWW 向的剪切型绢云岩和绢英岩以及剪切型石英脉中。剪切型绢云岩、绢英岩中发育了大量的剪切组构。金矿化部分发育在其中的黄铁矿、磁黄铁矿中。这些黄铁矿或磁黄铁矿颗粒相对较大，且常被压扁拉长成条带状，或形成了压力影，有的强烈破碎。

而后期叠加的岩浆热液蚀变的黄铁矿或磁黄铁矿则颗粒相对较小，晶形完好，丝毫未变形。剪切型石英脉也是含金载体，绝大部分强烈变形，揉皱成肠状或破碎或碎块状。由于剪切是顺层发育的，所以剪切形成的金矿体走向与地层高度一致，使不少人认为八卦庙金矿完全受岩层控制，甚至有人认为它是一个浊积岩型或海底喷流形成的金矿。第二阶段形成的岩浆热液型金矿主要发育在NE向石英脉或石英脉两侧或一侧的硅化条带中。NE 向含金石英脉常等间距成群出现，厚度多在 1 厘米左右，无任何变形，与剪切型石英脉明显可以区别；含金石英脉两侧或一侧的含金硅化蚀变条带，与早期形成的剪切型含金岩石也明显可以区分。

五、八卦庙金矿的成因

金矿的成因是复杂的。现在世界上已提出的金成矿模式有很多[2-11]，但很难有一种能够比较圆满地解释某个具体金矿的成因。本文在前人提出的金成矿模式基础上，结合八卦庙金矿的具体情况探讨其成因。从矿物学、岩石学、构造地质学及地球化学四个方面提供的证据看，八卦庙金矿主要是一种剪切型加（岩浆）热液型的复合型金矿，但在局部范围有表生淋滤富集。

（一）剪切成矿

前文已述，八卦庙金矿的第一次成矿与剪切作用有关。剪切带是一种长期活动的动力变质带，它容易形成一种渗透性通道。据研究，剪切带往往是一种在横剖面上呈倒漏斗状的条带，上窄下宽（图 2）。因此，它很有利于下地壳或更深部（上地幔）大范围内的分散金元素向上迁移，并富集到一个相对狭窄的区域。

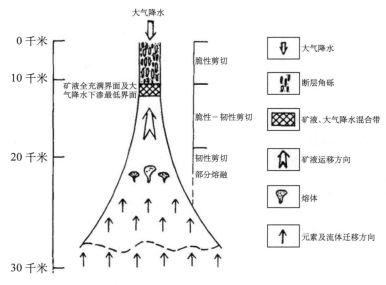

（据 E. M. Cameron，1989，略有改动）

图 2　剪切带横剖面示意图

八卦庙金矿最普遍的蚀变之一是碳酸盐蚀变。这种蚀变的产物是铁白云石或铁镁方解石。它们与石英脉和硅化一道形成了这种所谓的脆韧性转化带内发育的石英－碳酸盐岩金矿脉。从石英包裹体分析便可知，CO_2 是主要成分之一。$\delta^{13}C$ 分析表明，CO_2 的来源是深源的（即均一下地壳或地幔），进而揭示富 CO_2 的流体具有深源成因[1]。Calvine 和 Cameron 认为，CO_2 主要来自于韧性剪切带下部的地幔脱气（见图 2）。地幔及下地壳脱 CO_2 作用能够有效地萃取围岩中的金，将其带到合适的（构造）部位沉淀成矿。因此，CO_2 与剪切带中金的成矿具有密切的关系。

在 10^8Pa 条件下，在 fo_2 低于 FMQ 缓冲线下不存在自由的 CO_2，因为那里碳会以石墨的方式存在。因此，在含金剪切带下部是氧化环境[2]。但从八卦庙金矿石英包裹体中的 fo_2 来看，它代表的却是弱还原环境。这似乎与前人的看法相悖，但经仔细分析，包裹体反映的是剪切带浅部（10 千米左右）的成矿环境，而不代表下地壳或上地幔的物理化学环境，因此也就不足为奇了。在下地壳出现氧化环境有利于金转化成 Au^{3+} 而溶解。金与硫化物络合可以增加金的溶解度而有利于金的迁移。溶解的金随 CO_2-H_2O 流体可以在韧性剪切带内直接渗透迁移上升，最后在韧脆性转化带（"节流阀"）下部富集形成金矿床，当然也可以进一步上升到脆性断裂带。

在中泥盆统发育时，由于有同生大断裂的活动及火山作用，使得深部的金等成矿元素向上迁移，与沉积物一道沉淀在某些特定层位（D_2x），形成金矿源层。这些金矿源层为后期金的富集成矿提供了一定物质基础。根据八卦庙星红铺组中的变质矿物组合（石英－钠长石－绿泥石－绿帘石－绢云母，属低绿片岩相），以及从包裹体测温资料与糜棱岩和超糜棱岩的存在来看，星红铺组正好处在脆韧性转换地带。因此，剪切作用也会导致星红铺组（金矿源层）中的分散金而随"侧分泌"一道发生活化、迁移、富集，在合适的（构造）部位沉淀形成矿脉或矿体（图 3），于是使八卦庙金矿具有这种层控加构控的特点。由于剪切面理顺层面发育，所以人们易误认为八卦庙金矿是一个层控矿床，与构控无关，今后应当引起注意。

大量的 CO_2 在有流体存在的情况下，与剪切过程中由暗色矿物（角闪石、黑云母）及斜长石等转变成绿泥石、绢云母所释放的 Ca^{2+} 结合形成方解石，在铁镁富裕的情况下形成铁白云石或铁镁方解石。这正是八卦庙金矿和一些剪切带中碳酸盐蚀变发育的重要原因之一。所以，虽然金相对地不直接保存在碳酸盐矿物中，但后者的形成和存在却与金的富集成矿有间接关系。

在八卦庙金矿，碳同位素及部分硫、铅同位素证据，均揭示了成矿流体具有深源性质。因而我们认为，用 Colvine 和 Cameron 提出的（剪切带下部）下地壳或上地幔脱气（CO_2）衍生金的模式来解释八卦庙金矿早期的剪切成矿部分机理（另一部分是剪切动力变质导致侧分泌使地层中分散的金活化、迁移和富集成矿，以及大气降水（天水）沿脆性断裂带下渗所形成的热卤水对星红铺组等地层中分散金的淋滤富集成矿）比较合适。但是，由氢、氧同位素揭示的现象，却表明矿液中的 H_2O 主要来自于大气降水（天水），而非变质或岩浆来源。我们对此做出的解释是，除了来自于下地壳麻粒岩化等作用的脱水以外，矿液中的大量 H_2O 来自于大气降水（天水）。这些大气降水（天水）沿二里河－长沟－八卦庙脆韧性剪切带上部的脆性断裂（或商丹断裂）向下渗透，在地下深部加热，形成热卤水淋滤星红铺组海底喷流或浊积岩金矿源层中的分散金，直到10千米左右深度与深部来源的矿液相混合，一起组成了在氢、氧同位素上反映出具大气降水（天水）来源，而在碳同位素上反映出深部来源的混合矿液（见图2）。D. I. Grove 在解释西澳大利亚耶尔岗地块内金矿（田）的成因时，也曾有保留地使用了大气降水（天水，包括海水）沿剪切带上部的脆性断裂下渗与深部矿液相混合这一模式。

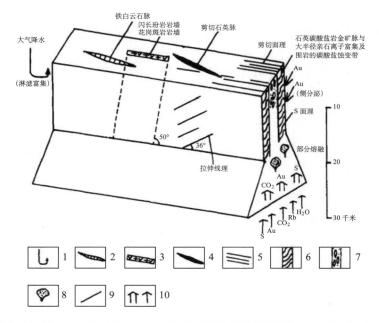

1. 大气降水（天水）；2. 铁白云石脉；3. 闪长玢岩岩墙和花岗斑岩岩墙；4. 剪切石英脉；5. 剪切面理；6. S-面理；7. 残斑；8. 熔体；9. 拉伸线理；10. 元素及流体运移方向

图 3 八卦庙金矿早期剪切成矿示意图

从 Rayleigh 对流标准的理性角度来看，这种大气降水（天水）是不可能沿断裂下渗到10千米左右深处的，因而这种解释难以成立。但从感性的角度看，大气降水（天水）是完全可以沿具有一定规模的剪切带下渗的。可以这样直观地考虑这一问题：剪切带上部的脆性剪切带一般导流空间比较发育，如果来自深部的矿液不能全充满这些导流空间时，大气降水（天水）必定要沿这些导流空间一直往下渗，其最大深度至少可以达到深部矿液全充满导流空间的最大高度（见图2）。对于较大规模的剪切带来说，（剪切）动力变质形成的深部矿液是很难全充满整个剪切带的。因此，在脆韧性带所形成的金矿其矿液多少总要混入一些大气降水（天水）。

E. M. Cameron[2]在建立以上使用的深部韧性剪切带氧化变质作用衍生金的理论模式时也承认：石英－碳酸盐溶液来源上不止一种。事实表明，其他一些类型金矿其矿液往往也是多种来源的，如河北张家金矿。从以上分析可知，八卦庙金矿的矿液和金有多种来源。其早期剪切成矿期矿液和金的来源有三种：①剪切带下部麻粒岩化等作用的脱气（CO_2 等）、脱水、萃取金形成矿液；②剪切过程中导致星红铺组海底喷流或浊积岩矿源层发生侧分泌，使金重新活化、迁移形成含金矿液；③大气降水（天水）顺断裂向下渗透，在深部加热形成热卤水淋滤星红铺组海底喷流或浊积岩金矿源层中的金而形成含金矿液。

在八卦庙金矿，剪切作用所形成的金矿体是主要的，它们沿 NWW 向的线性分布严格受 NWW 向展布的二里河－八卦庙脆韧性剪切带控制，必须引起足够重视。

在凤太乃至整个秦岭，剪切带非常发育，而且大多数都经历了长期活动的过程，如前文中提到的丹凤缝合带、酒奠梁－汀口、行泉－安康等断裂，都有过长期活动的历史，且动力学过程都以压剪性为主（晚海西－印支期华北板块与扬子板块斜向碰撞造山）。因此，从理论上分析，很有可能再找到除八卦庙金矿以外的其他具一定规模的金矿，如果再考虑到晚元古代广泛分布的基性火山岩、古生代大量富金的海底喷流沉积岩，以及古生代、中生代、新生代广泛的岩浆活动，就更会增添我们的找矿信心。

（二）岩浆热液（蚀变）成矿

八卦庙金矿在剪切过程中形成了 NWW 向剪切带型金矿（体）之后，又叠加了一次岩浆热液所形成的金矿（体）。该期形成的金矿主要是一些充填在 NE 向节理中的含金石英脉及沿 NE 向节理两侧或一侧发育的金矿化蚀变，这些含金石英脉和含金蚀变呈大角度交切了早期形成的剪切型金矿体或剪切组构，使早先形成的 NWW 向剪切型金矿体或矿带得到进一步富集，北矿带中部的富矿带就是这样形成的。从野外观察结果看来，NE 向小型左行走滑断层与 NE 向控矿节理中有时充填了中、酸性岩脉，间接地反映了 NE 向含金石英脉及有关蚀变与这些岩脉在成因上有联系。从西坝岩体向西直到二里河一带，地表可见大量的中、酸性岩脉或小型岩体。从重磁分析结果看来，从甘肃西和东至凤县一带极有可能存在着一条地下隐伏岩体，因此，八卦庙金矿的热液蚀变成矿与深部的岩浆作用有关。侵入到地表浅部的闪长玢岩或钠长细晶岩中有大量的黄铁矿或磁黄铁矿，虽然未对这些磁铁矿或磁黄铁矿的含金性进行过研究，但全岩微量元素分析表明，其金含量高于地壳克拉值 6～13 倍。因此有理由推测，它们极有可能是八卦庙金矿（第二次）岩浆热液（蚀变）成矿的"矿源层"。

（三）风化淋滤富集成矿

八卦庙金矿还存在着第三次富集成矿，即风化淋滤富集成矿。但这一过程仅发生在地表极浅部，对八卦庙金矿已无足轻重。在地表采集到的一些氧化样品，其金含量明显高于非氧化样品，充分表明了后期的风化淋滤使金发生了进一步富集。地表一些品位较高的金矿石往往带有铁锈色。观察薄片可以发现，含金较高的一些斑点状千枚岩，其中的有些斑点（可能主要是黄铁矿或磁黄铁矿的斑点）也被风化淋滤而部分成为空洞，或被次生成因的针状褐铁矿充填。

六、结束语

以上简要地讨论了八卦庙金矿的成因。从以上可以看出，八卦庙金矿是一种多因复成矿。多因复成矿理论是陈国达教授（1975）提出的，他认为一些大型、特大型和超大型矿床都与多因复成有关。八卦庙特大型金矿，先后经历了剪切成矿、岩浆热液蚀变成矿和风化淋滤富集成矿，但以剪切成矿为主。它形成了 NWW 向展布的矿体和矿脉，后期叠加了 NE 向展布的岩浆热液蚀变形成的含金石英脉及含金蚀变，主要叠加在北矿带中部的剪切带型金矿带上，形成了相对的富矿带；在地表浅部还叠加了挽近时期的风化淋滤富集成矿。

本文是在国家自然科学基金资助的基础上写成的；有色金属总公司西北地勘局的卢纪英院长、李作华高工和 717 队的刘德彬高工等，为八卦庙矿区及其外围的科考创造了条件；西北大学地质系的陈世悦、赖绍聪两位博士协助完成了野外科考；陈国达院士审阅了本文，并提出了修改意见。在此一并致射。

参考文献

[1] 郑作平，郭键. 八卦庙金矿地质及稳定同位素研究. 陕西地质，1994（2）

[2] Camaron E M. Derivation of gold by oxidative metamorphism of a deep ductile shear zone. 1. Conefrom model: Jour Geochem Explor. 1989, 31

[3] Fyfe W S et al. Some thoughts on chenucal transport processes with particular reference to gold. Min. Scl. Engng. 1973, 5

[4] Boyle R W. The geochemistry of gold and its deposits. Geological Survcy. Canada Bulletin, 1979, 280

[5] Burrows D R et al. Generation of a magmatic H_2O-CO_2 fluid enriched in Mo, Au and W with an Archaean sodic granodiorite stock, Mink Lake, northwestern Ontario. Econ. Geol. 1987, 82

[6] Kerrich R et al. The formation of gold deposits with particular reference to Archean greenstone belts and Yellowknife. I. geological boundary conditions and metal invertory. II. source of hydrothermal fluids, alteration patterns and genetic models, Contri to Geol of the Northwest Territories: 1988, 3

[7] Rock N M S. Can Lamprophyres resolve the genetic controversy over mesothermal gold deposits? Geology, 1988, 16

[8] Sibson R H et al. High angle faults, fluid pressure cycling and mesothermal goldquartz deposits, Geology, 1988, 16

[9] Golvine A C. An empirical model for the formation of archaean gold deposits: products of find cratonization of the Superior Province, Canada. Econ. Geol. Mono. 1989, 6

[10] Nesbitt B E et al. Geology, geochemistry and genesis of mesothermal lode gold deposits in the Canadian Cordillera: evidence for ore formation from evolved meteoric water. Econ. Geol. Mono. 1989, 6

[11] Groves D I. The crustal continuum model for late Archaean lode gold deposits of the Yilgarn Block, Western Australia. Mineral. Deposita, 1993, 280

东秦岭二郎坪弧后盆地双向式俯冲特征*

李亚林 张国伟 宋传中

摘 要 二朗坪弧后盆地是北秦岭早古生代活动大陆边缘沟－弧－盆系统的重要组成部分，现今二朗坪岩群是古弧后盆地的物质残存，记录了盆地演化方式和过程。沉积建造和岩浆作用研究发现，在二郎坪弧后盆地南北两侧各发育一套活动陆缘沉积体系和一系列俯冲型花岗岩；变形构造解析反映出主造山期早期沿弧后盆地两侧各形成一套韧性推覆构造系，并具对冲型几何学样式，为俯冲带典型构造。综合分析表明，弧后盆地在造山早期分别俯冲于南部秦岭古岛弧和北部宽坪古陆之下，具双向式俯冲特征。

关键词 二郎坪岩群 弧后盆地 构造环境 双向式俯冲

弧后盆地作为活动大陆边缘的重要组成部分，目前虽然对其在造山过程中具体的细节还不十分清楚，但其在造山过程中的构造方式和意义已引起极大关注。研究表明，东秦岭二朗坪蛇绿岩具有弧后小洋盆的性质特点[1~3]，为早古生代末古商丹洋向华北板块之下俯冲消减过程中，在活动大陆边缘北侧发育起来的弧后小洋盆，其形成、发展、演化受古板块体制的制约，同时又反映了古板块体制演化方式，因而是研究古板块作用和弧后盆地造山作用的理想场所。本文欲通过对二郎坪弧后盆地沉积建造、岩浆活动及变形变质特征综合分析，以探讨古弧后盆地在造山过程中的演化方式。

一、二郎坪岩群的组成及时代

二郎坪岩群主要出露于河南西峡北部至桐柏一线，呈巨大的透镜状近东西向展布，为古弧后盆地的物质残存。原二朗坪群由于经历多期复杂构造变形以及岩浆、变质作用的改造，已失去地层意义，因此根据构造岩石单位划分原则和研究需要，将原二朗坪群划分为南、北两个碎屑岩构造岩片和中部蛇绿岩构造岩片。三个岩片在平面上并置、剖面上叠置，其间被韧性剪切带所分割，组成了构造意义上的二郎坪岩群（图1）。北部碎屑岩岩片（NTB），空间上位于二郎坪岩群最北部，为一套浅变质的砂岩岩石组合，含

*本文原刊于《高校地质学报》，1998，4（3）：286-293.

有泥盆纪至石炭纪生物化石，相当于原柿树园组。中部蛇绿岩岩片（MTB），主要由变质基性火山岩、深水相变质碳酸盐岩组成，相当于原大庙组和火神庙组。火山岩具有452Ma（Ar-Ar 法）、412Ma（K-Ar 法）、357±80Ma（Rb-Sr 法）同位素年龄值[4, 5]，含有寒武纪至奥陶纪生物化石[6]，表明其形成时代为早古生代。南部碎屑岩岩片（STB），呈带状在岩群南部近东西向展布，包括斜长角闪岩－云母片岩、云母片岩－云母石英片岩两个近似的岩石组合；岩片变形强烈，变质程度南低北高，浅变质岩石中原始沉积构造发育，总体相当于原小寨组、抱树坪组，Rb-Sr 等时线年龄为 344±32Ma①。

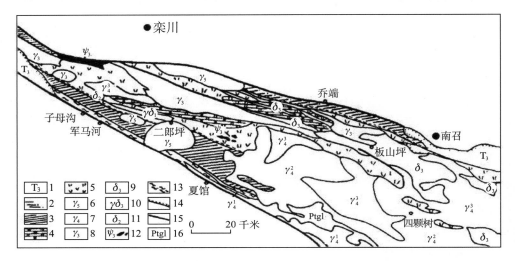

1. 三叠系　2. 北部碎屑岩岩片　3. 南部碎屑岩岩片　4. 蛇绿岩岩片中的深水相　5. 中部蛇绿岩岩片
6. 燕山期花岗岩　7. 海西期花岗岩　8. 加里东期花岗岩　9. 加里东期闪长质岩　10. 加里东期花岗闪长岩
11. 晚元古代闪长岩　12. 加里东期超基性岩　13. 构造混杂岩　14. 韧性带　15. 断裂　16. 秦岭岩群

图 1　二郎坪地区地质简图

二、活动型陆缘沉积建造

对南部碎屑岩岩片已有的岩石化学资料系统分析及原岩恢复发现，除部分斜长角闪岩属火成岩外，大多数岩石原岩为砂岩和泥质岩。变质砂岩结构组分中，由绢云母、细粒长石及少量石英碎片组成的杂基含量较高；岩屑和长石为主的碎屑颗粒磨圆较差，不同粒级大小混杂，表明其成分成熟度和结构成熟度都很低。在砂岩岩石类型判别图解中[7]，本区变质砂岩除一个点投入长石砂岩区外，其余均投入杂砂岩和岩屑砂岩区（图 2a, b），说明变质碎屑岩是一套相对富 Mg，Fe，而 SiO_2/Al_2O_3 比值较低的低成熟度砂岩；其化学成分除 MgO 偏高、CaO 偏低外，其他成分与南侧的秦岭岩群片麻岩很接近，表明其物源来自南侧的秦岭古岛弧，这与古流向分析[8]有着一致的结论。此外，根据 M. R. Bhtia[9]

①王铭生. 河南省二郎坪群及宽坪群金银矿研究报告. 1992

和 Korsch[10]砂岩环境判别图解，对变质砂岩形成环境分析发现，本区砂岩分别投入大陆岛弧区附近或活动大陆边缘区（图2c，d），属于不稳定的活动陆缘环境。

将南北碎屑岩构造岩片比较发现，在物质组成上二者存在明显的差异[11]，并非同一沉积因构造作用而重复，而是两套沉积体系。但两套碎屑岩在岩石类型及形成时代上存在很大相似性，北部碎屑岩结构和成分成熟度也较低，表现出杂砂岩、岩屑砂岩的结构及组分特点。由于北部碎屑岩研究程度不高，缺乏地化资料，难以进行定量分析和环境判别，但从所处的构造位置及岩石组合分析，可以初步得出，北部碎屑岩系为发育于古弧后盆地北侧的活动型陆缘沉积建造，其物源来自北侧的宽坪古陆。

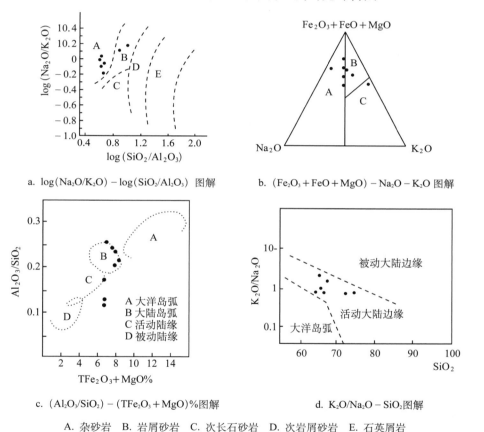

a. $\log(Na_2O/K_2O) - \log(SiO_2/Al_2O_3)$ 图解

b. $(Fe_2O_3 + FeO + MgO) - Na_2O - K_2O$ 图解

c. $(Al_2O_3/SiO_2) - (TFe_2O_3 + MgO)\%$图解

d. $K_2O/Na_2O - SiO_2$图解

A. 杂砂岩　B. 岩屑砂岩　C. 次长石砂岩　D. 次岩屑砂岩　E. 石英屑岩

图2　岩石类型及构造环境判别图解

三、俯冲型花岗岩

按现代板块理论，洋壳俯冲达一定深度时将发生部分熔融，形成富水的流纹英安岩岩浆，并沿俯冲带侵位，这些钙碱性侵入岩是板块俯冲带的重要标志。

在二郎坪岩群南北两侧各发育一系列晚古生代花岗石。北侧包括横涧岩体、板山坪岩体（384～399Ma，K-Ar 法）[①]、洞街岩体、川心垛岩体（391Ma，U-Pb 法）[①]等，这些岩体大多呈带状东西向展布，岩性主要为闪长岩、石英闪长岩和花岗岩，岩石化学成分与典型奥长花岗岩很接近，在 A-F-M 图解中全部落入钙碱性区域；在 An-Ab-Or 岩石分类图解上，板山坪岩体大都投入英云闪长岩区，洞街岩体和川心垛岩体除个别投入花岗闪长岩区外，大部分落入奥长花岗岩区（图3），构成了典型云英闪长岩－奥长花岗岩岩石系列。经 Q'-Anor 图解进一步分析发现，本区的奥长花岗岩系大部分投入活动大陆边缘消减带钙碱性花岗岩区及其附近（图4）。此外，同位素地球化学研究发现，板山坪岩体的 $\delta^{18}O = 7.03‰ \sim 7.60‰$，$Sr^{87}/Sr^{86} = 0.70515$[12]，低于一般花岗岩，它与二朗坪火山岩的 $^{87}Sr/^{86}Sr$ 为 0.706 ± 0.0009 及 0.70389 ± 0.0004（西峡）、0.70568 ± 0.0001（乔端）很接近，而且岩体稀土总量偏低，与火山岩有着相似的分配模式，说明北部奥长花岗岩侵入岩系与二郎坪火山岩的部分熔融有关，属俯冲型花岗岩。

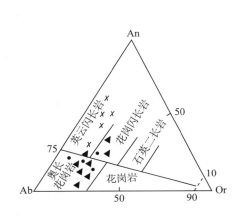

× 板山坪岩体　• 川心垛岩体　▲洞街岩体

图3　花岗岩 An-Ab-Or 分类图解

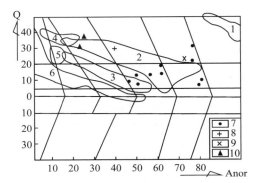

$[Q' = 100Q/(Q + Or + Ab + An), Anor = 100An/(An - Or)]$

1. 幔源花岗岩　2. 消减的活动板块边缘花岗岩　3. 板块碰撞后隆起花岗岩　4. 二长岩　5. 碱性花岗岩　6. 同碰撞花岗岩　7. 板山坪岩体　8. 川心垛岩体　9. 堡子岩体　10. 洞街岩体

图4　奥长花岗岩 Q'-Anor 图解

南部的秦岭岩群中也发育大量古生代花岗岩，空间上明显分为南、北两带。北带包括漂池岩体（411Ma，K-Ar 法）[13]、蔡川岩体、虎狼沟岩体群；南部包括：灰池子岩体（382Ma，Rb-Sr 法，339Ma，K-Ar 法）[14]、许庄岩体、商南岩体等。研究发现这些岩体具 I 型和 S 型花岗岩的双重特征，来源于秦岭岩群深部重熔和俯冲地幔物质的混合。岩体微量元素普遍富含 Sr，Ba，Rb 等大离子亲石元素，具俯冲型花岗岩特征[15][②]。可以认为，两列俯冲型侵入体分别代表了二郎坪弧后盆地和古秦岭洋向秦岭古岛弧之下的俯冲作用。

---

①河南省地矿厅区调队. 1：5 万《乔端幅》《板山坪幅》区域地质调查报告. 1986

②张国伟. 商丹断裂带特征及其演化研究报告. 1989

四、变形构造与变质作用

（一）变形构造特征

对二郎坪岩群不同区段数十条剖面系统研究发现，二郎坪岩群各构造岩片变形十分强烈。各岩片变形既有相似性，又各具特色，详细的构造解析可将其变形过程分为主造山期变形（O-T$_2$）和后造山期陆内变形（T$_3$-Q）两个阶段。

主造山期变形又可分为早、晚两期。

（1）早期中深层次韧性逆冲剪切变形（D$_1$）：以韧性变形为特征，形成了包括岩群两侧边界大型逆冲剪切带，以及各岩片间次级的、岩片内部更次级的剪切带。本期变形一个突出特点是大致以板山坪－太平镇一线为界，可进一步分为南部和北部两个逆冲推覆构造系，而且在每个推覆系内越靠近岩群两则边界，变形越强烈，表现为剪切带密度的增大和变形程度的增加。北部逆冲推覆构造系以瓦穴子－乔端韧性剪切带为主推覆面，与次级的碾坪、杨家庄、杜家庄等逆冲剪切带共同组成（图5）。各剪切带尽管在规模上和变形强度上有一定差异，但有着一致的几何学、运动学特征，以瓦穴子－乔端剪切带最为特征。瓦穴子－乔端剪切带为二郎坪岩群与宽坪岩群的界线，表现为一大型糜棱岩带，宽度 > 250 米，产状 355°～ 10°∠65°～ 85°，岩性以基性糜棱岩和基性超糜棱岩为主，原岩可能为二郎坪岩群与宽坪群火山岩。剪切带内变形强烈，发育各种流变构造，并形成了不对称的剪切褶皱、S-C 组构、旋斑构造等多种指向构造，均指示由 N→S 逆冲剪切运动方向（图5）。此外，在次级剪切带中发育有花岗质、闪长质及长英质不同类型的糜棱岩，以及各种指向构造，均指示向南的剪切运动（图5）。南部逆冲推覆系以子母沟－大河韧性逆冲剪切带为主推覆面，由小寨－回龙湾、后河等多条次级剪切带组成（图6）。子母沟－大河剪切带以含砾碳酸盐糜棱岩组成的构造混杂岩为标志，沿二郎坪岩群和秦岭岩群间边界 NWW-SEE 向展布，宽度几十米至数百米，剪切带产状 180°～ 210°∠40°～ 70°。含砾碳酸盐糜棱岩中的角砾和基质均强烈变形；角砾多呈透镜状、纺锤状；基质流变强烈，围绕砾石分布，并产生紧闭褶皱。镜下研究发现，其质内各种粒内变形及动态重结晶作用发育，并形成机械双晶、核幔构造、微晶带状褶皱等微观构造。剪切带内旋转角砾、不对称剪切褶皱、a 型线理，以及次级剪切带内长英质糜棱岩中的 S－C 组构、旋斑构造等均指示由 S→N 的逆冲剪切方向（图6）。根据南、北逆冲推覆构造使 D-C 碎屑沉积岩系强烈变形，并分别被 T$_3$ 沉积所覆盖（见图1），子母沟－大河剪切带还被牧虎顶岩体（247 ～ 268Ma，K-Ar 法）[①]截切，进而说明早期逆冲剪切变形形成时代为晚古生代中晚期。

---

①河南省地矿局地质四队.《小水幅》《夏馆幅》1∶5 万区域地质调查报告. 1987

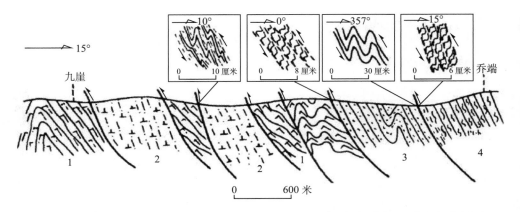

1. 中部构造岩片中的火山岩　2. 闪长质糜棱岩　3. 北部碎屑岩岩片（NTB）　4. 宽坪岩群片麻岩

图 5　北部逆冲推覆系构造剖面

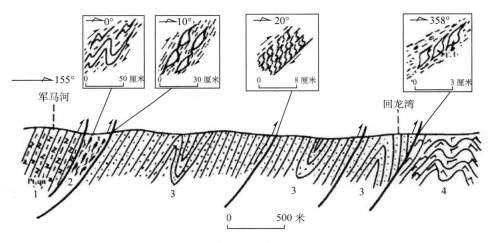

1. 秦岭岩群片麻岩　2. 构造混杂岩　3. 南部碎屑岩岩片（STB）　4. 中部构造岩片中的火山岩

图 6　南部逆冲推覆系构造剖面

（2）晚期强烈的褶皱变形期（D_2）：代表了同碰撞造山期的构造变形特征。变形构造为一系列的紧闭褶皱，在南、北碎屑岩岩片中表现两翼近于平行的同斜褶皱，但倾向不同：北部的岩片中褶皱轴面 10°～ 25°∠40°～ 58°，南部的岩片中褶皱轴面 170°～ 210°∠50°～ 65°；中部的蛇绿岩片中褶皱轴面近于直立（图 7）。晚期变形对早期的叠加改造作用表现为使早期低角度的剪切面理倾角变大，如在碎屑岩岩片中，可以见到早期剪切面理（S_1），在晚期褶皱转折端被轴面劈理（S_2）所置换，而翼部 $S_1 \| S_2$；而且在子母沟－大河剪切带中局部保留了原低角度的剪切面理（倾角 35°～ 50°），可见现今高角度的剪切面理是晚期变形改造的结果；而二郎坪岩群现

今构造格局是在主造山期奠定的（见图 6）。陆内造山阶段变形，主要表现为南北向继承性收缩机制下形成的一系列浅层次脆性推覆和走滑变形。

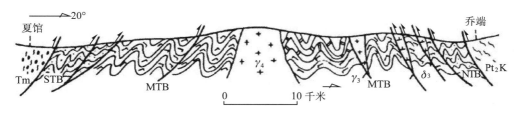

STB. 南部碎屑岩岩片　MTB. 中部蛇绿岩岩片　NTB. 北部碎屑岩岩片　Tm. 构造混杂岩
Pt₂K. 宽坪岩群　γ₄. 海西期花岗岩　γ₃. 加里东期花岗岩　δ₃. 加里东期闪长质岩

图 7　二郎坪岩群构造剖面

二郎坪岩群的变形构造特征与古弧后盆地的构造演化及不同阶段造山作用密切相关。主造山早期南、北两侧自南而北和自北而南的逆冲推覆构造，在时间上具同时性，在空间上分别发育于二郎坪蛇绿岩两侧边界及活动性质陆缘沉积建造中，是古弧后盆地向北、向南发生双向式俯冲时于俯冲带形成的典型构造。运动学和几何学均表现出对冲型构造样式，其动力学机制与北秦岭晚古生代南北向整体挤压收缩一致。在造山作用类型上，古二郎坪弧后盆地俯冲作用不同于一般弧背盆地的 A 型俯冲，发生于大陆岩石圈内部，而是存在着洋壳的消减和俯冲型花岗岩的形成，因此尽管在规模上小于真正大洋板块与大陆板块间的 B 型俯冲，但二者有着相同的性质和含义。这种两活动陆缘间双向式的俯冲－碰撞造山作用，曾存在于高加索中新生代造山带中，是一种特殊的造山类型，一般与小洋盆在巨大应力场作用下的快速消减闭合有关。

（二）变质作用

二郎坪岩群内至今尚未发现高压变质矿物带，总体以低压变质为特色，变质程度介于低绿片岩相－低角闪岩相之间，具连续变质的特点，同时又表现出一定差异性。早期在火山岩中形成低压矿物，并伴有广泛蚀变作用及 M 型花岗岩侵入，反映出低压变质特点；晚期伴随主造山期变形有一个明显的升压过程，矿物 PTt 轨迹为逆时针方向[17]，显然与弧后盆地俯冲－碰撞造山作用密切有关。最新研究发现，在秦岭岩群中存在两列早古生代末（410 ± 16Ma，Sm-Nd 法）[18]的高压变质带，对应于上述两列俯冲型花岗岩，北部高压变质带可进一步作为弧后盆地俯冲的佐证，同时也为在北部边界寻找相应的高压变质带提供了思路。

五、弧后盆地构造演化及其动力学

综合沉积建造、岩浆作用、构造变形及变质作用，结合整个造山带构造演化特征，可将二郎坪弧后盆地构造演化过程划分为三个主要演化阶段。

（1）弧后盆地扩张形成阶段（O-S）：随古商丹洋在早奥陶世扩张至极限，从中奥陶世开始向华北板块之下俯冲。由于板块间相互作用及深部次级地幔对流柱的形成，引起弧后地壳扩张、伸展变薄，地幔物质上侵就位，出现洋壳，并进一步扩展为弧后小洋盆，发育弧后小洋盆型蛇绿岩及深水碳酸盐相沉积建造。

（2）俯冲闭合阶段（D-P₁）：D-C₁随商丹洋消减为残余海盆，弧后扩张动力消失，弧后盆地在巨大挤压应力场作用下，快速消减闭合。由于盆地南侧的秦岭古岛弧和北侧宽坪古陆块具相似的刚性块体力学性质，盆地洋壳分别向南、北两侧发生双向式俯冲，形成两个活动大陆边缘，同时沿两陆缘对称地形成活动陆缘型沉积建造和俯冲型花岗岩，构造变形表现为沿两侧俯冲带形成对冲式的韧性逆冲推覆构造系。

（3）碰撞造山阶段（P₂-T₂）：随扬子板块与华北板块发生陆－陆斜向碰撞，弧后盆地也发生全面碰撞造山，使二郎坪蛇绿岩及沉积岩系产生强烈褶皱变形，最终奠定二郎坪岩群现今构造格局。

六、结语

弧后盆地的形成和演化一直是板块构造学研究的重要内容，经典板块理论用弧后裂谷作用及海底扩张来解释边缘海和弧后盆地的成因，已被地球物理调查和深海钻探所证实。弧后盆地造山作用和其他方式的造山作用一样，是造山带研究的重要内容，如许靖华研究认为，世界上90%造山带均为弧后盆地消减、碰撞形成。通过对二郎坪古弧后盆地物质组成、沉积建造、变形变质和岩浆作用综合分析，确定其双向式俯冲特点，不同于一般单向式俯冲碰撞造山作用。这不仅对研究秦岭造山带，而且对探讨小型盆地在造山作用过程中的方式、类型有重要意义。

参考文献

[1] 张国伟. 秦岭造山带的形成及其演化. 西安：西北大学出版社，1988

[2] 张本仁. 秦巴地区地壳的地球化学特征及造山带的还化基本问题. 见：秦岭造山带学术讨论会论文选集. 西安：西北大学出版社，1991

[3] 许志琴等. 东秦岭复合山链的形成——变形、演化及板块动力学. 北京：中国环境科学出版社，1988

[4] 金守义. 二郎坪群有关问题的商榷. 河南地质，1988（4）

[5] 刘国惠等. 秦岭造山带主要变质岩群及变质演化. 北京：地质出版社，1993

[6] 王学仁等. 河南西峡湾潭地区二郎坪群微体化石研究. 西北大学学报，1995（4）

[7] 王仁民等. 变质岩原岩图解判别法. 北京：地质出版社，1987

[8] 刘文荣等. 东秦岭二郎坪群. 西北大学学报（增刊），1989

[9] Bhtia M R. Plate tectonics and geochemical composition of sandstone. Jour. Geol. 1983，91

[10] Roser B P, Korsch R J. Determination of tectonic setting of sandstone-mudstone suits using SiO$_2$ content and K$_2$O/Na$_2$O ration. Jour. Geol. 1896, 94

[11] 裴放等. 河南北秦岭晚古生代孢子化石的发现及其地质意义. 中国区域地质, 1995 (2)

[12] 卢书炜. 南召县板山坪花岗质岩带地质特征与成因探讨. 河南地质, 1994 (3)

[13] 张本仁等. 秦巴区域地球化学文集. 武汉: 中国地质大学出版社, 1990

[14] 尚瑞钧等. 秦巴花岗岩. 武汉: 中国地质大学出版社, 1988

[15] 周鼎武等. 东秦岭早古生代两条不同构造－岩浆杂岩带的形成构造环境. 岩石学报, 1995 (2)

[16] 王仁民. 北秦岭东端的地壳演化与拉张变质作用. 见: 秦岭造山带学术讨论会论文选集. 西安: 西北大学出版社, 1991

[17] 胡能高等. 北秦岭榴辉岩 Sm-Nd 同位素年龄. 矿物学报, 1996 (4)

伏牛山推覆构造特征及其动力学控制*

宋传中　　张国伟

摘　要　伏牛山推覆构造是秦岭造山带中一条重要的构造带，特征明显，分带性清楚。锋带为前冲型或褶皱型，西段由褶皱紧密的陶湾群黑云母大理岩构成，东段为栾川群和部分三叠系，由北向南推覆在宽坪群和上白垩统之上。洛南－栾川断裂带为前锋与中带的界线。中带在栾川地区较为典型，表现为双重构造型式，伏牛山一带几乎全被根带向南掩盖。竹园沟－祖师庙断裂带为中带与根带的分界线。根带岩石形成较深，上升强烈，符合经典的推覆构造模式。伏牛山推覆构造最终形成在燕山期末－喜马拉雅期初，后展式扩展，是扬子板块向北持续俯冲挤压、华北地块向南作巨型陆内俯冲的产物，也是不同时期、相同性质构造叠加的结果。

关键词　秦岭造山带　附内俯冲　推覆构造　动力学　双重构造

伏牛山推覆构造位于北秦岭与华北地块南缘的交界处，是秦岭造山带中一条重要的构造带。由于后期构造的影响，该推覆构造在不同地区保留的程度有所不同，以河南省栾川县、南召县一带保存较好，并且同许多著名的推覆构造一样，构造特征明显，分带性清楚[1~7]。伏牛山推覆构造的研究，对深入认识秦岭造山带的结构、演化及动力学有其重要的意义。

一、锋带

（一）构造特征

（1）西段：西段指栾川以西的地段（图 1）。该段锋带分布在洛南－栾川断裂带以南，主体是中新元古界宽坪群（$Pt_{2-3}k$）北缘的一套黑云母大理岩。研究区内主要分布在陶湾、横涧之间及磨沟口一带，作为推覆构造的前锋，具以下特征：①岩层为新元古界到下古生界陶湾群的薄层黑云母大理岩及云母石英大理岩；②变形异常强烈，出现多

*本文原刊于《地质论评》1999，45（5）：492-497.

种类型的紧闭褶皱和强烈变形的石英脉；③主滑脱面发育糜棱岩，韧－脆性变形，面理一般倾向北，倾角 30°～ 57°；④多呈飞来峰、构造楔，飞来峰由北向南掩盖在宽坪群之上，被作为主滑脱面的逆冲推覆断层相隔开；⑤锋带为冲断褶皱类型，斜歪倒转褶皱极为普遍；⑥推覆距离＞ 10 千米。

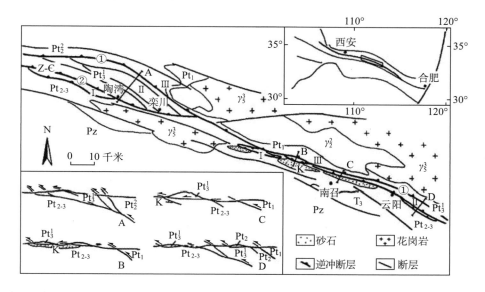

①竹园沟－祖师庙断层　②洛南－栾川断层　Ⅰ. 锋带　Ⅱ. 中带　Ⅲ. 根带　A. 陶湾－赤土店剖面
B. 马市坪－傲坪剖面　C. 南召－九分垛剖面　D. 老李山－鹿角山剖面

图 1　伏牛山地区构造图

（2）东段：伏牛山一带为该推覆构造的东段，其前峰主要由新元古界的栾川群（Pt_3^1l）和部分三叠系组成。其主要特征：①前锋掩盖的原地岩系主要是晚白垩世的红色砂岩和宽坪群片麻岩；②主滑脱面为强劈理、片理化带，柔皱、构造透镜体、石香肠等发育，劈理倾向 340°或 20°，倾角 55 ～ 65°；③构造岩主要是由花岗岩块或透镜体、栾川群岩石形成的碎裂岩系列、糜棱岩化的构造片岩等组成；④大量栾川群构成飞来峰，晚白垩世的砂砾岩和宽坪群片麻岩构成构造窗，可见多层次滑脱面，指示由北向南的逆冲推覆方向（图2）；⑤锋带的地层在不同地区有所差异，主要为栾川群、陶湾群、三叠系和部分白垩；⑥前锋样式有发育在栾川群中的前冲型前锋和发育在三叠系中的褶皱型前锋[8, 9]。

（二）洛南－栾川断裂带

洛南－栾川断裂带是东秦岭造山带中一条著名的断裂带[10~16]。它不是宽坪岩片与栾川岩片的严格界线，而是先期已经形成、燕山期末稍晚于主滑脱面又重新活动的一条断裂带。发育在前锋带的后侧，是伏牛山推覆构造锋带和中带的界线。

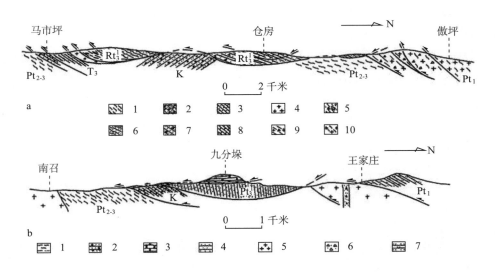

a. 马市坪－傲坪剖面：1. 片麻岩　2. 砂砾岩　3. 砂页岩　4. 花岗岩　5. 构造岩带　6. 变形砾岩
7. 砂岩破碎带　8. 大理岩　9. 片麻状花岗岩　10. 花岗片麻岩
b. 南召－九分垛剖面：1. 片麻岩　2. 砂砾岩　3. 大理岩　4. 砂岩　5. 花岗岩　6. 角砾岩　7. 石英
砂岩

图 2　伏牛山地区构造剖面图

洛南－栾川断裂带具有大型剪切带的性质。在西段发育宽约 500 米的大型破碎带，其构造岩为陶湾群的灰岩。带中碎裂岩系发育，破劈理、构造片岩、断层泥成带分布，有时强烈褶皱、颜色混杂。断层带中劈理产状不稳定，倾向多为 10°，倾角 60° 或直立。在东段该断裂带主要表现为由北向南逆冲的性质，并且由西向东逆冲挤压性质渐渐增强，发现脆－韧性变形的特征。上述事实说明洛南－栾川断裂带不同地段的形成深度有所差异：西段浅，东段深，从而又说明西段抬升弱，东段抬升强。

该断裂带切过前锋带发育，其形成时期与前锋带相同，或略晚于前锋带发育时间。证据为：①该断层切割前锋带，其上覆岩片掩盖全部或部分前锋带。当今的前锋带以飞来峰或构造楔形式出现在洛南－栾川断裂南侧呈串珠状排列，这说明前锋带的有些部分连同主滑脱面已被该断裂带北侧岩片向南逆冲掩盖。②断层两盘的岩系差异大，南盘出现本该出露在北盘的栾川群、陶湾群，而北盘的岩块复杂多样，主要包括陶湾群、栾川群、中元古界官道口群（Pt_2^2g）和古元古代－太古宙岩系，并且向东逐渐变老，说明断层发育在岩片之中，破坏了岩片。研究证明，洛南－栾川断裂带先期已经形成，本期伏牛山推覆构造向南逆冲时，其前锋带掩盖了它，然后该断层又重新活动，切开推覆体，成为当今锋带与中带的界线，或中带掩盖锋带的滑脱面。

二、中带

（一）构造特征

中带是伏牛山推覆构造中一个复合型岩片，以栾川群为主体，另有陶湾和岩浆岩。中带构造活动强烈，但由于不同地段的活动强度不一，伏牛山一带的中带几乎全部被该推覆构造的根带向南逆冲掩盖，只有部分出露，呈楔形体。栾川地区是中带出露最全、构造最典型的地区，总体呈透镜状，表现为双重构造的型式，若干条由北向南逆冲的断层，将整个中带分隔成若干个断夹块，按右阶式斜向排列，走向一般 320°～330°，与区域性逆冲断层夹角 15°，呈"Z"型弯曲，在两端逐渐转向，并协调于两侧区域性大断裂带。其中南侧为洛南－栾川断裂带，北侧为竹园沟－祖师庙断裂带，两者分别构成双重构造的底板逆冲断层和顶板逆冲断层。

（二）竹园沟－祖师庙断裂带

该断裂带是伏牛山推覆构造中带与根带的分界线，也是栾川群与官道口群的界线，构造特征明显，具有大型剪切带的性质。由西向东：在祖师庙地区为韧性剪切带，宽约 500 米，片理化强烈，并出现 S-C 面理等典型构造。在赤土店一带断层面产状 45°，倾角 65°，构造岩为片理化大理岩，并强烈褶皱，北盘为官道口群，南盘为栾川群。在庙子地区，官道口群向南逆冲在宽坪群之上，断裂带清晰，产状 30°，倾角 75°，构造变形强烈，缺失栾川群。在傲坪地区，古元古代－太古宙的花岗片麻岩向南逆冲在宽坪群之上（见图 2a），岩石强烈破碎，劈理发育，产状 3°～40°，倾角 72°～85°。在九分垛一带，大理岩向南推覆在栾川群之上，栾川群又盖白垩系和宽坪群之上。在王家庄地区，石英岩向南逆冲推覆在栾川群和花岗岩之上，产状 40°，倾角 70°。在云阳地区，官道口群向南推覆在栾川群之上。众多地质事实均说明竹园沟－祖师庙断裂带是一条大型由北向南的逆冲剪切带，与洛南－栾川断裂带相比，形成深度大，产状陡，具靠近推覆构造根部的特征。

东秦岭造山带中栾川群串珠状分布，并非原始的沉积状态，是伏牛山推覆构造强烈活动的产物。根带沿竹园沟－祖师庙断裂带向南推覆在中带之上，在推覆强度相对弱、距离较小地段，以栾川群为主体的中带出露较好，如栾川地区。在推覆强度较强、距离较大的地段，保留部分中带，呈向北倾斜的楔形体，如云阳地区。在推覆强度最大、推覆距离最远的地段，中带地质体甚至包括洛南－栾川断裂带均被掩盖，最多保留部分飞来峰，如栾川－南召之间的地段。

三、根带

伏牛山推覆构造的根带位于竹园沟－祖师庙断裂带以北，马超营构造转换带以南地带，岩石形成较深，上升强烈。具以下特征：①岩层出露老，主要是元古宙-太古宙的岩层，呈 EW 向带状分布；②抬升不均一，东段比西段岩层更老，岩石变质变形更强，这说明形成环境较深，抬升较强；③构造产状陡，劈理、片麻理、构造片岩倾角一般为 65°~85°；④剪切带密集，韧性、韧-脆性剪切带广泛发育，由北向南逆冲；⑤岩浆分布广，有大规模中元古代的花岗岩出露，具有推覆构造根带的构造特征。

四、形成时代及扩展方式

综合上述地质事实可见，从前锋主滑脱面向北，直至洛南-栾川断裂带，再到竹园沟-祖师庙断裂带依次变新，由北向南逆冲叠置。所以伏牛山推覆构造的扩展方式为后展式，由南向北发展。表现总体特征是东强西弱，南浅北深，南缓北陡，分带性强，符合经典的推覆构造模式。

伏牛山推覆构造的前锋掩盖的或呈构造窗型式出现的最新地层为上白垩统，说明该推覆构造产生在燕山期末，可能持续到喜马拉雅期初，是东秦岭造山带中最晚的推覆构造。这期挤压背景下推覆构造的形成，对印支期形成的北秦岭推覆构造有明显的叠加改造作用。

五、动力学机制

秦岭造山带是一条复合型的大陆造山带[17~19]，印支期全面碰撞，从晚三叠世开始转为重要的陆内造山时期。在特提斯构造的影响下，印支期虽然已实现全面碰撞，但扬子板块持续向北俯冲，挤压汇聚仍未结束。造山带继续隆升，重力势能差不断增强，岩石圈厚度仍在加大，造出带出现短时期的伸展[20, 21]，同时强烈向两侧扩展挤压。在其南侧的北秦岭一带加强了全面碰撞期因扬子板块向北俯冲碰撞而产生的由北向南的逆冲断层，使其以相同的力学方式继续发展，并出现不同深度、不同特征的构造叠加。而在北侧，由于在区域背景下华北地块向南的挤压运动，使之发生华北地块向秦岭造山带之下作巨型陆内俯冲，秦岭北缘反冲推覆构造带产生，在华北地块南缘与北秦岭交界处，奠定了岩石圈扇形结构的雏形。

燕山期末-喜马拉雅期初是秦岭造山带中又一个构造活动的强盛期。南北两大板块的相对俯冲，形成区内地壳扇形结构的基本格架（图3）。华北地块沿宜阳、鲁山一带向南俯冲，秦岭造山带北缘向北仰冲，秦岭北缘反冲推覆构造带形成，构成扇形构造的北半部。在栾川、伏牛山一带，南侧的北秦岭在强大的挤压作用下由 S→N 下

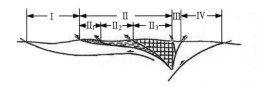

Ⅰ. 北秦岭构造带　Ⅱ. 伏牛山推覆构造
Ⅱ₁. 锋带　Ⅱ₂. 中带　Ⅱ₃. 根带　Ⅲ. 马超营花状物造带　Ⅳ. 秦岭北缘构造带

图 3　伏牛山地区地壳结构示意图

插潜没，北侧的扇形中心地带则向南扩展挤压，使得夹持在两者之间的栾川－伏牛山一带处于剧烈的剪切作用力的控制之中，由 N→S 仰冲，并多沿先期逆冲断层由 S→N 扩展，最终形成构造典型、分带清晰的伏牛山推覆构造，与秦岭北缘反冲推覆构造带相对应，两者之间为马超营花状转换构造带。可见伏牛山构造是不同时期、相同性质构造叠加的复合型构造带，是秦岭造山带重要的组成部分。

参考文献

[1] 朱志澄. 逆冲推覆构造. 武汉：中国地质大学出版社，1989

[2] 罗永国. 关于推覆体的几个问题. 中国区域地质，1989（4）

[3] Boyer S E. Styles of folding within thrust sheet: examples from the Appalachian and Rocky Mountains of the U. S. A. and Canada. J. Struct. Geol., 1986, 3-4

[4] Calassou S, Larroque C M. Transfer zones of deformation in thrust wedges: an experimental study. Tectonophysics, 1993, 221

[5] Flottmann T, James P, Rogers J, et al. Early Palaeozoic foreland thrusting and basin reactivation at the Palaeo—Pacific margin of the southeastern Australian Precambrian Craton: a reappraisal of the structual evolution of the Soutern Adelaide Fold—Thrust Belt. Tectonophysics, 1994, 234

[6] Jamison R J. Geomentric analysis of fold development is overthrust terranes. J. Struct. Geol., 1987, 2

[7] Salel J F, Seguret M. Late Cretaceous to Palaeogene thin-skinned tectonics of the Palmyrides belts（Syria）. Tectonophysics, 1994, 234

[8] Morley C K. A classification of thrust fronts. AAPG Bull., 1986（1）

[9] 王桂梁等. 逆冲断层前锋的构造样式. 地质科技情报，1994（3）

[10] 吴正文等. 秦岭造山带的推覆构造格局. 见：秦岭造山带学术讨论会论文选集. 西安：西北大学出版社，1991

[11] 王作勋等. 小秦岭推覆构造与陶湾群变形. 见：秦岭－大巴山地质论文集（一）. 北京：北京科学技术出版社，1990

[12] 石铨曾等. 河南省东秦岭山脉北麓的推覆构造. 见：秦岭造山带学术讨论会议文选集. 西安：西北大学出版社，1991

[13] 石铨曾. 豫西白术沟组成构造位态及时代问题. 河南地质，1995（2）

[14] 林德超等. 河南省宽坪群及其边界特征. 见：秦岭－大巴山地质论文集（一）. 北京：北京科学技术出版社，1990

[15] 张寿广等. 北秦岭宽坪群变质地质. 北京：北京科学技术出版社，1991

[16] 胡正国，钱壮志. 洛南"秦仓沟组"——太华群南侧古韧性剪切带产物. 西安地质学院学报，1994（4）

[17] 张国伟. 秦岭造山带三维结构及其动力学分析. 中国科学（D辑）（增刊），1996，26

[18] 许志琴等. 东秦岭复合山链的形成——变形、演化及板块动力学. 北京：中国环境科学出版社，1988

[19] 许志琴等. 秦岭－大别"碰撞－陆内"型复合山链的构造体制及陆内板动力学机制. 见：秦岭造山带学术讨论会论文选集. 西安：西北大学出版社，1991

[20] Malavieille J. Late orogeic extension in mountain belts: insights from the basin and range and the Late Paleozoic Variscan belt. Tectonics, 1993, 5

[21] 李晓波. 造山带的结构、过程和动力学. 见：当代地质科学前沿. 武汉：中国地质大学出版，1993

秦岭造山带勉略缝合带构造变形与造山过程*

李三忠　张国伟　李亚林　赖绍聪　李宗会

摘　要　秦岭晚古生代以来造山过程中的构造变形研究，对建立华北板块与华南板块之间的最终拼合过程尤为重要。为此，选择勉略带进行了详细的野外调查，对其物质组成、几何学结构、变形序列、运动学和动力学作了系统解剖。笔者认为，勉略带是有一定宽度、由一定实体组成的蛇绿构造混杂岩带，它包括不同时代、不同构造背景、不同起源的一系列构造岩片，如基底岩片组、洋壳岩片组、岛弧岩片组、碰撞构造沉积楔形体、大陆边缘岩片组，它们被一系列的北倾南冲的断裂分割。勉略带康县－高川段的北倾南冲逆冲断裂和勉略带北部南倾北冲的逆冲断裂，组合成为现今不对称的正花状几何学结构，但勉略带的北界状元碑断裂和南界康县－略阳断裂走滑特征明显。结合勉略带邻区的构造特征，分别对带内重要断裂及岩片的构造解析表明，除主造山前的大地构造演化阶段外，可将勉略带构造变形序列及演化历程总体归纳为三大阶段，即俯冲变形阶段、主造山碰撞变形阶段和陆内造山调整变形阶段，并对不同变形阶段的时限、变形特征、运动学和动力学分别作了描述，最后针对该区复杂的楔入、挤出（逃逸）、走滑、逆冲过程，提出了一个统一的动力学演化模式。

关键词　勉略带　岩片　构造演化　造山过程　秦岭　变形

　　勉县－略阳缝合带（简称勉略带）为秦岭造山带南部新近揭示出来的重要构造带，自东向西经随县－襄樊－房县－高川－石泉－勉县－略阳－康阳－文县，向西北部与东昆仑阿尼玛卿缝合带相连，为一巨型正弦波状自北向南的逆冲推覆构造带。秦岭勉略带是近几年来备受关注的构造带之一，其中高川－康县段是其典型地段，也是本文要详细阐述的重点解剖部位。该段南部为刚性扬子板块（硬基底，包括碧口微地块），北部为非刚性秦岭微板块（软基底），再北部为华北板块。后两者之间为一近 EW 向或 NWW 向延伸的商县－丹凤缝合带（简称商丹带），两缝合带之间的秦岭微板块复合了佛坪穹隆构造（图 1）。

*本文原刊于《地质学报》，2002，76（4）：469-483.

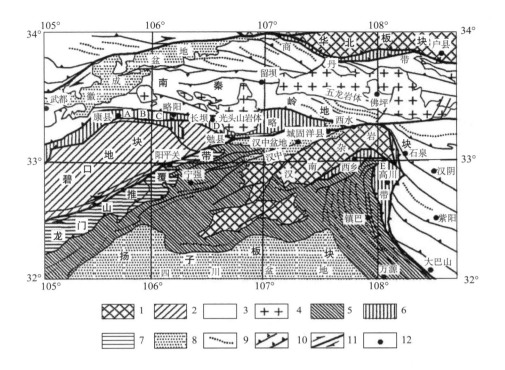

1. 古老基底 2. 碧口微地块 3. 南秦岭地块或秦岭微板块 4. 花岗岩（海西－印支期） 5. 前陆褶皱－冲断带 6. 商丹带（北）和勉略带（南） 7. 龙门山推覆带 8. 中新生代盆地 9. 碰撞阶段形成的褶皱轴迹 10. 逆冲推覆断层（细线）和缝合带边界断裂（粗线） 11. 走滑断裂及一般断层 12. 县镇 A. 图 5 位置 B. 图 7 位置 C. 图 4 位置 D. 图 6 位置 E. 图 8 位置

图 1 秦岭勉略带高川－康县段及邻区构造图

对康县－高川段勉略带研究已取得许多进展，如岛弧型、弧内裂谷型、初始裂谷型火山岩（李曙光等，1996；Lai et al.，1996，1999a，1999b；赖绍聪等，1997，2000）的识别、非史密斯地层系统的划分（杜远生等，1998；李三忠等，2001）、重要年龄的测定（李曙光等，1996）等方面成果对勉略带的确定尤为重要，也为本次研究奠定了基础。目前，该带内部变形特征如何，构造变形反映的构造演化或造山过程如何，是当前较为突出的问题，对该区构造变形的动力学模型也还有不同认识。本文基于近四年来野外获得的新资料，进行详细的构造变形与造山过程的深入探讨。在进行讨论之前，首先遵循构造分析的对比原则，广泛消化收集的各个点或每条观察路线的所有变形世代，以不同岩片中组成相同的"基质"（见后文）中区域性广泛发生的"第一幕"变形为基准；再根据变形叠加关系，先分别描述各个岩片或断裂带的变形特征；最后讨论它们的运动学和动力学联系，从而建立整个勉略带的变形动力学模型，结合物质组成反映的构造背景和已有年代学资料，讨论其造山过程。

一、与勉略带有关的断裂带及主要岩片的变形特征

（一）勉略带主要断裂带的变形特征

勉略缝合带经历了复杂的裂解和拼合碰撞过程，现今其内部地层组成发生了强烈的非史密斯化，介于北部状元碑断裂（图2中F₁）和南部康县－略阳断裂（图2中F₂）之间。就中等尺度而言，包括不同层次、不同产状、不同性质、成生于不同时期的断裂所分割的多级次构造岩片组合（图2，李三忠等，2001），主体由残存的蛇绿构造混杂体组成，是该缝合带最重要的非史密斯地层类型。各岩片之间由脆性断裂或韧性剪切带分割，其中缝合带边界断裂和内部主干断裂（图2，图3）由北向南描述如下：

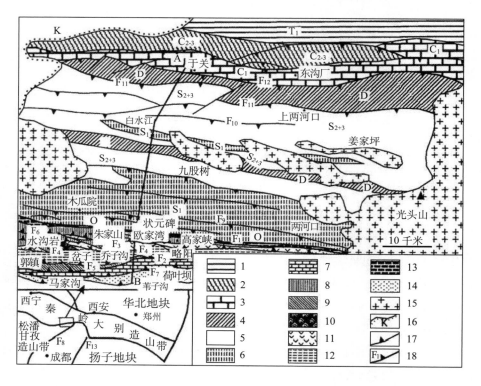

1. 下三叠统西坡组　2. 中上石炭统　3. 下石炭统　4. 泥盆系大河店组　5. 中上志留统舟曲组　6. 下志留统迭部组（北）及奥陶系大堡组　7. 踏波岩片中的石炭系略阳组　8. 朱家山岩片　9. 郭镇岩片　10. 三岔子岩片　11. 乔子沟岩片　12. 金家河岩片　13. 状元碑岩片　14. 踏波岩片中的踏波群　15. 印支期花岗岩　16. 白垩系　17. 逆冲断裂　18. 勉略带主边界断裂　F₁. 状元碑断裂　F₂. 康县－略阳断裂　F₃. 水沟岩断裂　F₄. 马家沟－横现河断裂　F₅. 寺沟口断裂　F₆. 朱家山－吴家营断裂　F₇. 荷叶坝（夹门子沟）断裂　F₈. 龙门山断裂带　F₉. 木瓜园－两河口断裂　F₁₀. 白水江断裂　F₁₁. 上两河口断裂　F₁₂. 于关断裂　F₁₃. 华蓥山断裂　A—B为图3位置

图2　高川－康县段勉略带及邻区主要岩片及断裂分布图

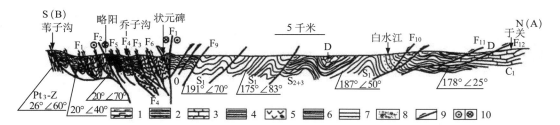

1. 碧口群 2. 踏波群 3. 灰岩（略阳组、大河店组、下石炭统） 4. 绿泥钠长片岩或千枚岩
5. 变质火山岩及蛇绿岩块 6. 变质粉砂岩砂岩 7. 绢云石英片岩及二云片岩 8. 勉略带主体范
围 9. 逆冲断裂 10. 走滑断裂（表示最后脆性平移方向） 断裂代号见图 2；AB 为剖面在图 2
中的位置

图 3　横跨勉略带及邻区路线的构造剖面（据李亚林等，2001b 综合）

（1）状元碑断裂（F_1）：为一条区域性大断裂和勉略带北界断裂，位于白水江－光
头山推覆构造系和康县－略阳推覆构造系之间（李亚林等，2001a），内部主要由原勉略
洋盆北部陆缘台地相碳酸盐岩组成。在窑坪、状元碑一线呈宽几十至数百米的带状近东
西向展布。断裂带作为北部下古生界与勉略带中上古生界的岩相分界，表明早古生代已
经存在并控制沉积差异；向西至沈家园以西，切割第三系，因而，具有长期活动性。断
裂带内保留的变形主要表现为：第一幕 EW-NWW 强烈韧性走滑剪切变形，使岩石强烈
糜棱岩化，糜棱面理与缝合带中的总体片理产状一致，变形带内大量剪切残斑构造指示
走滑运动具左行走滑特点；第二幕变形仍为左行走滑变形，断裂带内发育被走滑剪切改
造的早期残余褶皱构造，这些褶皱在剖面上常表现为两翼陡倾、枢纽和轴为近直立的不
连续状剪切褶皱，变形强烈处可见构造分异条带（即石英带和富云母带），表现出脆韧
性变形特征，起着调节碰撞造山晚期两侧极性相反的逆冲推覆的作用；在窑坪一带可见
更晚期（第三幕）的右行脆性走滑断裂叠加，发育水平擦痕，且小角度切割第二幕变形
形成的折劈理，之后，被 NW 向脆性走滑断层错断；晚期表现为脆性断裂，发育张性断
层角砾及断层三角面。

（2）水沟岩断裂（F_3）：为带内北部陆缘沉积型岩片与中部蛇绿岩片之间的构造边
界。平面上呈波状东西向展布，向北陡倾，倾角为 60°～ 83°。发育基性及长英质、碳
酸盐岩质糜棱岩或初糜棱岩。剪切带内示向构造指示 NNE 向 SSW 逆冲。

（3）马家沟－横现河断裂（F_4）：为蛇绿岩片与南部沉积岩片的分界断裂及乔子沟
岩片与金家河岩片之间的一条韧性剪切断层。前者表现为蛇绿岩片逆冲于沉积岩片之上，
剪切带宽度为 60 ～ 70 米，产状为 0°～ 10°∠75°～ 80°，由碳酸盐岩质初糜棱岩、长英
质糜棱岩、基本糜棱岩、长英质初糜棱岩组成。剪切带内的不对称剪切褶皱、S-C 组构
等指示，由北向南的逆冲剪切。后者在研究区内长约 40 千米，宽约 20 ～ 100 米，产状
为 10°～ 30°∠50°～ 70°。

（4）寺沟口断裂（F_5）：该断裂为金家河岩片与郭镇岩片之间的分界断裂，为金家
河岩片南部与郭镇岩片的构造边界。剪切带 EW-NWW 向延展，出露宽度约 50 ～ 150 米，

剪切带产状 $10°\sim 20°\angle70°\sim 85°$。由长英质初糜棱岩、条带状长英质糜棱岩、千糜棱岩、碳酸盐岩质糜棱岩组成。从石英集合体条带、剪切褶皱、S-C 组构、长石斑晶书斜构造等运动学特征表明，由北向南的逆冲剪切。

（5）朱家山－吴家营断裂（F_6）：为朱家山岩片内部的一组断裂，呈 NW 向展布，产状 $60°\angle60°$，为左行平移断层。早期为宽阔的韧性变形带，石英脉尤为发育且平行片理，后期被一些脆性破碎带叠加。这些破碎带规模不大，长 $6\sim 10$ 千米，宽 $20\sim 50$ 米，平移距离不大，如朱家山－石坊沟口断层将马家山蛇绿岩体平移约 1 千米，吴家营－安房梁断层将状元碑断裂及南侧地层平移约 4 千米。断层破碎带由断层两侧不同岩性的围岩断块所充填，岩石强烈碎裂化，形成大小不等的构造透镜体、角砾和断层泥，黄铁矿化明显。在石坊沟，断裂沿马家沟超基性岩两侧通过，形成数十米的角砾岩带。

（6）康县－略阳断裂（F_2）：为一条区域性大断裂和勉略带南界断裂，位于研究区中部的康县－略阳推覆构造系和南部的略阳－苇子沟推覆构造系之间（李亚林等，2001b），内部主要由早期强烈变形的糜棱岩及晚期断裂角砾或断层泥组成。早期（第一幕）表现出韧性逆冲特征，晚期破碎带宽几米至数十米，呈带状近东西向展布，断面光滑并发育近水平擦痕和阶步，指示左行脆性走滑。断裂主体产状为 $5°\sim 15°\angle60°\sim 80°$。断裂带控制着不同沉积环境的泥盆－石炭纪地层，北部为一套混杂堆积带组成，南部为晚古生代初始裂谷和被动陆缘建造（孟庆任等，1996），为晚古生代已经存在并控制沉积差异的重要构造－岩相分界，具有长期活动性。

（二）勉略带南部重要的分划性断裂带

在勉略带的南部还有两条与勉略带的演化息息相关的重要断裂带，描述如下：

（1）荷叶坝（夹门子沟）断裂（F_7）：此断裂为为踏波岩片内部的构造边界，剪切带宽 $350\sim 400$ 米，近东西向展布，产状 $10°\sim 30°\angle57°\sim 80°$，由糜棱岩化碳酸盐岩、碳酸盐岩、初糜棱岩及强变形的砾岩组成。从剪切褶皱、S-C 组构、残斑及剪切斜列的砾石等运动学标志显示，第一幕为 NNE 向 SSW 的韧性逆冲，之后可见第二幕变形以早期片理为变形面形成倾竖褶皱，不对称性指示为左行韧脆性走滑运动。

（2）龙门山断裂带（F_8）：为断裂带西部碧口微地块与东部扬子地块的分界，由多条断裂组成，中部夹持茂县岩群构成龙门山逆冲推覆带。该断裂带对康县－高川段的构造变形分析尤为重要。西部碧口微地块上缺失下古生界，但发育上古生界踏波群及略阳组；中部不发育上古生界，表明该断裂带在海西期就有强烈活动，并控制着地层的发育，但变形特征现保留的是印支期及其后的由先到后的韧性逆冲推覆剪切带、左行脆韧性平移－斜冲剪切带和右行脆性走滑断裂。

（三）混杂基质变形带

缝合带中还有一套以泥岩为主夹大量灰岩岩块强烈变形形成的千枚岩或片岩、碳酸盐岩质糜棱岩，称为基质变形带。变形基质广泛分布于缝合带内不同岩片之间，夹大量大理岩岩块，总体样式呈网络状东西向延展。早期变形残存甚少。

金家河－邓家营剖面（图4，剖面位置见图1中C），以 S₁为变形面的 F₂小褶皱普遍，不对称性主体指示向南运动，伴有韧性逆冲。在第三幕褶皱作用晚期还有一些大理岩块推覆置于其上，这些大理岩中赋含磷矿，成矿性与扬子基底上的寒武系可对比。前人称为相公山白云岩。西部郭镇北水沟岩－井沟里剖面（图5，剖面位置见1的A）上，基质以变泥质岩为主，第二和第三幕变形表现以 S₁为变形面的两幕共轴褶皱叠加，F₂褶皱紧闭，轴面折劈理 S₂发育；F₃褶皱宽缓，其轴面为破劈理，同时伴有韧性逆冲。该剖面上继第三幕褶皱晚期的脆性断层逆冲作用，相对东部金家河－邓家营剖面表现的逆冲强度弱得多。这种同幕变形，东部逆冲、西部褶皱（F₃）的总构造样式，反映了缝合带由第二幕南北向垂直缝合带挤压，向第三幕北东向斜交缝合带方向挤压的转换。

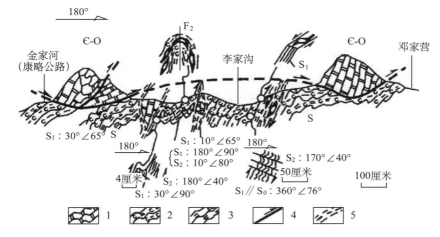

1. 大理岩 2. 含碳绢云千枚岩 3. 二云片岩 4. 逆冲推覆断层 5. 韧性剪切带

图4 金家河－邓家营缝合带中基质变形剖面

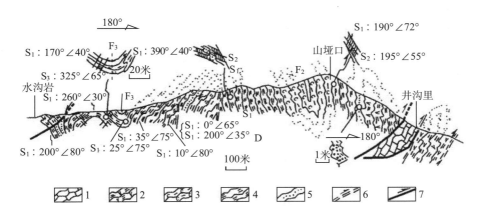

1. 大理岩 2. 变火山岩 3. 碳质绢云片岩 4. 二云片岩 5. 变砂岩 6. 韧性逆冲断层 7. 脆性逆冲断层

图5 郭镇水沟岩－井沟里剖面上的褶皱叠加

张崖沟路线张岩沟岩片以一套构造沉积混杂物为主。岩石变形强烈，由变砂岩、变碳酸盐岩大小不等的角砾（有的磨圆积度高）经早期变形改造后，沿 S_1 片理呈透镜状定向展布。第二幕变形以形成不对称褶皱为主，伴有左旋走滑特征。

郭家坝－两河口－菜马河构造剖面（图6）F_2 褶皱发育、紧闭，在雷公山北坡－两河口乡一带，褶皱枢纽变陡，产状变化也大。该地段晚期逆冲断层产状很陡，常具左行走滑分量，离断层愈近，褶皱枢纽愈陡，表明褶皱枢纽变陡与走滑作用紧密相关。剖面北部光头山岩体侵入地层中，并切割褶皱轴迹和断层，表明为变形后侵入岩体。内部有大量包体，有些包体可能与马道杂岩中的透闪大理岩相同，透闪石强烈定向，线理产状在不同岩块包体中基本一致，反映岩体侵位基本未使线理变位，从而，表现岩片向南逆冲运动；还有一些基性－超基性岩包体，包体中发育紧闭褶皱，并被光头山岩体（200Ma）的岩枝穿切。

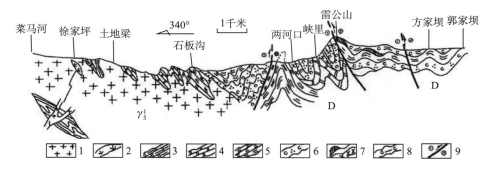

1. 光头山花岗岩 2. 超基性岩 3. 透闪大理岩 4. 大理岩 5. 绢云片岩 6. 含碳变粒岩 7. 变基性火山岩（透闪阳起绿泥片岩或斜长角闪岩） 8. 含碳绢云千枚岩 9. 左行逆冲断层

图6 菜马河－两河口－郭家坝褶皱逆冲推覆构造剖面

上述主要断裂或韧性剪切带或混杂变形基质带为界，构成一个复杂的构造岩片系统（李三忠等，2001）。在大地构造相和构造变形分析的基础上，综合火山岩地球化学等研究成果（Lai et al., 1996；赖绍聪等，1997，1999a，1999b，2000），表明康县－高川段勉略带中的这些岩片与邻区出露的地层、构造、岩浆和变质作用等特征存在巨大差异，岩片之间反映的大地构造相特征也有显著不同。李三忠等（2001）将该区构造单元系统划分为四个一级构造单元，即秦岭微板块（或南秦岭地块）、勉略带、碧口微地块和扬子板块。在勉略带中又分为若干个相关的岩片组，如基底岩片组、扬子北缘岩片组、洋壳岩片组、洋岛岩片组、岛弧岩片组（含弧间裂陷组成）、碰撞构造沉积混杂岩片组、秦岭微板块南缘岩片组（李三忠等，2001）。岩片组又据其独立性分为若干个岩片或岩块，在康县－高川段勉略带中大大小小的岩片或岩块可达200多个（陈家义等，1997）。在不同的一级构造单元内，构造岩片系统的空间组合型式有所不同。岩片的组合型式分为三种：秦岭微板块内多为推覆构造变形方式形成的组合型式；平行排列式一般为走滑变形所致；透镜状网络式可出现于各种复杂变形运动强烈区。勉略带内多为此类组合型式，表明这些组合型式与强烈的构造混杂作用有关。

（四）勉略带的主要岩片性质及变形特征

勉略带的岩片组成复杂，按现今空间分布，可分为带内岩片和带外岩片两大类，后者又包括原地的和外来移置的。其各自的组成及变形特征自南而北分别描述如下：

（1）带外岩片主要分布在勉略带主体南部的汉南杂岩或碧口微地块上。汉南杂岩上的原西乡群包括两部分组成：一者为三郎铺组，主体由砾岩组成，未见顺层片理变形迹象，而且在罗圈沟可见其不整合在下伏地层之上；另一部分为西乡群中的其他组，如孙家河组等，主体由一套岛弧型及弧间裂谷型火山岩组成（赖绍聪等，2000），则可见微弱顺层片理，但不见顺层褶皱。与后者相同的岩石组合在其北部缝合带内酉水一带可见，但其变形明显与缝合带内构造岩片及基质的变形序列相同。片内北倾南倒的不对称褶皱等示向构造，表明原西乡群应为北部长距离推覆过来的外来岩片（见图 1 中西乡县城附近竖线区），北部勉略带为其根带，南部前锋因后期汉南地块北部的抬升剥露而孤立残存。围限"西乡群"的韧性剪切带双冲构造特征明显，内部早期变形不明显。变形主要是晚期移置后的两幕强烈收缩挤压褶皱为主，一幕褶皱轴迹为东西走向，另一幕为近南北走向，形成穿盆叠加格局。因构造层次浅，故仅有微弱变形或无面状构造形成。总之，第一幕该岩片变形集中在几个软弱层中，而其他岩层变形微弱；晚期两幕褶皱属不同应力场的产物。

总之，西乡岩片属移置于勉略带外的构造岩片，其移置就位应在强烈挤压变形之前发生。从现今平缓的滑脱面分析，是以内部早期第一幕变形微弱的块体整体薄皮逆冲迁移的。内部晚期褶皱有两幕，皆以 S_0 为变形面，后期也经历了由北向南的脆性逆冲，表明挤压期间也发生了强烈变形，但没有勉略带主体那样强烈片理化。

踏波岩片（见图 1 中碧口微地块北部）中的砾石组成中有大量碧口群的岩石成分，反映它为原地带外岩片。该岩片中的最早期变形（第一幕变形）以纵向褶皱构造置换为主，且构造样式、构造线方位等皆可与勉略带内其他岩片及"基质"中的第二幕变形对比，褶皱相对宽缓。区域上的第三幕变形波及此带（相当于该岩片的第二幕变形），一些控制岩相分带和控制岩层南厚北薄的正断层发生反转，形成北倾南冲的逆冲推覆断层。逆冲作用还改造了踏波群与碧口微地块之间的沉积角度不整合而形成隐蔽不整合。踏波群及略阳组中褶皱枢纽，产状多为近东西走向，与碧口微地块中碧口岩群北东向的主体构造线方位（裴先治，1989）有一个较大的交角。曾佐勋等（2001）认为，碧口微地块（即摩天岭挤出体）在印支－燕山期向南西挤出；王二七等（2001）也认为，碧口微地块印支期向南西挤出。但值得指出的是，碧口微地块基底边缘构造北部，往往被勉略带的左行走滑变形改造而趋于与边界平行化，表明走滑很强，而其逆冲推覆带的收缩量与东南部的龙门山逆冲推覆带的相比要小，其逆冲作用强度较龙门山的逆冲作用强度低得多，亦即碧口微块地北部应变量中的平移分量要大于挤压收缩分量。这说明碧口微地块原始位置不应在勉略洋南侧边界很远处，即不是后来从南侧很远处运移楔入的（李亚林等，2001a），而是从西部平移来的。从其上分布有裂陷初期的踏波群砾岩分析，也不应为勉略洋中间挤出的古老块体，而且，碧口微地块东南部被阳平关走滑断裂错动的时间，也要晚于勉略带内主变形期，因为它切割了勉略带（被200Ma的光头山花岗岩侵入），故它发生应为燕山早期。从龙门山逆冲推覆带中奥陶系－中上三叠统的强烈收缩，以及松潘一带南北向褶皱发育阳平关断裂和青川－茂汶断裂燕山早期以左行走滑为主分析，笔者认为碧口微地块原始位置在现今位置的西部，正对应"共和"缺口，构成三叉裂谷的南缘，只是北支后来沉积了较厚的三叠系。而且到燕山期当勉略带和龙门山冲褶带收缩到无法压缩时，碧口微地块才发生相对的南西向挤出。

（2）带内岩片分布在上述带外岩片的北部，代表性的岩片变形特征如下：三岔子乡三岔子岩片（见图2）主要由岛弧火山岩、蛇纹岩、变辉长岩、硅质岩等组成（Lai et al.,1996）。它们都经历了第一幕强烈的片理化变形，蛇纹岩强烈透镜化。第二幕变形早期以褶皱作用为主，变形面为片理 S_1。F_2褶皱在火山岩、泥质岩中相对紧闭，而变辉长岩及硅质岩中较宽缓，走向近东西（李三忠等，2001）。由于构成片理 S_1 及折劈理的折劈域内发现有 3T 型多硅白云母及黑硬绿泥石高压矿物组合（李三忠，1998），所以这两幕变形应与产生低温高压变质的俯冲或碰撞早期的变形有关。第三幕变形沿岩性界面形成了一系列北倾南冲的脆性－韧性逆冲断层。

乔子沟剖面（图7）乔子沟岩片（见图2）以片理 S_1 为变形面形成了一系列南倒北倾的中型不对称褶皱，轴面折劈理 S_2 主体北倾，走向近东西，个别褶皱轴面折劈理呈扇状，它们与 F_1 早期褶皱近共轴叠加。之后，有一系列近东西走向的近直立的韧性剪切带沿岩性界面发育，韧性剪切带内折劈理 S_2 强烈片理化，并在强化变形后发育大量平行剪切带的构造分异的石英脉条带，局部保留有左行韧性走滑形成的牵引褶皱（F_2）。而且，在秦岭造山带内许多露头上都可见枢纽 B_2 产状多变，同一条枢纽发生后期扭曲直立现象也很普遍。这些扭曲现象又常与走滑带紧密伴生，因此，说明第二幕变形晚期发生了与勉略带斜交的挤压引起的沿直立薄弱带的走滑调整。第二幕变形晚期，以脆－韧性和脆性向南的逆冲推覆断层发育为特征。一些大理岩块常沿其展布，大理岩块下部常有紧密相伴的黑色硅质岩。这些硅质岩与三岔子岩片中的深海硅质岩不同，盛吉虎等（1997）研究认为形成于水深相对较大的大陆边缘环境。

再往东，贵州坝－老渔坝剖面展示了高川岩片（见图1）中石炭系和二叠系的变形特征。高川岩片除边界上向西逆冲推覆强烈外，残存内部宏观构造格局由两幕褶皱（F_2 和 F_3）叠加奠定，表现为南北向长垣状穹盆叠加型式。它们多以 S_1 为变形面，有的 F_3 褶

皱以 S_2 折劈为变形面。F_3 褶皱宽缓，F_2 褶皱相对 F_3 紧闭，轴面为折劈理或破劈理 S_2，区域统计表明，S_2 走向主体为近东西或北西西向，在一些强变形带内，F_2 褶皱为一系列紧闭同斜小褶皱；F_3 褶皱轴面为膝折面 S_3，区域产状为近南北向（图8）。F_2 褶皱的机制仍可解释为南北向强烈挤压成因，而南北向 F_3 褶皱则受与勉略带斜交的挤压作用产生的构造调整有关。

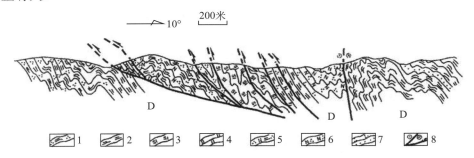

1. 绢云千枚岩或片岩　2. 二云片岩　3. 变硅质岩　4. 大理岩　5. 钠长绢云长枚岩　6. 钠长变粒岩
7. 石英岩或变砂岩　8. 左行走滑断层及逆冲断层

图7　缝合带中的早期构造变形及晚期褶皱－逆冲叠加改造（乔子沟剖面）

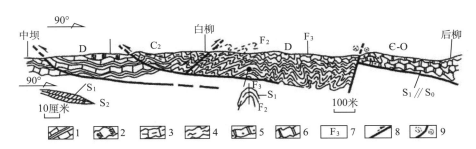

1. 灰岩与板岩或千枚岩互层　2. 变硅质岩　3. 变泥灰岩　4. 片岩　5. 含砾大理岩　6. 大理岩
7. 褶皱世代　8. 逆冲断层　9. 右行走滑断层

图8　中坝－后柳构造剖面

二、勉略带变形序列与造山过程

根据上述勉略带中"基质"及岩片变形特征、构造解析原则及岩石所反映的形成环境，除主造山前的大地构造演化阶段外，还可将勉略带构造变形序列及演化历程总体归纳为三大阶段，即俯冲变形阶段、主造山碰撞变形阶段和陆内造山调整变形阶段。

（一）缝合带主造山前的大地构造演化及俯冲变形阶段

1. 主造山前的大地构造演化阶段

根据物质建造性质及时代，将勉略带及邻区主造山前的大地构造演化进一步划分为以下三个细节阶段（李三忠等，2001）：①早泥盆世至早石炭世裂解扩张出现小洋盆阶段。小洋盆的初始裂解时间由踏波岩片的踏波群中保存有大量早泥盆世化石厘定，由于三岔子岩片中与蛇绿岩紧密共生的硅质岩中发现早石炭世放射虫（冯庆来等，1996），因而，洋壳肯定在早石炭世即已出现。现今残留的串珠状蛇绿岩可能为串珠状展布的小洋盆格局，即花山－勉略－阿尼玛卿小洋盆，类似现今南海－苏禄－苏拉威西海盆的格局。②早石炭世至晚二叠世扩张与俯冲共存阶段。在此阶段俯冲已发生，勉略带中的火山岩俯冲并开始变质，同时形成的 S_1 片理矿物的时代（李曙光等，1996）应为早三叠世前，且在高川一带。盆地中记录了一套泥盆纪碳酸盐缓坡演变为石炭纪镶边碳酸盐陆棚，二叠系又为反映盆地进一步加深的静海盆地沉积，由黑色泥岩、硅质岩及泥灰岩组成（孟庆仁等，1996），且在勉略带北部紧邻的秦岭微板块内有 285Ma 的俯冲型花岗岩侵位，表明俯冲作用的发生。总之，在早石炭世至晚二叠世期间是扩张与俯冲并存的格局。③早中三叠世全面俯冲阶段。根据地球化学方法确定洋盆宽及扩张速率，计算其小洋盆扩张结束时间大致为早三叠世前（李三忠，1998），而且，早三叠世的地层中尚未见报道深海硅质岩、放射虫等存在。从武都－勉县一带，由于与俯冲相关的片岩 Sm-Nd 年龄为 242 ± 21Ma，$^{40}Ar/^{39}Ar$ 年龄为 $220 \sim 230$Ma，代表变质年龄（李曙光等，1996；姜春发等，2000），故全面俯冲在早三叠世早期便发生了。

2. 主造山前的俯冲变形特征及序列

勉略带内许多岩片、岩块中皆发现大量早期"顺层"的片内层理褶皱，由于顺层片理中发现多硅白云母、黑硬绿泥石等低温高压变质条件下形成的矿物组合，表明它们为俯冲作用的产物。这些顺层褶皱在硅质岩层及大理岩层中保存完整；但在易变形的火山岩层中因彻底改造，这类褶皱少见，而以成分条带广泛平行早期 S_1 片理为特征。这种层内褶皱有不对称的，也有紧闭同斜的。从不对称性褶皱示向统计，以南倒北倾为主，表明岩片第一幕构造变形以低角度近顺层向南逆冲为主。缝合带内的物质建造伴随这次变形，发生强烈纵向置换或混杂，并且，因有一定斜向俯冲性质，使得同一岩层横向透镜化，使得不同组成和性质的岩片并置，导致岩层层序混乱。这种强烈的纵、横向置换导致构造岩片中与"基质"中的变形序列基本相同，仅局部地区可能因局部应力场作用而略有差异。

主缝合带内各岩片内都记录了因洋壳向北的低角度俯冲而引起的俯冲带前缘低角度顺层逆冲运动产生的"顺层"固态流变褶皱群及韧性剪切带（李三忠，1998；李亚林等，2001b）；在易于变形的火山岩层中残留了一些小的变形较弱的构造透镜体，变形较强的形成了现今缝合带中片理化的"基质"组成部分。可能洋壳板块因低角度俯冲与俯冲带北缘基底之间摩擦力较大，引起上覆板片挠曲，沉积于边缘的岛弧型火山岩及陆缘碳酸盐建造、硅质岩层、泥砂质岩层处于一个低角度倾向南的重力失稳状态，并向南蠕滑变形，或发生基底拆离－层间剪切滑脱，形成指向一致的顺层固态流变褶皱或顺层韧性滑覆堆垛。广泛分布的与俯冲相关的片岩年代学研究表明，俯冲变形主期为早三叠世（李曙光等，1996；姜春发等，2000）。

（二）主造山碰撞变形阶段的几何学及运动学特征

对整个秦岭勉略带而言，碰撞东早西晚，东部大别-苏鲁地区约在晚二叠-早三叠世（Yin An et al.，1993），西部西秦岭约在晚三叠世（许志琴等，1996）。就高川-康县段而言，以晚三叠世始进入强烈碰撞变形阶段，出现219～209Ma碰撞型花岗岩（李曙光等，1996）。同时南北邻区的上三叠统皆为陆相沉积，表明进入陆内演化阶段，而且，此时存在一个从西至东连贯的前陆盆地（Liu Shaofeng et al.，1999）。因为光头山岩体未卷入这些构造变形，故碰撞变形结束于200Ma之前。

碰撞变形阶段，除形成一些同构造的混杂堆积外（李亚林等，1999），地层亦发生了强烈的收缩挤压变形。卷入变形的地层有中三叠世及以前的所有地层。碰撞早期（第二幕）变形作用以纵向褶皱作用及脆韧性逆冲作用为主，碰撞晚期（第三幕）变形为褶皱及脆性逆冲推覆。这些构造样式也因碰撞板块边界的不规则性，在空间上沿缝合带有所变化，但总体可以对比。以往的构造变形研究主要针对碰撞期变形，而忽视了前述第一幕顺层构造组合的研究。

综合上述各条重点剖面的构造特征，可以将主造山碰撞期缝合带的构造变形特征概述如下：①主造山碰撞早期以南、北向收缩挤压褶皱作用为主，区域上褶皱枢纽近水平呈东西向展布，反映南北向垂直缝合带的压应力为主导作用力，其中郭镇-勉县段褶皱对称性高，而东、西两侧以北倾南倒为主。②主造山碰撞晚期缝合带内以向南的脆-韧性逆冲推覆作用为主。③局部有左行走滑或右行走滑叠加，以左行为主，靠近断裂带的褶皱枢纽（B_2）变直立或变陡，而远离断裂带则水平，表明左行走滑发生于F_2褶皱之后，受与勉略带斜交的陆内挤压作用力控制，属斜向陆内俯冲阶段产物。④伴随S_2折劈的形成，局部地区平行S_2继续出现高压矿物，如多硅白云母、黑硬绿泥石、绿纤石等。⑤形成近东西向展布的前陆盆地。⑥碰撞边界的不规则性导致了勉略带由西往东褶皱不对称性的差异，郭镇以西直至文具可能板块俯冲碰撞面缓，而其东部西水一带可能较陡，再东部巴山弧至城口房县一带又有变缓趋势。这样一种边界效应，一直在后期陆内调整阶段仍有较大影响（李三忠等，2001）。

（三）碰撞后陆内造山调整变形阶段（晚三叠世后）

缝合带被200Ma的光头山岩体侵入（见图1），表明其于中晚三叠世封闭，扬子板块与秦岭微板块实现了对接碰撞，沉积建造转为陆相为主（Liu Shaofeng et al.，1999 a）。因此，之后的陆内斜向俯冲（或碰撞）及造山后伸展塌陷等过程形成的构造，都属于主造山碰撞后陆块之间的调整构造，包括晚造山前陆盆地及构造变形的形成。

在大巴山地区，主造山碰撞期（晚三叠世）形成了同碰撞期前陆盆地充填堆积及变形，并经历之后的斜向陆内俯冲期（晚侏罗－早白垩世）的前陆盆地充填后，再次遭受了晚侏罗－早白垩世碰撞后构造变形的改造，因而导致勉略带巴山弧段呈现为一巨型弧形构造，使得现今巴山弧西侧的汉南地区主体构造线为 NEE 向。镇巴地区从褶皱地层组成分析，早期是呈近东西向的背、向斜构造，与前述主造山碰撞期变形分析一致。显然，现今 NNW 的弧形线状褶皱是受斜向陆内俯冲期间，汉南地块斜向楔入秦岭微板时构造牵引拖曳发生偏转的结果。在巴山弧东翼房县地区由下古生界组成的背、向斜轴线，仍保存与巴山弧断裂小角度相交的状态。巴山弧形成同时又遭受了 NW 向右行走滑及 NE 向左行走滑断裂的错切，结合变质动力学成果（李三忠，1998），表明汉南地块楔入同时或不久，便出现了中部地壳的挤出调整（图9）。

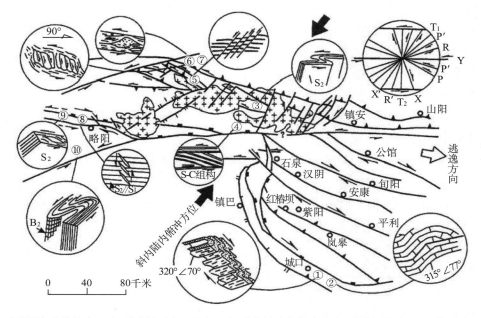

①②据何建坤等（1997）；③④转引李三忠（1998）；⑤据钟建华等（1998）；⑥⑦据转引李三忠（1998）；其余为本文资料；除立体图外，其余皆为平面图；右上角为应力场图

图 9　勉略缝合带与走滑断层关系略图

　　略阳长坝乡向东至西水一带的勉略带变质程度较东西两侧要高，表明其深部抬升较高而出露（李三忠，1998）。可能与佛坪地区拆沉引起下部地壳密度降低，在重力均衡作用下呈穹隆形式的抬升密切相关。康县－略阳段勉略缝合带被一系列 NW 向脆性走滑断层错切成若干段，据 S-C 组构、雁列式石英脉及擦痕等判断，早期以左行走滑为主，晚期可能局部反转为右行。区域古应力场分析表明，晚期右行走滑断层作用可能与 NE 向的斜向收缩、NW 向拉张的区域应力场及块体挤出的局部应力场有关（曾佐勋等，2001；王二七等，2001；张国伟等，1996）。此时，巴山弧以逆冲构造为主，走滑作用次之，或逆冲可能为斜向楔入晚期的叠加复合构造，而在秦岭微板块内主体为走滑作用。这一构造应力

场主体由汉南杂岩斜向楔入产生，秦岭微板块内佛坪隆起、马道隆起等最终正断隆升可能也与此关联。

（1）走滑－楔入－挤出构造与斜向陆内俯冲（J_1-K_1）：康县－高川段勉略带于晚三叠世全面碰撞关闭，扬子板块与秦岭微板块发生主造山碰撞。因后者为软基底，故碰撞效应波及整个微板块内部，在佛坪地区主体形成"手风琴"式褶皱收缩，继之发生对冲推覆。其边界形态表明，北部鄂尔多斯地块及汉南突起碰撞面皆较陡，因而汉南地块北缘不出现前陆盆地。晚三叠世卡尼期，大巴山段前陆盆地为陆相前陆磨拉石盆地，因而转入陆内碰撞阶段。在微板块内先存断裂常发生脆性走滑，NWW 向以右行为主，NEE向及 NNE 向以左行为主，调节着微板块内各块体间的变形，并沿断裂带形成拉分盆地，沉积了下侏罗统－下白垩统。应力场分析表明，此时扬子板块以 NE-NEE 向斜向，向微板块下俯冲，进入斜向陆内俯冲阶段。

从浅部构造分析发现，蛇绿岩块正好出露于刚性的汉南突起部位，且前陆盆地不发育，其现今缝合带几何学特征又表明，其碰撞面陡立，正是此处也不发育晚期平缓逆冲推覆。这是因其楔入作用导致两侧断裂平移，削弱了勉略带在此处的平缓逆冲推覆效应，从而使蛇绿岩得以出露，并将早期薄皮逆冲的西乡岩片与根部带发生剥蚀分离。因而，此处基本上代替缝合带封闭后的位置，但在随后斜向陆内俯冲过程中，汉南突起西侧的阳平关断裂，在深部可能转换为陆块内的逆冲断裂，并可能向 SEE 陡倾；而华蓥山断裂亦由右行转换为 NEE 缓倾逆冲断裂，使得在高川地块中的地层、洞河岩片、武当穹隆又在近东西向压应力作用下，形成第三幕的宽缓的 NNW 或 NNE 走向褶皱，与第二幕NWW 走向褶皱叠加。

（2）扬子板块北缘前陆逆冲－推覆构造（T_3-K_1）：前陆变形与碰撞构造密切相关，也是现代构造地质学认识碰撞构造的重要前沿课题之一。扬子北缘大巴山前陆逆冲－推覆构造带与勉略缝合带紧邻，是扬子板块与秦岭微板块于印支－燕山期正向和斜向陆内俯冲综合作用的结果。

南大巴山前陆薄皮逆冲－推覆带现今总体呈现为一向南西突出的弧形构造，可将其自城口－房县断裂向南分成冲断变形带、冲断褶皱变形带和前锋褶皱变形带（何建坤等，1997）。前陆盆地形成可分为三个成盆时期，三个变形阶段。第一个成盆期为晚三叠世，与主造山碰撞变形同期；第二个成盆期为早侏罗－晚侏罗世，是继晚三叠世之后强烈挠曲沉降成盆期，中侏罗统勉县群遭受了强烈的挤压褶皱变形；第三个成盆期为晚侏罗世至早白垩世，四川盆地中，下白垩统推覆到了上白垩统之上。

南大巴山冲断变形运动学研究表明，晚三叠世末，首先在城口－房县断层南缘深部区发生台阶状冲断，并在陕南回军坝－五里坝、巴山弧和平－巫溪一带，构造线为 EW向或 NWW 向，与碰撞带内一致。这进一步表明，早期变形幕主体为扬子板块与秦岭微板块正面碰撞阶段南、北向挤压应力的结果。但龙门山逆冲带则可能与松潘－甘孜地块

（包括碧口微地块）的向东挤出受阻挡有关。侏罗纪－早白垩世，南大巴山主要以前展式冲断作用，从深部向浅部、北缘根部向南缘前锋不断扩展。而且从深部向浅部的逆冲，可能还与此时佛坪地区中部地壳平行向东挤出楔入有关（李三忠，1998）。大致到晚侏罗世末，变形已扩展到现代的前峰位置，同时，因调节作用在变形强烈区还发育少量的反向冲断和乱序断层（何建坤等，1997）。在这一变形阶段，由于扬子板块与秦岭微板块的斜向陆内俯冲及被动陆缘的不规则边界性，使得前陆逆冲扩展的同时，在巴山弧段，断层走向及褶皱轴迹皆发生了向 NNW 的拖曳弯曲，并且呈现出右行走滑特点（见图 9，何建坤等，1997）。侏罗纪－早白垩世龙门山褶皱－冲断带不断地向东部前峰方向迁移，不同时代的磨拉石沉积也是从西向东推移。同时，由于早期沉积的侏罗系磨拉石层褶皱，进一步形成白垩系或第三系磨拉石沉积，使前渊由西北向东南方向迁移。

另一方面，也可以看到侏罗系和白垩系、第三系沉积中心，也沿龙门山褶皱－冲断带走向发生迁移，即由北东向南西方发生迁移（刘和甫等，1990）。这反映了冲断带不但具有压性分量，同时也具有左旋走滑分量。这种压扭性特点，还可以从雁列褶皱方位和沉积中心迁移得到明显反映。所有这些都反映了侏罗纪－早白垩世汉南地块向秦岭微板块的陆内斜向楔入挤压作用，导致碧口微地块及洞河岩片（后者北界为十堰断裂，南界为巴山弧形断裂所围限）的挤出，在其边界龙门山断裂及十堰断裂表现为左行，光头山以西的状元碑断裂及巴山弧断裂为右行。值得强调的是，此时碧口微地块可能也与汉南地块一样在向北楔入，只是前者相对后者慢而表现出一种相对的挤出效应，而在勉略带勉县北部的中侏罗世盆地，于晚侏罗世发生向北的陡立逆冲。

三、勉略带变形动力学模型

根据勉略带上述的种种特征，尤其是运动学特征及岩浆岩空间分布、物质建造组成，可将康县－高川段的变形动力学过程分为三个阶段三种机制下的过程：①扩张裂解体制下的洋盆形成与演化阶段（图 10a）。多方证据表明，碧口微地块可能位于"共和"缺口的南部，构成三叉裂谷，也可能是勉略洋初始形成部位。此时限大约为早泥盆世－晚二叠世，秦岭微板块北部因剪刀式收缩，为残留的商丹海盆。②收缩体制下的俯冲－碰撞阶段（图 10b）。早二叠世－中三叠世勉略洋北部边缘出现俯冲，开始出现与俯冲相关的构造变形，但南部同时存在扩张，且西段可能较东段洋盆宽。碧口微地块向东运移，而且松潘－甘孜造山带中上三叠统主要分布在碧口微地块以西，可能表明龙门山水道截断，物源通道西移，直至晚三叠世发生接触碰撞，但只是在进入强烈挤压阶段，才出现前陆盆地，而且，像刚性的汉南地块北部往往不易屈服，故不见前陆盆地沉积。西乡岩片的早期构造就位，可能来自东北方向侧向断坡上变形微弱的断片。③陆内深部动力体制下的块体调整阶段（图 10c）。燕山期和喜马拉雅期印度板块、太平洋板块的动力影响越来越大，中国中央造山带中及邻区的块体间发生调整，不同构造部位的局部应力场差别大，构造样式出现多样性。龙门山及巴山弧的最晚褶皱变形表明为杨子板块北东部向秦岭微板块下的陆内俯冲，这种俯冲与勉略洋壳的拆沉有关（李三忠，1998）。

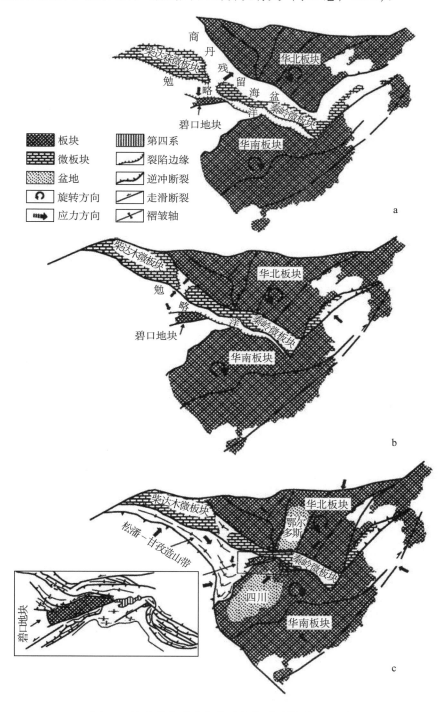

图 10 勉略带变形动力学示意模型（说明见正文）

参考文献

[1] 陈家义等，汉中 – 碧口地区的造山结构和构造. 陕西地质，1997（1）

[2] 杜远生等. 南秦岭勉略古缝合带非史密斯地层和古海洋新知. 现代地质，1988（1）

[3] 冯庆来等. 南秦岭勉略蛇绿混杂岩带中放射虫的发现及其意义. 中国科学（D辑）（增刊），1996，26

[4] 何建坤等. 南大巴山冲断构造及其剪切挤压动力学机制. 高校地质学报，1997（4）

[5] 姜春发等. 中央造山带开合构造. 北京：地质出版社，2000

[6] 赖绍聪等. 南秦岭勉县 – 略阳结合带变质火山岩岩石地球化学特征. 岩石学报，1997（4）

[7] 赖绍聪等. 南秦岭巴山弧两河 – 饶峰 – 五里坝岛弧岩浆带的厘定及其大地构造意义. 中国科学（D辑）（增刊），2000，30

[8] 李三忠. 秦岭造山带勉略缝合带（康县 – 高川段）构造演化及其变质动力学. 西北大学博士后研究报告，1998

[9] 李三忠等. 秦岭勉略带康县 – 高川段现今结构与岩片性质. 华南地质与矿产. 2001（3）

[10] 李曙光等. 南秦岭勉略构造带黑沟峡变质火山岩的年代学和地球化学 – 古生代洋盆及其闭合时代的证据. 中国科学（D辑）. 1996（3）

[11] 李亚林等. 陕西勉略地区两类混杂岩的发现及其地质意义. 地质论评，1999（1）

[12] 李亚林等. 秦岭略阳 – 白水江地区双向推覆构造及其形成机制. 地质科学，2001a（4）

[13] 李亚林等. 秦岭勉略缝合带两期韧性剪切变形及其动力学意义. 成都理工学院学报，2001b（1）

[14] 和甫等. 川滇西部古特提斯域构造演化与上叠盆地的形成和形变. 见：中国及邻区构造古地理和生物古地理，武汉：中国地质大学出版社，1990

[15] 孟庆任等. 秦岭南缘晚古生代裂谷有限洋盆沉积作用及构造演化. 中国科学（D辑）（增刊），1996，26

[16] 裴先治. 南秦岭碧口群岩石组合特征及其构造意义. 西安地质学院学报，1989（2）

[17] 盛吉虎等. 南秦岭勉略蛇绿混杂岩带硅质岩沉积环境研究，地球科学，1997（6）

[18] 许志琴等. 阿尼玛卿缝合带及“俯冲 – 碰撞”动力学. 见：蛇绿岩与地球动力学研究，北京：地质出版社，1996

[19] 王二七等. 龙门山断裂带印支期左旋走滑运动及其大地构造成因. 地学前缘，2001（2）

[20] 曾佐勋等. 造山带挤山构造. 地质科技情报，2001（1）

[21] 张国伟等. 秦岭造山带的造山过程及其动力学特征. 中国科学（D辑），1996（3）

[22] 钟建华，张国作. 陕西凤县八卦庙特大型金矿的成因研究. 地质学报，1997（2）

[23] Lai Shaocong, Zhang Guowei. Geochemical features of Ophiolice in Mianxian-Lueyang suture zone. Qinling Orogenic belt. Journal of China University of Geosciences. 1996，2

[24] Lai Shaocong, Zhang Guowei. Geochemical featares and tectonic significance of meta-basalt in Zhoujiawan area of Hubei province. Scientia Geologica Sinica. 1996a，2

[25] Lai Shaocong, Zhang Guowei, Yang Yongcheng and Chen Jiayi. Geochemistry of the ophiolite and island-are volcanic rocks in the Mianxian-Lueyang suture zone, southern Qinling and their tectonic significance. Chinese Journal of Geochemistry. 1996b，1

[26] Liu Shaofeng, Zhang Guowei. Process of rifting and collision along plate margins of the Qinling Orogenic belts and its geodynamics. Acta Geologica Sinica, 1999，3

[27] Yin An, Nie S. An indentation model for the north and south China collision and the development of the Tan-Lu and Honam fault systems, eastern Asia. Tectonics, 1993，4

北秦岭－祁连结合区大草滩群碎屑锆石 U-Pb 年代学研究*

陈义兵　张国伟　鲁如魁　梁文天　第五春荣　郭秀峰

摘　要　应用 LA-ICP-MS 法对北秦岭－祁连结合区的晚泥盆世大草滩群进行了系统的碎屑锆石 U-Pb 年代学研究。地层剖面从下至上，大草滩群三个岩组的碎屑锆石 U-Pb 年龄谱具有以下特征：①古生代年龄组成（< 550Ma）所占的比例依次变小（分别为 36%，32%，25%），且最年轻的锆石年龄值也是逐渐变小（分别为 403±5Ma，385±5Ma，375±6Ma），这一特征反映的是大陆边缘岩浆弧前缘同岩浆活动的隆升－剥蚀和沉积。② 750～2600Ma 年龄组分所占的比例逐渐增大（分别为 54%，65%，72%），且主要的峰值年龄向老的方向变化，这一特征反映的是往造山带深部基底和大陆内部逐渐延伸的隆升和剥蚀。本研究工作阐明大草滩群的碎屑沉积物来自多种构造环境中的岩石地层单元，主要来自北秦岭－祁连微陆块基底，其次是来自古生代洋壳持续俯冲形成的大陆边缘岩浆弧和加里东期碰撞造山带再旋回物质，还有少量来源于华北克拉通西部地块的物质成分。晚泥盆世大草滩群陆相粗碎屑沉积组合在构造位置上是处于弧（微陆）－大陆碰撞造山带的南缘与安第斯型大陆边缘岩浆弧的弧前盆地这一构造叠加复合地区，是弧（微陆）－大陆碰撞造山作用以后，洋壳持续俯冲造山作用阶段同火山－岩浆活动的沉积响应。

关键词　大草滩群　LA-ICP-MS　碎屑锆石 U-Pb 年龄　沉积响应　北秦岭－祁连结合区

　　北秦岭－祁连结合区是"中央造山带"东西衔接的关键地段，在大地构造位置上是古亚洲构造域和特提斯构造域交会过渡与转换的特殊部位，对大陆动力学研究具有十分重要的科学意义（张国伟等，2004）。从沉积响应角度来探讨造山作用过程、盆山耦合关系与区域构造演化成为当今大陆动力学研究的一个前沿课题。研究区内的晚泥盆世大草滩群为一套以紫红色、灰绿色为特征的杂色陆相碎屑岩地层，仅在北秦岭－祁连结合区有出露，在东秦岭相应的部位并不存在，故具有独特的地质意义。但是，对大草滩群碎屑物质来源和砾岩成因存在截然不同的认识，长期以来就存在不同的观点，对其形成环境主要有山间磨拉石建造（霍福臣等，1995；张国伟等，2001）、前陆盆地（杜选生，1995）、伸展盆地（冯益民等，2002）和弧前盆地（王宗起等，2002；闫臻等，2002，2007）沉积体系等多种观点。

　　大草滩群碎屑沉积岩中保存有完整的物源区信息和古生代构造演化的地质记录，基

---

*本文原刊于《地质学报》，2010，84（7）：947-962.

于盆山耦合关系和造山作用沉积响应的角度，本文采用最新的 LA-ICP-MS 分析技术，对大草滩群进行了系统的碎屑锆石 U-Pb 年代学研究，探讨其物质来源和构造属性，为恢复研究区泥盆纪造山作用过程的古地理构造格局提供新的有效证据。本项研究对北秦岭造山作用性质及其加里东期构造演化历史的认识，都具有重要的地质意义。

一、区域地质背景

大草滩群广泛分布于北秦岭－祁连结合区（图 1），西起甘肃省岷县、漳县、天水，东至陕西凤县唐藏以北地区，呈北西向带状分布，命名层型标准剖面位于漳县西南的大草滩村，据斜方薄皮木植物化石将其时代定为晚泥盆世（甘肃省地质矿产局，1989）。重新厘定后的大草滩群的定义是不整合于李子园群或舒家坝群之上，下伏于早石炭世地层（巴都组或王家店组）或晚泥盆－早石炭世地层（大庄组）之下的一套以紫红色为特征的陆相碎屑岩组合的地层，补层型剖面为天水磨峪沟剖面（裴先治等，2004a）。研究区内，大草滩群北侧以高桥－天水－武山－漳县断裂与北秦岭构造带的下古生界李子园群等相分隔；南侧以娘娘坝－固城－大坪断裂与中泥盆统舒家坝群海相地层等接触。大草滩群在天水地区出露于元古界秦岭群和下古生界李子园群火山岩系以南，与下伏早古生代地层被认为呈不整合接触关系，之间缺失志留系和下泥盆统；大草滩群在漳县一带不整合于寒武系－奥陶系之上（甘肃省地质矿产局，1989）。

二、大草滩群的岩石学特征和采样位置

晚泥盆世大草滩群可以划分为三个岩组，出露总厚度数千米，变形较弱，基本上没有经历变质作用（裴先治等，2004a）。① a 岩组（绿色砂岩组）：以灰绿色中薄－中厚层状长石石英砂岩、细砂岩、粉砂岩及粉砂质泥岩为主，夹紫灰色粉砂质泥岩、泥岩。反映沉积环境为深湖－半深湖环境。② b 岩组（红绿砂岩组）：紫红色－紫色－紫灰色中薄层状粉砂岩、泥质粉砂岩、泥岩与灰色－灰绿色中厚层状含细砾长石石英砂岩、长石石英砂岩、细砂岩、细砂岩互层。反映沉积环境为浅湖－半深湖环境。③ c 岩组（砾泥岩组）：由浅灰－灰色厚层－块状砾岩、浅灰色－浅灰绿色－灰色中－薄层状长石石英砂岩、粉砂岩及紫红色中－薄层状粉砂质泥岩、泥岩组成正韵律层。反映沉积环境为通向湖心的分支辫状河道相。

本文本品采自以下三条剖面（图 1）：①漳县大草滩－控度剖面（A-A'，N34°48.749'，E104°10.103'，H2476m），大草滩群 a 岩组（DC-09）灰绿色长石石英砂岩，b 岩组（DC-10）紫红色长石石英砂岩，c 岩组（DC-11）灰白色砂砾岩；②天水市木集沟－新庄剖面（B-B'，N34°34.200'，E105°19.795'，H2088m），大草滩群 a 岩组（DC-06）灰绿色长石石英砂岩，b 岩组（DC-07）紫红色长石石英砂岩，c 岩组（DC-08）灰白色砂砾岩；③两当县太阳寺－任家湾剖面（C-C'，N34°07.341'，E106°17.503'，H1422m），大草滩群 a 岩组（DC-13）灰绿色长石石英砂岩，b 岩组（DC-12）紫红色长石石英砂岩。样品均从新鲜的岩石露头采集 3 ～ 5kg，以保证能够分选出足够的具有代表性的锆石颗粒。

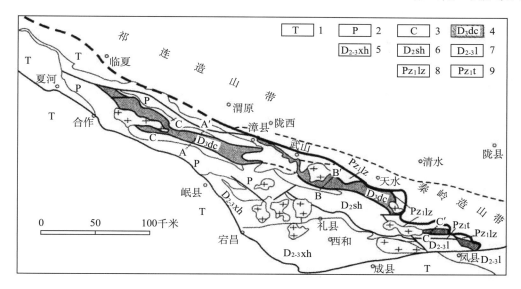

1. 三叠系 2. 二叠系 3. 石炭系 4. 大草滩群 5. 西汉水群 6. 舒家坝群 7. 刘岭群 8. 李子园群 9. 太阳寺岩组 图中 A—A′，B—B′，C—C′表示采样剖面位围置

图 1　北秦岭－祁连结合部位大草滩群碎屑锆石样品分布图

三、分析流程及测试方法

采用常规方法将样品粉碎，经人工水淘洗分选出锆石，在实体双目镜下挑选出数千颗锆石。在双目镜下根据锆石颜色、自形程度、形态等特征初步分类，尽可能挑选出不同晶形、颗粒大小、磨蚀程度及颜色的具有代表性的锆石。将挑选出的锆石用无色透明的环氧树脂制靶，并抛光至锆石内部暴露。锆石靶样的阴极发光（CL）显微照相仪器为 Gatan 公司阴极荧光光谱仪（Mono CL3＋型），设扫描电镜高压为 10kV，电流为 5nA，工作距离为 8.0mm。样品测试之前用体积百分比为 3%的 HNO_3 清洗，以除去样品表面的污染。测试点的选取根据锆 CL 图像选择裂隙和包裹体较少的颗粒及视域进行激光剥蚀分析，以期获得满意的分析结果。

LA-ICP-MS 分析采用的为 Hewlett Packard 公司新一代带有屏蔽炬（shield torch）的 Agilient 7500a ICP-MS 和德国 Lambda Physik 公司的 ComPex102 Excimer 激光器（工作物质 ArF，波长 193nm）以及 MicroLas 公司的 GeoLas200M 光学系统联机组成的系统。激光剥蚀斑束直径为 30μm，激光剥蚀深度为 20～40μm，U-Th-Pb 同位素和微量元素的测定在一个点上同时完成。分析时采用 He 作为剥蚀物质的载气，用美国国家标准技术研究院研制的人工合成硅酸盐玻璃标准参考物质 NIST SRM610 进行仪器最佳化。数据处理采用 CLITTER（ver4.0, Macyuarie University）程序，年龄计算以国际标准锆石 91500 为外标进行同位素比值分馏校正，并采用 Anderson（2002）的方法和软件进行普通铅校正；元素浓度计算采用 NIST SRM610 作为外标，^{29}Si 作为内标。详细的分析流程及数据处理方法参见文献（Yuan HL et al., 2004）。

本文采取随机选择锆石颗粒的方式，进行 LA-ICP-MS 分析测试，为了使样品分析的结果更具有代表性，将三条剖面中相同岩组样品的分析数据综合起来解释。本文利用 Isoplots3.00（Ludwig, 2003）处理分析数据，得到谐和曲线及年龄分布频率图。本文测定采用的均为谐和的数据点，剔除了不谐和度 > 10% 和反向不谐和度 > 6% 的数据。对于 > 1000Ma 的锆石，采用 $^{207}Pb/^{206}Pb$ 表面年龄，对于 < 1000Ma 的锆石，由于放射性成因 Pb 含量低和普通 Pb 校正的不确定性，因而采用更为可靠的 $^{206}Pb/^{238}U$ 表面年龄。

四、碎屑锆石 U-Pb 年代学测定结果

（一）大草滩群 a 岩组碎屑锆石 U-Pb 年龄谱特征

从 a 岩组灰绿色长石石英砂岩中选出的锆石一般呈无色透明，少数为褐色透明，多为半自形柱状，部分被不同程度地磨圆，也有部分保留柱状晶形，粒径在 50～150μm 之间。U-Pb 年龄分析结果列于表 1 中，并直观地显示在 U-Pb 年龄谐和图（图 2a）中。

所分析锆石的 U/Th 比值主要在 0.60～4.85 之间，结合锆石 CL 图像和形貌特征，认为这些锆石基本都属岩浆成因；仅有两颗锆石 U/Th，比值 > 10，有可能为变质成因锆石（点号 DC-06.62，年龄为 1523±9Ma；点号 DC-13.40，年龄为 2699±20Ma）。根据所获得的碎屑锆石 U-Pb 年龄频谱图分析（图 3a），403～516Ma 年龄组的锆石 29 粒，约占 36%；807～996Ma 年龄组的锆石 14 粒，约占 18%；1136～1283Ma 年龄组的锆石 3 粒，约占 4%；1375～1875Ma 年龄组的锆石 17 粒，约占 21%；2035～2501Ma 年龄组的锆石 9 粒，约占 11%；2621～2970Ma 年龄组的锆石 8 粒，约占 10%。其中 403～516Ma 年龄组所占比例最大，呈现最强烈的峰值；其他年龄相对分散，出现多个低强度的峰值。最年轻的锆石年龄为 403±5Ma；最老的锆石年龄为 2970±24Ma。

（二）大草滩群 b 岩组碎屑锆石 U-Pb 年龄谱特征

从大草滩群 b 岩组紫红色长石石英砂岩中选出的锆石一般呈无色透明，少数为红褐色透明，多为半自形柱状，少数为球状，部分被不同程度地磨圆，粒径大多在 50～150μm 之间。U-Pb 年龄分析结果列于表 2 中，并直观地显示 U-P 年龄谐和图（图 2b）中。

所分析锆石的 U/Th 比值主要在 0.58～8.55 之间，结合锆石 CL 图像和形貌特征，认为这些锆石基本都属岩浆成因；仅有一颗锆石 U/Th 比值高达 22.36，有可能为变质成因锆石（点号 DC-07.10，年龄为 1030±6Ma）。根据所获得的碎屑锆石 U-Pb 年龄频谱图分析（图 3b），385～534Ma 年龄组的锆石 24 粒，约占 32%；789～1169Ma 年龄组的锆石 24 粒，约占 32%；1402～1996Ma 年龄组的锆石 17 粒，约占 22%；2213～2578Ma 年龄组的锆石 9 粒，约占 12%；2666～2750Ma 年龄组的锆石 2 粒，约占 3%。年龄主要分布在 385～534Ma，789～1169Ma，1402～1996Ma，2213～2578Ma，2666～2750Ma 五个区间内。其中 385～534Ma 年龄组分所占比例最大，年龄相对集中，呈现最强烈的峰值；其次为 789～1169Ma 年龄组分，也呈现较强烈的峰值；其他年龄相对分散，出现多个低强度的峰值。最年轻的锆石年龄为 385±5Ma；最老的锆石年龄为 2750±60Ma。

表 1 大草滩群 a 岩组 LA-ICP-MS 碎屑锆石 U-Pb 同位素分析结果

分析点号	同位素比值						U/Th 比值	同位素年龄 (Ma)						谐和度 (%)	报道年龄	1σ
	207Pb/206Pb	1σ	207Pb/235U	1σ	206Pb/238U	1σ		207Pb/206Pb	1σ	207Pb/235U	1σ	206Pb/238U	1σ			
DC-06.2	0.0553	0.0019	0.5579	0.0178	0.0732	0.0007	1.19	426	53	450	12	455	4	98.90	455	4
DC-06.3	0.1785	0.0018	12.3812	0.0861	0.5032	0.0032	1.65	2639	5	2634	7	2627	14	100.27	2639	5
DC-06.5	0.0557	0.0017	0.5445	0.0156	0.0710	0.0007	0.90	439	47	441	10	442	4	99.77	442	4
DC-06.7	0.0678	0.0018	1.3380	0.0323	0.1432	0.0013	1.75	862	35	862	14	863	7	99.88	863	7
DC-06.8	0.0563	0.0014	0.5817	0.0129	0.0749	0.0006	1.36	465	35	466	8	466	4	100.00	466	4
DC-06.9	0.0559	0.0016	0.5489	0.0148	0.0713	0.0006	1.84	448	44	444	10	444	4	100.00	444	4
DC-06.12	0.0573	0.0012	0.6347	0.0123	0.0804	0.0006	0.68	502	29	499	8	498	4	100.20	498	4
DC-06.14	0.0557	0.0010	0.5424	0.0084	0.0706	0.0005	1.34	442	22	440	6	440	3	100.00	440	3
DC-06.16	0.1125	0.0015	5.1237	0.0575	0.3303	0.0024	1.52	1841	11	1840	10	1840	11	100.00	1841	11
DC-06.17	0.0902	0.0014	3.2354	0.0424	0.2602	0.0019	1.03	1430	14	1466	10	1491	10	98.32	1430	14
DC-06.18	0.0548	0.0020	0.4898	0.0170	0.0648	0.0007	1.11	404	59	405	12	405	4	100.00	405	4
DC-06.19	0.0548	0.0015	0.5152	0.0128	0.0682	0.0006	1.38	403	40	422	9	425	4	99.29	425	4
DC-06.22	0.0553	0.0027	0.4917	0.0227	0.0645	0.0009	1.72	423	79	406	15	403	5	100.74	403	5
DC-06.23	0.0708	0.0029	1.6298	0.0647	0.1671	0.0023	1.57	950	59	982	25	996	13	98.59	996	13
DC-06.24	0.0667	0.0024	1.2535	0.0422	0.1363	0.0016	1.00	828	51	825	19	824	9	100.12	824	9
DC-06.25	0.1621	0.0020	10.4797	0.0967	0.4688	0.0033	0.94	2478	7	2478	9	2478	14	100.00	2478	7
DC-06.26	0.0548	0.0028	0.4907	0.0241	0.0650	0.0007	2.89	403	116	405	16	406	4	99.75	406	4
DC-06.27	0.1552	0.0025	9.6072	0.1365	0.4489	0.0035	1.24	2404	28	2398	13	2390	16	100.33	2404	28
DC-06.29	0.0568	0.0011	0.6108	0.0108	0.0780	0.0006	1.23	483	26	484	7	484	3	100.00	484	3
DC-06.34	0.0877	0.0011	2.7695	0.0248	0.2291	0.0014	2.67	1375	8	1347	7	1330	7	101.28	1375	8
DC-06.35	0.1364	0.0018	7.5828	0.0766	0.4030	0.0029	1.06	2182	9	2183	9	2183	13	100.00	2182	9
DC-06.37	0.0564	0.0025	0.5883	0.0253	0.0756	0.0009	1.54	470	73	470	16	470	6	100.00	470	6
DC-06.38	0.0553	0.0011	0.5314	0.0097	0.0697	0.0005	1.24	425	28	433	6	434	3	99.77	434	3
DC-06.39	0.0717	0.0010	1.6122	0.0189	0.1630	0.0011	3.54	977	14	975	7	974	6	100.10	974	6
DC-06.40	0.0661	0.0026	1.2414	0.0477	0.1363	0.0017	1.29	808	59	820	22	823	10	99.64	823	10
DC-06.41	0.0562	0.0027	0.5674	0.0262	0.0732	0.0010	1.25	459	79	456	17	456	6	100.00	456	6
DC-06.42	0.0573	0.0023	0.6485	0.0244	0.0820	0.0009	1.50	504	63	508	15	508	5	100.00	508	5
DC-06.43	0.0567	0.0015	0.5759	0.0141	0.0736	0.0006	1.30	481	39	462	9	458	4	100.87	458	4
DC-06.45	0.0568	0.0017	0.5733	0.0170	0.0733	0.0006	1.39	482	69	460	11	456	3	100.88	456	3

续表1

分析点号	同位素比值						U/Th 比值	同位素年龄（Ma）						谐和度（%）	报道年龄	1σ
	$^{207}Pb/^{206}Pb$	1σ	$^{207}Pb/^{235}U$	1σ	$^{206}Pb/^{238}U$	1σ		$^{207}Pb/^{206}Pb$	1σ	$^{207}Pb/^{235}U$	1σ	$^{206}Pb/^{238}U$	1σ			
DC-06.46	0.1031	0.0038	4.2864	0.1471	0.3015	0.0036	1.21	1681	69	1691	28	1699	18	99.53	1681	69
DC-06.47	0.0566	0.0016	0.5954	0.0155	0.0763	0.0007	1.45	476	42	474	10	474	4	100.00	474	4
DC-06.49	0.0567	0.0017	0.5647	0.0154	0.0722	0.0006	1.85	480	45	455	10	449	4	101.34	449	4
DC-06.50	0.0552	0.0026	0.5146	0.237	0.0676	0.0008	1.57	419	82	422	16	422	5	100.00	422	5
DC-06.51	0.0564	0.0018	0.5852	0.0176	0.0752	0.0007	0.92	469	50	468	11	467	4	100.31	467	4
DC-06.52	0.0904	0.0033	3.1016	0.1101	0.2489	0.0036	1.44	1433	46	1433	27	1433	18	100.00	1433	46
DC-06.54	0.0582	0.0015	0.6669	0.0160	0.0831	0.0006	2.60	539	56	519	10	514	4	100.97	514	4
DC-06.55	0.1584	0.0018	9.6322	0.0780	0.4409	0.0028	0.96	2439	6	2400	7	2355	13	101.91	2439	6
DC-06.56	0.0776	0.0017	1.9961	0.0402	0.1866	0.0016	1.58	1136	26	1114	14	1103	9	101.00	1136	26
DC-06.57	0.0576	0.0014	0.6324	0.0140	0.0797	0.0006	1.39	513	35	498	9	494	4	100.81	494	4
DC-06.58	0.0718	0.0013	1.5704	0.0259	0.1587	0.0011	4.10	979	37	959	10	950	6	100.95	950	6
DC-06.59	0.1025	0.0018	4.0828	0.0605	0.2889	0.0023	2.23	1669	16	1651	12	1636	11	100.92	1669	16
DC-06.62	0.0947	0.0012	3.1784	0.0311	0.2433	0.0016	13.16	1523	9	1452	8	1404	8	103.42	1523	9
DC-06.64	0.1643	0.0021	10.7598	0.1061	0.4747	0.0034	1.18	2501	8	2503	9	2504	15	99.96	2501	8
DC-06.66	0.0782	0.0015	2.1192	0.0354	0.1964	0.0015	0.95	1152	21	1155	12	1156	8	99.91	1152	21
DC-06.67	0.0568	0.0037	0.5863	0.0370	0.0749	0.0013	0.77	483	109	469	24	466	8	100.64	466	8
DC-06.68	0.0569	0.0034	0.5670	0.0327	0.0723	0.0009	1.06	488	133	456	21	450	5	101.33	450	5
DC-06.69	0.1120	0.0014	5.0730	0.0495	0.3285	0.0022	2.16	1832	9	1832	8	1831	10	100.05	1832	9
DC-06.70	0.1765	0.0021	12.0902	0.1029	0.4966	0.0033	2.26	2621	7	2611	8	2599	14	100.46	2621	7
DC-06.02	0.0576	0.0012	0.6624	0.0119	0.0834	0.0006	2.57	516	26	516	7	516	4	100.00	516	4
DC-06.03	0.0679	0.0022	1.2940	0.0391	0.1382	0.0015	1.21	866	45	843	17	834	8	101.08	834	8
DC-06.06	0.0705	0.0014	1.3736	0.0236	0.1412	0.0011	4.85	944	23	878	10	825	6	103.05	852	6
DC-06.08	0.0949	0.0013	3.3389	0.0353	0.2551	0.0017	1.25	1526	10	1490	8	1465	9	101.71	1526	10
DC-06.10	0.0580	0.0025	0.6288	0.0262	0.0787	0.0007	1.03	528	96	495	16	488	4	101.43	488	4
DC-06.17	0.0724	0.0032	1.6232	0.0680	0.1625	0.0023	0.89	998	62	979	26	971	13	100.82	971	13
DC-06.18	0.1147	0.0044	5.1352	0.1858	0.3247	0.0045	1.59	1875	71	1842	31	1813	22	101.60	1875	71
DC-06.20	0.0988	0.0018	3.8386	0.0618	0.2819	0.0024	1.14	1601	18	1601	13	1601	12	100.00	1601	18
DC-06.21	0.0566	0.0042	0.5453	0.0393	0.0698	0.0010	1.47	477	168	442	26	435	6	101.61	435	6
DC-06.24	0.1029	0.0034	4.0944	0.129	0.2886	0.0041	1.18	1677	38	1653	26	1634	20	101.16	1677	38
DC-06.25	0.0565	0.0011	0.5863	0.0106	0.0752	0.0005	2.21	472	27	468	7	468	3	100.00	468	3

续表1

分析点号	同位素比值						U/Th比值	同位素年龄（Ma）						谐和度（%）	报道年龄	1σ
	207Pb/206Pb	1σ	207Pb/235U	1σ	206Pb/238U	1σ		207Pb/206Pb	1σ	207Pb/235U	1σ	206Pb/238U	1σ			
DC-09.26	0.1102	0.0021	4.9048	0.0353	0.3228	0.0019	4.47	1803	6	1803	6	1803	9	100.00	1803	6
DC-09.29	0.1254	0.0021	6.3519	0.0914	0.3673	0.0031	2.04	2035	14	2026	13	2017	15	100.45	2035	14
DC-13.01	0.0681	0.0015	1.3668	0.0265	0.1454	0.0012	2.07	872	27	875	11	875	7	100.00	875	7
DC-13.05	0.2185	0.0031	15.9549	0.1843	0.5296	0.0045	3.87	2970	24	2874	11	2740	19	104.89	2970	24
DC-13.09	0.1023	0.0024	4.1195	0.0888	0.2917	0.0030	0.60	1667	25	1658	18	1650	15	100.48	1667	25
DC-13.10	0.0660	0.0014	1.2144	0.0224	0.1333	0.0010	1.85	807	26	807	10	807	6	100.00	807	6
DC-13.16	0.1465	0.0035	8.0945	0.1712	0.4008	0.0042	1.52	2305	41	2242	19	2173	19	103.18	2305	41
DC-13.17	0.1094	0.0017	4.5973	0.0580	0.3046	0.0023	1.91	1790	13	1749	11	1714	11	102.04	1790	13
DC-13.20	0.0703	0.0021	1.4213	0.0406	0.1467	0.0015	1.66	936	41	898	17	882	9	101.81	882	9
DC-13.24	0.0836	0.0024	2.3027	0.0631	0.1998	0.0016	2.72	1283	57	1213	19	1174	9	103.32	1283	57
DC-13.26	0.1871	0.0050	13.5139	0.3562	0.5240	0.0085	2.41	2716	23	2716	25	2716	36	100.00	2716	23
DC-13.27	0.1273	0.0017	6.6083	0.0676	0.3765	0.0027	1.58	2061	9	2060	9	2060	13	100.00	2061	9
DC-13.31	0.1266	0.0025	6.5329	0.1182	0.3774	0.0038	0.96	2051	18	2057	16	2064	18	99.66	2051	18
DC-13.32	0.2001	0.0027	15.2801	0.1649	0.5541	0.0045	3.25	2827	8	2833	10	2842	19	99.68	2827	8
DC-13.33	0.0706	0.0023	1.3697	0.0423	0.1407	0.0016	1.30	947	45	876	18	849	9	103.18	849	9
DC-13.34	0.1129	0.0027	5.0680	0.1144	0.3255	0.0036	1.37	1847	25	1831	19	1817	18	100.77	1847	25
DC-13.35	0.1795	0.0023	13.2453	0.1323	0.5353	0.0041	4.18	2648	8	2697	9	2764	17	97.58	2648	8
DC-13.36	0.0693	0.0023	1.4255	0.0458	0.1489	0.0014	1.83	908	71	898	19	895	8	100.34	895	8
DC-13.37	0.1147	0.0023	5.3285	0.0992	0.3371	0.0033	1.24	1875	20	1873	16	1872	16	100.00	1875	20
DC-13.39	0.1868	0.0021	14.0056	0.1160	0.5440	0.0038	2.51	2714	6	2750	8	2800	16	98.21	2714	6
DC-13.40	0.1851	0.0022	13.0888	0.1209	0.5129	0.0037	13.49	2699	20	2686	9	2660	16	100.64	2699	20

表 2 大草滩群 b 岩组 LA-ICPMS 碎屑锆石 U-Pb 同位素分析结果

分析点号	同位素比值 207Pb/206Pb	1σ	207Pb/235U	1σ	206Pb/238U	1σ	U/Th 比值	207Pb/206Pb	1σ	同位素年龄（Ma）207Pb/235U	1σ	206Pb/238U	1σ	谐和度(%)	报道年龄	1σ
DC-07.01	0.0573	0.0018	0.6381	0.0185	0.0808	0.0008	2.10	503	47	501	11	501	5	100.00	501	5
DC-07.02	0.0560	0.0012	0.5625	0.0108	0.0728	0.0005	1.07	452	29	453	7	432	3	100.00	453	3
DC-07.03	0.0660	0.0014	1.2233	0.0229	0.1344	0.0011	2.32	807	26	811	10	813	6	99.75	813	6
DC-07.05	0.0565	0.0027	0.5973	0.0277	0.0767	0.0010	3.37	472	79	476	18	476	6	100.00	476	6
DC-07.06	0.1910	0.0069	13.3695	0.4203	0.5078	0.0088	1.65	2750	60	2706	30	2647	38	102.23	2750	60
DC-07.07	0.1048	0.0017	4.3777	0.0630	0.3028	0.0024	1.37	1711	15	1708	12	1705	12	100.18	1711	15
DC-07.08	0.0570	0.0015	0.5686	0.0140	0.0724	0.0006	1.65	491	39	457	9	450	4	101.56	450	4
DC-07.09	0.0548	0.0014	0.4955	0.0120	0.0655	0.0005	1.84	405	39	409	8	409	3	100.00	409	3
DC-07.10	0.0737	0.0011	1.7612	0.0220	0.1732	0.0012	22.36	1034	15	1031	8	1030	6	100.10	1030	6
DC-07.12	0.0654	0.0010	1.1745	0.0144	0.1302	0.0009	1.88	788	15	789	7	789	5	100.00	789	5
DC-07.15	0.0673	0.0011	1.2706	0.0180	0.1369	0.0010	2.57	847	18	833	8	827	5	100.73	827	5
DC-07.16	0.1398	0.0024	7.5484	0.1126	0.3618	0.0031	1.55	2224	30	2179	13	2131	14	102.25	2224	30
DC-07.18	0.0929	0.0014	3.2201	0.0419	0.2512	0.0018	2.31	1487	14	1462	10	1445	9	101.18	1487	14
DC-07.19	0.0560	0.0015	0.5573	0.0135	0.0722	0.0006	1.97	452	39	450	9	449	4	100.22	449	4
DC-07.20	0.0567	0.0024	0.6022	0.0248	0.0771	0.0009	1.47	478	70	479	16	479	6	100.00	479	6
DC-07.21	0.0562	0.0023	0.5433	0.0210	0.0701	0.0008	1.43	460	65	441	14	437	5	100.92	437	5
DC-07.22	0.0546	0.0015	0.4884	0.0128	0.0649	0.0006	1.85	396	43	404	9	405	3	99.75	405	3
DC-07.24	0.1721	0.0030	10.8127	0.1597	0.4556	0.0040	1.79	2578	29	2507	14	2420	18	103.60	2578	29
DC-07.25	0.0733	0.0011	1.5541	0.0199	0.1536	0.0010	5.05	1023	15	952	8	921	6	103.37	1023	15
DC-07.26	0.1588	0.0023	9.2051	0.1116	0.4204	0.0034	5.09	2443	10	2359	11	2262	16	104.29	2443	10
DC-07.27	0.0569	0.0009	0.5765	0.0074	0.0734	0.0005	2.40	488	17	462	5	457	3	101.09	457	3
DC-07.29	0.0580	0.0013	0.6902	0.0136	0.0863	0.0007	8.55	530	30	533	8	534	4	99.81	534	4
DC-07.30	0.0663	0.0017	1.2634	0.0304	0.1381	0.0013	4.66	816	35	829	14	834	7	99.40	834	7
DC-07.31	0.0563	0.0017	0.5550	0.0154	0.0714	0.0007	1.78	466	45	448	10	445	4	100.67	445	4
DC-07.33	0.0558	0.0010	0.5212	0.0077	0.0677	0.0005	1.73	446	21	426	5	422	3	100.95	422	3
DC-07.34	0.0756	0.0013	1.8889	0.0302	0.1813	0.0013	3.74	1084	36	107	11	1074	7	100.28	1074	7
DC-07.35	0.1389	0.0021	7.5637	0.0992	0.3951	0.0030	2.33	2213	27	2181	12	2146	14	101.63	2213	27

续表 2

分析点号	同位素比值						U/Th比值	同位素年龄（Ma）						谐和度(%)	报道年龄	1σ
	207Pb/206Pb	1σ	207Pb/235U	1σ	206Pb/238U	1σ		207Pb/206Pb	1σ	207Pb/235U	1σ	206Pb/238U	1σ			
DC-07.37	0.0573	0.0017	0.5888	0.0162	0.0745	0.0007	1.77	505	45	470	10	463	4	101.51	463	4
DC-07.41	0.0572	0.0018	0.6009	0.0179	0.0762	0.0007	2.24	500	49	478	11	473	4	101.06	473	4
DC-07.43	0.0782	0.0014	2.0586	0.0315	0.1909	0.0014	2.32	1152	19	1135	10	1126	8	100.80	1152	19
DC-07.48	0.0763	0.0018	1.9690	0.0423	0.1872	0.0017	1.25	1102	29	1105	14	1106	9	99.91	1102	29
DC-07.54	0.1583	0.0016	9.9021	0.0627	0.4537	0.0027	2.51	2438	5	2426	6	2412	12	100.58	2438	5
DC-07.56	0.0958	0.0015	3.5743	0.0488	0.2705	0.0020	1.15	1544	15	1544	11	1544	10	100.00	1544	15
DC-07.57	0.1671	0.0029	11.5383	0.1819	0.5010	0.0051	1.37	2528	14	2568	15	2618	22	98.09	2528	14
DC-07.59	0.0539	0.0041	0.4572	0.0338	0.0616	0.0009	12.7	366	173	382	24	385	5	99.22	385	5
DC-10.03	0.1167	0.0017	5.5178	0.0660	0.3429	0.0025	2.44	1906	11	1903	10	1900	12	100.16	1906	11
DC-10.05	0.0784	0.0016	2.0561	0.394	0.1903	0.0015	4.89	1156	42	1134	13	1123	8	100.98	1156	42
DC-10.06	0.0889	0.0018	2.6387	0.0492	0.2152	0.0017	3.39	1402	40	1312	14	1257	9	104.38	1402	40
DC-10.08	0.0935	0.0043	3.3446	0.1472	0.2595	0.0035	1.01	1497	89	1492	34	1487	18	100.34	1497	89
DC-10.09	0.0963	0.0023	3.3752	0.0704	0.2543	0.0025	1.33	1553	25	1499	15	1460	13	102.67	1553	25
DC-10.10	0.0684	0.0018	1.3927	0.0342	0.1476	0.0014	0.68	882	35	886	15	887	8	99.89	887	8
DC-10.11	0.1227	0.0036	6.2579	0.1694	0.3699	0.0042	1.35	1996	53	2013	24	2029	20	99.21	1996	53
DC-10.13	0.1074	0.0022	4.6452	0.0867	0.3137	0.0030	12.7	1755	21	1757	16	1759	15	99.89	1755	21
DC-10.14	0.1205	0.0021	5.8991	0.0927	0.3550	0.0031	1.62	1964	16	1961	14	1959	15	100.10	1964	16
DC-10.15	0.0756	0.0016	1.9051	0.0377	0.1827	0.0015	2.04	1085	26	1083	13	1082	8	100.09	1082	8
DC-10.16	0.0555	0.0028	0.5266	0.0252	0.0688	0.0009	1.60	434	83	430	17	429	6	100.23	429	6
DC-10.17	0.1083	0.0019	4.3445	0.0652	0.2908	0.0024	1.44	1772	16	1702	12	1646	12	103.40	1772	16
DC-10.20	0.0577	0.0020	0.6558	0.0217	0.0825	0.0009	1.04	517	54	512	13	511	5	100.20	511	5
DC-10.21	0.0753	0.0035	1.8510	0.0843	0.1784	0.0021	1.14	1075	97	1064	30	1058	11	100.57	1058	11
DC-10.23	0.0697	0.0013	1.3332	0.0237	0.138	0.0010	4.39	921	40	860	10	837	6	102.75	837	6
DC-10.28	0.1814	0.0022	12.7870	0.1166	0.5112	0.0036	2.09	2666	7	2664	9	2662	15	100.08	2666	7
DC-10.29	0.1104	0.0044	4.5605	0.1742	0.2995	0.0051	1.07	1086	45	1742	32	1689	25	103.14	1806	45
DC-10.30	0.1006	0.0015	4.0163	0.0477	0.2895	0.0020	1.39	1635	12	1638	10	1639	10	99.94	1635	12
DC-12.01	0.0789	0.0018	2.1924	0.0443	0.2016	0.0018	5.04	1169	26	1179	14	1184	9	99.58	1169	26
DC-12.02	0.1032	0.0026	4.2710	0.1023	0.3002	0.0034	1.47	1683	28	1688	20	1692	17	99.76	1683	28

续表 2

分析点号	同位素比值						U/Th比值	同位素年龄（Ma）						谐和度（%）	报道年龄	1σ
	$^{207}Pb/^{206}Pb$	1σ	$^{207}Pb/^{235}U$	1σ	$^{206}Pb/^{238}U$	1σ		$^{207}Pb/^{206}Pb$	1σ	$^{207}Pb/^{235}U$	1σ	$^{206}Pb/^{238}U$	1σ			
DC-12.03	0.0718	0.0018	1.6499	0.0391	0.1668	0.0015	1.85	979	33	990	15	994	9	99.60	994	9
DC-12.04	0.0698	0.0013	1.4544	0.0243	0.1512	0.0011	6.95	922	38	912	10	908	6	100.44	908	6
DC-12.07	0.1584	0.0020	9.7480	0.0913	0.4464	0.0031	2.00	2439	7	2411	9	2379	14	101.35	2439	7
DC-12.08	0.0578	0.0029	0.6057	0.0289	0.0760	0.0010	0.67	521	81	481	18	472	6	101.91	472	6
DC-12.09	0.0556	0.0032	0.5156	0.0287	0.0673	0.0010	1.77	436	97	422	19	420	6	100.48	420	6
DC-12.17	0.0741	0.0024	1.6645	0.0510	0.1629	0.0017	3.61	1045	67	995	19	973	9	102.26	1045	67
DC-12.22	0.0722	0.0019	1.6497	0.0398	0.1658	0.0016	0.58	990	34	989	15	989	9	100.00	989	9
DC-12.23	0.0560	0.0019	0.5247	0.0164	0.0679	0.0007	1.12	454	52	428	11	424	4	100.94	424	4
DC-12.25	0.0724	0.0015	1.6721	0.0326	0.1674	0.0013	4.68	998	44	998	12	998	7	100.00	889	7
DC-12.26	0.0678	0.0012	1.4193	0.0220	0.1518	0.0011	1.41	862	20	897	9	911	6	98.46	911	6
DC-12.28	0.0695	0.0012	1.3333	0.0215	0.1392	0.0010	3.05	913	37	860	9	840	5	102.38	840	5
DC-12.29	0.1671	0.0030	11.0265	0.1812	0.4786	0.0050	0.58	2528	14	2525	15	2521	22	100.16	2528	14
DC-12.30	0.0560	0.0018	0.5587	0.0165	0.0724	0.0007	2.56	450	49	451	11	451	4	100.00	451	4
DC-12.34	0.0986	0.0020	3.8351	0.0707	0.2821	0.0026	1.09	1597	21	1600	15	1602	13	99.88	1597	21
DC-12.35	0.1193	0.0030	5.8067	0.1371	0.3531	0.0042	0.82	1945	25	1947	20	1949	20	99.90	1945	25
DC-12.36	0.0770	0.0016	2.0235	0.0390	0.1904	0.0016	2.91	1122	25	1123	13	1124	9	99.91	1122	25
DC-12.40	0.1124	0.0048	4.7283	0.1897	0.3051	0.0046	1.24	1839	80	1772	34	1717	23	103.20	1839	80
DC-12.41	0.1715	0.0020	11.6041	0.1039	0.4908	0.0035	2.15	2572	7	2573	8	2574	15	99.96	2572	7
DC-12.43	0.0695	0.0022	1.4555	0.0440	0.1519	0.0017	2.09	912	44	912	18	912	9	100.00	912	9
DC-12.44	0.0573	0.0035	0.6426	0.0385	0.0813	0.0014	0.84	505	103	504	24	504	8	100.00	504	8
DC-12.45	0.0579	0.0020	0.6724	0.0224	0.0843	0.0009	1.30	524	54	522	14	522	5	100.00	522	5

（三）大草滩群 c 岩组碎屑锆石 U-Pb 年龄谱特征

大草滩群 c 岩组灰白色砂砾岩中选出的锆石，一般呈浅褐色或浅红色透明，多为半自形短柱状，少数为球状，大部分被不同程度地磨圆，粒径大多在 50 ~ 150μm 之间。U-Pb 年龄分析结果列于表 3 中，并直观地显示 U-Pb 年龄谐和图（图 2c）中。

所分析锆石的 U/Th 比值主要在 0.60 ~ 9.66 之间，结合锆石 CL 图像和形貌特征，认为这些锆石基本都属岩浆成因。根据所获得的碎屑锆石 U-Pb 年龄频谱图分析(图 3c)，375 ~ 507Ma 年龄组的锆石 17 粒，约占 25%；841 ~ 1340Ma 年龄组的锆石 8 粒，约占 12%；1442 ~ 1980Ma 年龄组的锆石 37 粒，约占 55%；2171 ~ 2453Ma 年龄组的锆石 3 粒，约占 4%；2820 ~ 3051Ma 年龄组的锆石 2 粒，约占 3%。其中 375 ~ 507Ma 年龄组分所占比例最大，年龄相对集中，呈现最强烈的峰值；其次为 1442 ~ 1980Ma 年龄组分，也于约 1800Ma 处呈现较强烈的峰值；其他年龄相对分散，出现多个低强度的峰值。最年轻的锆石年龄为 375 ± 6Ma；最老的锆石年龄 3051 ± 18Ma。

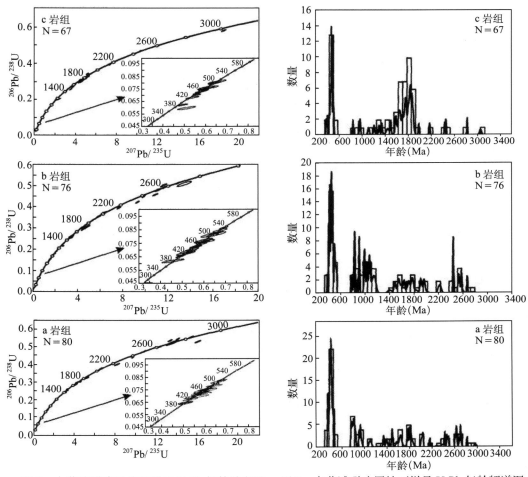

图 2　大草滩群碎屑锆石样品 U-Pb 年龄谐和图　　图 3　大草滩群碎屑锆石样品 U-Pb 年龄频谱图

表3 大草滩群 c 岩组 LA-ICPMS 碎屑锆石 U-Pb 同位素分析结果

分析点号	同位素比值						U/Th 比值	同位素年龄 (Ma)						谐和度 (%)	报道年龄	1σ
	$^{207}Pb/^{206}Pb$	1σ	$^{207}Pb/^{235}U$	1σ	$^{206}Pb/^{238}U$	1σ		$^{207}Pb/^{206}Pb$	1σ	$^{207}Pb/^{235}U$	1σ	$^{206}Pb/^{238}U$	1σ			
DC-08.01	0.1114	0.0013	5.1913	0.0040	0.3380	0.0022	4.24	1822	7	1851	7	1877	11	98.61	1822	7
DC-08.02	0.2299	0.0025	18.4701	0.1545	0.5828	0.0039	1.88	3051	18	3015	8	2960	16	101.86	3051	18
DC-08.05	0.1006	0.0024	3.5628	0.0791	0.2569	0.0027	1.87	1634	26	1541	18	1474	14	104.55	1634	26
DC-08.06	0.1993	0.0023	15.0655	0.1268	0.5483	0.0038	1.65	2820	6	2819	8	2818	16	100.04	2820	6
DC-08.08	0.1039	0.0015	4.4406	0.0512	0.3101	0.0022	1.38	1694	11	1720	10	1741	11	98.79	1694	11
DC-08.09	0.1006	0.0013	4.0012	0.0413	0.2884	0.0020	9.66	1635	10	1634	8	1633	10	100.06	1635	10
DC-08.11	0.1597	0.0018	10.2765	0.0849	0.4666	0.0031	1.55	2453	6	2460	8	2469	14	99.64	2453	6
DC-08.12	0.0572	0.0008	0.6266	0.0075	0.0795	0.0005	7.40	497	15	494	5	493	3	100.20	493	3
DC-08.14	0.1011	0.0023	3.7572	0.0780	0.0296	0.0027	1.00	1643	24	1584	17	1539	14	102.92	1643	24
DC-08.15	0.1109	0.0033	4.9097	0.1387	0.3209	0.0043	1.56	1815	32	1804	24	1794	21	100.56	1815	32
DC-08.16	0.1096	0.0018	5.1791	0.0735	0.3427	0.0028	3.97	1793	14	1849	12	1900	13	97.32	1793	14
DC-08.18	0.1112	0.0018	5.0036	0.0679	0.3262	0.0026	1.22	1820	14	1820	11	1820	13	100.00	1820	14
DC-08.19	0.1075	0.0020	4.6457	0.0766	0.3134	0.0028	1.55	1757	18	1758	14	1757	13	100.06	1757	18
DC-08.20	0.1136	0.0015	5.2275	0.0523	0.3338	0.0023	0.68	1857	9	1857	9	1857	11	100.00	1857	9
DC-08.21	0.0804	0.0011	2.3013	0.0236	0.2074	0.0014	2.32	1208	11	1213	7	1215	7	99.84	1208	11
DC-08.22	0.1123	0.0012	5.1210	0.0388	0.3306	0.0021	1.92	1837	6	1840	6	1841	10	99.95	1837	6
DC-08.23	0.0573	0.0019	0.6385	0.0204	0.0808	0.0008	0.81	505	53	501	13	501	5	100.00	501	5
DC-08.24	0.0700	0.0009	1.5275	0.0143	0.1581	0.0010	8.38	930	10	941	6	946	6	99.47	946	6
DC-08.26	0.0673	0.0012	1.2939	0.0210	0.1394	0.0010	1.20	848	21	843	9	841	6	100.24	841	6
DC-08.27	0.1139	0.0014	5.2602	0.0494	0.3350	0.0022	1.30	1862	8	1862	8	1863	11	99.95	1862	8
DC-08.28	0.1355	0.0017	7.3901	0.0693	0.3954	0.0027	2.86	2171	8	2160	8	2148	13	100.56	2171	8
DC-08.30	0.0766	0.0012	1.9874	0.0249	0.1881	0.0013	1.64	1111	14	1111	8	1111	7	100.00	1111	14
DC-08.32	0.0563	0.0010	0.5811	0.0088	0.0748	0.0005	1.15	464	22	465	6	465	3	100.00	465	3
DC-08.33	0.0933	0.0011	3.3621	0.0293	0.2612	0.0017	1.65	1495	8	1496	7	1496	8	100.00	1495	8

分析点号	同位素比值						U/Th比值	同位素年龄（Ma）						谐和度（%）	报道年龄	1σ
	$^{207}Pb/^{206}Pb$	1σ	$^{207}Pb/^{235}U$	1σ	$^{206}Pb/^{238}U$	1σ		$^{207}Pb/^{206}Pb$	1σ	$^{207}Pb/^{235}U$	1σ	$^{206}Pb/^{238}U$	1σ			
DC-08.34	0.1216	0.0016	6.0319	0.0616	0.3596	0.0025	3.57	1980	9	1980	9	1980	12	100.00	1980	9
DC-08.35	0.0912	0.0029	3.0306	0.0902	0.2409	0.0024	1.34	1452	61	1415	23	1391	13	101.73	1452	61
DC-08.37	0.1142	0.0017	5.3476	0.0671	0.3396	0.0026	1.23	1867	12	1876	11	1885	12	99.52	1867	12
DC-08.38	0.0573	0.0016	0.5870	0.0158	0.0743	0.0007	1.21	502	42	469	10	462	4	101.52	462	4
DC-08.39	0.1152	0.0014	5.3948	0.0482	0.3395	0.0022	1.43	1883	8	1884	8	1884	11	100.00	1883	8
DC-08.40	0.1125	0.0017	5.1709	0.0649	0.3332	0.0025	1.79	1841	12	1848	11	1854	12	99.68	1841	12
DC-08.41	0.0861	0.0011	2.7493	0.0261	0.2316	0.0015	0.60	1340	9	1342	7	1343	8	99.93	1340	9
DC-08.42	0.1105	0.0017	4.9398	0.0635	0.3241	0.0025	0.98	1808	13	1809	11	1809	12	100.00	1808	13
DC-08.43	0.1105	0.0027	4.5739	0.1033	0.3001	0.0033	1.76	1808	25	1745	19	1692	16	103.13	1808	25
DC-08.45	0.0567	0.0018	0.5903	0.0177	0.0755	0.0007	1.51	481	49	471	11	469	4	100.43	469	4
DC-08.48	0.1072	0.0020	4.5748	0.0765	0.3096	0.0027	1.85	1751	18	1745	14	1739	13	100.35	1751	18
DC-08.49	0.0977	0.0013	3.8647	0.0417	0.2869	0.0020	2.28	1580	11	1606	9	1626	10	98.77	1580	11
DC-08.50	0.1119	0.0015	4.7732	0.0484	0.3093	0.0021	6.46	1831	9	1780	9	1737	10	102.48	1831	9
DC-08.51	0.0565	0.0009	0.5876	0.0083	0.0754	0.0005	1.06	472	19	469	5	469	3	100.00	469	3
DC-08.52	0.0570	0.0013	0.5973	0.0123	0.0761	0.0006	2.88	490	32	476	8	473	4	100.63	473	4
DC-08.53	0.0559	0.0013	0.5550	0.0119	0.0720	0.0006	1.10	447	34	448	8	448	3	100.00	448	3
DC-08.55	0.0840	0.0012	2.5759	0.0282	0.2224	0.0015	0.99	1293	11	1294	8	1294	8	100.00	1293	11
DC-08.57	0.1040	0.0016	4.3317	0.0550	0.3020	0.0023	1.93	1697	13	1699	10	1701	11	99.88	1697	13
DC-08.59	0.1054	0.0017	4.4363	0.0596	0.3052	0.0024	2.09	1722	14	1719	11	1717	12	100.12	1722	14
DC-08.60	0.0561	0.0014	0.5686	0.0136	0.0735	0.0006	1.62	458	38	457	9	457	4	100.00	457	4
DC-11.04	0.0568	0.0019	0.4890	0.0157	0.0625	0.0006	2.57	482	75	404	11	391		103.32	391	3
DC-11.05	0.0568	0.0015	0.5543	0.0137	0.0708	0.0006	0.97	483	40	448	9	441	4	101.59	441	4
DC-11.06	0.1060	0.0019	4.5400	0.0740	0.3106	0.0027	2.16	1731	18	1738	14	1744	13	99.66	1731	18
DC-11.10	0.1021	0.0014	4.1415	0.0453	0.2941	0.0020	2.41	1663	11	1663	9	1662	10	100.06	1663	11
DC-11.11	0.1577	0.0020	8.8507	0.0885	0.4071	0.0029	1.10	2323	8	2323	9	2202	13	105.50	2431	8

续表3

分析点号	同位素比值						U/Th 比值	同位素年龄 (Ma)						谐和度 (%)	报道年龄	1σ
	$^{207}Pb/^{206}Pb$	1σ	$^{207}Pb/^{235}U$	1σ	$^{206}Pb/^{238}U$	1σ		$^{207}Pb/^{206}Pb$	1σ	$^{207}Pb/^{235}U$	1σ	$^{206}Pb/^{238}U$	1σ			
DC-11.12	0.0989	0.0027	3.8821	0.0988	0.2846	0.0025	0.96	1604	51	1610	21	1615	13	99.69	1604	51
DC-11.14	0.1098	0.0017	4.8634	0.0612	0.3213	0.0024	1.44	1796	13	1796	11	1796	12	100.00	1796	12
DC-11.15	0.0564	0.0024	0.5329	0.0219	0.0686	0.0007	3.21	467	96	434	14	428	4	101.40	428	4
DC-11.16	0.0980	0.0015	3.7768	0.0476	0.2794	0.0020	3.26	1587	13	1588	10	1588	10	100.00	1587	13
DC-11.18	0.0908	0.0018	3.1423	0.0573	0.2511	0.0022	0.73	1442	22	1443	14	1444	11	99.93	1442	22
DC-11.19	0.1015	0.0016	3.9731	0.0507	0.2839	0.0021	1.33	1652	13	1629	10	1611	10	101.12	1652	13
DC-11.23	0.0834	0.0070	2.2883	0.1865	0.1990	0.0039	0.77	1279	169	1209	58	1170	21	103.33	1279	169
DC-11.25	0.0575	0.0032	0.6091	0.0324	0.0768	0.0011	1.55	512	91	483	20	477	7	101.26	477	7
DC-11.26	0.1141	0.0025	4.9824	0.1019	0.3167	0.0033	2.94	1866	22	1816	17	1774	16	102.37	1865	22
DC-11.27	0.0578	0.0026	0.6514	0.0284	0.0818	0.0010	1.62	521	73	509	17	507	6	100.39	507	6
DC-11.29	0.1071	0.0021	4.5686	0.0825	0.3094	0.0029	2.36	1750	20	1744	15	1738	14	100.35	1750	20
DC-11.30	0.1071	0.0017	4.3778	0.0599	0.2965	0.0023	1.67	1750	14	1708	11	1674	11	102.03	1750	14
DC-11.31	0.0572	0.0007	0.5830	0.0155	0.0739	0.0007	1.40	498	43	466	10	460	4	101.30	460	4
DC-11.33	0.1071	0.0015	4.4772	0.0496	0.3032	0.0021	1.32	1750	11	1727	9	1707	10	101.17	1750	11
DC-11.36	0.0567	0.0027	0.6013	0.0271	0.0769	0.0010	1.35	481	77	487	17	477	6	100.21	477	6
DC-11.38	0.1157	0.0025	5.2323	0.1018	0.3280	0.0033	1.23	1890	21	1858	17	1829	16	101.59	1890	21
DC-11.39	0.0712	0.0012	1.5945	0.0221	0.1624	0.0011	4.83	963	17	968	9	970	6	99.79	970	6
DC-11.43	0.0613	0.0035	0.5068	0.0282	0.0600	0.0009	1.14	649	93	416	19	375	6	110.93	375	6

五、讨论

长期以来，大草滩群被认为是典型的造山后磨拉石建造，这套地层一直被视为北秦岭加里东期造山运动最直接、最重要的证据之一（霍福臣等，1995；张国伟等，2001）。但是大草滩群主要为陆相粗碎屑沉积岩组成，其中含有大量的火山碎屑物质成分，地球化学组成特征表明其与活动大陆边缘岩浆弧的发展密切相关，并且大草滩群 a 岩组中含有丰富的凝灰质砂岩夹层，因此属于形成于弧前构造环境的沉积体系（闫臻等，2002，2007；徐静刚等，2006）。闫臻等（2002，2007）进一步推论大草滩群为西秦岭造山带晚古生代（海西期）造山作用的产物，其大地构造环境处于西秦岭李子园群火山岩系的前端，为一个位于火山岩浆弧之上的逆冲席顶盆地，其层序特征、物质组成和构造变形特征是晚古生代西秦岭造山带增生造山作用的体现。

杜远生（1995）将大草滩群与南部的舒家坝群和西汉水群一起放在处于挤压构造环境形成的前陆盆地体系之中进行研究，舒家坝群被认为是属于前渊深水浊流沉积（海相磨拉石），西汉水群被认为是发育于前缘隆起带的浅水碳酸盐岩和陆棚沉积，大草滩群则被认为代表红色陆相磨拉石沉积，是南、北秦岭加里东期碰撞造山作用的结果。然而，这三套泥盆系地层单位不仅分布地区不同，而且在岩相组合上也有明显的差异。上泥盆统大草滩群不仅变形很弱，而且完全没有经历变质作用，与相邻中泥盆统舒家坝群之间为断层接触关系，且两者变形样式和变质程度形成明显的对比（裴先治等，2004a）。

因此，对大草滩群的构造属性和地质意义必须重新思考。近几年来，在研究区内进行了构造地质、地球化学和同位素年代学综合研究（裴先治等，2004b，2005a，2005b，2007a，2007b；董云鹏等，2007；董云鹏，2008；徐学义等，2008；李王晔，2008），厘定出了完整的古生代沟－弧－盆体系，为重新解读大草滩群的地质意义提供了良好的基础。研究区内古生代构造演化模型大致是："天水－武山洋盆"形成于早中寒武世，洋壳的初始俯冲消减发生在晚寒武－早奥陶世，在晚奥陶－早志留世存在两次洋壳俯冲消减事件；在晚奥陶世时，"清水－红土堡弧后盆地"开始拉张形成；早中泥盆世因弧后盆地的闭合而发生碰撞造山作用，以北秦岭微陆块为基底的复合岩浆弧与华北大陆西南缘碰撞拼合。

碎屑锆石 U-Pb 年龄频谱特征综合地反映了源区大陆地壳形成、增生与壳内岩浆（变质）作用事件。最近利用碎屑沉积岩的锆石 U-Pb 年龄频谱分析，在北秦岭－祁连结合区和周边地区已经取得了很多重要研究成果（何艳红等，2005；陆松年等，2006；Darby B. J. et al.，2006；董国安等，2007；李怀坤等，2007；裴先治等，2007c）。我们可以根据大草滩群三个岩组中碎屑锆石 U-Pb 年龄频谱特征，分析其沉积物的来源和源区的构造演化。从大草滩群三个岩组碎屑锆石 U-Pb 年龄谱的特征来分析，存在以下明显的规律性：

（1）明显缺失 550 ～ 750Ma 年龄组分，以此区别于来自扬子克拉通北缘的新元古代锆石组分（543 ～ 761Ma；Zhou et al., 2004；Condon et al., 2005；Zhang et al., 2005）。

（2）都存在少量老于 2600Ma 年龄组分，这些数据老于北秦岭－祁连结合区基底最老的锆石年龄（何艳红等，2005；裴先治等，2007c），说明有来自于华北克拉通西部地块的太古宙锆石颗粒（Darby B. J. et al., 2006）。

（3）a 岩组中，807 ～ 996Ma 年龄组约占 18%，1136 ～ 1283Ma 年龄组约占 4%，1375 ～ 1875Ma 年龄组约占 21%，2035 ～ 2501Ma 年龄组约占 11%；b 岩组中，789 ～ 1169Ma 年龄组约占 32%，1402 ～ 1996Ma 年龄组约占 22%，2213 ～ 2578Ma 年龄组约占 12%；c 岩组中，841 ～ 1340Ma 年龄组约占 12%，1442 ～ 1980Ma 年龄组成约占 55%，2171 ～ 2453Ma 年龄组约占 4%。750 ～ 2600Ma 年龄组分所代表的是北秦岭－祁连微陆地基底的年龄组成，地层剖面从下到上，三个岩组中这一年龄组分所占比例分别为 54%，65%，72%，依次变大，并且主要峰值年龄也是具有向老的方向变化的趋势。这一特征反映的是往造山带深部基底和陆壳内部逐渐延伸的隆升和剥蚀。

（4）小于 550Ma 年龄组分所代表的是古生代复合岩浆弧和加里东期碰撞造山带的年龄组成，地层剖面从下到上，三个岩组中这一年龄组分所占比例分别为 36%，32%，25%，依次变小；最年轻的锆石年龄分别为 403±5Ma，385±5Ma，375±6Ma，也是逐渐变小。这一特征反映的是大陆边缘岩浆弧前缘同岩浆活动的隆升、剥蚀和沉积。

总的来说，从大草滩群三个岩组碎屑锆石 U-Pb 年龄频谱特征来分析，其碎屑沉积物来自多种构造环境中的岩石地层单元，主要来自北秦岭－祁连微陆块元古宙基底，其次是来自古生代洋壳持续俯冲形成的大陆边缘岩浆弧和加里东期碰撞造山带再旋回物质，还有少量来源于华北克拉通西部地块的物质成分。

现有地质资料表明，早中泥盆世因"清水－红土堡弧后盆地"闭合而发生碰撞造山作用，以北秦岭－祁连微陆块为基底的复合岩浆弧与华北大陆西南缘碰撞拼合。在北秦岭－祁连结合区广泛存在的早古生代晚期碰撞型花岗质岩浆岩、构造－热变质作用，以及多处发现的泥盆系与下古生界之间的角度不整合界面，都是这一期微陆（弧）－大陆碰撞造山地质事件的不同表现形式。碰撞造山作用发生时，南侧的残余洋壳仍然持续向北俯冲，但俯冲角度变小，岩浆弧前锋向内陆迁移，华北大陆西南缘演化成了安第斯型活动大陆边缘。此时，具有磨拉石特点的上泥盆统大草滩群河湖相粗粒碎屑岩作为微陆（弧）－大陆碰撞造山作用的沉积响应，沉积于活动大陆边缘的弧前地带。也就是说，在位于加里东晚期碰撞造山带南缘形成山前磨拉石沉积的同时，更南侧的洋壳俯冲作用仍持续进行，形成活动陆缘型深成岩浆杂岩和火山－沉积岩系等，并且提供了沉积物源。因此，晚泥盆世大草滩陆相粗碎屑沉积组合是微陆（弧）－大陆碰撞以后，洋壳持续俯冲造山作用阶段同火山－岩浆活动的沉积响应。

六、结论

根据碎屑锆石 U-Pb 年代学的研究结果，大草滩群碎屑沉积物质来源很复杂，具有明显的多元性，主要来自北秦岭－祁连微陆块元古宙基底，其次是来自古生代洋壳持续俯冲形成的大陆边缘岩浆弧和加里东期碰撞造山带再旋回物质，还有少量来源于华北克拉通西部地块的物质成分。

大草滩群沉积区在构造位置上是处于微陆（弧）－大陆碰撞造山带的南缘与安第斯型大陆边缘岩浆弧的弧前盆地这一构造叠加地区。地层剖面从下到上，三个岩组最年轻组分锆石年龄逐渐变小的规律性变化，正是从沉积响应的角度反映出了大陆边缘岩浆弧前缘同岩浆活动的隆升、剥蚀和沉积等地质构造演化的过程；元古宙组分所占的比例逐渐增大和峰值年龄向老的方向变化的趋势，反映的是往造山带基底深部和大陆内部逐渐延伸的隆升和剥蚀。晚泥盆世大草滩群陆相粗碎屑沉积组合是微陆（弧）－大陆碰撞以后，洋壳持续俯冲造山作用阶段同火山－岩浆活动的沉积响应。

致谢：作者对裴先治教授、董云鹏教授在野外工作上的帮助，张青帮助分选锆石，弓虎军、张红和程斌在 LA-ICP-MS 分析工作中的帮助，在此一并深表谢意。

参考文献

[1] 董国安等. 祁连地块前寒武纪基底锆石 SHRIMP U-Pb 年代学及其地质意义. 科学通报, 2007 (13)

[2] 董云鹏等. 西秦岭武山 E-MORB 型蛇绿岩及相关火山岩地球化学. 中国科学（D 辑）（增刊）, 2007, 37

[3] 董云鹏. 西秦岭关子镇蛇绿岩地球化学及其大地构造意义. 地质学报, 2008 (9)

[4] 杜远生. 西秦岭北带泥盆纪前陆盆地的沉积特征及盆地格局. 岩相古地理, 1995 (4)

[5] 冯益民等. 西秦岭造山带结构造山过程及动力学. 西安：西安地图出版社, 2002

[6] 甘肃省地质矿产局. 甘肃省区域地质志. 北京：地质出版社, 1989

[7] 何艳红等. 陇山杂岩的 LA-ICP-MS 锆石 U-Pb 年龄及其地质意义. 岩石学报, 2005 (1)

[8] 霍福臣, 李永军. 西秦岭造山带的建造与地质演化. 西安：西北大学出版社, 1995

[9] 李怀坤等. 北祁连西段北大河岩群碎屑锆石 SHRIMP U-Pb 年代学研究. 地质论评, 2007 (1)

[10] 李王晔. 西秦岭－东昆仑造山带蛇绿岩及岛弧型岩浆岩的年代学和地球化学研究——对特提斯洋演化的制约. 中国科学技术大学博士学位论文, 2008

[11] 陆松年. 秦岭岩群副变质岩碎屑锆石年龄谱及其地质意义探讨. 地学前缘, 2006 (6)

[12] 裴先治等. 天水市幅 1 : 25 万区域地质调查（修测）成果报告. 西安：长安大学地质调查研究院, 2004a

[13] 裴先治等. 西秦岭天水地区关子镇蛇绿岩的厘定及其地质意义. 地质通报, 2004b (12)

[14] 裴先治, 李　勇, 陆松处等. 西秦岭天水地区关子镇中基性岩浆杂岩体锆石 U-Pb 年龄及其地质意义. 地质通报, 2005a (1)

[15] 裴先治. 西秦岭天水地区岛弧型基性岩浆杂岩的地球化学特征及形成时代. 中国地质, 2005b (4)

[16] 裴先治. 西秦岭北缘新元古代花岗质片麻岩的 LA-ICP-MS 锆石 U-Pb 年龄及其地质意义. 地质学报, 2007a (6)

[17] 裴先治. 西秦岭天水地区百花基性岩浆杂岩的 LA-ICP-MS 锆石 U-Pb 年龄及地球化学特征. 中国科学（D 辑）（增刊）, 2007b, 37

[18] 裴先治等. 祁连－秦岭造山带交接部位 25 亿年碎屑锆石的发现及其地质意义. 地球科学与环境学报. 2007c（2）

[19] 王宗起等. 秦岭晚古生代弧前增生的背驮型盆地体系. 地质通报，2002（8-9）

[20] 徐静刚等. 天水上泥盆统变砂岩地球化学特征及构造环境. 西北大学学报（自然科学版），2006（3）

[21] 徐学义等. 早古生代北秦岭－北祁连结合部构造格局的地层及构造岩浆事件约束. 西北地质，2008（1）

[22] 闫臻等. 西秦岭大草滩群的沉积环境及构造意义. 地质通报，2002（8-9）

[23] 闫臻等. 秦岭造山带泥盆系形成构造环境：来自碎屑岩组成和地球化学方面的约束. 岩石学报，2007（5）

[24] 张国伟等. 秦岭造山带与大陆动力学. 北京：科学出版社，2001

[25] 张国伟等. 中国大陆构造中的西秦岭－松潘大陆构造结. 地学前缘，2004（3）

[26] Andersen T. Correction of common lead in U-Pb analyses that do not report[204]Pb. Chem Geol, 2002, 192

[27] Condon D, Zhu M, Bowring S, et al. U-Pb ages from the Neoproterozoic Doushantouo Formation, China, Science, 2005, 308

[28] Darby B J, Gehrels G. Detrital zircon reference for the North China block. J Asian Earth Sci, 2006, 6

[29] Ludwig K R. Isoplot/Ex version 3.00. A geochronological toolkit for Microsoft Excel. Berkeley Geochron Centre Spec Publ, 2003, 4

[30] Yuan H L, Gao S, Liu X M, et al. Accurate U-Pb age and trace element determinations of zircon by laser ablation inductively coupled plasma mass spectrometry. Geosetan Geoanal Res, 2004, 28

[31] Zhan S, Jiang G, Zhang J, et al. U-Pb sensitive highresoloution ion microprobe ages from the Doushantou Formation in South China: Constraints on Late Neoproterozoic glaciations. Geology, 2005, 33

[32] Zhou C, Tucker R, Xiao S, et al. New constraints on the ages of Neoproterozoic glaciations in South China. Geology, 2004, 32

The major suture zone of the Qinling orogenic belt*

Zhang Guowei   **Yu Zaiping**   **Sun Yong**   **Cheng Shunyou**   **Li Taohong**
Xue Feng   **Zhang Chengli**

Abstract   The Qinling mountains are a typical composite continental orogenic belt which underwent various stages of evolution characterized by different tectonic regimes. Its Proterozoic to early Mesozoic evolution was dominated by plate subduction and collision processes. The Shangdan fault zone marks the major suture which resulted from the plate subduction and collision and represents the basic division in both the superficial geology and the deep-seated crustal structure of the Qinling mountains. It is not a simple fault zone but an intricate geologic terrane, characterized by a prolonged and complicated history. It is referred to as Shangdan boundary fault terrane or Shangdan zone for short. The Shangdan zone consists chiefly of five parts: (1) fault systems as marked by various types of mylonite and cataclasite, (2) tectonic assemblages or Danfeng ophiolite blocks. (3) tectonic assemblages of obducted slices of a sedimentary prism, (4) granitic rocks related to orogenic processes of subduction and collision, and (5) basins controlled by late brittle faults. The evolution of the Shangdan zone can be traced through three major stages: the Caledonian period of subduction, the Indosinian period of collision and orogeny, and the Mesozoic-Cenozoic period of intra-plate deformation, among which the Indosinian period marks the most important stage in its development. In brief, the Shangdan zone is the major division between the ancient lithospheric plates in the Qingling belt and extends deep into the upper mantle.

Introduction

The Qinling mountains are an important composite continental orogenic belt across the continent of east Asia and occurs between the North China craton and the Yangtze craton. According to its geological, geochemical and geophysical characteristics this tectonic belt consists principally of three zones, separated from one another by the nearly east-west Luonan-Luan-

*Published in Journal of Southeast Asain Earth Science, 1989,3 (1-4): 63-76.

chuan fault and the Shangdan fault. These are: (1) the North China craton southern marginal tectonic belt, (2) the northern Qinling tectonic belt, and (3) the southern Qinling belt (Fig. 1). The Qinling orogenic belt as a whole is characterized by its complex composition and structure due to a prolonged tectonic history. Different stages in its evolution involved different tectonodynamical mechanisms. Plate movements appear to have begun from the late Proterozoic and prevailed until the earlyMesozoic. While the southern Qinling tectonic belt originally pertained to a passive continental margin on the north of the Yangtze Plate, the northern Qinling and the North China craton southern marginal tectonic belt belonged to the North China Plate, the northern Qinling belt pertaining to an active continental margin on the south of the North China Plate. The main plate movements occurred in the Indosinian period when the North China Plate and the Yangtze Plate experienced continued relative motion involving lateral drift and rotation and finally settled down approximately where they now exist (Lin 1985). This plate motion results in subduction and collision along the Shangdan fault zone and gave rise to the fundamental structure of the pressent Qinling orogenic belt. Obviously, the Shangdan fault zone has played a leading role in the prolonged evolution of the Qinling mountains. It not only marks the major suture zone of subduction and collision between the North China Plate and the Yangtze Plate but also represents a belt of great activity during the Mesozoic-Cenozoic period of intra-plate deformation. In fact, it is not a simple fault zone but an intricate tectonic border terrane dominated by the subduction and collision zone of the plate border and characterized by complicated structure and a prolonged history. By the term "tectonic border terrane" we refer to a linear geological terrane or tectonic unit which occurs as a dividing border between senarate ancient plates or terranes and at the same time is a substantial feature itself with its own material composition, structure and history. The Shangdan fault zone is exactly a feature of this kind. It is therefore referred to as Shangdan boundary fault terrane, or Shangdan zone for short.

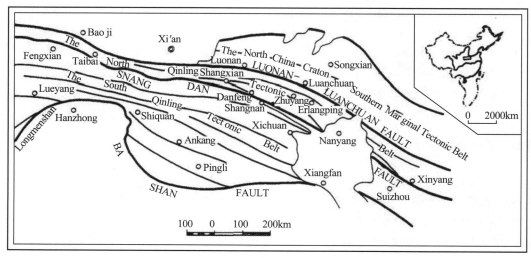

Fig. 1   Regional map of Qinling orogenic belt showing its major tectonic divisions

The shangdan zone

The present Shangdan boundary fault terrane is an end product produced as the result of prolonged and complex evolution. It occurs between the northern and the southern Qinling belt and extends approximately east-west for hundreds of kilometers, with a maximum width from north to south of only about 6-8 km. The northern and the southern Qinling orogenic belts differ markedly in that each has a distinctive late Proterozoic-early Mesozoic history and a different crustal structure due to its separate geological evolution associated with a separate plate, notwithstanding a common Mesozoic-Cenozoic history of intra-plate deformation.

Division in the superficial geology between the northern and the soulthern Qinling belt

The North China and Yangtze Plates have long been subjected to separate evolution. This difference is mainly reflected in their different stratigraphic associations. The southern Qinling belt is characterized by a double-layered crustal structure consisting of the basement and cover of the Yangtze craton. Late Proterozoic sediments and associated acid, intermediate and basic metavolcanics of the Yunxi and the Yaolinghe Groups and sediments of the Doushantuo and Dengying Formations ranging from flysch to cratonic facies are abundantly exposed in the southern Qinling belt but they never extend beyond the Shangdan zone. Sediments of the Lower and the Upper Palaeozoic and the Lower-Mid Triassic consistently show a pattern in which the shelf, slope, rise or even abyssal plain successively occur from south to north, suggesting the existence of an integrated sedimentary system of a passive continental margin off the north coast of the Yangtze continent. Despite the occurrence of a marginal fault trough in early Palaeozoic times, in which accumulated the rift-type deep water sediments of the Donghe Group and associated subalkalic subvolcanics and intrusives now occurring along a tract including Pingli and Shiquan, and some change and adjustment in depositional setting and facies pattern between the early Palaeozoic and the late Palaeozoic early and middle Triassic,the above overall pattern of progressively deeper water sedimentary systems from south to north showed no conspicuous change with time （Fig. 2）. This strongly suggests that the tectonic setiing of a passive continental margin persisted on the north of the Yangzte Plate throughout the late Palaeozoic until the early Mesozoic Indo-China period. In the northern Qinling belt, entirely different rock assemblages occur, Underlying this area is a precambrian crystalline basement consisting of the Qinling and Kuanping complex, which rather closely resembles that of the North China craton in view of their similarities in composition, structural features and geophysical characteristics. An especial characteristic of this belt is the occurrence of early Palaeozoic Danfend and Yunjiashan-Erlangping ophiolite complexes, back-and fore-arc turbiditic sequences, and a tract of extensive Palaeozoic calcalkaline grantic rocks. All these show that the northern Qinling mountains represent and active continental margin on the south of the North China Plate facing

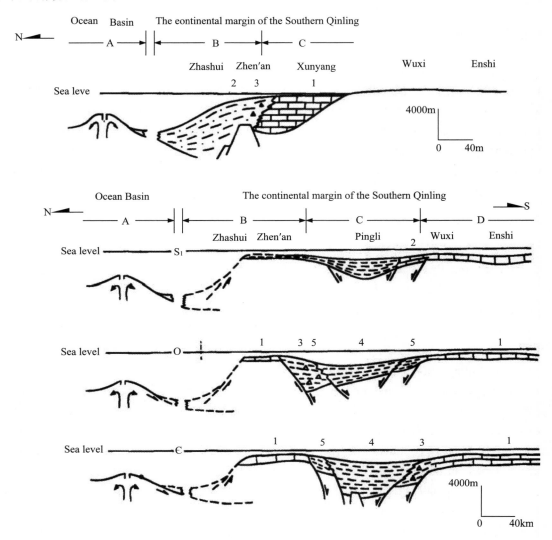

1. Shallow water platform limestone, dolomite shale and sandstone; 2. Flysch; 3. Slump breccia; 4. Deep-water basin layered chert, carbonaceous shale, and phyllite; 5. Slope facies marlstone, turbiditic limestone and phyllite. A. Ocean basin (ophiolite area); B. Intervening platform; C. Trough; D. Marginal platform of the Yangtze block. A. Ocean (ophiolite area); B. Slope-rise; C. Shelf: 1. Shallow-water platform limestone, dolomite, sandstone and shale; 2. Flysch; 3. Slump breccia

Fig. 2 Palaeogeographic map of southern Qinging belt showing sedimentary system on northern of Yangtze Plate

the contemporaneous passive continental margin of the Yangtze Plate to the south, which now occurs only as remnants, due to subduction, collision and Mesozoic-Cenozoic tectonic activity. It is obvious that the Shangdan fault and border terrane represents the zone of terminal collision and coalescence of these two continental marginal systems rafted on the converging plates, thus forming the major geological division between north and south. In terms of structural features, there are conspicuous differences as well as similarites between the northern and the southern Qinling tectonic belt. The differences lie in the fact that northern Qinling is characterized by consolidated basement blocks, such as the Qinling complex and a centre of pronounced concentrated deformation, metamorphism and magmatism marked by the Danfeng and Erlangping ophiolites, calcalkaline granitic plutons and back-and fore-arc type sedimentary systems and exhibiting complicated deformational features and tectonic associations formed by remnants of an active continental margin as the result or orogenic processes of subduction and collision. The southern Qinling, on the other hand, is characterized by deformation and tectonic assemblages characteristic of a passive continental margin formed on the preexisting tectonic foundations as the result of subduction and collision. The similarities in tectonics between the northern and southern Qinling arise from a common tectonic evolution commencing from the opening and spreading of an ancient Qinling ocean of restricted exten and terminating with its subduction and final closing and collision, and a common history of intra-plate deformation subsequent to the coalescence of the two plates, which is reflected in the occurrences of a series of southward overlapping thrust nappes at various structural levels across the whole Qinling mountains (Fig. 3).

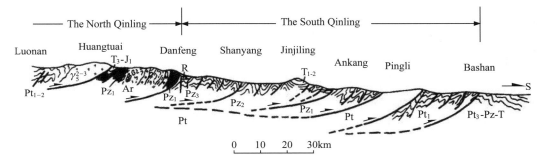

Fig. 3　Schematic tectonic cross-section across Qinling orogenic belt

Division in deep-seated crustal structure between the northern and the southern Qingling

The Shangdan zone coincides with an offset in the magnetic anomaly pattern and a zone of high gravity anomaly variation across the Qinling belt. Extraploated gravity and magnetic anomaly patterns for the 10-40 km upward continuation show similar feastures. Northern Qinling north of this zone exhibits gravity and magnetic anomalies rather similar to the North China craton, the anomalous magnetic field having considerably large postitive intensity values, greatly different from that of the southern Qinling (Zhu 1979, Zhou and Liu 1979). According to the unpublished data of Zhu Jieshou *et al.* seismic reflection profiles across the eastern segment of the Qinling range indicate that the northern and the southern Qinling as separated by the Shangdan zone have different seismic sections. As shown in Fig. 4, the Qinling belt can be divided into three parts according to crustal structure:

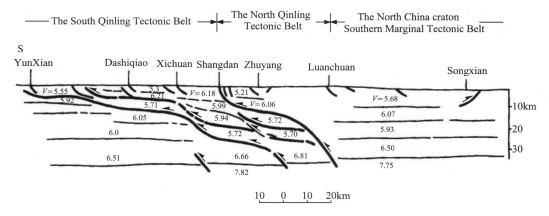

Fig. 4   Cross-section illustrating features of crustal structure of Qinling belt（modified from Zhu *et al.* 1987）

（1）The part north of the Luanchuan fault, i. e. the southern marginal portion of the North China craton, exhibits a relatively simple crustal structure with no conspicuous low velocity layer.

（2）The part south of Dashiqiao, which undoubtedly belongs to the Yangtze craton, only exhibits a low velocity layer at intermediate crustal levels（Ding 1987, Chen and Gao 1986）.

（3）The remaining part between the above two divisions is the central portion of the Qinling belt proper which in contrast shows marked low volocity layers（5.72-5.70 km/sec）, as notably exemplified by the area between the Shangdan zone and the Luanchuan fault which is characterized by several low velocity layers at depths in the lower part of the upper crust to the intermediate crust with thicknesses of about 10 km, probagly repressenting ductile zone or zones of magmatic melting. In conjunction with the surface geology and other geophysical characteristics, we interpret the Shangdan zone as an upward steepening listric fault system which extends downward towards the north to merge into a low velocity zone at a depth of about 12 km which it follows for some distance, giving rise to a large scale decollement or detachment structure,and eventually penetrates at an oblique angle into the lower crust and the upper mantle. The northern crustal unit above this decollement belongs to the crustal structure of the North China craton, whereas the southern slab below it represents part of the Yangtze Plate. At the junction of the Yangtze with the North China Plate, however, is a large-scale subduction, collision, thrust and detachment zone with another large detachment layer at its base, beyond which is the crust with seismic structure characteristic of the Yangtze craton. In short, existing seismic data suggest an overall crustal structure of the Qinling belt in which the North China crust slab is thrust southwards over the northwards-subducted Yantze crust, between which is a complex junction zone with intricate rock assemblages and intense deformation extending to great depth in the crust, the Shangdan zone being the collision zone proper.

As indicated by the above data, on the deep-seated crustal structure as well as the surficial geology, the Shangdan zone clearly represents an important dividing boundary in the Qinling orogenic belt. Moreover, its internal composition and character as discussed below will further demonstrate that it represents the very major suture zone of the subduction and collision boundary between Yangtze and North China.

Composition and Character of the Shangdan zone

The Shangdan zone is characterized by complex composition and a prolonged history. It comprises a mixture of sediment fragments and rock blocks or slices of different ages, types and provenances, tectonically arranged in shear zone or thrust contact with one another. Although it has undergone multiple and superimpossed deformation, its structure is still dominated by the major suture boundary between Yangtze and North China, forming an integrated boundary terrane. Specifically, it consists of: (1) a fault system composed dominantly of ductile shear zones of the Shangdan major boundary, (2) Danfeng ophiolite blocks tectonically set between thrusts, (3) a stacked obducted prism, (4) granitic plutons and dykes directly related to subduction and collision, and (5) red deposits within linear fault depressions controlled by late brittle faults.

Faults and shear zones of the Shangdan zone

The Shangdan zone is characterized by an intricate fault system consisting of faults and shear zones of varying nature, magnitude and scale formed at various structural levels during different periods of time which exhibit multiple deformation and superimposition accompanied by intense multiple dynamical metamor phism and composite implacement of linear intrusions. In terms of their pattern of occurrence, they are rather unevenly spaced across and extend continuously or intermittently along the strike. In brief, they comprise a labyrinthine fault system containing nurmerous individual long-lived, multiply-superposed shear surfaces in an intricate anastomosing pattern, which are revealed by various types of signatures, such as mylonite or cataclastic zones, aligned intrusions, dykes or mylonized linear intrusive bodies. Based on combined microscopic and mesoscopic studies in conjunction with large-scale mapping and detail field investigations, two major fault series are recognized, namely ductile or brittle-ductileseries and brittle series, repectively. Also distinguished are four fault groups corresponding, respectively, to four major successive periods of tectonic activity, i.e. subduction, collision, thrusting and nappe formation, and evolution of the Shangdan zone in different tectonic regimes or settings during different stages in the development of the Qinling orogenic belt. The Shangdan zone is best and most characteristically exposed in the Danfeng-Shangnan segment and the segment of Shagou, Ningshan. In the vicinity of Danfeng, for instance, seven closely spaced shear zones or faults are recognized on the basis of large-scale mapping (Fig. 5).

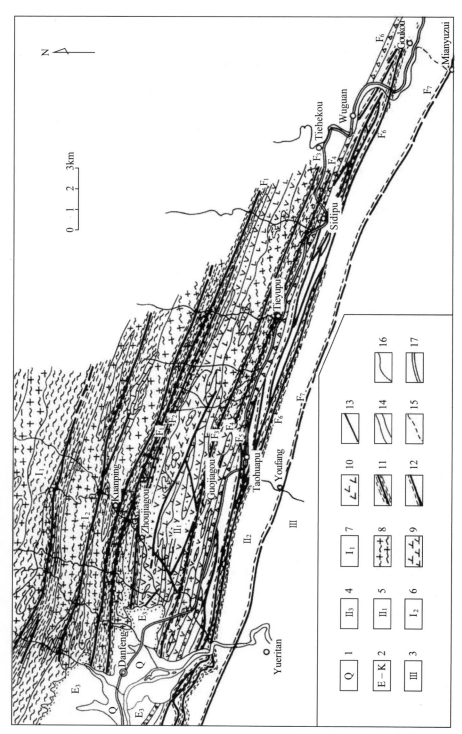

1. Quaternary; 2. Tertiary-Cretaceous; 3. Devonian Liuling Group; 4. Assemblage of obducted rock slices of sedimentary prism; 5. Assemblage of Danfeng ophiolite blocks; 6. Upper litholgy of early Precambrian Qinling Complex; 7. Lower litholgy of Qinling complex; 8. Granitic gneiss; 9. Granodiorite; 10. Pyroxenite or gabbro; 11. Shear zone; 12. Brittle-ductile fault; 13. Fault; 14. Brittle crush zone; 15. Assumed geological boundary; 16. Geological boundary; 17. Highway

Fig. 5 Geological sketch-map of Danfeng segment of Shangdan zone in Qinling belt

1. *Late brittle faults and Cretaceous-Tertiary.* Late brittle faults in the Shangdan zone are mostly expressed by zones or fault breccias or other fractured rocks belonging to the cataclastic series. A conspicuous feature of these faults is their occurrence in a discontinuous, *en echelon* pattern with right-lateral displacement, along which are formed a series of Cretaceous-Tertiary fault basin, as exemplified, for instance, by the segments of, from west to east, Baishipu, Shagou in Ningshan, Shangxian-Danfeng, and Zhuxia where all the faults exhibit a history of fault movements involving earlier extensional faulting and associated downfaulting and later renewed faulting and thrusting cutting and displacing the basins and resulting in open flexures in the red beds (Zhang *et al.* 1986). It is apparent that the later brittle fault system first formed during later stages of the Yangshanian orogeny and has further undergone compressional movement in Tertiary times. Features of these late faults and basins in the Shangdan zone and other major faults in the northern Qinling belt are closely associated with more or less simultaneous strike-slip movements suggesting that a genetic relationship to the strike-slip faults developed.

2. *Brittle-ductile shear zones.* Two types of brittle-ductile shear zones are recognized in the Shangdan zone: strike-slip shear zones and thrust zones. The former formed in a relatively later period and so are fully developed and well exposed, exhibiting mylonized fault rocks and porphyroclastic mylonites with various types of features formed by ductile shear. Notably conspicuous is t he widespread development of the penetravtive mylonite schistosity of nearly horizontal stretching lineations and slickenside striations with dominant plunge $15° - 20°$, $110° - 120°$, indicating left-lateral movement (Mattauer *et al.* 1985, Xu 1986). At the same time, however, are often seen partly destoryed earlier stretching lineations and slickensides with the reverse sense of movement, i. e. right-lateral strike-slip movement, indicating that the direction of slip has changed from dextral to sinistral during the course of the fault movements. There exists a close relationship between these and the late brittle faults and red basins as discussed above, which are not isolated features throughout the whole Shangdan zone but are genetically associates with the strike-slip movement, their change in mode of activity from earlier extension to later compression and occurrence in *en echelon* arrangement being the inevitalbe consequence of the reversal of direction of the strike-slip movement from dextral to sinistral.

With regard to the brittle-ductile thrust shear zones, their major features are summarized as follows:

(1) most of them occur along the northern border of the Shangdan zone with the Qinling complex, extending with irregular breadths for long distances along strike (Fig. 5).

(2) They are marked by protomylonites, mylonites and aligned mylonitic granitic intrusions with north-south stretching lineations and other shear structures, indicating southward thrusting.

(3) Their development is accompanied by intense dynamical metamorphism of green-schist facies, giving rise to mylonite zones or green-schist facies.

Taking account of the fact that these shear zones are cut across by the above-mentioned strike-slip shear zones and that the mylonitic granites in them are largely Indosinian to Yanshan-ian in age, it is inferred that they appear to have formed during the early-mid episodes of the Yanshanian orogeny. Although they presently are inclined at a steep angle at the surface, ge-ophysical data as presented above favour an interpretation that they are the major constituent parts of Mesozoic-Cenozoic thrust nappe structures in the northern Qinling belt, belonging to the group of brittle-ductile or ductile thrust shear zones.

3. *Ductile shear zones.* When the effects of later episodes of faulting are removed, the Shangdan zone conspicuously exhibit various mylonite zones formed at deeper levels. Based on large-scale mapping, isotopic data, as will be presented later, estimated strain magnitude and inferred depths at which the mylonites appear to have formed, and according to proportions of the matrix and grain size of porphyroclasts, or in terms of ratios of strain to recovery (Sibson 1977, Ramsay 1980, White 1980, Wise 1984, Zhong 1983, Song 1986, Zheng and Chang 1985), two types of mylonitic rocks can be distinguished: typical mylonite and mylonite gneiss. Typical mylonites include phylonites, ultramylonites, mylonite and augen mylonites. Original textures and structures are seldom retained within these rocks, which are fine-grained and have a matrix proportion larger than 50%, showing evidence of considerable recrystallization. Con-comitant dynamic recrystallization and recovery appear to be the dominant processes involved in the formation of these rocks. Various kinds of ductile flow structure are developed, suggesting their formation at deep levels and at high temperatures and pressures and slow strain rates by extreme plastic deformation involving processes of plastic comminution, such as ductile flow, crystal creep and propagation. Mineral assemblages of the matrix provide a P-T estimate of $550 - 660\,^{\circ}\text{C}$ and above 5 kbar, implying their formation at depths of at least $15 - 20$ km. As seen within the area covered by large-scale mapping, mylonites of this type largely accur in the Danfeng ophiolitic terranes and the forarc sedimentary prism of the Shangdan zone. In the ophiolites, mylonite zones occur as stacked high-angle thrust zones, which exhibit stretching lineations and A-type folds indicating southward thrusting, as illustrated by F_2, F_3 and F_5 in Fig. 5. In the sedimentary prism, however, what are found instead are an array of stacked north-ward obduction shear zones, as exemplified by F_6, F_7 in Fig. 5. These and other secondary parallel shear zones are the major features that signal emplacement of ophiolites and sedimen-tary slices by subduction and obduction, respectively, and reveal the occurrence in a pattern of tectonic slices, separated from one another by the thrust planes. This is also the case with other segments of the Shangdan zone such as Shagou and Baishipu. Combined preliminary results of

seismic surveying and other geophysical data indicate that the Shangdan zone as a whole dips towards the north in a shovel-shaped form. It is therefore suggested that the shear zones formed by these extensively developed mylonites in the Shangdan zone comprise a complex tectonic assemblage dominated by a series of southward-directed thrusts, nappes and decollment or detachment structures and accompanied at the same by northward obductional thrust zones, resulting in an overall tectonic pattern in which the Yangtze Plate is subducted and consumed beneath the overriding North China Plate. Thus, these mylonites are interpreted as the major porducts of the Yangtze-North China Plate subduction and collision orogenies.

The other group of mylonites in the Shangdan zone, i. e. mylonite gneisses, occur only as remnants engulfed in the above-mentioned mylonites. Most of these rocks are augen mylonites gneisses and gneiss tectonites falling into blastomylonite, which resemble regional metamorphic rocks but can still be recognized according to the presence of relic propjyroclasts in the rock and evidence of rotational shearing in the matrix. They reflect an earlier episode of ductile shearing in the Shangdan zone, probably representing relics of incipient products of plate subduction.

Danfeng ophiolitic assemblage

The Danfeng ophiolite complex is the dominant constituent part of the Shangdan zone, being of particular geological significance. It comprised a low-grade metamorphic complex of mafic and ultramafic rocks and flysch-type sediments, which occurs as a linear tract extending intermittently along the southern flank of the Qinling complex. In view of the diversity and complication of ophiolites and associated tectonic settings in continental orogens and the uncertainty of some geological and geochemical methods and criteria, a careful assessment has been carried out on these rocks from the viewpoint of the broad meaning of ophiolite as an asseblage of mafic-ultramafic rocks in continental orogens, and on the basis of their own particular characteristics and multi-disciplinary studies including field investigation, structural analysis, petrological and geochemical studies as wel as comparison with typical ophiolites studies as well as comarison with typical ophiolites in the world, suggesting that the Danfeng ophiolites largely fall into the arc-marginal sea type (Miyashiro 1973,1975, Coleman 1977,1984, Moores 1982, Tang and Lu 1986). Their dominant characteristics are as follows:

(1) they are composed dominantly of massive basalts, pillowed tholeiites and layered gabbroic complexes, with intercalations of sheeted diabase dykes and minor ultramafic rocks as well as abundant fore-are flysch-type turbidites but lacking any real oceanic sediments having essential characteristics of typical ophiolites. Consisting of blocks of different provenances in tectonic contact with one another, the assemblage is incompletely developed and shows no evident stratigraphic sequence. According to rock associations, it is suggested that they largely formed in arc-settings near the continental margin (Figs 6 and 7).

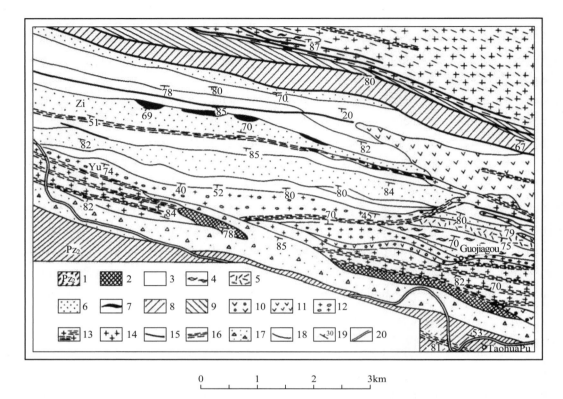

1. Devonian Liuling Group, 2–12, Danfeng ophiolites; 2. Garnet hornblende schist; 3. Massive mafic lavea; 4. Pillowed lava; 5. Dyke swarm; 6. Mafic lave intercalated with slate and thin-bedded limestone; 7. Pyroxenite; 8. Turbidite; 9. Pelitic turbidite; 10. Gabbro complex; 11. Gabbro; 12. Quartzo-felsparthic mylonite gneiss; 13. Mylonitized granite; 14. Granite; 15. Shear zone; 16. Brittle fault; 17. Fault; 18. Geological boundary; 19. Attitude; 20. Highway.

Fig. 6   Grelogical sketch-map of Danfeng ophiolite terrane of Taohuapu area in Qinling belt

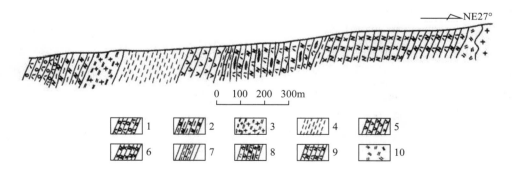

1. Garnet hornblende schist; 2. Chiorite plagioclase amphibolite; 3. Mylonitized granite; 4. Mylonite; 5. Amphibolite; 6. Mafic dyke swarm; 7. Slate with thin beds of limestone; 8. Pillowed lava (amphibolite); 9. Massive lave (amphibolite); 10. Gabbro

Fig. 7   Diagrammatic cross section of Danfeng ophiolite terrane through Guojiagou in Qinling belt

（2）Most of the various types of basic volcanic rock in the Danfeng ophiolites exhibit uniform characteristics in terms of their major and trace element contents and are characterized by the association of rocks of tholeiitic and calc-alkaline series, falling into the CA+TH type（Figs 8, 9 and 10）. In terms of REE distributions, they mostly show enriched REE patterns, excluding a few exceptions that are marked by flat patterns（Fig. 11）. Initial $^{87}Sr/^{86}Sr$ ratios range from 0.703 to 0.708. These and other major geochemical characteristics are of the arc-marginal sea type, markedly different from those of ridge ophiolites. There is considerable variation both across and along the Danfeng ophiolite tract. Some basic volcanics occurring west of Shagou belong to the tholeiite and alkali basalt series and exhibit medium to higpressure metamorphism, whereas calc-alkaline rocks are more abundant in the vicinity of Baishipu. This suggests that the shangdan zone comprises a complex tectonic assemblage of op0hiolites of various types and origins formed in different tectonic settings.

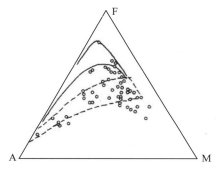

Fig. 8　AFM diagram for mafic rocks from Danfeng ophiolit

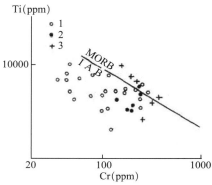

Fig. 9　Ti-Cr variation diagram for Danfeng ophiolites

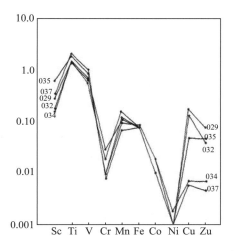

Fig. 10　Normalized trace element distribution patterns in mafic rocks from Danfeng ophiolites

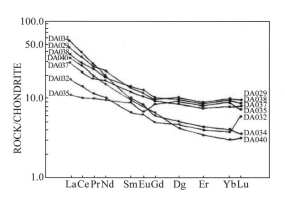

Fig. 11　REE patterns in mafic volcanics from Danfeng ophiolites

(3) The ophiolite blocks of the danfeng ophiolite assemblage are separated from one another by faults or ductile shear zones or various scakes, forming a terrane of tectonically juxtaposed rock blocks, suggesting that they represent tectonically emplaced rock bodies of different provenances. In fact, they represent remnants of dominantly arc-type ophiolites emplaced during the Yangtze-North China Plate subduction and collision orogenies with complete consumption of the intervening Qinling oceanic crust, which form the most significant signatures of the present suture zone in the Qinling orogenic belt.

(4) Isotopic dates from the volcanics of the Danfeng ophiolites as presented below fall into the Caledonian period, whereas its tectonic emplacement dates back to the Indosinian period.

(5) In the northern Qinling belt occurs another ophiolite zone roughly parallel to the Danfeng ophiolite zone, knows as Yunjiashan-Erlangping ophiolite, which appears to represent the back-arc marginal sea type of ophiolite based on combined geological and geochemical data and correlation (Zhang 1986). This and the Danfeng ophiolites both belong to the southern continental margin of the North China craton and might have formed contemporaneously. However, a distinction should be drawn between the two since they represent different ophiolite types corresponding to different tectonic settings.

Stacked obductional thrust slices of the fore-are sedimen tary prism

On the southern side of the shangdan zone occurs a distinct narrow terrane which has always been assigned to the adjacent Liuling Group of Mid-Upper Devonian age to the south. However, its lithological association, parent rock formations, clastic source and deformational features suggest a clear distinction from the Liuling Group. Moreover, the boundary between the two is marked by a large shear zone with evidence of intense ductile shearing and crumpling. The sequence consists chiefly of three distinct lithologies: (1) graywackes interbeded with tuffs and, locally, with intermediate-acid volcanics; (2) tuffs and carbonite rocks with minor conglomerates; and (3) tuffs interbedded with acid, intermediate to basic volcanies and graywackes (Fig.12); thus graywackes, tuffs and volcanics forming its distinctive parts. The sediment supply appears to have come from the southern margin of the North China Plate. It is another distinctive characteristic of these rocks that they exhibit strong deformation, notably characterized by a series of ductile shear zones of different scales separating several discrete rock slices which are overriding over one another towards the north, forming a tectonic assemblage of stacked obductional thrust slices. The composition and sediment source of this assemblage suggest that it might represent a sedimentary prism associated with the continental margin of the North China Plate. Therefore it should be distinguished as a sparate, distinct unit from the Liuling Group. In contrast, the Liuling Group proper is underlain by the basement of the northern margin of the Yangtze Plate. It comprises a succession, of turbidites dominated by considerably mature quartz sandstones and pelitic rocks and interbedded with contourists as well as some shallow-water deposits in various local places. In general it forms a deep water

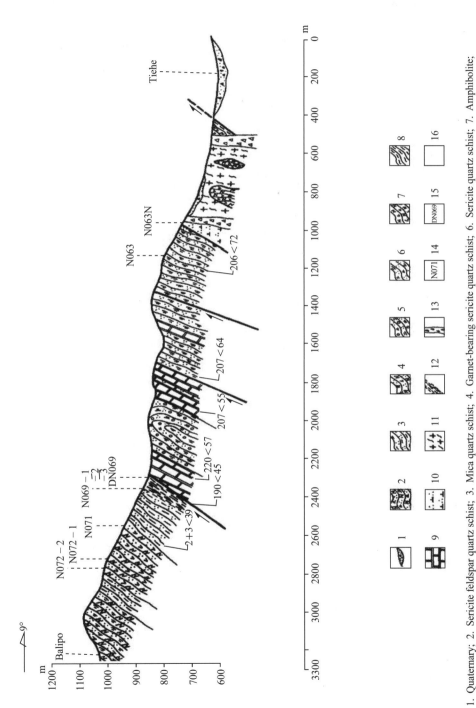

1. Quaternary; 2. Sericite feldspar quartz schist; 3. Mica quartz schist; 4. Garnet-bearing sericite quartz schist; 5. Sericite quartz schist; 6. Sericite quartz schist; 7. Amphibolite;
8. Chlorite schist; 9. Marble; 10. Quartz diorite; 11. Schistose granite; 12. Mylonite; 13. Cataclastic rock; 14. Number of sample; 15. Oriented specimen

Fig.12　Diagrammatic cross section of sedimentary prism of Shangdan zone in Danfeng area in Qinling belt

facies associated with the shelf front and lacks characteristic lithic graywackes of active continental margins (Dickinson 1974, Heezen 1968). Presumably it represents the northern extreme part of the passive continetal marginal sedimentary system of the Yangtze Plate. The sediment supply comes from sources to the west and south (Zhang *et al.* 1986). Deformation is relatively simple, characterized by a pattern of southward-directed composite folds and faults. In conclusion, the Liuling Group proper and the sedimentary prism recognized from it originally pertained to differnt plate margins but have been brought together during the Yangtze-North China Plate subduction and collision orogenies, the sedimentary prism is associated with the continental margin of the North China Plate, which has tectonically emplaced along the Shangdan zone of plate convergence by ductile deformation or thrusing, forming an assemblage of shallow-level obductional tectonic slices, which become the southern constiuent part of the Shangdan zone.

Granitic rocks related to subduction and collision orogenies

Granitic rocks are widely exposed in the Shangdan zone. Their major characteristics are as follows:

(1) they occur as elongated, aligned linear masses extending along ductile shear zones or faults of the Shangdan zone.

(2) Individual intrusions are generally formed by a complex of various rock types such as granite, granodiorite and monzogranite, so that they represent composite, multiple intrusions, which sometimes contain many remnants of metamorphic rocks. Geochemical chracteristics show marked variations among individual intrusions. In general, they are characterized by fairly high Si and K contents and notably enriched trace elements, such as Rb and Ba, and contain abundant accessory minerals such as magnetite, zircon and sphence. Dissolution and metasomatic textures are commonly developed in these rocks. Examples of such intrusions are the Kuanping and Tieyupu grano-complex, Danfeng (Fig. 5), the Shahe intrusion, Shangxian, and the Baliping intrusion, shagou.

(3) Apart from the occurrence in these intrusions of structures formed by plastic flow or brittle fracturing during their emplacement, a more conspicuous feature that characterizes them is that they exhibit strong my lonitization, forming various types of mylonite, some intrusions even forming tectonic blocks themselves.

(4) Automorphic zircons from a granitic mylonite yield a U-Pb date of 211 ± 8 Ma (in cooperation with A. Kroner), also, obtained are other dates such as 189 Ma and 231 Ma (Pb) (Yan 1985). The majority of these dates fall into the span of the Indosinian period. Based on their pattern of occurrence, structural relationships and igneous rock association, most of these intrusions are interpreted as S-type granitic rocks formed and tectonically emplaced along the Shangdan suture zone during the Indosinian collision orogeny, thus forming one of the most important signatures of the Shangdan suture zone in the Qinling orogenic belt.

Age and evolution of the Shangdan zone

As a geologically most significant dividing boundary in the Qinling belt, the Shangdan zone must have initiated in the earliest stage in the development of the Qinling belt. When and how the Qinling orogenic belt initiated and in what tectonic regimes it evolved in its early stages of development are questions of current controversy and inquiry. Our studies suggest that the Qinling orogenic belt represents a composite continental orogen that has evolved in differen tectonic regimes during different stages in its development. Its initial stages of development are characterized by initiation and evolution of a Proterozoic rift system on the basis os an early Precambrian pre-existing sialic crust and subsequent ensialic orogeny. Towards the end of the late Protrozoic the continent broke up and an ancient Qinling oceam of limited areal extent came into existence. The Qinling, then entered on a sistinctive tectonic evolution, characterized by dominantly modern-style plate tectonics. Beginning in theUpper Proterozoic, a depositional system in an integrated tectonic and paleogeographic arrangement on a northern passive margin of the Yangtze Plate persists in the southern Qinling throughout the Palaeozoic until the Lower Mesozoic. Meanwhile, the northern Qinling begins to acquire the characteristics of an active margin along the southern coast of the northern China continent by the Caledonian stage. Existing geological and geochemical data comhined with isotopic dates and some scanty paleo magneitc data (Lin 1985) suggest that terminal collision of the two continents occurs dominantly in the Indo China period followed by intense Mesozoic-Cenozoic intra-plate deformation. During this prolonged geological evolution of the Qinling orogenic belt, the Shangdan zone has always been an important geological boundary and has undergone a complex tectonic history involving multiple deformations. Based on geological and geochemical characteristics and relationships of the above mentioned five major constituent parts of the Shangan zone in conjunction with isotopic studies, regional geology and existing geophysical data on the Qinling crustal structure, the Shangdan boundary fault terrane appears to have undergone three major stages of development as follows:

Early Palaeozoic plate subduction

A Sm-Nd date of 402 ± 17.4 Ma is obtained from a norite gabbro in the Danfeng ophiolites while the tholeiitic rocks yield a Rb-Sr whole-rock isochron of 447 ± 41.5 Ma. These appear to reflect the formation date of the ophiolites. At the same time, in an arc system underlain by early Precambrian basement rocks of the Qinling complex on the northern side of the Shangdan zone occur abundant Caledonian calc-alkaline granitic rocks which yield dates of 382 Ma (Rb-Sr) and $340 - 420$ Ma (K-Ar) (Yan 1985). Both of these indicate the coexistence of an early Palaeozoic Qinling ocean and a continental margin on the southern side of the North China Plate and also suggest initiation of an active margin on this preexisting foundation as a result of its development. By this time the Shangdan zone had become a subduction zone along which the Yangtze Plate was subducted and the oceanic crust consumed beneath the North China Plate. However, neither distinct ridge ophiolite complex nor accretionary prism containing typical deep-sea sediments have ever been found, suggesting complete consumption of the oceanic crust of limited size with only some products that are closely related to subduction preserved. It is these assemblages that record Caledonian subduction of the Yangtze Plate underneath the North China Plate (Figs. 13 and 14).

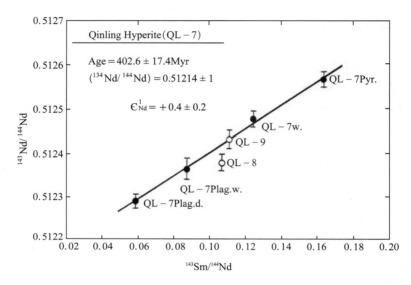

Fig. 13   Whole rock Sm-Nd isochron for norite gabbro from Danfeng ophiolite, Lajimiao, Shangxian

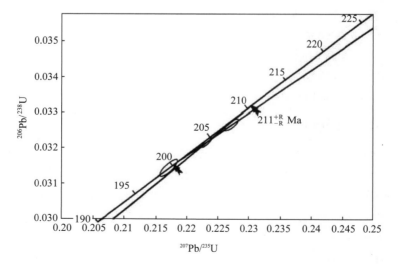

Fig. 14   U-Pb concordia relationship of zircon from mylonized in ductile shear zone of Shangdan zone

Indo-China collisional orogeny

The subduction that commenced in early Palaeozoic times has continued into the Indosinian period, which is characterized by dominantly continent-continent collision orogeny of the Yangtze and North China Plates. As the major collisional boundary, the Shangdan zone forms a large scale distinctive ductile shear zone consisting of a large thrust sheets and nappes. The matrix of a mylonite from this zone yields a Rb-Sr whole-rock isochron date of 219 Ma, which falls right into the Indosinian periold. The Danfeng ophiolites in the Shangdan zone formed in early Palaeozoic time, as previously discussed, yet the time of their tectonic emplacement in the Shangdan zone is signalled by the formation of shear zones. Likewise, emplacement of voluminous collision-related granitic rocks in the Shangdan zone occurs chiefly during the Indosinian period, as is evidence by a U-Pb zircon date of 211 ± 8Ma (Fig. 14) obtained from these rocks. In addition, the assemblage of stacked obducted rock slices of the sedimentary prism formed by tectonic emplacement in the Shangdan zone during this period. All this indicates that the Shangdan boundary fault terrane, as the major plate suture zone in the Qinling continental orogenic belt, has by now reached its terminal episode and climax of development. The Danfeng ophiolites are chiefly of the arc type, tectonically mixed with some other types of ophiolite block but with no ridge-derived ophiolite, suggesting complate consumption of the typical Qinling oceanic crust, leaving no off-scragped materials and at the same time indicating a complex evolution. The ophiolites are formed by arc-or continental margin-related ultramafic and maffic magmas which appear to have been produced dominantly during the course of the plate subduction by hot melts rising from the descending oceanic slab at depths to the base of the overriding plate and partially melting the lithospheric mantle, which are emplaced onto the arc of the continental margin forming the original ophiolites. During the collision orogeny, these became rearranged and mixed together in various tectonic styles in response to large-scale crustal shortening, eventually forming the present Danfeng ophiolite zone. The sedimentary prism in the Shangdan zone appears to have originally formed at the time of subduction in a fore-arc basin that occurred approximately at the same time as, or shortly later than, the Danfeng ophiolites, which it probably partially covered. During the subsequent subduction and collision and later thrusting, it was emplaced by obduction and overthrusting of a series of tectonic slices onto the arc area, eventually juxtaposed into place against the Danfeng ophiolite zone on the northern side. With regard to the granitic rocks, they are though to have been produced and emplaced at crustal depths by melting of continental crust in the tectono-thermal dynamical regime during the subduction and collision orogenies of the two plates. To conclude, as the collision orogeny terminates towards the end of the Indosinian period, the development of the Shangdan zone with its dominant constituent parts and assemblages tectonically juxtaposed in their present arrangement may have been virtually completed, resulting in the eventual formation of the major zone of convergence and sturing of the Yangtze and North China Plates (Fig. 15).

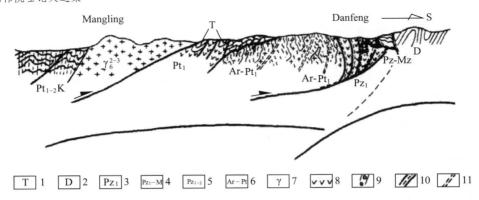

Fig. 15　Schematic cross-section of Shangda zone

Mesozoic-Cenozoic intra-plate deformation

Extensive Yanshanian igneous activity and associated mineralization are observed in the Shangdan zone and over a vast region north of it, including the northern Qinling mountains and even the marginal area of the North China craton (200 – 0.5Ma, U-Pb, Rb-Sr, Sm-Nd and K-Ar). Another feature of the late history of the Shangdan zone is the occurrence of brittle-ductile shear zones and incessant strike-slip shearing and brittle faulting which controls the development of the Cretaceous-Tertiary basins and offsets the red beds deposited in them. All this suggests that the Qinling orogenic belt is still sharacterized by tectonic instability after its incorporation into a unified China Plate during the Indosinian collisional orogeny, as is reflected by continued northward subduction at deep depths and large scale shortening in the upper crust as well as tectonic activity in response to the subduction and collision of the Indian Plate with the Eurasia Plate and the subduction of the Pacific Plate beneath the China Plate. Under these combined regional tectonic conditions, intense intra-plate deformation occurs in the Qinling mountains during the Mesozoic-Cenozoic Yanshan and Himalayan periods, resulting in an intra plate orogeny which involves subduction and inter thrusting and stacking of continental crust accmpanied by large scale magma production along the major detachment surface at deep-moderate crustal depths and emplacement of plutonic rocks and associated mineral migration and ore concentration, as well as strike-slip and block faulting in response to isostatic adjustments caused by reginonal tectonic stresses. This orogeny in the Qinling belt is of no less importance than the subductional and collisional orogenies and has contributed to eventual formation of the present grand and majestic Qinling mountains. During this intracontinental orogeny the Shangdan zone has always been the center of tectonic activity, marked by renewed thrusting, strike-slip and block faulting, truncating as well as following the pre-existing structures, leading to superimposition of intra-plate deformation on the plate suture zone and eventually forming the overall structural features of the present Shangdan zone.

Acknowledgement　This research was funded by a grant from the National Science Foundation of China and supported by the Qinling-Bashan Grant Committee of the Ministry of Geology and Mineral Resources.

References

[1] Chen, B. and Gao, W. 1986. A preliminary study on the crustal structure of the Jiajiawan-Shayuan profile. *J. crust. Deform. Earthquakes* 4,65-73.

[2] Coleman, R. G. 1977. *Ophiolites*. Springer, Berlin.

[3] Coleman, R. G. 1984. The diversity of ophiolites. *Geol. Mijnbouw* 63,141-165.

[4] Dickinson, W. R. (Ed). 1974. *Plate Tectonics and Sedimentation*. S. E. P. M., special publication.

[5] Ding, T. 1987. A study on the crustal structure of the Suixian-Xian profile. J. Geophys. 1,31-38.

[6] Heezen, B. C. 1978. Atlantic-type continetal margins. In: *The Geology of Continental Margins*, pp. 13-24. Springer, New York.

[7] Hsu, K. J. 1981. Thin-skinned plate tectonics during Neo-Alpine orogenies. *Am. J. Sci.* 279,353-366.

[8] Lin, J. 1985. Polar wandering curves for the North China and South China fault blocks. *Seism. Geol.* 81-83.

[9] Mattauer, M., Matte, Ph,. Malavieille. J., Tapponnier, P., Maluski, H., Xu, Z., Lu, Y. and Tang. Y. 1985. Tectonics of the Qinling Belt: built-up and evolution of eastern Asia. *Nature* 317,496-500.

[10] McClay, K. R. and Price, N. J. 1981. *Thrust and Nappe Tectonics*. Blackwell Scientific, Oxford.

[11] Miyashiro, A. 1973. The Troodes ophiolite complex was probably formed in an island arc. *Earth planet. Sci. Lett.* 60,351-375.

[12] Miyashiro, A. 1979. Classification characteristics and origin of ophiolites. *J. Geol.* 83,249-281.

[13] Moores, E. M. 1982. Origin and emplacement of ophiolites. *Rev. Geophys. space Phys.* 20,735-760.

[14] Ramsay, J. G. 1980. Shear zone geometry: a review. *J. Geol.* 2,83-99.

[15] Ramsay, J. G. and Huber, M. I. 1983. *The Tectonics of Modern Structural Geology*. Academic Press, London.

[16] Sibson, R. H. 1977. Fault rocks and fault mechanisms. *J. Geol.* 133,191-214.

[17] Song, H. 1986. A review on classification of dynamical metamorphic rocks. Geol. 133,191-214.

[18] Tang, Y. and Lu, Y. 1986. Formation age and tectonic setting of the ophiolites in the Eastern Qinling Mountains. *J. Chengdu Geol. Inst.* 2,52-64.

[19] White, S., Burrows, S. Q., Garreras, J., Shaw, N. D. and Humphereys, F. J. 1980. On mylonites in ductile shear zones. *J. Struct. Geol.* 2,175-188.

[20] Wise, D. V. 1984. Fault-related rocks: suggestion for terminology. *Geology* 12,385-448.

[21] Xu, Z. 1986. Deformational features and tectonic evolution of the Eastern Qinling orogenic belt. *Acta Geol. Sin.* 2,235-247.

[22] Yan, Z. 1985. *Granitic Rocks in Shaanxi Province, China*. Xian Communications Institute Press, Xian.

[23] Zhang, G., Mei, Z., Sun, Y., Yu, Z., Zhou, D., Guo, A. and Li, T. 1986. Formation and evolution of the Qinling tectonic belt. In: *Symp. 45th Anniversary Geol. Dep. NW Univ.*, pp. 281-298. Shaanxi Sci. and Technol. Publ. House, Xian.

[24] Zhang, G., Mei, Z. and Li. T. 1988a. The ancient passive continental margin in the Southern Qinling belt. In: *Formation and Evolution of the Qinling Orogenic Belt*, pp. 86-98. NW Univ. Press, Xian.

[25] Zhang, G., Sun, Y. and Yu, Z. 1988b. The ancient active continental margin of the Northern Qinling belt. In: *Formation and Evolution of the Qinling Orogenic Belt*, pp. 48-64. NW Univ. Press, Xian.

[26] Zhang, G., Yu, Z. and Xue, F. 1988c. Thrusts and nappe structures in the Qinling tectonic belt. In: *Formation and Evolution of the Qinling Orogenic Belt*, pp. 126-134. NW Univ. Press, Xian.

[27] Zheng, Y. and Chang, Z. 1985. *Rock Finite Strain Determination and Ductile Shear Zones*. Geological Publ. House, Beijing.

[28] Zhong, D. 1983. Some deformational features in quartzofeldspathic fault rocks *Petrol. Res.* 2,32-41.

[29] Zhou, Y. and Liu, W. 1979. Regional gravitational field of China and its basic features. *Phys. chem. Explor.* 1,14-17.

[30] Zhu, Y. 1979. Tectonics of the North China massif and pattern of occurrence of Anshan-type iron ore deposits. *Phys. chem. Explor.* 1,2-13.

Phanerozoic Plate Tectonics and Intracontinental Orogeny of the Qinling Belt*

Zhang Guowei   Yu Zaiping   Zhou Dingwu   Sun Yong
Guo Anlin   Li Taohong

The Qinling Mountains are a famous composite continental orogenic belt in China characterized by complex composition reflecting a prolonged history. It is composed of three major tectonic units (Fig. 1). In the long history, four important stages of tectonic activity are recognized, which are marked by (1) formation of an integrated Early Precambrian craton, (2) development of a Middle-Late Proterozoic Qinling rift system, (3) Late Proterozoic-Early Mesozoic evolution essentially characterized by modern-style plate tectonics and (4) Mesozoic-Cenozoic intraplate tectonic evolution and intracontinental orogeny.

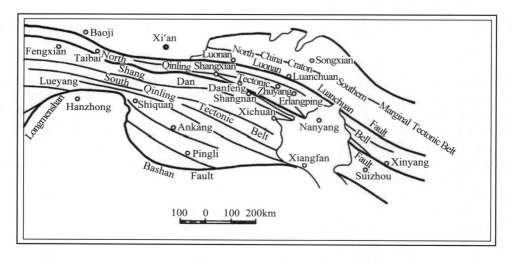

Fig. 1   Tectonic units of the Qinling orogenic belt

---

*Published in Progress in Geosciences of China (1985-1988) —Paper to 28th 1GC. Volume II, 1989,193-196.

The Phanerozoic marks a dominant stage in the development of the Qinling orogenic belt involving plate subduction and collision orogenies and intraplate ensialic orogeny, which have laid the foundation of the overall structural pattern of the present Qinling belt.

Phanerozoic Plate Subduction andCollision Orogenies in the Qinling Belt

Plate tectonics in the Qinling belt commenced with initiation of an ancient Qinling ocean towards the end of the Late Proterozoic, which was then followed successively during the Paleozoic by spreading, subduction and collision orogenies and terminated during the Indosinian period of early Mesozoic age, forming a conspicuous orogenic belt. It consists chiefly of (1) a Southern Qinling passive continental margin with its appropriate sedimentary system on the northern side of the Yangtze plate; (2) a Northern Qinling active continental margin with its appropriate trench-arc-basin system of the southern side of the North China craton; and (3) a plate suture zone with consumed Qinling oceanic erust emplaced in it.

The passive margin on the northern side of the Yangtze plate corresponds to the present Southern Qinling belt south of the Shangdan fault zone. It is characterized by a basement of Yangtze type and distinctive cover successions. On the basic of the Middle-Late Proterozoic volcano-sedimentary succession developed great thicknesses of Late Proterozoic-Paleozoic-Triassic sedimentary sequence. Their rock associations, sedimentary structures and facies variations are consistent with a passive margin sedimentary pattern in which sedimentary facie s become progressively thicker from south to north. Despite the occurrence of a marginal fault trough in Early Paleozoic, in which accumulated the rift type deep water sediments and associated alkaline and subalkaline rokcs, no orogenic disturbances ever occurred and the setting of a passive continental margin persisted on the north of the Yangtze plate throughout the whole Paleozoic (Wang Hongzhen, 1982).

The southern active continental margin of the North China plate corresponds to the present Northern Qinling belt. It developed on the other side of the ancient Qinling ocean, facing the contemporaneous passive contlnental margin of the Yangtze plate to the south. By way of contrast with the latter, its Paleozoic is characterized by a volcano-sedimentary succession, containing the Danfeng and Erlangping ophiolite complexes which are chiefly of arc-marginal sea type (Coleman, 1984; Gass, 1984), as suggested by their lithological associations and geochemical characteristics, lacking any typical ridge ophiolites and pelagic sediments but associated with large amount of terrigenous turbidite sequences. Along the southern border of the Northern Qinling belt occurs an enormous fault zone, know as Shangdan fault, constituting the important boundary between the Northern and the Southern Qinling belts. In the ancient Qinling Group crystalline rocks on the north are found many subduction-related granitic intrusions which occur as aligned masses parallel to the fault zone.

The great Shangdan fault zone marks the major plate suture of the Northern with the Southern Qinling. Geological and geochemical studies as well as gravity and magnetic anomaly patterns and seismic reflection profiles (Fig. 2) suggest that it is a significant dividing boundary throughtout the crust-upper mantle, representing a lithospheric plate suture in the Qinling belt.

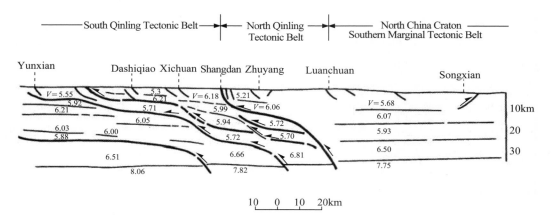

Fig. 2   Profile section showing the crustal structure of the Qinling belt
(modified after Zhu Jieshou)

Generalizations from comprehensive studies on the Phanerozoic plate tectonics of the Qinling belt suggest the following plate tectonic history for the Qinling belt. Towards the end of the Late Proterozoic spreading commenced and an ancient Qinling ocean of limited areal extent came into existence. On either side of this then occurred a passive continental margin; the northern margin of the Yangtze plate to the south and the southern margin of the North China plate to the north. During the Caledonian period when the Qinling oceanic crust rafted on the Yangtze plate was subducted beneath the North China plate, the southern margin of the North China plate began to acquire characteristics of an active margin, in which developed its appropriate volcano-sedimentary successions (402 ± 17.4 Ma, Sm-Nd; 447 ± 41.5 Ma, Rb-Sr). Despie the arc-continent collision in local places during the late Caledonian to early Hercynian period, the terminal collision of the Yangtze with the North China continent occurred in the Indosinian period (granites and rock matrix of shear zones related to this collision yield isotopic dates such as 211 ± 8 Ma, U-Pb; 219 Ma, Rb-Sr; etc.), thus giving rise to the overall structure of the Qinling orogenic belt in which the North China crust slab obducted southward over the northward-subducted Yangtze crust along the Shangdan major suture zone (Fig. 3) (Li Chunvu et al., 1978; Mattauer, 1985; Hsu, 1987.)

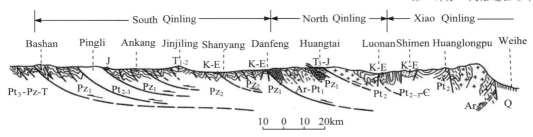

Fig. 3　Schematic cross-section of the Qinling belt（Shaded portions in the map represent ophiolites）

Mesozoic-Cenozoic Intracontinen-tal Orogeny

After its incorporation into a unifield China plate during the Indosinian collision orogeny, the Qinling belt is still characterized by tectonic instability, as is reflected by continued north-ward subduction at depth and large-scale shortening in the upper crust as well as tectonic activity in response to adjustments caused by deep-seated lithospheric movements in the general context of Mesozoic-Cenozoic global tectonics and the subduction of the Pacific plate beneath the China plate and the subduction and collision of the Indian plate with the Eurasian plate. Under these combined regional tectonic conditions, in tense intracontiental deformation occurred in the Qinling belt, resulting in subduction and thrusting and interstacking of continental crust accompanied by large-scale magma production along the major detachment surface at deep-moderate crustal depths and emplacement of plutonic rocks and associated mineral migration and ore concentration. In response to isostatic adjustments in the regional stress field occurred successively the early Yanshanian block faulting and related Late Triassic to Jurassic continental deposition in fault depressions, the late Yanshanian to early Himalayan strike-slip faulting（varying from earlier right-lateral to later left-lateral）and related formation of pull-apart basins, whose Cretaceous-Tertiary red deposits were affected by further deformation. This intraplate orogeny has led to superimposition upon the preexisting structures of the Northern Qinling belt of large-scale crustal compressed zones and arrays of stacked thrusts and nappe structures of various levels, whereas the Southern Qinling belt is characterized by a series of multi-level thrust and detachment and nappe structures（McClay, 1981; Mattauer, 1985; Coward, 1986.）

While the main portion of the Qinling belt is dominated by southward A-type thrust nappes, its northern portion, i. e. the northern part of the North China craton southern marginal belt, shows large northward thrust nappes, contrasting with the southern border of the Qinling belt where the Bashan fault shows southward thrusting. Thus the Yanshanian-Himalayan orogeny of the Mesozoic-Cenozoic period has eventually produced a great fan-shaped intracontinental orogenic belt, its centre dominated by southward stacked thrusts whereas its southern and northern borders characterized by thrusts and nappes directed in opposite directions.

This orogeny in the Qinling belt is of no less importance than the preceding subductional and collisional orogenies and it has contributed equally significantly to the eventual formation of the present Qinling Mountains.

Granulites in the Tongbai Area, Qinling belt, China: Geochemistry, Petrology, Single Zircon Geochronology, and Implications for the Tectonic Evolution of Eastern Asia*

A. Krцner   Zhang Guowei   Sun Yong

Abstract   The Tongbai area of the eastern Qinling belt in China includes granulite-grade metamorphic assemblages (Qinling Complex) which were previously regarded as Archean to early Proterozoic in age and belonging to the southern margin of the North China plate (craton), Our petrological and geochemical data characterize these rocks as two-pyroxene granulites and gamet granulites which formed at temperatures of $757°\sim 840℃$ and pressures of about 9.5 kbar and are now found as xenoliths in granodioritic gneisses. The protoliths of these rocks were granodiorites and tholeiitic basalt or gabbro. The $^{207}Pb/^{206}Pb$ ratios derived from evaporation of single zircons yield ages of 470 ± 20 and 470 ± 14 Ma, respectively, for the basic granulites which we interpret to reflect the time of protolith emplacement. These are intruded by a 435 ± 14 Ma granodioritic gneiss post-dating granulite formation. A metaquartzite sample contains detrital zircons as old as 2555 ± 8 Ma. Two samples of granitoid gneiss from the Tongbai Complex S of the Qinling granulites have single-zircon $^{207}Pb/^{206}Pb$ evaporation ages of 776 ± 8 and 746 ± 10 Ma, respectively, and document late Proterozoic igneous activity. We suggest that the Qinling granulites document an important and hitherto unknown phase of early Silurian crustal thickening following subduction and continental collision and that both the Qinling and Tongbai Complexes were part of the southern margin of Proterozoic igneous activity.

Introduction and regional geology of the Tongbai area

The Tongbai area is part of the Qinling-Dabie mountains in China and is situated in the border region of Henan and Hubei provinces, bounded in the NE and NW by the Hehuai plain and the Nanyang basin, respectively, and to the south and SE by the Suixian mountainous area of

*Published in Tectonics, 1993,12 (1): 245-255.

Hubei province. Geologically, it is a constituent part of the Qinling-Dabie orogenic belt (Fig. 1). This belt occurs as a narrow WNW striking zone of strongly folded rocks between the North China and Yangtze blocks and is characterized by a complex composition and intense polyphase deformation and metamorphism. This is due to a long evolutionary history beginning in the late Proterozoic with rifting and graben formation, followed by ocean opening, arc formation, and accretion between the Eocambrian and Devonian and, finally, collision between the North China and Yangtze plates in the middle Triassic (Fig. 2) (Zhang et a., 1988a; Ren et al., 1991). The central Qinling belt, including the Tongbai region, can be divided into five principal tectonic units. From north to south (Fig. 1) they are as follows.

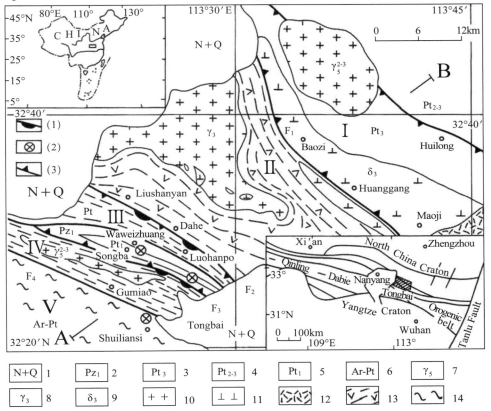

Zones are I. Northern thrust zone; II. Dahe-Erlangping ophiolitic zone; III. Pengjiazhai island are zone; IV. Gumiao ductile shear zone; V. Tongbai nappe structure zone. Legend in map shows 1. ultramafic rocks; 2. locations of samples for isotope age determination; 3. fault or thrust, arrows show dip direction. Faults are F_1. Huanggang brittle-ductile thrust; F_2. Dahe ductile thrust; F_3. Songba ductile thrust; F_4. Gumiao strike-slip ductile shear zone. Legend below map shows 1. Neogene (N) and Quaternary (Q); 2. lower Paleozoic; 3. upper Paleozoic; 4. middle to upper Proterozoic; 5. lower Proterozoic; 6. upper Archean to lower Proterozoic; 7. Messozoc granites (YP is Yanshan pluton; LP is Laowan pluton); 8. early Paleozoic granite (ZP is Zhuzhuang pluton); 9. early paleozoic quartz diorite (HP is Huanggang pluton); 10. granite; 11. quartz diorite; 12. gabbro; 13. metamorphosed volcanic rocks (mainly mafic); 14. gneiss and migmatite.

Fig. 1　Geologic sketch map of the Tongbai area with insets showing the study area in China (upper left) and is location in the Qingling-Dabie orogenic belt (shaded area in lower right)

Northern thrust zone: This zone (I in Fig. 1) is essentially made up of a southward directed nappe complex composed chiefly of middle to late Proterozoic Kuanping group rocks consisting of greenschist facies metabasalts intercalated with clastic rocks, impure marbles, and quartz. mica schists. Z. Q. Zhang eta. (1991) obtained Sm-Nd whole rock isochron ages of 975 ± 39 Ma and 920 ± 59 Ma, repectively, for "green-schists" (presumably, altered basalt and chlorite schist) from this unit. The rocks are tightly folded and were intruded by the Huanggang quartz diorite with an uncertain mineral K-Ar age between 375 and 400 Ma. The entire unit was thrust southward upon the Dabie-Erlangping ophiolites along the Huanggang brittle-ductile shear zone (Fig. 1 and 3).

Dahe-Erlangping ophiolitic zone: This zone (II in Fig. 1) consists of minor basal ultramafic rocks, ridge-type tholeiites with associated fossilized chert, layered gabbro and piagiogranite, arc-type low-K tholeiites, and large volumes of detrital clastic sediments and carbonates (Wu, 1990). The rock associations and the geochemistry of these rocks suggest that these ophiolites have back-arc affinity (Wang et al,. 1991; G. W. Zhang et al., 1991). They formed in the early Paleozoic as suggested by radiolarian fossils such as Liosphaeridae, Stylosphaeridae, a nd sponge spicules (Zhang and Tang, 1983) and isotopic data (357-500 Ma, Rb-Sr, U-Pb) (Li, 1988). The southern boundary of the ophiolitic zone is marked by the Dahe ductile shear zone (Fig. 1 and 3), extending for long distances and loaded with tectonic lenses of ultramafic rocks. It represents a suture zone along which the ophilites were subducted towards the south (Zhai, 1989; Wang et al, 1991).

Pengjiazhai island arc zone: This zone (III in Fig. 1) is composed mainly of minor relicts of a metamorphic association known as the Qinling Complex and is interpreted as island-arc basement (Zhang et al, 1988a). It contains widely exposed granitoid orthogneisses which contain large amounts of granulitic enclaves and xenoliths. Their occurrence and mineralogic characteristics suggest that they represent inclusions of highgrade metamorphic rocks derived from mafic igneous and sedimentary protolith and brought up as enclaves within granitoid intrusions (Fig. 2), probably relazted to the subduction of ocean floor in the early Paleozoic (Sun and Zhang, 1990). These rocks are tectonically overlain by marble slices resulting from southward directed overthrusting and were then folded together with the underlying rocks to form an antiform whose limbs are marble while the core consists of paragneisses and amphibolites. Erosion has finally produced the present-day topography, consisting of marble-capped mountains separated by lowlands underlain by metamorphic rocks. This zone is bordered in the south by the Songba ductile thrust fault (Fig. 1 and 3). From the presence of sheath folds, stretching line ations, and asymmetric augen in the mylonite zone it is inferred that the fault is a southward directed overthrust, transected by subsequent subvertical strike-slip ductile shear zones. Along this thrust fault occur tectonic enclaves of rocks equivalent to the Danfeng ophilite which can be traced eastward up to Xin yang and the North Huaiyang area, where ultramafics (244 ± 11 Ma, Sm-Nd whole rock isochron; Li et al., 1989) and eclogites (221 ± 20 Ma, Sm-Nd whole rock isochron; Li et al., 1989) are found, indicative of the early Mesozoic or late Triassic orogeny that led to final collision and suturing of the North China and Yangtze cratons.

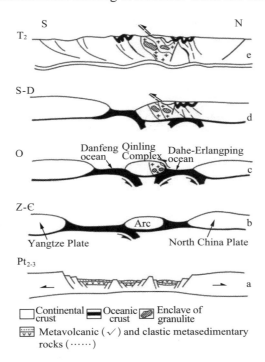

Fig. 2 Schematic plate tectonic model for the evolution of the Qinling belt from middle to late Pr oterozoic to upper Triassic. The Tongbai area siscussed in this paper is considered to have been part of the northern Qinling Complex, an arc-microcontinent terrane between the early Paleozoic Danfeng and Dahe Er-tangping oceans. Model is based partly on a model of Reischmann et al. (1990)

Gumiao ductile shear zone: In a 3-to 5-km-wide tract (IV in Fig. 1) between the Songba thrust zone and the Gumiao strike-slip ductitle shear zone, many ductile shear zones of various scales occur. The earlier ductile thrust zones can be observed only at a few localities. The domi-nant structures are subvertical strike-slip ductile shear zones made up of mylonites and ultra-mylonites with mainly sinistral displacement as indicated by well-exposed horizontal stretching lineations and various kinds of plastic flow structures. In some parts, this emormous zone of deformation is relatively weak, and the rocks retain abundant relict features which indicate that the parent rocks are chiefly low-grade metamorphic flysch-type metasediments of the Xingyang group (middle to upper Devonian; Gao and Liu, 1990) intruded by granitoid rocks. To the north of this zone, or on the southem side of the preceding Songba thrust, some metabasalts equivalent to those the Danfeng ophiloite are preserved and sparsely exposed. To the south of the Gumiao shear zone occurs the impressessiv Gumiao strike slip shear zone which dips nearly vertically (Fig. 3) and strikes WNW. This mylonite zone is about 500-800 m wide and exhibits an S-type foliation with a penetrative horizontal lineation, indicating dominantly strike-slip movements. It extends for great distances with no breaks, but the eastern and the south ends are hidden beneath Cenozoic deposits. Its age may be Mesozoic since east of the present area it cuts Jurassic rocks (Zhang et al. 1991).

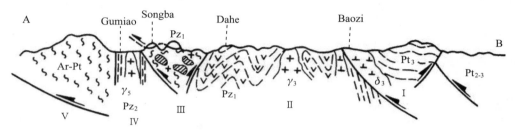

Fig. 3　Schematic cross section across area. For legend see Figure 1. Hatched areas in block III are granulite enclaves

Tongbai nappe structure zone:　This zone (V in Fig. 1) is composed of the Tongbai group, located between the Gumiao strike-slip shear zone and the Yindian-Huangpi thrust zone (Fig. 1). Tongbai group is an informal name for a complex suite of metamorphic rocks including paragneisses and amphibolites with minor quartzites, marbles, and abundant orthognelsses. In view of its complex structural and metamorphic evolution we prefer the name "Tongbai Complex" for this association. The Tongbai Complex has long been interpreted to be of Archean age (Zhang, 1980), but our zircon ages reported below conclusively show these rocks to be of late Proterozoic age. The southern boundary of the Tongbai Complex is marked by the NW trending Yindian-Huangpi thrust zone (Fig.1 and 3) which exhibits south directed thrusting through which rocks of the Tongbai Complex were thrust over the late Proterozoic Shuixian group in the south. A late ductile shear zone with a NW strike destoryed the early structure. The Shuixian group is located on the southern side of the shear zone and consists of a series of early Proterozoic basic-acidic metavolcanics which are also thrust southward against the northern boundary of the Yangtze craton. The thrust movement resulted in intense deformation of Paleozoic and Mesozoic sediments, forming the thrust-fold zone of a foreland nappe.

The main structural units were formed in different tectonic regimes during different stages of the orogenic development in the Qinling-Dabie belt. Finally, they were telescoped together in a series of Mesozoic intracontinental thrust nappes, forming its present appearance (Fig. 3).

The Phanerozoic evolution of the Qinling belt including the Tongbai regin can be divided into two phases and has been reconstructed in terms of modern-style plate tectonics (Zhang, et al., 1988a, b, G. W. Zhang et al., 1991) as summarized below (Fig. 2).

1. The Paleozoic-early Mesozoic phase followed on the development of the late Proterozoic Qinling-Dabie rift system (Fig. 2a). The southern side of the Qinling belt represents a passive continental margin on the northern boundary of the Yangtze plate, which developed on a late Archaean to middle to late Proterozoic basement and contains a thick marginal sedimentary succession reflecting continuous deposition from the Sinian (late Proterozoic) to the mid-Triassic. In the study area, however, only scattered exposures are found to the south of the Tongbai Mountains as a result of thrusting, uplift, and erosion.

Rocks to the north of the Songba thrust zone are interpreted as continental margin deposits on the southern side of the North China plate, which began its development as a passive margin but gradually developed into an active one with development of an early Paleozoic back-arc basin (Fig. 2b) as shown by the Dahe-Erlangping marginal-sea type ophiolite. Structural evidence suggests a geometry with subduction zones dipping north and south at the northern and southern margins of the back-arc basin, respectively (Fig. 2c). This basin began to close toward the end of the early Paleozoic before it was fully developed and when arc-continent collision occurred (Fig. 2d) The occurrence of the Qinling Complex and notable the occurrence of calc-alkaline granitoid rocks probably related to subduction of the back-arc Dahe-Erlangping ophiolite as well as deepseated granulite blocks found in them strongly suggest the existence of an island arc, whereas remnants of the Danfeng ophiolite in and at the Songba shear zone represent fragments of a forearc subduction complex which have been reworked by late strike-slip movements along the Songba and Gumiao shear zones. Correlation of the northern Huaiyang zone the Dabie Mountains with the Shangdan zone (Zhang et al., 1988a) of the Qinling belt clearly indicates that this is the major suture zone is the Qinling-Dabie orogenic belt. Considering the occurrence of Mesozoc (Indosinian) ultramafic rocks and eclogites along the eastern segment of this line in the Dabie Mountains, terminal collision in this orogenic belt must have occurred during the early to middle Triassic (Fig. 2e; Li et al., 1989; 1991).

2. During the Mesozoic intracontinental orogenic phase the major tectonic units of the study area were all separated from each other by ductile and brittle-ductile thrust zones. Thrusting is generally directed towards the south, giving rise to a series of southward overlapping thrust nappes exposing various structural levels. According to the age of the youngest rocks involved in the major shear zones, major thrusting appears to have occurred during the late Indosinian and the middle-late Yanshanian (Jurassic to early Cretaceous) periods. The present-day overall structural features of the study area are largely the result of superimposition of large-scale thrusts and nappes on the preexisting Palaeozoic structural foundation in the area.

To summarize, the study area in characterized by a plate tectonic history involving an early Paleozoic arc-continent subduction and collision orogeny, followed by late Paleozoic to mid

Triassic （late Variscan to early Indosimian） continent-continent collision and subduction and early to mid-Mesozoic intracontinental crustal shortening exemplified by extensive thrusting. Liu and Hao （1989） have proposed a similar evolution, but they do not consider the Quinling Complex as part of an arc/microcontinent terrane but as part of the North China craton and therefore do not recognize our Dahe-Erlangping small ocean basin. Huang and Wu （1992） offer an entirely different interpretation of the Qinling Complex in that they regard it as a thrust sheet, detached from the North China craton, and emplaced southward as a huge allochthon during late Triassic collision.

Anal ytical procedures

Major element chemistry was by standard wet procedures in Xian, shimilar to those described by Gao et al. （1990）. Trace element analyses were performed by Xray fluorescence （XRF） in Mainz, using a fully automatic sequential Philips PW 1404 fluorescence spectrometer and following a method described by Stern （1972）. The relative errors for trace element concentra tions are 1000 ppm ± 5%, 100 ppm 10%, 10 pmm ± 20%, and 5 ppm ± 50%. Microprobe analyses were undertaken on a Cameca Microbeam in Mainz, using an accelerating voltage of 15 kV and a beam current of 10 nA. A ZAF correction for atomic number, absorption, and fluorescence （ZAF） was applied to the net data.

Evaporation analysis of single zircons is described by Kober （1986, 1987）. The method employed in this study involves repeated evaporation and deposition of Pb isotopes from chemically untreated single grains in a double-filament arrangement (Kober, 1987), and our laboratory procedures as well as comparisons with conventional and ion microprobe zircon dating are published elsewher （Kröner and Todt, 1988; Kröner et al., 1991）. Isotopic measurements were carried out on a FinniganMAT 261 mass spectrometer in the Max-Planck-Institut für Chemie in Mainz, Germany. Nocorrection was made for mass fractionation, which is of the order of several permille （Kober, 1987）, far less than the relative standard deviation of the measured $^{207}Pb/^{206}Pb$ ratios （see Table 1） and insignificant at the age range considered in this studay.

In our experiments, evaporation temperatures were gradually increased in 20°-50°steps during repeated evaporation-deposit cycles until no further changes in the $^{207}Pb/^{206}$ ratios were observed. Only data from the high-temperature runs or those with no changes in $^{207}Pb/^{206}$ ratios were considered for geochrnologic evaluation after testing for statistical outliers [Kröner and Todt, 1988]. In the present case no significant change in the $^{207}Pb/^{206}$ ratio was recorded on progressive heating, a feature suggesting that the zircons analyzed contained only one stable radiogenic lead plase. The calculated ages and uncertainties are based on the means of all ratios evaluated, and their 2σ errors and are presented in Table 1. The $^{207}Pb/^{206}$ spectra are shown is histograms （Fig. 4-6） that permit visual assessment of the data distribution from which the ages are derived.

Table 1   Pb Isotopic Data for Zircons From Samples Dated in This Study

Sample	Rock Type	Grain	Temperature in degress C	Mass Scans*	$^{207}Pb/^{206}Pb$ Ratio and 2σ error[+]	Age, Ma and 2σ error, Ma
T1	granulite	1	1590	68	0.05644 ± 52	470 ± 20
		2	1580	68	0005646 ± 52	470 ± 20
		1 and 2		136	0.05645 ± 51	470 ± 20
T2	granodioritic gneiss	1	1620	65	0.05560 ± 34	437 ± 14
		2	1610	66	0.05554 ± 39	434 ± 16
		3	1620	66	0.05556 ± 33	435 ± 14
		1-3		197	0.05557 ± 36	435 ± 14
T4	granulite	1	1630	81	0.05644 ± 34	470 ± 14
		2	1620	74	0.05643 ± 34	469 ± 14
		1 and 2		155	0.05644 ± 34	470 ± 14
T5	migmatitic gneiss	1	1630	65	0.06413 ± 33	746 ± 10
		2	1630	63	0.06412 ± 32	746 ± 10
		3	1610	58	0.06413 ± 28	746 ± 10
		1-3		186	0.06413 ± 31	746 ± 10
T7	augengneiss	1	1560	63	0.06503 ± 22	775 ± 8
		2	1650	54	0.06054 ± 27	775 ± 8
		3	1615	54	0.06505 ± 24	775 ± 8
		1-3		171	0.06504 ± 24	775 ± 8
T10	metaquartzit	1	1590	74	0.16971 ± 71	2555 ± 8
T14	quartz-rich granu-lite	1	1605	54	0.06671 ± 27	829 ± 8
		2	1590	59	0.06658 ± 30	825 ± 10
		1 and 2		113	0.06664 ± 32	827 ± 10

*Number of $^{207}Pb/^{206}Pb$ ratios evaluated of age assessment.

[+]Observed mean ratio corrected for nonradiogenic Pb where necessary, Errors are based on uncertainties in counting sta tistics.

Petrograhy,Geochemistry,and metamorphic petrology of the pengjiazhai granulites

Petrography

    Rocks the Qinling Complex in the study area composed mainly of quartzo-feldspathic gneisses, granulites, amphibolites, paragneisses, marbles, and quartzites, all of presumed supracrustal origin. These were intruded by early Paleozoic diorites and granits, Mesozoic granites and syenites, and undated ultramafic rocks (Zhai, 1989). So far, the Qinling Complex in the Tongbai area is the only unit in the entire Qinling belt that contains granulites. These are mainly found as xenoliths in a mphibolite-grade granodioritic gneisses and display the smae structures as the surrounding host rocks. In view of the above relationships, the granulites are older than their hosts but were deformed together with them. They were probably transported from the lower crust to higher crustal levels during voluminous intrusion of granodioritic magma.

According to their mineral parageneses, the granulite samples examined in this study can be grouped into two-pyroxene granulites and garnet granulites. The principal mineral assemblage of the two-pyroxene granulites is orthopyroxene + clinopyroxene + plagioclase + biotite + quartz (Opx + Cpx + Plag + Bi ± Qz), and accessory minerals include apatite, zircon, ilmenite, and rutile. The orthopyroxene is hypersthene, the clinopryroxene is diopside, and the plagioclase is andesine (An~35). In general, the rocks have a fine to intermediate equigranular granoblastic texture. However, this texture has largely been modified to show a foliation as a result as a result of late deformation. Samples of this category are T1, T3, T4, and T14.

The principal mineral assemblage of the garnet granulites is Opx + Gt ± Plag ± Qz ± Bi, and accessory minerals include apatite and zircon. The orthopyroxene is hypersthene, the garnet belongs to the pyrope-almandine group, and the plagioclase is andesine, The rocks have a fine to intermediate granoblastic texture that has been modified to show a strong foliation resulting from mylonization. The sample of this category is T24.

The mineral assemblage of the granodioritic gneiss (sample T2) enclosing the granulite is hornblends (Hb1) + Bi + Plag + Qz, and the accessory mineral is zircon. The rock has a granoblastic texture and a gneissic structure.

Geochemistry

Major and trace element data are presented in Table 2. As a result of the complex metamorphic history and intense deformation, it is often impossible to accurately define the protoliths of the granulites and gneisses on the basis of field occurrence. Geochemical discrimination may therefore help determine whether the protholiths of the above rocks are of igneous or sedimentary origin. We have therefore employed the discriminant functions DF (Shaw, 1972) and D (x) (Shaw and Kudo, 1965) to characterize the samples.

The results of discrimination for our samples are also pre sented in Table 2. From these, samples T1, T3, T4, and T2 have been assigned to an igneous origin, whereas samples T14 and T24 are of sedimentary origin. CIPW norms were calculated for rocks of presumed igneous origin and are also presented in Table 2.

Table 2 Chemical Compositions of Granulites and a Gneiss From the Tongbai Area

	T1	T2	T3	T4	T14	T24*
SiO_2	48.12	61.78	48.79	50.12	65.87	63.12
TiO_2	1.78	0.77	1.39	1.73	0.85	0.80
Al_2O_3	15.54	16.04	15.97	16.33	13.02	14.88
Fe_2O_3	5.44	2.21	4.15	3.65	0.37	0.59
FeO	7.10	2.77	7.00	6.88	5.9	6.33
MnO	0.17	0.08	0.13	0.18	0.12	0.12
MgO	5.48	2.39	6.91	5.63	4.34	4.04
CaO	8.90	4.55	8.81	7.51	5.73	3.91
Na_2O	3.27	4.20	2.97	3.27	1.94	2.60
K_2O	1.94	3.37	1.85	2.11	0.84	1.73
P_2O_5	0.41	0.38	0.31	0.70	0.24	0.20
LOI	1.63	1.16	1.87	1.76	0.65	1.52
Ba	1444	1720	1258	326		
Nb	13.6	12.9	18.7	12.1		
Zr	143	153	116	146		
Y	32.4	17.0	33.6	25.3		
Sr	709.7	974.0	842.5	256.5		
Rb	81.9	99.5	90.7	28.3		
Zn	97.0	67.0	89.0	76.0		
Cu	23.0	5.0	13.0	36.0		
Ni	15.0	10.0	22.0	44.0		
Co	52.0	68.0	51.0	78.5		
Cr	9.0	23.0	11.5	146.5		
			CIPW Norms			
Quartz		12.37				
Corundum	-	-	-	-		
Orthoclase	11.46	19.91	10.93	12.47		
Albite	27.67	35.54	25.13	27.16		
Anorthite	21.99	14.88	24.78	23.92		
Diopside	15.72	4.19	13.69	7.11		
Hypersthene	1.55	6.09	5.13	15.95		
Olivine	7.54	-	9.30	1.26		
Magnetite	7.89	3.20	6.02	5.29		
Apatite	3.38	1.46	2.64	3.28		
Ilmenite	0.95	0.88	0.72	1.62		
D (x)	0.92	-	0.15	1.78		
DF	-	3.89	-	-	-3.14	-2.33

Major elements are given in weight percent; trace elements are given in parts per million. T1, T3, T4 and T14 are two pyrozene granulites, T24 is a garnet granulite, and T2 is a granodioritic gneiss. Major element analyses by wet chemistry at Northwest University, Xian; trace element analyses by X ray fluorescence at Mainz University.

*Analysis from G. Shan（unpublished manuscript, 1989.）

In terms of O'Connor's (1965) modal classification, sample T2 (quartzo-feldspathic gneiss) qualifies as a granodiorite. Samples T1, T3, and T4 are basic granulites with SiO_2 contents rangin from 48 to 50 wt.% (Table 2), and the major element composition is similar to that of tholeiites. If the trace element data for T1 and T4 are plotted in tectono-magmatic discrimination diagrams, the data points fall in the field of mid-ocean ridge basalt (MORB) and island are tholeiite IAT in the Ti/100-Zr-3Y diagram (Pearce and Cann, 1973), and in the field of plume (P) -MORB in the 2Nb-Zr/4-Y diagram (Meschede, 1986). These results suggest that the granulites with basic composition may have been derived from rocks of the ocean floor, and their geochemical and chronological characteristics suggest them to be correlated with ophiolites in the western part of the Qinling belt (Sun, 1988). That is to say, the subduction of the Danfeng ancient ocean floor already began in Cambrian time (G. W. Zhang et al., 1989; 1991).

Geothermometry and Geobarometry

It is impossible to obtain a reasonable evaluation of the merits and deficiencies of specific formulations of mineral thermometers and barometers since so many methods of temperature and pressure determination have been applied to crustal xenoliths [Kay and Kay, 1981]. We here apply the most popular methods (Wood and Banno, 1973; Wood, 1974; Wells, 1977) for determining temperatures and pressures in basic to intermediate composition granulites. The mineral compositions of clinopyroxene, garnet, and orthpyroxene from one basic granulite with Opx + Cpx (T4) and two intermediate gran-ulites (T14, Cpx + Opx; T24, Opx + Gt) were determined by microprobe and are available from Y. Sun on request. Temperatures calculated by mineral equilibria very between 818° and 840℃, while the temperature and pressure calculated for sample T24 is 757℃ and 9.5-9.8 kbar (Table 3). These results are probably accurate enough to suggest that crystallization of the Tongbai gran-ulites took place in the lower crust.

Table 3   Temperatures and Pressure Calculated From Coexisting Mineral Comositions Determined

	F4	T14	T24
Orthopyroxene-clinopyroxene geothermometer of Wood and Banno [1973]	827℃	818℃	
Wells [1977]	840℃	835℃	
Oorthopyroxene-garnet geobarometer and geobarometer*			9.5-9.8kbar

*Calculation assumes temperature 835℃ for sample T14 after Wells' (1977) two-pyroxene geothermometer. Calculated using program Tempest, written by A. A. Finnerty, Jet Propulsion Laboratory [1978]. Mineral compositions available from Y. Sun.

Zircon geochronology

As described above, the Tongbai granulites occur as xenoliths and enclaves in well-foliated granodioritic gneiss, and we have dated zircons from both the granulites and the granodioritic gneiss. Samples T1 and T4 are equigranular, dark granulites collected from enclaves near the village of Wawuzuang, while sample T2 is a strongly foliated tonalite from the same locality as T1 and enclosing the granulite. Zircons are clear to yellowish and euhedral, and some grains display rounding at their pyramidal ends.

Two grains from granulite sample T1 combine to a mean $^{207}Pb/^{206}Pb$ age of $470 \pm 20Ma$ (Tabe 1 and Fingure 4a), and we interpret this to reflect the time of protolith crystallization. If granulite metamorphism had significantly affected the Pb isotopic patterns of these grains, variable Pb loss would probably have resulted, and the $^{207}Pb/^{206}Pb$ ratons measured would not have agreed so well as they do in the above case. This is even more significant since two zircon grains from sample T4 also combine to a mean $^{207}Pb/^{206}Pb$ age to $470 \pm 14Ma$ (Table 1 and Fingure 5a). We conclude from these data that samples T1 and T4 robably originate from the same igneous protolith with crystallized in Ordovician times ~ 470 m. y. ago.

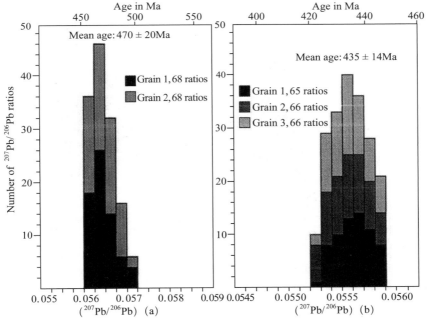

(a) Spectrum for two grains, integrated from 136 ratios, from granulite xenolith sample T1. (b) Spectrum for three grains, integrated from 197 ratios, from tonalitic gneiss sample T2.

Fig. 4 Histograms showing distribution of radiogenic lead isotope ratios derived from evaporation of zircons from rocks in the Wawuzhuang area, Tongbai Complex, China

Tonalitic gneiss sample T2 contains clear, euhedral zircons of magmatic origin, and the

^{207}Pb/^{206}Pb ratios of three grains combine to a mean age of 435 ± 14Ma （Table 1 and Figure 4b）. This is also interpreted as the emplacement age of the tonalite precusor, and since this rock shows no evidence of having been subjected togranulite metamorphism, the high-grade metamorphic event must have occurred at some time between ～470 and ～435 m. y. ago, i. e., in early Silurian times.

A metaquartzite sample （T10）, collected from a metasedimentary enclave of high-grade rocks of the Qinling Complex near the village of Dahe, contains well-rounded, clear, detrital zircons, and one grain was evaporated, giving a ^{207}Pb/^{206}Pb age of 2555 ± 8 Ma （Table 1 and Fig. 5b）. This surprisingly high age shows that a late Archean crustal component must have been part of the source terrain of the Qinling supracrustal suite, and we suggest this to be the southern margin of the North China craton where late Archean granite-greenstone terrains have been documented （e. g., Kröner et al., 1988）.

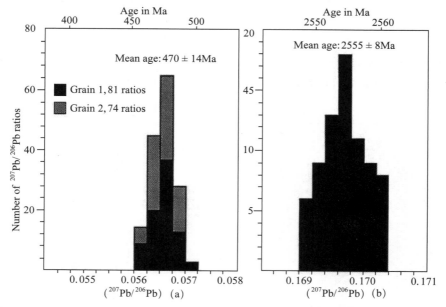

(a) Two grains from granulite xenolith sample T4 collected near Wawuzhuang and integrated from 155 ratios. (b) Spectrum for one detrital grain of metaquartzite sample T10 collected near Dahe and integrated from 74 ratios.

Fig. 5　Histograms showing distribution of radiogenic lead isotope ratios derived from evapor ation of single zircons from rocks of the Tongbai Complex, Chia

Quartz-and garnet-rich granulite sample T14 collected near the above metaquartzite occurrence suggests a sedimentary origin according to its geochemistry and petrography, but the zircons have a near-idiomorphic shape,suggesting that they suffered little sedimentary transport. Two grains were evaporated, and the^{207}Pb/^{206}Pb ratios combine to give a mean age of 827 ± 10Ma （Table 1; histogram not shown）. These two grains are probably detrital and reflect the same source material, namely late Proterozoic rocks of the Qinling and Tongbai complexes, and in this case the granulite protolith was deposited at some time after 827 Ma. Alternatively, the granulite protolith is of igneous derivation, and in this case the above age provides a minimum date for emplacement of the protolith. In either case the age suggests the presence of a late Proterozoic crustal element in the Qinling complex.

Two samples were collected from the Tongbai Complex and near the Temple of Shueliandung. These are migmatitic granitoid gneiss T5 and coarse granitoid augengneiss T7 with the latter appearing the older rock according to field reltionships. Three idionmorphic zircons from sample T5 yielded near-identical ^{207}Pb/^{206}Pb ratios which combine to give a mean age of 746 ± 10Ma (Table 1 and Fig. 6a), while three clear, euhedral zircons from augengneiss sample T7 provide a mean ^{207}Pb/^{206}Pb age of 776 ± 8Ma (Table 1 and Fig. 6b). These two ages are interpreted to reflect emplacement of the gneiss protoliths and, like in sample T14, document a phase of late Proterozoic magmatic activity. We speculate on account of these data that the Tongbai Complex represents a crustal fragment of the North China craton.

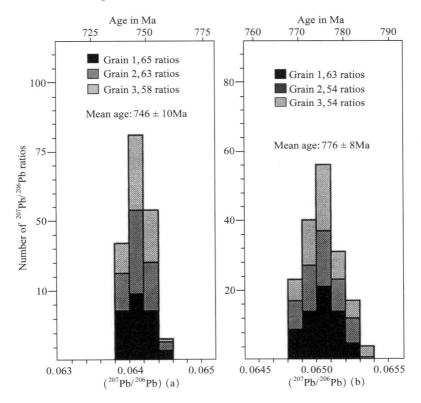

(a) Spectrum for three grains from migmatitic gneiss sample T5, integrated from 186 ratios. (b) Spectrum for three grains from augengneiss sample T7, integrated from 171 ratios.

Fig. 6 Histograms showing distribution of radiogenic lead isotope ratios derived from evaporation of zircons from orthogneiss samples collected near the Temple of Shueliandung, Tongbai Complex, China

Discussion and conclus-ions

Our zircon ages have provided some surprising and unexpected results which require revision of certain aspects of the tectonic evolution in the Qinling belt. First, the Qinling granulites are bracketed between ∼ 470 and ∼ 435 Ma and document a high-grade metamorphic event during which these rocks were transferred to the lower continental crust. The most likely process to achieve such transfer is crustal collision during which rocks from upper crustal levels are transported to deep regions by crustal subduction, underthrusting, and crustal interstacking. If this is correct, there must have been a major event of subduction and continental collision and crustal thickening in the eastern Qinling belt dring the Early Silruian. There is some indication the elements of the North China craton (inplied by late Archean detrital zircon age for sample T10) and the Qinling arc/microcontinent terrane (implied by late Proterozoic ages for samples T5, T7 and T14) were involved in this subduction-collision. Mattauer et al. [1985] inferred the closure of a Paleozoic ocean during what they term a Caledonian event in pre-middle Devonian time, and our results accord well with their suggestion, while the proposal of Ma [1989] for Devonian collision is not supported by our data.

Late Proterozoic or Panafrican ages for rocks of the Tongbai Complex and one rock from the Qinling Complex suggest that these two tectonic domains were part of the North China craton prior to Silurian ocean closure and collision. We tentatively suggest that the Pengjiazhai island are zone originally evolved near the southern margin of the North China craton and was thrust southwards during the above crustal shortening event. The fact that Archaean elements of the North China craton are preserved in metasediments of the Qinling Complex suggests that the ocean separating the craton and the Pengjiazhai zone in pre-Devonian times was not wide, and this is also supported by the marginal nature of the ocean basins, as deduced from ophiolite chemistry and sedimentary facies associations [Sun et al., 1988; Zhang et al., 1988a].

Acknowledgment   This study forms part of a joint project between the University of Mainz, and Northwestern University, Xian, and was supported by a grant of the Volkswagen Foundation to A. K. A. K. acknowledges analytical facilities in the Max-Planck-Institut für Chemie in Mainz. We thank Peter Rowley and an anonymouis reviewer for constructive criticism.

References

[1] Gao, L., and Z. Liu, Microfossils and geological significance of the Nanwan Formation, Xinyang Group, Henan, Chian (in Chinese), *Chin, Reg. Geol.* 5,421- 428,1990.

[2] Gao, S., B. R. Zhang, and Z. J. Li, Geochemical evidence for Proterozoic continental arc and continental margin rift magmatism along the northern margin of the Yangtse craton, South China, *Precambrian Res., 47,* 205-221,1990.

[3] Huang, W., and Z. W. Wu, Evolution of the Qinling orogenic belt, *Tectonics, 11,*371-380,1992.

[4] Kay, R. W., and S. M. Kay, The nature of the lower continental crust: Inferences from geophysics, surface geo logy, and crustal xenoliths, Rev. *Geophys. Space Phys., 19,*271-297,1981.

[5] Kober, B., Whole-grain evaporation for [207]Pb/[206]Pb-ageinvestigations on single zircons using a double-filament thermal ion source, *Contrib. Mineral. Petrol., 93,*482- 490,1896.

[6] Kober, B., Single-zircon evaporation combined with Pb + emitter-bedding for [207]Pb/[206]Pb-age investigations using thermal ion mas spectrometry, and implications to zirconology, *Conrtib. Mineral. Petrol., 96,*63-71,1987.

[7] Kröner, A., and W. Todt, Single zircon dating constraining the maximum age of the Barberton greenstone belt, southern Africa, *J. Geophys. Res., 93,*15329-15337,1988.

[8] Kröner, A., W. Compston, G. W. Zhang, A. L. Guo, and W. Todt, Age and tectonic setting of late Archean greenstonegneiss terrain in Henan Province, China, as revealed by single-grain zircon dating. *Geology, 16,* 211-215,1988.

[9] Kröner, A., G. R. Byerly, and D. R. Lowe, Chronology of early Archaean granite-greenstone evolution in the Barberton Mountain Land, South Africa, based on precise dating by single zircon evaporation. *Earth Planet. Sci. Lett.,* 103,41-54,1991.

[10] Li, C. Y., New insight into the order of succession and age of the Erlangping group, Henan Province（in Chinses）, *Chin. Reg. Geol. 2,*31-39,1988.

[11] Li, S. G., S. R. Hart, S. G. Zheng, D. L. Liu, G. W. Zhang, and A. L. Guo, Timing of collision between the North and South China blocks-the Sm-Nd age evidence, *Sci. China, Ser. B, 32,*1939-1400,1989.

[12] Li, S. G., D. L. Liu, Y. Z. Chen, G. W. Zhang, and Z. Q. Zhang, A clronological table of the major tectonic events for the Qinling-Dabie orogenic belt and its implications（in Chinese）, in *A Selection of Papers Presented at the Conference on the Qinling Orogenic Belt,* edited by LJ. Ye et al., pp. 229-237, Northwest University Press, Xian, China, 1991.

[13] Liu, X., and J. Hao, Structure and tectonic evolution of the Tongbai-Dabie range in the East Qinling collisional belt, China, *Tectonics, 8,*637-645,1989.

[14] Ma, W., Tectonics of the Tongbai-Dabie fold belt, *J. Southeast Asian Earth Sci., 3,*77-85,1989.

[15] Mattauer, M., Ph. Matter, J. Malavieille, P. Tapponier, H. Maluski, Z. O. Xu, Y. L. Lu, and Y. Q. Xu, Y. L.Lu,and Y.Q.Tang,Tectonics of the Qinling belt:build-up and evolution of eastern Asia,*Nature,317,* 496-500,1985.

[16] Meschede, M., A method of discriminating between different types of mid-ocean ridge basalts and continental tho-leiites with the Nb-Zr-Y diagram. *Chem. Geol., 56,* 207-218,1986.

[17] O'Connor, J. T., A classification for quartz-rich igneous rocks based on feldspar rations. U. S. *Geol. Surv. Prof. Pag. 525B,* 79-84,1965.

[18] Pearce, J. A., and J. R. Cann, J. R., Tectonic setting of basic volcanic rocks determined using trace element analysis, *Earth Planet. Sci. Lett., 19,*290-300,1973.

[19] Reischmann, T., A, Kröner, Y. Sun, Z. Yu, and G. Zhang, Opening and closure of an early Palaeozoic ocean in the Qinling orogenic belt, China, *Terra Abastr., 2,* 55-56,1990.

[20] Ren, J. S., Z. K. Zhang, B. G. Niu, and Z. G. Liu, On the Qinling orogenic belt: integration of the Sino-Korean and Yangetse blocks（in Chinese）, in *A Selection of Papers Presented at the Conference on the Qinling Orogenic Belt,* edited by L. J. Ye et al., pp. 99-110, Northwest University Press, Xian, China, 1991.

[21] Shaw, D. M., The origin of Apsley Gnesiss, Ontario, *Can. J. Earth Sci., 9,*18-35,1972.

[22] Shaw, D. M., and A. M. Kudo, Atest of the discriminate function in the amphibolite problem, *Mineral Mag., 30,* 423-435,1965.

[23] Stern W. B., Zur röntgenspektrometrischen Analyse von silikatischen Gesteninen und Mineralien, *Schweiz. Mineral. Petrogr. Mitt., 52,*1-25,1972.

[24] Sun Y., REE Geochemistry of the eastern Qinling ophiolites, *Sci. Bull., 33,*1195-1197,1988.

[25] Sun, Y., and G. W. Zhang, Age and tectonics of lower crustal granulite xenoliths from the east Qinling orogenic belt（in Chinese）, in Symposium on Advances and Prospective Plan in Research on the Lithosphere of China, edited

by Laboratory of Lithosphere Tectonic Evolution, Institute of Geology, Academia Sinica, Beijing, 33,1990.

[26] Sun, Y., Z. P. Yu, and G. W. Zhang. Geochemistry of the eastern Quinling ophiolites (in Chinese), in *Formation and Evolution of the Qinling Orogenic Belt,* edited by G. W. Zhang, pp. 65-74, Northwest University Press, Xian, China, 1988.

[27] Wang, R. M., Z. Z. Chen, P. E. Li, and S. G. Su, Crustal evolution and extensive metamorphism at the eastern end of the north Qinling mountains (in Chinese), in *A Selection of Papers Presented at the Conference on the Qinling Orogenic Belt,* edited by L. J. Ye et al., pp. 38-49, Northwest University, Press, Xian, China, 1991.

[28] Wells, P. R. A., Pyroxene thermometry in simple and complex systems, *Contrib. Mineral. Petrol., 62,*129- 139,1997.

[29] Wood, B. J., The solubility of alumina in orthopyroxene coexisting with garnet, *Contrib. Mineral. Petrol., 46,* 1-15,1974.

[30] Wood, B. J., and S. Banno, Garnet-orthopyroxene and orthopyroxene-clinopyroxene relationships in simple and complex systems, *Contrib. Mineral. Petrol., 42,* 109-124,1973.

[31] Wu, C. D., Study of the ophiolite in the Tongbai are and its tectonic significance (in Chinese), *Geol. Rev., 36,* 494-503,1990.

[32] Yang, Z. J., The characteristics of the geological and tectonic evolution of the Tongbai-Dabie Mountains (in Chinese), *Acta Geol. Sin, 2,*123-135,1982.

[33] Zhai, C., *Block Geology of Tongbai, Henan Province* (in Chinese), pp. 11-14, Science and Technology Press, Chendo, China, 1989.

[34] Zhang. W. Y., The formation and evolution of the North China fault-block area (in Chinese), in *The Formation and Evolution of the North China Fault-Block Area,* edited by Institute of Geology, Academia Sinica, pp. 1-8, Adademic Press, Beijing, China, 1980.

[35] Zhang, G. W., Z. C. Mei, D. W. Zhou, Y. Sun, and Z. P. Yu, Formation and Evolution of the Qinling Orogenic Belt (in Chinese), in *Formation and Evolution of the Qinling Orogenic Belt,* edited by G. W. Zhang, pp. 1-16, Northwest University Press, Xian, China, 1988a.

[36] Zhang, G. W., Y. Sun, and F. Xue, The ancient active continental margin of the northern Qinling orogenic belt (in Chinese), in *Formation and Evolution of the Qinling Orogenic Belt,* edited by G. W. Zhang, pp. 48-64, Northwest University Press, Xian, China, 1988b.

[37] Zhang, G. W., Z. P. Yu, Y. Sun, S. Y. Cheng, T. H. Li, F. Xue, and C. L. Zhang, The major suture zone of the Qinling orogenic belt, *J. Southeast Asian Earth Sci., 3,*63-76,1989.

[38] Zhang, G. W., Z. P. Yu, and D. W. Zhou, Dabie orogenic and fault-trough basin of Zhoukou (in Chinese), in *Symposium on Tectonics and Mineralization of the Chinese Continent,* pp. 42-59, Chinese University of Geology Press, Wuhan, China, 1991.

[39] Zhang, S. C., and S. W. Tang, The discovery of early Palaeozoic radiolarian chert and plate tectonics in northern Qinling. *Geol. Shaanxi, 1,*1-9,1983.

[40] Zhang, Z. Q., D. Y. Liu, and G. M. Fu, Ages of Qinling, Kuanping, and Taowan groups in the north Qinling orogenic belt, centeral China, and their implications (in Chinese), in A Selection of Papers Presented at the Conference on the Qinling Orogenic Belt, edited by L. J. Ye et al., pp. 214-228, Northwest University Press, Xian, China, 1991.

Geology and Geochemistry of Qinling Orogenic Belt*

Zhang Guowei   Zhang Chengli   Guo Anlin

I. Introduction

The Qinling mountains is a well-known composite continental orogenic belt, which extends approximately 1000 km from east to west in central China. To its east, the Qinling belt links with the Dabieshan, while to the west, it connects with the Qilianshan, Kunlunshan and Songpan area. The Qinling belt is not only a collision joint belt between the North China Plate and the Yangtze Plate, but also a geological, geographic, climatic, biological and humanistic boundaries between north and south China. The Qinling orogenic belt has undergone a long evolution history and formed complex constitution and structures. Thus, the Qinling belt possesses a bundant contents for study of continental plate tectonics and continental dynamics. On other hand, it is an important base of mineral resource, and it controls and affects natural environments and climate. Since the importance of the Qinling orogenic belt, it has interested more and more geologists from both home and abroad,and became a "hot spot" for study of continental geology.

Since 90's, as a representative and a milestone of Qinling study, an important project, "structure, development and ore-forming background of lithosphere of Qinling orogenic belt" financially supported by National Natural Science Foundation of China, has been carried out. Based on previous work,synthetical and systematic studies on Qinling geology, geochemistry and geophysics have been done and new achievements of Qinling study have been now obtained.

* Published in China National Report (1991-1994), On Volcanology and chemistry of the Earth's Interior. Chinese National Committee for the International Onion of Geodesy and Geophysics, 1995,68-81.

II. Major achievements of Qinling study

1. *Studies of orogenic processes in the Qinling orogenic belt*

Although the Qinling belt has been studied for a long time, some of fundamental geological problems about the Qinling are still unknown and controversial. Of these problems, the most outstanding one is about characteristics, orogenic processes and forming ages of the Qinling orogenic belt, on which there are at least four different viewpoints:

① The collisional orogeny of the Qinling belt ended during Jinning period (1000Ma-800Ma) of the Neoproterozoic, which was followed by intracontinental rifting (Yang W et al., 1991);

② The Qinling ocean disappeared during the late Early Paleozoic and the Caledonian orogen was formed through subduction, collision to strike-slip and juxtaposition (Mattauer et al., 1985; Ren J, 1991);

③ The Qinling is an Indosinian (Triassic) orogen and has no apparent records of Early Paleozoic Caledonian tectonics (Hsu et al., 1987; Sengor, 1985);

④ The Qinling belt is a collision orogen of late Hercynian-Indosinian and its plate tectonic regime initiated in the Neoproterozoic and the Yangtze Plate then began to subduct beneath the North China Plate in the Early Paleozoic. After that, the subduction and collision continued from the Carboniferous through the Permian to the Triassic and a final continent-continent collision occurred during the Middle-Late Triassic (Zhang G et al., 1991).

The central point of the arguments mentioned above is related to basic characteristics, orogenic processes and forming age of Qinling continental plate tectonics. Since 90's, Zhang G et al. (1991) in the execution of "structure, development and ore-forming background of lithosphere of Qinling orogenic belt" have gained some fresh knowledge about the Qinling geological problems, which is summarized as follows:

The Qinling orogenic belt chiefly underwent three major tectonic stages and each stage evolved in different tectonic regime with distinctive dynamic condition.

Based on synthetical geological studies and combined with geochemical tracer and geophysical deep investigation, Zhang G et al. (1994) suggested that formation and evolution of the Qinling orogenic belt mainly underwent three main stages: 1) A forming stages of the Precambrian basement in Qinling, of which continental rift tectonic regime is predominant during the Mid-Neoproterozoic. 2) A stage of plate tectonics from Neoproterozoic to Early Mesozoic, which is characterized by modern plate tectonics; 3) A stage of intracontinental orogeny from Mesozoic to Cenozoic. Each stage evolved in different tectonic regime and could be transformed from one to another.

(1) *Formation of precambrian basement of the Qinling orogenic belt*

Qinling has the orogenic basement of two types:

① The early Precambrian basement with old crystalline complexes formed from Late Archean to Paleoproterozoic. The complexes are characterized by rocks metamorphosed in granulite and high amphibolite facies, strong plastic flow and migmatization (Zhang G et al., 1991,1993; You Z, 1994). The basement, as isolated remnant fragments, now scatters in the Qinling belt and is difficult to exactly recover its tectonic regimes.

② The transitional basement of the Midproterozoic, partly including the basement of the Neoproterozoic, is dominated by low-grad metamorphosed and strongly deformed volcanic-sedimentary rocks, which are now mostly cropped out as scattered remnants. The basement of this type would be distributed in the entire Qinling region, if the Sinian cover were removed. The metavolcanics are bimodal acid-basic volcanic association (Xia L., 1991; Liu, G., 1993), which petrogeochemically represents a product of a continental rift setting. Additionally, the volcanics in different tectonic portions contain Mid-Neoproterozoic (1200 – 800Ma) ophiolitic sheets (small oceanic basin type), such as Songshugou and Kuanping ophiolitic sheets. The presence of the ophiolitic sheets indicate that the Qinling broke up and formed a number of small oceanic basins, as development of extension and rifting of continental crust during the Mid-Neoproterozoic. The situation that the small basins and rifts existed together, further complicated the Qinling tectonic framework.

In summary, the presence of two types of Qinling orogenic basement reflect that the Qinling belt has a complex, inhomogeneous basement. The basement provided a basis for the Qinling main orogeny in a form of plate tectonics.

(2) *The stage of plate tectonics from Late Neoproterozoic to Middle Triassic*

The stage of plate tectonics from Late Neoproterozoic to Middle Triassic represents a main orogeny in the Qinling belt. New results from the Qinling study suggest that at this stage, the Qinling main orogeny is virtually through a complex and long-term orogenic interaction of three plates, the North China Plate, the Yangtze Plate and the Qinling Microplate (terrane), along the Shangdan and Mianlue suture zones. The major evidence supporting? the suggestion is provided by regional tectonic studies of the Qinling plate, large-scale mapping and detailed structural analysis in some key positions, studies of ophiolites and ophiolitic melange zones, studies of ancient sedimentary systems along continental margins and reconstruction of ancient basins, studies of granites of different types and ages, studies of geochronology and biostratigraphy and studies of synthetical geophysical investigation and regional geochemical tracer.

① The Shangdan zone is an ophiolitic melange zone, which represents a major suture zone in the Qinling belt. This zone began to break at about 800Ma, accompanying the extensional rift and closing of Neoproterozoic small oceanic basins, and then formed the Qinling ocean. The Yangtze Plate and the North China Plate were separated by the Qinling ocean. A final collision between the Yangtze and the North China Plates and closure of the Qinling ocean occurred during Triassic. The zone, whose framework is made up of numerous faults, now is a composite structural melange zone with its long-term evolution, complicated components and strongly superimposed deformation of multiple stages.

② The Mianlue zone, occurred as an ophiolitic melange zone and smaller than the Shangdan zone on scale, is the other major suture zone newly defined by Zhang G. (1993). This zone was primarily open along the northern margin of the Yangtze Plate during the Devonian and formed an oceanic basin with a limited size, which separated the Qinling microplate from the Yangtze plate. Formation of the zone is because of prevailing extensional regime and the deep-seated structure. This zone finally closed during late Triassic, like its counterpart, the Shangdan zone. Now, the Mianlue zone exhibits as an imbricated south-directed thrust melange zone.

③ Three zones of ophiolitic sheets can be found in the Qinling belt:

(a) The Danfeng ophiolitic melange zone along Shangdan zone. Petrological and geochemical study suggests that the Danfeng ophiolitic melange is composed chiefly of ophiolitic fragments of oceanic island type and island-arc type (Sun Y., 1991) associated with a large amount of island-arc type volcanics. Formation ages of the ophiolitic melange and volcanics are concentrated in the Proterozoic ($983 \pm 140 - 1124 \pm 96$Ma, Sm-Nd method) and the Paleozoic ($357 - 402.6 \pm 35$Ma, Sm-Nd and Rb-Sr methods) (Zhang Z. et al., 1994; Li S. et al., 1991). The ages ranging from Odovinian to Silurian for radiolarian from silicolites in this zone have been recently reported by Cui Z. et al. (in press). The Triassic radiolarian were also found in a marble nappe immediately north of the eastern Shangdan zone (Feng, Q., 1994). It is evident that these ophiolitic sheets could have been structurally emplaced during middle-upper Triassic according to development of ductile shear zones around the ophiolitic sheets and mylonitized granitic bodies (a U-Pb zircon age of 211 ± 8Ma) intruded in these sheets as well as an undeformed rapakivi granitic pluton of 213—189Ma (U-Pb zircon).

(b) The Erlongping ophiolitic suite exposed to the north of Shangdan zone and parallels discontinuously to the Shangdan zone. The suite consists mainly of ophiolites generated in a back-arc marginal ocean. The ages yielded by radiolarian (ranging from Cambrian to Odovinian) and two sets ages of 581 ± 39Ma $- 357 \pm 80$Ma (U-Pb and Rb-Sr methods) and $1005 - 49$Ma $- 744 \pm 32$Ma (Sm-Nd and Rb-Sr methods) determined by Zhang Z. et al. (1994) indicated that the suite was formed from Neoproterozoic to Paleozoic.

(c) The Mianlue ophiolitic suite is mainly oceanic island and island-arc ophiolites. Ages of 241 ± 0.4Ma (Sm-Rd) and 220 ± 8.3Ma (Rb-Sr) have been determined from basic rocks in the suite (Li S., submitted). Fossils from Devonian to middle Triassic have been also found in both eastern and western extensions in the suite. Therefore, ophiolites of different types and ages are present in the Qinling belt. These ophiolites were formed in different tectonic regimes and settings at different orogenic stages. The ophiolites formed in the small oceanic basins during the Mid-Neoproterozoic suggest a transformation of the Qinling belt from continental rift tectonics with complicated intracontinental and intercontinental rift systems, associated with a number of small oceanic basins, to a tectonic regime of initial plate tectonics during the Mid-Neoproterozoic. Occurrence of Paleozoic ophiolites represent Phanerozoic evolution in a form of plate tectonics in the Qinling belt. The most of ophiolites recognized in the Qinling belong to SSZ ophiolites, while typical ophiolites of mid-ocean ridge are absent. However, all of them are products related to the Qinling orogenic processes, which involved formation and development of the Qinling plate and oceanic crust and their final subduction and collision.

④ Studies of ancient oceanic basins and continental margins (Zhang G., 1988; Meng Q. and Mei Z., 1995; Yin H. et al., 1992; Li J., et al., 1994). In the Early Paleozoic, with the Shangdan zone as the northern limit, the northern Yangtze Plate in the south Qinling represents a passive continental margin, on which a thick sedimentary system was deposited. In contrast, to the north of Shangdan zone, the North Qinling in southern part of the North China Plate was an active continental margin with development of trench, island-arc and basins system. In the Late Paleozoic, the Mianlue zone gradually evolved from a rifted basin to a small oceanic basin. The Qinling microplate which was previously separated from the Yangtze Plate became a complicated basin association characterized by a series of subsidence and rise areas on the basis of Early Paleozoic passive marginal deposition in a setting of epicontinental sea. This resulted in various successions and biocoenosis. Particularly, the presence of the forearc basinal sediments in the North Qinling along the Shangdan zone (Yu Z., 1993) and sedimentary records from subduction through irregular contact to an initial collision between the North China Plate and the Yangtze Plate during Carboniferous and middle Triassic as well as a final oblique complete continent-continent collision between the two plates during middle and late Triassic suggest that it took about 100Ma for accomplishment of convergence of the two plates.

⑤ Studies of granites and alkaline rocks (Lu X., 1991; Luo T., 1993; Qiu Z., 1994; Li X. et al., 1994). There are various types of granite with different origins present in the Qinling belt. These granites were formed in the different tectonic settings at different stages. Except for old granitoids in the Precambrian basements, all the granites can be assigned to:

(a) Granites of the Early Paleozoic (487—380Ma, U-Pb method), which are dominated by calc-alkaline granites. These granites formed a E-W trending zone to the north of the Shangdan zone and display compositional polarity towards north. Thus, these granites probably represent products of subduction of the Yangtze Plate beneath the North China Plate.

(b) Granites formed from Late Paleozoic to Early Mesozoic (323-200Ma, U-Pb and 40Ar / 39Ar methods). Most of the granites were generated by means of subduction of plates, intracontinental stripe-slid and collision. Typical example is represented by postorogenic rapakivi granites emplaced around 200Ma. Formation of these granites marks the end of the Qinling major collisional orogeny.

(c) Intracontinental orogenic granites of the Mesozoic (200—98Ma, U-Pb and 40Ar/ 39Ar methods). These granites were produced by a large quantity of silica-alumina magmas resulted from mantle delamination, thinning of the Qinling lithosphere, uplifting of asthenosphere as well as remelting of the middle and lower crust. Occurrence of the granites implies that postorogenic extensional and uplift regime controlled by deep-seated dynamics became prevailing.

Two E-W trending zones of alkaline rocks are exposed at the north and the south edges of the Qinling, respectively. In the Bashan region of the south Qinling, a suite of alkaline mafic and ultramafic volcanics (700—900Ma, $^{40}Ar/^{39}Ar$), belonging to lamprohyre, contains min or kimberlite and enclaves of phlogopite amphibole pyroxenite (Huang Y. and Xia L., 1993). Geological and geochemical studies suggest that these alkaline rocks are correlated to metasomatism of mantle plumes derived from asthenosphere. Partial melting of the metasomatic pyrolites could generate the above ultra-alkaline basic magmas, which may have carried the enclaves of the pyrolites to the surface (431.9 Ma). This magmatic activity did not end until Indosinian (342—205Ma). Therefore, the long-term activity of mantle plumes and deep-seated mechanism in the south Qinling have dynamic significance for formation and development of Neoproterozoic rift tectonics and Paleozoic plate tectonics in the Qinling orogenic belt.

It should be noted that the high-pressure eclogites newly-found in the Shangnan area in the Qinling belt are not as the same as those in the Dabieshan high-and ultrahigh-pressure terrane in their ages and characteristics (Liu L and Zhou D., 1994).

Based on the details of plate tectonics of the Qinling major orogeny mentioned above, the orogenic processes can be generalized chronologically as follows (Zhang G., 1993):

(a) Breakup of the Qinling lithosphere led to initiation of the Qinling proto-ocean and division of the North China Plate and the Yangtze Plate in the Neoproterozoic (1000—700Ma).

(b) The Qinling Proto-ocean continued developing and lateral motion of the North China Plate, Yangtze plate and numerous rifted continental blocks between the two plates from Sinian to Cambrian (700—500Ma).

(c) Subduction of the Yangtze plate beneath North China Plate took place and formation of two distinct continental margins, active and passive margins in Ordovician and Silurian (500—400Ma).

(d) Mianlue zone initiated in the Devonian, which resulted in formation of the Mianlue ocean and separation of the Qinling microplate from Yangtze plate. The Qinling proto-ocean continued shrinking at shangdan as subduction of the Yangtze Plate.

(e) The Qinling proto-ocean in the Shangdan area was diminishing and became isolated remnant basins. Occurrence of irregular contact and initial collision between margins of the North China Plate and the Yangtze Plate happened from Devonian to Carboniferous (400—290Ma).

(f) The remnant Qinling proto-ocean was filled and in some positions, marsh deposits began to form in the Shangdan area from Carboniferous through Permian to Middle Triassic. The final intensive continent-continent oblique collision occurred in the middle Triassic between the North hina Plate and Qinling microplate, which was followed by closure of the Mianlue ocean and suturing of the North China Plate and the Yangtze Plate. Since then, the Qinling entered an evolution stage dominated by intracontinental tectonism.

(3) *Mesozoic-Cenozoic postorogenic intracontinental tectonism and its dynamic me-chanisms* (Zhang G., 1989,1993).

The Qinling belt became part of united China continent after its major collision orogeny ending in Middle late Triassic, and then entered a postorogenic stage. At this stage, the Qinling belt experienced an intensive and extensive intracontinental tectonism, which is not inferior to that in the major orogeny.

① Lete Cretaceous and early Triassic, continued convergence inherited from the major orogeny in Indosinian resulted in collapse of uplifted fault blocks, strike-slip faults and thrust as well as numerous fault subsidence basins filled with red beds in the Qinling belt. The most prominent effect from the convergence is shown by large-scale multiple-layered thrusting, granitic magmatism and mineralization.

② In the Late Mesozoic (100 Ma) tecto-nics of the Qinling and Dabie was characterized by intense crustal extension, rapid uplift, which were associated with large-scale granitic magmatism and mineralization. The Qinling was elevated over 10 km. The upper Triassic lower Cretaceous deposits in fault-bounded basins were deformed and slightly metamorphosed. These obviously reflect deep-seated dynamic processes during this period.

③ Accompanying evolution of regional plates and mantle dynamics, the Qinling lithospheric mantle experienced flow adjustment during the Mesozoic and Cenozoic. The deep-seated mechanism caused the Qinling crust to tend to break into three segments: the West Qinling, East Qinling and Dabieshan, by differentiation at different elevation rates.

2. Based on the present structural studies, the "Flyover-type" 3-D lithospheric geometric model for Qinling orogenic belt is proposed (Zhang G., 1993).

(1) Upper crustal structure of the present Qinling

The Qinling orogenic belt connects to the east with the Dabieshan. Different crustal levels are denuded from east to west in the Qinling belt. For example, the root zone of the orogenic belt is exposed in the Dabieshan, both middle and deep crustal levels are present in the east Qinling, whereas the west Qinling is mostly covered by sedimentary rocks with less outcrops of the crystalline basement. The exposure of ultrahigh-pressure root zone in Dabieshan implies intensive shortening and uplifting in the eastern Qinling belt.

The N-S trending profile shows that in the major orogenic period, the Qinling microplate and the Yangtze Plate in turn subducted northward and collided with the North china Plate, while the southern North China Plate thrust southward. The present southern and northern edges of the Qinling display an outward fan-shaped structural pattern caused by thrust in opposite direction. Inside the Qinling belt, the southern margin of North china thrust northward at middle-shallow level, whilst the North Qinling represents a core of the orogenic belt and are characterized by thick-skinned southward imbricated thrust at a high angle.

In the south Qinling, structural vergence presents a lateral variation on both east and west sides of the Foping dome (longitude 108° E). On the east side, a large-scale, multi-layered, south-directed thrust system was developed, whereas on the west side, there is a huge northward imbricated thrust system. A NNE-trending shear transform zone exists between the two sides. In response to vertical accretion at depth, they formed a series of structural basins and domes resulted from superposition of large scale opposite vergence thrusting structures.

In a word, the upper crust of the present Qinling is dominated by E-W trending structures, established by the major orogeny and formed a composite tectonic framework resulted from combination of fan-shaped lateral superposition and vertical accretion on crustal scale. The tectonic framework contains some preexisting structures, which were strongly superimposed by late intracontinental orogenic structures. Finally, a geometric model with a variety of structural associations formed in different dynamic regimes is set up.

(2) *Deep-seated structure and state of the Qinling.*

The S-N trending transverse seismic reflection (COCORP) and seismic refraction profiles have been completed now and other two profiles of magnetotelluric prospecting and geomagnetic differentiation have been done as well. Earth heat flow, thermal structure and state, physical properties, components and flow state of rocks under high-temperature and high-pressure condition and gravity and magnetic fields also have been studied (Zhou G., 1992). In addition, study of regional CT in the entire Qinling region and its adjacent areas has been completed. These provide useful information for further analyses of deep-seated structure and state of matter of the Qinling lithosphere.

1) The geophysical studies, including COCORP, refraction seismic and magnetotellaric prospecting profiles, indicate inhomogeneous lithospheric structures of the Qinling (Yan X., 1994). In the east part, crust is about 35 kilometres thick on average, and Moho is flat. These indicate the lack of any mountain root but anomaly mantle. With respect to the Shangdan zone on the surface, there is a listric structure dipping north at depth. This marks a boundary of crustal seismic-wave velocities and electrical behavior. This area represents a transparent area of seismic reflection. Most reflection boundary surfaces in the upper crust display in continuous wave and superposition, which reflects characteristics of high-level thin-skin structures. Interweaving of flat and opposite-vergence reflection boundary surfaces is characterized in the middle-lower crust, this is typical in the area north of Shangdan zone. In the crust of the North Qinling, low-velocity and high-conductivity zone is developed. Also, data of electrical behaviors show that

crust of the North Qinling has a low resistance layer dipping south at shallow-level, but a high resistance layer dipping south at deep-level. In addition, data from earth electromagnetic and earth heat flow studies indicate a change top surface of the Qinling asthenosphere (Li L., and Jing X., 1994, in press). Deepness of top surface of asthenosphere in the North Qinling and the south edge of Bashan reaches about 250km, while deepness of top surface of asthenosphere is about 110km on average in the south Qinling. This indicates that lithospheric mantle is strongly thinning due to rapid uplift of this area relative to an average 40 km deep Moho present in Qinling belt.

2) CT 3-D seismic tomography from the Qinling belt suggest that the Qinling lithosphere obviously has lateral inhomogeneity and top surface of Moho is also changeable. With longitude 108E as a boundary, the area east of 108E is a positive velocity disturb area, while the area west is a negative velocity disturb area, similar to the satellite gravity survey. This shows difference between the east and west Qinling. Crust of the west Qinling is as thick as more than 40 km, up to 53—57km, showing a mountain root. Furthermore, CT seismic tomography markedly indicate that the lower crust and deep mantle of the present Qinling belt have a tendency of adjustment. ① CT seismic tomography shows that the predominant E-W trending anomalies at shallow level gradually change into near S-N trending anomalies at deep level vertically. ② A series of E-W trending CT profiles consistently display the high and low velocity areas parallel to one another and regularly dip east, reflecting rheologic adjustment of deep-seated material.

3) "Flyover-type" 3-D structure of Qinling belt. Data from studies of structures of the upper crust, middle-lower crust, Moho, lithospheric mantle, asthenosphere (110 km on average) and the upper mantle below consistently show a 3-D rheologic layered structure from the upper crust through asthenosphere to upper mantle in the present Qinling. The upper crust, characterized by predominant E-W trending structures and solid state and brittle property, is superimposed by late NE-SW trending brittle fracture structures. The middle-lower crust is in a horizontal rheologic state and Moho is also nearly horizontal, according to seismic refraction boundary surfaces and seismic-wave velocity and electrical behavior. Further to the deep mantle, analyses from gravity, especially satellite gravity and CT seismic tomography identically reflects that structure of deep mantle change gradually from E-W orientation to S-N orientation as increase of deepness. Thus, wave velocity, thermal state and density obtained from CT seismic tomography reveals the deep mantle is in a rheological adjustment in a large scope. The rheologic layered structure from the shallow level to deep level determined by geological and geophysical studies suggest that:

① The structures at shallow level are different from those at deep-level. The upper mantle and middle lower crust possess the latest adjusted structures. The present top surface of Moho may represents a latest one produced by the deep-seated dynamic mechanism and may not be the original surface created in the Qinling major orogeny. Therefore, the Moho in the east Qinling flattened and the mountain root has been erased, whereas the Moho in the west Qinling is in process of adjustment and the mountain root remains. Although the middle-upper crust has been reworked, old remnant E-W trending structures are still dominated. Thus, the Qinling orogenic belt exhibits a 3-D geometric model similar to "Flyover-type" architecture (Zhang G., 1993), that is, the Qinling has a S-N trending anomaly identical with the current regional geophysical field of China at deep level, while the middle-lower crust is in a horizontal rheologic deformation transitional state.

② Dynamic analyses indicate that in the Mesozoic and Cenozoic, the Qinling was spatially situated in a joint and transitional portion between the Tethys and Pacific oceans and temporally in an important period of global dynamic change. Also, the Qinling itself was in a postorogenic period and underwent an adjustment of dynamic regime. Thus, driven by regional to global tectonic dynamics, the structures formed in the major orogeny were inevitably subjected to change and adjustment. However, since the state and property of materials are different in distinctive structural layers inside the Earth and different coupling relationship between the layers, physical and chemical processes and reactions of the materials must be different. In general, the deep middle-lower crust and mantle have more plastic and rheologic properties and thus they are adjusted at a relatively high rate. In contrast, the upper crust, due to its quick consolidation and rigidity, tends to preserve the preexisting old structures. Thus, the structural distinctions at the different level in the Qinling belt occurred, which resulted in establishment of the "flyover-type" 3-D tectonic framework of the Qinling lithosphere. Synthetical studies by various geophysical investigations suggest that uplifting of Qinling asthenosphere, delamination of the lithospheric mantle and discrepancies at depth of the east and west Qinling, became a main driving power of the Qinling intracontinental tectonics in the Mesozoic and Cenozoic. These deep-seated structures also contain abundant information about continental dynamics related to continental orogeny, crustal accretion and coupling relationship between deep and shallow layers and are worth of further study.

III. Geochemical studies of the Qinling orogenic belt and main achievements (1991—1994)

Geochemical studies of the Qinling orogenic belt include regional geochemical and isotopic geochemical studies.

1. *Regional geochemistry of the Qinling orogenic belt can be categorized in the following three aspects* (Zhang G., 1994)

(1) *Studies of elemental abundance of regional crust, chemical composition and state of matter in the upper mantle.*

To date, the abundances of 46 elements in each major tectonic unit and the upper, middle and lower crust of the entire Qinling belt have been systematically determined and calculated. Meanwhile, under the consideration of the lack of any pyrolite enclaves in Qinling, we pursued estimation method of chemical composition of regional upper mantle using ultramafic rocks (Komatiite) of highly partial melting and Alpine-type ultramafic rocks. Based on these studies, geochemical characteristics of regional crust and upper mantle of the Qinling has been presented. It seems that the regional crust of the Qinling belt has a bulk composition corresponding to that of granodiorite to quartz diorite. The differentiation level of the upper and lower crust is obviously lower than the average level of continental crust in the world, that is, the upper crust is slightly mafic in composition, whereas the lower crust tends to be felsic. Regional crust and upper mantle of the Qinling exhibit vertical and lateral chemical inhomogeneity and complicated spatial variation. So far, two geochemical provinces, four geochemical districts and forty-two geochemical fields have been set up according to the chemical inhomogeneity of the upper crust and mantle in the Qinling belt and its adjacent areas, geochemical distribution characteristics of sedimentary and volcanic rocks, granites and mineralization (Zhang, B., 1994; Gao, S., 1991).

(2) *The mutual constraint relationship between differentiation of crustal materiel and tectonic development in the Qinling belt and geochemical tracer study.*

This includes: a) a geochemical study of regional rocks and regional structural development. b) studies of chemical composition, petrogenesis and tectonic settings of various rocks with different ages in the Qinling orogenic belt and c) geochemical tracer studies of each major tectonic event of the Qinling orogenic belt.

1) Average chemical composition and trace elemental abundance of granitoids with different ages in Qinling suggest that the granites are slightly mafic in composition, with low $87Sr/86Sr$ ratios and commonly belong to transitional type (between I and S types) of granites. Based on the geochemical characteristics of granites in the Qinling and their tectonic settings, tectono-geochemical types of the granites are classified and regional distribution map is made as well (Luo, T. et al., 1993; Lu, X., 1991).

2) Geochemical study of volcanic rocks. Besides Xia, L. et al. (1991) studied petrology and geochemistry of volcanic rocks in details and obtained important results, OuYang J. et al. (1993) determined average chemical compositions and trace element abundances of various volcanic rocks with different ages and further studied effects from compositional differences of lithosphere on application of geochemical discrimination of tectonic settings of different volcanic rocks. These studies suggested that volcanic rocks in Qinling are products of multiple sources, multiple episodes and various settings. In addition, a regional tectonic map on the basis of tectonic settings of basic volcanics was compiled.

3) Geochemical features of main sedimentary formations formed in different stages in

Qinling and their tectonic settings are discussed according to average chemical compositions and trace element abundances of pelites, clastic rocks and carbonate rocks. Also, from the angle of sedimentary-geochemistry, geochemical evidence related to rifting tectonic environments in which the Kuanping group and others were formed and to the evolution of the North China Plate and Yangtze Plat was provided. The geochemical evolution and tectonic development of sedimentation in different tectonic units of Qinling are also discussed (Gao, S., 1991).

4) Based on the regional geochemical studies mentioned above, Zhang B. et al. (1994) gave indicators of geochemical tracer and defining criteria for each major tectonic stage in the Qinling belt, such as division of tectonic region of Qinling old crystalline complexes, tectonic regime in the Proterozoic, the presence of the ancient Qinling ocean, evolution of plate tectonics in the Qinling, geochemical constraints of intracontinental orogeny in the Mesozoic and Cenozoic. Furthermore, they discussed formation and evolution of the Qinling orogenic belt from geochemistry of regional tectonic development.

（3） *Geochemistry of regional mineralization.*

In accordance with systematical geochemical studies of typical mineralization, including Mo and polymetallic ore belts, stratabound Pb-Zn deposits and ore-forming background of gold, silver and copper, Zhang, B. et al. (1994), Qi, S. (1993) and Wang, J. et al. (1993) discussed geochemical characteristics, mineralization condition and ore-control factors in each ore belt and proposed geochemical indicators and criteria for prospecting, From elemental abundances of rocks exposed regionally, particularly those rocks representing samples from the upper mantle, they also suggested strategic prospective of ore minerals in the Qinling. Based on chemical inhomogeneity of regional lithosphere and coupled with disequilibrium of development of regional tectonic, spatial and temporal distribution of some potential ore-mineral sources and regularity of regional ore-forming belts were discussed.

2. Isotopic geochemistry of the Qinling orogenic belt (Zhang Z., 1994; Li, S., 1991)

Isotopic geochemical study carried out in the Qinling belt involve: ① Isotopic geochronology; ② study of isotopic geochemical tracer of genesis, origin and tectonic setting of the magmatic rocks; ③ genesis and origin of granites and relevant mineralization as well as preliminary studies of stable isotopes and lead isotopes of spout stratabound mineralization of the Qinling. Among these studies, the notable outcome is geochronological study of metastrata, ophiolites, granites and alkaline rocks and isotopic geochemical tracer of petrogenesis and origins of meaningful rocks, igneous bodies and blocks. (Zhang, Z. and Li, S., 1989,1991,1994).

1) Geochronological study. Since 90's, Zhang, Z. et al., on the basis of 80's studies and using combination of Sm-Nd, U-Pb, Rb-Sr and $^{40}Ar/^{39}Ar$ methods, have carried out systematical geochronological studies and obtained a set of precise age data. These studies solved problems related to strata, rocks and ages of tectonic events.

① Geochronology of metastrata. Metastrata are extensively exposed in the Qinling oro-genic belt. However, the ages of the strata have been in question for a long time due to the lack of fossils. By geochronological studies, the old Qinling crystalline basement gave rise to isotopic ages ranging from 3000 Ma to 1900 Ma, which indicate that the basement consists of different metamorphosed blocks with different ages. The transitional low-grade metamorphosed volcanics of the Qinling basement yielded ages ranging from 160Ma to 800Ma, which, coupled with geological and geochemical data indicate the presence of a complicated rift system in Qinling during the Mid-Neoproterozoic.

② The Qinling ophiolitic suites were formed in three major periods at 1000—900Ma, 477—357Ma and 240—220Ma, respectively (Zhang, Z., 1994; Li, S., 1989,1991). Com-bined with geological studies, these age data indicate that the Qinling belt underwent a long-term complicated evolving course from small extensional oceanic basin developed in a rift system about 1000Ma ago to a final closure of the ancient Qinling ocean in middle Triassic.

③ Formation ages of the Qinling granites peak at 2000 Ma, 1500—1600Ma, 1000—700 Ma, 400—380Ma, 345—200Ma and 100Ma, respectively. These ages indicate that the granites in Qinling are multi-episodic products and closely related to each main thermal-dynamic event. Thus, granitic magmatism represents a major mechanism of redistribution and migration of crus-tal material during tectonic evolution of the Qinling belt and also a "chronograph" of tectonic evolution of the Qinling.

2) Isotopic tracer study of genesis and origin of different rocks, strata and blocks. Combined with geochronological studies, determination of isotopic model ages was applied to metastrata and sedimentary strata. The model age data provided evidence for genesis, origins and division of tectonic units of the strata. Isotope geochemical study of and initial ratios of $^{87}Sr/^{86}Sr$ of ophiolites and granites gave important information of their genesis and origins. For exam-ple, ε_{Nd} of Mid-Neoproterozoic volcanic rocks are from +5 to +6, while εNd of the basic vol-canics from the Danfeng and Erlongping ophiolitic suite ranges from +6 to +7, reflecting their deleted mantle origins. According to isotope geochemical studies, Zhang, Z. et al. (1994) suggested that an important crust-formation event in the Qinling at 2000Ma; an important tectonism occurred in the Jinning period of 1000—800Ma; a series of thermal-tectonic events happened at 400Ma, 240—200Ma and 100Ma.

Acknowledgment　This project is financially supported by the National Natural Science Foundation of China.

References

[1] Feng, Q., and Du, Y. 1994, Early Triassic radiolarian fauna of Tongbai region in Henan and its geologic significance. *Earth Sci.,* 19: 787-794 (in Chinese with English abstract).

[2] Gao, S., Zhang, B., Luo, T., Li, Z., Xie, Q., Gu, X. and Zhang, H. 1990, Structure and chemical composition of the continental crust in the Qinling orogenic belt and its adjacent north China and Yangtze cratons. *contribution to regional geochemistry of Qinling and Dabieshang Mountains.* China University of Geoscienses Press, Wuhan, 33-51 (in Chinese with English abstract).

[3] Gao, S., Zhang, B., Gu, X., Xie, Q. and Guo, X. 1991, Silurian-Devonian coupling of the North China and Yangtze Plates: Evidence from the geochemistry of sedimentary rocks. *Science in China,* Section B, 6: 645-651 (in Chinese with English abstract).

[4] Hsu, K. J., Wang, Q., Li, J., Zhou, D. and Sun, S. 1987, Tectonic evolotion of Qinling mountains, China, *Eclogae Geol. Helv.,* 80: 735-752.

[5] Luo, T., Zhang, H. and Zhang, B. 1993, Compositional polarity and genesis of arc granitoids in Danfeng-Xixia area, North Qinling Orogenic Belt. *Earth Sci.,* 18: 67-72 (in Chinese with English abstract).

[6] Li, S., Hart, S. R., Zhang, S., Liu, D., Zhang, G. and Guo, A. 1989, Timing of collision between the North and South china blocks-the Sm-Nd isotopic age evidence. *Science in China,* Section B, 32: 1291-1400 (in Chinese with English abstract).

[7] Li, S., Chen, Yi., Zhang, G., and Zhang, Z. 1991, A 1 GA B. P. Alpine peridotite body emplaced into the Qinling group: Evidence for the existence of the late Proterozoic plate tectonics in the North Qinling area. *Geological Review,* 37: 235-242 (in Chinese with English abstract).

[8] Li, X., Yan, Z. and Lu, X. 1993, *Granitoids of Mt. Qinling-Dabieshan.* Geological Publishing House, Beijing (in Chinese).

[9] Li, J., Cao, Xi. and Yang, J. 1994, *Sedimentary and evolution of ancient oceanic basin of the Qinling in Phanerozoic eon.* Geological publishing House, Beijing (in Chinese).

[10] Liu, G., Zhang, S., Yiu, Z., Sc, S. and Zhang, G. 1993, Main metamorphic groups and metamorphic history of Qinling Orogenic belt, Geological Publishing House, Beijing (in Chinese).

[11] Liu, L. and zhou, D. 1994, Discovery and study on basic high-pressure granulite of Songshugou in Shangnan county, East Qinling. *Chinese Sci. bull,* 39: 1599-1601 (in Chinese).

[12] Liu, J., Liu, F., Sun, R., Wu, H. and Wu, D. 1995, Seismic tomography of the Qinling orogenic belt and its southern and northern edges. *Acta Geophysica sinica,* (in Chinese with English abstract, in press).

[13] Lu, X. 1991, Granitoids of the East Qinling. In: Ye, L., Qian, X. and Zhang, G. (eds.), *selection of papers presented at the conference on the Qinling orogenic belt.* Northwest University Press, Xi'an, 250-260 (in Chinese with English abstract).

[14] Mattauer, M., Matte, P., Malavieille, J., Tapponier, P., Malaski, H., Xu, Z., Lu, Y. and Tang, Y. 1985, Tectonics of Qinling belt: buildup and evolution of Eastern Asia. *Nature,* 317: 494-500.

[15] Meng, Q., Mei, Z. and Yu, Z. 1995, Continent disappeared at northern edge of Qinling Plate during Devonian. *Chinese Sei. Bull.,* (in Chinese, in press).

[16] Ouyang, J., Zhang, B., Han, Y., Zheng, H. and Xie, Q. 1993, Geochemistry of Basic Volcanic rocks in northern Qinling and their upper mantle magmatic sources. *Earth Sei.,* 18: 73-83 (in Chinese with English abstract).

[17] Qi, S, and Li, Y. 1993, *The types and ore-controlling factors of Lead-Zinc deposits in the Devonian melallogenic belt of Qinling Mountains.* Geological Publishing House, Beijing (in Chinese).

[18] Qiu, J. et al. 1993, *Alkaline rocks of Qinling-Dabashan Mts.,* Geological publishing House, Beijing (in Chinese).

[19] Ren, J., Zhang, Z., Niu, B. and Liu, Z. 1991, On the Qinling orogenic Belt--interpretation of the Sino-Korean and Yangtze blocks. In: Ye, L. Qian X. and Zhang, G. (eds), *A selection of papers presented at the conference on the Qinling orogenic belt,* Northwest University Press, Xi'an, 99-110 (in Chinese with English abstract).

[20] Sengor, A. M. C. 1985, East Asia Tectonic Collage. *Nature,* 318: 16-17.

[21] Sun, Y. 1991, Ancient Oceanic basin of East Qinling and Caledonian movement. *Geological Review,* 37: 555-559 (in Chinese with English abstract).

[22] Wang, J. and Zhang, F. 1993, *The Stratabound metallic ore deposits in Qinling Devonian System.* Scientific and

technological publishing House, Shaanxi (in Chinese).

[23] Xia, L., Xia. Z. et al., 1991, *Marine volcanic rocks from Qilian and Qinling Mts.,* China University of Geosciences Press, Wuhan (in Chinese).

[24] Xiu, Z., Niu, B., Liu, Z. and Wang, Y. 1991, Tectonic system and intracontinental plate dynamic mechanism in the Qinling-Dabie "Collision-intracontinental" Mountain Chains, In: Ye, L., Qian, X, and Zhang, G. (eds), *A selection of papers presented at the conference on the Qinling Orogenic Belt.* Northwest University Press, Xi'an, 1139-147 (in Chinese with English abstract).

[25] Yang, W., and Yang, S. 1991, *Modern theories and study methods of the architecture and evolution of orogenic belts: an analysis of the east Qinling orogenic belt.* China University of Geosciences Press, Wuhan (in Chinese).

[26] You, Z., Suo, S., Han, Y., Zhong, Z. and Chen, N. 1991, *The metamorphic processes and tectonic analysis in the core complex of an orogenic belt: An example from the Eastern Qinling Mountains.* China University of Geosciences Press, Wuhan (in Chinese).

[27] Yin, H., Yang, F., Q., Yang, H. and Lai, X. 1992, *The Triassic of Qinling Mountains.* China University of Geosciences Press, Wuhan (in Chinese).

[28] Yu, Z. 1993, A discussion on age and process of integration between the North China Plate and the Yangtze Plate. In: *Asian Accretion,* Seismic Publishing House, Beijing, 103-106 (in Chinese).

[29] Yuan, X., Xu, M., Wang, Q. and Tang, W. 1994, Eastern Qinling Seismic Reflection Profiling. *Acta Geophysica Sinica,* 37: 749-758 (in Chinese with English abstract).

[30] Zhang, G. 1991, A discussion on basic features of tectonic development of lithosphere of the Qinling Belt. *J. Northwest University,* 21: 77-87 (in Chinese with English abstract).

[31] Zhang, G., and Li, S. 1993, Ophiolites in the Qinling Orogenic belt. *Geoscience research,* Geological publishing House, Beijing, 13-24 (in Chinese with English abstract). Zhang G. et al. (1993), Second understanding for basic structures of the Qinling Orogenic belt. In: Asian Accretion, Seismic Publishing House, Beijing, 95-99 (in Chinese).

[33] Zhang, B., Luo, T., Gao, S., Ouyang, J., Chen, D., Ma, Z., Han, Y., and Gu, X. 1994, *Geochemical study of the lithosphere, tectonism and metallogenesis in the Qinling-Dabashan region.* China University of Geoscinces Press, Wuhan (in Chinese).

[34] Zhang, Z., Liu, D. and Fu, G. 1994, *Studies on isotope geochronology of metamorphosed area in North Qinling.* Geological Publishing House, Beijing. (in Chinese).

[35] Zhou, G., Luo, J. and Guan, Z. 1992, *Studies on feature of geophysical field and crustal structural framework in Qinling-Dabashan areas.* China University of Geosciences Press, Wuhan (in Chinese).

The Qinling orogen and intracontinental orogen mechanisms*

Zhang Guowei   **Xiang Liwen**   **Meng Qingren**

The Qinling orogen is a composite continental orogen with a complex evolutionary history. During the Early and Middle Proterozoic, it was a continental rift; in the late Proterozoic, it began to be part of a plate tectonic regime; from the Palaeozoic to Early Mesozoic, it was involved in subduction-collision between three plates; and in the Mesozoic and Cenozoic, it was affected by intracontinental postorogenic tectonism. The Qinling orogen has a flyover-shaped, 3-D lithospheric architecture.

Introduction

The Qinling orogen extends from east to west in the middle of t he China continent. Linking the Dabie Mountains in he east and the Qilian and Kunlun mountains in the west, it is in a geotectonically important position. It is now believed to be a unique composite continental orogen with a complicated composition and structure. It has undergone evolution under different tectonic regimes during its long developmental history, constrained by different tectono-dynamic systems of the palaeo-Pacific, Tethys, Laurasia and Gondwanaland.

Main tectonic units and evolutionary stages

The main tectonic units of the Qinling orogenic belt are shown in Figure 1. Primarily, the belt is composed of three distinct tectonolithostratigraphic units, which possess different crustal compositions and textures, and which evolved under different tectonic regimes in three stages. The lower unit represents two kinds of orogenic basement. One is a Late Archaean-Early Proterozoic metamorphic crystalline complex, now dispersed in the orogenic belt making it very hard to reconstruct the early history. The other is a widely outcropping Middle Proterozoic sedi-

---

*Published in Episodes, 1995,18 (1-2): 36-39.

mentary-volcanic low-grade metamorphosed succession, which is actually a sort of transitional basement formed in extensional tectonic settings. It is evident that intense rifting occurred at 800-1000 Ma and the succession was produced in a mosaic rift valley and small ocean basin environment (Zhang, 1988). The middle unit is a Late Proterozoic-Middle Triassic succession, consisting of depositional sequences developed to both active and passive continetal margins: subduction-related ophiolites, and collisional granites. All these demonstrate a plate tectonic regime at this stage (Li et al,. 1978; Mattauer et al,. 1985; Hsu et al., 1987; Zhang, 1988; Xu et al., 1986; Ren, 1991). In addition, widespread basement uplift also implies subcrustal underplating and vertical accretion (Platt, 1993; Michard, 1993). The upper unit is made up of both intrusive granites and sediments deposited in foreland-, hinterland-, and postorogenic-rifted basins. The Meso-Cenozoic intracontinental rift faulting, tectono-magmatism and tectonic deformation indicate an intracontinental orogenesis following the main period of strong orogenic movement. The Qinling orogen was actually a branch of the northern flank of palaeo-Tethys from the Late Proterozoic to the Palaeozoic. Two limited oceans originated during this time and the Qinling microplate was then separated from the north China plate and the Yangtze plate. Subduction of oceanic crust took place in the Early and Middle Palaeozoic, accompanied by coeval vertical underplating and accretion. Continent-continent collision occurred from the Carboniferous to the Middle Triassic in an oblique and diachronous fashion, creating two major suture zones, that is, the northern Shangdan suture zone and the southern Mianlue suture zone. Intense Mesozoic-Cenozoic intracontinent orogeny brought about rapid uplift and eventually formed the present-day Qinling.

Processes in, and the characteristics of, the main Qinling orogeny

The main phase of the Qinling orogeny was in the Late Proterozoic-Early Mesozoic. The processes operating and characteristics of the orogeny can be summarised as follows.

Breakup of the Late Proterozoic Qinling lithosphere and change in the tectonic regime

A preliminarily united Yangtze Block formed as a result of complex integration of segments of crystalline basement during the Jinningian (1000—800 Ma), but the Qinling, (the northern margin of the Yangtze Block at that time) was still suffering extention and breakup, Rifting-related volcanism was intense along the Shangdan fault and Shangxian fault from the Late Proterozoic to the Early Palaeozoic. A Qinling proto-ocean was initiated by continuous rifting in the pre-Sinian period and caused the north China plate to become separated from the Yangtze plate.

The evidence for this important transition from a continental rift regime in the Middle

Proterozoic to a plate tectonic regime in the Late Proterozoic includes the following:

· The Yangtze-type Sinian is developed only to the south of the Shangdan fault and has never been found to the north.

· Different kinds of ophiolitic and volcanic rocks (983 Ma; 357—402 Ma) are preserved within or beside the Shangdan zone (Zhang et al,. 1994; Li et al., 1989).

· There are also subductional and collisional granites (382—440 Ma; 323—210 Ma) (Zhang et al., 1992; Zhang et al., 1994).

· The northern margin of the Yangtze plate shows geological features of a passive continental margin, while the southern margin of the north China plate has the character of an active margin.

Subduction-collision from the Palaeozoic to the Early Mesozoic

Following the establishment of the north China plate and Yangtze plate in the Late Proterozoic, the continuing evolution of the Qinling was not simply a response to the interaction and lateral movement of these two plates. Further extension of palaeo-Tethys led to the formation of a rifted zone along the present-day Mianlue fault (SF$_2$, Fig. 1) during the interval from th e Devonian to the Carboniferous. This rift was a new branch of the northern flank of palaeo Tethys. separating the Qinling plate from the Yangtze plate, and gradually becoming another suture zone (the southern suture zone, SF$_2$) with the features of subduction and collision. The western segment of this suture zone is marked by a typical ophiolitic melange but the eastern segment was buried due to large-scale southward thrusting along the Bashan fault and the southern edge of the Dabie Mountains (Fig. 1) in the Mesozoic. Nevertheless, some remnants of the Mianlue suture zone can still be traced in Zhenba, southern Suizhou, and the southern Dabie Mountains. The Mianlue suture zone is strongly modified and less exposed, but it is apparently connected with the Kunlun orogen to the west by the Huashixia suture zone in Qinghai. It is clear that the Qinling, including most of the Dabie Mountains, became an independent lithospheric plate in the Devonian and was located between the northern and southern suture zones. However, it has an Early-Middle Proterozoic basement similar to that of the Yangtze plate and a passive continental margin sedimentary sequence (Sinian-Early Palaeozoic) which belongs to the north margin of the plate. So, the Qinling was part of the Yangtze plate during the Early Palaeozoic, and began its own deveopment in the Devonian.

The evidence shows that the Qinling was built up by subduction and collision between three plates along two suture zones and that the orogeny was further complicated by the presence, between the plates, of a number of continental fragments. The Qinling orogeny is too complicated to be explained by simple Caledonian or Indosinian subduction and collision processes. Rather, it developed along the lines of the following:

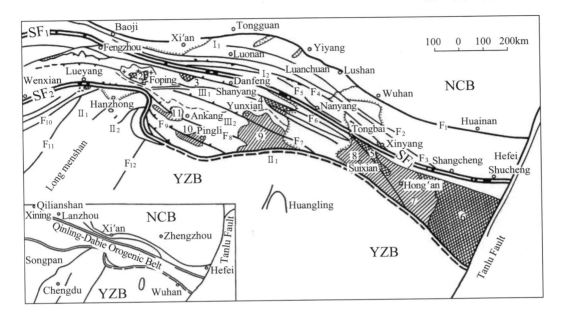

I. South margin of North China Block: I_1. hinderland thrust-fold zone; I_2. thick-skinned imbricated thrust zone. II. Northern margin of Yangtze Block: II_1. foreland thrust-fold zone; II_2. large-scale frontal thrust zone on the south margin of Bashan-Dabie Mountains. III. Qinling microplate: III_1. Late Palaeozoic rifted zone in the northern part of south Qinling; III_2. Late Palaeozoic uplifted zone in the southern part of south Qinling. SF_1. Shangdan suture zone; SF_2. Mianlue suture zone.

Major faults: F_1. Northern boundary fault of Qinling; F_2. Shimen-Machaoying thrust fault; F_3. Luonan-Luanchuan thrust fault; F_4. Huangtai-Waxuezi thrust zone; F_5. Shangxian-Xiaguan thrust fault; F_6. Shanyan-Fengzhen thrust fault; F_7. Shiyan fault; F_8. Shiquan-Ankang thrust fault; F_9. Hongchuenban-Pingli fault; F_{10}. Yangpingguan-Bashanhu southern Dabie thrust fault; F_{11}. Longmenshan thrust zone; F_{12}. Huayingshan thrust zone.

Blocks of Precambrian basement: 1. Yudongzi; 2. Foping; 3. Xiaomoling; 4. Douling; 5. Tongbai; 6. Dabie.

Transitional basement blocks: 7. Hongan; 8. Suixian; 9. Wudang; 10. Pingli; 11. Niushan-Fenghuangshan.

Solid black: ultramafic rocks

Fig. 1　Major tectonic units of the QinLing Orogenic Belt

1. Lithospheric breakup led to the initiation of the Qinling protoocean and the establishment of both the north China plate and Yangtze plate in the early Late Proterozoic（1000—700 Ma）.

2. The Qinling proto-ocean continued to develop and the north China plate. Yangtze plate, and from the Sinian to Cambrian（700—500 Ma）, numberous rifted continental blocks moved laterally.

3. Subduction of theYangtze plate beneath the north China plate took place, resulting in Early Palaeozoic（Caledonian）megmatism, and two distinct continental margins, active and passive, were involved in the Ordovician-Silurian（500—400 Ma）.

4. The southern rifted zone was initiated in the Devonian, and the Qinling plate broke away from the Yangtze plate. Convergence continued in the Shangdan suture zone.

5. The Qinling proto-ocean at the Shangdan zone was diminishing and became isolated remnants because of irregularity of the continental margin during the initial collision in the Late Devonian and Carboniferous (370—290 Ma).

6. The residual Qinling proto-ocean was filled up and became a marsh indicating eventual diminishement of the Qinling proto ocean in the Carboniferous and Permian. The final intense continent-continent oblique collision occurred in the Middle Triassic between the north China plate and Qinling plate, and was followed by the closure of the Mianlue proto-ocean and collision between the Qinling plate and Yangtze plate. Intracontinental tectonism has predominated in the late development of the Qinling since then (290—200Ma).

Lateral and vertical accretion

The Qinling orogeny was not only initiated by lateral motion, with consequent breakup, collision and integration of three plates and microcontinental fragments, but was also greatly influenced by the coeval vertical uplift of crystalline basements and the accompanying magmatism and metamorphisml. The Foping dome may serve as a good example. It is ellipsoid-shaped and has an Early Proterozoic complex core which is in fault (shear zone) contact with the overlying Sinian-Devonian sequences. The Foping dome represent not only a centre of magmatic complex, implying a deep-seated hot magmatic source, but also a thermal centre for metamorphism. This is well demonstrated by a decrease in metamorphic grade from the centre outwards. The dome was not only formed by lateral plate motion and crustal extension but also to a great extent controlled by mantle upwelling. This inference is supported by the occurrence of an alkaline mafic and ultramafic crypto-volcanic complex (431 Ma) with inclusions (900—700 Ma) of deep origin (Huang, 1993) in the south part of the Qinling. Vertical accretion and growth of the Qinling lithosphere could be a direct response to mantle fluid movement and magmatic diapiring. Clearly, the unique characteristics of Qinling orogen are a consequence of combined lateral and vertical tectonic activity.

Postorogenic intracontinental tectonism and mechanisms

After the Middle Triassic collision, the Qinling orogen entered a postorogenic phase when the intracontinental tectonism was still active and intense.

Intracontinental features

Block collapse, strike-slip faulting and thrusting were dominant in the Early Mesozoic.

Block faulting and subsidence were induced by rapid uplift due to continuous subduction within the continental lithosphere, and most basins took the form of half grabens filled with Upper Triassic-Lower Creataceous red beds. Oblique subduction led to pronounced strike-slip faulting and the formation of some small scale pull-apart basins along the Shangdan suture zone. In general, the Qinling was in a compressive tectonic setting and was marked by large-scale multi-layered thrusting and granitic magmatism. In contrast, the southern margin of the north China plate was subducted southward in the zone (F_2) to the north of the Shangdan fault, causing northward thrusting. As a result, the whole Qinling structural profile is asymmetrically fan-shaped from north to south.

The Late Mesozoic development of the Qinling was characterized by intense crustal extension, rapid uplift, and large-scale granitic magmatism and mineralisation, suggesting an important thermo-tectonic event. The Qinling has been elevated over 10 km since the Late Cretaceous. Large-scale and widespread sialic magmatic intrusion and widespread sialic magmatic intrusion and mineralisation occurred around 100 Ma, while sedimentary layers in the Late Triassic-Early Cretaceous faultbounded basins were deformed and slightly metamorphosed.

Two north-south-trending belts of gravity gradient have appeared in the China continent since the Mesozoic, marking a series of north-south fault-bounded basins in west Henan and at the boundary between Shaaanxi and Gansu provinces, respectively. These two belts divide the Qinling into three segments, which are, from west to east, the west Qinling, the east Qinling and the Dabie Mountains The segments have been elevated at different rates and eroded to different depths. so they are now often treated as three new distinct tectonic elements. This implies a tendency of breakup of the Qinling-Dabie orogen.

The lithospheric architecture

Deep-seated structures

Geophysical studies (Yuan, 1991), have shown that the Qinling lithosphere is markedly inhomogeneous. It is vertically layered and laterally segmented. The upper surface of the asthenosphere is at a depth of some 110 km in the southern Qinling, but deepens to 250km in the area to the north of the Shangdan suture zone and along the Bashan zone. This difference in depth is up to about 150 km and must be of great dynamic significance. The crustal thickness also varies. East of longitude 108°E, the crust is about 32 km thick and the Moho is flat, indicating the absence of a mountain root: west of it, the crustal thickness reaches 56 km. There is a strong, flat seismic reflection in the middle crust, which is now proved to be a lowvelocity, highly conductive layer. The Qinling is an area with high heat flow, which may be related to partial melting in the middle crust. This inference comes from study of granites which originated at depths of 15-20 km. Evidently, the middle crust as well as the upper part of the lower crust in the Qinling represents a rheological soft stratification and is also an intracrustal dynamic layer. CT studies of the Qinling region demonstate that the lower lithosphere, below the depth of 20-40 km, shows spaced north-south-trending zones with different tectono-geophysical states, while the upper, above 20 km, is dominated by east-west-trending structural lineaments. A flat deformation zone lies between the lower and upper lithosphere. The 3-D geometrical pattern of the Qinling regin is much like a flyover and is one of the remarkable features of the Qinling structure.

Upper crustal structures of the pre sent Qinling

The Qinling is connected in the east with the Dabie Mountains. Different tectonic levels of the crust have been exposed by denudation from east to west. The orogenic root zone crops out in the Dabie Mountains; both deep and middle levels are exposed in the east Qinling; while the west Qinling is dominated by sedimentary cover with less outcrop of crystalline basement. The denudation of ultrapressure root zone on the Dabie Mountains implies much stronger shrinking and uplifting of the crust than in the Qinling. The Qinling north-south-trending profile is fan-shaped due to northward subduction and final collision. The southern part is marked by southward thrusts and the northern part shows opposite vergence. The northern part of the Qinling is the orogenic core and is characterised by thick-skinned southward imbricated thrusts (Figure 1). In the southern Qinling. structural vergence represents lateral variations along the strike, that is, the vergence changes on the east and west sides of the Foping dome. The thrusting is southward on the east and northward on the west, and a transfer zone exists in between. The present complex structural pattern of the Qinling has come about by superposition of vertical accretion at depth and large-scale thrusting in the upper crust.

Dynamic analysic

Any analysic of the mechanism of Mesozoic-Cenozoic intracontinental orogeny and 3-D geometrical pattern of the Qinling should take into account the following.

· The present 3-D framework of the Qinling was established during the main orogeny, but some early structures can still be traced and the Mesozoic-Cenozoic reformation is much more manifest. The deep-seated structures reflect the state of recent tectonic readjustment.

· The Mesozoic-Cenozoic intracontinental orogeny was mainly controlled by the Asian continent, Pacific and Indian plates. The east part of the Qinling was much more influenced by the Pacific plate, resulting in dynamic and kinetic adjustment of the Qinling inthosphere. The deep-seated rheological adjustment led to the north-south-trending tectonophysical and textural zonation in the Qinling lithospheric mantle. In contrast, ancient east-west-trending structures may be preserved because they have been hardened during the postorogenic period and have not yet been fully modified. The middle and lower crust is in a transitional positon, where the orogenic root was erased due to the rheological flattening. The flyover shaped 3-D framework of the Qinling lithosphere was thus created. The middle and lower crust, as a soft rheological stratification in the lithosphere, can not only absorb strain and energy of mantle tectonic adjustment, but also controls material exchange and structural deformation of the upper crust (Ranalli and Murphy, 1987; Quinlan, 1993). Therefore, deep-seated mantle adjustment and the middle-lower crustal rheolgtical state were improtant dynamic mechanism for the intense intracontinental Qinling orogeny in the Mesozoic and Cenozoic.

· Deep geophysical studies reveal that the asthenosphere, under the main body of the Qinling, strongly upwelled to depths of 60-80km and the lithosphere sharply thinned accordingly. There are two mechanisms for this upwelling. One is the large-scale lateral migration of material in the rheological layer; the other is that some parts of the lithosphere melted away by the rising asthenosphere. Intense extension occurred in the Mesozoic, especially in the Late Cretaceous, resulting in rapid crustal uplift and large-scale magmatic activity. Lithospheric mantle delamination (Kay and Kay, 1993; Sacks, 1993) and asthenospheric upwelling are believed to be the main dynamic causes of the Mesozoic-Cenozoic intractontinental orogeny of the Qinling.

Acknowledgement　This project is supported by the National Natural Science Foundation of China (NSFC) and the Ministry of Geology and Mineral Resources of China, Grant 49290100.

References

[1] Huang, Y, 1993, Mineralogical characteristics of phologopite-amplibole-pyroxenite mantle xenoliths included in the alkali mafic-ultramafic subvolcanic complex from Langao country, China: Acta Petrologica Sinica, v. 4, pp. 367-378.

[2] Hsu, K J, Wang, Q, Li, Z, and Sun, S, 1987, Tectonic eveolution of Qinling Mountains, China: Eclogae Geologicae Helvetiae v. 83, pp. 735-752.

[3] Kay, R W, and Mahlbury-Kay, S, 1993, Delamination and delamination magmatism: Tectonophysics, v. 219, pp. 177-189.

[4] Li, C, Liu, Y, Zhu, B, Feng, Y, and Wu, H, 1978, Tectonic evolution of the Qinling and Qilian Mountains: Proceedings of International Geological Symposium, pp. 77-183.

[5] Li, S, Hart, S R. Zhang, S. Liu, D, Zhang, G, and Guo, A 1989, Timing of collision between the North and South China blocks-the Sm-Nd isotopic age evidence: China Science ser. B, v. 32, pp. 1291-1400.

[6] Mattauer, M, Matte, P, Malavieille, J, Tappornier, P, Maluski, H, Xu, Z, Lu, Y, and Tang. Y, 1985, Tectonics of the Qinling belt: buildup and evolution of eastern Asia: Nature, v. 317, pp. 496-500.

[7] Michard, A, 1993, Compression versus extention in the exhumation of the Dora-Maira coesite-bearing unit, Western Alps, Italy: Tectonophysics, v. 221, pp. 173-193.

[8] Platt, J P, 1993, Exhumation of high-pressure rocks: a review of concepts and process: Terra Nova, v. 5. pp. 119-133.

[9] Ranalli, G, and Murphy, D, 1987, Rheological stratification of the lithosphere: Tectonophysics, v. 132,261-295.

[10] Ren, J, 1991, On the Qinling orogenic belt-integration of the Sino-Korean and Yangtz blocks. *in* Ye, Qian, X, and Zhang, G, eds., A selection of papers presented at the conference of the Qinling Orogenic Belt: North west University Press, Xi'an, pp. 99-110.

[11] Quinlan, G, 1993, Tectonic model for crustal seismic reflectivity pattern in compressional orogens: Geology, v. 21, pp. 663-666.

[12] Scaks, P. G, 1990, Delamination in collisional orogens: Geology, v. 18. pp. 999-102.

[13] Xu, Z, Tang, Y, and Lu, Y, 1986, Deformational features and tectonic evolution of the East Qinling: Acta Geologica Sinica, v. 60, pp. 237-247.

[14] Yuan, X, 1991, Deep structure and structural evolution of the Qinling orogenic zone, *in* Ye, L, Qian, X, and Zhang, G, eds., A selection of papers presented at the conference on the Qinling Orogenic Belt. Northwest University Press, Xi'an, pp. 174-184.

[15] Zhang, B. Luo, T, Gao, S, Ouyang, J, Gao, C, and Li, Z, 1992, Petro-geochemical features and geological significance of the Qinling and Bashan regions, *in* Zhang, B, ed., Contributions to regional geochemistry of Qinling and Daba Mountains: China University of Geosciences Press, Wuhan, pp. 1-31.

[16] Zhang, G, 1988. Formation and evolution of the Qinling Orogenic Belt: Northwest University Press, Xi'an, 192pp.

[17] Zhang, G, Yu, Z, Sun, Y, Chen, S, Li, T, Xue, F, and Zhang, C, 1989, The major suture zone of the Qinling orogenic belt: Journal of Southeast Asian Earth Sciences. v. 3, pp. 63-76.

[18] Zhang, Z, Liu, D, and Fu, G, 1994, Isotopic chronological studies of the North Qinling metamorphic succession: the Qinling, Kuanping, and Taowan Groups: Geological Publishing House, Beijing, pp. 191

Tectonics and structure of Qinling orogenic belt*

Zhang Guowei   **Meng Qingren**   **Lai Shaocong**

Abstract   The Qinling orogen has 2 kinds of orogenic basements. The main orogenic plase was characterized by the oblique subduction and collision of 3 plates at 2 suture zones. There are a number of vertical accretionary structures under the control of deep-seated thermo-tectonic processes. The present 3-D model of the Qinling is a "flyover-like" framework. Deep geophysical field is featured by nearly south-north-trending anomalies, while the upper crust is dominated by east-west-trending structures. Between them are the middle and lower crusts which are in a rheological state of the horizontally flattening. Fundamental structures of the upper crust was built during the main orogenic phase, which contains residual structures and is intensively superposed by the late intra-oontinental tectonism. This tectonic model for the Qinling orogen is distinct from the existing ones in that it represents a complicated development of diverse tectonic regimes. This model cannot be either interpreted by an individual existing model.

Keywords   collisional tectonics   vertical accretionary growth   Qinling 3-D "flyover-like" model

Although there exist debates and controversies over the development of the Qinling, it is now generally accepted that this orogen resulted from the collision between North China plate and Yangtze plate, and was mainly structured by southward thrusting and apparent strike-slip faulting[1-6]. Based upon new research results, present tectonics and structures of the Qinling are determined by a variety of factors: (i) combination of distinctive tectonism in different time; (ii) subduction and collision of 3 plates at 2 major suture zones in late Proterozoic to Paleozoic; (iii) lithospheric vertical accretion and middle-lower crustal rheological deformation; (iv) Mesozoic-Cenozoic intensive intracontinental tectonism. Consequently, the present tectonics and structures of Qinling are both complex and unique. They are distinct from the existing orogenic models and cannot be interpreted by an individual model.

*Published in Science in China, Ser. B, 1995,38 (11): 1379-1394.

1   Main evolutionary stages of the Qinling

One of the most fundamental geological facts of the Qinling is that there are principally 3 tectono-petrological units, which represent 3 main tectonic evolutionary stages of the orogenic crust in 3 different tectonic regimes. The first unit is composed of 2 kinds of orogenic basements: one is late Archeozoic-early Proterozoic metamorphic crystalline complex, which is now exposed scatteringly within the orogen. It is now difficult to convincingly restore its early tectonic regime and evolution. The other is early-middle Proterozoic low-grade. widespread metavolcano-sedimentary systems and actually a sort of transitional basement. It formed in an extensional setting, or in an environment typified by mosaic rifts and small oceans, reflecting the intensive and widespread Jiningian tectonism. The second unit consists of late Proterozoic-middle Triassic successions of rifts and continental margins of 2 different kinds as well as granites and ophiolitic comple of diverse kinds. All these and related collisional structures demonstrate that they occurred in plate tectonic regime, and were influenced by intracontinental basal erosion and vertically accretionary growth as revealed by wide exhumation or uplift of basements[7]. The last unit is made out of a sedimentary assemblage of Mesozoic-Cenozoic intracontinental faultbounded basins and foreland and hinderland basins and of widespread magmatic intrusions, indicating intensive intracontinental orogeny. As shown by Paleozoic geological records, the present-day tectonic framework of the Qinling was constructed during the main orogenic stage. The Qinling was originally a branch on the northern flank of the paleo-Tethys during the periods from late Proterozoic to the early and middle Paleozoic, and 2 limited oceans then developed which separated North China plate. Yangtze platform and Qinling microplate and eventually marked 2 major suture zones, called Shangdan and Mianlue, respectively (fig. 1). The subduction between them led to continent-continent obliquely diachronous collision in late Hercynian and Indosinian times. The present Qinling is structured by intracontinental orogeny and rapid uplifting.

2   Determination of three plates and two suture zones during Qinling main orogenic phases

2.1   Shangdan suture zone

The Shangdan suture zone lies in the middle of the Qinling (fig. 1, SF_1), 8—10km wide and some 100km long from east to west. It has proved to be a plate subduction-collision zone of the Qinling in the main orogenic phase[8]. This inference is supported by the following pieces of evidence.

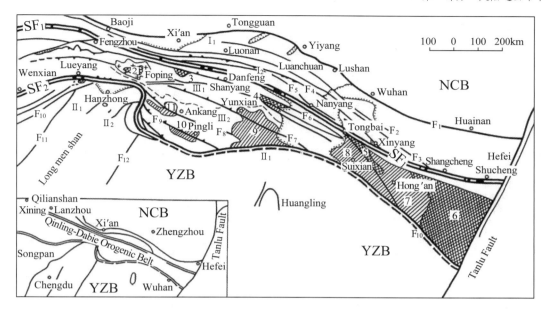

I. South margin of North China plate: I_1. Qinling hinderland thrust-fold zone; I_2. North Qinling thick-skinned thrust zone; II. northern margin of Yangtze plate: II_1. Qinling foreland thrust-fold zone; II_2. frontal thrust zoneof huge nappes of Bashan southern margin of Dabieshan. III. Qinling microplate: III_1. northern late Paleozoic rifted zone of South Qinling; III_2. southern uplifted zone of South Qinling; SF_1. Shangdan suture zone; SF_2. Mianlue suture zone.

major faults: F_1. northern boundary thrust; F_2. Shimen-Machaoying thrust; F_3. Luonan-Luanchuan thrust; F_4. Huangtai-Waxuezi thrust; F_5. Shangxian-Xiaguan thrust; F_6. Shanyang-fengzhen thrust; F_7. Shiyan fault; F_8. Shiquan-Ankang thrust; F_9. Hongchunba-Pingli fault; F_{10}. Yangpingguan-Bashan-Dabieshan southern margin boundary thrust zone; F_{11}. Longmenshan thrust.

crystalline basement blocks: 1. Yudongzi; 2. Foping; 3. Xiaomoling; 4. Douling; 5. Tongbai; 6. Dabie; transitional basement blocks: 7. Hong'an; 8. Suixian; 9. Wudang; 10. Pingli; 11. Niuchuan-Fenghuangshan. The cross indicates granites, and the black represents ultramafic rock.

Fig. 1　Main tectonic unit of the Qinling-Dabie orogenic belt

(i) There exist 2 sorts of residual late Proterozoic-paleozoic ophiolitic and volcanic complexes, among which the late Proterozoic is the small ocean-type (983Ma ± 140Ma, 1124Ma ± 96Ma, Sm-Nd), such as those in Songshugou and Heihe areas, while the Paleozoic is the island arc-type (357Ma—402.6Ma ± 35Ma, 487Ma ± 8Ma, Sm-Nd, Rb-Sr)[9, 10].

(ii) There exist linear collisional granites (323—211Ma, U-Pb, Rb-Sr) within Shangdan zone[9, 11], and two-phase subduction-related granites (793Ma ± 32Ma—659Ma, 487—382Ma, U-Pb, Rb-Sr) are also distributed to the north. The subductional granites are zona-tional and show south-north-trending geoche-mical polarity, indicating a response to northward subduction and collision.

(iii) Along the southern margin of Shangdan zone are there discontinuously exposed fore-arc sequences, which can be as young as the Permian.

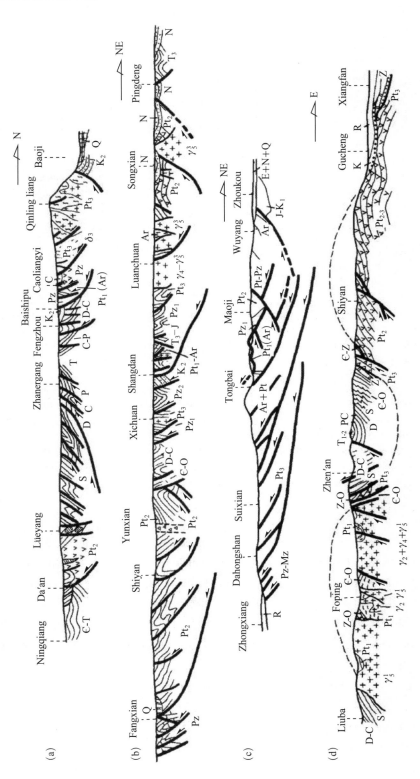

(a) Baoji-Ningqiang north-south cross section; (b) Luoyang-Shiyan north-south cross section; (c) Tongbai-Suixian north-south cross section; (d) Wudang-Liuba east-west cross section.

Fig. 2   Four main geological cross sections of the Qinling-Dabie orogen

(iv) Shangdan zone is now structured both by faults or ductile shear zones of different ages (211—126Ma, U-Pb, Sm-Nd) and natures at discrete tectonic levels, and by mosaic blocks of distinctive types and sources, representing a complicated, multiphase and superposed tectonic melange.

(v) The Shangdan zone was a boundary separating North Qinling from South Qinling for a considerably long period of time, because the Sinian Yangtze-type Doushantuo formation and Dengying Formation were well developed in South Qinling but never occurred on the northern side of the Shangdan zone. In addition, 2 distinct continental margins formed on southern and northern sides of the Shangdan zone, respectively, during the Paleozoic. Apparently, the Shangdan zone had been a boundary between North China plate and Yangtze plate since the late Proterozoic, and then became a suture zone between the Qinling and north China plate. In summary, the foregoing facts demonstrate that there was a limited ocean at the Shangdan zone which records the processes of subduction and collision.

2.2　Mianlue suture zone

This suture zone includes Mianxian-Lueyang ophiolitic tectonic melange and its eastern extension, the Bashan arc-like thrust belt (fig. 1, SF_2), and is another suture zone secondary to Shangdan suture zone in the Qinling. This zone possesses the following characteristics.

(i) It extends westwards through Wen-xian, Maqu and Huashixia to link the Kunlun and eastward through Bashan arc zone to be connected with the southern margin of the Dabie. It is a huge faulted tectonic zone running from the Dabie through the Qinling to Kunlun. It was originally a pale-Tethyan plate suture zone but had been intensely modified by Yangpingguan-Bashan arc-Xiangfan-Guangji thrust (F_{10}) during the Yanshanian. Some remnants are preserved in Mianlue segment.

(ii) The Mianlue segment, 1—5km wide, is constructed by a number of main faults and many Pre-cambrian, Sinian-Cambrian, Devonian-Carboniferous tectonic slices as well as ultramafic blocks, which are sandwiched in intensely sheared matrix and manifest themselves as typical southward imbricate thrust tectonic pattern. Clearly it is a tectonic melange zone.

(iii) Petrological assemblages within the Mianlue zone are complicated, including ultramafic rocks, gabbros (cumulus gabbros), marine volcanic rocks, siliceous rocks, limestone and basement metamorphic blocks. They mostly occur as tectonic slivers and so comprise the ophiolitic tectonic melange. The ultramafic rocks are broadly exposed and mostly altered into serpentines, whose protolithes were iherzo-lite or anorthositic peridolite. Their REE distribution patterns show deplete modes, (La/Yb) = 0.40 − 1.20, (Ce/Yb) = 0.48 − 1.23, with Eu anomaly. This association is analogous to the ultramafic petrologic assemblage of I-type ophiolitic complex. Gabbro rocks are intensely deformed and posses cumulus and gabbro-diabasic textures, and show richened and slightly depleted REE distribution pattern. Basalts can be divided into 2 kinds: one is REE depleted, (La/Yb) = 0.30 − 0.36, $(Ce/Yb)_n$ = 0.33 − 0.42, (La/Sm)

$= 0.55 - 0.83$, $\varepsilon_{Nd\,(t)} = +6$. MORB-normalized trace elements show the flat distribution pattern and all the elements have values nearly equal to those of MORB-normalized (N-type) values, except for Ba and Rb. The other is REE richened, $(La/Yb)_n = 1.84 - 4.70$, $(Ce/Yb) = 1.82 - 3.38$, $(La/Sm) = 2.79 - 4.75$. MORB-normolized trace element distribution patterns show "three uplift" patterns, indicating their volcanic-arc origin. Basic rocks have the ages of 241Ma ± 4.4Ma (Sm-Nd) and 220.2Ma ± 8.3Ma (Rb-Sr) (Li, 1994). Connected with these basic rocks, there occur a series of Indosininan subduction-related granites, which were dated to be 219.9—205.7Ma (U-Pb) (Chen, 1994). On the basis of studies of tectonism, rock associations and geochemistry, it is evident that Mianlue zone was closed during the Indosinina period and eventually formed a complicated ophiolitic melange with components of island-arc volcanic rocks, island-arc ophiolites and remnants of oceanic-ridge ophiolites.

(iv) The Ordovician and Silurian are missing within the Mianlue-Bashan arc zone but the Devonian and Carboniferous continental marginal deposits were well developed, such as deep-water turbidites and carbonaceous silicalites in striking contrast with the sequences on its northern and southern sides where the Devonian-Carboniferous are lacking. In consideration of previously mentioned ophiolitic blocks and structural deformation, it is inferred that there should be a limited Devonian ocean here. If traced eastwards, the sedimentation on the northern margin of lower Yangtze regions indicates the deepening of the waters. Discovery of Paleozoic ophiolites on the south of Suixian and rapid uplift of the Dabie block further support the inference that there existed a limited ocean and that Miaulue zone is just the preserved suture of the ocean consumption.

2.3　Composition and texture of southern margin of North China plate

The regions between the Shangdan zone and the present northern boundary (F_1) of the Qinling were originally southern part of North China plate in consideration of their tectonic inferences, basement-cover relations, ages, affinity and other geological and geochemical features (fig. 1). They were involved into the orogen in different periods and in different ways. Two tectonic subunits are separated by F_3: I_1, hinderland thrust-fold zone of the Qinling orogen and I_2, thick-skinned imbricate thrust zone of North Qinling (fig. 1). Their main characteristics are as follows.

(i) They share the same early Pre-cambrian crystalline basement and the sedimentary covers since the middle Proterozoic as the typical North China plate. North Qinling was involved into the orogen earlier and so characterized by intensive and complicated deformation and magmatism.

(ii) The middle Proterozoic was characterized by the development of volcano-sedimentary successions and ultramafic rocks in many places, such as Xionger, Luonan, Kuan-ping and Songshugou. Apparently they represent assemblages of rifts and continental margins, or ophiolitic complex, reflecting the early dispersion of southern margin of North China plate and the initiation of small-scale oceans.

(iii) Danfeng group, Erlangping group and Luanchuan group developed in the late Proterozoic to the Paleozoic and they represented, from south to north, island-arc-type ophiolites, arc volcanic rocks, back-arc ophiolites and volcanic rocks, and rift-related alkaline volcanic rocks, respectively, indicating the evolution of North China plate into an active margin.

(iv) Residual basin fills (the permo-Carboniferous) are preserved in south margin while Permian molasse deposits occur in the middle and northern parts. Continental deposits widely developed in fault-bounded basins since the late Triassic, and recorded a complicated, long-standing orogenic processes from subduction through nearly oceanic closure to overall continent-continent collision in the period from the late Hercynian to the Indosinian as well as the Mesozoic to the Cenozoic uplifting in intracontinental tectonic settings.

2.4　Foreland thrust-fold zone of northern margin of Yangtze plate

The Yangtze plate is typified by the Jiningian unified basement and the late Proterozoic-Phenozoic covers. The Hannan basement complex, foreland basin fills and thrust-fold zone, located on the south of Mianlue suture zone and Bashan arc zone, should be originally part of northern margin of Yangtze plate (fig. 1, Ⅱ). The regions include the foreland thrust-fold zone (Ⅱ₁) resulting from Indosinian collision between the Yangtze plate and the Qinling plate and the frontal imbricate thrust zone (Ⅱ₂) of Yanshanian huge nappes at the Dabashan and the southern margin of the Dabieshan. Bashan arc structures will be discussed in following context.

2.5　Qinling microplate

Qinling microplate, as defined here, is actually South Qinling between the Shangdan zone and the Mianlue zone. It also includes regions in the east, such as Wudang, Suixian, Tongbai and Dabie, and is the main component of present Qinling. It was an isolated lithospheric microplate (or a terrane) and in particular quite distinct from both the Yangtze plate on its southern side and the North China plate on its northern side since the late Paleozoic. Its unique features can be summarized as follows:

(i) It possesses Yangtze-type Doushantuo Formation and Dengying Formation of Sinian age and its basement is actually a complicated integration in the Jiningian period. The components include North China-affinity crystalline blocks, such as Xiaomoling, Douling, Tongbai and Dabie, and possible Yangtze-affinity blocks, such as Foping and Yudongzi. They are now scattered as tectonic blocks. Middle-late Proterozoic Wudang Group and its coeval rift-and ocean-related volcanic systems were integrated into Yangtze-type basement in the Jiningian period.

(ii) Continuous Sinian-lower paleozoic successions were developed on the Qinling microplate, and represented, according to the paleontological and stratigraphic correlation, depositional systems on the passive margin of the Yangtze plate. The occurrence of the early Paleozoic rifted basin fills and related alkaline rocks also implies that Qinling microplate was still attached to the yangtze plate at that time.

(iii) As discussed previously, the Mianlue zone was initiated at the northern margin of the Yangtze plate since the Devonian and oceanic floor was then created due to the continuous extension, thus eventually separating the Qinling microplate from the Yangtze plate. The Qinling microplate had its own evolutionary history since then and was deformed to make up a collisional orogen when the north and south plates collided with each other in the Indosinian. Obviously, Qinling microplate was a lithospheric plate separated from the Yangtze plate during the late Paleozoic. This conclusion is also supported by new paleomagnetic data[13].

(iv) Different kinds of depositional systems developed on the Qinling microplate from the late Paleozoic to the early-middle Triassic, inclusive of deep-water turbidite systems, platform carbonates, proximal deposits of rifted basing and sediments of residual basins. All these data suggest complex tectono-sedimentary settings, such as lateral extension, vertical uplift and subsidence, and strike-slip faulting as well. The present South Qinling (Ⅲ) can be divided into 2 tectonic subunits: late Paleozoic rifted zone in the north of South Qinling (Ⅲ₁) and late Paleozoic uplifted zone in the south of South Qinling (Ⅲ₂).

(v) The Qinling microplate is especially characterized by a number of elevated old basements and dome structures, which apparently controlled paleogeographic and sedimentary environments and structural deformation. Its significance will be dealt with in the following context.

(vi) There were no marine deposits in South Qinling from the late Triassic in accordance with the whole Qinling. Subsequent development of fault-bounded basins and continental deposits mark another tectonic stage of the Qinling evolutionary history.

3 Modern tectonic and geometric model for the Qinling

3.1 Textural features in the plain view

3.1.1 The boundaries of the Qinling vary in different stages. F_1 and F_2 serve as its present south and north boundaries, respectively (fig.1). The boundaries are quite irregular and in particular the south is extremely like the south boundary of the Himalayas.

3.1.2 The westward extension of the Qinling forks into 3 branches, which are connected with the Qilian, Kunlun, and Songpan, respectively. By contrast, it converges eastwards to link the Dabieshan, which is then bounded to the east by the Tanlu fault. In the eastern convergent segment, I_2 zone of North Qinling of the eastern Qinling region was tectonically buried by south-vergent huge nappes and Beihuaiyang antithetic thrust, and Beihuaiyang tectonic melange zone was then deformed as a result; the eastward extension of the Mianlue zone is also demolished by the large-scale southward-moving overthrust (F_{10}) along the Bashan and southern margin of the Dabieshan; the east parts of the Qinling crust experienced intensive contraction, consumption and elevation, deep-seated strong rheological deformation and multiphase broad exhumation of the ultra-high pressure root zone in different ways and different mechanisms in the Dabie area.

3.1.3　Different tectonic levels of the Qinling are exposed from east to west and 3 distinctive levels can be identified. Deep tectonic level is exposed in the Dabieshan, both deep and middle levels in East Qinling, and shallow levels mostly in West Qinling. These exposures comprehensively show the fundamental features of the crustal profile of the Qinling.

3.2　Surface structures and geochemical tracer of the Qinling

As demonstrated by geological, geochemical and geophysical interprincipaline studies, the whole architecture of the Qinling was built up by means of subduction/collision at 2 suture zones and intraplate vertical accretion, or through a combined action. The present tectonic features are as follows. (i) The Qinling was structured by the foreland south-vergent thrust zone in the south (II_2) and the hinderland north-vergent thrust zone in the north (II_2), which are thrusted over the Yangtze plate and the North China plate, respectively and so from rimmed transitional zones on both south and north sides. So its profile is generally fan-shaped. (ii) North Qinling (I_2) is featured by the large-scale basement and cover-involved dominantly south-vergent, thick-skinned overthrusts, which developed on the active margin of the original south edge of the North China plate. Geochemically, it is the most intensive physical-chemical integration and differentiation zone of mantle-crust exchanges[11]. In addition, it is also the most intensive and complicated metamorphic, deformational and rheological tectonomagmatic zone. (iii) As a whole, the Yangtze plate and Qinling microplate subducted northwards subsequently at Shangdan and Mianlue suture zones and thus formed a lithospheric scale superposed unidirectional northward subduction. However, the south part of North China plate subducted southwards in the north of the Qinling and formed antithetic subducted structural framework in the Qinling. The 2 suture zones are at present characterized by composite tectonically chaotic zones due to late combined effects of thrusting, strike-slip faulting and block faulting. (iv) The architecture of South Qinling, or original Qinling mic-roplate, relies either upon collisional tectonics between north and south plates or upon intraplate vertical accretion and growth.

Sandwiched between 2 relatively large plates, Qinling microplate, possessing nonuniform integrated basement, was easily influenced by subsequent collision of the plates, rate and directon variaions of plate motion, and concrete boundary conditions. In particular, the interaction of different tectonic blocks within Yangtze plate interior, such as east Sichuan, middle Sichuan, and west Sichuan, exert strong effects upon Qingling microplate, which contains different kinds of subduction/collision-related tectonic association in different places. For instance, geological structures are quite different on west and east sides of Foping basement dome. Multiphase, multilevel, large-scale southward detachments were well developed and formed Bashan arc-shaped structures on the east side because they met remoblized soft basement and cover of east Sichuan on the Yangtze plate. By contrast, the Qinling microplate directly collided with old consolidated basement in middle Sichuan and Hannan on the west side so that continuous northward long-distance overthrusts were developed. This situation is in striking contrast with that in the east. Coeval bidirectional kinematic proscesses one of the most important features of the Qinling. Attention should be also given to the facts that a north-northeast trending late Hercynian-Indosinian granite zone just transverses through the Qinling on the east side of Foping dome. The granite zone represents a transcompressive transitional position at which the overthrust of different senses of movement meets together. This structure is undoubtedly of great significance.

A number of basement uplifts, variously-shaped, exert obvious control on the tectonic setting of the Qinling. In addition to Dabie ultra-high pressure metamorphic basement which has been attracting wide attention in the geological field, there exist many exposed old basements in East Qinling, such as Wudang, Xiaomoling, Foping, Yudongzi, etc. (fig. 1). The basement uplift was caused by different mechanishms[14]. For instance, Wudang was a metamorphic core complex exhumed through extension detachments[15]. It was a domed uplift and further modified by southward overthrust. By comparison, Douling Group was elevated by large-scale multigrade overthrusts. It may be of great importance to study the elevated dome structure of Foping basement. The elliptical dome is cored by an old crystalline complex, Foping Group (19—18Ma, Sm-Nd, Zhang, 1994), and covered with sheared Sinian-Devonian sequences without the middle-upper Proterozoic in between, In addition, it is marked by a large amount of granites but also a metamorphic-thermal center, from the center of which metamorphic grades change from high amphibolites facies to low greenshist facies, thus forming a series of metamorphic circles which have no bearing on stratigraphic ages. Clearly, the formation of the dome not only resulted from the plate lateral motion and crust extension but also was related to the vertical accretion or underplating in the deep part of orogenic lithosphere. The vertical underplating played a crucial role in the formation and evolution of the Qinling and so it is of geodynamic significance.

The uplifting of large-scale basements, such as Wudang and Foping, resulted in the development of dome-like anticlines and saucer-like synclines which are arrayed alternately in the north-northeast direction. They are interweaved nearly at nearly right angle with east-west trending structural lineaments to form a network. All these clearly show the complexity of the Qinling.

The mesozoic-Cenozoic intracontinental tectonism was characterized by post orogenic overthrusting, left-lateral transcurrent faulting, block-faulting and associated sedimentation in collapsed basins as well as subsequent metamorphism and deformation. Late Mesozoic (about 100Ma B. P.) was a very important period, when the Qinling was intensively extended and uplifted with the height difference up to 10 000m. In addition, granitic magmatism and mineralization were also quite active. All these reflect that the intracontinental tectonism was so intensive as the collision-related tectonism. Afterwards, there occurred a series of collapse fault-bounded basins filled with continental deposits, and northeast-and northwest-oriented huge transcurrent fractures cutting through the Qinling.

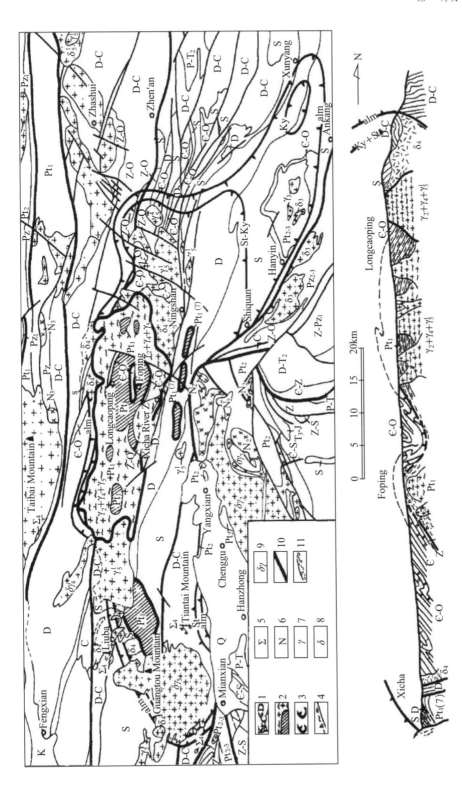

1. Stratigraphy and boundaries;　2. crystalline basement complex;　3. boundary of metamorphic zones;　4. corundum gneiss zone;　5. ultramafic rocks;　6. basic rocks;　7. diorite;　8. granitoid rocks;　9. granodiorite;　10. faults;　11. ductile shear zone.

Fig. 3　Metamorphic and tectonic map of Foping dome　(after Bureau of Geology and Mineral Resources of Shaanxi Province, 1989)

3.3　State and structure of deep geophysical field

The following important information about the structure and state of the deep geophysical field of the Qinling can be obtained from the existing data base.

3.3.1　Geophysical feeatures of gravity, magnetic and thermal fields in the Qinling. Regional gravity fields of the Qinling show that it is just located between 2 NNE-trending gravity gradient zones of China, which run along the Taihang-Wulingshan and the eastern flank of Tibet, respectively. Internally, it is an EW-trending gravitational low zone, which gets broader toward the east with the Pingdingshan area as its top. Satellite gravity data further show the gravitational variations on 2 sides of longitude 108°E in the Qinling. The east regions, inclusive of the Dabieshan, is clearly a reginal gravitational high, but the west a gravitational low. Regional magenetic fields possess a two-layer structure. The shallow layer is complicated and local anomaly overlaps regional low magnetic anomaly field at depth. This situation is quite distinct from those of both the North China plate and the Yangtze plate, but there still exist some NE-oriented magnetic anomaly zones in the Qinling, which penetrate from North China and Yangtze plates[16]. The Qinling is region with high value heat flows, 109.275 mW/m^2 on the average. Geothermal gradient is averagely 28℃/100m. Besides, as indicated by the recent paleomagnetic information, 3 isolated blocks of the Qinling underwent separation, drifting and final convergence in the early-middle stage of the Triassic[13]. This information is fairly in accordance with Qinling geological facts and so it is of great importance.

3.3.2　Deep state and structure. The existing geophysical surveying, carried out mainly in the east parts of the Qinling, provides fundamental evidence for understanding deep state and structure of the Qinling.

Seismic studies（reflection and deflection）and geoelectromagnetic sounding show that the Qinling lithospheric structure is extremely inhomogeneous[17]. The average crustal thickness is less than 35km in the east, and the Moho shows a gentle south-dipping shope with no mountain root. Abnormal mantle, however, does exist. The reflection at the Shangdan zone is listric-shaped and north-dipping in the profile. This area is actually a boundary separating different crustal velocity rates and electric structures, and seismically a transparent zone with few reflections. Reflections in the upper crust are mostly continuous and overlapped, and show thin-skinned structures. The interweaving of opposite flat reflections occurs is middle and lower crust, especially marked to the north of the Shangdan zone. Low-velocity high conductivity layers develop in middle crust in North and South Qinling. In addition, there also appears a south-dipping low-resistivity layers at shallow level and a south-dipping high-resistivity body at deep level in northern part of the Qinling on the basis of electricity studies. It is also demonstrated that a huge body with high resistivity exists in North Qinling crust while South Qinling is northward dipped systematically. Geoelectromagnetic and geothermal flwo studies show that the top surface of the asthenosphere fluctuates, deepening up to 250km in North Qinling and southern edge of Bashan arc and being at the depth of about 110km in South Qinling. Considering that the Moho is relatively flat and 40km deep on the average in the Qinling, the lithospheric mantle thickness can be 150km. Rapid elevation of the asthenosphere is undoubtedly of geodynamic significance.

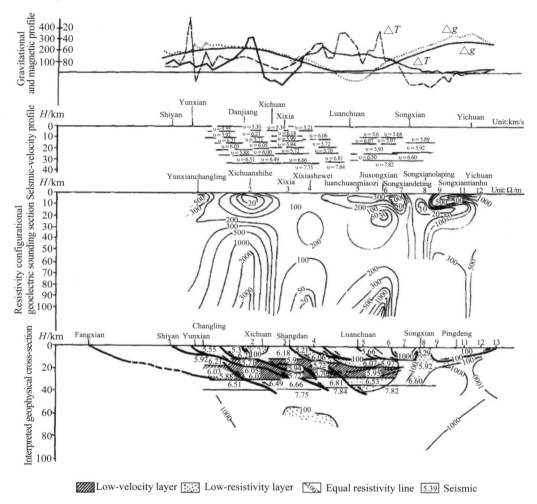

Fig. 4   QB-1 geophysical section and its interpretation of the Qinling

The CT 3-D imaging results show clear inhomogeneity in the Qinling lithosphere and even more deeper parts, and uneven surface of the Moho. Longitude 108°E is a boundary, to the east of which is a positive velocity disturbed zone and to the west of which is a negative velocity disturbed zone. These facts are coincident with the results obtained from satellite gravity surveying, indicating that crustal thickness in the east is different from that in the west where there is mountain root. CT velocity structures clearly reveal the existence of low-velocity "heated region" in middle crust, as low as 5.74 km/s. Top surface of the asthenospher fluctuates considerably and is in high relief in most parts of the Qinling, rising up to the depth of ±110km. Dynamic adjustment and variation trend are even more clearly revealed by means of CT imaging of present deep-seated mantle and lower crust of the Qinling.

According to CT image, clear sub-EW-trending anomaly zones in lower crust gradually change into SN-trending anomaly zones in the deep part of the mantle, representing a "flyover-like" framework. Furthermore, as shown on a series of CT image sections, low-velocity and high-velocity abnormal zones are arranged alternately and in parallel and dip toward the east systematically, reflecting a rheological adjustment state of deep-seated materials.

3.4 Geometric model of modern Qinling orogenic belt

Based upon the studies on surface geology and deep-seated structures and state, modern 3-D architecture and features of the Qinling can be summarized as follows.

(i) The crust and upper mantle of the Qinling are inhomogeneous and typified by the layering and segmenting. The vertical zonation is very marked, and the lithosphere can be divided into upper, middle and lower rheological layers or contains multi-order tectonophysical surfaces. The lateral segmentation is also quite striking. The relief of asthenospheric top surface is outstanding, with its upper boundary at some 110km below the crustal surface in the Qinling but getting deepened to 200—250km in the adjacent regions. The depth of the Moho averages 40km but crustal thickeness gets thinner to the east as thin as 29 km. No mountain root exists. The crust becomes thicker toward the west, up to 57 km. Mountain root does exist there.

(ii) Upper and lower parts of the Qinling lithosphere are not completely accordant. The middle and lower crust and upper mantle show features of ongoing adjustmen and variation, and so the present Moho is the latest result of the tectonic process in deep lithosphere instead of the original during the main orogenic phase. The Moho in the east has been flat tened and no mountain root, survived, while the Moho in the west is now in the state of adjustment and thus mountain root can still be seen. However, modern middle and upper crust, althouth affected by recent tectonism, still mainly represents old structural traces (EW-trending). Structural variations from deep to shallow parts of the Qinling lead to the setablishment of the "flyover-like" geometrical model for the Qinling. The deep part is characterized by roughly SN-trending geophysical anomaly zones, coinciding with regional geophysical field of China, while the shallow part is dominated by EW-trending structures. The middle and lower crustal, located between the deep and shallow parts, is in a transitional state of subhorizontal rheological deformation. It is clear that the upper mantle and middle-lower crust are in a plastic state in the deep and so have been adjusted. By contrast, the upper crust preserves more older structureal traces because of the hardening and lagging, therefore, mantle delemination[19]and asthenospheric elevation gradually become main dynamic sources for the Mesozoic-Cenozoic intracontinental orogeny in the Qinling.

(iii) The crust in the Qinling is evidently divided into 3 layers and contains manifold tectonic surfaces of geodynamic significance. The lower crust has been adjusted and flattened due to its rheological nature. Because of the development of seismic reflections, the low-velocity high-conductivity layer and CT low-velocity zone, the middle crust is inferred to be a rheologically transitional zone which is affected not only by main-phase orogeny but also by the ongoing adjustment of lithosphere. Consequently, the middle and lower crust is an intraconutinental soft zone in terms of lithospheric rheological layering[19, 20], or an important dynamic zone. It is essential for the evolution of the Qinling upper crustal tectonics. The upper architecture of the Qinling was controlled by both deep-seated tectonic processes and main-phase tectonism. It is a composite framework consisting of crustal-scale fan-shaped lateral superposition and vertical accretion, and so shows a complicated and unique picture of manifold tectonic associations which were genetically related but formed in different tectonic regimes in different periods.

(iv) The whole Qinling and Dabie orogenic belt is now evolving in a lagging way with its coeval deep-seated geological tectonic proscesses. It has been dismembered into 3 tectonic segments from east to west, Dabie, East Qinling and West Qinling, respectively. These segments were uplifted in different rates under the control of relative motion of suborder blocks of differing natures of the Yangtze plate in the south and clockwise rotation of Ordos blocks as well as their interaction. East Qinling has been elevated more than 10km since the late Cretaceous and at present plays an essential role in controlling the climate, ecology, culture and geography.

Acknowledgement This study is a stage outcome of one of the major research programmes established by NSF for the Eighth Five-Year Planning. The authors also thank all the geologists, geochemists and geophysists who participated in the programme and provided their valuble information.

References

[1] Li, C., Liu, Y., Zhu, B, *et al.*, Tectonic history of the Qinling and Qilian, *Collections of Papers on Geology of China for Intemational Academic Exchanges* (in Chinese), Vol. 1, Beijing: Geological Publishing House, 1978,174-185.

[2] Wang, H., Xue, C., Zhou, Z., Tectonic development of two sides of continental margins of East Qinling paleo-seas, *Acta Geologie Sinica* (in Chinese), 1982,56: 270.

[3] Mattauer, M., Matte, Ph., Malavieille, J. *et al.,* Tectonics of Qinling belt: build-up and evolution of Eastern Asia, Nature, 1985,317: 496.

[4] Hue, K. J., Wang, Q., Li, J. *et al.,* Tectonic evolution of Qinling Mountains, China, *Eclogae Geol. Helv.,* 1987,80: 735.

[5] Zhang, G., *Formation and Evolution of Qinling Orogenic Belt* (in Chinese), Xi'an Northwest University Press, 1988.

[6] Xue, Z., Lu, Y., Tang, Y. *et al., Formation of East Qinling Composite Mountain Chains-Deformation, Evolution and Plate Dynamics,* Beijing: China Environmental Sciences Press, 1988.

[7] Jamieson, R. A., Beaumont, C., Orogeny and metamorphism: A model for deformation and pressure-temprature-time paths with applications to the central and southern Appalachians, *Tectonics,* 1988,7: 417.

[8] Zhang, G., The major suture zone of the Qinling belt, *Jour. SE Asian Earth Sci.,* 1989,: 463.

[9] Zhang, Z., Liu, T., Fu, G. *et al., Studies on lsotopic Ages of Qinling Metamorphic Strata-Qinling Group, Kuanping*

Group and Taowan Group (in Chinese), Beijing: Geological Publishing House, 1994.

[10] Li, S., Hart, S. R., Zheng, S. et al., The Sm-Nd isotopic age for the timing of collision between North Cina and South China Blocks, China, *Scientia Sinica* (in Chinese), 1989, (3): 312.

[11] Zhang, B., *Collections of Papers on Regional Geochemistry of the Qinling and Bashan* (in Chinese), Beijing China University of Geology Press, 1990.

[12] Feng, Q., Du, Y., Zhang, Z., Early Triassic radiolarian fauna in Tongbai, Henan and their geological significance, *Earth Sci.* (in Chinese), 1994.19: 787.

[13] Liu, Y., Yang, W., Sen, Y. et al., Some paleomagnetic research results of blocks from North China, Qinling and Yangtze, *Earth Sci.* (in Chinese), 1993, 18: 628.

[14] Richard, M. J., Basement-cover relationships in orogenic belts (eds. Richard M. J. et al.), *Basement Tectonics,* Dordrecht: Yangtze, Earth Sci. (in Chinese), 1993, 18: 628.

[15] Davis, G. H., Shear zone model for the origin of metamorphic core complexes, *Geology,* 1986, 11: 342.

[16] Zhou, G., Chen, C., Elementary study on deep crustal structures in Qinling and Bashan regions, *The Symposium on the Qinling Orogenic Belt,* Xi'an: Northwerst University Press, 1990, 185-191.

[17] Yuan, X., Deep-seated structures and tectonic evolution of the Qinling orogenic belt, *The Symposium on the Qinling Orogenic Belt.* Xi'an: Norhwest University Press, 1990, 174-184.

[18] Ranalli, G., Murphy, D., Rheological stratification of the lithosphere, *Tectonophysics,* 1987, 132: 281.

[19] Kay, R. W., Kay, S. M., Delamination and delamination magmatism, *Tectonophysics,* 1993, 219: 177.

[20] Quinlan, G., Tectonic model for crustal seismic reflectivity patterns in compressional orogens, *Geology,* 1993, 21: 663.

Orogenesis and dynamics of the
Qinling Orogen*

Zhang Guowei　Meng Qingren　Yu Zaiping　Sun Young
Zhou Dingwu　Guo Anlin

Abstract　The Qinling is a composite orogen which experienced three different developmental stages under distinact tectonic regimes. The main stage （Neo-Proterozoic-Middle Trtassic） of the orogenic evolution is a prolonged and complhcated process. and characterized by subduction and collision along two suture zones between three plates. The details of the orogenic processes, such as transition from rift system to plate-tectonic regine, from drifting to subduction and collision. and especially from point-contact initial collision through linear-contact collision to fully collisional orogeny, demonstrate that the Qinling was built up by dispersion, integration and accretion of a number of crustal blocks in Tethyan domain, and evolved under the influenoe of variation in coupling relationship between both ancient and modern mantle dynamics and lithosphere.

Keywords　rift tectonics　plate tectonics　continental tectonics　orogenic process

The Qinling is a composite continental orogen, which experienced prolonged and multiphase orogenesis and played an important role in the formation and evolution of China continent. The Qinling can be divided into several main tectonic elements （fig. 1） and three main evolutionary stages: i) formation of Precarmbrian besement from late Archean to Palaeo-Proterozoic （3 000—1 600 Ma）; ii) establishment of modren plate tectonic regime from Neo-Proterozoic to Middle Triassic （800—200 Ma）; iii) intracontinental orogeny and tectonic development during Mesozoic and Cenozoic, The Neo-Proterozoic to Middle Triassic is the main period for the Qinling formation and evolution. The major plates and blocks within the Qinling were developed, and their relationships and the whole tectonic architecture were established during this period. This paper is aimed at dealing with main orogenic processes and explore the origin and evolution of the Qinling.

*Published in Science in China, Ser. D, 1996,39 （3）: 225-234.

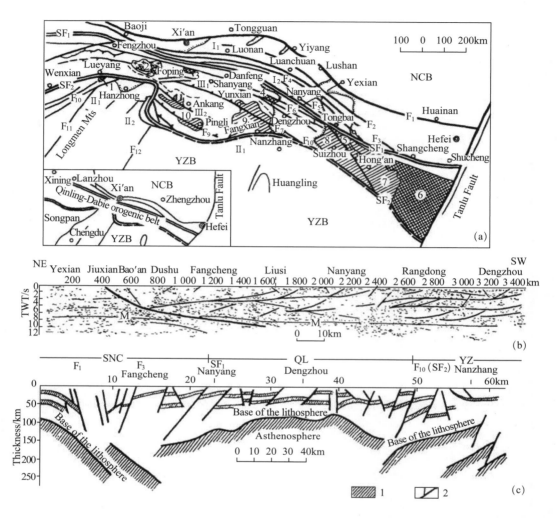

Fig. 1　(a) Classification of tectonic units: I. Southern margin of North China Plate (NC) (I₁. hinterland thrust-fold zone of the Qinling; I₂. North Qinling thick-skinned imbricated overthrust zone); II. northern margin of Yangtze Plate (YZ) (II₁. foreland thrust-fold zone of the Qinling; II₂. Bashan-Dabie main frontal thrust zone); III. Qinling microplate (QL) (III₁. late Paleozoic northern rifted zone of South Qinling; III₂. late Paleozoic southern uplifted zone of South Qinling). SF₁. Shangdan suture zone; SF₂. Mianlue suture zone. F₁. North boundary thrust of the Qinling; F₂. Shimen-Machaoying thrust; F₃. Luanchuan thrust; F₄. Huangtai-Waxuezi thrust zone; F₅. Shangxian-Xiaguan thrust; F₆. Shanyang-Fengzhen thrust; F₇. Shiyan thrust; F₈. Shiquan-Ankang thrust; F₉. Hongchunba-Pingli fault; F₁₀. Yangpingguan-Bashanhu-Dabieshan southern boundary thrust zone; F₁₁. Longmenshan thrust zone; F₁₂. Huayingshan thrust zone. Crystalline basement blocks of the Qinling: 1. Yudongzi; 2. Foping; 3. Xiaomoling; 4. Douling; 5. Tongbai; 6. Dabie. Transitional basement blocks of the Qinling: 7. Hong'an; 8. Suixian; 9. Wudang; 10. Pingli; 11. Niushan-Fenghuangshan. (b) Yexian-Dengzhou reflection seismic profile (after Yuan Xuecheng). (c) Yexian-Nanzhang geoelectromagnetic sounding profile (after Li Li): 1. low-resistance zone; 2. inferred faults.

1 Tectonic regime transition and plate tectonics of the Qinling in Neo-Proterozoic（1 000—700 Ma）

The Qinling originated from an early Precambrian inhomogeneously integrated crystalline basement. Intensive crustal stretching and rifting resulted in co-occurrence of rifts and small ocean basins during the middle Proterozoic, representing and extensional tectonic regime. Modern plate-tectonic regime was then gradually established from the Neo-Proterozoic, marking the beginning of plate-tectonic evolution of the Qining. The Neo-Proterozoic, including the Jiningian（1 000—800 Ma）and Early-Middle Sinian（800—700 Ma）, was an improtant interval for the transition of the Qinling tectonic regimes.

The rifted, volcanism-dominated Yangtze block was consolidated during the Jiningian period and then covered with the Sinian sedimentary rocks. Nevertheless, the Qinling, as northern margin of Yangtze block, was still being extended until the Early-Middle Sinian[1, 2], This inference is supported by continuous occurrence of rift-related medium-basic, acid and alkaline volcanism（847—660 Ma, Sm-Nd）[2]. Their petrologic assemblage and geochemical natures are similar to those of middle Proterozoic volcanics, and in some areas the volcanic rocks of different ages show transitional contact. Consequently, the Neo-Proterozoic volcanism was the manifestation of continuation of extension-related volcanic activities of rifts and small oceanic basins in the Mid-Proterozoic[1, 3].

Tectonic regime changes of the Qinling during Neo-Proterozoic are mainly manifested by the following aspects.

（1）The rift and small ocean basins began to close in different ways and different places, such as Songshugou, Kuanping and Bikou areas[1-3]. There occurred collision related volcanism, ophiolitic complex, metamorphism and marked deformation as well as both subduction-and collision-related granites,such as Dehe granite（793—659 Ma）[2, 3],Extension-related volcanism, however, also took place simultaneously.

（2）The Lower Sinian is dominantly volcanics in the Qinling instead of sedimentary rocks, such as Liantuo Formation and Nantuo Formation, which, however, are characteristic of the interior of Yangtze block. The Upper Sinian occurs throughout both the Qinling and Yangtze block, but is lacking in North Qinling. This fact implies that North Qinling and South Qinling had been separated from each other at that time[1].

（3）There occurred alkaline magmatism, such as alkali mafic and ultramafic rocks and their deep inclusions（900—700 Ma）in South Qinling, indicating intense thermo-tectonic event of the Qinling mantle in the Neo-Proterozoic[4], Alkaline granites and volcanics also took place in North Qinling in the roughly same time. Mafic volcanics typically show that $\varepsilon_{Nd}(t) \geqslant 0$, mainly ranging from $+7$ to $+3.7$ and being $+7$—$+6$ along Shangdan zone and North Qinling, and should come from more depleted mantle. Underplating might have occurred due to upwelling of mafic oagma from the mantle to the base of the crust in Shangdan and North Qinling during the middle Neo-Proterozoic ans so resulted in extension of upper crust[2, 5].

The Qinling was an extended region between the North China block and the Yangtze block during the Neo-Proterozoic and was actually a mosaic consisting of groups of rifted continental fragments and small ocean basins. Deep mantle thermo-mechanical activity resulted in subsequent integration of individual fragments and the opening of the Qinling paleo-ocean along Shangdan zone. In summary, the Jiningian tectonism brought about not only the formation of the consolidated Yangtze block but also the opening of Qinling paleo-ocean, separating the North China block from the Yangtze block, and the Qinling was then developed under plate tectonic regime.

2   Extensional tectonics of the Qinling（Sinian-Early Ordovician）

Extensional tectonics of the Qinling from the Sinian to the Early Ordovician can be attested by the following:

（1）Ophiolitic complex has long been recognized within the Shangdan suture zone. Although the dispute still exists on the nature, type and age of the ophiolitic complex, it is generally accepted that the Danfeng Group represents oceanic island-type or arc-type volcanics, suggesting the existence of oceanic floor which had been eliminated. It has been shown by many studies that there exist oceanic island-type, arc-type and some MORB-type ophiolitic relics in the Shangdan zone, which, combined with volcanic fragments, makes up an ophiolitic complex zone[1]. Most of ophiolitic fragments are isotopically dated to be the Paleozoic in age although the Neo-Proterozoic fragments（1250—983 Ma, Sm-Nd）exist. RadioIarians in siliceous rocks interlayers with volcanics give the age from the Middle Ordovician to Early Silurian[2]. thus suggesting occurrence of pre-Ordovician oceanic floor.

（2）The oldest age of subduction-related granites is 444 Ma（U-Pb）[2] to the north of the Shangdan zone. If this age is taken as the initial time of subduction. then the Qinling was in a stage of extension before the Middle Ordovician. According to paleo-magnetic date[7, 8] and estimates from section-balancing technique and geochemical approaches①, the Qinling paleo-ocean could be 2 000—3 000 km wide.

（3）Alkaline magmatism and rifting occurred on both northern and southern margins of the Qinling paleo-ocean during the Sinian through Ordovician. The northern margin is marked by occurrence of alkaline volcanics and intrusions（682—437 Ma）which are distributed from Frangcheng through Luanchuan to Luonan in North Qinling; while the southern margin is featured b y rift development as demonstrated by the Cambrian-Ordovician Donghe Group in the

---

① Gao Changlin. Geochemreal study of two kinds of continental margins in central lnner Mongolia and the southeastern Shaann. Chian. Ph. D dissertatron. 1988.

Bashan area, South Qinling. The alkaline magma was derived from deep continental mantle in an extensional tectonic setting on the basts of the study of Sr-Nd isotopes and lithogeochemistry[9].

3　Subduction of the Qinling plate and opening of paleo-Tethys

The North Qinling and South Qinling developed into active and passive margins from the Middle Ordovician to Silurian with the Yangtze block plunging beneath the North China block. However, a new plate tectonic framework was established during the late Paleozoic[10].

(1) Mianlue limited ocean initiated. There occurred in the Lueyang and Mianxian areas in South Qinling, a late Paleozoic—early Mesozoic ophiolitic melanze zone which consisted of a number of ophiolitic blocks, island arc volcanic blocks (241 ± 4) Ma, Sm-Nd; 220 Ma, Rb-Sr)[10], rift-related sedimentary fills (Early-Middle Devonian Tapo Group), and continental margin basinal deposits (turbidites of Devonian Sanhekou Group). This zone is structuared by cuctile-brittle faults of diverse types with a series of granite zones (205—219 Ma, U-Pb) occurring to the north[11], Clearly, this ophiolitic assemblage represents another late Paleozoic—early Mcsozoic plate suture zone in addition to the Shangdan suture zone to the north of South Qinling and implicitly indicates elimination of a limited ocean there. This zone can be traced eastwards to Gaochuan. Xixiang and probably further to the regions which were obscured by late south-directed overthrust, and westwards through Kangxian, Wenxian and Nanping to Huashixia, connecting the ophiolitic zone of southern Kunlun Mountains.

(2) The Qinling was originally northern margin of the Yangtze block, but borke off and deveolped into an isolated microplate due to the opening of the Mianlue ocean. This microplate is now tentatively termed the Qinling microplate. Geological data suggest an extensional setting of the Qinling microplate during early-middle part of the late Paleozoic, (III in fig. 1). The South Qinling was typified by the uplifting of its southern part with complete absence of the upper Paleozoic and by the rifting of its northern part with fully developed late Paleozoic-Middle Triassic epeiric-sea sediments.

(3) The subduction rate decreased because of influence of the paleo-Tethys extension. As a result, the northern margin of the Qinling microplate was filled with thick marine-morass deposits of the Devonian through Permian ages, representing a sedimentary response to the transition of relic ocean basin to successor basin.

(4) Extension-related alkaline magmatic event (355—215 Ma, U-Pb, $^{39}Ar/^{40}Ar$) reoccurred within the Qinling, inclusive of North Qinling and South Qinling[1, 2, 9], and was apparently coeval with the eruption of the Ermei basalt within the Yangtze block.

The following important conclusions are drawn from the foregoing analysis.

(1) During the period from Middle Ordovician to the Devonian, subduction of the Yangtze block beneath the North China block led to extensive thermal events with the association of metamorphism and variations of isotopic systems.

(2) Eastern paleo-Tethys had begun to open since the Devonian and apparently influenced the development of the Qinling. The Mainlue limited ocean basin was initiated as northern branch of eastern paleo-Tethys. The Qinling orogen was then constructed by the interaction between the North China block, the Yangtze block and the Qinling microplate, and subduction along two suture zones (SF₁ and SF.)

4 Collisional orogenic processes of the Qinling

It is a prolonged physiochemical process from initial collision to intensive metamorphism, deformation, magmatism and eventual rising of mountains. often lasting 50—70 Ma[11] or up to some 100 Ma[12]. The Qinling collisional tectonic history can be divided into three distinct phases.

4.1 Initial point-contact collision phase

Owing to irregular shape of plate margin and oblique diachronous subduction. pointcontact sollision occurs first at promontorys parts where two plates get approaching. The oceanic crust is eliminated as a whole but some survived as discrete remnant ocean basin at the embayments, In this situation, two plates are not truly united. Subsequent convergence will result in transgressive deformation at the point-contact collisional regions and even result in metamorphism and magmatism. Remnant ocean basins, however, continue to receive sediment, which are shed from both sides when the basin get closed. Accretion-related deformation also occurs in the phase. Point-contact collisional tectonics of the Qinling orogeny was prolonged from the Late Devonian to Middle Carboniferous or even later. This long interval of point-collision phase is believed to be influenced by the paleo-Tethys extension.

Several localities are believed to be the areas affected by point collision at southern boundary of the Shangdan zone, such as the south part of Taibai Mountain, segment between Shagou and Yingpan.and the west of Xixia,These areas are characterized by most intensive deformation, development of various-scale ductile shear zones at different levels, strong shortening of the crust, apparent tectonic imbrication and large amount of subduction. Segments between collisional "points" are the places, such as Shangzhou, Shangnan, Heihe and Fengzhou, where deformed ophiolitie associations and forearc fills are presserved. The occurrence of ophiolite and associated deposits within the Mianlue zone implies the evolution from rifting to limited ocean basins in the south of the Qinling, oceval to the convergence at the Shangdan zone in the north[10].

4.2 Linear-contact collision and remnant marine basins

The beginning of linear contact of two continental margins at the Shangdan zone was mar ked by complete elimination. However, some marine basins survived on continental crust. This tectonic process just coincides with paleo-Tethys extensional phase in the period from the Carboniferous to the Permian when subduction at the Shangdan zone was considerably decelerated, and the surviving basins were gradually filled up and covered with coal measures in the Middle-Late Carbniferous. Granite magmatism also became weak at the same time. By contrast, extension-related alkaline magmatism (335—251 Ma)[9] became intensified at plate margins of both North Qinling and South Qinling.

The Erlangping backarc basin and small ocean basins to the north of the Shangdan zone became closed as a result of completion of double-directed subduction, leading to incipient arc-continent collision. The Permo-Carboniferous coal measures and continental deposits were then formed without molasses formation in intermontane basins. Coeval with relatively slow convergence at the Shangdan zone, rifting at southern margin of the Qinling resulted in creation of the Mianlue limited ocean basin. Consequently. collisional orogeny of the Qinling was under the control of combination of crustal extension and compression.

4.3 Overall collision, deformation, metamorphism and rising of the mountains

The final strong continent-continent collision of the Qinling occurred in the Middle-Late Triassic.

(1) There accurred intensive deformation, metamorphism and magmatism at the end of the Middle Triassic. The South Qinling received basically continuous successions of the upper Paleozoic to Lower-Middle Triassic epicontinental sea deposits on both northern and southern margins. These Paleozoic-Middle Triassic sequences suffered widespread deformation and metamorphism, and share same or similar metamorphic grades and deformation patterns. These facts indicate that the Sinian through Lower-Middle Triassic sequences were not affected by strong deformation and metamorphism until the end of the Middle Triassic. The Upper Triassic is continental deposits in both North Qinling and South Qinling. Suggesting inception of a new geotectonic stage.

Final closure of the Paleozoic backarc basin (Erlangping backarc basin) in North Qinling occurred in early Late Permian according to the existence of marine fossils of the Devonian-Early Carboniferous ages[13], occurrence of the Carboniferous-Early Permian coal measures, and Late Permian molasses. These back-arc fills were not involved into the Qinling intense orogenic processes until the end of the Middle Triassic. The Qinling was completely uplifted after the Middle Triassic.

(2) The Indosinian collision-related granites (245—211 Ma) are widely distributed in the Qinling and are distinct from the early-middle Paleozoic subduction-related granites in that the latter are only distributed in North Qinling while the former are widespread throughout

North and South Qining. Occurrence of the granites implicitly show an oblique diachronous subduction-collision process. The Shahewan rapakivi granite bodies within the Shangdan zone are dated to be 213—190 Ma (U-Pb, $^{39}Ar/^{40}Ar$)[2] and apparently marked final collision between the Noth and South Qinling at the Shangdan zone at the end of the Middle Triassic.

(3) Final intensive continent-continent collision of the Qinling results in strong and large-scake deformation (fig. 2), but associated metamorphism is less and isotopic systems only show mineral homogeneity. The reason is that the final collision mainly resulted from compression and superposition of the upper crust, while crust-mantle material exchange and thermodynamics play a less important role. This tectonic process is different from plate extension and subduction which are characterized by marked crust-mantle material exchanges and high heat flow.

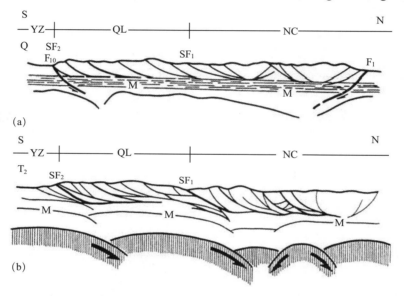

(a) Structural profile in main orogenic phase (Middle Triassic); (b) present structuaral profile (Quatermary); NC. North China block; YZ. Yangtze block; QL. Qinling microplate; M. Moho; SF_1, Shangdan suture zone; SF, Mianlue suture zone. F_1 thrust fault at northern margin of the Qinling; F_{10} Bashan are-shaped thrust fault at southern margin of the Qinling.

Fig. 2   Sketch diagrams of the Middle Triassic and present structural profiles across the Qinling

Orogenesis is a complicated geological process as shown by the Qinling evolution that involved intense tectonic deformation and re-organization of composition and structure of can help to explore the relationship between plate kinematies. lithospheric rheology and mantle dynamics and to understand continental tectonics typified by accretion and orogeny of continental block groups.

The Qinling did not become quiet since the Middle Triassic and was subsequently affected by intraplate tectonism since then. The present Qinling is mainly made up as a result of intense intracontinental orogeny during the Mesozoic and Cenozoic (fig. 2). The Qinling possesses the following features: the lower part is characterized by S-N-striking zones of abnormal state and structure, while the upper crust is structured by rough E-W-striking lineaments of the Paleozoic and early-middle Mesozoic ages. This discrepancy is accommodated by a horizontal rheological transition layer[14, 15]. The Qinling lithopshere is thus framed as a 3-D "flyover-like" model with rheological layering[10].

5 Conclusions

(1) The Qinling experienced three stages under distinct tectonic regimes. It originated from and inhomogeneously integrated crystalline basement, and underwent intense rifting during the Proterozoic, leading to establishment of rift-small ocean-basin tectonic regime and transition to the plate-tectonic regime. Having experienced complex subduction/collision orogenesis. the Qinling was then developed in an intracontinental tectonic setting since the Late Triassic.

(2) Crustal accretion of the Qinling mainly occurred in the Proterozoic before 800—700 Ma[2, 5, 10], and was predominantly manifested as vertical accretion characterized by both intrusion of large amount of mantle-derived materials into the crust and the underplating. Lateral accretion became dominant from the Neo-Proterozoic to the Phanerozoic, but the accreted materials was much limited. The Mesozoic-Cenozoic intracontinetal tectonics of the Qinling was featured by basement detaching, unrooting of the lithosphere and uplifting of the asthenosphere, resulting in recurrent extension and rifting.

(3) Main orogenic process of the Qinling occurred in global Tethys tectonic domain and contained many medium-and micro-plates and limited or small ocean basins as well as continental blocks in between. The Qinling was bult up in the process of complex dispersion and intergration of medium-and or micro-plates, such as the North China block, the Yangtze block and the Qinling micro-plate. This process shares something in common with evolution of true oceans and huge plates, but has its own unique features. These features may be reflected in manifold aspects which are worth further study.

References

[1] Zhang, G., *Formation and Erolution of Qinling Orogenic Belt* (in Chinese). Xi'an: Nothwest University Press. 1988.1-92.

[2] Zhang, Z., Liu, T., Fu, G, *et al. Studies on Isotopic Ages of Qunling Metamorphic Qinling Group, Kuanping Group and Taowan Group* (in Chinese), Beijing: Geological Publishing House. 1994,1-191.

[3] Zhang, B., *Lithospheric Structure and Geochemical Studies on Mineralizaton Laws of the Qinling and Bashan* (in Chinese), Wuhan: China University of Geosciences Press. 1994,1-446.

[4] Xia, L., Xia, Z, Zhang, C. *et. al., Lithogeochemistry of Alhaline Basic and Ultrabusta Subrodcaic Complea.* (in Chinese). Beijing: Geological Publishing House, 1997,1-100.

[5] Zhang, H., Z., Luo, T. *et. al.*, Remarks on crustal accretion and crustal nature at depth: constraints from petrological Sm-Nd isotopic model ages, Acta Petndwgc: Suivw (in Chinese), 1995,11 (2): 160

Three-dimentional architecture and dynamic analysis of the Qinling Orogenic Belt*

Zhang Guowei   **Guo Anlin**   **Liu Futian**   **Xiao Qinghui**   **Meng Qingren**

Abstract   On the basis of synthetic studies of geology, geophysics and geochemistry, the present Qinling Orogenic Belt can be described as a 3-D "flyover-type" geometric model with rheological layering structures. Furthermore, the tectonic dynamic analyses have been done based on the structural geometry and kinematic features. Thus it can be concluded that its present structure has resulted from an adjustment of deep-seated mantle dynamics and lithosphere coupling relationship since the Mesozoic-Cenozoic time.

Keywords   rheological layering of lithosphere   3-D structure of orogenic belt   mantle dynmics layer coupling relationship

The Qinling Mountains are a typical composite continental orogenic belt, which possesses a prolonged evolutionary history, complex constitution and structures. The present Qinling belt can be described as a 3-D "flyover-type" geometric model with rheological layering structures. The belt is in an adjustment state of deep-seated mantle dynamics and lithosphere coupling relationship. This controls and affects the latest structures and t ectonic evolution of the orogenic belt.

1   Surface geology of the Qinling Orogenic Belt

Geolobical studies indicate that the Qinling belt consists mainly of 3 tectonolithostratigraphic units:

1) Two different lithological systems of the Precambrian basement. They includei) late Archean-Paleoproterozoic ($Ar-Pt_1$) crystalline basement complexes, now scattered as remnants and ii) Midproterozoic (Pt_2) metavolcano-sedimentary system.

2) Tectono-lithostratigraphic units formed in the Neoproterozoic-Middle Triassic (Pt_3-T_2) major orogenic period. Formation of these units is controlled by plate tectonics and vertical ac-

---

*Published in Science in China, Ser. D, 1996,39 (Supp): 1-9.

cretion regimes, constituting the major part in the Qinling belt.

3) Sediments and granitoids formed in fault-subsidence basins, foreland basins and hinterland basins in the Mesozoic-Cenozoic post-orogenic intracontinental periold. The above three tectono-lithostratigraphic units were formed in the following three different major tectonic periods featured by different tectonic peridos featured by different tectonic regimes[1].

i) Formation stage of the Precambrian basement of the Qinling belt in Archean-Midproterozoic. The Midproterozoic is tectonically characterized by the continetal rifting system in the presence of small oceanic basins.

ii) Qinling major orogenic period in the Neoproterozoic-Middle Triassic. This is a stage in which continental plates evolved in a from of modern plate tectonics. The Qinling belt of the period can be divided into three plates: North China Craton (NC), Qinling Plate (QL) and Yangtze (YZ). They collided along the Shangdan (SF$_1$, fig. 1) and Mianlue suture zones (SF$_2$), respectively. Accompanying the collision, vertical accretion was also developed under control of the deep-seated synamics.

iii) Middle Triassic-Quaternary intracontinental tectonic evolution stage. After the major orogenic period, intracontinental orogeny was prevailing in the Qinling. The orogeny took the from of overthrust, extension and uplift, accompanied by large-scale acid magmatism and mineralization.

The present Qinling belt resullted from long-term tectonic evolution. Eight tectonic units and two suture zones have been identified in the belt by Zhang *et al.*[2]. These units and suture zones are shown in fig. 1.

2　Present structures of the Qinling upper crust

The fundamental framework of the present surface structures in the Qinling belt is established by the major orogeny. Also, the surface structures seen today contain some remnant old structures and late superimposed structures. However, formation of the present Qinling mountains should be attributed to the Mesozoic-Cenozoic post-orogenic uplift. The Qinling Mountains extends approximately 2 000 km in E-W trending. It is connected with the Dabie Mountains to the east and with Kunlun Mountains and Qilian Mountains to the west. To the west, the Qinling belt gets wider and is characterized by shallow structures and upper lithological layers. In general, from east to west, the Qinling in turn displays deep, middle and shallow tectonic sequences. In the Qinling belt, northdipping subduction and collision of the three major plates along the two suture zones lay a foundation for the tectonic relationship between the Qinling crustal blocks. The present opposite outward thrust displays a fan form in both South and North Qinling. This is caused by the post-orogeny in which subduction of the North China Craton and Yangtze Plate beneath the Qinling belt occurred along both south and north borders of the Qinling. The post-orogeny also formed a north-directed thrust zone along SF$_1$ and F$_2$ in the north

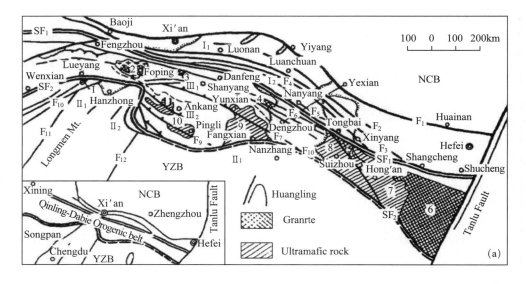

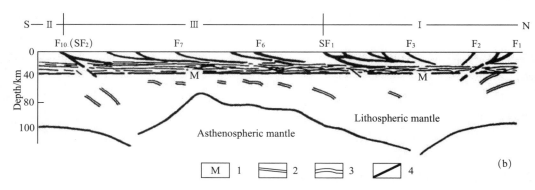

(a) I. Southern margin of North China Craton (NC) (I₁. hinterland fault-bounded fold zone in the Qinling belt; I₂. North Qinling thick-skinned imbricated thrust zone); II₁. northern margin of Yangtze Plate (YZ) (II₁. foreland fault-bounded fold zone;II₂. large-scale frontal thrust zone of Bashan-Dabie southern margin); III. Qinling microplate (QL) (III₁. late Paleozoic rift zone in the south part of the South Qinling; III₂. later Paleozoic uplift zone in the south part of the South Qinling). SF₁. Shangdan suture zone; SF₂. Mianlue suture zone; F₁. thrust fault of Qinling northern boundary; F₂ . Shimen-Machaoying thrust fault; F₃. Luonan-Luanchuan thrust fault; F₄. Huantai-Waxiezi thrust zone; F₅. Shangxian-Xiaguan thrust fault; F₆. Shanyang-Fengzhen thrust fault; F₇. Shiyan fault; F₈. Shiquan-Ankang thrust fault; F₉. Hongchunba-Pingli fault; F₁₀. Yangpingguan-Bashanhu-Dabie southern marginal thrust fault; F₁₁. Longmen thrust zone; F₁₂. Huaying thrust zone. Blocks of the crystalline basement in the Qinling belt: 1. Yudongzi; 2. Foping; 3. Xiaomoling; 4. Douling; 5. Tongbai; 6. Dabie. Transitional basement lithological block: 7. Hong'an; 8. Suixian; 9. Wudang; 10. Pingli; 11. Niushan-Fenghuangshan. (b) 1. Moho; 2. high-conduction layer of the lithospheric mantle; 3. horizontal flow layer of the middle-lower crust; 4. fault.

Fig.1　Sketch of tectonic units and major sections in the Qinling Orogenne Belt

part of the Qinling, and a multilayer thrust system with a large transportation is involved along decollement structure F₁₀ in the south part. Between the above two thrust zones, there is a south-directed thrust stacking system formed along F_3 and SF_1, In the South Qinling, to the east of longitude 108° E is a south-directed thrust; to the west of the longitude line is northward thrust; a NE-NNE trending shear transformation lectono-magmatic zone is in between. The vertical accretion was developed under control of the deep-seated dynamics in the Qinling belt and resulted in the present E-W trending structures on which structural domes and basins were superimposed. Thus, the Qinling today exhibits a composite deformation pattern. The Qinling belt is dominated by E-Wtrending structures, superimposed by Mesozoic-Cenozoic NNE-trending structures.

In a word, the surface structure of the Qinling belt, as a whole, represents an asymmetric fan-shaped continental crustal superposition with prominent E-W structure developed[1, 2].

3　Deep-seated structure and state of the Qinling belte

Studies of surface geology and geochemistry and application of different geophysical methods reveal the characteristics of the deep-seated structure and property of the Qinling belt.

1) The lithosphere and deep-seated mantle of the Qinling belt show apparent horizontal and vertical inhomogeneity and are in a dynamic adjustment.

2) The Qinling belt resembles granodiorite and quartz diorite in composition similar to the average composition of the continental crust in the world. but displays a lowver degree of differentiation since its upper-middle crust is more basic and the middle-lower crust tends to intermediate and acid[3]. This is consistent with the structural interpretation of wave-velocity (6.06 km · s^{-1} on average) and heat-flow (72—109 mW · m^2) measurements.

Based on seismic velocity, electrical property. thermal structure and V_p data from high-Tand high-P petrological determination, different tectonic units in the Qinling belt have distinctively lithological and compositional models. However, as a whole, the Qinling bulk crustal compositional model can be deseribed as follows: the lower crust consists mainly of high amphibolite-granulite facies grey gneisses with basic granulties in the lower portion ($V_p = 6.49 - 6.81$ km · s^{-1}. $0.91 - 1.09$ GPa, $825 - 876$℃); the middle crust is chiefly composed of amphibolite-greenschist facies metavolcanic system ($V_p = 5.70 - 6.10$ km · s^{-1}. $0.4 - 0.5$ GPa. $350 - 550$℃), and the upper crust consists of different rock types seen on the surface.

3) The framework of the Qinling deep-seated structure can be recognized as 3 blocks: the North China Craton. Yangtze Plate and Qinling Plate. Structural differences are present among the blocks. Particularly, in the areas adjacent to the north and south borders of the Qinling belt. crust of both NC and YZ subducted toward the mantle of the Qinling belt. As a result of the subduction, the Qinling crust was uplifted in a fan form. To the east of longitude 108°E, the Qinling has thin crust (32km on average), abnormal mantle and a flat Moho top surface without any indication of mountain root. Data of satellite gravity and ST respectively show a positive anomaly crea and positive velocity disturbance area. In contrast, the Qinling to the west of

longitude 108°E has a crust 56km thick mountain root. Data of satellite gravity and ST show a negative anomaly area and a negative velocity disturbance area. These obviously reflect a deep-seated dynamic back ground for the differences between East and West Qinling[1].

4) According to geophysical data including seismic reflection profile (DQL), refraction profile (QB-1)[4], earth electric-magnetic fathom (MTS)①, Q factor, thermal structure and state② and ST image[5], the deep-seated structure of the Qinling can be divided into the following rheological layers.

(1) Brittle, viscous-elastic and ductile deformation zone in the upper crust. In the zone, E-W trending paleostructures are predominant.

The upper portion of the upper crust (0—5km) has complicated strucures. The E-W structures developed in the major orogenic period still exist and are dominant. These structures are characterized by brittle, viscous-elastic and ductile deformation.

The lower portion of the upper crust and the upper portion of the middle crust (5—20km) are featured by the presence of seismic reflection boundary surfaces, low-velocity, high conductive layers (fig. 2) and also cross-cut of the different boundary surfaces formed in different times. Among these cross-cutting boundary surfaces, the prominent structures identified are early north-directed subduction and late south-directed multilayer and multiphase ductile decollection thrust and superimposed crustal slices. These represent a deep-seated root zone of the Qinling surface mayjor structure and a decollection and detachment kinematic boundary zone.

(2) Horizontally rheological deformation zone in the middle-lower crust. A notable feature in the lower portion of the middle crust and lower crust (20—34 km) is the development of seismic reflection boundary surfaces, which forms a crocodile-like net-work structure[6]. These boundary furfaces tend to be parallel to the Moho top surface and become horizontal as depth increases. Although pre-existing structural boundary surfaces can be traced, dominant structures are in a strongly flattened plastic rheological state, which represent intracrustal flow layers with important dynamic significance[7].

The Mobo top surface in the East Qinling reaches 32km deep on average, where wave-velocity increases from 6.5—6.8 to $7.8 km \cdot s^{-1}$ with a gradient of greater than $1 km \cdot s^{-1}$. The Moho surface gently dipping south. is nearly horizontal and consistent with the lower crust. Such a variation of the Moho surface resulted from the latest adjustment effect and does not represent an ancient Moho boundary surface. The current Moho state determind by synthetic studies of DQL. QB-1. MTS. ST and thermal structure shows that the Moho houndary corresponds to an important crust-mantle shear zone and structural boundary surface. which extends in S-N and protrudes in the east and sinks in the west.

---

① Li. L., Farth electric-magnetic fathom of East Qinling (unpublished). 1993.

② Jin. X., Thermal structure and state from Xuchang to Nanzhang in Qinling Orogenic belt (unpublished), 1993.

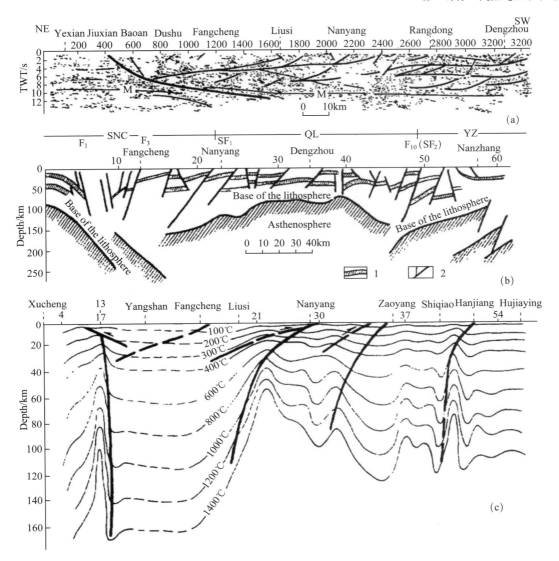

(a) Yexian-Dengzhou sensimic refireaction section after Yuan. X. 1994. (b) MTS (from $L_1 L_1$): 1. High-conduction layer; 2. inferred faults. (c) Diagram of thermal structure and thermal state (from Jin Xin).

Fig. 2 Geological interpretation of seismic refraction, earth electric-magnetic fathom and thermal structure and state along Yexian-Nanzhang sectoin

(3) Rheological adjustment state and N-S-trending abnormal structures in the deep-seated mantle. Geophysical fathom data indicate that the top surface of the asthenosphere reaches 110km on average in the Fast Qinling; while data from ST, MTS and thermal structure show that the asthenosphere rose to 60—80 km in the South Qinling, which led to dramatic thinning of the lithospheric mantle.

Intramantle shearing is developed in the Qinling region. The velocity image from ST 33.5° N and 32.5° N sections[5, 8, 9] shows that high-and low-velocity areas run paralled and alternate with each other and dip east. This indicate that mantle material undergoes shearing movement under different physical and chemical conditions in different layers and creeps eastward.

At ST 3^{+0}, 15^{+0}, 25^{+0}, 40^{+0}, 80^{+0} and 110^{+0} km isobathic levels, cross-section velocity images show a gradual variation of physical field structure and state from a major E-W-trending in the upper portion （< 40km） to S-N-trending in the lower portion （> 40 km）. Similar change is also expressed in the regional gravity field, magnetic field[10] and density variation of the upper mantle. The-E-W structure of the Qinling and Dabie Mountains is perpendicular to two near S-N-trending gravity gradient zones in the East China continent. In the 2—180 orders satellite gravity field, the deep-seated S-N-trending anomaly distribution of the Qinling region is very clear. Study of pyrolite from the Mesozoic-Cenozoic Qinling and neighbouring areas also provides evidence of the presence of the deep-seated S-N structure[10], The above geophysical fathom data indicate that at t he present the deep-seated mantle of the Qinling belt possesses a newly developed S-N-trending abnormal state, which is spatially normal to the remaining ancient E-W structure in the upper crust. This implies that a non-coupling relationship exists between different layers in mantle and crust and the deep-seated mantle is in a physical state of rheological adjustment[12].

In consideration of structure and state of the earth surface, crust and deep-seated mantle, the present Qinling struclure bears i) intracontinental subduction of the NC and YZ under the Qinling belt from both sides, and ii) lateral rheological layering. The brittle-ductile deformation layers are obviously present in the upper crust where the ancient E-W structures still remain. The middle-lower crust represent a horizontal flow deformation zone. whereas the deep-seated mantle is characterized by S-N-trending abnormal structure and state formed in the latest rheological adjustment. These features can be described as a 3-D "flyover-type" architecture model, in which the E-W structures in the upper portion of the Qinling belt is spatially perpendicular to the S-N trending mantle flow structure. This represents a disinctive structure present in the E-W-striking orogenic belt in the East China continent with vertical inhomogeneity and layer non-coupling relationship. This structure cannot be seen in the craton and basins between orogenic belts. In fact, it was formed under the unified background of the deep-seated dynamic processes, and controlled the fundamental architecture of the present East China continent.

4　Dyanmic analysis

The geometrical model and kinematic feature of the present Qinling 3-D- "flyover-type" architecture is one of the features of continental structure and the present tectonic settings.

1） In the pre-Mesozoic, the Qinling had long been controlled by the Gondwana, Lauresia and Paleo-Tethyan tectonic systems and its major E-W structures had been formed. Since the

Mesozoic, however, the Qinling has been situated in a composite position among the Pacific Plate. Indian Plate and Siberian block tectono-dynamic systems. Particularly, the East Qinling was strongly affected by the Pacific system. There fore, the transformation processes between the above two settings in different times led to the adjustment among the deep-seated mantle dynamics, crust-mantle layer coupling relationship and the upper crust structures in the Qinling. This produced distinctive material exchange and structures.

2）Since the Paleozoic, a few hundred kilometer thick lithosperic root of the North China craton has been absent[13]. This is an outstanding concern in continental evolution in East China and East Asia. The forming processes of the Qinling 3-D "flyover-type" architecture could be a natural window of lithospheric unrooting. In the global dynamic evolution, any change in the regional mantle dynamics inevitable induces lithospheric adjustment, while the present structure of the Qinling is a typical product of this kind of adjustment. The collisional orogeny among the NC, YZ and QL plates resulted in the formation of a thick lithospheric root in the Qinling belt. In the Mesozoic and Cenozoic mantle dynamic system, the flow direction and flow fashion of the eastern mantle varied and were adjusted to a nearly S-N-trending physical field state in the Pacific system, which caused delamination, thinning and dramatic uplift of the asthenosphere[14][15] of the South Qinling lithospheric mantle. As ascent of mantle material and heat flow. exchange between crust and mantle materials occurred and the middle-lower crust was heated and partially melted. Further, the crustal material spread. flew and formed horizontaly intracrustal flow soft layers and a new Moho surface. All these function as lithospheric unrooting. In the above process, the horizontal flow deformation layers absorbed the energy and strain obtained from the deep-seated mantle adjustment. which resulted in uplifting and spreading of the upper crust. However, strain lagged due to the consolidated upper crust. Thus. the upper crust kept the pre-existing E-W structures, which, with the S-N-trending structural state in the lower portion, formed a spatially perpendicular Qinling "flyover-type" architecture model.

3）The West Qinling is obviously influenced by collisional orogenic dynamics of the Himalayan Plate. The Qinling deep-seated structrue bears lithospheric root. shows a thickening tendency westward. and parallels the NNW-NW structures in the area surrounding the northwest Qinghai-Xizang Plateau. The dividing zone between the East and West Qinling along 107°—108° E represents a transformation position of the eastern and western dynamic systems. Crossing the zone, the deep-seated structure changes from NNE-trending in the east to S-N-trending in the dividing zone and to NNW in the west. With respect to the upper crust, the zone is also a position of strong shrinking and lateral escaping for the Qinling belt and wedging for the Yangtze Plate.

4）The present Qinling structure demonstrates that the deep-seated structural state is mainly the latest product, while the old structures remain in the upper portion. This indicates that the newly occurring mantle dynamic processes virtually controls the present 3-D Qinling architecture[8, 9]. The mechanic property and strength of earth's material change as depth increases, leading to rheological differentiation of layers. Additionally, structural addjustment from the deep to the shallow portion has a chronological order. Thus, temporally and spatially, the Qinling shows a 4-D complex association. Furthermore, this probably explains how a continent accommodates itself to evolution of the mantle dynamics and variation of layer relationship without returning of the continent to the mantle, and how a continent remains and evoloves for a long time.

References

[1] Zhang, G., *Revaluation for Basic Structures of the Qinling Orogenic Belt, Asian Accretion* (in Chinese). Beijing: Seismic Publishing House, 1993,95.

[2] Zhang, G., Meng, Q., Lai, S., Tectonics and structure of the Qinling Orogenic Belt, *Sctence in China*, Ser, B, 1995,38 (11): 1379.

[3] Gao, S., Zhang, B., Luo, T. et al., Chemical composition of the continental crust in Qinling orogenic belt and its adjacent North China and Yangtze cratons, *Geochim. Casmochim. Acta*, 1992,56: 3933.

[4] Yuan, X., Xu, M., Tang, W, *et al.*, East Qinling seismic reflection profiling, *Acta Geophysica Sinica* (in Chinese), 1994,37: 749.

[5] Liu. J., Liu, F., Sun, R. *et al.*, Seismic tomography beneath the Qinling-Dabie orogenic belt and both northern and southern fringes, *Acta Geophysica Sinica* (in Chinese), 1994,38 (1): 46.

[6] Nelson, K. D., Is crustal thickness variation in old moutain beltes like the Applachians a consequences of lithospheric delamination? *Geology*, 1992,20: 498.

[7] Ranalli, G., Murphy, D., Rheological stratification of the lithosphere, *Tectonophysics*. 1987,132: 281.

[8] Bois, C., Major geodynamic processes studied from the GCORS deep seismic profiles in France and adjacent are as. *Tectonnophysics*, 1990,173: 397.

[9] Lay, J., Mantle structure: a matter for resolution, *Nature*, 1991,352: 105.

[10] Zhou, G., Luo, J., Guan, Z., *Studies on feature of Geophysical Field and Crustal Structural Frame-Work in Qinling Dabai Areas* (in Chinese), Wuhan: China University of Geosciences Press, 1992,87.

[11] Lu, F., Characteristics of the Palaeozoic lithospheric mantle in Fuxian country area, Liaoning Province. *J. Gevl. Inform.* (in Chinese). 1991,10 (supplementary issue): 11.

[12] Hoffman, P, F., Old and young mantle roots, *Nature*, 1990,347: 19.

[13] Deng, J., Mo, X., Zhao, H., Lithosphere root/de-rooting and activation of the east China Continent, *Gevscience*, 1994, 8 (3): 349.

[14] Kay, R, W., Kay, S. M., Delamination and delamination magmatism. *Tectonophysics*, 1993,219: 177.

[15] Sacks, P. E., Delamination in collisional orogens, *Geology*, 1990,18: 999.

Mianlue tectonic zone and Mianlue suture zone on southern margin of Qinling-Dabie orogenic belt*

Zhang Guowei　Dong Yunpeng　Lai Shaocong　Guo Anlin　Meng Qingren　Liu Shaofeng
Cheng Shunyou　Yao Anping　Zhang Zongqing　Pei Xianzhi　Li Sanzhong

Abstract　The Mianlue tectonic zone, also an ancient suture zone in addition to the Shangdan suture in the Qinling-Dabie orogenic belt, marks an important tectonic division geologically separating north from south and connecting east with west in China continent. To determine present structural geometry and kinematics in the Mianlue tectonic zone and reconstruct the formation and evolution history involving plate subduction and collision in the Qinling-Dabie orogenic belt, through a multidisciplinary study, are significant for exploring the mountain-building orogenesis of the central orogenic system and the entire process of the major Chinese continental amalgamation during the Indosinian.

Keywords　central orogenic system　Mianlue tectonic zone　Mianlue suture zone　continental dynamics

The Mianlue tectonic zone, defined as a series of fault zones consisting mainly of south-verging thrusts and nappes, represents the south boundary of the Qinling-Dabie orogenic belt. The Mianlue tectonic zone, on the north side of its eastern end, is adjoined with the exposure of the Dabieshan UHP rocks. Further to east, the zone was offset by the Tanlu faults and moved to eastern Shandong Province. While to its west, across the Qinhai-Tibetan plateau, the zone was offset by the Altyn Tagh fault, and connects with the western Kunlun mountains and extends to the Pamir tectonic node where it continues westward. Stretching from east to west in central China continent, the Mianlue tectonic zone represents a major boundary plane along which the central orogenic system had a large-scale heterogeneous southward movement and superimposed on the southern margin of the Yangtze and Songpan Blocks, and constituted a giant and prominent intracontinental subduction, thrust and strong deformation zone. If the central oro-

*Published in Science in China, Ser. D, 2004,47 (4): 300-316.

genic system marks the division of geology, geography, ecosystem, environment, climate in China continent, the Mianlue zone is a tectonic boundary geologically separating south from north and connecting east with west. Geology on both sides of the Mianlue zone differs from each other and clearly exhibits an intersecting relationship inside the zone.

It is demonstrated in this paper that today's Mianlue zone is a composite tectonic zone formed on the basis of the early Qinling-Dabie subduction-collision suture, which was superimposed by the Mesozoic and Cenozoic intracontinental structures. Thus, the Mianlue zone is also a convergent boundary along which China continent completed its major amalgamation during the Indosinian. Due to detailed work done in the Mianxian-Lueyang portion of the tectonic zone, the boundary fault tectonic zone on the southern margin of the Qinling-Dabie is called the Qinling-Dabie tectonic zone and the early subduction-collision zone called the Mianlue suture, and both zones are regarded as the Mianlue zone for short in this study. Obviously, the original suture has been reworked and became remains contained and scattered in the present-day Mianlue tectonic zone. It is meaningful to look into today's structures and restore the original structures of the suture, and further to explore the tectonic pattern of the Qinling-Dabie orogenic belt and the amalgamating process of China continent as well as the continental dynamics.

Previous studies of the Mianlue tectonic zone focused on separate areas and are lacking of a complete research on the entire zone and of recognition of the ancient Mianlue suture[7, 8], but had various opinions and controversies[1-6,9]. This study supported by the National Natural Science Foundation presents the latest research results below.

1 Reconstruction of the Mianlue suture

The present Mianlue tectonic zone, with the southern boundary faults being major thrusting boundary plane, prominently constitutes a thrusting fault zone in waveform extension. Based on different structural characteristics, the Mainlue zone, from east to west, can be divided into the following segments: (i) the Dabie-Tongbai segment (Xiangguang segment); (ii) the Wudang-Dabashan Arcuate segment (Bashan segment); (iii) Yangxian county-Mianxian county-Lueyang county-Kangxian county segment (Mianlue segment); (iv) Kangxian county-Wenxian county-Maqu segment (Kangma segment); (v) Diebu-Maqu segment; (vi) Maqin-Huashixia segment (Maqin segment) (fig. 1).

Although the above segments possess some distinctions, they are similar to one another in terms of their structures and compositions. The most remarkable feature in common for all the segments is that they are relics of the ancient plate suture. The suture is in full absence in the Bashan arcuate due to the late structural reworking. The remnants of the suture indicate that the present Minalue zone is a vanished and multiplephase reworked subduction zone and convergent boundary.

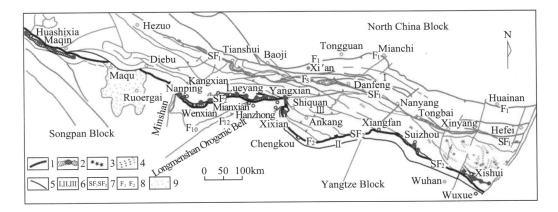

1. the Minalue tectonic zone; 2. ophiolite and related volcanics; 3. UHP rocks exposure area; 4. ductile shear zone; 5. fault; 6. I. southern margin of the North China Block and north Qinling; II. northern margin of the Yangtze Block; III. south Qinling; 7. Shangdan suture（SF_1）and Mianlue suture（SF_2）of the Qinling-Dabie orogenic belt; 8. boundary fault zones（F_1，F_2）on the northern and southern margin of the Qinling-Dabie orogenic belt, respectively, F_2 is the Mianlue tectonic zone; 9. Quaternary.

Fig. 1　Sketch map of the southern margin of Qinling-Dabie tectonic zone and the Mianlue suture

1.1　Identification and recovery of the Mianlue paleo-oceanic basin

The ophiolite, oceanic island volcanics, island-arc volcanics and juvenile oceanic bimodal volcanics are exposed along the Mianlue tectonic zone [10–17]. The ophiolite can be mainly seen in the Dur'ngoi, Pipasi, Zhuangke, Anzishan, Suizhouhuashan and Qingshuihe areas[11, 12, 14, 16]. The rock assemblage in the ophiolite includes ultrabasic rocks （metamorphosed oceanic mantle）,cumulus gabrros, diabase dike swarm and MORB-type basalts.The serpentinized ultrabasic rocks, originally harzburgites and dunites, exhibit depleted REE distribution pattern with（La/Yb）$_N$ = 0.40 − 1.20 and positive Eu anomaly. The deformed gabrro still remains cumulus and gabrro-diabase textures and has a slightly enriched REE pattern with（La/Yb）$_N$ = 4.46 − 11.73 and positive Eu anomaly（δEu = 0.94 − 1.55）. The pyroxenite-gabbro association seen in the Qingshuihearea depletes Th, U, Ta, Nb and La strongly incompatible elements relative to Hf, Zr, Sm and Y less incompatible elements, reflecting typical depleted mantle characteristics. The diabase dikes extensively developed in the Sanchazi and Qiaoshigou areas have their（La/Yb）$_N$ = 3.09-6.51 and δEu = 0.76 − 1.06. The trace element distribution pattern of the diabase holds affiliation to gabrro and a comagmatic differentiation trend. As an important member in ophiolite, the MORB-type basalts are featured by high TiO_2 and K_2O contents, and depletion in light REE（refer to fig. 2 in ref. [16]）.

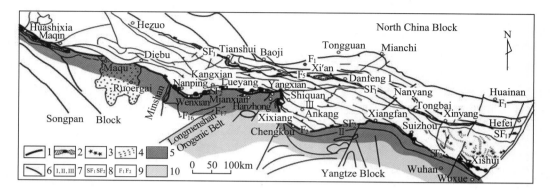

1. The Mianlue tectonic zone; 2. ophiolite and related volcanics; 3. UHP rocks exposure area; 4. ductile shear zone; 5. deposition area of passive continental margin; 6. fault; 7. I. southern margin of the North China Block and north Qinling; II. northern margin of the Yangtze Block; III. south Qinling; 8. Shangdan suture (SF$_1$) and Mianlue suture (SF$_2$) of the Qinling-Dabie orogenic belt; 9. the southern and northern boundary fault of the Qinling-Dabie orogenic belt; 10. foreland basin and its deposition area.

Fig. 2   The continental margin (D-T$_3$) and foreland basin (T$_3$-K$_1$) on the south side of the Mianlue zone

The oceanic island volcanics distributed in the Nanping-Kangxian area are identified as oceanic island tholeiites and oceanic island alkaline basalts. The former have (La/Yb)$_N$ of 1.85 —5.71, an average δ Eu of 0.93 and strong enrichment in Ba, Th, Nb, Ta in the N-MORB normalized trace element distribution (refer to fig. 3 in ref. [16]). From oceanic island tholeiites to oceanic island alkaline basalts, a trend showing increasing depletion of Ti and gradual enrichment of Th, Nb, Ta indicates that these volcanics belong to typical products of magmatism happening within oceanic plate.

The island-arc volcanics, mainly found in the Lueyang-Mianxian and Yangxian-Bashan arcuate areas belong to subalkaline series. The Sanchazi island-arc tholeiites in the Lueyang area give rise (La/Yb)$_N$ of 6.59 and δ Eu of 0.98, while andesites have (La/Yb) $_N$ = 62.78 − 13.24, δEu = 0.85 − 1.02, Nb/La < 0.6, Th/Ta mostly between 3 and 15, Th/Yb = 0.68 − 2.74 and Ta/Yb = 0.10 − 0.84. The island-arc magmatic zone in the Bashan arcuate is characterized by bimodal volcanics. The basalts exhibit slight LREE enrichment with (La/Yb)$_N$ of 2.62 − 4.60 and an average of δEu of 1.03, while high total content of REE (average 186.14 × 10^{-6}) and an average (La/Yb) $_N$ of 6.75 in the dacitic-rhyolite show medium LR EE enrichment. In terms of trace elements, dacitic-rhyolites have an apparent Nb and Ta depletion, and Th/Yb-Ta/Yb, Ti/Zr-Ti/Y and Nb/Th-La/Nb discriminations (refer to fig. 3 in ref. [16]) indicate well that they were formed in an arc environment and belong to products of magmatism occurring in a rifting oceanic island arc.

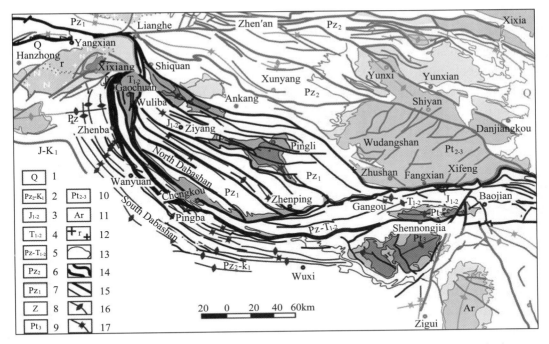

1. Quaternary; 2. Lower Creatceous-upper Paleozoic; 3. Lower-middle Jurassic; 4. Lower-middle Triassic; 5. Paleozoic-Lower-middle Triassic; 6. Upper Paleozoic; 7. Lower Paleozoic; 8. Sinian; 9. Upper Proterozoic; 10. Middle-upper Proterozoic; 11. Archean; 12. granite; 13. stratigraphic boundary; 14. the Mianlue tectonic zone; 15. major fault and secondary fault; 16. syncline; 17. anticline.

Fig. 3　Sketch of the Dabashan arcuate thrust system

The bimodal volcanics affiliating to a juvenile ocean are composed mainly of basalts and minor dacitic-rhyolites. The basic end member, namely basalt, belongs to tholeiite series, while the acid end member, dacitic-rhyolite is of calc-alkaline series. The basalts have the roughly same contents between Nb and La, no negative Nb anomaly and positive Eu anomaly but show high contents in Th and Pb and low in Rb and K, which implies that they were derived from a MORB-type mantle source with almost no continental contamination. The acid rocks probably possess a continental origin. Except Th and Pb, other trace elements in the basalts have similar contents to the N-MORB but lower than OIB, and a flat REE pattern, meaning that they belong to MORB-type, which can be interpreted that an initial rift commenced expanding into an oceanic basin and juvenile oceanic crust was formed. However, higher Th and Pb in the basalts are different from N-MORB, similar to continent flood basalt. This just gives a clear indication that the basalts were produced in a transitional setting where an initial continent rift was expanding into a mature oceanic basin.

Based on the detailed investigation, the precedingly mentioned ophiolite, oceanic island volcanics, island-arc volcanics and bimodal volcanics expose in 20 places along the Mianlue tectonic zone that is stretching 1500 km from east to west. This, no doubt, represents the Mianlue juvenile oceanic basin that once existed and now varnished on the southern margin of the Qinling-Dabie orogenic belt from the Dur'ngoi area in the west, via the Mianlue region to the south Dabie mountains in the east. The oceanic basin is estimated to be medium to small in size. The geological, geochemical (including Pb, Sr, Nd isotope probing elements)[10, 13] synthetic analysis implies that the oceanic basin was a branch formed on the northern margin of the east paleo-Tethys and it experienced a course of initialization, development and closure from the Devonian to Middle Triassic and finally became a major suture along which China continent completed its complicated amalgamation during the Indosinian.

1.2   Reconstruction of paleo-continental margin and foreland basin

In addition to the above evidence for reconstructing the Mianlue oceanic basin and suture, the tectono-sedimentation study is needed to provide more support.

The Study of sedimentary evolution in the Qinling-Dabie orogenic belt[8, 18, 19] demonstrates that the paleo Qinling-Shangdan oceanic basin, as a division separating the North China Block from Yangtze Block, occurred along the Shangdan zone on the Proterozoic basement in the late Neoproterozoic or at least during the Sinian period. The sedimentary tectonics displays that the south Qinling evolved from an early expanding continental margin to a passive continental margin in the front of the subducted plate during the Sinian and the Early Paleozoic. However, since the Devonian, the Qinling Mianlue oceanic basin opened up in the uplifted zone on the passive margin of the north Yangtze Block and a new Qinling plate tectonics regime become prevailing during the period from Late Paleozoic to the Triassic,that resulted in formation of the continental marginal sedimentation system and a foreland basin of the Late Triassic to Early Cretaceous to south of today's Mianlue tectonic zone.

(i) Sedimentary system on the continental margin of the Mianlue zone. Along the south side of the Mianlue zone from the Maqin area in west to the southern margin of the Dabie mountains, the continental margin sedimentary system was successively developed from the Late Paleozoic to the Triassic[30, 31, 32]. According to the systematic study of tectonic evolution and features of basin sedimentation filing, the evolution of the continental margin basin can be divided into two stages: initial rifting to formation of the juvenile oceanic basin (from the Devonian to the Carboniferous) and basin development on the passive continental margin.

(1) Initial rifting to formation of the juvenile oceanic basin between the Devonian and Carboniferous. The stratigraphic records prove that before rifting of the Mianlue zone, the region tectonically lay in the uplifted zone in the rear of the Early Paleozoic passive continental margin, the north Yangtze Block. Regionally, the Devonian and Carboniferous strata are in absence on both sides of the Mianlue zone, but commonly show up from east to west inside the zone. The rift-related sedimentary petrography in the strata can imply the occurrence of rifting. The Devonian sedimentary system in the Mianlue zone is featured by fast coarse-grained accumulation of initial rifting, fan-delta and deepwater fan in alluvial fan system of rift marginal facies,

gravity flow to turbidite of slope, and even deepwater turbidite deposition in basin plain facies. Also the change of sedimentary facies reflects that the basin deepened northward. The above sedimentary features indicate that the sedimentary environment was developed from the initial rift to the juvenile oceanic basin. The Carboniferous sedimentary system is dominated by continental shelf-basin system, while funding of the Early Carboniferous radiolaria in silicious rocks contained in the ophiolite significantly represents an abyssal facies setting[8]. The rifting and opening of the Minalue oceanic basin gradually migrated eastward. When the western portion of the Mianlue zone entered into the early stage of the oceanic basin during the Early to Middle Devonian, the eastern portion (the Huashan area) was still in the initial rifting period. The latter is illustrated by the Late Devonian rift-affiliated sedimentary sequences overlapping on the Cambrian and Ordovician sedimentary rocks.

(2) Basin development on the passive continental margin (sedimentary system on the passive continental margin during the period from Permian to the Early-Middle Triassic) (fig. 2). The Permian and Early-Middle Triassic sedimentary system was extensively developed in the Minalue zone and on the south side of the zone. Combined with the contemporaneous Minalue ophiolite, island-arc volcanics and subduction-type granites, the sedimentary formation, sedimentary facies distribution, current direction and sedimentary paleogeography all together demonstrate that the Minalue oceanic basin gradually opened up from west to east, forming a unified basin between the Late Carboniferous and the Early-Middle Triassic and the oceanic basin initialized its subduction during the Late Permian[8, 10, 18]. Thus, the Permian to the Early-Middle Triassic sedimentary formation on the south side of the basin had changed from the Devonian to Carboniferous rift-affiliated sedimentary successions into those of the passive continental margin. The Late Permian successions deposited on the passive continental margin, especially, the deposits of the Changxin period, are typified by the apparent shallow marine-bathyal silicious rocks. evidently indicating the existence of the oceanic basin in the front of the continental margin.

Development of the shallow marine mud-marly facies, shallow marine carbonate facies and carbonate plateau facies in the lower part of the Early Triassic succession on the south side of the Mianlue zone provides a sign that the Mianlue oceanic basin began shrinking during that time[8]. While the upward change of grain size from fine-grained to coarse-grained in the thick Badong group (the Middle Triassic) on the northern margin of the Yangtze Block could be used to argue that since the Middle Triassic, the Mianlue zone, from east to west, turned into an early stage sedimentation of the foreland basin. This also reflects that the oblique collision and closure of the Mianlue basin led to a diachronous process through all the way from east to west.

(ii) Foreland basin system in the front of the Mianlue subduction and collision zone. After the Middle Triassic, the marginal basin of the Mianlue zone entirely transferred to the foreland basin. However, the major products deposited in the foreland basin have been reworked or buried by late intense thrusting and napping. In accordance with the remained records, we restored two foreland basin sedimentary systems: the Middle to Late Triassic marine facies foreland basin system and the Jurassic to Early Cretaceous continental facies foreland basin system.

(1) The Middle to Late Triassic marine facies foreland basin system. The Middle to Late Triassic Mianlue foreland basin sedimentary system occurring in E-W orientation, can be seen in the north Yangtze and Songpan Blocks. The contemporaneous foreland basin developed in the front of the Longmenshan mountain in Sichuan Province extends in NE-SW trending. These two are in an intersecting architecture. The north Songpan Block, during the Anni period of the Early to Middle Triassic, was still in a shallow marine plateau setting on the passive continental margin of the Mianlue oceanic basin. From the Middle Triassic Latin stage to Late Triassic Carnian stage, the setting switched to the bathyal-abyssal slope environment where the deepwater deposition dominated by fine-grained turbidite in a intense subsiding filling sedimentation occurred. This, by the Triassic Norine stage, became the shallow marine shelf setting and medium-grained arkose deposition related to marine fasies molasse filling. Consequently, the region was structurally deformed and uplifted. In comparison with the north Songpan Block, in the north Yangtze Block, except that remained shallow water deposits formed at the rim of the foreland basin can be found in northwestern Sichuan Province, the Middle and Late Triassic marine foreland basin formation in the Hanan massif to south of the Mianlue zone and the surrounding area of the Bashan arcuate were mostly covered by intense rewonting. Although a series of siliceous and fine-grained clastic rocks representing a typical abyssal setting are seen in the Jingshan and Nanzhang areas in Hubei Province, as shown by the Badong group mentioned above, the region, in terms of tectonic setting, already began the transfer to foreland basin. Timing for the transfer of sedimentary environment is identical to the metamorphic event of the UHP in the Dabie mountains, which is between 230Ma and 245 Ma (the Early and Middle Triassic)[20].

(2) The Jurassic to Early Cretaceous continental facies foreland basin system (fig. 2). The Jurassic and Early Cretaceous sedimentary system developed in the continental facies foreland basin to south of the Mianlue zone is well preserved. The system can be classified into the Early-Middle Jurassic and Late Jurassic-Early Cretaceous two groups. The former deposited on the southern margin of the Qinling-Dabie orogenic belt with great thickness has a prograding sequence reflecting fluvial and lake facieses of the foreland basin. The latter formed in a basin facies retreated from east to west, and was eventually left in northwestern Sichuan Province. It also shows the similar successions and sedimentary facieses to those of the Early-Middle Jurassic. However, the superimposition and intersection of the Late Cretaceous successions on the underlying strata in the Jianghan basin mark the end of the foreland basin sedimentation and beginning of the intracontinental basin tectonic evolution.

1.3   Restoration of ancient subduction and collision structures and related meta-

morphism, magmatism and paleo-suture

The Mianlue paleo-suture can be restored by study of relics of the original subduction and collision structures, the associated metamorphism and magmatism at different locations in the Mianlue zone:

(i) Original subduction and collision structures. Working through systematic structural analysis and large scale mapping in the segments of the Mianlue zone, we first sorted out the Mesozoic superimposition structures and then determined the remained comparable structures in all the segments of the Mianlue zone. These common structures are the original ones generated during the subduction and collision. The subduction structures kept in the ophilite mélange and the continental marginal deposits were characterized by penetrated ductile shear rheomorphism developed at the middle to deep levels and in ductile shear thrusting. Specifically, the early penetrate schistosity, gneissosity (S_1, $S_0 = S_1$) and mineral lineation (L_1) which represent the identified subduction-related structures, were cut and reworked by the collision planar structures (S_2). The collision structures are mainly expressed as: (i) Shearing, thrusting, superimposing of the tectonic slabs and blocks in the mélange, including middle to deep level mylonite and ductile shear zones[11]. (ii) The thrust fault zone only involved the Middle Triassic materials on the south side of the Mianlue zone should be a direct product originated from the Minalue suture during the Indonisian continent-continent collision.

(ii) Collision deformation and metamorphism. The Mianlue zone commonly experienced regional metamorphism and mechanical metamorphism and mainly reached greenschist facies, locally hornblend facies and granulite facies. The blueschist facies is discontinuously distributed in the Maqin and Anzishan areas and along the south of the Tongbai and Dabie mountains. The low T and high P mineral assemblage (chloritoid, 3T phengite) and medium T and high P mineral assemblage (paragonite) have been fund in the Mianlue segment where the medium-high pressure granulite ($657°C - 772°C$, $0.97 - 1.3Gpa$)[21] is seen in the Anzishan area. The granulite has a similar age to that of granulite in the Foping dome on the north side of the east end of the Mianlue segment[21, 23]. In addition, the tectono-sedimentary mélange zones, in which the primary sedimentary mélange structures can be observed, are featured by collision tectonic mélange in the Mianlue and Maqin segments.

(iii) Subduction-and collision-related granites belt. A series of subduction-and collision-related granites were distributed inside the Mianlue zone and along its north side. U-Pb zircon ages of the granites clustered between 220Ma—205Ma provide evidence that the subduction and collision mainly occurred during the period of the Indonisian[24].

1.4 Formation age of the Mianlue paleo-oceanic basin and paleo-suture

Combined with the regional geology, the isotopic geochronological and paleontological studies together gave rise the age range of 200Ma—345Ma corresponding to the Late Paleozoic to Early Mesozoic for the formation of the Mianlue oceanic basin and subduction-collision suture. The age range from Late Paleozoic to Early Mesozoic actually includes a complete eastward opening and westward closing diachronous processes for the whole Mianlue zone.

(i) Timing for the open-up of the Minalue oceanic basin and its expanding. The Paleontological records for age determination: the Carboniferous radiolaria fauna found in siliceous rocks contained in the ophilite in the Mianlue segment[25]; the Late Devonian to Late Carboniferous radiolaria from siliceous rocks in the volcanics of the Sunjiahe area, Xixiang county[26]; the Late Devonian to Carboniferous radiolaria from volcanics in the ophiolite mélange in Kangma segment[27]; the Carboniferous, Permian and Early-Middle Triassic fossils discovered from the ophiolite related siliceous rocks in the Maqin segment[28]; the fossils having the same time like those in the Maqin segment from the sedimentary rocks involved in the ophiolite mélange in the Huashan area in the east of the Mianlue zone（1 : 50,000 regional mapping data）. These contemporaneous radiolaria fossil faunas found in the sedimentary rocks along the more than 1,000 km-long Mianlue zone obviously indicate that the major period for the opening and development of the oceanic basin is from the Late Devonian to Permian.

The geochronological evidence: the various isotopic ages obtained from ophiolite and related volcanics and granites span the range between 345Ma and 200Ma, that is, between the Devonian and Triassic. For example, the MORB-type basalts from the Maqin-Dur'ngoi ophiolite gave rise a whole-rock $^{40}Ar/^{39}Ar$ age of 345 ± 7.9Ma and an isochron age of 320.4 ± 20.2Ma[29], identical to the Middle Devonian-Carboniferous radiolaria from the interlayered siliceous rocks. The plagioclase-granite associated with the basic volcanics in the ophiolite in the Mianlue segment yielded a U-Pb zircon age of 300 ± 81Ma and an inherent zircon age of 913 ± 40Ma[30]. Similarly, the siliceous rocks associated with the basic volcanics gave rise a Sm-Nd whole-rock isochron age of 326Ma and a Rb-Sr isochron age of 344Ma, respectively（Zhang Zongqin, in press）. These ages are consistent with the Late Devonian to Early Carboniferous radiolaria present in the same rocks[25].

Like the timing results given by the fossils in the Mianlue zone, the isotopic ages determine that the major opening and expanding period for the Mianlue oceanic basin spans from the Middle-Late Devonian to Early Permian.

(ii) Timing for subduction of the Minalue ocanic crust and collision suture. A series of metamorphic isotopic ages have been acquired from the meta-basites in the ophiolite mélange along the Mianlue zone, such as 242 ± 21Ma（Sm-Nd method）, 221 ± 13 Ma（Rb-Sr method）[15], $226.9 \pm 0.9 - 219.5 \pm 1.4$Ma（Ar-Ar method）[31], 286 ± 110Ma（Rb-Sr method, Zhang Zongqin, in press）and 283 ± 22Ma（Ar-Ar method, Zhang Zongqin, in press）. The subduction-and collision-related granites from the north side of the Mianlue zone have an age range of 225—205 Ma[24]. In particular, the Anzishan quasi-high pressure granulite（part of ophiolite）[21]in the Mianlue zone yielded 199—192Ma Sm-Nd and $^{40}Ar/^{39}Ar$ ages[22], which are in agreement with the U-Pb zircon age of 212 ± 9.4Ma determined from granulite in the Foping dome[22, 23]. The ages from the granulite probably are of an uplift time through the late collision event after the subducted oceanic crust undergoing the quasi-HP granulitization at depth. The above ages represent the time of the Minalue oceanic crust subduction and formation of the collision suture. The fact that the foreland thrusting fault-fold zone, paralleling to the south edge of the Mianlue zone, only involved the Middle-Triassic sequences also proves that the Mianlue paleo-suture was formed between the Middle Triassic and Late Triassic.

Some even older ages such as 400Ma, 800—1000Ma have been also obtained from the Mianlue mélange. Due to differently-originated blocks in the mélange and complexity of isotopic determination and interpretation, the timing for the formation of both the basin and suture is cheiefly dependant upon the fossils found in the siliceous rocks associated with the ophiolite, isotopic ages of various rock types, comprehensive regional analysis. As a result, the time for the opening and expanding of the Mianlue basin is restricted to the Middle-Late Devonian to Early Permian, for occurrence of the subduction and collision is the Late Permian to Middle-Late Triassic and for the entire orogenic evolution of the Mianlue zone is between the Middle Devonian and Middle-Late Triassic. The intracontinental tectonic evolution began since the Late Triassic.

2　Present structural geometry and kinematics of the Mianlue zone

As an important tectonic zone in China continent, the present Mianlue zone was built up on the basis of the prior plate collision structures and suture zone that were superimposed by the Mesozoic-Cenozoic intracontinental deformation. Thus, the Mianlue zone has its own structural geometry and kinematics.

2.1　Structural geometry of the Mianlue zone

The Mianlue zone extends in EW-NWW trending along the southern margin of the Qinling-Dabie orogenic belt and regionally corresponds to the boundary fault zone located on the southern margin of the central orogenic system represented by the Qinling-Dabie mountain range. Its most prominent structures are: with the Qinling-Dabie southern margin boundary fault generally being a major thrust fault, the Mianlue zone is composed of a series of south-projected arcuate thrusts and nappes on the southern margin of the central orogenic system, and the arcuate thrusts and nappes constitutes an intracontinental thrust zone overlapping and superimposing on the northern margin of the Yangtze Block. Its specific structural geometry is as follows:

（1）In the broad sense, the planar structural geometry of the Minalue zone exhibits an E-W trending linear and arcuate extension and crosses central China continent. With its separation, the south and north geologically formed a huge tectonic intersection.

The Minalue zone is characterized by a series of south-projected arcuates thrust systems. For example, the Dabie, Bashan and Kangma are three large-scale arcuate systems and between the arcuate systems, there are the north-projected Huangling, Hannan-Bikou and Noergai massifs（salients）. Thus, spatially the arcuate systems show an extension in a fashion of sine wave（fig. 1）.

The Dabie arcuate system to the east was shifted by the Tanlu faults and split into two portions. The east portion was moved to east Shandong Province, while the west portion is in a half arcuate corresponding to the Xiangguang segment on the southern margin of the Tongbai-Dabie belt in between Wuxie and Xiangfan areas. Accompanied by left-lateral shear displacement of the Tanlu faults, the SSW-directed and oblique thrusts of the Xiangguang segment, in a nature of right-lateral strike-slip fault, were extensively transported onto the northern margin of the Yangtze Block. Although the area was covered by the Cenozoic system, the reflection seismic profile transecting the Dabie mountains revealed the deep-seated structure of the above south-directed thrust system[6, 32].

The Bashan thrust system is located between the Xiangfan and Yangxiang areas, showing a huge SSW-projected asymmetry arcuate with the east wing longer than the west one. Inside the Bashan arcuate system, the Ankang collision thrust and the Wudang dome formed during the Indosinian collision orogeny in the south Qinling were once again thrust southward during the Mesozoic-Cenozoic Qinling intracontinental orogeny. But, the heterogeneous resistance from the two salients, Huangling and Hannan massifs, resulted in occurrence of the asymmetry Bashan arcuate thrust system（fig. 1,3）, which became a remarkable continental thrust zone in the Qinling belt and China continent.

Connecting with the Kangma segment to its west, the Mianlue segment, the western extension of the Bashan arcuate is the northernmost part of the Mianlue zone and also the southern edge of the narrowest portion in the Qinling orogenic belt. It is obvious that this tectonic pattern was caused by the northward wedging of the Hannan massif into the Qinling belt, which, in turn led to the formation of the Bashan and Kangma arcuate thrust systems on both sides of the Hannan massif. As a conjunction part of the two arcuate systems, the Mianlue segment is an excellent place to preserve the ophilite and the suture[10, 12, 13].

The Kangma arcuate thrust system is located in between the Kang county and Maqu county and its west portion was superimposed by the Diebu-Maqu thrust system. Overlying on the north Songpan Block and Mingshan S-N trending structures with apparent tectonic intersection, the Kangma arcuate represents the southernmost part of the boundary thrust zone in those south-projected arcuate thrust systems in the west Qinling orogenic belt. Obviously, its formation is because of the obstruction of the Biko and Noergai massifs on its two sides during its southward push.

Between the Diebu and Maqu areas, the Diebu-Maqu arcuate thrust system, with its tip in the Langmosi area, constituted a series of small-scale arcuate thrusts involving the Paleozoic and Triassic successions to south of the Luqu area（fig. 4）. In its front, the Diebu-Maqu arcuate overlaid on the conjunction of both the Kangma and Maqin arcuate thrust systems.

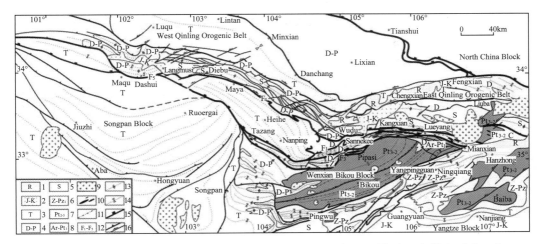

1. Cenozoic; 2. Jurassic-Cretaceous; 3. Triassic; 4. Devonian-Permian; 5. Silurian; 6. Sinian-Paleozoic; 7. middle-upper Proterozoic; 8. Archean-paleo Proterozoic metamorphic complex basement; 9. Indonisian granite; 10. ophiolite and related volcanics; 11. ductile shear zone; 12. major thrust fault, (F₁) as a major fault in suture; 13. anticline in different strata; 14. syncline in different strata; 15. suture; 16. thrust fault and strike-slip fault.

Fig. 4   Sketch of the Kangma arcuate thrust system

The E-W trending Maqin arcuate thrust system situated in the A'nyemaqen Mountain, that occupies the conjoining site of the southern margin of the western Qinling and eastern Kunlun orogenic belts, belongs to the western extension of the Mianlue tectonic zone. The Maqin arcuate system is mainly represented by the structures in the Huashixia-Maqin area and basically composed of a large-scale south-directed imbricated thrust zone (fig. 5).

(2) Profile of the Mianlue zone displays that the orogenic belt was pushed, in a manner of thrusting of multiple type and various depth, outward onto the adjacent cratonic blocks and constituted a geometric framework of intracontinental large-scale contraction, thrust and imbrication. This includes great deep-seated thrust structures of the Xiangguang segment, characterized by the uplifted Dabieshan UHP rocks representing a mountain root of the orogenic belt. Also, the Bashan arcuate with thrusts and napes of multi-level and various classes temporally and spatially made up a huge double-layered arcuate thrust system on the basis of the previous collision structures and suture.

Delimited by the Yangxian-Shiquan-Chenggu-Fangxian major Bashan thrust fault, the Bashan arcuate system is divided into the south and north thrust subsystems with apparent differences. The north Bashan thrust subsystem exhibits a series of NW-SE trending and SW-verging thrust structures to southwest of the Wudang massif and a major involvement of the lower Paleozoic of the south Qinling plus the middle-upper Proterozoic. As fundamentals of the subsystem, the Indosinian collision structure in the Qinling orogenic belt primarily was not of the

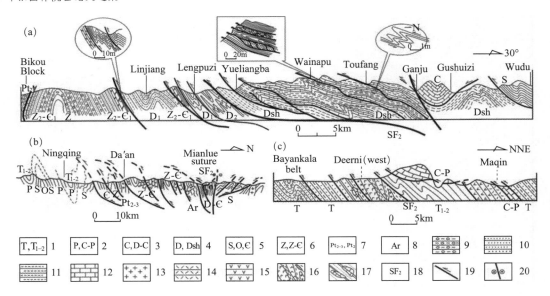

(a) cross-section of the Kangma thrust system. (b) cross-section of the Minalue segment. (c) cross-section of the Maqin thrust and nappe. 1. Triassic, Lower-middle Triassic; 2. Permian, Carboniferous-Permian; 3. Carboniferous, Devonian-Carboniferous; 4. Devonian Sanhekou group, Devonian; 5. Silurian, Odovician, Cambrian; 6. Sinian, Sinian-Cambrian; 7. middle-Upper Proterozoic, Middle Proterozoic; 8. Archean; 9. metaconglomerate; 10. metasandstone; 11. metamudstone; 12. limestone and metalimestone; 13. granite; 14. intermediate volcanics; 15. basic volcanics; 16. ophiolite and ophiolite mélange; 17. sedimentary tectonic mélange; 18. Mianlue fault zone or Mianlue suture; 19. thrust and nappe fault, ductile shear zone; 20. strike-slip fault.

Fig. 5　Structural cross-section of the Mianlue tectonic zone

Bashan thrust system. In an early stage, the collision structures, as a whole, were transported toward SSW along the major thrust fault and both the eastern and western ends of the structures were cut off by the intracontinental thrusting. Later, the internal early faults were activated as thrusts in nature so that the collision structures occurred over the Triassic successions in the fault-bounded basin. The south Bashan thrust subsystem consists of two secondary units:

(i) The composite thrust zone. The zone located on the south side of the above Bashan major thrust fault is partially buried. On the basis of the Minalue collision structure only having Middle-Triassic successions involved and later structural superimposition caused by the north Bashan thrust, the composite thrust zone experienced a complicated two-fold deformation. As shown in fig. 3, the Gaochuan area in Xixiang county and the Gangou area in Zhushan county are located in the west end and east end of the Bashan major thrust fault, respectively. Both places still have the remained previous collision structures and the later superimposed deformation. But the relevant collision structures, even the suture have been overlain by the Bashan arcuate thrust system in between the two places. The same idea is also argued by geophysical vertical profile (fig. 6).

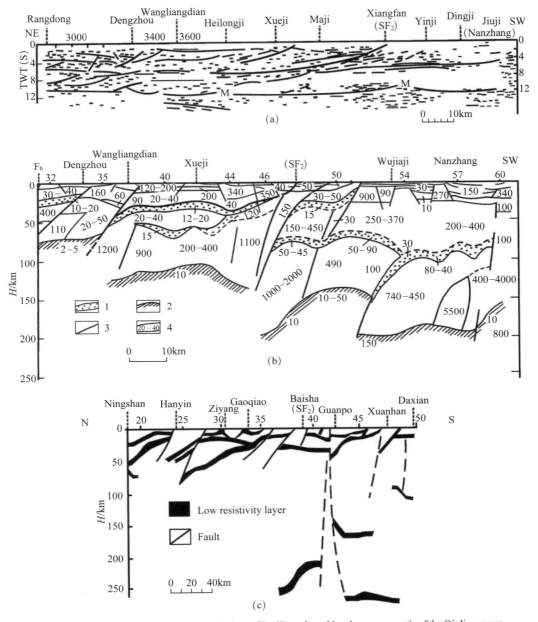

(a) The Luoyang-Nanzhang reflection Seismic profile (Rangdong-Nanzhang segment) of the Qinling moun-
tains; (b) The Luoyang-Nanzhang magnetotelluric sounding profile (Xichuan-Nanzhang segment) of the
Qinling mountains; (c) The Ningshan-Daxian magnetotelluric sounding profile. 1. Low resistance
layer; 2. lithospheric bottom boundary plane; 3. inferred fault; 4. resistivity; SF₂, The Minalue tectonic
zone and Mianlue paleo-suture.

Fig. 6　Reflection seismic and magnetotelluric sounding profile of the Qinling orogenic belt
(Yuan Xuecheng and Li Li, 1997)

(ii) The deformation zone of the thrust front. The zone, caused by The Bashan thrust involved deposits of the Late Triassic and Cretaceous foreland basin in the thrust front.

Differing from the Bashan arcuate, the structural geometry of the Kangma arcuate is a more complicated multi-layered south-verging thrust system. It consists of three secondary units (fig. 4):

(i) With F_1 being the major thrust fault, the Sanheko low-angle thrust structure in the north was developed on the primary thrust structure initialized by the collision;

(ii) With F_2 being the major thrust fault, the Heihe thin-skinned decollement structure in a low-angle, crosscut or thrust along beddings, thrust and overlapped or cut off the Sanheko thrust structures;

(iii) With the southern margin boundary in the west Qinling being the major thrust fault (F_3), the Kangma arcuate thrust system, as a whole, was transported southward and crosscut the previous structures and all other structures on the south side of the Songpan Block and Biko massif, and formed the opposite-direction ramp structures in the upper part (fig. 5).

The Maqin thrust system exhibits multiphase composite imbrication thrust and is also featured with well-preserved Indosinian ophiolite mélange, the collision-related thrusts and the intracontinental superimposed thrusts (fig. 5).

It is clear that the Minalue zone possesses distinctive structural geometry patterns caused by different media materials and boundary conditions occurring in different segments. However, despite these different patterns, the unified Minalue tectonic zone was developed on a generally consistent dynamic background.

(3) Combined the geophysical profiles transecting the Dabie, east Qinling and west Qinling mountains[6, 32, 33] (fig. 6) with the above-mentioned extension and distribution features of the Mianlue zone, it can be suggested that along the boundaries of the Minalue zone and on the basis of the paleo-suture, the continental crust in the central orogenic system was transported onto and overlapped on the adjacent cratonic blocks in a fashion of thrust on the different crustal scale and this led to the build-up of the present 3-D geometric model of crustal contraction, thrust and superimposition for the Minalue zone.

2.2 Structural kinematics of the Mianlue zone

Based on the regional structure and structural geometry analysis of the Mianlue zone, the formation of the Mianlue zone has the following main kinematics characteristics.

(1) Interaction between the organic belt and the adjacent cratonic blocks. After the early plate collisional orogenesis, the cratonic blocks started intracontinental subduction beneath the orogenic belt along the boundaries between the cratons and orogenic belt. Contemporaneously, the orogenic belt moved outward onto the blocks. This resulted in contraction in double-direc-

tion and superimposition of crustal materials or both crustal and mantle materials. The structures of the Mianlue zone reflects that this sort of tectonic movement was driven by the deep-seated mantle dynamics on an intracontinental basin-mountain scale.

（2）The large-scale differentiation of subduction and thrust occurred in the eastern and western Mianlue zone. In the east, formation and uplift of the Dabieshan UHP rocks are attributed to the continental subduction at great depth and exhumation by thrusting on the northern margin of the Dabie orogenic belt. Also, the new reflection seismic profiles revealed that the same tectonic activities happened on the southern margin of the belt. This indicates that the eastern Mianlue zone has a distinctive thrust movement relative to its western potion and further suggests that with reference to the Qinling-Dabie orogenic belt, the Yangtze Block moved in great counterclockwise oblique subduction, while the orogenic belt went on clockwise thrust movement relative to the Yangtze Block. Both made it possible that the Dabieshan UHP rocks were quickly uplifted and exhumed.

（3）The sine-wave like extension of the Minalue zone resulted from differences of media materials and boundary conditions in the segments, especially the resistance from the salients of the old basement in the different tectonic units on the northern margin of the Yangtze Block when the orogenic belt materials thrust southward. This pattern clearly demonstrates that a differential and heterogeneous movement occurred during southward thrusting of continental crust of the orogenic belt.

3　Formation and evolution of the Minalue zone and its dynamic significance in China continent

3.1　Formation and evolution of the Minalue zone

The formation process and evolution history of the Minalue zone on the southern margin of the central orogenic system can be interpreted to indicate that the Minalue zone, as a major part of the central orogenic system that includes the Qinling-Dabie orogenic belt, was developed in the new plate tectonic regime and through peculiar intracontinental orogenesis prevailing in the central orogenic system since the Late Paleozoic. However, the Mianlue zone has two major development periods of its own: (i) Tectonic evolution from open-up and expanding of the Minalue limited oceanic basin on the basis of the early tectonic setting to final collisional orogenesis and formation of the suture during the period from the Middle-Late Devonian to the Middle-Late Triassic $(D_{2-3}—T_{2-3})$. (ii) Intracontinental orogenesis during the Mesozoic and Cenozoic. Specifically, the tectonic evolution of the Mianlue zone can be outlined in the following six stages (fig. 7):

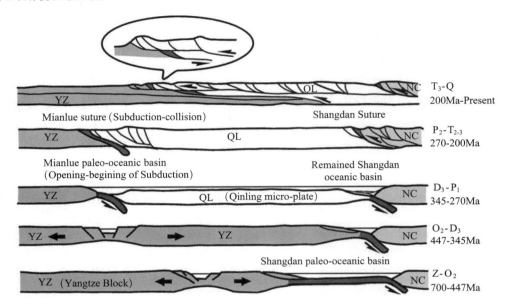

Fig. 7　Staged evolution of the Mianlue tectonic zone

（1）Initial extension and subsiding-opening of the juvenile oceanic basin（D_{2-3}-C_1）

On background of the regional tectonic dynamics featured by the opening of the east paleo-Tethys oceanic basin, extension and subsiding occurred from west to east, along the Mianlue zone, on the passive continental margin originally belonging to the northern margin of the Yangtze Block and further developed into the juvenile basin.

（2）Small-scale oceanic basin-expanding-development of the limited oceanic basin（C_1-P_1）

A number of unconnected juvenile basins were distributed from west to east in a pinch-and swell-form. The unified limited Mianlue oceanic basin was probably formed during the Early Carboniferous.

（3）Subduction of oceanic crust（P_2-T_2）

The island-arc volcanics, suduction-related（island-arc）granites and subduction-associated deformation and metamorphism revealed that the Mianlue limited basin commenced shrinking, accompanied by subduction of oceanic crust after the Late Permian, which led to the island-arc magmatism and expanding and rifting of arc.

（4）Continent-continent collision orogenesis（T_{2-3}）

The ophiolite mélange, collisional defor-mation structures and metamorphism, the collision-induced magmatic activities, formation of the foreland thrust fault-fold zone involving pre-Triassic successions, the paired metamorphism and exhumation of the deep-seated granulite all together demonstrate that the Mianlue zone entered into the stage of Continent-continent collision orogenesis during the Middle-Late Triassic.

（5）Post-collisional thrusting and napping and extensional collapse（T_3-J_{1-2}）

Accompanying the collisional orogenesis, the foreland basin occurred in the front of the foreland fault-fold zone, as a result of the later orogenic uplift, particularly the extensive collisional thrusting and foreland faulting and folding, while the extensional collapse happened in the uplifted area inside the Minalue zone, forming a series of J_{1-2} fault-bounded basins such as the Mianxian basin and the Qinfen basin.

(6) Post-orogenic intracontinental tectonic evolution (J_2-Q)

Two stages can be defined: (i) Intracontinental thrusting and napping stage marked by the Middle Jurassic and Early Cretaceous huge composite and superimposed thrust structures. The Bashan, Kangma and southern Dabie arcuate thrust systems that exerting intensive deformation on the Minalue suture were finalized in this stage. (ii) New Intracontinental structural superimposition and composite evolution. With rapid uplift of the central orogenic system, a new extensional collapse and compressional thrust took place and played a great role in the orogenic belt, which finally forged the present-day Minalue tectonic zone.

3.2 Dynamic significance of the Minalue zone in China continental tectonics

The evolution of the Mianlue tectonic zone is significant for study of the formation and evolution as well as dynamics of China continent:

(1) The Minalue zone, taking an outsta-nding position in today's China continental composition and framework, is a giant continental thrust system and strong deformation zone that separates China's south from north geologically. The Minalue zone is also a critical site for study of continental tectonics in China and eastern Asia. It fully contains information regarding the intracontinental tectonic evolution in south and north China, the uplift of the Qinghai-Tibetan plateau, the elevation inversion change in east and west China continent from the Late Paleozoic to now and its deep-seated mantle dynamics, the formation and exhumation of the Dabieshan UHP rocks and the relevant deep-seated mantle dynamics[20, 34, 35, 36].

(2) The Mianlue zone constitutes the northern margin of the east paleo-Tethys, it is the major convergent zone during the Indonisian amalgamation of China continent and also the conjunction and transfer site of the ancient Asia and east paleo-Tethys systems[37, 38]. Although the Sanjiang region represents the realm of the east paleo-Tethys oceanic basin and the major convergent zone[39], it is located in a corner in southwest China continent. The Mianlue zone on the southern margin of the central orogenic system is situated in the major convergent zone of south and north China continent and is, thus, an excellent place to explore the process, and dynamics of China continental major amalgamation and domain conjunction and transfer between the different dynamic systems.

(3) In conjunction with the regional geology such as the opening of the east paleo-Tethys on a large-scale, the formation of the Panxi rift in the west Yangtze Block between the Devonian and Permian[40], the extensive eruption of the Ermei continent flood basalts during the Late Permian[41]and the expanding and rifting of the upper Yangtze, the open-up and closure of the

Mianlue oceanic basin reflect a contemporaneous regional expanding-rifting regime, which had its deep-seated reasoning and possibly revealed a unified mantle dynamic background with existence of deep-seated mantle plume under the east paleo-Tethys. Therefore, the Mianlue zone is a natural laboratory to study tectonic dynamics of China continent and evolution of the east paleo-Tethys.

Acknowledgements This work was supported by the National Natural Science Foundation of China （Grant Nos. 49732080,40234041）.

References

[1] Li Chunyu, Liu Yangwen, Zhu Baoqing et al., Tectonic Evolution History of the Qinling-Qilian Mountains, In Collection of Geological Research Papers for International Exchange （1） （in Chinese）, Beijing: Geological Publishing House, 1978,174-185.

[2] Xu Zhiqin, Hou Liwei, Wang Zongxiu et al., Orogenic Processes of the Songpan-Garze orogenic belt of China （in Chinese）, Beijing: Geological Publishing House, 1992,1-190.

[3] Cai Xuelin, Wu Dechao, Shi Shaoqing et al., Formation and Evolution of Thrust Structures in the Wudang Mountains （in Chinese）, Chengdu: Chengdu University of Science and Technology Press, 1995,22-32.

[4] He Jiankun, Lu Huafu, Zhang Qinglong et al., The thrust tectonics and it's transpressive geodynamics in southern Dabieshan mountains, Geological Journal of China University （in Chinese with English abstract）, 1997, 3 （4）: 419-427.

[5] Suo Shutian, Sang Longkang, Han Yujing et al., Petrology and Structures of the Precambrian Metamorphic Blocks in the Dabie Mountians （in Chinese）, Beijing: Publishing House, China University of Geosciences, 1993,1-259.

[6] Dong Shuwen, Wu Xuanzhi, Gao Rui et al., On the crust velocity levels and dynamics of the Dabieshan orogenicbelt, Acta Geophysica Sinica （in Chinese with English abstract）, 1998,41 （3）: 349-361.

[7] Zhang Guowei, Meng Qingren and Lai Shaocong, Tectonic and structure of Qinling orogenic belt, Science in China, Ser. B, 1995,38 （11）: 1379-1394.

[8] Liu Shaofeng, Zhang Guowei, Process of Rifting and Collision along Plate Margins of the Qinling Orogenic Belt and Its Geodynamics, Acta Geologica Sinica, 1999, 73 （3）: 275—287.

[9] Jiang Chunfa, Wang Zongqi, Li Jinyi et al., Opening-closing tetonics of the Central Orogenic Belt （in Chinese）, Beijing: Geological Publishing House, 2000,1-153.

[10] Zhang Guowei, Zhang Benren, Yuan Xuecheng et al., Qinling orogenic belt and Continental Dynamics （in Chinese）, Beijing: Science Press, 2001,1-855.

[11] Chen Liang, Sun Yong, Liu Xiaoming et al., Geochemistry of Derni ophiolite and its tectonic significance, Acta Petrologica Sinica （in Chinese）, 2000,16 （1）: 106-110.

[12] Lai Shaocong, Zhang Guowei, Yang Yongcheng et al., Petrology and geochemistry features of the metamorphic volcani crocks in the Mianxian-Lueyang suture zone, southern Qinling, Acta Petrologica Sinica （in Chinese）, 1997,13 （4）: 563-573.

[13] Xu Jifeng, Han Yinwen, High radiogenic Pb-isotope composition of ancient MORB-type rocks from Qinling area —Evidence for the presence of Tethyan-type oceanic mantle, Science in China, Ser. D, 1996,26 （Supp.）: 33-42.

[14] Dong Yunpeng, Zhang Guowei, Lai Shaocong et al., An ophiolitic tectonic melange first discovered in Huashan area, south margin of Qinling Orogenic Belt, and its tectonic implications, Science in China, Ser. D, 1999, 42 （3）: 292-302.

[15] Li Shuguang, Sun Weidong, Zhang Guowei et al., Chronology and geochemistry of metavolcanic rocks from Heigouxia Valley in the Mian-Lue tectonic zone, South Qinling-Evidence for a Paleozoic oceanic basin and its close

time, Science in China, Ser. D, 1996,39（3）：300-310.

[16] Lai Shaocong, Zhang Guowei, Dong Yunpeng et al., Geochemistry and regional distribution of the ophiolites and associated volcanics in Mianlue suture, Qinling-Dabie Mountains, Science in China, Ser. D, 2004,47（4）：289-299.

[17] Dong Yunpeng, Zhang Guowei, Zhao Xia et al., Geochemistry of the subduction-related magmatic rocks in the Dahong Mountains, northern Hubei Province: Constraint on the existence and subduction of the eastern Mianlue oceanic basin, Science in China, Ser. D, 2004,47（4）：366-377.

[18] Meng Qingren, Zhang Guowei, Timing of collision of the North and South China blocks: Controversy and reconciliation, Geology, 1999,27（2）：123-126.

[19] Li Jinyi, Pattern and time of collision between the Sino-Korean and Yangtze Blocks: Evolution of the Sinan-Jurassic sedimentary settings in the middle-lower rocks of the Yangtze river, Acta Geologica Sinica（in Chinese with English abstract），2001,75（1）：25-34.

[20] Li Shuguang, Chemical Geodynamics of continental subduction, Earth Science Frontiers（in Chinese with English abstract），1998,5（4）：211-234.

[21] Li Sanzhong, Zhang Guowei, Li Yalin et al., Discovery of granulite in the Mianxian-Lueyang suture zone, Mianxian area and its tectonic significance, Acta Petrologica Sinica（in Chinese），2000,16（2）：220-226.

[22] Zhang Zongqing, Zhang Guowei, Tang Suohan et al., Age of Anzishan granulites in the Mianxian-Lueyang suture zone of Qinling orogen: With a discussion of the timing of final assembly of Yangtze and North China craton blocks, Chinese Science Bulletin, 2002,47（22）：1925-1930.

[23] Yang Chonghui, Wei Chunjing, Zhang Shouguang et al., U-Pb Zircon dating ofgranulite facies rocks from the Foping area in the Southern Qinling Mountains, Geological Review（in Chinese with English abstract），1999, 45（2）：173-179.

[24] Sun Weidong, Li Shuguang, Yadong Chen et al., Zircon U-Pb clating of granitoids from south Qinling, central China and their geological significance, Geochimica（in Chinese with English abstract），2000,29（3）：209-216.

[25] Feng Qinglai, Du Yuansheng, Yin Hongfu et al., Carboniferous radiolaria fauna firstly discovered in Mian-lue ophiolitic mélange belt of South Qinling Mountains, Science in China, Ser. D, 1996,39（Supp.）：87-92.

[26] Wang Zongqi, Chen Haihong, Li Jiliang et al., Discovery and geological significance of radiolaria in the Xixiang group in the south Qinling, Science in China（in Chinese），Ser. D, 1999,29（1）：38-44.

[27] Lai Xulong, Yang Longqin, Funding and significance of the Devonian sedimentary succession containing volcanics in the Longkang and Tazang areas, Nanping, Sichuan Province, Chinese Science Bulletin（in Chinese），1995, 40（9）：863-864.

[28] Bian Qiantao, Luo Xiaoquan, Li Dihui, Geochemistry and formation environment of the Buqingshan ophiolite complex, Qinghai Province, China, Acta Geologica Sinica（in Chinese with English abstract），2001,75（1）：45-55.

[29] Chen Liang, Sun Yong, Pei Xianzhi et al., Northernmost paleo-tethyan oceanic basin in Tibet: Geochronological evidence from 40Ar-39Ar age dating of Dur'ngoi ophilite, Chinese Science Bulletin, 2001,46（14）：1203-1205.

[30] Li Shuguan, Hou Zhenhui, Yang Yongchen et al., Geochemistry and timing of the Sanchazi paleo-magmatic arc in Mianlue Tectonic zonein the south Qinling, Science in China, Ser. D, 2004,47（4）：317-328.

[31] Li Jinyi, Wang Zongqi, Zhao Min, 40Ar/39Ar thermochronological constraints on the timing of collisional orogeny in the Mian-Lue collision belt, southern Qinling Mountains, Acta Geologica Sinica, 1999,73（2）：208-215.

[32] Yang Wencai, Deep-seated structure of the ultrahigh pressure metamorphic belt in the east Dabie mountains, Science in China（in Chinese），Ser. D, 2003,33（2）：183-192.

[33] Yuan Xuecheng, Velocity structure of the Qinling lithosphere and mushroom cloud model, Science in China, Ser. D, 1996, 39（3）：235-244.

[34] Chemenda, A I., Burg, J-P., Mattauer, M., Evolutionary model of the Himalaya-Tibet system: geopoem based on new modeling, geological and geophysical data, Earth and planetary Sci. Lett., 2000,174: 397-409.

[35] Suo Shutian, Zhong Zhengqiu, You Zhendong, Extensional deformation of the post ultrahigh metamorphism and exhumation process of the UHP metamorphic rocks in the Dabie Block, Science in China（in Chinese），Ser. D,

2000,30: 9-17.

[36] Faure, M., Lin, W., Shu, L et al., Tectonics of the Dabieshan（eastern China）and possible exhumation mechanism of ultra-high pressure rocks, Terra Nova, 1999,11: 251-258.

[37] Okay, A I., Sengor, A M C., Evidence for intracontinental thrust-related exhumation of the ultra-high-pressure rocks in China, Geology, 1992,20: 411-414.

[38] Sengor, A M C., Plate Tectonics and Orogenic Research after 25 Years: A Tethyan perspective, Earth Science Reviews, 1990,27: 1-201.

[39] Zhong Dalai, The Tethyan orogen in Western Yunnan Province（in Chinese）, Beijing: Science Press, 1998,1-231.

[40] Cong Bailin, The Formation and Evolution of the Panxi Ancient Rift in Sichuan Province（in Chinese）, Beijing: Science Press, 1988,1-424.

[41] Xu Yigang, Zhong Sunlin, The Emeishan Large Igneous Province: Evidence for mantle plame activity and melting conditions, Geochimica（in Chinese with English abstract）, 2001,30（1）: 1-9.

[42] Davies, G F., Mantle plumes, mantle stirring and hotspot chemistry, Earth Planet Sci. Lett., 1990,99: 94-109.

[43] Hawkesworth, C J., Gallagher K., Mantle hotspots, plumes and regional tectonics as causes of intraplate magmatism, Terra Nova, 1993,5: 552-559.

[44] Wignall, P B., Large igneous Provinces and mass extinctions, Earth Science Reviews, 2001,53: 1-33.

[45] Zhao, D P., Seismic structure and origin of hotspots and mantle plumes, Earth Planet Sci. Lett., 2001,192: 251-265.

[46] Condie, K C., Episodic continental growth models: afterthoughts and extensions, Tectonophysics, 2000,322: 153-162.

Timing of collision of the North and South China blocks: Controversy and reconciliation*

Meng Qingren   Zhang Guowei

Abstract The Qinling orogen was formed by the joining of the North and South China blocks, but the timing of their integration has been debated for more than a decade. The controversies obviously stem from different approaches to reconstruction of the integration history. Two contrasting lines of evidence yiely two different ages for collision of the North and South China blocks-middle Paleozoic and Late Triassic. The Shangdan suture within the Qinling was regarded in previous studies as the trace along which the North and South China blocks collided. Our studies, however, demonstrate that there are two sutures within the Qinling: the well-documented Shangdan suture and the newly discovered Mianlue suture. We show in this paper that the Late Proterozoic to early Mesozoic evolution of the Qinling involved interactions between the North China block, the North and South Qinling orogens, and the South China block. The middle Paleozoic collision along the Shangdan suture, as constrained by some evidence, accreted only the South Qinling orogen to the southern part (i.e., the North Qinling) of the North China block. Contemporaneous rifting of the South China block and subsequent drifting separated the South Qinling from the South China block during the middle to late Paleozoic. The separation of the South from the North China blocks is supported by other evidence, in particular, geomagnetic data. Evidently it was the Late Triassic collision of the South China block with the South Qinling orogen along the Mianlue suture that led to final integration of the North and South China blocks.

Introduction

The North China block is separated from the South China block by the Qinling orogen (Fig. 1A), Which is one of the most important orogenic belts in China and has been intensively studied (Li et al., 1978; Mattauer et al., 1985; Hsü et al., 1987; Zhang, 1988; Xu et al.,

*Published in Geology, 1999,27（2）: 123-126.

1988; Zhang et al., 1995,1996). Previous investigations concentrated upon tectonic processes within the Shangdan suture zone in the Qinling orogen (Fig. 1B) because it was believed to be the trace along which the North and South China blocks collided. Implicitly, the North and South Qinling orogens were regarded as the southern margin of the North China block and the northern margin of the South China block, respectivel. A number of models for the Qinling tectonic evolution have been advanced on the basis of different data. Controversies, however, have arisen over many points, in particular the timing of integration of the two blocks. Two contrasting lines of evidence suggest two different ages for their collision-the middle Paleozoic and the Late Triassic.

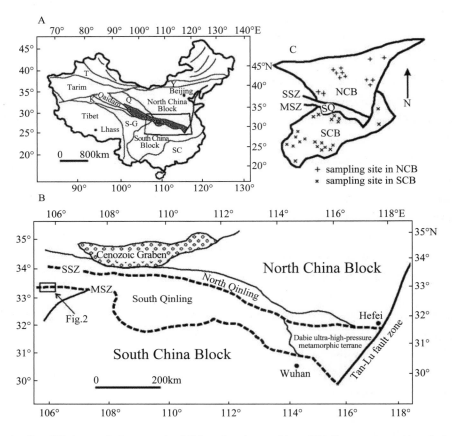

Fig.1　A: Simplified tectonic framework of China, showing position of Qinling orogen and its relationship to adjacent orogens and blocks. QL—Qinling orogen, K—Kunlun orogen, Q—Qilian orogen, S-G—Songpan-Ganzi orogen, Y—Yanshan orogen, T—Tien Shan orogen, SC—Southeast China orogen. B: Simplified tectonic framework of Qinling orogen. SSZ—Shangdan suture zone; MSZ—Mianlue suture zone. C: Sketch showing positions of sampling for paleomagnetic studies to constrain timing of collision between NCB (North China block) and SCB (South China block). Note that all samples were collected from block interiors, and none from South Qinling (SQ).

Another suture called the Mianlue suture zone (Fig. 1B), manifested as a zone of discontinuously exposed ophiolites (Figs. 1B and 2), was recognized at the southern rim of the South Qinling orogen (Zhang et al., 1995). Integrated studies show that this suture was produced by the Late Triassic collision of the South China block and the South Qinling orogen, which had been separated by the formation of a late Paleozoic-Middle Triassic ocean basin (Zhang et al., 1995, 1996). The ocean basin was created by middle Paleozoic rifting, coeval with the initial collision event along the Shangdan suture, and subsequent drifting; the Qinling ocean was a part of the paleo-Tethyan ocean realm and was possibly connected with the contemporaneous Kunlun paleo-Tethyan ocean to the west (Yang et al., 1996). We propose a new model to illustrate the Qinling tectonic development, which led to integration of the North China and South China blocks. In this moded, both the Shangdan and Mianlue suture zones are taken into consideration. The model satisfactorily reconciles the controversy over the timing for collision of the two blocks.

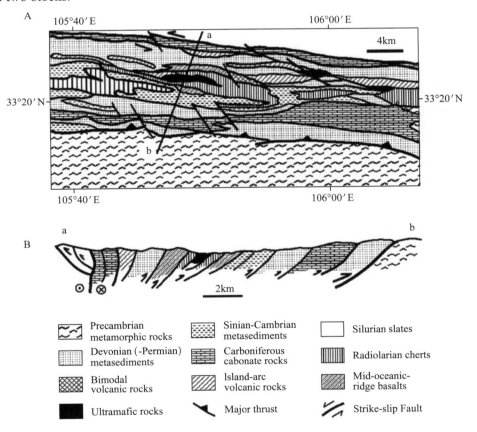

Fig. 2 Geologic map (A) and cross section (B) of western segment of Mianlue suture zone, showing dismembered ophiolites and associated sedimentary rocks of differing ages. Internal structure is dominated by south-directed thrusts. Map location is shown in Fig. 1.

Contrastng lines of evidence for the timing of collision

Evidence favoring collision during the middle Paleozoic comes exclusively from geologic and geochronologic investigations of both the Shangdan suture zone and the North and South Qinling orogen. Mattauer et al. (1985) demonstrated ca. 315 Ma sinistral strike-slip faulting within the Shangdan suture zone, and deduced that the paleo-ocean basin (proto-Tethyan Qinling ocean in Fig. 3A) between the North and South Qinling orogens was closed before Middle Devonian time and that an intracontinental tectonic regime had been established by the Carboniferous. This deduction is supported by Paleozoic collision-related granitoids along the Shangdan suture zone, which have been dated as 383 ± 8 to 345 ± 11Ma and are considered to have resulted from the underthrusting of South Qinling continental crust beneath the North Qinling in the Devonian (Zhang et al., 1997). Kroner et at. (1993) also inferred an Early Silurian continental collision and crustal thickening event at the Shangdan suture zone by studying Tongbai granulites in the eastern Qinling orogen. Benthic faunas in the South Qinling orogen were distinct from those of the North China block during the early Paleozoic, but become mixed with faunas of the North China block in the Devonain (Yin, 1994). Moreover, geochemical studies were recently carried out on fine-grained deposits in the Paleozoic basins of the northern part of the South Qinling orogen (Gao et al., 1995). The results suggest that the South China block had been accreted to the North China block along the Shangdan suture zone in Silurian-Devonian time from the fact that the South Qinling orogen began to receive sediments from the North Qinling, the leading edge of the North China block, in the middle Paleozoic. On the basis of detailed study of basin evolution at northern edge of the South Qinling orogen, Meng (1994) came to a similar conclusion that the North and South Qinling orogens initially collided in the Devonian.

In contrast, paleomagnetic data, along with geochronologic study of ultrahigh-pressure metamorphic rocks in the Dabie metamorphic terrane in the eastern part of the Qinling orogen (Fig. 1B), do not support the deduction of middle Paleozoic accretion of the South China block to the North China block, but attest to the Late Triassic collision of the blocks. The North China block proved to be separated from the South China block during the Permian (McElhinny et al., 1981; Klimetz, 1983; Lin et al., 1985; Zhao and Coe, 1987; Nie, 1991), and the separation presumably persisted until the Late Triassic, because the two blocks began to share the same paleomagnetic pole in the Jurassic (Lin et al., 1985; Enkin et at., 1992; Yang et al., 1992), indicating that the collision must have taken place prior to the Jurassic. However, all the samples for the paleomagnetic studies on the timing of collision of the North and South China blocks were collected exclusively within the interiors of the blocks (Fig. 1C). No paleomagnetic data were obtained from the South Qinling area, possibly due to multiphase, intense deformation of the strata there. Paleomagnetic data correlate well with geochronologc study of ultrahigh-pressure rocks in the Dabie terrane. Coesite and diamond-bearing eclogites are believed to result frm continentcontinent collision; thus, their metamorphic ages can be used to constrain the timing of the collision of the North and South China blocks. A number of ages of these ultrahigh-pressure rocks have been obtained and range from 232 to 209 Ma (S.-G. Li et al., 1993; Ames et al., 1993; Okay and Sengör, 1993), suggesting that the North China block collided with the South China block during the Late Triassic.

Suture zones

Extensive and more detailed geologic mapping throughout the Qinling mountain region has revealed another suture, called the Mianlue suture zone, at the southerm rim of the South Qinling orogen (Zhang et al., 1995,1996). Thus, there are two Phanerozoic suture zones in the Qinling orogen (Fig. 1B), the well-documented Shangdan suture between the North and South Qinling orogen and the newly discovered Mianlue suture between the South Qinling and the South China block. These two sutures have very different evolutionary histories, and it is thus important to compare their tectonic processes so as to reasonably reconstruct the Qinling tectonic evolution and to put constraints on the timing of the collision of the North and South China blocks.

As demonstrated here, the Shangdan suture zone records a middle Paleozoic collisional event, resulting from the closing or the paleo-ocean basin between the North and South Qinling orogens. Recent studies, however, show that the North and South Qinling collision along the Shangdan suture zone was a prolonged and complicated, three stage process (Meng, 1994; Zhang et al., 1995). The middle Paleozoic collision represented only the initial-stage collision and presumably mainly occurred in the eastern segment of the suture because the collision-related structures (Mattauer et al.,) 1985 and granulites (Kroner et al., 1993) were primarily observed in the east and rarely found in the west. The subsequent two stages, lasting from the late Paleozoic to Late Triassic, are characterized by the closing of some remnant basins within the suture zone (Meng, 1994) and by the westward migration of the suturing (Yin, 1994; Yin and Nie, 1993). In particular, the late stage (Late Triassic) was coincident with the collision of the South Qinling orogen and the South China block along the Mianlue suture zone and was accompanied by widespread intrusion of collision-type granites (Zhang et al., 1995).

The Mianlue suture zone is along the southern rim of the South Qinling orogen and is manifested as a zone of ophiolites composed of ultramafic rocks, gabbros, metabasalts, and radiolarian cherts (Fig. 2). The metabasalts show on Eu anomaly and yiely average $(La/Yb)_N$, $(Ce/Yb)_N$, and δEu values of 0.51,0.54, and 0.99, respectively. The rare earth element (REE) distribution displays depletion in the light REEs, showing characteristics of typical normal (nonplume) mid-oceanic ridge basalts (Lai and Zhang, 1996). The dismembered Mianlue ophiolites are now mixed with Devonian-Permian metasedimentary rocks, but chronology of the ultramafic and volcanic rocks is still poorly constrained. The metavolcanic rocks give metamorphic ages of 242 ± 2 to 221 ± 13 Ma, agreeing well with the ages of collision-type granites dated as 206 ± 2 to 220 ± 2 Ma (Li et al., 1996). Nevertheless, radiolarians in the cherts in association with the ultramafic and mafic volcanic rocks give an age of Carboniferous (Feng et al., 1996), suggesting that the ocean basin probably came into existence during the Carboniferous. This deduction is further supported by the occurrence of an inferred breakup unconformity, usually regarded to coincide with the transition from rifting to drifting, between the Devonian and the Carboniferous-Permian strata on the southern side of the Mianlue suture zone (Meng, 1994; Meng et al., 1996). These facts prove that the Mianlue suture zone was the product of the closure of a paleo-ocean between the South Qinling orogen and the South China block in Late Triassic time.

Tectonic development

The Qinling orogen tectonic evolution can be envisaged as a prolonged and complex interaction between the North China block, the South China block, and the South Qinling orogen. The Shangdan suture zone is the trace of closure of the proto-Tethyan Qinling ocean (Fig. 3A), once separating the South Qinling (northern margin of the South China block) from the North Qinling (southern margin of the North China block) orogens between Late Proterozoic and early Paleozoic time (Zhang, 1988; Yu and Meng, 1995). The separation is evidenced by the complete differences in stratigraphy and sedimentation between the North and South China blocks since the Late Proterozoic. For example, the late Sinian (800—600Ma) platform carbonates that are widespread over the South China block and the South Qinling orogen contrast strikingly with the equivalent, less-developed clastic rocks of the North China block. Subduction of the proto-Tethyan ocean beginning in the Ordovician resulted in the development of an arc-trench system and a backarc basin in the North Qinling orogen, which then evolved into the southern active continental margin of the North China block (Fig. 3B). The South Qinling orogen, however, was concomitantly in an extensional setting and served as the northern passive continental margin of the South China block. Rift sedimentation and alkalic magmatism were active along the southern edge of the South Qinling orogen from Ordovician to Silurian time (Huang et al., 1992; Meng, 1994), implying that a rift system had developed there.

Coeval with the Devonian collision at the Shangdan suture zone, the southern edge of the South Qinling orogen started to be gradually rifted away from the South China block (Fig. 3C), and an ocean basin developed there during the Carboniferous and Permian (Fig. 3D). As a result, the South Qinling orogen was separated from the South China block during the Carboniferous to Early Triassic by the paleo-Tethyan Qinling ocean (Fig. 3D), which might have been part of the northern paleo-Tethyan realm and thus linked to the contemporaneous South Kunlun paleo-ocean to the west. Convincing evidence for the separation is the South Qinling

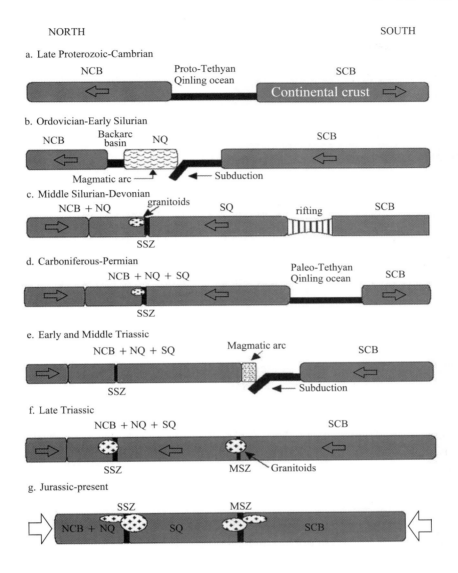

NORTH   SOUTH

a. Late Proterozoic-Cambrian

NCB   Proto-Tethyan Qinling ocean   SCB

Continental crust

b. Ordovician-Early Silurian

NCB   Backarc basin   NQ   SCB

Magmatic arc   Subduction

c. Middle Silurian-Devonian

NCB + NQ   granitoids   SQ   rifting   SCB

SSZ

d. Carboniferous-Permian

NCB + NQ + SQ   Paleo-Tethyan Qinling ocean   SCB

SSZ

e. Early and Middle Triassic

NCB + NQ + SQ   Magmatic arc   SCB

SSZ   Subduction

f. Late Triassic

NCB + NQ + SQ   SCB

SSZ   MSZ   Granitoids

g. Jurassic-present

SSZ   MSZ

NCB + NQ   SQ   SCB

Fig. 3　Integrating processes of North and South China blocks through Qinling orogen Q; S = south, N = north. Note simultaneous subduction and collison at northern edge and rifting and drifting at southern edge of Sount Qinling orogen through Paleozoic. South Qinling orogen had been accreted to North Qinling orogen at end of Middle Devonian, but simultaneously drifted apart from South China block. Separation had been maintained by paleo-Tethyan Qinling ocean until Late Triassic, when South China block was finally integrated with North China block through collision along Qinling orogen. Abbreviations as in Fig. 1.

orogen and the South China block beginning in the Devonian (Meng, 1994). Subduction of the paleo-Tethyan Qinling ocean is assumed to have started in the Early Triassic (Fig. 3E) and resulted in the development of island-arc calc-alkalic volcanic rocks (Lai and Zhang, 1996).

As constrained by chronology of the metabasalts and collision-type granitoids, collision between the South Qinling orogen and the South China block apparently took place in the Late Triassic (Fig. 3F). Concurrent collision-related granite intrusions are common along the Shangdan suture zone (X.-Z. Li et al., 1993) and might be genetically attr-ibuted to intracontinental collision and crustal thickening due to strong northward movement of the South China block in the Late Triassic.

Implication for timing of collision of the blocks

The new model for the Qinling tectonic evolution proposed in this study can reconcile the disparate views about the timing of the North and South China block collision. As illustrated in Figure 3, the North and South Qinling orogens formed the continental margins of the North and South China blocks, which were separated by the proto-Tethyan Qinling ocean from Late Proterozoic to early Paleozoic time. The Shangdan suture zone was produced by collision between the North and South Qinling orogens during middle Paleozoic time. However, the North and South Qinling orogen collision did not represent final accretion of the South China block to the North China block, in that the South China block was gradually drifting away from the South Qinling orogen owing to the simultaneous rifting and subsequent Carboniferous-Permian ocean-basin formation along the southern rim of the South Qinling orogen. Paleomagnetic data are in accord with this inference and demonstrate an apparent southward movement of the South China block in middle to late Paleozoic time (Nie, 1991). Thus, the Shangdan suture zone and adjacent regions provide evidence only for the middle Paleozoic collision of the North and South Qinling orogens, rather than for the accretion of the South China block to the North China block. However, the data from paleomagnetic studies and the inferences based on the ultrahigh-pressure metamorphism reveal Paleozoic to early Mesozoic separation of the two blocks rather than the accretion of the South Qinling to the North Qinling orogen or the south margin of the Norht China block. As a result, it is the Late Triassic collision of the South China block with the South Qinling orogen that finally led to the accretion of the South China block to the North China block. There is no need to throw doubts on the reliability of different lines of evidence, which depict two accreting processes between three blocks along two suture zones in different episodes.

Acknowledgments This work was supported by grant 49672125 from the National Natural Science Foundation of China. We thank R. D. Hatcher, Jr., and an anonymous reviewer for constructive comnents.

References

[1] Ames, L., G. R., and Zhou, G., 1993, Timing of collision of the Sino-Korean and Yangtze cratons: U-Pb dating of coesite-bearing eclogites: Geology, v. 21, p. 339-342.

[2] Enkin, R. J., Yang, Z., Chen, Y., and Courtillot, V., 1992, Palaeomagnetic constraints on the geodynamic history of the major blocks of China from Permian to the present: Journal of Geophysical Research, v. 97, p. 13953-13989.

[3] Feng, Q., Du, Y., Yin, H., Sheng, J., and Xu, J., 1996, Carboniferous radiolarin fauna firstly discovered in Mianlue ophiolitic melange belt of South Qinling Mountains: Science in China, v. D39, supplement, p. 87-92.

[4] Gao, S., Zhang, B. R., Gu, X. M., X. l., Gao, C. l., and Guo, X. M., 1995, Silurian-Devonian provenance changes of South Qinling basins: Impilcations for accretion of the Yangtze (South China) to the North China cratons: Tectonophysics, v. 250, p. 183-197.

[5] Hsü, K. J., Wang, Q., Li, J., Zhou, D., and Sun, S., 1987, Tectonic evolution of Qinling Mountains, China: Eclogae Geologicae Helvetiae, v. 80, p. 735-752.

[6] Huang, Y., Ren, Y., Xia, L., Xia, Z., and Zhang, C., 1992, Early Paleozoic bimodal volcanism of northern Daba Shan: Acta Petrologica Sinica, v. 8, p. 256 (in Chinese, with English abstract).

[7] Klimetz, M. P., 1983, Speculations on the Mesozoic plate tectonic evolution of eastern China: Tectonics, v. 2, p. 139-166.

[8] Kroner, A., Zhang, G. W., Zhou, D. W., and Sun, Y., 1993, Granulites in the Tongbai area, Qinling belt, China: Geochemistry, petrology, single zircon geochronology and implications for the tectonic evolution of eastern Asia: Tectonics, v. 12, p. 245-255.

[9] Lai, S. C., and Zhang, G. W., 1996, Geochemical features of ophiolite in Mianxian-Lueyang, suture zone, Qinling orogenic belt: China University of Geosciences Journal, v. 7, p. 165-172.

[10] Li, C. Y., Liu, Y. W., Zhu, B, Q., Feng, Y. M., and Wu, H. Q., 1978, Tectonic history of the Qinling and Qilian mountains, in papers on geology for international exchange, Volume 1, Regional geology and geological mechanics: Beijing, Publishing House of Geology, p. 174-187 (in Chinese).

[11] Li, S. G., Chen, Y., Cong, B. L., Zhang, Z., Zhang, R., Liou, D., Hart, S. R., and Ge, N., 1993, Collision of the North China and Yangtze blocks and formation of coesite-bearing eclogites: Timing and processes: Chemical Geology, v. 109, p. 70-89.

[12] Li, S. G., Sun, W. D., Zhang, G. W., Chen, J., and Yang, Y., 1996, Chronology and geochemistry of metavolcanic rocks from Heigouxia Valley in the Mianlue tectonic zone, South Qinling: Evidence for a Paleozoic oceanic basin and its closure time: Science in China, v. D39, p. 300-310.

[13] Li, X. Z., Yan, Z., and Lu, X. X., 1993, Granites of the Qinling and Daba Mountains: Beijing, Geogicla Publishing House, 218 p. (in Chinese, with English abstract).

[14] Lin, J. L., Fuller, M., and Zhang, W. Y., 1985, Preliminary Phanerozoic polar wander paths for the North and South China blocks: Nature, v. 313, p. 444-449.

[15] Aattauer, M., Matte, P., Malavieille, J., Tapponnier, P., Maluski, H., Xu, Z., Lu, Y., and Tang. Y., 1985, Tectonics of the Qinling belt: Build-up and evolution of eastern Asia: Nature, v. 317, p. 496-500.

[16] McElihinny, M. W., Embleton. B. J. J., Ma, X. H., and Zhang, Z. K., 1981, Fragmentation of Asia in the Permian: Nature, v. 293, p. 212-216.

[17] Meng, Q. R., 1994, Late Paleozoic sedimentation, basin development and tectonics of the Qinling orogenic belt [Ph. D. thesis]: Xi'an, Northwest University, 172 p. (in Chinese, with English abstract).

[18] Meng, Q. R., Zhang, G. W., Yu, Z. P., and Mei, Z. C., 1996, Late Paleozoic sedimentation and tectonics of rift and limited ocean basin at southern margin of the Qinling: Science in Chian, v. D39, supplement, p. 24-32.

[19] Nie, S., 1991, Paleoclimatic and paleomagnetic constraints on the Paleozoic reconstructions of South China, North China and Tarim: Tectonophysics, v. 196, p. 279—305.

[20] Okay, A. I., and Sengör, A. M. C., 1996, Tectonics of an ultrahigh-pressure metamorphic terrane: The Dabie Shan/Tongbai Shan orogen, China: Tectonics, v. 12, p. 1320-1334.

[21] Xu, Z. Q., Lu, Y. L., Tang, Y. Q., and Zhang, Z. T., 1988, Formation of composite mountain chains of the East Qinling-Deformation, evolution, and plate dynamics: Beijing, China Environmental Science Press, 193 p. (in Chinese, with English abstract).

[22] Yang, J. S., Robinson, P. T., Jiang. G. F., and Xu, Z. Q., 1996, Ophiolites of the Kunlun Mountains, China and their tectonic implications: Tectonophysics, v. 258, p. 215-231.

[23] Yang, Z. Y., Ma, X, H., Xing, L, S., Xu, S. J., and Zhang, J. X., 1992, Jurassic paleomagnetic constraints on the collision of the North and South China blocks: Geophysieal Research Letters, v. 19, p. 577-580.

[24] Yin, A., and Nie, S., 1993, An indentation model for the North and South Chian collision and the development of the Tan-Lu and Honam fault system, Eastern Asia. Tectonics, v. 12, p. 801-813.

[25] Yin, H. F., ed., 1994, The palaeobiogeography of China: Oxford, Clarendon Press, 370 p.

[26] Yu, Z. P., and Meng, Q. R., 1995, Late Paleozoic sedimentary and tectonic evolution of the Shangdan suture zone, eastern Qinling, China: Joumal of Southeast Asian Earth Sciences, v. 11, p. 237-242.

[27] Zhang, G. W., ed., 1988, Formation and evolution of the Qinling orogen: Xi'an, Northwest University Press, 192 p. (in Chinese, with English abstract).

[28] Zhang, G. W., Meng, Q. R., and Lai, S. C., 1995, Tectonics and structures of the Qinling orogenic belt: Science in China, v. B38, p. 1379-1386.

[29] Zhang, G. W., Meng, Q. R., Yu, Z. P., Sun, Y., Zhou, D. W., and Guo, A. L., 1996, Orogenic processes and dynamics of the Qinling: Science in China, v. D39, p. 225-234.

[30] Zhang, H. F., Gao, S., Zhang, B. R., Luo, T. C., and Lin, W. L., 1997, Pb isotopes of granitoids suggest Devonian accretion of the Yangtze (South China) to North China cratons: Geology, v. 25, p. 1015-1018.

[31] Zhao, X. X., and Coe, R. S., 1987, Palaeomagenetic constraints on the collision and rotation of North and South China: Nature, v. 327, p. 141-144.

Geologic framework and tectonic evolution of the Qingling orogen, central China*

Meng Qingren   Zhang Guowei

Abstract   The geologic framework of the Qinling orogen was built up through interplay of three blocks, the North China block (including the North Qinling), the South Qinling, and the South China block, separated by the Shangdan and Mianlue sutures. The Shangdan suture resulted from Middle Paleozoic collision of the North China block and the South Qinling. The Mianlue suture resulted from Late Triassic collision of the South Qinling and the South China block. Present upper crust of the Qinling is structured dominantly by thrust-fold systems. The North Qinling displays thick-skinned deformation with crystalline basement involved, whilst the South Qinling is characterized by thin skinned thrusts and folds detached above the Lower Sinian. Two types of Precambrian basement, crystalline and transitional, are defined according to lithology and metamorphic grade and different in age. Stratigraphic and sedimentary architecture is characterized by distinct zonation.

The Qinling orogen experienced a prolonged continental divergence and convergence between blocks. During the period from Late Neoproterozoic to Early Paleozoic times, the South Qinling was the northern margin of the South China block, and the North Qinling was the southern margin of the North China block, separated by a Proto-Tethyan Qinling Ocean. The North Qinling evolved into an active margin when the Proto-Tethyan Qinling Ocean subducted northward during Ordovician time. Collision of the South and North Qinling took place in Middle Paleozoic along the Shangdan suture. Synchronous with the collision, rifting occurred at the southern rim of the South Qinling and was followed by the opening of the Paleo-Tethyan Qinling Ocean during the Late Paleozoic, resulting in the splitting of the South China block from the South Qinling. Collision of the South Qinling and the South China block came about in the Late Triassic along the Mianlue suture. The Late Triassic collisional orogeny caused extensive fold-and-thrust deformation and granitoid intrusions throughout the Qinling and led to final amalgamation of the North and South China blocks. ©2000 Elsevier Science B. V. All rights reserved.

Keywords   collision   ophiolite   Qinling orogen   tectonics

---

*Published in Tectonophysics, 2000,323: 183-196.

1. Introduction

The Qinling orogen separates the North China block from the South China block, and links the Kunlun and Qilian orogens to the west (Fig. 1). They together make an important tectonic zone in eastern Asia. This orogen has been investigated in the last decades, and a number of models have been advanced (Li et al., 1987; Mattauer et al., 1985; Hsu et al., 1987; Zhang, 1988; Huang and Wu, 1992; Yin and Nie, 1993; Zhang et al., 1995a). Controversies, however, arise over the timing of amalgamation of the North and South China blocks.

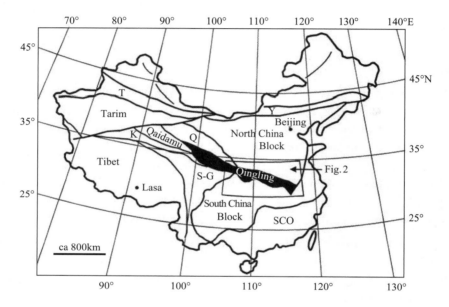

K = Kunlun orogen; Q = Qilian orogen; SCO = South China orogen; T = Tianshan orogen;
Y = Yanshan orogen; S-G = Songpan – Ganzi terrane

Fig. 1   Simplified tectonic map of China, showing position of the Qinling orogenic belt

Mattauer et al. (1985) argued left-lateral strike-slip faulting along the Shangdan suture at ca. 315 Ma in an intra-continental setting, and thus inferred pre-Devonian collision of the North and South Qinling. Petrochemical and geochronological study of granulites in the Tongbai area in the east of Qinling also implied a phase of crustal shortening and metamorphism in the Early Silurain (Kröner et al., 1993; Zhai et al., 1998). Provenance study was carried out on Silurian-Devonian fine-grained deposits of the northern South Qinling by Gao et al. (1995), and the results suggest that the North and South Qinling collision should have taken place in the mid-Paleozoic. Meng (1994) came to the same conclusion by analyzing the Paleozoic sedimentation of the South Qinling.

Sengör (1985) and Hsu et al. (1987), however, argued that collision was Late Triassic. Zhang et al. (1996) stated that the Qinling crust may have experienced multiple and prolonged rifting, drifting, and collisional processes. Geomagnetic data consistently favor the Late Triassic-Middle Jurassic amalgamation of the North and South China blocks (McElhinny et al., 1981; Lin et al., 1985; Zhao and Coe, 1987; Enkin et al., 1992; Yang et al., 1992). Geochronological studies on the ultra-high-pressure (UHP) metamorphic rocks in the easternmost part of the Qinling orogen (the Tongbai-Dabie terrane) yield a group of metamorphic ages, indicating Late Triassic collision as well (Ames et al., 1993; Li et al., 1993a; Okay and Sengör, 1993; Hacker et al., 1996).

Geologic mapping at 1 : 50,000 has recently been carried out throughout the Qinling and adjacent areas. One of the important results is the discovery of an ophiolitic complex, termed the Mianlue suture (Zhang et al., 1995a). This ophiolitic complex is cropped out along the southern rim of the South Qinling and different from the Shangdan ophiolite between the North and South Qinling in both age and composition (Zhang et al., 1995b), thus representing an independent suture. Recognition of the Mianlue suture is of great importance, in that it puts another constraint on reconstruction of the Qinling tectonic evolution, and the timing of amalgamation of the North and South China blocks. This paper will first deal with the geologic framework of the Qinling upper crust, and then try to reconstruct its tectonic history. A new model is accordingly advanced.

2. Upper crustal structures

Present-day topographic expression of the Qinling Mountains is mainly the result of Late Mesozoic-Cenozoic tectonics, but its fundamental geologic framework has been formed through longterm interplay among diverse blocks. In map view, the Qinling orogen is divided into the North and South Qinling, separated by the Shangdan suture (Fig. 2). The northern border is marked by a relatively narrow, straight, and steep north-dipping fault zone, the Machaoying fault zone, which is a normal fault controlling the Cenozoic rifted basin to the north (Fig. 3). The Mianlue suture zone, greatly modified by Late Mesozoic thrusting, marks the strongly curved southern border. The South Qinling contains different terranes that consist of distinct lithology and have different tectonic histories (Fig. 2). Phanerozoic sedimentary successions are well preserved in the Xunyang and Liuba terranes, whereas the Tngbai-Dabie, Wudang, and Foping terranes are made up of metamorphic rock assemblages, including the well-known UHP rocks (e.g. Okay and Sengör, 1993).

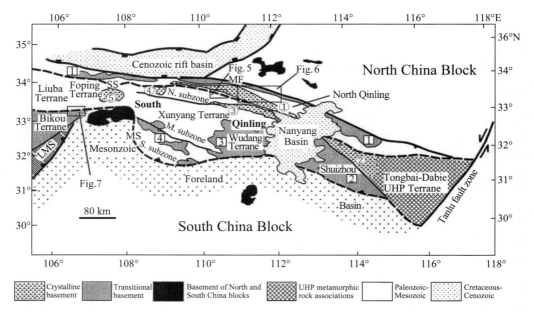

Numbers in circles indicate amphibolite and granulite facies assemblages comprising crystalline basement: ① = Qingling Group; ② = Tongbai Group; ③ = Douling Group; ④ = Xiaomoling Group; ⑤ = Foping Group. Numbers in squares represent greenschist or low-amphibolite facies assemblages making up transitional basement: 1 = Kuanping Group; 2 = Suixian Group; 3 = Wudang Group; 4 = Yunxi Group and Yaolinghe Group; SS = Shangdan suture; MS = Mianlue suture; MF = Machaoying Fault; LMS = Longmenshan orogen

Fin. 2　Generalized geologic map of the Qinling, showing its reginal tectonic setting, internal divisions and distribution of two types of basement

The Qinling upper crust is dominantly structured by thrust-fold systems, thin-skinned style in the South Qinling and thick-skinned in the North Qinling (Fig. 3). The thin-skinned deformation is characterized by south-vergent thrusts and folds in the Xunyang and Wudang terranes (sections b-b′ and c-c′ in Fig. 3) and the sole thrusts are detached above the Lower Sinian in most cases (Xu et al., 1988). The thrusts in the Liuba terrane, however, display overall northward vergence (section a-a′ in Fig. 3). Variation in vergence is possibly due to distinct conditions on the southern boundary (Zhang et al., 1995a). The Liuba terrane is confined on the south by the Precambrian basement uplift (the Bikou terrane), which acted as a buttress and resulted in the northward thrusting. In contrast, the Xunyang and Wudang terranes are bordered on the south with sedimentary covers of the South China block, and thus the thrust-fold system could propagate with consistent southward vergence over the South China block in Late Mesozoic time. Roughly along the 108° longitude, there exists a north-south-trending wrench fault zone,which might serve as a transfer fault,accommodating oppositely-directed propagation of thrust-fold systems on its eastern and western sides (Zhang et al., 1995a).

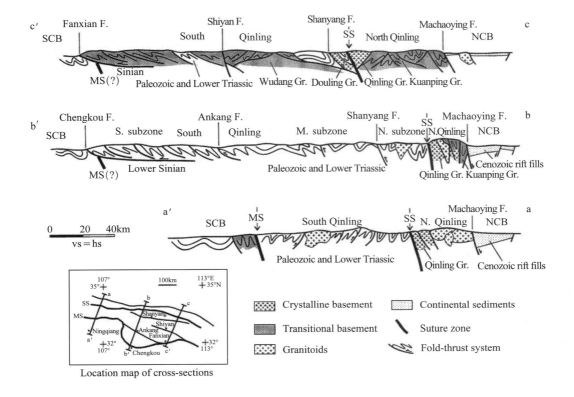

Fig. 3   Three geologic cross-sections across the Qinling orogen.Note that the South Qinling is dominated by a thin-skinned thrust system detached above the Lower Sinian, whilst the North Qinling displays thick-skinned style. The Mianlue ophiolitic complex might be covered by thrust sheets in most localities along the southern boundary (sections b-b'). NCB = North China block; SCB = South China block; vs = vertical scale; hs = horizontal scale.

3. Precambrian basements

Two types of Qinling Precambrian basement, crystalline and transitional, are distinguished primarily (Fig. 2). The crystalline basement is Late Archean to Paleoproterozoic in age, and apparently went through multiphase deformation, highgrade metamorphism and intense migmatization (Zhang, 1988). It is composed largely of amphibolite and granulite facies assemblages, such as biotite plagiogneiss, two feldspar granulites, and graphic marbles, as represented by the Qinling Group and Douling Group. It is the main component of the Foping and Tongbai-Dabie metamorphic terranes.

In contrast, the transitional basement is of Mesoproterozoic age, as represented by the Kuanping Group in the North Qinling and the Wudang Group and the Yaolinghe Group in the South Qinling. It consists of low-grade metamorphic rock assemblages, such as greenschists and amphibolites, and is internally structured by pervasive foliations and recumbent isoclinal folds. These features distinguish the transitional basement from both the Archean crystalline basement and the overlying Late Neoproterozoic sedimentary covers in composition, deformation style, and metamorphic grade. The main lithology of the basement is metavolcanics that are bimodal and alkaline in nature, enriched in REE, and dated at 1600—1000Ma (Zhang et al., 1995b). These facts suggest that they, together with associated sediments, were products of continental rifts of Mesoproterozoic age (Gao et al., 1996; Xia et al., 1996). Early Neoproterozoic (from 1000 to 800 Ma) continental convergence, or the Jinning Orogeny, resulted in deformation and metamorphism of these volcanites and sediments (Zhang et al., 1995d; Gao et al., 1996), thus forming this transitional basement.

4. Stratigraphy and sedimentology

The North and South Qinling display differing stratigraphic-sedimentary sequences from Late Neoproterozoic to Early Triassic (Fig.4). The sinian tillites and overlying platform carbonates (dolomites) were deposited over both the South Qinling and the South China block. These facies associations contrast with their equivalents in the North China block, where conglomerates and sandstones are dominant. Contemporaneous sediments are absent in the North Qinling.

Early Paleozoic sediments change from shallow-marine in the North China block to deep-marine facies in the North Qinling. The southern North Qinling is occupied by a late Early Paleozoic volcanic massif of island-arc affinity, the Danfeng arc massif (Xue et al., 1993; Zhang et al., 1994; Cui et al., 1995), which resulted from northward subducton (present orientation) of a paleo-ocean between the North and South Qinling (Zhang, 1988). Sedimentary sequences south of the massif consist of turbiditic sandstones with abundant pyroclastics in the lower part and shelf-deltaic siliciclastics in the upper. The sequences are of Ordovician to Silurian ages (Li et al., 1994), synchronous with growth of the Danfeng arc massif, and the pyroclastics are also shown derived from the massif (Zhang et al., 1997a). So the sediments south of the volcanic massif are now interpreted to be forearc fills (Yu and Meng, 1995; Meng et al., 1997). The equivalent strata in the South Qinling and the South China block, however, are dominated by shelf carbonate and siliciclastic facies.

Middle-Upper Paleozoic successions vary greatly in both stratigraphy and sedimentation within the South Qinling (Fig. 4). The Silurian is only present in middle and southern subzones, and consists predominantly of deep-marine siliciclastics and turbidites (Meng, 1991). In the northern subzone, the Devonian marine sandstones transgressively overlie the underlying strata and pass up into Carboniferous continental deposits. Shallow-marine siliciclastics and carbonates were deposited in the middle subzone from Devonian to Early Triassic times. Equivalent strata are missing in the northern part of the southern subzone. This absence may result from uplifting and unroofing induced by the Late Triassic collision along the Mianlue suture, in that the Mesozoic foreland basin south of the suture contains lots of carbonate gravels of Late Paleozoic and Early Triassic ages in its proximal zone (Meng, 1994; Li et al., 1999). The Devonian and Early Carboniferous strata preserved along the southern rim of the South Qinling are inferred to have formed in a rifting setting implied by synchronous alkaline magmatism (Li, 1991; Qiu, 1993). Continent-slope thin-bedded limestones, hemipelagites, and cherts comprise the Late Carboniferous-Permian strata, and are closely associated with the Mianlue ophiolitic complex to the west (Meng et al., 1996).

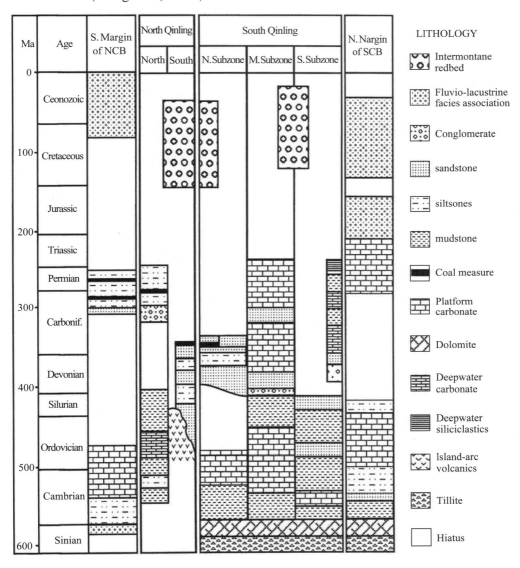

Fig. 4 Schematic diagram showing stratigraphic framework of the Qinling and adjacent regions. Refer to Fig. 2 for location of subzones in the South Qinling

Alluvial and fluvial deposits comphse the Permo-Carboniferous successions of the North Qinling in response to the North and South Qinling collision in the Middle Paleozoic (Zhang, 1988). The Upper Triassic and Jurassic are missing in most parts of the Qinling orogen, but the Cretaceous and Cenozoic redbeds are common in various-scale fault-bounded basins. The Cenozoic sediments are up to 9km in thickness in the Fenwei Graben immediately north of the Qinling ranges (Wang, 1987).

5. Ophiolitic complexes

Three zones of ophiolitic complex are present in the Qinling: the Mianlue zone between the South Qinling and the South China block, the Shangdan zone between the North and South Qinling, and the Erlangping zone with the North Qinling.

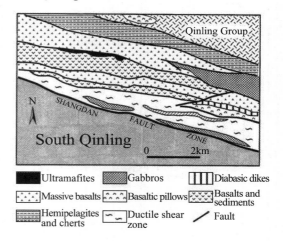

Fig. 5   Geologic map of Guojiagou area, showing main components of the Shangdan ophiolitic complex and structures. Refer to Fig. 2 for location of this map

The Shangdan ophiolitic complex is bounded on the north by the Qinling Group and on the south by the Shangdan fault zone (Fig. 5). Original sequences have been dismembered into various-scale fragments that are now in fault contact with one another. This ophiolitic complex consists primarily of ultramafites, gabbros, basalts, diabasic dikes, pillow lava and radiolarian cherts (Fig. 5). Basalts are divided into two groups, one is calcalkaline with enrichment in LREE, and the other is tholeiitic, showing depletion in LREE and flat distribution pattern. The LREE-enriched basalts are low in Ti, Nb, Ta, and show Th > Ta, Nb/La < 0.8, Hf/Th > 8, and Zr/Yb < 3. Ce_N/Yb_N ratios range from 5 to 20. All these indicate an intra-oceanic island-arc setting (Zhang et al., 1995c). In comparison, LREE-depleted tholeiites show MORB characteristics, with ratios of Th/Ta and La/Ta close to 1, $TiO_2 = 1.65\%$, and Ti/V = 22. The REE patterns are parallel to those of N-MORB, indicating that they were derived from depleted N-mantle (Zhang et al., 1995c). The Sm-Nd mineral isochron of norite gabbros gives an age of 402.6 ± 17.4 Ma (Li et al., 1989), consistent with radiolarian ages from the Ordovician to Silurian (Cui et al., 1995).

The Erlangping ophiolitic complex crops out within the North Qinling, in fault contact with the Qinling Group in south and with the Kuanping Group in the north (Fig. 6). It is composed mostly of olivine gabbros, massive and pillow basalts, sheeted dikes and sills, radiolarian cherts and some marbles (Liu et al., 1993; Zhang et al., 1995b). Ultramafic rocks, such as peridotites, also exist, but are not well cropped out (Liu et al., 1993). Massive basalts, mostly tholeiites, are the dominant component, showing slight enrichment in LREE and flat REE pattern. Their La_N/Yb_N and Ce_N/Yb_N ratios rang from 0.88—2.91 and 0.88—2.30, similar to those of N-MORB (Sun et al., 1996). Radiolarians in the cherts interlayered with the basalts indicate that the basalts are of Ordovician to Silurian age. The Erlangping ophiolite occurs to the north and shares the same age of the Danfeng arc massif. It is suggested that the Erlangping ophiolite represents relics of a backarc basin formed in response to the northward subducting (present orientation) of Early Paleozoic Qinling ocean beneath the North Qinling (Zhang, 1988; Sun et al., 1996).

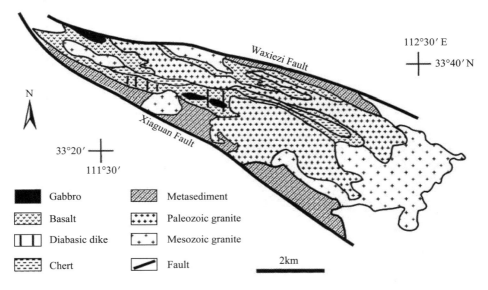

Fig. 6   Geologic map of Erlangping area, showing main components of the Erlangping ophiolitic complex. Refer to Fig. 2 for location of this map

The Mianlue ophiolitic complex is present along the boundary between the South Qinling and the South China block, and is particularly well exposed to the west. It is correlated with ophiolites at the southern boundary of the Eastern Kunlun (Yang et al., 1996) because they are of similar ages and occur in identical tectonic settings. Broken ophiolitic sequences in the western segment contain ultramafites, gabbros, oceanic tholeiites, and radiolarian cherts (Fig. 7). The ultramafites, most of which have been altered into serpentinites, are inferred to be originally harzburgites and dunites (Lai and Zhang, 1996). They show LREE-depleted pattern with positive Eu anomaly, and both La_N/Yb_N and Ce_N/Yb_N ratios range from 0.4 to 1.24 and 0.48 to 1.23. Gabbros show slight enrichment in REE, and are characterized by cumulate and gabbro-diabasic textures. Diabasic dikes are all LREE-enriched (Lai and Zhang, 1996). Basalts are divided into two groups (Lai et al., 1998a). One is LREE depleted tholeiites, with La_N/Yb_N ratios being $0.33 - 1.01$. In addition, δEu is from 0.84 to 1.13 and no Eu anomaly has been confirmed. All these data suggest that these basalts are MORB and derived from depleted mantle (Li et al., 1996; Xu et al., 1997; Lai et al., 1998a). In contrast, the other basalt suite in LREE-enriched tholeiites with La_N/Yb_N ratios being $1.84 - 4.70$ and Ce_N/Yb_N ratios $1.82 - 3.38$. These basalts are also characterized by the following facts: $Th > Ta$, $Th/Ta = 1.84 - 4.70$, $Nb/La < 0.6$, and $Tb/Yb = 0.10 - 0.80$, showing characteristics of island-arcvolcanics (Lai et al., 1998a). Therefore, in addition to the ocean-crust lavas, some island-arc volcanites are also involved into the Mianlue ophiolitic complex. The age of the Mianlue ophiolitic complex has not been well constrained. It is argued, however, that the ophiolite is of Carboniferous age according to radiolarinas in the cherts interlayered with the basalts (Feng et al., 1996), synchronous with the ophiolites along the southern boundary of the Easter Kunlun to the west (Yang et al., 1996).

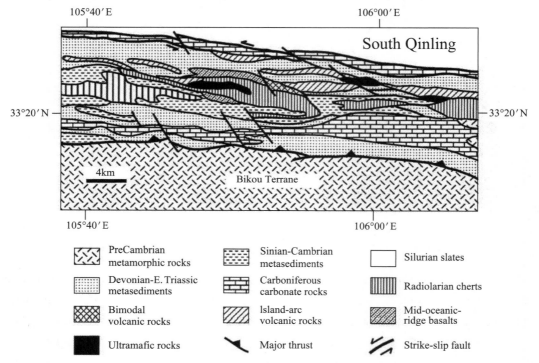

Fig. 7   Geologic map of Mianxian-Lueyang area, showing components of the Mianlue ophiolitic complex and structures. Refer to Fig. 2 for location of this map

Eastern continuation of the Mianlue ophiolite is largely covered by south-directed Mesozoic thrusts, and thus has become a matter of debate. Recently, some ophiolitic fragments were found in the Shuizhou area (Fig. 2), supporting the Mianlue suture's eastward extension along the southern edge of the South Qinling (Dong et al., 1999). These ophiolitic relics include gabbros, basalts, diabasic dikes, and associated cherts, but few ultramafites are cropped out. The basalts are MORB in nature (Lai et al., 1998b). The ophiolitic fragments in this area have not been dated, but are inferred to be Late Carboniferous to Early Triassic (Dong et al., 1999). The age inference is based on two facts: the Early Triassic deep-marine deposits are closely associated with the ophiolite, and the Devonian and Early Carboniferous sedimentation and magmatism are apparently related to the rifting that preceded the opening of the ocean, or the Paleo-Tethyan Qinling Ocean (Meng and Zhang, 1999). In addition, no ophiolitic fragment has been observed along boundary faults between subzones in the South Qinling. Late Paleozoic-Early Triassic facies distribution shows an obvious southward deepening trend from continental through shallow-marine to deep-marine depositional environments, indicating that the Paleo-Tethyan Qinling Ocean should be located to the south of the South Qinling at that time. Thus the Mianlue suture should follow the southern edge of the South Qinling rather than enter it from the west.

6. Tectonic evolution

A variety of models have been proposed for the Qinling tectonic evolution in recent years. Different models are based upon different data and, as a result, many controversies have arisen. In particular, debates are focused upon the timing of the collision of the South and North China blocks. There exist two groups of evidence: one indicates Middle Paleozoic collision, while the other suggests a Late Triassic age (Fig. 8). Most of the previous models considered the Shangdan suture as the trace of collision of the North and South China blocks. The discovery of the Mianlue suture sheds new light on the understanding of the Qinling evolution (Meng and Zhang, 1999). We present here a synthesis of the Qinling tectonic evolution.

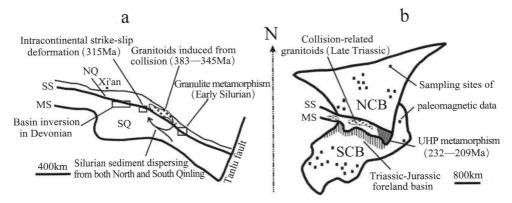

(a) Evidence favoring Middle Paleozoic collision. (b) Evidence supporting Late Triassic collision. NCB = North China block; SCB = South China block; SQ = South Qinling; NQ = North Qinling; SS = Shangdan suture; MS = Mianlue suture; UHP = ultra-high-pressure

Fig. 8   Existing evidence for timing of collision of the North and South China blocks

6.1. *Late Neoproterozoic-Early Paleozoic*

Prior to Late Neoproterozoic time, the Qinling experienced a tectonic cycle from Paleoproterozoic-Early Mesoproterozoic intra-continental rifting to Late Mesoproterozoic-Early Neoproterozoic convergence (Gao et al., 1996). Continental rifting resumed from the Early Sinian time (Late Neoproterozoic). The Early Sinian (800—700Ma) rifting brought about breakup of the Qinling continent and opening of the Proto-Tethyan Qinling Ocean, separating the North from South Qinling. Rift-related bimodal magmatism and sedimentation are characteristic of the South Qinling. Volcanites and tillites rest unconformably on the transitional basement and are then over lapped by Late Sinian-Early Paleozoic marine silicialastics and platform carbonates (Fig. 9). Rifting became more intense in the southern subzone from the Early Ordovician, as manifested by coeval turbidite sedimentation (Meng, 1994) and alkaline and basic extrusion (Huang et al., 1992). The North Qinling underwent a transition from passive to active margins during the Ordovician as a result of northward subduction (present orientation) of the Proto-Tethyan Qinling Ocean (Zhang, 1988). The Danfeng are massif evolved along its southern margin (Xue et al., 1993), with synchronous development of forearc (Meng et al., 1997) and backarc basins (Sun et al., 1996).

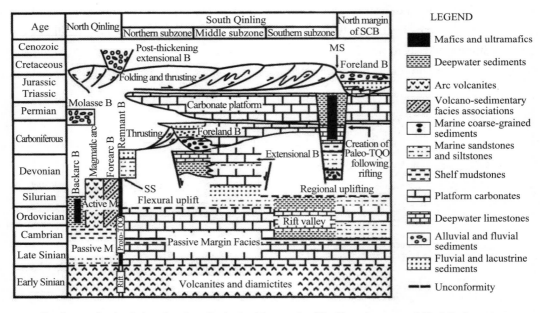

See the text for detailed explanation. B = basin; M = margin; SS = Shangdan suture; MS = Mianlue suture; TQO = Tethyan Qinling Ocean

Fig. 9 A model showing sedimentation, basin development, and tectonic evolution of the Qinling orogen since Late Neoproterozoic time.

6.2. *Middle Paleozoic*

Initial collision of the North and South Qinling took place in Middle Paleozoic times. Some remnant basins may have survived the collision at embayments due to irregular configurations of leading edges of the approaching margins, as exemplified by continuation of Silurian-Lower Carboniferous marine sedimentation in some individual areas along the Shangdan suture (Meng, 1994). The back-arc basin in the North Qinling was closed at the same time, and intruded by collision-related biotite granites (Zhang et al., 1997b).

The collision along the Shangdan suture did not exert a strong influence upon the interior of the South Qinling, since no significant stratigraphic breaks are present in the Lower-Middle Paleozoic successions in the middle subzone (Fig. 9). Crustal uplifting, however, might affect both the southern subzone of the South Qinling and the northern edge of the South China block since Late Silurian time because there exists a regional parallel unconformity between the Lower-Middle Silurian and overlying strata (Meng, 1994). Rifting occurred along the southern rim of the South Qinling during the Devonian and Carboniferous and was accompanied by alkaline extrusions (Li, 1991; Qiu, 1993) and turbiditic sedimentation (Meng et al., 1996).

6.3. *Late Paleozoic-Middle Triassic*

Continued collision along the Shangdan suture closed the remnant basins in Late Paleozoic time (Meng, 1994) and led to deposition of molasses within the North Qinling. Collision-related biotite granite intrusions aged from 345 to 315 Ma also occurred along the Shangdan suture (Li et al., 1993b; Zhang et al., 1997b). A foreland basin was developed south of the Shangdan suture in Early Carboniferous time in response to the south-directed thrusting of the North Qinling (Hu et al., 1993).

Notwithstanding compressive deformation at the Shangdan suture, the southern South Qinling underwent crustal stretching and subsiding, and received marine deposition from Carboniferous to Middle Triassic times (Fig. 9). Following the Devonian rifting at the southern rim of the South Qinling, the Paleo-Tethyan Qinling Ocean was created and gradually split the South China block from the South Qinling. The Paleo-Tethyan Qinling Ocean was connected with contemporaneous southern Kunlun Ocean to the west (Yang et al., 1996), and together they were a northern-most branch of the Paleo-Tethyan realm (Fig. 10).

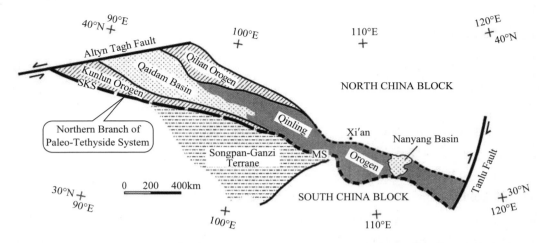

Note that the Mianlue suture (MS) is connected with the Southern Kunlun suture (SKS), and the South Qinling and the Kunlun orogens together represent a northern branch of the Paleo-Tethyside orogenic system.

Fig. 10   Diagram showing genetic linkage between the Qinling and adjacent orogens to the west

6.4. *Late Triassic-Cenozoic*

Collision of the South Qinling and the South China block took place along the Mianlue suture during Late Triassic time and the whole Qinling was affected, as manifested by formation of thrustfold systems and extensive granite intrusions (Zhang et al., 1996). A foreland basin was formed at the northern edge of the South China block because of southward thrusting of the South Qinling in Late Triassic-Middle Jurassic times. South-directed thrust propagation became more pronounced in eastern Qinling in Late Jurassic time, and eventually led to burial of most parts of the Mianlue suture. In contrast, the northward thrusting in the Liuba terrane may give a chance for the western segment of the Mianlue ophiolitic complex to have been preserved. The foreland basin strata were folded in Late Jurassic time and unconformably overlain by Lower Cretaceous beds. Rapid uplifting happened during Late Cretaceous and Cenozoic, and was accompanied by intermontane basin development (Xue et al., 1996) and strike-slip faulting (Peltzer et al., 1985; Zhang et al., 1995d).

7. Discussion and summary

The timing of the collision of the North and South China blocks through the Qinling has been a long-standing problem in studies of eastern Asia tectonics. Two groups of evidence yield two contrasting ages of the collisional event. However, this conflict can be reconciled if the newly recognized Mianlue suture is taken into account in reconstructing the history of amalgamation of the South and North China blocks (Meng and Zhang, 1999). According to the model proposed here, the Middle Paleozoic collision along the Shangdan suture onlyled to accretion of the South Qinling to the North Qinling, rather than amalgamation of the South and North China blocks. The South China block was simultaneously rifted and subsequently drifted away from the South Qinling (Nie, 1991) as a result of the opening of the Paleo-Tethyan Qinling Ocean. It was the Late Triassic collision between the South China block and the South Qinling along the Mianlue suture that finally led to amalgamation of the South and North China blocks through the Qinling orogen. Paleomagnetic data do not document the Middle Paleozoic collision event because all samples for paleomagnetic studies were exclusively from either the North or South China blocks, with no samples from the South Qinling. The Late Triassic collision resulted in widespread granitoid intrusions throughout the Qinling, and development of a Late Triassic-Middle Jurassic foreland basin south of the orogen. The UHP metamorphism in the Tongbai-Dabie terrane should also be related to the collision of the South Qinling and the South China block because the ages of UHP metamorphic rocks apparently cluster around the Late Triassic (Hacker et al., 1996).

In summary, the Qinling geologic framework was constructed through prolonged and complex tectonic processes, and its tectonic scenario can be envisaged as interplay among the North China block, the South Qinling, and the South China block along the Shangdan and Mianlue sutures. Two-stage collision, Middle Paleozoic and Late Triassic, built up the Qinling orogen and led to final amalgamation of the North and South China blocks.

Acknowledgements This research is supported by grants from the National Natural Science Foundation of China. The authors would like to thank Shao-Cong Lai for providing geochemical data of the ophiolites within the Qinling. Constructive reviews by B. C. Burchfiel, Wanfu Huang and an anonymous referee are greatly appreciated, which resulted in improvements to the earlier version of this paper.

References

[1] Ames, L., Tilton, G. R., Zhou, G., 1993. Timing of collision of the Sino-Korean and Yangtze cratons: U-Pb dating of coesite-bearing eclogites. Geology 21,339-342.

[2] Cui, Z. L., Sun, Y., Wng, X. R., 1995. Discovery of radiolarians from the Danfeng ophiolite zone, North Qinling, and their geologic significance. Chin. Sci. Bull. 40,1686-1688.

[3] Dong, Y. P., Zhang, G. W., Lai, S. C., Zhou, D. W., Zhu, B. Q., 1999. Recognition of Huashan ophiolitic complex in Shuizhou area and its tectonic implications. Sci. Sinica D29,222-231. in Chinese.

[4] Enkin, R. J., Yang, Z., Chen, Y., Courtillot, V., 1992. Paleomagnetic constraints on the geodynamic history of the major blocks of China from Permian to the Present. J. Geophys. Res. 97,13,953-13,989.

[5] Feng. Q. L., Du, Y. S., Yin, H. F., Sheng, J. H., Xu, J. F., 1996. Carboniferous radiolarian fauna firstly discovered in Mian-Lue ophiolitic melange belt of South Qinling Mountains. Sci. Sinica D39, Supple., 87-92.

[6] Gao, S., Zhang, B. R., Gu, X, M., Xie, X. L., Gao, C. L., Guo, X. M., 1995. Silurian-Devonian provenance changes of South Qinling basins: implications for accretion of the Yangtze (South China) to the North China Cratons. Tectonophysics 250,183-197.

[7] Gao, S., Zhang, B. R., Wang, D. P., Ouyang, J. P., Xie, Q. L., 1996. Geochemical evidence for the Proterozoic

tectonic evolution of the Qinling orogenic and its adjacent margins of the North China and Yangtze Cratons. Precambrian Res. 80,23-48.

[8] Hacker, B. R., Wang, X., Eide, E. A., Ratschbacher, L., 1996. The Qinling-Dabie ultra-high-pressure collisional orogen. In: Yin, A., Harrison, T. M. (Eds.), The Tectonic Evolutionof Asia. Cambridge University Press, Cambridge, pp. 345-370.

[9] Hsu, K. J., Wang, Q., Li, J., Zhou, D., Sun, S., 1987. Tectonic evolution of Qinling Mountains, China. Eclog. Geol. Helv. 80,735-752.

[10] Hu, N., Yang, J., An, S., Hu, M., 1993. Metamorphism and tectonic evolution of the Shangdan fault zone, Shaanxi, China. J. Metamorph. Geol. 11,527-548.

[11] Huang, W., Wu, Z. W., 1992. Evolution of the Qinling orogenicbelt. Tectonics 11,371-380.

[12] Huang, Y., Ren. Y., Xia, L., Xia, Z., Zhang, C., 1992. Early Paleozoic bimodal volcanism of northern Daba Shan. Acta Petrol. Sinica 8,256-256. in Chinese.

[13] Kröner, A., Zhang, G., Zhou, D., Sun, Y., 1993. Granulites in the Tongbai area, Qinling belt, China: geochemistry, petrology, single zircon geochronology and implications for the tectonic evolution of eastern Asia. Tectonica 12,245-255.

[14] Lai, S. C., Zhang, G. W., 1996. Geochemical features of ophiolite in Mianxina-Lueyang suture zone, Qinling orogenic belt. J. China Univ. Geosci. 7,165-172.

[15] Lai, S. C., Zhang, G. W., Yang, Y. C., Chen, J. Y., 1998a. Geo chemistry of the ophiolite and island are volcanic rock in the Mianxian-Lueyang suture zone, southern Qinling and their tectonic significance. Geochemistry 27,283-293. in Chinese.

[16] Lai, S. C., Zhang. G. W., Dong, Y. P., 1998b. Geochemical features and tectonic significance of the metabasalts within the Mianlue suture, Shuizhou area, Hubei provice. J. Miner. Petrol. 18 (6), 1-8. in Chinese.

[17] Li, S., 1991. The timing and origin of the alkaline rocks in northern Hubei. Acta Petrol. Sinica 7,27-36. in Chinese.

[18] Li, C. Y., Liu, Y. W., Zhu, B. Q., Feng, Y. M., Wu, H. Q., 1978. Tectonic history of the Qinling and Qilian mountains. In: Regional Geology and Geologic Mechanics. Papers on Geology for International Exchange Vol. 1. Geological Publishing House, Beijing, pp. 174-187. in Chinese.

[19] Li, S. G., Hart, S. R., Zheng, S. G., Guo, A. L., Liu, D. L., Zhang, G. W., 1989. Timing of collision between North and South China blocks, the Sm-Nb isotopic age evidence. Sci, Sinica B32,1291-1400.

[20] Li, S. G., Chen. Y., Cong, B. L., Zhang, Z., Zhang, R., Liou, D., Hart, S. R., Ge, N., 1993a. Collision of the North China and Yangtze blocks and formation of coesite-bearing eclogites: timing and processes. Chem. Geol. 109,70-89.

[21] Li, X. Z., Yan, Z., Lu, X., 1993b. Granites of the Qinling and Daba Mountains. Geological Publishing House, Beijing. 218 pp., in Chinese.

[22] Li, J. Z., Gao, X. D., Yang, J. L., 1994. Sedimentary Evolution of the Phanerozoic Qinling Paleo-Ocean. Geological Publishing House, Beijing. 206 pp.

[23] Li, S. G., Sun, W. D., Zhang, G. W., Chen, J. Y., Yang, Y. C., 1996. Chronology and geochemistry of metavolcanic rocks from Heigouxia Valley in the Mianlue tectonic zone, South Qinling-evidence for a Paleozoic oce anic basin and its close time. Sic. Sinica D39,300-310.

[24] Li, J, Wang, Z., Zhao, M., 1999. ^{40}Ar/^{39} Ar thermochronological constraints on the timing of collisional orogeny in the Mianlue collisional belt, southern Qinling Mountains. Acta Geol. Sinica 73,208-215.

[25] Lin. J. L., Fuller, M., Zhang, W. Y., 1985. Preliminary Phanerozoic polar wander paths for the North and South China blocks. Nature 313,444-449.

[26] Liu, G. H., Zhang, S. G., You, Z. D., Suo, S. T., Zhang, G. W., 1993. Metamorphic History of Main Metamorphic Complexes in the Qinling Orogenic Belt. Geological Publishing House, Beijing. 190 pp., in Chinese.

[27] Mattauer, M., Matter, Ph., Malavieille, J., Tapponnier. P., Maluski, H., Xu, Z., Lu, Y., Tang, Y., 1985. Tectonics of the Qinling belt: build-up and evolution of eastern Asia. Nature 317,496-500.

[28] McElhinny, M. W., Embleton, B. J. J., Ma, X. H., Zhang, Z. K., 1981. Fragmentation of Asia in the Permian. Nature 293,212-216.

[29] Meng, Q, R., 1991. Study on Silurian turbidite System, Bajiaokou, Ziyang. Acta Sediment. Sinica 9,35-45. in Chinese.

[30] Meng, Q. R., 1994. Late Paleozoic sedimentation, basin development and tectonics of the Qinling orogenic belt. Ph. D. Thesis, Northwest University, Xi'an, 172 pp. (in Chinese).

[31] Meng, Q. R., Zhang, G. W., 1999. Timing of collision of the North and South China blocks: controversy and reconciliation. Geology 27,123-126.

[32] Meng. Q. R., Zhang, G. W., Yu, Z. P., Mei, Z. C., 1996. Late Paleozoic sedimentation and tectonics of rift and limited ocean basin at southern margin of the Qinling. Sci. Sinica D39,24-32.

[33] Meng, O. R., Yu, Z. P., Mei, Z. C., 1997. Sedimentation and development of the forearc hasin a southern margin of North Qinling. Acta Geol. Sinica 32,136-145. in Chinese.

[34] Nie, S., 1991. Paleoclimatic and paleomagnetic constraints on the Paleozoic reconstruction of South China, North Chian and Tarim. Tectonophysics 196,279-305.

[35] Okay, A. I., Sengör, A. M. C., 1993. Tectonics of an ultra-highpressure metamorphic terrane: the Dabie Shan/Tongbai Shan orogen, China. Tectonics 12,1320-1334.

[36] Peltzer, G., Tapponnier, P., Zhang, Z. T., Xu, Z. Q., 1985. Neogene and Quaternary faulting in and along the Qinling Shan. Nature 317,500-505.

[37] Qiu, J. X., 1993. Alkaline Rocks of the Qinling-Daba Mountains. Geological Publishing House, Beijing. 183 pp., in Chinese.

[38] Sengör, A. M. C., 1985. East Asian tectonic collage. Nature 318,15-17.

[39] Sun, Y., Lu, X. X., Han, S., Zhang, G. W., Yang, S. Z., 1996. Composition and formation of Paleozoic Erlangping ophiolitic slab, North Qinling: evidence from geology and geochemistry. Sci. Sinica D39, Suppl., 50-59.

[40] Wang, J. M., 1987. The Fenwei rift and its recent periodic activity. Tectonophysics 133,257-275.

[41] Xia, L. Q., Xia, Z. C., Xu, X. Y., 1996. Properties of Middle-Late Proterozoic volcanic rocks in South Qinling and the Precambrian continental breakup. Sci. Sinica D39,256-256.

[42] Xu, Z., Y., Tang, Y., Zhang, Z., 1988. Formation of Composite Mountain Chains of the East Qinling-Deformation, Evolution and Plate Dynamiscs. China Environmental Science Press, Beijing. 1993 pp., in Chinese.

[43] Xu, J. F, Yu, X. Y., Li, X. H., Han, Y. W., Sheng, J. H., Zhang, B. R., 1997. Discovery of highly depleted N-MORB volcanics: new evidence for the existence of Mianlue paleo-ocean. Chin. Sci. Bull. 42,2414-2418. in Chinese.

[44] Xue, F., Zhang, G. W., Zhong, D. L., 1993. An Early Paleozoicisland arc terrain in the Qinling Mountains China: geochemical characteristics and tectonic implications. Geol. Sci. Sinica 2,141-156.

[45] Xue, X. X., Zhang, Y. X., Bi, Y., Yue, L. P., Chen, D. L., 1996. The Development and Environmental Changes of the Intermontane Basins in the Eastern Parts of the Qinling Mountains. Geological Publishing House, Beijing. 181 PP., in Chinese.

[46] Yang, Z., Ma, X., Xing, L., Xu, S., Zhang. J., 1992. Jurassic paleomagnetic constraints on the collision of the North and South China blocks. Geophys. Res. Lett. 19,577-580.

[47] Yang, J. S., Robinson, P. T., Jiang, C. F., Xu, Z, Q., 1996. Ophiolites of the Kunlun Mountains, China and their tectonic implications. Tectonophysics 258, 215-231.

[48] Yin, A., Nie, S., 1993. A Phanerozoic Palinspastic reconstruction of China and its neighboring regions. In: Yin, A., Harrison, T. M. (Eds.), The Tectonic Evolution of Asia.

[49] Yu, Z. P., Meng, Q. R., 1995. Late Paleozoic sedimentary and tectonic evolution of the Shangdan suture, eastern Qinling, China, J. SE Asia Earth Sci. 11,237-242.

[50] Zhai, X., Day, H. W., Hacker, B. R., You, Z., 1998. Paleozoic metamorphism in the Qinling orogen, Tongbai Mountains, central China. Geology 26,371-374.

[51] Zhang, G. -W., 1988. Formation and Evolution of the Qinling Orogen. Northwest University Press, Xi'an. 192 pp., in Chinese.

[52] Zhang, C. L., Zhou, D. W., Han, S., 1994. The geochemical characteristics of Danfeng metamorphic rocks in Shangzhou area, Shaanxi province. Acta Geol. Sinica 29,384-392. in Chinese.

[53] Zhang, G. W., Meng, Q. R., Lai, S. C., 1995a. Tectonics and structures of the Qinling orogenic belt. Sic, Sinica B38,1379-1386.

[54] Zhang, G. W., Zhang, Zh. Q., Dong, Y. P., 1995b. Nature of main tectono-lithostratigraphic units of the Qinling orogen: implications for the tectonic evolution. Acta Petrol. Sinica 11,101-114. in Chinese.

[55] Zhang, Q., Zhang, Z. Q., Sun, Y., 1995c. Geochemistry of trace elements and isotopes of metabasalts of the Danfeng Group, Shangxian-Danfeng region, Shaanxi. Acta Petrol. Sinica 11,43-54. in Chinese.

[56] Zhang, Y. Q., Vergely, P., Mercier, J., 1995b. Active faulting in and along the Qinling Range (China) inferred from SPOT imagery analysis and extrusion tectonics of South China. Tectonophysics 243,69-95.

[57] Zhang, C. L., Meng, Q. R., Yu, Z. P., Sun, Y., Zhou, D, W., Gou, A. L., 1996. Orogenic processes and dynamics of the Qinling. Sci. Sinica D39,225-234.

[58] Zhang, G. L., Meng, Q. R., Yu, Z. P., Zhang, G. W., 1997a. Geochemical characteristics and tectonic implication of gravels in the Hubaohe conglomerates in the East Qinling. Acta Sediment. Sinica 15,115-119. in Chinese.

[59] Zhang. H. F., Gao, S., Zhang, B. R., Lou, T. C., Lin, W. L., 1997b. Pb isotopes of granitoids suggest Devonian accretion of the Yangtze (South China) to North China cratons. Geology 25,1015-1018.

[60] Zhao, Z., Coe, R. S., 1987. Paleomagnetic constraints on the collision and rotation of North and South China. Nature 327,141-144.

Geochemistry and regional distribution of the ophiolites and associated volcanics in Mianlue suture, Qinling-Dabie Mountains*

Lai Shaocong   Zhang Guowei   Dong Yunpeng   Pei Xianzhi   Chen Liang

Abstract   Systematic studies of the ophiolites and associated volcanics stretching more than 1500 km from the Derni-Nanping-Pipasi-Kangxian area in the west to the Qingshuihe area of the south Dabie Mountains in the east indicate an existence of a suture zone (the Mianlue suture) and a vanished paleo-ocean basin (the Mianlue paleo-ocean basin) in the region. From west to east, ophiolitic melange associations distribute discontinuously along the suture. Rock assemblages include ophiolite, island arc and oceanic island rock series. The Mianlue paleo-ocean basin experienced its major formation and expending episode during the Carboniferous-Permian period. The finding of the suture zone and the paleo-ocean basin is tectonically significant in timing the collision between the North China-Qinling and Yangtze blocks and determining the formation and evolution of the Qinling orogenic belt.

Keywords   ophiolite   volcanic rocks   geochemistry   Mianlue suture

The Mianlue tectonic zone has been recently identified as an ophiolitic tectonic mélange zone on the southern margin of the Qinling Belt[1-6]. The mélange zone, stretching from east to west in the Mianxian-Lueyang region, represents a newly recognized Mianlue ophiolitic complex which is quite different from the Shangdan ophiolite cropping out in the area between the North and South Qinling in terms of age and composition[1-6]. This paper is to present results of geochemical studies carried out on the ophiolites and associated volcanics in the last 10 years and discuss some significant implications from the studies for the evolution of the Mianlue suture.

1   Geochemical features of ophiolites and associated volcanics

Tectonically located in the Tethyan tectonic region, the Mianlue paleo-ocean basin charac-

*Published in Science in China, Ser. D, 2004,47 (4): 289-299.

terized by the east paleo-Tethys tectonics of multi-blocks and initial-limited ocean basins marks the final collision zone of the North and South China blocks during the Indosinian[2-7]. To the west, the Mianlue paleo-ocean extends from Mianxian-Lueyang-Kangxian-Pipasi-Nanping to the westernmost part of A'nyemaqen Derni area, while to the east, from Mianxian-Bashan arcuate-Huashan to the Susong-Qingshuihe area of the south Dabie Mountains (fig. 1). The detailed geochemistry, rock assemblages and tectonic settings of the ophiolites and associated volcanics currently distributed as remains in the different areas will be present and discussed below.

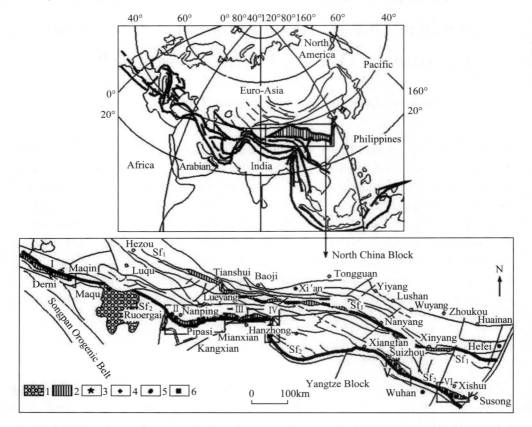

1. Cenozoic-Mesozoic sedimentary basin; 2. ophiolitic tectonic melange zone; 3. oceanic crust ophiolite distribution area; 4. island arc volcanic rocks distribution area; 5. oceanic island volcanic rocks distribution area; 6. bimodal volcanic rocks distribution area; Sf1. Shangdan suture; Sf2. Mianlue suture; I. A'nyemaqen Derni region; II. Nanping-Pipasi-Kangxian region; III. Lueyang-Mianxian region; IV. Bashan arcuate region; V. Huashan region; VI. south Dabie region.

Fig. 1 Regional geologic sketch map of the ophiolites and associated volcanics in Mianlue suture, Qinling-Dabie Mountains

1.1 A'nyemaqen Derni oceanic crust ophiolite

The Derni ophiolite is identified to be the oceanic ridge ophiolite[8-10]. Its rock assemblage includes meta-peridotite, pyroxeneite, gabbro, meta-basalt, radiolaria-bearing silicalite and radiolaria-bearing argillite. The meta-basalts that belong to the N-MORB type do not have an obvious elemental fractionation of Zr to Cr （fig. 2a and fig. 3） and exhibit Ba enrichment and LREE, K and Ta depletion. Their （La/Yb）$_N$ have a mean value of 0.45 and no remarkable Eu anomaly, indicating that the rocks originated from a depleted asthenosphere mantle source. Also, the basalts have a $^{40}Ar/^{39}Ar$ whole-rock plateau age of 345.3 ± 7.9Ma and a Sm-Nd isochron age of 336.6 ± 7.1Ma[10].

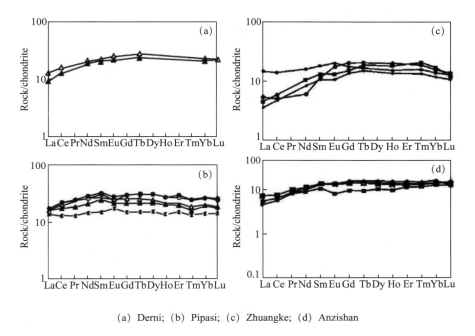

(a) Derni; (b) Pipasi; (c) Zhuangke; (d) Anzishan

Fig. 2　The chondrite-normalized rare earth element distributions of the N-MORB type basalt in Mianlue suture

1.2　Nanping-Pipasi-Kangxian oceanic crust ophiolites and oceanic island basalts

The Nanping-Pipasi-Kangxian tectonic zone is a complicated mélange containing tectonic slabs of different origins[①]. Inside the zone, ophiolite, oceanic island tholeiite and alkaline basalt have been identified. The ophiolites observed in Pipasi area show the （La/Yb）$_N$ ratios of 0.65-0.97, a δEu of 0.95 （mean value） （fig. 2b）, Ti/V = 22.5 − 32.5, Th/Ta = 0.93 − 1.22, Th/Y = 0.003 − 0.007 and Ta/Yb = 0.04 − 0.06. All these are consistent with those of typical MORB deriving from a depleted asthenosphere mantle （fig. 3）. Thus, the ophiolites represent a product of a typical mid ocean ridge tectonic setting and also imply a vanished paleo-ocean in

---

this region[11].

The oceanic island tholeiite exhibits $(La/Yb)_N = 1.85 - 5.71$ and $\delta Eu = 0.84 - 1.19$ (mean value is 0.94). The alkaline basalt has strong LREE enrichment, $(La/Yb)_N$ ratios of $9.14 - 19.80$ (mean value is 14.71) and δEu of $0.84 - 1.03$ (mean value is 0.93). It can be seen from the Nb/Th $-$ Nb and La/Nb $-$ La diagrams (fig. 3c, d) that all samples of the oceanic island tholeiitic and alkaline basalts from this area fall in OIB field, similarly they reflect an OIB trend in the Th/Yb $-$ Ta/Yb diagram (fig. 3a).

As shown in the Nb/Zr/Y diagram (fig. 3b), all samples of the oceanic island tholeiitic and alkaline basalts have WPT and WPA affinity. A close association of the identified OIB-type basalts and MORB-type basalts (genuine component of oceanic crust ophiolite) has been found in the field. For example, in Pipasi area, the MORB-type basalt slabs are interlayered with the OIB-type basalt slabs. This indicates that the OIB-type basalts distributed in the Kangxian-Pipasi-Nanping portion are products of magmatism within oceanic crust plate[12].

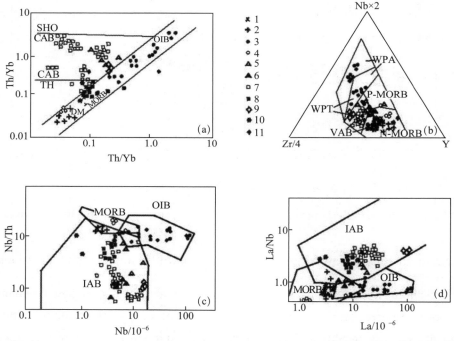

1. N-MORB type basalt from Derni; 2. N-MORB type basalt from Pipasi; 3. oceanic island basalt from Pipasi; 4. N-MORB type basalt from Mianxian-Lueyang area; 5. island arc volcanic rocks from Mianxian-Lueyang area; 6. basalt of the bimodal volcanic rocks from Mianxian-Lueyang area; 7. island arc volcanic rocks from Bashan arcuate area; 8. meta-basalt from Huashan; 9. island arc volcanic rocks from south Dabie Mountains; 10. gabbro and basalt from south Dabie Mountains; 11. basalt of the bimodal volcanic rocks from south Dabie Mountains.

Fig. 3 The Th/Yb-Ta/Yb (a), Nb/Zr/Y (b), Nb/Th-Nb (c), and La/Nb-La (d) diagrams[13−15] for the ophiolies and associated volcanics in Mianlue suture

1.3 Lueyang-Mianxian ophiolitic complex

Slabs of oceanic crust ophiolite, island arc volcanic rocks and bimodal volcanic rock association have been identified in this region[16-20]. Ultrabasic rocks in this region include harzburgite and dunite which exhibit LREE depletion with remarkable positive Eu anomaly. The diabase dike swarm shows LREE enrichment. Volcanic rocks can be divided into three groups. The first is MORB-type basalt with LREE depletion. Its Ti/V, Th/Ta, Th/Yb, Ta/Yb indicate it originated from depleted mantle source, representing the fragments of oceanic crust. The second is bimodal volcanic rocks (e. g. the Heigouxia Slab)[21]. The third is island arc volcanic rock associations[16-19].

Zhuangke MORB-type basalt exhibits $(La/Yb)_N = 0.30 - 1.07, \delta Eu = 0.84 - 1.13$, showing LREE depletion distribution pattern (fig. 2c). It shows Th/Yb = 0.04 - 0.17, Ta/Yb = 0.03 - 0.09, indicating that it originated from depleted asthenosphere mantle source (fig. 3)[16-17].

The island arc volcanic rocks are nonalkaline series and chiefly distributed in the Sanchazi, Qiaozigou and Hengxianhe areas, north to Lueyang county[17-19]. The basalt is low in TiO_2 (0.68% - 1.07%), $(La/Yb)_N = 1.84 - 6.59$, $\delta Eu = 0.98 - 1.26$, Th > Ta, Nb/La < 0.6, Th/Ta = 3 - 15, Th/Yb = 0.68 - 2.74, Ta/Yb = 0.10 - 0.84, showing distinctive geochemical features of island arc volcanic rocks (fig. 3). The andesite belongs to low-middle potassium and high silicon island arc andesite. It exhibits $(La/Yb)_N = 2.78 - 13.24$, $\delta Eu = 0.85 - 1.02$, Nb/La < 0.63, Th/Ta = 2.74 - 4.25, Th/Yb = 0.92, Ta/Yb = 0.22 - 0.34, revealing geochemistry of typical island arc volcanic rocks.

Heigouxia bimodal volcanic rocks consist of basalt and a small amount of dacite + rhyolite[21], forming at rift tectonic setting. The basalt belongs to tholeiitic series, showing Nb ≈La, low in Rb and K, slight enrichment in LREE, indicating the basalt originated from a MORB-type mantle source[21]. It implies that the rift had been evolved as an initial ocean basin. On the other hand, the basalt has some differences from the typical N-MORB (e. g. high in Th and Pb, which exhibiting the geochemical features of continental flood basalt). Therefore, the Heigouxia bimodal volcanic rocks should be formed in juvenile ocean basin tectonic setting (the transition stage from continental rift valley to limited ocean basin) (fig. 3)[21].

Anzishan ophiolitic complex consists of serpentinized peridotites and amphibolites[18]. The serpentinized peridotites exhibit LREE strongly depleted pattern. The amphibolites belong to tholeiitic series[18], exhibiting LREE depletion and LREE slight enrichment distribution patterns. The LREE depleted rocks show distinctive geochemical features of N-MORB (fig. 2d), originated from a depleted oceanic mantle source[18]. The mafic granulite from Anzishan area has a whole-rock Sm-Nd isochron age of 206 ± 55Ma and a biotite $^{40}Ar/^{39}Ar$ plateau age of 199.7 ±

$1.7Ma^{[22]}$. The ages are related to collision between Yangtze and south Qinling, indicating the final amalgamation of Yangtze and south Qinling and the ages are consistent with or close to those of the granulite from Foping area[22].

1.4 Bashan arcuate island arc magmatic zone

Detailed studies indicate that a typical island arc magmatic zone exists in the Lianghe-Raofeng-Wuliba area of south Qinling. This is characterized by continental marginal andesite and bimodal volcanic rocks which were formed in a rift environment within an oceanic island arc[23-25]. Volcanic rocks belong to subalkaline series. Basalt from Lianghe exhibits $(La/Yb)_N =$ $(2.62 - 4.60)$, $\delta Eu = 1.00$ (mean value). The dacitic-rhyolite shows $(La/Yb)_N = 6.75$. REE features of the Wuliba bimodal volcanic rocks are very similar to those from Lianghe[25]. Basalt exhibits $(La/Yb)_N = 3.74 - 4.15$, $\delta Eu = 1.01$ (mean value). The dacitic-rhyolite has average $(La/Yb)_N = 7.92$, $\delta Eu = 0.65 - 0.81$. The andesite from Raofeng shows $(La/Yb)_N = 6.65 -$ 8.57, $\delta Eu = 0.76 - 0.83$, they are relatively enriched in LREE and slightly depleted in Eu. Sunjiahe basalt has $(La/Yb)_N = 6.72 - 7.85$ and $\delta Eu \approx 1.0$ (mean value). The andesite shows $(La/Yb)_N = 5.63 - 7.36$, $\delta Eu = 0.98^{[26]}$.

The volcanic rocks from Lianghe and Wuliba exhibit distinctive geochemical features of depletion in Nb and Ta, indicating that they belong to island arc origin (fig. 3). Moreover, they are dominated by basalt and dacitic-rhyolite, their Th/Yb, Ta/Yb, Ti/Zr and Ti/Y features imply that they formed in a oceanic island arc tectonic setting[26-26]. It is important that the andesite and basalt from Raofeng and Sunjiahe show Nb and Ta depletion. Their Th/Yb, Ta/Yb, Th/Ta, Nb/La, Ti/Zr and Ti/Y indicate that they formed in an active continental margin[26-26].

1.5 Huashan ophiolitic complex

The meta-basalt in Zhoujiawan area belongs to tholeiitic series[27-28]. Rock has average $SiO_2 =$ 47.71%, $TiO_2 = 1.5\%-2.1\%$, $(La/Yb)_N = 1.3-2$, $\delta Eu = 1.05$, showing MORB-type REE geochemical features but LREE not exhibiting depletion. Compared with the primitive mantle, the meta-basalt shows slight depletion of Nb, Nb < La. In addition, it shows low in Th, $Th/Yb = 0.3-0.09$, $Ta/Yb < 0.16$. In Th/Yb-Ta/Yb diagram (fig. 3), samples plot in the MORB area, indicating that the basalt originated from depleted mantle of asthenosphere[27-28]. However, the meta-basalt shows some differences from the typical N-MORB. For instance, it exhibits Nb < La, La/Ta ratio (mean value is 25.3) indicates that the element La is enrichment comparative with Ta. Its content of element Th is slight lower than the typical N-MORB. And there is a slight depletion of Nb in the primitive-mantle normalized trace element patterns. All of these characteristics imply that this group of basalt represents a juvenile ocean basin tectonic setting[27-28].

Zhulinwan basalt belongs to subalkaline series[28] It has average $SiO_2 = 50.36\%$, $TiO_2 = 1.41 - 2.09\%$, slight enrichment in LREE, $(La/Yb)_N = 1.64$ (mean value). It exhibits Ba and Th enrichment but Ce, Zr, Hf, Sm, Y, Yb have not differentiation, indicating that the basalt generated from MORB-type mantle source. It implies that it formed in a juvenile ocean basin tectonic setting[28].

1.6 South Dabie ophiolitic complex

A new evidence indicates that the Mianlue suture extends eastward via the Bashan arcuate, to the Huashan region, and final easternmost extension to south Dabie Mountains.

Ultrabasic rock slabs have been identified in the Erlanghe area, north to Susong county①. And gabbro, pyroxenite, andesite tectonic slabs have been identified at the Qingshuihe area, in the main boundary fault of south Dabie and its adjacent area. In addition, there exists bimodal volcanic rock slab in the Xishui-Lanxi area. Erlanghe ultrabasic rocks distribute discontinuously more than 10km long, inter-growing with amphibolite and metamorphism diabase dike swarm[1]. Ultrabasic rocks show $SiO_2 = 37.78 - 48.49\%$, $MgO = 28.12\% - 38.39\%$, belonging to magnesian ultrabasic rock. The amphibolite and metamorphism diabase dike swarm belong to tholeiitic series. They exhibit variable SiO_2, high in TiO_2 ($1.33\% - 3.10\%$, mean value is 1.94%), difference from the island arc basalt (fig. 3) but similar to MORB-type basalt②.

The amphibolite of Lanxi bimodal volcanic rocks is very similar to Heigouxia bimodal volcanic rocks, showing distinctive geochemical features of depleted mantle source origin, indicating that it formed in a juvenile ocean basin tectonic setting. Qingshuihe gabbro-pyroxenite belong to accumulative gabbro association, originated from depleted mantle of asthenosphere. And the Qingshuihe andesite is similar to Sanchazi island arc andesite distributed in Mianxian-Lueyang area[16-17]. It exhibits obviously Nb and Ta depletion, which should be formed in an active continental margin (fig. 3). Detail chronology about the south Dabie ophiolitic complex has not achieved, but a zircon U-Pb age of 401 ± 28Ma has been obtained②. This age is about Early-Devonian period. Therefore, the ophiolitic complex distributed in Susong-Qingshuihe area might be the easternmost segment of Mianlue suture. But this question needs further research.

Summarily, the ophiolites and associated volcanics distributed in different segments of the Mianlue suture from west to east exhibit obviously evolutionary pattern (table 1).

---

① Wu, W. P., Jiang, L. L., Xu, S. T. et al., Geochemical features and tectonic setting of the Susong-Erlanghe ophiolites in east Dabie Mountains, Symposium on geology, resources and environment of Kunlun-Qinling-Dabie Mountains, Abstracts (in Chinese), 2002, 64-66.

② See footnote on page 293.

Table 1   Features of the ophiolites and associated volcanics in different regions of Mianlue suture

Region	Rock assemblage	Basalt features and tectonic setting
A'nyemaqen Derni	Ultrabasic rock, gabbro, basalt, radiolaria-bearing silicalite and radiolaria-bearing argillite	Basalts showing N-MORB features and exhibiting LREE depletion distributions. Limited ocean basin.
Kangxian-Pipasi-Nanping	Basalt dominated	Typical LREE depleted N-MORB basalt and oceanic island basalt. Limited ocean basin.
Mianxian-Lueyang	Ultrabasic rock, gabbro, accumulative gabbro, diabase dike swarm, basalt, andesite-dacite-rhyolite, bimodal volcanic rocks and radiolaria-bearing silicalite	Basalts can be divided into three groups: ① LREE depleted N-MORB type basalt; ② basalt of bimodal volcanic rock series exhibiting slight enrichment in LREE and characteristics of MORB; ③ LREE enrichment calc-alkaline and tholeiitic island arc basalts. juvenile ocean basin → limited ocean basin.
Bashan arcuate	bimodal volcanic rocks and andesite	Nb and Ta depleted basalt of bimodal volcanic rock series formed in a rift environment within an oceanic island arc; Nb and Ta depleted andesite formed in an active continental margin. Oceanic island arc-active continental margin.
Huashan	Basalt dominated and small amount of gabbro	Tholeiite showing slight LREE enriment and characteristics of MORB, generated from depleted mantle source, but exhibiting low Th, slight Nb depletion and $Nb < La$. juvenile ocean basin
Susong-Erlang of south Dabie Mountains	Ultrabasic rock, gabbro, accumulative gabbro, diabase dike swarm, meta-basalt, andesite, bimodal volcanic rocks	Accumulative gabbro association, LREE slight enrichment meta-basalt, Nb and Ta depleted andesite, basalt of bimodal volcanic rock series exhibiting characteristics of MORB. juvenile ocean basin.

2   Formation age of the Mianlue paleo-ocean basin

In the Mianlue suture, besides the ophiolites and associated volcanics representing an existence of the oceanic crust, the Devonian deep-water turbidites have been found. The development of the turbidites suggests that the Mianlue ocean basin was open during the Devonian[2, 21]. In addition, the well-preserved Early Carboniferous radiolaria was discovered from siliceous rock closely associated with ophiolites near Sanchazi and Shijiazhuang villages, Lueyang county[29-30]. All these together indicate that during the Middle Paleozoic, the Mianlue ocean basin was initiated as a northern branch of the eastern paleo-Tethys. A number of isotopic ages have been obtained from different rock types in the region. The metamorphosed volcanic rocks developed in the Heigouxia area gave rise a Sm-Nd whole-rock isochron age of 242 ± 21Ma and a Rb-Sr whole-rock isochron age of 221 ± 13Ma, suggesting that the Mianlue paleo-ocean basin was closed in the Triassic period[21]. The same rock type distributed in the Wenjiagou and Henxianhe areas yielded $^{40}Ar/^{39}Ar$ plateau ages of 226.9 ± 0.9Ma and 219.5 ± 1.4Ma, which are similar to the above ages[31]. The Zhuangke MORB-type basalts have whole-rock Rb-Sr isochron age and $^{40}Ar/^{39}Ar$ plateau age of 286-197Ma, and the radiolaria-bearing silicalite from the Sanchazi area gave whole-rock Sm-Nd isochron ages of 326 – 344Ma (Zhang Zongqing, 2002, unpublished data). The mafic granulites, part of the ophiolites, from the Anzishan area have ages ranging from 199.7 Ma to 206Ma (whole-rock Sm-Nd isochron age and $^{40}Ar/^{39}Ar$ plateau)[22], which are similar to the U-Pb and Sm-Nd ages of 212 – 197 Ma from the Foping granulites area[32]. The age information is in regard to the emplacement of the ophiolites and collision between the Yangtze and the south Qinling belt and also indicates the final amalgamation of the Yangtze and south Qinling belt. In addition, the I-type granites distributed in the area north to the Mianxian-Lueyang tectonic melange zone yielded zircon U-Pb ages of 205 – 225Ma[33], which imply that the Mianlue paleo-ocean basin was open during the Devonian, and closed in the Triassic period. The major expending and formation episode of the ocean mainly occurred during the Carboniferous – Permian period.

In the west portion of the Mianlue suture, a 345Ma $^{40}Ar/^{39}Ar$ plateau age and a 320Ma Sm-Nd whole-rock isochron age have been obtained from ophiolites (MORB-type basalt) in the Derni oceanic crust[10], which represent the formation age of the Derni ophiolites and are basically in agreement with the evidence of the Carboniferous-Permian fossils discovered in this area[34]. Moreover, Late Devonian-Carboniferous radiolaria found in the Longkang area belonging to the Nanping-Pipasi-Kangxian ophiolitic tectonic melange zone also confirmed the ages of Derni ophiolite[35]. As to the formation age of the Huashan ophiolites, although now there is no age data, we argue that the ocean basin could develop in the Late Hercynian to Early Indo-China epoch, based on the existence of the Permian-Triassic stratigraphic blocks involved in the ophiolitic complex[28] and the Cretaceous red beds overlying the complex. Wang et al. (1999)[36] identified radiolarian fossils from the intercalated mudstone and silicalite in the upper, middle and lower sections of the Sunjiahe volcanic formation and that determined their age to be the Upper Devonian-Lower Carboniferous.

It is noted that the Mianlue suture is a complicated tectonic melange containing slabs of ophiolites, island arc volcanic rocks, oceanic island basalts and some old blocks from the ancient crystalline basement. As a result of the complexity, the geochronological study for the suture, to some degree, became fairly difficult. In fact, besides some 350—200Ma age data obtained from the ophiolitic complex and high pressure metamorphic rocks in the suture, other 800—

1000Ma age numbers have also been determined from the old crystalline basement slabs [37–38]. On the other hand, the uncertainty derived from both geochronological experiment and data interpretation may enhance the complexity. For example, the zircons selected from plagiogranite in the Miaxian-Lueyang ophiolitic complex gave rise two distinctive U-Pb ages of 926 ± 10Ma[37] and 300 ± 81Ma (Li Shuguang, 2002, unpublished date). Among the ages, one can be interpreted as an inherited zircon age and the other can be a crystalline zircon age. The latter (300 ± 81Ma), thus, represents the formation age of the ophiolites and obviously exhibits identical to the evidence of Carboniferous-Permian fossils identified in the silicalite interlayered with basic volcanic rocks.

Based on the isotopic ages (350—200Ma) obtained from the ophiolites, island arc volcanic rocks, high pressure metamorphic rocks and more important, the formation ages dated from the fossils that are associated with the ophiolites and found from the east to the west in the Miaxian-Lueyang ophiolitic complex (Devonian-Carboniferous-Permian period), it can be inferred that the Mianlue paleo-ocean basin was open initially during Devonian, formed and expended mainly during Carboniferous-Permian period. Relative to the above-mentioned Paleozoic ages, all of the Triassic ages that were unexceptionally obtained from the meta-basalts and/or high pressure metamorphosed rocks basically represent a bunch of collision-caused metamorphic ages. These ages can meaningfully indicate that the Mianlue ocean basin could disappear by the Triassic and an orogenic metamorphism commenced then. Of course, the 800—1000Ma age data coming out from the Mianlue suture means an old and complicated history prior to the formation of Mianlue ocean basin.

3 Regional evolution of the Mianlue paleo-ocean basin

Reconstruction of a paleo-ocean basin and its scale determination[39] have been a multidisciplinary study subject and a quite controversial issue[39]. The approach taken from petrological and geochemical studies of ophiolite, petrotectonic assemblage and rock type has been proved to be a significance mean for scale determination of a paleo-ocean basin and analysis of its nature. This study discriminates the Mianlue ocean basin as a juvenile ocean basin and a limited ocean basin, according to the petrotectonic assemblages featured by the bimodal volcanic rocks, MORB-type basalts and LREE strongly depleted N-MORB-type basalts. As indicated by previous studies of the paleo-Tethys, the paleo-Tethys basin was dominated by two types of ocean basin: juvenile ocean basin and limited ocean basin[39]. It is obvious that this study has resulted in the same conclusion.

Existence of the Xishui-Lanxi bimodal volcanic rocks and the Qingshuihe accumulative gabbro association with MORB geochemical features indicates that the Mianlue ocean to the south Dabie Mountains experienced a formation and evolution of a juvenile ocean basin. It is evident that to date, the typical ophiolite association (depleted N-MORB-type basalt + gabbro

+ diabase dike swarm + accumulative gabbro + peridotite) has not been identified from the Huashan area except LREE slight enrichment basalts. This probably suggests that the paleo-ocean basin in the east portion of the Mianlue suture was not well developed and may be dominated by a juvenile ocean basin. However, it cannot be ruled out that the intensive subduction and collision and the late stage tectonic reworking as well in the south Dabie Mountains could engulf and/or modify the ophiolites. The identification of the typical island arc magmatic system exposed in the Bashan arcuate region strongly argues that the Mianlue paleo-ocean basin in this region underwent a relatively complete process of initiation, development, evolution and termination, while absence of the paleo-oceanic crust (ophiolites) may be attributed to the intensive modification caused by the Yangpingguan-Bashan arcuate-Xiangfan-Guangji thrust from south to north in the Bashan arcuate region during the Yanshanian. The modification made the remnants of paleo-oceanic crust (the ophiolites) very hard to be exposed in the region today. In contrast, the remnants of the island arc (including oceanic island arc) volcanic rocks, were easy to be preserved in the orogenic suture due to marginal obduction and as a result, today's Bashan arcuate region is characterized by widely distributed island arc magmatic rocks and absence of remnants of paleo-oceanic crust. The Mianlue suture is well preserved in the Lueyang-Mianxian-Anzishan portion. Although the suture is less wide because of a great deal of compression, compared with the Bashan arcuate region, thrusting occurred in this portion was not as intensive as that happening there so that the tectonic slabs of different lithological origins (ophiolites, island arc volcanic rocks, bimodal volcanic rocks, sedimentary rocks, ultrabasic rocks) have been well preserved. It is noteworthy that from the Lueyang area, to the west, via the Kangxian-Pipasi-Nanping portion, the Mianlue suture possesses a completely continuous extension in terms of metamorphism, deformation and tectonic features. However, the suture is relatively narrow and its deformation is stronger in the Lueyang-Mianxian-Anzishan portion in comparison with the Kangxian-Pipasi-Nanping portion. So, this is why that the Kangxian-Pipasi-Nanping portion has well-preserved petrotectonic assemblage of the ophiolites and oceanic island basalts. The Derni ophiolites featured by typical LREE-depleted N-MORB-type basalts represent an existence of a limited ocean basin in a certain scale in A'nyemaqen area.

Summarily, from east to west the ophiolites and associated volcanics in the Mianlue suture exhibit an obvious distribution pattern (table 1). In the western and central portions, the ophiolites + oceanic island basalt + island arc volcanic rocks developed in a tectonic setting of a limited paleo-ocean basin are dominated, while in the eastern portion (from Huashan to the south Dabie), the bimodal volcanic rocks and LREE slightly enriched MORB-type basalts originating from a tectonic setting of a juvenile basin are representative. This pattern reflects a gradual weakening trend from west to east in the region for maturity degree and scale of the Mianlue ocean basin. The sketched process of the Mianlue paleo-ocean basin evolution can be summarized as fig. 4.

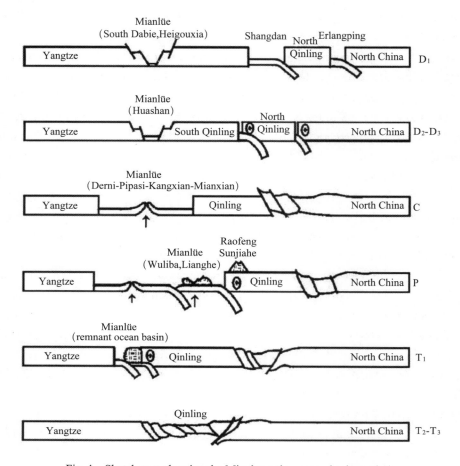

Fig. 4   Sketch map showing the Mianlue paleo-ocean basin evolution

4   Conclusions

The Mianlue paleo-ocean basin expended and formed mainly during the Carboniferous-Permian period （about 350—245 Ma）. Driven by the paleo-Tethys mantle dynamics system, the Mianlue paleo-ocean basin, as a limited ocean basin formed from rifting on the northern margin of Yangtze block and became the northern branch of the eastern paleo-Tethys. The Mianlue paleo-ocean basin was initially open up during the Devonian and closed entirely in the Triassic and then evolved as an important suture marking the final position of collision between the North and South China blocks. Consequently, the suture experienced the late reworking during the Yanshanian and Cenozoic and eventually constituted a great composite tectonic belt lying across the central China with the framework featured by southward imbricate thrusts and faults. Inside the Mianlue suture, ophiolites and associated volcanics are discontinuously distributed from east to west. The remaining oceanic crust （LREE depleted N-MORB-type basalt） is mainly exposed in the Derni, Pipasi, Zhuangke and Anzishan areas. The island-arc volcanic rocks are observed in the Lueyang-Mianxian, Bashan arcuate and south Dabie areas. The oceanic island basalts have been identified from the Nanping-Pipasi-Kangxian portion. In addition, the bimodal volcanic rocks are found in the Heigouxia, Huashan and Xishui-Lanxi areas. All of these indicate that the Mianlue paleo-ocean basin underwent a relatively complete evolution from the Devonian, through Carboniferous, to Permian. The finding of the suture zone and the paleo-ocean basin is tectonically significant in timing the collision between the North China-Qinling and Yangtze blocks and determining the formation and evolution of the Qinling orogenic belt.

Acknowledgements　This work was jointly supported by the Teaching and Research Award Program for Outstanding Young Teachers in Higher Education Institutions of MOE, P. R. China, and the National Nature Science Foundation of China (Grant No. 49732080,40234041). Thanks are due to Dr. Anlin Guo for his help.

References

[1] Yang, Z. R., Hu, Y. X., Indication of the paleo-plate suture in Mian-Lue, Shaanxi Province and the relation to southern Qinling plate, Geology of Northwest China (in Chinese), 1990, (2): 13-20.

[2] Zhang, G. W., Meng, Q. R., Lai, S. C., Tectonics and structure of Qinling orogenic belt, Science in China, Ser. B, 1995,38: 1379-1395.

[3] Lai, S. C., Zhang, G. W., Geochemical features of ophiolite in Mianxian-Lueyang suture zone, Qinling orogenic belt, Journal of China University of Geosciences, 1996,7 (2): 165-172.

[4] Xu, J. F., Han, Y. W., High radiogenic Pb-isotope composition of ancient MORB-type rocks from Qinling area - Evidence for the presence of Tethyan-type oceanic mantle, Science in China, Ser. D, 1996,39 (supp.): 33- 42.

[5] Meng, Q. R., Zhang, G. W., Timing of collision of the North and south China blocks: Controversy and reconciliation, Geology, 1999,27 (2): 123-126.

[6] Meng, Q. R., Zhang, G. W., Geologic framework and tectonic evolution of the Qinling orogen, central China, Tectonophysics, 2000,323: 183-196.

[7] Zhang, G. W., Zhang, B. R., Yuan, X. C. et al., Qinling orogenic belt and continental dynamics (in Chinese), Beijing: Science Press, 2001,421-581.

[8] Chen, L., Sun, Y., Liu, X. M. et al., Geochemistry of Derni ophiolite and its tectonic significance, Acta Petrologica Sinica (in Chinese), 2000,16 (1): 106-110.

[9] Chen, L., Sun, Y., Pei, X. Z., Derni ophiolite: northwe-stern most Tethyan lithosphere relices in Tibet plateau, Journal of Northwest University (in Chinese), 1999,29 (2): 141-144.

[10] Chen, L., Sun, Y., Pei, X. Z. et al., Northernmost paleo-Tethyan oceanic basin in Tibet: geochronolgical evidence from 40Ar/39Ar age dating of Der'ngoi ophiolite, Chinese Science Bulletin, 2001,46 (14): 1203-1205.

[11] Lai, S. C., Zhang, G. W., Pei, X. Z. et al., Geochemistry of the Pipasi ophiolite in the Mianlue suture zone, south Qinling, and its tectonic significance, Geological Bulletin of China (in Chinese), 2002,21 (8 ~ 9): 465-470.

[12] Lai, S. C., Zhang, G. W., Pei, X. Z. et al., Geochemistry of the ophiolite and oceanic island basalt in the Kangxian-Pipasi-Nanping tectonic mélange zone, South Qinling and their tectonic significance. Science in China, Ser D, 2004, 47 (2): 128-137.

[13] Pearce, J. A., The role of sub-continental lithosphere in magma genesis at destructive plate margins, in: Continental Basalts and Mantle Xenoliths (Hawkesworth C J, Norry M J, eds.), Nantwich: Shiva, 1983,49-230.

[14] Meschede, M. A., A method of discriminating between different types of mid-ocean basalts and continental tholeiites with the Nb-Zr-Y diagram, Chem Geol, 1986,56: 207-218.

[15] Li, S. G., The Ba-Th-Nb-La diagrams for the discrimination of ophiolitic tectonic settings, Acta Petrologica Sinica (in Chinese), 1993,9 (2): 146-157.

[16] Lai, S. C., Zhang, G. W., Yang, Y. C. et al., Geoche-mistry of the ophiolite and island-arc volcanic rocks in the Mianxian-Lueyang suture zone, southern Qinling and their tectonic significance, Geochimica (in Chinese), 1998,27 (3): 283-293.

[17] Lai, S. C., Zhang, G. W., Yang, Y. C. et al., Petrology and geochemistry features of the metamorphic volcanic rocks in Mianxian-Lueyang suture zone, south Qinling, Acta Petrologica Sinica (in Chinese), 1997,13 (4): 563-573.

[18] Xu, J. F., Yu. X. Y., Li, X. H. et al., Geochemistry of the Anzishan ophiolitic complex in the Mian-Lue belt of Qinling Orogen - Evidence and implication of the Palaeo-ocean crust, Acta Geologica Sinica (in Chinese), 2000,74 (1): 39-50.

[19] Xu, J. F., Wang, Q., Yu, X. Y., Geochemistry of high-Mg andesites and adakitic andesite from the Sanchazi block of the Mian-Lue ophiolitic melange in the Qinling Mountains, central China: Evidence of partial melting of the sub-ducted Paleo-Tethyan crust, Geochemical Journal, 2000,34: 359-377.

[20] Xu, J. F., Paterno, R. C., Li, X. H. et al., MORB-type rocks from the Paleo-Tethyan Mian-Lueyang northern ophiolite in the Qinling Mountains, central China: implications for the source of the low[206]Pb/[204]Pb and high 143Nd/144Nd mantle component in the Indian Ocean, Earth and Planetary Science Letters, 2002,198: 112-337.

[21] Li, S. G., Sun, W. D., Zhang, G. W. et al., Chronology and geochemistry of meta-volcanic rocks from Heigouxia Valley in the Mian-Lue tectonic zone, South Qinling-Evidence for a Paleozoic oceanic basin and its close time, Science in China, Ser. D, 1996,39 (3): 301-309.

[22] Zhang, Z. Q., Zhang, G. W., Tang, S. H. et al., Age of Anzishan granulites in the Mianxian-Lueyang suture zone of Qinling orogen: with a discussion of the timing of final assembly of Yangtze and north China craton blocks, Chinese Science Bulletin, 2002,47 (22): 1925 - 1929.

[23] Lai, S. C., Zhang, G. W., Yang, R. Y., Identification of the island-arc magmatic zone in the Lianghe-Raofeng-Wuliba area, south Qinling and its tectonic significance, Science in China, Ser. D, 2000,43 (supp.): 69-79.

[24] Lai, S. C., Zhang, G. W., Yang, R. Y., Geochemistry of the volcanic rock association from Lianghe area in Mianlue suture zone, southern Qinling and its tectonic significance, Acta Petrologica Sinica (in Chinese), 2000,16 (3): 317326.

[25] Lai, S. C., Li, S. Z., Geochemistry of volcanic rocks from Wuliba in the Mianlue suture zone, southern Qinling, Scientia Geologica Sinica, 2001,10 (3): 169 -179.

[26] Lai, S. C., Yang, R. Y., Zhang, G. W., Tectonic setting and implication of the Sunjiahe volcanic rocks, Xixiang group, in south Qinling, Chinese Journal of Geology (in Chinese), 2001,36 (3): 295-303.

[27] Lai, S. C., Zhong, J. H., Geochemical features and its tectonic significance of the meta-basalt in Zhoujiawan area, Mianlue suture zone, Qinling-Dabie mountains, Hubei province, Scientia Geologica Sinica, 1999,8 (2): 127-136.

[28] Dong, Y. P., Zhang, G. W., Lai, S. C. et al., An ophiolitic tectonic mélange first discovered in Huashan area, south margin of Qinling orogenic belt, and its tectonic implications, Science in China, Ser. D, 1999,42 (3): 292-301.

[29] Yin, H. F., Du, Y. S., Xu, J. F. et al., Carboniferous radiolaria fauna firstly discovered in Mian-Lue ophiolitic melange belt of south Qinling mountains, Earth Sciences (in Chinese), 1996,21 (3): 184-195.

[30] Feng, Q. L., Du, Y. S., Yin, H. F. et al., Carboniferous radiolaria fauna firstly discovered in Mian-Lue ophiolitic mélange belt of south Qinling mountains, Science in China, Ser. D, 1996,39 (supp.): 87-91.

[31] Li, J. Y., Wang, Z. Q., Zhao, M., 40Ar/39Ar thermochronological constraints on the timing of collisional orogeny in the Mian-Lue collision belt, southern Qinling Mountains, Acta Geologica Sinica, 1999,73 (2): 208-215.

[32] Yang, C. H., Wei, C. J., Zhang, S. G. et al., U-Pb zircon dating of granulite facies rocks from the Foping area in the southern Qinling mountains, Geological Review (in Chinese), 1999,45 (2): 173-179.

[33] Sun, W. D., Li, S. G., Chen, Y. D. et al., Zircon U-Pb dating of granitoids from south Qinling, Central China

and their geological significance, Geochimica (in Chinese), 2000,29 (3): 209—216.

[34] Bian, Q. T., Luo, X. Q., Li, H. S. et al., Discovery of early Paleozoic and early Carboniferous- early Permian ophiolites in the A'nyemaqen,Qinling province,China,Scientia Geologica Sinica(in Chinese),1999,34(4):523-524.

[35] Lai, X. L., Yang, F. Q., Du, Y. S. et al., Triassic stratigraphic sequence and depositional environment in the Nanping-Zoige area, northwestern Sichuan, Regional Geology of China (in Chinese), 1997,16 (2): 193-204.

[36] Wang, Z. Q., Chen H. H., Li, J. L. et al., Discovery of radiolarian fossils in the Xixiang Group of southern Qinling, central China, and its implications, Science in China, Ser. D, 1999,42 (4): 337-343.

[37] Zhang, Z. Q., Tang, S. H., Wang, J. H. et al., Ages of ophiolites and in the Qinling mountains: isotopic and fossil evidences, their contradiction and explanation, in: Study on Ophiolites and Geodynamics (in Chinese) (Zhang Qi eds.), Beijing: Geological Publishing House, 1996,146-149.

[38] Yang, Z. H., Li, Y., Deng, Y. T., Reconsideration of some problems about the structure and evolution of the Qinling orogenic belt, Geological Journal of China Universities (in Chinese), 1999,5 (2): 121-127.

[39] Zhang, Q., Zhou, G. Q., Ophiolites of China (in Chinese), Beijing: Science Press, 2001,112-115.

Geochemistry and spatial distribution of OIB and MORB in A'nyemaqen ophiolite zone: Evidence of Majixueshan ancient ridge-centered hotspot*

Guo Anlin **Zhang Guowei** **Sun Yangui** **Zheng Jiankang** **Liu Ye** **Wang Jianqi**

Abstract The mafic volcanic association is made up of OIB, E-MORB and N-MORB in the A'nyemaqen Paleozoic ophiolites. Compared with the same type rocks in the world, the mafic rocks generally display lower Nb/U and Ce/Pb ratios and some have Nb depletion and Pb enrichment. The OIB are LREE-enriched with $(La/Yb)_N = 5 \sim 20$, N-MORB are LREE-depleted with $(La/Yb)_N = 0.41 \sim 0.5$. The OIB are featured by incompatible element enrichment and the N-MORB are obviously depleted with some metasomatic effect, and E-MORB are geochemically intermediated. These rocks are distributed around the Majixueshan OIB and gabbros in a thickness greater than a thousand meters and transitionally change along the ophiolite extension in a west-east direction, showing a symmetric distribution pattern as centered by the Majixueshan OIB, that is, from N-MORB, OIB and E-MORB association in the Dur'ngoi area to OIB in the Majixueshan area and then to N-MORB, OIB and E-MORB assemblage again in the Buqingshan area. By consideration of the rock association, the rock spatial distribution and the thickness of the mafic rocks in the Majixueshan, coupled with the metasomatic relationship between the OIB and MORB sources, it can be argued that the Majixueshan probably corresponds to an ancient hotspot or an ocean island formed by mantle plume on the A'nyemaqen ocean ridge, that is the ridge-centered hotspot, tectonically similar to the present-day Iceland hotspot.

Keywords A'nyemaqen ophiolite zone OIB N-MORB and E-MORB association spatial distribution Majixueshan ridge-centered hotspot metasomatism mantle plume

Coexistence of normal mid-ocean-ridge basalts (N-MORB), enriched mid-ocean-ridge basalts (E-MORB) and ocean island basalts (OIB) in the certain tectonic setting has drawn extensive

---

*Published in Science in China, Ser. D, 2007, 50 (2): 197-208.

attention and strong interest. Iceland in the North Atlantic Ocean has become a well-known example for the phenomenon. The phenomenon has been thought to be a result of superposition of a hotspot on a ridge (ridge-centered hotspot)[1] or an oceanic island on a ridge (ridge-centered island) [2] or a mantle plume on a ridge (plume on-ridge) [3], and hotspot-ridge interaction or plume-ridge interaction[4, 5]. The spatial superposition and materials interaction between a ridge and a hotspot or an ocean island or a plume cause anomalies of geochemistry, topography, crustal structure, gravity, seismic velocity and bathymetry in the area surrounding a ridge-hotspot[1].

Recent studies have indicated that the coexistence not only occurs in the modern environment like Iceland, but also can be traced into the ophiolite zones representing the preserved oceanic crust in continental orogenic belts. Hou et al (1996), according to the coexistence of OIB, N-MORB and T-MORB and their specific configuration in space, proposed a paleo-Tethyan mantle plume model to interpret the formation and evolution of the paleo-Tethys Oceanic crust in the Sanjiang region[6, 7]. In study of magmatic activities in the Qinling orogenic belt, Zhang (2001) found that E-MORB (or T-and P-MORB) and OIB in the ophiolite zones of different ages are developed in the northern Qinling, the Southern Qinling and on the northern margin of the Yangtze plate since Proterozoic, and suggested that they are related to mantle plume activities[8]. The association of these rocks and N-MORB together represent typical oceanic crust and also implies existence of the Iceland-like tectonic setting.

OIB and E-MORB have been identified in the mafic rocks of different portions of the A'nyemaqen ophiolite zone during the 2003-2004 research work of the key project "Formation, evolution and continental dynamics of the western Qinling-Songpan tectonic node" funded by the National Natural Scientific Foundation. These rocks and N-MORB together are remnant of paleo-oceanic crust and also reveals the peculiar tectonic environment for the occurrence of the paleo-oceanic crust. On the basis of the previous studies, this work attempts to explore their tectonic significance and mantle dynamics at depth by means of lithological geochemistry, rock spatial distribution and the genetic link between the OIB and the coexisting N-MORB. Since the modern Indian Ocean and the paleo-Tethyan Ocean share the same mantle[9], the comparison between rocks in the study area and the Indian Oceanic basalts and the relevant rocks in the Sanjiang region in China will be carried out.

1　Regional geology

The A'nyemaqen ophiolite mélange zone is the eastern extension of the ophiolite belt on the southern margin of the eastern Kunlun Mountains. The mélange zone stretches more than 400 km from east to west in a width of near 100 km, the ophiolites inside the mélange zone are about 3 km wide. To the north, the zone is separated by the east Kunlun fault from the east Kunlun massif and to the south, it borders with the Bayankala-Songpan-Ganzi massif along the Changshitoushan fault. Tectonically, the A'nyemaqen ophiolite mélange zone is situated in between the western Qinling-eastern Kunlun orogen and the Yangtze plate, and represents the west-extended constitution of the Mianlue suture zone[10] (Fig. 1).

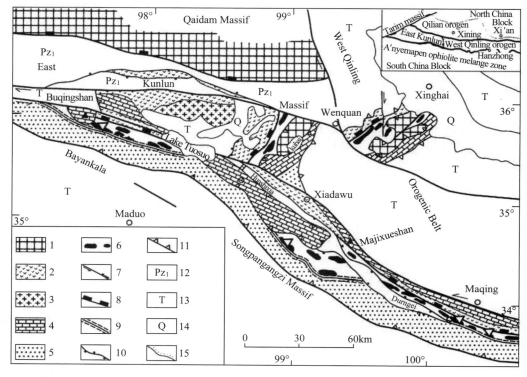

1. Precambrian basement; 2. late Late-Paleozoic volcanic arc system; 3. late Late-Paleozoic collisional granite; 4. Carboniferous-Permian carbonate; 5. flysch deposition on Permian passive continental margin; 6. late-Paleozoic ophiolites; 7. strike-slip fault; 8. subduction zone; 9. ductile fault; 10. thrust faults; 11. nappes; 12. volcano-sedimentary system on early-Paleozoic continental margin; 13. flysch deposition in Triassic foreland basin; 14. Quaternary; 15. anglar unconformity boundary. △: sampling site

Fig. 1   A'nyemaqen ophiolite mélange zone and sketch geological map

The A'nyemaqen ophiolite zone in NWW-strike consists mainly of Dur'ngoi, Majixueshan and Buqingshan ophiolite occurrences from east to west. The Buqingshan ophiolites in the west is distributed between the lake Tuosuohu and the Dongdatan area. The ophiolites contain the Ordovician and the early Carboniferous-early Permian ophiolitic components[11]. The late-Paleozoic ophiolites are outcropped to southwest of the early-Paleozoic one. Characterized by discontinuous distribution in the general strike, the ophiolites occur in the form of tectonic slices with a diameter of a few tens to about one hundred meters and sandwich in the tectonic blocks comprising the Carboniferous Maerzen clastic limestone and clastic sedimentary rocks. The tectonic blocks are exposed at interval of a fewhundred meters. The ophiolites are made up of mafic pillow lava and massive lava with thin-layered radiolarian silicalites. Compared with the Dur'ngoi ophiolites in east, there are less ultramafic rocks exposed in the area. Most pillows are in size of a few tens centimeters, accompanying with carbonate veins and episode veins as well as greenschist facies metamorphism. Bian et al reported N-MOREB and minor T-MORB in the Buqingshan late-Paleozoic ophiolites and suggested that they represent an environment of the paleo-Tethyan oceanic basin[11].

The Dur'ngoi ophiolites belong to the eastern portion of the A'nyemaqen ophiolite zone and are exposed between the lower Permian clastic sedimentary rocks and a suite of supercrust rocks (marbles, amphibolites and schists) of the Proteroic Dakendaban formation. A few-tens-meter-wide mylonite zone with intrusions of gabbro and granite veins is developed between the ophiolites down south and the Dakendaban formation to the north. The tectonic slices of Dur'ngoi ophiolites mainly comprise serpentinized and carbonatized ultramafic rocks with minor metamafic rocks in greenschist facies metamorphism. Relative to the Buqinshan ophiolites, the Dur'ngoi ophilites are structurally reworked. Geochemically, the metamafic rocks of the Dur'ngoi ophiolites are of N-MORB and thought to be the remnant of the paleo-Tethyan oceanic crust[12, 13].

The middle portion of the A'nyemaqen ophiolite zone is represented by the Majixueshan ophiolites. In the early 90's, Jiang et al (1992) discovered about 1000-meter-thick mafic lava in the area[14]. The thick-layered lava is characterized by pillow, amygdaloidal and vesicular structures. The pillows are mostly in size of a few tens centimeters to one meter. The lava contains blocks of ultramafic rocks and gabbros as well as silicalite layers (as thick as 5 cm) and tectonic slabs of Carboniferous and Permian limestone. Affinity to OIB has been indicated for the mafic lava by lithological geochemistry[14]. In addition, about 1000-meter-thick basaltic lava and stratiform gabbros are exposed in the Qianliwalima area to southwest of the Majixueshan area. The lava is mainly distributed in the western part of the occurrence and changes into gabbros eastwards. The rocks are commonly subjected to greenschist facies metamorphism in which the dark minerals are substituted by chlorites and episodes, amphiboles can be seen locally.

The previous geochronological studies of the A'nyemaqen ophiolites indicate that the major portion of the ophiolites is the oceanic crust formed in the late Paleozoic. Bian et al identified early-late Carboniferous siliceous radiolarian from silicalites in the Buqingshan ophiolites[11]. Chen et al determined a whole-rock $^{40}Ar/^{39}Ar$ plateau age of 345.3 ± 7.9 Ma from basalts in the Dur'ngoi ophiolites[15]. Later, Zhang et al reported the discovery of early Permian siliceous radiolarian in the Buqingshan ophiolite mélange[16]. Yang et al obtained a zircon SHRIMP age of 308.2 ± 4.9 Ma from basaltic lava in the Dur'ngoi ophiolites[13]. From regional geology and age data of the A'nyemaqen ophiolites, and combined with the stratigrphical relationship of Majixueshan mafic rocks and Carboniferous and Permian strata as well as the contained Carboniferous and Permian limestone blocks inside the mafic rocks[14], it can be inferred that the age of the Majixueshan ophiolites probably is identical to the ages of both the Dur'ngoi and the Buqingshan ophiolites.

2　Samples and Analysis methods

Twenty one samples in this study were taken from Buqingshan, Dur'ngoi and Majixueshan ophiolites, respectively. 9 Buqingshan samples are all pillow lava and from the area to west of the Delisitan valley, located on the outcrop of the late-Paleozoic ophiolites (OM2) determined by Bian et al[11]. Of 7 Dur'ngoi samples, 3 were collected from the Dur'ngoi valley and the others from the tectonic blocks of ultramafic-mafic rocks mixed with Carboniferous carbonaceous slates in an about 60-meter-long outcrop in adjacent Maqin-Gande highway. 5 Majixueshan basaltic samples were taken from the Qianliwalima area to southwest of the Majixueshan.

To ensure no metasomatic effect on the samples, before crushing, all the samples were carefully selected by eliminating episode and carbonate veins and weathered parts. The major and trace element analyses were performed in Northwest University Key Lab of Continental Dynamics, Ministry of Education. In the major element assay, wet chemistry method was used in analysis of LOI, the other major elements were measured by XRF (RIX2100X X-ray fluorescence). A within 5% error was achieved by multiple measurements of standards BCR-2 and GBW07105. Trace elements, including REE were analyzed by ICP-MS (Elan 6100DRC) and the analysis procedure followed the technique described by Runick et al[17]. Analysis errors for Rb, Y, Zr, Nb, Hf, Ta and LREE were smaller than 5% and 5% ~ 15% for the others.

3 Geochemistry

From the regional geology described above, it is known that the ophiolites in the A' nyemaqen ophiolite zone are commonly subjected to greenschist facies metamorphism. Metamorphic effects on reliability of trace elements used to discuss compositions of primary rocks have been debating all the time. Based on Granch's study[18], the REE patterns of various metamorphic rocks under different physico-chemical conditions are consistent with the patterns of those unmetamorphic rocks, basically ruling out metamorphic influence on REE geochemistry. For HFSE such as Zr, Hf, Nb, Ta and P, their immobility during metamorphic processes has been recognized by geological studies. As to mobility of U, Th and Pb, Moorbath el al argued that they show strong mobility only in high-grade metamorphism[19]. Hence, using them to discuss geochemistry of the primary rocks undergoing greenschist regional metamorphism in this area can be safe and reliable. In fact, the previous studies on geochemistry, tectonic discrimination and geochronology (Ar/Ar method) of the ophiolites have proved that the metamorphic effects are limited[11, 13, 15].

3.1 Major elements geochemistry

Major element analyses are presented in Table 1. As shown in Table 1, the $Mg^\#$ values (Mg/ (Mg + Fe) *100) of all the mafic samples (no matter identified as OIB or MORB-see below) range from 57 to 67, of which, the Majixueshan samples are 60 ~ 65, Buqingshan samples 54 ~ 67 and Dur'ngoi samples 57 ~ 67. The $Mg^\#$ values of the mafic rocks from the different ophiolites overlap one another and exhibit little difference. These values indicate that the primary magma of the mafic rocks experienced differentiation to some degree. SiO_2 for the samples is 43.58% ~ 51.75%, $Na_2O + K_2O$ is 2.2% ~ 5.46%. Most samples are discriminated as subalkaline series basalts using TAS ($Na_2O + K_2O$ ~ SiO_2) diagram.

Table 1 Major and trace element analyses of mafic rocks (major elements: wt%; trace elements: μg · g^{-1})

Area	Dur'ngoi							Majixueshan			
Sample	WSA-4are7	WSA-47-1	WSA-48	AM-1	AM-2	AM-3	AM-4	MJX-5	MJX-8	MJX-11	MJX-18
Rock type	NMORB	NMORB	EMORB	OIB	OIB	OIB	OIB	OIB	OIB	OIB	OIB
SiO$_2$	50.10	51.07	49.07	43.99	44.65	45.25	45.15	49.45	43.58	45.8	48.53
TiO$_2$	1.28	1.26	1.46	1.99	2.08	2.33	2.12	0.83	2.38	1.65	1.02
Al$_2$O$_3$	14.07	15.04	13.06	16.68	15.31	16.94	16.96	13.85	12.88	12.94	13.55
TFe$_2$O$_3$	9.87	9.85	16.20	11.92	12.63	10.17	11.63	10.75	12.91	13.26	12.27
MnO	0.16	0.18	0.21	0.30	0.18	0.35	0.36	0.17	0.2	0.22	0.18
MgO	7.75	7.79	6.32	6.98	9.37	6.53	6.09	8.19	11.93	11.08	9.97
CaO	11.07	10.04	9.33	7.83	7.11	8.96	8.20	11.23	11.25	9.76	8.7
Na$_2$O	2.66	2.64	2.89	3.25	2.30	2.60	3.48	2.63	1.82	2.34	2.71
K$_2$O	0.03	0.02	0.35	0.99	1.23	2.13	1.03	0.11	0.38	0.24	0.24
P$_2$O$_5$	0.11	0.23	0.12	0.45	0.36	0.55	0.51	0.08	0.53	0.51	0.08
LOI	2.52	2.41	0.83	5.13	4.40	3.72	4.01	2.21	1.79	1.98	2.92
TOTAL	99.62	100.53	99.81	99.51	99.60	99.53	99.54	99.5	99.65	99.76	100.2
Mg$^{\#}$	66	67	53	60	66	62	57	60	64	63	62
Rb	0.152	0.146	14.41	25.99	26.87	55.5	24.44	5.34	4.26	3.51	6.5
Sr	105.3	105.1	133	357	201	212	340	234	327.15	174.32	324
Y	34.6	34.5	39.0	29.0	25.9	30.6	33.3	28.8	26.92	33.09	31.2
Zr	80.5	79.5	73.9	189	155	180	235	174	242.53	149.70	239
Nb	0.92	0.92	4.02	58.1	36.6	42.1	68.0	35.3	77.23	37.77	35.6
Cs	0.013	0.014	0.403	1.85	0.606	1.31	0.843	0.440	0.30	0.28	0.76
Ba	7.60	7.51	100.3	827	555.8	610.1	438.9	484.3	393.16	261.16	267.8
La	2.23	2.26	3.90	38.0	25.7	34.0	42.0	30.6	54.86	119.06	31.8
Ce	8.00	8.11	9.64	70.3	51.8	67.9	81.4	78.7	110.68	208.57	64.3
Pr	1.41	1.43	1.42	7.61	5.97	7.87	9.11	10.03	12.64	20.93	8.71
Nd	8.96	8.94	8.03	31.7	26.4	34.3	37.7	38.9	46.58	66.67	44.4
Sm	3.40	3.38	2.96	6.24	5.70	7.09	7.52	6.47	8.64	10.71	7.35
Eu	1.25	1.24	1.07	2.02	1.84	2.29	2.38	2.14	2.70	3.25	1.98
Gd	4.10	4.09	3.87	6.13	5.51	6.86	7.18	5.88	6.77	8.39	7.64
Tb	0.83	0.83	0.84	0.89	0.85	1.01	1.05	1.21	1.04	1.30	0.97
Dy	5.42	5.40	5.85	4.92	4.68	5.51	5.78	4.78	5.21	6.63	5.09
Ho	1.23	1.24	1.41	1.01	0.93	1.09	1.16	1.08	0.94	1.25	1.11
Er	3.22	3.22	3.91	2.61	2.36	2.73	3.04	2.43	2.34	3.24	2.74
Tm	0.51	0.51	0.65	0.39	0.35	0.40	0.46	0.47	0.30	0.45	0.44
Yb	3.36	3.36	4.52	2.54	2.24	2.51	2.99	2.28	1.88	2.89	2.65
Lu	0.53	0.53	0.74	0.41	0.35	0.39	0.47	0.36	0.27	0.44	0.45
Hf	2.36	2.33	2.21	4.07	3.79	4.28	5.26	3.81	4.76	3.40	5.24
Ta	0.11	0.11	0.31	3.51	2.22	2.55	4.06	2.23	4.28	2.02	2.88
Pb	0.758	0.612	0.593	5.16	1.81	3.21	3.70	2.87	4.69	3.02	5.79
Th	0.087	0.086	0.54	6.53	3.19	4.05	6.32	3.77	6.30	17.42	1.39
U	0.043	0.042	0.134	1.44	0.73	1.43	1.27	1.73	1.72	4.64	1.68
Nb/U	21.40	21.76	29.97	40.21	50.01	29.38	53.54	20.40	44.90	8.10	21.20
Ce/Pb	10.55	13.25	16.26	13.61	28.54	21.13	22.01	27.40	23.60	69.10	11.12
Zr/Nb	87.43	86.70	18.39	3.26	4.23	4.27	3.45	4.93	3.14	3.96	6.70
Ba/La	3.40	29.05	25.72	21.79	21.61	17.96	10.45	15.80	7.17	2.19	8.42
La/Nb	2.43	2.46	0.97	0.65	0.70	0.81	0.62	0.87	0.71	3.15	0.89
Ba/Nb	8.26	8.19	24.96	14.25	15.18	14.50	6.45	13.70	5.09	6.91	7.52
(Sm/La)$_N$	2.24	2.38	1.20	0.26	0.35	0.33	0.28	0.33	0.24	0.14	0.37
(Sm/Yb)$_N$	1.09	1.08	0.70	2.64	2.73	3.03	2.70	3.04	4.94	3.98	2.98
(La/Yb)$_N$	0.45	0.45	0.58	10.11	7.75	9.15	9.49	9.07	19.71	27.83	8.11

(Continued)

Area	Majixueshan	Buqingshan								
Sample	MJX-20	AMH-1	BQ5	BQ6	BQ7	BQ8	BQ9	BQ10	BQ11	BQ12
Rock type	OIB	OIB	NMORB	NMORB	NMORB	NMORB	NMORB	NMORB	NMORB	NMORB
SiO_2	50.55	51.24	46.65	45.27	46.67	50.28	47.59	49.30	48.48	47.59
TiO_2	0.77	3.23	1.43	1.34	1.58	1.44	1.38	1.42	1.44	1.32
Al_2O_3	13.75	13.18	15.86	15.15	17.18	15.70	16.00	15.76	15.75	15.60
TFe_2O_3	11.06	12.36	10.88	10.32	11.94	10.80	10.62	11.08	10.57	10.57
MnO	0.18	0.16	0.16	0.17	0.15	0.15	0.12	0.17	0.16	0.15
MgO	8.8	6.78	8.21	7.19	9.19	6.49	6.42	6.93	8.67	6.89
CaO	8.81	6.05	7.92	12.29	3.85	6.88	6.97	7.39	7.48	7.85
Na_2O	3.5	3.25	4.06	3.23	5.01	5.42	4.94	4.92	4.28	5.13
K_2O	0.16	0.71	0.05	0.03	0.07	0.06	0.04	0.31	0.06	0.05
P_2O_5	0.07	0.52	0.11	0.11	0.10	0.11	0.11	0.12	0.11	0.11
LOI	2.39	2.94	4.79	4.46	4.65	3.04	6.23	2.91	3.45	4.45
TOTAL	100.04	100.42	100.12	99.56	100.39	100.37	100.42	100.31	100.45	99.71
$Mg^{\#}$	61	60	65	57	61	60	54	56	67	56
Rb	3.19	10.41	1.13	0.67	1.80	1.62	1.11	9.68	1.42	1.21
Sr	284.62	148	176	184	103.9	225	240	160	261	242
Y	27.80	53.7	37.3	37.3	36.1	37.1	35.6	38.1	37.2	35.8
Zr	178.00	365	89.5	87.6	94.3	90.1	85.7	89.2	89.6	84.4
Nb	45.25	32.1	1.24	1.29	1.31	1.24	1.16	1.72	1.23	1.14
Cs	0.53	0.535	0.656	0.216	0.420	0.856	0.201	0.91	0.134	0.199
Ba	545.78	194.2	31.94	34.11	25.61	72.52	30.62	59.70	35.79	30.33
La	44.90	26.3	2.35	2.38	2.28	2.11	2.29	2.51	2.31	2.29
Ce	78.46	59.6	8.30	8.33	8.71	7.56	8.02	8.33	8.26	7.98
Pr	10.34	7.97	1.49	1.49	1.50	1.38	1.43	1.45	1.47	1.42
Nd	35.67	38.5	9.04	8.98	9.09	8.57	8.67	8.76	9.03	8.67
Sm	8.39	10.2	3.38	3.31	3.47	3.27	3.19	3.29	3.33	3.21
Eu	2.39	3.02	1.14	1.15	1.01	1.07	1.12	1.15	1.07	1.10
Gd	6.69	10.12	4.05	4.00	4.15	3.89	3.90	3.97	4.02	3.78
Tb	1.08	1.68	0.84	0.82	0.85	0.82	0.79	0.83	0.82	0.77
Dy	5.54	9.1	5.43	5.35	5.61	5.39	5.24	5.38	5.34	5.02
Ho	1.10	1.74	1.21	1.18	1.24	1.19	1.16	1.21	1.20	1.11
Er	2.14	4.14	3.19	3.18	3.28	3.21	3.02	3.18	3.14	2.91
Tm	0.34	0.59	0.52	0.52	0.53	0.51	0.49	0.52	0.50	0.46
Yb	2.29	3.74	3.50	3.39	3.52	3.46	3.26	3.48	3.31	3.12
Lu	0.37	0.56	0.57	0.54	0.55	0.55	0.52	0.54	0.53	0.48
Hf	4.35	7.88	2.47	2.32	2.59	2.46	2.30	2.41	2.39	2.19
Ta	2.34	1.98	0.10	0.11	0.10	0.11	0.10	0.13	0.10	0.09
Pb	3.15	1.15	0.700	0.89	0.550	0.758	0.95	0.824	0.601	0.91
Th	6.18	2.86	0.102	0.125	0.092	0.110	0.075	0.213	0.092	0.075
U	1.45	0.88	0.074	0.061	0.150	0.205	0.058	0.098	0.045	0.059
Nb/U	29.30	36.51	16.75	21.17	8.73	6.07	20.11	17.47	27.32	19.48
Ce/Pb	24.91	51.90	11.86	9.40	15.84	9.97	8.41	10.11	13.75	8.82
Zr/Nb	3.93	11.37	72.41	67.70	71.76	72.38	73.89	51.92	72.90	73.86
Ba/La	12.16	7.37	13.61	14.34	11.25	34.43	13.35	23.79	15.51	13.25
La/Nb	0.99	0.82	1.90	1.84	1.73	1.69	1.98	1.46	1.88	2.00
Ba/Nb	12.06	6.04	25.84	26.37	19.50	58.27	26.41	34.73	29.13	26.53
$(Sm/La)_N$	0.30	0.62	2.29	2.21	2.42	2.46	2.21	2.08	2.29	2.23
$(Sm/Yb)_N$	3.93	2.93	1.04	1.05	1.06	1.01	1.05	1.01	1.08	1.10
$(La/Yb)_N$	13.25	4.75	0.45	1.05	0.44	0.41	0.47	0.49	0.47	0.50

3.2 REE and race element geochemistry

Trace elements and REE analyses and relevant ratios are listed in Table 1.

All basaltic samples are plotted on 2Nb-Zr4-Y diagram (Fig. 2), 4 Dur'ngoi samples (AM-1, AM-2, AM-3 and AM-4) fall in AI + AII area, 1 Buqingshan and 5 Majixueshan samples also fall in the same area, reflecting that they are within-plate originated basalts. 3 Dur'ngoi samples and 8 Buqingshan samples belong to N-MORB as plotted in the D area.

For clearness, the Majixueshan within-plate basaltic samples will be separated from the other samples of both the Dur'ngoi and Buqingshan ophiolites in the following description.

The Dur'ngoi and Buqingshan samples plotted in the within-plate area in Fig. 2 show enrichment

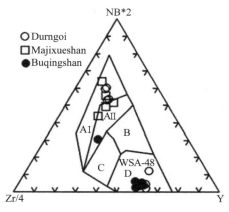

A = WPA, WPT; B = P-type MORB;
C = VAB; D = N-type MORB.

Fig. 2　2Nb-Zr4-Y diagram of mafic rocks from different ophiolites in the A'nyemaqen ophiolite zone (from Meschede[20]).

in LREE and depletion in HREE and right-dip REE patterns on the chondrite-normalized REE distribution diagram (Fig. 3). They have $(Sm/La)_N = 0.3$, $(La/Yb)_N = 5 \sim 10$, and high ΣREE, identical to the OIB REE pattern of Sun et al and thus, possess OIB property. Compared with the contemporaneous OIB in the Sanjiang region, they have the similar pattern.

The primitive-mantle-normalized concentration patterns of incompatible elements for the above samples exhibit enrichment in incompatible elements (Fig. 3a), identical to the typical OIB. But, the samples commonly have Sr depletion, 2 samples (AMH-1 and AM-2) from Dur'ngoi and Buqingshan possess strong Pb depletion. The Sr depletion of the rocks probably reflects fractional crystallization of plagioclase from the primary magma.

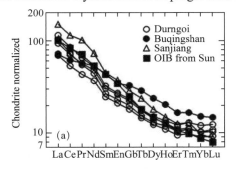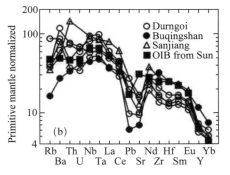

Fig. 3　(a) Chondrite-normalized REE concentration patterns of the Dur'ngoi and Buqingshan within-plate basaltic rocks　(b) Primitive-mantle-normalized concentration patterns of incompatible elements in the Dur'ngoi and Buqingshan within-plate basaltic rocks　(the normalizing value and data of the typical OIB from Sun et al[21], Sanjiang OIB from Hou et al[7])

The REE patterns of 5 Majixueshan samples (Fig. 4a) display the similarity to the OIB in Dur'ngoi and Buqingshan (Fig. 3a), their (La/Yb)$_N$ > 5 and sample MJX-11 shows a strong LREE-HREE fractionation. Incomparison with the typical OIB of Sun et al and the OIB from the Sanjiang region, most samples have the similar REE patterns, with exception of MJX-11 that has a steeper LREE pattern, and obviously exhibit OIB characteristics. The primitive-mantle-normalized concentration patterns of the samples (Fig. 4b) resemble the typical OIB, featured enrichment in incompatible elements. Similar to the samples from Dur'ngoi and Buqingshan, the Majisueshan samples also show the moderate Sr depletion.

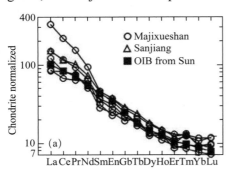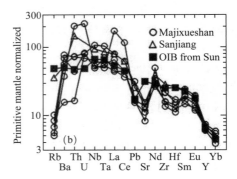

Fig. 4 (a) Chondrite-normalized REE concentration patterns of the Majixueshan within-plate basaltic rocks (b) Primitive-mantle-normalized concentration patterns of incompatible elements in the Majixueshan within-plate basaltic rocks (the normalizing value and data of the typical OIB from Sun et al[21], Sanjiang OIB from Hou et al[7])

The samples (from the Dur'ngoi and Buqingshan ophiolites) discriminated as N-MORB on the 2Nb-Zr4-Y diagram have the typical REE patterns of the rock type. They show left-dip REE patterns with flat HREE and strong depletion in LREE (Fig. 5a), most samples have (Sm/La)$_N$ > 2 and (La/Yb)$_N$ = 0.41 ~ 0.5. Compared with the same type of rocks from Sanjiang region and Sun et al, the rocks in the study area show higher ΣREE. In Fig. 5a, the sample WSA-48 is different from most samples and characterized with a gentle left-dip curve and higherΣREE.

On the diagram of Primitive-mantle-normalized concentration patterns of incompatible elements (Fig. 5b), the N-MORB samples from the study area exhibit depletion in incompatible elements, identical to the patterns of the typical N-MORB, with exception of Sr depletion. It is noted that sample WSA-48 displaying a N-MORB pattern in Fig. 5a, shows the similarity of E-MORB in Fig. 5b. Hence, WSA-48 probably belongs to E-MORB rather than N-MORB. This judgment seems against the discrimination on the 2Nb-Zr4-Y diagram (Fig. 2) where WSA-48 falls in the D area (N-MORB area). However, it can be seen that on the 2Nb-Zr4-Y diagram, the plot of WSA-48 is close to the B area (enriched), showing an affinity of E-MORB.

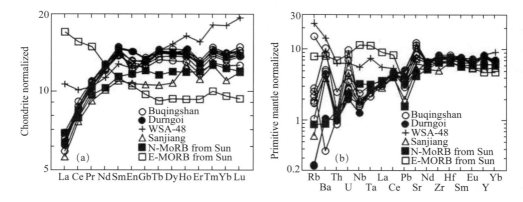

Fig. 5　（a）Chondrite-normalized REE concentration patterns of the MORB from Dur'ngoi and Buqingshan　（b）Primitive-mantle-normalized concentration patterns of incompatible elements in the MORB from Dur'ngoi and Buqingshan（the normalizing value of primitive mantle and data of the typical N-MORB and E-MORB from Sun et al [21], Sanjiang N-MORB from Xu et al[9]）

It has been thought that Nb/U and Ce/Pb ratios are effective and sensitive tracers in study of oceanic basalts（including both MORB and OIB）and compositionas of their source region[22~25]. The Nb/U ratios of OIB in the study area have a range of 8 ∼ 50, most samples have smaller ratios relative to Hafmann's ratio（47）for OIB and to the ratio（43）of the Kerguelen OIB of a ridge-centered hotspot from the southern Indian Ocean[21, 24]. For the Ce/Pb ratio, except the sample AMH-1 having 52, the ratios of most samples range from 11 to 28 that are higher than the ratio of 15 from Kerguelen OIB[21], but still lower than the ratio of 25 given by Hafmann[24].

The Nb/U and Ce/Pb ratios of 10 N-MORB samples are 6 ∼ 30（most are around 20）and 11 ∼ 16, respectively. These ratios are lower than the ratios（Nb/U = 50 and Ce/Pb = 25）given by Sun et al and those（Nb/U = 40 ∼ 50 and Ce/Pb = 19 ∼ 23）of N-MORB from Central Indian and Carlsburg Ridge in the Indian Ocean[21, 23]. Only one E-MORB sample WSA-48 has Nb/U = 30 and Ce/Pb = 16, lower than the typical E-MORB（46, 25）[21].

In general, the basaltic rocks of the study area are featured by lower NB/U and Ce/Pb ratios, compared with the same type of oceanic basalts in the world.

The Nb/U and Ce/Pb ratios of N-MORB in the Shuanggou area in the Sanjiang region reported by Xu et al[9] are used to carry out the comparison with the local rocks. The results indicate that the N-MORB from the study area are similar to the Shuanggou N-MORB（17 on average）in Nb/U and lower than the Shuanggou（20 on average）in Ce/Pb. Due to lack of the OIB ratios in the Sanjiang region, the comparison for OIB cannot be implemented.

4　Discussion: Majixueshan ridge-centered hotspot

The above lithological geochemistry demonstrates that the association of N-MORB,

E-MORB and OIB is a major part of the A'nyemaqen ophiolite zone. The association, at first, represents the remains of the A'nyemaqen oceanic basin as a branch of the paleo-Tethyan Ocean basin, and more important, their spatial configuration in the study area reveals a tectonic environment of the Iceland-like ridge-centered hotspot.

4.1   Significance of lithological association and spatial distribution.

As the eastern portion of the A'nyemaqen ophiolite zone, the Dur'ngoi ophiolites hava the association of N-MORB, OIB and E-MORB, while in the middle portion, the Majixueshan mafic rocks consist mainly of OIB. In the western portion, the Buqingshan ophiolites, only one sample of OIB was found in the study. However, according to Bian et al, some T-MORB have been identified in the Buqingshan area[11]. Also, Hou et al reported finding of P-MORB in the same area[26]. Moreover, we have noticed that besides the recognized T-MORB in the late Paleozoic basalts, a few samples (e. g., DL99-51) with enrichment in Pb and depletion in Nb probably are of E-MORB. So, similar to the Dur'ngoi ophiolites, the Buqingshan also exhibits the association of N-MORB, OIB and E-MORB.

From the rock types in the above three ophiolite occurrences, it can be obviously seen that the mafic rocks of the A'nyemaqen ophiolite zone make up a transitional change pattern in east-west direction around the Majixueshan. To the west from the Majixueshan OIB, the rocks become N-MORB plus OIB and E-MORB in the Buqingshan ophiolites, while to the east they change into the N-MORB, OIB and E-MORB association in the Dur'ngoi area (Fig. 6). This spatial distribution pattern of mafic rock types is comparable with the Iceland hotspot. It appears that the Majisueshan OIB occupies the central location of the hotspot, that is the site of the ocean island. The distribution of volcanic rocks in Iceland is featured by the central OIB in island itself and the N-MORB in the surrounding areas especially along the axis of the mid-ocean ridge[27, 28]. The hotspot in Iceland reflects the mantle plume activities under the island[27~30] and as a result of the superposition of the rising plume on the mid-ocean ridge, the on-ridge island was formed[28]. In addition, the chemical interaction and mixture between the materials from the distinctive sources resulted in generation of different types of basalts[27, 31]that are distributed around the hotspot in space.

In the Iceland hotspot, it can be observed that not only the compositional anomalies and the characteristic distribution of the mafic rock types along the ridge, but also the thickened crust and corresponding changes of geophysical field in the expression of topographic rise[1]. Compared with the modern Iceland hotspot, the corresponding geomorphological and geophysical features cannot be seen in the paleo-Majixueshan hotspot situated in the ophiolite zone. However, the basaltic lava and gabbros in the thickness greater than a few thousand meters, probably are the remains of the Majixueshan ocean island formed above the mid-ocean ridge. Due to its great crustal thickness, it is relatively hard for the Majixueshan ocean island to be subducted and is finally preserved in the ophiolites.

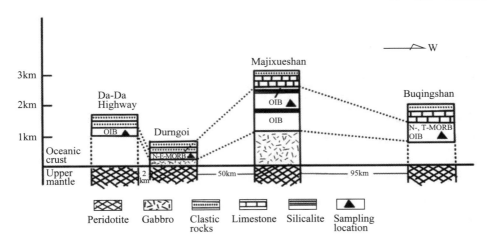

Fig. 6   Distribution of different mafic rocks surrounding the Majixueshan in the A'nyemaqen ophiolite zone   (thickness of the strata refers to[11, 13, 14])

4.2   Relationship of MORB and OIB

If given rock association and spatial distribution are taken into account, then these phenomena in the A'nyemaqen ophiolites could also be observed in an ocean island and its surrounding MORB crust. However, it should be emphasized that the transitional change of rock types around the Majixueshan reflects a metasomatic link existing between the plume materials and the upper mantle MORB source, and it is because of this geochemical genesis relationship that the characteristic rock association and distribution have occurred.

The geochemical results indicate that relative to the same type rocks in the world, the Nb/U and Ce/Pb ratios of OIB in the study area vary in a wide range and are low as a whole. The low Nb/U and Ce/Pb ratios in the EM-type OIB are sensitive indicators of crustal contamination[23]. Combined with the great range of trace element contents in the OIB, of which some are depleted in Nb and Sr, it can be inferred that the OIB source could contain input derived from the continental crust in the subducted oceanic sediments and belong to the EM-type[5, 24, 32]. Moreover, the N-MORB of the study area have low and scattered Nb/U and Ce/Pb ratios and the similar ratios (Nb/U = 22, Ce/Pb = 15) have been recently obtained from the Zongwulong tectonic belt between the Qilian orogen and the northern Qaidam tectonic belt (will be discussed elsewhere), and these ratios are identical to those in the OIB. Thus, the low Nb/U and Ce/Pb ratios seem to be the common characteristics in the Paleozoic oceanic basalts in this region. In the study of Nb/U and Ce/Pb ratios in MORB and OIB, Hafmann pointed out that they are excellent tracers of continental components in OIB and the similar values present in MORB and OIB indicate their genetic link. [33]Rehkamper et al suggested that low Nb/U and Ce/Pb ratios and high $^{87}Sr/^{86}Sr$ ratios in the Central Indian and Carlsburg Ridge in the Indian Ocean characterize the enriched end member that results in crustal contamination in the upper mantle MORB source region[23, 28]. Based on the similar Nb/U and Ce/Pb ratios in the local OIB and MORB and their field relationship (see below), the enriched end member could be the OIB, while the MORB source region was more or less metasomatized by OIB composition from the EM-type source region and generated the E-MORB and N-MORB with the above-mentioned geochemistry. The Nb/U and Ce/Pb ratios lower than the typical OIB and MORB possibly imply more continental input contained in the OIB source in this region.

On the basis of Sr and Pb isotopic composition, Bian et al interpreted that the magamtic source of the basalts in this region could be a mixed one between the DMM and EMII[11]. From their data, the $^{87}Sr/^{86}Sr$ ratios (0.7054 ~ 0.7081) of the Paleozoic MORB in the Buqingshan ophilites are far greater than those from the MORB in the Indian Ocean (0.7025 ~ 0.7031)[23], and the $^{206}Pb/^{204}Pb$ ratios are similar to those from the inferred Indian Ocean plume ($^{206}Pb/^{204}Pb \geqslant 18$). The isotope data with the Nb/U and Ce/Pb ratios from this study identically offer the information of the contaminated mantle source by the continental components in the form of the EMII. It also demonstrate that in addition to the Sr and Pb isotopes, the Nb/U and Ce/Pb ratios can be quite useful in determining contamination of a magmatic source region. Although Bian et al did not find the OIB and discuss the relationship with EMII component, by the consideration of the similarity of the Nb/U and Ce/Pb ratios in both OIB and MORB and their relationship in the field, we infer that the OIB in the study area probably is the EMII end member equivalent (to be further proved by isotope study in the near future). The previously reported P-MORB and T-MORB, and the E-MORB found in this study could all be products of mixed DMM and EMII, whereas the Sr and Pb isotopic geochemistry and the Nb/U and Ce/Pb ratios in the N-MORB indicate the presence of the mixture and metasomatism.

The thoughts for existence of the OIB equivalent EM-type source and the metasomatic MORB source in this region are also supported by the following arguments in a broad sense[23, 24]: (i) the paleo-Tethyan Ocean and the present-day Indian Ocean are spatially comparable and they share the same oceanic basaltic source region having the Dupal anomaly[9]; (ii) the EM-type source region only exists in the Indian Ocean-centered southern hemisphere and (iii) the MORB source region of Indian Ocean contains some pelagic sediments. Upwelling of the plume materials derived from the EM-type source represented by OIB and interaction with the MORB source in the depleted upper mantle by metasomatism finally generated the Iceland-like rock assemblage in the certain spatial distribution.

The metasomatism is generally thought to occur in the asthenosphere, that is the MORB source region. The plume bringing the EM-type materials meatsomatizes the upper mantle on the way up along the certain channels at the base of lithosphere and formed various incompatible elements enriched MORB source regions[4, 28]. From the field occurrence, it is evident for the OIB materials metasomatizing the MORB materials. In the outcrop scale, there is no clear-cut limit in terms of structure and lithology for the N-MORB, OIB and E-MORB, different rock types can either be exposed on the different outcrops or occur on the same outcrop (the latter such as WSA-48 and WSA-47, AMH-1 and BQ-5). In this case, the tectonic mixing cannot be ruled out as a cause for different rock types on the different exposures (even so, the tectonic mixing is still on a small scale for the rock blocks having some genetic link, according to their geochemical characteristics). On the other hand, the different rock types on the same exposure demonstrate that the source region could have experienced heterogeneous metasomatism. On the scale of the entire ophiolite zone, the above-discussed rock assemblages in the different ophiolite occurrences and the transitional relationship with the Majixueshan OIB are hardly observed in an ocean island and its surrounding oceanic crust. Although the latter could have the same configuration in space, it exhibits a non-transitional relationship on outcrops on different scales without metasomatism in their origin.

4.3　In comparison with Sanjiang region

In the comparison above, it can be seen that the OIB and MORB in the area have the similar geochemistry to the same rocks in the Sanjiang region. The N-MORB can be compared with the Shuanggou MORB in the Sanjiang region in the Nb/U and Ce/Pb ratios. The similarities of the Paleozoic oceanic crust in both the Sanjiang region and the study area could have had the same magmatic origin, including the N-MORB source from the depleted upper mantle and the plume represented by the OIB as well as the latter metasomatizing the former[7]. The low Nb/U and Ce/Pb ratios in the two areas commonly reflect the influence on the source region of the paleo-Tethys Oceanic crust by the EM components. The presence of E-MORB in the Jinshajiang area and the Indian Ocean-affinity MORB can be evidence for this[9].

After the A'nyemaqen ophiolite zone was formed in the Indosinian period, it was subjected to deformational reworking during the Mesozoic-Cenozoic intracontinental orogeny, which could result in the integration of different tectonic blocks in the zone. However, it is noteworthy to mention that after the Indosinian amalgamation of China's continent, the later intracontinental orogeny was mainly in the fashion of extensional collapse, strike-slip of fault blocks and thrust and nappe[10]. From present studies, as the major suture between the Yangtze plate and the east Kunlun-western Qinling orogen during the Indosinian amalgamation of China' continent, the A'nyemaqen ophiolite mélange has been mainly involved in the east-west oriented strike-slip movement during the Mesozoic-Cenozoic intracontinental orogeny, and no large-scale tectonic disturbances. In addition, based on Xu et al, since the Indosinian the strike-slip faults have been formed on both sides of the ophiolite zone[34]. In another word, the original structures and textures of the A'nyemaqen ophiolite zone formed in the final Indosinian collision have been kept.

Finding of the Majixueshan ridge-centered hotspot and presence of the Sanjiang paleo-Tethyan mantle plume[6, 7] as well as N-MORB, E-MORB and OIB reported in the Qinling orogen[8, 35~37] all indicate that the hotspot could be a main cause for the Paleozoic extensional environment (e. g., continental rift and ocean-continent triple-junction). If the vertical mantle plume dynamically played a major role in the open-up of the paleo-Tethyan ocean, and the horizontal plate tectonics could have been the secondary driven force for the formation of the numerous ocean basins. The combination of both vertical plume and the horizontal plate tectonics and their interaction as well eventually forged China's continent characterized by multi-block tectonics and the Indosinian amalgamation. Therefore, in order to obtain a complete picture of continental dynamics in the paleo-Tethyan study, exploring the combining mechanism of the plume and plate tectonics would be a necessary approach.

References

[1] Ito, G., Lin, J., Gable, C. W., Dynamics of mantle flow and melting at a ridge-centered hotspot: Iceland and the Mid-Atlantic Ridge. Earth and Planetary Science Letters, 1996,144: 53-74.

[2] Mattieli, N., Weis, D., Gregoire, M. et al., Evidence for long-lived Kerguelen hotspot activity. Lithos, 1996, 37: 261-280.

[3] Galdcezenko, T. P., Coffin, M. F., Eldholm, O., Crustal structure of the Ontong Java Plateau: modeling of new gravity and existing seismic data. Journal of Geophysics Research, 1997,102/B10: 22711-22729.

[4] Sorry, M., Pedersen, A. K., Stecher, O. et al., Long-lived postbreakup magmatism along the East Greenland margin: Evidence for shallow-mantle metasomatism by the Iceland plume. Geological Society of America, 2004, 2: 173-176.

[5] Eisele, J., Sharma, M., Galer, S. et al., The role of sediment recycling in EM-1 inferred from Os, Pb, Hf, Nd, Sr isotope and trace element systematics of the Pitcairn hotspot. Earth and Planetary Science Letters, 2002, 196: 197-212.

[6] Hou. Z. Q., Mo, X. X., Zhu, X. W. et al., Mantle plume in the Sanjiang paleo-Tethyan region, China: evidence from ocean-island basalts. Acta Geoscientia Sinica (in Chinese), 1996, 17:343-361.

[7] Hou. Z. Q., Mo, X. X., Zhu, X. W. et al., Mantle plume in the Sanjiang paleo-Tethyan lithosphere: evidence from mid-ocean ridge basalts. Acta Geoscientia Sinica (in Chinese), 1996, 17: 362-375.

[8] Zhang, B. R., Magmatic activitiesfrom plume-source in the Qinling belt and its dynamic significance. Earth Science Frontiers (in Chinese), 2001,8: 57-66.

[9] Xu, J. F., Castillo, P. R., Geochemical and Nd-Pb isotopic characteristics of the Tethyan asthenosphere: implications for the origin of the Indian Ocean. Tectonophysics, 2004, 393: 9-27.

[10] Zhang, G. W., Dong, Y. P., Lai, S. C. et al., Mianlue tectonic zone and Mianlue suture zone on southern margin of Qinling-Dabie orogenic belt. Science in China, Ser. D, 2004,47 (4): 300-316.

[11] Bian, Q. T., Li, D. H., Pospelov, I. et al., 2004. Age, geochemistry and tectonic setting of Buqingshan ophiolites, North Qinghai-Tibet Plateau, China. Journal of Asian Earth Sciences, 2004,23: 577-596.

[12] Chen, L., Sun, Y., Liu, X. M. et al., Geochemistry of Dur'ngoi ophiolite and its tectonic significance, Acta Petro logica Sinica (in Chinese), 2000,16 (1): 106-110.

[13] Yang, J. X., Wang, X. B., Shi, R. D. et al., The Dur'ngoi ophiolite in east Kunlun, northern Qinghai-Tibet Plateau: a fragment of paleo-Tethyan oceanic crust. Geology in China (in Chinese), 2004, 31 (3): 225-239.

[14] Jiang, C. F., Yang, J. S., Feng, B. G. et al., Opening-Closing Tectonics of the Kunlun Mountains (in Chinese). Beijing: Geological Publishing House, 1992,188.

[15] Chen, L., Sun, Y., Pei, X. Z. et al., Northernmost paleo-Tethyan oceanic basin in Tibet: Geochronological evidence from 40Ar/39Ar age dating of Derni ophiolite. Chinese Science Bulletin, 2001,46 (14): 424-426.

[16] Zhang, K. X., Lin, Q. X., Zhu, Y. H. et al., New paleontological evidence on time determination of the east

part of the Eastern Kunlun Mélange and its tectonic significance. Science in China, Ser. D, 2004,47 (2): 857-865.

[17] Runick, R., Gao, S., Ling, W. L. et al., Petrology and geochemistry of spinel peridotite xenoliths from Hannuoba and Qixia, North China craton. Lithos, 2004,77: 609-637.

[18] Grauch, R. I., Rare earth elements in metamorphic rocks: in Geochemistry and Mineralogy of Rare Earth Elements, Reviews in Mineralogy Vol. 21 (eds. Lipin, B. R., McKay, G. A.), Washington, D. C: Mineralogical Society of America, 1989,147-167.

[19] Moorbath, S., Welke, H., Gale, N. H., The significance of lead isotope studies in ancient high-grade metamorphic basement complexes, as exemplified by the Lewisian rocks of northwest Scotland. Earth and Planetary Science Letters, 1969,6: 245-256.

[20] Meschede, M. A., A method of discriminating between different types of mid-ocean ridge basalts and continental tholeiites with the Nb-Zr-Y diagram. Chem. Geol., 1986, 56: 207-218.

[21] Sun S, McDonough W. Chemical and isotopic systematics of oceanic basalts: for implications for mantle composition and processes: in Magmatism in the Ocean Basin (eds, Saunders, A., Norry, M.), Geological Society Special Publication, 1989, No. 42: 313-345.

[22] Sims, K., DePolo, D., 1996. Inferences about mantle magma sources from incompatible element concentration ratios in oceanic basalts. Geochimica et Cosmochimica Acta, 61: 765-784.

[23] Rechamper, K., M., Hofmann, A. W., Recycled ocean crust and sediment in Indian Ocean MORB. Earth and Planetary Science Letters, 1997,147: 93-106.

[24] Hofmann, A. W., Mantle geochemistry: the message from oceanic volcanism. Nature, 1997, 385: 219-228.

[25] Campbell, I. H., Implication of Nb/U, Th/U and Sm/Nd in plume magmas for the relationship between continental and oceanic crust formation and the development of the depleted mantle. Geochem Cosmochim Acta, 2002, 66: 1651-1661.

[26] Hou, G. J., Zhu, Y. H., Zhang, T. P., et al., Geochemistry of basalts and analysis of tectonic setting in the Tuosuohu area, east Kunlun orogenic belt. Regional Geology of China (Suppl.) (in Chinese), 1998, 31-37.

[27] Kempton, P. D., Fitton, J. G., Saunders, A. D. et al., The Iceland plume in space and time: a Sr-Nd-Pb-Hf study of the North Atlantic Rifted margin, Earth and Planetary Science Letters, 2000, 177: 255-271.

[28] Wood, A. D., Joron, J. L., Treuil, M. et al., Elemental and Sr isotope variations in basic lavas from Iceland and the surrounding ocean floor. Contri. Mineral. Petrol., 1979,70: 319-339.

[29] Hofmann, W. A., White, W. M., Mantle plumes from ancient oceanic crust. Earth and Planetary Science Letters, 1982,57: 421-436.

[30] Bijwaard, H., Spakman, W., Tomographic evidence for a narrow whole mantle plume below Iceland. Earth and Planetary Science Letters, 1999,166: 121-126.

[31] Yale, M. M., Morgan, J. P., Asthenosphere flow model of hotspot-ridge interactions: a comparison of Iceland and Kerguelen. Earth and Planetary Science Letters, 1998,161: 45-56.

[32] Weaver, B. L., The origin of oceanic basalt end-member compositions: trace element and isotopic constraints. Earth and Planetary Science Letters, 1991,104: 381-397.

[33] Hofmann, A. W., Jochum, K. P., Seufert, M., Nb and Pb in oceanic basalts: new constraints on mantle. Earth and Planetary Science Letters, 1986,79: 33-45.

[34] Xu, Z. Q., Li, H. B., Yang, J. S. et al., A large trans-pression zone at the south margin of the east Kunlun Mountains and oblique subduction. Acta Geologica Sinica (in Chinese), 2001,75: 156-164.

[35] Xia, L. Q., Xia, Z. C., Xu, X. Y., Middle-late Proterozoic volcanic rocks in the Southern Qinling Mountains and Precambrian continental rifting. Science in China, Ser. D (in Chinese), 1996,26: 237-243.

[36] Xia, L. Q., Xia, Z. C., Xu, X. Y., The confirmation of continental flood basalt of the Proterozoic Xixiang group in the south Qinling Mountains, and its geological implication. Geological Review (in Chinese), 1996,42: 513-522.

[37] Lai, S. C., Zhang, G. W., Pei, X. Z. et al., Geochemistry of the ophiolite and oceanic island basalt in the Kangxian-Pipasi-Nanping tectonic melange zone, south Qinling and their tectonic significance, Science in China, Ser. D, 2004, 47 (2): 128-137.

Palaeozoic tectonics and evolutionary history of the Qinling orogen: evidence from geochemistry and geochronology of ophiolite and related volcanic rocks*

Dong Yunpeng   Zhang Guowei   Christoph Hauzenberger   Franz Neubauer
Yang Zhao   Liu Xiaoming

Abstract   The tectonic framework and the evolutionary history of the Qinling orogenic belt are keys for understanding the convergent processes between the North China and South China blocks. The widely exposed ophiolitic and subduction-related volcanic melange along the Shangdan and Erlangping belts provides important constraints on the tectonic evolutionary processes of the Qinling orogen. The melange in the Shangdan zone is predominantly composed of ultramafic and mafic rocks that can be divided into three geochemical groups: (1) N-MORB type; (2) E-MORB type; and (3) island-arc/active continental margin-related basalts. The samples with N- and E-MORB affinity are characterized by depletion or slight enrichment of LREE without fractionation of HFSE and no negative Nb-Ta anomaly. The island-arc/active continental margin-related basalts are typically depleted in Nb-Ta and Ti. It is inferred that the melange within the Shangdan suture represents remnants of an oceanic crust and associated volcanics. An age for the melange can be constrained by a U-Pb zircon age of 517.8 ± 2.8 Ma, obtained from the gabbro within the E-MORB type ophiolite in the Yanwan area.

To the north of the suture zone, the Erlangping melange consists similarly of ultramafic and mafic rocks, andesites and rhyolites. The mafic and andesitic rocks exhibit strong depletion of Nb-Ta and Ti indicating a subduction-related affinity. However, their depletion in Nb-Ta is weaker than that of the island-arc/active continental margin-related volcanic rocks. Taken together, the two ophiolitic melange zones indicate the existence of an early Palaeozoic Shangdan Ocean that was associated with a back-arc basin on the northern North Qinling Island arc terrane, separating the South China from the North China blocks.

Keywords   Early Palaeozoic   MORB   ophiolite   subduction   back-arc basin   Qinling orogenic belt

*Published in Lithos, 2011,122,39-56.

1. Introduction

The Qinling orogenic belt was constructed by northward subduction and eventual collision of the South China Block（SCB）with the North China Block（NCB）（Fig. 1）（e. g. Enkin et al., 1992; Kröner et al., 1993; Li et al., 1993a; Okay and Sengör, 1993; Ames et al., 1996; Hacker et al, 1998; Zhai et al., 1998; Meng and Zhang, 1999; Zhang et al., 2001）. Most authors believe that the subduction and collision events mainly occurred along the Shangdan suture zone, however, the timing of these events is widely disputed. Suggestions for the timing of final continent-continent collision vary between early Palaeozoic, Devonian and Triassic（e. g., Enkin et al., 1992; Kröner et al., 1993; Li et al., 1993a; Okay and Sengör, 1993; Yin and Nie, 1993; Li, 1994; Gao et al., 1995; Ames et al., 1996; Zhang et al., 1997a; Hacker et al., 1998; Zhai et al., 1998; Zhang et al., 2001）. Along with disputes about the timing of the final collision are opposing views about the precise nature of the Shangdan suture zone and the tectonic models for the direction of subduction. For example, one model suggests that the major suture zone is marked by the Erlangping ophiolitic melange, and was accompanied by the Shangdan back-arc basin, which was caused by the southward subduction of the Erlangping Ocean（Xue et al., 1996a）. Others proposed a northward subduction along the Erlangping zone, and the Danfeng ophiolitic melange is just a nappe overthrusted from the Erlangping melange belt（Faure et al., 2001; Ratschbacher et al., 2003,2006）.

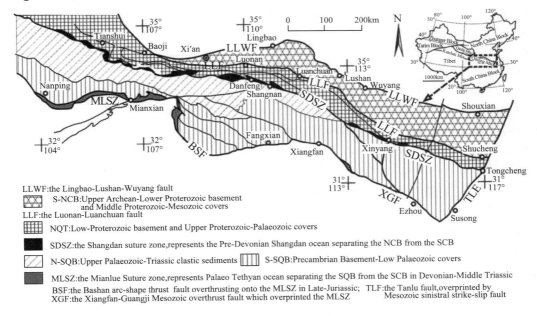

LLWF:the Lingbao-Lushan-Wuyang fault

S-NCB:Upper Archean-Lower Proterozoic basement and Middle Proterozoic-Mesozoic covers

LLF:the Luonan-Luanchuan fault

NQT:Low-Proterozoic basement and Upper Proterozoic-Palaeozoic covers

SDSZ:the Shangdan suture zone,represents the Pre-Devonian Shangdan ocean separating the NCB from the SCB

N-SQB:Upper Palaeozoic-Triassic clastic sediments　S-SQB:Precambrian Basement-Low Palaeozoic covers

MLSZ:the Mianlue Suture zone,represents Palaeo Tethyan ocean separating the SQB from the SCB in Devonian-Middle Triassic

BSF:the Bashan arc-shape thrust fault overthrusting onto the MLSZ in Late-Juriassic; TLF:the Tanlu fault,overprinted by Mesozoic sinistral strike-slip fault

XGF:the Xiangfan-Guangji Mesozoic overthrust fault which overprinted the MLSZ

Fig. 1　Simplified tectonic map of the Qinling orogenic belt showing the tectonic division and units

Two ophiolites and related magmatic melanges are exposed along both sides of the Qinling terrane, and are traditionally designated the Shangdan suture zone in the south and Erlangping zone in the north (Fig. 2). It is argued that both melange zones were formed in an island-arc setting (e. g. Zhang et al., 1994a; Xue et al., 1996a, 1996b; Sun et al., 2002). These ophiolites and related volcanic rocks are the key for understanding the tectonic framework and orogenic processes between NCB and SCB. Although some preliminary geochemical and geochronological data for the ophiolites and arc-related volcanic rocks from individual areas have previously been reported (Zhang et al., 1994a; Zhang and Zhang, 1995; Zhou et al., 1995), the systematic geochemistry and correlation of the magmatic suites remain uncertain.

This study undertakes a detailed systematic geochemical survey of the ophiolites and related volcanic rocks from most outcrops along the Shangdan suture and Erlangping zones, as well as U-Pb zircon dating on a representative ophiolite. Based on the new dataset, we characterize original magma compositions and likely mantle source environments and advance the understanding of the Palaeozoic tectonic framework and evolutionary history of the Qinling Mountains.

2. Geological Setting

The Qinling orogenic belt is bounded by the Lingbao-Lushan-Wuyang thrust fault (LLWF) to the north and the Bashan arc-shape thrust fault (BSF) to the south (Fig. 1). Along these two boundary faults, the Qinling belt was thrust northwards onto the North China block, and southwards onto the South China block, respectively. Two ophiolitic sutures, the Shangdan suture in the north and the Mianlue suture in the south, are well documented (Zhang et al., 1995a, b). The Shangdan suture zone separates the North Qinling belt (NQB) from the South Qinling belt (SQB) (Fig. 2). Numerous geochemical and geochronological studies suggest formation of the Mianlue suture zone after closure of a northern branch of the Palaeo-Tethyan ocean, which separated the South Qinling micro-block from the South China block during Devonian to Middle Triassic times (Zhang et al., 1995a, 2001; Li et al., 1996; Xu et al., 2002; Dong et al., 1999,2004). The Mianlue suture zone was subsequently overprinted by the south-directed BSF in Late Jurassic-Early Cretaceous times (Zhang et al., 2001; Dong et al., 2008a). The North Qinling belt can be further subdivided into the southern margin of the NCB (S-NCB) in the north and the North Qinling terrane (NQT) in the south by the Luonan-Luanchuan fault (LLF)(for explanation, see below; Fig. 1).

2.1. *Southern margin of the North China Block*

The Southern margin of the North China Block (S-NCB) is predominantly amphibolite facies Archean-Palaeoproterozoic basement complexes (Taihua Group and Tietonggou Group), low-grade to non-metamorphic Mesoproterozoic volcanics (Xionger Group), and unconformable overlying Mesoproterozoic to Mesozoic sedimentary sequences. It was involved in the Palaeozoic collisional orogen and the Mesozoic-Cenozoic intra-continental orogenic deformation (Zhang et al., 2001), and was intruded by numerous Mesozoic granitoid plutons.

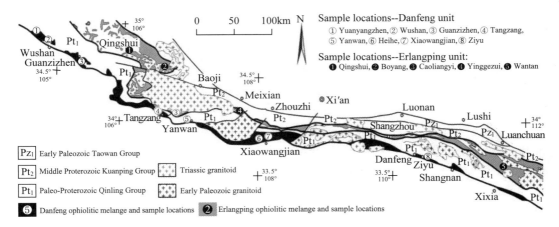

Fig. 2　A sketch map showing the distribution of the Danfeng ophiolite and the Erlangping ophiolite, and sample locations

2.2. *North Qinling terrane* (NQT)

The North Qinling terrane mainly comprises Precambrian basement units, Neoproterozoic and Lower Palaeozoic ophiolites, and volcanic-sedimentary assemblages, which are all unconformably overlain by Carboniferous and/or Permian clastic sediments. From north to south, the Kuanping, Erlangping and Qinling Groups, and the Songshugou Proterozoic ophiolite are separated from each other by thrust faults or ductile shear zones.

The Kuanping Group comprises chiefly greenschists, amphibolites, quartzite, mica schists and marbles. The protoliths of both the greenschists and amphibolites are N-MORB and T-MORB tholeiitic basalts (Zhang and Zhang, 1995; Diwu et al., 2010), which represent a Proterozoic ocean crust. An LA-ICPMS zircon age of 943 Ma constrains the formation time of the ocean (Diwu et al., 2010). A geochemical study of metaclastic rocks reveals sources from both the Southern margin of the North China Block to the north and the North Qinling terrane to the south (Zhang et al, 1994b). The youngest detrital zircon ages from the micaschist samples range from ca. 610 to 500 Ma, and the micaschists are interpreted as overlying accretionary wedge material related to the closure of the Erlangping back-arc basin (Zhang et al., 1994b; Zhang et al., 2004; Yan et al., 2008).

The Erlangping Group comprises ophiolitic mafic volcanic successions, and clastic and carbonate units. The compositions of the mafic rocks are predominantly similar to E-MORB (Sun et al., 1996b) and subduction-related basalts (Sun et al., 1996a). Within the volcanic successions are exposed radiolarian cherts which give an age of Early to Middle Ordovician (Wang et al., 1995). Additional geochronological data suggest the existence of a back-arc basin during the Early Palaeozoic. In the western Qinling Mountains, the volcanic succession of the Erlangping Group (locally called Yunjiashan, Xiyuguan or Caotangou Groups) is characterized by the existence of MORB, and subducation-related basalts, andesites and rhyolites (Zhang et al., 2001).

The Qinling Group outcrops as several lenticular units along the northern side of the Shangdan suture zone. These units comprise gneisses, marbles and amphibolites (You et al., 1991), which were intruded by Early Palaeozoic granitoids (Zhang et al., 1994b). U-Pb zircon ages of the gneisses range from 2.17 to 2.27 Ga, whereas a Sm-Nd whole-rock isochron age for the amphibolites (meta-tholeiites) is 1987 ± 49 Ma (Zhang et al., 1994b). The Qinling Group is, therefore, a Palaeoproterozoic complex, which underwent subsequent amphibolite facies metamorphism at $990 \pm 0.4 - 973 \pm 34$ Ma and was overprinted by greenschist facies metamorphism at $425 - 405$ Ma (Chen et al., 1991; Sun et al., 2002).

Within the southern Qinling Group, the Proterozoic Songshugou ophiolite outcrops as a rootless nappe which was emplaced into the southern margin of Qinling Group along the Jieling fault on the north and the Xigou fault on the south. It consists mainly of amphibolite facies metamafic and -ultramafic rocks. Trace element geochemistry and isotope composition show that the mafic rocks are mainly E-MORB and T-MORB metabasalts (Dong et al., 2008b). Regional geology together with abundant geochronological data reveals that the ocean represented by these basalts evolved from ca. 1.4 to 1.0 Ga (Li et al., 1991; Zhang et al., 1994b; Chen et al., 2002; Dong et al., 2008b).

2.3. *Shangdan Suture Zone*

The Shangdan suture zone is marked by a discontinuously exposed tectonic melange, which mainly consists of ophiolitic assemblages and arc-related volcanic rocks, traditionally named the Danfeng Group (Zhang et al., 1994a; Zhang et al., 1995a). This Group underwent greenschist to lower amphibolite facies metamorphism. From west to east, the ophiolite with mainly mafic and ultramafic rocks crops out in the Yuanyangzhen, Wushan, Guanzizhen, Tangzang, Yanwan, Heihe and Danfeng areas. The ophiolitic melange nature of the Danfeng Group was recently confirmed by Zhang et al. (1994a) and Zhou et al. (1995). However, there have been no detailed geochemical investigations of the ultramafic and mafic rocks, and controversy remains about not only the tectonic setting of these rocks, but also on the formation age of the ophiolite within the the melange.

2.4. *Southern Qinling Belt* (SQB)

The South Qinling Belt is characterized by thin-skinned structures, which include a south-vergent thrust-fold system comprising a pre-Sinian basement and overlying Sinian and Phanerozoic sedimentary rocks (Zhang et al., 2001). The basement contains several Precambrian complexes (e. g. the Xiaomoling, Douling, Tongbai-Dabie and Yudongzi complexes) with Meso- to Neoproterozoic rift-type volcanic-sedimentary assemblages metamorphosed at greenschist facies conditions (Zhang et al., 1995a). The sedimentary cover includes Sinian to Carboniferous clastic and carbonate rocks. A few Upper Palaeozoic-Lower Triassic clastic sedimentary rocks are present in the northern part of the South Qinling Belt (Zhang et al., 2001).

From north to south within the northern South Qinling Block, the fore-arc sedimentary wedge (Yu and Meng, 1995) and the Middle-Upper Devonian Liuling Group are separated by the Mianyuzui ductile shear zone. The fore-arc sedimentary wedge mainly comprises clastic rocks with some isolated lenticular conglomerates in the Heihe area, and some limestones in the Shangnan area in the east. The conglomerates were previously considered as typical post-orogenic molasse (Mattauer et al., 1985). Investigation of conglomerates cropping out as two interbeds within the clastic and volcanic rocks (Meng, 1994) led to the conclusion that this unit was a fore-arc sedimentary wedge (Yu and Meng, 1995).

3. Sample description

We collected samples from the Danfeng and Erlangping ophiolite melange belts (Fig. 2). The locations of the Danfeng melange (DFM) samples are, from west to east, the Yuanyangzheng, Wushan, Guanzizhen, Tangzang, Yanwan, Heihe, Xiaowangjian and Ziyu areas (Fig. 2). Samples of the Erlangping melange (ELPM) were from the Qinghusi, Boyang, Caoliangyi, Yinggezui and Wantan areas (Fig. 2). The locations and GPS positions are available in the online dataset Appendix Table 1. All samples have been variably metamorphosed up to greenschist facies conditions.

3.1. *Volcanic rocks in the Shangdan Suture Zone*

The Yuanyangzhen area mainly exposes metabasalt (3 samples) and metagabbro (2 samples). The metabasalts are chiefly composed of fine-grained pyroxene, plagioclase and hornblende, together with secondary chlorite. The metagabbros can be divided into two groups by different grain size. About 50% of the metagabbros are coarse-grained and consist mainly of clinopyroxene, plagioclase and rare hornblende. The plagioclase (ca. 40 modal percent) occurs as 0.3 mm long grains. Clinopyroxene (about 0.2 mm across) makes up 30-40 modal percent of the rock, and is partly replaced by metamorphic amphibole and chlorite. Trace amounts of zircon and apatite are also present. The other gabbros are finer grained than the ones described above but are otherwise similar in mineralogy.

At Wushan, the metamorphosed ophiolite members are well preserved and comprise ultramafic (2 samples), metagabbro and metabasalt (13 samples) units within the Lijiahe cross-section. These units are separated by faults. The metaperidotite consists mainly of granular olivines (ca. 20 – 40 modal %), serpentines (ca. 40 – 50 modal %), and some clinopyroxenes and amphiboles. The mineral assemblage of the metagabbro is similar to that of the metagabbro at Yuanyangzhen. The metabasalts mostly crop out as greenschists, but can be distinguished by some easily visible pyroxene and plagioclase grains preserved within a matrix composed of chlorite and epidote.

At Guanzizhen, dismembered ultramafic rocks are exposed along with gabbros (3 samples), metabasalts (14 samples) and plagiogranites. The ultramafic rocks are mostly serpentinites enclosed within greenschists and micaschists in the southern part of the melange, and by gabbros in the north. Although all the rocks have been metamorphosed up to greenschist facies, the gabbros still show clear gabbroic textures. Within the central part of this section, mainly metabasaltic amphibolites and greenschists are exposed and are composed of plagioclase, amphibole and chlorite.

Along the suture zone at Xiaheiwan, Tangzang and Yanwan (Fig. 2), metamorphosed basalts, gabbros and diabases are mainly exposed. In most cases, the metabasalts show a massive texture, and are mostly chloritized or transformed into greenschists. In the nearby Heihe area, metamorphic basalts display original pillow textures as well as more massive units (15 samples). This is best exposed in a section at Xiaowangjian. Deformed pillow structures are between 50 and 100 cm long and 10 – 40 cm wide with clearly recognizable boundaries between pillows. The pillow lavas are a dark color within the core, with lighter-colored rims and chlorite between the pillows. The core is mainly composed of rare coarse-grained clinopyroxene and lath-shaped plagioclase, and a great quantity of fine-grained lath-shaped plagioclase within a dark, chlorite-rich matrix. The massive basalts are mostly dark, and the mineral composition is similar to the average of the pillow lavas.

Danfeng is the traditionally studied area of the Danfeng ophiolite, however, the ophiolitic units are dismembered. The best outcrops are located in Ziyu, Nangou and Guojiagou. Two representative samples of metabasalt were collected from the Ziyu area. They are predominantly composed of some medium-grained pyroxene and plagioclase within a chloritized matrix. Both pyroxene and plagioclase are partly replaced by chlorite, epidote, and minor amounts of amphibole.

3.2. *Volcanic rocks of the Erlangping melange*

In the western Qinling Mountains, the Qingshui volcanic unit is predominantly basalt in the south, and minor andesite and rhyolite in the north. These lithologies are separated from one another by either brittle faults or ductile shear zones. In the south, the basalts are deformed and metamorphosed but pillow structures are well preserved with up to 5 : 1 aspect ratios. Although pillow structures are preserved, the basalts are mostly composed of chlorite, amphibole, and plagioclase with some remnant clinopyroxene. Representative greenish metabasalt samples (12 samples) were composed of pyroxene and plagioclase partly replaced by chlorite and epidote. Ten km to the southeast, near Boyang (Fig. 2) dark-green massive metabasalts are intruded by reddish rhyolite and dacite.

Further east, the Caoliangyi volcanic unit is a part of the Caotangou Group (Erlangping Group), which comprises quartz-schist, micaschist and greenschist. The greenschist represents the metamorphosed basalt while the protoliths for the micaschist and quartz-schist are clastic sediment, rhyolites and andesite. The greenschists (4 samples) are dominantly composed of chlorite, epidote, amphibole and remnants of altered plagioclase and pyroxene. Detailed mapping indicates that the Caotangou Group is unconformably covered by Lower-Middle Carboniferous coal-bearing conglomerate (Zhang et al., 2001).

The Yinggezui ophiolite and associated volcanic units are exposed within a fault-bounded tectonic nappe. Here the ophiolite was originally part of the Erlangping Group, which is locally known as the Xieyuguan Group. It was emplaced along the NE trending Taibai-Fengxian thrust fault, which was reactivated by Mesozoic sinistral strike-slip motion. Along the Yinggezui section, highly deformed imbricates of ultramafite, gabbro, basalt and andesite blocks are well preserved and contact are either faults or shear zones. The ultramafic rocks are represented by serpentinite, asbestos and talc, and all lithologies show intense deformation. The gabbros have a well developed foliation and are metamorphosed up to lower greenschist facies. The basalts within the unit are also transformed to greenschist facies and display chlorite with lenses of altered plagioclase and clinopyroxene phenocrysts. The andesite unit was overthrust onto the ophiolite unit, and is chiefly composed of plagioclase, chlorite and amphibole, and some quartz. Two samples of ultramafic rocks, four samples of gabbros, eight samples of basaltic andesite and andesite were selected for geochemical analysis from the Yingezui unit.

In the eastern part of the Qinling Mountains, the Wantan area exposes the classical outcrop of the Erlangping ophiolite, which is one of the three units of the Erlangping Group. Along the Wantan section, pillow lavas and massive basalts are interlayered with radiolarian cherts. Although there is evidence of intense deformation, lenticular, deformed pillows are well preserved. The lengths of the pillows are mostly 30 – 80 cm, with heights of ca. 10 – 40 cm. The cores of the pillows are light-colored and coarse-grained, with rims characteristically dark in color and fine grained. Both cores and rims commonly exhibit phenocrysts of plagioclase (less than 5%) and matrix, which includes aphanitic plagioclase, clinopyroxene and volcanic glass. The void spaces between the pillows are filled with epidote. Ten samples of pillow lava and massive basalt were selected for geochemical analysis.

4. Analytical techniques

4.1. *Whole-rock geochemical analyses*

Fresh chips of whole rock samples were carefully selected from crushed material. These chips were powdered using a tungsten carbide ball mill, and preserved in a dessicator for analysis after being dried in an oven at 105 °C for 2 hours. Major and trace element compositions were analyzed by X-ray Fluorescence (XRF) on a Rigku RIX 2100 and inductively coupled plasma mass spectrometry (ICP-MS) on a PE 6100 DRC, at the State Key Laboratory of Continental Dynamics, Northwest University, China. Analyses of USGS and Chinese national rock standards (BCR-2, GSR-1 and GSR-3) indicate that both analytical precision and accuracy for major elements are generally better than 5 %, and for most of the trace elements, except for the transition metals, are better than 2 %. Additionally, one sample was randomly selected to be analyzed twice to test the accuracy after every ten samples analyzed. Results are presented in the online dataset, Appendix Table 1.

4.2. *LA-ICP-MS zircon U-Pb dating*

High spatial resolution U-Th-Pb elements and isotopic ratios of zircon was generated using a laser-ablation inductively coupled plasma mass spectrometer (LA-ICP-MS) at the State Key Laboratory of Continental Dynamics, Department of Geology, Northwest University, China. Concentration of the zircon crystals was achieved by means of a Wilfley table, a magnetic separator and heavy liquids. The zircons were separated carefully by handpicking according to size, color, turbidity and shape. The best quality zircon grains, characterized by homogeneity, transparency, homogeneous color, fluorescence and absence of inclusions were picked for dating. Zircon grains were mounted together with epoxy on a 20 mm diameter disc, polished to obtain an even surface and cleaned in an acid bath prior to analysis. The internal texture of zircons was observed using cathodoluminescence (CL) images. Zircons were dated in-situ on the LA-ICP-MS. The laser-ablation system is a GeoLas 200M equipped with a 193 nm ArF-excimer laser, and a homogenizing and imaging optical system (MicroLas, Göttingen, Germany). Zircon U-Th-Pb elements and isotopic ratios were analyzed on the ELAN 6100 ICP-MS from Perkin Elmer/SCIEX (Canada) with a dynamic reaction cell (DRC), and a 30 μm diameter spot for the laser ablation of a single grain. $^{207}Pb/^{206}Pb$, $^{206}Pb/^{238}U$, $^{237}Pb/^{235}U$ and $^{208}Pb/^{232}Th$ ratios were calculated using GLITTER 4.0 (Macquarie University), and were corrected for both instrumental mass bias and depth-dependent elemental and isotopic fractionation using Harvard zircon 91500 as an external standard. The ages were calculated using ISOPLOT 3 (Ludwig, 2003). Compositions of the common Pb component were corrected following the method of Andersen (2002). Age uncertainties are quoted at the 95% confidence level.

5. Results

5.1. *Major and trace elements*

Results of major and trace element analysis of samples from the Danfeng melange and the Erlangping melange are available in the online Appendix Table 1 and Table 2.

Since the samples from the Danfeng melange and Erlangping melange consist partly of different rock types and potentially belong to different tectonic environments, the geochemical characteristics are presented separately. Samples from the Danfeng melange are mainly composed of ultramafic and mafic rocks while the samples from the Erlangping melange are of ultramafic, mafic and andesitic composition (Appendix Table 1). Most samples from the Danfeng melange have lower and uniform $Na_2O + K_2O$ contents of 1.56 to 5.41 wt.%, while samples from the Erlangping melange show a large variation of $Na_2O + K_2O$ from 1.55 to 7.18 wt.%. Most of the samples belong to the subalkaline series and fall into either the basalt or andesite fields on the SiO_2 vs $Na_2O + K_2O$ diagram (not shown). However, samples from both units show different distribution trends.

5.1.1. *The Danfeng Melange*

Values of SiO_2 for the ultramafic rocks from Wushan range from 40.40 to 40.75 wt.%, while MgO ranges from 38.34 to 38.40 wt.%. These ultramafic rocks display low Al_2O_3 (1.32 − 1.88

wt.%), CaO (0.05 − 0.14 wt.%), and TiO₂ (0.03 − 0.05 wt.%) contents (Appendix Table 1). Since only a few samples, as compared with thirteen for the basalts, were taken and the relationship between the meta-basaltic and meta-peridotitic rocks is evident from field relations, the geochemistry of these rocks will not be discussed together with the meta-basalts.

The major and trace element concentration of meta-basalts, meta-pillow-basalts, green-schists, meta-gabbros, and diabases from various localities of the Danfeng melange are presented in Fig. 3 and 4. Compositions for the samples are plotted against MgO wt.% in order to (1) evaluate whether samples belong to a typical magmatic differentiation trend, and (2) test for possible co-genetic evolution. The samples of the Danfeng melange from different localities do not show consistent trends, and can be identified as three different types:

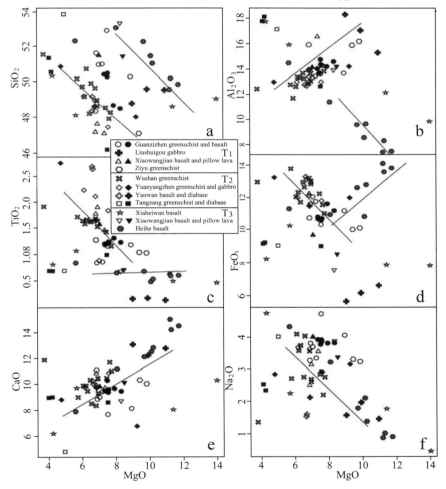

Fig. 3   Major element diagrams for the basaltic rocks from the Danfeng melange

Type 1 consists of meta-basalts, pillow-basalts, gabbros, and greenschists from Guangzizhen, Liushuigou, Xiaowangjian, and Ziyu which follow a typical differentiation trend as observed in

MORB. Values for SiO$_2$, TiO$_2$, FeO, and Na$_2$O increase, while Al$_2$O$_3$ and CaO decrease with decreasing MgO (Fig. 3a-f). Minor and trace elements also follow these trends. Ni and Cr are compatible in olivine and spinel and thus decrease strongly with melt evolution (Fig. 4a, b). The large ion lithophile (LIL) and high field strength (HFS) elements are incompatible in most minerals and therefore enrichment occurs in the residual liquids. The observed trend in the trace element data is well developed for the elements Sr, Ce, Zr, and Th (Fig. 4c-f). Chondrite-normalized rare earth element (REE) patterns (Fig. 5a) for these rocks show a slight depletion in light REE typical of normal mid ocean ridge basalt (N-MORB), where the source rock is a depleted mantle. The only exception to this first chemical group is that the gabbro samples from Liushuigou do not fit the trend observed from other localities. The samples have significantly lower REE contents, whereas the shape of the REE pattern is similar to the other samples.

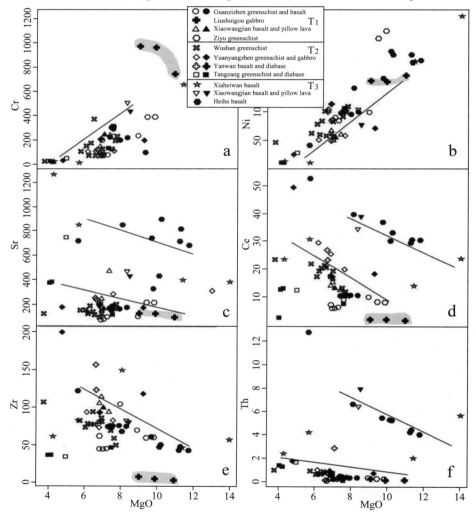

Fig. 4   Trace element diagrams for the basaltic rocks from the Danfeng melange

Type 2 includes the meta-basalts, gabbros, greenschists, and diabases from Wushan, Yuanyangzhen, Yanwan and Tangzang areas (Fig. 2). The rocks from these localities have a similar differentiation trend to the type 1 samples except that MgO values are slightly offset to lower value (Figs. 3 and 4). As in the first rock suite, SiO_2, TiO_2, FeO, and Na_2O increase, while Al_2O_3 and CaO decrease with decreasing MgO (Fig. 3a-f). Trace element values also follow a typical tholeiitic differentiation trend (Fig. 4a-f). On a chondrite-normalized plot, the light REE are slightly enriched (Fig. 5c), while heavy REE show a similar pattern to those of type 1 samples. Such patterns are similar to those found in enriched (E)-MORB. Only a few samples from the Tangzang area do not follow these trends (Fig. 5c).

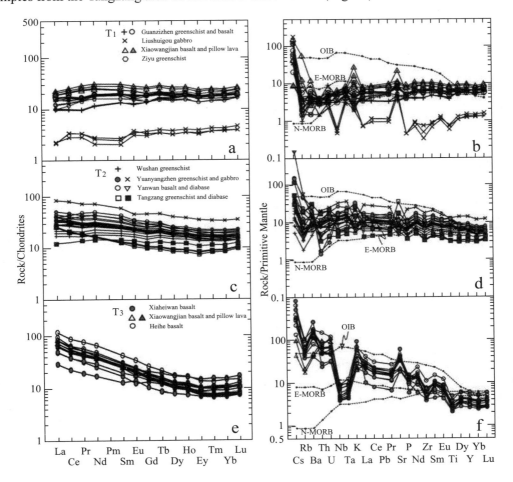

a/b- type 1, samples from Guanzizhen, Xiaowangjian and Ziyu area; c/d- type 2, samples from Wushan, Yanwan and Tangzang; e/f- type 3, samples from Xiaheiwan, Xiaowangjian and Heihe area. Chondrite- and mantle-normalization values and OIB, E-MORB and N-MORB fields are from Sun and McDonough (1989).

Fig. 5　Chondrite-normalized REE patterns and primitive mantle-normalized trace element multi-variation diagrams for the mafic rocks from the Danfeng melange

Type 3 consists of meta-basalts and pillowbasalts from Heihe, Xiaowangjian and Xiahe-iwan. These rocks have high values for MgO (Fig. 3c) and follow differentiation trends typically found in calc-alkaline rocks. Al_2O_3, SiO_2 and Na_2O values increase with decreasing MgO, while CaO and FeO values decrease. Concentrations of TiO_2 do not change significantly, but tend to increase with decreasing MgO. Low Al_2O_3 content as well as increasing Al_2O_3 with MgO are unusual (Fig. 3b). The observed trends may be compatible with fractionation trends where only olivine, clinopyroxene and some Fe-Ti oxides fractionate or, alternatively, these rocks may represent cumulates with only minor amounts of plagioclase. Magma-mixing and assimilation of country rocks may also play a role in the chemical evolution of these rocks. Minor elements behave as expected in typical calc-alkaline differentiation trends. The absolute concentration of LIL elements (Cs, Rb, Ba, Th, U, K, Sr, Ce) is significantly higher compared to the rock suites of type 1 and 2 (Fig. 5b, d, f). Chondrite-normalized REE patterns for these rocks show about 100 times higher enrichment for the light REE and a tenfold enrichment for the heavy REE (Fig. 5e). Similar patterns are seen in E-MORB and high-K calc-alkaline basalts. Taken together, the major, minor, and trace element fractionation trends as well as the observed REE patterns suggest that these rocks represent calc-alkaline material.

5.1.2. *The Erlangping Melange*

Samples from various localities in the Erlangping melange appear to have chemical compositions (Appendix Table 2) most similar to calc-alkaline differentiation trends. Values for SiO_2, Na_2O, Ce, Zr, and Th all increase with decreasing MgO whereas TiO_2, FeO, CaO, Cr, and Ni all decrease in value (Fig. 6, 7). Only Al_2O_3 shows an opposite trend as anticipated for calc-alkaline magmatic rocks (Fig. 6) increasing with decreasing MgO, which probably indicates that no or only minor amounts of plagioclase crystallized from the melt. Again, three different groups, the QB group, CW group and Y group, can be identified by their different absolute concentration of elements and slightly different fractionation trends and REE patterns.

The QB group, including the basalts from Qingshui and Boyang (QB), exhibits different compositions of major element oxide contents (Fig. 6), but the basalts from Qingshui always represent more evolved compositions than from Boyang. Values for MgO vary from 4.68 to 8.02 wt.%, SiO_2 from 45.32 to 51.25 wt.%, Na_2O from 1.54 to 4.59 wt.%, Al_2O_3 from 14.00 to 17.57 wt.%, CaO from 5.91 to 11.33 wt.%, and TiO_2 is between 1.59 and 2.00 wt.%. With decreasing MgO, the compatible elements Cr and Ni systematically decrease, while more incompatible elements Sr, Ce, Zr, and Th increase. The mafic rocks from Qingshui show slight LREE enrichment without a strong Eu anomaly (Fig. 8a). Such REE patterns are typical for low-K calc-alkaline rocks. In contrast, the basalts from Boyang have relatively lower REE than those from Qingshui, and additionally display a slight decrease in light REE. Similar patterns are known from E-/T-MORB, however, the Ti and Fe fractionation trends point towards a calcalkaline setting. Primitive mantle-normalized incompatible element distribution patterns (Fig. 8b) show that basalts from both Qingshui and Boyang do not display fractionation of HFSE but those from Boyang display a distinct negative anomaly in Th.

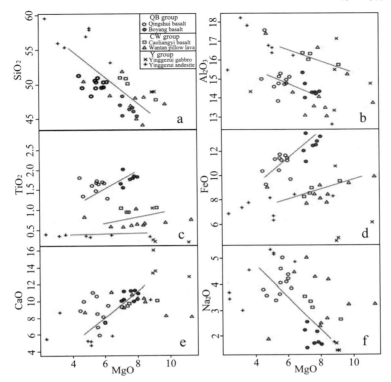

Fig. 6　Major element diagrams for the basaltic rocks from the Erlangping melange

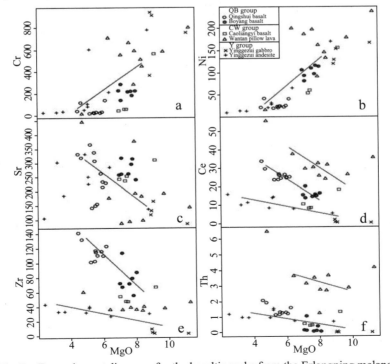

Fig. 7　Trace element diagrams for the basaltic rocks from the Erlangping melange

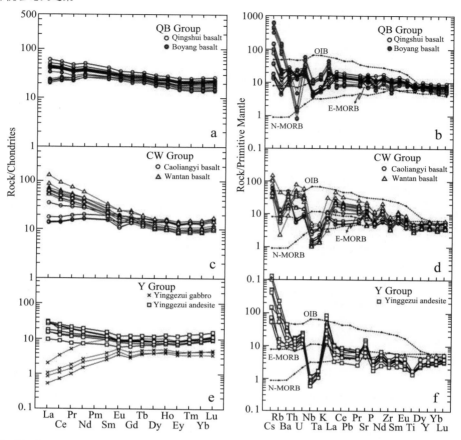

a/b- QB Group, samples from Qingshui and Boyang area; c/d- CW Group, samples from Caoliangyi and Wantan area; e/f- Y Group, samples from Yinggezui section. Chondrite- and mantle-normalization values and OIB, E-MORB and N-MORB fields are from Sun and McDonough (1989).

Fig. 8　Chondrite-normalized REE patterns and primitive mantle-normalized trace element multi-variation diagrams for the mafic rocks from the Erlangping melange

　　The CW group includes the meta-basalt and pillow basalt samples from the Caoliangyi and Wantan (CW) areas. The rocks exhibit high MgO content ranging from 7.01 to 11.30 wt.%. Major element oxide values are: SiO_2 from 44.01 to 51.78 wt.%, Na_2O from 1.87 to 5.01 wt.%, TiO_2 from 0.61 to 1.04 wt.%, CaO from 8.19 to 11.13 wt.%, and Al_2O_3 from 13.02 to 17.40 wt.%. Samples of the CW group have a large spread in Ni (48 – 238 ppm) and Cr (15 – 802 ppm) concentrations, while Th, U, and light REE have typically the highest concentration for samples from the Erlangping melange (Fig. 7). Major, minor and trace elements follow typical magmatic evolution trends. The basalts of Caoliangyi display flat REE patterns or slight LREE enrichment with $(La/Yb)_n = 0.94$-2.51 (Fig. 8c), while Wantan basalts are characterized by a strong enrichment of LREE with $(La/Yb)_n = 4.50 – 8.28$. A few samples from both localities display a slight negative Eu anomaly. The observed REE patterns are commonly found in calc-alkaline rocks. The CW basalts exhibit a strong depletion in Nb-Ta and a less pronounced depletion in

Rb, Zr and Ti (Fig. 8d).

The Y group includes the ophiolites and subduction-related andesites from Yinggezui (Y). The ophiolites consist of serpentinites, gabbros and basalts. The serpentinites display high MgO (35.76 – 36.35 wt.%) and high values for LOI (12.97 – 14.73 wt.%). Values for SiO_2 (37.16 – 38.92 wt.%), Al_2O_3 (0.82 – 0.88 wt.%), CaO (1.62 – 2.84 wt.%), and TiO_2 (0.01 wt.%) are all low (Appendix Table 2).

Gabbroic rocks and andesites from the Yinggezui (Y group) show large variations in MgO (2.39 – 11.15 wt.%), SiO_2 (48.87 – 59.59 wt.%), Na_2O (1.27 – 5.31wt.%), Al_2O_3 (12.58 – 18.22 wt.%), CaO (3.43 – 16.03 wt.%), Ni (11 – 167 ppm) and Cr (25 – 944 ppm), but are relatively constant for TiO_2 (0.21 – 0.38 wt%, with one exception of 1.04 wt.%), Zr (2.8 – 43.1 ppm) and Th (< 0.01 – 1.54 ppm) (Figs. 6,7). Incompatible elements such as Ce, Zr, and Th have the lowest concentrations found in samples from Yinggezui. Gabbroic and basaltic to andesitic samples show some distinct differences in element composition and differentiation trends, implying no genetic link. The gabbros from Yinggezui are strongly depleted in LREE with $(La/Yb)_n = 0.12 – 0.23$ and $(La/Sm)_n = 0.21 – 0.28$, and show a slight positive anomaly of Eu (1.05 – 1.40) (Fig. 8e). The shape of the chondrite-normalized REE pattern is similar to a depleted mantle or MORB. However, the mineralogy of the rocks is clearly different from a mantle rock and the concentration of REE is significantly lower than that of typical MORB. In comparison to the gabbros, both the basaltic andesites and andesites from this locality show a slight LREE enrichment with $(La/Yb)_n = 1.12 – 2.82$ (Appendix Table 2), and the patterns are parallel to each other in the chondrite-normalized REE plot (Fig. 8e). These chondrite-normalized patterns are again consistent with calc-alkaline magmas. The basaltic to andesitic samples exhibit negative anomalies for Nb-Ta, Zr and minor Ti, and positive anomalies for K, Sr and Rb in primitive mantle-normalized trace element patterns (Fig. 8f).

5.2　LA-ICP-MS zircon U-Pb dating

Sample 027N-90 from the gabbro of the Yanwan ophiolite from Danfeng melange was selected for zircon dating. Zircons exhibit well-developed magmatic oscillatory zoning in cathodoluminescence images. The results of the U-Pb analysis of 28 single zircon grains are presented in Appendix Table 3. Their Th/U ratios range from 0.16 to 0.39. Twenty-four analyzed data of individual grains plot on or near the Concordia (Fig. 9). Twenty-two analyses from the inner and outer parts of individual grains form a tight cluster with an age concordance between 95 to 105 percent and yield $^{206}Pb/^{238}U$ ages ranging from 507 to 530 Ma with a weighted mean age of 517.8 ± 2.8 Ma (MSWD = 0.98). This is in accordance with the lower intercept age of 513 ± 5.6 Ma (MSWD = 0.88) (Fig. 9). The other four discordant age were discarded because of the $^{206}Pb/^{238}U$ ages do not agree with the $^{207}Pb/^{235}U$ ages.

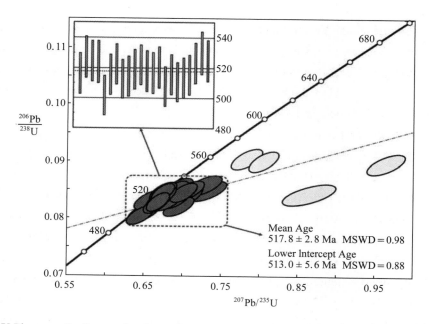

Fig. 9   U-Pb concordia diagram for zircons from the Yanwan gabbro in the Danfeng melange within the Shangdan suture zone. The inset diagram in upper left corner shows the mean $^{206}Pb/^{238}U$ age of the concordant ages from the analyzed zircons

6. Discussion

6.1. *Characteristics of the magma sources*

The North Qinling area underwent multi-phase orogenic movements and vast areas were overprinted by early Palaeozoic greenschist facies metamorphism. However, the type 1 rocks of the Danfeng melange show low concentrations of LIL elements (except Cs), and low values for LOI (< 2.0 wt.%) and K_2O. Consequently, there does not appear to have been any strong alteration effects. On the other hand, the types 2 and 3 of the Danfeng melange, as well as the rocks from the Erlangping melange have high LOI and large variations of K, Sr and LIL element contents. These geochemical features indicate that their original concentrations may have been partially modified, quite likely during greenschist facies metamorphism. However, Al, Ca and Mg (Beswick, 1982), HFSE such as Th, Zr, Hf, Nb, Ta, Ti, Y and REE absolute abundances and ratios of incompatible elements are likely to have remained immobile (Barnes et al., 1985; Jochum et al., 1991; Kerrich et al., 1998; Zhao and Zhou, 2007). Accordingly, the following discussion of the magma geochemical composition will focus on these immobile elements and their ratios.

6.1.1. *Magma sources of the Danfeng melange*

The types 1 and 2 mafic rocks of the Danfeng melange show similar magma evolutionary trends. These characteristics suggest that the magma sources of types 1 and 2 evolved by fractionation of olivine, plagioclase and clinopyroxene, plus minor fractionation of hornblende. However, with lower contents of MgO, Ni and Cr, as well as higher FeO, TiO_2 and incompatible elements (LILE, HFSE), type 2 can be distinguished from type 1 (Figs. 3,4). The MgO (6.88 – 10.9 wt.%), $Mg^\#$ (52 – 67, $Mg^\# = 100*MgO/(MgO + 0.765*Fe_2O_3t)$) and Ni (51 – 240 ppm) of type 1 are relatively higher than that of type 2 (MgO = 3.75 – 9.22 wt.%, $Mg^\# = 42 – 61$ and Ni = 12 – 114 ppm). These characteristics suggest that they underwent different degrees of fractional crystallization prior to emplacement. These features, as well as the different chondrite-normalized REE patterns, imply different mantle sources for types 1 and 2 magmas. In general, crustal contamination will increase LIL elements, K_2O and Na_2O, and decrease P_2O_5 and TiO_2 (Zhao and Zhou, 2007). Low concentrations and narrow ranges of K_2O and Na_2O, and high TiO_2 contents, as well as mostly low LIL elements (Fig. 5b, d, f) suggest no crustal contamination. This interpretation is also supported by the lack of evidence for negative Nb-Ta anomalies or positive Zr-Hf anomalies, as would be expected for crustal contaminated magmas (Fig. 5b, d). In addition, both types 1 and 2 rocks have low Th and U contents, and lower Th/Ta ratios (0.88-2.09) than primitive mantle values of 2.07 (Sun and McDonough, 1989). The Th-U depletion can be partially attributed to plagioclase accumulation in gabbros, while the type 1 gabbros from Guanzizhen ophiolite show some positive Eu anomalies and large Th/Ta ratios.

Although the type 3 rocks from the Danfeng melange exhibit similar positive correlation of MgO with CaO, Cr and Ni, they are distinct from types 1 and 2 rocks in terms of their low TiO_2 contents, and a negative correlation of MgO with Al_2O_3 (Fig. 3). High Ni, Cr, Th, U and MgO contents as well as a high Th/Ta ratio of the type 3 rocks are interpreted to represent primary melts of calc-alkaline affinity. These geochemical features indicate that the magma source of the type 3 rocks was influenced by enrichment of Th and depletion of Nb-Ta and Ti components, which are mostly contributed to subduction-related magmas. Although these characteristics can also be produced by crustal contamination, the negative Zr anomaly of all the type 3 rocks argues against such an interpretation.

6.1.2. *Magma sources of the Erlangping melange*

All samples from the Erlangping melange exhibit positive correlations of MgO with CaO, TiO_2, FeO, Cr and Ni, and negative correlation of MgO with SiO_2 and Al_2O_3 (Fig. 6). These characteristics support that they evolved by fractionation of clinopyroxene and olivine from the parental magmas. The slightly positive TiO_2 correlation with MgO indicates that there was some fractionation of Fe-Ti oxides. Only samples from the Yinggezui locality have constant TiO_2 values regardless of MgO values, suggesting no fractionation of Fe-Ti oxides. However, samples from different outcrops of the Erlangping melange show distinct variations of several elements with MgO contents and therefore suggest different magma evolution. Some variations of Eu anomalies support a variable role of plagioclase fractionation although the Al_2O_3 vs MgO trend indicates that plagioclase did nor play a significant role in crystallization and fractionation.

The samples from Qingshui and Boyang (QB) have low MgO contents with $Mg^\# = 47 -$ 57, and $Ni = 21 - 117$ ppm, suggesting that they are not primitive melts and must have undergone some degree of fractional crystallization in magma chambers prior to emplacement (Wang et al., 2007). The mafic rocks from Qingshui have relatively higher ΣREE (79.2 - 112 ppm) than the Boyang basalts ($\Sigma REE = 55.7 - 70.3$ ppm). Additionally, the Boyang basalts have much higher Cs, Rb and K contents, and lower Th and Th/U values than the Qingshui samples. Field relationships reveal that the basalts in Boyang were intruded by a large number of Cenozoic alkaline syenite porphyry dykes. Therefore, we suggest that the geochemical differences of the Boyang basalts may reflect modification by fluids with high K and low Th contents derived from the Cenozoic alkaline magmatic rocks. The high Nb/La and Nb/Y ratios and negative Zr anomalies of the Boyang basalts indicate that there was no crustal contamination during the magma evolution. Accordingly, the basalts of Boyang and Qingshui might be derived from a similar mantle source but may have then experienced different magma evolutionary stages, as supported by the different ΣREE and Nb/La ratios.

All samples from the Caoliangyi and Wantan (CW group) display a slight negative Eu anomaly in chondrite-normalized REE plots indicating some plagioclase fractionation (Fig. 8c). There is no clear correlation of MgO with CaO (Fig. 6e) suggesting only minor clinopyroxene fractionation during the magma evolution, but there is well defined positive correlation of MgO with Cr and Ni (Fig. 7a, b) indicating olivine and spinel fractional crystallization from the parental magmas. The samples of the CW group show negative Nb-Ta anomalies relative to LREE (Fig. 8d) and high Th-U contents which can be interpreted as a result of metasomatism of a mantle source by subduction-related processes, while the clear depletion of Zr argues against crustal contamination. It is noticeable that samples from Caoliangyi and Wantan display different REE patterns (Fig. 8c) with various $(La/Yb)_n$ ratios ranging from 0.94 to 2.51 and from 4.50 to 8.28, respectively. However, the rocks from these two localities display well defined similarities in terms of HREE, Nb-Ta depletion and particularly lower Nb and Ta concentrations than N-MORB (Fig. 8d). Accordingly, the rocks in Caoliangyi and Wangtan might be either formed by a distinct stage of magma evolution or derived from different magma sources. Either way, it appears that the magma source of these two sets of rocks was modified by subduction-related processes.

The Yinggezui samples (Y group) consist of gabbros, basaltic andesites and andesites, which are characterized by similar HREE and extremely different LREE patterns (Fig. 8e). The difference in LREE cannot be explained by fractional crystallization alone and thus it is not clear if the magmas of these rocks were derived from the same mantle source. The basaltic andesites and andesites show lower and larger variations of MgO content than the gabbros, while their Mg#s range from 42 to 69, and from 63 to 80, respectively. This indicates that the andesites are not primary melts. Although there are large variations of Cs, Rb and Ba contents, the moderate Th and U contents, and distinct Nb-Ta, Sr, Zr and Ti depletion suggest metasomatism of a mantle source by subduction-related processes rather than crustal contamination (Fig. 8f). The well defined positive correlations of MgO with CaO, Ni and Cr reveal clinopyroxene and olivine fractionation. The slightly negative Eu anomaly of the andesites may indicate plagioclase fractionation in the magma source, whereas the slightly positive Eu anomaly in the gabbros suggests some plagioclase accumulation.

High field strength elements are used to constrain the nature of mantle sources which may have been depleted by previous melt extraction in back-arc basin settings (Woodhead et al., 1993; Elliott et al., 1997) or arc-settings (Grove et al., 2002). Nb/Ta and Zr/Hf ratios can be changed during fractionation and would be positively correlated during partial melting of the upper mantle (Zhao and Zhou, 2007). Therefore, all the samples from the Erlangping melange that feature positive correlations of Nb/Ta with Zr/Hf may reflect derivation from a subduction-modified magma source such as in a back-arc basin. The correlation of Rb, Th, Nb, Zr and Y reveal that the rocks of Yinggezui and Wantan were mostly modified by subduction-related fluids. However, the Boyang rocks exhibit clear features of melt-related enrichment, which might be interpreted as derivation of these magmas from partial melting of a slab. In contrast, the Qingshui and Caoliangyi rocks show similar compositions to that of E-MORB with low Rb/Y, Nb/Y, Nb/Zr and Th/Zr ratios.

6.2. Tectonic setting and framework

6.2.1. Danfeng melange

The type 1 basalts of the Danfeng melange show significant depletion of LREE, and their chondrite-normalized REE element patterns coincide with that of N-MORB (Fig. 5). In general, high Nb-Ta values are signatures of ocean island basalts (OIB) (Edwards et al., 1994), while Nb-Ta depletion is used as an indicator of crustal contamination or subduction (Sun and McDonough, 1989). Neither HFS element fractionation nor depletion of Nb-Ta and Ti (Fig. 5b) exists in the type 1 samples and thus we infer that the magmas of these rocks were derived from a depleted mantle source in a mid-ocean ridge setting. This interpretation can be tested using tectonic discrimination plots (Fig. 10,11). In the Ti-Zr diagram (Pearce and Cann, 1973) most samples plot in fields B and D, corresponding to MORB, calc-alkaline basalt and island-arc tholeiites, respectively (Fig. 10a). On a Hf-Th-Ta discrimination diagram (Wood, 1980) the type 1 samples fall into the N-MORB field, except for the Liushuigou samples which plot in the WPA (Alkaline Within-plate Basalt) field (Fig. 10b). In the Ta/Yb versus Th/Yb plot (Pearce, 1983), the type 1 samples fall clearly in the N-MORB field (Fig. 11).

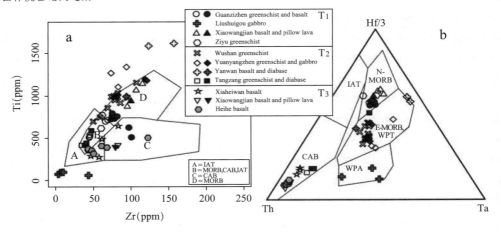

a. Zr-Ti（Pearce and Cann, 1973）; b. Th-Hf-Ta（Wood, 1980）

Fig. 10　Tectonic discrimination diagrams for samples from the Danfeng melange

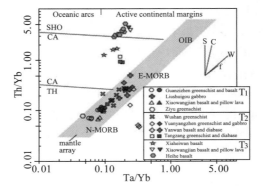

Fig. 11　Ta/Yb versus Th/Yb（Pearce, 1983）plot for samples from the Danfeng melange. Vectors show the influence of subduction components（S）, within-plateenrichment（W）, crustal contamination（C）and fractional crystallization（f）.

　　Type 2 rocks have a slight enrichment of LREE in chondrite-normalized REE diagrams（Fig. 5c）. Most samples show a flat distribution pattern for HFSE without any Nb, Ta and Ti anomalies, which is consistent with the distribution pattern of a typical E-MORB（Fig. 5d）. Especially the basalts from Wushan exhibit an equivalent incompatible element distribution patterns to E-MORB. Exceptions include some LIL elements（such as Cs, Rb, Ba, K and Sr）in type 2 samples from Yanwan and Tangzang. The geochemical characteristics suggest a derivation of the type 2 rocks from an initial stage of extension or at transitional ridge segments of a mid-ocean ridge such as the Mid-Atlantic Ridge or the East Pacific Rise. While the samples fall mainly in the MORB field on the Pearce and Cann（1973）plot（Fig. 10a）, the Wood（1980）and Pearce（1983）discrimination diagrams classify these samples clearly as E-MORB（Fig. 10b, 11）.

　　The type 3 rocks are characterized by enrichment of LREE（Fig. 5e）and Th, and a strong depletion of Nb and Ta. As previously discussed, Nb-Ta depletion and enrichment of Th can be caused by either crustal contamination or a magma source which is influenced by the input of subducted material (Sun and McDonough, 1989). Crustal contamination produces not only Nb and Ta depletion and Th enrichment but also positive Zr and Hf anomalies. However, type 3 rocks clearly exhibit negative Zr and Hf anomalies (Fig. 5f), which does not support the interpretation of crustal contamination. The type 3 rocks, therefore, were likely formed in a subduction-related tectonic setting, and the magma was derived from a mantle wedge above the subducted slab.

The samples of type 3 fall in the fields A and subordinate C in the Ti-Zr plot (Fig. 10a), which correspond to island-arc tholeiite and calc-alkaline basalt, respectively. The tectonic discrimination diagram from Wood (1980) classifies the samples from type 3 as calc-alkaline basalt (Fig. 10b). In the Ta/Yb versus Th/Yb plot (Pearce, 1983), the type 3 samples fall clearly in the fields of calc-alkaline and shoshonitic rocks originating from active continental margins (Fig. 11).

6.2.2. *Erlangping melange*

The samples from Boyang display flat REE patterns in chondrite-normalized REE plots (Fig. 8a) suggesting derivation of magmas from a primitive or slightly enriched mantle with an affinity to E-or T-MORB or low-K/calc-alkaline suites. Primitive mantle-normalized plots without Nb-Ta depletion (Fig. 8b) indicate that the magma formation is probably not related to slab subduction. However, there are still two possibilities, one is an initial spreading center like the Red Sea, and another is a mature back-arc basin. The E-/T-MORB patterns are well developed in the Red Sea, which represent magmas derived from the asthenospheric mantle by different degrees of partial melting. Meanwhile, E-/T-MORB can also be produced at the axial trough as embryonic oceanic crust (Altherr et al., 1988; Petrini et al., 1988), and also were reported from the transitional ridge segments of the Mid-Atlantic Ridge and East-Pacific Rise (Sun et al., 1979; Reynolds et al., 1992). Although there are still not sufficient geochemical factors to define mafic rocks formed in a back-arc basin setting, regional geology and rock association, as well as comparison with samples from the other locations of the study area indicate that the Boyang succession most likely formed in a back-arc basin setting. Especially the rocks at Qinshui showing slight enrichment of LREE, no HFS element differentiation, but distinct Nb-Ta negative anomalies (Fig. 8b) reflect magma derivation from a spreading center but modified by subducted material. In the Ti versus Zr plot (Pearce and Cann, 1973), all samples from Qinshui fall into MORB field (Fig. 12a), while the samples from Boyang fall outside all designated fields. The tectonic discrimination diagram from Wood (1980) places the Qingshui samples into the CAB (calc-alkaline basalt) field, the Boyang samples at the edge of the E-MORB and WPT (within-plate tholeiite) field (Fig. 12b). In the Ta/Yb versus Th/Yb plot (Pearce, 1983), the Qingshui samples plot in the calc-alkaline field typical of oceanic arcs.

The Boyang samples plot to the right of the gray shaded area for mid-ocean ridge and within-plate volcanic rocks（Fig. 13）.

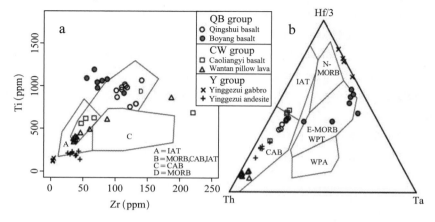

a. Zr-Ti（Pearce and Cann, 1973）; b. Th-Hf-Ta（Wood, 1980）

Fig. 12　Tectonic discrimination diagrams for samples from the Erlangping melange

The Wantan rocks are characterized by strong depletion of Nb, Ta and Ti, and enrichment of Th, which are regarded as fingerprints of subduction-related rocks. However, such signatures also can be produced in the initial stage of extension of a back-arc basin. In primitive mantle-normalized multi-variation diagrams, the samples from Caoliangyi display flat LREE distribution patterns like E-MORB without HFS element fractionation（Fig. 8c, d）, but with strong Nb-Ta depletion distinct from E-MORB. These features may indicate formation in a back-arc basin, where an initial spre-ading center is superimposed by some Nb-Ta depleted material. The Zr-Ti diagram（Pearce and Cann, 1973）shows that the Caoliangyi and Wantan samples fall mainly in the field of MORB, CAB（calc-alkaline basalt）and IAT（island-arc tholeiite）（Fig. 12a）. The Wood（1980）discrimination diagram classifies the samples partly as CAB（calc-alkaline basalt）and partly as IAT（island-arc tholeiite）（Fig. 12b）, while the Wantan samples only plot in the calc-alka-line basalt field. In the Pearce（1983）plot the Wantan samples fall in the calc-alkaline field typical for oceanic arcs. The Caoliangyi samples are located within the tholeiite field for oceanic arcs（Fig. 13）.

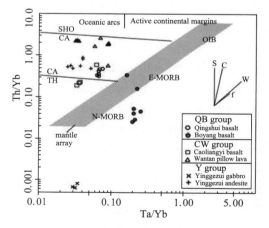

Fig. 13　Ta/Yb versus Th/Yb（Pearce, 1983）plot for samples from the Erlangping melange. Vectors show the influence of subduction components（S）, within-plate enrichment（W）, crustal contami-nation（C）and fractional crystallization（f）

The Yinggezui rocks are characterized by the coexistence of gabbros and andesites. The gabbros are strongly depleted in LREE with a slight positive Eu anomaly in chondrite-normalized REE diagrams (Fig. 8e). In comparison, the accompanying andesites exhibit strong enrichment of LREE, a slight negative Eu anomaly and flat patterns of HREE (Fig. 8e). These characteristics of the REE distribution patterns, as well as the different major, minor and trace element compositions, suggest a different petrogenetic history. The andesites show geochemical features in primitive mantle-normalized incompatible element multi-variation diagrams (Fig. 8f), strong Nb-Ta depletion relative to La, negative Zr and Ti, that are signatures of typical subduction-related magmas. In view of the association of ultramafic rocks, gabbros, basalts and andesites within the same section at Yinggezui, we propose that the ultramafic rocks, gabbros, basalts and andesites were formed in a back-arc basin. However, the magmas of these rocks may be derived from either an inhomogeneous mantle source or different mantle sources. The gabbroic samples have unusually low concentrations of Th, Ta, Ti, and Zr, and fall outside the designated fields in all the geotectonic discrimination diagrams. The andesites fall in or slightly outside of the field of island-arc tholeiite (IAT) in the Ti-Zr plot (Fig. 12a). The tectonic discrimination diagram from Wood (1980) classifies the andesites as CAB (calc-alkaline basalt) (Fig. 12b). In the Ta/Yb versus Th/Yb plot from Pearce (1983), the samples fall clearly in the fields of calc-alkaline rocks originating from oceanic arcs (Fig. 13).

6.2.3. *Overall synthesis*

To summarize, the N-MORB and E-MORB rocks of types 1 and 2 of the Danfeng melange may represent an initial ocean-type environment, with genesis at a spreading centre and possibly a transitional ridge. In addition, there is evidence for either an ocean island-arc or active continental margin. It is significant that there are no intermediate-acidic volcanic rocks within the Danfeng melange. We suggest that the N-MORB and E-MORB rocks of the Danfeng melange represent remnants of the oceanic lithospheric crust of the Shangdan (or Qinling) Ocean, which had lain between the North China and the South China blocks. The mafic rocks from Guanzizhen, Xiaowangjian and Ziyu with their N-MORB geochemical characteristics formed at a mid-oceanic ridge from a depleted mantle. The ultramafic and mafic rocks from Yuanyangzhen, Wushan, Yanwan and Tangzang with E-MORB features were produced at an initial spreading center of a mid-oceanic ridge or a transitional ridge segment of a mid-oceanic ridge. These MORB-type ophiolites are accompanied by either oceanic island-arc or active continental margin basalts exposed in Heihe, Xiaheiwan and some of the Xiaowangjian areas.

Detailed mapping reveals that the Danfeng melange is discontinuously distributed along the Shangdan suture zone (Zhang et al., 2001), which separates the North Qinling terrane from the South Qinling belt. As stated previously, the North Qinling terrane is characterized by predominantly highly deformed, amphibolite- and greenschist-facies metamorphosed Lower Proterozoic basement, which was unconformably covered, in some localities, by Carboniferous and/or Permian fluvial facies sandstones with coal measures. In contrast, the South Qinling belt comprises several scattered Archean to Lower Proterozoic basement uplifts (e. g. Yudongzi), widely distributed Middle and Upper Proterozoic bimodal volcanic successions (e. g. Wudang Group) and Upper Proterozoic basalt-bearing rhyolite (e. g. Yaolinghe Group; Zhang et al., 2001). Consequently, these Precambrian units are unconformably overlaid by continuous Sinian to Lower Triassic cover sequences. Amphibolite and greenschist-facies metamorphism at $\sim$ 1.0 Ga and $\sim$ 400 Ma have been well documented within the North Qinling belt (Chen et al., 1991; Liu et al., 1993; Zhang et al., 1994b; Sun et al., 2002). However, the South Qinling belt does not appear to have undergone Late Proterozoic and Early Palaeozoic metamorphism, but only lower greenschist-facies metamorphism at a few localities. All these evidences indicate that the Shangdan suture zone is a geological boundary between the North Qinling and South Qinling belts. Taking into account the geochemical characteristics and geological evidence mentioned above, we propose that the Danfeng melange represents the remnants of oceanic crust and island-arc volcanic rocks, and marks the suture zone formed during the closure of the Shangdan (Qinling) Ocean between the North China and South China blocks.

Compared with Danfeng melange, the Erlangping melange has a different lithological composition, which consists not only of ultramafic and/or mafic rocks, but also of andesites and rhyolites in the western Qinling. Although most samples of Erlangping melange show depletion in Nb-Ta, their geochemical compositions and nature of the mantle source are rather different from that of the island-arc volcanic rocks in the Danfeng melange. Additionally, samples of the Erlangping melange display different magma evolutionary trends from that of the island-arc basalts in the Danfeng melange. Taking into account the geochemical composition, nature of magma sources and their evolution, and lithological composition, we propose that the Erlangping melange represents remnants of different stages of development of a back-arc basin.

The evolution of the back-arc basin can be inferred to have formed by northward subduction of the Shangdan oceanic crust, as indicated by a great number of subduction-related gabbroic intrusions in the Fushui (Dong et al, 1997), Lajimiao, Sifangtai (Li et al., 1993b), and Tianshui areas (Pei et al., 2005, 2007a). It also supported by a series of subduction-collision related granitoids, such as the Huichizi, Piaochi, Anjiping, Zaoyuan and Tieyupu plutons (437 – 485 Ma; Zhang et al., 1994c, 1996a, b, 1997a, b; Chen et al., 1995, 1996; Xue et al., 1996b; Wang et al., 1998, 1999; Li et al., 2001).

6.3. *Tectonic evolutionary history*

6.3.1. *Timing of the Shangdan Ocean*

During the past two decades, the evolutionary history of the Shangdan Ocean has been constrained by a large number of studies. In this study, the Yanwan ultramafic-mafic rocks have been shown to represent an E-MORB-type ophiolite. Our new zircon U-Pb age of 517.8 ± 2.8 Ma from the gabbro, as well as the SHRIMP U-Pb zircon age of 483 ± 13 Ma for the basalts (Chen et al., 2008) represent the formation time of the ophiolite in Yanwan area. Meanwhile, the Guanzizhen ophiolite, which consists of metaperidoties, gabbros, basalts and MOR-type plagiogranites, is the most typical N-MORB-type ophiolite identified in our study. The LA-ICPMS U-Pb zircon age of the gabbros is 471 ± 1.4 Ma (Yang et al., 2006). The gabbros in the Liushuigou area also yield a LA-ICPMS U-Pb zircon age of 499.7 ± 1.8 Ma (Pei et al., 2007a) and a TIMS U-Pb zircon age of 507.5 ± 3.0 Ma (Pei et al., 2005). Based on the SHRIMP U-Pb zircon age, the gabbro and MOR-type plagiogranite of Guanzigou give ages of 534 ± 9 Ma and 517 ± 8 Ma, respectively (Li et al., 2007). In the Luohansi area, the volcanic rocks have been dated by TIMS, which gave a U-Pb zircon age of 523 ± 26 Ma (Lu et al., 2003). These geochronological limits suggest that the Shangdan Ocean evolved at least into a mature N-MOR setting by ca. 534 – 471 Ma.

6.3.2. *Timing of subduction*

Based on the geochemical investigations in the Guojiagou area in the eastern Danfeng melange, the basaltic island-arc type volcanic rocks (Zhang et al., 1994a) are interlayered with cherts. Within these successions Cambrian-Ordovician radiolarian fossils are reported (Cui et al., 1995), and may suggest that subduction of the Shangdan Ocean had begun in the Cambro-Ordovician.

To the northern side of the Shangdan suture zone, many subduction-related gabbroids were intruded into the North Qinling terrane. A SHRIMP U-Pb zircon age of 457 ± 3 Ma is reported from subduction-related gabbros of the western Yuanyangzhen area (Li, 2008). In the western North Qinling terrane, the gabbros and diorites were documented as reflecting subduction-related magma intrusions, and the LA-ICPMS U-Pb zircon age of 449.7 ± 3.1 Ma constrains the intrusive age (Pei et al., 2007b). In the middle North Qinling terrane, the subduction is constrained by the arc-type gabbroic intrusions in the Houzhenzi, Sifangtai and Lajimiao areas (Li et al., 1993b), as well as the Fushui gabbroic intrusion in the eastern North Qinling terrane. Geochemical investigation revealed that these gabbros formed in an active continental margin setting related to the subduction of the Shangdan Ocean (Dong et al., 1997). All the U-Pb zircon ages of 475 ± 4 Ma from Houzhenzi (LA-ICPMS; Liu et al., 2007), 422 ± 7 Ma from Lajimiao (LA-ICPMS; Liu et al., 2009), and 514 ± 1.3 Ma (TIMS; Lu et al., 2003), 501 ± 1.2 Ma (SHRIMP; Li et al., 2006a) and 490 ± 10 Ma (SHRIMP; Su et al., 2004) from Fushui constrain the subduction time of the Shangdan Ocean at ca. 514 – 420 Ma.

Additionally, there are a large number of Early Palaeozoic granitic plutons in the North Qinling terrane (e.g. Huichizi, Anjiping, Piaochi plutons, etc.). Elemental and isotopic geochemical studies characterize these granites as related to subduction (Zhang et al., 1996a, b; Li et al., 2001). U-Pb zircon ages of 445 ± 4.6 Ma (Dong et al., 2010), 437 ± 58 Ma (Li et al., 2000) and 434 ± 7 Ma (Wang et al., 2009) as well as a Rb-Sr isochron age of 486 ±

15 Ma (Zhang et al., 1996a) give limitations to the formation of the Huichizi granitoids. Furthermore, the Anjiping S-type granite also yields a Rb-Sr isochron age of 452 ± 2 Ma (Chen et al., 1998). The timing of subduction is also supported by the U-Pb zircon ages of 458 – 442 Ma for the Wuduoshan granitoid (Zhang et al., 2001).

Taking into account all the ages of gabbros and granites in the North Qinling terrane, we propose that the northward subduction of the Shangdan Ocean along the southern edge of North Qinling terrane was in operation at ca. 514 – 420 Ma.

6.3.3. *Timing of the Erlangping back-arc basin*

As previously demonstrated, the Erlangping melange appears to represent the remnant of a back-arc basin related to the northward subduction of the Shangdan oceanic crust. The basalt from Caoliangyi has a SHRIMP U-Pb zircon age of 472 ± 11 Ma (Yan et al., 2007), which is consistent with the age of fossils, and suggests the existence of the back-arc basin in the Ordovician. Lu et al. (2003) reported a SHRIMP U-Pb zircon age of 467 ± 7 Ma for the pillow lava from the Wantan section, which can be regarded as the formation age of the back-arc basin. Early to Middle Ordovician radiolarians and Cambrian microfossils within cherts of the Erlangping ophiolite in Wantan area were also reported (Wang et al., 1995). The Erlangping melange was intruded by the Xizhuanghe granite at 460 ± 0.9 Ma (Guo, 2010), which constrains the closure time for the back-arc basin.

On the basis of High-/Ultra-high pressure metamorphism along the northern margin of the North Qinling terrane, which is suggested by eclogites (Hu et al., 1994; Zhang et al., 2003) and diamonds (Yang et al., 2002), the closure of the back-arc basin can be constrained. The eclogite exhibits N-MORB and OIB geochemical characteristics and suggests the protolith of the eclogite is oceanic crust (Zhang et al., 2003). Both the eclogites and associated gneisses bear diamonds (Yang et al., 2002) indicating that both the oceanic crust and adjacent continental crust had undergone deep burial during subduction. Zircons within the gneiss give a U-Pb age of 507 ± 38 Ma (SHRIMP; Yang et al., 2002) and 508 ± 12 Ma (LA-ICP-MS; Liu et al., 2003) for peak-metamorphism. In view of the HP-UHP rocks emplaced at the northern edge of the North Qinling terrane, the subduction of the Erlangping back-arc basin is likely to be towards the south, and peak-metamorphic ages may represent the subduction time of the Erlangping back-arc basin.

Although the Erlangping back-arc basin was closed at ca. 460 Ma, the Shangdan Ocean seems to have still existed until the Devonian, on basis of widespread subduction-related intrusions in the North Qinling terrane, from 514 to 420 Ma. However, Middle-Upper Devonian sediments on the south side of the Shangdan suture zone, the Liuling Group, include material derived from both the South China block and North Qinling terrane (Gao et al., 1995), therefore suggesting that the Shangdan Ocean closed prior to 400 Ma. Additionally, the developed linear granitic intrusions along the Shangdan suture zone were attributed to collision, which yield ages

of 414 – 401 Ma（Lerch et al., 1995）. These geochronological data constrain the closure of
the Shangdan ocean to the Early Devonian.

6.3.4. *Tectonic model*

Taking into account the field relationships, geochemistry and geochronology as presented
here with the regional geological evidence, a model is proposed for the Palaeozoic tectonic evol-
ution of the Qinling orogenic belt （Fig. 14）.

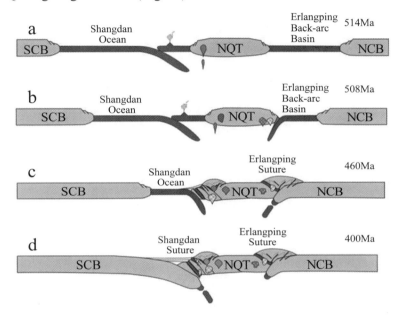

Fig. 14　Schematic cartons showing the tectonic evolutionary history of the Qinling orogen

As represented by the 534 Ma oceanic gabbros from the Guanzigou area, the Shangdan
Ocean was already established before 534 Ma, and the ocean separated the South China block
from the North China block. This ocean possibly started to subduct towards the north before
514 Ma, which is indicated by the Fushui gabbroic intrusion at 514 Ma. Between the Shangdan
Ocean and Erlangping back-arc basin, the North Qinling terrane with an island-arc signature
existed （Fig. 14a）.

Between 514 and 508 Ma, the Shangdan Ocean still persisted and produced oceanic gab-
bros as preserved in the Liushuigou, Guanzizhen, Yanwan areas. The subduction of the Shangdan
oceanic crust resulted in gabbroic and granitic intrusions in the North Qinling terrane. Mean-
while, the Erlangping back-arc basin appears to have begun subducting southwards beneath the
North Qinling terrane at ca. 508 Ma as indicated by the formation of the eclogite （Fig. 14b）.

In the period of 485 to 471 Ma, the Shangdan oceanic crust was still subducting as indicated
by the gabbroic intrusion in Houzhenzi at ca. 475 Ma. Because of the ongoing northward sub-
duction of the Shangdan oceanic lithosphere, some continental crust of North Qinling terrane

might have been scraped off and subducted as indicated by formation of the HP granulites at ca. 485 Ma (Liu et al., 2003). However, throughout this time ocean crust was still generated along a mid-ocean ridge within the Shangdan Ocean producing the Guanzizhen N-MORB crust at ca. 471 Ma. Meanwhile, the Wantan pillow lava was still generated from a mid-ocean ridge within the Erlangping back-arc basin at ca. 467 Ma. However, the consumption of oceanic crust due to subduction is more than the generation in the spreading ridge of the back-arc basin. Consequently, the Erlangping back-arc basin was closed at ca. 460 Ma (Fig. 14c) and intruded by the Xizhuanghe granitoid at 460 Ma.

After the closure of the Erlangping back-arc basin, the Shangdan Ocean was likely still in existence and subduction continued during ca. 460-422 Ma. The ongoing subduction of the Shangdan oceanic crust resulted in gabbroic intrusions in the western Qinling at 457 – 450 Ma, and eastern Qinling at ca. 422 Ma, as well as large amount of granitic plutons in the eastern Qinling during 458 – 434 Ma. After the extinction of the Shangdan oceanic crust, a collision occurred between the North Qinling terrane and South China block during the Early Devonian (Fig. 14 d), which is supported by the emplacement of granitic intrusions along the Shangdan suture zone at 414 – 401 Ma.

7. Conclusions

Our new data allow the following major conclusions:

(1) The Danfeng melange predominantly consists of ultramafic-mafic rocks and oceanic plagiogranite, which represent remnants of ophiolite and subduction-related successions. Geochemical investigations reveal N-MORB and E-MORB compositional characteristics for the ophiolite. In comparison, the subduction-related basalts give geochemical signatures of oceanic island-arc. The Danfeng melange of the Shangdan suture zone represents remnants of the Shangdan oceanic crust along with part of an island-arc succession. Zircon U-Pb age dating of an E-MORB type gabbro within the Yanwan area of the Danfeng melange, yields an age of 517.8 ± 2.8 Ma, which represents the formation age of this part of the oceanic crust.

(2) The Erlangping melange comprises not only ultramafic and mafic rocks, but also andesites and rhyolites. Regional geology, lithological composition and geochemistry suggest that the Erlangping melange formed in a back-arc basin setting.

(3) According to the regional geology and geochronology, an Early-Palaeozoic ocean existed between the South China and North China blocks from ca. 534 to 420 Ma. This ocean, named the Shangdan Ocean, had been accompanied by a back-arc basin on the northern side of the North Qinling island arc terrane.

(4) Taking all the geochronological and regional geological data into account, the Palaeozoic tectonic evolutionary processes are characterized by a long-lived Shangdan Ocean. However, the Erlangping back-arc basin experienced a short evolutionary history and closed

before 460 Ma.

Acknowledgments   Financial support for this study was jointly provided by National Natural Science Foundation of China (grants: 40772140 and 40972140) and MOST Special Fund from the State Key Laboratory of Continental Dynamics, Northwest University. The two anonymous journal reviewers and editor-in-chief Dr. Nelson Eby are acknowledged for their constructive reviews and comments which substantially improved this work, both in science and English. Yunpeng Dong would like to thank Tiffany Barry, Gottfried Tichy, Yong Sun for their sincere help, and Lothar Ratschbacher for his constructive discussion.

References

[1] Altherr, R., Henjes-Kunst, F., Puchelt, H., Baumann, A., 1988. Volcanic activity in the Red Sea axial trough evidence for a large mantle diapir? Tectonophysics 150, 121-133.

[2] Ames, L., Zhou, G., Xiong, B., 1996. Geochronology and geochemistry of ultrahigh-pressure metamorphism with implications for collision of the Sino-Korean and Yangtze cratons, Central China. Tectonics 15,422-489.

[3] Andersen, T., 2002. Correction of common lead in U-Pb analyses that do not report ^{204}Pb. Chemical Geology 192, 59-79.

[4] Barnes, S. J., Naldrett, A. J., Gorton, M. P., 1985. The origin of the fractionation of platinum-group elements in terrestrial magmas. Chemical Geology 53,303-323.

[5] Beswick, A. E., 1982. Some geochemical aspects of alteration and genetic relations in Komatiitic suites, in: Arndt, N. T., Nisbet, E. G. (Eds.), Komatiites, pp. 147-157.

[6] Chen, N. S., Han, Y. Q., You, Z. D., Sun, M., 1991. Whole-rock Sm-Nd, Rb-Sr, and single grain zircon Pb-Pb dating of complex rocks from the interior of the Qinling orogenic belt, Western Henan and its crustal evolution. Geochemica 20,219-227.

[7] Chen, Y. L., Zhang, B. R., Parat, A., 1995. Geochemical characteristics of Pb, Sr and Nd isotopes on early Palaeozoic granites in the Danfeng Region, Northern Qinling Belt. Earth Science 20,247-258.

[8] Chen, Y. L., Yang, Z. F., Zhang, H. F., Ling, W. L., 1996. Geochemical characteristics of Sr, Nd and Pb isotopes of late Paleozoic-Mesozoic granitoids from Northern Qinling Belt. Earth Science 21, 481-486.

[9] Chen, N. S., Zhu, J., You, Z. D., Zhang, K. X., 1998. A comparison about metamorphism among the oldest rock units from orogenic belts of Dabie, Eastern Qinling and Eastern Kunlun of the central Mountain range, China. Earth Science 23,449-454.

[10] Chen, D. L., Liu, L., Zhou, D. W., Luo, J. H., Sang, H. Q., 2002. Genesis and ^{40}Ar-^{39}Ar dating of clinopyroxene megacrysts in ultrama. cterrain from Songshugou, east Qinling Mountain and its geological implication. Acta Petrologica Sinica 18,355-362.

[11] Chen, J. L., Xu, X. Y., Wang, Z. Q., Yan, Q. R., Wang, H. L., Zeng, Z. X., Li, P., 2008. Geological features and SHRIMP U-Pb zircon age of the Yanwan-Yinggezui ophiolitic melange in the Taibai area, West Qinling, China. Geological Bulletin of China 27,500-509.

[12] Cui, Z. L., Sun, Y., Wang, X. R., 1995. Discovery of radiolarians from the Danfeng ophiolite zone, North Qinling, and their geologic significance. Chinese Science Bulletin 40,1686-1688.

[13] Diwu, C. R., Sun, Y., Liu, L., Zhang, C. L., Wang, H. L., 2010. The disintegration of Kuanping Group in North Qinling orogenic belts and Neo-proterozoic N-MORB. Acta Petrologica Sinica 26,2025-2038.

[14] Dong, Y. P., Zhou, D. W., Zhang, G. W., 1997. Geochemistry and formation setting of Fushui complex, Eastern Qinling. Geochemical Sinica 16 (3), 79-88.

[15] Dong, Y. P., Zhang, G. W., Lai, S. C., Zhou, D. W., Zhu, B. Q., 1999. An ophiolitic tectonic melange first discovered in Huashan area, south margin of Qinling Orogenic Belt, and its tectonic implications. Science in China

(D) 43,292-302.

[16] Dong, Y. P., Zhang, G. W., Zhao, X., Yao, A. P., Liu, X. M., 2004. Geochemistry of the subduction-related magmatic rocks in the Dahong Mountains, Northern Hubei province. Science in China (D) 47,366-377.

[17] Dong, Y. P., Zha, X. F., Fu, M. Q., Zhang, Q., 2008a. The structures of the Daba-shan fold-thrust belt, southern Qinling, China. Geological Bulletin of China 27,1493-1508.

[18] Dong, Y. P., Zhou, M. F., Zhang, G. W., Zhou, D. W., Liu, L., Zhang, Q., 2008b. The Grenvillian Songshugou ophiolite in the Qinling Mountains, Central China: implications for the tectonic evolution of the Qinling orogenic belt. Journal of Asian Earth Science 32 (5-6), 325-335.

[19] Dong, Y. P., Genser, J., Neubauer, F., Zhang, G. W., Liu, X. M., Yang, Z., Heberer, B., 2010. U-Pb and $^{40}Ar/^{39}Ar$ geochronological constraints on the exhumation history of the North Qinling terrane, China. Gondwana Research 19,881-893.

[20] Edwards, C. M. H., Menzies, M. A., Thirlwall, M. F., Morris, J. D., Leeman, W. P., Harmon, R. S., 1994. The transition to potassic alkaline volcanism in island arcs: the Ringgit-Beser complex, east Java, Indonesia. Journal of Petrology 35,1557-1595.

[21] Elliott, T., Plank, T., Zindler, A., White, W., Bourdon, B., 1997. Element transport from slab to volcanic front at the Mariana arc. Journal of Geophysical Research 102,14991-15019.

[22] Enkin, R. J., Yang, Z., Chen, Y., Courtillot, V., 1992. Paleomagnetic constraints on the geodynamic history of the major blocks of China from Permian to the present. Journal of Geophysical Research 97,13953-13989.

[23] Faure, M., Lin, W., Le Breton, N., 2001. Where is the North China-South China block boundary in eastern China? Geology 29,119-122.

[24] Gao, S., Zhang, B. R., Gu, X. M., Xie, X. L., Gao, C. L., Gu, X. M., 1995. Silurian-Devonian provenance changes of South Qinling basins: implications for accretion of the Yangtze (South China) to the North China Cratons. Tectonophysics 250,183-197.

[25] Grove, T. L., Parman, S. W., Bowring, S. A., Price, R. C., Baker, M. B., 2002. The role of an H_2O-rich fluid component in the generation of primitive basaltic andesites and andesites form the Mt. Shasta region, N. California. Contribution to Mineralogy and Petrology 142,375-396.

[26] Guo, C. L., 2010. Genesis and formation mechanism of the xizhuanghe granitoid in Erlangping area, east Qinling Ms Dissertation, Xi'an, pp. 1-60.

[27] Hacker, B. R., Ratschbacher, L, Webb, L., Ireland, T., Walker, D., Dong, S., 1998. U/Pb zircon ages cons train the architecture of the ultrahigh-pressure Qinling-Dabie Orogen, China. Earth and Planetary Science Letters 161,215-230.

[28] Hu, N. G., Zhao, D. L., Xu, B. Q., Wang, T., 1994. Discovery of coesite-bearing eclogite in North Qinling and its siginificance. Chinese Science Bulletin 39,2013.

[29] Jochum, K. P., Arndt, N. T., Hofmann, A. W., 1991. Nb-Th-La in komatiites and basalts - Constraints on komatiite petrogenesis and mantle evolution. Earth and Planetary Science Letters 107,272-289.

[30] Kerrich, R., Wyman, D., Fan, J., Bleeker, W., 1998. Boninite series: low Ti-tholeiite associations from the 2.7 Ga Abitibi greenstone belt. Earth and Planetary Science Letters 164,303-316.

[31] Kröner, A., Zhang, G. W., Sun, Y., 1993. Granulites in the Tongbai area, Qinling belt, China: geochemistry, petrology, single zircon geochronology, and implications for the tectonic evolution of eastern Asia. Tectonics 12, 245-256.

[32] Lerch, M. F., Xue, F., Kroner, A., 1995. A Paleozoic magmatic arc in the Heihe area, Qinling orogenic belt, central China. Journal of Geology 103,437-449.

[33] Li, Z. X., 1994. Collision between the North and South China blocks: A crustal-detachment model for suturing in the region east of the Tanlu fault. Geology 22,739-742.

[34] Li, W. Y., 2008. Geochronology and Geochemistry of the Ophiolites and Island-arc-type Igneous Rocks in the

Western Qinling Orogen and the Eastern Kunlun Orogen: Implication for the Evolution of the Tethyan Ocean, PhD Thesis. University of Science and Technology of China, Hefei, pp. 1-154.

[35] Li, S. G., Chen, Y., Zhang, F., Zhang, Z., 1991. A1.0 Ga B. P. alpine peridotite body emplaced into the Qinling Group: evidence for the existence of the Late Proterozoic plate tectonics in the north Qinling area. Geological Review 37,235-242.

[36] Li, S. G., Xiao, Y. L., Liu, D. Y., Chen Y. Z., Ge, N. J., Zhang, Z. Q., Sun, S. S., Cong, B. L., Zhang, R. Y., Hart, S. R., Wang, S. S., 1993a. Collision of the North China and Yangtze blocks and formation of coesite-bearing eclogites: Timing and processes. Chemical Geology 109,89-111.

[37] Li, S. G., Chen, Y. Z., Zhang, Z. Q., Ye, X. J., Zhang, G. W., Guo, A. L., 1993b. Trace elements and Sr, Nd isotopic geochemistry of the Lajimiao norite-gabbro from the north Qinling belt. Acta geologica Sinica 67, 310-322.

[38] Li, S. G., Sun, W. D., Zhang, G. W., 1996. Chronology and geochemistry of metavolcanic rocks from Heigouxia Valley in the Mianlue tectonic zone, South Qinling-evidence for a Paleozoic oceanic basin and its close time, Science in China (D) 39,300-310.

[39] Li, M. H., Chen, Z. H., Xiang. Z. Q., Li, H. k., Lu, S. N., Zhou, H. Y., Song, B., 2006. Difference in U-Pb Isotope ages between baddeleyite and zircon in metagabbro from the Fushui complex in the Shangnan-Xixia area. Qinling orogen. Geozogical Bulletin of China 25,653-659.

[40] Li, W. P., Wang, T., Wang, X. X., 2001. Source of Huichizi granitoid complex plutonin Northern Qinling, Central China: constrained in element and isotopic geochemistry. Earth Science 26,269-278.

[41] Li, W. Y., Li, S. G., Pei, X. Z., Zhang, G. W., 2007. Geochemistry and zircon SHRIMP U-Pb ages of the Guanzizhen ophiolite complex, the Western Qinling orogen, China. Acta Petrologica Sinica 23,2836-2844.

[42] Liu, G. H., Zhang, S. G., You, Z. D., Suo, S. T., Zhang, G. W., 1993. Metamorphic History of Main Metamorphic Complexes in the Qinling Orogenic Belt. Geological Publishing House, Beijing, pp. 1-190.

[43] Liu, L., Chen, D. L., Zhang, A. D., 2003. The peak metamorphic age and its geological significance of high-pressure to ultrahigh pressure rocks in northern Qinling Mountains. Abstract for Structural Geological Development Strategic Symposium at the Begin of 21 Century, Xi'an, pp. 93-96.

[44] Liu, J. F., Sun, Y., Zhang, H., 2007. Zircon age of Luohansi Group in the northern Qinling and their geological significance. Journal of Northwest University 37,907-911.

[45] Liu, J. F., Sun, Y., Sun, W. D., 2009. Geochemistry and petrogenesis of Sifangtai mafic-ultramafic complex from North Qinling. Acta Petrologica Sinica 25,320-330.

[46] Lu, S. N., Li, H. K., Chen, Z. H., 2003. Characteristics, sequence and ages of neoproterozoic thermo-tectonic events between Tarim and Yangzi blocks-a hypothesis of Yangtze-Tarim connection. Earth Science Frontiers 10, 321-326.

[47] Ludwig, K. R., 2003. ISOPLOT 3.0: A Geochronological Toolkit for Microsoft Excel, Berkeley Geochronology Center. Special Publication, no. 4.

[48] Mattauer, M., Matte, P., Malavieille, J., Tapponnier, P., Maluski, H., Xu, Z., Lu, Y., Tang, Y., 1985. Tectonics of the Qinling belt: Build-up and evolution of eastern Asia. Nature 317,496-500.

[49] Meng, Q. R., 1994. LatePaleozoic Sedimentation, Basin Development and Tectonics of the Qinling Orogenic Belt. PhD Thesis, Northwest University, Xi'an, pp. 1-172.

[50] Meng, Q. R., Zhang, G. W., 1999. Timing of collision of the North and South China blocks: controversy and re-conciliation. Geology 27,123-126.

[51] Okay, A. I., Sengör, A. M. C., 1993. Tectonics of an ultra-high pressure metamorphic terrane: the Dabie Shan/Tongbai Shan orogen, China. Tectonics 12,1320-1334.

[52] Pearce, J. A., 1983. Role of sub-continental lithosphere in magma genesis at active continental margins, in: Continental Basalts and Mantle Xenoliths. Shiva, Nantwich, pp. 230-249.

[53] Pearce, J. A., Cann, J. R., 1973. Tectonic setting of basic volcanic rocks determined using trace element analyses.

Earth and Planetary Science Letters 19,290-300.

[54] Pei, X. Z., Li, Y., Lu, S. N., Chen, Z. H., Ding, S. P., Hu, B., Li, Z. C., Liu, H. B., 2005. Zircon U-Pb ages of the Guanzizhen intermadiate-basic igneous complex in Tianshui area, West Qinling, and their geological siginificance. Gelogical Bulletin of China 24,23-29.

[55] Pei, X. Z., Ding, S. P., Li, Z. C., Liu, Z. Q., Li, G. Y., Li, R. B., Wang, F., Li, F. J., 2007a. LA-ICP-MS zircon U-Pb dating of the Gabbro from the Guanzizhen Ophiolite in the North Margin of the Western Qinling and its geologic siginificance. Acta Geologica Sinica 81,1550-1561.

[56] Pei, X. Z., Ding, S. P., Zhang, G. W., Liu, H. B., Li, Z. C., Li, G. Y., Liu, Z. Q., Meng, Y., 2007b. The LA-ICP-MS zircon U-Pb ages and geochemistry of the Baihua basic igneous complexes in Tianshui area of West Qinling. Science in China (D) 50 (suppl.), 264-276.

[57] Petrini, R., Joron, J. L., Ottonello, G., Bonatti, E., Seyler, M., 1988. Basaltic dykes from Zabargad Island, Red Sea: petrology and geochemistry. Tectonophysics 150, 229-248.

[58] Ratschbacher, L., Hacker, B. R., Calvert, A., Webb, L. E., Grimmer, J. C., McWilliams, M. O., Ireland, T., Dong, S. W., Hu, J. M., 2003. Tectonics of the Qinling (Central China): tectonostratigraphy, geochronology, and deformation history. Tectonophysics 366,1-53.

[59] Ratschbacher, L., Franz, L., Enkelmann, E., Jonckheere, R., Porschke, A., Hacker, B. R., Dong, S. W., Zhang, Y. Q., 2006. The Sino-Korean-Yangtze suture, the Huwan detachment, and the Paleozoic-Tertiary exhumation of (ultra) high-pressure rocks along the Tongbai-Xinxian-Dabie Mountains, Geological Society of America Special Paper 403,45-75.

[60] Reynolds, J. R., Langmuir, C. H., Bender, J. F., Kastens, K. A., Ryan, W. B. F., 1992. Spatial and temporal variability in the geochemistry of basalts from the East Pacific Rise. Nature 359,493-499.

[61] Su, L., Song, S. G., Song, B., Zhou, D. W., Hao, J. R., 2004. SHRIMP zircon U-Pb ages of garnet pyroxenite and Fushui gabbroic complex in Song-shugou region and constraints on tectonic evolution of Qinling Orogenic belt. Chinese Science Bulletin 49,1307—1310.

[62] Sun, S. S., McDonough, W. F., 1989. Chemical and isotopic systematics of oceanic basalts: implications for mantle composition and processed. In: Saunders, A. K., Norry, M. J. (eds.), Magmatism in Ocean Basins. Geo logical Society of London Special Publication 42,313-345.

[63] Sun, S., Nesbin, R. W., Sharaskin, A. Y., 1979. Geochemical characteristics of mid-ocean basalts. Earth Planetary Science Letters 44,119-138.

[64] Sun, W. D., Li, S. G., Sun, Y., Zhang, G. W., Zhang, Z. Q., 1996a. Chronology and geochemistry of a lava pillow in the Erlangping Group at Xixia in the northern Qinling Mountains. Geological Review 42,144-153.

[65] Sun, Y., Lu, X. X., Han, S., Zhang, G. W., Yang, S. X., 1996b. Composition and formation of Paleozoic Erlangping ophiolitic slab, North Qinling: evidence from geology and geochemistry. Science in China (D) 39 (Suppl.), 50-59.

[66] Sun, W. D., Li, S. G., Sun, Y., Zhang, G. W., Li, Q. L., 2002. Mid-Paleozoic collision in the north Qinling: Sm-Nd, Rb-Sr and $^{40}Ar/^{39}Ar$ ages and their tectonic implications. Journal of Asian Earth Sciences 21,69-76.

[67] Wang, X. R., Hua, H., Sun, Y., 1995. A study on microfossils of the Erlangping Group in Wantan area, Xixia county, Henan province. Journal of Northwest University 25,353-358.

[68] Wang, T., Li, W. P., Wang, X. X., 1998. Zircon U-Pb age of the Niujiaoshan granitoid gneisses in the Qinling complex of the Qinling orogenic belt-with a discussion of its geological siginificance. Regional geology of China 17,262-265.

[69] Wang, T., Zhang, G. W., Wang, X. X., Li, W. P., 1999. Growth patterns of Granitoid Plutons and their implications for tectonic, Kinematics and dynamics: examples from granitoid plutons in the core of the Qinling oro-genic belt, China. Scientia Geologica Sinica 34,326- 335.

[70] Wang, Y. J, Zhao, G. C., Fan, W. M., Peng, T. P, Sun, L. H., Xia, X. P., 2007. LA-ICP-MS U-Pb zircon geochronology and geochemistry of Paleoproterozoic mafic dykes from western Shandong Province: Implications

for back-arc basin magmatism in the Eastern Block, North China Craton. Precambrian Research 154, 107-124.

[71] Wood, D. A., 1980. The application of a Th-Hf-Ta diagram to problems of tectonomagmatic classification and to establishing the nature of crustal contamination of basaltic lavas of the British Tertiary volcanic province. Earth Planetary Science Letters 50,11-30.

[72] Woodhead, J., Eggins, S., Gamble, J., 1993. High field strength and transition element systematics in island arc and back-arc basain salts: evidence for multi-phase melt extraction and a depleted mantle wedge. Earth Planetary Science Letters 114,491-504.

[73] Xu, J. F., Castillo, P. R., Li, X. H., Yu, X. Y., Zhang, B. R., Han, Y. W., 2002. MORB-type rocks from the Paleo-Tethyan Mianxian-Lueyang northern ophiolite in the Qinling Mountains, central China: implications for the source of the low $^{206}Pb/^{204}Pb$ and high $^{143}Nd/^{144}Nd$ mantle component in the Indian Ocean. Earth Planetary Science Letters 198,323-337.

[74] Xue, F., Lerch, M. F., Kröner, A., Reischmann, T., 1996a. Tectonic evolution of the East Qinling Mountains, China, in the Palaeozoic: a review and new tectonic model. Tectonophysics 253,271-284.

[75] Xue, F., Kröner, A., Reischmann, T., Lerch, M. F., 1996b. Palaeozoic pre- and post-collision calc-alkaline magmatism in the Qinling orogenic belt, central China, as documented by zircon ages on granitoid rocks. Journal of the Geological Society 153,409-417.

[76] Yan, Q. R., Wang, Z. Q., Yan, Z., Wang, T., Chen, J. L., Xiang, Z. J., Zhang, Z. Q., Jiang, C. F., 2008. Origin, age and tectonic implications of metamafic rocks in the Kuanping group of the Qinling orogenic belt, China. Geological Bulletin of China 27,1475-1492.

[77] Yang, J. S., Xu, Z. Q., Pei, X. Z., Shi, R. D., Wu, C. L., Zhang, J. X., Li, H. B., Meng, F. C., Rong, H., 2002. Discovery of diamond in North Qinling: evidence for a giant UHP belt across central China and recognition of Paleozoic and Mesozoic dual deep subduction between North China and Yangtze plates. Acta Geologica Sinica 76,484-495.

[78] Yang, Z., Dong, Y. P., Liu, X. M, Zhang, J. H., 2006. LA-ICP-MS zircon U-Pb dating of gabbro in the Guanzizhen ophiolite, Tianshui, West Qinling. Geological Bulletin of China 25,1321-1325.

[79] Yin, A., Nie, S., 1993. A Phanerozoic palinspastic reconstruction of China and its neighboring regions, in: Yin, A., Harrison, T. M. (Eds.), The Tectonic Evolution of Asia. Cambridge University Press, Cambridge, pp. 442-485.

[80] You, Z. D., Suo, S. T., Han, Y. J., Zhong, Z. Q., Chen, N. S., 1991. The Metamorphic Progresses and Tectonic Analyses in the Core Complex of an Orogenic Belt: An Example from the Eastern Qinling Mountains. China University of Geosciences Press, Wuhan, pp. 1-326.

[81] Yu, Z. P., Meng, Q. R., 1995. Late Paleozoic sedimentary and tectonic evolution of the Shangdan suture, eastern Qinling, China. Journal of Southeast Asia Earth Science 11,237-242.

[82] Zhai, X., Day, H. W., Hacker, B. R., You, Z. D., 1998. Paleozoic metamorphism in the Qinling orogen, Tongbai Moutains, central China. Geology 26,371-374.

[83] Zhang, Z. Q., Zhang, Q., 1995. Geochemistry of metamorphosed Late Proterozoic Kuanping ophiolite in the Northern Qinling, China. Acta Petrologica Sinica 11 (suppl.), 165-177.

[84] Zhang, C. L., Zhou, D. W., Han, S., 1994a. The geochemical characteristics of Danfeng metavolcanic rocks in Shangzhou area, Shaanxi province. Scientia Geologica Sinica 29,384-392.

[85] Zhang, Z. Q., Liu, D. Y., Fu, G. M., 1994b. Isotopic Geochronology of Metamorphic Strata in North Qinling, China. Geological Publishing House, Beijing, pp. 1-191.

[86] Zhang, H. F., Luo, T. C., Zhang, B. R., 1994c. Discussion on source material of the Huichizi granitic batholith from the north Qinling, China. Journal of Mineralogy and Petrology 14,67-73.

[87] Zhang, G. W., Zhang, Z. Q., Dong, Y. P., 1995a. Nature of main tectono-lithostratigraphic units of the Qinling orogen: implications for the tectonic evolution. Acta Petrologica Sinica 11,101-114.

[88] Zhang, G. W., Meng, Q. R., Lai, S. C., 1995b. Structure and tectonics of the Qinling orogenic Belt. Science in China (B) 38,1379-1394.

[89] Zhang, H. F., Zhang, B. R., Ling, W. L., Luo, T. C., Xu, J. F., 1996a. Paleo-oceanic crust recycling in north Qinling: evidence of Pb, Nd, Sr isotopes from island arc granitoids. Chinese Science Bulletin 41,234- 237.

[90] Zhang, H. F., Zhang, B. R., Zhao, Z. D., Luo, T. C., 1996b. Continental crust subduction and collision along Shangdan Tectonic Belt of East Qinling, China-Evidence from Pb, Nd and Sr isotopes of granitoids. Science in China (D) 39,273-282.

[91] Zhang, H. F., Gao, S., Zhang, B. R., Luo, T. C., Lin, W. L., 1997a. Pb isotopes of granites suggest Devonian accretion of Yangtze (South China) craton to North China craton. Geology 25,1015-1018.

[92] Zhang, H. F., Luo, T. C., Zhang, B. R., 1997b. The source and tectonic setting of the Piaochi batholith in the north Qinling. Geological Review 42,209-214.

[93] Zhang, G. W., Zhang, B. R, Yuan, X. C., 2001. Qinling Orogenic Belt and Continent Dynamics. SciencePress, Beijing, pp. 1-855.

[94] Zhang, A. D., Liu, L., Wang, Y., Chen, D. L., Luo, J. H., 2003. Geochemistry and tectonic setting of the protolith of eclogites in north Qinling. Journal of Northwest University 33,191-195.

[95] Zhang, C. L., Zhang, G. W., Liu, S., Wang, S. J., Zhou, D. W., Liu, L., 2004. LA-ICPMS detrital zircon U-Pb ages of the meta-volcanic-clastic rocks from the Kuanping Group in East Qinling, and their geological implications. Abstract for Petrology and Geodynamics Discussion Meeting, pp. 355-358.

[96] Zhao, J. H., Zhou, M. F., 2007. Geochemistry of Neoproterozoic mafic intrusions in the Panzhihua district (Sichuan Province, SW China): Implications for subduction-related metasomatism in the upper mantle. Precambrian Research 152,27-47.

[97] Zhou, D. W., Zhang, C. L., Han, S., Zhang, Z. J., Dong, Y. P., 1995. Tectonic setting on the two different tectonic magma complex of the East Qinling in Early Paleozoic. Acta Petrologica Sinica 11,115-126.

Zircon U-Pb ages and geochemistry of the Wenquan Mo-bearing granitioids in West Qinling, China: Constraints on the geodynamic setting for the newly discovered Wenquan Mo deposit*

Zhu Laimin   **Zhang Guowei**   **Chen Yanjing**   **Ding Zhenju**   **Guo Bo**   **Wang Fei**   **Lee Ben**

Abstract   East Qinling is the largest porphyry molybdenum province in the world; these Mo deposits have been well documented. In West Qinling however, few Mo deposits have been discovered although granitic rocks are widespread. Recently, the Wenquan porphyry Mo deposit has been discovered in Gansu province, which provides an insight into Mo mineralization in West Qinling. In this paper we report Pb isotope compositions for K-feldspar, S isotope ratios for sulfides, the results obtained from petrochemical study, and from in situ LA-ICP-MS zircon U-Pb dating and Hf isotopes. The granitoids are enriched in LILE and LREE, with REE and trace element patterns similar to continental crust, suggesting a crustal origin. The $Mg^{\#}$ (40.05 to 56.34) and Cr and Ni contents are high, indicating a source of refractory mafic lower crust. The $\varepsilon_{Hf(t)}$ values of zircon grains from porphyritic monzogranite range from -2.9 to 0.6, and from granitic porphyry vary from -3.3 to 1.9. The zircons have T_{DM2} of 1014 to 1196 Ma for the porphyritic monzogranite and 954 to 1224 Ma for the granitic porphyry, implying that these granitoids were likely derived from partial melting of a Late Mesoproterozoic juvenile lower crust. The Pb isotope compositions of the granitoids are similar to granites in South China, showing that the magma was sourced from the middle-lower crust in southern Qinling tectonic unit. The Pb isotopic contrast between the Mo-bearing granitoids and ores shows that the Pb in the ore-forming solution was derived from fractionation of a Triassic magmatic system. $\delta^{34}S$ values of sulfides are between 5.02 and 5.66‰, similar to those associated with magmatic-hydrothermal systems. LA-ICP-MS zircon U-Pb dating yields crystallization ages of 216.2 ± 1.7 and 217.2 ± 2.0 Ma for the granitoids, consistent with a previously reported molybdenite Re-Os isochron age of 214.4 ± 7.1 Ma. This suggests that the Mo mineralization is related to the late Triassic magmatism in the West Qinling orogenic belt. In view of these geochemical

*Published in Ore Geology Reviews, 2011,39 (1-2): 46-62.

results and known regional geology, we propose that both granitoid emplacement and Mo mineralization in the Wenquan deposit resulted from the Triassic collision between the South Qinling and the South China Block, along the Mianlue suture. Since Triassic granitoid plutons commonly occur along the Qinling orogenic belt, the Triassic Wenquan Mo-bearing granitoids highlight the importance of the Triassic tectono-magmatic belt for Mo exploration. In order to apply this metallogenic model to the whole Qinling orogen, further study is needed to compare the Wenquan deposit with other deposits.

Keywords   Mo deposit   U-Pb dating   Zircon   Hf isotopes   Triassic   Mo-bearing granitoids

1. Introduction

The Qinling orogen is geographically divided into eastern and western parts, coincidentally separated by the Baoji-Chengdu railway (Zhang et al., 2001, 2007) (Fig. 1). The Mo deposits discovered in the past fifty years in the Qinling orogenic belt are mainly distributed in the tectonically remobilized southern margin of the North China Block in East Qinling orogen (Chen et al., 2000; Li et al., 2007, 2008; Mao et al., 2008; Zhu et al., 2009b, 2010a). The spatial distribution, isotopic ages, genesis of ores and associated intrusions, tectonic setting, and geological characteristics of the Mo deposits in East Qinling orogen have been well documented (e.g., Stein, 1997; Chen et al., 2000; Li et al., 2007; Mao et al., 2008; Zhu et al., 2009b, 2010a). These deposits were mainly formed during the Mesozoic Yanshanian tectono thermal event, with only a few Mo deposits, such as the Huanglongpu carbonatite dyke-type Mo deposit with a Re-Os age of 206 to 222 Ma (Stein et al., 1997; Mao et al., 2008; Xu et al., 2010) and the Dahu orogenic lode Au-Mo deposit with Re-Os age of 218 ± 41 Ma (Li et al., 2008), formed in the Triassic (Indosinian). However, no Mo deposit has been found in West Qinling orogen until the recent discovery of the Wenquan porphyry Mo deposit, with a Re-Os molybdenite isochron age of 214.4 ± 7.1 Ma (Zhu et al., 2009a), although granitic rocks are common. The Wenquan deposit provides a useful insight into Mo mineralization in West Qinling orogen (Fig. 1).

The petrogenesis of the widespread Late Triassic granites in the Qinling orogen can provide important constraints on the tectonic setting of the orogen during the Triassic collision between the South China and North China Blocks. However, the tectonic implications of these Triassic granites are still controversial (e.g., Li et al., 1993b; Lu et al., 1996; Zhao, 2001; Sun et al., 2002; Zhang et al., 2001, 2005, 2006, 2007; Zhou et al., 2008; Gong et al., 2009a, 2009b; Qin et al., 2009, 2010; Cao et al., 2010; Chen, 2010). Granitic rocks can be used as a geodynamic indicator only when correctly identified, precisely dated, and also combined with structural data (Pearce et al., 1984; Batchelor and Bowden, 1985; Bonin et al., 1998; Barbarin, 1999; Bonin,

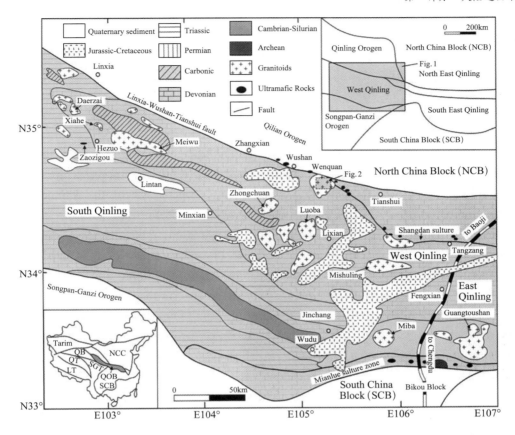

NCB = North China Block;　SCB = South China Block;　SGT = Songpan-Ganzi terrane;　QB = Qaidam Basin;
QT = Qiangtang terrane;　LT = Lhasa terrane;　QOB = Qinling Orogenic Belt.

Fig. 1　Simplified regional geological map of the Wenquan Mo deposit
(modified after Zhang et al., 2007 and Cao et al., 2010)

2004). Simultaneous determination of U-Pb dating and Hf isotopes on single grain zircon by excimer laser-ablation quadrupole and multiple-collector ICP-MS is a powerful tool for the precise age determination of granitoids (Griffin et al., 2002; Yuan et al., 2008), for interpreting the origin and evolution of magmas, and for evaluating the degree and type of crust-mantle interaction (Griffin et al., 2002; Zheng et al., 2006,2007,2008). This approach retrieves information that is lost in bulk-rock isotopic studies (Griffin et al., 2002). For a long time, Pb and S isotopes have been considered as one of the most effective means and discriminants for the study of the ore-forming material source and signatures of tectonic setting of orogenic magmatism (Ohmoto, 1972,1986; Zartman and Doe, 1981; Edwards et al., 1994; Ohmoto and Goldhaber, 1997). Therefore, on the basis of precise molybdenite Re-Os dating of the Wenquan porphyry Mo system (Zhu et al., 2009a), we conducted in situ zircon U-Pb and Lu-Hf isotope measurement using LA-ICP-MS system, petrochemical analysis, and a study of Pb and S isotope systematics. In this paper, we report the results and discuss some of the issues mentioned earlier. The purpose of this study is to constrain the metallogenic pulses associated with Triassic tectono thermal events and to determine the relation between mineralization and granitoids in the West Qinling orogenic belt.

2. Regional geology and ore geology

The Qinling orogen extends for more than 1000 km across central China (Fig. 1), and comprises two sutures (Shangdan and Mianlue) and three tectonic terranes (Meng and Zhang, 1999,2000; Zhang et al., 2001; Fig. 1). As a multiphase orogenic system, the tectonic scenario of the Qinling orogenic belt can be envisaged as a linkage between the North China, South Qinling and South China Blocks (Meng and Zhang, 1999,2000). The Shangdan suture (which includes the Linxia-Zhangxian-Wushan fault in Fig. 1) separates the North China Block from the South Qinling, and the Mianlue suture separates the South Qinling from the South China Block. The Shangdan suture is generally considered to have formed following subduction of the Shangdan Ocean and multistage accretion of the South Qinling to the North Qinling belt. The suture underwent a Middle Paleozoic subduction-collision event and Mesozoic-Cenozoic intraplate strike-slip faulting (Zhang et al., 2001,2004; Ratschbacher et al., 2003). The Mianlue suture represents the Triassic collision belt between the South Qinling and the South China Block (Zhang et al., 2001,2004). Allochthonous ophiolites and volcanics occur in the Mianlue suture. The ophiolites sequences contain strongly sheared metabasalts, gabbros, ultra-mafic rocks, and radiolarian cherts (Meng and Zhang, 1999; Qin et al., 2009). The North Qinling consists of middle Paleozoic medium-grade metasedimentary and metavolcanic rocks (Li et al., 1993a), whereas the South Qinling is dominated by Late Paleozoic medium-grade metasedimentary and metavolcanic rocks and Triassic granitoids (Li et al., 1993a; Meng and Zhang, 1999). In the Triassic, there was continent-continent collision along the Qinling-Dabie orogen between the South China Block and the North China Block (Li et al., 1993a; Zhang et al., 2001). This resulted in the closure of the Mianlue oceanic tract and the widespread occurrence of granitic magmatism in the Qinling area (Zhang et al., 2001; Qin et al., 2009). Triassic granites in the Qinling orogen form a long belt between the Shangdan and Mianlue sutures (Fig. 1).

The Qinling orogen can be divided into the East Qinling and the West Qinling (Zhang et al., 2001,2007). The West Qinling orogen is bounded by the Linxia-Zhangxian-Wushan fault (westward extension of the Shangdan suture) to the north, and by the Mianlue suture to the south (Fig. 1). The Phanerozoic lithostratigraphic sequence in the area is a continuum from Cambrian to Triassic, but with mostly developed Devonian-Cretaceous sedimentary rocks. Granitoids are mainly distributed between the Shangdan and Mianlue sutures in an approximately E-W-trending belt, nearly parallel to the faults mentioned earlier (Fig. 1). Most of the granitoids formed in the Triassic, with individual outcrop areas varying from < 1 km² to > 500 km² (Li et al., 1993b; Li et al., 2003; Li, 2005; Zhang et al., 2002,2007).

The Wenquan Mo mineral system is located on the southern side of the westward extension of the Shangdan suture and geographically near Wenquan Town, Wushan County, Gansu Province (Fig. 1). It is hosted in the almost round, ca. 253 km² multistage Wenquan granitic complex, intruding Devonian sedimentary strata (Fig. 1). The Wenquan granitic complex is mainly composed of biotite granite, porphyritic biotite monzogranite, porphyritic hornblende monzogranite, porphyritic biotite monzonitic granite and K-feldspar granitic porphyry (Li et al., 2003; Li, 2005). The Mo mineralization mainly occurs within the porphyritic biotite monzogranite and K-feldspar granitic porphyry (Fig. 2 and 3), which are considered in this paper. The ore-bearing granitoids are massive, medium-grained, with only slight deformation and low-grade metamorphism. K-feldspar phenocrysts account for 5 to 20% of the granitoids and more rarely hornblende also occurring as phenocrysts. Accessory minerals include zircon, titanite, magnetite, and apatite. Mafic microgranular enclaves (MMEs) randomly occur in the porphyritic biotite monzogranite (Fig. 4A).

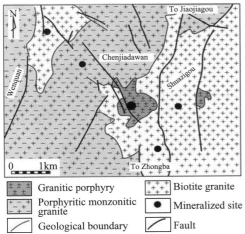

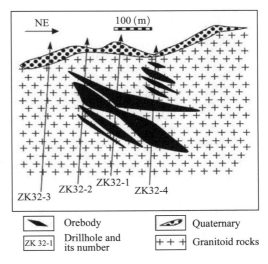

Fig. 2 Simplified geological map of the Wenquan Mo deposit (modified after Han et al., 2008a)

Fig. 3 Cross-section of the Wenquan Mo deposit (after Tianshui team of Gansu Bureau of Non-ferrous Metal Geology)

The porphyritic biotite monzogranite shows a massive structure. The phenocrysts are K-feldspar, with sizes approximating 5 to 10 mm, and account for a 3 to 5% in volume of the granitoids. The volumetric abundances of rock-forming minerals are: 20 to 30% quartz, 30 to 35% plagioclase, 35 to 38% K-feldspar, and 2 to 6% biotite. The K-feldspar granitic porphyry is composed of 20 to 30% quartz, 30 to 35% plagioclase, 30 to 35% K-feldspar, and 2 to 4% biotite. The K-feldspar phenocrysts, with size of 5 to 10 mm, account for 5 to 8% by volume of the porphyry. In the granitoids the mafic microgranular enclaves (MMEs) are mostly dioritic in composition (Fig. 4A). Both the enclaves and the host granite show porphyritic subhedral seriate texture and contain K-feldspar phenocrysts. Minerals in the diorite enclaves are finer grained in size than the host rocks and mainly composed of 10 to 15% quartz, 35 to 60% plagioclase, 15 to 30% K-feldspar, 10 to 15% biotite, and 5 to 25% hornblende.

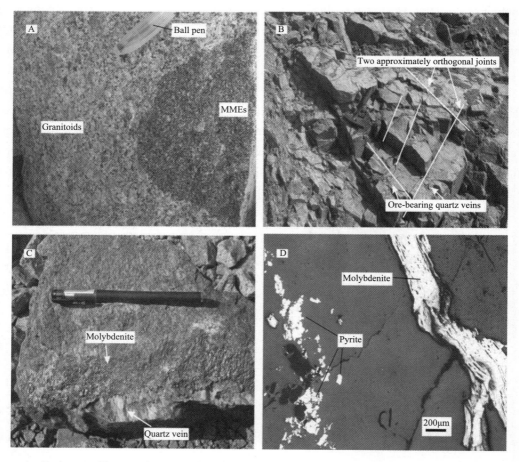

A = Enclaves and host granitoids: round mafic microgranular enclaves (MMEs) in the granitoids; B = Ore-bearing quartz veins filling approximately orthogonal fissures of the granitoids; C = Molybdenite and quartz veins in the K-feldspar granitic porphyry; D = Molybdenite-pyrite veins in fractures of the porphyritic monzogranite, under reflected light

Fig. 4　Selected features of mineralization from the Wenquan Mo deposit

The porphyritic monzogranite and granitic porphyry bodies are mineralized. The indicated reserve of metal Mo is up to 15×10^4 tons, but prospecting is ongoing. The recently controlled ore belt is 800 m long and 200 m wide, with a thickness ranging from 37.5 to 445 m (Han et al., 2008a). Mo-bearing stockworks mainly fill the joints or fissures formed by sinistral compression-shear (Fig. 4B). The boundaries between orebodies and wallrocks are gradational. Sulfide films and very thin veins coat on or crosscut quartz veinlets (Fig. 4C and D), forming the disseminated stockworks that are typical of porphyry ore systems. The thickness of a molybdenite-bearing stockwork vein is 1 to 5 mm in general, but a few are up to 1 cm. The ores have grades ranging from 0.01 to 0.48% Mo, 0.01 to 0.05% Cu, 0.01 to 0.03% W and 0.001% Be (Li et al., 2003; Li, 2005), with the grade depending on the number of fine veins (stockworks), which range from 8 to 25 per meter. Main ore minerals include molybdenite, pyrite, and chalcopyrite, with minor scheelite. Gangue minerals are dominated by quartz, K-feldspar, and biotite. Wallrock alteration is laterally zoned and comprising K-feldspar (potassic alteration), silica, kaolinite (argillic alteration), epidote, pyrite, and zeolite minerals. The Mo mineralization is closely related to potassic and siliceous zones of alteration. The average content of W and Mo of the Wenquan granitic complex is one to three times the nearby Triassic granitoids (Li et al., 2003).

3. Sampling and analytical methods

3.1. *Major and trace element analyses*

The ore bearing granitoids are more or less altered. In order to correctly characterize their chemical compositions, the least altered samples were subjected to major, trace, and rare earth element analyses. Samples were crushed and powdered in an agate mill. Major element analyses were done at the Key Laboratory of Continental Dynamics of Northwest University, Xi'an, China. Major oxides were analyzed using X-ray fluorescence (RIX2100X sequential spectrometer) on fused Li-borate glass beads, with BCR-2 and GBW07105 as reference materials. Accuracies of the XRF analyses are within 5%. Trace elements, including REE, were analyzed using a Finnigan Element ICP-MS at the Institute of Geochemistry, Chinese Academy of Sciences, following the procedures described in Qi et al (2000) with an analytical precision of $\pm 5 - 10\%$.

3.2. *LA-ICP-MS U-Pb age and Hf isotopic analytical methods*

Samples W23-5 (porphyritic monzogranite, N34°37′46.5″, E105°04′23.8″) and W17-4 (granitic porphyry, N34°37′45.4″, E105°04′31.0″) were used for zircon U-Pb dating and in situ zircon Lu-Hf isotopic measurements for the Wenquan Mo-bearing granitoids. Zircons were separated by heavy liquid and magnetic separation methods at the Institute of Geophysics and Geochemistry, Ministry of Land and Resources, Langfang, China. Pure zircons were handpicked under a binocular microscope, then mounted in epoxy resin and polished until the grain interiors were exposed. Before analysis, the surface was cleaned using 3% HNO_3 to remove any lead contamination. The CL images were obtained using a Quanta 400 FEG scanning electron microscope from FEI (USA) equipped with a Mono CL3 + cathode luminescence spectroscope produced by Gatan Corporation (USA). A GeoLas 2005 Laser Ablation (Coherent, USA) coupled with an Agilent 7500a ICP-MS and a Nu Plasma HR (Wrexham, UK) MC-ICP-MS were employed for *in situ* zircon U-Pb dating and Lu-Hf isotopic analyses (Yuan et al., 2008). Zircon U-Pb dating was done by the laser-ablation, inductively coupled plasma mass spectro-meter (LA-ICP-MS) also at the State Key Laboratory of Continental Dynamics, Northwest University, Xi'an, China. A pulsed (Geolas) 193 nm ArF Excimer (Lambda Physik, Göttingen Germany) laser energy of 50 mJ/pulse was used for ablation at a repetition rate of 10 Hz. The diameter of the laser spot was 32 μm. Helium was used as a carrier gas to transport the ablated aerosal from the laser-ablation cell to the ICP-MS torch. U-Pb ages showing any de-tectable common Pb (from the ^{204}Pb count rate) were neglected. Analytical procedures used follow those described by Yuan et al. (2004). Harvard zircon 91500 was used as an external standard to normalize isotopic fractionation during analysis (Wiedenbeck et al., 2004). The NIST SRM 610 glass was used as an external standard to calculate U, Th, and Pb concentrations of unknowns. Raw data were processed using the GLITTER program (Version 4.4) (Jackson et al., 2004). A common Pb correction was applied using the method of Andersen (2002), which has minimal effect on the age results. Uncertainties of individual analyses are reported with 1σ errors; weighted-mean ages were calculated at 2σ confidence level. The data were pro-cessed using the ISOPLOT (Ver3.0) program (Ludwig, 2003). The standard zircons 91500 and GJ-1 yielded weighted average ^{206}Pb/^{238}U ages of 1062 ± 5.6 Ma (2σ) and 604.8 ± 2.4 Ma (2σ), respectively during this analysis, which is in good agreement with the recommended ages (Wiedenbeck and Griffin, 1995; Jackson et al., 2004).

In situ zircon Lu-Hf isotopic measurements were also done at the State Key Laboratory of Continental Dynamics, Northwest University Xi'an, China, using a Nu Plasma Multi-Collector (MC)-ICP-MS instrument, equipped with a 193 nm ArF Laser Ablation system. The analytical protocol follows that established by Yuan et al. (2008). The analyses were conducted with a spot size of 44 μm, an 8 Hz repetition rate and a laser energy of 50 mJ/pulse. Interference of ^{176}Lu on ^{176}Hf was corrected by measuring the intensity of the interference-free ^{175}Lu, using the recommended ^{176}Lu/^{175}Lu ratio of 0.02669 (DeBievre and Taylor, 1993) to calculate ^{176}Lu/^{177}Hf. Similarly, the isobaric interference of ^{176}Yb on ^{176}Hf was corrected by using a recommended ^{176}Yb/^{172}Yb ratio of 0.5886 (Chu et al., 2002) to calculate ^{176}Hf/^{177}Hf ratios. Zircon 91500 was used as the reference standard (Woodhead et al., 2004). When zircons of 91500 were used as the reference standards for calibration and controlling the condition of analytical instrumenta-tion, the obtained ^{176}Hf/^{177}Hf ratio is 0.282296 ± 50 (2σ) for 91500 and 0.282019 ± 15 (2σ) for GJ-1, which is in good agreement with the recommended ^{176}Hf/^{177}Hf ratios of 0.2823075 ± 58 (2σ) for 91500 and 0.282015 ± 19 (2σ) for GJ-1 (Wu et al., 2006; Elhlou et al., 2006).

We have adopted a decay constant for ^{176}Lu of 1.867 × 10^{-11} year^{-1} (Söderlund, et al., 2004). Initial ^{176}Hf/^{177}Hf ratio, denoted as $\varepsilon_{Hf(t)}$, is calculated relative to the chondritic reservoir with a ^{176}Hf/^{177}Hf ratio of 0.282772 and ^{176}Lu/^{177}Hf of 0.0332 (Blichert-Toft and Albarède, 1997).

Single-stage Hf model ages (TDM1) are calculated relative to the depleted mantle with a present day $^{176}Hf/^{177}Hf$ ratio of 0.28325 and $^{176}Lu/^{177}Hf$ of 0.0384), and two-stage Hf model ages (T_{DM2}) are calculated by assuming a mean $^{176}Lu/^{177}Hf$ value of 0.0093 for the average upper continental crust (Vervoort and Patchett, 1996; Vervoort and Blichert-Toft, 1999).

3.3. *Lead and sulfur isotope analyses*

Lead isotopes, analyses were performed at the Open Laboratory of Isotope Geochemistry, Ministry of Land and Mineral Resources of China in Yichang. The analytical method employed is similar to that described by Birkeland (1990). Briefly, samples were first digested with concentrated hydrochloric and hydrofluoric acid in sequence. Lead was separated and purified using an ion exchange chromatographic column with AGV-X8 resin (200 – 400 mesh, Bio-Rad, USA). The purified Pb samples were then placed on a Re filament together with a solution of silica gel and phosphoric acid. The samples were analyzed on a MAT 261 mass spectrometer. The total systematic laboratory blank was less than 10 ng; the 2σ variations were 0.1%, 0.09% and 0.30% for the $^{206}Pb/^{204}Pb$, $^{207}Pb/^{204}Pb$ and $^{208}Pb/^{204}Pb$ ratios, respectively. During the sample analysis, the international standard NBS981 was also measured as a sample, which yielded an error of ± 0.002% for the isotopic ratios.

The pyrite and molybdenite samples were selected from ores to be analyzed for sulfur isotope. The S isotope analyses in this study were performed on a MAT-253 mass spectrometer at the Institute of Geochemistry, Chinese Academy of Sciences in Guiyang following methods of Robinson and Kusakabe (1975). Sulfur isotope analyses were carried out using 200-mesh pyrite and molybdenite pure samples. They were combusted with CuO in an oven at 1000°C and in vacuum condition. Liberated SO_2 was frozen in a liquid nitrogen trap and after cryogenic separation from other gases. Sulfur isotope ratios are reported as $\delta^{34}S$ relative to the Canyon Diablo Troilite (CDT); the analytical reproducibility is ± 0.2‰.

4. Analytical results

4.1. *Major, trace and rare earth elements (REEs)*

The major and trace elements concentrations of the representative granitoid samples are shown in Table 1. The Wenquan granitoids (twenty samples) yield $SiO_2 = 69.67$ to 73.19%, $Al_2O_3 = 12.70$ to 15.06%, $MgO = 0.45$ to 1.57%, $CaO = 0.61$ to 2.47%, $K_2O = 3.52$ to 5.18%, $Na_2O = 2.95$ to 3.97% with $K_2O/Na_2O = 0.90$ to 1.66. They are peraluminous with $A/CNK = 0.97$ to 1.23 and fall within the upper right corner of the high-K (calc-alkaline) series field (Fig. 5). In the R1-R2 diagram (Batchelor and Bowden, 1985), all granitoids samples plot within the area of syn-collisional granite (Fig.6). The Mg-number ($Mg^{\#}$) is high ($Mg^{\#} = 100 \times Mg/(Mg + TFe) = 40.05$ to 56.34, average 46.74).

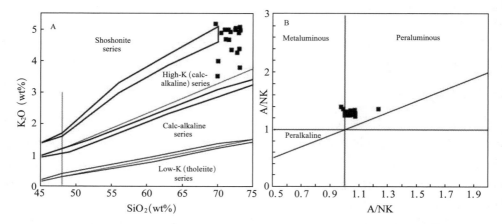

A/CNK = molar ratio of $Al_2O_3/(CaO + Na_2O + K_2O)$; A/NK = molar ratio of $Al_2O_3/$ $(Na_2O + K_2O)$.

Fig. 5　SiO_2 vs K_2O　(A)　and A/CNK vs A/NK　(B)　plots of the Wenquan granitoids.

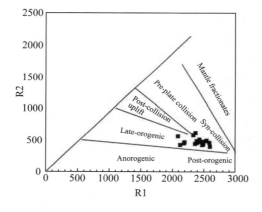

R1 = 4Si − 11 (Na + K) − 2(Fe + Ti)　and R2 = 6Ca + 2Mg + Al.

Fig. 6　R1-R2 plot of the Wenquan granitoids (base map after Batchelor and Bowden, 1985)

The Wenquan granitoids have a relatively high abundance of Rb (112 to 267 ppm), Nb (11.7 to 31.3 ppm) Ta (1.60 to 3.61 ppm), Y (8.31 to 21.5 ppm), and LREE (LREE/HREE = 6.21 to 17.39) (Table 1). Primitive mantle-normalized spider diagrams (Fig. 7) and chondrite-normalized REE (Fig. 8) spider diagrams show relative enrichment of Rb, Pb, K, and U, depletion of Ti, P, Ba, Nb and Ta, obvious REE fractionation, and negative Eu anomaly (Eu/Eu* =0.52 to 0.75), with LREE/HREE = 6.21 to 17.39 (Table 1), which is similar to bulk continental crust as given by Rudnick and Gao (2003) (Figs. 7 and 8). In Rb-Y + Nb and Nb − Y discrimination diagrams (Fig. 9), most samples fall within the area of syn-collisional granite.

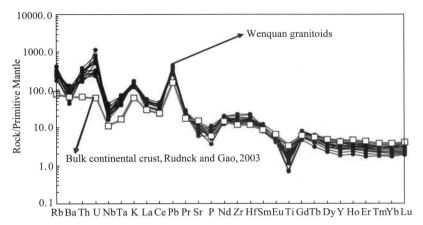

Fig. 7　Primitive mantle-normalized trace element patterns for the Wenquan granitoids
（primitive mantle data are from Sun and McDonough, 1989）

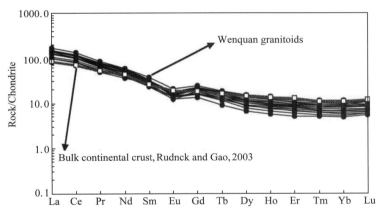

Fig. 8　Chondrite-normalized REE patterns for the Wenquan granitoids
（Chondrite data are from Sun and McDonough, 1989）

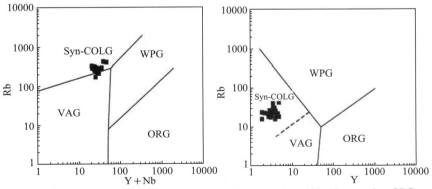

VAG＝volcanic arc granite; syn-COLG＝syn-collision granite; WPG＝within plate granite; ORG＝ocean
ridge granite

Fig. 9　The trace elements tectonic setting plots of the Wenquan granitoids
（base map after Pearce et al., 1984）

Table 1　Major and trace element analyses of the Wenquan granitoids

Sample on.	W22-1	W3-2	W3-3	W8-1	W8-2	W8-3	W9-3	W-15	W17-1	W17-2
Major oxides(wt/%)										
SiO_2	73.12	72.49	72.97	69.67	70.04	69.91	72.45	72.72	73.19	71.42
TiO_2	0.30	0.15	0.15	0.35	0.42	0.45	0.26	0.29	0.25	0.29
Al_2O_3	14.10	14.11	14.11	15.06	14.24	14.34	14.30	13.91	13.72	14.65
TFe_2O_3	1.86	1.67	1.60	2.62	3.07	3.12	1.74	1.99	1.66	2.06
MnO	0.02	0.03	0.03	0.05	0.07	0.07	0.03	0.04	0.03	0.04
Mgo	1.03	0.52	0.55	1.08	1.35	1.43	0.67	0.75	0.49	0.65
Cao	0.61	1.31	1.56	1.96	2.19	2.47	1.34	1.62	1.28	0.97
Na_2O	3.78	3.53	3.62	3.58	3.71	3.90	3.44	3.56	3.34	3.97
K_2O	3.80	5.04	4.93	5.18	4.00	3.52	5.00	4.26	4.97	4.99
P_2O_5	0.13	0.08	0.88	0.17	0.20	0.21	0.11	0.13	0.12	0.14
LOl	1.62	0.75	0.68	0.38	1.04	0.80	1.01	0.76	0.72	1.19
Total	100.37	99.68	100.27	100.10	100.33	100.22	100.35	100.03	99.75	100.37
$Mg^{\#}$	56.34	42.05	44.48	49.00	50.61	51.65	47.30	46.76	40.76	42.37
K_2O/Na_2O	1.01	1.43	1.37	1.45	1.08	0.90	1.45	1.20	1.49	1.26
K_2O+Na_2O	7.58	8.57	8.54	8.76	7.71	7.42	8.44	7.82	8.31	8.96
A/CNK	1.23	1.03	1.00	1.00	0.99	0.97	1.06	1.04	1.04	1.07
Trace elements(ppm)										
Li	27.2	29.5	31.9	23.7	30.8	49.7	24.1	22.6	17.1	24.1
Be	4.04	3.46	3.79	3.65	3.71	5.66	4.72	5.30	4.25	5.44
Sc	3.45	3.78	3.54	5.62	6.14	6.04	3.55	4.33	4.04	3.83
V	19.6	20.8	18.7	34.0	42.2	44.3	18.8	23.7	16.0	22.8
Cr	41.2	43.9	18.0	40.1	35.6	32.3	27.6	32.5	18.1	36.8
Co	139	175	162	139	126	175.	228	189	189	138
Ni	18.2	20.7	10.2	18.2	14.3	15.1	13.0	15.3	11.3	18.2
Cu	97.2	5.77	4.08	22.8	34.2	21.0	348	353	652	83.7
Zn	50.4	42.3	37.7	62.1	62.6	64.5	56.3	64.3	54.2	52.5
Ga	16.6	17.7	16.9	16.9	17.8	18.4	17.9	19.1	15.8	16.1
Ge	0.87	1.45	1.41	1.57	1.71	1.68	1.17	1.28	1.40	1.29
Rb	112	180	162	178	147	139	191	189	200	162
Sr	128	174	168	299	256	288	225	210	200	273
Y	11.7	8.31	9.86	14.3	16.8	18.2	11.9	13.9	21.5	20.0
Zr	167	144	143	138	165	199	145	175	175	207
Nb	16.3	17.6	16.7	14.3	17.4	19.0	13.2	17.3	13.5	16.0
Mo	32.1	1.77	1.55	2.01	3.69	8.50	19.6	55.8	921	23.1
Cs	12.3	8.69	8.49	6.45	6.72	8.02	6.16	7.62	7.59	6.31
Ba	439	509	509	706	364	302	681	489	733	919
La	29.9	31.0	33.9	23.6	30.9	33.4	23.7	34.6	29.5	19.3
Ce	62.9	61.8	67.9	48.4	61.3	69.4	50.7	71.3	61.0	41.3
Pr	6.32	5.88	6.48	4.93	5.86	6.98	5.07	7.07	6.14	4.48
Nd	21.7	19.7	21.4	17.8	21.7	24.9	18.1	24.2	21.8	16.5
Sm	4.09	3.50	3.99	3.51	4.27	4.86	3.56	4.63	4.61	4.10
Eu	0.69	0.72	0.76	0.83	0.87	1.01	0.85	0.89	0.90	1.00
Gd	3.73	2.76	3.23	3.29	4.05	4.56	3.33	4.15	4.29	4.17
Tb	0.48	0.34	0.42	0.48	0.59	0.65	0.48	0.55	0.65	0.69
Dy	2.22	1.69	1.95	2.57	3.17	3.49	2.20	2.62	3.71	3.83
Ho	0.44	0.32	0.38	0.50	0.63	0.68	0.44	0.50	0.76	0.79
Er	1.23	0.83	0.98	1.32	1.58	1.74	1.11	1.32	2.03	1.99
Tm	0.17	0.13	0.14	0.19	0.24	0.26	0.16	0.18	0.29	0.28
Yb	1.14	0.84	0.91	1.27	1.52	1.65	0.99	1.13	1.94	1.91
Lu	0.17	0.14	0.15	0.19	0.23	0.24	0.15	0.17	0.27	0.29
Hf	4.96	4.67	4.50	4.01	4.82	5.53	4.36	4.92	5.15	5.60
Ta	3.01	2.06	2.16	1.95	2.21	2.45	1.78	2.24	2.23	1.77
Pb	19.1	27.6	26.3	24.6	27.8	18.6	25.8	24.1	30.9	28.9
Bi	0.12	0.07	0.05	0.09	24.9	0.19	0.19	0.35	1.55	1.01
Th	20.3	24.8	25.4	17.9	20.3	19.1	21.1	25.6	14.1	15.1
U	15.1	5.09	4.95	4.88	6.11	6.50	5.64	11.9	10.9	24.3
REE	135.08	129.65	142.59	108.88	136.91	153.82	110.84	153.31	137.89	100.63
LREE/HREE	13.10	17.39	16.47	10.10	10.40	10.59	11.51	13.44	8.89	6.21
Eu/Eu*	0.54	0.71	0.65	0.75	0.64	0.66	0.75	0.62	0.62	0.74

A/CNK denotes molar ratio of $Al_2O_3/(CaO+Na_2O+K_2O)$. Major element analyses were analyzed using XRF with accuracies within 5%. Trace elements were analyzed using a Finnigan Element ICP-MS with an analytical precision of $\pm 5-10\%$.

(Continued)

Sample on.	W17-3	W17-4	W23-2	W23-4	W23-5	W25-1	W25-2	W25-3	W26-3	YX-9
Major oxides(wt/%)										
SiO_2	71.46	73.12	72.92	71.74	70.48	71.90	73.02	70.99	71.57	71.10
TiO_2	0.29	0.16	0.55	0.56	0.69	0.28	0.29	0.26	0.36	0.36
Al_2O_3	14.78	13.78	12.70	12.89	12.95	14.05	13.81	14.81	13.84	13.69
TFe_2O_3	1.80	1.57	3.00	3.22	3.86	2.00	2.15	1.94	2.47	2.49
MnO	0.04	0.02	0.07	0.06	0.08	0.04	0.04	0.04	0.05	0.05
Mgo	0.57	0.45	1.22	1.27	1.57	0.77	0.77	0.71	1.00	1.00
Cao	1.23	1.19	1.33	1.31	1.39	1.79	1.72	1.27	1.46	1.47
Na_2O	3.83	3.32	2.95	3.01	2.98	3.63	3.51	3.71	3.19	3.17
K_2O	5.00	5.07	4.89	4.92	4.90	4.36	4.38	5.00	4.67	4.69
P_2O_5	0.13	0.11	0.20	0.20	0.24	0.12	0.12	0.12	0.15	0.16
LOl	0.89	0.73	0.57	1.20	0.62	0.65	0.47	0.70	0.79	1.91
Total	100.02	99.52	100.39	100.38	99.76	99.59	100.28	99.55	99.55	100.05
$Mg^{\#}$	42.46	40.05	48.66	47.89	48.66	47.29	45.49	46.03	48.55	48.35
K_2O/Na_2O	1.31	1.53	1.66	1.63	1.64	1.20	1.25	1.35	1.46	1.48
K_2O+Na_2O	8.83	8.39	7.84	7.93	7.88	7.99	7.89	8.71	7.86	7.86
A/CNK	1.06	1.05	1.01	1.02	1.02	1.01	1.01	1.07	1.07	1.06
Trace elements(ppm)										
Li	20.3	18.0	36.2	31.8	37.5	22.2	22.8	17.6	17.4	19.8
Be	5.85	4.45	5.75	4.25	4.81	4.85	5.33	3.97	4.68	2.63
Sc	3.97	4.96	4.16	4.57	5.07	4.11	4.20	2.67	3.13	4.46
V	20.1	16.3	35.5	33.6	43.7	21.0	25.3	14.2	21.7	30.7
Cr	30.3	19.5	39.2	28.8	65.2	29.8	49.7	34.3	26.7	37.2
Co	152	192	180	180	160	292	161	182	133	114
Ni	14.6	11.3	21.9	14.3	32.4	15.0	20.7	15.8	12.5	14.9
Cu	82.3	722	230	174	281	363	494	552	145	18.6
Zn	47.2	50.2	71.8	79.8	99.2	60.1	69.1	55.9	55.6	60.0
Ga	16.0	16.5	18.7	18.6	19.0	18.3	18.8	17.2	17.9	14.6
Ge	1.40	1.56	1.73	1.57	1.63	1.30	1.33	1.43	1.17	1.04
Rb	167	212	258	189	267	174	183	188	166	161
Sr	250	210	147	148	148	203	207	204	255	212
Y	18.4	17.2	15.2	17.1	15.3	12.4	14.2	13.5	12.8	16.5
Zr	212	175	195	227	251	153	173	140	153	178
Nb	14.3	11.7	31.3	22.8	25.5	16.1	19.1	12.9	19.1	17.4
Mo	18.7	294	71.7	15.4	170	41.6	64.7	480	1.76	7.71
Cs	6.47	7.50	11.70	5.52	13.80	5.03	5.61	5.78	5.01	10.50
Ba	886	797	501	500	584	424	469	517	785	744
La	25.3	30.5	35.2	39.8	35.7	35.7	36.4	32.6	35.3	33.6
Ce	53.4	62.9	73.9	81.6	74.4	68.5	71.9	63.1	71.2	73.3
Pr	5.45	6.43	7.30	7.99	7.47	6.54	7.10	6.04	6.83	7.50
Nd	19.4	22.5	24.6	27.0	26.3	21.5	23.8	20.1	23.4	27.4
Sm	4.27	4.85	4.65	4.90	4.79	3.84	4.40	3.63	4.36	5.53
Eu	1.03	0.91	0.87	0.80	0.90	0.78	0.84	0.81	0.96	1.20
Gd	4.23	4.57	4.11	4.51	4.31	3.61	4.03	3.31	3.87	4.84
Tb	0.63	0.66	0.55	0.60	0.61	0.48	0.56	0.45	0.52	0.68
Dy	3.41	3.37	2.76	2.94	2.83	2.29	2.76	2.29	2.61	3.54
Ho	0.71	0.67	0.55	0.59	0.59	0.47	0.53	0.43	0.51	0.68
Er	1.90	1.67	1.48	1.59	1.55	1.23	1.45	1.16	1.37	1.72
Tm	0.28	0.22	0.21	0.24	0.22	0.17	0.21	0.16	0.19	0.24
Yb	1.76	1.44	1.46	1.60	1.46	1.18	1.40	1.05	1.28	1.57
Lu	0.27	0.22	0.24	0.27	0.24	0.18	0.21	0.16	0.19	0.23
Hf	5.63	5.00	5.56	6.62	7.02	4.83	5.50	4.57	5.18	5.34
Ta	1.60	1.65	2.81	2.85	2.37	2.62	2.68	2.16	2.73	2.17
Pb	29.0	32.5	26.1	27.7	27.3	27.2	28.1	27.0	29.0	29.2
Bi	0.24	0.30	0.19	0.10	0.24	0.19	0.31	0.22	0.11	0.19
Th	14.4	15.1	25.6	32.4	25.2	26.2	26.9	24.6	25.1	28.1
U	7.09	6.41	12.0	17.1	11.2	14.2	13.3	11.3	7.02	6.98
REE	122.04	140.91	157.88	174.43	161.37	146.47	155.59	135.29	152.59	162.03
LREE/HREE	8.25	9.99	12.90	13.14	12.66	14.24	12.95	14.02	13.48	11.00
Eu/Eu*	0.74	0.59	0.61	0.52	0.61	0.64	0.61	0.71	0.71	0.71

4.2. *LA-ICP-MS U-Pb Ages*

Zircon CL images of the granitoids are shown in Fig. 10 and 11. In CL images, most zircons are euhedral crystals exhibiting oscillatory zoning or linear zoning with both long and short columnar crystal forms rangeing from 50 to 200 μm, which is typical for magmatic zircon （Rubatto and Gebauer, 2000; Corfu et al., 2003; Hanchar and Hoskin, 2003）.

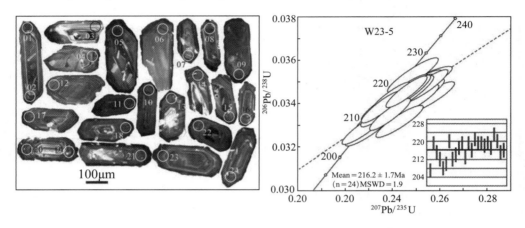

Fig. 10　CL image and LA-ICP-MS U-Pb Zircon concordia diagram of the porphyritic monzogranite from the Wenquan granitoids. Ellipse dimensions are 2σ

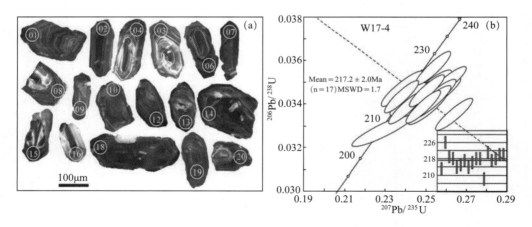

Fig. 11　CL image and LA-ICP-MS U-Pb Zircon concordia diagram of the granitic porphyry from the the Wenquan granitoids. Ellipse dimensions are 2σ

Analyses for zircon U-Pb age were performed on twenty four spots of twenty four zircons from the porphyritic monzogranite and seventeen spots of seventeen zircons from the granitic porphyry （Table 2 and Fig. 10 and 11）. With common lead correction, $^{207}Pb/^{206}Pb$ ages are suitable for zircons that are older than 1Ga, and $^{206}Pb/^{238}U$ ages are suitable for young zircons

(Machado and Gauthier, 1996; Andersen, 2002). We have used the ISOPLOT (V. 3.02) program to plot the concordia diagram and calculate the ^{206}Pb/^{238}U weighted average age (Ludwig, 2003). In the ^{206}Pb/^{238}U – ^{207}Pb/^{235}U concordia diagram (Fig. 10 and 11), the twenty four analytical spots of porphyritic monzogranite and seventeen analytical spots of granitic porphyry plot near the concordia line, and yield a weighted average ^{206}Pb/^{238}U age of 216.2 ± 1.7 Ma (2σ, MSWD = 1.9) and 217.2 ± 2.0 Ma (2σ, MSWD = 1.7), respectively.

4.3. *Zircon Hf isotopic compositions*

The results of the zircon Lu-Hf isotopic composition and the corresponding calculated parameters for samples W23-5 (the porphyritic monzogranite) and W17-4 (the granitic porphyry) of the Wenquan granitoids are listed in Table 3. Twenty four and seventeen Lu-Hf isotope analyses were performed by LA-MC-ICP-MS, and all have been dated by LA-ICP-MS technique (Table 2).

Sample W23-5 from twenty four zircon displays variable ^{176}Lu/^{177}Hf ratios ranging from 0.000372 to 0.001188, and ^{176}Hf/^{177}Hf ratios in the range of 0.282558 to 0.282661 with a weighted average 0.282602 ± 0.000012 (2σ, MSMD = 0.76) (Fig. 12). The calculated ε$_{Hf(t)}$ values are – 2.9 to 0.6, with an average of – 1.4 ± 0.9 (Mean ± S.D.). Two-stage Hf model ages (T$_{DM2}$) range from 1014 to 1196 Ma, with a weighted mean of 1118 ± 47 Ma (Mean ± S. D.) (Table 3).

The ^{176}Lu/^{177}Hf ratios of all seventeen zircons from sample W17-4 range from 0.000641 to 0.001486, with an average of 0.000926. The zircon ^{176}Hf/^{177}Hf ratios have limited variation, ranging from 0.282541 to 0.282693 with a weighted average of 0.282617 ± 0.000020 (2σ, MSWD = 2.1) (Fig. 12), consistent with those of sample W23-5. ε$_{Hf(t)}$ values range from – 3.3 to 1.9, with an average of – 0.9 ± 1.4 (Mean ± S.D.), corresponding to two-stage Hf model ages of 954 to 1224 Ma with a weighted mean of 1095 ± 73 Ma (Mean ± S.D. (Table 3, Fig. 13).

4.4. *Lead and sulfur isotopes*

As shown in Table 4 and Fig. 14, the Pb isotope data for K-feldspar in granitoids show that granitoids have uniform Pb isotope compositions. Their Pb isotope ratios range from 18.067 to 18.128 for ^{206}Pb/^{204}Pb, 15.485 to 15.557 for ^{207}Pb/^{204}Pb and 37.957 to 38.278 for^{208}Pb/^{204}Pb. The Pb isotope compositions of ores from sulfides (such as pyrite and molybdenite) and molybdenite-bearing quartz veins have a larger variation (Table 4). Their Pb isotope ratios range from 17.987 to 19.853 for ^{206}Pb/^{204}Pb, 15.546 to 15.729 for ^{207}Pb/^{204}Pb and 37.973 to 39.039 for ^{208}Pb/^{204}Pb.

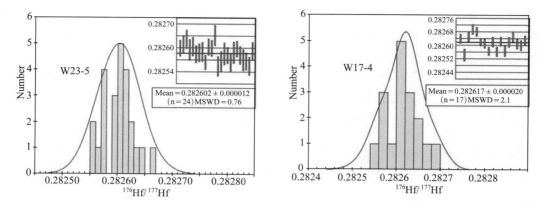

Fig. 12   Histograms of the zircon $^{176}Hf/^{177}Hf$ ratios

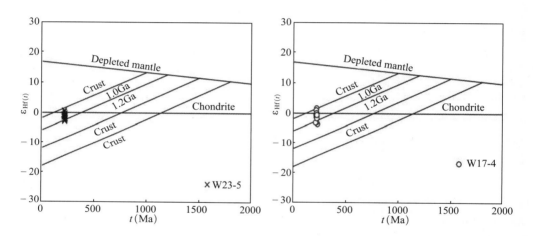

Fig. 13   The $\varepsilon_{Hf(t)}$ vs t discrimination plots

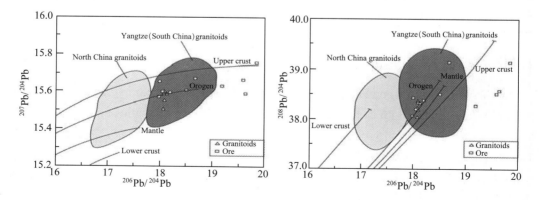

Fig. 14 $^{207}Pb/^{204}Pb$ vs $^{206}Pb/^{204}Pb$ and $^{208}Pb/^{204}Pb$ vs $^{206}Pb/^{204}Pb$ diagrams. K-feldspar Pb isotope ratios of Mesozoic granitoids for the North China and Yangtze granitoids are from Zhang（1995）. Pb isotopic evolution lines of upper crust, lower crust, orogen and mantle are from Zartman and Doe（1981）

Table 2 Results of U-Pb zircon dating for the Wenquan granitoids

Spot no.	Isotopic ratios						Calculated ages （Ma）					
	$^{207}Pb/^{206}Pb$	1σ	$^{207}Pb/^{235}U$	1σ	$^{206}Pb/^{238}U$	1σ	$^{207}Pb/^{206}Pb$	1σ	$^{207}Pb/^{235}U$	1σ	$^{206}Pb/^{238}U$	1σ
W23-5	Porphyritic monzogranite											
W23-5-01	0.05082	0.00137	0.22930	0.00639	0.03271	0.00048	233	38	210	5	207	3
W23-5-02	0.05165	0.00115	0.24574	0.00581	0.03450	0.00049	270	29	223	5	219	3
W23-5-03	0.05265	0.00191	0.24636	0.00904	0.03393	0.00053	314	55	224	7	215	3
W23-5-04	0.05088	0.00148	0.23482	0.00702	0.03346	0.00050	235	42	214	6	212	3
W23-5-05	0.05030	0.00129	0.22739	0.00605	0.03278	0.00048	209	35	208	5	208	3
W23-5-06	0.05314	0.00141	0.24277	0.00667	0.03312	0.00049	335	36	221	5	210	3
W23-5-07	0.05290	0.00131	0.25364	0.00655	0.03476	0.00051	325	33	230	5	220	3
W23-5-08	0.05175	0.00118	0.23871	0.00577	0.03345	0.00049	274	30	217	5	212	3
W23-5-09	0.05047	0.00117	0.23520	0.00576	0.03379	0.00049	217	31	214	5	214	3
W23-5-10	0.05062	0.00118	0.23868	0.00588	0.03419	0.00050	224	31	217	5	217	3
W23-5-11	0.05188	0.00118	0.24702	0.00597	0.03452	0.00050	280	30	224	5	219	3
W23-5-12	0.05071	0.00120	0.23507	0.00587	0.03361	0.00049	228	32	214	5	213	3
W23-5-13	0.05218	0.00121	0.24813	0.00609	0.03448	0.00051	293	30	225	5	219	3
W23-5-14	0.05298	0.00145	0.24886	0.00704	0.03406	0.00051	328	38	226	6	216	3
W23-5-15	0.05220	0.00197	0.25083	0.00956	0.03484	0.00056	294	58	227	8	221	3
W23-5-16	0.05194	0.00129	0.24736	0.00649	0.03453	0.00052	283	33	224	5	219	3
W23-5-17	0.05149	0.00132	0.24521	0.00659	0.03453	0.00052	263	35	223	5	219	3
W23-5-18	0.05182	0.00133	0.24632	0.00665	0.03447	0.00052	277	35	224	5	218	3
W23-5-19	0.05216	0.00134	0.24846	0.00669	0.03454	0.00052	292	35	225	5	219	3
W23-5-20	0.05311	0.00142	0.25126	0.00700	0.03431	0.00052	333	36	228	6	217	3
W23-5-21	0.05109	0.00141	0.24850	0.00713	0.03527	0.00054	245	39	225	6	223	3
W23-5-22	0.05211	0.00153	0.24933	0.00759	0.03470	0.00054	290	42	226	6	220	3
W23-5-23	0.05066	0.00142	0.23694	0.00692	0.03392	0.00053	225	39	216	6	215	3
W23-5-24	0.05390	0.00170	0.25382	0.00822	0.03415	0.00054	367	45	230	7	216	3
W17-4	Granitic porphyry											
W17-4-01	0.05708	0.00124	0.26389	0.00612	0.03352	0.00048	495	27	238	5	213	3
W17-4-02	0.05157	0.00110	0.25347	0.00577	0.03564	0.00051	266	27	229	5	226	3
W17-4-03	0.05247	0.00112	0.25038	0.00572	0.03460	0.00049	306	28	227	5	219	3
W17-4-04	0.05024	0.00111	0.23781	0.00559	0.03433	0.00049	206	29	217	5	218	3
W17-4-06	0.05148	0.00118	0.24013	0.00580	0.03382	0.00049	262	30	219	5	214	3
W17-4-07	0.05322	0.00114	0.24855	0.00568	0.03386	0.00049	338	27	225	5	215	3
W17-4-08	0.05108	0.00119	0.24104	0.00593	0.03422	0.00050	244	31	219	5	217	3
W17-4-09	0.05381	0.00133	0.25087	0.00647	0.03381	0.00050	363	32	227	5	214	3
W17-4-10	0.05374	0.00131	0.25258	0.00644	0.03408	0.00050	360	32	229	5	216	3
W17-4-12	0.05406	0.00140	0.25677	0.00693	0.03444	0.00051	374	35	232	6	218	3
W17-4-13	0.05382	0.00130	0.25504	0.00647	0.03436	0.00051	364	31	231	5	218	3
W17-4-14	0.05057	0.00237	0.22853	0.01014	0.03278	0.00050	221	110	209	8	208	3
W17-4-15	0.05394	0.00133	0.25981	0.00672	0.03493	0.00052	369	32	235	5	221	3
W17-4-16	0.05254	0.00145	0.24774	0.00706	0.03419	0.00052	309	38	225	6	217	3
W17-4-18	0.05191	0.00143	0.24593	0.00703	0.03435	0.00053	281	38	223	6	218	3
W17-4-19	0.04975	0.00139	0.23797	0.00687	0.03469	0.00054	183	39	217	6	220	3
W17-4-20	0.05247	0.00149	0.25147	0.00736	0.03475	0.00054	306	39	228	6	220	3

Table 3　Hf isotopic data for zircons from the Wenquan granitoids

Sample	Age(Ma)	^{176}Yb/^{177}Hf	^{176}Lu/^{177}Hf	^{176}Hf/^{177}Hf	2σ	$\varepsilon_{Hf(0)}$	$\varepsilon_{Hf(t)}$	T_{DM1}	T_{DM2}	$f_{Lu/Hf}$
W17-4		Granitic porphyry								
W17-4-01	213	0.031611	0.000899	0.282637	0.000026	−4.8	−0.2	868	1056	−0.97
W17-4-02	226	0.023167	0.000668	0.282541	0.000035	−8.2	−3.3	997	1224	−0.98
W17-4-03	219	0.029315	0.000844	0.282647	0.000029	−4.4	0.3	853	1037	−0.97
W17-4-04	218	0.032322	0.000957	0.282693	0.000028	−2.8	1.9	791	954	−0.97
W17-4-06	214	0.049974	0.001486	0.282680	0.000026	−3.3	1.2	821	983	−0.96
W17-4-07	215	0.034846	0.000995	0.282617	0.000021	−5.5	−0.9	898	1093	−0.97
W17-4-08	217	0.029288	0.000880	0.282609	0.000026	−5.8	−1.1	907	1106	−0.97
W17-4-09	214	0.024003	0.000726	0.282564	0.000023	−7.4	−2.8	967	1188	−0.98
W17-4-10	216	0.044399	0.001299	0.282619	0.000028	−5.4	−0.9	903	1092	−0.96
W17-4-12	218	0.023912	0.000727	0.282561	0.000027	−7.4	−2.8	970	1191	−0.98
W17-4-13	218	0.020972	0.000641	0.282622	0.000026	−5.3	−0.6	884	1081	−0.98
W17-4-14	208	0.034290	0.000995	0.282567	0.000032	−7.2	−2.8	969	1185	−0.97
W17-4-15	221	0.031595	0.000908	0.282617	0.000028	−5.5	−0.7	896	1090	−0.97
W17-4-16	217	0.042029	0.001212	0.282650	0.000030	−4.3	0.3	858	1035	−0.96
W17-4-18	218	0.029260	0.000848	0.282608	0.000029	−5.8	−1.1	908	1107	−0.97
W17-4-19	220	0.032218	0.000917	0.282598	0.000029	−6.1	−1.4	923	1125	−0.97
W17-4-20	220	0.025684	0.000736	0.282629	0.000026	−5.1	−0.3	876	1069	−0.98
W23-5		Porphyritic monzogranite								
W23-5-01	207	0.028600	0.000798	0.282618	0.000027	−5.4	−1.0	893	1092	−0.98
W23-5-02	219	0.034254	0.000996	0.282631	0.000029	−5.0	−0.3	879	1067	−0.97
W23-5-03	215	0.036063	0.001013	0.282648	0.000031	−4.4	0.2	855	1037	−0.97
W23-5-04	212	0.028154	0.000810	0.282613	0.000034	−5.6	−1.1	900	1100	−0.98
W23-5-05	208	0.011712	0.000372	0.282624	0.000031	−5.2	−0.7	875	1078	−0.99
W23-5-06	210	0.013534	0.000438	0.282598	0.000028	−6.1	−1.6	912	1125	−0.99
W23-5-07	220	0.016483	0.000491	0.282603	0.000029	−6.0	−1.2	906	1113	−0.99
W23-5-08	212	0.038222	0.001103	0.282606	0.000032	−5.9	−1.4	917	1114	−0.97
W23-5-09	214	0.019871	0.000595	0.282572	0.000023	−7.1	−2.5	953	1173	−0.98
W23-5-10	217	0.033517	0.000947	0.282622	0.000027	−5.3	−0.7	890	1082	−0.97
W23-5-11	219	0.029956	0.000869	0.282618	0.000026	−5.4	−0.8	894	1089	−0.97
W23-5-12	213	0.037593	0.001073	0.282661	0.000034	−3.9	0.6	838	1014	−0.97
W23-5-13	219	0.022343	0.000657	0.282558	0.000032	−7.6	−2.9	973	1196	−0.98
W23-5-14	216	0.034588	0.000944	0.282575	0.000033	−7.0	−2.4	957	1169	−0.97
W23-5-15	221	0.041897	0.001188	0.282601	0.000036	−6.1	−1.4	927	1123	−0.96
W23-5-16	219	0.031092	0.000882	0.282595	0.000027	−6.3	−1.6	927	1131	−0.97
W23-5-17	219	0.016280	0.000508	0.282570	0.000029	−7.2	−2.4	953	1174	−0.98
W23-5-18	218	0.016327	0.000518	0.282604	0.000035	−5.9	−1.2	905	1112	−0.98
W23-5-19	219	0.021236	0.000637	0.282617	0.000026	−5.5	−0.8	891	1090	−0.98
W23-5-20	217	0.023945	0.000681	0.282596	0.000029	−6.2	−1.6	921	1129	−0.98
W23-5-21	223	0.021239	0.000643	0.282580	0.000035	−6.8	−2.0	943	1156	−0.98
W23-5-22	220	0.022772	0.000658	0.282575	0.000029	−7.0	−2.2	949	1164	−0.98
W23-5-23	215	0.030892	0.000876	0.282560	0.000030	−7.5	−2.9	977	1196	−0.97
W23-5-24	216	0.030543	0.000860	0.282609	0.000030	−5.8	−1.1	906	1106	−0.97

Table 4　Lead isotope data for feldspar and sulfur isotope data for sulphides from the Wenquan Mo deposit

Sample no.	Sample description	$^{206}Pb/^{204}Pb$	$^{207}Pb/^{204}Pb$	$^{208}Pb/^{204}Pb$	$\delta^{34}S_{CDT}$ (‰)
W3-3	K-feldspar in biotite monzogranite	18.067 ± 0.009	15.485 ± 0.007	37.957 ± 0.016	–
W8-2	K-feldspar in biotite monzogranite	18.080 ± 0.003	15.529 ± 0.003	38.098 ± 0.008	–
W9-2	K-feldspar in biotite monzogranite	18.084 ± 0.005	15.577 ± 0.003	38.278 ± 0.015	–
W17-5	K-feldspar in biotite granite	18.077 ± 0.005	15.570 ± 0.004	38.245 ± 0.011	–
W25-4	K-feldspar in porphyritic monzogranite	18.128 ± 0.007	15.564 ± 0.004	38.236 ± 0.019	–
W25-5	K-feldspar in porphyritic monzogranite	18.070 ± 0.001	15.561 ± 0.001	38.142 ± 0.004	–
W9-1	Molybdenite-bearing quartz vein	19.195 ± 0.005	15.605 ± 0.005	38.182 ± 0.016	–
W10-1	Molybdenite-bearing quartz vein	18.047 ± 0.007	15.574 ± 0.005	38.108 ±0.017	–
W10-2	Molybdenite-bearing quartz vein	17.987 ± 0.003	15.546 ± 0.003	37.973 ± 0.011	–
M-1	Molybdenite from molybdenite-bearing quartz vein	18.197 ± 0.008	15.570 ± 0.007	38.278 ± 0.017	5.46
W9-1	Molybdenite from molybdenite-bearing quartz vein	18.678 ± 0.004	15.646 ± 0.005	39.039 ± 0.008	5.66
W18-1	Molybdenite from molybdenite-bearing quartz vein	19.853 ± 0.016	15.729 ± 0.010	39.034 ± 0.012	5.62
W20-2	Molybdenite from molybdenite-bearing quartz vein	19.646±0.009	15.565 ± 0.007	38.472 ± 0.016	5.46
W-21	Molybdenite from molybdenite-bearing quartz vein	18.511 ± 0.003	15.582 ± 0.003	38.403±0.006	5.64
W-24	Molybdenite from molybdenite-bearing quartz vein	19.597 ± 0.008	15.639 ± 0.005	38.408 ± 0.012	5.58
YX-3	Pyrite from thin molybdenite-pyrite-quartz vein	17.991 ± 0.009	15.631 ± 0.007	38.326 ± 0.015	5.58
YX-6	Pyrite from thin molybdenite-pyrite-quartz vein	–	–	–	5.49
W24-1	Pyrite from thin molybdenite-pyrite-quartz vein	–	–	–	5.02
W20-1	Pyrite from thin molybdenite-pyrite-quartz vein	–	–	–	5.58

- denotes no analyses

The $\delta^{34}S_{CDT}$ of pyrite and molybdenite from the Wenquan deposit are also listed in Table 4. The $\delta^{34}S_{CDT}$ of pyrite and molybdenite are indistinguishable. These $\delta^{34}S_{CDT}$ values including pyrite and molybdenite vary from 5.02‰ to 5.66‰, with an average of 5.51‰.

5. Discussion

5.1. Petrogenesis of the Mo-bearing granitoids

The Wenquan granitoids have low Al_2O_3 contents (12.29 to 14.49%), high Rb and Nb contents (188 to 295 and 11 to 26 ppm, respectively), $K_2O + Na_2O$ ranging from 7.42 to 8.96%, and mostly negative $\varepsilon_{Hf(t)}$ values (−2.9 to 0.6 with average of −1.4 for the porphyritic monzogranite and −3.3 to 1.9 with average of −0.9 for the granitic porphyry). These characteristics are similar to those of granite originating from the melting of ancient crust (see Figs. 6 and 13). Chondrite-normalized REE diagrams of the granitoids show LREE enrichment with a moderate negative Eu anomaly (Eu/Eu* = 0.52 to 0.75) (Fig. 8).

In the R1-R2 diagram (Batchelor and Bowden, 1985) which reflects a complete orogenic cycle, all samples of the granitoids plot within the area of syn-collisional granite (Fig. 6). The chemical data normalized to primitive mantle and chondrite (Sun and McDonough, 1989) are similar to those of the bulk continental crust (Rudnick and Gao, 2003) (Figs. 8 and 9). The granitoids are relatively enriched in LILE (large ion lithophile elements) such as Rb, Pb, K, U, and LREE, and depleted in HFSE (the high field strength elements) such as Ti, P, Ba, Nb, Ta, and HREE (Figs. 7 and 8), showing the characteristics typical of subduction-related igneous rocks (Wilson, 1989). The primitive mantle normalized diagrams for granitoids shows enrichment in Cs, Ba, Sr and Pb, and depletion in Nb and Ta (Fig. 6), together with Sr-Nd isotopic compositions, suggesting the magmas were sourced from intermediate lower crust (Zhang et al., 2006,2007; Qin et al., 2009). In Fig. 9, most samples fall within the area of syn-collisional granite, indicating that the granitoids formed in a syn-orogenic regime. This commonly features continental crust derived from arc-derived igneous rocks by chemical differentiation (Taylor and McLennan, 1995).

Geochemical (e. g., Petford and Atherton, 1996; Pedford and Gallagher, 2001) and experimental studies (e.g., Beard and Lofgren, 1991; Wolf and Wyllie, 1994; Rapp and Watson, 1995) proved that partial melting of mafic or intermediate lower crust may account for the origin of granitic rocks in general. In the Wenquan granitoids, somewhat high Sr contents (188 to 295 ppm) imply melting of a plagioclase-rich (i.e. intermediate) source, and the concave-upward REE patterns without significant Eu anomalies (Eu/Eu* = 0.52 to 0.75) suggest the presence of amphibole restite (Tepper et al., 1993; Qin et al., 2009). Furthermore, the Wenquan granitoids belong to the class of peraluminous granite, with a high $Mg^{\#}$ (from 40.05 to 56.34) and high content of Cr (18.0 to 65.2 ppm) and Ni (10.2 to 32.4 ppm), indicating that granitic melts might have generated by partial melting of amphibolitic rocks in mafic refractory lower crust (Qin et al., 2009). The geochemical comparison of West Qinling granitoids with those of adakites generated by partial melting of subducted oceanic slab (Defant and Drummond, 1990; Peacock et al., 1994) and underplating mafic protolith (Atherton and Petford, 1993; Petford, 1996; Muir et al., 1995), prompted Zhang et al. (2006,2007) to argue that the petrogenesis of these granitoids is distinct from those formed by partial melting of subducted oceanic slab and underplating mafic protolith, which suggests the Wenquan granitoids might have originated from partial melting of subducted continental crust.

Because the O and Hf isotope compositions of its growth zones record the crystallization history of the host magma, and potentially fingerprint the involvement of mantle-derived agents, or the reworking of pre-existing crust, zircons are considered as robust proxies of these cases (Kemp and Hawkesworth 2003; Zheng et al. 2006,2007,2008; Wu et al., 2007). The Wenquan granitoids yield zircon U-Pb ages of 216.2 ± 1.7 and 217.2 ± 2.0 Ma and the old Hf model ages of 954 to 1224 Ma, which indicates that the host granitoids was derived by partial melting of ancient crust rather than Phanerozoic crust. Most of the zircons have negative $\varepsilon_{Hf(t)}$ values of −3.3 to −0.2 and two-stage Hf model ages of 1056 to 1224 Ma (Table 3 and Fig. 13), whereas some zircon grains have positive $\varepsilon_{Hf(t)}$ values of 0.2 to 1.9 and the single-stage Hf model ages of 791 to 852 Ma. A few of zircon grains yield positive $\varepsilon_{Hf(t)}$ values (Table 3) considerably lower than the Hf isotope ratios for the Triassic depleted mantle (Zheng et al., 2006). It has been suggested that continental granites exhibit negative $\varepsilon_{Hf(t)}$ values and thus mark a large component of ancient crust, because the age of the crustal protolith contributes to decrease $\varepsilon_{Hf(t)}$ by about $-$ 8 to $-$ 16 for a crust about 1.0 Ga old (Zheng et al., 2007, 2008). Thus, the positive $\varepsilon_{Hf(t)}$ zircons, consistent with their Neoproterozoic Hf model ages, can not be derived from the Triassic juvenile crust, since they considerably predate Triassic magmatism. The small negative $\varepsilon_{Hf(t)}$ to positive values of $-$ 3.3 to 1.9 and the Hf model ages of 0.95 to 1.22 Ga suggest that the granitoids were derived from reworking of Late Mesoproterozoic juvenile crust. The wide variation in Hf isotopic composition may be caused by either insufficient mixing during the melting process or heterogeneous contamination (Zheng et al., 2006, 2007). In fact, the zircon Hf model ages of Late Mesoproterozoic are common for Neoproterozoic magmatic in the South China Block (Zheng et al., 2008), including protoliths of UHP metamorphis rocks in the Dabie-Sulu orogenic belt (Zheng et al., 2009). Thus, the crustal source of the Wenquan granitoids has a tectonic affinity to the South China Block. On the $\varepsilon_{Hf(t)}$ versus age plot (Fig. 13), all samples from both the porphyritic monzogranite and granitic porphyry fall into an area within the evolutionary trend line of the juvenile crust, consistent with the magma origination from the Triassic reworking of the Late Mesoproterozoic crust. Therefore, the Wenquan granitoids would have their source in the Neo-Mesoproterozoic crust of the South China that was reworked at the Late Triassic for magmatism subsequent to the continental collision.

The Wenquan granitoids contain mafic enclaves (Fig. 4A). This implies that the involvement of mafic magmas in the origin of the granitoids should be considered in order to constrain their petrogenesis. Although their origin is still a matter of debate, mafic micro-granular enclaves (MMEs) are generally believed to have been formed by mixing and mingling processes involving mafic and felsic magma (e. g., Karsli et al., 2007; Qin et al., 2009). The MMEs in the Wenquan granitoids have mineral assemblages similar to those of the host granitoids. However, the rounded interfaces and diffuse contacts between the MMEs and the host granitoids suggest that quenching of mafic and felsic magmas played a major role in the generation of the MMEs in the dynamic magma chamber through interaction between batches of magma of variable composition (mafic and felsic) and viscosity (e.g., Perugini et al., 2004). In addition, some MMEs contain large, rounded K-feldspar phenocrysts, which are compositionally similar to those in the granitoids (Fig. 4A). This implies that there was only a small rheological difference between the two magmas, allowing crystal transportation from the host felsic magma into the mafic magma (e.g., Perugini et al., 2003; Qin et al., 2009). According to our unpublished geochemical data, zircon U-Pb ages, and Hf-isotopic compositions for the MMEs in the Wenquan pluton, the MMEs have similar trace element geochemistry as the host grantiods, but the MMEs have lower A/CNK values (0.66 to 0.89) than those of the host granitoids (0.97 to 1.23). Such a chemical variation is interpreted in terms of a two-end-member interaction as the basic process for the genesis of enclaves and their hybrid host rocks (e.g., Perugini et al., 2003; Qin et al., 2009). The MMEs have relatively low SiO_2 content (57.96% to 60.51%) and relatively high $Mg^{\#}$ (57 to 65), indicating significant involvement of a mafic component. However, they have lower Ni (26.0 to 48.7 ppm) and Cr (109 to 283 ppm) relative to un-fractionated basalt (200 to 450, and > 1000, respectively, Karsli et al., 2007). This suggests an ultramafic source that underwent fractionation of olivine, pyroxene and spinel prior to inter-action with felsic magma. The enrichment of LILE and LREE (e.g., La, and Ce), depletion of HFSE, and advanced Hf mode ages (441 to 992 Ma) in the MMEs suggests that they are derived from partial melting of a somewhat ancient, chemically enriched subcontinental lithos-phere mantle (SCLM). Zircons from the MMEs have single-stage Hf model ages of 441 to 846 Ma for the grains with positive $\varepsilon_{Hf(t)}$ values (0.5 to 10.8) and two-stage Hf model ages of 1065 to 1217 Ma for the grains with negative $\varepsilon_{Hf(t)}$ values (– 0.2 to – 3.2). Zircons in the MMEs with an age of 217.4 ± 2.0 Ma show variable $\varepsilon_{Hf(t)}$ values from – 3.2 to 10.8, reflecting a rela-tively wide range of initial Hf isotope ratios (from negative to positive) due to interaction b etween ancient and juvenile SCLM-derived mafic magmas (Zheng et al., 2006, 2007). Some zircons in the MMEs have positive $\varepsilon_{Hf(t)}$ values up to 10.8, and single-stage Hf model ages of 441 to 846 Ma. Because the Hf model ages are much older than the zircon U-Pb ages of 217.4 ± 2.0 Ma, the zircons cannot have been formed by reworking of the Triassic SCLM. Instead, they would have been formed by reworking of the Neoproterozoic SCLM in association with the contemporaneous formation of juvenile crust during rift magmatism along the western and northern margins of the South China Block (Zheng et al., 2006,2007,2008).

Mantle components could be suggested as the source of the granitoid magmas, but it is misleading to ascribe them to direct derivation from partial melting of the asthenospheric mantle (Zheng et al., 2009), because experimental petrology has demonstrated that partial melting of mantle peridotites and pyroxenites is not able to produce granitic rocks. Instead, juvenile lith-ospheric mantle and crust are reasonable sources for mafic and felsic rocks with positive $\varepsilon_{Hf(t)}$ values (Zheng et al., 2007,2008). Therefore, caution must be exercised when linking the igneous rocks of positive $\varepsilon_{Hf(t)}$ values to the asthenospheric mantle source, otherwise it is sus-ceptible to error when interpreting the mafic or felsic rocks of positive $\varepsilon_{Hf(t)}$ values as directly so-urced from the so-called mantle-derived magmas (Zheng et al., 2007,2008). This notion had been used to explain the genesis of the Triassic igneous rocks in south Qinling such as the Mis-huba and Yangba granite plutons (Qin et al., 2009,2010). Such a case is also exemplified by post-collisional Mesozoic granites from the Dabie-Sulu orogenic belt in east-central China (Hu-ang et al., 2006; Zhao et al., 2007). Contemporaneous mafic-ultramafic intrusions at Dabie are also demonstrated to form by reworking of ancient orogenic lithospheric mantle (Zhao et al., 2005). Furthermore, some granitoid magmas, such as many Neoproterozoic felsic and mafic igneous rocks in the periphery of the Yangtze craton in South China (Wu et al., 2006;

Zheng et al., 2007,2008), have positive $\varepsilon_{Hf(t)}$ values and thus mark sources of very juvenile crust.Hence,the granitoids zircons with positive $\varepsilon_{Hf(t)}$ values would crystallize from the relatively juvenile lower crust that has had positive $\varepsilon_{Hf(t)}$ values in Triassic time.

Base on the whole-rock major-trace elements and zircon Hf isotopes and the existence of MME in the Wenquan granitoids, it is proposed that the granite magma was derived from partial melt of the Neoproterozoic mid lower crust, with subsequent interaction with the SCLM-derived mafic magmas. We propose a magma mixing model for the origin of the the Wenquan granitoids. When mafic magma derived from Neoproterozoic SCLM invaded into the lower continental crust, a thermal anomaly occurred causing dehydration melting of Neo-Mesoproterozoic rocks of intermediate composition, and subsequent giving rise to granitic melt from which the zircons crystallized with both negative and positive $\varepsilon_{Hf(t)}$ values. Mixing between the felsic and mafic melts resulted in a hybrid magma as indicated by the high $Mg^{\#}$, Cr and Ni mafic components and a wide variation of Hf isotopic composition in the granitoids.

5.2. Mineralization ascription and ore-forming source

The Wenquan Mo deposit is temporally and spatially associated with its host granitoid intrusions. All orebodies occur within the granitoid pluton (Figs. 3,4B − D). Field observations show that Mo mineralization infills or replaces joints and cracks in the granitic rock (Figs. 4B and 4C), implying that the Mo mineralization was mainly generated during the late aqueous and volatile-rich phases of magma crystallization. Triassic granites in the Qinling orogen form a belt between the Shangdan and Mianlue suture (Fig. 1). The zircon U-Pb and molybdenite Re-Os ages are identical with the timing of collision along the Qinling-Dabie orogen. According to the whole-rock geochemistry and zircon Hf isotopic composition mentioned above, it appears that the Wenquan granites and their Mo mineralization were derived from reworking of the Neoproterozoic crust during the Triassic continental collision.

Lead and sulfur isotopes have been proven to be one of the most effective means to establish the source for the ore-forming materials (Ohmoto, 1972,1986; Zartman and Doe, 1981; Kelly and Rye, 1979; Ohmoto and Rye, 1979; Rollinson, 1993; Ohmoto and Goldhaber, 1997; Chen et al., 2004). In this study, we performed Pb isotopes analyses on the ore-bearing granitoids and ore sulfides from the Wenquan deposit to not only decode their sources but also determine the tectonic settings in which they formed (Table 4 and Fig. 14). The Pb isotopic compositions of the Wenquan granitoids are close to those of the South China granites (Fig. 14). This indicates that they also share a common magma source that is the middle-lower crust of the South China (Zhang et al., 2007). As shown in Fig. 14, most of the Pb isotopic data approach the orogenic Pb evolution line, and plot in the area between the crust (upper and lower) and the orogenic Pb evolution line. This Pb isotopic composition pattern reflects a mixing of orogenic and crust materials. The ores of the Wenquan deposit contain higher radiogenic Pb than the host granitoids,implying that more upper crustal materials were involved during ore-forming processes. The Pb isotopic compositions of the Mo-bearing granitoids are homogeneous, but the Pb isotope data of the ore sulfides are variable (Table 4). Furthermore, the sulfides Pb isotopic ratios are generally higher than those of the granitoids. However, if the addition of radiogenic Pb produced by U and Th decay into the ore-forming fluid from the strata rock such as the Devonian sedimentary rocks is considered, the Pb isotope ratios of the ores would become much greater than those of the granitoids. Therefore, we conclude that Pb in ores mainly derived from granitoids magma and the Pb in ore-forming solution came from fractional crystallization of Triassic magmatic fluid evolution system.

Sulfur isotope provides additional information on source material compositions for the deposit. The $\delta^{34}S$ values of both pyrite and molybdenite from the Wenquan deposit vary in a narrow range of 5.02‰ to 5.66‰ (Table 4) with a pronounced mode at 5‰ to 6‰ (Fig. 15). Although the $\delta^{34}S$ values of individual sulfides cannot indicate their source, the $\delta^{34}S$ value of total sulfur (i.e., ΣS) in the fluids may be diagnostic (Ohmoto, 1972,1986). In hydrothermal systems, where H_2S is the dominant sulfur species

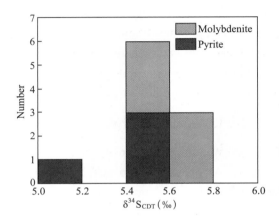

Fig. 15　$\delta^{34}S$ histogram for the Wenquan Mo deposit

in the fluids or the fluid redox state is below the SO_2/H_2S boundary, $\delta^{34}S$ (sulfide) $\approx \delta^{34}S$ (fluid) (Kelly and Rye, 1979; Rollinson, 1993); i.e., the average $\delta^{34}S$ values of sulfide minerals approximate those in the hydrothermal fluids. Therefore, the average $\delta^{34}S$ values can be used as direct representative of the sulfur source. The $\delta^{34}S$ values of the Wenquan deposit are stable and slightly enriched in ^{34}S (Table 4). In the Wenquan deposits, pyrite and molybdenite are the main sulfides and have a narrow range of the $\delta^{34}S$ values (Fig. 15), sulfates are absent and reduced sulfur is dominant in the ore-forming fluid (Han et al., 2008b). Hence the average value of the sulfides can be considered approximately equal to that of the hydrothermal fluids. Considering the fact that the $\delta^{34}S$ value of the fluid in equilibrium with granite magma ($\delta^{34}S = 0.0‰$) is about 5.0‰ (Ohmoto and Rye, 1979), which is roughly equal to the average value of the Wenquan deposit (5.51‰). The $\delta^{34}S$ values of both pyrite and molybdenite from the Wenquan deposit also fall in the range of those (0.8‰ to 6.8‰) in porphyry Mo and Climax-type Mo deposits (e.g., Carten et al., 1993), and are typical of magmatic-hydrothermal systems (Ohmoto and Rye, 1979). The $\delta^{34}S_{CDT}$ of sulfides of the Wenquan deposit is higher than mantle-derived sulphur, but similar to those of sulfides associated with magmatic-hydrothermal systems (Ohmoto and Rye, 1979; Ohmoto and Goldhaber, 1997). Hence, we suggest that magmatic-hydrothermal fluid associated with the granitoids is the major sulfur source of the Wenquan deposit, and the Mo mineralization resulted from fractional crystallization of the fluid evolution processes indigenous to the Triassic magmatic system.

5.3. Geodynamic setting

For the Wenquan Mo deposit, Zhu et al. (2009a) obtained a Re-Os model age of 214.1 ± 1.1 Ma (MSWD = 0.51) and a Re-Os isochron age of 214.4 ± 7.1 Ma (MSWD = 0.77). In this study, we obtained LA-ICP-MS zircon U-Pb ages of 216.2 ± 1.7 and 217.2 ± 2.0 Ma for the host granitoids. The consistency between the Re-Os and U-Pb ages suggests that the granitoid emplacement and the Mo mineralization occurred contemporaneously in the Late Triassic. The Wenquan granitoids have identical crystallization ages as the late Triassic granites in South Qinling (Sun et al., 2002; Gong et al., 2009a, b; Qin et al., 2009, 2010), the North Qinling (Lu et al., 1996; Gong et al., 2009a, b; Zhang et al., 2009) and Western Qinling (Zhang et al., 2006, 2007). The magma emplacement ages for the Wenquan granitoids broadly coincide with Triassic ages for continental collision between the South China and the North China Blocks (Ames et al., 1993; Li et al., 1993a, 1996; Hacker et al., 1998; Zheng et al., 2003). In the Triassic, the Dabie orogenic belt, located east of the Qinling orogenic belt, resulted from deep continental subduction when the South China Block was subducted beneath the North China Block. The subducted South China Block underwent ultrahigh-pressure (UHP) metamorphism, resulting in formation of diamond- and coesite-bearing eclogites (Li et al., 1993a; Hacker et al., 1998; Zheng, 2008). The Qinling orogenic belt also experienced northward continental subduction along the Mianlue suture during the Triassic (Zhang et al., 2001, 2004). The ages of the Wenquan granitoids are in agreement with, but slightly younger than, the Triassic metamorphic ages for different lithologies in South Qinling (216.7 to 232.5 Ma: Mattauer et al., 1985; 240 Ma: Yin et al. 1991; 221.13 to 242.21 Ma: Li et al., 1996). As documented by Zheng et al. (2009), the time of UHP metamorphism and continental collision between the South and North China Blocks in the Dabie-Sulu orogenic belt is the middle Triassic (240 to 225 Ma). This time is somewhat older than the time of granitoid magmatism in the South Qinling orogen (Li et al., 1996; Meng and Zhang 1999; Sun et al., 2002). The similar young ages of the late Triassic also occur in potassic granitoids in the Dabie-Sulu orogenic belt (Zhao and Zheng, 2009 and references therein). Like the South Qinling syn-coliisional granites (Sun et al., 2002), the zircon U-Pb ages for the Wenquan granitoids are systematically younger than the metamorphic ages for the Dabie-Sulu UHP metamorphic rocks, east to the Qinling orogenic belt.

On the other hand, the metamorphic ages of 242 to 221 Ma for the Mianlue ophiolite (Li et al., 1996) and 216 to 240 Ma for the Mianlue blueschist (Mattauer et al., 1985; Yin et al. 1991) in the eastern Qinling are consistent with the metamorphic ages of 240 to 225 Ma for the UHP metamorphic rocks in the Dabie-Sulu orogenic belt (Zheng et al., 2009). In this regard, the South Qinling granitoid belt is a product of syn-collisional magmatism as previously argued (e.g., Zhang et al. 1994; Sun et al., 2002; Yang et al., 2006; Liu et al., 2008). The zircon

U-Pb ages for Wenquan granitoids are similar to those for the South Qinling syn-collisional granites with the ages between 205 ± 1 and 220 ± 1 Ma (Sun et al., 2002). Hence they belong to the same syn-collisionnal granites. The Wenquan intrusion is located between the Shangdan and Mianlue sutures, and lies to the north of the Mianlue suture (Fig. 1). The magma emplacement age of about 220 Ma for the Wenquan granitoids indicates that they formed as a result of the late Triassic tectono-magmatic event. Although positive $\varepsilon_{Hf(t)}$ values for both the granitoids and MMEs at Wenquan existed, materials derived from the Triassic asthenosphere have been negated. Hence, we prefer to interpret the Wenquan granitoids in the West Qinling Orogen was derived from reworking of the Late Mesoproterozoic crust in response to tectonic extension in the late stage of the Triassic continental collision (Zhao and Zheng, 2009). The collision along the Mianlue suture led to thrust imbrication of the active margin and crust thickening up to 50 km in the Qinling-Dabie orogenic belt (Zhang et al., 2005). Under such conditions, given the slab breakoff (e.g., Davies and von Blankenburg, 1995) occurred at a shallow depth in the Qinling area (Sun et al., 2002), local asthenosphere upwelling would cause a thermal pulse along the Mianlue suture. This thermal pulse beneath the thickened continental crust of the Qinling orogenic belt could result in syn-collisional magmatism in response to the breakup of slab from the buoyant continental lithosphere during subduction (Qin et al., 2009).

In combination with the regional tectonic setting and geochemical data mentioned earlier, we argue that the Late Triassic Wenquan pluton in West Qinling was formed in the orogenic stage during the continental collision between the South Qinling and South China Blocks along Mianlue suture following the closure of the Paleo-Tethys Qinling seaway in the Triassic (Zhang et al., 2001, 2004). The asthenosphere upwelling triggered partial melting of the Neoproterozoic SCLM and the Neo-Mesoproterozoic lower crust resulting in the generation of mafic and granitic magmas, respectively. Mafic magma intruded into the lower crust and subsequently interacted with the granitic magma to give rise to the Mo-bearing granitoids containing MMEs along the intersections of existing faults and joints. The ore-forming fluid generated during the late phases of magma crystallisation, filled the joints or replaced the host rocks to form the Wenquan Mo deposits.

5.4. Implications for mineral exploration

In this study, we determine the petrogenesis and geodynamic setting of the Wenquan Triassic Mo-bearing granitoids; however, the petrogenesis and tectonic implications of the Triassic granites in Qinling orogen are still controversial (e.g., Lu et al., 1996; Zhao, 2001; Sun et al., 2002; Zhang et al., 2002, 2005; Zhou et al., 2008). Based on U-Pb ages and major-trace element data of the South and North Qinling granites, it has been suggested that slab breakoff along the Qinling-Dabie orogen occurred at shallow depth to cause a thermal anomaly in the upper mantle and upwelling of asthenosphere to induce partial melting of the lower crust that resulted in widespread syn-collisional granitic magmatism in the Qinling orogen (Sun et al., 2002;

Zhou et al., 2008). On the basis of field observations and geochronology, Zhang et al. (2001) proposed that the Triassic granite magmatism in the South Qinling was caused by the northward subduction of the Paleo-Tethys oceanic crust. According to whole-rock major-trace elements data for South Qinling Granites such as the Guangtoushan, Jiangjiaping, Xinyuan, Zhangjiaba and Miba, Zhang et al. (2005) argued that the Triassic granites are post-collisional and resulted from the delamination of thickened orogenic crust in the post-collisional stage of the Triassic Qinling orogen. Based on the whole-rock major-trace elements data and the Sr-Nd-Pb isotopic compositions of the granitoids in West Qinling, Zhang et al. (2006,2007) argued that the South and West Qinling granites have a common magma source derived from the middle-lower crust of the South China Block. The debate discussed earlier focuses on the the petrogenesis and geodynamic setting of Triassic rapakivi textured granitoids such as the Shahewan, Laojunshan and Qinlingliang granites in North Qinling (Lu et al., 1996; Zhao, 2001; Zhang et al., 2002; Wang et al., 2007; Zhou et al., 2008). Lu et al. (1996) argued that these granitoids are typical rapakivitype, representing the end of collision between the North and Sourth China Blocks and formed during a post-collisional process (Wang et al., 2007). However, other workers maintain that these granitoids are ordinary and not rapakivi granitoids, and were emplaced in a syn-collisional setting (Zhao, 2001; Zhang et al., 2002; Zhou et al., 2008).

In recent years, many studies have been carried out on the Triassic granites in the North, South and West Qinling. The comprehensive and sometimes contradicting studies that include mineral compositions (Zhang et al., 2002), major-trace elements (Zhou et al., 2008), Sr-Nd-Pb isotopes of whole rock (Zhang et al., 2006,2007), zircon U-Pb ages and Hf isotopes (Gong et al., 2009a, 2009b; Qin et al., 2009,2010), show that these Triassic granites are similar and more likely to be syn-collisional formed during the collision between the North and South China Blocks. The geochemical characteristics of the Wenquan granitoids presented in this study are in accordance with those of granitoids from the North, South and West Qinling. Remarkably, the Triassic granitoids occur not only in the South Qinling (Sun et al., 2002; Qin et al., 2009, 2010), North Qinling (Lu et al., 1996; Wang et al., 2007; Zhu et al., 2010b) and the West Qinling (Zhang et al., 2006,2007), but also in the Dabie-Sulu orogenic belt (Chen et al., 2003; Yang et al., 2005). Therefore, the newly discovered Wenquan Mo deposit indicates that Triassic tectonic-magmatism may have potential Mo mineralization in the Qinling orogenic belt. Obviously, this is significant for an assessment of the ore potential of the Triassic granites in the Qinling orogenic belt.

In the Qinling orogenic belt, there are many Mo deposits with an ore-forming age of about 140 Ma, located in the eastern segment (Mao et al., 2008; Zhu et al., 2009b, 2010a). In past years, only a few Mo deposits formed in the Triassic, such as the Huanglongpu carbonatite vein-type Mo deposit with Re-Os age of 206 – 222 Ma (Stein et al., 1997; Mao et al., 2008) and the Dahu vein type Au-Mo deposit with Re-Os age of 218 ± 41 Ma (Li et al., 2008) have been discovered in the East Qinling orogenic belt. Few Mo deposits formed in the Triassic have been found in the West Qinling orogenic belt (Mao et al., 2008). Whether there is a Mo mineralization event of the Triassic in the entire Qinling orogenic belt remains to be proven. Hence, the new U-Pb ages in this study and the known Re-Os ages in our earlier publication (Zhu et al., 2009a) hint as the possiblity of widespread porphyry Mo mineralization in the Qinling orogen.

The source of ore-forming material for the Huanglongpu carbonatite dyke-type Mo deposit and Dahu orogenic Au-Mo deposit is still a matter of dispute. For example, from sulfur, carbon and oxygen isotopic studies, Huang et al. (1984) argued that the Huanglongpu Mo deposit had a mantle source. Isotope and trace element geochemistries of the carbonatite dykes, however, suggest that the ore-forming material of the Huanglongpu deposit came from partial melting of subducted Mianlue oceanic crust (Xu et al., 2009). Based on the low rhenium content in molybdenite, Mao et al. (2008) proposed a crustal-dominated source of the ore for the Dahu deposit. According to studies on Sr-Nd-Pb isotopes of sulfides, Ni et al. (2009) advocated a mixed source of crust and mantle for the Dahu deposit, with the ore-forming materials or fluids originating initially from a residual depleted ocean crust. Although the aforementioned dispute still persists, zircon U-Pb ages of the granitoids and our previously published Re-Os ages of the molybdenites from the Wenquan Mo deposit in the West Qinling orogenic belt combined with those of Stein et al. (1997) for the Huanglongpu carbonatite Mo deposit and Li et al. (2008) for the Dahu vein Au-Mo type deposit all suggest that pulses of Mo mineralization in the Qinling orogenic belt occurred approximately 220 Ma. These mineralization pulses occurred during the collisional of the South and North China blocks. The Wenquan, Huanglongpu and Dahu deposits record the Trassic orogenic event in the Qinling orogen belt, which could have been a response to the tectono thermal process during the initial exhumation of deeply subducted continental crust (Mao et al., 2008; Zheng, 2008; Zheng et al., 2009). Further studies are needed to compare these Mo deposits and to construct identical consistent ore genesis model for the Qinling orogen.

6. Conclusions

(1) Zircon LA-ICP-MS U-Pb ages indicate that the Mo-bearing granitoids were intruded at about 216.2 ± 1.7 to 217.2 ± 2.0 Ma, which is similar to our formerly published Re-Os isochron age (214.4 ± 7.1 Ma) of five molybdenite samples. The nearly identical U-Pb and Re-Os ages suggest that the mineralization followed the intrusive activity within a short period of time during the late Triassic orogenesis. This intrusive activity and the Mo mineralization occurred contemporaneously with the tectonic-magmatic events during Late Triassic, which were associated with the syn-collision regime between the South Qinling and South China Blocks along Mianlue suture.

(2) The granitoids display an LILE—and LREE—enriched pattern, and zircons from the

granitoids show general negative $\varepsilon_{Hf(t)}$ values with a Neoproterozoic Hf model age, suggesting a crustal origin. The high $Mg^{\#}$ numbers and Cr and Ni concentrations further indicate that it is derived from mafic refractory lower crust, with subsequent interaction with the SCLM-derived mafic magmas.

(3) The Pb isotopic compositions of the Wenquan granitoids are close to those of the South China granites, indicating that they also share a common magma source from the middle-lower crust of the South China. The Pb isotopic contrast between the Mo-bearing granitoids and ores shows that Pb in the ore-forming solution came from fractional crystallization of magmatic fluid evolution system. The $\delta^{34}S$ values of the Wenquan deposit are similar to those of sulfides associated with magmatic-hydrothermal systems, suggesting that the magmatic-hydrothermal fluid associated with the Wenquan granitoids is the major sulfur source of the deposit.

(4) The Mo mineralization resulted from fractional crystallization of the fluid evolution processes indigenous to the Trassic magmatic system. The occurrence of the Wenquan Mo-bearing granitoids indicates that the Triassic tectonic-magmatic belt of the Western Qinling is another favorable target area for Mo mineralization in the Qinling orogenic belt. Therefore, it is important to reevaluate the ore potentiality of the Triassic granitoids in Qinling orogenic belt.

Acknowledgments This research was jointly supported by the National Basic Research Program of China (Grant No. 2006CB403502), the National Science Foundation of China (Grant Nos. 41072068,41030423 and 40872071), and MOST Special Fund from the State Key Laboratory of Continental Dynamics of Northwest University (Grant No. BJ091349). The authors express their appreciation for the thoughtful revision and improvement of this manuscript by Profs. Yongfei Zheng and Frcanco Pirajno. The manuscript also benefited from thoughtful reviews by two anonymous reviewers and Prof. Nigel J. Cook. We are grateful to Dr. Darren Chevis and Mr. Victor Johanson for their critical reading and comments on the manuscript. Tianshui Team of Gansu Bureau of Non-ferrous Metal Geology is also thanked for supporting fieldwork.

References

[1] Ames, L., Tilton, G. R., Zhou, G. Z., 1993. Timing of collision of the Sino-Korean and Yangtse cratons: U-Pb zircon dating of coesite-bearing eclogites. Geology 21,339-342.

[2] Andersen, T., 2002. Correction of common lead in U-Pb analyses that do not report 204Pb. Chemical Geology 192, 59-79.

[3] Atherton, M. P., Petford, N., 1993. Generation of sodium-rich magmas from newly underplated basaltic crust. Nature 362,144-146.

[4] BarbarinB., 1999. A review of the relationship between granitoids types, their origins, and their geodynamic environments. Lithos 46,605-626.

[5] Batchelor, R. B., Bowden, P., 1985. Petrogenetic interpretation of granitoid rock series using multicationic parameters. Chemical Geology 48,43-55.

[6] Beard, J. S., Lofgren, G. E., 1991. Dehydration melting and water-saturated melting of basaltic and andesitic

greenstones and amphibolites at 1-3 and 6-9 kb. Journal of Petrology 32,365-401.

[7] Birkeland, A., 1990. Pb-isotope analysis of sulfides and K feldspars; a short introduction to analytical techniques and evolution of results: Mineralogist Museum, University of Oslo, Internal Skriftserie 15, pp. 1-32.

[8] Blichert-Toft, J., Albaréde, F., 1997. The Lu-Hf isotope geochemistry of chondrites and the evolution of the mantle-crust system. Earth and Planetary Science Letters 148,243-258.

[9] Bonin, B., 2004. Do coeval mafic and felsic magmas in post-collisional to within-plate regimes necessarily imply two contrasting, mantle and crustal, sources? A review. Lithos 78,1-24.

[10] Bonin, B., Francois B., Sandrine, F., 1998. Alkali-calcic and alkaline post-orogenic PO/granite magmatism: petrologic constraints and geodynamic settings. Lithos 88,45-70.

[11] Cao, X. F., Lü, X. B., Yao, S. Z., Mei, W., Zou, X. Y., Chen, C., Liu, S. T., Zhang, P., Su, Y. Y., Zhang, B., 2010. LA-ICP-MS U-Pb zircon geochronology, geochemistry and kinetics of the Wenquan ore-bearing granites from West Qinling, China, Ore Geology Reviews doi: 10.1016/j. oregeorev. 2010.03.004.

[12] Carten, R. B., White, W. H., Stein, H. J., 1993. High-grade granite related molybdenum system: classification and origin. In: Kirkham, R. V., Sinclair, W. D., Thope, R. I., Duke, J. M. (Eds.), Mineral Deposit Modeling. Geological Association of Canada Special Paper, vol. 40, pp. 521-554.

[13] Chen, J. F., Xie, Z., Li, H. M., Zhang, X. D., Zhou, T. X., Park, Y. S., Ahn, K. S., Chen, D. G., Zhang, X., 2003. U-Pb zircon ages for a collision related K-rich complex at Shidao in the Sulu ultrahigh pressure terrane, China. Geochemical Journal 37,35-46.

[14] Chen, Y. J., 2010. Indosinian tectonic setting, magmatism and metallogenesis in Qinling Orogen, central China. Geology in China 37,854-865 (in Chinese with English abstract)

[15] Chen, Y. J., Li, C., Zhang, J., Li, Z., Wang, H. H., 2000. Sr and O isotopic characteristics of porphyries in the Qinling molybdenum deposit belt and their implication to genetic mechanism and type. Science in China Series D 43 (Supp.), 82-94.

[16] Chen, Y. J., Pirajno, F., Sui, Y. H., 2004. Isotope geochemistry of the Tieluping silver deposit, Henan, Chin a: A case study of orogenic silver deposits and related tectonic setting. Mineralium Deposita 39,560-575.

[17] Chu, N. C., Taylor, R. N., Chavagnac, V., Nesbitt, R. W., Boella, R. M., Milton, J. A., Germain, C. R., Bayon, G., Burton, K., 2002. Hf isotope ratio analysis using multi-collector inductively coupled plasma mass spectrometry: an evaluation of isobaric interference corrections. Journal of Analysis Atomic Spectrometer 17,1567-1574.

[18] Corfu, F., Hanchar, J. M., Hoskin, P. W. O., Kinny, P., 2003. Atlas of zircon textures. Reviews in Mineralogy and Geochemistry 53,469-500.

[19] Davies, J. H., von Blankenburg, F., 1995. Slab breakoff: a model of lithosphere detachment and its test in the magmatism and deformation of collisional orogents. Earth and Planetary Science Letters 129,85-102.

[20] DeBievre, P., Taylor, P. D. P., 1993. Table of the isotopic composition of the elements. International Journal of Mass Spectrometry and Ion Processes 123,149-166.

[21] Defant, M. J., Drummond, M. S., 1990. Derivation of some modern arc magmas by melting of young subducted lithosphere. Nature 34,662-665.

[22] Edwards, C. M. H., Menzies, M. A., Thirlwall, M. F., Morris, J. D., Leeman, W. P., Harmon, R. S., 1994. The transition to potassic volcanism in island arcs: the Ringgit-Beser complex, East Java, Indonesia. Journal of Petrology 35,1557-1595.

[23] Elhlou, S., Belousova, E., Griffin, W. L., Pearson, N. J., O'reilly, S. Y., 2006. Trace element and isotopic composition of GJ red zirconstandard by laser ablation. Geochimica et Cosmochimica 70 (Suppl. 1), A158.

[24] Gong, H. J., Zhu, L, M., Sun, B. Y., Li, B., Guo, B., 2009b. Zircon U-Pb ages and Hf isotope characteristics and their geological significance of the Shahewan, Caoping and Zhashui granitic plutons in the South Qinling oro-gen. Acta Petrologica Sinica 25,248-264 (in Chinese with English abstract).

[25] Gong, H. J., Zhu, L, M., Sun, B. Y., Li, B., Guo, B., Wang, J. Q., 2009a. Zircon U-Pb ages and Hf isotopic

composition of the Dongjiangkou granitic pluton and its mafic enclaves in the South Qinling terrain. Acta Petrologica Sinica 25,3029-3042 (in Chinese with English abstract).

[26] Griffin, W. L., Wang, X., Jackson, S. E., Pearson, N. J., O'Reilly, S. Y., Xu, X., Zhou, X., 2002. Zircon chemistry and magma mixing, SE China: in-situ analysis of Hf isotopes. Tonglu and Pingtan igneous complexes. Lithos 61,237-269.

[27] Hacker, R. B., Ratsehbacher, L., Webb, L., 1998. U-Pb zircon ages constrain the architecture of the ultrahigh-pressure Qinling-Dabie Orogen, China. Earth Planet Science Letters 161,215-230.

[28] Han, H. T., Liu, J. S., Dong, X., Ouyang, Y. F., 2008a. Geology and genesis of Wenquan porphyry molybdenum deposit in the West Qinling area. Geology and Prospecting 44,1-7 (in Chinese with English abstract).

[29] Han, H. T., Liu, J. S., Dong. X., Zhou, Y. G., Wang, G. R., Shi, J. J., 2008b. The geochemistry characteristic for Granitoid of Wenquan molybdenite deposit in West Qinling. Geophysical and Geochemical Exploration 32, 132-153 (in Chinese with English abstract).

[30] Hanchar, J. M., Hoskin, P. W. O., 2003. Zircon. Reviewsin Mineralogy and Geochemistry, 53,1-500.

[31] Huang, D. H., Wang, Y. C., Nie, F. J., Jiang, X. J., 1984. Isotopic composition of sulfur, carbon and oxygen anf source material of the Huanglongpu carbonatite vein-type of molybdenum (lead) deposits. Acta Geological Sinica (3), 250-264 (in Chinese with English abstract).

[32] Huang, J., Zheng, Y. -F., Zhao, Z. -F., Wu, Y. -B., Zhou, J. -B., Liu, X. -M., 2006. Melting of subducted continent: element and isotopic evidence for a genetic relationship between Neoproterozoic and Mesozoic gran itoids in the Sulu orogen. Chemical Geology 229,227-256.

[33] Jackson, S. E., Pearson, N. J., Griffin, W. L., Belousova, W. A., 2004. The application of laser ablation-inductively coupled plasma-mass spectrometry to in situ U-Pb zircon geochronology. Chemical Geology 211,47-69.

[34] Karsli, O., Chen, B., Aydin, F., Sen, C., 2007. Geochemical and Sr-Nd-Pb isotopic compositions of the Eocene D? lek and Sari? i? ek Plutons, Eastern Turkey: implications for magma interaction in the genesis of high-K calc-alkaline granitoids in a post-collision extensional setting. Lithos 98,67-96.

[35] Kelly, J., Rye, R. O., 1979. Geological, fluid inclusion and stable isotope studies of the tin-tungsten deposits of Panasqueira, Portugal. Economic Geology 74,1721- 1822.

[36] Kemp, A. I. S., Hawkesworth, C. J., 2003. Granitic perspectives on the generation and secular evolution of the continental crust. In: Rudnick, R. L. (Ed.), Treatise on Geochemistry. The Crust, vol. 3. Elsevier Pergaman, pp. 349-410.

[37] Li, N., Chen, Y. J., Zhang, H., Zhao, T. P., Deng, X. H., Wang, Y., Ni, Z. Y., 2007. Molybdenum deposits in East Qinling. Earth Science Frontiers 14,186- 198 (in Chinese with English abstract)

[38] Li, N., Sun, Y. L., Li, J., Xue, L. W., Li, W. B., 2008. Molybdenite Re-Os isotope age of the Dahu Au-Mo deposit, Xiaoqinling and the Indosinian mineralization. Acta Petrologica Sinica 24,810-816 (in Chinese with English abstract).

[39] Li, S., Sun, W., Zhang, G., Chen, J.,, Yang, Y. 1996. Chronology and geochemistry of metavolcanic rocksfrom Heigouxia Valley in the Mianlue tectonic arc, South Qinling: observations for a Paleozoic oceanicbasin and its close time. Science in China Series B-Earth Sciences 39,300-310.

[40] Li, S. G., Chen, Y., Cong, B. L., ZhangZ., Zhang, R., Liou, D., Hart, S. R., Ge, N, 1993a. Collision of the North China and Yangtze blocks and formation of coesite-bearing eclogites: timing and processes. Chemical Geology 109,70-89.

[41] Li, X. Z., Yan, Z., andLu, X. X., 1993b. Granites of Qinling-Dabie orogen. Geological Publishing House, Beijing, pp. 1-215 (in Chinese).

[42] Li, Y. J., 2005. Collecting and integration of the geological information of granitoids. Dissertation for Doctoral Degree of Chan' an University, Xi' an, China, pp. 1-163 (in Chinese).

[43] Li, Y. J., Ding, S., Chen, Y. B., Liu, Z. W., Dong, J. G., 2003. New knowledge on the Wenquan granite in western Qinling. Geology and Mineral Resources of South China (3), 1-8 (in Chinese with English abstract).

[44] Liu, H. J., Chen, Y. J., Mao, S. D., Zhao, C. H., Yang, R. S., 2008. Element and Sr-Nb-Pb isotope geochemistry of ganite-porphyry dykes in the Yangshan gold belt, western Qinling Orogen. Acta Petrologica Sinica 24,1101-1111 (in Chinese with English abstract).

[45] Lu, X. X., Dong, Q. L., Chang, Q. H., Xiao, X. O., Li, X. O., Wang, T., ZhangG. W., 1996. Indosinian Shahewan rapakivi granite in Qinling and its dynamic significance, Science in China Series D-Earth Sciences 39,266-272.

[46] Ludwig, K. R., 2003. Isoplot 3.09-A geochronological toolkit for Microsoft Excel: Berkeley Geochronology Center, Special Publication 4.

[47] Machado, N., Gauthier, G., 1996. Determination of 206Pb/207Pb ages on zircon and monazite by laser ablation ICPMS and application to a study of sedimentary provenance and metamorphism in southeastern Brazil. Geochimica et Cosmochimica Acta 60,5063-5073.

[48] Mao, J. W., Xie, G. Q., Bierlein, F., Ye, H. S., Qü, W. J., Du, A. D., Pirajno, F., Li, H. M., Guo, B. J., Li, Y. F., Yang, Z. Q., 2008. Tectonic implications from Re-Os dating of Mesozoic molybdenum deposits in the east Qinling-Dabie orogenic belt. Geochimica et Cosmochimica Acta 72,4607-4626.

[49] Mattauer, M., Matte, P., Malavieille, J., Tapponnier, P., Maluski, H., Xu, Z. Q., Lu, Y. L., Tang, Y. Q., 1985. Tectonics of the Qinling Belt: build-up and evolution of eastern Asia. Nature 317,496-500.

[50] Meng, Q. R., Zhang, G. W., 1999. Timing of collision of the North and South China blocks: Controversy and reconciliation. Geology 27,1-96.

[51] Meng, Q. R., Zhang, G. W., 2000. Geologic framework and tectonic evolution of the Qinling orogen, central China. Tectonophysics 323,183-196.

[52] Muir, R. J., Weaver, S. D., Bradshaw, J. D., Eby, G. N., Evans, J. A., 1995. Geochemistry of the Cretaceous separation point batholith, New Zealand: granitoid magmas formed by melting of mafic lithosphere. Journal of Geological Society, London 152, pp. 689-701.

[53] Ni, Z. Y., Li, N., Zhang, H., Xue, L. W., 2009. Pb-Sr-Nd isotope constraints on the source of ore-forming elements of the Dahu Au-Mo deposit, Henan province. Acta Petrologica Sinica 25,2823-2832 (in Chinese with English abstract).

[54] Ohmoto, H., 1972. Systematics of sulfur and carbon isotopes in hydrothermal ore deposits. Economic Geology 67,551-579.

[55] Ohmoto, H., 1986. Stable isotope geochemistry of ore deposit. In: Valley, J. W., Taylor, H. P., O'Neil, J. R. (Eds.), Stable Isotope and High Temperature Geological Processes. Review Mineralogy 16,460-491.

[56] Ohmoto, H., Goldhaber, M. B., 1997. Sulfur and carbon isotopes, In: Barnes, H. L. (Ed.), Geochemistry of hydrothermal Ore deposits, 3rd ed. John Wiley and Sons, New York, pp. 517-611.

[57] Ohmoto, H., Rye, R. O., 1979. Isotopes of sulfur and carbon. In: Barnes, H. L. (Ed.), Geochemistry of Hydrothermal Ore Deposits 2nd edition Wiley, New York, pp. 509-567.

[58] Peacock, S. M., Rusher, T., Thompson, A. B., 1994. Partial melting of subducting oceanic crust. Earth and Planetary Science Letters 121,224-227.

[59] Pearce, J. A., Harris, N. B. W., Tindle, A. G., 1984. Trace element discrimination diagrams for the tectonic interpretation of granitic rocks. Journal of Petrology 25, 956-983.

[60] Pedford, N., Gallagher, K., 2001. Partial melting of mafic (amphibolitic) lower crust by periodic influx of basaltic magma. Earth and Planetary Science Letters 193,483-499.

[61] Perugini, D., Poli, G., Christofides, G., Eleftheriadis, G., 2003. Magma mixing in the Sithonia Plutonic Complex, Greece: evidence from mafic microgranular enclaves. Mineralogy and Petrology 78,173-200.

[62] Perugini, D., Ventura, G., Petrelli, M., Poli, G., 2004. Kinematic significance of morphological structures generated by mixing of magmas: a case study from Salina Island (southern Italy). Earth and Planetary Science Letters 222,1051-1066.

[63] Petford, N., AthertonM., 1996. Na-rich partial melts from newly underplated basaltic crust: the Cordillera Blanca

batholith. Journal of Petrology 37,1491-1521.

[64] Qi, L., Hu, J., Gregoire, D. C., 2000. Determination of trace elements in granites by inductively coupled plasma mass spectrometry. Talanta 51,507-13.

[65] Qin, J. F., Lai, S. C., Diwu, C. R., Ju, Y. J., Li, Y. F., 2010. Magma mixing origin for the post-collisional adakitic monzogranite of the Triassic Yangba pluton, Northwestern margin of the South China block: Geochemistry, Sr-Nd isotopic, zircon U-Pb dating and Hf isotopic evidences. Contributions to Mineralogy and Petrology 159,389-409.

[66] Qin, J. F., Lai, S. C., Rodney, G., Diwu, C. R., Ju, Y. J., Li, Y. F., 2009. Geochemical evidence for origin of magma mixing for the Triassic monzonitic granite and its enclaves at Mishuling in the Qinling orogen (central China). Lithos 112,259-276.

[67] Rapp, R. P., Watson, E. B., 1995. Dehydration melting of metabasalt at 8-32 kbar: implication for continental growth and crust-mantle recycling. Journal of Petrology 36,891-932.

[68] Ratschbacher, L., Hacker, B. R., Calvert, A., Webb, L. E., Crimmer, J. C., McWilliams, M. O., Ireland, T., Dong, S., Hu, J., 2003. Tectonics of the Qinling (central China): tectonostratigraphy, geochronology, and deformation history. Tectonophysics 366,1-53.

[69] Robinson, B. W., Kusakabe, M., 1975. Quantitative preparation of sulfur dioxide for 32S/34S analyses from sulfides by combustion with cuprous oxide. Analytic Chemistry 47,1179-1181.

[70] Rubatto, D., Gebauer, D., 2000. Use of cathodoluminescence for U-Pb zircon dating by IOM Microprobe: some examples from the western Alps. In: Cathodoluminescence in Geoscience (ed. M. Pagel et al.), Springer-Verlage, Berlin Heidelberg, pp. 373-400.

[71] Rudnick R. L., Gao S., 2003. Composition of the continental crust. In: Rudnick R. L., Holland H. D., Turekian K. K. (eds) Treatise on geochemistry, vol 3. Elsevier-Pergamon, Oxford, pp. 1-64.

[72] Rudnick, R. L., Gao, S., 2003. Composition of the Continental Crust. Treatise on Geochemistry, Volume 3. E ditor: Roberta L. Rudnick. Executive Editors: Heinrich D. Holland and Karl K. Turekian. pp. 659. Elsevier, 2003, p. 1-64.

[73] Söderlund, U., Patchett, P. J., Vervoort, J. D., Isachsen, C. E., 2004. The 176Lu decay constant determined by Lu-Hf and U-Pb isotope systematics of Precambrian mafic intrusions. Earth and Plantary Science Letters 219: 311-324.

[74] Stein, H. J., Markey, R. J., Morgan, J. W., Du, A., Sun, Y., 1997. Highly precise and accurate Re-Os ages for Molybdenite from the East Qinling molybdenum belt, Shaanxi Province, China. Economic Geology 98,827-835.

[75] Sun, S. S., McDonough, W. F., 1989. Chemical and isotopic systematics of oceanic basalts: implication for the mantle composition and process. Saunder. A. D., Norry, M. J., eds. Magmatism in the Ocean Basins, Geological Society of London Special Publication, London. 42,313-345.

[76] Sun, W. D., Li, S. G., Chen, Y. D., Li, Y. J., 2002. Timing of synorogenic granitoids in the south Qinling, central China: constraints on the evolution of the Qinling-Dabie Orogenic Belt.Journal of Geology 110, 457-468.

[77] Taylor, S. R., McLennan, S. M., 1995. The geochemical evolution of the continental crust. Review in Geophysics 33,241-265

[78] Tepper, J. H., Nelson, B. K., Bergantz, G. W., Irving, A. J., 1993. Petrology of the Chilliwack batholith, North Cascades, Washington: generation of calc-alkaline granitoids by melting of mafic lower crust with variable water fugacity. Contributions to Mineralogy and Petrology 113,333-351.

[79] Vervoort, J. D., Patchett, P. J., 1996. Behavior of hafnium and neodymium isotopes in the crust: constraints from Precambrian crustal derived granites. Geochim Cosmochim Acta, 60,3717-3733

[80] Vervoort, J. D., Blichert-Toft, J., 1999. Evolution of the depleted mantle: Hf isotope evidence from juvenile rocks through time. Geochimica et Cosmochimica Acta 63,533-556.

[81] Wang, X. X., Wang, T., Jahn, B-M., Hu, N. G., Chen, W., 2007. Tectonic significance of Late Triassic post-

collisional lamprophyre dykes from the Qinling Mountains （China）. Geological Magzine 144,837-848.

[82] Wiedenbeck, M., Griffin, W. L., 1995. Three natural zircon standards for U-Th-Pb, Lu-Hf, trace element and REE analyses; Geostandard Newsletter, 19,1-23.

[83] Wiedenbeck, M., Hanchar, J. M., Peck, W. H., Sylvester, P., Valley, J., Whitehouse, M., Kronz, A., Morishita, Y., Nasdala, L. and others, 2004. Further characterization of the 91500 zircon crystal. Geostandards and Geoanalysis 28,9-39.

[84] Wilson, M., 1989. Igneous Petrogenesis Uniwin Hyman, London. Woodhead, J. D., Eggins, S. M., Johnson, R. W., 1998. Magma genesis in the New Britain island arc: further insights into melting and mass transfer processes. Journal of Petrology 39,1641-1668.

[85] Wolf, M. B., Wyllie, P. J., 1994. Dehydration melting of amphibolite at 10 kbar : the effects of temperature and time. Contributions to Mineralogy and Petrology 115, 369-383.

[86] Woodhead, J. D., Hergt, J., Shelley, M., Eggins, S., Kemp, R., 2004. Zircon Hf-isotope analysis with an excimer laser, depth profiling, ablation of complex geometries, and concomitant age estimation. Chemical Geology 209,121-135.

[87] Wu, F. Y., Li, X. H., Zheng, Y. F., Gao, S., 2007. Lu-Hf isotopic systematic and their application in petrology. Acta Petrologica Sinica 23,185-220 （in Chinese with English abstract）.

[88] Wu, Y. -B., Zheng, Y. -F., Zhao, Z. -F., Gong, B., Liu, X. -M., Wu, F. -Y., 2006. U-Pb, Hf and O isotope evidence for two episodes of fluid-assisted zircon growth in marble-hosted eclogites from the Dabie orogen. Geochimica et Cosmochimica Acta 70,3743-3761.

[89] Xu, C., Kynicky, J., Chakhmouradian, A. R., Qi, L., Song, W. L., 2010. A unique Mo deposit associated with carbonatites in the Qinling orogenic belt, central China. Lithos, 118,50 -60.

[90] Xu, C., Song, W. L., Qi, L., Wang, L. J., 2009. Geochemical characteristics and tectonic setting of ore-bearing carbonatite in Huanglongpu Mo ore field. Acta Petrologica Sinica 25,422-430 （in Chinese with English abstract）

[91] Yang, J. H., Chung, S. L., Wilde, S. A., Wu, F. Y., Chu, M. F., Lo, C. H., Fan, H. R., 2005. Petrogenesis of post-orogenic syenites in the Sulu Orogenic Belt, East China: geochronological, geochemical and Nd-Sr isotopic evidence. Chemical Geology 214,99-125.

[92] Yang, R. S., Chen, Y. J., Zhang, F. X., Li, Z. H., Mao, S. D., Liu, H. J., Zhao, C. H., 2006. The chemical Th-U-Pb ages of monazite from the Yangshan gold deposit, Gansu province and their geologic and metallogenic implications. Acta Petrologica Sinica 22,2603-2610 （in Chinese with English abstract）

[93] Yin, Q., Jagoutz, E., Kroner, A., 1991. Precambrian （?） blueschist/coesite bearing eclogite belt in central China. Terra Abstract 3,85-86.

[94] Yuan, H. L., Gao, S., Dai, M. N., Zong, C. L., Günther, D., Fontaine, G. H., Liu, X. M., Diwu, C. R., 2008. Simultaneous determinations of U-Pb age, Hf isotopes and trace element compositions of zircon by excimer laser ablation quadrupole and multiple collector ICP-MS. Chemical Geology, 247,100-117.

[95] Yuan, H. L., Gao, S., Liu, X. M., Li, H. M., Gunther, D., Wu, F. Y., 2004. Accurate U-Pb age and trace element determinations of zircon by laser ablation-inductively coupled plasma mass spectrometry. Geo-standard Newsletters 28,353-370.

[96] Zartman, R. E., Doe, B. R., 1981. Plumbotectonics- the model. Tectonophysics 75,135-142

[97] Zhang, B. R., Luo, T., Gao, S., Ouyang, J., Chen, D., Ma, Z., Han, Y., Gu, X., 1994. Geochemical study of the lithosphere, tectonism and metallogenesis in the Qinling-Dabieshan region. Wuhan, Chinese University of Geoscience Press, pp. 110-122 （in Chinese with English abstract）.

[98] Zhang, C. L., Zhang, G. W., Yan, Y. X., Wang, Y., 2005. Origin and dynamic significance of Guangtoushan granitic plutons to the north of Mianlue zone in southern Qinling. Acta Petrologica Sinca 21,711-720 （in Chinese with English abstract）.

[99] Zhang, G. W., Dong, Y., Lai, S. C., Guo, A. L., Meng, Q. R., Liu, S. F., Chen, S. Y., Yao, A., Zhang, Z. Q., Pei, X. Z., Li, S. Z., 2004. Mianlue tectonic zone and Mianlue suture zone on southern margin of Qinling-

Dabie orogenic belt. Science in China Series D-Earth Sciences 47,300-316.

[100] Zhang, G. W., Zhang, B. R., Yuan, X. C., Xiao, Q. H., 2001. Qinling Orogen Belt and Continental Geodynamics. Science Press, Beijing, pp. 1-729 (in Chinese).

[101] Zhang, H. F., Jin, L. L., Zhang, L., Harris, N., 2007. Geochemical and Pb-Sr-Nd isotopic compositions of granitoids from western Qinling belt: constraints on basement nature and tectonic affinity. Science in China Series D-Earth Sciences 50,184-196.

[102] Zhang, H. F., Zhang, B. R., Harris, N., Zhang, L., Chen, Y. L. Chen, N. S., Zhao, Z. D., 2006. U-Pb zircon SHRIMP ages, geochemical and Sr-Nd-Pb isotopic compositions of intrusive rocks from the Longshan-Tianshui area in the Southeast corner of the Qilian orogenic belt, China: constraints on petrogenesis and tectonic affinity. Journal of Asian Earth Sciences 27,751-764.

[103] Zhang, J., Chen, Y. J., Shu, G. M., Zhang, F. X., Li, C., 2002. Compositional study of minerals within the Qinlingliang granite, Southwestern Shaanxi Province and discussions on the related problems. Science in China Series D-Earth Sciences 45,662-672.

[104] Zhang, L., Yang, R. S., Mao, S. D., Lu, Y. H., Qin, Y., Liu, H. J., 2009. Sr and Pb isotope geochemistry and ore-forming material source of the Yangshan gold deposit. Acta Petrologica Sinica 25,2811-2822 (in Chinese with English abstract)

[105] Zhang, L. G., 1995. Block-Geology of Eastern Asia Lithosphere-Isotope Geochemistry and Dynamics of Upper Mantle, Basement and Granite. Chinese Science Press, Beijing, pp. 252 (in Chinese with English abstract).

[106] Zhao, T. P., 2001. A Query about so-called Rapakivi Granites in the Qinling Orogen, Geological Review 47,487-491 (in Chinese with English abstract).

[107] Zhao, Z. -F., Zheng, Y. -F., 2009. Remelting of subducted continental lithosphere: Petrogenesis of Mesozoic magmatic rocks in the Dabie-Sulu orogenic belt. Science in China Series D-Earth Sciences 52, 1295-1318.

[108] Zhao, Z. -F., Zheng, Y. -F., Wei, C. -S., Wu, Y. -B., 2007. Post-collisional granitoids from the Dabie orogen in China: Zircon U-Pb age, element and O isotope evidence for recycling of subducted continental crust. Lithos 93, 248-272.

[109] Zhao, Z. -F., Zheng, Y. -F., Wei, C. -S., Wu, Y. -B., Chen, F. -K., Jahn, B. -M., 2005. Zircon U-Pb age, element and C-O isotope geochemistry of post-collisional mafic-ultramafic rocks from the Dabie orogen in east-central China. Lithos 83,1-28.

[110] Zheng, Y. -F., 2008. A perspective view on ultrahigh-pressure metamorphism and continental collision in the Dabie-Sulu orogenic belt. Chinese Science Bulletin 53,3081-3104.

[111] Zheng, Y. -F., Chen, R. -X., Zhao, Z. -F., 2009. Chemical geodynamics of continental subduction-zone metamorphism: insights from studies of the Chinese Continental Scientific Drilling (CCSD) core samples. Tectonophysics 475,327-358.

[112] Zheng, Y. -F., Fu, B., Gong, B. andLi, L., 2003. Stable isotope geochemistry of ultrahigh pressure metamorphic rocks from the Dabie-Sulu orogen in China: implications for geodynamics and fluid regime. Earth Science Review 62,105-161.

[113] Zheng, Y. -F., Zhang, S. -B., Zhao, Z. -F., Wu, Y. -B., Li, X. -H., Li, Z. -X., Wu, F. -Y., 2007. Contrasting zircon Hf and O isotopes in the two episodes of Neoproterozoic granitoids in South China: implications for growth and reworking of continental crust. Lithos 96,1270150.

[114] Zheng, Y. -F., Zhao, Z. -F., Wu, Y. -B., Zhang, S. -B., Liu, X. M., Wu, F. -Y., 2006. Zircon U-Pb age, Hf and O isotope constraints on protolith origin of ultrahigh-pressure eclogite and gneiss in the Dabie orogen. Chemical Geology 231,135-158.

[115] Zheng, Y. -F., Wu, R. -X., Wu, Y. -B., Zhang, S. -B., Yuan, H. L., Wu, F. -Y., 2008. Rift melting of juvenile arc-derived crust: geochemical evidence from Neoproterozoic volcanic and granitic rocks in the Jiangnan Orogen, South China. Precambrian Research 136,351- 383.

[116] Zhou, B., Wang, F. Y., Sun, Y., Sun, W. D., Ding, X., Hu, Y. H., Ling, M. X., 2008. Geochemistry and tectonic affinity of Shahewan orogenic rapakivi from Qinling. Acta Petrologica Sinica 24,1261-1272 (in Chinese with English abstract).

[117] Zhu, L. M., Ding, Z. J., Yao, S. Z., Zhang, G. W., Song, S. G., Qu, W. J., Guo, B., Lee, B., 2009a. Ore-forming event and geodynamic setting of molybdenum deposit at Wenquan in Gansu Province, Western Qinling. Chinese Science Bulletin 54,2309-2324.

[118] Zhu, L. M., Zhang, G. W., Guo, B., Lee, B., 2009b. He-Ar isotopic system of fluid inclusions in pyrite from the molybdenum deposits in south margin of North China block and its trace to metallogenetic and geodynamic background. Chinese Science Bulletin 54,2479-2492.

[119] Zhu, L. M., Zhang, G. W., Guo, B., Lee, B., Gong, H. J., Wang, F., 2010a. Geochemistry of the Jinduicheng Mo-bearing porphyry and deposit, and its implications for the geodynamic setting in East Qinling, P. R. China. Chemie der Erde-Geochemistry 70,159-170.

[120] Zhu, L. M., Zhang, G. W., Lee, B., Guo, B., Gong, H. J., Kang, L., Lv, S. L., 2010b. Zircon U-Pb dating and geochemical study of the Xianggou granite in the Ma'anqiao gold deposit and its relationship with gold mineralization. Science China Earth Sciences 53,220- 240.

Timing of Xunhua and Guide basin development and growth of the northeastern Tibetan Plateau, China*

Liu Shaofeng **Zhang Guowei** **Pan Feng** **Zhang Huiping** **Wang Ping** **Wang Kai**

Abstract The Xunhua, Guide, and Tongren intermontane basin system in the NE Tibetan Plateau, situated near the Xining basin to the N and the Linxia basin to the E, is bounded by thrust fault-controlled ranges. These include to the N, the Riyue Shan, Laji Shan, and Jishi Shan ranges, and to the S the northern West Qinling Shan. An integrated study of the structural geology, sedimentology, and provenance of the Cenozoic Xunhua and Guide basins provides a detailed record of the growth of the NE Tibetan Plateau since the early Eocene. The Xining Group (*ca.* 52—21 Ma) is interpreted as consisting of unified foreland basin deposits which were controlled by the bounding thrust belt of the northern West Qinling. The Xunhua, Guide, and Xining subbasins were interconnected prior to later uplift and damming by the Laji Shan and Jishi Shan ranges. Their sediment source, the northern West Qinling, is constrained by strong unidirectional paleocurrent trends towards the N, a northward fining lithology, distinct and recognizable clast types, and detrital zircon ages. Collectively, formation of this mountain-basin system indicates that the Tibetan Plateau expanded into the northern West Qinling at a time roughly coinciding with Eocene to earliest Miocene continental collision between India and Eurasia. The Guide Group (*ca.* 21—1.8 Ma) is inferred to have been deposited in the separate Xunhua, Guide, and Tongren broken foreland basins. Each basin was filled by locally sourced alluvial fans, braided streams, and deltaic-lacustrine systems. Structural, paleogeographic, paleocurrent, and provenance data indicate that thrust faulting in the northern West Qinling stepped northward to the Laji Shan from ca. 21 to 16 Ma. This northward shift was accompanied by E-W-shortening related to nearly N-S-striking thrust faulting in Jishi Shan after 11—13 Ma. A lower Pleistocene conglomerate (1.8—1.7 Ma) was deposited by a through-flowing river system in the overfilled and connected Guide and Xunhua basins following the termination of thrust activity. All of the basin-mountain zones developed along the Tibetan Plateau's NE margin since Indian-Tibetan continental collision may have been driven by collision-induced basal drag of

*Published in Basin Research, 2013,25 (1): 74-96.

old slab remnants in the manner of N-dipping and flat-slab subduction, and their subsequent sinking into the deep mantle.

Introduction

Convergence between India and Eurasia has produced the Himalayan fold-thrust belt and Tibetan Plateau, standing at an average altitude of 5 km over a region *ca.* 2000 km N of the plate boundary, largely since collision at ca. 50—55 Ma (e. g. Rowley, 1996; Clark et al., 2010). The broad E-sloping NE margin of the Tibetan Plateau is punctuated by individual mountain ranges (Clark and Royden, 2000). Different lines of evidence support competing models of plateau formation, including synchronous uplift of the entire plateau, pulsed plateau uplift, time-transgressive uplift stepping outward over time (Molnar et al., 1993; Tapponnier et al., 2001; Rowley and Currie, 2006), and relatively fixed outer limit at the onset of continental collision (Horton et al., 2004; Dupont-Nivet et al., 2004; Clark et al., 2010). The most critical argument is whether fault motion migrated progressively away from the collisional boundary such that the NE margin of the Plateau would represent the youngest uplifted belt within Tibet. Therefore, an understanding of the timing of individual range uplift and basin development within the NE margin of the Plateau and their outward migration is fundamental to models of plateau growth.

A connected system of intermontane basins-the Xunhua, Guide, and Tongren basins (Fig. 1) -lies along the Yellow River in Qinghai Province. The basins are bounded by thrust-controlled ranges both to the N, the Laji Shan (LJS; "Shan" means "mountain" in Chinese) and Jishi Shan (JSS), and to the S in the northern West Qinling Shan (NWQ). Accelerated periods of exhumation and erosion at ca. 45—50,18, and 14 Ma in the NWQ, at ca. 22 and 8 Ma in the LJS, and at ca. 13 or 11 Ma in the JSS are indicated by Nd isotopes (Garzione et al., 2005), oxygen isotopes (Hough, et al., 2011), detrital apatite fission-track and apatite (U-Th) /He ages (Zheng et al., 2003; Zheng et al., 2006; Clark et al., 2010; Lease et al., 2011), zircon U/Pb data (Lease et al., 2007), as well as the sedimentation history of the basins (Fa ng et al., 2003; Horton et al., 2004; Fang et al., 2005). However, the exact tectonic mech anism for these inferred unroofing events since the early Tertiary remains uncertain. Whether the tectonic processes of this system of mountains and intermontane basins occurred in response to a clockwise tectonic rotation (Dupont-Nivet et al., 2004), or the growth of individual ranges and ponding of intervening basins (Métivier et al., 1998; Horton et al., 2004), still needs to be further documented and resolved. The rapid vertical growth of this area, coupled with a late Cenozoic history of wholesale drainage reorganization along the Yellow River and its antecedents (e. g. Li et al., 1997; Fothergill, 1998; Fang et al., 2005; Lease et al., 2007; Craddock et al., 2010), affords an opportunity to examine the interplay between structural development and basin formation as the Tibetan Plateau was constructed in this area. This study was designed to determine the mode and configuration of Tibetan plateau growth, and to establish the history of basin and range development along the NE margin of the plateau. We focus on regional deformation, stratigraphic correlation, basin-filling architecture, and provenance analysis of clast composition and detrital zircon ages in the Cenozoic Xunhua and Guide basins.

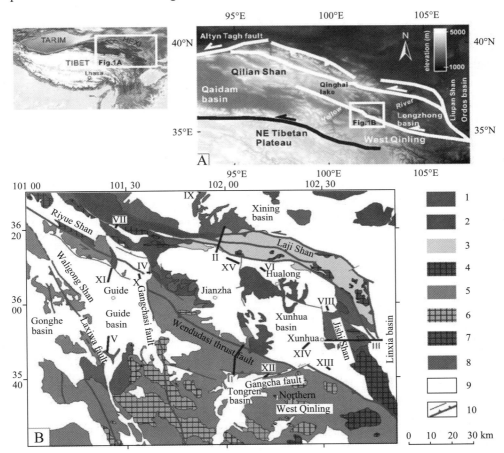

(A) Elevation-shaded DEM of NE Tibetan Plateau overlain with main faults; inset map (upper left) shows location.) (B) Geological sketch of the Xunhua-Guide study area showing locations of structural and stratigraphic sections (modified from Qinghai Geology Bureau, 1991). Structural cross-sections include the northern West Qinling thrust belt (I), Laji Shan thrust belt (II) and Jishi Shan thrust belt (III); stratigraphic sections include Ashigong (IV), northern Xinjie town (V), Hualong (VI), top of western LJS (VII), Xiongwa (VIII), Xiejia (IX), Guidemen (X), Ganjia (XI), Gangcha (XII), Kashida (XIII), Laxiong (XIV) and Ang Siduo (XV). 1. Upper Archean-lower Proterozoic; 2. Proterozoic; 3. Lower Paleozoic and Devonian; 4. Ordovician granite; 5. Lower-Middle Triassic; 6. Late Triassic granite; 7. Jurassic granite; 8. Cretaceous; 9. Cenozoic; 10. fault or thrust fault

Fig. 1　Tectonic map of Xunhua and Guide basins

Structural Framework

The NE Tibetan Plateau is divided into two regions, a NW region including the Altyn Tagh fault, western Qilian Shan and Qaidam basin, and a SE region that extends eastward from Qinghai Lake to the Liupan Shan (Fig. 1). The NW region is characterized by WNW-trending fold-thrust belts separated by parallel basins that appear to transfer left-lateral motion on the Altyn Tagh fault into NE-directed shortening (Yin and Harrison, 2000). Arcuate-shaped sinistral strike-slip faults and thrust faults that bound rhomb-shaped late Miocene-Quaternary basins characterize the SE region (Liu et al., 2007). The Laji Shan (LJS) and the Jishi Shan (JSS) appear as an arcuate shaped range attached to the northern West Qinling thrust belt (NWQ). As a result of this curvature of the combined ranges, the intermontane Xunhua basin is rhomb shaped. The Guide basin in this district is a similar fault-bounded basin, but the irregular Tongren basin is bounded by uplift. Both the Guide and Tongren basins drain into the Xunhua basin (Fig. 1). Cenozoic strata exposed within the basins are mostly assigned to the Paleogene Xining and Neogene Guide groups and the lower Pleistocene (Table 1).

Table 1 Cenozoic stratigraphic correlation, ages and basin phase division by unconformities in the Xunhua-Guide basins and adjacent areas

Data source / Age (Ma)	Li et al. (1997); Fang et al. (1997, 2003) in Linxia basin		Fang et al. (2005) and this paper in Guide basin		Hough et al. (2010) and this paper in Xunhua basin		Dai et al. (2006) in Xining basin		Basin phase
0.781 Early Pleistocene	1.72-1.77	Jinggoutou Fm.	Early Pleistocene		Early Pleistocene		Early Pleistocene		1.7 / 3
1.806	1.77-2.58	Dongshan Fm.	1.8-2.6	Amigang Fm.	1.8-2.6	Amigang Fm.			1.8
Pliocene	2.58-3.58	Jishi Fm.	2.6-3.6	Ganjia Fm.	2.6-3.6	Ganjia Fm.			
5.332	4.48-6.0	Hewangjia Fm.	3.6->7.0	Herjia Fm.	3.6-7.8	Herjia Fm.	?		2
	6.0-7.56	Liushu Fm.							
Miocene	7.56-13.07	Dongxiang Fm.	>7.0->12	Ashigong Fm.	7.8-11.5	Ashigong Fm.			
	13.07-14.68	Shangzhuang Fm.	<16?-19?	Garang Fm.	21.4-11.5	Lower Xunhua section	Linxia Group		
	14.68-21.4	Zhongzhuang Fm.	19?-20.8?	Guidemen			17.0-18.0	Xianshuihe	
23.03							18.0-23.0	Chetougou	21.0
Oligocene	21.4-29	Tala Fm.	~52-21		~52-~21		23.0-30.0	Xiejia Fm.	
33.9				Andang			30.0-41.5	Mahalagou	1
Eocean	?						41.5-50.0	Honggou	
55.0				Nengguo			50.0-55.0	Qijiachuan	52.0

(Guide Group / Xining Group labels apply to the Fang et al. and Hough et al. columns; Guide Group / Xining Group labels apply to the Dai et al. Xining basin column.)

Northern West Qinling Thrust Belt

The frontal fault of the NWQ, the Wend-udasi thrust fault, is located along the S margin of the Xunhua basin. Rocks involved in the thrust belt include carbonate and banded silicate and siliceous limestone of Carboniferous-Permian age, Lower-Middle Triassic flysch deposits of sandy slate, meta-sandstone, sandstone, mudstone and some chert, Late Triassic volcanic rock, Late Triassic-Jurassic granite, and Cretaceous conglomerate (QGB, 1991; Sun et al., 1997; Fig. 2A). These lithologic units prove to be useful compositional indicators of source area evolution during basin sedimentation.

Mapping and newly constructed cross-sections (Fig. 2A) of the thrust belt demonstrates three stages of deformation. The first stage mostly involved Triassic strata, and formed tight folds and steeply dipping strata. Cretaceous conglomerate unconformably overlies older deformed strata (Fig. 2A), which indicates this stage of deformation is older than the age of the Cretaceous conglomerate. The second stage is characterized by N-verging thrust faults in the N front of the NWQ. Thrusting emplaced the Triassic over Cretaceous and Tertiary units (Fig. 2A). Neogene basin fill of the Guide Group, composed mostly of fluvial conglomerates (QGB, 1991), was deposited in the Xunhua basin in front of, and locally overridden by the Wendudasi and adjacent thrust sheets. Except where overridden, these units are sub-horizontal. The Tongren basin, in contrast, is mainly filled with Cretaceous and Paleogene strata in addition to the Guide Group. This basin unconformably overlies deformed older Mesozoic units of the NWQ. The Waligong Shan in the NWQ (Fig. 1B) is a boundary uplift between the Gonghe and Guide basins. Within the uplift, the Laxiwa thrust fault acted as a SW basin boundary for Xining Group deposition and controlled its proximal alluvial fan deposits (QGB, 1991). Structural relationships can only bracket this stage of deformation as Paleogene to early Neogene. Apatite (U-Th)/He data have demonstrated two episodes within this stage: reverse faulting and erosion at ca. 45—50 Ma, and later minor faulting interpreted from accelerated exhumation beginning at 18 Ma in the NWQ (Clark et al., 2010). The nearly EW-striking Gangcha fault along the N margin of the Tongren basin is a representative of the third stage of deformation. The strike-slip Gangcha fault affects Carboniferous-Permian, Cretaceous and Neogene units and sinistrally offsets the range front Wendudasi thrust (Fig. 1B). This structural cross-cutting relationship indicates sinistral displacement of the Gangcha fault after Neogene deposition of the Guide Group (Fig. 2A). East of Guide town, the N-striking Gangchasi reverse fault dips steeply eastward and cuts across the NWQ (Fig. 1B). It juxtaposes Triassic sandstone over the Neogene Guide Group along its N trace and is overlapped by late Pleistocene deposits; this indicates the fault is late Neogene.

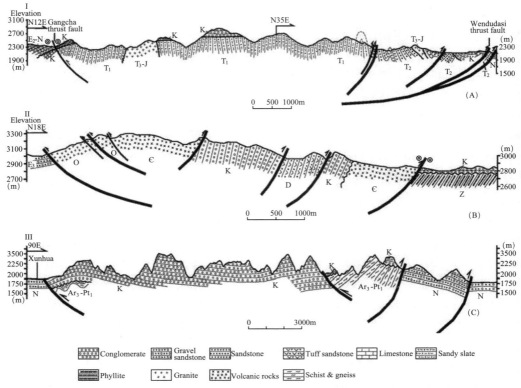

Fig. 2　Structural cross-sections from the northern West Qinling thrust belt （NWQ; A）, the Laji Shan thrust belt （LJS; B）, and the Jishi Shan thrust belt （JSS; C）

Lajishan and Jishishan thrust belts

The LJS and JSS are composed of Proterozoic phyllite, schist and dolomite, Cambrian-Ordovician meta-andesite, andesitic tuff and breccia interbedded with chert, slate and phyllite, Ordovician plutons, Silurian-Devonian meta-sandstone, tuff sandstone and conglomerate, Cretaceous conglomerate, and Paleogene Xining Group conglomerate （QGB, 1991）. These units are clearly different from the strata in the NWQ, and, thus, constitute a useful compositional assemblage for provenance analysis.

The westernmost parts of the LJS and NWQ combine to form one thrust belt, the Riyue Shan belt （RYS; QGB, 1991）. North of the westernmost LJS, Proterozoic phyllite, schist, and dolomite are strongly folded. The northernmost dolomite is deformed into a ca. 50 m-wide cataclastic breccia zone thrust to the N over Cretaceous conglomerate （Fig. 1B）. Farther S in the RYS, the Late Archean-Early Proterozoic gneiss and Paleogene Xining Group are thrust faulted to the S over the Guide Group (Fang et al., 2005). The central part of the LJS is a doubly vergent thrust system with its northern thrusts placing Cambrian and Devonian rocks over Cretaceous units (Fig. 2B). The frontal thrust zone contains fault-polished surfaces on which striae and synkinematic mineral lineations have gentle plunge angles of 20—30° and trend to the E or NE, indicating oblique sinistral transpression on the fault. Cambrian-Ordovician metavolcanic rocks and Ordovician granite in the core of the LJS are thrust to the S over Paleogene Xining Group deposits (Fig. 2B) in the S margin of the range, and the faults are Cenozoic age. The nearly N-trending JSS to the E of the LJS is composed mostly of Late Archean-Early Proterozoic schist, Ordovician granite and Cretaceous conglomerate (Fig. 2C). Cretaceous strata lying unconformably on the granite are gently folded with NW to NNW axial trends. Thrust faults parallel to these folds cut through the Paleogene Xining Group; and a NWW-striking thrust fault in the JSS locally emplaced Proterozoic schist over the Cretaceous by southward thrusting (Figs. 1B, 2C). Structural analyses indicate thrust-related shortening in the JSS may have occurred later than that in the LJS. Thermochronological studies along the hanging walls of both the LJS and JSS reveal that accelerated growth of the LJS began at ca. 22 Ma, but rapid growth of the adjacent JSS did not commence until ca. 13 Ma (Lease et al., 2011). Lithologic, magnetostratigraphic, and stable isotopic records from the Neogene Xunhua and Linxia basins also demonstrate that growth of the JSS began between 16 and 11 Ma (Hough et al., 2011).

Cenozoic Stratigraphic Successions and Basin-Filling Architecture

Stratigraphic successions within intermontane basins provide an effective means of deciphering the history of deformation and uplift of bounding ranges (Yin et al., 2002; Horton et al., 2004). Depositional ages are constrained by published magnetostratigraphy in the Linxia, Guide, Xunhua and Xining basins (Fang et al., 2003; Fang et al., 2005; Dai et al., 2006; Dupont-Nivet et al., 2007; Hough et al., 2011; Lease et al., in press). The well-exposed Cenozoic basin fill is divided into 3 unconformity-bounded packages defining, from oldest to youngest, the Xining and Guide Groups and lower Pleistocene deposits (Table 1).

Xining Group (ca. 52-21 Ma)

The Xining Group lies unconformably upon Lower-Middle Triassic flysch units in the Guide basin (Fig. 3A and 3B), upon Late Archean-Early Proterozoic metamorphic rocks and Cretaceous conglomerate in the Xunhua basin, upon Cambrian-Ordovician and/or Proterozoic units in the Laji Shan (LJS) and the Ruyue Shan (RYS), and concordantly on the Cretaceous Minhe Group and discordantly on older basement in the Xining basin (Horton et al., 2004; Dai et al., 2006). This group in the Xunhua-Guide area is characterized by tan, orange-red sandy gravel, sandstones and silty mudstones. It shows strong lithologic similarities to the strata of the Tala Formation in the adjacent Linxia basin (Fig. 1; Fang et al., 2003). The Xining Group was deposited in and north of the NWQ in the Guide and Tongren basins, in the northern Xunhua basin, and in the LJS and RYS (Fig. 4, 5). Although the Laji Shan (LJS) and Jishi

Shan （JSS） define the current N edge of the Xunhua basin, the Xining Group was originally deposited well N of the range and into the Xining basin （Fig. 5）. The thickness of the Group varies from ca. 700 m in the southern Guide basin to ca. 450 − > 1300 m in sections along the N side of the Guide basin and to > 1200 m in the northern Xunhua basin （Fig. 4）. Thickness variability is the result of either differences in paleorelief of the basin geometry or is due to significant relief and erosion along the overlying unconformity.

(A) The Xining Group in the Ashigong section （Section IV, Fig. 1） is composed of the Nengguo Formation （right） and the Andang Formation （left）. The Xining Group unconformably covers the Triassic, which lies below the black dotted line at right. Standing person （white circle） provides scale. (B) Unconformities （white dotted lines） define contacts between the Xining Group and the Triassic, and the Guidemen Formation （Guide Group） and the Andang Formation （Xining Group）; the fault contact （red line） between the Xining Group and upper Archean-lower Proterozoic units is shown at right （photo taken across Section IV （Fig. 1） along the Yellow River. (C) Conglomerate of the Xining Group in the southern Guide basin （Section V, Fig. 1）. Small house by road （lower right） for scale. (D) Stratigraphic section of the middle part of the Xining Group in the Xiongwa section （Section VIII, Fig. 1）. Person （white circle） for scale. (E) Braided channel conglomerate of the Guidemen Formation in the northern Guide basin （Section X, Fig. 1）. Person for scale. (F) Mudstone with interbedded thin calcareous layers in the Guide Group （Section XIV, Fig. 1） interpreted as lacustrine deposits. Person for scale.

Fig. 3　Field photos of the Xining and Guide Groups

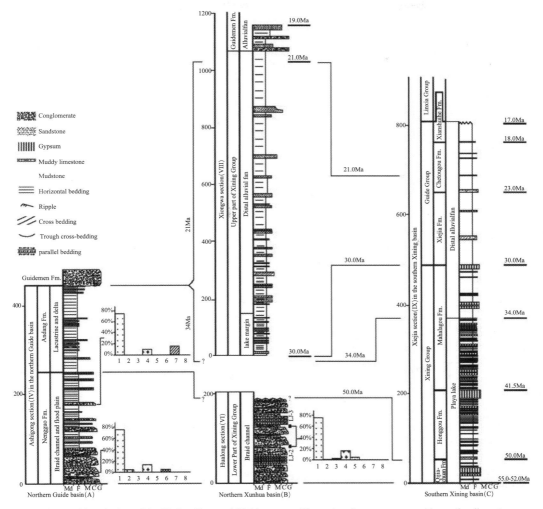

Stratigraphic columns of the Xining Group, with histograms illustrating fragment compositions of sediments in the northern Guide basin (A), northern Xunhua basin (B; Lease et al., in press), and southern Xining basin (C; Dai et al., 2006). The lines beside the histograms indicate the test sample locations (black square) or field gravel-counting locations (without black square). Black squares indicate sample level, with sample numbers shown beside the squares. Locations of Ashigong section (IV) in column A, Hualong section (VI) and Xiongwa section (VIII) in column B, and Xiejia section (IX) in column C are shown in Fig. 1. The Xiejia section (Dai et al., 2006) is used for age correlations in the study area. Stratigraphic ages of the Xiongwa section (VIII) were constrained by magnetostratigraphic data of Lease et al. (in press). We chose ca. 21 Ma or > 21 Ma in the Xunhua and Guide basins as the age of the top of the Xining Group (Fang et al., 2005; Hough et al., 2011; Lease et al., in press), and correlated the base of the Xining Group in the Xunhua and Guide basins with that in the Xining basin (Dai et al., 2006). The top of the Andang Formation (lacustrine and delta deposits) may be correlated with the top of playa lake deposits (ca. 34 Ma) in the Xining basin (Dupont-Nivet et al., 2007); strata above the Andang Formation in Fig. A are not preserved. Fragment composition: 1. sandstone and mudstone; 2. limstone and dolomite; 3. chert; 4. granite; 5. volcanics; 6. quartzite, schist and gneiss; 7. phyllite and slate; 8. marble.

Fig. 4　Stratigraphic columns of the Xining Group

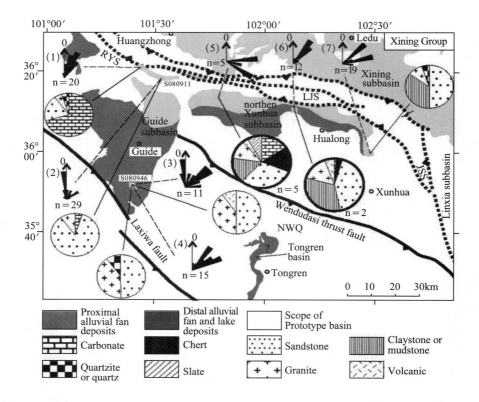

Paleocurrent data are measured from clast imbrication and cross-bedding (n, number of measurements). Smaller pie diagrams represent conglomerate clast counts in the field, and larger pie diagrams with pink circles are aggregate populations from point-counting results of thin-sections (n, number of point-counted thin-sections). For each rose diagram, the number in parentheses at the upper left indicates serial numbers of measurement locations. LJS, Laji Shan thrust belt; JSS, Jishi Shan thrust belt; RYS, Riyue Shan thrust belt; NWQ, northern West Qinling fold-thrust belt.

Fig. 5 Paleogeographic map of the Xining Group, with pie diagrams illustrating fragment compositions of sediments in the Xunhua-Guide basin and adjacent areas.

Stratigraphic successions

North of the LJS, stratigraphic successions of the Xining and Guide Groups in the Xiejia and Shuiwan sections of the Xining basin (Fig. 1) were measured by Dai et al. (2006) and Dupont-Nivet et al. (2007). The successions include the Qijiachuan, Honggou, Mahalagou, Xiejia, Chetougou and Xianshuihe Formations, and range in age from 52.0 to 17.0 Ma based upon magnetostratigraphic dating (Table 1; Fig. 4). Field investigations show that lithologies of the Xining and Guide Groups in the Xining basin are similar to the Xining Group in the Xunhua basin. Therefore, we include both groups in the Xiejia section (Section IX, Fig. 1; Fig. 4C; QGB, 1991; Dai et al., 2006; Dupont-Nivet et al., 2007). The entire section of the Xining and Guide Groups is interpreted to have been deposited in a playa lake, with fluvial deposits at the basal part in the lower portion, and a distal alluvial fan environment in the upper portion (Horton et al., 2004; Dai et al., 2006; Dupont-Nivet et al., 2007). The Xiejia and Shuiwan sections of the Xining basin reveal a remarkably sharp and widespread change in deposition as expressed by the disappearance of massive alabastrine gypsum layers (playa lake deposits) in the middle Mahalagou Formation in the Xining basin (Fig. 4B; Dupont-Nivet et al., 2007; Abels et al., 2011; Bosboom et al., 2011). This could be used as a regional stratigraphic marker synchronous with the Eocene-Oligocene transition (ca. 34 Ma).

The Xining Group at Ashigong in the E limb of a Xining Group-involved syncline (Section IV, Fig. 1; Appendix S1) is divided into the Nengguo and Andang Formations (Figs. 3A, 3B; Fig. 4A). The Nengguo Formation, 250 m thick, consists of fining-upward sequences of conglomerate, sandy conglomerate and sandstone with sharp, basal undulatory scour surfaces. hese units are interpreted to have been deposited by braided streams and flood plains (Schumm, 1977; Liu et al., 2005). The Andang Formation, 200 m thick, is composed of coarsening-upward successions of pebbly sandstone, silty mudstone and mudstone with a few gypsum layers that are laterally continuous over hundreds of meters and persist throughout the upper section. Based on its fine grain size, bedding structures and coarsening-upward trend, we interpret this formation to represent a lacustrine-delta environment, including lacustrine mudstone deposits in the lower part of the succession and distributary mouth bar or delta-front subaqueous channels in the upper part (McPherson et al., 1987). The Xining Group is unconformably overlain by the Guide Group (Figs. 3B, 4A). Mammal fossils of *Branchypotherium sp., Rhinocerotidae indet., Kubanochoerus cf. Lantiensis, Cervidae indet., Bovidae indet* occur in the Andang Formation in the Xunhua-Guide basins (Gu et al., 1992) and are indicative of an Eocene-early Miocene age. Field investigation reveals that these deposits lie unconformably on metamorphic basement of the LJS and Riyue Shan (RYS), not only on their S flanks, but locally in higher areas. Therefore, the LJS and RYS define the erosional limits of the Xining Group in the Guide basin. The Xining Group is more than 1300 m thick within the cores of synclines on the S slope of the RYS. It is composed of stratified conglomerates and coarsening-upward successions of mudstone and pebbly sandstone in the lower part, mostly red mudstone interbedded with gypsum layers in the middle part, and mudstone with minor sandstone layers in the upper part, indicating environmental evolution from braided streams to playa lacustrine, and distal alluvial fans. The Xining Group in the S part of the Guide basin (Section V, Fig. 1), near northern Xinjie town, is characterized by a ca. 700 m of cobble-pebble conglomerate without red mudstone and gypsum deposits (Fig. 3C; Appendix S1; QGB, 1991). This assemblage is clearly different from Xining deposits in the N part of the Guide basin as described above, due to facies changes.

Correlation with the well-dated Xining and Guide Groups in the Xining basin helps us to interpret the age of the Xining Group in the Guide basin (Dai et al., 2006). Because lacustrine mudstones occur in the upper Ashigong section, the Nenggue and Andang Formations may be very early deposits in the Xining Group below the Eocene-Oligocene boundary (ca. 34 Ma) (Fig. 4A). The base of the Xining Group has a fluvial environment (Fig. 3A) similar to sections in the Xining basin; therefore, we interpret its basal age as ca. 52 Ma (Fig. 4; Dai et al., 2006). The top of the Xining Group in the Guide basin is unconformably overlain by conglomerate of the Guide Group (Figs. 3B, Fig. 4), so here we simply interpret its age as older than 21 Ma, as ca. 21 Ma is the basal age of the Guide Group (Fang et al., 2005). Therefore, the hiatus of the unconformity at the top of the Xining Group at Ashigong is about 13 million years in length (Fig. 4A).

A measured section of the lower Xining Group at Hualong (Section VI, Fig. 1B) in the northern Xunhua basin is mostly composed of < 200 m of orange-red conglomerate, sandy conglomerate, and pebbly medium-coarse sandstone. This part of section shows an upward-fining succession of stacked conglomerate layers, and interbedded sandstone beds (Fig. 4B; Appendix S1). This sequence can be interpreted as gravel braided stream deposits (Schumm, 1977). The Tertiary stratigraphy from the crest of the RYS and western LJS has similar depositional characteristics to the lower Xining Group in the Xunhua basin; it too is composed of orange-red conglomerate, ca. 100 m in thickness (Section VII, Fig. 1; Appendix S1). The age of the lower Xining Group is interpreted to be ca. 52-50 Ma correlated with sections in the Xining basin (Fig. 4; Dai et al., 2006). Another measured section of the upper Xining Group is dominated by ca. 1100 m of homogenous red mudstones and siltstones, with lower 0.5—2 m thick, tabular, gypsum intervals (Fig. 3D), and occasional fine to coarse-grained sandstone layers in the upper section (Section VIII, Fig. 1; Fig. 4B). The upper section is covered by alluvial and fluvial conglomerate of the Guide Group. The mudstone and siltstone are stratified with planar bedding, and the sandstone mostly with trough cross-bedding and massive bedding. These units of the upper Xining Group are interpreted to have been deposited in a distal alluvial fan environment with lacustrine margin intercalations at the basal. The ages of this part of Xining Group are dated as ca. 30-21 Ma by magnetostratigraphic analysis (Lease et al., in press). The age (ca. 21 Ma) of the uppermost Xining Group is similar to the top of the Tala Formation in the Linxia basin (Fang et al., 2003) and the base of the Guide Group in the Guide basin (Fang et al., 2005). The age difference at the top of fine-grained distal alluvial fan deposits in the Xunhua and Xining basins (ca. 21 vs. 17 Ma) is inferred to be associated with thrust propagation in time from the NWQ to the LJS.

Basin-filling architecture

Regional analysis of stratigraphic correlation and depositional environments shows that the Guide, northern Xunhua, and Xining basins （Figs. 4B, 4C） once constituted a united basin with no damming by the RYS, LJS, and JSS （Fig. 5）. The Xining Group in the NWQ constituted a continuous basin in which a proximal alluvial fan conglomerate was deposited in the S part of the Guide basin. However, the deposits transition to the N into distal sandstone and mudstone with a few lacustrine gypsum layers. The Xining Group braid channel and debris flow conglomerates in the southern Guide-Xunhua areas were the proximal deposits in front and on top of the NWQ; their counterpart in more northern areas and the Xining basin were mostly distal alluvial fan deposits with playa lakes. Paleocurrent data indicate that rivers in the southern Guide basin mainly flowed to the N and NE, and those in the Xunhua basin mainly flowed to the NE and E, towards the LJS and JSS, and in the RYS to the NNE or N, into the Xining basin （Fig. 5）.

Guide Group （21-1.8 Ma）

A major angular unconformity in the northern Guide basin separates the Guide Group from the underlying Xining Group （Fig. 3B; Fang et al., 2005）. South of the Guide basin, where the Xining Group is absent, the group unconformably overlies Cretaceous and Triassic strata and Triassic granite. In the southern Xun-hua basin, the Guide Group unconformably overlies Late Archean-Early Proterozoic basement.

Guide basin

The Guide Group consists mainly of boulder, cobble and pebble conglomerate, interbedded sandstone, siltstone, and mudstone. It is divided into the Guidemen, Garang, Ashigong, Herjia, Ganjia and Amigang Formations （Fang et al., 2005）. Stratigraphic characteristics of the units are illustrated in Figure 6, in which the Guidemen to Garang Formations are described from the Guidemen section （Section X, Fig. 1） and the Ashigong to Amigang Formations are described from the Ganjia section （Section XI, Fig. 1）. These sections have been documented in detail by Liu et al. （2007） and Fang et al. （2005）. The entire lower Guide Group is interpreted to have been deposited in alluvial fan and braded channel environments （Fig. 3E）. This is in contrast to very shallow lacustrine and flood plain environments on a distal alluvial fan-braid plain in the middle portion, and a braided channel plain environment with shallow lake deposits in the upper portion （Fig. 6A; Appendix S2; Song et al., 2001; Fang et al., 2005; Liu et al., 2007）. Formations of the Guide Group range in age from 20.8 to 1.8 Ma on the basis of magnetostratigraphic dating （Table 1; Fig. 6A; Appendix S2; Fang et al., 2005）.

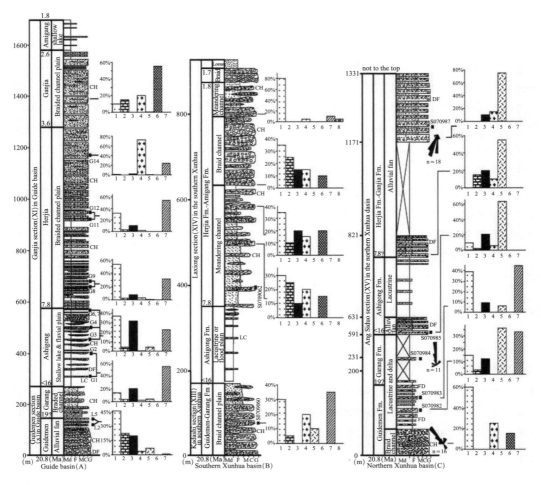

Stratigraphic columns of the Guide Group, with histograms illustrating fragment compositions of sediments in the Guide basin (A), the southern Xunhua basin (B) and the northern Xunhua basin (C). A and B columns are modified after Liu et al. (2007). Paleocurrents are measured from clast imbrication and cross-bedding (n, number of measurements). Locations of Guidemen section (X) and Ganjia section (XI) in column A, the Kadashi section (XIII) and Laxiong section (XIV) in column B, and the Ang Siduo section (XV) in column C are shown in Fig. 1. Depositional facies: CH - braided and meandering channel; DF - debris flow; LC- lacustrine; FD - delta front deposits. Other symbols are the same as in Fig. 4.

Fig. 6   Stratigraphic columns of the Guide Group

Regional investigation reveals that narrow belts of coarse fluvial and alluvial systems in the N and E margins of the Guide basin were developed adjacent to active bounding ranges (Fig. 7). In the N basin, alluvial fans prograded from the S-vergent Riyue Shan (RYS) thrust belt (Fang et al., 2005). Paleocurrent directions in the Guide Group in the northern Guide basin are mainly towards the S and SSW. Paleocurrents in alluvial fan deposits at the S margin of the basin are toward the N. However, along the E side of the basin, paleocurrent trends are towards the W and NW, indicating derivation from the Gangchasi thrust plate. At Guide town, sediments in the Guide Group were much finer-grained, and the Ashigong and Herjia Formations mostly consist of mudstones, siltstones and occasionally sandstones of lacustrine and deltaic environments. Therefore, the Guide basin became independent of the Xunhua basin in Miocene time, and contained a single lake centered near the Guide town bounded by gravel-rich alluvial fan and braid plain deposits fed by the surrounding ranges (Fig. 7). This Guide basin mostly sits on the northern West Qinling (NWQ), and extends to the Riyue Shan (RYS) (and southern LJS).

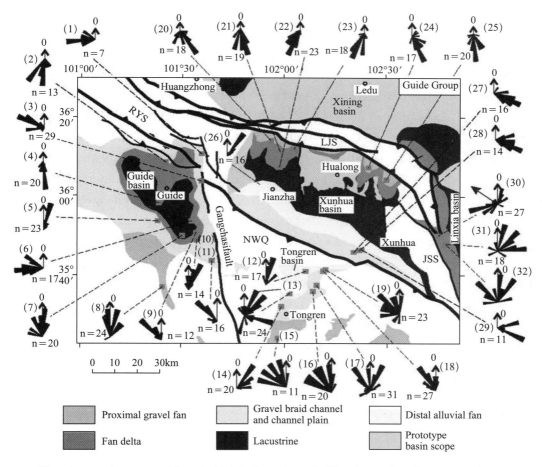

The paleocurrentsare measured from clast imbrication and cross-bedding (n, number of measurements). Other symbols are the same as in Fig. 5.

Fig. 7　Paleogeographic map of the Guide Group in Xunhua-Guide and adjacent areas

Tongren basin

The Tongren basin is also located in the NWQ (Fig. 7). A pebble conglomerate at the N end of the basin (Section XII, Fig. 1) is well cross-bedded with planar scour surfaces at its base. This part of the Guide Group is interpreted to be braided channel deposits. The boulder conglomerate developed in the S basin is stratified, and gravels within it are typically angular and poorly sorted. These deposits are interpreted to be proximal alluvial fan deposits (Schumm, 1977). Paleocurrent data indicate the fans were built by runoff to the NNW and NNE (Fig. 7), parallel to the trend of the basin.

Xunhua basin

The Guide Group is widely developed in the Xunhua basin (Fig. 7). Along the S margin, the lower Guide Group, including the Guidemen and Garang Formations in the Kashida section (Section XIII, Fig. 1; Fig. 6B; Appendix S2), reaches 170 m in thickness and consists of maroon conglomerate interbedded with pebbly sandstone or mudstone. These gravel layers are interpreted to be braided stream deposits, and their upper parts to be flood plain or muddy river flow deposits (Schumm, 1977; Hough et al., 2011). The middle part of the Guide Group, the Ashigong Formation, in the Laxiong section (Section XIV, Fig. 1; Fig. 6B; Appendix S2) is composed of dark red-brown silt to very fine sandstone with a basal calcareous and root trace-contained mudstone and interbedded, tan and bluish-green mottling gypsum layers. These units are interpreted to be deposits of a large lake that occupied the basin center (Fig. 3F; Hough et al., 2011). The upper Guide Group in the Laxiong section, the Herjia and Ganjia Formations, consists mostly of conglomerate and a few interlayers of thin sandstone. These deposits are interpreted to be gravelly braided and meandering channel deposits (Hough et al., 2011). Magnetostratigraphic correlation by Hough et al. (2011) reveals that the ages of the Guidemen, Garang, Ashigong, Herjia and Gangjia Formations in the Xunhua basin are the same as those in the Guide basin (Fig. 6B; Fang et al., 2005).

Along the N margin of the Xunhua basin, the lower Guidemen and Garang Formations in the Ang Siduo section (Section XV, Fig. 1; Fig. 6C) contain tabular and well stratified conglomerate and upper mudstone and sandstone (partly covered), which suggest gravel braided channel and lacustrine-deltaic deposits, respectively (Schumm, 1977). The Ashigong Formation is composed of poorly sorted angular conglomerate in the lower part, and mostly dark red-brown, massive mudstone, interbedded with bluish-green, thin tabular calcareous siltstone, and some gypsum layers in the upper part. These two parts are interpreted to be debris flow and lacustrine deposits, respectively (Schumm, 1977). The Herjia and Ganjia Formations consist of poorly sorted conglomerates with variable massive, imbricated, and roughly laminated bedding, in which gravels range in diameter from 2 to 10 cm, but occasionally to 25 cm. These conglomerates are interpreted as alluvial fan deposits. The ages of these formations are assigned according to magnetostratigraphic studies in the Guide and southern Xunhua basins (Fig. 6C; Fang et al., 2005; Hough et al., 2011).

Regional investigation reveals that wide alluvial fans and braid plains were developed along the S margin of the Xunhua basin in the front of the NWQ, in addition to alluvial fans and fan deltas deposited along the N margin of the lake adjacent to the S-vergent thrust-faulted LJS (Fig. 7). Paleocurrent data obtained from gravel imbrication, cross beddings, and trough cross axes indicate that rivers in the S margin of the basin flowed to the SE parallel to the NWQ, and to the E and NE sourced from the NWQ. Rivers in the N margin of the Xunhua basin flowed S to SW from the adjacent LJS (Figs. 6 C and 7). Significantly, paleocurrents in the Ang Siduo section (Section XV, Fig. 1; Fig. 6C) show that the river systems depositing the lower part of the section flowed mainly to the NW and N and only seldom to the SE and WSW. In contrast, in the upper part of the section river flow changed direction to the SSW. This may suggest that the LJS was unroofing and shedding sediment southwards to the Xunhua basin after ca. 16.0 Ma when the uppermost Garang Formation was deposited. Therefore, the Xunhua basin appears to have been a closed basin separated from the Guide basin to the W and from the Xining basin to the N; this would explain why its lacustrine deposits were mostly developed in the center of the basin (Fig. 7).

Lower Pleistocene (1.8-1.7 Ma)

Lower Pleistocene deposits are composed of unconformity-bounded, coarse-grained cobble and pebble conglomerate with sandstone interbeds (Section XIV, Fig. 1; Fig. 6B). They locally overlie the Guide Group in the Guide and Xunhua basins, and upper Archean-lower Proterozoic, Triassic, and Cretaceous units NW of the town of Jianzha. The gravel deposits contain grain-supported, imbricated, thick beds as well as less abundant beds of massive, matrix-supported conglomerate, in which gravels are rounded and well-sorted. This succession, up to 50-150 m thick, is interpreted as recording braided channel sedimentation (Schumm, 1977; Fig. 8). The equivalent section in the Linxia basin (Fig. 1) is the Jinggoutou Formation, which overlies the Dongshan Formation and consists of both imbricated and laminated conglomerate. Conglomerate layers in both the Xunhua-Guide and Linxia basins are covered by loess (Fig. 6B; Fang et al., 1997). The age of the Jinggoutou Formation, which may be correlative with a lower Pleistocene conglomerate in the Xunhua and Guide basins (Fang et al., 1997), is defined as 1.76—1.72 Ma by magnetostratigraphic analysis. The mostly fluvial middle-upper Pleistocene and Holocene strata in the Xunhua-Guide area differ from that of the lower Pleistocene in that they were deposited in incised valleys. This geometry documents erosion by a regional lowering of base-level that may be related to the arrival of the Yellow River into this part of the plateau.

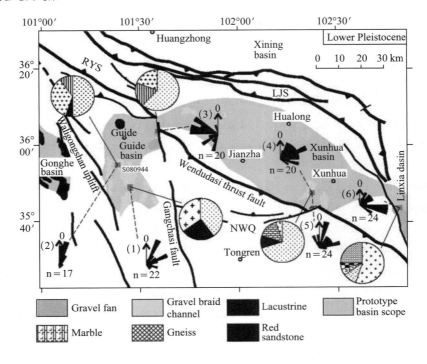

Other symbols are the same as in Fig. 5.

Fig. 8　Paleogeographic map of the lower Pleistocene, with pie diagrams illustrating conglomerate clast compositions in the Xunhua-Guide basin and adjacent areas

Provenance Analysis

Conglomerate and sandstone compositions of the intermontane basins provide a useful indicator of mountain exhumation and erosion (Liu et al., 2010). In addition, single-grain U/Pb dating of detrital zircons is another potent tool for provenance studies because it can fingerprint source areas with distinctive zircon age populations (Gehrels et al., 1995; Amidon et al., 2005).

Methodology

Because the Xunhua and Guide basins are dominated by abundant conglomerates and sandstones, different techniques were used to identify the compositions of their different grain sizes. Sandstone compositions were determined by counting 500 to 560 framework grains per thin section. In order to link rock fragments to specific protoliths, we determined sandstone compositions using the point-counting method of Suttner et al. (1985), in which all polycrystalline grains are counted as rock fragments; such fragments are typically > 15% of all grains counted (see rock fragment diagrams, Figs. 4, 5, 6, 9).

第一部分 大陆造山带 | **697**

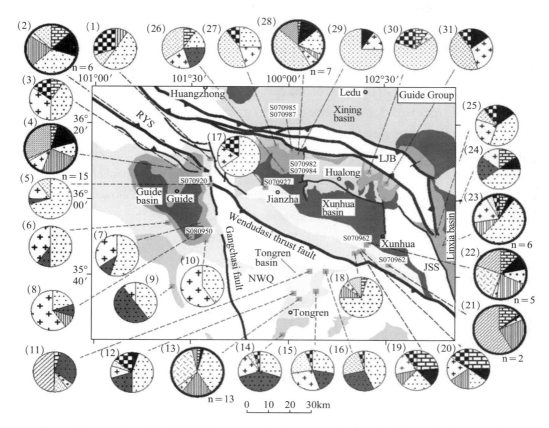

Fragment composition collected by field-counts and point-counts at the same location may be influenced by different provenance characteristics. Field counts can be influenced by larger clasts with more resistant lithologies, and point counts may capture more compositions yielding smaller fragments with easily dissolved lithologies. For each pie diagram, the number in parentheses at the upper left indicates the serial numbers of measurement locations. Other symbols are the same as in Figs. 5 and 7.

Fig. 9 Pie diagrams illustrating fragment compositions of sediments in the Guide Group of the Xunhua-Guide basin and adjacent areas

Where conglomerates are abundant, we collected both gravel clast data and sandstone samples within the conglomerate in the field. Clasts, typically 100 to 180 or more in number at each conglomerate station of ca. 2m², were identified; sandstone compositions were identified by the point-counting method that is described above.

We collected 12 sandstone samples from the Xunhua and Guide basins in order to investigate the unroofing of the Laji Shan (LJS) and northern West Qinling (NWQ) source terranes into adjacent basins. Samples of > 5 kg were crushed and powdered. Zircons were separated by heavy-liquid and magnetic methods and then purified by hand picking under a binocular microscope. More than 500 zircon grains were picked out from each sample, from which ca.

100 zircons were analyzed. Cathodoluminescence (CL) images of zircons were used to demonstrate the internal textures of zircons and to select optimal spot locations for U-Pb dating. CL images reveal the complicated structure of most detrital zircons (Fig. S1). Most zircons exhibit clear rim structures of magmatic origin. Some are metamorphic origin, in which no rim structure is developed. Usually we selected spots on the rims of zircon for U-Pb dating. Otherwise, cores were dated if the rims were too narrow or absent. Zircons were dated in-situ on a laser ablation inductively coupled plasma-mass spectrometer (LA-ICP-MS) at the State Key Laboratory of Continental Dynamics, Northwest University, Xi'an, China. Age calculations and concordia diagram drafting were completed with ISOPLOT 3 (Ludwig, 2003). Standard analytical details for age and trace and rare earth element determinations of zircons were followed as reported in Yuan et al. (2004). Common lead corrections were made following the method of Andersen (2002). All analytical results are in Table S1 (supplementary information).

Clast Composition

The possible sources of sediments in the Xunhua and Guide basins are the Laji Shan-Jishi Shan (LJS-JSS) and northern West Qinling (NWQ), which have different geologic rock assemblages. The most distinct differences in source rock composition are that the LJS-JSS contains more volcanic rocks and chert, whereas the NWQ contains more meta-sandstone, sandstone, slate, mudstone, and lesser phyllite, the latter with a distinctive dark green appearance. The Riyue Shan (RYS), the W extension of the NWQ, contains Mesozoic and Paleozoic rocks similar to those of the NWQ. Metasedimentary rocks with gray or dark gray and purple colors are also exposed in the LJS and JSS. Both of these ranges contain very similar source rocks, but the JSS has a greater abundance of Cretaceous red sandstone and Ordovician granite. A mountain range located between the westernmost LJS and RYS north of the Guide basin is, in contrast, composed mostly of Late Archean-Early Proterozoic metamorphic rocks (Fig. 1).

Clasts in the Xining Group

The Xining Group in the study area is mainly distributed across and to the N of the NWQ. Its major lithic or gravel composition is, in order of decreasing abundance, sandstone, claystone/mudstone, carbonate, slate, quartzite or quartz, and granite; chert and volcanic detritus are rare (Fig. 4, 5). The lithic fragments in the northern Xunhua basin are mostly sandstone and mudstone, with subordinate chert and volcanic clasts, thus indicating a source from the NWQ. Gravels in the basal conglomerate of the Xining Group that laps onto the western LJS are composed of limestone, sandstone, meta-sandstone, and a few quartzite and granite clasts (Fig. 5). This assemblage also points to the NWQ as a source area. Lithic fragments in the Guide basin have similar compositions to those in the Xunhua basin, and share the same provenance. From this observation we conclude that all of the Xining Group was sourced from the NWQ in the S. Accordingly, the LJS had not yet formed, ie. the Xunhua and Guide basins were a single continuous basin at the time of Xining Group deposition. This provenance-based conclusion is in accordance with previously discussed facies and paleocurrent analysis results (Fig. 5).

Clasts in the Guide Group

As the mountain ranges were uplifted, the united Xining Group basin was broken into the separate Xunhua, Guide, and Xining basins of the Guide Group. The depositional framework of separate lake basins in the Guide Group shows local provenances in various directions. Systematic analysis of lithic or gravel composition in different sections of the Guide Group in the Guide basin demonstrates that the Guidemen, Garang, Ashigong and Herjia Formations are dominantly composed of sandstone, mudstone, slate, limestone, granite, chert, and volcanics, whereas the Ganjia and Amigang Formations have a different clast assemblage of schist, quartzite, limestone, gneiss and sandstone (Fig. 6A; Appendix S3). The diverse clast assemblages indicate that the source areas of the Guidemen, Garang, Ashigong and Herjia Formations were mostly likely Mesozoic and Paleozoic units in the RYS. In contrast, detritus in the Ganjia and Amigang Formations were derived from Late Archean-Early Proterozoic metamorphic rocks lying in the northern RYS (Fig. 1). Lithic fragments in the N part of the Guide basin indicate sources from the RYS and LJS to the N (Fig. 9) in agreement with our above analyses of facies and paleoflow directions (Fig. 7). In contrast, the lithic fragments in the S part of the Guide basin mainly contain meta-sandstone, sandstone, granite and reworked red sandstone clasts derived from the Triassic and Cretaceous units in adjacent parts of the NWQ. Volcanic lithic fragments contained in sediments of the E margin of the basin were derived from the LJS in the N (Fig. 9).

The composition of lithic fragments and gravels of the Guide Group in the northern Xunhua basin is clearly different than that in the northern Guide basin (Figs. 6C, 9). A lot of mafic and intermediate volcanic gravels are present and the contents of schist, quartzite and gneiss gravels are increased, but chert, granite, dolomite, limestone, sandstone and mudstone remain as the subordinate clast lithologies in the Guide Group conglomerate. The lithology of Guide Group gravels is consistent with derivation from the LJS and adjacent regions. Gravels of mafic and intermediate volcanic rocks were eroded from Cambrian or Ordovician strata; those of schist and quartzite came from the lower Proterozoic basement; dolomite and limestone probably were sourced from the middle Proterozoic in the LJS and adjacent regions. Systematic clast-counting among the units of the Guide Group along the Ang Siduo section (XV, Fig. 1B; Fig. 6C) shows there is a compositional change at the base of the Ashigong Formation (the base of the debris flow deposits on the alluvial fan; ca. 16.0 Ma). Clasts in strata underlying the Ashigong Formation, are mostly sandstone, mudstone, phyllite and slate. These lithic grains are greatly reduced or disappear altogether in the lower Ashigong Formation where volcanic rock fragments become dominant. This unroofing of the LJS is clearly recorded in the conglomerate at the base of Ashigong Formation, which is mostly composed of black colored volcanic gravels that produce a sharp color change in the stratigraphic section (Fig. 6C). Lithic clasts in the southern Xunhua basin – (meta-) sandstone, mudstone, slate, limestone, granite, and chert-were mostly sourced from Triassic and Carboniferous-Permian strata and Late Triassic-Jurassic granite in the NWQ to the S (Figs. 6B, 9). Lithic fragments within the western Linxia basin are predominantly (meta –)sandstone and limestone, granite, and reworked red sandstone sourced from the NWQ and the adjacent JSS (Fig. 9).

The Tongren basin is mostly located in the NWQ, and the sediments of the Guide Group there were sourced from the south. The field-counted gravels in the basin and point-counted fragments are composed of fine-grained sandstone, mudstone, and slate from Mesozoic and Paleozoic strata, reworked Cretaceous red sandstone, and granite and some volcanic rocks (Fig. 9). Therefore, alluvial fans feeding into different Guide Group basin center lakes record erosion of local source areas in the Guide, Xunhua, and Tongren basins (Fig. 9).

Clasts in lower Pleistocene Units

Lower Pleistocene alluvial fan and braided channel conglomerates in the Guide-Xunhua-Linxia basin region display paleocurrents that parallel the course of the present Yellow River (Fig. 8). Compositions of these stream-transported clasts indicate primary sources in the NWQ to the S. Rock fragments in lower Pleistocene deposits in the Xunhua and Guide basins are composed of sandstone, mudstone, limestone, reworked red sandstone, and granite known to be present in the NWQ. Fragments near the JSS in the Linxia basin are mainly of granite and gneiss, which represent local JSS sources (Fig. 8).

Detrital Zircon Ages of Sediments

Detrital zircon results by Lease et al. (2007) for sediments in the Xunhua-Guide area strongly confirm U/Pb zircon ages that can be tied to discrete source areas within the modern LJS and NWQ ranges. Catchments draining the present LJS contain a large and unique zircon age population (ca. 450 Ma, Fig. S2A; Appendix S4) that has not yet been clearly identified in the NWQ. The less abundant 700-1000 Ma population represents recycled zircons contained in Silurian strata in the LJS. The North China Craton zircon assemblage is characterized by a lack of significant Early Paleozoic and Neoproterozoic zircon populations (Fig. S2C; Cope et al., 2005; Darby and Gehrels, 2006; Weislogel et al., 2010). Catchments draining the modern NWQ are characterized by a large and unique, ca. 250 Ma zircon population derived from Permian-Triassic plutons (Fig. S2B), which has not been clearly identified in the LJS (Lease et al., 2007). Zircons older than 1500 and 700—1000 Ma may largely be recycled zircons from Triassic Songpan-Ganzi (including the NWQ) metasediments. Zircon signatures of Triassic turbidite strata and granitoids in the N part of the Songpan-Ganzi complex south of the Xunhua and Linxia basins (within the NWQ) also reflect abundant ca. 250 Ma zircon grains (Fig. S2D; Appendix S4; Zhang et al., 2006; Weislogel et al., 2006; Chen et al., 2009; Weislogel et al., 2010; Zhu et al., 2011). Therefore, all the information suggests that zircon signatures of the sediments in the Xunhua and Guide basins are varied. A ca. 250 Ma zircon population might have been derived from Permian-Triassic plutons and eroded Lower-Middle Triassic strata in the NWQ; a ca. 450 Ma zircon population could have origins in the LJS; 700-1000 Ma zircon populations could be sourced from the both the LJS and NWQ, and a bulk older zircon population, >1500 Ma from units now in the NWQ thrust belt (Kroner et al., 1993; Weislogel et al., 2006; Enkelmann et al., 2007).

Detrital Zircon Ages of the Xining Group

Sample S080946 (Fig. 5) from the base of the Xining Group in the southern Guide basin is characterized by a distinctive ca. 250 Ma zircon population that constitutes > 50% of all zircon grains. The only available source for these zircons is Permian-Triassic plutons in the NWQ (Fig. 10; Table S1). Field-counting of gravels at the same location (S080946) also supports that the sediment source is from the NWQ (Sites 3 and 4, Fig. 5). A sample collected from the basal Xining Group in the southern LJS (S080911, Fig. 5) contains multiple zircon age populations (Fig. 10; Table S1; Appendix S5). Collectively, these Xining detrital zircon ages indicate that sediment sources were mostly from the NWQ, and only partly from the western LJS. This conclusion indicates that the LJS was locally exposed only during the beginning stage of Xining Group deposition. LJS source rocks were not observed in the field-counted gravels of Site 2 in Fig. 5; their composition of sandstone, granite, and carbonate indicates a sole source from the NWQ.

Detrital Zircon Ages of the Guide Group

Facies analysis indicates that the Guide Group was deposited in separate Guide and Xunhua lake basins, each with different marginal source areas (Fig. 7). Sample (S080950, Fig. 9) from the S side of the Guide basin is characterized by a unique major ca. 250 Ma zircon population (Fig. 10; Table S1; Appendix S5), which indicates NWQ Permian-Triassic pluton and Triassic strata sources. However, the sample (S080920, Fig. 9) from the Guide Group in the NE margin of the Guide basin exhibits multiple zircon age populations of ca. 250 Ma, ca. 450 Ma, 700-1000 Ma, and > 1500 Ma (Fig. 10; Table S1; Appendix S5). In contrast to the NWQ-derived 250 and > 1500 Ma populations, the 450 Ma zircons shows a LJS provenance with mixed sources both from the N and S or SE; this conclusion is the same as that demonstrated by clast composition at Site 5 (Fig. 9).

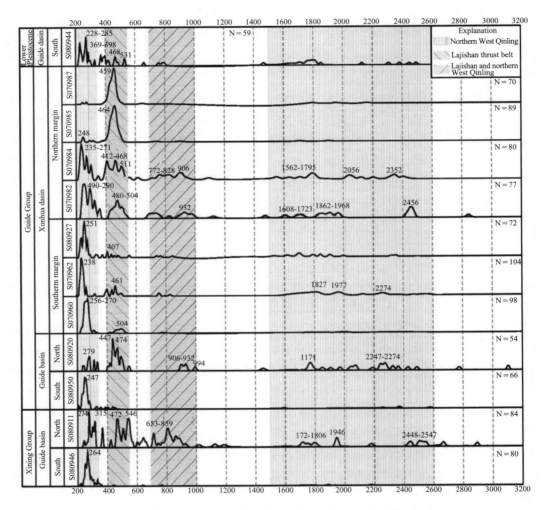

The numbers of dated zircon grains for each sample are shown at the right of each curve.

Fig. 10 Detrital zircon U-Pb age probability curves arranged in chronostratigraphic order, with age ranges for different source areas highlighted by variable shading patterns

Samples S070960, S070962 and S080927 (Figs. 6, 9) from the S side of the Xunhua basin exhibit almost the same zircon age distribution as those from the southern Guide basin, with a large population of ca. 250 Ma ages (Fig. 10; Table S1; Appendix S5); clearly, the sediments were mainly derived from the NWQ. The zircon age distribution of the three samples, together with clast compositions (Fig. 9) in the southern Xunhua basin fully demonstrate exhumation and unroofing of the NWQ in the Neogene, with only subordinate input of sediments from the more distal LJS.

The LJS borders the N side of the Xunhua basin, and the timing of its unroofing is key to understanding the sequence of mountain building within this part of the N edge of the Tibetan plateau. Systematic dating of detrital zircons on units of the Guide Group along the Ang Siduo section (Figs. 1,6C) reflects a change in source area, as does clast composition. Two samples from the Guidemen and Garang Formations (S070982 and S070984; Figs. 6C, 9) exhibit four zircon age populations of ca. 250 Ma, ca. 450 Ma, 700—1000 Ma, and > 1500 Ma with similar proportions. These ages indicate derivation primarily from the NWQ and secondarily from the LJS (Fig. 10; Table S1; Appendix S5). Two samples from the base of the < ca. 16 Ma Ashigong Formation and Herjia-Ganjia Formations (S070985 and S070987; Figs. 6C, 9) possess a different zircon age population at ca. 450 Ma that constitutes ca. 90% of all grains indicative of source in the LJS (Fig. 10; Table S1; Appendix S5). Therefore, all stratigraphic and lithologic evidence, including paleoflow, clast composition, and detrital zircon age distributions, demonstrates that the LJS began to be unroofed and eroded only after ca. 16.0 Ma.

Detrital Zircon Ages of the lower Pleistocene Units

During early Pleistocene time, sediments of this age in the Xunhua-Guide area are characterized by mixed multiple sources with the predominant contribution from the upstream NWQ terrane. Sample S080944 (Fig. 8) from the southern Guide basin contains a high proportion of ca. 250 and > 1500 Ma zircons that were derived from the NWQ (Fig. 10; Table S1; Appendix S5). Field-counting of gravels and paleocurrent measurements at Site 2 in Figure 8 validate this conclusion.

Discussion

For decades, arguments over broad-scale deformation of the Tibetan plateau have focused on: (1) whether the collisionally induced deformation and resulting topography were first concentrated at the Indian-Himalayan plate boundary and then propagated away from it to the margins of the plateau; and (2) the timing and mechanisms of topographic growth along the NE margin of the plateau (Gaudemer et al., 1995; Burchfiel et al., 1989; Molnar et al., 1989; Meyer et al., 1998; Metivier et al., 1998; Tapponnier et al., 2001; Clark et al., 2010). Based on neotectonic, stratigraphic, and geomorphologic information, Tapponnier et al. (2001) concluded that the Tibetan plateau grew northward in Cenozoic time, and that the southern plateau began to rise in the Eocene, the central plateau in the Oligocene-Miocene, and the NE region in the Pliocene-Pleistocene (Tapponnier et al., 2001). However, a growing body of evidence from the geologic record challenges the basic notion of propagation of strain away from the initial collisional boundary (Clark et al., 2010). For example, the depositional and deformational histories of the Xunhua and Guide basins and their adjacent regions reveal protracted Eocene to Miocene deformation that began at the time of Indian-Asian collision, progressed from SW to NE, and ended with growth of the Liupan Shan along the NE margins of the Tibetan Plateau (Fig. 11; Song et al., 2001; Zheng et al., 2006).

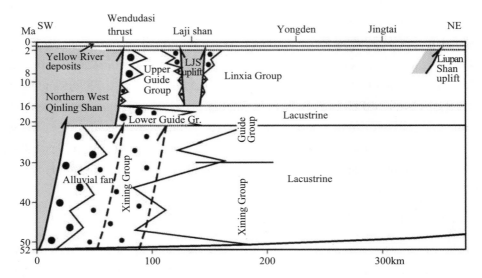

The shaded areas represent deformation in the thrust belts, and the dotted lines represent unconformities.

Fig. 11　Simplified diagram showing the time-space history of thrust faulting and distribution of synorogenic sediments from the northern West Qinling Shan to Liupan Shan in the NE Tibetan Plateau

Dynamic and thrusting-induced basin development from Eocene to Early Miocene

Paleogeographic reconstructions and the unroofing histories of sediment-source mountains show that the NWQ thrust belt bordered the S margin of a united Xunhua-Xining basin during deposition of the Xining Group. This united basin continued eastward to the Linxia subbasin (Fang et al., 2003; Hough et al., 2011) and westward to the Guide subbasin. The latter mostly lay on the NWQ with a N-S trend and was bordered by the Laxiwa thrust fault (Figs. 5,12). The united basin was continuous with the Longzhong subbasin to the E (Horton et al., 2004), and also continued across the Qinghai Lake region to at least the S side of the Qilian Mountains to the N, and across the present day Liupan Shan to the Ordos basin to the E (Horton et al., 2004; Clark et al., 2010); it is collectively referred to as the Longzhong basin (Fig. 12A1).

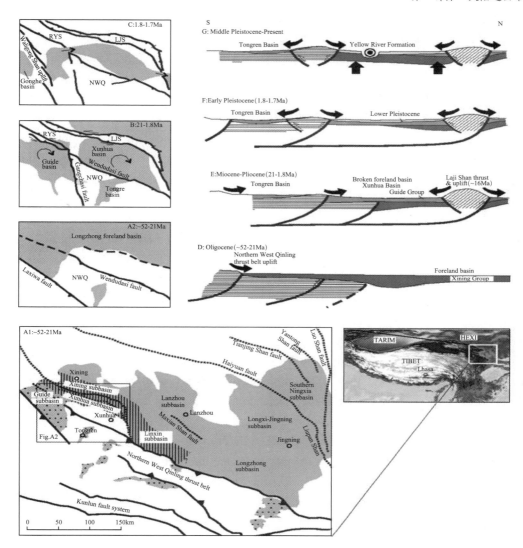

Abbreviations are the same as in Fig. 5. A1 shows the distribution of the Longzhong foreland basin（grey area）at ca. 52—21 Ma. The dotted lines represent future thrust fault systems, and the grey areas with dots and vertical lines represents wedge-top and foredeep depozones, respectively. Inset map shows location of Fig. A1. See text for explanation.

Fig. 12 Cartoons illustrating evolution of the Xunhua, Guide and Tongren basins and their response to deformation in adjacent structural belts（Figs. D, E, F and G are modified after Liu et al., 2007）

Paleocurrent and provenance data, in addition to grain-size and depositional environment trends in the united Xunhua-Xining basin, are consistent with initial Wendudasi and Laxiwa fault-controlled foredeep subsidence resulting from loading by the NWQ thrust belt（Fig. 12A1; Horton et al., 2004）. As a result, Xining Group strata（ca. 52—21 Ma）decreased in thickness northwards: from > 1200 m thick in the northern Xunhua subbasin (Fig. 4B), ca. 750 m thick in the Xiejia section of the Xining subbasin (Fig. 4C), ca. 450 m in the central Longzhong subbasin, to ca. 350 m in the Longxi-Jingning subbasin (Dai et al., 2006; Zhang et al., 2010). The Xining Group in the Guide and Tongren subbasins constitutes deposits in piggy-back sub-basins developed within the NWQ thrust belt, and through which rivers flowed northwards. For that reason the thickness of the Xining Group in the Guide subbasin increased northwards (ca. 700m in the southern Guide subbasin, ca. 1300 m in the northern Guide subbasin; Fig. 12A1). The Paleocene-early Eocene basin initiation of the Xining subbasin on the N side of the foredeep depozone, was followed by a low constant accumulation rate of gypsiferous lac-ustrine successions (1.8 cm/kyr) until its subsequent transition (ca 34 Ma) to a distal alluvial fan depositional environment. After this transition, sedimentation rates increased to 4.1 cm/kyr between 34.5 and 31.0 Ma and then slowed to a constant accumulation rate of ca. 2.3 cm/kyr between 31.0 and 17 Ma (Dai et al., 2006); this rate was much less than that in the northern Xunhua basin (11.5 cm/kyr between 30 and 21 Ma). This regional increase of sedimentation rates in the Xining and Xunhua basins may be correlated to initiation of the Linxia basin before 29 Ma in the NWQ thrust-related flexural subsidence setting (Fang et al., 2003; Dai et al., 2006).

More evidence suggests that regional scale deformation was initiated across the eastern and central portions of the N Tibetan Plateau within 10 Ma of the collision between India and Eur-asia (41—52 Ma; Rowley, 1996). The timing and development of the Xunhua foredeep and Guide wedge-top basins indicate that the Tibetan Plateau expanded into the S margin of the stu-dy area during Eocene and Oligocene time (ca. 52 20.8 Ma; Fang et al., 2003; Fang et al., 2005; Horton et al., 2004; Yin et al., 2002; Gilder et al., 2001; Jolivet et al., 2001) by way of N-vergent fold-thrust deformation and associated foreland basin development (Figs. 11, 12A1,12A2,12 D). Helium data from Clark et al. (2010) suggest that reverse fault deformation of the West Qinling fault was initiated at ca. 45—50 Ma, which may have controlled the de-position of the basal conglomerates in the Xining Group in the S margin of the Xunhua-Guide subbasins (Fig. 4). Initiation of the nearby Lanzhou subbasin, Xunhua and Guide subbasins is indicated by uncomformable deposition of coarse sandstone of the Xiliugou Formation and conglomerate of the Nengguo Formation with biostratigraphic and magnetostartigraphic age controls at circa 58-52 Ma (Gu et al., 1992; Qiu et al., 2001; Yue et al., 2001). An analysis of paleomagnetic declination by Dupont-Nivet et al. (2004) concludes that the Xining-Lanzhou region has undergone a regional clockwise rotation (24.3 ± 6.5°) that started as early as the mid-Eocene (ca. 45 Ma) and ended before 29 Ma. The timing of this major late Paleogene rotation subsequent to the Eocene-Oligocene transition boundary is consistent with regional co-arsening of distal alluvial fan deposition in the Xunhua basin (Fig. 4B) and the highest accu-mulation rate (4.1 cm/kyr) in the Xining subbasin from 34.5 to 31.0 Ma (Dai et al., 2006). Regionally, initial thrust deformation in the Fenghuoshan, Kunlun Shan, and South Qilian

Shan and basin formation in the Hoh Xil and Qaidam propagated northwards after ca. 53 Ma from an elevated proto-Tibetan Plateau (Lhasa and Qiangtang terranes; Liu et al., 2001; 2003; Wang et al., 2008; Yin et al., 2008). Therefore, considerable evidence bolsters the existence of a significant tectonic event reaching the N Tibetan Plateau shortly after, or possibly synchronous with, the initial collision of India with Asia.

Several hypotheses have been proposed to explain the driving mechanism for Eocene-early Miocene basin initiation in the N plateau, including indentation models of continental convergence into a uniform Asian lithosphere (Tapponnier et al., 2001), early and far-field effects of the Indo-Asia collision (Horton et al., 2002; Wang et al., 2002; Yin et al., 2002; Spurlin et al., 2005; Dai et al., 2006), right-lateral shear and associated shortening in response to northward indentation of the Qaidam basin (Dupont-Nivet et al., 2004; Horton et al., 2004), and basal tractions from mantle flow (Clark et al., 2010). The fact that the N boundary of the Tibetan Plateau was established early in the history of collision and that this boundary did not step outward from interior Tibet over time demonstrates that the first hypothesis may be impossible (Clark et al., 2010). Nor do the second and third hypotheses explain how the Indo-Asia initial collision impacted the far-field N margin of the plateau and what pattern of geodynamic stress led to indentation of the Qaidam basin. The basal tractions from mantle flow may be the origin of stresses that cause distal faulting and dynamic subsidence in the N Tibetan Plateau (Liu et al., 2004; Clark et al., 2010). With the onset of Indo-Asia collision at ca. 50—55 Ma, the Greater Indian lower crust and lithosphere began to underthrust the S part of the Lhasa terrane, and then extended as far N as the trace of the Bangong suture zone by about late Oligocene time (DeCelles et al., 2002; DeCelles et al., 2007). Underthrusting of Indian lithosphere may have induced subducted slab remnants or a delaminated Neotethyan slab to migrate northwards under Qaidam and Longzhong basin-belt during the early Eocene (Clark et al., 2010). The overall negative buoyancy of the sinking slab might have caused the surface overlying crust to subside over a large region (Liu et al., 2011). With a width of ca. 200 km, the Longzhong and Qaidam basins can not be controlled by marginal thrust belt loading only. The fundamental driver for the basins may have been the dynamic pull of the N-dipping, sinking slab, with thrust loading only controlling subsidence along basin margins. The Xunhua and Guide subbasins were clearly influenced by the NWQ thrust load, but in the Xining subbasin thrust load-influenced subsidence gradually dissipated northwards. Meanwhile, a sinking lithospheric slab may have driven indentation of the Qaidam basin and induced the wholesale vertical-axis rotation in the Xining-Lanzhou region.

Intervening thrust belt and broken foreland basin development during Miocene and Pliocene time

The basinal configuration of the NE Tibetan plateau changed greatly during deposition of the Guide Group (20.8—1.8 Ma). The result was the partitioning of the once continuous basin into several small, closed basins: the Xunhua, Xining, and Guide basins. Each basin was filled by locally sourced alluvial fans, braided streams and deltaic-lacustrine systems. No individual depositional unit can be traced through all the basins. Paleogeographic, provenance and structural analyses show that thrust faulting and sinistral strike-slip motion along the arc-shaped Laji Shan (LJS) -Jishi Shan (JSS) thrust belt and the Riyue Shan (RYS) -Gangchasi thrust fault broke up the Xining Group basin into the separate basins (Figs. 7,9). Over time, basin-centered lacustrine systems within the Xunhua and Guide basins migrated northeast-wards, and narrow belts of coarse fluvial and alluvial depositional systems were developed along the N and E margins of these basins (Fig. 7). This suggests that crustal loading by the LJS-JSS and RYS-Gangchasi thrust belts took place during deposition of the Guide Group, with foredeep depocenters being developed in front of the thrust belts. Episodic thrust events on the S margin of the RYS controlled foredeep sedimentation from 20.8 to 1.8 Ma with distinctly higher accumulation rates from circa 11.5 to 1.8 Ma (Fang et al., 2005). Structural analysis shows that the Gangchasi fault was activated in late Neogene, cutting off the Wendudasi fault in the NWQ and its W extension in the RYS (QGB, 1991; Fig. 1). The onset age of the Gangchasi fault was later than that of the RYS thrust belt. East of the RYS-Gangchasi thrust fault, the NWQ thrust belt served as a source area for deposits of the 900—1500 m thick Guide Group in the southern Xunhua basin (Fig. 6B). From this, we can infer that the thrust belt was activated during ca. 21—2.6 Ma (Clark et al., 2010). Foredeep deposits, > 1331 m thick in the northern Xunhua basin (Fig. 6C) and > 165 m thick (Linxia Group) in the southern Xining basin (Dai et al., 2006), accumulated N of the NWQ on the S and N fronts of the LJS. The ages of exhumation related to divergent thrusting of the LJS (mainly southwards) are recorded by provenance changes: S from the LJS in the northern Xunhua basin at ca 16 Ma, and to the N at < 17 Ma in the southern Xining basin, including deposition of the conglomeratic Linxia Group with late Miocene fossils (Dai et al., 2006; Fig. 1). He/AFT age-elevation relationships from the LJS and JSS indicate the onset of accelerated exhumation at ca. 22 Ma (in disagreement with our inferred age of ca. 16 Ma) and ca. 13 Ma (Lease et al., 2011), which were inferred to be the responses to NNE-SSW and E-W contraction. Furthermore, climate records from Neogene basin fills on either side of the JSS show development of a rain shadow due to surface uplift of the range by 11 Ma, but not before 16 Ma (Hough et al., 2011). Collectively, available evidence indicates diachronous Miocene deformation and exhumation of the arc-shaped LJS-JSS in NE Tibet. Therefore, Miocene growth of the distal Tibetan Plateau at this time took place in two stages. The initial stage was accompanied by northward thrust fault propagation from the NWQ (ca. 21 Ma (to the LJS) ca. 16.0 Ma; Fig. 11). The second stage was induced by the clockwise rotation of the Xunhua and Guide basin areas (Yan et al., 2006), which led to E-W contraction and formation of the nearly N-S trending JSS and Gangchasi thrust faults; these structural elements cut off older WNW-sriking faults after 11—13 Ma (Hough et al., 2011; Lease et al., 2011).

Regional analysis shows that the Longzhong basin, located between the Liupan Shan and NWQ, was partitioned into several broken foreland basins by the Corridor Nanshan, Haiyuan, and Luoshan thrusts in Miocene and Pliocene time (Fig. 12A1; Song et al., 2001; Ding et al., 2004). Distal thrusting of the NE plateau occurred in the Liupan Shan at ca. 8 Ma (Song et al., 2001; Zheng et al., 2006; Clark et al., 2010; Fig. 11; Figs 12B and 12E). Accordingly, Miocene and younger deformation expanded the area of plateau faulting by ca. 285 km to the NE, as well as to the E by both thrust faulting and left-lateral strike-slip displacement after early Miocene (ca. 21.0 Ma) (Ding et al., 2004). The growth mechanism of the NE Tibetan thrust belts is similar to the process of Laramide basement-involved thrust and broken foreland basin development in the Rocky Mountains of the western USA (Dickinson et al., 1988; Tikoff and Maxson, 2001; DeCelles, 2004), which led to plateau uplift and thickening of basin fill. We infer that Laramide-style growth in the distal NE Tibetan Plateau was driven by northward flat-slab subduction within the mantle. Its consequence was strong compression in the overriding crust (Bird, 1998; Liu et al., 2011), which facilitated fault activation and development of dis-tributed basement uplifts separated by Laramide-style broken foredeep basins.

Gravel progradation and a through-flowing river system across the Xunhua-Guide regions in the early Pleistocene

Range-front thrust faulting in the study area apparently ceased in late Pliocene time. Lower Pleistocene conglomerates lapped onto the northwestern NWQ and across range fronts between the Guide and Xunhua basins. The surrounding ranges continued to shed gravel into the Guide and Xunhua basins. By 1.8—1.7 Ma, continued aggradation filled the two basins, thus con-necting them by a continuous fluvial system across sills in the JSS and the northwestern NWQ (Figs. 11,12F). This combination of thrusting cessation and basin aggradational filling is infer-red to be associated with removal of the subducting lithospheric slab from beneath the basin-mountain province, or its sinking into the deep mantle. Such a proposed deep mantle process could be expected to lead to a decrease in crustal contraction due to the cessation of inferred flat-slab subduction, with crustal rebound resulting from diminished dynamic subsidence.

Conclusions

Structural and depositional analyses show that sediment deposition in the Xunhua-Guide area between ca. 52 and 21 Ma was related to a flexural foredeep depozone in the northern Xunhua subbasin and piggy-back depozones in the Guide and Tongren subbasins. Flexural sub-sidence was attributed to thrust loading by the northern West Qinlin thrust belt (NWQ). The

Laji Shan （LJS） was not yet exposed at this time, and the Xunhua and Guide subbasins were continuous with the Linxia subbasin to the E and the Xining subbasin to the N. All were parts of the united Longzhong foreland basin that was bordered by the NWQ. The timing and development of the subbasins indicate the Tibetan Plateau expanded into the S margin of the study area shortly after （or even at the same time of） the initial collision of India with Asia by way of N-vergent fold-thrust deformation and associated foreland basin development. During Miocene to Pliocene time the once united foreland basin was partitioned by thrusting and sinistral strike-slip of the Laji Shan （LJS） -Jishi Shan （JSS） and Riyue Shan （RYS） -Gangchasi thrust belts into the small Xunhua, Guide and Tongren closed basins with foredeep depozones in front of the intervening thrust belts. Structural and depositional evidence indicates that northeastward growth of the NE Tibetan Plateau occurred at this time by thrust fault propagation from the NWQ （ca. 21 Ma） to the LJS （ca. 16.0 Ma） and by eastward motion related to nearly N-S-striking JSS thrust faulting after 11-13 Ma, the latter induced by clockwise rotation of the Guide and Xunhua basin areas. In our opinion, the growth mechanism of the thrust belts was similar to the process of Laramide basement-involved thrust and broken foreland basin development in the Rocky Mountains of the western USA, which led to plateau uplift and thickening of basin depositional stratigraphy. During early Pleistocene time, the marginal thrusts apparently stopped moving, and the Guide and Xunhua basins became overfilled and connected by a through flowing river system across the sills in the northwestern NWQ and the JSS; this may represent the termination of the evolution of the NE Tibetan broken foreland basins.

Acknowledgments The authors thank Prof. Greg Davis for his detailed review of this paper and Profs. Brian Horton, Paul Heller, and three anonymous reviewers for their constructive comments and suggestions; all improved the manuscript significantly. This research has benefited from the participation of Dr. Mingxing Gao, Yi Hu, and Wangpeng Li in field work, and the help of Dr. Yuangui Sun. Financial support came from National Sciences Foundation of China （41030318, 91114203,40672135,40234041）, National Basic Research Program of China （2011CB808 901）, and the 111 Project （B07011）.

References

[1] ABELS, H. A., DUPONT-NIVET, G., XIAO, G. Q., BOSBOOM, R., KRIJGSMAN, W. (2011) Step-wise change of Asian interior climate preceding the Eocene-Oligocene Transition (EOT). *Palaeogeography, Palaeoclimatology, Palaeoecology,* 299,399-412.

[2] AMIDON, W. H., D. W. BURBANK, & GEHRELS G. E. (2005) Construction of detrital mineral populations: Insights from mixing of U-Pb zircon ages in Himalayan rivers. *Basin Research,* 17,463-485, doi: 10.1111/j. 1365-2117.2005.00279. x.

[3] ANDERSEN, T. (2002) Correction of common lead in U-Pb analyses that do not report 204[Pb]. *Chem. Geol.,* 192,59-79, doi: 10.1016/S0009-2541 (02) 00195-X.

[4] BIRD, P. (1998) Kinematic history of the Laramide orogeny in latitudes 35°—49°N, western United States.

Tectonics, 17,780— 801, doi: 10.1029/98TC02698.

[5] BOSBOOM, R. E., DUPONT-NIVET, G., HOUBEN, A. J. P., BRINKHUIS, H., VILLA, G., MANDIC, O., STOICA, M., ZACHARIASSE, W. J., GUO, Z. J., LI, C. X., KRIJGSMAN, W. (2011) Late Eocene sea retreat from the Tarim Basin (west China) and concomitant Asian paleoenvironmental change. *Palaeogeography, Palaeoclimatology, Palaeoecology*, 299,385-398.

[6] BURCHFIEL, B. C., DENG, Q., MOLNAR, P., ROYDEN, L., WANG, Y., ZHANG, P., & ZHANG, W. (1989) Intracrustal detachment zones of continental deformation. *Geology*, 17,748-752.

[7] CHEN, Y. L., ZHOU, J., PI, Q. H., WANG, Z., & LI, D. P. (2009) Zircon U-Pb dating and geochemistry of clastic sedimentary rocks in the Gonghe-Huashixia area, Qinghai Province and their geological implications. *Earth Science Frontiers*, 16,161-174.

[8] CLARK, M. K., FARLEY, K. A., ZHENG, D., WANG, Z., & DUVALL, A. R. (2010) Early Cenozoic faulting of the northern Tibetan Plateau margin from apatite (U-Th) /He ages. *Earth and Planetary Science Letters*, 296, 78—88, DOI: 10.1016/j. epsl. 2010.04.051

[9] CLARK, M. K., ROYDEN, L. H. (2000) Topographic ooze: Building the eastern margin of Tibet by lower crustal flow. *Geology*, 28,703—706, doi: 10.1130/0091—7613 (2000) 028 < 0703: TOBTEM > 2.3. CO; 2.

[10] COPE, T., RITTS, B. D., DARBY, B. J., FILDANI, A., AND GRAHAM, S. A. (2005) Late Paleozoic sedimentation on the northern margin of the North China block: Implications for regional tectonics and climate change. *International Geology Review*, 47, 270-296, doi: 10.2747/0020-6814.47.3.270.

[11] CRADDOCK, W. H, KIRBY, E., HARKINS, N. W., ZHANG, H. P., SHI, X. H., & LIU, J. H. (2010) Rapid fluvial incision along the Yellow River during headward basin integration. *Nature Geoscience*, 3,209- 213.

[12] DAI, S., FANG, X. M., DUPONT-NIVET, G., SONG, C. H., GAO, J. P., KRIJGSMAN, W., LANGEREIS, C., & ZHANG W. L. (2006) Magnetostratigraphy of Cenozoic sediments from the Xining Basin: Tectonic implications for the northeastern Tibetan Plateau. *Journal of Geophysical Research*, 111, B11102, doi: 10. 1029/2005JB004187.

[13] DARBY, B. J., AND GEHRELS, G. E. (2006) Detrital zircon reference for the North China block. *Journal of Asian Earth Sciences*, 26,637-648, doi: 10.1016/j. jseaes. 2004.12.005.

[14] DECELLES, P. G. (2004) Late Jurassic to Eocene evolution of the Cordilleran thrust belt and foreland basin system, western U. S. A. *American Journal of Science*, 304, 105-168.

[15] DECELLES, P. G., KAPP, P., DINGL., & GEHRELS, G. E. (2007) Late Cretaceous to middle Tertiary basin evolution in the central Tibetan Plateau: Changing environments in response to tectonic partitioning, aridification, and regional elevation gain. *GSA Bulletin*, 119 (3/4), 654-680; doi: 10.1130/B26074.1.

[16] DECELLES, P. G., ROBINSON, D. M., & ZANDT, G. (2002) Implications of shortening in the Himalayan fold-thrust belt for uplift of the Tibetan Plateau. *Tectonics*, 21,1062, doi: 10.1029/2001TC001322.

[17] DICKINSON, W. R., KLUTE, M. A., HAYES, M. J., JANECKE, S. U., LUNDIN, E. R., MCKITTRICK, M. A., & OLIVARES M. D. (1988) Paleogeographic and paleotectonic setting of Laramide sedimentary basins in the central Rocky Mountain region. *Geological Society of America Bulletin*, 100,1023-1039.

[18] DING, G. Y., CHEN, J., TIAN, Q. J., SHEN, X. H., XING, C. Q., & WEI, K. B. (2004) Active faults and magnitudes of left-lateral displacement along the northern margin of the Tibetan Plateau. *Tectonophysics*, 380, 243-260.

[19] DUPONT-NIVET, G., HORTON, B. K., BUTLER, R. F., WANG, J., ZHOU, J., & WAANDERS, G. L. (2004) Paleogene clockwise tectonic rotation of the Xining- Lanzhou region, northeastern Tibetan Plateau. *Journal of Geophysical Research*, 109, B04401, doi: 10.1029/2003JB002620.

[20] DUPONT-NIVET, G., KRIJGSMAN, W., LANGEREIS, C. G., ABELS, H. A., DAI, S., & FANG, X. (2007) Tibetan plateau aridification linked to global cooling at the Eocene-Oligocene transition. *Nature*, 445,635- 638, doi: 10.1038/nature05516.

[21] ENKELMANN, E., WEISLOGEL, A., RATSCHBACHER, L., EIDE, E., RENNO, A., & WOODEN, J.

(2007) How was the Triassic Songpan-Ganzi basin filled? *Tectonics*,26,TC4007,doi:10.1029/2006 TC002078.

[22] FANG, X. M., GARZIONE, C., VANDERVOO, R., LI, J. J., & FAN, M. J. (2003) Flexural subsidence by 29 Ma on the NE edge of Tibet from the magnetostratigraphy of Linxia Basin, China. *Earth and Planetary Science Letters*, 210,545-560.

[23] FANG, X. M., LI, J. J., ZHU, J. J., CHEN, H. L., CAO, J, X. (1997) Absolute age determination and division of the Cenozoic stratigraphy in the Linxia Basin, Gansu Province, *China. Chin Sci Bull* (in Chinese), 42: 1457-1471.

[24] FANG, X. M., YAN, M. D., VANDERVOO, R., REA, D. K., SONG, C. H., PARES, J. M., GAO, J. P., NIE, J. S., & DAI S. (2005) Late Cenozoic deformation and uplift of the NE Tibetan plateau: Evidence from high-resolution magnetostratigraphy of the Guide Basin, Qinghai Province, China. *Geological Society of America Bulletin*, 117,1208-1225, doi: 10. 1130/B25727.1.

[25] FOTHERGILL, P. A. (1998) *Late Tertiary and Quaternary intermontane basin evolution in north-east Tibet: The Guide Basin* (Ph. D. thesis). London, London University, 1-228.

[26] GARZIONE, C., IKARI, M. J., & BASU A. R. (2005) Source of Oligocene to Pliocene sedimentary rocks in the Linxia basin in northeastern Tibet from Nd isotopes: Implications for tectonic forcing of climate. *Geological Society of America Bulletin*, 117,1156-1166, doi: 10. 1130/B25743.1.

[27] GAUDEMER, Y., TAPPONNIER, P., MEYER, B., PELTZER, G., GUO, S., CHEN, Z., DAI, H., & CIFUENTES I. (1995) Partitioning of crustal slip between linked, active faults in the eastern Qilian Shan, and vidence for a major seismic gap, the 'Tianzhu gap', on the western Haiyuan fault, Gansu (China). *Geophysic al Journal International*, 120,599-645.

[28] GEHRELS, G. E., DICKINSON, W. R., ROSS, G. M., STEWART, J. H., & HOWELL, D. G. (1995) Detrital zircon reference for Cambrian to Triassic miogeoclinal strata of western North America. *Geology*, 23,831-834.

[29] GILDER, S., CHEN, Y., & SEN, S. (2001) Oligo-Miocene magnetostratigraphy and rock magnetism of the Xi shuigou section, Subei (Gansu Province, western China) and implications for shallow inclinations in central Asia. *Journal of Geophysical Research*, 106,30,505-30, 521.

[30] GU, Z. G., BAI, S. H., ZHANG, X. T., MA, Y. Z., WANG, S. H., & LI, B. Y. (1992) Partition and correlation of Neogene in Guide and Hualong basins of Qinghai Province. *Journal of Stratigraphy*, 16,96-104.

[31] HORTON, B. K., DUPONT-NIVET, G., ZHOU, J., WAANDERS, G. L., BUTLER, R. F., & WANG J. (2004) Mesozoic-Cenozoic evolution of the Xining-Minhe and Dangchang basins, northeastern Tibetan Plateau: Magnet-ostratigraphic and biostratigraphic results. *Journal of Geophysical Research-Solid Earth*,109,B04492—1—B04402-15, doi: 10.1029/ 2003 JB 002913.

[32] HORTON, B. K., YIN, A., SPURLIN, M. S., ZHOU, J., & WANG, J. (2002) Paleocene-Eocene syncont-ractional sedimentation in narrow,lacustrinedominated basins of east-central Tibet.*Geol. Soc. Am. Bull.*,114,771-786.

[33] HOUGH, B. G., GARZIONE, C. N., WANG, Z., LEASE, R. O., BURBANK, D. W., & YUAN, D., (2011) Stable isotope evidence for topographic growth and basin segmentation: Implications for the evolution of the NE Tibetan Plateau. *Geological Society of America Bulletin*, 123,168-185, DOI: 10.1130/B30090.1

[34] JOLIVET, M., BRUNEL, M., SEWARD, D., XU, Z., YANG, J., ROGER, F., TAPPONNIER, P., MALAVIE ILLE, J., ARNAUD, N., & WU, C. (2001) Mesozoic and Cenozoic tectonics of the northern edge of the Tibetan Plateau: Fission track constraints. *Tectonophysics*, 343,111-134.

[35] KRONER, A., ZHANG, G. W., & SUN, Y. (1993) Granulites in the Tongbai Area, Qinling Belt, China-Geochemistry, petrology, single zircon geochronology, and implications for the tectonic evolution of eastern Asia. *Tectonics*, 12,245-255.

[36] LEASE, R. O., BURBANK, D. W., GEHRELS, G. E., WANG, Z., & YUAN, D. (2007) Signatures of mountain building: Detrital zircon U/Pb ages from northeastern Tibet. *Geology*, 35,239-242.

[37] LEASE, R. O., BURBANK, D. W., CLARK, M. K., FARLEY, K. A., ZHENG, D., & ZHANG, H., (2011)

Middle Miocene reorganization of deformation along the northeastern Tibetan Plateau. *Geology*, 39: 359-362, doi: 10.1130/G31356.1.

[38] LEASE, R. O., BURBANK, D. W., HOUGH, B., WANG, Z., AND YUAN, D. (in press) Pulsed Miocene range growth in northeastern Tibet: Insights from Xunhua basin magnetostratigraphy and provenance, *Geolog ical Society of America Bulletin*, doi: 10.1130/B30524.1

[39] LI, J., FANG, X., VAN DER VOO, R., ZHU, J., MACNIOCAILL, C., CAO, J., ZHONG, W., CHEN, H., WANG, J., & ZHANG, Y. (1997) Late Cenozoic magnetostratigraphy (11— 0 Ma) of the Dongshanding and Wangjiashan sections in the Longzhong Basin, western China. *Geol. Mijbouw*, 76,121-134.

[40] LIU, S. F., NUMMEDAL, D. (2004) Late Cretaceous subsidence in Wyoming: quantifying the dynamic component. *Geology*, 32,397-400, doi: 10.1130/G20318.1.

[41] LIU, S. F., NUMMEDAL, D., & LIU, L. (2011) Migration of dynamic subsidence across the Late Cretaceous United States Western Interior Basin in response to Farallon plate subduction. *Geology*, 39,555-558, doi: 10.1130/G31692.1.

[42] LIU, S. F., STEEL, R., & ZHANG, G. W. (2005) Mesozoic sedimentary basin development and tectonic implication, northern Yangtze Block, eastern China: record of continent-continent collision. *Journal of Asian Earth Sciences*, 25,9-27.

[43] LIU, S. F., ZHANG, G. W., &HELLER, P. L. (2007) Cenozoic basin development and its indication of plateau growth in the Xunhua-Guide district. *Science in China Series D: Earth Sciences*, 50,277-291.

[44] LIU, S. F., ZHANG, G. W., RITTS, B., ZHANG, H. P., GAO, M. X., & QIAN, C. C. (2010) Tracing exhumation of the Dabie Shan UHP metamorphic complex using the sedimentary record in the Hefei basin, China. *GSA Bulletin*, 122,198-218, doi: 10.1130/B26524.1

[45] LIU, Z. F., WANG, C. S., & YI, H. S. (2001) Evolution and mass accumulation of the Cenozoic Hoh Xil basin, northern Tibet. *Journal of Sedimentary Research*, 71,971-984.

[46] LIU, Z. F., ZHAO, X. X., WANG, C. S., LIU, S., & YI, H. S. (2003) Magnetostratigraphy of Tertiary sediments from the Hoh Xil Basin: Implications for the Cenozoic tectonic history of the Tibetan Plateau. *Geophysic al Journal International*, 154,233-252, doi: 10.1046/j. 1365-246X. 2003.01986. x.

[47] LUDWIG, K. R. (2003). ISOPLOT 3: *a geochronological toolkit for Microsoft excel*. Berkeley Geochronolo gy Centre Special Publication, 4,1-74.

[48] MCPHERSON, J. G., SHANMUGAM, G., & MOIOLA, R. J. (1987) Fan-deltas, and braid deltas: varieties of coarse-grained deltas. *Bulletin of the Geological Society of America*, 99,331-340.

[49] METIVIER, F., GAUDEMER, Y., TAPPONNIER, P., &MEYER, B. (1998) Northeastward growth of the Tibet plateau deduced from balanced reconstruction of two depositional areas: The Qaidam and Hexi Corridor basins, China. *Tectonics*, 17,823-842.

[50] MEYER, B., TAPPONNIER, P., BOURJOT, L., M? TIVIER, F., GAUDEMER, Y., PELTZER, G., GUO, S., & CHEN, Z. (1998) Crustal thickening in Gansu-Qinghai, lithospheric mantle subduction, and oblique, strike-slip controlled growth of the Tibet Plateau. *Geophysical Journal International*, 135,1-47.

[51] MOLNAR, P., ENGLAND, P., & MARTINOD, J. (1993) Mantle dynamics, uplift of the Tibetan Plateau, and the Indian Monsoon. *Reviews of Geophysics*, 31, 357-396, doi: 10.1029/93RG02030.

[52] MOLNAR, P., & LYON-CAEN, H. (1989) Fault plane solutions of earthquakes and active tectonics of the Tibetan Plateau and its margins. *Geophysical Journal International*, 99,123-153.

[53] QINGHAI GEOLOGY BUREAU (QGB) (1991) *Regional Geology of Qinghai Province* (in Chinese). Beijing: Geological Press, 1-217.

[54] QIU, Z., WANG, B., QIU, Z., HELLER, F., YUE, L., XIE, G., & WANG, X. (2001) Land-mammal geochronology and magnetostratigraphy of mid-Tertiary deposits in the Lanzhou Basin, Gansu Province, China. *Eclogae. Geol. Helv.*, 94,373-385.

[55] ROWLEY, D. B. (1996) Age of initiation of collision between India and Asia: a review of stratigraphic data.

Earth Planet. Sci. Lett. 145,1-13.

[56] ROWLEY, D. B., & CURRIE, B. S. (2006) Palaeo-altimetry of the late Eocene to Miocene Lunpola basin, central Tibet. *Nature*, 439,677-681, doi: 10.1038/nature04506.

[57] SCHUMM, S. A., 1977. *The Fluvial System*. Wiley, New York. p. 338.

[58] SONG, Y. G., FANG, X. M., LI, J. J., AN, Z. S., & MIAO, X. D. (2001) The Late Cenozoic uplift of the Liupan Shan, China. *Science in China* (*Series D*), 44 (Supp.), 176-184.

[59] SPURLIN, M. S., YIN, A., HORTON, B. K., ZHOU, J., & WANG, J. (2005) Structural evolution of the Yushu-Nangqian region and its relationship to syncollisional igneous activity, east-central Tibet. *Geol. Soc. Am. Bull.*, 117,1293-1317, doi: 10.1130/B25572.1.

[60] SUN, C. R., CHEN, G. L., & LI, Z. R. (1997) *Stratigraphy* (*Lithostratic*) *of Qinghai Province* (in Chinese). Wuhan: China University of Geosciences Press, 1-340.

[61] SUTTNER, L. J., BASU, A., INGERSOLL, R. V., BULLARD, T. F., FORD, R. L., & PICKLE, J. D. (1985) The effect of grain size on detrital modes; a test of the Gazzi-Dickinson point-counting method; discussion and reply. *Journal of Sedimentary Petrology*, 55, 616-618.

[62] TAPPONNIER, P., XU, Z. Q., ROGER, F., MEYER, B., ARNAUD, N., WITTLINGER, G., & YANG, J. S. (2001) Oblique stepwise rise and growth of the Tibet plateau. *Science*, 294,1671-1677, doi: 10.1126/science. 105978.

[63] TIKOFF, B., & MAXSON, J. (2001) Lithospheric buckling of the Laramide foreland during Late Cretaceous and Paleogene, western United States. *Rocky Mountain Geology*, 36,13-35.

[64] WANG, C., LIU, Z., YI, H., LIU, S., & ZHAO, X. (2002) Tertiary crustal shortening and peneplanation in the Hoh Xil region: Implications for the tectonic history of the northern Tibetan Plateau. *J. Asian Earth Sci.*, 20, 211- 223.

[65] WANG, C., ZHAO, X., LIU, Z., LIPPERT, P. C., GRAHAM, S. A., COE, R. S., YI, H., ZHU, L., LIU, S., & LI, Y. (2008) Constraints on the early uplift history of the Tibetan Plateau. *Proceedings of the National Academy of Sciences*, 105,4987-4992, doi: 10. 1073/pnas. 0703595105.

[66] WEISLOGEL, A. L., GRAHAM, S. A., CHANG, E. Z., WOODEN, J. L., & GEHRELS, G. E. (2010) Detrital zircon provenance from three turbidite depocenters of the Middle-Upper Triassic Songpan-Ganzi complex, central China: Record of collisional tectonics, erosional exhumation, and sediment production. *GSA Bulletin*, 122,2041-2062, doi: 10.1130/B26606.1.

[67] WEISLOGEL, A. L., GRAHAM, S. A., CHANG, E. Z., WOODEN, J. L., GEHRELS, G. E., & YANG, H. S. (2006) Detrital zircon provenance of the Late Triassic Songpan-Ganzi complex: Sedimentary record of collision of the North and South China blocks. *Geology*, 34,97-100, doi: 10.1130/G21929.1.

[68] YAN, M. D., VANDERVOO, R., FANG, X. M., PAR? S, J. M., & REA, D. K. (2006) Plaeomagnetic evidence for a mid-Miocene clockwise rotation of about 25° of the Guide Basin area in NE Tibet. *Earth and Planetary Science Letters*, 241,234-247, doi: 10.1016/j. epsl. 2005.10.013.

[69] YIN, A., DANGY. Q., ZHANG, M., CHEN, X. H., & MCRIVETTE, M. W. (2008) Cenozoic tectonic evolution of the Qaidam basin and its surrounding regions (Part 3): Structural geology, sedimentation, and regional tectonic reconstruction. *GSA Bulletin*, 120,847- 876, doi: 10.1130/B26232.1

[70] YIN, A., & HARRISON, T. M. (2000) Geologic evolution of the Himalayan-Tibetan orogen. *Annual Review of Earth and Planetary Sciences*, 28,211-280.

[71] YIN, A., RUMELHART, P. E., BUTLER, R., COWGILL, E., HARRISON, T. M., FOSTER, D. A., INGERSOLL, R. V., ZANG, Q., ZHOU, X. Q., WANG, X. F., HANSON, A., & RAZA, A. (2002) Tectonic history of the Altyn Tagh fault system in northern Tibet inferred from Cenozoic sedimentation. *Geological Society of America Bulletin*, 114,1257-1295.

[72] YUAN, H. L., GAO, S., LIU, X. M., LI, H. M., GUNTHER, D., & WU, F. Y. (2004) Accurate U-Pb age and trace element determinations of zircon by laser ablation-inductively coupled plasma mass spectrometry. *Geos-*

tandards and Geoanalytical Research, 28,353-370.

[73] YUE, L., HELLER, F., QUI, Z., ZHANG, L., XIE, G., QIU, Z., & ZHANG, Y. (2001) Magnetostratigraphy and paleoenvironmental record of Tertiary deposits of Lanzhou Basin, *Chin. Sci. Bull.*, 46,770-774.

[74] ZHANG, H. F., CHEN, Y. L., XU, W. C., LIU, R., YUAN, H. L., & LIU, X. M. (2006) Granitoids around Gonghe basin in Qinghai province: petrogenesis and tectonic implications. *Acta Perologica Sinica*, 22, 2910-2922.

[75] ZHANG, J., DICKSON, C., CHENG, H. Y., (2010) Sedimentary characteristics of Cenozoic strata in central-southern Ningxia, NW China: Implications for the evolution of the NE Qinghai-Tibetan Plateau. *Journal of Asian Earth Sciences*, 39,740-759.

[76] ZHENG, D., ZHANG, P., WAN, J., LI, C., & CAO, J. (2003) Late Cenozoic deformation subsequence in northeastern margin of Tibet: Detrital AFT records from Linxia Basin. *Science in China*, 46,266-275.

[77] ZHENG, D., ZHANG, P., WAN, J., YUAN, D., LI, C., YIN, G., ZHANG, G., WANG, Z., MIN, W., & CHEN, J. (2006) Rapid exhumation at ca. 8 Ma of the Liupan Shan thrust fault from apatite fission-track thermo chronology: Implications for growth of the northeastern Tibetan Plateau margin. *Earth and Planetary Science Letters*, 248,198-208, doi: 10.1016/j. epsl. 2006. 05.023.

[78] ZHU, L. M., ZHANG, G. W., CHEN, Y. J., DING, Z. J., GUO, B., WANG, F., & LEE, B. (2011) Zircon U-Pb ages and geochemistry of the Wenquan Mo-bearing granitoids in West Qinling, China: Constraints on the geodynamic setting for the newly discovered Wenquan Mo deposit. *Ore Geology Reviews*, 39,46-62.

Extrusion tectonics inferred from fabric study of the Guanzizhen ophiolitic mĕlange belt in the West Qinling Orogen, Central China*

Liang Wentian   Zhang Guowei   Lu Rukui   Prayath Nantasin

Abstract   The recently identified Guanzizhen ophiolitic mélange belt (GOMB) in the West Qinling orogen is regarded, by many geochemical and geochronological works, as the westward extension of the Shangdan belt in the East Qinling that separated the North and South China blocks. The GOMB trends generally NW-SE and comprises ophiolites and forearc volcanic-sedimentary complex (the Liziyuan Group). Ductile shear zones with various widths are a striking structural feature of the GOMB and studying them could contribute to a better understanding of the tectonic processes of the collisional orogeny in this area. Here we characterize the deformation style of these shear zones by combining the low-field anisotropy of magnetic susceptibility (AMS) data, micro-structural and field observations. The new dataset demonstrates that the deformation of these ductile shear zones is dominated by dextral transpressional shearing under low amphibolite grade condition. Combining the dextral transpression of the GOMB and the coeval sinistral transpression of the Shangdan belt in the East Qinling, we propose a Late Triassic bilateral extrusion tectonics of the Qinling orogen in response to the collision between the Ordos and Sichuan blocks.

Keywords   Magnetic Fabric   Shear zone   Ophiolitic mélange   Extrusion tectonic   Shangdan belt   Qinling orogen

1. Introduction

The nearly E-W-trending Shangdan belt in the Qinling-Dabieshan orogen has long been regarded as being originated from the amalgamation of the North and South China blocks and forms the boundary belt between the two blocks (Mattauer et al., 1985; Kröner et al., 1993;

---

*Published in Journal of Asian Earth Sciences, 2013,78: 345-357.

Li et al., 1993; Zhang et al., 1995a, 2001; Xue et al., 1996; Hacker et al., 1998, 2004; Meng and Zhang, 1999,2000; Ratschbacher et al., 2003,2006; Ernst et al., 2007; Dong et al., 2008a, 2011a; Wu and Zheng, 2012). Well-defined ophiolites and relevant magmatic mélanges indicated that the belt was a suture zone (Zhang et al., 1994; Zhang et al., 1995b; Xue et al., 1996; Dong et al., 2008a, 2011b). Many studies on the Shangdan belt have been conducted over the past decades to reconstruct the tectonic history of the Qinling orogen. Although there are still uncertainties in some details, the prolonged evolution from subduction to the final suturing along this belt from Paleozoic to Early Mesozoic is already well established (Meng and Zhang, 2000; Zhang et al., 2001; Dong et al., 2008a, 2011a, 2011b; Wu and Zheng, 2012; Peters et al., 2012; Xiang et al., 2012). However, most studies on the Shangdan belt are focused on the East Qinling and Dabieshan. Few works had been conducted in its westward extension, the West Qinling, which is critical to understand the along-strike variation of the orogen.

In previous studies (Meng and Zhang, 1999,2000; Zhang et al., 1995a, 2004a), a westward extension of the Shangdan belt was extrapolated to the northern margin of the Qaidam block (Meng and Zhang, 2000; Yang et al., 2003,2006a). Recent works followed the hypothetical line had recognized some discontinuous ophiolitic mélange outcrops in the conjunctional area between the Qilian orogen and the West Qinling. The Guanzizhen belt in the vicinity of Tianshui has the best exposed outcrops of ophiolitic mélange in the area (Fig. 1b-c) (Pei et al., 2004,2005). Subsequent detailed geochronological and geochemical studies confirmed the similarity between the ophiolites in the Guanzizhen belt and those in the Shangdan belt in East Qinling (Pei et al., 2007; Yang et al., 2006b; Li et al., 2007; Dong et al., 2008b). Hence, the Guanzizhen belt has been widely accepted as the westward extension of the Shangbelt in the West Qinling (Pei et al., 2009).

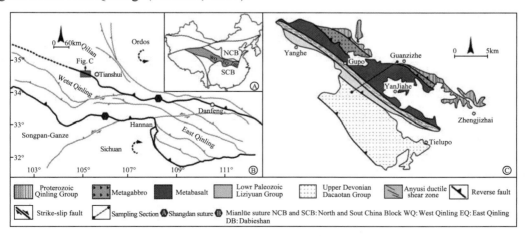

(A) Showing the tectonic framework the Qinling orogen in Central China. (B) Showing the main tectonic divisions of the Qinling orogen and the location of the C. (C) Showing the simplified geological map of Guanzizhen ophiolitic mélange belt.

Fig. 1 Simplified geological map of the study area

Here we present a structural analysis（petrofabrics mainly）of the ductile shear zones in the Guanzizhen ophiolitic mélange belt（GOMB）to find out their role during the collisional orogeny and to compare them with their counterparts in the East Qinling. To determine the petrofabrics of ductile shear zones in the GOMB, structural observations in conjunction with detailed AMS（low-field Anisotropy of Magnetic Susceptibility）studies across this belt had been performed. Compared with traditional fabric-acquisition techniques, the AMS method has been shown by many laboratory and field works to be very sensitive and efficient to detect the petrofabrics of deformed rocks（Hrouda, 1982; Rochette et al., 1992; Tarling and Hrouda, 1993; Borradaile and Hernry, 1997; Borradaile and Jackson, 2010）.

2. Geologic review

2.1. *Regional tectonics*

The Qinling orogen is traditionally divided, from west to east, into three segments along its strike, namely the West Qinling, the East Qinling and the Dabieshan（Fig. 1A）. The former two contain both crystalline basement rocks and sedimentary covers of low- to medium-grade metamorphism, whereas the Dabieshan is remarkable for its dominant high/ultrahig-pressure rocks. The so called "three plates with two sutures" model（Zhang et al., 1995a, 2001; Meng and Zhang, 2000; Li et al., 1996; Dong et al., 2011a）is often usded to describe the tectonics of the Qinling orogen. In this model, the Qinling microblock（also referred to as the South Qinling）lies in the middle of the orogen separated from the North China block（NCB）by the Shangdan suture and from the South China block（SCB）by the Mianlue suture（Fig. 1）. The sutures are related to two successively orogenic events that developed in the Devonian（Shangdan suture）and in the Late Triassic（Mianlue sutures）（Zhang et al., 2001; Meng and Zhang, 1999,2000; Li et al., 2007; Xu et al., 2008; Dong et al., 2011a）.

The northward subduction and suturing processes along the Shangdan belt during the Early Paleozoic gradually led the Qinling microblock to amalgamate to the NCB and caused extensively Silurian to Devonian metamorphism and magmatism north of the belt（Kröner et al., 1993; Zhang et al, 1995a, 1996,2001; Li et al., 2001; Sun et al., 2002a; Wang et al, 2009; Dong et al., 2011a, 2011c; Zhu et al., 2012; Diwu et al., 2012）. However, the Devonian suturing was likely incomplete: Zhang et al.（2001）proposed that the Devonian to Middle Triassic sedimentary strata immediately south of the Shangdan belt could represent remnants of the Shangdan oceanic basin. The Late Triassic collision along the Mianlue suture finally closed the remnant basins along the Shangdan belt and integrated the NCB, the SCB, and the Qinling microblock（Zhang et al., 2001; Dong et al., 2011a）. The South Qinling（Qinling microblock）between these two sutures, particularly its sedimentary cover, was severely deformed by the huge N-S crustal shortening（Zhang et al., 2001; Li et al., 2007）. Associated ductile shear zones and Late Triassic granites are pervasive in the South Qinling, and also developed along the earlier sutured Shangdan belt（Lu et al., 1999; Zhang et al, 1999; Zhang et al., 2001;

Sun et al., 2002b; Wang et al., 2007; Gong et al., 2009; Qin et al., 2009; Dong et al., 2011a).

Previous studies on the ductile shear zones of Shangdan belt in the East Qinling suggest that deformation was primarily sinistral shearing (Mattauer et al., 1985; Reischmann et al., 1990; Zhang et al., 1995a, 2001; Xue et al., 1996; Song et al., 2009; Li et al., 2010). Geochronological works indicated that there were at least two phrases of shearing, a Carboniferous one due to the Paleozoic orogeny, and a Triassic one related to the Mesozoic orogeny in the South Qinling (Mattauer et al., 1985; Reischmann et al., 1990; Zhang et al., 2001). Studies on the shear zones related to the late shearing show greenschist-amphibolite facies deformational condition, with a protracted history from Late Triassic to Cretaceous (Reischmann et al., 1990; Zhou et al., 1996,1999). Song et al. (2009) and Li et al. (2010) further suggest that some segments of the Shangdan belt display a positive flower structures resulted from SW-NE shortening. Both pure and simple shear components in the zones were inferred.

2.2. *Geology of the GOMB*

The GOMB lies in the northern part of the West Qinling. Field mapping reveals that it generally strikes NW-SE and extends some 30km. The thickness of the belt varies along strike (Fig. 1C). The GOMB contains primarily two distinct tectonic units, the ophiolitic slices in north and the Liziyuan Group in south, separated by ductile shear zones. Late Devonian Dacaotan Group and the Proterozoic Qinling Group lie immediately south and north of the GOMB respectively, and are parallel to the belt with fault contacts (Fig. 1). Intense deformation has transposed the original units of GOMB into blocks and slices wrapped by ductile shear zones. The transposed sequence contains some allochthonous blocks from the Precambrian Qinling group and Dacaotan Group (Dong et al., 2008; Pei et al., 2009).

The ophiolitic elements in this belt are composed mainly of metabasalt and metagabbro. Geochemistry and geochronology studies (U-Pb Zircon dating) confirmed that the ophiolitic suites were oceanic lithosphere relics dated between 534—471 Ma (Pei et al., 2004,2007; Yang et al., 2006b; Li et al., 2007; Dong et al., 2008b). These authors proposed that this ocean was connected eastward to the Shangdan ocean in East Qinling. The Liziyuan Group consists of metavolcanic-sedimentary sequences. Geological and geochemical studies on the Group indicated that it originated from forearc basin settings (Ding, et al., 2004; Pei et al., 2006,2009). Both the ophiolites and Liziyuan Group are lenticular in the regional context, and ductile shear zones are extensively developed on them. Mineral associations show high greenschist-low amphibolite grade metamorphism (Pei et al., 2005; 2009).

The Qinling Group in the north is a complex Precambrian massif separated from the NCB (Zhang et al., 2001; Dong et al., 2011a). It consists of various high-grade metamorphic rocks, subduction- and collision-related granitic magmatism (450—456 Ma, 438—400 Ma) which define a Paleozoic to Devonian suturing process along the GOMB (Pei et al., 2009). The Dacaotan Group, dated as Late Devonian by detrital zircons (Chen et al., 2010), is composed of sandstone and conglomerate formed in fluvial and lacustrine settings (Su et al, 2004), but its tectonic significance is still equivocal.

3. Field observations of shear zones in the GOMB

A series of NW-SE-trending high strain shear zones ranging from meter- to kilometer-scale width can be clearly observed in the GOMB. They are the striking features of this belt. To the west and east, these shear zones are covered by Cretaceous to Cenozoic basins. The most important high strain zone is the Anyusi shear zone （ASZ）, about 800m to 1000m in width, which separates the Liziyuan Group in the south from the ophiolitic suites in the north （Fig. 1C）. Shear zones with width up to tens of meters are pervasive in both the Liziyuan Group and the ophiolitic suites, showing common structural features with the ASZ. Because of the poor exposure, shear zones between the GOMB, the Qinling and the Dacaotan Groups are not well observed in our cross section. The Dacaotan Group is gently folded. Cleavage belts can be found in its northern part near the GOMB, which may be related to the shearing along the GOMB.

Mylonites with well developed foliations are the common rocks characterizing these shear zones （Fig. 2）. Mylonitization in the shear zones is heterogeneous with ultramylonites commonly occurring in the internal parts of these shear zones and weaker mylonitizaiton in the marginal areas. Foliations in these shear zones generally dip NE with moderate to steep dip-angle. In several sites at the northern margin of GOMB, foliation is NW-dipping locally. Lineations were indiscernible in most cases and where observed show subhorizontal plunge （Fig. 7）. Shear sense indicators, including asymmetric boudins, porphyroclasts and shear folds, consistently indicate a dextral shearing along the GOMB （Fig. 2B）.

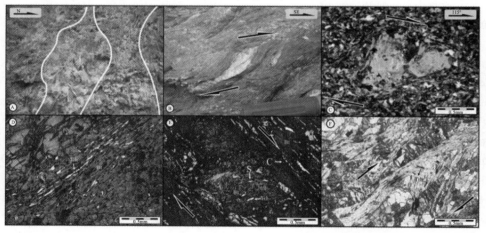

A-B are field photos and the others are photomicrographs. D-E are reflected light photos, C and F are the cross polarized light photos. （A） Discrete high strain ductile shear zones with well-developed foliations and lenticular low strain domains. （B-C） Field and microstructural asymmetric features showing dextral shearing. （D） Elongated titanomagnetite grains mimic mica flakes, bright lenticular grains are titanomagnetites. （E） S-C fabric mica, noticing the bright titanomagnetite along mica flakes. （F） Microscopic asymmetric folds of mica; the dark crystals are titanomagnetites, folded along with mica. Bt, Biotite; Tih, titanohematite.

Fig. 2　Field and microstructural features of the GOMB

Besides the predominant ductile shear zones, other structural elements, mainly brittle south-verging thrust faults and sinistral or dextral strike-slip faults, are also common in the GOMB. The former are likely related to the Jurassic-Cretaceous contractional orogeny in the West Qinling (Lu, 2009), whereas the strike-slip faults are contributed to the escape tectonics of Tibet plateau expansion.

4. Magnetic fabric analysis

4.1. *Method and Sampling*

Petrofabrics of mylonites are usually studied to interpret the deformation mechanism of ductile shear zones. Several previous works including modeling and field works have demonstrated the validity of using the AMS method to quantitatively detect the petrofabrics of shear zones and explain their deformational history (Rathore et al., 1983,1985; Borradaile and Alford, 1988; Mims et al., 1990; Housen et al., 1995; Aubourg et al., 2000; Wall et al., 2001; Zhou et al., 2002; Sidman et al., 2005; Tikoff et al., 2005). Using this method, the AMS dominated by crystalline, shape anisotropy or alignment of paramagnetic and ferromagnetic minerals in deformed rocks are usually measured in a low applied magnetic field. A magnetic susceptibility ellipsoid is then established and correlated to the strain ellipsoid, their principal axes are verified to parallel with each other (Kligfield et al., 1977,1981; Rathore, 1979; Rathore and Henry, 1982; Lüneburg et al., 1999; Borradaile, 1988,2001; Parés and van der Pluijm, 2002). In rare cases for a given isotropic lithology, the principle values of their axes could also be estimated (Rathore et al., 1983; Borradaile, 1991; Rochette et al., 1992; Lüneburg et al., 1999; Borradaile and Jacson, 2010). Therefore, the magnetic fabric becomes an effective proxy for strain states in the deformed rocks. Magnetic parameters proposed by previous works were used in this paper (Tarling and Hrouda, 1993), including the bulk susceptibility (K_m), magnetic lineation (L) and foliation (F), ellipticity of the susceptibility ellipsoid (E), shape parameter (T) and corrected anisotropy degree (P_J) (Table 1). All these parameters are calculated from the principal axial $(K_{max}, K_{int}$ and $K_{min})$ ratios of magnetic ellipsoid.

For detailed AMS studies, we collected various rock types of the GOMB from 13 sites (Fig. 1, Fig. 7). Because of the fragility of some mylonitic rocks, it was hard to obtain intact samples with a portable drill directly in the field. Large oriented blocks were collected from which oriented cores were obtained by drill press in laboratory. Two samples are sandstones from the Dacaotan Group. Other samples are mylonites from the ductile shear zones in the GOMB. Specifically, three samples are from the Liziyuan Group, three from the ASZ, four from shear zones within ophiolites, and one from the contact between ophiolites and Qinling Group.

The AMS measurements were conducted with KLY-4S Kappabridge manufactured by the AGICO (Northwest University, China). We investigated 58 specimens and compiled in Table 1 the AMS parameters for individual sites. For magnetic mineralogy, combined techniques of microscopy and electron microprobe were performed.

Table 1 Magnetic Data for the individual samples

Sample	N	$K_m(\mu SI)$	L	F	P_j	T	E	I	Lin	α_{95}	Fol	α_{95}
Y01	5	270	1.024	1.052	1.081	0.350	1.028	0.056	324/10	7.6/46.0	48/31	12.7/44.6
Y02	5	229	1.050	1.061	1.119	-0.056	1.012	0.077	107/48	29.6/56.3	39/19	8.6/51.8
Y03	4	671	1.011	1.029	1.042	0.511	1.018	0.031	264/05	1.4/26.6	347/53	5.2/15.2
Y04	5	466	1.034	1.083	1.125	0.382	1.047	0.086	286/02	3.5/7.8	14/54	3.1/7.6
Y05	5	943	1.076	1.141	1.232	0.282	1.060	0.151	077/27	1.9/3.2	13/49	2.7/4.4
Y06	3	4776	1.037	1.305	1.392	0.759	1.259	0.269	111/12	1.5/18.8	28/31	9.5/17.5
Y07	5	9362	1.071	1.350	1.481	0.635	1.261	0.308	306/08	1.3/5.3	32/29	0.7/1.6
Y08	3	7095	1.080	1.358	1.500	0.599	1.257	0.315	309/30	19.7/27.8	21/28	5.0/22.0
Y09	5	304	1.035	1.085	1.129	0.332	1.050	0.088	118/08	4.0/28.0	34/35	3.5/5.4
Y10	5	447	1.024	1.039	1.066	0.312	1.015	0.045	132/17	25.4/43.5	63/49	34.9/54.7
Y11	3	485	1.025	1.025	1.052	0.020	1.000	0.035	129/01	3.3/6.7	40/24	4.0/17.6
Y12	5	635	1.036	1.007	1.046	-0.662	0.973	0.036	299/08	5.9/14.7	27/17	6.8/13.3
Y13	5	233	1.056	1.022	1.084	-0.257	0.970	0.059	321/33	25.0/35.0	27/58	27.0/67.1

N: Sample number; K_m: Mean susceptibility; L: Lineation; F: Foliation; P_j: Corrected anisotropy degree; T: Shape parameter; E: Ellipticity; I: Strain Intensity in Ramsay diagram; Lin, Fol: Magnetic lineation and foliation respectively; α_{95} are the minimal and maximal 95% confidence intervals followed Jelinek (1978).

4.2. *Bulk susceptibility*

Bulk susceptibility (K_m) is the sum of magnetic susceptibility from all the minerals in the rocks, and is generally dominated by the contributions from paramagnetic or ferromagnetic minerals. Previous studies had proposed a rough assessment for rocks in which paramagnetic minerals are common components: for susceptibility values lower than 500×10^{-6} SI, paramagnetic minerals control the susceptibility of the rocks while ferromagnetic minerals are dominant for susceptibility values higher than 1000×10^{-6} SI (Rochette et al., 1992; Tarling and Hrouda, 1993; Archanjo and Bouchez, 1997). K_m values of our samples display a strong variation ranging from 129×10^{-6} SI to 11900×10^{-6} SI, but mostly, lower than 1000×10^{-6} SI except for the samples from the ASZ which have conspicuously higher K_m (Fig. 3, Table 1). Half of the samples may be controlled primarily by paramagnetic minerals ($K_m < 500 \times 10^{-6}$ SI) while the others are determined by both the paramagnetic and ferromagnetic minerals in light of the foregoing criteria, but ferromagnetic fractions must be primary for the samples with highest Km value from the ASZ.

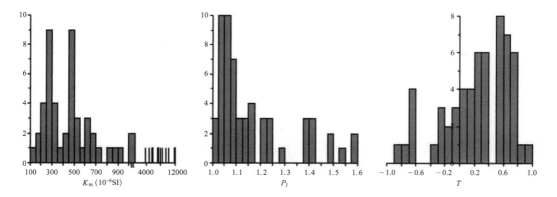

Fig. 3　Histogram of mean susceptibility (K_m), Corrected anisotropy degree (P_J) and shape parameter (T)

4.3. *Scalar magnetic data*

Scalar magnetic data $(L, F, E, P_J, \text{and } T)$, from the AMS measurements are usually used to constrain the magnitude and the shape of magnetic ellipsoids, and are further considered as strain proxy for deformed rocks despite that these parameters vary with the processes of deformation, composition and intrinsic anisotropy of minerals (Hrouda, 1982; Rochette et al., 1992; Hrouda and Tarling, 1993). Both parameters E and T give the shape of magnetic ellipsoids. For $E > 1$ or $0 < T < 1$ the magnetic ellipsoid is oblate whereas if $E < 1$ or $-1 < T < 0$ it is prolate; for $E = 1$ or $T = 0$ the ellipsoid is neutral (Rathore, 1979; Jelink, 1981). P_J denotes the degree of magnetic anisotropy (Jelinek, 1981), which is, also used as the intensity indicator of deformation in some studies (Rathore, 1980; Zhou et al., 2002). Both T and P_J values of our samples have a wide range of variation; T varying from -0.856 and 0.906 and PJ from 1.017 to 1.095, suggesting heterogeneous geometries across the belt. The T values show that both oblate and prolate magnetic ellipsoids are existed although the former are more abundant (Fig. 3). No clear correlation between T and K_m can be observed (Fig. 4). Most of the P_J values are below 1.3, which corresponds to the samples with Km lower than 1000×10^{-6} SI (Fig. 4). On $P_J - K_m$ plot, there appears to be a weak positive correlation between P_J and K_m. However, this cannot be confirmed because for samples with Km lower than 1000×10^{-6} SI, there is no evident correlation between the K_m and P_J or T (Fig. 4). In the P_J-T diagram, it seems that the magnetic ellipsoids are always oblate for P_J bigger than 1.2 (Fig. 4).

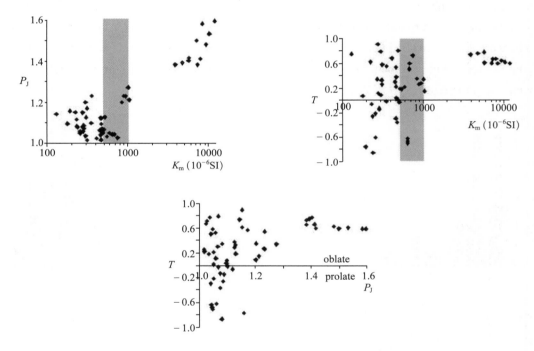

Fig. 4　Plot of K_m vs. P_J, K_m vs. T, P_J vs. T, the grey area showing $500 < K_m < 1000$ samples

Ramsay's diagram (Ramsay and Huber, 1983) was also compiled by lnF versus lnL to compare with the results derived from parameters T and P_J (Fig. 5). In the diagram, most of the sampling sites plotted in the flattening area regardless of the volume change, whereas two sampling sites are plotted in the constriction area and one site on the K = 1 line (plane strain states). Samples from ASZ and from shear zones between Qinling Group and ophiolites have flattening strain (K = 0.2) and the highest Km values. Fabric intensity (I) similar to the strain analysis (Ramsay and Huber, 1983) was calculated (Table 1), most of them are below 0.1 (Fig. 5). Therefore, the tectonites vary in a wide range from LS to S tectonites.

Samples with well defined foliations are dominant (SL, S), which agrees with field observations.

Variations in parameters E, P_J, I and K_m along the sampling cross-section were also studied to show the possible correlations (Fig. 6). Values of P_J and I match very well for all the sites, but are not concordant with K_m and E, which may indicate that heterogeneous strains of the belt contribute to the variation of P_J in addition to the effect of magnetic mineralogy. Another striking feature in this diagram is that all the scalar parameters of samples from the ASZ show abnormal high values which are concordant with the high K_m values.

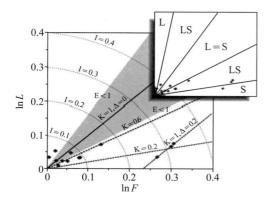

Fig. 5 Ramsay's diagram of lnF versus lnL. In the overlapped tectonite classification diagram, S and SL samples are dominant

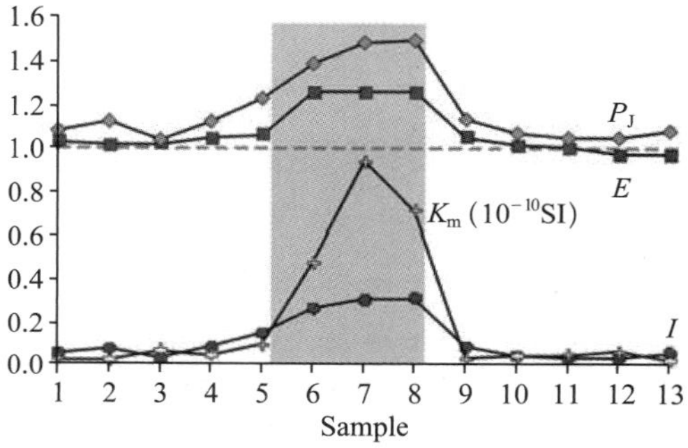

Fig. 6 Variation of K_m, P_J, E, I values across the section, the grey area showing the samples from the Anyusi shear zone

4.4. *Magnetic Fabric Pattern*

The AMS directional data of individual sampling sites (three principles axes of each sample and the mean directions from all samples) were plotted on equal-area, low hemisphere stereograms (Fig. 7B). The data were also presented in a block diagram to show their spatial distribution and the deep structure of the sampling area as revealed by seismic observation (Fig. 8). Most of the AMS data show well defined magnetic fabrics except in site Y01, Y02, and Y13 (Fig. 7), which display relatively scattered K_{max} or K_{min}. Samples from the Dacaotan Group (Y01, Y02) show well NE-dipping magnetic foliations, but have weak magnetic lineations. The K_{max} and K_{min} are well clustered for samples from the Liziyuan Group (Y03-Y05). The magnetic foliations are moderately north-dipping with shallow plunging magnetic lineations. Magnetic foliations of other sites dip NE with gently plunging lineations except in site Y13, which show scattered K_{min} and the magnetic lineation shows stronger dip-slip component.

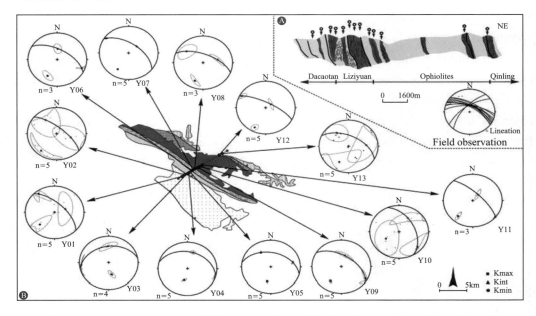

(A) Observed cross-section and petrofabrics measured in the field. Samples were collected from left to right (Y01-Y13). The dark areas represent mylonites. Arc represents the foliation. (B) Arc is magnetic foliation and the square is magnetic lineation. See Fig. 1 for the Legend in the diagram.

Fig. 7　Magnetic fabrics for the individual sites（equal area, low hemisphere）

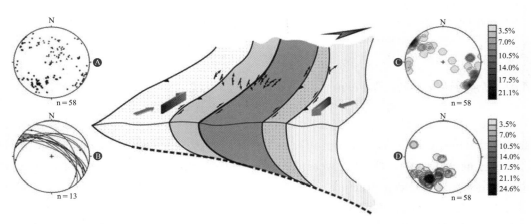

(A-D) Equal area, low hemisphere projections of magnetic fabrics. (A) Kmax, Kint and Kmin of all samples. (B) Magnetic foliation and lineation of individual sites. (C-D) Contour projections of magnetic lineation and foliation respectively. See Fig. 1 for the Legend in the diagram.

Fig. 8　Diagram showing the spatial distribution of magnetic fabrics

5. Microstructures of shear zones in GOMB

Rock microstructures offer the details of petrofabrics, which are critical to constrain the interpretation of AMS data. 42 thin sections were carefully observed using both transmitted and reflected light microscopy techniques. Electron microprobe was also used to detect the ferromagnetic minerals and assess P-T conditions of shearing in the analyzed samples.

5.1. *Mineral fabrics of the ductile shear zones*

In samples from ophiolitic rocks, intensively flattened and elongated crystals of hornblende and plagioclase define the mylonitic foliation. In samples from other sites, especially from the Liziyuan（including samples from ASZ）, the foliation is mainly characterized by preferred alignment of muscovite, biotite, flattened quartz grains and seams of opaque minerals, in some samples the stretching lineation is exhibited by preferred alignment of elongated quartz, feldspar rods and streaks of micas. Opaque minerals usually occur in cleavage planes of biotites, which are distinctly elongated with long axes parallel to the mineral lineations（Fig. 2d-e）. Microscopic shear sense indicators can be observed locally, including the microscopic scale S-C fabrics, mica fish and asymmetric porphyroclasts, which display a consistent dextral shear sense（Fig. 2C, E, F）.

5.2. *Opaque minerals and their characteristics*

Ferromagnetic carriers are always the Fe-bearing opaque minerals in rocks. To detect what minerals and how they contributed to the magnetic fabrics, opaque minerals were carefully studied. Three different opaque minerals were identified: pyrite, magnetite and titanohematite（Fig. 9）.

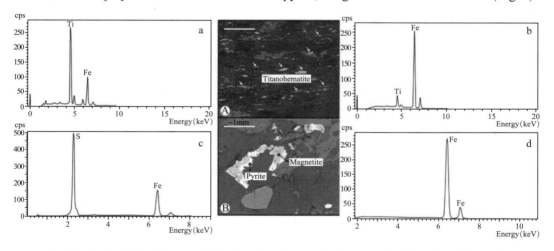

a-b. Showing the different Ti content in the titanohematites.   c-d. Spectrums showing pyrite and magnetite respectively.

Fig. 9   Ferromagnetic minerals of the samples

Titanohematite, yellowish under the reflected light microscope, is the dominating opaque mineral. Pyrite and magnetite, yellow and grey respectively, are rare. Titanohematite（or ilmenohematite）is a solid solution between hematite and ilmenite end-members（$Fe_{2-x}Ti_xO_3$, for $0 \leqslant x \leqslant 1$) (Tarling and Hrouda, 1993; Tauxe, 2005). In our samples, most titanohematite appear in the flakes of mica, and generally, the grains are intensively elongated to lens-shape with long axis parallel to the lineation direction. Locally it deforms together with mica (Fig. 2E, F). The aspect ratios of the titanohematites measured under microscope (3 to 7) vary according to the deformation intensity: in ultramylonites the aspect ratio is up to 7. The aspect ratio decreases significantly in protomylonites. Rare Pyrite and magnetite generally appear in the microscopic shear zones or the boundary between large minerals. Their crystals are irregular, but aligned along the long-axis of platy minerals. Some pyrite and magnetite can be seen coherent by the back scatter electron (BSE) image (Fig. 9).

5.3. *Assessments of deformational condition*

The P-T conditions of mylonite samples (D01 and D02 from ASZ, D03 from site Y13) were investigated using both a geothermometry technique based on Fe-Mg exchange reaction between garnet and biotite (Holdaway, 2000) and a Grt-Pl-Bt barometer (Hoisch, 1990) based on net-transfer reactions. All symbols for rock-forming minerals used in this study follow Kretz (1983).

5.3.1. *Analytical method*

Mineral chemistry analysis was performed using a JEOL 6310 SEM equipped with a LINK ISIS energy dispersive system and a MICROSPEC wavelength dispersive system (Institute of Earth Science, University of Graz, Austria). Chemical analyses of coexist minerals were used for P-T calculation via conventional methods using the PET package program (Dachs, 1998, 2004). Measurements were done with an accelerating voltage of 15 kV and sample current of 15 nA, and the matrix corrections were done by the ZAF procedure. Natural and synthetic minerals were used for standardization: adular for Si, K and Al, garnet for Mg and Fe, titanite for Ti and Ca, and rhodonite for Mn and atacamite for Cl. Na and F were standardized by albite and synthesis F-phlogopite respectively. Si, Al, Mg, and Fe in garnet were specially standardized by a standard almandine.

5.3.2. *Results analysis*

Coexisting garnet, biotite and plagioclase from three representative mylonite samples yield P-T conditions of 2.5 — 4.5 kbar and 560— 660 °C (Table 2, Fig. 10). However, P-T variation can be observed in this study. Sample D03 (sampling site Y13) yields the lower temperature 560—570 °C, whereas samples from the ASZ (D01—D02) yield the similar P-T conditions at around 620—660 °C. Such a variation might represent the spatial differences of P-T conditions within the shear zones of GOMB during the last peak metamorphism (coeval with the shearing). However, petrographic observations such as biotite usually partially replaced by chlorite and plagioclase showing partial sericitization alteration suggest a retrograde metamorphism after mylonitization, which we attribute to the uplift of the mélange belt during post-collisional geodynamic processes.

Table 2　Representative mineral analyses of garnet, biotite and plagioclase in mylonites

Mineral	Grt D01grt3c	Grt D01grt9	Grt D01grt10	Grt D03grt1	Grt D03gt4	Grt D0201g2	Bt D01grbt1	Bt D01grbt2	Bt D01g2b10	Bt D03bt11	Bt D0201b6	Bt D0201b7	Pl D01grp9	Pl D01grp10	Pl D01g2p15	Pl D03pl5	Pl D03pl7	Pl D0201p3
SiO_2	36.58	36.93	37.05	36.57	37.11	36.83	33.30	33.90	35.32	35.78	33.83	34.67	61.27	61.85	60.65	62.79	62.03	63.70
TiO_2	b. d. l	b. d. l	b. d. l	b. d. l	b. d. l	b. d. l	2.60	2.60	3.39	2.46	3.58	1.70	0.00	0.00	0.00	0.00	0.00	0.00
Al_2O_3	20.55	20.40	20.41	20.64	20.76	20.91	17.42	17.45	17.46	18.55	17.88	17.40	24.30	24.31	24.41	24.60	24.05	23.73
Fe_2O_3	b. d. l	b. d. l	b. d. l	b. d. l	b. d. l	b. d. l	0.00	0.00	0.00	0.00	0.00	0.00	0.11	0.08	b. d. l	0.10	0.08	0.38
FeO	29.82	29.99	29.69	30.63	29.25	28.65	23.08	22.83	22.44	23.60	21.90	22.81	–	–	–	–	–	–
MnO	9.65	9.67	10.00	9.68	11.53	9.88	0.28	0.38	0.36	0.26	0.28	0.29	–	–	–	–	–	–
MgO	1.60	1.60	1.67	0.93	0.93	1.59	6.63	6.52	6.50	5.47	6.30	6.75	–	–	–	–	–	–
CaO	1.12	1.15	1.11	1.20	1.22	1.34	0.18	0.18	0.13	0.05	0.05	b. d. l	5.66	5.51	6.05	5.36	5.57	4.70
K_2O	–	–	–	–	–	–	9.22	9.31	9.44	9.41	9.52	9.58	0.10	0.06	0.06	0.10	0.18	0.15
Na_2O	0.04	b. d. l	b. d. l	b. d. l	b. d. l	b. d. l	0.13	0.19	0.16	b. d. l	0.12	0.05	8.65	8.49	8.36	8.85	8.50	8.46
Cl	–	–	–	–	–	–	0.03	0.13	0.12	b. d. l	0.03	0.04	–	–	–	–	–	–
F	–	–	–	–	–	–	0.51	0.41	0.53	0.48	0.58	0.57	–	–	–	–	–	–
Total	99.36	99.74	99.93	99.65	100.80	99.20	93.16	93.70	95.60	95.87	93.82	93.61	100.08	100.29	99.54	101.80	100.40	101.12

Number of cation on the basis of 12 Oxygen (garnet), 11 Oxygen (biotite), 8 Oxygen (plagioclase)

Si	2.999	3.019	3.021	3.003	3.012	3.011	2.675	2.702	2.742	2.767	2.680	2.760	2.721	2.735	2.709	2.736	2.742	2.783
Ti	0.000	0.000	0.000	0.000	0.000	0.000	0.157	0.156	0.198	0.143	0.213	0.102	0.000	0.000	0.000	0.000	0.000	0.000
Al	1.986	1.965	1.962	1.998	1.986	2.015	1.649	1.639	1.598	1.691	1.670	1.632	1.272	1.267	1.285	1.263	1.253	1.222
Fe^{3+}	0.022	0.000	0.000	0.000	0.000	0.000	0.000	0.000	0.000	0.000	0.000	0.000	0.004	0.003	0.000	0.003	0.003	0.012
Fe^{2+}	2.022	2.050	2.025	2.104	1.986	1.959	1.551	1.522	1.457	1.527	1.451	1.518	0.000	0.000	0.000	0.000	0.000	0.000
Mn	0.670	0.669	0.691	0.673	0.793	0.684	0.019	0.026	0.024	0.017	0.019	0.020	0.000	0.000	0.000	0.000	0.000	0.000
Mg	0.196	0.195	0.203	0.114	0.113	0.194	0.794	0.775	0.752	0.631	0.744	0.801	0.000	0.000	0.000	0.000	0.000	0.000
Ca	0.098	0.101	0.097	0.106	0.106	0.117	0.015	0.015	0.011	0.004	0.004	0.000	0.269	0.261	0.290	0.250	0.264	0.220
K	0.000	0.000	0.000	0.000	0.000	0.000	0.945	0.947	0.935	0.929	0.962	0.973	0.005	0.003	0.003	0.006	0.010	0.008
Na	0.006	0.000	0.000	0.000	0.000	0.000	0.020	0.029	0.024	0.000	0.018	0.008	0.745	0.728	0.724	0.748	0.728	0.717
Cl	0.000	0.000	0.000	0.000	0.000	0.000	0.004	0.018	0.016	0.001	0.004	0.005	0.000	0.000	0.000	0.000	0.000	0.000
F	0.000	0.000	0.000	0.000	0.000	0.000	0.130	0.103	0.130	0.117	0.145	0.143	0.000	0.000	0.000	0.000	0.000	0.000
Sum	7.999	7.999	7.999	7.998	7.996	7.980	7.959	7.932	7.887	7.827	7.910	7.962	5.016	4.997	5.011	5.006	5.000	4.962

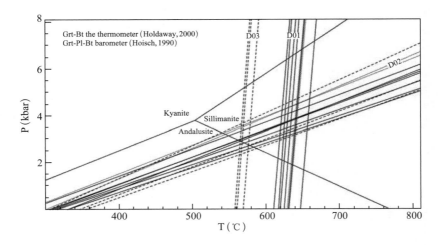

Fig. 10　Deformation conditions of the shear zones.　See text for details

6.　Discussion

6.1.　*Interpretation of the magnetic fabrics*

The magnetic fabrics include contributions from all the constituent minerals, primarily the paramagnetic and ferromagnetic minerals (Borradaile et al., 1997, 2010). Generally, the magnetic anisotropy of the rocks mainly comes from the anisotropy of individual minerals (crystalline and shape anisotropy) and the degree of their alignment (Tarling and Hrouda, 1993). Therefore, careful verification of individual magnetic anisotropy component is very important to interpret the magnetic fabrics.

In our samples, both the paramagnetic (mainly biotite, hornblende and muscovite) and the ferromagnetic minerals (dominantly titanohematite) contribute to the AMS. Biotite and hornblende are paramagnetic minerals with high crystalline anisotropy, which coincide well with their shape anisotropy (Hrouda et al., 1997; Tarling and Hrouda, 1993). Because of the negligible content of pyrite and magnetite, titanohematite is the main ferromagnetic minerals. Several lines of evidence, such as the close coexistence of biotite and titanohematite, titanohematite always mimicking biotite, and extensive appearance of titanohematite in different rock types, may suggest an authigenic origin of titanohematite. For instance, it might be produced by the breakdown of biotite during mylonitization. Regardless of its origin, microstructural observations show that it was deformed, either elongated or folded, or forming S-C fabrics (Fig. 2D-F).

Bascou et al. (2002) presented detailed description of titanohematite in mylonites from high temperature shear zones. During shearing, clear lattice preferred orientation (LPO) of titanohematite was developed through dislocation creep, which agrees well with AMS results and is also consistent with the LPO of other minerals, such as quartz, biotite or hornblende. Hence, the magnetic fabrics that dominated by elongated titanohematite, mica and horblende in our samples should reliably reflect the directions of finite strain of the ductile shear zones, and therefore provided the information of the strain regime.

Furthermore, the magnetic mineralogy analysis above has also facilitated the discussion of variations about the AMS scalar data and their correlations. Variation in K_m is evidently controlled by the rock composition: being negative if the rock has a high content of felsic minerals, and increasing with the content of paramagnetic and ferromagnetic minerals. For instance, the Km values are lower in Y01, Y02, and Y13 (felsic predominated) while samples from the ASZ with up to 5% opaque minerals (ferromagnetic predominated) have the highest K_m. Other scalar parameters, the E, P_J, T and I, having distinct higher values for ASZ samples can also be partly ascribed to this. The weak P_J -K_m positive correlation actually also results from lithological variation, which have already documented by the others (de Saint Blanquat and Tikoff, 1997; Sidman et al., 2005).

6.2. *Deformation extrapolated from the petrofabrics*

Although the tectonics along the GOMB is supposed to be ductile thrusting (Zhang et al., 2001), some pilot studies had noted its strike-slip kinematics (Liu et al., 1996; Li et al., 1997). Results from our structural, in particular, the AMS studies, are in agreement with these previous observations, revealing more details about geometrics and kinematics of ductile shear zones in the GOMB. Magnetic foliations combined with macroscopic foliations show consistent NE-dipping direction with moderate to steep dip-angles. Because the macroscopic lineation was undiscerned in the field, magnetic lineation become an effective substitution. The lineations are dominantly subhorizontal, which is not compatible with the compressional tectonic model in previous studies in which down-dip lineations are expected. Such a petrofabric pattern and the observed flattening strain regime enable us to conclude that the GOMB had undergone a transpressional shearing expressed by the ductile zones.

However, there are still several sites (Y02, Y05, Y08, and Y13) show oblique lineations (Fig. 7), which deviated from the horizontal or vertical position that stated in the classical theoretical models (Sanderson and Marchini, 1984; Tikoff and Greene, 1997; Jiang and Williams, 1998; Lin et al., 1998; Schulmann et al., 2003; Jiang, 2007). It is argued in some previous works that the oblique lineation is due to competition between the paramagnetic and ferromagnetic lineations (Aubourg et al., 1995; Park et al., 2005). However, microstructural and field observations eliminate this possibility. No competition between different magnetic carriers had been observed.

Oblique convergence may generally produce transpressional shear zones characterized the vertical foliations, flattening strain and asymmetric shear sense indicators. Even if lineations are classically horizontal or vertical (Tikoff and Greene, 1997), Lin et al. (1998), Jiang et al. 2001), and Czeck and Hudleston (2003) had explained obliquely plunging lineation using theoretical and natural examples. Moreover, Jones et al. (2004) proposed an inclined transpressional model to explain the moderate foliation and oblique lineation. According to these works, we can suggest that the oblique lineations we detected may likely attribute to the transpressional shearing. In fact, flattening strain regime, steep-moderate foliations and primary subhorizontal lineations, locally developed asymmetric shear sense indicators that we observed coincide well with the transpressional or inclined transpressional model.

However, it still should be cautious to use these directional data. For instance, the S-C fabrics will result in deflection of magnetic foliation to the average of S and C and lineation to the intersection of S and C (Housen et al., 1995; Aranguren et al., 1996; Ono et al., 2010).

6.3. *Deformation of shear zones in the regional context*

Recent seismic reflection profiles reveal north-dipping crustal-scale underthrusts across the West Qinling (Gao et al., 2006; Li et al., 2006; Wang et al., 2007), which is the first-order structure of this orogen that likely represents contributions from various tectonic events during its protracted history. The dextral transpression we observed that dated to be Late Triassic (227 ± 2Ma) by the muscovite $^{40}Ar/^{39}Ar$ method (Li et al., 2008) should be one of the contributions. However, it is also worth noting that except the deformation we presented about the shear zones, some geochronological studies about the GOMB and the tectonic belts north of it had detected Carboniferous tectonothermal event (Li et al., 1997; Li et al., 2008; Ding et al., 2009; Pei et al., 2009). Our field structural observations had also discerned the trails of this event expressed by rootless intrafolia folds and ductile thrust zones in the Liziyuan Group (Lu, 2009). We attribute this to the prolonged Paleozoic suturing process, whereas the Late Triassic transpressional shear zones are the products of the Early Mesozoic orogeny in South Qinling. A schematic diagram to show the overall structure and petrofabrics of the shear zones about GOMB was presented in Fig. 8.

Dong et al. (2008b) and Pei et al. (2009) have already proposed that the GOMB is the westward extension of the Shangdan belt in the East Qinling. Our observations on the shear zones petrofabrics could add more details to this proposal. Spatially, both broad shear zones in the GOMB and the Shangdan belt are located in the south margin of the ophiolites, and juxtaposed the ophiolites and the forearc complex (e.g., the Liziyuan Group). Our works and previous studies in Qinling orogeny indicate that the Late Triassic transpression led to development of shear zones under greenschist-amphibolite facies conditions and that transpressional motion was related to the final collision between the SCB and the NCB. However shear zones in the GOMB have opposite sense of shear to that in East Qinling. This is incompatible with the previous explanation that the strike-slip shearing of Shangdan suture zones is due to the oblique collision between the NCB and the Qinling microblock (Mattauer et al., 1985; Zhang et al., 1995a). We propose an extrusional tectonic model below to explain the along-strike variation in kinematics.

6.4. *Tectonic implication: an extrusion tectonic model?*

Extrusion tectonics is one of the basic styles to accommodate the huge crustal shortening in collisional orogen, in which shortening is accommodated by materials laterally escaping from intensively strained area along a series of shear zones as the paradigm, India-Eurasia collision, portrayed (Tapponnier et al., 1986, 2001). Because of its marked arcuate thrust belts, extrusion tectonics in the Qinling orogen has seldom been considered in previous works. The strike-slip motions along suture zones in the Qinling were usually interpreted as oblique convergence (Zhang et al., 2001) during collision.

Some recent works proposed that the Dabieshan terrane was relocated to its present position by large-scale eastward extrusion as a result of the Mesozoic convergence between the NCB and the SCB (Wang et al., 2003; Li et al., 2007a, 2010a, 2010b, 2011; Liu et al., 2011; Cheng et al., 2012, Cui et al., 2012). According to these authors, the Shangdan and Mianlue belts acted as the two major boundary faults of the extrusion tectonics. Our discovery that the GOMB shows opposite kinematics to its counterpart in the East Qinling enables us to consider the role of the GOMB in the extrusional tectonics context (Fig. 11).

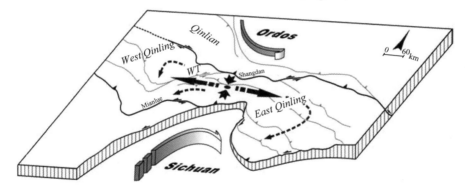

Fig. 11　Extrusion tectonic model based on our work and regional kinematics. In diagram, arrows indicate the likely extrusion directions from the narrowest segment of the Qinling orogen

The width of the transitional zone between the East and West Qinling decreases sharply from hundreds to tens of kilometers due to the indentation of Sichuan block of the SCB into the Qinling (Fig. 11) (Zhang et al., 2001). The Sichuan and Ordos block lying in the south and north of this zone respectively (Fig. 1) were revealed by geophysical and geological date to be the thickest and steadiest subareas of the SCB and NCB's lithosphere (Zhang et al., 2001; Cheng et al., 2006). Thus, the huge crustal shortening in the transitional zone owing to fierce collision of these two blocks during the Mesozoic orogeny can be expected, which finally shaped a narrowest segment nearly 200km long. The north and south boundaries of this segment are respectively the Shangdan and the Mianlue sutures, both of which the MTSprofiles reveal to be steeply north-dipping (Li et al., 1998; Cheng et al, 2003). Based on these prerequisites, a bilateral extrusion model in which materials in the narrowest segment were squeezed to the east and west can be imagined (Fig. 11). Opposite shear senses along the Mianlue belt (sinistral in the West Qinling and dextral in the East Qinling) can be explained in the context of the extrusion proposal (Zhang et al., 2001,2004b; Wang et al., 2003; Hu et al., 2008,2012; Wu et al., 2009; Li et al., 2007a; Zhang et al., 2010; Shi et al., 2012).

Considering the motions of other major faults in West Qinling, for instance, the sinistral WT shear zones (Fig. 11) activated during the Late Triassic to Cretaceous (Zhang et al., 2001), details of the extrusion maybe more complex, and some subareas can be divided as showing in our schematic diagram (Fig. 11). Our model however does not mean that all the crustal shortening was uniquely accommodated in this way and the intensive thrusting in the narrowest segment should also be considered.

Although more geochronological and detailed deformation studies along the northern margin of the West Qinling should be conducted to further clarify the tectonics, our extrusion model presents an alternative to reconcile the variation of kinematics along the Shangdan belt from the East Qinling to West Qinling.

Acknowledgements This work was financially supported by NSFC (41002070), NSBRP of Shaanxi Province of China (2010JQ5005) and the grant to W. Liang from the State Key Laboratory of Continental Dynamics, China (BJ091355, BJ110652) and Northwest University, China (PR10011). We appreciate the constructive and careful comments from Cristina Malatesta and Sanzhong Li, which greatly polished the manuscript. Many thanks to Professor Dazhi Jiang in University of Western Ontario, Canada, who gave a very careful English editing and some suggestions on the interpretations of our data.

References

[1] Aranguren, A., Cuevas, J., Tubía, J. M., 1996. Composite magnetic fabrics from S-C mylonites. Journal of Structure Geology 18,863-869.

[2] Archanjo, C. J., Bouchez, J. L., 1997. Magnetic fabrics and microstructures of the post-collisional aegirine-augite syenite Triunfo pluton, northeast Brazil. Journal of Structural Geology 19,849-860.

[3] Aubourg, C., Hebert, R., Jolivet, L., Cartayrade, G., 2000. The magnetic fabric of metasediments in a detachment shear zone: the example of Tinos Island (Greece). Tectonophysics 321,219-236.

[4] Aubourg, C., Rochette, P., Bergmüller, F., 1995. Composite magnetic fabric in weakly deformed black shales. Physics of the Earth and Planetary Interiors 87,267-278.

[5] Bascou, J., Raposo, M. I. B., Vauchez, A., Egydio-Silva, M., 2002. Titanohematite lattice-preferred orientation and magnetic anisotropy in high-temperature mylonites. Earth and Planetary Science Letters 198,77-92.

[6] Borradaile, G. J., 2001. Magnetic fabrics and petrofabrics: heir orientation distributions and anisotropies. Journal of Structure Geology 23,1581-1596.

[7] Borradaile, G. J., Alford, C., 1988. Experimental shear zones and magnetic fabrics. Journal of Structure Geology 10,895-904.

[8] Borradaile, G. J., Jackson, M., 2010. Structural geology, peotrofabrics and magnetic fabrics (AMS, AARM, AIRM). Journal of Structure Geology 32,1519-1551.

[9] Borradaile, G. J., 1988. Magnetic susceptibility, petrofabrics and strain. Tectonophysics 156,1-20.

[10] Borradaile, G. J., Spark, R. N., 1991. Deformation of the Archean Quetico-Shebandowan subprovince bound ary in the Canadian Shield near Kashabowie, northern Ontario. Canadian Journal of Earth Sciences 28, 116-125.

[11] Borradiale, G. J., Henry, B., 1997. Tectonic applications of magnetic susceptibility and its anisotropy. Earth-Science Review 42,49-93.

[12] Chen, Y. B., Zhang, G. W., Lu, R. K., Liang, W. T., Diwu, C. R., Guo, X. F., 2010. Detrital zircon U-Pb Geochronology of Dacaotan Group in Conjunction area of North Qinling and Qilian. Acta Geologica Sinica 84,947-962.

[13] Cheng, S. Y., 2006.3-D structure of the lithosphere and its dynamic implications of Central Orogenic system and vicinity, in the Chinese mainland. Ph. D. thesis, Northwest University.

[14] Cheng, S. Y., Zhang, G. W., Li, L., 2003. Lithospheric electrical structure of the Qinling orogen and its geodynamic implication. Chinese Journal of Geophysics 46, 390-397.

[15] Cheng, W. Q., Yang, K. G., Kusky, T. M., Xiao, H., 2012. Kinematic and thermochronological constraints on the Xincheng-Huangpi fault and Mesozoic two phase extrusion of the Tongbai-Dabie Orogen Belt. Journal of Asian Earth Sciences, http: //dx. doi. org/10.1016/j. jseaes. 2012.08.014.

[16] Czeck, D. M., Hudleston, P. J., 2003. Testing models for obliquely plunging lineations in transpression: a natural example and theoretical discussion. Journal of Structural Geology 25,959-982.

[17] Cui, J. J., Liu, X. C., Dong, S. W., Hu, J. M., 2012. U-Pb and [40]Ar/[39]Ar geochronology of the Tongbai complex, central China: Implications for Cretaceous exhumation and lateral extrusion of the Tongbai-Dabie HP/UHP terrane. Journal of Asian Earth Sciences 47: 155-170.

[18] Dachs, E., 1998. PET: Petrological Elementary Tools for Mathematica. Computers & Geosciences 24, 219-235.

[19] Dachs, E., 2004. PET: Petrological Elementary Tools for Mathematica ®: an update. Computers & Geosciences 30,173-182.

[20] De Saint Blanquat, M., Tikoff, B. 1997. Development of magmatic to solid-state fabrics during syntectonic emplacement of the Mono Creek granite, Sierra Nevada Batholith. In: Bouchez, J. L., Hutton, D. H. W., Stephens, W. E. (Eds), Granite: From Segregation of Melt to Emplacement Fabrics. Kluwer, Dordrecht, 231- 252.

[21] Ding, S. P., Pei, X. Z., Li, Y., Hu, B., Zhao, X., Guo, J. F., 2004. Analysis of the disintegration and tectonic setting of the Liziyuan Group in the Tianshui area, Western Qinling. Geological Bulletin of China 23, 1209-1214.

[22] Ding, S. P., Pei, X. Z., Li, Y., Li, R. B., Li, Z. C., Feng, J. Y., Sun, Y., Zhang, Y. F., 2009. Biotite [40]Ar / [39]Ar ages of granitic mylonite at the Xinyang-Yuanlong ductile shear zone in the north margin of West Qinling and their geological significance. Acta Geologica Sinica 83,1624-1632.

[23] Diwu, C. R., Sun, Y., Zhang, H., Wang, Q., Guo, A. L., Fan, L. G., 2012. Episodic tectonicthermal events of the western North China Craton and North Qinling Orogenic Belt, in central China: constraints from detrital zircon U-Pb ages. Journal of Asian Earth Sciences, 47: 107-122.

[24] Dong, Y. P., Liu, X. M., Zhang, G. W., Chen, Q., Zhang, X. N., Li, W., Yang, C., 2011c. Triassic diorites and granitoids in the Foping area: Constraints on the conversion from subduction to collision in the Qinling orogen, China. Journal of Asian Earth Sciences 47,123-142.

[25] Dong, Y. P., Yang., Z., Zhang, G. W., Zhao, X., Xu, J. G., Yao, A. P., 2008b. Geochemistry of the Ophiolite in the Guanzizhen Area, West Qinling and its tectonic implications. Acta Geologica Sinica 82, 1186-1194.

[26] Dong, Y. P., Zhang, G. W., Hauzenberger, C., Neubauer, F., Zhao, Y., Liu, X. M., 2011b. Paleozoic tectonics and evolutionary history of the Qinling orogen: Evidence from geochemistry and geochronology of ophiolite and related volcanic rocks. Lithos 122,39-56.

[27] Dong, Y. P., Zhang, G. W., Neubauer, F., Liu, X. M., Genser, J., Hauzenberger, C., 2011a. Tectonic evolution of the Qinling orogen, China: Review and synthesis. Journal of Asian Earth Sciences 41,213-237.

[28] Dong, Y. P., Zhou, M. F., Zhang, G. W., Zhou, D. W., Liu, L., Zhang, Q., 2008a. The Grenvillian Songshugou ophiolite in the Qinling Mountains, Central China: Implications for the tectonic evolution of the Qinling orogenic belt. Journal of Asian Earth Sciences 32,325-335.

[29] Ernst, W. G., Tsujimori, T., Zhang, R., Liou, J. G., 2007. Permo-Triassic collision, subduction-zone metamorphism,

and tectonic exhumation along the east Asian continental margin. Annual Review of Earth and Planetary Sciences, 35,73-110.

[30] Gao, R., Wang, H. Y., Ma Y. S., 2006. Tectonic relationships between the Zoige basin of the Song-pan block and the west Qinling orogen at lithosphere scale: result of deep seismic reflection profiling. Acta Geoscientica Sinica 27,411-418.

[31] Gong, H. J., Zhu, L. M., Sun, B. Y., Li, B., Guo, B., 2009. Zircon U-Pb ages and Hf isotope characteristics and their geological significance of the Shahewan, Caoping and Zhashui granitic plutons in the South Qinling orogen. Acta Petrologica Sinica 25,248-264.

[32] Hacker, B. R., Ratschbacher, L., Webb, L., Ireland, T., Walker, D., Dong, S. W., 1998. U/Pb zircon ages cons train the architecture of the ultrahigh-pressure Qinling-Dabie Orogen, China. Earth and Planetary Science Letters 161,215-230.

[33] Hacker, B. R., Ratschbacher, L., Liou, J. G., 2004. Subduction, collision and exhumation in the ultrahigh-pr essure Qinling-Dabie orogen. Geological Society, London, pecial Publications 226,157-175.

[34] Hoisch, T. D., 1990. Empirical calibration of six geobarometer for the mineral assemblage quartz + muscovite + b iotite + plagioclase + garnet. Contributions to Mineralogy and Petrolgoy 104,225-234.

[35] Holdaway, M. J., 2000. Application of new experimental and garnet Margules data to the garnet-biotite geotherm-ometer. American Mineralogist 85,881-892.

[36] Housen, B. A., Pluijm, B. A., Essene, E. J., 1995. Plastic behavior of magnetite and high strains obtained from magnetic fabrics in the Parry Sound shear zone, Ontario Grenville Province. Journal of Structure Geology 17,265-278.

[37] Hrouda, F., 1982. Magnetic anisotropy of rocks and its application in geology and geophysics. Surveys in Geophysics 5: 37-82.

[38] Hrouda, F., Schulmann, K., Suppes, M., Ullemayer, K., de Wall, H., Weber, K., 1997. Quantitive Relationship between Low-Field AMS and Phyllosilicate Fabric: A Review. Physics and Chemistry of the Earth 22,153- 1560.

[39] Hu, J. M., Chen, H., Qu, H. J., Wu, G. L, Yang, J. X., Zhang, Z. Y., 2012. Mesozoic deformations of the Dabashan in the southern Qinling orogen, central China. Journal of Asian Earth Sciences 47: 171-184.

[40] Hu, J. M., Dong, S. W., Meng, Q. R., Shi, W., Chen, H., Wu, G. L., 2008. Structural deformation of the Gaochuan Terrane in the western Dabashan tectonic belt, China and its significance. Geological Bulletin of China 27,2031-2044.

[41] Jelinek, V., 1978. Statistical processing of anisotropy of magnetic susceptibility measured on groups of specimens. Studia Geophysica et Geodaetica, 22,50-62.

[42] Jelinek, V., 1981. Characterization of the magnetic fabric of rocks. Tectonophysics 79,63-67.

[43] Jiang, D. Z., 2007. Sustainable transpression: An examination of strain and kinematics in deforming zones with migrating boundaries. Journal of Structural Geology 29, 1984-2005.

[44] Jiang, D., Lin, S., Williams, P. F., 2001. Deformation path in high-strain zones, with reference to slip partitioning in transpressional plate-boundary regions. Journal of Structural Geology 23,991-1005.

[45] Jiang, D., Williams, P. F., 1998. High-strain zones: a unified model. Journal of Structural Geology 20, 1105- 1120.

[46] Jones, R. R., Holdsworth, R. E., Clegg, P., McCaffrey, K., Tavarnelli, E., 2004. Inclined transpression. Journal of Structural Geology 26,1531-1548.

[47] Kretz, R., 1983. Symbols for rock-forming minerals: American Mineralogist 68,277-279.

[48] Kligfield, R., Lowrie, W., Dalziel, I., 1977. Magnetic susceptibility anisotropy as a strain indicator in the Sudbury Basin, Ontario. Tectonophysics 40,287-308.

[49] Kligfield, R., Owens, W. H., Lowrie, W., 1981. Magnetic susceptibility anisotropy, strain, and progressive deformation in Permian sediments from the Maritime Alps (France). Earth Planet Science and Letters 55, 181-189.

[50] Krȍner, A., Zhang, G. W., Zhou, D. W., Sun, Y., 1993. Granulites in the Tongbai area, Qinling belt, China: geochemistry, petrology, single zircon geochronology and implications for tectonic evolution of eastern Asia. Tectonics 12,245-255.

[51] Li L., Yang, P. Y., Duan, B., 1998. Lithospheric geoelectrical model of East Qinling. Chinese Journal of

Geophysics 41,189-195.

[52] Li, J. H., Song, C. Z., Ren, S. L., Tu, W. C., Zhang, H., Zhang H. R., 2010a. Tectonic style and deformation analysis of Shangdan fault belt in Qinling Orogen. Earth Science Frontiers 17: 197-205.

[53] Li, J. Y., Niu, B. G., Liu, Z. G., Wang, Z. Q., Zhao, M., Chen, J. Y., 1997. ^{39}Ar-^{40}Ar thermochronological evidence for the age of metamorphism and deformation of the Liziyuan Group on the Northern side of the western sector of the Qinling Mountains. Regional Geology of China 16,21-25.

[54] Li, S. G., Sun, W. D., Zhang, G. W., 1996. Chronology and geochemistry of metavolcanic rocks from Heigouxia valley in Mian-Lue tectonic belt, South Qinling: evidence for a Paleozoic oceanic basin and its close time. Science in China (Series D) 39,300-310.

[55] Li, S. G., Xiao, Y. L., Liou, D. L., Chen, Y. Z., Ge, N. J., Zhang, Z. Q., Sun, S. S., Zhang, R. Y., Hart, S. R., Wang, S. S., 1993. Collision of the North China and Yangtze Blocks and formation of coesite-bearing eclogites: timing and processes. Chemical Geology 109, 89-111.

[56] Li, S. L., Mooney, W. D., Fan, J., 2006. Crustal structure of mainland China from deep seismic sounding data. Tectonophysics 420,239-252.

[57] Li, S. Z., Kusky, T. M., Zhao, G. C., Liu, X. C., Wang, L., Kopp, H., Hoernle, K., Zhang, G. W., Dai, L. M., 2011. Thermochronological constraints on Two-stage extrusion of HP/UHP terranes in the Dabie-Sulu orogen, east-central China. Tectonophysics, 504: 25-42.

[58] Li, S. Z., Kushy, T. M., Wang, L., Zhang, G., Lai, S., Liu, X., Dong, S., Zhao, G., 2007a. Collision leading to mutiple-stage large-scale extrusion in the Qinling orogen: Insights from the Mianlue suture. Gondwana Research 12,121-143.

[59] Li, S. Z., Kusky, T. M., Zhao, G. C., Liu, X. C., Zhang, G. W., Kopp, H., Wang, L., 2010a. Two-stage Triassic exhumation of HP-UHP terranes in the western Dabie orogen of China: constraints from structural geology. Tectonophysics, 490: 267-293.

[60] Li, S. Z., Zhao, G. C., Zhang, G. W., Liu, X. C., Dai, L. M., Jin, C., Liu, X., Hao, Y., Liu, E. S., Wang, T., 2010b. Not All Folds and Thrusts in the Yangtze Foreland Belt are related to the Dabie-Sulu Orogen: Insights from Mesozoic Deformation South of the Yangtze River. Geological Journal, 45: 650-663.

[61] Li, W. P., Wang, T., Wang, X. X., 2001. Source of Huichizi granitoid complex pluton in Northern Qinling, Central China: constrained in element and isotopic geochemistry. Earth Science 26,269-278.

[62] Li, W. Y., 2008. Geochronology and geochemistry of the ophiolites and island-arc type igneous rocks in the Western Qinling orogen and the Eastern Kunlun orogen: Implication for the evolution of the Tethyan Ocean. Ph. D. thesis, University of Science and Technology of China.

[63] Li, W. Y., Li, S. G., Pei, X. Z., Zhang, G. W., 2007b. Geochemistry and zircon SHRIMP U-Pb ages of the Guanzizhen ophiolite complex, the Western Qinling orogen, China. Acta Petrologica Sinica 23,2836-2844.

[64] Lin, S., Jiang, D., Williams, P. F., 1998. Transpression (or transtension) zones of triclinic symmetry: natural example and theoretical modeling. In: Holdsworth, R. E., Strachan, R., Dewey, J. F. (Eds.), Continental Trans pressional and Transtensional Tectonics. Geological Society, London, Special Publications, 135: 41-57.

[65] Liu, S. F., Li, S. T., Zhuang, X. G., Jiao, Y. Q., Lu, Z. S., 1996. Simulation of the subsidence and d eposition of the foreland basin of the southwestern margin of Ordos. Acta Geologica Sinica 70,12-22.

[66] Liu, X., Li, S. Z., Suo, Y. H., Liu, X. C., Dai, L. M., Santosh, M., 2011. Structural anatomy of the exhumation of high-pressure rocks: constraints from the Tongbai collisional orogen and surrounding units. Geological Journal, 46: 156-172.

[67] Lu, R. K., 2009. Indosinian tectonic framework and evolution of conjunction area between Qinling and Qilian Mountains. Chinese Ph. D. thesis, Northwest University.

[68] Lu, X. X., Wei, X. D., Xiao, Q. H., Zhang, Z. Q., Li, H. M., Wang, W., 1999. Geochronological studies of rapakivi granites in Qinling and its geological implications. Geological Journal of China 5,372-377.

[69] Lüneburg, C. M., Lampert, S. A., Lebit, H. D., Hirt, A. M., Caey, M., Lowrie, W., 1999. Magnetic anisotropy, rock fabrics and finite strain in deformed sediments of SW Sardinia (Italy). Tectonophysics 307, 51-74.

[70] Mattauer, M., Mattle, P., Malavieille, J., Tapponnier, P., Masluski, H., Xu, Z. Q., Li, Y. L., Tang, Y. Q.,

1985. Tectonics of Qinling Belt: build-up and evolution of Eastern Asia. Nature 317,496-500.

[71] Meng, Q., Zhang, G., 2000. Geologic framework and tectonic evolution of the Qinling orogen, central China. Tectonophysics 323,183-196.

[72] Meng, Q. R., Zhang, G. W., 1999. Timing of collision of the North and South China blocks: controversy and reconciliation. Geology 27,123-126.

[73] Mims, C. V. H., Powell, C. A., Ellwood, B. B., 1990. Magnetic susceptibility of rocks in the Nutbush Creek ductile shear zone, North Carolina. Tectonophysics 178, 207-233.

[74] Ono, T., Hosomi, Y., Arai, H., Takagi, H., 2010. Comparison of petrofabrics with composite magnetic fabrics of S-C mylonite in paramagnetic granite. Journal of Structure Geology 32,2-14.

[75] Parés, J. M., luijm, B. A. v. d., 2002. Evaluating magnetic lineations (AMS) in deformed rocks. Tectonophysics 350,283-298.

[76] Park, Y. H., Doh, S. J., Kim, W., Suk, D., 2005. Deformation history inferred from magnetic fabric in the southwestern Okcheon metamorphic belt, Korea. Tecto-nophysics 405,169-190.

[77] Pei, X. Z., Ding, S. P., Hu, B., Li, Y., Zhang, G. W., Guo J. F., 2004. Definition of the Guanzizhen ophiolite in Tianshui area, western Qinling, and its geological significance. Geological Bulletin of China 23, 1202-1208.

[78] Pei, X. Z., Ding, S. P., Li, Z. C., Liu, Z. Q., Li, G. Y., Li, R. B., Wang, F., Li, F. J., 2007. LA-ICP-MS zircon U-Pb dating of the gabbros from the Guanzizhen Ophiolite in the northern margin of the West Qinling and its geological significance. Acta Geologica Sinica 81, 1550-1561.

[79] Pei, X. Z., Ding, S. P., Li, Z. C., Liu, Z. Q., Li, R. B., Feng, J. Z., Sun, Y., Zhang, Y. F., Liu Z. G., Zhang, X. F., Chen G. C., Chen Y. X., 2009. Early Peleozoic Tianshui-Wushan tectonic zone of the Northern margin of West Qinling and its tectonic evolution. Acta Geologica Sinica 83,1547-1564.

[80] Pei, X. Z., Li, Y., Lu, S. N., Chen Z. H., Ding, S. P., Hu, B., Li Z. C., Liu H. B., 2005. Zircon U-Pb ages of the Guanzizhen intermediate-basic igneous complex in Tianshui area, West Qinling, and their geological significance. Geological Bulletin of China 24,23-29.

[81] Pei, X. Z., Liu H. B., Ding, S. P., Li Z. C., Hu, B., Sun, R. Q., Hou, Y. H., 2006. Geochemical characteristics and tectonic significance of the metavolcanic rocks in the Liziyuan Group from Tianshui area, West Qinling orogen. Geotectonica et Metallogenia 30,193-205.

[82] Peters, T. J., Ayers, J. C., Gao, S., Liu, X. M., 2012. The origin and response of zircon in eclogite to metamorphism during the multi-stage evolution of the Huwan Shear Zone, China: Insights from Lu-Hf and U-Pb isotopic and trace element geochemistry. Gondwana Research, doi: 10.1016/j. gr. 2012.05.008.

[83] Qin, J. F., Lai, S. C., Grapes, R., Diwu, C. R., Ju, Y. J., Li, Y. F., 2009. Geochemical evidence for origin of magma mixing for the Triassic monzonitic granite and its enclaves at Mishuling in the Qinling orogen (central China). Lithos 112,259-276.

[84] Ramsay, J. G., Huber, M. I., 1983. The Techniques of Modern Structural Geology, vol. 1. Academic Press, London, 1-307.

[85] Rathore, J. S., 1979. Magnetic susceptibility anisotropy in the Cambrian slate belt of North Wales and correlation with strain. Tectonophysics 53,83-97.

[86] Rathore, J. S., 1980. The magnetic fabrics of some slates from the Borrowdale Volcanic Group in the English Lake District and their correlations with strains. Tectonophysics 67,207-220.

[87] Rathore, J. S., 1985. Some magnetic fabric characteristics of sheared zones. Journal of Geodynamics 2,291-301.

[88] Rathore, J. S., Courrioux, G., Choukroune, P., 1983. Study of ductile shear zones (Galicia, Spain) using texture goniometry and magnetic fabric methods. Tectonophysics 98,87-109.

[89] Rathore, J. S., Henry, B., 1982. Comparison of strain and magnetic fabrics in Dalradian rocks from the southwest Highlands of Scotland. Journal of Structural Geology, 373-384.

[90] Ratschbacher, L., Hacker, B. R., Calvert, A., Webb, L. E., Grimmer, J. C., McWilliams, M. O., Ireland, T., Dong, S., Hu, J., 2003. Tectonics of the Qinling (Central China): tectonostratigraphy geochronology, and deformation history. Tectonophysics 366,1-53.

[91] Ratschbacher, L., Franz, L., Enkelmann, E., Jonckheere, R., Pörschke, A., Hacker, B. R., Dong, S. W., Zhang,

Y. Q., 2006. The Sino-Korean-Yangtze suture, the Huwan detachment, and the Paleozoic-Tertiary exhumation of (ultra) high-pressure rocks along the Tongbai-Xinxian-Dabie Mountains. Geological Society of America Special Papers 403,45-75.

[92] Reischmann, T., Altenberger, U., Kroner, A., Zhang, G., Sun, Y., and Yu, Z., 1990. Mechanism and time of deformation and metamorphism of mylonitic orthogneisses from the Shagou shear zone, Qinling belt, China. Tectonophysics 185,91-109.

[93] Rochette, P., Jackson, M. J., Aubourg, C., 1992. Rock magnetism and the interpretation of anisotropy of magnetic susceptibility. Reviews of Geophysics 30, 209- 226.

[94] Sanderson, D. J, Marchini, W. D., 1984. Transpression. Journal of Structural Geology, 449-458.

[95] Schulmann, K., Thompson, A. B., Lexa, O., Ježek, J., 2003. Strain distribution and fabric development modeled in active and ancient transpressive zones. Journal of Geophysical Research 108 (B1), 2023, doi: 10.1029/2001 JB 000632.

[96] Shi, W., Zhang, Y. Q., Dong, S. W., Hu, J. M., Wiesinger, M., Ratschbacher, L., Jonckheere, R., Li, J. H., Tian, M., Chen, H., Wu, G. L., Ma, L. C., Li, H. L., 2012. Intra-continental Dabashan orocline, southwestern Qinling, Central China. Journal of Asian Earth Sciences 46: 20-38.

[97] Sidman, D., Ferré, E. C., Teyssier, C., Jackson, M., 2005. Magnetic fabric and microstructure of a mylonite: example from the Bitterroot shear zone, western Montana. In: Bruhn, D. & Burlini, L. (Eds), High-strain zones: Structure and Physical properties. Geological Society of London, Special Publications 245,143-163.

[98] Song, C. Z., Zhang, G. W., Ren, S. L., Li, J. H., Huang, W. C., 2009. The research on deformation features of some structural zones in the Qinling-Dabieshan orogenic belt. Journal of Northwest University 39: 368-380.

[99] Su, C. Q., Cui, J. J., Zhao, X., Li, Y., Pei, X. Z., Yang, X. K., 2004. Re-definition and its attribute of the Dacaotan Formation in western Qinling. Coal Geology and Exploration 34,1-6.

[100] Sun, W. D., Li, S. G., Chen, Y. D., Li, Y. J., 2002b. Timing of synorogenic granitoids in the South Qinling, central China: constraints on the evolution of the Qinling-Dabie orogenic belt. Journal of Geology 110,457-468.

[101] Sun, W. D., Li, S. G., Sun, Y., Zhang, G. W., Li, Q., 2002a. Mid-Paleozoic collision in the north Qinling: Sm-Nd, Rb-Sr and $^{40}Ar/^{39}Ar$ ages and their tectonic implications. Journal of Asian Earth Sciences 21,69-76.

[102] Tapponnier, P., Peltzer G., Armijo, R., 1986. On the mechanics of the collision between India and Asia. Geological Society of London, Specical Publications 19,115-157.

[103] Tapponnier, P., Xu Z. Q., Roger, F., Meyer, B., Arnaud, N., Wittlinger, G., Yang, J. S., 2001. Oblique stepwise rise and growth of the Tibet Plateau. Science 294, 1671- 1677.

[104] Tarling, D. H., Hrouda, F. 1993. The Magnetic Anisotropy of Rocks. Chapman & Hall, London.

[105] Tauxe, L. 2005. Lectures in Paleomagnetism. http: //earthref. rg/MAGIC/books/Tauxe/2005/.

[106] Tikoff, B., Davis, M. R., Teyssier, C., Blanquat, M. D. S., Habert, G., Morgan, S., 2005. Fabric Studies within the Cascade Lake shear zone, Sierra Nevada, California. Tectonophysics 400,209-226.

[107] Tikoff, B., Greene, D., 1997. Stretching lineations in transpressional shear zones. Journal of Structural Geology 19,29-40.

[108] Wang T., Wang X. X., Tian W., Zhang C. L., Li W. P., Li, S., 2009. North Qinling Paleozoic granite associations and their variation in space and time: Implications for orogenic processes in the orogens of central China. Science China (Series D) 52,949-971.

[109] Wang, E., Meng, Q., Burchfiel, B. C., Zhang, G., 2003. Mesozoic large-scale lateral extrusion, rotation, and uplift of the Tongbai-Dabie Shan belt in east China. Geology 31,307-310.

[110] Wang, F., Lu, X. X., Lo, C. H., Wu, F. Y., He, H. Y., Yang, L. K., Zhu, R. X., 2007. Postcollisional, potassic monzonite-minette complex (Shahewan) in the Qinling Mountains (central China): $^{40}Ar/^{39}Ar$ thermochronology, petrogenesis, and implications for the dynamic setting of the Qinling orogen. Journal of Asian Earth Sciences 31, 153-166.

[111] Wang, H. Y., Gao, R., Ma, Y. S., Zhu, X., Li, Q. S., Kuang, C. Y., Li, P. W., Lu, Z. W., 2007. Basin-range coupling and lithosphere structure between the Zoige and the west Qinling. Chinese Journal of Geophysics 50, 472-481.

[112] Wu, H. L., Shi, W., Dong, S. W., Tian, M., 2009. A numerical simulating study of mechanical characteristic of superposed deformation in Daba Mountain Foreland. Earth Science Frontiers 16,190-196.

[113] Wu, Y. B., Zheng, Y. F., 2012. Tectonic evolution of a composite collision orogen: An overview on the Qinling-Tongbai-Hong'an-Dabie-Sulu orogenic belt in central China. Gondwana Research, doi: 10.1016/j. gr. 2012.09.007.

[114] Xiang, H., Zhang, L., Zhong, Z. Q., Santosh, M., Zhou, H. W., Zhang, H. F., Zeng, I. P., Zheng, S., 2012. Ultrahigh-temperature metamorphism and anticlockwise P-T-t path of Paleozoic granulites from north Qinling-Tongbai orogen, Central China. Gondwana Research 21, 559-576.

[115] Xu, J. F., Zhang, B. R., Han, Y. W., 2008. Geochemistry of the Mian-Lue ophiolites in the Qinling Mountains, central China: Constraints on the evolution of the Qinling orogenic belt and collision of the North and South China Cratons. Journal of Asian Earth Sciences 32, 336-347.

[116] Xue, F., Lerch, M. F., Kröner, A., Reischmann, T., 1996. Tectonic evolution of the East Qinling Mountains, China, in the Palaeozoic: a review and new tectonic model. Tectonophysics 253, 271-284.

[117] Yang J. S. Li, H. B., Yao, J. X., 2006a. Early Palaeozoic Terrene Framework and the Formation of the High-Pressure (HP) and Ultra-High Pressure (UHP) Metamorphic Belts at the Central Orogenic Belt (COB). Acta Geologica Sinica 80, 1793-1806.

[118] Yang, J. S., Xu, Z. Q., Dobrzhinetskaya, L. F., Green, H. W., Shi, R. D., Wu, C. L., Wooden, J. L., Zhang, J. X., Wan, Y. S., Li, H. B., 2003. Discovery of metamorphic diamonds in central China: an indication of a > 4000-km-long zone of deep subduction resulting from multiple continental collisions. Terra Nova 15, 370-379.

[119] Yang, Z., Dong, Y. P., Liu, X. M., Zhang, J. H., 2006b. LA-ICP-MS zircon U-Pb dating of gabbro in the Guanzizhen ophiolite, Tianshui, West Qinling. Geological Bulletin of China 25, 1321—1325.

[120] Zhang, C. L., Zhou, D. W., Han, S., 1994. The geochemical characteristics of Danfeng metavolcanic rocks in Shangzhou area, Shaanxi province. Scientia Geologica Sinica 29, 384-392.

[121] Zhang, G. W., Dong, Y. P., Lai, S. C., 2004b. Mianlue tectonic zone and Mianlue suture zone on southern margin of Qinling-Dabie orogenic belt. Science in China (Series D) 47, 300-316.

[122] Zhang, G. W., Guo, A. L., Yao, A. P., 2004a. Western Qinling-Songpan continental tectonic node in China's continental tectonics. Earth Science Frontiers 11, 23-32.

[123] Zhang, G. W., Meng, Q. R., Lai, S. C., 1995a. Tectonics and structure of the Qinling Orogenic belt. Science in China (Series B) 38, 1379-1394.

[124] Zhang, G. W., Zhang, B. R., Yuan, X. C., 2001. Qinling Orogenic Belt and Continent Dynamics. Science Press, Beijing, 1-855.

[125] Zhang, G. W., Zhang, Z. Q., Dong, Y. P., 1995b. Nature of main tectono-lithostratigraphic units of the Qinling orogen: implications for the tectonic evolution. Acta Petrologica Sinica 11, 101-114.

[126] Zhang, H. F., Zhang, B. R., Zhao, Z. D., Luo, T. C., 1996. Continental crust subduction and collision along Shangdan Tectonic Belt of East Qinling, China-evidence from Pb, Nd and Sr isotopes of granitoids. Science in China (D) 39, 273-282.

[127] Zhang, Y. Q., Shi, W., Li, J. H., Wang, R. R., Li, H. L., Dong, S. W., 2010. Formation Mechanism of the Dabashan Foreland Arc-Shaped Structural belt. Acta Geologica Sinica 84, 1300-1315.

[128] Zhang, Z. Q., Zhang, G. W., Tang, S. H., Lu, X. X., 1999. The age of the Shahewan rapakivi granite in Qinling and its restriction on the end of main orogeny of Qinling orogenic belt. Chinese Science Bulletin 44, 981- 984.

[129] Zhou, J. X., 1999. Microstructural indicators of structural deformation conditions in the Shangdan mylonite zone of Qinling belt. Seismology and Geology 21, 334-340.

[130] Zhou, J. X., Zhang, G. W., 1996. Microstructures and Re-recognization of p-T-t path in the Shagou mylonite zone of the Shangdan zone, Qinling belt, China. Scientia Geologica Sinica 31, 33-42.

[131] Zhou, Y., Zhou, P., Wu, S. M., Shi, X. B., Zhang, J. J., 2002. Magnetic fabric study across the Ailao Shan-Red River shear zone. Tectonophysics 346, 137-150.

[132] Zhu, X. Y., Chen, F. K., Li, S. Q., Yang, Y. Z., Nie, H., Siebel, W., Zhai, M. G., 2012. Crustal evolution of the North Qinling terrain of the Qinling Orogen, China: Evidence from detrital zircon U-Pb ages and Hf isotopic composition. Gondwana Research 20: 194-204.